卡耐基经典成功励志全集

人性的优点全集

[美] 戴尔·卡耐基◎著　高　洁◎译

哈尔滨出版社
HARBIN PUBLISHING HOUSE

图书在版编目（CIP）数据

人性的优点全集 /（美）戴尔·卡耐基著；高洁译
.— 哈尔滨：哈尔滨出版社，2017.6（2017.7 重印）
（卡耐基经典成功励志全集）
ISBN 978-7-5484-3341-5

Ⅰ.①人… Ⅱ.①戴… ②高… Ⅲ.①成功心理—通俗读物 Ⅳ.① B848.4-49

中国版本图书馆 CIP 数据核字（2017）第 070379 号

书　　名：人性的优点全集

作　　者：【美】戴尔·卡耐基　著
译　　者：高　洁
责任编辑：任　环　滕　达
责任审校：李　战
封面设计：鹏轩文化·邵士雷

出版发行：哈尔滨出版社（Harbin Publishing House）
社　　址：哈尔滨市松北区世坤路 738 号 9 号楼　**邮编：**150028
经　　销：全国新华书店
印　　刷：湖北卓冠印务有限公司
网　　址：www.hrbcbs.com　www.mifengniao.com
E-mail：hrbcbs@yeah.net
编辑版权热线：（0451）87900271　87900272
销售热线：（0451）87900202　87900203
邮购热线：4006900345（0451）87900345　87900256

开　　本：787mm×1092mm　1/16　**印张：**62.5　**字数：**1180 千字
版　　次：2017 年 6 月第 1 版
印　　次：2017 年 7 月第 2 次印刷
书　　号：ISBN 978-7-5484-3341-5
定　　价：98.00 元（全五册）

自序 写作本书的缘由

35 年前，那时我每天的工作是推销车，可我却对卡车的发动原理一无所知，而且我也丝毫不感兴趣，所以我成了纽约市最不快乐的人之一。我一直都很轻视这份工作，我讨厌这个布满蟑螂的简陋廉价房，当初我就是在西大街 56 号租下它的。每天早晨当我从墙上拽下一条领带时，时常惊得一群蟑螂到处逃窜，这恐怖的场景让我印象极其深刻。那些肮脏便宜、爬满蟑螂的饭馆更是让我厌恶到无法忍受。

那段时间，我每晚回到那个冷寂无人的出租房里，内心充满了失望、忧虑、愤恨不平的消极感情，这让我头疼得要爆炸。最令我愤懑失落的是，大学时代的那个美好梦想在如今看来竟是一场破灭的梦，难道我的一生都将这样平淡无奇地度过？我不想再干一份自己看不起的工作，不想再和蟑螂同屋，不想吃着便宜的食物，对未来希望渺茫……这不是我想要的。我多么希望像大学时一样有空闲时间读书，继续着写作的梦想。

我十分清楚放弃这份工作对我来说将意味着什么。我想要的不是很多钱，而是一个多姿多彩的人生。于是，作为一个创业初期的年轻人我必须要做出一个决定，我要开始改变我未来的生活。正是这个重大的人生决定成就了我过去 35 年的快乐人生，也实现了我心中幸福的乌托邦。

那时我下定决心要放弃那份令我鄙视的工作，然后去当老师。我有在密苏里州瓦伦堡州立师范学院四年大学教育的经历，我可以到夜校去教成人班的课程。不仅如此，我还有空闲时间去读书，准备讲座，写小说和短篇故事。我希望能“为生活而写作，为写作而生活”。

回顾在大学受过的教育训练，我发现自己学习过最有价值的就是公众演讲的训练，这比我大学里学过的其他课程更有价值。因为演讲不仅让我战胜恐惧，更让我建立信心，增强人际交往的能力。我清醒地意识到，只有能够勇敢地向群众表达思想的人才能成为领导。

当我向哥伦比亚大学和纽约大学的夜校班申请教授公共演讲课的职位时，我却因人员已满而被拒绝。

最初听到这个消息时，我感到十分沮丧。可如今想来，我要感谢他们当初的拒绝。因为后来我有幸来到了基督教青年会夜校教课，那里可是需要立竿见影的地方。我非常喜欢这种挑战。来这里上课的人们都是有志人士，他们都想拿到大学文凭，不想受到社会的歧视。他们希望自己能在台上滔滔不绝，而不是怯场恐惧。销售员更是希望自己能有勇气搞定难对付的客户，而不是一次次站在楼下犹豫徘徊。他们都希望自己变得更加自信，发展辉煌事业，赚更多的钱养家糊口。他们的学费都是分期付款的，因为他们在怀疑这门课是否真的实用。而结果是我得了分红，而不只是月薪，既然想多拿钱我就得竭尽全力地好好去教这门课。

在开始时，我觉得这样上课受到了某些约束。可现在看来那确实是难能可贵的宝贵经验，因为我必须要激励学员变得勇敢，帮助他们解决问题，让他们每一天都收获颇丰，他们才会一直上我的课。

我对这个工作很感兴趣，它十分吸引人。我看到这些商界人士迅速地建立了自信，加薪升职。3 个班结束后，我的报酬不再是每晚 5 美元，基督教青年会每晚都会发给我 30 美元的分红。最初，我只教大家公共演讲，后来随着经验日益增多，我渐渐发现这些成年人更想学习如何获得友谊和影响他人的能力。既然市面上没有相关的指导书籍，我就只好自己编写了。我以一般的方式把那些由经验演变而成的方法都写进了一本书里，我将这本书命名为“人性的弱点”。

因为这本书只是为我教授的成人班准备的专门教材，同时我还编写了四本并不广为人知的书籍，所以我从未想过这些书发行时会有这么大的销售量，我觉得自己应该是最喜出望外的作者了。

我的大部分学生是各行各业的生意人，他们当中有推销员、工程师、会计、行政主管等。我渐渐发现，他们如今都忧虑着同一个重大问题，包括那些职业女性和家庭主妇，他们都在寻求克服忧虑的方法。为了帮助他们解决困难，我又开始编写一本克服忧虑的书。在编写初期，我去了纽约第五大道的公共图书馆。可情况却令我大吃一惊，这样一个汗牛充栋的图书馆大楼却仅存22本关于“忧虑”的书籍，最有趣的是，连“虫类”的相关图书都有189本，差不多是关于“忧虑”的书籍的9倍！这真是一件不可思议的事情！既然“忧虑”早已成为人们面临的严重问题，那么我们是不是很有必要在高中或者大学开设一门“如何停止忧虑”的课程呢？

可据我所知，世界上没有一所大学开设过关于“忧虑”的课。所以戴维·席博瑞在《如何正确地焦虑》一书中写道：“我们从来不曾做好准备来应付压力，就像是一只学跳芭蕾舞的书虫那样一无所知。”

而结果是，那些神情焦躁、情绪崩溃的病人在医院里占据了一多半的病床。

我不仅把纽约公共图书馆书架上的书都翻了个遍，还购买了所有能找到的关于“忧虑”的书籍，可我却没发现有一本书能适用在那些成人班学员身上。所以我决定自己写一本书。

在7年前，我就开始着手写这本书，我通读了古今中外所有哲学家对“忧虑”的观点，还看了从孔子到丘吉尔的几百种传记。除此之外，我还访问了拳王杰克·邓普西、奥马尔·布拉德莱将军、克拉克将军、罗斯福总统夫人、汽车大王亨利·福特，还有陶乐西·迪克西这些社会各界的名流。可这一切只不过是准备工作而已。

接下来，我又做了一些比采访阅读更有意义的事情。为了研究如何克服忧虑，我在自己所教授的成人班学员所组成的实验班里工作了5年，这是世界上首次成立的唯一一个克服忧虑的实验室。我们的试验方法就是首先教授学员一套如何克服忧虑的办法，然后让他们学会在生活中运用这些办法，最后大家再到班里共同交流彼此的试验结果。也有成员分享了一些以前的行之有效的办法。

经过这次试验后，我觉得自己成了世界上听过最多关于“如何克服忧虑”演讲的人。不仅如此，我也阅读过无数“克服忧虑”的经验，这些被邮寄来的都是我的班在美国和加拿大的70多个城市中举办活动时获过奖的作品。所以我说这本书不是来自象牙塔，也不是任何关于克服忧虑的学术报告。恰恰相反，这是我呕心沥血编写的一本真实的、引人深思的如何克服忧虑的报告集，这里汇聚了无数成年人在克服忧虑的过程中的经验。所以我相信，你很快就会发现这是一本实用价值相当高的书。

最令人惊喜的是，这本书里的故事绝大多数都是可以考察的真人真事，书里甚至还详细介绍了主人公的姓名和地址。所以，这是一本真实且值得信赖的故事合集。

“科学是一系列成功做法的总汇。”法国诗人瓦莱里这样说过。而这本书正是汇集了一些值得推敲的、克服忧虑的成功实例。不过我首先要声明的是，你在书里不会找到什么新方法，只会发现一些不常用的方法。而当我们身处绝境时，谁又会在乎方法的新旧。当我们完全知道了度过美好安稳人生的办法，并已深谙处世哲学，那么我们的问题便不再是天真无知，而是无所作为。而本书的目的正是要重新阐述、提炼、传扬一些古老的基本真理，来督促你实践这些办法。

总而言之，当你看这本书时不是为了了解它的写作过程，而是需要你自己的实际行动。那么，让我们开始吧！先阅读本书的前两部分再读完它，假如你感觉没有获得任何新的克服忧虑、鼓舞人生的力量和启迪，那就请你把这本书撕烂扔掉吧！因为留着也是毫无用处！

第一篇

了解忧虑，克服忧虑

第二篇

十一个法则，走出孤独忧郁

第三篇

六个秘诀，获得平安快乐

第四篇

七种方法，避免情绪挫伤

第五篇

四个方法，保持旺盛的精力

第六篇

找到心仪又令你成功的工作

第七篇

如何不再因工作和金钱烦恼

第八篇

家庭生活中不再有忧虑

第九篇

克服忧虑的真实故事

第一篇

了解忧虑，克服忧虑

1 活在当下，做好眼前的事情

卡耐基名言

1. 我们首先要做的事不是对模糊不清的未来持观望态度，而是应该先做好手头那些清晰可见的事。

2. 为明天做好准备的最有效的方法就是把你所有的思想和激情放在今天，让今天的工作无懈可击。

3. 好主意和坏主意的区别在于：好主意能够把原因和结果都考虑在内，并且能够制订一套思维缜密、切实可行的计划；而坏主意常常会让人精神紧张，甚至崩溃。

1871年春天，一位年轻人手里拿着一本书，他在这本书上看到了一句话，这句话对他的未来产生了深远的影响。这个人是麦吉尔综合医院的一名医科生，焦虑战胜了他所有的生活空间：担忧如何通过期末考试，担忧应该做一些什么事，担忧应该去什么地方，担忧如何开业，担忧如何生活。

正是因为看到了那句话，他才能够成为同龄人中最出名的医学家。他创办了世界著名的约翰斯·霍普金斯大学，还担任牛津大学医学院的客座教授——这在英国医学界是最高的荣誉称号——英国国王还授予他爵士的封号。他逝世之后，人们用了两大卷书——足足有1466页的篇章才叙述了他完整的一生。

这个人就是威廉·奥斯勒爵士。1871年春天，他看到的那句话出自托马斯·卡莱尔，这句话让他的一生都不再担忧焦虑，这句话就是：

“我们首先要做的事不是对模糊不清的未来持观望态度，而是应该先做好手头那些清晰可见的事。”

42年以后，在一个花开满园的春夜，校园里开满了郁金香，威廉·奥斯勒爵士在耶鲁大学给学生们演讲。他告诉那些耶鲁大学的学生，像他这样一个曾经担任四所大学教授，还著有一本很受追捧的书的人，好像应该有一个“特别的头脑”，但是事实并非如此。他说，他所有的好朋友都知道，他的头脑“最一般不过了”。

那么他为什么会取得这样的成就呢？他自己认为，这全部都是由于他的生活“封闭得只有今天”。他这句话有什么深意呢？现在我们先来看一看下面这个故事！

在奥斯勒爵士前往耶鲁大学演讲的数月之前，他搭载一艘巨大的轮船横渡大西洋，他看见船长在船舵室站着，船长按下了一个开关，轮船的机械立刻就开始转动起来，发出一阵声响，船的几个部位随即彼此分开：分为了几个完全密封的隔水舱。当他给耶鲁大学的学生们演讲时，奥斯勒说：

“你们在座的所有人，身体结构都要比那艘轮船精细巧妙得多，你们要走的路程也要比那艘轮船远得多，我要劝告每个人的是，你们也要学会掌控一切，让自己的生活‘封闭得只有今天’，这样才能保证航程无忧无虑。只要你进入船舵室，就会看见那些空间较大的隔离舱，只要你按下开关，用心去关注你生活中的每一个层面，用铁门隔断已经流逝的昨天；再按下另一个开关，用铁门隔断那些遥远的明天，这样你就安全了——你所拥有的就只剩下今天……隔断过往，掩埋那些已成事实的过往；隔断那些把傻子带往绝望之路的明天……昨天的重任加上明天的重任就会成为今天前进的最大绊脚石，要把将来如同过往那样紧紧地拒之门外……未来是靠今天堆积出来的……从来就没有明天这个东西，人类能否获得拯救的日子就在今天。精力的消耗、精神的烦闷，都会塑造出一个为将来焦虑的人……那么将前后的隔水舱全都隔断吧，让自己培养一个好习惯，让自己的生活‘封闭得只有今天’。”

如此说来，我们是不是不应该向往明天，不应该为明天而奋斗呢？不是！绝非如此！奥斯勒在那次演讲中继续说道：“为明天做好准备的最有效的方法就是把你所有的思想和激情放在今天，让今天的工作无懈可击，只有通过这样的方式才能迎接美好的未来。”

但是你或许会说，昨天已经逝去，人们无法不去回忆；明天即将来临，人们又如何不向往呢？

是的，一定要为明天打算。的确如此，要慎重地思考、安排和准备，但是不要为明天而焦虑。

每天如同沙漏那样工作。

在第二次世界大战期间，军事领袖一定要为将来做打算，但是，他们绝不可以有一丝的焦虑。欧内斯特·金——美国海军的指挥官说：“我把我们最优良的装备提供给我们最优秀的士兵，然后尽全力向他们下达最正确的命令，这就是我所能做的。”

金继续说道："要是一条船沉没了，我无法将它捞起来。若是它继续下沉，我也无法控制。我把时间用在处理明天的问题上，这要远胜于为昨天的问题而懊恼，更何况，如果我常常为这些事烦恼的话，我也不可能支撑这么长时间。"

不管是在抗战时期还是和平年代，好主意和坏主意的区别在于：好主意能够把原因和结果都考虑在内，并且能够制订一套思维缜密、切实可行的计划；而坏主意常常会让人精神紧张，甚至崩溃。

我近期很幸运地拜访了亚瑟·苏兹贝格，他是全球最出名的《纽约时报》的发行人。苏兹贝格先生对我说，当二战的战火遍及欧洲的时候，他觉得特别惊讶，对将来也非常焦虑，甚至没有办法安然入睡。他经常半夜下床，拿出画布和颜料，对着镜子，想为自己画上一幅自画像。他对绘画一窍不通，但他还是画着，这能使他不那么担忧。苏兹贝格还对我说，最后，他把一首歌颂诗中的一句话当作自己的人生格言，终于解除了焦虑，使内心得到了宁静。这句话就是：

"只要一步就可以了。"

"带领我，慈悲的灯光……

愿你常在我的脚边，

我并不希望看见远方的景象，

只要一步就可以了。"

大约就在此时，有个年轻的士兵也学到了这一课，他是生活在马里兰州巴尔的摩城的泰德·本杰米诺，他焦虑得甚至完全失去了士气。他这样写道：

1945 年 4 月，我焦虑得得了一种病，医生说是结肠痉挛症，这种病让人十分疼痛，假如战争再不结束的话，我想我整个人都会倒下。

当时，我整个人精疲力竭。我隶属第 94 步兵师，被任命为士官，主要负责创建和维护一份记录——对抗战中的死伤者和失踪者的记录，除此之外，还要帮忙挖掘士兵的尸首，很多战士在激烈的战斗中被杀死，他们的尸体被草丛掩埋在地下。我要负责把这些人的遗物收集起来，将这些遗物准确地送到他们亲人的手中。我一直很担心，生怕我们会犯下那些令人窘迫或者是更严重的错误，我担心自己能否支撑下去，我担心自己不能回到家中抱一抱我的独生子——我和他还从未见过面，他只有 16 个月大。我既焦虑又劳累，整个人瘦了 34 磅，焦虑得几乎要崩溃了。我只要一想到自己回家的时候会多么骨瘦如柴，整个人就害怕得像疯了一般，我像个孩子一样哭泣，全身颤抖……有一段时间，也就是在德军进行最后的大反攻之后，我经常哭泣，我甚至对于自己还能否做一个正常人都绝望了。

最后我不得不住进了医院。一位军医对我说了一些忠言，正是这些话让我的整个生活得以改变。当他为我彻底体检一遍之后，他对我说，我的问题完全是精神上的。“泰德，”他说，“我希望你把自己的生活看作一个沙漏，你知道，沙漏的上一半有数不尽的沙砾，它们都是慢慢地均匀地从中间那条细缝中穿过。除了把沙漏毁掉，我们无法同时让更多的沙粒穿过那条细缝。我们所有人都如同这个沙漏，每天早上一睁眼，就有一大堆工作等着我们去做，使我们认为这一定要在当天做完。可是，假如我们不是每次做一件，让它们如同沙漏里的沙砾一样慢慢地均匀地通过这一天，那么我们就会让自己的身体或精神严重受损。”

从值得纪念的那一天开始，当军医告诉我这个忠告之后，我就始终遵循着这种哲学思想。“一次只流一粒沙……一次只做一件事。”就是这段话在抗战时期拯救了我的身心，直到现在这句话对我在印刷公司的公共关系和广告部中的工作都有非常重要的帮助。我发现，生意场如同战场，也会遇到这样的问题，一次要做好多件事情——可是我们并没有那么多时间可用。我们的材料不够用了，我们的新表格需要解决，还要整理新的资料，地址的变更，分公司的开业和倒闭等等。我没有再焦虑，因为我始终没有忘记那个军医给我的忠告：“一次只流一粒沙。”“一次只做一件事。”我对自己不断重复着这两句话。我的工作效率比以前更高，工作起来也没有那种在战场上让我濒临发疯、迷乱和混沌的感觉了。

现实生活中最令人害怕的一件事就是：在我们的医院里有半数以上的床位都是为那些精神病患者准备的。这些人都是被积攒的昨天和让人焦虑的明天加起来的重担给压垮的。而在这些患者中，大部分只要能够信奉耶稣的这句话“不要为明天而焦虑不安”，或者是奉行威廉·奥斯勒爵士所说的“让生活封闭得只剩今天”，他们也可以在大街上行走，过上幸福而有意义的生活了。

每天都是一个新的开始。

你和我，在这一瞬间，都站在两个恒久的交汇点——已经永远永远地成了过去，还会延伸向看不到边际的未来——我们无法永远活在这两个永恒中，哪怕连一秒都不可以。如果想要那样做的话，我们会让自己的身体和精神都受到损害。因此，我们应该以能够活在此刻而知足，从此刻开始直到我们上床。罗伯特·斯蒂文森写道：

“不管负担有多么沉重，所有人都能够坚持到深夜的降临；不管工作有多么辛苦，所有人也只能做完他那一天的工作，所有人都可以甜甜地、有耐心地、纯真地等到日落的那一刻，这就是生命的奥妙所在。”

的确如此，生命对我们索取的也只是这些。但是生活在密歇根沙吉那城的谢尔德太太在没有学会“只要生活到上床为止”的时候，她感到非常颓废沮丧，甚至想过要了结自己的生命。她对我讲述了她的过去——

1937 年，我的丈夫去世了，我觉得自己萎靡不振，那个时候我一贫如洗。

我给之前的老板利奥·罗奇先生写了信，希望他能让我回到我之前的工作当中。我原来靠向学校卖世界百科全书维持生计。两年前我丈夫患病时，我卖掉了汽车，但是我勉强凑了一些钱，利用分期付款的方式买了一辆旧车，然后开始出去卖书。

我原本以为，重新回去工作也许能让我从颓唐中挣脱出来。但是我要独自开车，独自吃饭，这让我实在无法接受。有些地区根本就做不出什么成绩来，虽然分期买车需要支付的数额并不多，但是对我来说，也很难偿还。

1938 年春天，我去密苏里州的维赛里市卖书，那里的学校特别破，路也很难走，我一个人既孤单又难过，甚至有一次想自杀。我感觉成功是那么遥不可及，生存也没有任何指望。我每天早上都不愿起床面对现实。我担心所有的事情：担心自己还不清分期付款的车钱，担心我交不起房租，担心自己没有食物吃，担心自己的身体会变坏却没钱看病。唯一给我活着的理由就是，我担心我的妹妹会因为我伤心，并且她也没有那么多钱来安葬我。

有一天，我看到了一篇文章，让我从颓丧中坚强起来，让我有了继续生存下去的勇气。我永远都会感谢那篇文章中的一句让人振作起来的话：

“对于一个有智慧的人来讲，每天都是一个新的开始。”

“我用打印机把这句话打印出来，贴到了车子前风挡玻璃上，这样我开车的时候每时每刻都可以看见。我发现一个人每次只活一天并不是什么难事，我尝试不回忆过去，不展望未来，我每天早晨都只对自己说：“今天又是一个新的开始。”

我成功地战胜了孤苦寂寞带给我的不安。如今我很快乐，也还算成功，并且对生命充满了热忱和挚爱。我现在知道，无论在生活中遇到什么事情，我都不会再焦虑不安了；我现在知道，我不必担心未来；我现在知道，我每次只需要活一天就可以——“对于一个有智慧的人来讲，每天都是一个新的开始”。

今天，你的窗前盛开着玫瑰。

你猜一下下面这几行诗是出自谁人之手：

这个人非常快乐，也只有他才可能快乐，
因为他把今天变成自己的一天；
他能在今天获得安全感，可以说：
“无论明天多么糟糕，我已经度过了今天。”

这几句听起来现代感很强的话出自于古罗马诗人贺拉斯。

我知道人性中最为可悲的一件事就是，我们每一个人都习惯拖延着不去生活，我们都喜欢想象着天边有一座美丽的玫瑰园，却不去观赏今天就盛开在你窗前的玫瑰花。

为什么我们会变成这样的傻瓜——一种可悲的傻瓜呢？

斯蒂芬·里柯克写道：

我们生命的小小历程是多么怪异啊。小孩子说："当我长成一个大孩子的时候。"但是那又怎么样呢？大孩子说："当我成为一个大人以后。"然后他长大成人，可是他又说："等我结婚以后。"但是结婚之后又能怎样呢？于是他们的想法变成了"等我退休以后"。后来，他退休了，可是他回顾一下自己经历的所有事情，仿佛吹来了一阵冷风。不知怎么回事，他已经错过了所有的一切，可是一切都已无法重头再来。我们总是不能早早学会：生命就在我们的生活中，就在我们度过的每天每分每秒里。

底特律城中已经去世的爱德华·埃文斯，在他体会到"生命就在我们的生活中，就在我们度过的每天每分每秒里"这句话以前，差点因为焦虑而自我了结。

爱德华·埃文斯出生在一个贫穷的家庭中，刚开始的时候靠卖报纸挣钱，之后去了一家杂货店做店员。后来，7 个家庭成员的生计都要靠他一个人维持，他找了一份图书管理员助理的职位，虽然工资非常少，但他也不敢轻易辞职。8 年之后，他终于鼓足勇气开创了自己的事业。创业初期，他用借来的55美元一举成功，一年就挣了 20000 美元。然而，一场突如其来的厄运降临到他的头上：他给一位朋友兑换了一张面额巨大的支票，但是那位朋友却不幸破产了。可厄运还没有停止，一场更大的灾祸来临了，那家存着他所有财产的银行倒闭了，这不仅让他全部的钱打了水漂，而且还背负了 16000 美元的债务。他的精神完全没有能力承受这样的双重打击，他向我叙述了当时的事情——

我寝食难安，而且还患上了一种很怪异的病。不是因为别的，只是因为焦虑。有一天，我在路上突然昏倒了，之后就再也无法行走了。他们让我在床上躺着，我的身体开始腐烂，伤口溃烂得越深，我在床上就越难以忍受。我的身体逐渐衰弱，后来医生对我下达了病危通知，告诉我只能活两个礼拜了。我吃惊极了，立了遗嘱，之后便在床上躺着等死。任何反抗和焦虑都已经没有意义了，我放弃了，但是却也放松下来，开始闭目养神。之前连续好几个星期我甚至都没有办法连睡两小时。但是这一次，我以为一切痛苦都要结束了，却可以像个孩子一样睡得那么踏实。那些让人倦怠的焦虑逐渐消失了，我的食欲也慢慢恢复，体重开始上升。

几个星期以后，我居然可以拄着拐杖行走了。6 个星期之后我重新回到了工作中。我之前一年可以赚 20000 美元，但现在能找到一份每个星期挣 30 美元的工作就已经很满足了。我的工作是销售挡板——轮船运送汽车时放置在轮子后面的物品。这个时候我已经学会了不再焦虑，不再为往事焦虑，不再为将来焦虑。我把自己所有的精力和时间都放在推销挡板上。

爱德华·埃文斯的事业发展得非常快，几年不到，他就已经成为埃文斯工业公司的董事长。这么多年以来，该公司始终是纽约股票交易所的上市公司。假如你乘飞机去格陵兰，也许你会降落在埃文斯机场，这家机场的名字就是为了纪念他。但是，假如他没有学会如何让生活“封闭得只剩今天”的话，爱德华·埃文斯就不会取得这样的成功。

你或许还没有忘记白雪皇后说的话：“这里的规矩是，明天能吃果酱，昨天能吃果酱，不过今天不允许吃果酱。”我们大部分人都是这样——为昨天的果酱烦恼，为明天的果酱烦恼，却唯独不会在我们今天吃的面包上抹上果酱。

甚至法国伟大的思想家蒙田也曾犯过这样的错误，他说：“我的生活里，曾经满是让人害怕的厄运，但是那些厄运大多数都是从未发生过的。”我的生活和你的一样。

伟大的诗人但丁也说过：“想一想，这一天永远地过去了。”生命正在以快得让人无法置信的速度流逝，我们的时间以每秒钟19英里的速度高速运作，但是唯独今天才是我们最应该重视的日子，我们能够好好把握的也只有今天。

这也正是拉维尔·托马斯的观点。最近我在他的农场里度过了一次周末。我看见他将《圣经·诗篇》中第118篇的诗句装到墙上挂着的镜框里，这能让他常常看见。

这是耶和华所定的日子，
我们在其中要高兴欢喜。

约翰·罗斯金的桌子上有一块石头，这块石头上刻有两个字，那就是“今天”。我虽然没有在书桌上放石头，但是却在镜子上面贴了一首诗。每天早晨洗脸的时候我都会看见——这首诗同样是威廉·奥斯勒爵士经常放在桌子上的那首，这首诗出自迦梨陀娑——印度非常著名的戏剧家。

向黎明致敬

看看这天！
因为它就是生命，是生命里的生命。
在它短暂的时间里，
蕴藏着你一切的变化和现实：
生长的福祉，
行动的光荣，
成就的灿烂。
因为昨天只是一场梦，
而明天也只是幻影，
只有活好今天，
才能让所有的昨天都成为一个美丽的梦，
让所有的明天都成为有希望的幻影。
因此，好好把握今天吧，

这就是你对黎明的最高致敬。

因此，你对焦虑应该了解的第一件事情就是，假如你不愿让焦虑入侵到你的生活之中，就要学习威廉·奥斯勒爵士：

用铁门将过去和将来隔断，让生活“封闭得只剩今天”。

现在你可以问自己以下几个问题，然后把答案写下来：

我是不是没有生活在现实里，总是为将来担心？或者是追求“一座遥不可及的玫瑰园”？

我是不是总是为曾经发生的事情懊悔，因为那些已经成为往事、已经做过的事情而让自己此刻更加难过？

我早上起床的时候，有没有决定要“把握住这一天”——最大限度地利用好这 24 小时？

假如让生活“封闭得只剩今天”，是不是可以让我从生命中获得更多的东西？

我何时应该开始这样做？下个礼拜，明天，还是今天？驱逐焦虑的一条重要准则就是：

让你的生活只剩下今天。

2 利用万能方程式克服忧虑

卡耐基名言

1. 抛掉忧虑，设想最坏的结果，从新的角度权衡一切，集中精力找到解决问题的最好方法。

2. 解决问题应从实际出发，切不可让忧虑迷住双眼。

现在合上书，来回答一个问题，你是否想过一种能迅速解除忧虑的办法——一种不需要看书立刻就能使用，立刻见效的解脱忧虑的办法呢？

那么我来告诉你，这种办法确实是存在的。那么谁发明了这个方法呢？他叫卡瑞尔，是一位才华横溢的工程师，现执掌纽约闻名遐迩的卡贝尔公司，就是他首开空调制造业的先河，被称为“空调器的发明人和空调业的鼻祖”。我就是与卡贝尔先生在纽约的工程师俱乐部吃中餐时得到了真传，知道了解除忧虑的“锦囊妙计”。

卡瑞尔先生告诉我：

我在纽约州水牛城的水牛钢铁公司工作时，接到了一个安装瓦斯滤清器的任务，安装地点在密苏里州水晶城的彼得堡玻璃公司，该工厂建造费总额高达数百万美元。到那个地方安装滤清器就是为了清除瓦斯中的杂质，使瓦斯在燃烧时不至于损坏引擎。这是一台新型瓦斯滤清器，我仅安装过一次，而且当时的试验条件与这家工厂的情况也不一样。所以我到那个地方安装这台新型机器时，遇到了许多始料未及的阻碍。在那种情况下，我没有退却而是选择努力寻找解决问题的方案。功夫不负有心人，这台新型机器终于可以投入使用了。但是事与愿违，机器运转起来后并未达到我们承诺的效果。

这时的我产生了一种深深的挫败感，这种挫败感来得如此强烈，好像给了我重重的一拳，让我整个人都不舒服起来。这种担忧每天存在，让我无法入眠。

几天过后，我意识到忧虑是不能解决任何问题的。经过百般思虑之后，我想到了一个解除忧虑的办法，并且这个办法很快产生了效果。后来一遇到这样的情况，我就采用这个办法来打消忧虑，无疑很快奏效。是什么样的办法呢？这个方法其实很简单，而且每个人都能做到，分为三个步骤：

第一，将实际情况逐一进行分析，接下来对所要产生的后果做出评测，要想到最坏的后果。对于我来说，万一瓦斯滤清器达不到用户的使用标准，最坏的结果就是丢掉工作，老板可能会拆掉机器，新机器研发所投入的20000美金打了水漂，前功尽弃。这就是最坏的结果，我不会因此坐牢或被枪毙，所以我没什么好忧虑的。

第二，有了这样严密的设想分析，那么以后事情发展到那一步时，可以提前做好接受最坏结果的心理准备。

对于这次新型瓦斯滤清器的安装事件，我考虑的是，一旦事情发展到了最坏的那一步，我首先会觉得这次失败对我来说是个极大的教训，也会对我的业绩产生极大的影响，可能会被“炒鱿鱼”，但我可以重新找工作。至于我的老板，他知道这是一种新型机器，而且处在试验阶段，对于他来说，20000美金仅仅是研发费用，是必须投入的一笔科研经费。既然是试验就不可能马上完全成功。想到这里，我的心立刻平静了下来。这是几天来我第一次恢复这样的平静。

第三，从此以后如果我担心一场灾难会降临，那么我就在心里先接受那个最坏的结果，然后再尽力想办法去解决困难，事情的真正结果往往会出乎意料。即便还是最坏的那个结果，那也没关系，因为我早已接受了它。我尽力找出弥补措施，减少目前有可能产生的20000美金的损失。幸运的是，我尝试了几次以后，终于解决了这个问题——再投入5000美金，增加几项设备，我们的问题便迎刃而解。得到老板的同意后，我们即刻开始实施这个项目，最终取得了成功。工厂方面十分认可我们的工作，我们的盈利并未减少反而增加了15000美金。

这件事让我悟出一个道理：事情发生以后，我不能一直处于忧虑的状态，否则根本不可能专心致志地进行一次又一次的试验，取得最后的成功。在最焦虑的时候，我几乎每天都难以平静，担心被“炒鱿鱼”，担心因为公司受到损失让老板非常不满意，担心自己的名誉受损，担心如果机器故障，工厂可能会发生事故等。每天被各种担心充斥的我，如何静下心来搞科研呢？但是当我抛掉忧虑，设想到最坏的结果，这样就可以静下心，从全新的角度分析改变最坏后果的办法，从新的角度权衡一切，集中精力找到解决问题的最好方法。这就是为什么我会取得最后的成功。

这件事发生在很多年以前，但就像昨天刚刚发生一样，已经深深地印在我的记忆里。这个摆脱忧虑的有效方法让我受益终身，让我的生活中不再有忧虑和烦躁，我称之为“摆脱忧虑的万能公式”。

我们在此引入卡瑞尔先生的万能公式，并且大力推广，是因为这确实是一个摆脱忧虑并且屡试不爽的锦囊妙计。从心理学角度分析，如果你按照万能公式的步骤调整心态，就能扫清心中的阴霾，然后就能从实际出发心平气和地处理问题。一旦我们确定已经站在了现实的大地上，心态也会随之转变，可以积极地进行对策性的思考。反之如果没有从实际出发，又怎么能思索出符合规律改变现实的方法呢？谨记：

解决问题应从实际出发，切不可让忧虑迷住双眼。

应用心理学之父威廉·詹姆斯教授如果还健在的话，我相信他也会十分认同这个万能公式的，因为他生前对他的学生讲述了这样一番话：

应对任何接踵而至的连带事件时，你必须学会这种心理能力转变，具备心理转变的准备能力，即愿意承受既成事实的能力，这是第一步骤。

静下心来，你能接受事情发展的最坏后果，然后在这平静之中，你就能超常发挥，找出解决问题的办法。

这个警言值得回味。接受了最坏的结果，我们就没有什么可以再失去了，接下来我们只有“得到”。基于此，你就可以发挥新的主观能动性。

卡瑞尔告诉我说：“能够承受最坏的结果之后我立刻放松了，数天以来情绪第一次得到缓解，接下来，我就可以像往常一样正常地思考了。”

可是这么有道理的道理，仍有许多人没有领悟。因为他们拒绝接受最坏的结果，破坏了他们本来可以再次奋起生活的机会。他们宁愿根据经验与现实做激烈而冷酷的斗争，也不愿意采用接受灾难而后尽可能挽救更多损失的方式来重塑未来，最终情绪颓丧，患上了我们称之为“忧郁症”的疾病。

那么，我们如何应用卡瑞尔的万能公式来摆脱忧虑呢？好，下面我来举一个例子，库克先生，是一位居住在纽约的油商，曾经参加过我的演讲会。他详细讲述了他的经历。

我经历过一次勒索，这本来应该是发生在电影中的事件。事情是这样的：我主管的那家石油公司，用公路货运车给顾客配货，所以公司有许多司机和运油车。当时成品油紧缺，物价管理严格，管委会对配给每一位顾客的油量都有限制。公司的一些运货员开始赚取不义之财，私下减少公司给固定客户的油量，把余下的油卖给他们的私有客户。

我本来不知道这件事，直到有一天一个自称是政府调研员的人威胁我说，他有运货员赚取不义之财的证据，如果我不给他好处费，他就把这些材料提交给地方检察官。我对他说的话深信不疑！公司发生这种事情太令我震惊了！

这件事本与我个人无关，我其实没必要为我个人担心，但是法律规定公司要为员工负责。同时我明白一旦这件案子报至法院，经媒体公开后，势必会影响公司的声誉，毁了我的生意。我父亲 24 年的经营，一旦毁在我的手上，我将终生后悔痛苦。

紧接着我生病了，三天三夜吃不下睡不着，我始终摆脱不了这个困扰——是付给那个人 5000 美元的红包，还是态度强硬地拒绝他，我摇摆不定，三天的时间真是度日如年呀！

三天之后的一个星期天，我阴差阳错地拿起参加卡耐基先生演讲会带回来的《如何不再忧虑》的小册子，我心中燃起了一丝希望，这本书应该会教给我一些东西。于是我开始读起来，当读到卡瑞尔说到自己“承受最坏的结果”时，我开始考虑我自己：“如果我不贿赂那个人，他就会把材料交给地方检察官，那最坏的情况是什么呢？”

答案是：搞垮我的生意！这是最坏的结果。我不会为此被关进监狱，也不会被拘留。不过是我会因此被击垮，生意失败。除此以外没有更坏的结局。

因此，我告诉自己：“算了，只是公司破产而已，我从心理上可以接受这一败局。”我又问自己：“以后你有何打算？”我想：“我当然得去谋一份工作。也好，省得自己做生意辛苦。石油方面我很在行，说不定会有大公司愿意要我……”想到这里，我心情平复了很多，已持续三日的焦灼开始悄悄减退，我的情绪开始慢慢稳定下来。更让我高兴的是，我此时的思维竟然不再混乱，又能像往常一样想办法了。

这之后，已然清醒的我打定了第三步主意——尽最大努力来力挽狂澜。就在我盘算可能的解决方案时，我突然想到，为什么不把整件事告知我的法律顾问，说不定他能琢磨出一个合法的，我又未曾想过的办法呢！说到这儿，可能你们会觉得我很蠢，因为这三天里我从未想过这条途径。可是，你不是那时的我，也理解不了我当时的状况。当时，内心的焦虑足以将我吞噬，我根本无法组织思维进行有效思考。然而，现在我的思维已经摆脱泥潭，思考问题有条不紊。我决定明天起床后立刻去咨询我的法律顾问。然后我就爬上床，这一晚我睡得格外香甜，甚至连梦都没做一个。

后来事情发展得怎么样呢？说起来就像一场梦。第二天我的法律顾问按照我的指示向地方检察官报案，在他把事情前后一一解释清楚后，检察官说，类似的勒索案最近在本地区频发，已有数月之久。那个人自称“政府调研员”，是一个正在逃命的通缉犯。当我的顾问把结果告诉我时，我当真欣喜万分，这次勒索案让我三天三夜都寝食难安。回想起来我就责备自己，怎么不早点儿和自己的法律顾问商量此事。

这次经历在我的记忆中留下深刻烙印。通过这件事，我也学会了今后该如何应对焦虑。如今，每当我心情焦灼之时，我都会想起卡瑞尔的万能公式。

库克的故事再次告诉我们万能公式的重要性，在人的神经被焦虑麻痹时，它能使我们尽快恢复正常的思考能力。

还有很多其他类似的故事，其中一个也很能说明问题。故事的主人公叫艾尔·海利。那是在 1948 年 11 月 17 日，波士顿斯特朗大饭店里，艾尔·海利坐在我对面讲起了当年的故事——

1929 年，长期的焦虑使我患上了严重的胃溃疡。一天晚上，我突然犯病，肠胃剧痛难忍，家人赶紧把我送到芝加哥西比大学医学院附属医院急诊室。诊断结果显示，我的病因未能及时治疗导致胃出血。我知道我得马上住院，为我诊断的是一位很有声望的胃溃疡专家。我的家人被告知，我的病已经到了无法挽回的地步。他嘱咐我，只可吃苏打粉，每小时吃一大勺半流质食物，每天都要洗胃，除此之外，不可有剧烈动作，包括躺在床上抬头。更难受的是，为了把我胃里的杂物全部洗净，护士每天两次将一根橡胶管插入我的喉咙里，真是异常痛苦。

不久之后，我的体重从 175 磅骤降至 90 磅。就这样我半死不活地在床上躺了几个月。一天，我突然想起长久以来的一个梦想，那就是环游世界。可现在的我没有办法实现它。我告诉自己：还是睡觉吧！海利，除了等死你还能做什么呢？还梦想环游世界？可我睡不着，心中的某种执念要我不要放弃抗争。于是，我开始这样想：如果我真没有其他指望，只能等死，我何不用这有限的时间来完成自己的梦想——环游世界。这比坐着等死强得多。

如此，第二天我就对医生说了自己的打算。我说：“趁我还活着，在这有限的时间里，我要去环球旅行。在外旅行的这段时间里，我每天会按照护士的要求洗两次胃。”医生吓了一跳，一致反对说：“这绝无可能，我们从没见过像你这样的重病患者还能环球旅行的。”他们甚至警告我：“如果你一意孤行，你就做好在海上病发身亡的准备吧！”我回答说：“不会的。我已向我的亲人们承诺，我会把自己埋葬在故乡的墓园之中。对此，我已经准备好了，我打算带上一口棺材一同旅行。”

之后，我真的没有食言。我买了口棺材并把它运上船。随后，我又嘱托船长，万一我在旅行途中没能撑下去，就请把我的尸体存放在轮船冷冻舱并送回我的家乡。在此之后，我踏上了旅程。我那时心情复杂，既觉得自己悲壮，又觉得自己浪漫。毕竟像我这样的人世上难找到第二个，这个决定也算是让我不枉过这一生。

许是因为我已了无牵挂，登船之时，心中有说不出的畅快。甚至有一首奥马克安的诗跃入我的脑海：

啊！

生命
即将零落成泥
在此之前
我岂能辜负生命时光
而放弃拼搏一生之欢
尽管我不知
我的生命何时终止
但我知
生命凋零而后
是无边的黄泉孤寂
更看不到明天

其实，沿途这首诗一直伴我左右。而奇迹也转瞬而至，就在我从洛杉矶登上洛杉矶总统号航船之时，不知不觉地我的身体已然不同以往了。我感觉到，病情一直在向好的方向发展。我逐渐断了药物，连痛苦的洗胃也可以免掉了。很快，任何食物我都可以开怀大吃了，甚至包括一些甚是古怪的地方特色小吃。那些是连同行船员都叮嘱我谨慎食用的东西，船员们说我的身体很可能无法承受。可是，事实却全然不同，把那些小吃吞进肚子里之后我依旧毫发未伤，这让他们大跌眼镜。过了几个星期，我甚至可以来一只长雪茄或喝杯老酒过过瘾，这可都是医生们禁止的食物。可我还是碰了，而且没有出现任何不良症状。

那次旅行带给我已丢失多年的轻松愉悦。在海上航行时，我们的船在印度洋遭遇了季风，要是我没能放下一切担忧牵挂，单单这季风造成的恐惧就会要了我的命。然而，在我看淡生死离别之后，反而将眼前的惊险当成了一场刺激的冒险之旅。

在船上我认识了新朋友，还和他们做游戏、唱歌、侃大山，不到后半夜不散场。我抵达中国和印度后，突然发现，在东方国度的贫穷和饥饿面前，在当地人生活的辛酸面前，我那所谓的生死愁苦又算得了什么呢？我的思想也因此有了巨大转变，我觉得，我受死亡胁迫时心中的愁苦不及他们活着时痛苦的万分之一。因此，我再也没顾影自怜过，心中极宽慰，与种种担忧就此告别，甚至心底里有一股自豪感油然而生。可以这么说，我一辈子到现在，从没感到过如此舒畅。再回到美国时，我体重增加了 90 磅，疼痛也没再犯过。从那以后，医生再没上过我的门。

紧接着艾尔·海利对我说，他注意到，他下意识地使用了卡瑞尔的万能公式，正因如此，平日里阴魂不散的忧虑感才一扫而光，进而重获健康。艾尔·海利接着说：

之后我概括自己的心理演变过程，我发现，我的心理演变过程与卡瑞尔克服忧虑的三个步骤正好吻合。

第一，我问自己：最坏的结果可能是什么？我回答：离开人世。

第二，我要自己做好准备接受死亡这一结果。因为，我不得不这么做，我没有其他选择，所有大夫一致认为我活不长久。

第三，从可能死亡这一角度，我思索自己还能做的所有事情。我有了答案：我要尽最大努力享受这所剩无几的生命。假如在我踏上旅程之后，我仍放不下种种担忧，那么我注定会躺在棺材里被送回国。然而，我不再对活得长久抱任何希望，这反而让我扔掉了所有包袱，让我不再被烦恼困扰，心境安宁，也让我的生命力在这一心境中强势复苏。恰是这复苏的生命力，击败了我肉体的病痛，我才得以重获新生。

所以，在你被焦虑所扰时，消解忧虑的灵丹妙药就是卡瑞尔的万能公式，你可以进行如下三步来调整自己的心理状态：

1. 询问自己——最坏的结果可能是什么？

2. 假如你没有更好的方案去避免这一结果，那做好准备接纳它就是你唯一能做的事情。这会帮助你更好地调节心理。

3. 再之后，稳定心绪，理智思考可以挽回这一结果的解决方案。尽最大努力推动结果向好的方向发展。

总结起来就是，被焦虑所困时，如果你希望克服这种不良心理状态，调整情绪时你应该这样做：首先，保证你平日里灵活的思考能力不被不良情绪麻痹；其次，应用卡瑞尔的万能公式。按照上述建议去做，我相信在大多数情况下，你的担忧就会像被热汤浇洒的雪花一样转瞬消弭。

第二篇

十一个法则，走出孤独忧郁

1 现代人大都有孤独症

卡耐基名言

1. 一个人之所以会感到寂寞、孤独，是因为他不明白爱和友情都是要靠自己争取的，而不是从天上掉下来的。一个人只有付出很多努力和代价，才能融入一个集体，被他人接受，得到别人的欢迎。

2. 我们只有从自怨自艾的阴影中走出，大步向前地走进充满光明的人潮，才能真正克服孤独带来的各种困惑。我们应该走出去，去遇见新的人，去交新的朋友，去体验不一样的生活。

五年前，我的一位好朋友因为意外永远失去了她亲爱的丈夫。她天天以泪洗面，悲痛欲绝。自从意外发生的那一刻起，她便犹如陷入了万劫不复的深渊，和成千上万有着类似经历的人一样，日日夜夜挣扎在孤独的痛苦之中。一个月之后的一天夜里，她泪眼婆娑地来找我，向我寻求帮助，她带着哭声问我：“我可以做点儿什么呢？哪里是我的家？我以后的日子还会幸福吗？”

我用尽全力安慰她，努力向她解释：她现在之所以焦虑不安是因为意外失去了丈夫，年过半百之时就失去了自己心爱的另一半，这不幸的遭遇放在任何人身上都是令人悲痛难以自持的。但是随着时间的流逝，忧愁、烦恼、不安、苦难也会消失殆尽，她也将在痛苦的废墟中重建自己的小幸福，开始完全不同的新生活。

然而她瞪着通红的大眼睛绝望地对我说：“不！我不认为我还会幸福了。你看，我已经老了，我的孩子都长大了，有了自己的事业和家庭。我还可以去哪里呢？”我可怜的朋友患了厉害的自怜症，并且谁都不知道这种病怎样治疗才能痊愈。很多年过去了，我的朋友一直郁郁寡欢，心情没有丝毫好转的迹象。

记得有一次，我实在看不下去她这样消沉，便主动对她说：“我觉得，你不要特意引起别人的怜悯和同情。不管之前发生了什么，都已经过去了。你现在应该重建自己的新生活，多出去走走，认识新的朋友，培养一个以前没有的兴趣，而不是像现在这样永远活在痛苦的记忆里。”她显然没有听进去我的建议，一直活在她自怨自艾的痛苦里。再后来，她决定搬去和一个结了婚的女儿一起居住，她自认为她的孩子应该为她的幸福买单。

但是，事情发展得很不顺利。她和女儿都陷入了痛苦记忆的深渊，一开始只是简单地争吵，后来矛盾升级母女翻脸以至于无法继续一起生活。于是这个老妇人又搬到儿子家里一起住，依然不顺利。最后，孩子们决定给老妇人买一间公寓让她自己居住，争吵虽然没有了，但是这也没有解决老妇人的根本问题。她一个人孤零零地住在公寓里，愈发孤寂。

直到有一天，她跑来向我哭诉，所有的亲人都离开她了，她的丈夫离她而去，她的孩子不和她一起居住，没有人理会她这个老妇人了。自从她丈夫离开之后，这位老妇人再也没有过过一天开心快乐的日子，她深深地认为全世界都要为她丈夫的离开负责，全世界应该为了这亏欠而补偿她。她虽然今年已经61岁了，但是情绪脆弱得像个儿童一般。她的遭遇确实令人感到同情，但是也让人看到她自私的一面。

一个人之所以会感到寂寞、孤独，是因为他不明白爱和友情都是要靠自己争取的，而不是从天上掉下来的。一个人只有付出很多努力和代价，才能融入一个集体，被他人接受，得到别人的欢迎。只有尽力去做些改变，才能获得别人喜欢我们的可能。爱情、友情或是那些欢乐时光，这些都不是一张薄薄纸片上的文字所能承载的。我们需要勇敢地面对现实，不管是失去了丈夫还是失去了太太，活着的另一个人都有权利继续坚强地生活下去，并且要更加快乐，因为你要相信天堂里有另一个人会因为你的快乐而快乐。还有一点我们必须明白：幸福不能依赖别人的施舍，需要自己去努力争取，证明自己的价值，赢得他人的接纳、欢迎和喜爱。

现在我们来讲另外一个故事。

在波光粼粼的地中海水面上，有一艘美丽的游轮正在缓缓前行。游轮上既有已经结婚正在度蜜月的甜蜜夫妇，也有一些单身新贵，他们开心地跟着乐队的伴奏翩翩起舞。其中有一位单身老妇人格外引人注目。老妇人已经六十有余，但是看起来很年轻，始终面带微笑随着音乐舞蹈。这位单身老妇人有着和我那位朋友一样的遭遇，也因为意外失去了丈夫。但是这位老妇人能够抛开伤心回忆，勇敢开始新的生活，终于迎来了人生的第二春。她经过深思熟虑之后做的决定，给她的后半生带来了积极的影响。

她的丈夫是她这一生最爱的人，曾经是她生活的中心，但是现在她深刻地明白，这一切都犹如过眼云烟。值得庆幸的是，老妇人一直有一个自己的爱好——画画，特别是水彩画。在丈夫离开之后，画画便成了她的精神支柱。渐渐地，她的悲伤情绪在画画中得到宣泄和释放，终至平息。加上老妇人的天赋和努力，她的画得到很多人的欣赏和认可。她也开了自己的工作室，经济上做到了完全独立。

在很长一段时间里，她发现自己很难和其他人交流，甚至丧失了说出自己想法感受的能力。以前她的丈夫是她生活的重心，他们恩爱有加无话不谈，她的丈夫既是她的伴侣，又是她努力生活的力量来源。当她失去丈夫之后，她发现自己已经无法和其他人打成一片。她深知自己相貌平平，家境一般，因此在那段绝望孤独的时光里，她一直扪心自问：怎样才能让别人接纳她，需要她。

后来，她终于找到了答案——她努力把自己变成可以被人接纳的形象。她学着去奉献，而不是站在原地等着别人主动来找她。明确了这一点之后，她擦干眼角的泪水，露出灿烂的微笑，让画画占满自己的时间。她也抽空去亲朋好友家做客，努力营造欢快的气氛，但是绝不久留。没过多长时间，她逐渐成为大家欢迎的对象，有很多朋友邀请她到家里共进晚餐，还有人邀请她参加各种聚会，甚至社区会所还邀请她举办画展。她参加各种活动，所到之处都是一片欢声笑语，给人留下美好的回忆。

就是因为她参加了这艘游轮公司举办的“地中海之旅”，我和她才会相识。在这次旅程中，她是每一个人最想亲近的人。她不仅友善得让人无法拒绝，还识大体，绝不紧缠着人不放。整个交谈过程中，老妇人自然亲切，使人折服在她闪闪发光的人格魅力之下。很快旅程接近尾声，在最后一晚，老妇人的船舱是整个游轮最热闹的地方。大家都来和她聊天，告别。老妇人自然而不做作的风格，让每个人印象深刻，并且心甘情愿与之结交。

在这次旅行中老妇人收获了很多朋友，随后她又参加了很多次这样的旅行。她深知只有自己努力迈开一大步，跨进不一样的生命之河，把自己奉献给需要的人，她才算是开始了新的生活。大家都愿意和她亲近，和她做朋友，她去的地方到处洋溢着友善的味道。

时代在进步，医学也越来越发达，可是有一种病越来越普遍，现代人都得了一种叫孤独的病。他们虽然长期处在拥挤的人群中，内心却感到深深的孤独。

加州奥克兰的密尔斯大学校长林·怀特博士曾经在一次女青年聚会的晚宴上发表了一段很吸引人的演讲。其中提到了现代人的孤独病，他说：“20世纪什么病最流行？孤独病。借用大卫·利斯曼的话说，我们这些人可以称作‘寂寞的一群’。随着人口的迅速增长，人性一个个汇集在一起，犹如广袤的海洋，根本无法仔细分辨身份……人类生活在这样一个‘别具一格’的大环境中，加之政府或者企业的经营模式，人们经常需要变动工作地点——导致人们的友谊无法长久维系，整个时代就犹如进入了冰河时期，人们的内心再也感觉不到温暖，满是冰冷。”

生活在怀特博士所描绘的“勇敢的环境”里的人，才能克服孤独的恐惧。无论我们去往何方，都要努力创造和他人的温暖情谊。这情谊就像煤油灯燃烧的火苗一样，虽然只有一点儿却能给人带来光明和温暖。

我们只有从自怨自艾的阴影中走出，大步向前地走进充满光明的人潮，才能真正克服孤独带来的各种困惑。我们应该走出去，去遇见新的人，去交新的朋友，去体验不一样的生活。我们要开心地走到世界的各个角落，给别人分享自己的快乐。很多资料以及数据统计都显示，大部分已婚女子都比自己的另一半寿命长。然而，当另一半过世后，这些妇人很难开始新的生活。这一点在男性身上表现出了不同，男人需要一直工作赚钱养家，这种工作需求迫使他们不得不大步向前，继续生活。在一般家庭中，丈夫比较强势，富有进取性，而妻子主要以家庭为重，相处对象也主要都是家人。这就导致女性对独立生存，追求全新生活，没有任何心理准备。但是，如果女性有了决心，勇敢地开始新生活的话，她们照样可以做到远离孤寂和痛苦。

我们所说的孤寂当然不只是针对丧夫丧妻之人，而是就世界上的每一个人而言的。无论你是英俊潇洒的单身新贵还是美丽优雅的女王，无论你是载着全家希望进城务工的打工仔还是街头穷困潦倒的流浪汉，都会尝到孤寂的辛酸。

几年前，一个乳臭未干刚拿到大学毕业证的青年，一个人来到繁华大都市纽约，准备在这里实现自己的宏图大志，也为这城市增添一丝光彩。这青年眉清目秀，英俊潇洒，不仅接受过良好的教育，还有自己独特的经历，他对自身的条件感到十分满意。一切安排妥当之后，白天他参加了一场销售会议，晚上他突然感到孤单。他不想一个人去吃饭，更不喜欢一个人看电影，也不想打扰那些已经结婚的好朋友。或许，我还可以帮他再加上一个理由——他嫌麻烦，不希望任何姑娘纠缠自己。

当然，他这样一个优秀的青年也想早日遇到梦中情人。但是他的梦中情人绝对不能是从什么酒吧或者单身派对上随便碰到的姑娘。于是，他只能在这个繁华的大都市里，独自抱紧被子，度过寂寞寒冷的夜晚。

我十分了解大城市的生活，有些时候比小村庄更让人感到孤独寂寞。我更了解的是，如果你在一个大城市里生活，你需要花更多的心思去交朋友，试着让你的朋友接纳你、需要你。当你想去一个大城市发展之前，请想好你以后的生活，特别是你下班之后的时间——要怎么打发你的私人时间。大家当然都想和有相同兴趣爱好的人一起做点什么，但是，首先你要知道如何伸出友谊的手。

其实你可以做很多事，当你第一次到一个完全陌生的地方，你可以去教堂做礼拜，找一些感兴趣的俱乐部——这些都可以帮助你认识更多的人。如果你想提升自己，还可以学习一些成人教育的课程，在学习中还能找到有着相同目标的同伴，何乐而不为？但是，如果你经常一个人去饭店吃饭，又或者去酒吧买醉，那你理所当然得不到任何朋友。你需要做个计划并且落实，认真去做些事情。大家都知道纽约的地铁可以称得上是世界上最大的地下交通网，但是如果你连一枚硬币都不投进去，就无法跨越旋转门，那再庞大的地下交通系统于你而言都是毫无意义的。

几年前，我认识了两个迷人的姑娘，她们一起住在纽约东区的一间小公寓里。两个姑娘都年轻漂亮，还有着薪水不错的工作，她们俩都希望自己有朝一日能走上人生巅峰。我被其中一位姑娘的智慧所深深吸引，特别是以她这么年轻的年纪来说。她仔细安排了自己的业余生活，并详细计划了自己的未来人生。她认为这是居住在大城市的姑娘——特别是单身姑娘所必不可少的。除去上班时间，在她的业余生活里，她定期到一家教会参加各项活动。她加入了一个自己感兴趣的研讨会，还选修了一门可以改进人的性格的课程。她工作所赚的薪水差不多都拿来与人交往，从而创造了美妙多彩的生活。

她虽然有很多休闲娱乐活动，但是对于社交关系十分谨慎，特别是避免大量暧昧不清的男女关系。

一个年纪轻轻的小姑娘，只身到纽约，初来乍到的她也会经常感到寂寞。试问，哪个姑娘不会感到寂寞呢？但是，她和那些寂寞的男人不一样，那些男人在海里游了半天，最后却只找到一块海绵，吸饱了水的海绵早已无法吸走他们身上的寂寞。而这个姑娘知道，她一定要有自己的计划。现如今，她已成为我的朋友，我们经常互相拜访。她和一位优秀的年轻律师结了婚，生活得十分快乐。她也终于实现了她想要的目标——幸福和快乐的生活。

那另外一个姑娘呢？起初，她也感到孤单寂寞，但是她没有合理安排生活。她喜欢在酒吧或者娱乐会所结交朋友，最后也参加了一个俱乐部——帮助人们戒酒的“戒酒俱乐部”！可见恰当地安排生活是多么重要。

所以，如果你想远离孤独烦恼，你要记住：

幸福不能依赖别人的施舍，你要自己努力，去赢得别人对你的需求和爱。

2 克服忧郁，才能获得健康

卡耐基名言

1. 忧郁会加快女人衰老的速度，摧残她美丽的容颜。

2. 现在的社会复杂多变，我们只有在内心保持平淡波澜不惊，才能做一个正常人，不受精神疾病的困扰。

3. 一个人只有懂得如何战胜忧郁才能长寿。

我记得在很久之前，一天夜里，隔壁邻居来按我家的门铃，希望我们一家人可以去种牛痘，预防天花传染。整个纽约市有几千名志愿者去各家各户按门铃，希望大家可以接种牛痘，他只是其中之一。很多人都吓坏了，大家排了好几小时的队，就是为了等待接种牛痘。接种站设立在各种场所，医院、消防队、派出所、大工厂，等等。2000 多名医生护士不分昼夜地工作来帮助大家接种牛痘。为什么这样热闹呢？原因是纽约市中有 8 个人患了天花，其中两人已经死亡了。也就是说，总人口达 800 万的纽约市民中因为天花死亡了两人。

截至目前，我已经在纽约市居住了 37 年，但是一直到现在也没有人跑来按我家的门铃，然后告诉我应该预防精神上的疾病，比如说忧郁症。事实是，忧郁症这种病，在过去的 37 年中产生了巨大的危害，这种危害甚至比天花还要大一万倍。

但是从来没有任何人跑来按响我的门铃告诫我：在当今社会生活中的人，大概每 10 个人中就有一个人有精神疾病，大多表现为精神崩溃，这种精神崩溃产生的原因很多，主要是由于忧郁及一些感情方面的冲突而引发的。这就是我写这一章节的意义，我在按你们的门铃，希望你们能得到预警。

忧郁可能造成的疾病

诺贝尔医学奖获得者亚历西斯·卡雷尔博士说过："一些商人不懂得如何抗拒忧郁，这导致了他们寿命的减少。"其实在生活中，不仅是商人，甚至于家庭主妇、木匠或者兽医……任何职业都一样，都如此。

前几年，有一次我在度假，我和戈伯尔博士坐车经过得克萨斯州及新墨西哥州。戈伯尔博士是圣塔菲铁路的医务人员，他的正式职业是海湾—科罗拉多和圣塔菲联合医院的主治医生。我们谈到了忧郁对人类的影响，他是这样说的：

在医师治疗的这些病人当中，有70%的人只需要消除自身的忧郁和恐慌，他们的病就可以痊愈。我们不应该误以为他们生病了，其实，他们的病就像你的某一颗蛀牙一样，有时候甚至还要严重数倍。而我所说的这种病，就跟一些常见的病一样，比如神经性的消化不良，或者心脏病、胃溃疡、头痛症、失眠症、麻痹症等。

这些病都是真实存在的，我也不是空口无凭。我本人就得过长达12年之久的胃溃疡。

恐慌导致我忧郁，忧郁又导致我紧张，并最终影响到我胃部的神经，于是我胃里的液体变得紊乱，胃溃疡也因此产生。

约瑟夫·蒙塔格博士在他写过的一本叫"神经性胃病"的著作中提到：胃溃疡为什么会产生？它的产生不是因为你吃了什么东西，而是因为你最近在忧郁什么。

梅奥诊所的著名医生阿尔凡莱兹博士也说过："胃溃疡很大程度上随着你情绪紧张的高低而产生或者消亡。"

阿尔凡莱兹博士说的话已经得到了证实，他对梅奥诊所医治的15000名胃病患者进行了调查研究。大约每5个人当中，只有一个人是因为生理原因导致的胃病。剩下的大多数人都是由于恐慌、忧郁、仇恨、自私，以及一些其他个人现实问题，而最终导致的胃病。严重的胃溃疡可能夺去你的生命。

前一段时间，我和梅奥诊所的哈罗德·哈贝恩博士通过几封信。他曾经在全美工业界医师协会的年会上为大家朗读过一篇文章。内容是，他研究的176位平均年龄在44.3岁的工商界负责人，其中大概有三分之一的人患有以下三种疾病之一——心脏病、消化系统溃疡、高血压。而这些疾病的产生都是因为生活过度紧张、巨大的工作压力，以及无时无刻的忧郁。试想一下，在我们身边，这些工商界的负责人当中，有三分之一的人都有心脏病、高血压或者胃溃疡，然而他们的平均年龄还不到45岁，可见，成功需要付出多么惨痛的代价！

换一种说法，他们可以说是在追求成功吗？一个个身患心脏病或者胃溃疡的病人可以说是成功之人吗？即使他得到了成功，赢得了世界，却也伤害了自己的健康，那对他而言，有何益处？就算他获得了全世界，他还是要每天睡在一张床上，每天还是吃三餐。就算是一个挖河渠的工人，也可以做到，而且这个工人还可能比这个有着巨大权力的负责人睡得香甜，吃得美味。如此看来，我宁愿在亚拉巴马州租一片田地，自己播种，当个农民，农闲时坐着弹弹五弦琴，也不愿意在40多岁的时候，为了管理某个投资公司或者是一家烟厂，而把自己的健康搭进去。

说起香烟，我又想起一件事。最近，一位全球知名的香烟制造商在加拿大的森林里放松的时候，突发心脏病，离世了。他虽然坐拥几百万元的财产，却在61岁时就与世长辞。他是用自己的生命换取了生意上的成功。

在我眼里，这个香烟大王虽然有着几百万的财富，但是他还不如我父亲成功。我父亲是密苏里州的一位普通农民，没有什么钱，但活到了89岁高龄。

忧郁可能导致一些精神和神经上的问题

著名医生梅奥兄弟宣称，在他们医院的病床上，患有精神类疾病的患者占一半以上。但是，当他们用强力显微镜观察，用最先进的技术检验时，他们发现其实大部分人都是健康的。而我们所说的那些患者“精神上的疾病”都不是精神本身有何异常，而是患者自身的消极情绪，比如暴躁、恐慌、忧郁、颓废、悲观、失败，等等。柏拉图说过这样一句话：

医生经常犯的错误是，他们只想单纯治疗患者的身体，而不想医治患者的思想。但是精神和肉体是统一的，不可分割，更不能分开医治。

这个真理，医药科学界花费了2300年的时间才认清。我们人类目前也在发展一种全新的医学，命名为“心理生理医学”，这个医学可以用来同时治疗精神和肉体疾病。现在也正是做好这个医学理论的大好契机，目前的医学已经消除了那些严重的、由病毒所引起的疾病，比如说天花、霍乱、黄热病，还有以前曾把千千万万人带进坟墓的传染疾病。但是，医学界目前还不能治疗那些由情绪上的忧郁、恐慌、惊吓、暴躁，以及绝望所引起的疾病。这些疾病都不是由细菌或者病毒引起的，跟以往的治疗有着千差万别。而这些由情绪所导致的疾病正在与日俱增，并且传播速度也很快。

有医生预计，现在的美国人中，每20人当中就有一个人曾经在某段时间得过精神疾病。以第二次世界大战期间被要求服兵役的美国年轻人为例，据统计，每6个人当中，就有一个人因为精神失常而无法服兵役。

是什么导致精神失常？没有人知道完整答案。一般情况下，是由巨大的恐惧和忧郁导致精神失常。焦虑和暴躁的人，一般很难适应现实世界，于是他们切断了跟外界环境的联系，独自躲在自己的世界里，希望这样能解决他们担忧的问题。

当我写到这一章的时候，我书桌上有一本爱德华·波多尔斯基博士的名著《停止忧郁，换来健康》，书中提到了几个方面：

1. 忧郁会影响心脏的正常运作。

2. 忧郁会导致高血压。

3. 忧郁造成风湿病。

4. 忧郁可能引起胃部疾病。

5. 忧郁会让你患上感冒。

6. 忧郁与甲状腺之间的关系。

7. 忧郁会加重糖尿病患者的病情。

还有由卡尔·明格尔博士著述的《与自己作对》，这本书也讨论了忧郁。书中没有关于如何抗拒忧郁的内容，但是，有很多事例让你了解了一个真相：诸如忧郁、暴躁、憎恨、恐慌等负面情绪都在真真实实地伤害我们的健康。

忧郁的伤害力之大，甚至可以让健康强壮的人患病。距离美国南北战争结束只剩几天时，格兰特将军发现了一个奇怪的现象。

格兰特围攻罗伯特·李已经有9个月了。罗伯特·李将军的部队衣衫不整，饥肠辘辘，已经被打败了。一次，兵团的大部分人都无所事事。一些人在帐篷里祈祷，他们嘶喊、哭泣，甚至看到了各种幻觉。战争马上就要结束了，罗伯特·李将军派人放火烧了他的棉花、烟草仓库和兵火库，最后在熊熊大火中弃城逃跑。格兰特见此状况，乘胜追击，派兵从左右及后方包围南部联军，派骑兵在正面截击，并且破坏铁路线，缴获了给罗伯特·李送补给的车辆。

格兰特自身健康很糟糕，他患了剧烈的头疼，而且眼睛半瞎，这让他无法跟上大部队的脚步，他停在了一个农家。他曾在回忆录里记下了那一天："我在一个农家过了一夜，我把双脚泡在添加了芥末的冰水里，还把药膏涂在我的手腕及后颈上，我祈祷第二天能康复。"

"第二天早上，我如愿以偿地康复了。但是帮助我康复的并不是药膏，而是一封信。"

格兰特在回忆录里继续写道，"当那个骑兵站在我面前，我的头还在剧烈地痛着，可是当我看到他带回来的信，我就立马好了。他带来了一封罗伯特·李的降书。"

显而易见，正是忧郁、紧张，以及各种不安因素导致了格兰特久病不愈。而当这些情绪消失了，他恢复了自信，一想到战争的胜利，他就好了起来。

70年后，类似的事情发生了。罗斯福总统的财政部长亨利·摩根索感到忧郁正在影响他的健康，他时常感到头晕眼花。他在日记里说，罗斯福总统想提高小麦的价格，于是在一天之内购买了440万蒲式耳的小麦，这让摩根索感到十分忧郁。他在日记里详细描写了自己的痛苦："这件事一直没有结果，我感到头昏眼花。我回家吃了午饭，然后睡了两小时，但毫无效果。"

如果我想知道忧郁到底会对人产生怎样的影响，我不必去图书馆翻阅书籍，也不用去医院找病例。我只要坐在家里的窗户前，向外望去，就能看到这条街上的某户人家有人因为忧郁导致精神崩溃，那条街上的另外一户人家有人在炒股，股票一跌停，他体内的糖分就升高，他得了糖尿病。

法国著名思想家蒙田当选为他故乡的市长，他对市民演讲时说道："我很乐意用我的双手帮助你们解决问题，但是我可不想让这些琐事影响我的健康。"

我有一个炒股的老邻居，他却把股票带进了他的血液，差点儿因此丧命。

忧郁还会产生关节炎及其他疾病

如果我想知道忧郁会对人产生什么样的影响，我甚至不用去看窗外各色的人家，我只要坐在我现在所处的房间里，想想这房子以前的主人——一个因为过度忧郁而生病丧命的人。忧郁容易导致关节炎、风湿病或者其他疾病，它会让你坐上轮椅。康奈尔大学医学院的罗素·塞西尔博士是世界闻名的医生，他以治疗关节炎著称，他帮大家列举了 4 种最容易导致关节炎的原因：

1. 感情破裂，离婚。
2. 财政危机。
3. 孤独忧郁。
4. 长时间处于生气状态。

这四种因素，不能说是导致关节炎的唯一原因，但事实上却是导致关节炎的最常见的原因。举例说明，我的一位朋友，遭遇经济危机，损失惨重。煤气公司切断了他家里的煤气，银行收回了他当时抵押贷款用的房子，他夫人也不幸得了关节炎。他夫人虽然一直在治疗，但没有痊愈，一直到他度过了经济危机，家里财务状况有了改善，他夫人的关节炎才彻底治愈。

忧郁还会让你有蛀牙。在全美牙医协会上，威廉·麦克戈尼格博士做了一次演讲，他在演讲中说道："忧郁这种负面情绪会影响大家身体中钙质的平衡，这样会导致牙齿更容易得蛀牙。"麦克戈尼格博士还说了一个例子，他的一位病人原本有一口好牙，后来他的夫人生了病，他很担心。他夫人住院 3 个星期的时间里，他长了 9 颗蛀牙，全都是由忧郁导致的。

我曾经见过一个甲状腺反应过度的病人。他战栗、颤抖，看起来好像受到了惊吓。医生告诉我，事实也确实如此。甲状腺可以保护身体规律化，一旦甲状腺失常，就会导致心跳加快，身体一直处于亢奋状态。必须做手术或者治疗，否则他们很可能会丧命。

前一段时间，我陪一个患病的朋友去费城治疗。我们拜访了巴拉姆博士，他主治甲状腺疾病长达 38 年之久。他的候诊室里挂了一块提醒牌，是给病人们的忠告：

轻松、愉快地享受生活

使人们感到轻松愉快的事物很多，有一个信仰，充足的睡眠，优美的音乐，开心地大笑。

——对自己要有信心

——每天要能睡个好觉

——聆听优美的音乐

——乐观地看待人生

健康快乐就是你的，别人夺不走。

他问了我朋友一个问题：“你的负面情绪是不是已经影响了你的健康？”他还告诫我的朋友，如果再这样忧郁下去会患上其他多种疾病，心脏病、糖尿病、胃溃疡都有可能。医生说：“这些疾病之间都是亲属关系。”没错，它们都是近亲，都是忧郁导致的疾病。

有一次我去采访女明星莫尔·奥伯恩，她说她从来不会忧郁，因为她知道忧郁会破坏她在大屏幕上的重要财富——她姣美的容颜。

她说，我第一次冒出进军影视圈的想法的时候，内心十分忧郁。那时我刚从印度回来，在伦敦没有一个朋友，我却想在伦敦找份工作。我见了好几个制片人，没有人愿意用我。我仅存的钱也花光了。整整两个星期，我只吃饼干和水。我被饥饿和忧郁缠身，我对自己说：“我可能是个痴心妄想的傻子，我不可能走进影视圈。我没有经验，也不会演戏，除了我这张美丽的脸庞，我还有什么？”

我抬头照了照镜子，我惊慌地发现忧郁已经对我的容颜造成了重大影响。我看着我的皱纹，还有焦虑的表情，做了个决定：“我必须立刻放弃忧郁，我目前只有这副容颜，我不能让忧郁毁了我的容颜。”

忧郁会加快女人衰老的速度，摧残她美丽的容颜。忧郁使我们的面部表情狰狞，让我们的脸上出现皱纹，让我们愁眉苦脸，头发失去光泽，严重的时候还会脱发。忧郁还会让我们的脸上生斑点、溃疡、痘痘。

美国的第一号疾病凶手就是心脏病。二战期间，大概有30万美国军人战死沙场，然而就在同一时期，心脏病杀死了200多万的平民。其中有一半人的心脏病是因为忧郁所导致的。正是因为心脏病，亚历西斯·卡雷尔博士才会告诫大家，不懂得如何抗拒忧郁的商人活得也不长。

中国人及美国南方的黑人，因为处事沉着，很少有人因为忧郁而导致心脏病。一般而言，死于心脏病的医生数量是农夫的20多倍。医生长期处于紧张的生活状态下，患心脏病的可能性增大。

威廉·詹姆斯说：“也许上帝会原谅我们的过错，但是我们自己的神经系统却不会原谅。”

又是一个难以置信的真相：世界上每年因为自杀死亡的人数，远远多于各种常见疾病的人数。

为什么会这样呢？大多数都是因为忧郁。

古代，残暴的将军折磨战俘的一个方法就是，把俘虏捆绑起来，放置在一个不断滴水的袋子下面。水一滴，两滴，三滴，不间断地滴着，这些水珠滴在战俘的头上，就像是棒子敲击的声音，最后战俘都精神失常了。这种残忍的手段，在西班牙宗教法庭及希特勒手下的德国集中营中都被使用过。

忧郁和这水滴一样，不停地往下滴，最后导致人精神失常甚至自杀。

很多年前，我还是一个乡下孩子，我在密苏里州，星期天礼拜的时候听牧师讲述地狱烈火，我被牧师的描述吓得惊魂难定。但是牧师从来没有说过，因为忧郁导致的疾病所带来的痛苦比地狱烈火更恐怖。如果一个人长期忧郁下去，有可能会患上一种痛苦的疾病：狭心症。

这种病发作起来很恐怖，它会使你痛得放声大叫。在你的尖叫面前，但丁的《地狱篇》都不值一提。等到那时候，你很可能就会告诉自己：“啊，上帝！啊，上帝！我只希望自己能好起来，我再也不会因为什么事情而忧郁了！再也不会了！”我说的这些话，一点儿也不夸张，如果你不相信可以去问问你的家庭医生。

你热爱你的生命吗？你想健康永存长命百岁吗？下面就是我给你们的忠告。在这里，我再一次引用亚历西斯·卡雷尔博士的话：“现在的社会复杂多变，我们只有在内心保持平淡波澜不惊，才能做一个正常人，不受精神疾病的困扰。”

你能否在当代混乱的都市中永葆内心的平淡宁静？如果你是一个正常人，那答案是“可以的”，你可以做到。我们大部分人实际上都比自己所认为的更坚强更勇敢。我们有许多内在力量深埋在体内，等待着被挖掘。梭罗在他的论著《狱卒》里写道：

最振奋鼓舞人心的就是一个人终于下定决心要改善他的生活……如果一个人能够饱含信心向他的目标努力，下定决心过他目标里的生活，那他一定会成功。

我知道，这本书的很多读者都有奥尔嘉·加维的那种顽强的意志力和巨大的内在力量。她居住在爱达荷州，在最糟糕的情况下，她发现自己还能抑制忧郁。我相信阅读本书的你和我，都能像她一样，只要我们听取这本书里大家给我们的忠告。下面是奥尔嘉·加维讲述的自己的故事：

8 年前，所有医生都宣布我临近死亡，慢慢地痛苦地死于癌症。就连国内最有名的医生——梅奥兄弟也证实了。我感到天昏地暗，死亡渐渐向我逼近。但是我还很年轻，我并不想死，我很绝望，我给我的医生打电话，我向他哭诉我的绝望。他带着不耐烦的语气对我说：“你是怎么回事，奥尔嘉？你应该充满斗志！你如果像这样一直哭下去，你肯定会死。你是碰上了最坏的情况，但是你不能消沉，你要努力面对现实，停止忧郁，然后找点儿事情做想想办法。”就在那一刻，我把指甲掐进自己的肉里，立下誓言：“我再也不会让自己忧郁了，我要告别哭泣，我现在需要经常提醒自己的就是，我不能输，我要赢，我要坚强地活下去！”

我的病情特殊不能用镭照射，每天只能用X光照射10分钟，连续照30天。医生每天为我延长时间，照射14分钟，连续照了49天。我的骨头穿过我瘦弱的身体而突起，我的双脚像铁球，每走一步都很痛苦，但是我一点儿也不忧郁，我没有哭过一次。我总是面带微笑，勉强出来的微笑也是微笑。

我不傻，当然不会以为微笑就能治愈我的癌症。但我确实相信，快乐积极的精神状态能帮助我抵御疾病。事实是，我奇迹般地康复了。在康复之后的这几年里，我十分健康，这还要归功于医生的那句话——“你要努力面对现实，停止忧郁，然后找点儿事情做想想办法”。

在这一章快写完的时候，我还要再次重复亚历西斯·卡雷尔博士的话，一个人只有懂得如何战胜忧郁才能长寿。

卡雷尔说的就是我们大家，是不是？

一定是！

如果大家想拥有一个健康的身体，请不要忘记：

消除心中的忧郁。

3 善用亚里士多德法则

卡耐基名言

1. 假如一个人把自己全部的时间都用在以这种非常淡然、客观的态度去弄清事实的话，那么他的忧虑将在知识的光芒下了无踪迹。

2. 决定一旦做出，就要马上付诸行动，并且不要考虑责任问题，也不要担心会产生什么样的后果。

之前的内容提到了卡瑞尔的奇妙公式。这是不是一个万能公式呢？可不可以解决所有你担心的问题呢？不，当然不行！

那么，当你对某件事存在忧虑的时候，你会怎么办呢？也许我们要学会运用三个分析问题的基本步骤，来解决各种不同的困难。这三个步骤分别是：

理清事实；

分析问题；

达成决议，并依决议行事。

这种方法是亚里士多德教给我们的，他自己也运用过。若要解决那些让我们觉得压抑，使我们像日夜生活在地狱里面一样的问题，我们一定要遵循这些步骤。

下面，我们来看看第一步：理清事实。理清事实为什么会这么重要呢？因为，假如不先理清事实，我们就无法非常明智地解决问题。不理清事实，我们就会陷于混乱的事实中。这种方法并不是由我发明的，而是已故的哥伦比亚大学的哥伦比亚学院院长赫伯特·郝基斯提出来的。他曾帮助20多万名学生解决了他们所担心的问题。赫伯特·郝基斯说，世界上大部分忧虑的产生，是由于人们没有充足的知识来帮助他们做决定。

他还对我说：人们忧虑的主要原因是事实混乱。比如，我如果有一个问题必须在下周二之前解决，那么在下周二之前，我不会做出任何决定。在下周二之前的这段时间里，我一定会集中精神搜集所有有关这个问题的事实。在这期间，我不会为这个问题发愁和难过，也不会因此而失眠，只会集中力量去弄清全部事实。等到了约定的星期二，我可能把所有的事实全部弄清楚了，如此一来，问题也就迎刃而解了。

我为此询问过郝基斯院长，他是不是可以完全消除忧虑。他说："没错，可以说，在我现在的生活中，没有任何可忧虑的。我还发现，假如一个人把自己全部的时间都用在以这种非常淡然、客观的态度去弄清事实的话，那么他的忧虑将在知识的光芒下了无踪迹。"

但是，面对这种情况，大部分人会如何去做呢？爱迪生曾经说过："一个人为了逃避思考，常常会用尽各种办法。"假如全身心地去追寻事实，我们也会和猎狗一样，去寻求我们已经想到的，忽略其他一切与事实无关的。不过，我们需要的只是与行动相符的事实——符合我们本来意愿的事实。

这也正像安德烈·马洛斯说的："所有符合我们个人愿望的，都将是真理。而其他的，将会使我们感到愤怒。"

怪不得大家会有这种感觉，获得问题的答案非常困难。假如我们一直相信2加2等于5，那么我们岂不是连一个二年级的算术题都做不对吗？而实际上，世界上还有特别多的人在坚持说2加2等于5——或者500——把自己的和别人的日子弄得都不好过。

面对这样的问题，我们应该怎么做呢？把感情排除于我们的思想之外，就像郝基斯院长说的那样，用一种"淡然、客观"的态度去理清事实。

不过，假如我们处于担心之中，这么做是不容易的。因为当我们处于担心、忧虑中时，我们的情绪会很激动。值得高兴的是，我找到了这两种办法，可以帮助我们以旁观者的眼光去清晰、客观地看清所有事实：

当我们搜集各种事实的信息时，我们可以假设这不是在为自己搜集，而是为其他人做的，这样的话，我们可以使情绪保持冷静、客观，并控制情绪过于激动。

我们在尝试搜集引发忧虑的各种因素时，可以假设自己是对方的律师。也就是说，我们还要寻求那些对自己不利的因素——那些与自己的期望相对立、自己不想面对的事实。

然后大家把这两个方面的事实全部列举出来。最后大家会发现，真理往往存在于这两个方面之间。

这就是我想说的最重要的：假如不能先看清楚事实情况，你、我、爱因斯坦，甚至是美国最高法庭，都不能够对任何问题做出明智的决定。爱迪生应该非常明白这一点，所以他死后留下了2500本笔记本，笔记本里记满了他处理问题时搜集的情况。

所以，我们若想解决问题，要做的第一件事就是弄清事实。大家都可以仿效郝基斯院长的做法，在以客观的态度搜集到所有的事实之前，先不要去考虑解决问题的办法。

可是，即使我们把世界上所有事实都搜集到了，但是并没有进行分析和理解，这同样对我们没有丝毫益处。

就我自己的经验来说，应该先将这些事实一一列举出来，然后再加以分析，这样的话，事情会变得容易许多。仅仅将所掌握的事实在纸上记下来，把我们面临的问题也清清楚楚地写出来，就能帮助我们做出一个明智的决定。就像查尔斯·凯特林说的："只要可以把问题说清楚，就相当于解决了一半的问题。"

在中国，有这样一句古语："百闻不如一见。"那么，就让我们用事实来验证这种做法的效果吧。我要讲的这件事，就是一个人如何将上面所说的方法付诸行动的。

这是关于盖伦·利奇费尔德的故事。盖伦·利奇费尔德是一个在远东地区非常成功的美国商人，我认识他好几年了。1942年，日军入侵上海，利奇费尔德当时正在中国。有一次，他在我家做客的时候，给我讲述了这样一个故事：

在轰炸珍珠港后不久，日军占领了上海。当时，我是上海亚洲人寿保险公司的经理，日军派了一个所谓的"军方清算员"——事实上他是一个海军将领——命令我协助他来清点我们公司的财务。面对这种事，我是一点儿办法都没有，要么配合他们清算公司的财务，要么就算了，而算了的结果是死路一条。

我无路可走，只好按命令行事。可是，在那张将要交上去的清单上，有一笔大约75万美金的保险费，我并没有填上去。而我没有将这笔保险费填到清单上的原因是，这笔钱属于我们的香港公司，与上海公司的资产没有关系。可是，我也害怕万一日本人发现了这种事情，他们将会对我不利。果然，他们很快发现了。

当他们知道这件事的时候，我没有在办公室，而我的会计主任在。会计主任告诉我，那个日本军官大发雷霆，生气地拍着桌子骂人，还说我是强盗，是叛徒，是在侮辱日本皇军。我明白这件事会有什么后果，我将会被他们关进宪兵队。

宪兵队，也就是日本秘密警察的行刑室。我有几个朋友表示宁愿自杀，也不想被关进宪兵队。我还有一些朋友，在被审问10天，受尽刑罚后，死在了宪兵队。而现在，我也可能被关进宪兵队了。

礼拜天下午听到这个消息后，我想当时我是非常害怕的。我该怎么办呢？假如当时我没有可以解决问题的办法，我一定会被吓死。而多年来，每当我担心时，我总会坐在打字机前，打下这两个问题，以及这两个问题的答案：

我在担心什么？

我该怎么办？

我之前不会把具体的答案写出来，只是在心里思考这两个问题的答案。但是我很久都不这样做了。因为我发现，当我同时把问题和答案都写出来的时候，我的思路会更清晰。所以，那个星期天的下午，我直接回到了我在上海基督教青年会的房间，取出打字机，打下了这些内容：

我在担心什么？

我害怕明天早上会被送进宪兵队。

然后是第二个问题：

我应该怎么办？

我用了几小时的时间去想这个问题的答案，并写下了 4 种我可能会采取的行动，以及每一种行动可能产生的结果。

我可以试着向那位日本海军将领解释清楚，但是他听不懂英语，如果我找来一个翻译，还有可能惹怒他，那样的话我也是必死无疑。那个海军将领非常残酷，我宁愿被送进宪兵队，也不想去向他解释。

我可以选择逃离上海。这一点应该是不可能的，他们一直在监视我，而且我进出基督教青年会都有登记，假如我逃走的话，很容易就会被抓住并枪毙。

我不再去上班，一直留在我的房间里。假如我不去上班的话，那个日本海军将领起了疑心，就会派兵来抓我，并送进宪兵队，根本不给我解释的机会。

和往常一样，礼拜一早上我正常上班。可能我去上班的时候，那个日本海军将领正在忙其他的，从而忘记我的那件事。即使后来他记起来了，估计也已经冷静了，就不会再来找我。如果这样，我就没事了。而即使他还来找碴儿，我还可以有机会跟他解释。所以，像根本没出任何事情一样，周一早上去公司上班，或许我还有不被送进宪兵队的机会。

等我考虑了各种情况后，我决定按第四种方法行事——和平时一样，星期一早上正常上班——然后，我觉得自己轻松了许多。

星期一早上，当我像往常一样走进办公室的时候，那个日本海军将领坐在那里，嘴里叼着烟卷，和平时一样看了我一眼，没有说一句话。万幸，6 个星期以后，那个日本海军将领被调回东京，我的担忧也宣告结束。

正如我说过的，我之所以能死里逃生，可能就是我在那个礼拜天的下午，坐下来将各种不同的情况一一写了下来，并仔细考虑每种办法所带来的后果，然后很冷静地做出了明智的决定。假如那天我不是那么做的，我的思绪将陷入混乱，或者犹豫不定，从而在关键的时候走错路。假如我那天没有对面临的问题进行分析，并做出明智的选择，那个礼拜天的下午，我可能会一直焦虑不安，当天晚上我也肯定会失眠，星期一早上上班的时候，肯定会惊慌失措。仅仅这一点，就有可能使那个日本海军将领起疑心，从而对我采取行动。

在那以后，一次又一次的事实证明，慢慢分析并做出理智的决定，的确是有意义的。我们大多数人都会因为没有达到既定的目的，不能控制自己的思维，从而经常在一个狭窄的小圈子里打转，甚至会特别难过和精神崩溃。我了解到，只要很明白、很确定地做出某种决定后，你的 50% 的焦虑将会消散，按照自己的决定行事之后，还可以减少 40%。

可以说，按照以下 4 个步骤做事，将可以消减掉 90% 的忧虑：

清楚地列举出我担心的问题是什么。

列举出我该怎么做。

我要决定该怎么做。

立刻按照自己的决定去做。

盖伦·利奇费尔德也是亚洲最重要的美国商人之一，他非常真诚地告诉我，他的成功要归功于运用正视忧虑并分析忧虑的方法。

威廉·詹姆斯说：决定一旦做出，就要马上付诸行动，并且不要考虑责任问题，也不要担心会产生什么样的后果。这句话的意思就是，一旦你做出了一个以事实为基础的明智的决定，就要立刻付诸行动，不要折回来重新思考问题，也不要犹豫和担心。不要怀疑自己的决定，一直回头思考，将会引发对其他方面的怀疑。

我问过韦特·菲利普，一个俄克拉何马州最成功的石油商人，如何将决定付诸行动。他是这么回答的："我发现，在过了某个期限之后，还继续思考这个问题的话，肯定会造成思绪混乱。当过多的调查和思考对我们的问题不利时，也就到了我们下定决心并付诸行动的时候。"

显然，第四个原则是：立刻采用盖伦·利奇费尔德的办法来消除你的忧虑。

接下来是第一个问题——我在担心什么？（请将答案写在空白处）

第二个问题——我应该怎么办？（请将答案写在空白处）

第三个问题——我决定如何去做？（请将答案写在空白处）

第四个问题——我何时开始做？（请将答案写在空白处）

4 削减忧虑四步法

卡耐基名言

1. 出现的问题是什么？
2. 导致问题出现的原因是什么？
3. 你能想出的解决办法有哪些？
4. 哪种方法会被你采用？

假如你正在经商，现在你可能会告诉自己："这个标题简直太令人无法相信了，我做生意的时间也有19年了，我想除了我，也没有谁能够说出这个答案。竟然会有人想告诉我怎么去解决生意场上一半的麻烦事，这真是无稽之谈。"

确实，他说得很有道理。要是几年前我看到类似的题目，那我的感觉跟他没什么差别。乍一看这个标题似乎能给你很多承诺，但事实上这种口头支票没什么价值。

让我们坦诚相待，好好地聊聊吧。也许对我来说，帮助你解决你生意场上一半的麻烦事确实不太现实，根据我刚才分析的结论，只有你才能做到这一点，别人都不可能。但是我可以为你做的是，给你看看别人处理这些事情的方法，剩下的该怎么做就看你自己了。

在上文中我就引用过全球闻名的亚历西斯·卡雷尔博士的话，不懂得抵抗忧郁的生意人最终都活不长。

既然忧虑有如此严重的后果，那么要是我能够帮你解决，哪怕只能帮你解决10%，你会不会也觉得很心满意足？会的是吧？我猜你会这么说。很好，接下来我要跟你讲一个做生意的人，他不但成功解决了一半的忧虑，而且还减少了 70% 的时间，这些时间原先都是用来开会或是解决他生意上的麻烦的。

我跟你说的故事都是有理有据的，你可以去查证，绝对不会是凭空杜撰的，如某一位名叫“琼斯”的先生或是我认识的住在俄亥俄州的某一个人。这个故事的主人公是确确实实存在的，他的名字是利昂·席孟金。很多年来他一直都在西蒙出版社担任高层单位主管，但是现在他是一位董事长，在纽约州纽约市洛克菲勒中心的袖珍图书公司工作。我把利昂·席孟金的经验列在下面：

这 15 年中，每天的一半时间都被我用来开会和讨论问题。讨论的核心是我们到底应该怎么做，采取什么样的方法，还是任其发展，坐视不理。会议中大家都很紧张，即使坐在椅子上也觉得焦躁不安，难以安静下来，在办公室里不停地踱着步，彼此争论不休，谈来谈去还是不停地在兜圈子。等夜晚降临，我就会变得疲惫不堪。我原本以为也许我这辈子都是这个样子，如果有人跟我说要是能够把在会议上用掉的时间减去四分之三，就可以减去四分之三神经上的紧张，我肯定会把他当成睁眼说瞎话、张着大嘴巴、什么都不懂的乐天派。然而，我竟然真的想出了刚好能够实现那一目标的方法。8 年来我一直在用这个方法，令人意想不到的是，它提高了我的办事效率，使我更加健康，让我更加快乐。

这话听起来就像是在用魔法，但是这跟所有的变戏法是相似的，你只要弄明白它是怎么一回事，再做起来就会得心应手。

我把我的秘诀写在了下面：

首先，我马上把这 15 年来我们在会议中使用的程序停止掉。以前我的同事都会很郁闷，他们所做的第一件事就是报告问题的细节，最后问一句：“我们有什么办法来解决这个问题呢？”

第二点，我制定了一条新规则。不管对象是谁，在他们过来问我问题之前，一份书面报告是必须要提前准备好的，除此之外，在报告中，他们要回答下面的四个问题：

第一个问题：出现的问题是什么？

之前在开会时，关于出现的问题究竟是什么，我们一般要花费一两个小时的时间。通常我们会在会议中讨论我们的问题，但是事先却没有做好充分的准备找出我们的问题究竟是什么。

第二个问题：导致问题出现的原因是什么？

我回想了以前的会议状况，对浪费在会议上那么多小时却没有真正找出问题出现的原因感到不可思议。

第三个问题：你能想出的解决办法有哪些？

以前开会时，总有一个人率先提出解决问题的一种方法，之后就会有人就这个方法跟他来一次大辩论，当每个人都被激怒时，讨论的焦点往往就会被转移，不在解决问题上了。当会议结束时，可以解决问题的行之有效的方法还是没有被找到。

第四个问题：哪种方法会被你采用？

以前跟我一起参加会议的人，一种情况下，他们会花去几小时的时间为其担心，一直重复这样做，从来都没有全方位地想过所有可能解决问题的办法，然后就在纸上写着：我建议这种解决方案。

现在，我的手下几乎没有人会把他们的问题拿来问我。什么原因？因为他们慢慢发现，为了能够得到上面四个问题的答案，他们得去搜集所有的事实，然后自己考虑他们所面临的问题，所有的这些步骤他们都完成了之后，他们会发现这些问题的四分之三是没有必要再来找我商量的。原因是，就像面包从烤面包机里跳出来一样，最恰当的解决方案在他们做这些的过程中呼之欲出了。就算他们遇见了那些不得已要跟我讨论的问题，所耗费的时间跟以前相比也只不过是其三分之一罢了。通过十分有秩序和符合逻辑的讨论过程，最终得出来的结论也都相当明智。

此时此刻，在袖珍图书公司的办公室里，没有人再会浪费那么多时间和精力去为出现了什么问题而担忧进而展开激烈的讨论，取而代之的是他们会在解决问题的过程中付出更多的行动。

美国一位非常有成就的保险业巨子弗兰克·贝特吉尔告诉我，他不仅生意上的担忧减少了，而且收入还增加了，他用的也是跟上面很相似的方法。下面是他给我讲述的故事：

很多年以前，我刚刚开始涉足保险业的时候还只是个推销员，我非常喜爱自己的工作，但是之后发生的一些事情让我感到十分泄气。最开始时我认为我的工作一文不值，甚至想跳槽，换一份工作。我差一点儿就要辞职不干了——但是一件事突然浮现在我的脑海中。一个星期六的早晨，我静静地坐下来，尝试找到使我忧愁烦恼的原因。

1. 我问自己的第一件事是："问题究竟是什么？"我的问题是：为什么在我访问了那么多人之后依然没有良好的业绩呢？表面上看来，那些潜在顾客跟我很谈得来，我们的关系似乎还不错，但是每当最后生意快谈成的时候，那位顾客会告诉我说："啊！贝特吉尔先生，我现在还不想那么匆忙地下单，再给我点儿时间，等你有空了再过来我们再谈，行吧？"于是我还得反复地往他那里跑，很多时间就这样被白白地浪费掉了，这让我觉得十分愤懑不平，也很沮丧郁闷。

2. 我问自己这样的问题："你能想出的解决办法有哪些？"可是在解决问题之前，之前发生的事是我一定要研究的。我把过去一年以来的记录全部拿出来，仔细研究上面的数字。

结果，我惊奇地发现，本子上白纸黑字写得很明白。我发现在我所推销出去的保险中，第一次见面就成交的占了70%；第二次见面谈成的保险占了23%，剩下的7%的成交时间是在第三次、第四次、第五次，等等。所有这些数据让我感到非常伤心，这太浪费时间了。换句话说，我工作时间中的一半几乎都浪费在实际上只占到7%的业务上。

3.“那么答案是什么呢？”答案非常简单，我马上把第二次以后的所有访问全部都停止，把空出来的时间全部投入到寻找新客源中。很难有人相信这样做的结果：在很短的时间里，平均每一次赚2.8元的业绩被我提高到4.27元。

弗兰克・贝特吉尔作为美国最有名的人寿保险推销员，每年他的保险业绩都在100万美元以上。但是有一段时间他想过放弃保险业，辞职不干，差一点儿就屈服，与成功失之交臂。可是结果呢？他步入成功之路的原因是他会分析问题，并找出症结所在。

你有没有想过把这些问题应用在自己的问题上？让我们记住以下原则，把这几个问题重复一下：

出现的问题是什么？

导致问题出现的原因是什么？

你能想出的解决办法有哪些？

哪种方法会被你采用？

5 忙碌也可驱走忧虑

卡耐基名言

1. 工作——让你忙碌——是治疗精神疾病最好的药物。

2. 焦虑最能影响你的时候，不是当你采取行动的时候，而是在你结束了一天的工作之后。

3. 如果我们因为什么事而担忧的时候，让我们谨记，我们可以把工作看作是一种有效的老偏方！

几年前的夜里发生了一件事，让我终身难忘，我班里一名叫道格拉斯的学生告诉我们，他的家里遭遇了很大的意外，不止一次，是两次。第一次他 5 岁的女儿去世了，他非常喜欢自己的孩子。他和妻子一致认为自己没有能力接受这样的打击。但是，就像他说的那样：

“10 个月后，上帝又恩赐给我们另一个女儿——但是她只在这个世界上生存了 5 天。”

这一次又一次的打击，任谁都难以承受。“我真是受不了了，”这位身为人父的人对我们说，“我寝食难安，也没办法休息和放松，我的精神受到了最严重的打击，信心全无。”最后他去求助医生。一个医生主张他吃安眠药，另一个则建议他出去旅行。这两个方法他都尝试了，但是没有一个对他有所帮助。他说：“我的身体仿佛被一把大钳子夹住了，并且这把钳子越夹越紧。”那种悲痛带给他的压力——假如你也曾因为过分哀伤而失去知觉的话，你就会理解他所说的话。

但是，感激上苍，我还有一个 4 岁的儿子，他让我们知道了如何解决问题。有一天下午，我呆呆地坐着，心里替自己感到难过，他问我：“爸爸，你愿不愿意为我造一艘船？”我没心思去造一艘船。实际上，我压根儿就没心思做任何事。但是我的孩子是个非常黏人的小家伙，我只能顺他的意。

造那艘玩具船大约用了我3小时的时间，当船造好以后，我惊奇地发现用来造船的那3小时让我这数月以来第一次有了放松身心的机会。这个重大发现让我从昏昏沉沉的状态中清醒过来。它让我开始思考——这是我这么多个月以来第一次主动思考问题。我发现，当你忙于一些需要动脑思考和实施计划的事情时，就几乎不会再去忧伤了。对我来讲，造那艘船就把我的忧伤完全击退了，因此我决定让自己忙起来。

第二天晚上，我把屋子里的每个房间都巡查了一遍，把所有应该做的事情都写在一张单子上。有很多小物件都需要修理，比如说书架、楼梯、窗帘按钮、门锁、水龙头等。让人意想不到的是，我在两个星期之内，列下了242件需要去做的事。

过去的那两年里，那些事情大多数已经做完了。除此之外，我还给我的生活添加了许多启蒙性的活动：我加入了成人教育班，每个星期中都有两晚要去纽约市上课；我还参加了一些镇子上的活动。现在，我已经成了校董事会的主席，不仅参加了许多会议，还辅助红十字会及其他机构做慈善募集。现在我忙得根本没有时间去忧伤了。

丘吉尔在战事吃紧的时候，每天有18小时都在工作，他就是在这个时候说了“没有时间担忧”这样的话。当有人问他有没有因为责任重大而担忧时，他说：“我太忙了，没有时间去担忧。”

当查尔斯·柯特林发明汽车的自动点火器时，也遇到了相似的情况。柯特林一直担任通用公司的副总裁一职，负责对世界著名的通用汽车做探究，近期他才退休。但是，他过去穷困得却要把堆稻草的粮仓当作自己的实验室。家庭支出都要靠他的太太教授钢琴所赚取的1500美元。之后，他又将他的人寿保险作为抵押贷了500美元。我问他太太，她在那段时间是不是特别担忧。她告诉我：“的确如此，我甚至担心到失眠的程度，但是柯特林先生却毫不担忧。他每天都把心思放在工作上，根本没有时间去担忧。”

伟大的科学家巴斯特说过：“在图书馆和实验室能够找到平静。”为什么那些地方会让他平静呢？因为那些在图书馆或实验室的人，大多数都是专心于自己的工作，不会为自己担心。那些从事研究工作的人几乎不会出现神经崩溃的症状，因为他们没有享受这种“奢侈”的时间。

“让自己忙碌起来”是一件非常容易的事情，为什么它能够驱逐忧虑呢？因为存在一个这样的定理——这是心理学上发现的最根本的定理——无论一个人有多么聪明，人类的思想都无法在同一时间思考一件以上的事情。现在我们来做一个简单的实验：假如你此刻正依靠在椅子上，紧闭双眼，尝试着在同一时间去思考自由女神和你明早计划要做些什么事。你会发现，你只能按次序考虑其中的一件事，却不能同时思考两件事，对吗？从你的感情上来讲，也是如此。我们没办法既兴奋、热烈地去考虑做一件让人开心的事，与此同时还因为担忧而停滞不前。在同一时间里，一种情感会占据主要位置，正是这个简单的发现，让军方的心理治疗专家在战争时期创造了人类的奇迹。

在战场上，有些人因为受了打击而退下阵来，这些人被称为“心理上的精神虚弱症”患者。军医都把“让他们忙碌起来”作为治疗方式，让这些人除了睡觉之外，时时刻刻都有事可做，比如钓鱼、打猎、玩球、拍照、种花或者跳舞等，根本不给他们留任何时间去回忆那些恐怖的经历。

现代的心理医生经常使用“职业性治疗”这个名词，其实也就是将工作作为治病的药引。这并不是新发明的方法，早在基督诞生前500年，古希腊的医生就在使用这样的方法了。在富兰克林时期，费城教友会的教徒们也会使用这种方法。1774年，有一个人来到教友会的疗养院参观，他看见了让他非常吃惊的一幕：那些患有精神疾病的患者正在忙着纺纱织布。他以为这些不幸的患者正在被人压榨劳动力——之后教友会的人向他说明了情况，他们发现这些患了病的人只有在有事可做的时候，病情才会好转，因为干活儿可以让人的神经安定下来。

任何一位心理治疗医生都会跟我说：工作——让你忙碌——是治疗精神疾病最好的药物。著名诗人亨利·朗费罗也发现了这个道理，那是当他年轻的妻子去世之后。有一天，他的太太点了一支蜡烛，用来熔化信封上的火漆，可是没想到却烧到了衣服。朗费罗听见妻子的喊叫声就马上前去抢救，但是他的妻子还是因为烧伤严重离世了。有一段时间，朗费罗无法从这次的可怖经历中解脱出来，这件事几乎使他崩溃。幸亏他还要照顾自己3个年幼的孩子。他虽然非常悲痛，但还是要既做父亲又当母亲。他带孩子们出去散步，给他们讲故事，和他们一起做游戏，他还将父子之间的亲情记录在《孩子们的时间》这首诗里。他还翻译了但丁的《神曲》。这些事情累加在一起，让他忙得不可开交，也让他的思想重新恢复了平静。正如班尼生在最亲密的朋友亚瑟·哈兰去世时说的那样：“我不得不让自己埋头在工作里，不然的话我会在无望中烦恼。”

对大多数人来说，当你把主要精力都放在工作上或者你的工作让你忙得不可开交的时候，“把头埋在工作里”也许不会有什么问题。但是当我们工作结束以后——就在我们准备要放松地享受安逸和喜悦的时刻——忧愁就会像魔鬼一样来进攻我们。这个时候我们经常会想，我们在生活中取得了怎样的建树，我们有没有步入正轨，老板今天说的那句话有没有别的用意，或者我们是不是开始掉头发了。

当我们闲下来的时候，脑袋经常会变成一个空洞。任何学物理的人都应该懂得“自然界中不存在真空的状态”。当一个电灯泡被打破以后，就会有空气进来，空气占据了理论上本该是真空的那一片空间。

当你的脑袋空出来一部分，其他东西就会补充进去，补充进去的是什么呢？一般情况下都是你的感情。为什么呢？因为担忧、害怕、厌恶、忌妒和艳羡等情绪都是由我们的思想支配的，每一种情绪都会来得比较猛烈，我们思想中一切平静、喜悦的思想和情绪都会被驱逐出去。

哥伦比亚师范学院的教育学教授——詹姆斯·穆歇尔在这一方面讲解得很详细：“焦虑最能影响你的时候，不是当你采取行动的时候，而是在你结束了一天的工作之后。那个时候，你的思想就变得混乱起来，让你想起种种荒谬的可能性，哪怕一个小小的错误都会被放大。在这样的时候，”他接着说，“你的思想好像一辆没有装载货物的空车，横冲直撞，能摧毁所有的一切，甚至也会让自己支离破碎。驱逐焦虑的最佳途径就是让自己忙碌起来，去干一些有意义的事情。”

并非只有一位大学教授知道这个道理，也并非只有一位大学教授能把这个道理付诸实践。战争时期，我遇见一位生活在芝加哥的家庭主妇，她对我说：“驱逐焦虑的最佳途径就是让自己忙碌起来，去干一些有意义的事情。”我是在从纽约回密苏里农庄的途中，在餐车上认识这位太太和她的先生的。

这对夫妇对我说，他们的儿子在珍珠港事件的第二天参加了陆军。这位太太由于担心她的独生子，差点儿失去自己的健康。他现在在什么地方？他是否安全？这个时候是不是正在战场上？他会不会受伤或者死亡？

我问她，她之后是如何战胜自己的焦虑的。她告诉我：“我让自己忙碌起来。刚开始的时候她辞退了女佣，希望自己能够通过做家务忙碌起来，但是这样做并没有取得什么成效。问题的关键在于，我做家务的时候完全是机械化的，从来不会动脑筋去思考，因此，当我铺床和洗碗的时候依然在不停地担心。我认为，我需要找一份新工作才能让自己在每天的每时每刻都忙碌起来，这样身心两方面都不会再担心了，所以我去了一家大型百货公司当售货员。”

“这下终于好了，”她说，“很快，我就觉得自己仿佛掉进了一个行动的大旋涡里：我的四周全是顾客，他们向我询问价格、尺寸、颜色等问题。除了手头的工作，我没有一秒钟的时间来考虑别的事情。到了晚上的时候，我要想办法缓解自己双脚的疼痛。当我吃完晚餐后，躺在床上很快就睡着了，既没有时间也没有精力去担忧。”

她所发现的这一点，就像约翰·考伯尔·伯斯在他的《忘记不快的艺术》一书中提到的那样：“一种惬意的安全感，一种内心的平静，一种因为喜悦而反应迟缓的感觉，都能让人类在全神贯注地工作时获得精神上的宁静。”

如果可以做到他所说的这一点，那该是多么大的享受啊。世界著名的女冒险家奥莎·强生近期告诉我，她是怎样从焦虑和悲痛中挣脱出来的。你可能看过她的自传《与冒险结缘》。假如真的存在哪个能和冒险结缘的女人，那么这个女人只会是她。她在16岁的时候嫁给了马丁·强生，她被马丁从堪萨斯州查那提镇一路抱到非洲的原始森林。25年以来，这对来自堪萨斯州的夫妇去全世界旅行，他们在亚洲和非洲拍摄那些濒临绝迹的野生动物的影片。9年前，他们回到美国，四处去做旅行演讲，放映他们拍摄的那些影片。他们乘坐的从丹佛城飞往西岸的飞机在飞行过程中撞上了山，她的丈夫马丁·强生当场死亡，医生断定奥莎余生只能在床上度过了。但是他们对奥莎·强生并没有深刻的认识，她在3个月后就可以坐着轮椅去人前演讲了。实际上，她在那段时间里演讲达100次以上，每次都是坐轮椅去的。当我问她这么做的原因时，她告诉我："这样做是为了让我忘记悲痛和忧伤。"

比奥莎·强生早100多年发现这个道理的但尼生在他的诗句里提到："我不得不让自己埋没在工作的海洋里，不然的话我会在绝望中挣扎。"

海军上将拜德也发现了这一点，他之所以会发现这一点是因为他在完全被冰雪掩盖的南极小茅屋中独居了5个月——在那里，蕴藏着大自然最古老的秘密——在冰雪的掩盖下，那里有一片无人可知的、比美国和欧洲的面积总和都要大的陆地。拜德上将一个人生活的这5个月里，周围100英里以内什么生物都没有。天气异常寒冷，当风从他耳边吹过的时候，他甚至觉得连自己的呼吸都被冻住了，结出了如水晶一般的冰。他在《孤寂》一书中，讲述了自己那5个月既煎熬又害怕的黑暗生活。他不得不一直工作，这样他才不会崩溃。

他说："晚上的时候，我在灭灯之前，会给自己安排好第二天的工作，也就是让我知道接下来应该做些什么。例如，一小时去检查逃生隧道，半小时去挖横坑，一小时搞明白那些盛放燃料的容器，一小时在藏有飞行物的隧道墙上挖出可以放书的地方，再花两小时时间去修理拉人的雪橇……"

他还说："能将时间划分开是一件很不错的事情，这让我有一种可以支配自己的感觉……"他又说："如果没有这些的话，那么日子就会过得毫无目的性。然而没有目的日子会让生活土崩瓦解。"

如果我们因为什么事而担忧的时候，让我们谨记，我们可以把工作看作是一种有效的老偏方！已经去世的理察·柯波特博士，哈佛大学医学院教授说："每当看到工作能够让很多患者恢复健康，我就会很开心。他们所得的病症是因为过度犹豫和害怕等因素。工作带给我们的勇气就好比爱默生永世不灭的自信一样。"

如果我们不是一直这样忙碌着——要是我们悠闲地坐在那里烦恼——我们的脑海中会产生一堆被达尔文称为"胡思乱想"的东西，并且这些"胡思乱想"如同妖魔一样，能挖空我们的思想，粉碎我们的行动和信念。

我认识一位纽约的生意人，他用繁忙来驱赶自己脑海中的胡思乱想，从而让自己没有时间去焦虑和忧伤。他是我成人教育班的一名学生，名叫屈伯尔•郎曼。他战胜焦虑的过程非常有趣，也很特别，因此下课以后我邀请他和我一同去吃夜宵。我们在一间餐馆里一直聊到半夜，说到了那些过程。下面这个故事就是他告诉我的：

18年前，我由于焦虑过度患上了失眠症。那个时候我特别紧张，脾气也不好，并且常常感到不安。我认为自己马上就要疯掉了。

我如此焦虑是有原因的。那个时候，我是纽约市西面百老汇大街皇冠水果制品公司的财务经理。我们注资50万美元，将草莓包装在一加仑装的罐子里面。20年来，我们始终将这种一加仑装的草莓销售给冰激凌制造商。突然有一段时间，我们的销量急剧下滑，因为那些大的冰激凌制造商，例如国家奶品公司等，数量快速增加，他们为了节约时间和支出，全都开始订购36加仑一桶的桶装草莓。

我们非但无法销售出价值50万美元的草莓，并且按照签订的合约，我们在未来一年的时间里，还要再买价值100万美元的草莓。我们已经从银行贷了30万美元，既没有还上钱，也不能再继续贷款了，怪不得我要开始担心了。

我赶紧去了加州华生维里我们的厂子里，想要告诉我们经理生产经营形势发生的巨大改变，希望他相信我们可能将要面临破产的厄运。他不肯相信，还把这些问题都归咎于纽约的公司身上——那些不幸的业务员。

在我要求了好几天之后，我终于成功劝说他不能再这样包装草莓，并且把新的供应品放到旧金山的新鲜草莓市场上销售。如此一来几乎可以解决我们一大半的困难，按理说我不该再担心什么了，但是我无法做到。焦虑是一种习惯，并且我已经深受其害了。

我回到纽约以后，开始为所有的事担心，在意大利买的樱桃，在夏威夷买的凤梨等，我非常焦虑不安、失眠，就像我上面说的那样，几乎快要疯掉了。

我在绝望中改变了自己的生活方式，结果我的失眠症被治好了，也不再担忧了。我让自己忙起来，忙得需要把所有的时间和精力都消耗掉，这样就没有时间焦虑了。过去我每天工作7小时，现在我尝试着每天工作15小时到16小时。每天早上8点我就到办公室，直到半夜才回家，我接手了一些新工作，担负起新的责任，当我半夜回到家以后，总是虚脱地瘫在床上，几秒钟之后我就睡着了。

我差不多这样生活了3个月，当我改掉了焦虑的坏习惯后，又回到一天工作7小时到8小时的正常状态。这是18年之前的事了，从此以后，我就再也没有失眠和焦虑过。

萧伯纳说得很对，他把这些总结起来说：“人们发愁苦闷的原因就是有时间思考自己是不是快乐。”因此不需要去理会它，在手掌心里吐口唾沫，让自己忙碌起来，你的血液就开始流动了，你的想法也会变得敏捷——让自己一直有事可做，这是世界上最廉价、也是最有效的一种药剂。

所以，假如你想改正自己焦虑的习惯，就不要忘记：

让自己始终有事可做。

6　在今天的密封舱内生活

卡耐基名言

1. 你自己以为的，并不是真实的你；而是你有怎样的想法，你就是怎样的人。

2. 貌似行动是随着感觉走的，实际行动与感觉是一起的，如果意志决定行动，同样也可以间接地决定感觉。

3. 一旦一个人内心的态度从恐惧变为奋斗，就可以克服一切障碍。

我曾在几年前接受了电台的采访，并回答了这样一个问题："在你的一生中什么事情给你的教训最大？"

我很轻松地回答了这个问题：目前我得到的最大的教训是，人的思想非常重要。假如我对你的思想了如指掌，我肯定对你这个人很了解。我们的思想决定着我们是怎样一个人。我们的态度铸就我们的命运。爱默生曾说："人是思想的产物。"人也不会变成其他的，不是这样吗？

我现在非常相信，我们必须面对的大问题，其实也是我们必须面对的唯一问题，那就是选择正确的思想。假如我们可以做到，那么解决任何问题就会得心应手。马可·奥勒留既是统治罗马的皇帝，也是一位伟大的哲学家，他说过一句很有总结性的话，同时也是决定人类命运的金言："思想决定一切。"

假如思想是快乐的，我们肯定是快乐的。假如脑袋里充满忧愁，我们也肯定忧愁。有恐惧的思想，肯定心生恐惧。总是感觉自己生病就真的会生病。假如总是想着失败，那么我们肯定会失败。自己感觉很可怜，所有人都会远离你。诺曼·文森特·皮尔说："你自己以为的，并不是真实的你；而是你有怎样的想法，你就是怎样的人。"

你觉得我太幼稚太乐观了吗？不是，人生并不是那样单纯。其实我很想提倡把消极的态度转变为积极的态度，也就是说，我们应该关注问题，并不是担忧什么。这两者之间的区别是什么呢？每当我行走在纽约拥挤的街道上，与人群擦肩而过时，我会非常关注，但并没有担心。关注就是认清问题，并想办法冷静地处理问题，担心只是慌乱地在原地兜圈子。

一个人即使在非常关注一个严重问题时，仍可以昂首阔步，轻松度日，罗威尔·托马斯就做到了。和他认识我感到很幸运，而且推荐过他的影片，他和助手们为了拍摄纪录片至少去过 6 处战场。他拍摄劳伦斯与阿拉伯军队的纪录片，还有艾伦比占领圣地的纪录片，这些是最精彩的。题目为“巴勒斯坦的艾伦比与阿拉伯的劳伦斯”的演讲曾经轰动伦敦和世界各地。伦敦的歌剧节曾为他延期 6 周，以便他继续在皇家歌剧院讲述他惊心动魄的经历和展示影片。轰动整个伦敦后，他又在世界各地掀起一阵风暴。接着，他利用两年时间拍摄印度和阿富汗生活的纪录片，可是不幸的事情随之而来，意想不到的事情发生了，他宣告破产。当时，我们两个在一起，只能勉强吃一顿便宜的晚餐。假如托马斯没有向艺术家朋友伸手借钱，估计我们也吃不起那一顿晚餐。

这个故事告诉我们，罗威尔·托马斯在债务与挫折的双重压力下，仅仅是关注自己的切身问题，而不是忧愁烦恼，他明白要是自己被打倒，就会被任何一个人瞧不起，也包括他的债主。每天清晨出门的时候，他一定在胸口插一朵花，昂首挺胸地走在牛津街上，他内心充满阳光，充满勇气，与挫折抗争，在他看来，挫折是人生的必经之路，假如你想登上成功的最高点，这将是一种有必要的磨炼。

我们的心理状况在很大程度上影响着我们的生理能力。哈德费尔德是英国著名的心理学家，他曾在书中写道：“我邀请 3 个人，利用测力计来测试他们的心理对生理的影响。”他要求他们用尽全力握住测力计，而且分别给他们 3 种不同的情景。

在正常而且清醒的情况下，他们的平均抓力可以达到 101 磅。

接着对他们进行催眠，并让他们知道自己很虚弱时，抓力仅有 29 磅——约为正常体力的三分之一（三位中有一位是拳击冠军，催眠时告诉他很虚弱，他就感觉自己手臂变得和婴儿的一样瘦小）。

第三次测试中，依然催眠，让他们知道自己都非常强壮，平均抓力竟然达到 142 磅，当积极有力的思想充满他们的内心时，平均每人竟然提升了大约 50% 的体力。

这就是心理态度对生理有着不可估量的影响力。

为了证明思想的影响力，我来讲述一个令人吃惊的故事，我可以把这个故事编成一本书，但在这里我只是简单地讲一下。

那是10月的一个夜晚，内战刚刚结束，有一个流浪的女人茫然地游荡在大街上，她就是格洛佛太太，她在韦伯斯特太太的家门口停下（韦伯斯特是一位退休的船长），接着开始敲门。

韦伯斯特太太打开门后，看见一位可怜瘦小的流浪女，体重还不到100磅，全身皮包骨头。流浪女解释说，她一直想找个落脚处休息，然后想办法解决一个时刻困扰她的问题。

韦伯斯特太太说道："那你进来吧，只有我一个人住在这座大房子里。"

后来，韦伯斯特太太的女婿正好从纽约过来度假，看见了格洛佛太太在这里，立刻咆哮道："我可不想看见一个无所事事的懒人住在家里！"他把这个可怜的流浪女赶了出去，她呆呆地在雨里站了几分钟后，只好在街上随便找个避雨处。

这个故事之所以惊人，是因为被韦伯斯特太太的女婿比尔·安利斯赶走的"流浪女"，后来竟然成为世界上一位非常有思想影响力的女性：玛丽·贝克·安迪。她就是基督科学教派的创始人，拥有几百万的信徒。

但是，在当时她的内心只有无尽的伤痛、忧愁和悲哀。第一任丈夫刚刚结婚后就去世了，她又被第二任丈夫抛弃，不过第二任丈夫和有夫之妇产生感情后，最终死在贫民窟。她还有一个儿子，可是因为病痛和贫困，她只好把4岁的儿子送给了别人，于是，她和儿子失去了一切联系，31年未曾见过一面。

几年来因为自己的身体状况太差，她坚持对自己的"心灵治疗科学"十分感兴趣，但是，真正的人生转折是发生在一个寒冷的夜晚，她独自在街上踱步，突然滑倒在结冰的人行道上，随即摔得不省人事。她的脊椎严重受伤，以至于全身痉挛，连医生都宣告她的生命即将结束，即使奇迹出现，她的身体也是终生瘫痪。

玛丽躺在床上，等待死亡的到来，这时，她打开《圣经》，她觉得是圣灵在引导，让她看到《马太福音》里的一段话：

> 因此，他们带着一位躺在床上无法行走的人来到耶稣面前……耶稣告诉他："孩子，健康起来吧！我已经赦免你的罪行……站起来，带着你的床，赶紧回家去吧！"接着那个人就站起身回家去了。

后来她认为，耶稣的话激起了她内心的希望，那是一种强大的信念，一种治愈一切的力量，促使她"立刻下床站起来"。

玛丽说："那次经历，教会了我怎样治愈自己还有其他人的方法——这是科学的方法，我很有把握，我清楚这都是人内心的强大力量，属于一种心理现象。"

这样一来，玛丽就成为基督科学宗教的创始人，这是一位由女性创立的伟大宗教，如今已经遍布全世界。

你现在肯定会想："这个卡耐基一定是基督科学教派的忠实信徒。"不是，你想错了，我不是基督科学教派的信徒。只是，随着年纪的增长，我越来越相信思想的伟大力量，通过这么多年教授成人的经验，我发现人可以通过改变思想，去克服忧愁、恐惧以至于更严重的疾病，而且可以改变自己的人生。我明白！我确信！我亲眼目睹过数百次这种改变，经历这些，我已经对此深信不疑。

有这样一个实例，就是因为思想的力量而发生改变的惊人事件，是我的一位学员亲身经历的，他曾经因为忧愁而精神崩溃，这位学员跟我说：

我担心很多事情，担心自己太瘦弱，担心自己脱发，担心自己没钱成家，担心自己无法成为一位好父亲，担心我爱的女友离我而去，担心自己的生活过不好，担心自己会给别人留下坏印象。我忧愁，因为害怕自己会得病，无法正常工作，最终只能辞职。我不停地给自己的内心施加压力，像个没有安全保险的压力锅，当压力达到一定程度时，除了爆发别无选择，假如你曾经精神崩溃……希望你永远不会，任何生理上的病痛都无法与心理上的痛苦相提并论。

我的情况十分严重，甚至无法与家人沟通。我不能控制自己的情绪，我内心被恐惧占满，任何一点声音都会让我心惊胆战，我谁都不想见，没有理由地，就会大哭一场。

对我来说每天都是煎熬，我觉得全世界都抛弃了我——包括上帝也是，我当时想结束自己的生命。

后来我去了佛罗里达州，换一个环境，希望可以有所改变。在我上火车前，父亲递给我一封信，跟我说到了那里才可以打开。我到达佛罗里达州时，正是观光旅游的旺季，反正旅馆都是客满，我索性就租了个车房，随后到迈阿密找工作，但是没有找到，我每天就在海滩上度过，真是比在家里的状况还糟。于是我打开爸爸给我的信，上面写着："孩子，你现在距离家1500英里的地方，但是，并没有发生什么变化，是这样吗？我明白，因为你和烦恼一起去了，其实烦恼就是你自己，你的身心很健全，你不是被你所遭遇的各种状况打败的，而是被对这些状况的看法打败的。一个人的思想决定他成为什么样的人，要是你想明白了这些，我的孩子，就赶快回家吧！因为这说明你已经痊愈了。"

爸爸的这封信彻底把我惹恼了，我希望可以得到安慰，而不是什么指示，一气之下，我决定一辈子不回家，那天晚上我游荡在迈阿密的街上，途经一座里面正在做弥撒的教堂，反正没有地方去，不如进去看看，正好听见有人念道："战胜自己的内心要比打败一座城市更加伟大。"我坐在教堂里，听着和我父亲信上讲述的同样的道理——这股力量最终清除掉我内心的一部分困扰，我人生第一次感觉到轻松自在，我感觉自己愚蠢至极，重新认识自己，让我感觉很惊讶，原来只要改变我自己的思想就可以，而并非是改变整个世界和每一个人的思想。

第二天早晨，我开始收拾行李，准备回家。一个星期后，我重新回归工作，4 个月后，我和我喜欢的并担心失去的那位女友结婚了，现在，我们拥有 5 个可爱的孩子，是一个快乐的大家庭。无论是在物质方面还是精神方面，都还算顺利。精神状态很差的期间，我任职晚班工头，管理拥有 18 个人的小部门，现在，我是卡通公司的主管，管理拥有 450 人的大部门，人生越来越丰富。我清楚自己可以很好地掌握人生。即使偶尔会有一些小惶恐（每个人都会有），我知道又该调节自己的情绪了，接着就会恢复平静。

其实我真的很庆幸自己经历过精神崩溃，因为那次的经历让我明白思想的力量完全超出身心的力量。现在我可以自如地运用思想的力量，而不是被它所控制。我现在明白我父亲是正确的，因为他说让我忧愁的不是情况本身，而是我对情况的看法。只要我真正领悟了这一点，就说明我痊愈了，而且不会再犯。

这就是那位学员的故事，此刻我深信不疑，无论我们在哪里，或者做什么，或者我们是谁，这些都不能决定我们内心的喜怒哀乐，心情完全取决于我们内心的思想。外在因素仅占很小的一部分。下面我们来看看老约翰・布朗，他曾经在美国霸占了一个军工厂，并想怂恿奴隶反叛，最后被判绞刑。他静静地坐在棺木上被送往刑场，在他身边的警长非常紧张，布朗却很平静，他看着周围的崇山峻岭和蓝天，感叹这是个美丽的国家，而自己以前从来没有真正地看清楚过。

还有第一位到达南极的英国人——史考特，他们的返程可以说是人类所经历的最严酷的考验。路途中他们没有了粮食，燃料也所剩无几，他们无法前进，因为极地已经连续 11 个昼夜狂风肆虐，狂风的威力很强大，甚至能切断南极冰崖。史考特和他的队员预料自己会死，就提前准备了鸦片以便应急。鸦片能让大家躺下，永远熟睡，不会再醒来。但是他们并没有选择这样，而是在欢唱中离开这个世界。我们之所以知道这些，是因为 8 个月后，他们的遗体被搜索队找到，遗体上藏着一封告别书，告别书将这些情况记录了下来。

假如我们内心充满勇气，而且思想平静，我们就可以坐在自己的棺木上欣赏风景，在饥饿的情况下欢唱。

失明的弥尔顿早在 300 年前就发现了这一真理：

心灵，就是自己的殿堂，
它可以是地狱中的天堂，
也可以是天堂中的地狱。

拿破仑和海伦・凯勒就是这一真理的最好证明人。集荣誉、权力和财富于一身的拿破仑说：

在我的生命中，快乐的日子加起来还不足6天。

再看看海伦·凯勒，她是一位聋哑人，又是盲人，却在她的书中写道：

我发现人生竟是如此美丽！

活了半辈子，如果我真的有什么领悟的话，那就是："除了自己，没有任何人可以给你平安。"

我在回忆爱默生短文《自我依赖》的美丽结尾：

因为一次政治性的胜利，所以地产收益提高，你身体痊愈，很久没有见面的朋友来了，或者其他外界因素，让你士气大增，你觉得好日子马上就来，但不要轻易相信，世事并不是这样，除了自己，没有任何人可以给你平安。

爱比克泰德是斯多亚学派的宗师，他告诉我们，摒除坏的思想，比切除身上的毒瘤更加重要。

爱比克泰德是在19世纪前说出的这样的话，不过现代医学依然赞同他的说法，罗宾森医生讲过住在霍普金斯医院的5位病人，其中4位都受到压力和心情的影响，那些器官失调之类的病更是这样，他说："其实这些都是因为在生活中不会调节情绪所致。"

蒙田是法国伟大的思想家，他一生最信奉的一句话是："打败人的并不是事情本身，而是他对事件产生的看法。"而对事件产生的看法完全由自己决定。

我究竟在做什么？当你情绪失控，神经紧张，我依然会说，你改变一下你的心理态度可以吗？就是这样！除了这些，也许我还可以告诉你如何去做，但是并没有什么捷径。

实用心理学的顶级大师威廉·詹姆斯，他曾有这样的体会：

貌似行动是随着感觉走的，实际行动与感觉是一起的，如果意志决定行动，同样也可以间接地决定感觉。

意思就是，虽然我们的情绪无法随着决定立即改变，不过我们的确可以改变行动。当我们的行动改变时，就能有效地改变感觉。

他这样解释道："假如你不开心，那么，能让你开心的办法就是轻松地坐直身体，装出一副开心的样子说话和行动。"

这个简单的办法真的有用吗？你不妨亲自试一下。先让自己的嘴角上扬，露出快乐的表情，肩膀放松，开始深呼吸，接着高歌一曲。假如不会唱，也可以吹口哨，不会吹，就哼歌，马上你就会领悟威廉·詹姆斯的话的意思，假如你的行为充满快乐，那么内心就不会充满忧郁。

这点小真理也许会让我们的人生出现奇迹。

我有一位加州的女性朋友，要是她知道这个小真理，一天内就能消除她的心理障碍。她年纪大了，丈夫不在了——我觉得这很值得同情——可是她是一种怎样的心理状态呢？当然不快乐，假如你向她问好，她就回答："嗯，我还好啊！”但她的脸部表情和声音都在说：“噢，天呀！我是如此倒霉！”她好像是在嫉妒你太快乐。其实，比她不幸的女人有很多：她丈夫留给她一大笔遗产，够用一辈子了，她的子女给了她一个家，但是我几乎看不到她笑，她埋怨她的3个女婿小气——即使她总是在他们家居住几个月的时间，她还埋怨她女儿不给她送礼物——虽然都是她自己管钱。“这是我自己养老的钱！”她真是过分。非得这样做吗？最不幸的是，她完全能够成为受人尊敬的慈祥长辈，是她自己要变成忧愁痛苦的老妇人，这完全取决于她自己的一个小小的行动，只要做出开心的样子，稍微付出一点儿爱心，而不是把自己束缚在忧愁的深渊里。

恩格勒特先生之所以能活到今天就是因为发现了这个真理。10年前恩格勒特先生受猩红热病痛的折磨，痊愈后，竟然又得了肾炎，他到很多地方治疗，偏方也用过很多，但却没有好转。

很快，他的血压升高，去接受治疗时医生告诉他，他的血压是214，他已经时日无多了。他说：

我回到家，查看了我的保险依然有效，我办了告解，接着陷入抑郁。我的不痛快很快传染了每个人，我太太和家庭每一位成员都一脸愁容，我自己更是如此。就这样一个星期过去了，我告诉自己：“你就是一个傻瓜！你也许一年内都不会死，为什么要让整个家庭陷入忧愁中呢？”

我让自己彻底放松，脸上有了笑容，装出一副很高兴的样子。我承认这些都是装出来的，但是我一直坚持装开心，结果这种假开心不仅感染了家人，而且帮助了自己。

首先我感觉自己比之前好了很多，就和我假装的一样开心，情况一天比一天好，直到现在——距离我的死期已经很长一段时间了。我不仅开心、健康地活着，而且血压也平稳了！我能确定的是：如果我总想着“快死了”，那么肯定就跟医生说的一样时日不多了。现在我的态度改变了，身体也恢复健康了。

现在我来提一个问题：如果只要内心想着开心积极，就能延续生命，我们为何还要为一些小事情去烦恼呢？如果只要开开心心就可以创造快乐，又为何让自己和周围的人烦恼呢？

几年前，我阅读了詹姆斯·艾伦写的《思想的力量》，其中有这样一段：

人要是改变对事和人的看法，事和人就会对他产生变化……要是一个人的想法发生很大改变，他会惊奇地发现生活中的状况也会发生奇妙的改变。人的内心都有潜在的神奇力量，那就是自我……每一个人都是自己思想的产物……人的思想提高了，才能上进，完成并解决一些事。不想提升思想的人只会在悲惨的深渊中打转。

在创世纪中，上帝赐予人类权利来统治大地，这是非常伟大的赠与，这种伟大的权利并没有激起我的兴趣，我只想统治自己，即控制自己的情绪，解除自己的恐惧，控制我的内心和思想。神奇的是，我清楚自己能在很大程度上控制自己的情绪，因为，无论什么时候，只要我控制行为，就能很好地控制自己的反应。

让我们永远记住威廉·詹姆斯的金言：

一旦一个人内心的态度从恐惧变为奋斗，就可以克服一切障碍。

让我们一起为快乐奋斗吧！

让我们按照下面的思想，来换取最大的快乐，我们称这份计划为“活在当下”，我觉得它很能振奋人心，所以送出了几百份，只要我们这样做了，大部分忧愁都会消失，同时我们的快乐会增加。

活在当下。

今天我必须开心，因为林肯曾说：“大部分人都能决定自己想要的快乐。”快乐不是外界因素决定的，而是取决于人的内心。

今天我要控制自己，并不是控制世界来配合自己，我必须配合我的家庭、事业和机遇。

今天我要好好爱自己的身体，我要运动，关爱它，滋养它，不让它疲惫，让它成为我心灵的天堂。

今天我要提升我的思想，我要学习，充实内心，我要阅读摘要和一些振奋人心的书。

今天我要演练我的心灵：我要为某人做一件好事，然后做两件自己不喜欢做的事情，就像威廉·詹姆斯说的那样，只是为了充实心灵，不会变得懒散怠慢。

今天我要做快乐的自己，我要让自己快乐，穿着得体，举止优雅，谈吐幽默，不批评、不责怪，不抓着某人的缺点不放。

今天我要真心实意地活好这一天，不去考虑我的人生，一天 12 小时的工作制度是很好，但是想到一辈子都这样，难免会吓坏自己。

今天我要做计划，我要计划该做的事情，可能无法完全做到，但计划还是要有，只为避免慌乱。

今天我要让自己过得轻松愉快，给自己留出半小时去憧憬人生。

今天我要充满勇气，追求更快乐、更享受的美好，勇敢追求爱的人，相信我爱的人也会爱我。

想培养更加快乐健康的心理态度，一定要：

想开心的事情，做开心的事情，你就真的会非常开心。

7 不被小事磨灭意志

卡耐基名言

1. 大多数情况下，想要战胜那些因为小事带来的烦恼，我们只需要转移自己的观点和重心就可以了——站在一个全新的、让人开心的角度来看待事物。

2. 我们不是都像极了那棵森林巨树吗？我们在自己的人生中也历经无数次“暴风骤雨”和“雷电”的击打，我们都挺了过来，但是心灵却被烦恼的小甲虫侵蚀——那些烦恼实际上是我们用两根手指就能捏死的小甲虫。

接下来要叙述一个让我刻骨铭心的故事，这个故事是一个居住在新泽西州枫树林高地大街14号，叫作罗伯特·摩尔的人讲给我听的，故事是这样的：

1945年3月的时候，在靠近中南半岛水深达276英尺的海水下面，我上了人生中最难忘的一堂课。那个时候，我在一艘编号是Baya S. S. S318的潜水艇上服兵役，我们一行共有88个人，我们的雷达探测到有一支日本舰队正向我们这个方向驶来。接近黎明的时候，我们潜伏到水下开始进攻。透过潜望镜，我看到一艘护航驱逐舰、一艘邮轮，还有一艘布雷舰。我们对准那艘护航驱逐舰发射了3枚鱼雷，但是很遗憾，没有打中。这是因为鱼雷的线路发生了问题，这艘护航驱逐舰依然若无其事地前进着，忽然，那艘布雷舰直直地冲着我们开了过来（我们这时处在水深60英尺的地方，一架日本飞机发现了我们的位置，并利用无线电通知给了护航驱逐舰）。我方的潜水艇马上潜入到水深150英尺的地方，希望能够避免被对方侦测到，与此同时我们还做好了深水作战的准备，为了能够让潜水艇绝对静音，我们把电扇、冷却系统及一切发电机器统统关闭了。

“3 分钟之后，令人可怕的事情全部爆发了。在我们的潜水艇附近连续爆炸了 6 枚深水炸弹，把我们推到了水深 276 英尺的海底。我们都害怕极了。因为在水深不足 1000 英尺的海底受到进攻是极其危险的——假如不足 500 英尺深，那是近乎送命的。但是我们却是在刚刚超过 500 英尺水深的地方遭受了袭击——在安全因素方面，这就好比是一个遭受袭击的人只站在膝盖那么深的地方。接下来的 15 小时中，日军不断地向我们丢放深水炸弹。要是随便有一枚炸弹在我们的潜水艇方圆 17 英尺的范围内爆炸的话，潜水艇都有可能被炸出一个洞来。日军投放的炸弹中有几十枚都在距离潜水艇 50 英尺附近的地方炸开。那个时候，我们都听从命令躺在自己的床上，这样能更好地保持冷静。我害怕得连呼吸都不顺畅了，反复地告诉自己：“这下死定了……”由于风扇和制冷系统都已经关掉了，潜水艇里面的温度达到 100 多摄氏度，但是我却怕得全身冰冷，虽然身上穿了毛衣和带毛里的夹克，但是还是止不住地颤抖，冷得上下牙不住打架，身上一阵一阵地冒冷汗。敌军连续进攻了 15 小时，最后突然停住了，很明显，那艘布雷舰已经在使用了全部炸弹后开走了。这 15 小时，在我看起来好像过了 1500 万年那么久。在这段时间里，我回忆了自己的人生，想起自己之前干过的每一件坏事，以及过去担忧过的那些无足轻重的小事。在海军服役以前我是一家银行的小员工，那个时候我有很多烦心事：工作的时间太长了，自己没有钱买房子，没钱买新车，也没钱给我的妻子买漂亮的衣服。曾经我是那么讨厌我的老板，他总是不停地啰唆骂人！我还记起自己下班以后是多么精疲力竭，可是即便这样，回到家之后，我还是经常会和妻子因为一丁点小事打架。我还为自己额头上的一块小疤痕——那是在一场车祸之后留下的——担心焦虑过。

这些很多年之前发生的事情在那个时候似乎是那么重要，但是当我遭遇炸弹随时可能死掉的时候，它们却是那么微小、无关紧要。那个时候我就对自己立下誓言，假如我还可以再次看见太阳和星星的话，我就永远、永远不会再担忧了。绝不！绝不！在潜水艇里的那 15 小时里，我所明白的道理远远多于在锡拉丘兹大学四年里从书本上学到的。

我们常常能够勇敢地面对现实生活中的重大困难，但却会被一些小事弄得无精打采。塞缪尔·佩皮斯在他的《佩皮斯日记》中讲述了他在伦敦目睹哈瑞·梵恩爵士上断头台的事。当梵恩被推上断头台之后，他没有请求饶他不死，而是拜托刽子手砍他的头时不要碰到后脖颈上那个肉瘤。

拜德将军在寒冷的南极深夜里发现了这样的事——工作人员经常会被小事搞得很烦躁。他的属下们可以忍受危险又艰难的工作，也可以承受零下 80 摄氏度的酷寒。但是，我知道，有好几个居住在一间房里的人之间却不讲话、不聊天，因为疑心其他人乱放东西占了自己的位置。还有一位队员在吃饭的时候一定要躲开另外一名队员，因为他要躲开的这个人每次吃东西都要嚼上 28 次才肯咽下去。

拜德说：“在极地的时候，诸如这样的小事能让那些最有纪律感的人崩溃。”

你还能再补充一点，婚姻中的小事也非常具有杀伤力，它能够造成世界上半数的人伤心落泪。

起码，这是权威人士的看法。芝加哥的约瑟夫·萨巴斯大法官，他在处理了 4 万多件不幸的婚姻案例后概括说道：“大多数婚姻的不幸福是来源于零零散散的小事。”纽约州的地区检察官弗兰克·S.霍根也讲过：“在刑事法庭上，普通的案件起因都是小事，在酒吧里耍威风、和他人发生口角、侮辱他人的姿势、蔑视他人的话、野蛮的行为——通常这样的小事造成了很大的冲突或者凶杀案，极少有人是罪不可赦的。但是当我们自身的形象、尊严受到了一点小小的损害之后，就会造成半数以上让人难过的事件。”

罗斯福夫人刚结婚的时候，常常会因为厨师做不好一顿饭而担忧好几天。“但是事情要是发生在现在的话，”罗斯福夫人说，“我就会耸一耸肩膀忘记这件事情。”真是太好了，这样的情绪反应才是成熟的。甚至最专制的女皇凯瑟琳，对于厨子把饭做糟了这样的事也只是一笑而过。

有一次，我和我的妻子去芝加哥的一位朋友家里用餐。切肉的时候，他好像做错了一些小事。当时我并没有注意，并且就算我看到了，也不会在乎的。但是他的太太看见以后，立刻在我们面前跳起来怪罪他：“约翰，你是怎么回事！你看看自己在做什么！难道你一辈子也学不会怎么切肉吗？”

紧接着她对我们说：“他总是犯错，根本就是没有上心。”可能他做得的确不够好，但是，我不得不佩服他竟然能和自己的太太生活了 20 年那么久。打心眼儿里说，我宁可只吃两个抹有芥末的热狗——只要我吃得顺心——也不想一边听着她唠唠叨叨一边吃着北京烤鸭和鱼翅。

这件事不久之后，我和我的妻子邀请了几位朋友到家来吃晚餐。就在他们马上到的时候，我妻子发现有 3 条餐巾和桌布的颜色搭配得并不合适。后来她跟我说：“我马上冲到厨房，才想起另外 3 条餐巾被送去洗了。客人们已经到了门口，重新换洗是不可能的了，我着急得都快哭出来了。我那个时候就想着：‘怎么能让这么低级的错误来毁掉我整晚的心情？’后来我又想明白了，算了吧，不要在乎这些了！我就走进餐厅开始吃晚饭，并且准备好好度过这个美好的夜晚。我宁愿让朋友觉得我是一个又懒惰又散漫的家庭主妇，也不想让他们觉得我是一个神经兮兮、脾气又差的女人。并且，据我所知，根本没有任何人去在意那些餐巾。”

在法律上有这样一条名言：“法律不会去理会那些小事。”法律并不是因为那些小事制定的。所以假如一个人想要在心理上得到平静的话，就不应该为了一些小事而烦恼。

大多数情况下，想要战胜那些因为小事带来的烦恼，我们只需要转移自己的观点和重心就可以了——站在一个全新的、让人开心的角度来看待事物。我的朋友荷马·克罗伊是一位作家，在他众多的作品中有一本叫作“巴黎见闻录”的书，他在里面叙述了一些自己的切身体会。他在纽约公寓里著书的时候，经常因为暖气管的热水发出的声响而烦恼，管子里面的水蒸气会咝咝作响，这让坐在书桌前著书的他非常愤怒并苦恼。

“后来，有一次我和其他几位朋友外出野营，木柴在燃烧的时候发出噼里啪啦的声响，当我听到这样的声音时，忽然发现这些声音像极了暖气水管里水蒸气的响声，既然是相同的声音，那么为什么会有这样的反差呢——喜欢这个，讨厌另一个？当我回到纽约公寓之后，我就对自己说：‘篝火中木柴燃烧的声音很好听，暖气管里水蒸气的声音也一样好听，我绝对可以睡个安稳觉，不必去在意这些声音。’结果我的确做到了，刚开始的时候，我还会听到这种噪声，但是没过多长时间，我就忽略了它们的存在。

“一切让人不开心的小事都是一样的，只是因为我们不喜欢这些事情而已，结果搞得整个人都无精打采的。这其中最根本的原因就是我们把这些小事的重要性夸大了……”

英国的政治家本杰明·迪斯累里讲过：“人生短促，不要被小事拖累。”“这句话，”安德烈·摩瑞斯在一本叫作“本周”的杂志上延伸说道，“帮助我度过了许多悲惨的经历：我们经常会因为一些小事情、一些原本应该置若罔闻、弃之不顾的小事情，搞得无精打采……仔细想想，我们在这个世界上只不过能活上个几十年，但是我们却把大把无法弥补的时间浪费掉了，用来为一些一年后都没有人记得的小事而烦心——简直是太不值得了！我们应该将自己有限的时间投入到有意义的行动、深刻的思想、真挚的感情、永久不变的事业当中。因为人生短促，不要被小事拖累。”

哪怕是那些名人也会犯下这样的错误。向来胸怀宽广的英国作家吉卜林也曾忘记“人生短促，不要被小事拖累”的原则。到底是怎么回事呢？原来，吉卜林跟他的小舅子打了一场佛蒙特有史以来最出名的官司——这场官司名气非常大，有一本叫作“吉卜林的佛蒙特诉讼”的著作是专门讨论这次案件的。

故事是这样的：吉卜林和一位来自美国佛蒙特州名叫凯罗琳·巴斯特的姑娘结婚了，两个人还在佛蒙特州的布兰特保罗修建了一栋非常漂亮的房子，打算在这里安度晚年。他的小舅子比提·巴斯特成了吉卜林最亲密的朋友，无论是在工作的时候还是闲暇时刻，他们总是形影不离。

后来，吉卜林从巴斯特的手上购置了一块土地，事先约定好巴斯特每个季度都能在这块地上割草。但是有一天，巴斯特发现吉卜林在这块地上建造了一座花园，他立刻愤怒到了极点，把吉卜林的屋顶一下子捣毁了，吉卜林也针锋相对地烧掉了巴斯特的房子。霎时间，佛蒙特郁郁葱葱的山顶上乌云漫天，一场“战事”随即爆发。

几天以后，吉卜林骑着自行车外出的时候，碰到了巴斯特，他坐在几匹马拉着的敞篷车里，于是，吉卜林被巴斯特狠狠地揍了一顿。这位写过“众人皆醉我独醒”的诗人也气得头昏脑涨了，巴斯特被他一纸状书告上了法庭，法庭派人将比提·巴斯特逮捕了。接下来就开始了这场惊天大案的审判，各大城市中的各大媒体记者争相来到这个小城进行报道，这场官司很快就被传得世人皆知。这场官司到最后也没有得出什么结果，但是吉卜林和他的妻子不得不永远离开了美国的家园。然而造成这一切的原因只不过是一件微乎其微的小事——仅仅是因为一捆干草而已。

早在2400年前，雅典的政治家伯里克利就曾写道：“算了吧，文人雅士们，我们已经在小事上面浪费了太多的时间和精力了。”我们的确厌烦了这类错误。

接下来这个风趣的故事是哈瑞·爱默生·富斯狄克说过的——这是一个关于一棵参天大树怎样战胜和输掉战争的故事，故事是这样子的：

“在科罗拉多州长山的半山坡上，一棵大树的残骸倒在那里。自然学家对我们说，这棵大树的残骸已经超过400年了。当哥伦布在圣萨尔瓦多登陆的时候，它只是一棵刚刚长出嫩芽的小树苗；当新教徒来到普利茅斯并在那里安定下来的时候，它才长到一半大小。它这漫长的一生中，曾遭遇了14次雷击和无数次暴风骤雨，它都一一战胜了它们。然而，最后却是一些小小的甲虫让它倒在了这里，这些小甲虫对它发动的进攻让它永远地倒下了。那些甲虫从它的根部开始，不断地向里侵蚀，使得它逐渐伤了元气。甲虫虽然很小，但是却不停地对它发起进攻。一棵参天大树历经了数百年的光阴，它不曾因为时间的流逝而枯竭，不曾因为闪电的击打而倒下，也不曾因为暴风骤雨的侵袭而颤抖，但是最后却败给了一小队用两根指头就能捏死的小甲虫。”

我们不是都像极了那棵森林巨树吗？我们在自己的人生中也历经无数次“暴风骤雨”和“雷电”的击打，我们都挺了过来，但是心灵却被烦恼的小甲虫侵蚀——那些烦恼实际上是我们用两根手指就能捏死的小甲虫。

前几年的时候，我去了位于大提顿国家公园的洛克菲勒中心参观，一同前去的还有怀俄明州公路局局长查尔斯·西费德先生和他的几个朋友。我乘坐的那辆车因为转错了弯而迷路，当我到达洛克菲勒中心的大门口时，其他的车子已经等了一个多小时了。由于西费德先生并没有这座私人公园的钥匙，因此，他就在森林里等了我们整整一个小时。森林里不仅炎热无比，而且蚊虫也特别多。即使是圣人们在那里，也会被这些可恶的蚊虫逼疯的，不过，西费德先生并没有被这些蚊虫打倒。西费德先生在等我们的闲暇，从白杨树上折下了一根树枝，用树枝当口哨。我们到达时，还在猜想他会不会正在咒骂那些可恶的蚊虫。结果，他吹口哨吹得十分尽兴。之后，我向他要来了那支口哨并留作纪念，用来怀念这个不因小事而烦扰的人。

要在烦恼侵蚀你之前，先改正爱烦恼的习惯，这里要记住一条准则就是：

不要让自己为了一些本该忽略和抛诸脑后的小事无精打采，要铭记：

人生短促，不要被小事拖累。

8 算一算事情发生的概率

卡耐基名言

1. 我们所担心的事情中，有99%根本就不会发生。

2. 如果我们根据概率法则考虑一下我们的忧虑是否值得，并真正做到长时间内不再忧虑，90%的忧虑就可能消除。

我的孩童时代是在密苏里州的农场里度过的。有一天，我在农场里帮母亲摘樱桃，突然开始哭泣起来，母亲赶来问我发生了什么，我抽泣着回答她："我怕有一天我也会被活埋。"

童年的时候，我的内心充满了忧虑。担心暴风雨来临，被闪电劈死；生活饥寒交迫，被饿死；还害怕死后会被关进地狱里。那时有一个比我大的男孩叫山姆，他威胁我说要割下我的两只大耳朵，于是我很害怕。我还担忧将来没有姑娘子想嫁给我，我甚至会为我未来的太太对我说的第一句话是什么而操心。我想我们会去乡村的教堂举行结婚仪式，然后我们一起坐在一辆马车上，那么在回庄园的路上我该对她说什么呢？到那时我会不会找不到话题呢……每当在田地里的时候，我都会反复地思索着这些"宏伟"的未来之事。

时光匆匆流逝，我却渐渐发现，我们所担心的事情中，有99%根本就不会发生。比如说，我之前说害怕暴雨闪电，可是我通过常识知道，一个人被闪电击中的概率大约为三十五万分之一。

而对于我童年时害怕被活埋的恐惧，如今想来更是啼笑皆非。因为哪怕是在远古的木乃伊之前的时代，一个人被活埋的概率也不超过一千万分之一，可是我从前却因此而忧虑。

而因癌症死亡的概率大约是每8个人当中就会有1个，所以，当初我更应该为癌症而担忧哭泣，而不应该去考虑被闪电击中，或者被活埋。

实际上，刚刚我讲的那些故事都是年少无知时所忧虑的事情。可令人想不到的是，我们成年人的忧虑，往往也是如此荒唐可笑。如果我们根据概率法则考虑一下我们的忧虑是否值得，并真正做到长时间内不再忧虑，90% 的忧虑就可能消除。

伦敦罗艾得保险公司作为世界上最出名的一家保险公司，正是靠着人们对那些发生概率很低的事情担忧恐惧而牟取暴利。当那些保险公司和一群人打赌说他们担心的灾难几乎不会发生，那么这不叫赌局，而是保险。事实上，这件事情是以平均法则作为依据的。罗艾得保险公司已经有着200年的悠久历史了，并且它还会一直顺利运营下去，除非人们的本性改变。其实保险公司只是在替你保房子的险，保船的险，他们在利用估算概率的法则向你证实，那些灾难情况的确很少发生。

可是当我们用那些概率法则来验证自己的人生时，常常会被自己的发现惊吓到。比如说，当年推算出来自己5年之内就要打一场像葛底斯堡那样壮烈的战争，你一定会吓得魂飞魄散，然后赶紧去买人寿保险，并且会写下遗嘱，把自己的所有财产做好安排。因为你觉得，你大概无法在这场战争中存活下来，于是你要痛痛快快地挥霍人生。然而事实却并不是这样的。根据概率算得，在50到55岁之间，每1000个人里死去的人数，与葛底斯堡战役中每1000名士兵中阵亡的人数相同。

那年夏天，当我在加拿大洛杉矶山区鲍湖写这本书时，遇到了赫伯特·塞林杰夫妇。塞林杰太太是一个非常平和、从容的人，我觉得她似乎从未忧虑过。有一天傍晚，我们围坐在冉冉炉火旁，我问她这一生是否忧虑过，然后她给我讲述了一个悠长的故事：

曾经，忧虑差点毁掉了我的人生。在学会克服忧虑之前，我挣扎痛苦了11年。从前的我，脾气那样坏，那样急躁。当我每个礼拜从圣马特奥乘公交车去旧金山买东西时，我都会忧虑得要命——他会不会把我的熨斗放在烫衣板上了，然后烧毁了我们的房子；我的女佣会不会丢下孩子们跑掉了；我的孩子们会不会独自跑上马路，然后被飞驰而来的汽车撞到了……每次我出去买东西时都会发愁得要命，我常常飞快地买到东西，然后冲出商店，担心地赶回家去，看看是不是一切安好。也许，这也是我第一次婚姻失败的原因吧。

我的第二位丈夫是一名律师，他沉稳、冷静，从来不会失去理智地为了某些事情而忧虑。每当看到我焦虑的样子时，他都会沉着地安慰我："不要慌，理智地判断一下到底发生什么事情了，你要想清楚你到底在担心什么。"

后来有一次我们去新墨西哥州，我们从阿尔伯克基开车到卡尔斯巴德洞窟去，那天我们走了一条土路，而且半途中遭遇了一场暴风雨。

我们的汽车一直失去控制地下滑，我十分担心我们的车会滑到路边的阴沟里去，所以神色慌张，可我的丈夫不断地安慰我，他说："放心，我们驾驶得很慢，就算汽车跌进了沟里，根据平均概率，我们也不会有事的。"他的镇定和安慰让我勇气大增，我的心情渐渐平静了下来。

还有一年夏天，我们家到加拿大洛杉矶区的图坎山谷去露营。那天晚上，我们在海拔 7000 英尺的地方搭了帐篷，却再一次遇到暴风雨，那晚的风暴如此强烈，似乎要把我们的帐篷撕碎。帐篷在风中剧烈地摇着，声音尖锐凄厉。我当时吓坏了，我想我们的帐篷一定会被吹垮。可我的先生却异常镇定地对我说："亲爱的，这里的印第安向导对天气情况了如指掌，他们曾在这里安营扎寨 60 多年都没有危险状况发生，根据事情发生的概率来看，我们今晚不会有事的；就算我们的帐篷被吹坏，我们也可以躲进别的帐篷。我们有备无患，所以你不必再担心。"听到了这些，我的心情放松了许多。那一夜，我睡得很安稳。

几年前，整个加利福尼亚州被小儿麻痹症搞得鸡犬不宁，若是以前的我，一定会惊慌不安地叫起来。可是如今，先生告诉我要保持一颗安稳镇定的心，所以我们采取了一切可实施的预防措施：不让孩子们进出任何公共场所，暂时不去学校，不去电影院。等到卫生署彻底了解情况之后，我们得知即使是在加利福尼亚州曾经流行的最严重的那次小儿麻痹症，也才 1835 个孩子患病。而在平时发病阶段，全州大约只有 200 到 300 个孩子会患病。虽然这些数字听起来依然让人难过，但是我们清楚地感受到：根据以往事情发生的概率来判断，某一个孩子患病的概率其实非常小。我们实在不必过于担心。

当我了解到"根据平均概率，这种事情不会发生"这句话的含义时，我的 90% 的忧虑就消弭于无形了，于是我过去 20 年的时光过得格外美好而平静。

蓦然回顾那些过去的岁月，我突然发现大部分忧虑都是因此而来的。而吉姆·格兰特——纽约富兰克林市格兰特批发公司的老板也这么认为，并且为我讲述了他的顾虑：

从前我想过的那些无聊的问题，比如：火车失事怎么办？比如水果洒得满地都是怎么办？万一我的车子经过的那座桥正好倒塌了怎么办？当然，这些水果我都买了保险，可我还是会担忧，担忧自己有一天失掉水果市场，担忧自己因思虑过度而患上胃溃疡，因此我去咨询医生。医生对我说，所有的原因都要归结于我过于忧虑。

直到这时，我才开始反思，开始和自己攀谈，我对自己说："吉姆·格兰特，你运送水果目前为止已经有多少车了？你遭遇过很多次车祸吗？"我的答案是："我运送过 25000 车水果，大概发生过 5 次车祸。"一共是 25000 辆汽车，只出过 5 次车祸。那么我出车祸的概率是五千分之一。如此说来，按照平均概率来计算，我出车祸的可能性只有五千分之一，那我还在担心什么呢？

然后我又对自己说："要是桥会塌下来呢？""那么你可曾经历过一次桥塌吗？"而答案是："一次也没有。"所以呢，我居然为了一座根本不太可能塌的桥，和一场概率为五千分之一的车祸而担忧得患上胃溃疡，我竟然如此愚蠢！

在如今的我看来，从前的自己的确很傻。于是从那时起，我就决定以后不再盲目地忧虑下去，而是要依据事情发生的平均概率。所以后来，我再也没有为"胃溃疡"而担忧。

我还记得当艾尔·史密斯担任纽约州长时，每当遇到政敌的言语攻击，他都会说，"让我们来看看记录……让我们来看看记录"，然后他就依据那些记录摆出了很多事实。当你再为任何事担忧时，就可以像这位睿智的史密斯州长先生这样做，翻看过去的记录，来比较一下今天的忧虑是否有意义。这也正是当年弗莱德里克·马尔施泰特害怕他自己躺在坟墓里所做的事情，他曾经在纽约成人教育班讲了这样一个故事：

1944年6月初，当时我正在999信号服务公司服兵役，那时我们刚刚抵达诺曼底，我躺在奥马哈海滩附近的一个战壕里。那个长方形的战壕看起来就像一座坟墓，尤其是当我躺在里面睡觉的时候。

当天晚上11点，德军的轰炸机突然飞过来了，漫天炸弹纷纷落下来，我吓得魂飞魄散，根本无法入睡。连续几天夜里，我都夜不安枕，痛苦得几乎崩溃。我知道这样下去的话，我整个人都会发疯的。因此我就告诉自己说："五个夜晚都过去了，可我们还安然无恙。只有两个人被高射炮的碎片击中受了点轻伤，并不是被德军的炸弹炸到了。"

然后我决定做一些有意义的事来克服忧虑，我在战壕中建造了一个厚厚的木头屋顶来保护自己，又用科学方法推算了一下炸弹的扩展范围，之后我发现，只有非常不幸地被炸弹直接击中，我才有可能被炸死。而这个被直接命中的概率还不到万分之一，所以我的担心是多余的。明白了这些，在敌机连续袭击的那几天夜里，我睡得都很安稳。

后来一个当过海军的人告诉我，美国海军也经常利用概率统计数字鼓舞士气。有一次他和战友们被派到了一艘油船上，当时他们都惊恐万分，因为这艘油船运输的是高辛烷值汽油，一旦被鱼雷击中就会立即爆炸，船上没有人会幸免。

为了平息士兵的恐慌，美国海军总部发布了一些十分精确的概率统计数字，指出被鱼雷击中的100艘船里，只有40艘可能沉没，而在5分钟内迅速沉到海底的只有5艘，那就是说，你有充分的时间跳下船逃生——简言之，死在船上的概率非常小。

"当我们知道这些概率后，之前的忧虑顿时烟消云散了。而且船上的其他人也都瞬间轻松了许多，我们知道由概率数字来看，我们不大可能死在这里。"

住在明尼苏达州圣保罗市的克莱德·马斯这样对我说。

在忧虑摧毁一个人之前，要先学会戒掉忧虑，下面是第九项原则：

让我们看看从前的记录，并推算出一个平均概率，然后问问自己，你的忧虑可能发生的概率有多大？

9 既来之，则安之

卡耐基名言

1. 事情既然如此，就不会另有他样。

2. 快乐之道无他——我们的意志力所不及的事情，不要去忧虑。

在我的孩童时代，有一天，我和几个小伙伴在一间木屋的阁楼上玩耍，那是一间在密苏里州西北部的荒废的老木屋。我从阁楼上爬下来，然后站在窗栏上准备往下跳。可当我跳下去的那一瞬间，我左手食指上戴的戒指突然钩住了一根钉子，把我的整根手指都拉脱了下来。

我当时害怕极了，惊叫着，我以为自己死定了。可是后来，在我的手好了以后，我却再也没有因此苦恼过。因为我知道那样做没有意义，我已经接受了这个不可避免的事实。

而如今，我根本不会去在意，我的左手只有四个手指。

几年前我遇到一个人，那时他正在纽约市中心的办公大楼里开货梯。我发现他的左手被齐腕砍断了，我问他会不会很悲伤难过。他的回答是："不会啊，我平时根本想不到这件事，只有在穿针的时候，我才会想起。"

我们似乎经历着类似的境遇，而不可思议的是，当面对这些事情时我们也采取同样的做法，那就是去接受适应它，或者是彻底忘掉它。

在荷兰首都阿姆斯特丹有一家15世纪的老教堂，在那里的废墟上留有一行字让我记忆深刻，那就是：事情既然如此，就不会另有他样。

人生长路漫漫，每个人都会遇到不如意的境况，既然事情已然如此，就不可能再改变了。那我们又何必强求呢？我们可以选择接受这种不可避免的情况，还要逐渐适应它。否则，我们就可能因为由此带来的忧虑而毁掉我们的人生，最终让自己痛苦崩溃。

我最喜欢的心理学家、哲学家威廉·詹姆斯曾提出一个忠告：

要乐于接受必然发生的状况，接受必然的结果，是战胜随之而来的任何不幸的第一步。

而住在俄勒冈州波特兰的伊丽莎白·康钦利，她经历了很多挫折才做到了这一点。最近她在给我的信中写道：

在美国庆祝陆军在北非胜利的那一天，我收到了一封电报，是国防部发过来的。上面写着，我最爱的侄子在战场上失踪了。没多久，又来了一封电报，说他已经死了。

我悲痛得不能自已，曾经我觉得生命是那么美好，我有一份热爱的工作，我努力把这个侄儿养大。他是那样一个美好优秀的年轻人，我觉得我之前的努力都如此值得……可如今呢？当我听闻他的死讯，我的整个世界都坍塌了，这世界上再也没有什么美好的事物值得我活下去。我开始冷淡我的朋友，忽视我的工作，我抛开了自己拥有的一切，我变得冷漠又怨恨。我不知命运为何如此不公，我的侄儿，他是那样优秀的年轻人，他还没有好好开始自己的人生，为何就战死在冰冷的战场上？我实在承受不住这个现实，我决心抛下工作，远走他乡，把自己终生藏在悔恨和泪水中。

当我在清理办公桌准备辞职的时候，我突然看到一封已经被我遗忘了的信——是我那已故的侄儿几年前寄来的。那时我的母亲刚刚去世，他给我写来一封信。“我知道我们都会想念她的，”他这样对我说，“尤其是你，我相信你一定能撑得过去。我永远记得你对人生的态度，你教给我的那些美好的真谛，你说我们不管分离多远，不管身处何地，都要记得微笑。我相信这些真理一定会让你撑过去的。我也会像一个男子汉那样，承受住发生的一切事情。”

那封信我不厌其烦地读了许多遍，我甚至觉得他好像就站在我旁边，一遍遍地亲口对我说着那些话。他似乎在对我说：“为什么不像你教我的那样去做呢？无论面对什么苦难，都要坚强地撑下去！把悲伤藏在微笑底下，因为生活还在继续啊。”

于是，我决定重新开始工作。我不再像从前那样冷淡漠然地面对生活。我不断提醒自己：“事情已经成为定局，我没有办法改变它，可是我能像他所希望的那样好好活下去。”从此，我把一切精力思想都用在了工作上，而且我时常写信给前方的战士们——那些别人的儿子。每天晚上，我还会参加成人教育班，去结交新的朋友，尝试新的事物。发生在我身上的种种变化简直让我不敢相信，我已不再是从前那个整日沉浸在悲伤里的人了。如今我的生活里充满了快乐，我就像我的侄儿所期待的那样活着。

在伊丽莎白写给我的信中，我看到她已经学会接受那些不可避免的事情，懂得了如何适应各种苦难。在人的一生中，这并不是容易学习的一课。就连那些在位的国王也常暗示自己要做到这一点。至今在已故的乔治五世的白金汉宫墙壁上还挂着这样一句话：

教我不要为月亮哭泣，也不要因错事后悔。

类似的话，叔本华也说过：

能够顺从，这是你人生旅途中最重要的一件事。

所以很显然，能让我们快乐和悲伤的并非环境本身，而是我们如何去面对周遭发生的情况。

大部分情况下，我们都能挨得住命运的挫折和悲剧，并且会努力战胜它们。可能有时我们低估了自己的能力，以为自己办不到，可是当我们运用内外的强大力量来抵抗一切时，结果往往出乎意料。

布思·塔金顿在去世前说过：

人生加诸我的任何事情，我都能接受，除了一样——失明。那是我永远也没法接受的。

然而一语成谶，在他 60 多岁的时候，当他低头看着地上的地毯，眼前一片模糊。于是他去找了一位眼科专家，结果很不幸：他的视力衰退得厉害，有一只眼睛几乎失明了，而另一只眼睛离失明也不远了。他最担心的事情终究还是降临到了他的头上。

那么塔金顿是如何面对这个最可怕的灾难的呢？他是不是在想“完了，这下子我的一辈子都结束了”呢？然而并没有。甚至连他自己也未曾预料到自己依然能活得很开心，他甚至还不乏幽默感。以前，如果眼前浮动的“黑斑”遮挡住他的视线，他会觉得恐惧又难过，可现在，当那些黑斑在他眼前晃来晃去时，他却幽默地说：“嘿，黑斑老爷爷又来了，今天这么好的天气，不知道它又要飘到哪儿去。”

后来，在塔金顿完全失明后，他依然说：“我觉得自己可以承受失明这个事实，就像接受别的事情一样。哪怕我的五种感官都丧失了，我还是可以活在自己的思想里，因为只有透过思想我们才能够观赏世界，才能够享受生活。不论你是否承认这一点。”

为了恢复视力，塔金顿在一年之内让当地的眼科医生为他做了 12 次手术。虽然他会害怕，但是他没有逃避，因为他知道这是不可避免的事情，所以还不如爽朗痛快地接受它。他甚至拒绝了私人病房，决定和其他病友住在一起，他面对多次手术的压力还在想着如何逗大家开心。他很清楚自己的眼睛做了些什么手术，但他只想着自己是多么幸运，他说：“多么神奇啊，科学技术飞跃发展，可以在眼睛这样纤细的部位做手术。”

承受着超过 12 次的眼部手术，经历着地狱般的苦难生活，塔金顿并没有崩溃成神经病，而是那样坦然地面对，他说：“我可不愿意把这宝贵的经验去换取一些开心的事情。”他说这件事教会了他太多，让他懂得如何接受不可改变的事实，让他了解到自己竟然可以承受住生命带来的一切苦难。他终于领悟到了约翰·弥尔顿所说的那句话：“眼盲并不令人难过，难过的是你不能忍受眼盲。”

我们在生活中遇到一点儿不可避免的现实和挫折就选择逃避、退缩，并因此而难过，我们终究还是无法改变这些事实，但我们可以改变我们自己。

我曾经做过一件傻事，我试图去拒绝接受一件不可避免的事，我从心底抗拒那件事。可结果是我夜夜辗转反侧，痛苦难眠。后来，经过一年的自我炼狱，我终于接受了那早就知道无法改变的现实。

早知如此，我应该几年前就朗诵沃尔特·惠特曼的诗句：

噢，要像树木和动物一样，去面对黑暗，暴风雨，饥饿，愚弄，意外和挫折。

我曾经同牛打交道12年，却从未见过哪头母牛由于水源枯竭，天寒地冻，或是公牛追逐其他的母牛而大动肝火。面对挫折，连动物们都能平静如水，从未痛苦崩溃过，也不曾得胃溃疡或者发疯。

然而我的意思并不是在说，无论遭遇任何挫折，我们都必须逆来顺受，如此的话我们就成宿命论者了。不管面临何等境遇，只要还有补救的机会，我们就要力挽狂澜。而当常识告诉我们这是不可避免的现实时，我们就要保持理智，善用智慧，不要顾影自怜，徒增忧愁。

哥伦比亚大学的迪安·霍克斯在去世前对我说过他的一首打油诗座右铭：

天下疾病多，数也数不了，
有的可以医，有的治不好。
如果还有医，就该把药找，
要是没法治，干脆就忘了。

当我写这本书时，我曾经拜访过许多盛名远扬的大企业家。他们大多数人都告诉我，他们可以接受这种不可避免的事实，努力让自己排解忧愁。如若不然，他们一定会被巨大的压力累垮。这里就有几个很好的例子：

遍布全国的彭尼连锁店的创始者彭尼对我说：

就算有一天我赔得一分不剩，我也不会烦恼。因为我实在不知道烦忧能给我带来什么价值，我只会竭尽全力把目前的工作做好，其他的就只好尽人事听天命了。

亨利·福特也这样告诉过我：

如果碰到了我力所不及的事情，我就让它们自己去解决。

而有一次我问克莱斯勒公司总裁K.T.凯勒先生是如何减少忧虑的，他这样回答我：

如果碰到很艰难复杂的事情，只要在我的能力范围之内，我就会竭尽全力地想办法解决。要是做不成，我就会彻底忘记这件事。没有人能一眼望穿未来，所以我们根本不必为了未来担忧。影响未来的因素那么多，我们根本无法掌控，又何必担心呢？

虽然凯勒只是个成功的生意人，但他却说出了如此有哲理的一席话，他的这些话和古罗马伟大的哲学家爱比克泰德的理论如此相似，爱比克泰德先生的原话是这样说的：

快乐之道无他——我们的意志力所不及的事情，不要去忧虑。

如果选择一位最懂得如何适应接受不可避免的事实的女人，那就一定非莎拉·伯恩哈特莫属了。在过去的50年里，她是四大洲剧院里无人可比的“皇后”——深受全世界观众爱戴的一位女演员。而她却在古稀之年，遭遇了破产的尴尬境地，而更糟糕的是，她的医生波兹教授告诉她必须要把腿锯掉。

事情是这样的，她当年横渡大西洋时遇上了一场暴风雨，她摔倒在甲板上，伤势严重，而且还患上了静脉炎、腿痉挛，剧烈的疼痛使她不得不被劝说要把腿锯掉。当医生对她直截了当地说出这句话时，本以为她会大发雷霆，然而并没有，莎拉只是静静地看了他一会儿，然后平静地告诉他：“如果非要如此的话，那就这样好了。”

当儿子看到她被推进手术室的一刹那，忍不住伤心地流泪。可她却挥了挥手，豁达地告诉儿子：“不要担心，我马上回来。”

被送往手术室的途中，她一直背诵着自己曾经演过的戏里的几句台词。她这么做并不是为了让自己提起精神，而是为了让医生和护士高兴，让他们消除压力。

后来，手术顺利完成了。莎拉痊愈后，决定继续环游世界，这让她的观众继续为她痴迷了7年。

爱尔西·麦可密克也在《读者文摘》的一篇文章里写道：“当我们不再反抗那些不可避免的事实后，我们就能省下精力去创造出一个更加多彩的生活。”

要么去无力地抵抗那些不可更改的现实，要么去努力创造自己新的生活。没有人能够两者兼顾。面对不可避免的暴风雨时你只能弯下身子适应并接受，或者是抗拒，然后被它们摧残。

而我恰好目睹过类似的经历。我在密苏里州的农场居住时，种过几十棵树，它们迅速地茁壮成长。后来下了一场冰雹，每棵树的树枝上都堆满了厚厚的冰霜，可这些树枝并没有在重压下弯下去，而是顽强抵抗着，最后由于实在承受不住而折断。可我在加拿大种下的那长达几百英里的常青树林就不同了，我从未见过那里有一棵树被冰雹压垮，因为那些树木更加聪明，懂得如何去适应重压，怎样去垂弯枝条，来面对这种不可避免的情况。

“要像杨柳一样柔顺，而不要像橡树一样挺拔”，这是日本的柔道大师教给他的学生的话。

汽车轮胎如何能承受住那些经年累月的颠簸呢？最初，制造轮胎的人想要创造一种能够抵抗旅途上颠簸的轮胎，但是不久轮胎就变成了碎条。然后，他们就汲取经验，创造出了另外一种轮胎，可以吸收路面上的各种压力颠簸，后来时间证明了这样才是对的。而我们的生命旅途也正是如此，如果我们想在人生路上走得更远更久，我们就要懂得接受吸收各种颠簸挫折。

可如果我们不肯接受这些挫折，而是一味地反抗拒绝，那么结果会如何呢？很简单，随着时间的推移，我们的心里会产生一系列的内外矛盾，我们会感到忧虑、焦急，甚至崩溃、神经质。

如果我们不仅不肯接受那些挫折苦难，还要选择逃避到角落里去，活在自己的想象王国里的话，我们可能很快就精神错乱了。

在战场上，每一个士兵都会怀着对死亡的恐惧而犹豫，但他们却只有两个选择，要么接受战争这个不可改变的事实，要么一味抗拒逃避，最终崩溃。这里有一个关于克服恐惧的小故事，是当初威廉·卡塞纽斯在成人教育班里讲过的：

在我刚刚加入海岸防卫队时，很快就被派到大西洋边的一个岗位上。他们让我去监管炸药。这简直是一件难以想象的事情！我竟然从一个曾经卖小饼干的营业员变成了一个监管炸药的人！一想到要站在几万吨的炸药上面从事监管工作，我就觉得脊背发凉，心惊胆战。虽然我接受了两天的训练，但是新学来的这些东西却让我更加恐惧。我第一次执行任务的那天昏暗阴冷，周围还笼罩着一层薄雾，那次我被派到新泽西州的卡文角去执行任务，我永远也忘不了那一天。

我被安排和 5 个码头工人一起工作，我们负责这船上的第五号舱。他们虽然身体壮硕，却对炸药一无所知。那些炸弹重 2000 到 4000 磅，他们正在把炸弹搬运到船上，每一个炸弹都有 1 吨的炸药，一旦引爆结果可想而知，那艘船一定会被炸得粉碎。看到他们用两条绳索把炸弹吊到船上，我在一旁不断地安慰自己，生怕有一条绳索出故障。我的心里害怕极了，浑身战栗，双腿发软，可我又不能放弃自尊逃走。那样的话，我一定会让父母颜面扫地，更重要的是，我还可能因逃亡而被枪毙。所以，我只能默默地待在那里，心惊胆战地看着那些工人若无其事地把炸弹搬来搬去，紧张得无法呼吸。在我提心吊胆地受惊了一个多小时后，我终于唤回了原有的理智，我对自己说：“就算被炸死了又如何？又不会有什么感觉。这样死掉反而很痛快，总比那些癌症之类的慢性折磨好得多吧。人固有一死，而这项工作你又不得不做，这是不可避免的事实，所以又何必贪生怕死。”

我一直这样不断劝说自己，觉得心情豁然开朗了。最终，我强迫自己克服恐惧，接受了那个不可避免的事实。

这是我永生难忘的一段经历，如今每当我为一些不可改变的事实而焦虑时，我都会想起当年的事，耸耸肩膀，告诉自己：“忘了吧，为自己欢呼三声！”

“对于必然之事，不如轻快地加以接受。”这句话是在耶稣基督出生前399年说的。而在今天这个充满忧虑的大千世界，人们比以往更需要好好去参悟这句话。

在忧虑毁灭一个人之前，他首先要学会戒掉忧虑，那么我们要记住的一条重要的原则是：

接受不可避免的事实。

10 让忧虑不再来

卡耐基名言

1. 学会对自己说："这件事只值得我担忧一点点，没有必要去操更多的心。"

2. 林肯认为："一个人实在没必要把他半辈子时间都花在争吵上，如果那个人不再攻击我，我也不会再记仇。"

3. 一个人只有树立正确的价值观念，才能够拥有平静的心境。

如果我要告诉大家如何在华尔街赚钱，恐怕超过一百万的人会蜂拥而上倾听着；如果我要把这个问题的答案记载在书里，相信这本书卖到 1 万美元也有人肯买。当然，我没有答案。不过我却知道有位叫查尔斯·罗伯茨的投资顾问，他道出了一个很好的方法，让许多成功人士都受益匪浅。

当年我仅揣着 2 万美元从得克萨斯州来到纽约，那些钱是朋友托付我到股市投资用的。我本以为自己对股市知之甚广，刚开始我的确是赚了一些钱，可后来我却赔得分文不剩。

如果输掉的是自己的钱我还没有那么在乎，可是多么糟糕，我把朋友的钱也都赔光了！虽然他们依旧生活阔绰，但是我却很怕再见到他们。可意料之外的是，他们并没有对这件事情耿耿于怀，甚至还很乐观。

我决心要汲取过去的错误经验，在重回股票市场前我要透彻深入地了解股市的操纵内情。幸运的是，我和一位最成功的预测专家波顿·卡瑟斯交上了朋友，我相信从这个成功的人那里，我能够受益良多。我当然更知道，他成功的原因绝不是只靠运气和机遇。

刚开始，他询问了我过去在股市是如何做的，接下来告诉了我一个在股市交易中最重要的原则。他说：“每当买进股票时，我都会为它设定一个不可再低的价格标准。例如，我买了每股50元的股票，我就会立刻规定它最低标准是45元。”换句话说，不管股票跌到如何地步，我都会在5元的损失范围内把它立刻卖出去。

“如果你是一个很聪明的买家，”这位专家继续向我解答，“你的赚头大约在10元，20元，甚至是50元。所以你如果把损失限定在低于5元，即使你对行情的失误超过了一半，你也会大赚一笔的。”

很快我就学会了这一方法，并且后来我一直使用，这当真令人受益匪浅，让我和我的顾客挽回了不止几万块钱。

后来我发现，这个“到此为止”的方法不仅适用于股市，我还开始把它应用在生活中任何让我感到忧虑的问题上。在我所有不快乐的事情上，我都设立了一个“到此为止”的限制，效果简直好得不得了！

比如说，从前有一个朋友很不守时，每次和他吃饭都要等到午餐时间过去大半，于是我就用了“到此为止”的原则。我告诉他说：“以后我等你的期限是10分钟，如果你10分钟以后还没有来，我就不会再等下去了，我们的午餐约会就直接取消。”

对于“到此为止”这个原则，我真是知之恨晚，我真希望很多年前我就可以把这个原则运用到我的脾气上，我的自我适应型欲望，还有我的所有精神情感压力上。为何之前我就没有如此平和的心境原则呢？学会对自己说：“这件事只值得我担忧一点点，没有必要去操更多的心。”

我觉得自己有一件事做得还算差强人意，那是我生命中很糟糕的一次情况——当时我几乎眼睁睁看着我的梦想，我的未来，我多年的工作都付诸东流。事情是这样的：

在我刚刚而立之年时，我决定要以写小说作为我的职业。我充满信心和期待，想成为弗兰克·诺里斯、杰克·伦敦，或是哈代第二。我在欧洲居住了两年，从事着我的写作事业。虽然那是在第一次世界大战结束的时期里，但是用美元在欧洲生活的开销并不是很大。我写了一本名叫“大风雪”的书，我不得不承认这个题目取得很形象，恰如所有出版商对它冷冰冰的态度一般。那时连我的经纪人都说我的作品一文不值，他对我说我丝毫没有写作的天分。这对我真是当头一棒，我茫然无措地离开了他的办公室，我听见自己的心跳似乎在那一刻骤然停止。我知道自己正面临人生的十字路口，不知何去何从。好几周后，我才从这种茫然沮丧中解脱出来。那时我没听说过要为自己的忧虑设定“到此为止”的原则，现在想来，当时我的做法在无形中采取的就是这种原则。那段我废寝忘食地创作小说的时光是我人生中宝贵的经验和回忆，当年我从那里出发继续前行，做回自己的老本行，但闲暇的时候就会写一些传记和非小说类的书。

这是我有生以来最得意的一个决定，每每想到此事我都会觉得欣慰，因为从那以后，我从未后悔过自己没有成为哈代第二这件事。

100年前的一个夜晚，当窗外的飞鸟在瓦尔登湖畔的树林里鸣叫时，梭罗用鹅毛笔蘸着自制的墨水，在他的日记里写道："一件事情的代价，也就是我称之为生活的总值，需要当场或者长时期内进行交换。"

也就是说，我们若是以生活的很大一部分作为代价来换取什么的话，我们就太愚蠢了。就像吉尔伯特和沙利文的悲哀，他们创造出了那样快乐明丽的歌词曲谱，却不知如何创造快乐的生活。他们写出了那样扣人心弦的歌剧，却不知如何控制他们的脾气。沙利文曾经为他们的剧院买了一张新地毯，而当吉尔伯特看到账单上的价钱时却勃然大怒，为此他们两人争吵多年，甚至终生绝交。当沙利文为歌剧谱曲之后，会把它寄给吉尔伯特；而吉尔伯特填词之后，又要再次寄给沙利文。就连有一次他们不得不同台谢幕时，两个人也非要站到对方看不见的位置才行。或许这就是因为他们不懂得"到此为止"的快乐原则吧，而林肯却把这个原则运用到了极致。

当时美国处在南北战争时期，林肯作为总统自然树敌不少，面对那些恶意攻击他的人，他说："你们对私人恩怨的感觉比我多，也许我这种感觉太少了吧。可是我一向认为这样很不值得，一个人实在没必要把他半辈子时间都花在争吵上，如果那个人不再攻击我，我也不会再记仇。"

林肯这种胸怀和宽恕精神是那么伟大和难得，我多么希望我的老姑妈——爱迪丝姑姑也能够拥有。当年她和弗兰克姑父一起住在被抵押出去的农庄中，那里土地收成不好，生活拮据。可爱迪丝姑姑却是一个喜欢装饰房间的人，她总会在密苏里州马利维里的一家小杂货铺赊买一些窗帘之类的小物件。弗兰克姑父由于担心他们的债务和个人信誉，就偷偷告诉杂货店老板不要再赊账给姑姑。姑姑知道这件事后，大发雷霆。到现在，这件事已经快过去50年了，她还在耿耿于怀，发过好多次脾气。我最后一次见她时，她已经是80岁的老太太了，我对她说："爱迪丝姑姑，弗兰克姑父就算再惹您生气，羞辱到您的自尊，可他做错的那件事情已经过去半个世纪了，您难道还要再埋怨下去吗？"

就因为这些不快的小事，爱迪丝姑姑付出了大半生平静愉悦的心情，这实在是太不值得了。

富兰克林在7岁的时候，犯了一个让他终生难忘的错误。那天玩具店里的一个哨子令他爱不释手，于是他没问价钱，就把所有零钱都放在柜台上，然后买走了那个哨子。"回到家之后，"70年后他这样在信里写道，"我吹着哨子兴高采烈地在屋子里转啊转，如此自鸣得意。"可当他的哥哥姐姐发现他买哨子多付了钱之后，都在戏谑嘲弄他。而他正像后来在信里所写："我十分懊恼地痛哭了一场。”

后来很多年过去了，当年那个痛哭懊恼的小男孩成了举世闻名的人物，做了美国驻法国大使，他还记得当初买哨子那件事，那时他感受到的痛苦多于哨子带给他的欢乐。

富兰克林从那件事中领悟到一个道理，他说：“当我长大后，见到人类的形形色色的行为，当然也碰到了很多买哨子多付钱的人。一言以蔽之，我认为人们的苦难产生于他们对事物价值做出了错误估计，就好比他们也买哨子多付了钱。”

没错，当初沙利文和吉尔伯特买哨子多付了钱，我的爱迪丝姑姑也是，在很多情况下也包括我自己，甚至文坛不朽的巨匠托尔斯泰，那位写了《战争与和平》和《安娜·卡列尼娜》两部传奇经典的伟大作家，也是如此。根据《不列颠百科全书》的记载，在托尔斯泰去世前的20年里，他成为了世界上最受崇拜和敬仰的人物，多少人都想去他家里见他一面，听一听他的声音，甚至摸一摸他的衣角也好。他说的每一句话都有人视若圣谕。可谁能想到，70岁的伟大作家托尔斯泰，甚至还不如7岁的富兰克林更有智慧，接下来发生的故事便是这样的。

托尔斯泰曾与一个女子坠入爱河，他们在一起时快乐如神仙眷侣，他们还常常跪下来祈求上帝赐予他们永远安稳快乐的生活。可那个他深爱的姑娘子却天性善妒，她曾打扮成乡下姑娘，去他的所到之处，去森林里打探他。这让他们之间发生了很多可怕的争吵。甚至，那个女人会妒忌自己的亲生女儿，她会用枪在女儿的照片上打一个洞。她有时还会满地打滚，拿着鸦片，张着嘴巴，以自杀要挟他。这常常惹得她的孩子们躲在角落里害怕哭泣。

那么面对这件事托尔斯泰是如何解决的呢？他并没有气得跳起来，也没有砸烂家具来发泄愤怒，而是写了一本私人日记。在他的笔下，他把所有的罪行都归咎于他太太，而这个就成为了他的“哨子”。他害怕他的子女会把责任推到他身上，于是就全部推到了他太太身上。而事发之后，他太太的做法是撕碎了那本日记，然后烧成灰烬。为了报复，她自己也写了一本日记，把所有罪过全都推到了托尔斯泰身上。不仅如此，在她的小说里，她把托尔斯泰写成了一个破坏别人家庭的男人，而把自己描述成了一个烈士，这本书的名字叫“谁的错”。

再后来，两人曾经最珍爱的家演变成了托尔斯泰笔下的“一座疯人院”。那么为何会造成这种局面呢？很显然，他们想吸引公众的目光，却更担心别人的意见。可是谁会在意这些争吵矛盾到底怪谁呢？没有人愿意浪费一分钟在托尔斯泰的家事上。而他们两个人足足浪费了50年的岁月将自己笼罩在黑暗的地狱里，他们之间没有人肯及时醒悟，让那些干戈告一段落，对彼此说：“不要再吵了，我们这是在浪费生命，多么不值得。”

我始终相信，一个人只有树立正确的价值观念，才能够拥有平静的心境。我也相信，只要我们为自己设定适当的标准，在生活中渐渐了解到事情的价值，我们将会有一半的忧虑消弭于无形。

所以，要在忧虑摧毁你之前，先学会戒掉忧虑。下面是原则的第十一项：

那么无论何时，当我们在比较买到的东西和生活的好坏时，我们都可以先问自己三个问题：

1. 我现在担忧的事情到底和我自己有多大关系？

2. 在我的这些忧虑中，我应该如何为它设定一个“到此为止”的限度，然后彻底忘掉它？

3. 这个“哨子”我到底应当付多少钱，我是否已经多付钱了呢？

11 不要试着去锯木屑

卡耐基名言

1. 理性地分析我们犯下的错误，从中寻找原因并获得教训，而后忘记这个错误，这是让我们的错误变得有价值的唯一方法。

2. 如果你正在忧虑那些已经发生或者完成的事情，那么你就是在锯木屑。

3. 面对损失，富有智慧的人向来都是愉快地想方法去弥补对自己造成的伤害，而不是在那里难过悲伤。

我写这些文字的时候可以透过窗子看看外面，欣赏院子里的一些足迹——恐龙足迹。这些足迹留在石头或者石板上，原本是收藏在耶鲁大学的皮博迪博物馆里，后来被我买了下来。皮博迪博物馆的馆长还写了一封信给我，说足迹的主人生活在一亿八千万年前。就算是白痴也不会想去改变一亿八千万年前的足迹的。但人总是这样愚蠢地去忧虑那些已经发生且也无法改变的事情，哪怕这些事情就发生在180秒之前——很多人都会这样做。明确地说，我们可以做的是去改变事情发生后所带来的影响，而不是想办法去改变那些已经发生且无法改变的事情。

理性地分析我们犯下的错误，从中寻找原因并获得教训，而后忘记这个错误，这是让我们的错误变得有价值的唯一方法。

我明白这句话是对的，但我做事情的时候能够永远有勇气、有智慧吗？在回答这个问题之前，我要先说一件发生在我身上的奇妙事。几年前，三十几块钱从我手中飞走，而我却没得到一分回报。事情是这样的：

我举办了一个成人补习班，规模很大，不少城市都设有分部，而且我还拿出不少钱去组织并进行宣传。当时，我的课程比较多，基本没有时间也没有精力去管理财务，而且当时我也不够成熟，没有意识到应该去找一个优秀的业务经理来管理财务方面的事情。

大约一年以后，我发现了一件令我非常震惊的事情：我的收入虽然很高，但我没有获得任何利润。发现这件事后，我理应立即去做两件事：

第一，我要去学习乔治·华盛顿遇到那件事后富有智慧的行为。这位科学家辛劳了一生后拥有5万元积蓄，但这笔钱因银行倒闭全没了。有人问他是否知道自己将一贫如洗的时候，他只是平静地回答“我知道”，然后接着教书。他选择忘掉这笔损失，而且后来一次也没有说起过。

第二，我应该理性地分析我犯下的错误，从中寻找原因并获得教训。

事实上，我不但没有做这两件事，还对此感到深深的悲伤与忧虑。之后的几个月，我都精神萎靡，无法安心入睡，体重也持续下降。我不但没有从这个错误中得到教训，还继续犯了相同的小错误。

让我承认自己曾经犯下这样愚蠢的错误其实是一件非常尴尬的事情。但是我最初就明白：“去教育20个人告诉他们该怎么做比自己做起来要容易多了。”

我非常期望自己也能成为纽约市乔治·华盛顿高中的学生，向保罗·布兰德威尔学习。在纽约市布朗士区生活的艾伦·桑德斯曾经接受过他的教导。

桑德斯说，保罗·布兰德威尔博士是他生理卫生课的老师，曾给他上过一次让他毕生难忘的课。

那时，十几岁的我经常因为各种事情而感到忧虑。我时常悔恨自己犯过的错误；考完试后，我时常无法安然入睡，会因为担心自己不及格而咬手指甲；我总是在想以前做过的事情，假设当时没有这样做就不会有这样的结果了；我总会去想那些我说过的话，心想当时本来可以说得更好。

某天清晨，我们班的学生到保罗·布兰德威尔博士授课的科学实验室上课，我们看到他在桌子边上放了一瓶牛奶。对此，我们都很困惑，不知道这与生理卫生课有什么联系。突然，保罗·布兰德威尔博士站了起来，嘴里喊着“不要为打翻的牛奶而哭泣”的同时一巴掌就把牛奶打到水槽里了。

接着，我们都被他叫到水槽前观察那瓶被打碎的牛奶。他对我们说：“你们要认真看一看，并且永远记住这一课——无论你们怎么忧虑、生气，这瓶牛奶都漏光了、没有了，你们无法挽救回一滴。如果动一动脑子，提前做好预防措施，那么这瓶牛奶可能就不会被摔碎。但是，现在一切都晚了——我们能做的就是忘记这件事，丢开它，然后注意避免再发生这种事。”

我虽然早就忘记了曾经学到的拉丁文和几何，但是我依旧记得这堂课。其实，我在这件事上所学到的东西比我在高中多年所学到的知识还要有用。它让我明白，尽可能不要打翻牛奶，一旦打翻了牛奶，无法挽救一滴时，只能选择把这个事情彻底忘记。

也许某些读者觉得无聊，我竟然用这么多文字来讲述这句“不要为打翻的牛奶而哭泣”。我明白，这句话很普通，很多人也都听过，然而就算很多人都听过这句话也不可否认它里面所含的智慧，这是人类传承已久的经验结晶。假如你可以阅读不同时代的伟人有关忧虑的著作，你会发现你找不到比“不要为打翻的牛奶而哭泣”，以及“船到桥头自然直”更简单、更有效的老话了。我们要重视这些话，如果我们能够运用这两句话，那么我们就不必去读那些书了，此外，如果我们不能够运用它们，那么就无法让知识转变为力量。

我写这本书不是想告诉你们一些新鲜东西，而是要重申一些你们已经知道的道理，引起你们的重视，能够进一步应用那些所学到的知识。

已经去世的弗雷德·福勒·夏德是我一直都很敬佩的人，他有一种特殊的天分，能够用既新颖又吸引人的方法去说一些老生常谈的真理。弗雷德·福勒·夏德是一位编辑，在一家报社工作。某次，他去大学毕业班演讲，问学生：“锯过木头的同学请举起手来。”大多数同学都举起了手。接着，他又问：“有人锯过木屑吗？”结果，没有一个人做过这种事。

夏德先生说：“你们当中没有一个会去锯木屑，因为那些东西已经被锯下来了。同理，如果你正在忧虑那些已经发生或者完成的事情，那么你就是在锯木屑。”

我曾经问过 81 岁的棒球老将康尼·麦克，是否因比赛失败而忧虑过。

这位棒球老将回答：“经常会为此忧虑，不过那都是很多年前干的蠢事了。后来我发现忧虑这些事不能给我带来任何好处，就如同你不能去磨已经磨完的粉子，它们已经被水冲走了。”

是的，我们不能去磨已经磨完的粉子，也不能去锯已经锯下来的木屑。但是，我们可以消除脸上的苦闷和肠胃里的溃疡。去年，我和杰克·登普西在感恩节相聚吃晚餐。他在我们吃橘子酱和火鸡的时候和我提起了那场败给吉恩·滕尼从而失去重量级拳王名号的比赛。那件事曾让他的自尊心受到很大的打击。

比赛过程中，我忽然发现自己老了……第十个回合结束后，我依然站在台上，但也只能这么站着而已。我的脸上受了很多伤，肿得几乎连眼睛都睁不开了……我看到滕尼的手被裁判员举起来，他胜利了……我失去了世界拳王的头衔。穿过雨幕，拨开人群，我向自己的房间走去。途中，有的人想握住我的手，有的人眼中闪着泪光。

我和滕尼在一年后又进行了一场比赛，可是并没有什么用，我还是个失败者，可能永远都是个失败者。我很难做到不去忧虑这件事，不过我告诫自己：“不要为打翻的牛奶而哭泣，不要活在过去的世界，我需要坚强起来，不能被这一次打击击败。”

杰克·登普西的确做到了这一点。他是怎么做到的呢？难道他只是不停地对自己说“不要忧虑过去的事”吗？并不是。这样做只会让他不断记起那些忧虑的事情。他只是接受了自己的失败，然后忘记这些事情，全神贯注地去规划自己的未来。他只是为各种拳击赛进行安排和宣传，举办与之相关的展览会。他只是在百老汇管理自己的大北方旅馆和登普西餐厅。他只是去做一些非常有挑战性的事情，让自己没有时间也没有精力去忧虑。杰克·登普西说：“在过去的 10 年间我做的事情比做世界拳王要多很多，生活也好很多。”

登普西说，他读的书不多，但他总是下意识地依照莎士比亚的话做事情：

面对损失，富有智慧的人向来都是愉快地想方法去弥补对自己造成的伤害，而不是在那里难过悲伤。

我在读历史和传记时总会对那些生活坎坷的普通人怀有复杂的情感，我很吃惊也很惊讶，因为他们可以忘记那些生活的不幸和忧虑继续开心地生活。

我在兴格监狱看到一件让我非常吃惊的事情：里面的囚犯似乎和自由人一样开心。当时，我把我的想法告诉了时任兴格监狱狱长的刘易斯·路易斯。他对我说，这些人刚到监狱时都满怀怨恨，脾气也很糟糕。过几个月后，里面很多比较有智慧的人就会忘记这件悲伤事，选择安心地在监狱里生活，努力活得更快乐一些。路易斯狱长还说，兴格监狱里有一个在园子里工作的犯人，他能够一边唱歌一边在围墙里种植蔬菜和鲜花。

所以，为什么要白白流眼泪呢？的确，那些过错和疏忽是我们的错，但那又怎么样呢？人都会犯错的，就连拿破仑也犯过错，在他全部重要战役中有三分之一是败仗。或许，我们的平均过错纪录还没有拿破仑高呢。

而且，哪怕国王出动全国的兵力也无法挽回已经过去的事情了。因此，我们要记住第十二项原则：

不要去尝试锯木屑，不要为打翻的牛奶而哭泣。

第三篇

六个秘诀，获得平安快乐

1 保持真我本色

卡耐基名言

1. 对一个人来说，最糟糕的部分是不能成为自己，也无法在身体和心灵中保持原本的自己。

2. 一般来说，普通人对自己的心智能力的利用率不到10%，大多数人对自己是否还有其他才能还不太清楚。

3. 在这个世界上，每一天的你都是崭新的自己，为此你要感到高兴，善于利用自己的天资才能吧！

4. 终究有一天，一个人会明白，嫉妒是徒劳的，而效仿他人等同于自杀。

我这里有一封住在北卡罗来纳州的阿尔瑞德太太写给我的信，她在信中说道：

我是一个非常敏感内向的姑娘子，长得很胖，两颊肉很多，这让我看起来更胖。我的母亲很刻板保守，在她看来，如果把衣服穿得太漂亮会很愚蠢，衣服如果太合身就很容易被撑破，还不如做得宽松一些。她就让我这样着装，我从没参加过任何像聚会这样的社交活动，也不觉得有什么事情能让我开心。上学后，同学间的所有活动我也都不参加，甚至包括运动项目。我太内向了，总觉得自己格格不入，跟大家不相像。

长大以后，我结婚了，丈夫比我大几岁，可是我还是没有什么变化。我丈夫出生在一个稳重而且阳光自信的家庭。虽然我也想变得阳光自信，像他们那样，可是总是不成功。我努力向他们学习，去模仿，总是不能达成自己的目标。好几次他们想帮助我突破自己，可总是得到相反的结果，我的处境反而更糟了。

我变得越来越容易愤怒和紧张，不敢见到任何朋友。我甚至对门铃的响声感到惊慌！到后来我是彻彻底底没救了，我很了解自己，只是担心总有一天丈夫会知道事实，所以只要在公共场合，我都努力装出很开心的样子，甚至装得都有些过分了。我很清楚自己表现得过于卖力，因为在伪装过后的几天里我会精疲力竭，非常劳累。到最后，我怀疑自己还有没有必要活下去，于是自杀出现在了我的脑海中。

那么改变了这位几乎要自杀的夫人的原因是什么呢？只不过是一句无意的话。阿尔瑞德太太继续在信中说道：

一句很偶然的话改变了我的一生。有一天，我的婆婆和我谈到她教育子女的方式，她说："不论发生了什么，我都坚持让他们保持真我本色……""保持真我本色！"这几个字闪现过我的脑际，就像一道灵光，我意识到所有的不如意都起因于我自己：是我自己把自己带入了一个本不属于自己的模式中。

我改变了，就在短短的一夜间。我开始坚持自我，保持真我。我潜心研究自己的性格特点，认清自己并找出自己的优势所在。我学会了为穿出自己的品位怎样去配色和挑选衣服式样。我积极结识朋友。我加入了一个规模很小的社团，在他们请我去主持某项活动的时候，我也很惶恐不安。但是我每次上台，都比以前更加有勇气。这个过程相当漫长，但现在的我比过去开心很多。当我培育和告诫自己的孩子时，我一定要告诉他们这些需要经历苦难才能学到的教训：不论在什么情况下，永远保持真我本色。

关于保持真我本色这一问题，"久远得就像人类历史一样。"医生詹姆斯·戈登·基尔凯指出，"这是所有人类共同的问题。"

不能保持真我往往是很多精神、神经和心理方面问题的隐藏病因，写过13本书、还在报纸上发表过数千篇关于儿童培训文章的安德罗·派屈说过："对一个人来说，最糟糕的部分是不能成为自己，也无法在身体和心灵中保持原本的自己。"

可是在好莱坞，这种模仿别人的现象就十分严重。好莱坞非常有名的导演山姆·伍德曾说帮助年轻演员解决他们不能保持自我这个问题是最令他头痛的事。成为二流的拉娜·特纳或者三流的克拉克·盖博是他们每个人梦寐以求的事情。"观众已经品尝过那样的味道了，"山姆·伍德不停地劝诫他们，"新鲜感是他们现在所需要的东西。"

在导演《别了，希普斯先生》和《战地钟声》等大片之前，山姆·伍德多年都在房地产行业工作，因此，他销售员的个性也在那里培养起来。在他看来，一些商业中的规则也完全适用于电影界。如果完全去模仿别人，那么绝对会一事无成。"我的经验告诉我，"山姆·伍德说，"最保险的事是不用那些模仿别人的演员。"

我也曾问过一家石油公司的人事主任保罗·伯恩顿，对应聘者来说，他们所犯的最大错误是什么。他面试过6000多位求职者，也写过一本名为《求职的六大技巧》的书，所以关于这个问题，他应该很明白。他答道："不能保持自我就是求职者所犯的最严重的错误。他们回答问题时常常不坦诚，只是说出他们觉得你会愿意听的答案。"可那是没有用的，这种不真实的、虚伪的东西没有人会乐意听。

我知道一个公共汽车司机的女儿也是很辛苦才学到这个道理。她渴望成为一名歌星，但是很不如意，她长得不漂亮，她的嘴很大，牙齿是难看的龅牙。她第一次公开试唱是在新泽西州的一家夜总会里，她一直试图咬住上嘴唇以包住暴露的牙齿，期待这样就会表现得更加完美、优雅，结果适得其反，失去了自我没有特色，要是一直这样，她一定会失败的。

多亏夜总会里听她唱歌的一位男士觉得她很有歌唱的天赋，就非常坦率地对她说："我一直在看你的表演，能看出来你一直想掩饰点儿什么，你是认为自己的牙齿很不好看吗？"姑娘子听了之后很难堪，但他仍然接着说："长了龅牙有什么大不了的呀，那又不违法！别试图掩饰它，张开你的嘴唱出来。你越是不把它当回事，观众就越会喜欢你。说不定你现在觉得会给你带来耻辱的龅牙将来还会给你带来好运呢！"

凯丝·达莱接受了那位男士的建议，忘记了龅牙带来的不愉快。自那次之后，她将所有注意力都集中在观众那里，尽量放开自己尽情地演唱，后来她成为电影及电视台中走红的最优秀的歌星，现在，有很多歌星反而还模仿她了。

威廉·詹姆斯说过：

一般来说，普通人对自己的心智能力的利用率不到10%，大多数人对自己是否还有其他才能还不太清楚。其实我们还有一半以上的才能没有被挖掘，这是与我们应该取得的成就相比而得出来的结论。我们只利用了我们能力的很小一部分。人往往活在自己所设置的一个有限的空间里，尽管我们拥有各种各样的资源，但却往往无法成功地运用它们。

既然我们身上有很多没有被开发的潜能，那么我们就没有必要担心自己不像其他人。你在这个世界上是独一无二的，以前没有人像你一样，以后也没有。父亲和母亲各自的23条染色体组合成了你，你的遗传基因也是由这46条染色体所决定。每一条染色体中有数百个基因，而其中的任何单一的一种基因都可以改变一个人的一辈子，这些是遗传学告诉我们的。实际上，人类生命的存在当真是令人敬畏，奥妙无穷。

哪怕你父母相遇相知相爱并结婚，但生下的孩子正好是你的概率，也只有三百万亿分之一。换句话说，若你有300万亿个兄妹姐妹，他们都会与你完全不同。这不是幻想，而是确确实实的科学事实。 如果你有疑问的话，就去看看关于这方面的书籍。

我可以说是非常有资格来讨论这个话题的，我对此特别有感触，因为我曾为此付出过惨重的代价。那时，我从密苏里州的乡下来到纽约，报考美国戏剧学院，希望成为一名演员。当时我还自以为自己十分聪明，以为找到了一条不为别人所知的成功捷径，还暗自庆幸别人都愚笨得不知道这一浅显易行的道理。我的想法是：向当时所有优秀的名演员学习，集他们优秀的演技于一身！这是多么愚蠢而荒唐的想法。我为此浪费了太多时间去模仿别人，一直到后来我才明白，别人始终是别人，我才是我自己，只有保持自己的本色和个性才能取得真正的成功。

那样痛苦的经历应该能使我停止去模仿别人了吧？但是当时我太愚蠢，并没有马上吸取教训，还得再经历一次苦痛。几年后，我写了一本关于公共演讲方面的书。写的时候，我犯了同样的错误，计划将别人的书中写得好的地方放进来，使它成为一本最全面、包罗万象的百科全书。于是我找了一大批关于公共演讲的书，利用整整一年时间去吸收他们的精华，使其变成我自己的东西。最后我发现自己再一次做了傻瓜，这样做出来的东西既做作，又无可读性。于是我把这一年的劳动成果全部扔掉，准备从头开始。

做最真实的自己！就像美国作曲家欧文·柏林给后期的乔治·格什温的忠告那样。当柏林和格什温初次见面时，柏林已声名卓著，而格什温还是一个刚出道的默默无闻的年轻作曲家。柏林很欣赏格什温的能力，问他是否愿意做他的音乐秘书，薪水大概是他当时收入的3倍。可是柏林也劝告格什温：“还是不要接受这个工作，如果接受，你可能只会变成一个二流的柏林，如果你坚持继续保持自己的本色，总有一天你会成为一流的格什温。”

格什温接受了这个劝告，最终他成为美国最重要的硕果累累的作曲家。

类似查理·卓别林这样的人，以及其他人，都学过保持自己本色的这一课，尽管学得很辛苦，需要付出代价。

卓别林开始拍电影时，导演要他模仿当时非常有名的影星，导致他一事无成，直到他开始发挥自己的特色，才慢慢走向成功。鲍勃·霍伯也有相似的体会，在他发现自己的特色并真正走红之前，有许多年的时光都在唱歌跳舞。

当玛丽·马克布莱德第一次上电台时，她总想模仿一位爱尔兰明星，却总是失败。直到她以一位密苏里州乡村姑娘的本色面目出现时，才成为纽约市最出名的明星播音员。

吉瑞·奥特利一直渴望改变自己的得州口音，自己打扮得也像个城里人，甚至还对外宣称他出生在纽约，结果别人都在背后嘲笑他。后来他开始重新弹奏三弦琴，演唱乡村乐曲，才为他在影片和广播中打下了最受欢迎牛仔地位的根基。

在这个世界上，每一天的你都是崭新的自己，为此你要感到高兴，善于利用自己的天资才能吧！说到底，所有的艺术都是一种自我表现，你只能唱你自己的歌，画你自己的画。你是由你的经验、你的环境和遗传而造就的。无论是好是坏，你自己的小花园都要好好建创，也无论好坏，你都得在生命的交响乐中演奏好自己的乐器。

爱默生在他的小文章《自我信赖》里说过：

终究有一天，一个人会明白，嫉妒是徒劳的，而效仿他人等同于自杀。因为无论好坏，人都只能自我帮助，自家的玉米，只有通过耕种自己家的土地才能收获。上天赋予了你独一无二的能力，这份能力只有当你努力尝试并运用时，才会知道到底是什么！

下面是诗人道格拉斯·马洛奇的诗：

如果你不能成为山顶上的一株巍然屹立的松树，
就做一丛灌木生长在山谷中！
但要是溪边最好的一丛！
如果你不能成为一棵郁郁葱葱的大树，
就做一丛灌木吧！
如果你不能成为一丛灌木，
何不就做一棵小草，给公路增添几分生气！
如果你做不了麝鹿，
不如就做一条小鱼！
但须是湖里最活跃的那一条！
不可能所有人都做船长，必须得有人做海员，
但每人都要各尽其责。
不管是大事，还是小事，
我们该做的工作，就在你的手边。
如果你不能做一条公路，就做一条小径：
如果你不能做太阳，就做一颗星星；
输赢不在于大小，而在于你是否竭尽所能。
要想平安快乐，就需要记住：
切勿效仿他人，而是要发掘自我，保持真我本色！

2　宽恕敌人就是解放自己

卡耐基名言

哪怕我们无法做到去喜欢自己的仇敌，但是我们起码能够做到喜欢自己多一点。我们不应该让怨恨破坏了我们原本喜悦的心境，更不应该让怨恨损害我们原本健康的身体。

“假如有人尝试从你那里得到什么好处的话，那么最明智的做法就是不要理睬他，更不要盘算着如何向他们报仇。因为，这种怨恨的情绪会给你带来更大的伤害，这种伤害要远远大于你的敌人所受到的伤害……”

这些话听上去仿佛是一个理想主义者在做宣传，事实上，这段话来自一张由警察局发出的通告。或许你会觉得这只是警察局在向众人传播一种不符合现实情况的理想理念，但是并非如此，这段话是有一定的事实依据的。

根据《生活》这本杂志的调查报告显示，报复情绪对你的健康极为不利，一个长时间满腔积怨的人容易患高血压和心脏病等病症。

我有一位朋友近期患上了非常严重的心脏病，医生告诫他要卧床休息，不管遇到任何事情都不要生气，因为按照他现在的病情来说，一生气也许就会让他失去性命。在这家医院中曾经就有一位心脏病人由于生气而丢了性命。这样的事情屡见不鲜。

因此，本章开篇的那段话的确是对的。所以，哪怕我们无法做到去喜欢自己的仇敌，但是我们起码能够做到喜欢自己多一点。我们不应该让怨恨破坏了我们原本喜悦的心境，更不应该让怨恨损害我们原本健康的身体。

从反面来讲，假如我们的仇敌知道我们因为对他们的仇恨而使自己的身体和精神都疲惫不堪，并且还坐立不安，甚至患上了心脏病，更甚者因此丧命的话，他们就会为此拍掌叫好！

这正如莎士比亚说的那样：

不要让对手所点燃的怒火伤害了自己。

在第二次世界大战期间，有一位名叫乔治·勒瓦的律师从奥地利维也纳潜逃到了瑞典。那个时候，他身无分文，迫切需要找到一份可以维持生计的工作。但是，他除了了解一些自己国家的法律之外，几乎什么都不会。思来想去，只有一个特长能够帮助他找到一份工作，那就是略懂一些瑞典的文字。于是，他给很多瑞典公司寄去了自荐信，想要找到一份文秘的工作。

有的公司回复他，说战事还在持续，他们不需要像他这样的员工。有的公司告诉他目前没有适合他的工作岗位，不过他们已经将他的求职信存入档案，一有适合的时机就会……让乔治·勒瓦始料未及的是，居然还有一家公司的经理回信对他进行辱骂，信中这样写道：

你根本不明白我所做的生意，还妄想我能为你提供一个机会？我绝对不会雇用像你这样的笨蛋！你连瑞典的文字都写不好，信中通篇都是错字，就算我真的需要雇人，也不会找你这样的人。

乔治·勒瓦在收到这样的回信之后，快要被气疯了。他怒气冲冲地坐下来，打算给那位经理回一封信，好痛痛快快地把他臭骂一顿，宣泄一下心中的愤怒。但是，乔治最后还是放弃了这么做。他放下笔告诉自己：“等一下！我怎么能确定他的说法是错误的呢？或许我真的有语法上的错误。虽然我已经学习了瑞典文，但是也没有他们对自己本国的语言熟悉啊。假如他说得对，那么，我要是还想靠这种技能讨生活的话，还得再努力学习才行。如此看来，这个人可以说是对我起了很大作用，虽然他并不是这样想的，只是为了侮辱我一顿，不过我还是应该谢谢他。”

于是，乔治·勒瓦把刚才写的骂人的信撕掉了，重新写了一封，信的内容是这样的：

对于您能够在百忙之中给我回信我深表感激，同时谢谢您能够坦言您并不需要一位会写信的文秘。除此之外，对于我自己对贵公司的业务不了解这件事，我深表歉意！我之前听别人说，您在这一行业是领军人物，因此才鼓足勇气向您写了自荐信。不过我确实不知道自己的信中有语法方面的问题，对此，我感到羞愧和难过。与此同时，谢谢您能对我的错误加以斧正。为了能够更好地在贵国与人打交道，我正在更加努力地学习瑞典文。

几天后，乔治·勒瓦收到了这家公司的来信，信中请他到公司和经理见面。当然，这是乔治梦寐以求的事情，他去了之后，成功获得了一份工作。乔治从这次求职事件中得出了一个结论：和善的回答往往是解除愤怒的最佳途径。

或许我们不会那么无私地去喜欢自己的对手，但是从私人方面讲，为了我们自身的健康和欢乐，我们可以选择宽恕对手的过错，忘却怨恨，假如你能够做到这一点，那么，你绝对是一个有智慧的人。

这种理念和前纽约州州长威廉·盖勒的想法不谋而合。那个时候，有一家小报把他批评得一无是处，之后有一个疯子还打了他一枪，这一枪差点儿使他丧命。他整天躺在病床上，每晚都在想着："我应该宽恕所有人。"他是不是太不切合实际了呢？或许说他是不是太和善了呢？我想，对于这个问题的解释需要借用著名哲学家叔本华的一段话：

生命是一种没有任何价值却又充满苦楚的冒险经历，当你走完这段路程的时候，好像全身上下都充斥着悲痛的味道。但是在你感到毫无希望的时候，你会尽全力忘却对每一个人的怨恨心理。

还有一次，我向巴纳·伯鲁区请教了这个问题，他曾连任五届总统（威尔逊、哈定、柯立芝、胡佛、罗斯福）的顾问。我是这样问他的："你是否会因为对手的抨击而伤心呢？"他高兴地回答了我的问题："没有任何人能够侮辱我，甚至连影响都不会有。因为我不会给他们这样做的机会。"他继续说道："或许棍子和石头可以把我的骨头打折，但是我永远不会被任何语言所伤。"

同样的道理，也不会有人给我们带来干扰和羞辱，除非我们允许他们这么做。

我经常会去加拿大吉斯帕国家公园，站在公园里抬头仰视那座以依迪斯·卡微尔命名的山。依迪斯·卡微尔是一名护士，在1915年的时候，她在德军的枪口下如同圣人那样英勇就义。她犯了什么罪呢？她在比利时的家里收留并照看了很多法国和英国的伤病员，还帮助他们逃到了荷兰。德军以这样的罪名将她缉捕，行刑之前，有一位传教士去她的牢房为她做祈祷，她只说了两句话，这两句话之后被镌刻在石碑上成为流芳百世的名言：

我知道，仅仅爱国是远远不够的，我还应该对所有人都做到没有敌意和仇怨。

依迪斯·卡微尔的遗体在四年后被送往英国，人们在威斯敏斯特大教堂为她举办了隆重的安葬仪式。之后，人们还在国立博物馆的对面打造了一座依迪斯·卡微尔的雕塑。在伦敦停留的一年时间里，我时常站在依迪斯·卡微尔的雕塑前，瞻仰她的形象，朗诵着那句镌刻在雕像底座上的名言：

我知道，仅仅爱国是远远不够的，我还应该对所有人都做到没有敌意和仇怨。

我有一个办法，可以使人忘却仇怨，那就是让人做一些完全超越他能力之外的事情。这样的话，他的精神境界就会大大地提升，从而一切怨恨对他产生的干扰也会减少，而那些羞辱和敌对意识就更加无足轻重了。

在美国历史上，几乎没人受到的埋怨、仇恨和诬陷比林肯还要多。但是，在所有的传记记载中，没有人发现林肯因为受到别人的抨击和责备而反过来去批判那个人。假如有什么任务需要去执行，林肯首先想到的是：假如反对者也能把这件事情做好，最好还是把这件事交给他们去做。假如这个人以前羞辱过他，但是担任这个职位最合适的人选又恰好是这个人，林肯依然会委任这个人，仿佛他们之间没有发生过任何不愉快的事，如同托付给一位朋友那样。并且，林肯从不会因为个人的喜好来决定职务的人选。林肯将很多重要的任务都委派给那些过去指责或羞辱过自己的人，例如爱德华·史丹顿。林肯从来没有责怪过任何人，因为他知道：

每一个人现在的样子都和他所接受的条件、成长的环境、面对的处境、受教育的程度、个人的生活习惯，甚至是基因遗传有密切的关系，这种种因素造成了他如今的行为。

所以，我们要了解，克服焦虑获得人生喜乐需要的一个基本条件就是：

忘却仇怨。

3 付出但不期望得到感激

卡耐基名言

1. 人天生就容易忘记对别人的付出表示感谢，如果我们一直对别人的感恩有所期待，那么大部分都是在自寻烦恼。

2. 如果想得到真正的快乐，就必须舍弃期待别人感激自己的想法，只单纯去享受付出的快乐。

3. 对他人是否表达感恩之情不报希望，因为付出也是一种享受赠与的快乐。

最近我碰到一个非常容易对自己不满的事物动怒的人，人们告诫我，要是碰到他的话，他在 15 分钟内就会谈起那件事，结果真的是这样。11 个月前，发生了一件最令他气愤的事情，直到现在他还是一提起就气愤不已，根本无法忘记这件事。圣诞节时，作为奖励，他为 34 位员工发了 10000 美元奖金——差不多每个人 300 美元，可是却没有一个人对他表示感激。他抱怨道："我很难过自己竟会做这样的事情，我居然给他们发奖金。"

记得一位圣人说过一句话："愤怒就像毒液会遍布全身。"我从心里十分同情面前这位浑身是毒的人。他今年快 60 岁了。人寿保险公司做过统计，数据表明我们还能活着的年数，等于目前年龄与 80 岁之间差数的三分之二。如果这位仁兄相当幸运的话，他也许还可以活个十四五年。结果在他有限的余生中，将近一整年的时间被他白白浪费在了对过去事情的抱怨上。我真是同情他。

除了只会生气埋怨，自怨自艾，他更应该想想别人不感激他的原因。会不会与员工福利不够，工作时间太长，或者是员工把圣诞奖金看作是理所当然有关？又或许他本身就是个吹毛求疵又不知表达感激之情的人，所以才会让别人不敢也不情愿去感谢他。又或者是大家认为既然大部分利润都要缴税，当成奖金是个更好的方法。

不过从另一个方面来看，这里的员工也许真的有自私自利、卑鄙龌龊、不懂礼貌的毛病。或许是这种情况，又或许是那种情况。你是最了解整个状况的人，这点我比不过你。但是我知道英国的约翰逊博士说过这样一句话："感恩是极有教养的产物，一般人身上是没有这个特性的，你也找不着。"

我想强调的是：他期待别人感激他只是一个很普通的错误，他对人性还十分陌生。

如果你挽救了一个人的性命，你会不会期待他感恩呢？也许你会——可是塞缪尔·莱博维茨，一个当法官前曾是位有名的刑事律师的人，曾经让78个罪犯免遭死刑。你来猜一猜，这些罪犯中有多少人曾经到他家去真挚地感谢他，或有多少人给他邮寄过圣诞卡片？我想你应该知道答案了——没有任何人那么做。

圣主耶稣基督在一个下午使10个跛足的人站起来行走——但是有没有人回来对他表示感激之情呢？有，但只有一位。耶稣基督环顾四周，看了几遍门徒以后，他问道："被我救过的其余人呢？"所有人都走了，一声"谢谢"都没说转头就消失得没有了踪影！让我来问大家一个问题：你我这样的人也就是个平凡的人，给他人施点小恩小惠，就希望比耶稣得到更多的感恩之情，凭什么呢？

如果有钱参与其中，那就更不要有所期待啦！查尔斯·舒瓦伯跟我说过这样一件事情，一位银行出纳曾经得到过他的帮助，这位银行出纳挪用银行基金去做股票而造成损失，舒瓦伯帮助他把损失的钱补足，以避免他被告上法庭，那么这位出纳员是否对他表示过感激之情呢？确实感谢过他，但维持的时间不久，到后来他居然还跟这位帮助过他的恩人对着干，对，就是这位曾经救过他，才使他没有蹲监狱的人。在你送给你亲戚100万美元的情况下，他是不是会感谢你呢？安德鲁·卡内基就资助过他的亲戚，不过要是安德鲁·卡内基重新活过来，发现他帮助过的这位亲戚正在诅咒他，他一定会吃惊得不得了！这是什么原因？因为卡内基有3亿多美元的慈善基金，但这位亲戚只继承了100万美元。

这就是人与人之间关系的复杂性。人性就是人性——不可能改变，你也别有所期待，还不如接受它更痛快。我们应该向一位最有智慧的罗马帝王马可·奥勒留学习。有一天，他在自己的日记中这样记述：

"今天我遇见了很多人，包括自私自利的人、以自我为中心的人、不懂感恩背信弃义的人。我对这些人和事不会感到惊奇或者纠结，因为不存在一个没有这些人存在的世界，即使有，我也很难想象出来。"

他说得真是非常有道理。别人不知道知恩图报，我们还要为这些事而愤懑不平，这到底是谁的责任？这是人的本性。所以停止期待别人感恩吧。这样的话，如果偶然间别人对我们表达感激之情，我们就会觉得很惊喜，很快乐。如果没有，也不会特别失落，难过。

人天生就容易忘记对别人的付出表示感谢，如果我们一直对别人的感恩有所期待，那么大部分都是在自寻烦恼。

一位住在纽约的女性跟我关系不错，但是她白天夜晚总是抱怨说自己没人陪伴太孤单。确实亲戚们都不愿意跟她有往来，我对此也能理解。因为你要是去看望她的话，几个钟头的时间，她都会喋喋不休地告诉你，以前她是怎么照顾她的小侄儿们的。在他们得了麻疹、腮腺炎、百日咳等疾病时，都是她悉心照料的，他们陪伴了她很长时间，她甚至还出钱资助一位侄子读完商业学校，他们一直任在她家，直到她穿上婚纱的那一天。

这些侄子有没有回来看望过她？噢，有的！只是有时候！而且完全是出于责任。事实上，他们对回去看她这件事都有些心有余悸，因为想到一去她家就要花几小时听那些老掉牙的事情，去听那似乎永远没有尽头的埋怨与自怜，他们就觉得不寒而栗。当这位妇人发现即使威逼利诱，她的侄子们也不再回来看她时，她就开始利用心脏病发作这最后一个绝招。

这心脏病发作是假的吗？当然不是，医生也承认，说她的心脏十分敏感，经常出现心跳加快或心律不齐的情况。可是医生又有什么办法呢，因为她出现的这些问题是十分突然，十分情绪化的。

关爱与关注是这位妇人最需要的东西，可是我却认为“感恩”才是她真正想要的东西，可惜她也许永远也得不到别人的感激、尊敬或者爱戴，因为她把这当作是理所应当，在她看来，别人有义务给她所需要的这些东西。

很多人跟她一样，生病仅仅是因为别人不去感恩，不去报答他们，因为觉得自己一个人很孤单，因为觉得得不到别人的重视和关注。他们期待自己能够被爱，但是他们不知道的是，不索求才是在这世上真正能得到爱的唯一方式，这与他们所认知的恰恰相反，他们还要付出，但不求回报。

这听起来好像不太现实，不合常理，太理想化，其实并不是这样！这恰恰是一种追求幸福的最好方法。我之所以知道是因为我目睹我家庭中发生的一切。我的父母非常热情，喜欢帮助别人，但我们没有钱，所以总是非常窘迫，欠了很多外债，但是即使穷成那样，每年我父母总是能存下一点儿钱寄到孤儿院去。他们从来没有去过那家孤儿院，也不知道它的具体情况，也许除了收到几封回信以外，他们也从没得到任何人的感谢，但是对于他们来说，他们已有了回报，那就是他们收获到了帮助这些无助小孩的喜悦之情，所以回报不回报对于他们来说，已经不是那么重要了。

我离开家，在外面找到工作后，每年过圣诞节，我都会给父母寄点儿钱，让他们买点儿自己喜欢的东西，可是他们从来没有这么做过。当我回家过圣诞节时，父亲会跟我说，他们拿那些钱给城里一个有很多小孩的贫苦妇人买了煤和一些日用品。他们所得到的最大的快乐就是付出但是不求回报的快乐。

我深信不疑我的父亲已经属于亚里士多德所说的会享受快乐的理想人。在亚里士多德看来："理想人会享受帮助他人的快乐。"

如果想得到真正的快乐，就必须舍弃期待别人感激自己的想法，只单纯去享受付出的快乐。

当父母的人一向怨恨子女不知感恩图报。

莎剧主人翁李尔王也不例外，他曾经忍不住喊道："跟毒蛇的利齿相比，不知感恩的子女更令人伤心痛苦。"

可是为人子女者是不会知道感恩的，除非我们去教育他们。忘记感恩本来就是人类的天性，它就如杂草到处生长一般。感恩却像娇滴滴的玫瑰，我们需要细心栽培及从心里疼爱它们。

如果子女不会感恩，最应该责怪的不是别人，而是我们自己。因为如果我们从来没有告诉他们怎样在得到别人的帮助后向别人表达感激之情，又怎么可以期望他们来感谢我们？

我跟一位住在芝加哥的朋友关系还不错，他在一家纸盒工厂工作，每天都很累，很疲惫，但是每周的工资也不过才 40 美元。他跟一位寡妇结婚了，她成功地说服了这位工人向别人借钱来供养她与前夫生的两个儿子上大学。他每周的薪水得用来买食物、交房租、付燃料费、买衣服，还得一点点还债。但是他从来不埋怨，就像苦力一样，一干就是四年。

那么是否曾有人跟他说声谢谢？没有，他的妻子认为他的付出是理所当然的，那两个儿子同样也这么认为。他们并不觉得对这位继父有任何亏欠，所以他们从来没有表达过感恩之情。

谁应该承担责任呢？是这两个儿子？也许吧！可是这位母亲就没有一点儿责任吗？在她看来，她那两个儿子，两个年轻的生命不应该承担这种责任，他们也没有理由没有义务这么做，她才不会让她的儿子刚开始他们的人生时就背着"还债"的重担。所以她从来不会说："你们的继父真是个大好人，他辛辛苦苦供你们读大学！"相反，她的态度却是，"噢！他应该那么做，那是他的责任"。

她天真地认为，自己这样做会减轻他们的负担，让他们轻松面对未知的人生，可是事实上，通过她的做法，一种危险的想法在他们的脑海中逐渐形成了，他们会认为让他们继续生存下去是这个世界的义务。果不其然，后来有一位男孩想向老板勒索一些钱财，结果吃了大亏，蹲了监狱。

孩子是我们造就的，这一点我们一定要牢牢记在心里。我来举个例子，我姨母从来没有说过她的子女不知道表示感恩之情。在我还是个小孩子的时候，姨母接她母亲去她家以便更好地照顾老人，同时也照顾她的婆婆。两位老人家坐在壁炉前的情景仍然清晰地浮现在我的脑海中。那她们有没有使唤我的姨母，让她做这做那呢？我想那是肯定的，而且次数也绝不会少到哪里去，可是你绝不可能从她的态度上看出一点端倪。她从心底里爱她们，对她们事事尽心尽力，让她们觉得自己就像在家里一样。但她也是 6 个孩子的母亲，对于她来说，她所做的一切都是平凡的小事，谈不上伟大。在她看来，这一切都只是再自然不过的事，是她应该做的，也是她乐意为之的事情。

我这位姨母已经守寡了二十几年，如今有五个子女已经成家了，都非常希望让她过去跟他们住在一起。她深受子女们的爱戴，也从来没有被厌烦过。这是“感恩”的原因吗？绝对不是！这才是爱，真正的爱！从出生一直到现在，这几个子女就被慈善的气氛所环绕。现在角色转换，他们的妈妈变成需要被照顾的那一方，那么他们回报母亲，给予她同等的爱，这不就是再自然、再平凡不过的小事吗？

我们要牢牢记住这一点：只有自己先成为感恩的人，为子女树立起榜样，才会有感恩的子女。我们的一言一行、所作所为都会起到十分重要的作用。在孩子面前，诋毁别人的善意是万万不可的，更不可以这样说：“看看表妹送的圣诞礼物，她太小气了，一毛不拔，竟然送给我们她自己做的便宜货！”也许有这样的反应对我们来说不算什么，但是说者无心，听者有意，孩子们却当真了。因此，我们要换一种说法：“表妹亲自准备这份圣诞礼物，费心费力，一定花费了不少时间，真是一个有心人！我们来写封信对她表达一下感激之情吧。”这样，赞赏和感激的习惯在我们的子女中就会慢慢养成了。

要想让自己平安快乐，就要：

对他人是否表达感恩之情不报希望，因为付出也是一种享受赠予的快乐。

4 记住自己所得到的恩惠

卡耐基名言

1. 饮食有度和保持快乐平静的心情是世界上最好的医生。

2. 人生的主要目标有两个：第一，怀有理想；第二，享受实现理想的过程。只有大智大慧的人才能做到第二点。

3. 我们仿佛一直生活在美妙的童话世界里，可我们却视而不见，不知道珍惜和享受当下所拥有的。

我很久之前就认识哈洛德。他住在密苏里州，曾担任过我巡回演讲的经理。有一次我在堪萨斯城遇见他，让他把我送回农庄。我在路上问他如何做才能消除焦虑，他给我讲了一个故事，这个故事让我终生难忘：

我以前也时常焦虑。然而，1934 年春天的某一天，我在街道上看到的一幅景象让我烦恼全无。这前后不过 10 秒钟，然而正是这 10 秒钟却比我过去 10 年所得还要多。那两年我经营了一家杂货铺，这不仅花光了我所有积蓄，还让我负债累累，需要 7 年才能还清。正是那一天的前一个周六，杂货铺停业了。我正想去银行借款，然后能够去堪萨斯城找份工作。我像一只失败的斗鸡，垂头丧气，没有了斗志，丧失了信心。忽然，我看到街对面来了一个人。他没有双腿，坐在一块下面用溜冰鞋的轮子做的四个滚轮的小木板上，双手拿着木头在地面上滑动来移动木板。他穿过街道，正使劲把木板抬到几英尺高的人行横道上。这时，他的目光和我的目光碰到了一起，他对我露出灿烂的微笑。“早上好，先生！今天天气真不错，是吧？”他的声音里充满了蓬勃的活力。我看着他，不禁暗自庆幸自己是多么富有。我有两条腿，我能走路，我为自己的自怨自艾感到羞愧。我对自己说，失去双腿的人都能这么开心快乐并充满自信，我还有双腿，当然也能跟他一样。我立刻感觉到精神百倍。之前我打算借 100 美元，但现在我有胆量去借 200 美元。之前我还不确定自己能否找到一份工作，但现在我有自信向大家宣布我会找到一份工作。最后，我借到了 200 美元，也找到了工作。

现在，我写了一段话贴在浴室的镜子上，每天早晨刮胡子的时候都会读一遍：

我正在为自己没有鞋穿而沮丧的时候，忽然看到一个连脚都没有的人，我顿时沮丧全无。

美国飞行家雷肯贝克曾经在太平洋里足足漂流了 21 天。有一次我问他，那次经历给他带来的最大的教训是什么。他说："只要有充足的饮水和食物，你就不该再有任何抱怨了。"

《时代》杂志里刊登了一篇文章，讲述了一个在南太平洋受伤的士官的故事。他的喉咙被碎片所伤，为此他输了 7 次血。他写了一张纸条递给医生："我能活下去吗？"医生说："当然可以。"他又问："痊愈后我还能说话吗？"医生的回答又是肯定的。他最后写道："那我还有什么可操心的呢？"

你现在何不也问问自己："我究竟有什么烦恼？"你很可能会发现，你担忧的事情既不重要也没有意义。

我们生活中约 90% 的事都很顺利，只有 10% 是有问题的。如果我们想得到快乐，只需要将注意力放在 90% 的顺利的事情上面，不要去关注那 10% 的事情。但假如你想要烦恼、抱怨和胃溃疡，只需将注意力集中在 10% 的困难上就行，不用在意 90% 的顺利的事情。

在英国的很多教堂里都能看到"思恩"这两个字，我们也应该将这两个字牢牢记在心里。铭记那些值得感恩的事情，真诚地感谢它们。

斯威夫特——《格列佛游记》的作者，称得上是英国文学史上最悲观的作家了。他认为自己本不该出生在这世上，经常在生日那天穿着黑丧服来守斋。即便他如此绝望，但依然铭记只有保持快乐才能健康。他曾说过：

饮食有度和保持快乐平静的心情是世界上最好的医生。

只要我们愿意，我们所拥有的一切——可能比阿里巴巴的宝藏还多的财富——都应值得满足和开心。如果给你一亿美元来换你的双眼，你换吗？你的两只脚值多少？双手呢？听觉呢？子女呢？家庭呢？计算一下你现在所拥有的财富，你会发现，哪怕把世界上所有的财富都给你，你也一定不愿意交换你现在拥有的这些。

然而，我们会感激现在所拥有的吗？不会的！叔本华说过：

我们很少去思考现在已经拥有的，却总想着我们所没有的。有这种思想是世界上最不幸的事情之一，它会带来比所有战争和疾病更可怕的灾难。

住在新泽西州的帕玛先生给我讲了下面这个故事：

从陆军军队退伍不久之后，我开始做生意，我夜以继日地勤劳经营，生意还算不错。但是，不久就有麻烦了，我买不到零件和原料，我担心生意维持不下去，开始焦虑烦恼，并且变得尖酸刻薄——当然我当时并没感觉到。后来我才认识到自己差点儿因此失去一个温馨的家庭。一天，一个腿脚有残疾的年轻人对我说："你不感觉羞耻吗？你看你现在这样子，就好像全世界只有你自己有麻烦。即使你确实必须停业一段时间，那又有什么关系？正常供货后，你还能继续营业呀！你现在拥有这么多，你真应该觉得感恩了！可你依然自怨自艾。我真想能像你一样，你看看我，只有一条胳膊，半侧脸也在炮火中毁坏，即使这样我也没有抱怨过。你再继续抱怨下去，不但真会搞垮生意，还会把你的健康、家庭和朋友都搭进去！"

我听到这番话，如醍醐灌顶，这才明白我所拥有的已经够多了，我终于清醒过来，不再自怨自艾，不再重蹈覆辙了。

我有一个朋友叫露丝，她也整天为自己所没有的而烦恼，还差点儿因此造成悲剧。

几年前，我们是在哥伦比亚大学的新闻写作课上认识的。之后她给我讲述了她的经历：

我的生活安排得满满的，我在亚利桑那州立大学学弹风琴，在市里的一个演讲培训班做主持人，还在另外一个城市里教音乐欣赏课，这期间我还要参加宴会、去跳舞，更要在晚上骑马锻炼。直到有一天早晨，我彻底崩溃了。医生说我需要卧床休息一年。但是医生的话让我觉得，我不会再恢复健康了。

躺一年？这不就成废物了吗？还不如让我去死。我非常害怕，这种事为什么会发生在我身上？我做了什么坏事，要遭受这样的报应？我哭了很长时间，我无论如何都接受不了。尽管这样，我还是遵循医生的建议一直躺在床上休息。我的邻居鲁道夫是一位艺术家，他来看望我的时候，说："你觉得躺一年是很痛苦的事情，其实不是这样的。你可以在这段时间里开始真正地认识自己，你的心灵在这几个月的成长能赛过之前几十年的成长。"我慢慢地冷静下来，开始努力构建一套全新的价值观。我开始读有启迪意义的书籍。一天，我听收音机的时候，恰巧听到播音员在节目里说道："你在现实生活中所表现出来的从来都是你内心世界的反映。"我以前也听过不知多少次这种话，只有这次才真正有所领悟。我开始思考能让我继续活下去的理由——一些开心的、积极的想法。每天早晨醒来后，我就逼迫自己想想我应该感恩这世界的事情：我身体上没有疼痛，我有个可爱的女儿，我的视觉和听觉都健康良好，收音机里有动听的音乐，我有看书的时间，我能品尝到美味的食物，我还有很多好朋友……来看望我的人非常多，以至于医生不得不要求一次只能见一位来客——而且还有时间限制。

这么多年以来，我一直生活得丰富多彩、积极向上，我从心底深深地感谢卧床的那一年，那也是我在亚利桑那州过得最有价值、最快乐的一年。在那一年，我培养了一种习惯——每天早晨醒来，清点一下自己拥有的财富和幸福，一直到现在我还保持着这个习惯。这已经变成我最宝贵的财产。我不得不承认，害怕生病之前也就是害怕死亡之前的日子，我并没有真正有意义地活着。

亲爱的露丝，你也许不知道，你领悟到的真理和200年前英国作家约翰逊所发现的几乎一样。他说过：

如果能发现所有事情最好的方面，并且养成这种习惯，那会是千金难买的无价珍宝。

提醒大家一下，此人不是职业性的乐观主义者，事实是，20多年来他饱受焦虑、饥饿和贫困的折磨。最终，他遵循上面这句箴言成为当时最著名的作家和评论家。

罗根·史密斯说过一个哲理：“人生的主要目标有两个：第一，怀有理想；第二，享受实现理想的过程。只有大智大慧的人才能做到第二点。”

在厨房洗碗是件很无聊的琐事，你想知道怎样把这件小事变成让人兴奋的事吗？建议你读读达尔的著作《我要看》。

这本书是一位50岁的失明的老妇人所写的。她写道：“我仅有视力的一只眼睛上布满了斑点，只剩了一个小孔，我只能通过这个小孔看东西。我看书时必须把书举到眼前，并尽量放在左眼的视力范围内。”

然而，她不愿意接受别人的怜悯，也不愿享受特殊待遇。小时候，她想和其他小朋友一起玩游戏，但她看不见任何记号，等到其他小朋友回家之后，她趴到地上开始仔细辨认那些记号，并将它们全部熟记于心，之后再跟其他小朋友玩的时候，她反而成了佼佼者。她是在家自己学习的，她拿着放大字体的书，紧贴着脸，近到睫毛都触到书了。在这么艰苦的情况下，她还取得了两个学位：明尼苏达大学的学士学位和哥伦比亚大学的硕士学位。

最开始，她在明尼苏达州的一个小村庄里当老师，后来慢慢地成为了南达科他州一个学院的新闻学教授。她在当地教了13年书，她还经常到妇女俱乐部演讲，参加电台节目，评论书籍和作者。她在书中写道：“在我的心底，一直不能克服对彻底失明的恐惧。为了克服这种恐惧，我只能抱有开心甚至天真的态度来对待我的人生。”

1943年，已经52岁的她身上发生了一个奇迹：非常有名的梅奥医院给她做了手术，让她恢复到了以前的40倍的视力。

展现在她眼前的是一个令人振奋的、全新的世界。哪怕在水槽里洗碗对她来说都是让人兴奋的事。她写道："我开始玩盘子上的泡沫，我用手指拈起一个肥皂泡，对着光，我看到了一个微小的像彩虹一样的色彩幻影。"

她从水槽上面的窗户向外望去，看到："一只麻雀拍动着灰黑色的翅膀，掠过积雪，向远方飞去。"

有幸亲眼看到肥皂泡和麻雀，这让她有感而发，在书的结尾写下了这句话："亲爱的主，我不禁私语，我们的上帝，我感谢你，我感谢你。"

你看！仅仅在洗碗时看到了肥皂泡绚烂的色彩和飞掠雪地的麻雀，她都要诚挚地感谢上帝！

你我是不是应该感到惭愧？我们仿佛一直生活在美妙的童话世界里，可我们却视而不见，不知道珍惜和享受当下所拥有的。

因此，如果我们要获得平安快乐就要：

算算自己所得到的恩惠，而不要去清点我们的烦恼。

5 化不利因素为积极因素

卡耐基名言

1. 有两个人从铁窗向外看，一个人看到了满地的泥淖，另一个人却看到夜空中繁星点点。

2. 真正的快乐并不一定是令人喜悦的，它更多的是一种胜利。

3. 人生在世最重要的不是用你的一切去投资，因为每一个人都可以这么做。真正重要的是怎么从失利中获利。这才能体现一个人的智慧，才能体现出人的智慧与否。

在我打算写这本书期间，有一天，我去拜访芝加哥大学校长罗伯特·赫钦斯，向他请教他是如何对待焦虑的。他告诉我："已经去世的西尔斯百货公司总裁朱利斯·罗森沃德说：'假如你的手里只有一颗柠檬，那么就用它来做一杯柠檬汁吧！'我始终按照他提的建议行事。"

这就是那位芝加哥大学校长一直采取的措施，不过，普通人却恰好按照相反的方法去做。假如人们发现，命运仅仅给了他一颗柠檬，那么他会马上撒手，并且还会说："我完了！我的命运怎么如此悲惨！连一点儿机会都没有了。"因此，他会与世界为敌，并且陷入顾影自怜的境地。假如一个聪明人拿到了一颗柠檬，他会说："我能在这次失败中得到什么呢？怎么做才能让我现在的处境变好一些呢？如何才能把这颗柠檬制成柠檬汁呢？"

令人敬佩的心理学家阿德勒毕生都在对人类和人类的潜能进行探究，他声称自己发现了人类最难以想象的一种特质——人具有一种扭转乾坤转败为胜的潜能。

接下来我要说的这位瑟尔玛·汤普森女士的经历恰好验证了那句话——

战争时期，我的丈夫在加州沙漠的陆军基地驻扎。为了能时常和他相聚，我移居到了那附近，那真是一个令人厌恶的地方，我根本就没见过比那里还差劲的地方。当我的丈夫外出参加演习的时候，我就只能独自待在那个小屋子里。那里真是太热了——就连树荫下的仙人掌温度都能达到华氏125度，身边也没有一个能够聊天的人。风沙大得要命，我吃的一切，甚至我的呼吸都满是沙子、沙子、沙子！

我认为自己真是太不幸了，好像世界上再没有比我更可怜的人了，所以我就给我的父母写信，告诉他们我坚持不下去了，想回家，就连一分钟对我来说都是煎熬，和继续在这个鬼地方相比，我宁肯去坐大牢。我父亲给我回了信，信上只有三句话，但是这三句话经常萦绕在我的心间，并且改变了我的人生：

有两个人从铁窗向外看，

一个人看到了满地的泥淖，

另一个人却看到夜空中繁星点点。

这三句话，我重复念了很多遍，我为自己感到羞愧。我下定决心要发现自己当下处境中的有利因素，要找出那片星空。

我开始和当地的居民交流，他们的反应令我动容。当我被他们的编织和制陶工艺深深吸引的时候，他们会把不曾售卖的宝贝送给我。我对当地各种各样的仙人掌和其他植物进行了研究。我尝试着多了解一些土拨鼠，我开始学会欣赏沙漠的黄昏和日落，寻觅300万年前的贝壳化石，后来我知道在300万年前，这片沙漠曾是一片海域。

是什么造成了这么大的变化呢？发生改变的并不是沙漠，而是我自己。因为我改变了态度，正是这样的改变才让我拥有了一段多姿多彩的人生经历。我所发现的新视野让我兴奋不已，同时又充满了挑战。我开始准备写一本小说，它让我从为自己编织的牢笼中逃脱出来，并且发现了美轮美奂的星空。

在耶稣诞生前500年，希腊人发现了这样的真谛：“最美妙的事通常也是最艰辛的。”瑟尔玛·汤普森所发现的正好是这个道理。

20世纪的时候，哈里·爱默生·佛斯狄克又一次对希腊人发现的真谛进行了描述：“真正的快乐并不一定是令人喜悦的，它更多的是一种胜利。”不错，快乐的来源是取得的成就感，以及获得超凡的胜利，还有把柠檬制成柠檬汁的过程。

我曾经去一个生活在佛罗里达州的农夫家里拜访，他就是一个快乐的人，他甚至从一颗含有剧毒的柠檬中榨出了美味的柠檬汁。当初他买下那片农田的时候，心情非常消沉。土壤一点儿也不肥沃，根本不适合种植果树，就连养猪都不适合。除了一些低矮的灌木和响尾蛇之外，那里养活不了任何动植物。后来，他突然有了想法，他决定把负债转化为资本，他把这些响尾蛇加以利用。后来他不管别人的诧异，制造了响尾蛇肉罐头。我几年后又去他那里造访，我发现，几乎每年都有大约两万观光客去他的响尾蛇庄园实地考察。他的生意非常红火。我亲眼看见毒液被抽出后送到实验室制作血清，工厂高价买走蛇皮制造女鞋和皮包，蛇肉被制成罐头销往世界各地。我在那里买了一些当地的风景明信片，在邮局邮寄时发现，邮戳上的盖章写着“佛罗里达州响尾蛇村”，由此可见，这个从有毒柠檬中榨出美味柠檬汁的农夫成了当地人的荣耀。

我在全美各地参观，经常走运地看见一些“有能力扭亏为盈”的人。

已经逝世的作家威廉·伯利梭就曾写道：

人生在世最重要的不是用你的一切去投资，因为每一个人都可以这么做。真正重要的是怎么从失利中获利。这才能体现一个人的智慧，才能体现出人的智慧与否。

伯利梭写这段话的时候，已经在意外中失去了一条腿。但是，我还知道一位失去双腿的人，他也能够做到扭亏为盈。他叫本·佛森。我第一次见他是在佐治亚州大西洋城中一家旅馆的电梯里。当我进入电梯的时候，看见了这位满脸笑容却没有双腿的人，他和他的轮椅在电梯的角落里。当电梯停靠在他要去的楼层时，他友好地示意我挪到角落，以便他能顺畅地转动轮椅。他说：“对不起！给你带来了不便！”脸上带着柔和的笑容。

我从电梯中走出来回到房间后，脑子里满是这位笑容可掬的残疾者。所以我找到了他，并请求他跟我讲讲他的故事。

他脸上挂着微笑说：“事情发生在 1929 年，我上山去砍山胡桃木，我把砍来的木材堆放在车上，然后开车回家。当我要急转弯的时候，突然有一根木条掉下来，并且恰好卡在了车轴里，随后我便被甩了出去，正好撞在一棵树上，脊椎骨受了伤，双腿也从此瘫痪了。

“那年我才 24 岁，从此以后，我便再也不能走路了。”

一个年仅 24 岁的青年被命运宣判余生都要依靠轮椅行走！我问他怎么做到勇敢地接受现实的。他说：“我不能！”他说他那个时候悲愤地抗拒，埋怨命运对他不公平。后来年纪越来越大，他明白抵抗对自己来说没有丝毫作用，只能让自己变得冷漠。他说：“我终于认识到，别人都友好地对待我，我至少也应该有礼貌地做出回应。”

我又问他，过了这么多年，现在有没有仍然为那次意外深感不幸。他说：“不！我几乎很荣幸自己发生了这件事。”他告诉我，度过了那个震撼而又充满怨恨的时期，他开始在一个截然不同的世界里获得新生。他开始看书，并让自己喜爱上文学。14 年来，他说他至少读了 1400 本书，这些书扩展了他的视野，他的人生比之前还要丰富多彩。他还爱上了音乐，从前只会让他困倦的交响乐如今带给他的是一种感动。不过，真正最重要的改变，是他有时间思考。“我平生第一次，”他说，“真正开始用心观看世界，并且领悟了人生的价值。我终于意识到，以前拼命追寻的很多事情实际上根本没有意义。”

阅读使他对政治产生了兴趣，他钻研公共问题，还在轮椅上发表了演讲！他开始对人们有所了解，人们也开始认识了他。他虽然坐在轮椅上，却成了佐治亚州州务卿。

我在纽约市教成人教育的课程时，发现有不少人都有一个不小的缺憾，就是没能接受大学教育。他们觉得好像没上大学就是一种不完整。但是我所接触过的很多功成名就的人都没有念过大学，所以我认为这一点并不是特别重要。我经常跟这些学员讲述一个辍学者的故事：

他童年时期的生活异常艰辛。父亲去世之后，在父亲朋友的帮助下才下葬。他的母亲在一家制伞工厂每天不得不干 10 小时的活计，还要把一些零活儿带回家，一直干到夜里 11 点。

他就是在这样一种处境下成长的。有一次，他去教会参加戏剧表演，发现表演是一项极其有趣的事，于是他开始锻炼自己的公众演讲能力。后来他也因为这个开始从政。30 岁的时候，他已经被选举为纽约州议员。但是，他对于接受这样重要的职责还没有做好充分的准备。实际上，他亲口告诉我，他还弄不明白州议员的职责是什么。他开始阅读冗杂烦琐的法案，对他来讲，这些法案如同天书一样。他当选为森林委员会的成员，但是对于森林他一点都不懂，因此他格外担忧。他又被选举为银行委员会的一员，但是他甚至连自己的银行账户都没有，这让他很迷茫。他跟我说，假如没有向母亲坦承自己的挫败感，也许他早就坚持不下去了。绝望中的他每天钻研 16 小时，把自己那颗无知的酸柠檬制成了甘甜的柠檬汁。由于他的付出，他从一位地方的政治人物被提拔为全国性的政治人物，他因出色的表现，被《纽约时报》尊称为“纽约市最值得敬重的市民”。

这个富有传奇色彩的人物就是阿尔·史密斯。

阿尔自我教育 10 年以后，被称为“纽约政府的活字典”。他连续担任了 4 届纽约州长，在此之前从来没有人有过这样的纪录。1928 年，他被选举为民主党总统候选人。哥伦比亚大学、哈佛大学等 6 所著名的大学都曾给这个少年失学、却学有所成的人颁发过荣誉学位。

阿尔亲口跟我说，要是没有每天研读 16 小时来弥补他的缺憾，他根本不可能有今天的成就。

哲学家尼采认为，卓越出色的人“除了要忍其他人所不能忍受的，还要乐于接受这样的挑战”。

我对那些有成就的人越是了解，就越对这一点深信不疑，他们之所以成功，最重要的原因就是他们自身的某项欠缺激励并引发了他们身上的潜力。威廉·詹姆斯曾经说过：

我们身上最致命的缺点，也许能为我们的成功提供一种意想不到的助力。

的确如此，如果弥尔顿没有失去光明，他也许无法写出这么经典的诗篇。

贝多芬也许正是因为双耳失聪才创作了更优美的音乐作品。

海伦·凯勒的事业能取得成功都是受到了耳聋目盲的激励。

假如柴可夫斯基不是因为其悲惨的婚姻，使得他甚至到了自杀的境地，他也许不会创做出万古流芳的《悲怆交响曲》。

托尔斯泰和陀思妥耶夫斯基都是在自己悲惨命运的激发下，才创做出了不朽的名著。

改变人类科学观的科学家——达尔文说："假如我不是这么没用，我就无法完成这一切需要通过我不懈努力才能完成的工作。"显而易见，他很坦然地承认自己是受到了缺点的激励。

和英国出生的达尔文同一天降生的，还有一位美国肯塔基州的婴儿，他出生在一个小木屋里。他也是在自身缺陷的刺激下取得成功的，这个人就是亚伯拉罕·林肯。假如他生于一个富有的家庭，获得了哈佛大学的法律学位，得到了美满幸福的婚姻，他在葛底斯堡也许永远不会说出那些令人印象深刻、永垂不朽的语句，更不要说他连任就职时的慷慨演讲——那可以说是一位统治者最尊贵美好的情怀，他说："对别人没有恶念，经常对世上的人们怀着一份慈悲的心……"

佛斯狄克在他的作品中写道："斯堪的纳维亚地区有一句谚语说，寒冷的北极风造就了因纽特人。我们何时才会认为人们会因为安逸的日子、没有一丁点儿的困难而获得喜悦呢？恰恰相反，就算让一个顾影自怜的人安闲地躺在沙发上，他也不会停止自怨自艾。反而是那些不管环境有多么恶劣都能苦中作乐的人，有着强烈的责任感，也从来不会刻意逃避。我要再次重申一下——寒冷的北极风造就了因纽特人坚强刚毅的品格。"

假如我们心灰意冷，看不到任何希望，这里有两个理由告诉我们至少应该再尝试一次，这两个理由能确保我们试过之后只会更好，不会让情况更加糟糕。

第一个理由：我们也许能成功。

第二个理由：就算我们没有成功，这样的努力也早已经使得我们更加关注前方，而不是只会自怨自艾，它能消除我们消极的观念，取而代之的是积极的思想。它能激发我们的创造力，使我们有事可做，这样下去我们也就没有时间和心思去为那些已成往事的事情伤心了。

有一次，在巴黎的音乐会上，世界知名小提琴家欧尔·布尔突然把小提琴的A弦拉断了，但是他却镇定自若地用剩下的三根弦演奏完了整首歌曲。佛斯狄克说："这就是人生，即便断了一根弦，他还可以用剩下的三根弦完成演奏。"

这不仅仅是人生，更是凌驾于人生之上的生命凯歌！

假如我可以做到的话，我要把威廉·伯利梭说的这段话雕刻悬挂在所有的校园里：

人生在世最重要的不是用你的一切去投资，因为每一个人都可以这么做。真正重要的是怎么从失利中获利。这才能体现一个人的智慧，才能体现出人的智慧与否。

能给人们带来平安和喜悦就要记住：

如果命运把一颗酸柠檬给了你，你要想方设法把它榨成甘甜的柠檬汁——即化不利因素为积极因素。

6 每天尽力让他人高兴

卡耐基名言

1. 每天想起一个人，并尽力取悦他，这样能让你在 14 天之内医治好自身的抑郁症。

2. 对他人好不是出于责任，而是一种享受，因为它能使你更健康、更快乐。

3. 当你对他人好的时候，同样是对自己最好的时候。

4. 一个人如果想享受到人生的幸福，就不应该只考虑到自己，而是应该为别人着想，因为真正的幸福来源于你为人人、人人为你。

我着手写这本书的时候，曾设立了一项 200 美元的奖金，用来向别人收集那些“我是怎样克服忧虑”的真实感人故事。

这项征文设立了三位评审，分别是：东方航空总裁埃迪·瑞肯贝克、林肯纪念大学校长斯图沃特·麦克兰德和广播新闻分析家卡腾博恩。在我们收集到的故事中，有两个非常精彩，难分高下。于是我们决定将奖金平分给这两个人。下面讲述的是其中一个故事——C. R. 波顿的故事：

9 岁的时候，我失去了母亲，12 岁的时候，我的父亲也去世了。父亲是在一场意外中丧生的，母亲在某一天离开家以后就再也没有回来。父亲去世后，我和我的两个小妹妹再没见过面。在母亲离开家的 7 年后，我才收到她的第一封来信。父亲在母亲离家出走的 3 年后死于意外。他和别人在密苏里州的一个小城合伙开了一家咖啡馆。他的合作伙伴趁父亲出差期间，把咖啡馆卖掉携款私逃了。一位朋友给父亲发了电报让他赶紧回来。仓皇失措中，父亲死在了堪萨斯州的一场车祸中。我有两个姑姑，年纪又大、家里又穷、身体又差，收养了我们家中的 3 个孩子。我和我的小弟成了没有人要的孤儿，镇上的人可怜我们，把我们收留了。我们最害怕的事就是人家像对待孤儿一样对我们，可是这种担心害怕是无可避免的。我在镇上的一个穷苦人家寄宿了一段时间，但是那个时期境况很不好，一家之主失业了，他们对多养我这个孩子也无能为力。后来，我被洛夫廷夫妇接到距离镇子 11 英里的农庄，并留了下来，洛夫廷先生已经 70 岁了，常年生病躺在床上，他对我说，只要我不撒谎、不偷东西、乖顺，他们就会一直收留我。我把这 3 条定律当作自己的圣经一般。我绝对遵循这些准则。我开始上学了，可是第一个星期的时候情况简直糟糕透了。别的小朋友总是拿我的大鼻子说笑，还骂我笨，叫我“小孤儿”。我伤心到了极点，甚至想和他们打一架。但是洛夫廷先生告诉我：“要永远记住！一个真正的男子汉是不会随便和别人打架的。”我一直没有和他们打过架，直到有一天，有一个小男孩把捡起的鸡屎扔在我的脸上，我狠狠地打了他一顿，并且还因此结交了几位朋友，他们说他是活该被打。

洛夫廷太太买了一顶崭新的帽子给我，我非常喜欢。一天，一个年龄比我大的姑娘从我的脑袋上把它抢走了，还往帽子里灌水弄坏了它。她还说她往帽子里灌水是为了浇醒我的呆脑子。

在学校的时候，我从来不会流泪，但是回到家以后，眼泪就止不住了。有一天，洛夫廷太太教给我一个化敌为友的方法。她说：“拉尔夫，假如你先去了解他们，看看自己有什么地方能够帮助他们，他们就不会再捉弄你，也不会再叫你小孤儿了。”听完她说的话，我开始努力学习，虽然我在班里的成绩是最好的，但是并没有人忌妒我，因为我会对他们伸出援手。

我帮几个男孩写作文，帮别人写辩论的稿子。有个男孩害怕被人知道是我在帮助他，他只好跟他的妈妈说他去捉动物了，然后悄悄来到洛夫廷太太家里，把狗捆在谷仓里，让我替他做作业。我还帮过一个同学写读书总结，甚至还花费了好几晚的时间帮一个女生做算术题。

村里接二连三发生了不幸的事，两位老农人先后死去，一位太太被她的丈夫抛弃，我成了这 4 家人中唯一的男子汉。两年的时间里，我始终都在给这几个寡妇帮忙。在上学和放学的路上，我会去她们家里帮她们砍柴、挤牛奶、喂牲畜。现在，大家不再辱骂我，反而开始夸奖我。他们所有人都当我是他们的朋友。我从海军退役回来的时候，他们都表现出自己的真感情。我回到家的第一天，就有 200 多位邻居来看望我。甚至有的人是开了 80 英里的车过来的，他们那么真诚地对待我是因为我始终乐于帮助他人，我几乎再没什么烦恼，13 年来，也没有人会愚弄我了。

波顿先生真是了不起，他知道怎么和人交朋友，他也知道怎么克服忧愁、享受人生。

西雅图有一位弗兰克·卢帕博士，他也是如此。他已经卧病在床23年了。但是西雅图《星报》的斯图尔特·怀特豪斯对我说：“我曾数次去访问卢帕博士，我想不到比他更慷慨、更善于享受人生的人了。”

这位瘫痪在床的病人是如何享受人生的呢？我给你两次猜测机会。他是因为批评不满做到的？当然不是。那么他是因为自怨自艾，以自我为中心？当然还是不对！他做到了，因为他恪守威尔士王子的诺言：“我为他人服务。”他搜集了很多和他一样卧病在床的病人的姓名及地址，给他们写信，不断勉励他们。实际上，他还成立了一个瘫痪者联谊的俱乐部，让大家彼此写信，最后，他成立了一个全国性的社会团体组织。

他躺在床上，平均每年要写1400封信，给成千上万有同样遭遇的人带去了快乐。

卢帕博士和其他人最大的区别在哪里？他有一种无穷无尽的精神力量，有一种责任感。他能深刻地感受到，高于自身生命的奉献能够带来真正的喜悦。就像萧伯纳说的那样：“一个把自己当作一切中心的人一直都在埋怨世界不能让他顺心如意，不能让他快乐。”

知名心理学家阿德勒曾经说过一句让我非常震撼的话。他经常告诉那些患有抑郁症的病人：“每天想起一个人，并尽力取悦他，这样能让你在14天之内医治好自身的抑郁症。”

这句话听起来真是神乎其神，我想我有必要把阿德勒博士的著作《人生对你有何意义》这本书中的个别段落摘抄下来让你有所警醒：

抑郁症是对其他人一种长时间愤恨埋怨的情绪，它的目的是引起别人的关怀、怜惜和支持，病人仿佛会一直为自己的罪过感到颓丧。抑郁症患者首先回忆起来的事情一般都是：“我记得我很想在沙发上躺下来，但是我的哥哥却抢先一步，我哭个不停，直到他站起来让给我。”

抑郁症患者经常用自残的方式来自我报复，所以，医生首先要做的事就是不要给他任何自杀的理由。我治疗方式的第一步是先消除病人的紧张情绪，我会告诉他：“千万不要做任何一件你不喜欢干的事情。”这看似没有什么，但是我坚信这是所有问题的根本。假如患者可以做自己想做的事情，那么他还会埋怨谁呢？又怎么会自我报复呢？我会跟他们说：“假如你想去戏院，或者是想放个假，那你就去做。但是假如你中途又改变了主意，那就不要去。”这种情况是最好的，因为你满足了他自认为比其他人优越的意识。他就像上帝一样可以想怎样就怎样。但是，这和他的习惯毫不相符。他原本是想操控别人、埋怨别人，假如大家都顺从他，他就没有办法再操控谁了。我采用的这种方法没有让一个患者自杀过。

患者一般都会这样回答：“但是我什么事都不想做。”我早就想好了要怎么回答他们，因为我确实已经听到无数次了，我会说："那就不要做任何你不想做的事。"他们有时会回答："我想在床上躺一天。"我知道只要我让他这么做，他就不会这么做。但假如我不同意，就会引发一场大战。一般情况下，我肯定会同意的。

这是一种办法。还有一种办法能更简单地解决他们的生活方式。我跟他们说："只要你按照这个办法，绝对可以在 14 天之内康复，那就是每天想起一个人，并尽力让他快乐。"你想想他们会怎么做。他们满脑子里只有自己，他们会想："我为什么要去关心别人？"有的人会说："对我来说简直是小菜一碟，我这一辈子都在为别人着想。"实际上，他们肯定没有做过。我让他们再仔细想想。他们并没有再去考虑这件事。我跟他们说："你失眠的时候，可以把所有的时间用来思考你能取悦谁，并且这对你的健康很有帮助。"第二天我问他们："你昨天晚上有没有按照我的方法去做呢？"他们回答："昨天晚上我一躺到床上就睡着了。"当然，这一切都是在一种随和友好的氛围下进行的，不可以流露出一丝一毫的优越性。

有人会说："我做不到，我太心烦了！"我会说："你不需要停止自己的烦恼，这两件事可以同时进行，不会有任何冲突。"我要让他们的注意力从自己身上逐渐转移到别人身上。许多人会说，"为什么要让我去讨好别人？别人怎么不来讨好我呢？""你要考虑到自己的健康。"我回答说，"其他人以后会吃尽苦头的。"几乎没有一位患者对我说："我按照你的方法做了。"我一切的付出只是想让我的患者对别人更加感兴趣。我知道他们患病的原因是因为缺少和人沟通，我需要让他们知道这一点。他何时能把别人和自己放在同样重要的位置，他就康复了。在十诫中最困难的一条是"爱你身边的人"。对其他人没有兴趣的人，不但让自己陷入困境，同时也会给身边的人带来莫大的伤害，人类一切的失败都是由这些人带来的。我们对别人的请求，以及你能够给予的最高称赞就是，他应该是一位好同事、好朋友，是爱和婚姻的最好伴侣。

阿德勒博士敦促我们要每天做一件善良的事，什么是善良的事呢？先知穆罕默德说："善良的事就是能够让他人脸上带着笑容的事。"

每天做一件善事为什么能给人带来这么大的好处呢？因为当你想要让别人快乐的时候，就没有时间考虑自己，而忧愁、害怕和抑郁之所以会产生，是因为人只考虑到自己。

威廉·穆恩太太在纽约开设了一所穆恩秘书学校，不到两个星期的时间，她就消除了忧虑。她也没用 13 天，实际上，她只用了一天时间就康复了，这得益于一对孤儿。穆恩太太给我讲了下面这个故事：

5 年前的 12 月，我陷入了一种自怨自艾并伤心绝望的境地，我和丈夫仅过了几年幸福快乐的生活，他便永远离开了我。越是快到圣诞节的时候，我就越伤心。我从未独自过过圣诞节，我害怕它的来临。朋友们都会邀请我到她们家去，但是我并不想去，我知道无论在谁家我都会触景伤怀、睹物思人的。所以我谢绝了所有人的好意。离圣诞夜越近，我就越是顾影自怜，难以自拔。是的，我也有很多值得去感激的事情，人人都会有。圣诞夜那天，我在下午 3 点的时候离开了办公室，来到第五大街上毫无目的地闲逛，希望能够驱逐心中的郁闷情绪。大街上的人看起来都那么快乐——让我无法不怀念那些快乐的时光。我无法想象自己要回到落寞空洞的公寓里。我非常迷茫，不知道要干些什么，眼泪止不住地往下流。闲逛了一个多小时后，我才注意到自己来到了公交车站前面，回忆起我和丈夫曾一起坐公交去冒险的情形，于是我坐上了进入车站的第一趟公交。过了赫德逊河不一会儿，我听到乘务员说："女士，到终点了。"我从车上下来，连这里是哪儿都不知道，但却发现这是一个静谧祥和的地方。在等车返回的时候，我在住宅区的街道上逛了一下。当我从一座教堂路过的时候，里面传来了美妙的《平安夜》的音乐声，我走了进去，里面除了一位风琴手并没有其他人。我安静地坐在教友席位上，装饰圣诞树的灯光柔和温暖，音乐美妙动听——再加上我一整天没有进食——我竟迷迷糊糊地睡着了。

醒来的时候，我忘记了自己身处何地，开始害怕起来。然后就看见两个小孩站在面前，很明显他们是来看圣诞树的。其中一个小姑娘用手指着我说："她是不是圣诞老人送来的呢？"我睡醒的时候把他们吓了一跳。我跟他们说我是不会伤害他们的。他们的衣服很破旧。我问他们的父母在哪儿，他们说自己没有父母。这两个小孤儿的情况比我更加糟糕，我有些羞愧。我带他们去看圣诞树，还带他们去小商店买了些零食、糖果和小礼物。我的孤独感竟然瞬间没有了。这两个孤儿让我数月以来第一次感受到原来生活还是如此美好有意义。我和他们谈话，发现自己很幸运。我感激上苍，我年少时期的圣诞节过得那么开心，父母对我的爱惜和关怀无微不至。这两个孩子带给我的要远远多于我给他们的。这件事让我知道要想让自己快乐，首先要让别人快乐起来。我发现快乐是有感染力的。通过给予，他人接受，然后从中获得快乐。因为帮助他人、爱护他人，我战胜了忧伤、苦闷和自怜，并且像是获得了重生一样。而我也真的有了很大改变——不仅是在那个时候，之后的几年都是这样。

我几乎能写一本关于忘我而重拾健康快乐的书，这种故事数不胜数。我先以玛格丽特·泰勒·耶茨的事迹为例，她是美国海军中最受人喜爱的女性。

耶茨太太是一位小说家，但是她写过的所有小说都比不上她自己的故事真实精彩，她的故事发生于日本偷袭珍珠港的当天早上。耶茨太太因为心脏问题，一年多以来都卧病在床，每天需要在床上度过 22 小时。最远也就是从房间走到花园晒晒太阳。即便如此，要是没有了女佣的扶持她也活动不了。她亲口向我讲述了她当年的故事。

当年，我认为我只能在床上度过我的后半生了。直到日军来偷袭珍珠港，我才重新开始了真正的生活。

轰炸发生的时候，一切都变得混乱不堪。有一颗炸弹落在了我家附近，把我从床上震了下来。陆军派卡车去接海陆军军人的妻儿到学校躲避灾祸。红十字会的人给那些有多余房间的人打电话。他们知道我的床边放了一部电话，问我愿不愿意为联络中心提供帮助。于是我把那些海陆军人的妻儿现在留宿的位置记录下来，红十字会的人会让军人给我打电话来找自己的家眷。

很快我知道了我的先生现在很安全。于是，我尽力鼓舞那些不知自己先生生死的太太，同时还要抚慰那些寡妇——很多太太都失去了自己的丈夫。这次共有 21117 名官兵阵亡，失踪人数高达 960 人。

开始的时候，我还是在床上躺着接电话，后来我在床上坐了起来。最后，我忙得不可开交，又非常激动，居然忘记了自己的病情，我下了床在桌边坐下。由于要帮助那些境况比我还糟的人，让我忘了自我，除了晚上要睡 8 小时，我再也不用卧床了。我发现假如日军没有空袭珍珠港，也许我的下半生都只是一个废人。那个时候，我在床上躺得很安逸，一直在消极地等待康复，现在我才了解，那个时候我潜意识里已经没了恢复健康的意志力。

虽然偷袭珍珠港是美国历史上的一个重大悲剧，但是对于我个人来说，却是非常重要的一件事。这次危机让我发现自身从未有过的力量。它促使我不得不把注意力转移到其他人身上。它也给了我活下去的理由，我再也没有时间去考虑自己以及自己的病情。

心理医生的患者如果都能像耶茨太太那样去为别人提供帮助，至少有三分之一的人可以恢复健康。这是我一个人的看法吗？不，这是闻名遐迩的心理学家荣格说的，他说：“在我的患者中有三分之一的病人从医学上无法发现任何病理，他们只是没有找到人生的目标，而且顾影自怜。”

换句话说，他们的人生只想搭一辆顺风车——而游行的队伍就从他们身边走过。于是他们拿着自己自怨自艾、百无聊赖且没有意义的人生去咨询心理医生。没有赶上渡轮，他们就站在码头上埋怨除自己外的每一个人，他们企图让全世界的人都满足他们以自我为中心的欲望。

也许现在你会这样说：“这些事情也不过如此。假如我在圣诞夜遇到孤儿，我也会给予他们关怀；假如我遇上珍珠港的事情，我也能做耶茨太太所做的那些事，但是我的情况和别人的不一样。我的日子极其平淡。我每天需要重复 8 小时一样的工作，简直无聊透顶，我身上没有发生过任何有意思的事情。我怎么可能会对帮助别人产生兴趣呢？我又为什么要帮助别人呢？这样对我有什么益处呢？”

这个问题还算说得过去，我来尝试着回答你。无论你的人生是多么苍白，你每天都必不可少地要遇到一些人，你对他们怎么样呢？你是假装看不见，还是想多了解他们一些？比如说邮递员——他每天都要跑几百里的路程，给人们送信，你有没有想过要知道他住在哪里？看一看他妻儿的照片？你是否对他是不是感到很疲惫或者有没有觉得工作无聊给予过关怀呢？

杂货店的小弟、送报人、擦鞋童呢？他们也都是人啊！他们也会有烦心事、有理想、有抱负啊！他们也想有人能够和自己分享，关键在于你是否曾给过他们机会？你是否曾对他们表示出浓厚的兴趣？我说的就是这类事情。你不需要成为南丁格尔，也不需要变成社会改造者，就可以为这个世界做贡献——你自己的世界，你完全可以从明天早上碰见的第一个人开始改变自我。

这么做对你有什么益处？毫无疑问，当然是给你带来更大的快乐、更大的满足感，更加以你自己为荣。亚里士多德称这种态度为“开化了的自私”。波斯宗教家左罗斯特说：“对他人好不是出于责任，而是一种享受，因为它能使你更健康、更快乐。”富兰克林说得更加简洁：“当你对他人好的时候，同样是对自己最好的时候。”

林克是纽约心理服务中心的主任，他曾经说过：“我觉得，现在心理学的一项重大发现就是，科学证实，为了实现自我并且从中得到快乐，牺牲自我和纪律都是必不可少的。”

多想想他人不仅能让自己少一些烦扰，还能结识更多朋友，从而得到更大的乐趣。我向耶鲁大学的教授威廉•菲尔普斯请教过这个问题，下面是他的回答：

我去旅馆、理发店或者商店的时候，一定会和我遇见的人说话。我要让他们知道：他们是一个人，而不是一台机器上的螺丝。有时候，我会称赞店里女服务员的眼睛或者头发很漂亮。我会关心他们理发时站立一天会不会很累，我会问他为什么会进入理发这个行业，比如工作多长时间了，理过多少次头发。我和他一起数。我发现当我表现出对他们有兴趣时，他们就会很开心。我经常会和行李搬运工握手。工作了一整天，这会让他们的精神振作起来。一个非常炎热的夏天，我去火车餐车车厢吃午餐。餐车里拥挤得厉害、又十分闷热，服务也很慢。服务生过来给我菜单的时候，我说：“今天在厨房做菜的那些人可就惨了。”服务生开始骂骂咧咧，我认为他生气了，他说：“老天啊！顾客都在埋怨食物难吃，他们抱怨服务太慢，又嫌弃这里闷热，东西还昂贵。这些怨声我听了19年，你是第一位也是唯一一位对厨师深表同情的顾客。我祈盼这里有更多像您一样的顾客。”

服务生仅仅是因为我把厨师当作人来看待便这么惊诧，每个人所渴望得到的仅仅是希望有人把自己当作人一样看待。有时，我在路上遇到有人牵着狗遛弯儿，我就会一直夸奖那条狗。我走过之后回头看，常常会看见那个人很欣慰地拍拍自己的狗，我对狗的赞美让他再一次赏识他的狗。

有一次在英国，我碰见一位牧师，我发自肺腑地夸赞了他那条结实聪明的牧羊犬。我请求他告诉我是怎么训练那条狗的。我离开后，扭过头看见那只牧羊犬趴在它主人的肩膀上，那位牧师正在抚摸它的头。仅仅是因为对牧师的狗表现出了兴趣，就能让那位牧师如此快乐，也能让那只狗那么开心，同时这也让我很开心。

一个经常会和搬运工握手，还会向厨子深表同情，或者总是夸赞别人的狗很厉害的人，你觉得他会整天愁眉紧锁，需要心理医生开导吗？你肯定也不会这么认为吧！我们国家有一句这样的俗语：“送人玫瑰，手有余香。”

接下来是一位女性的故事，如今她已身为祖母了，前几年，我去她的镇子上演讲，在她家留宿了一晚，第二天她开车把我送到50英里外的车站乘坐火车。在车上的时候，我们聊到怎么交朋友的问题，她说：

卡耐基先生，我要跟你说一件事，这件事我从未跟其他人说过——就连我的先生也不例外。过去，我们家在费城是靠社会救济金生存的。穷困给我的年轻岁月带来了莫大的悲剧。我从未像其他少女一样有正常的社交生活。我的衣着非常简陋，并且还总是因为太小而紧绷在身上，不用说，还都是老款式。我认为自己没脸见人，经常会哭着睡觉。绝望中，我突然想到一个办法，每当聚会的时候，我都会询问我的男伴有什么样的经历、看法或者是对将来有什么样的打算。我问这些问题的原因并不是真想了解什么，只是希望他们的注意力能够离开我的穿着，不要看出我寒酸的衣着打扮。但是，接下来的事情很奇妙：当我听这些年轻人谈天说地的时候，我学到了一些东西，因此对他们的回答产生了真正的兴趣。我开始兴致勃勃地听他们说话，自己也忽略了着装上的问题。但是最让我吃惊的是：因为我是一个静听者，又勉励他们多谈论自己，他们和我在一起的时候通常都很放松，我居然逐渐成为了最让人喜欢的姑娘，有3位男士都曾向我求婚。

也许有人看到这里会说：“什么对其他人的事情感兴趣，这都是胡说八道！我才没工夫去理会别人的事情，我只需要自己能挣钱，得到我想要的东西就行了，为什么要去管别人的闲事？”

的确，你有权利自由选择，你可以按照自己的意愿去做事，但是，假如你是对的，那么所有古代的圣人贤者就都错了，例如耶稣、孔子、佛祖、柏拉图、亚里士多德、苏格拉底等。或许你很厌恶宗教大师，那么，我现在来说几个无神论者的事例。第一个事例是剑桥大学的豪斯曼教授，他是现代非常有名的学者。1936年，他在剑桥作《诗之名与质》的演说中讲道：

耶稣说：“因为我牺牲生命的人将会得到永生。”这的确是亘古不变的真理，也是最具有深远意义的发现。

我们在传教士那里每天都能听到这样的腔调，但是豪斯曼教授是一位无神论者，同时也是一位悲观主义者，可他仍然知道，一个只考虑自己的人是没办法活出真正有意义的人生来的，实际上，他会生活得很糟糕。相反，忘记自我、为他们提供服务的人才能真正享受到生命中的快乐。

假如这也无法让你动容，那么我们再来说说西奥多·德莱塞，他是20世纪最著名的美国无神论者。德莱塞把一切宗教都当作神话，而人生仅仅是“傻瓜讲的故事，是空洞无意义的”。但是，德莱塞却恪守耶稣所讲的一个道理，那就是为他人服务。德莱塞曾说：“一个人如果想享受到人生的幸福，就不应该只考虑到自己，而是应该为别人着想，因为真正的幸福来源于你为人人、人人为你。”

假如我们真如德莱塞所说的那样，能为别人提供帮助使他生活得更美好，我们就应该立刻行动起来，不要再耽误时间。人生这条路，我只可以走一次，假如我能做任何善行——那么请让我立刻就做，不要让我耽误时间，也不要让我小看它，因为，我再也不能重走这条路。

驱散担忧和焦虑，得到平安和幸福就要：

忘记自我，多对别人产生兴趣，努力让他人高兴。

第四篇

七种方法，避免情绪挫伤

1 永存的合作与竞争

卡耐基名言

个体良性竞争的形成，凭借的是个体与集体关系的顺利发展，也凭借着一种良好的互相合作的关系。

人是以群体生活为主的，一个孤立的人不可能存在于社会上，而人类的发展就是社会的发展，它一定会存在合作和竞争。

动物界有一条不变的规则就是合作。如，单个的蚂蚁力量并不惊人，可是由成千上万的蚂蚁组成的蚁群，力量却能够毁掉千里长堤。动物界中，蚂蚁可以说是最懂合作的重要性。

英国科学家曾经做过一个实验。他点燃一盘蚊香，放进一个蚁穴。最初，穴中的蚂蚁非常慌乱，20 秒后，蚂蚁开始尝试灭火。一只蚂蚁把蚁酸喷在燃点上，然而，单个蚂蚁喷出的蚁酸是极少的。因此，有很多勇敢的蚂蚁葬身火海。可是后边的蚂蚁继续拥上来，不到一分钟，火就被扑灭了。活下来的蚂蚁马上把死去的蚂蚁尸体搬到近处的一块“墓地”，并在上面覆盖了一层薄土。

过了 1 个月，这个科学家又点燃了一根蜡烛，将蜡烛放进了蚁穴开始观察。虽然这次的火很大，可是这群蚂蚁因为有了上一次的灭火经验，并没有像上次那样慌张，它们很快有组织地共同作战，不到一分钟，烛火被扑灭了，蚂蚁却没有一只受伤的。科学家对此感到很惊异。

蚂蚁在火势蔓延时，没有像我们想象的那样只顾自己逃生，而是很多蚂蚁团结合作，而后像雪球那样滚动，从火海中逃走了。而被火烧到的那些最外边的蚂蚁，就会发出噼里啪啦的响声，这响声就像那些为逃出去而牺牲的蚂蚁的悲惨呼喊。

一个老人也讲了一个蚂蚁的故事。他说：

蚂蚁极有灵性。在一年发大水时，我看到过一个令人吃惊的现象。我发现在波涛之中，有一个像篮球那么大的黑球。等那个黑球漂到近处，我看到那竟然是一大团蚂蚁聚成的蚁球。外边的蚂蚁在波涛中不断被大水冲走，然而这个蚁球太大了，没有被冲走的蚂蚁依然紧抱在一块。没过多长时间，靠岸的蚂蚁球就好像登陆舰上的战士一样，一层一层地展开，快速整齐地一排排冲上了堤岸。而那些牺牲了的蚂蚁，则留在了岸边的水中。这是一个不小的蚂蚁团，它们再也爬不上岸了，可是它们仍然紧紧地抱在一起，让人大为惊异……

俗话说："骆驼能驮千斤，蚂蚁只背一粒。"可是如果从骆驼和蚂蚁的体重来看，骆驼就差多了。

富兰克林曾经说道："蚂蚁比所有的动物都勤劳，可是蚂蚁却从来不骄傲，不夸耀自己。"这些深刻又精彩的赞誉是非常动人的。当你看到蚂蚁在面临灾难时的大无畏精神和聪明才智后，你就会意识到，这些赞美的话语并不过分。说到这些，我们难道不能从蚂蚁的精神中得到更为深刻的启迪吗？

亚里士多德说过，人类天生就是社会型动物。个人的力量是很小的，个人的力量也很难跨越时空的障碍，摆脱环境的因素。所以，人很自然地就具有群体性。人们也很高兴加入群体。而群体的力量是可以让人类摆脱环境束缚的，这就是说，群体使人类的某些设想成为了现实。这就是群体具有的吸引人的魅力。因此说，合作是促进人类发展的一个最基本的原则。

下面的故事生动地再现了人类合作的重要性：

玛格丽特于 1943 年春来到"老年康复中心"。她因为中风，右手完全没有了知觉。医生说，她的右手已经不会康复了，按照医生的意见，她来这里做一段时间的心理治疗。此处的员工米莉高兴地接待了她，带她看了中心的设施并把她介绍给其他工作人员。米莉非常细心，她十分在意玛格丽特的心情，她注意到玛格丽特在参观钢琴室时表情很痛苦。

"太太，您怎么了？"

"不要紧，"玛格丽特轻声说，"只是我看到钢琴便想起了一些以前的事情。"随后，玛格丽特告诉了米莉她以前辉煌的音乐生涯。米莉认真地听着，目光一下子就看到了这个黑皮肤的老妇人已经残废的右手。

"请您等一下，我很快就回来。"突然，米莉想到了一个奇妙的主意。一会儿，米莉回来了，她身后紧跟着一位身材很小、满头白发、戴着厚眼镜靠助步器走路的老太太。

"这是玛格丽特，这是露丝。"米莉给她们做了介绍，又笑着说，"露丝也会弹钢琴，可是她中风后，左手就没办法动弹了。玛格丽特太太左手健全，露丝右手健全，我觉得你们如果合作，肯定能弹出优美的钢琴曲。"

"你对肖邦降D调华尔兹熟悉吗？"露丝的目光非常愉悦。玛格丽特点头称是。后来，她们就不再说太多的话，而是配合默契地一起坐在钢琴前。键盘上出现肤色不同的两只手。一只手是黑色的，手指纤长；一只手是白色的，手指短胖。键盘上滑动着一种节奏，一曲动听的音乐在室内响起来。

从此，她们就一起在钢琴前弹奏。她们在老年康复中心的合奏还在学校、教堂甚至电视中播出，给人们带来了快乐。她们都是家里的祖母，又都失去了丈夫独自居住，都没有儿子。更为相似的是，两个人都有一颗金子般的心，甘于奉献。可是，她们没有另一方的合作，就不会成功。

她们坐在钢琴前，非常亲密，既品味着人生，也享受着肖邦、巴赫、贝多芬的音乐，并通过这种优美的音乐传递着她们的感情。露丝能够感觉到玛格丽特在说："虽然我失去了独自演奏的权利，可是上帝却给我送来了露丝。"玛格利特也感觉到露丝在说："上帝创造了这个奇迹。"

这个故事向我们讲了一个明显的道理，合作才能成功。对于残疾人来讲，这种合作是必要的，正常人也需要这种合作。所以，你如果希望自己有一番成就，就要考虑个人和集体的关系，如果想成功，一个人要将自己融入一个集体，要自觉主动地维护集体的利益，这样才会使你的人生健康、顺利地发展。

从另外的角度讲，人生要发展，就要自立与合群。个体的发展离不开集体的发展，没有集体的发展就没有个体的发展，这就是这节要讲的基础知识，竞争与合作。

作为积极的人生观，竞争与合作是人生与事业成功的重要方法。在英国，竞争最先用于竞赛，对此这样理解的人是福布斯。他说过，人对人来讲是狼。他认为，竞争者"发愤图强希望自己赶上对手或超过对手"是为了取得成功。这就是他说的竞赛的原意。他又说："假如这种竞赛夹杂了自私，就会掺杂一些自私的目的，使双方敌对，引发损害自己不利于他人的争斗。"根据这些，福布斯提出的"契约论"和"自然法"是以保证个人生存为目的，从而约束个人在竞争中的随意性。"契约论"和"自然法"里的竞争法则，使竞争所用的手段有了一个界限，尽管这是利己性的，但这个规定实际上是给出了一种合作。因此，积极的竞争属于良性竞争。

英国学者威廉·汤姆斯早在19世纪时，就对历史上存在的竞争从功利主义方面出发进行了分析。威廉认为，竞争是生物界与人类社会普遍存在的规律，个体谋取利益能够促进个体的前进，是不可缺少的。所说的竞争，就是激发个体的最大才能，勇于争先，成为群体中的优秀者。同时，竞争也表现出自立、自强的特性，应该肯定这种良好的有意义的竞争。

然而，个体良性竞争的形成，凭借的是个体与集体关系的顺利发展，也凭借着一种良好的互相合作的关系。

个体和集体、竞争和合作的心态和意识是需要具备的。日本人在这方面给我们做了很好的示范。一个优秀的日本人，既具有强烈的渴望成功和胜利的精神，还非常注重集体意识，擅长协作。在行为方面，日本人常常表现出自我表现与克制的统一。

美国史学家埃德蒙·赖绍尔对日本人大加赞扬，他说："日本人与西方人相比，更具有集体主义意识。并且，比西方人更懂得如何团结合作。"可是，他又强调："日本人的自我意识十分强烈，即使他自己已经融入到集体中，他也会坚持保持自我意识，这使他们能够努力拼搏，不断表现自己，积极向上。"

所以，如果你想让一个充满自我意识的人接受你的想法，并和你合作，你就应该记住以下原则：

以合作为基础，提出具有挑战性的目标。

2 人都有善恶两面

卡耐基名言

一种好的、足够强烈的缘由也许会促使你往好的方向发展，到那个时候，你会成为天使；然而一种坏的、足够强烈的缘由也会导致你往不好的方向发展，那个时候，你或许会成为恶魔。于是，天使与恶魔之间的斗争永远是人类社会文明发展历程中最长久的斗争。

赫拉克利特——古希腊哲学家对我们说："没有不正义的存在，人们就无法知晓什么是正义。"所以，每一件事都具有双重性。我们将正义的符号贴在事态良好的发展方向上；在事态恶化的发展方向上贴上非正义的符号。人类的心理也是如此，一种好的、足够强烈的缘由也许会促使你往好的方向发展，到那个时候，你会成为天使；然而一种坏的、足够强烈的缘由也会导致你往不好的方向发展，那个时候，你或许会成为恶魔。于是，天使与恶魔之间的斗争永远是人类社会文明发展历程中最长久的斗争。

在洛杉矶银行曾发生过一场枪战，或许洛杉矶的市民们还没有忘记：

一个银行抢劫犯在抢劫银行的时候，被警察包围了。抢劫犯自知走投无路，情急之下，顺手抓来了一名人质，他用手枪指着人质的脑袋要挟警察为他让一条通道。警察四面包围着抢劫犯，但是却不敢向前靠近。

这名抢劫犯拖着被抓住的人质，挥动着手里的枪往外冲去。忽然，人质发出痛苦的呻吟声，声音逐渐变大，最后成了声嘶力竭的号叫。

原来，这名劫匪在慌乱中劫持的人质是一个孕妇，此时这个孕妇因为受到惊吓要早产了。鲜血已经从孕妇的衣裤里浸透出来，情况非常危急。

很明显，这种情况让劫匪感到手足无措，他迟疑不决，应该怎么办？是放弃人质选择被警察逮捕，还是继续把这个孕妇当人质要挟警方实现突围？如果选择前者，那就表示他将要度过一段漫长的牢狱生活，但是如果选择后者，那么将会有一个新生命就此丧生。这种选择在常人看来是难以抉择的。

劫匪的内心也在作着激烈的斗争，这是他内心中天使与恶魔之间的角逐，是道德、良知和金钱、邪恶之间的角逐。周围的警察和民众都在关注着劫匪的举动。

最终，恶魔被天使打败了，劫匪把枪扔在地上，然后举起了双手。警察一下子就把劫匪制伏了，在四周的民众之中居然有一片掌声响起。

此时，这个孕妇已经无法动弹了。警察们正准备将她送去医院，这时已经戴上手铐的劫匪突然说道："请你们等一等可以吗？我是一个医生！"劫匪看了一眼身旁的警察，用祈求的语气继续说道，"孕妇已经不可能坚持到医院了，假如现在不赶紧处理的话，她会没命的。请相信我，我会救活她的！"警察犹豫地注视着他，最后打开了手铐。

几分钟以后，四周紧张得足以让人窒息的氛围被婴儿响亮的啼哭声打破了，一个小生命诞生了，民众不禁为这个生命高声欢呼！劫犯举起满是鲜血的双手——这不是充满罪孽的鲜血，而是一个新生儿的血——脸上流露出职业的满足和笑容。民众向他表示敬意和感谢，却忘记了他还是一名劫匪。

警察依然在他的手上戴上了手铐，这时他说："谢谢你们，让我尽了一个医生应尽的职责，挽回了一条新生命。我对这条新生命满怀感激，是他唤醒了我内心的良知，并战胜了罪恶，此刻，我多么希望自己不是一个抢劫银行的罪犯，而是一名合格的医生。"

我可以保证这个故事是真实的，这个故事就发生在洛杉矶市。

你看，这名劫匪所具有的双重性格在关键时刻表现得多么鲜明！哪怕他在疯狂抢劫的时刻，他的内心仍然存在着无法磨灭的良知，并且正是由于这份良知的存在，使得他完成了一个由罪犯到天使的转变。

因此，你在和别人交往的过程中，一定要牢记：

人类具有双重性格，既有善良的一面，也有邪恶的一面。要善于使用善良的因素，同时也要防止邪恶的导火线被点燃。

3 不被批评之箭中伤

卡耐基名言

1. 只要你认为自己做的事是正确的，就不要理会别人说什么。

2. 林肯说：“只要我无视别人对我的一切非难，这件事就会适可而止。”

3. 任何事情都要全力以赴，然后撑起伞，遮挡非难的雨滴。

有一次，我前往美国海军陆战队去拜访斯梅德利·巴特勒少将，他是一位非常有趣的人。

他跟我说，他年轻的时候，非常渴望一举成名，也希望自己能够给所有人都留一个好印象。当时，他只要听到任何批判之词都会非常沮丧。但是，他坦言在海军陆战队的这30年来，他已经变得逐渐坚强起来。他说“曾经有人用狗、蛇和臭鼬这样的词语来批判我，还有一些诅咒专家也对我进行诅咒。我还曾被人用英语词汇中所有不堪入耳的字眼来侮辱。如今，当有人再次骂我的时候，我会连头都不回地离开。”

也许是巴特勒对于他人的批判太过麻木了，但是，我们中的大部分人仍然把它看得过于重要。记得前几年的时候，有一位纽约《太阳报》的记者到我的成人授课班采访，之后他还写了一篇文章发布出去，文章中对我的工作，甚至是我个人都有很多攻击性言辞。我当时非常生气，这完全是对我个人的一种羞辱。我给纽约《太阳报》的执行委员会主席致电，想让他重新刊载一篇文章，文章必须与事实相符，不能带有任何攻讦性。我一定要让他为自己的错误付出代价。

如今，我对当时的行为深感愧疚。直到现在我才明白，或许有半数读者压根儿就没有看过那篇报道，另外阅读过这篇文章的半数读者也只是随便看看而已。那些阅读过的读者中又有一半的人会在短时间内忘得干干净净。

我还明白了，任何人都不会真正在乎其他人发生了什么事，因为他们从早上睁眼到晚上闭眼只会考虑自己。他们对于自己一个小头疼的关切程度也许都要胜过关心你我是死是活。

就算我们被人欺骗、背叛，甚至被人在背后捅了一刀，哪怕那个人是我们最亲密无间的朋友，我们也不可以堕入深渊、顾影自怜。我们反而应该借此事好好提醒自己，因为耶稣也遭受了同样的事。在他最信赖的 12 位门徒中，有一个人只是为了相当于现在 19 美元的价值就出卖了耶稣。还有一个人三次在公众场合声称自己和耶稣从不相识，甚至还为此事立誓。12 个人当中有两个人背弃了他，这可是相当于六分之一的概率啊！既然耶稣的境遇也只是这样而已，身为平凡人的我们又凭什么认为自己应该有更好的际遇呢？

很长时间以来，我得出一个结论，既然那些不公正的批判无法避免，但至少我还能够去干一些更为要紧的事，那就是决定接受还是无视这些批判。

有一点我需要向大家解释明白，我并没有对一切批判都置若罔闻，只是无视那些居心叵测的责骂。我向罗斯福总统夫人请教了这个问题，我问她是怎么对待那些恶言恶语的责骂——当然，我们都清楚她忍受了无数这样的责难。在所有的白宫夫人中，她可以说是人缘最好的，也是树敌最多的一位。

她跟我说，当她还是一位少女的时候，非常腼腆。她害怕他人的批评与指责。有一天，她去向老罗斯福总统的姐姐讨教这个问题，她说："我想做一些事，但是又很害怕有人会指责我。"

老罗斯福总统的姐姐望着罗斯福夫人说道："只要你认为自己做的事是正确的，就不要理会别人说什么。"罗斯福夫人跟我说，这句话是她的精神支柱，始终伴随着她在白宫里的生活。她告诫我："做你自认为是对的事情就好了——因为无论你做什么都会有人指责你的不是。有些人会因为你做了某些事而责难你，也有些人会因为你什么都没做而责难你。两者的结果没有任何区别。"

马修·布拉是美国纽约国际集团的总裁，我在拜访他时，问他对于别人的批评会不会反应过度，他说："的确如此，我年轻的时候，对于别人的批评，反应会非常激烈，那时候，我巴不得给公司上上下下的人都留下一个完美的印象。如果不是的话，我就会感到沮丧。为了讨好一个和我持有不同意见的人，我总是会触犯另一个人的利益。所以，我需要继续去宽慰第二个人，但是结果又会让一大堆人对我有意见。后来我终于明白，为了不让人指责我，我极力宽慰的人越多，反而会招致更多人的不快或怀恨在心。我只需要告诫自己：'只要你处于领导人的位置上，就一定会受人指责，想方设法去适应它就好！'这个想法对我很有帮助，从此之后，我只要尽全力去做事，然后为自己撑起一把伞，那么所有责难的言语就像雨滴一样，顺着雨伞洒落，而不会滴到我的脖子上，我也就不会感觉到不舒服。”

在这一方面，迪姆斯·泰勒——美国作曲家几乎做到了极致，他非但没有受到这些恶意责难的中伤，而且还可以公开对此付之一笑。在他周日下午主持的电台音乐节目中会有听众的评论，有一位女士在评论中用“骗子、叛徒、毒蛇、白痴”这样的字眼对他进行谩骂，泰勒在他的作品《人与音乐》中回忆起这件旧事，他说：“我猜想她也许只是随便说说而已，所以在下周的广播节目中，我把她的评论念给了每一位听众，但是几天过后，我又收到了这位女士的回复，她对我的看法还是和原来一样，在她眼里，我依然是一个骗子、叛徒、毒蛇和白痴。”对于泰勒对待他人斥责的态度，我们着实感到钦佩，他的真挚、沉着和诙谐令我们折服。

查尔斯·施瓦伯是美国著名的企业家，他在普林斯顿大学给学生们演讲的时候，向学生们讲述了他所得到的、对他影响最大的教训，那是钢铁工厂里的一位德国老工人教给他的。这位德国老工人和另一位钢铁工人进行了一场精彩的辩论赛，可结果他却被人扔到了河里。“当他带着满身泥垢来到我的办公室时，我问他究竟说了些什么，为什么别人会把他扔进河里，他说：‘我什么都没有说，只是对此付之一笑。’”

付之一笑——这句出自德国老工人口中的话，施瓦伯从此把它当作自己的人生格言。

如果有人成了被恶意责难的对象，那么这句话对他来说尤为合适。你向别人作答，只会让对方更加针对你的言论，可是如果你对他“付之一笑”，那么他还会对你说什么呢？

如果林肯总统在美国内战期间极力应对各种各样的非难，也许他早就因此而崩溃了。林肯对那些不良责难的处理方式已经成了这方面的典范。林肯说过一段话，这段话被麦克阿瑟将军挂在总指挥部的办公桌上，同样，在丘吉尔的书房中也有这段话，林肯说：“只要我无视别人对我的一切非难，这件事就会适可而止。我竭尽全力，直到我的生命终止，我都会一如既往地这样做。到最后，结果是最好的证明，它会证明我是正确的，一切批判都没有任何作用。反之，结果若证明我是错的，那么就算是有10位天使为我辩护，也是无济于事。”

假如不想情绪受伤，请铭记：

任何事情都要全力以赴，然后撑起伞，遮挡非难的雨滴。

4 不要随意批评他人

卡耐基名言

1. 假如有人批评你，那是因为对你的批评能给他带来一种满足感。同时也说明你有自己的建树，并且引人瞩目。

2. 小人经常会因为伟人所具有的弱点或犯的过错而自鸣得意。

1929 年，美国教育界发生了一件令人震惊的事，很多教育界人士都前往芝加哥恭逢其盛。很多年前，有一位年轻人，他一边在耶鲁大学读书，一边在外面打工，他做过服务员、伐木工人，还有家庭教师，这位年轻人叫作赫钦斯。但是 8 年的时间，他竟然被聘请为在全美国排第四位的芝加哥大学的校长。那时他年仅 30 岁，这简直难以想象！一些年纪大的教育学家对此嗤之以鼻，海量的批评接踵而至：他太年轻了！他根本没有这方面的经验！他的教育理念十分荒诞不经。最后，甚至连媒体都无法站在一个客观的立场上，介入这场攻击之中。

他任职的第一天，一位朋友告诉赫钦斯的父亲："今天早上的报纸上几乎整个社会舆论都在诽谤你的儿子，真是让人诧异。"

赫钦斯的父亲说："事态的确非常严重，但是我们都明白，没有人会对一只死狗拳脚相向。"

的确如此。狗越凶猛，人们就越想踢，然后从中得到一种满足感。同样的经历，登基为爱德华八世的英国威尔士亲王也深有体会。他曾经在达特茅斯学院读书，这所学校等同于美国的海军学院，当时他 14 岁。有一天，他在哭泣的时候被一名海军军官看见了，军官问他发生了什么事。他原本并不想说，但是最终还是说出了事情的原委：原来有一位海军幼校生踢了他一脚。校长将大家集合在一起，告诉他们，威尔士王子虽然没有怨恨谁，但是校长坚持要弄明白有些人的行为怎么会这么野蛮。

过了很久之后，那位幼校生承认了自己的所作所为，因为等他将来在英国海军服役，被任命为军官的时候，他可以向别人吹嘘自己曾经踢过英国的国王。

因此，假如有人批评你，那是因为对你的批评能给他带来一种满足感。同时也说明你有自己的建树，并且引人瞩目。许多人通过指摘比自己强的人来获得满足感。我在写这一章节的时候，收到了一位女士的来信，信的内容是批评救世军创办人威廉·布斯将军，由于我曾经在广播节目中称颂过布斯将军，所以这位女士就以写信的方式告诉我，布斯将军曾把救济穷人的800万美元据为己有。当然，这样的指控是十分荒诞的。而且这位女士的目的也并不是找出真相，她只是想要抨击比她优秀的人。她的来信被我扔到了垃圾筐里，我很庆幸没有娶一个这样的女人作为我的妻子。她的信没有改变我对布斯将军的看法，但是却让我了解了她的人格。

哲学家叔本华曾说："小人经常会因为伟人所具有的弱点或犯的过错而自鸣得意。"

没人会认为耶鲁大学的校长是一个小人，但是蒂莫西·德怀特——耶鲁大学的前任校长却好像诽谤了一位美国总统的候选人，并以此为乐。德怀特提醒说，要是让这个人做了美国的总统，"我们国家可能会把卖淫合法化，国家将会不辨是非、丧失道德，也不会再敬重上天怜爱世人。"

这听起来好像是对希特勒的责备吧？但是他辱骂的人却是杰斐逊总统，是的，没错，就是那位编撰了《独立宣言》，被人们尊称为民主先驱的杰斐逊总统！

有一位美国人，人们骂他是"伪君子""骗子""比谋杀犯强不到哪里去"，你猜到这个人是谁了吗？在一张报纸上有一幅这样的漫画：他伏在断头台上，一把大刀正要落下切掉他的脑袋，街道上的人们对他嗤之以鼻。这个人是谁？他就是乔治·华盛顿。

但是那是很久之前的事情了，或许人性已经有所提高了吧！我们来看看比较接近现代的例子。皮尔里上将因为在1909年4月成功到达北极冒险而名动天下。皮尔里上将差点因为饥寒交迫而丧生，并且因为低温冻伤不得不切除8个脚指头。恶劣的环境让他担心自己是否会出现神经错乱。但是，那些在华盛顿的海军军官对皮尔里的出名非常生气不满。他们指责控诉他凭借科学研究的名义募捐经费，但实际却在北极四处闲逛。他们也确实深信不疑，假如一个人确实非常相信时，你很难说服他让他不再相信。他们的决心是那么坚定不移：一定要侮辱并封杀皮尔里上将，这使得麦金莱总统不得不亲自下达命令，才保证皮尔里上将完成了他在北极的使命。

假如皮尔里也在华盛顿的总部工作，还会有人这样谴责他吗？不会的，因为他就不会重要到惹人嫉妒的地步。

比起皮尔里上将的境遇，格林将军更是悲惨。1862 年，格林将军在南北战争中赢得了北军的一场大胜仗——只用了一下午时间就取得了胜利，这让格林将军一夜爆红，成了全国人民心中的楷模——为了欢庆这场漂亮的胜仗，从缅因州至密西西比河岸，所有的教堂钟声齐鸣。但是，这次伟大胜利结束仅仅 6 个星期，北军英雄格林将军就被逮捕了，并失去了他所有的军队，饱受冤屈和无望。

格林将军为什么会在取得胜利的情况下被逮捕呢？主要是由于他的胜利遭到了他那高傲的长官的妒忌。

为了不使他人的情绪受伤，就请**不要对一只死狗拳脚相向。**

5 学会自我批评

卡耐基名言

1. 任何人一天至少有 5 分钟不够明智，智慧好像也有无奈感。

2. 大多数人经常会因为别人的批评而生气，明智的人却能从这里面学到东西。

3. 与等候敌人来进攻我们或者批评我们所做的事相比，我们还不如先自我批评。

4. 敌人对我们的观点也许比我们自己的想法更趋于事实。

在我自己的档案柜里，放置着一个私人档案夹，上面写着“我所做过的傻事”。夹子里对我所做过的傻事有详细的文字记录。有时候我会口述给自己的秘书让他记录下来，但是有的时候这些事情是非常私人的，甚至这些事蠢到我不好意思让我的秘书记录，所以只能自己记录下来。

我经常拿出那本私人档案夹，重新翻阅一遍我对自己的评论，这能帮助我解决最难解决的事情，那就是自我管理。

曾经我因为自己的错误而去责怪和埋怨别人，但是随着年纪逐渐变大，智慧也有所长进，我最终意识到我最应该责怪的人就是自己。随着年龄的增长，许多人都能认识到这一点。拿破仑被流放到圣赫勒拿岛的时候说：“我的失败绝对是咎由自取，不能埋怨任何人。实际上，我最大的对手就是自己，这也是酿成我人生悲剧的主要原因。”

我要给你讲一个这样的人物故事，这个人叫豪威尔，他是一位精通自我管理技巧的人。1944 年 7 月 31 日，他在纽约大使酒店暴毙的消息让整个美国为之震动。华尔街更是出现了动乱，因为他是美国财政界的领导人，他曾经任美国商业信托银行董事长一职，同时是好几家大公司董事会的成员。他几乎没受过正式教育，在一个乡村小店做过店员，后来被任命为美国钢铁公司信用部门经理，并且向着更高的权力和地位前进。

我曾经向豪威尔先生请教他取得成功的窍门是什么，他对我说“这些年来，我一直都有一个记事本，上面记载着每天都有哪些约会。家人对我周末晚上会在家从不抱任何希望，因为他们明白，我经常在周末晚上进行自我反省，对我这一个星期的工作表现做出评价。晚饭过后，我一个人打开记事本，把这一周以来的一切面谈、讨论和会议全程都回想一遍。我问自己：‘我那个时候哪里做错了？’‘哪里做对了？’‘我还能做些什么来改善我在工作中的表现？’‘从这次的教训中我学到了什么？’有时候每个星期这样的自我批评让我很不高兴，有时候我几乎无法想象自己当时是多么鲁莽。当然，随着年龄的增长，这样的情况有所减少，我始终保持着这个自我批评的习惯，它对我有很大帮助。”

也许豪威尔的这种做法是在向富兰克林学习，但是富兰克林并不只是在周末的时候，他每天晚上都会自我批评。他意识到有13项很重要的错误，其中有三项是消磨时间、太在乎琐碎的小事，还有和别人争辩。富兰克林是一个有大智慧的人，他知道如果不把这些缺点改掉的话，是不可能成就大事的。因此，他每个星期都会制定一个目标来改掉某项缺点，并且每天把改良的过程记录下来。下个星期的时候，他会继续勉励自己改正其他缺点，他和自己的缺点整整奋战了两年。

因此，富兰克林能够成为如此具有影响力、如此受人敬爱的人物并不奇怪。

阿尔伯特·哈伯德曾说：“任何人一天至少有5分钟不够明智，智慧好像也有无奈感。”

大多数人经常会因为别人的批评而生气，明智的人却能从这里面学到东西。诗人惠特曼曾经说过：“难道你认为自己只能向那些喜欢你、崇拜你、支持你的人学习吗？从否定你、指责你的人那里不是能学到更多吗？”

与等候敌人来进攻我们或者批评我们所做的事相比，我们还不如先自我批评。我们能够成为对自己最苛刻的批评家。当别人还没有发现我们的弱点之前，我们应该自己先意识到并改正这些弱点。达尔文就是这么做的。当达尔文写完他流芳百世的《物种起源》这一著作后，他早就认识到这一具有革命性的理论肯定会对整个宗教界和学术界产生颠覆性的力量。所以，他先开始进行自我评估，并花费15年时间不断调查研究，挑战自己的这一理论，批评自己所得到的结论。

假如有人骂你愚不可及，你会愤怒或者怒火中烧吗？我们来看看林肯是怎么做的。林肯曾经被自己的军务部长爱德华·史丹顿批评过。林肯的干预让史丹顿非常气愤。为了讨好一些利欲熏心的政客，林肯在调动兵团的文件上签字并下达了命令。史丹顿不仅没有执行他的命令，还批评林肯的这种行为愚蠢不堪。有人把这件事告诉林肯，林肯冷静地说："假如史丹顿说我愚笨无知，那我可能真是很愚蠢，因为他差不多每次都是正确的，我会亲自找他谈谈的。"

林肯果真亲自去找史丹顿了。史丹顿指出他这个命令是不对的，于是林肯撤回了这道命令。林肯很有肚量去接受别人对自己的指责，只要他认为那个人是真心帮助自己的。

我们也都应该乐于接受这样的批评，因为我们不可能一直是对的。就连罗斯福总统也只是希望自己正确的概率是四分之三。现代最有成就的科学家爱因斯坦，也曾经坦言自己 99% 的结论都是错的。

拉罗什富科是法国的一位作家，他曾经说道："敌人对我们的观点也许比我们自己的想法更趋于事实。"

我对这句话深信不疑，但是假如有人批评自己的时候，我没有及时提醒自己的话，还是会毫不犹豫地采取防御措施，这让我每次都对自己很不满意。无论是否正确，人总是喜欢受到别人的称赞，而不是责备。我们并不是理性的动物，而是非常感性的，理性的思考对于我们来讲就如同暴风骤雨中汪洋大海里的一叶扁舟。

当我们听其他人对我们的缺点指手画脚的时候，我们应该认真听取一下，而不是急着为自己争辩。因为所有没有头脑的人都会这么做。让我们明智一些、虚心一点，我们可以气势磅礴地说："假如让他发现我别的缺点，他可能要批评得更加严厉呢！"

我曾说过如何应对恶意的责难。现在我提出另一个看法：当你因为别人的恶意责难而愤愤不平时，为什么不先告诉自己，"等一下……我原本就不是尽善尽美的。就连爱因斯坦都说自己的错误率是 99%，那么我可能至少有 80% 的时候是错误的。这种批评来得正是时候，假如果真如此，我应该感激它，并想方设法从中学到东西"。

查尔斯·卢克曼是美国一家大公司的总裁，他曾经愿意花费 100 万美元邀请鲍勃·霍伯上广播节目。鲍勃对于称赞自己的来信从来不看，他只看那些批评自己的信，因为他明白自己能够从中学到一些东西。

福特汽车公司为了认识到自己管理工作上的弊端，特意让自己的雇员给公司提出批评建议。

我知道有一位香皂推销员，他甚至主动请别人批评指正他。他刚开始做高露洁的香皂推销员时，接到的订单非常少，他害怕自己会失去这份工作。他保证产品和价格方面都没有任何问题，因此问题一定是在自己身上。他每次推销失败后，都会在大街上走走，回忆一下自己哪里做得不对，是说的话不具有说服力，还是自己不够热诚？有时候，他会重返回去，跟那位商家说："我不是又来向你推销香皂的，我希望您能对我提出批评意见。请您告诉我，我刚才哪里做得不好？您的经历肯定比我丰富得多，事业又是如此成功。请对我指正一下，您不必有所保留，直接说就可以。”

他的这种态度让他交到了很多真挚的朋友，并获得了很多宝贵的建议。

你好奇他现在的情况吗？后来他成了高露洁的总裁，并且使高露洁公司成为当代规模最大的香皂公司。这个推销员就是立特先生。

只有那些心胸宽广的聪明人，才会以豪威尔、富兰克林和立特先生为榜样。

当周围没有其他人时，你为什么不扪心自问一下自己究竟是哪一类人？

请记住，**我们需要记录自己做过的傻事，自我检讨并改正。**

6 依靠自己的朋友

卡耐基名言

真正的朋友是一剂缓解郁闷心情的良药，是帮你卸去心头重压的瑰宝。和朋友分享快乐，你将得到两份快乐；和朋友分享忧愁，你将卸下一半忧愁。

朋友，这两个字说起来容易，可真正的朋友绝不仅仅停留在嘴上。交友之道也非常讲究，一位真正的朋友将为您的事业发展带来好处，而一位坏朋友却只会给你带来损失，甚至令你遗憾终身。因此，交友一定要慎重。

我们一起来看一则寓言，或许我们可以从中得到某些启示：

很久以前，有两个十分要好的朋友，他们的关系简直到了形影不离的地步。有一次，他们一起走进了沙漠，走了很长时间，水喝光了，他们的生命受到了干渴的威胁。这个时候，上帝为了考验两个人的友谊，便交给他们两个大小不一样的苹果。上帝说："只要吃了其中那个大苹果，就可以安全走出沙漠。"

听到上帝的话，两个人都坚持把大的苹果让给对方，把小的苹果留给自己。谦让到最后，两个人谁也没有拿大的苹果，却在疲惫不堪中睡了过去。不知道过了多长时间，一个人突然醒了过来。他吃惊地发现他的朋友不见了踪影，而他身边只留下一个苹果。迷迷糊糊中，他觉得朋友带走了那个大苹果，而留给自己的这个才是小苹果。他的心中出现了被骗的感觉，只能在失望和愤怒中慢慢地向前走着。

忽然，他看到了昏倒在路边的朋友。他没有丝毫犹豫，快步跑过去抱住了自己的朋友，这时他才发现，原来朋友手中紧握的苹果才是那个小的苹果，他便把大的苹果给了朋友吃。

最终，两个人都通过了上帝的考验。

通过这则寓言，我们可以看到，不能随便怀疑朋友，任何疑虑和猜测都将加大朋友间的裂痕。我们要知道，随着时间的流逝，我们一定能清清楚楚地看明白一个人。

我们要学会付出，只有在真心实意的付出中，才能体会到生活的趣味。而我们付出的真情实感及爱都会带来丰厚的回报，这一回报就是赋予我们一片广阔无垠的生活天地。

当你取得优异成绩时，在你认识的人中，大多数人都会为你祝贺，并且在平常的生活中也会交往顺利。可是你细细算一下，真正能称得上知心朋友的又有几个？你上千个普通朋友中或许只有一个。

只有经过真正的考验之后才能确认是否是真正的朋友。所以，请不要过早地给朋友以只属于真正朋友之间的信任，我们的头脑中应该有一个明确的概念，那就是：

那些只属于平安时期的朋友，在遇到困难时根本不靠谱。

那些可能会成为敌人的朋友，只会在你遭遇苦难时嘲笑你。

那些所谓的酒肉朋友，当你一帆风顺的时候他们会围绕着你，但当你遭遇不幸的时候，他们只会抛弃你。

那些只能同享乐的朋友，根本无法真心合作做一些事情，他们根本起不到任何作用。

那些场面上的朋友，当你需要进一步拉近和他们之间的关系时，只会听到否定的回答。

那些只停留在利益层面的朋友，当利益消失的时候，你们之间的友谊也将消失。

剩下的那些朋友才是你真正的朋友，这样的朋友仿佛是为你遮风挡雨的帐篷，即使在疾风骤雨之中也会为你提供避难之所。这种朋友可以称得上是无价之宝，这种朋友犹如你的爱人，他的价值无可估量。

如果我们的生活中没有友情，就犹如一台戏曲失去了音乐。如果你的生活中没有友谊和仁爱，必将苦闷得像一句古拉丁谚语：原本热闹的城市仿佛变成荒凉的原野，原本充满生气的面孔仿佛变成了无生趣的雕刻，语言也将变成令人生厌的噪声。

真正的朋友是一剂缓解郁闷心情的良药，是帮你卸去心头重压的瑰宝。和朋友分享快乐，你将得到两份快乐；和朋友分享忧愁，你将卸下一半忧愁。这才是真正的朋友。

友情这种人际关系非常特殊，也只有人类才会拥有这种感情关系。虽然家庭亲人之间的关系以及恋人之间的关系也非常甜蜜，但这些都不能取代友情。这是因为真正的友情没有任何本能的因素，而这种感情关系是生活中真正不可或缺的人际关系。我们也能把这种关系称为友爱，这种爱是亲情之外的另一种存在。

真正的友情，基本上不会受到来自本能的欲望及利益的驱使。这是因为友情是心灵撞击的结果，是无法通过语言表达的强烈的情感，友情没有掺杂任何利益，是一种完全值得依赖的感情。当然，朋友也分为很多种，亲密程度也有所不同。但是，人的一生可能只有一两个真正的朋友，但却是我们人生的可贵财富，是我们生活中永不磨灭的力量和最强大的快乐。

友情，可以让你在生活中遇到误解时仍能感到安慰。因为在你的内心深处，你知道你的朋友一定不会误解你。这样一来，没有任何东西能够超越这份珍贵的理解。

然而，无论什么关系都需要维持平衡，朋友之间的关系也一样。无论哪一方付出得多或者少，平衡一旦被打破就会成为对朋友的潜在伤害，而人们往往很难察觉到这种伤害。

或许你体验过这样的感觉，在你帮助他人的时候，如果他们能坦然接受，你的内心将感到快乐。可是你表现出的快乐可能会伤害到被帮助方的尊严。生活中，我们经常会看到这样的现象。一方过多地接受另一方的恩惠，可能会令另一方回避两人的交往。深刻剖析才会发现，这是因为过多的给予伤害到了对方的自尊。

善于交际的人往往会注意到这种平衡，因此在给予他人帮助的时候经常传达出不求报答的心意，也只有这样才能令受到帮助的人的自尊不受到伤害。同时，这也将激发被帮助者的愿望，希望有一天自己也能帮助对方。

另外，善于交际的人会故意假装受到对方的一些小恩小惠，这样做就可能保证在帮助对方解决困难的同时又得到一些回报，以此来谋求被帮助者内心的平衡。

众所周知，如果朋友之间的往来越来越少，彼此之间的感情也可能越来越淡薄，所以我们要通过增加合作来增强彼此之间的友谊。我在写这篇文章的时候，美国一位有名的广告人士就面临着这样一个问题，他发现自己的一位老朋友和自己的关系正在慢慢冷却。他特意找到老朋友，希望他能帮自己画一张新的水管设计图，并且希望得到对方可靠的建议。这位工程师欣然接受了朋友的请求，并勤奋地工作，这完全在广告人士的意料之外。后来，这位老朋友为他提了非常多的宝贵建议，两个人之间的友谊也更加深厚。

美国著名的太平洋铁路建筑师史密斯年轻时也经历过这样的事情。史密斯刚开始的职业是皮货商，为了做好生意，他只能放下曾经的怨恨，和自己的仇人猎户成了朋友。虽然刚开始的时候两个人都感到别扭，无法坦率地交往，但自从史密斯找了个理由去猎户家里住了一天之后，两人的关系便发生了翻天覆地的变化，曾经的怨恨消失不见了，而两人也成了知心好友。

上面发生的两个故事都源自人们内心深处的本能，而这种本能就是自己的一种愿望，即帮助他们。人类都有一种愿望，希望自己能在帮助他人的过程中获得善意的回报。

如果你想得到别人的喜欢，就要先喜欢别人，如果你不喜欢别人也将难以受人喜欢。让别人喜欢你的前提是你要喜欢别人，但这一原则却往往被人遗忘。有些人表面上隐藏，或行动张扬无比，努力表现自己，实际上他的内心是在渴望别人喜欢自己，但这样的方法显示是不正确的，结果也只能取得相反的效果。

道理是一样的，如果你讨厌某个人，就不要渴望这个人会喜欢你。这条原则非常普遍，这种做法就像你到酒店吃霸王餐却不付饭钱一样。

所以，如果你想得到别人的喜欢，就要遵守这条基本原则：先喜欢别人。

曾经有人做过这样一个实验：首先，让被实验人写下自己喜欢的人的名字，先写最喜欢的人，喜欢程度依次减弱，列出一个表格。之后，让被实验人写下自认为喜欢自己的人的名字，依旧先写最喜欢自己的人，喜欢程度依次减弱。最后，被实验的人将两张表格加以对比，他们发现自己喜欢的人和自认为喜欢自己的人在顺序上基本相同。这个实验表明，你是否喜欢别人，喜欢的程度如何，别人就怎么喜欢你，喜欢的程度也大致相同。这个实验可能有些不妥当，但这并不影响实验结果的准确性。

以上内容是我自认为正确的解说，也是我的真实想法。没错，我们不可能对所有人都付出百分之百的爱，但我们不能放弃爱别人的努力，“知其不可为而为之”是非常伟大的，我们需要拥有这样的心态。

可是，不能认为自己的本事超群，以一时之勇去全力承担所有的事情。我提倡的是，任何事情都要尽力而为，量力而行。不管你遇到什么样的困难，都要正视苦难，保持积极的心态，找到合适的解决途径和方法，即使失败了也不能气馁。我们要总结经验教训，在失败中总结反省，增加我们反败为胜的机会。

另外，我们必须学会自我欣赏，将曾经的成功在纸上列出来。我们需要在成功的事例中肯定自我，以此来增强自己的信心，相信自己一定能高人一筹。

同时，我们要主动和朋友保持联系，和他们分享自己的理想和计划，来自朋友的欣赏也将成为我们完成计划的动力，增强我们坚定不移地完成事情的决心。

面对朋友，我们不能目中无人，不能自以为是，更不能丢掉自信和尊严。我们要避免情绪和言行上的骄傲，要避免消极的态度、自甘堕落的愚蠢行为。

无论在什么场合，能够面带微笑、始终保持心情开朗的人都会成为受欢迎的人。

生活缺少规律、没主见、遇事情绪化的人不可能与人相处融洽。如果想避免这些感性的心理变化带来的恶劣影响，我们必须培养自己正确的人生观，建立正确的人生目标，成为一个重情重义、原则坚定的人，只有这样，你才会发现无论你身在何处，都可能有人向你伸出友谊的橄榄枝。

自尊的另一种表现是尊重他人。只可惜，太多人没有注意到这一点，也因此错过了太多交朋友的好机会。所以，如果你能交到一位真正的朋友，这种机会非常难得。

通过以上论述，我们不难发现，**“珍视友情、倚重朋友”是一条非常重要的交友原则。**

7 将做过的蠢事记录下来

卡耐基名言

警惕陷阱，不要让同一个错误犯两次。

每个人都有赚钱的欲望，当你通过正常手段来赚取属于你的财富时，这本是无可非议的。而偏偏有些人却整日里想着不劳而获，不择手段，哪怕是和魔鬼合作也无妨。这类人通常的结局都是偷鸡不成反蚀把米，或者是连连受骗，混到坐吃山空的地步。这些人不幸局面的造成，往往是自食其果，不劳而获的心理在作祟。

但我相信绝大多数人都是诚恳踏实地在赚钱，都是尊重商业道德的商人。我曾经听过一个关于一对商人父子的故事，也许这更能说明问题。

这位父亲是一个踏实本分的商人，而这个儿子却是一个颇具野心的年轻人。在这位老商人年事已高，想逐渐退出商界时，他把自己创下的店铺和多年积攒下的稳定客源全权交付给儿子打理。在过去，老商人的实在是众所周知的，他在卖货时常常告诉顾客，“这件商品 10 元钱进来的，我现在 11 元卖给你，赚你 10% 的利润”。所以人们都很乐意和他成交，不过 10% 的利润嘛，这在商业经营里已经是很低的了。就这样，他的方式往往能让顾客心生信任和愉悦。而他的儿子就完全不一样了，他心中有着太多贪婪和欲望，认为父亲做生意时太诚实，太吃亏了。于是，当他经营店铺时，只有 10 元钱的物品他通常会抬价到 20，经过一番热烈地讨价还价后，要卖到 15 才肯出手。那么这件物品比当年他父亲卖时要多赚 4 元钱。久而久之，前来买货的顾客也都明白了其中的道理，于是他店铺前的人变得越来越少，他的商业运转出现了巨大危机。

因此，父子俩便常因此事争执不休。儿子总说：“你早该休息去了，出去散散步，不要操心这些事。”老父亲当然很乐意享清闲，可是他看到那些老顾客都不再买儿子的账时，又无法坐视不理。甚至很多顾客来了之后都要一直等到父亲回来才买东西，不管儿子如何费心劝说都没有用，只要老人家出现，生意就能立刻成交。由此看来，经商更需要的是一种诚信。

有时经营商业就如同经营人生，你有多真诚，就会有多少收获。那些靠欺诈哄骗获得利益的人，他的生意也就只会做成一次，而这并不是长久的经商之道。

你经商时只有做到诚实守信，才能赢得顾客的信任和尊重。换位思考一下，当你和别人进行商业交易时，必定也会存在着谨慎戒备的心理。因为在这个良莠不齐的大千世界里，谁都知道有一些不良之徒是专门利用人们的善良同情来牟取不义之财。他们比窃贼更难招架，你可能因为一个疏忽就招来灾祸。因此，在和别人做生意之前，切不可掉以轻心，不要毫不掩饰地让对方看到你的底细。你一定要懂得保护自己隐藏自己，这样才能在竞争中立于不败之地。例如有这样一个故事：

有两辆轿车在高速公路上撞车了，万幸的是车主都没有受伤，可他们却受到了惊吓。当他们爬出车子时，浑身战栗不止，看起来他们两个都已经精疲力竭没有心思去争论谁是谁非了。于是他们气喘吁吁地坐在路边，交换了一下彼此的名片，一位是名叫弗尔逊的医生，一位是叫布克的律师。

布克有些颤抖地对弗尔逊举起啤酒瓶：“喝吧，兄弟。”弗尔逊医生说了句“谢谢”，就一把接过瓶子咕咚咕咚地喝了起来，然后他把酒瓶还给布克律师，可布克只是把酒瓶接过来盖好盖子放在地上。“你怎么不喝？”医生好奇地问他。

“我当然会喝，不过要等警察来了之后。”律师这样回答。

医生听到后顿时醍醐灌顶，他愤怒地盯着律师，恨不得把喝掉的酒呕出来。就这样，布克律师只运用了一个小技巧就把车祸的责任嫁祸给了医生，如此简单。

而这位医生就那么轻易地上当了，警察来了以后他恐怕百口莫辩，难逃罪责了。

通常来讲，人们的失败多是败在他不太了解的事情上。而在这件事情中的胜利者，无疑是做到了知己知彼，了解对方的心理。因此这场心理战就会分出胜负，让有些人栽了跟头。下面还有这样一个故事：

有一天，玛丽因受了免费美容广告的蛊惑，走进了那家美容院。进去之后，美容师一边帮她做美容，一边和她聊天：“小姐，你的皮肤真是细腻极了，美中不足就是肤色有点儿暗，我想这一定是你平时少做护理的原因。如果能做一套好的皮肤护理，我相信你会比现在年轻 10 岁。”

美容师渐渐开始切入主题：“比如说我们的护肤品就非常好，是和强生公司用的同一配方，我们甚至把做广告的钱都花在免费为顾客美容上了，而且如果用我们的产品会享有更多美容服务的……”这位美容师神采奕奕地推销着他们的产品如何神奇。这时玛丽才顿悟，之前来免费美容的同事临走前就在这儿买了一大堆化妆品，至今还懊恼万分，甚至提醒她不要上免费美容的当。

玛丽看似昏昏欲睡，沉默不言。其实她此刻正在思考脱身之计。本来她想充分享受美容带来的惬意，可如今却只剩下在心中感叹了，“天下真是没有免费的午餐！”过一会儿，美容做完了，美容师拿过来一大堆瓶瓶罐罐，竭力推荐这些化妆品。

玛丽假意认真倾听着，然后对美容师说：“的确不错，可真是不巧，我今天没带那么多钱。”她本想这是最好的借口了，让人无法反驳。可没想到美容师却镇定地说：“没关系，你可以留下一些押金，产品我会为你好好保存的。”玛丽又心生一念：“可我还担心不适合我皮肤呢！”美容师又接招说：“不用担心，不适合的话以后可以退货。”这时美容师的脸色已经很难看了，言语中也带着愠怒。玛丽也生气了：“上帝啊，我就是不想买了！”见到玛丽动怒，美容师这才识趣地黑着脸走开了。

此刻玛丽突然想到：其实有时撕破脸还是很有好处的！

终于，玛丽看穿了这家店免费美容的小把戏，一分钱没花走出了美容店。

而在我们的生活中，类似这家美容店的商业陷阱让人防不胜防，这虽然不像古代那种围猎战争中的陷阱，早已布好埋伏，按兵不动，静待着猎物上钩，但是这种商业陷阱却和那些陷阱有着异曲同工之妙，也正是由那些陷阱演变而来的。

除了商业陷阱之外，在生活中还存在言语陷阱。不过这并不是单纯的言语缺陷，而是人们的思维漏洞让那些诈骗手段有机可乘。

例如，当杰克问汤姆说：“你又打你妻子了是不是？”汤姆脱口而出：“没有啊！”这看似简单的一问一答却包含了狡诈的语言陷阱，也就是说汤姆不知不觉就中了圈套，“没有啊”这个回答实际上透露出了“他之前打过他妻子”的信息。若是他之前没有打过妻子，就这么懵懂、毫无防备地承认了，那这种言语陷阱就让汤姆蒙受了不白之冤。这种在生活中常常别有用心的言语陷阱，在语言学上我们称之为“预设”。

而这种心理战术在商业中也常被商人们乐此不疲地运用着。比如说，有一家餐馆，每天早餐时鸡蛋销量一直很低。这种情况的发生大部分都不是鸡蛋的质量问题，而是服务员的语言艺术出了问题。他一般都这样问顾客：“请问您要不要鸡蛋？”而多数顾客都脱口而出：“不要！”后来聪明的老板参悟了其中的关卡，就让服务员这样问顾客：“请问您要几个鸡蛋？”果然，仅仅是一句话的改变，成效却是无比显著的，这给老板带来了巨大的利润。

当我们分析这句话的改动时，不难发现里面其实藏着一种语言预设。当问你“要不要鸡蛋”时，就是在表示你可以买，也可以不买。而当换成了“您要买几个鸡蛋”时，包含的语言预设在不知不觉地提醒着人们“我要买鸡蛋”这个事实。所以多数情况下，顾客们一时间很难抵挡这种思维惯性。

当你在社交中遇到语言陷阱时，要么避开它，要么敲破它。前提是你一定要反应敏锐，清楚地意识到这是个陷阱，而有发现陷阱的能力才是最重要的事情。

由于语言学博大精深，经常会出现含糊不清、一词多义等现象，所以同一个有着固定含义的词，也会因说话者的语气、语调的不同而表现出不同的含义。

所以，你若是想轻易参悟到这种语言陷阱，就一定要仔细根据对方说话的语言、场合、身份、语调、语气等多方面考虑进行含义取舍。而有时你又要完全靠自己的联想和想象力进行判断，这一点是十分困难的。

华盛顿年轻时曾有过这样的经历：有一天他的邻居偷走了他的马，他发现后去找警察并在邻居家的农场发现了这匹马，可是邻居却矢口否认并且不打算把马归还给他。

这时华盛顿心生一计，他用双手捂住马的眼睛说：“既然如此，那你说说你的马哪只眼睛是瞎的，我请你在警察面前回答我。”

“这匹马的右眼瞎了。”邻居说。

华盛顿把捂住的手移开，所有人都看到马的右眼神采奕奕，灵光闪闪。

“哦！我记错了，是左眼瞎了！”邻居又说。

华盛顿把捂住左眼的手也移开，马的左眼看起来也没有任何问题。

“天啊！我真是被你气糊涂了！这只马的眼睛根本没有瞎！”邻居大叫起来。

“够了！别再狡辩了！华盛顿先生，我已经明白了，请您把马牵回家吧。”警察大声说。

华盛顿正是成功地运用了语言陷阱这个好办法找回了自己的马。

还有一个关于语言陷阱的古希腊神话故事，也就是著名的“鳄鱼悖论”：

从前有一条鳄鱼从一个年轻的母亲怀中夺走了她的孩子，然后鳄鱼开始问这位难过的母亲：“你猜我会不会吃掉你的孩子？如果你说对了，我就把孩子还给你；你说错了，我就会吃掉你的孩子。”

这位母亲思索了一会儿，回答道：“我想你会吃掉我的孩子。”

这样的回答令鳄鱼十分为难，若是吃掉孩子的话就证明这位母亲答对了，它应该把孩子还给她；若是不吃的话，就说明这位母亲答错了，它就要吃掉孩子。它既要吃掉孩子又要把孩子还给那位母亲，这让它为难得焦头烂额。最终没有办法，它只好把孩子还给这位母亲。

鳄鱼悖论的特点在于问题和答案互成因果关系，首尾相接，是一个自相矛盾的悖论。

有些语言陷阱被设计得巧妙而且极其自然，让我们防不胜防，一不小心就跌入了圈套里。

举个例子，有一个小偷曾在服装店里偷了一件衣服，然后他大摇大摆地搭在手臂上走出了大门。当店员发现后追出门外拦住了他，小偷没有表现出丝毫惊慌，他镇定地说："真是不好意思，我拿错了。"然后就把衣服还给了店员，而这位店员也没有仔细思考，过多追究这件事情。

在这个故事里，小偷的伎俩就是运用一个语言预设"我有一件和它差不多的衣服"。若是当时这位店员立刻识破了这个预设，反问他说："你那件衣服是什么样的？那件衣服在哪里？"这个小偷就会哑口无言了，因为他根本拿不出一件差不多的衣服来，那么他的小偷身份就会被轻易识破。

在我们的现实生活中，这种语言预设随处可见，所以我要提醒善良的人们："千万要小心！"

所以我们在和别人打交道时，一定要切记以下这个原则：

警惕陷阱，不要让同一个错误犯两次。

第五篇

四个方法，保持旺盛的精力

1 保持每日多清醒一小时

卡耐基名言

1. 经常休息，不要等你感到疲倦了才休息。

2. 休息并不是什么事情都不做，休息就是修补。

3. 爱迪生认为他的能随时想睡就睡的习惯，使他拥有了无穷的精力和耐力。

4 不要等你感到疲劳了才去休息，提前休息，这样可使你每天清醒的时间比以前多出一小时。

疲劳容易让人感到忧虑，至少会让你比较容易忧虑。任何一个仍然在学校就读医学的学生都会告诉你，疲劳会让人体本身对一般感冒和疾病的免疫力降低；而且任何一位治疗心理疾病的专家也会告诉你，疲劳同样会让人抵抗忧虑和恐惧等感觉的能力下降。所以做到防止疲劳也就达到了防止忧虑。

我能否说 “能够防止不开心”呢？这话说得有点儿轻描淡写。艾德蒙·雅各布森医生说得要比这清楚得多。作为芝加哥大学实验心理学实验室的主任，他曾写过《消除紧张》和《你必须放松紧张情绪》这两本书，告诉大家如何放松紧张的情绪。主持研究放松情绪紧张的方法在医药上的用途，让他花费了多年的心血。他认为在彻底放松之后，任何一种精神和情绪上的紧张状态就不可能继续存在下去了。换句话说，如果你能够做到放松紧张的情绪，那么你也就不会再忧虑下去了。

所以要防止疲劳和忧虑，第一条规则就是：经常休息，不要等你感到疲倦了才休息。

这一点之所以重要是因为疲劳增加的速度快得惊人。美国陆军曾进行的几次实验，证明了就算是那些经过多年军事训练且十分坚强的年轻人，如果不背背包，每隔一小时休息 10 分钟，他们的行军速度就会加快，时间也会更长。所以陆军强迫他们这样去做。你的心脏聪明的程度不亚于美国陆军。你的心脏每天压出来流经你全身的血液，足以将一节装油的火车车厢装满；每天 24 小时所供应的能量，等同于将 20 吨煤用铲子铲到一个 3 英尺高的平台所需要的能量。这么让人难以相信的能量居然是被你的心脏完成的，并且还持续了 50 ～ 70 年，甚至有可能 90 年那么久。你的心脏怎么能承受得来呢？哈佛医院的沃尔特·坎农博士解释道："绝大多数人都认为，人的心脏一天内都是不间断地跳动的。实际上，心脏在完成每一次收缩之后，都会有一段时间是完全静止的。如果按正常的心脏跳动速度每分钟 70 次来进行计算的话，一天 24 小时的时间里心脏实际的工作时间只有 9 小时，换言之，心脏每天整整有 15 小时都在休息。

第二次世界大战的时候，年近 70 岁的丘吉尔，却仍然能够每天工作 16 小时，年复一年地指挥大英帝国作战，这不得不算是一件了不起的事情。他能够做到这样的秘诀是什么呢？每天他都会在床上从早晨工作到上午 11 点，看报告、下达口令、接打电话，甚至有些很重要的会议也会在床上举行。午饭过后，他还会再回到床上继续睡一小时。到了晚上，他 8 点钟吃晚饭，在此之前他要提前在床上睡两小时。他并不是要消除疲劳，因为他已经防止了疲劳，所以根本不需要去消除疲劳。这是因为他经常休息，所以可以一直很有干劲地工作到深更半夜。

有两项惊人的纪录是约翰·洛克菲勒创造的：全世界数量最多的财富是他赚到的，同时他活到了 98 岁。这两点他是如何做到的呢？他家里的人都长寿，这当然是最重要的原因了；而另外一个原因，就是他每天都会有半小时的时间在办公室里睡午觉。他会躺在大沙发上，哪怕是美国总统的电话，如果是在他睡午觉的时候打来的，他都不会接。

在《为什么要疲倦》那本好书里，丹尼尔说："休息并不是什么事情都不做，休息就是修补。"我们可以拥有很强的修补能力，仅仅在短短的休息时间里，即便是睡了 5 分钟，对防止疲劳也是有利的。棒球名将康尼·麦克告诉我，如果每次比赛之前，他不睡个午觉的话，那么到第五局就感到精疲力竭了。但是如果他睡了哪怕只有 5 分钟的午觉，也能够打完全场比赛而且完全不感到疲劳。

我曾经问过埃莉诺·罗斯福夫人，她是如何在白宫当第一夫人的 12 年里解决那么紧凑的事项的。她对我说，她通常会坐在一张椅子或者是沙发上，闭目养神 20 分钟，每次接见一大群人或者是要发表一次演讲之前都是如此。

最近我在麦迪逊广场花园拜访了参加世界骑术大赛的名将——吉恩·奥特里。我观察到一张行军床被放在了他的休息室里，"我每天下午都要在那床上躺一会儿，”吉恩·奥特里说，“我在好莱坞拍电影期间，会在两场表演之间的休息时间睡一小时，”他继续说道，“我常常每天睡两次，每次10分钟——靠坐在一张很大的软椅子里——这样让我可以有充沛的精力。”

爱迪生认为他的能随时想睡就睡的习惯，使他拥有了无穷的精力和耐力。

我访问过亨利·福特——在他过80岁大寿之前不久——是什么让他看起来那么精神，那么健康。我实在是想不出原因，我向他询问有什么秘诀。他说：“如果我能坐下的时候，那我绝不会站着；如果我能够躺下的时候，那我绝对不会坐着。”

美国教育家贺拉斯·曼在他稍上年纪的时候也是如此。在他担任安提奥克大学校长期间，他和学生谈话的时候常常躺在一张长沙发上面。

我曾经向好莱坞的一位电影导演建议试试这一类方法，后来他告诉我，因为这个方法他看到了奇迹。这里的导演是指好莱坞最有名的导演之一——杰克·切尔托克。几年前，他是MGM公司短片部的经理，来看我时他说他常常觉得很累，没有精力，能想到的办法他都试遍了，比如喝矿泉水、吃维生素等，但是这些根本没有帮到他。我建议他每天给自己放个假。如何去做呢？就是在办公室里躺着和他手底下的员工开会，来使自己放松。

过了两年，当我们再一次相见的时候，他说：“医生告诉我，在我身上发生了奇迹。以前每次我都是坐在椅子里，十分紧张地和我手下的人谈论短片的问题。但是现在我们开会的时候，我都是在办公室的沙发上躺着，我觉得现在比过去的20年过得还好，每天很少感到疲劳，却可以比以前多工作两小时。

这些方法应该如何被你运用呢？如果你是一名打字员，你就不可能每天像爱迪生或者是山姆·戈尔德温那样在办公室里睡午觉；如果你是一名会计师，你也不可能在跟你的老板谈论账目问题时躺在长沙发上。但是如果你在一个小城市里生活，假如你每天都会回去吃午饭，那么在饭后你就可以睡个10分钟的午觉，马歇尔将军经常这样做。在第二次世界大战期间，指挥美军部队十分忙碌，他觉得他中午的时候必须要休息。如果你的年龄超过50了，而且忙得让你自己感觉连这一点都不能办到的话，那么赶紧趁早买一份人寿保险吧。最近葬礼的花费涨得很厉害——而且死亡这件事都是突然就发生的，你的小女人还想着在拿到你的保险金之后，去嫁给一个比你年轻的男人呢。

如果你不能做到在中午的时候睡个午觉，那么至少晚饭之前，躺下来休息一小时。这样做比喝一杯饭前酒要便宜许多，而且算下总账，效果是喝一杯饭前酒的5467倍。当你能够在下午5点、6点甚至7点的时候，休息上一小时，那么你就可以让你生命中每一天的清醒时间多增加一小时。这是因为什么呢？是因为夜里你所睡的6小时如果能够加上你在晚饭前睡的这一小时——一共是7小时的时间——可比连续睡上8小时对你的好处来得多。

对于那些从事体力劳动的工作者，如果有多一点儿的休息时间的话，每天就可以完成更多的工作。在泰勒任伯利恒钢铁公司科学管理工程师的时候，这件事就被他用事实加以证明过。他观察到，通常情况下每个工人每天会将大约12.5吨的生铁装上货车，而这些工人到中午的时候就已经筋疲力尽了。针对所有可以产生疲劳的因素，他进行了一次科学研究，他认为工人每天的装运量应该是47吨，而不是只有12.5吨生铁。按照他的计算，只有加以证明，才能确定工人能够完成目前成果的4倍还不会疲劳。

一位施密特先生被泰勒选中了，并且他被要求按照马表的规定时间去工作。施密特被一个站在一旁手拿一只马表的人指挥工作："现在将一块生铁拿起来，走……现在坐下来休息一会儿……现在走……现在休息。"

是什么样的结果呢？其他工人每天只能将12.5吨生铁装运成功，而施密特每天却可以装运47.5吨生铁。泰勒在伯利恒钢铁公司工作的那三年里，施密特的工作能力从来没有衰退过。他能够做到这件事的原因是，在他疲劳之前，他一直都有时间去休息；他每小时都会休息34分钟而只工作26分钟。虽然他休息的时间比工作的时间多，但是他的工作成果却是别人的4倍。

再次重申：按照美国陆军那样常常休息，你要学会你的心脏是怎么办事的，你就怎么去办事。不要等你感到疲劳了才去休息，提前休息，这样可使你每天清醒的时间比以前多出一小时。

2 适当放松，消除疲劳

卡耐基名言

1. 勤奋工作很少会引起疲劳，特别是休息或睡眠之后还不能消除的疲劳。

2. 有个事实很惊人也很令人悲伤：很多不会挥霍金钱的人，却能轻率地挥霍自己的精力。

3. 紧张会形成一种习惯，放松也会形成一种习惯。

有个真相让人不可思议：仅仅勤奋工作并不会让人疲倦。这好像让人难以置信。几年前，科学家提出了一个问题——人类的大脑在保持高效工作效率的情况下能坚持多长时间？答案令人惊讶，科学家发现，血液在流经大脑时没有出现任何疲劳现象！从劳动中的工人体内抽取的血液样本中发现，里面布满了“疲劳毒素”，所以他们会感到疲倦。然而，如果从爱因斯坦体内抽取流经大脑的血液，你会发现里面没有一点儿“疲劳毒素”。

迄今为止，据我们所知，大脑在“运转了 8 小时至 12 小时之后依然会运转良好”，大脑不会有任何疲劳。那么，为什么人会经常感到疲劳？这是由什么引起的？

精神病理学家声称：多数疲劳现象是由精神状况或情绪引起的。英国著名心理分析家哈德费尔德在《权力心理学》中提出：“大多数疲劳是由精神因素引起的，真正由生理消耗产生的疲劳现象极少出现。”

美国著名精神病理学家布里尔也肯定道：“健康的正常人如果经常坐着工作，他们的疲劳完全是由心理因素或我们常说的情绪因素引起的。”

长时间坐着工作的人有什么样的情绪因素？喜悦还是满足？这些都不是！他们的情绪因素是厌倦、不满、不自信、匆忙、焦虑和烦恼等。这些情绪因素会使他们精力耗尽、萎靡不振、易患感冒，每天疲惫头痛而归。正是情绪在我们体内产生的紧张感才让我们感觉到了疲惫。

美国大都会寿险公司在其宣传册上写道："勤奋工作很少会引起疲劳，特别是休息或睡眠之后还不能消除的疲劳——焦虑、紧张、不安才是导致疲劳的三个因素，但我们却经常认为疲劳是由身体或精神上的劳累引起的——请牢记，紧绷的肌肉一直在工作。所以，请学会放松自己，保存精力用来做更重要的事情。"

此刻，请暂停一下，对自己做个审视。当你读到这里的时候是不是正在皱眉？是不是感觉两眼间的肌肉有点紧绷？你坐在椅子上是很放松还是双肩紧绷？你脸上的肌肉是否也紧绷？除非你的身体松弛得像一个陈旧的布娃娃，不然你此刻就处在精神紧张和肌肉紧张的状态下。你确实处在精神紧张和精神疲劳的状态下！

人们在从事脑力工作的时候为什么会产生那些不必要的紧张感呢？丹尼尔·乔塞林发现："症结在于——几乎全世界的人都认为，工作是否认真取决于人们是否感到勤奋和疲劳，如果没有这种感觉，就会被认为没有尽力。"所以，虽然我们在聚精会神的时候会皱着眉头、双肩紧绷，这是我们故意让肌肉紧绷着，装出很努力的样子，其实这不是大脑在工作，跟大脑没有一点儿关系。

有个事实很惊人也令人悲伤：很多不会挥霍金钱的人，却能轻率地挥霍自己的精力。

如此看来，有什么方法能消除精神疲劳呢？那就是放松，要学会在工作中放松！

学会放松容易做到吗？实际上很容易。但是你可能要用一生来改变现在的习惯。然而这也值得努力去做，因为你的生活也许会因这样的努力而发生重大变化。威廉·詹姆斯在一篇文章中提到："美式生活会让人紧张过度，会加快生活节奏，还会让人产生偏激的表达方式……这些多多少少都是不好的习惯。"

紧张会形成一种习惯，放松也会形成一种习惯。坏习惯可以逐渐改正，好习惯可以慢慢培养。

那么，我们该如何放松自己呢？是从大脑开始放松，还是从神经开始放松？都不对，应该从肌肉开始放松。具体来说就是，假如我们从眼睛开始放松，那么我们先把这一段看完，然后身体向后靠，闭上眼睛，默默地暗示眼睛："放松，舒展眉头；放松，舒展眉头……"这样大约重复一分钟。

此刻，你是不是感觉眼周围的肌肉开始放松，紧张一扫而光呢？是的，此效果不可思议。就在刚才的一分钟里，你就已经探知了自我放松的秘诀与魔力。

此方法同样适用于颌部、颈部、脸部的肌肉、双肩和整个身体的放松。然而，眼睛是最重要的放松器官。芝加哥大学的埃德蒙·雅各布森博士声称，只要眼部肌肉放松了，所有烦恼就都能被抛之脑后！原因是眼睛消耗了全身神经消耗的能量的四分之一。很多视力良好的人会因“眼睛疲劳”，也就是眼睛紧张程度增加，而导致视力下降。

著名小说家薇姬·鲍姆称，小时候，她摔了一跤，伤了膝盖和手腕，这时一个在马戏团当过小丑的老人将她扶了起来，他一边帮她掸土一边对她说：“你知道你为什么受伤吗？是因为你不知道怎样让自己放松来避免受伤。你要像旧袜子一样松弛。来，我教你怎么放松。”

老人教薇姬和其他小孩跌倒了怎么前翻、怎么后翻。他还一直叮嘱：“想象自己是一只松松垮垮的旧袜子，你就会放松下来，就不会受伤了。”

事实上，你可以随时让自己放松，但是不能强迫自己去放松。放松就是将所有紧张和压力都释放出来。如果想要放松自己，就要从放松眼睛和脸部开始，放松时嘴里重复说“放松……放松……放松下来……”，这时你会感觉到好像有一股活力从面部肌肉里飘出来，进入身体。你没有任何压力，感觉像婴孩一样自由自在。

这是女高音歌唱家嘉丽·克西的亲身体验。海伦·吉普森也说过，他见过嘉丽·克西在登台演唱之前，坐在椅子上，全身放松，整个下颌松弛下垂。这个习惯非常好，它能让她在出场前保持轻松的状态，而不会感到疲倦。

下面 4 个建议能帮你学会怎样放松自己：

1. 时刻保持轻松的状态，让身体松垮得像旧袜子一样。我在办公桌上放了一只褐色的袜子，来随时提醒自己。除了袜子，猫也能提醒自己放松。你见过躺在阳光里的猫吗？它就像浸泡过的报纸一样，柔软松散。了解瑜伽的人也知道，要想练好“松弛术”就要跟懒猫学习。我从来没见过疲惫或精神崩溃的猫，也没见过受失眠、忧愁和胃溃疡折磨的猫。

2. 工作环境要尽量舒适。请记住，身体上的紧张会引起肩痛和精神疲劳。

3. 做到每天自我反省四五次。并要问自己：“我是不是在有效率地做事？有没有让肌肉产生无谓的紧张？”通过反省你会逐渐形成自我放松的习惯。

4. 每天晚上再反省一次做总结。思考一下：“我是否感到累？如果觉得累，是否是因为工作方法不对，而不是心理紧张造成的？”丹尼尔·乔塞林讲过：“我的工作绩效不是以自己的疲惫程度来衡量的，而是用放松的程度来衡量的。”他还说：“如果我晚上感到很累或爱发脾气，我就意识到白天在工作中的表现不好。”如果世界上所有的商人都明白这个道理，那么因紧张过度而患高血压的人的死亡率就会降低很多，精神病院和疗养院也就不会人头攒动了。

3 有心事，不妨说出来

卡耐基名言

1. 一个病人，只要他能够说话，哪怕只是单纯地说出来，就能消除他心里的焦虑。

2. 他人的缺点不值得你费心。

3. 今天晚上睡觉之前，先想想明天的工作要怎么安排。

有一年的秋天，我的助理飞到波士顿去参加一个世界范围的非同寻常的课程。医学领域的吗？是的。这个课程每个星期开办一次，参加课程的病患在开始之前都必须定期进行彻底的身体检查。虽然这个课程的正式名称是应用心理学，但实际上，它就是一项心理学的临床试验，真实的目的是治疗一些因为忧思过度而生病的人。这些病人大部分都是精神上受到困扰的家庭主妇。

为什么会有这种专门为忧虑的人开设的课程呢？1930 年，威廉·奥斯勒爵士的学生约瑟夫·普拉特博士发现很多来波士顿医院就诊的病患生理上其实一点儿毛病都没有，但是他们还是感觉自己有某种病的症状。有一个女士没有办法使用自己的双手，因为她认为自己得了“关节炎”；另一位则感觉自己得了“胃癌”，受尽折磨。其他人则有的感觉背疼、头疼，或者是经常感觉劳累和疼痛。尽管最全面的医学检查发现，这些女士其实没有任何生理疾病，但她们还是能够真切地感受到这些病痛。于是，很多经验丰富的医生就会说，这其实是一种心病——“是心理作用在作怪”。

但是，普拉特博士却认为，单纯地叫那些病人“回家去吧，不要再去想这些烦心事”是没有用的。这些女士谁也不希望自己得病，普拉特博士认为要是她们可以轻易地忘掉这些痛苦，又怎么可能拖到现在呢？那么，到底有什么办法可以让她们好起来呢？

虽然很多医学界的人都对这个课程表示怀疑，但是结果却出人意料。在这个课程开设的18个年头里，无数病人都因为参加这个课程而恢复健康。一些病人已经参加了好几年的课程，差不多和去教堂一样虔诚。有一位女士，她一直坚持参加了9年的课程，几乎没有缺席过，她这样告诉我的助理：她第一次来到这个诊所的时候，坚信自己患有肾病和心脏病。她非常焦虑和紧张，有时候甚至会突然看不见东西，总是担心自己会失明。但是现在，她不仅心情愉快，而且充满了自信，最重要的是身体非常健康。她看起来40岁上下，可其实她已经是哄孙子睡觉的年纪了。她说："我过去总是因为家庭的烦心事苦恼得要死，甚至希望可以一死了之。但是，通过这个课程，我明白了焦虑对人的危害，还学会了如何停止焦虑。现在，我可以告诉你，我过得非常幸福。"

罗斯·希尔费丁医生是这个课程的医学顾问，她认为缓解焦虑最佳的药就是"和你信任的人谈论自己的问题"，我们把这种做法称为净化作用。她说："病患来到这里，可以尽可能地谈论她们的烦恼，直到她们把这些烦恼全部清除出自己的大脑。如果一个人总是把烦恼憋在心里，不想告诉别人，就会导致精神上的紧张。我们可以让他人来分担自己的苦恼，同时也要分担他人的焦虑。我们必须要明白：在这个世界上有人愿意倾听我们的话语，了解我们的心事。"

曾经有一位女士在倾吐出她的烦心事以后，感觉到前所未有的解脱，这是我的助理亲眼所见。这位女士有很多家庭烦恼，刚开始谈论这些问题的时候，她紧张得好像一个压紧的弹簧，随着不断倾诉，她慢慢地平静下来。等把心事说完以后，她的脸上竟然出现了笑容。事实上，她所说的问题并没有得到解决，也是不容易解决的。让她发生巨大变化的主要原因其实是有着强大治疗功能的语言。因为她在和别人谈论的时候，得到了些许忠告和同情。

从某种意义上来讲，具有治疗作用的语言其实就是心理分析的基础。从弗洛伊德时代开始，心理学家就很清楚：一个病人，只要他能够说话，哪怕只是单纯地说出来，就能消除他心里的焦虑。这是什么原因呢？或许是因为问题被说出来以后，我们就可以更加深入了解它然后就能找到最佳的解决办法。虽然不知道真正的原因是什么，但是我们都知道"倾诉"或者"发泄心中的郁闷"，确实可以让人马上感觉舒畅很多。

因此，如果我们再碰到类似情感上的困惑时，为什么不去找别人聊一聊呢？当然了，我们也不会建议你把自己的苦恼和牢骚随随便便地说给什么人听。我们需要一个能够信任的人，然后和他约好时间，也可以找到一位亲属、律师、教士、神父，你可以对这个人说："现在我有个问题，想跟你说一说，需要你给一点儿建议或者忠告，或者站在旁观者的角度，你可以更清楚地看到我没有想到的地方。即便你不能帮我什么忙，就算你只是坐在那里听我倾诉，也对我有很大的帮助。”

假如你实在是找不到这样一个人可以倾诉，那我可以告诉你一个名叫“拯救联盟”的组织，它跟上面提到的课程没有任何关联。这个联盟是一个非同寻常的组织。它存在的最初目的是防止可能发生的自杀事件。但是几年以后，它开始给那些不开心或是情感和精神上需要慰藉的人提供帮助。

波士顿所开设的课程最主要的治疗方法就是：倾吐你的心事。如果我们了解了这个课程的一些基本理念，我们在家其实就可以做一些治疗。

一、准备一本剪贴簿以供心灵需要，上面可以贴上自己很喜欢的励志诗篇，或者是名人名言。

以后，当你感觉精神萎靡的时候，或许可以在这个剪贴簿中找到药方。在波士顿参与治疗的很多病人都有这个本子，并且一直保存着，她们把它当作自己精神上的“镇静剂”。

二、他人的缺点不值得你费心。

确实，你的丈夫有很多缺点，不过，如果他是一个圣人的话，他估计也不会娶你，是不是？参加课程的病人中有这样一位女士，她注意到自己变成了一个特别苛刻、喜欢挑剔、责备别人，还经常板着脸的妻子。但是，当有人问她：“假如你的丈夫去世了，你该怎么办？”她突然意识到自己的缺点。她当时感觉很震惊，赶紧坐下来，然后列举出丈夫所有的优点，写了很长一张清单。因此，当你感觉自己嫁错了人的时候，不妨也这样试一试。或许当你列出他的所有优点以后，你会发现其实他就是你希望遇到的那个人。

三、要对那些和你住在同一条街上的人——你的邻居感兴趣，当然这种兴趣是一种友善健康的兴趣。

有一位经常感觉孤独的女士，她没有一个朋友。有人告诉她一个方法：把下一个她遇到的人作为主角，编一个故事。于是，在公交车上，她就开始给遇到的一个人编故事。她想象着那个人的出生背景和生活状况，尝试着去编造他的生活是什么样的。再后来，她就和碰到的人聊天。现在她非常快乐，并且成了一位人见人爱的女士，更重要的是，她的“痛苦”也治好了。

四、今天晚上睡觉之前，先想想明天的工作要怎么安排。

研究人员发现，参加波士顿课程的很多家庭主妇都会因为做不完的家务感到劳累厌倦。她们感觉自己的家务活永远也干不完，总是在赶时间。为了缓解这种匆匆忙忙的焦虑感，他们给了这些家庭主妇这样的建议：在前一天就把第二天的工作安排好。得到的结果是，她们不再感到筋疲力尽，还能完成很多工作，同时还因为这样的成就感觉很骄傲，她们甚至还可以留出时间休息休息，打扮打扮。其实，每一个女人都应该每天抽出时间来装扮自己，使自己看起来更加漂亮。我感觉，如果一个女人明白自己其实很漂亮的时候，就不会“焦虑”了。

五、焦虑和疲劳很容易让你看起来面容苍老，所以放松自己是避免这种情况的唯一途径。

我的助理学习了一小时关于思想控制的课程，听负责人保罗·约翰逊教授谈论了许多能够放松自己的方法——这些方法我们已经在上一章节中说过了。我的助理和其他人一起做了十分钟的练习以后，居然差点儿在椅子上睡着了。为什么只是生理上的放松就能有这么大的作用呢？因为所有的医生都知道，你想要消除焦虑，就必须放松自己。

的确，作为一名家庭主妇，一定要懂得怎样放松自己。你要知道自己的一个优势：想躺下的时候随时都可以躺下，甚至可以直接躺在地板上。你大概会觉得奇怪，硬邦邦的地板居然比装着弹簧的席梦思床垫更能让你放松。这是因为地板对你的反作用更大，这样会对脊椎大有益处。

下面就告诉你几个在家就可以完成的运动。试着做一做，一个星期后，看看对你的外貌有多大益处：

一、如果你感觉到很累了，就把你的身体伸直，平躺在地板上，这时候如果你想翻个身的话，尽管翻。这个动作每天可以做两次。

二、按照约翰逊教授给的建议，闭上你的双眼开始想象：在湛蓝的天空中，太阳在你的头顶上照耀着，大自然控制着整个世界，很平静——我，作为自然之子，也能和整个宇宙融为一体。

三、假如当时你的炉子上正煮着菜，没有时间躺下来，那你可以坐在一张椅子上，也能获得同样的效果。找一张很硬的直背椅子，像一尊古埃及雕像一样，把两只手平放在大腿上，手掌要朝下。

四、现在，把你双脚的所有脚趾都慢慢地蜷曲起来，然后再放松；逐渐向上开始活动各个部位的肌肉，一直到你的脖子，想象你的头是一个足球，把它向四周慢慢转动。在这个过程中，要不停地对自己的肌肉说：“放松……放松……”

五、做一个很慢很稳的深呼吸来安定你的神经，像印度的瑜伽一样，从丹田吸气。有规律的深呼吸最能安抚紧张的神经了。

六、想象着你可以抚平脸上的皱纹，不要紧皱眉头，要放松，也不要紧闭嘴巴。每天这样做两次，或许你就可以不用再去美容院按摩了，这些皱纹也有可能从此消失不见。

4 摆脱失眠的烦恼

卡耐基名言

虽然我们不能确切地了解到人类睡眠的机制，但有一件事我们却十分肯定——失眠会带给我们焦躁和憔悴。因此，如果你想让自己永葆青春和活力，就一定不要让失眠走进你的生活。

大多数正常人都经历过失眠，但这种失眠通常会不治而愈。

而如果你经常在平日里的睡眠时间内无法入睡，那么你很可能患上了失眠症。当一个人失眠，他首先会觉得心情焦虑和抑郁，而这会导致他容颜憔悴。

既然如此，不幸患了失眠症的人都免不了会产生一种深深的担忧。这种强烈的担忧甚至比失眠对身体造成的伤害更大。因此失眠症最严重的影响不是其本身给身体健康带来的伤害，而是这种忧虑所带来的影响。

人生中有三分之一的时间是在睡眠中度过的。可我们几乎没有人真正透彻地了解睡眠的机制，我们只知道睡眠是一种肌体上的习惯，是一种生理上的休息。但我们并不十分清楚我们每天应该睡几小时，我们是不是非睡不可。

提到这里，我想到了一件令人感觉不可思议的事情。第一次世界大战时期，一位叫保罗·柯恩的匈牙利士兵不幸中弹受了重伤，伤病痊愈后他再也没有睡过觉，因为他并没有感到困倦。当时医生们都断言他命不长久了，可后来时间证明了医生说的话是错的。之后他找了一份工作，而且身体健康地过了很多年。那些年里，他虽然偶尔会躺在床上闭目养神，可他从来没有真正进入过睡眠状态。这个病例一直是医学史上的一个谜团，它推翻了之前医学对睡眠的所有科学认知。

虽然我们不能确切地了解到人类睡眠的机制，但有一件事我们却十分肯定——失眠会带给我们焦躁和憔悴。因此，如果你想让自己永葆青春和活力，就一定不要让失眠走进你的生活。伊勒·桑德拉给我讲述过关于失眠的亲身经历，他是我课堂上的一个学员——

我从前睡眠质量非常好，连闹钟都吵不醒我，因此我上班常常迟到。老板甚至还警告过我，要是再迟到就炒我鱿鱼。这让我十分担心，我很想找到一个能够顺利叫醒我起床的办法。可仅有闹钟的声音还不够，后来有一位朋友给了我很好的建议，他说让我在每晚入睡前把潜意识里的注意力集中在闹钟的响铃声上，这样闹钟的嘀嗒声就能顺利地将我叫醒。

我对这个办法有些将信将疑，但我决定试一试。我在睡觉之前把注意力都放在闹钟的嘀嗒声上面，结果那晚该死的闹钟声音响个不停，让我整夜失眠焦躁。第二天早晨起床时，我整个人都疲惫不堪，神情木然，身体僵硬到连行动都十分困难。第二天我果然没有再迟到，可我也没有了往日的工作效率，我因失眠而忧虑了一整天。

我的生活就这样持续了两个多月，我甚至开始觉得自己的精神都变得不正常了。我有时会漫无目的地在房间里转来转去，时常感到胸闷焦躁，这让我无法忍受，还不如从阳台的窗户跳下去一死了之。

后来，我决定向一位心理医生寻求帮助，我对他讲明了实情，然后他笑着对我说："桑德拉，如果你真想恢复正常，不妨试一下我这个办法——当你每晚在床上辗转难眠时，就对自己说我才不在乎失不失眠呢，我这样一直躺着照样能休息得很好。"

然后，我相信他的话并照做了。结果证明这种自我暗示的方法十分管用，仅仅用了不到两周时间，我就能再次安然入梦，恢复正常的 8 小时睡眠了，而之前精神和身体上的痛苦也都烟消云散了。

其实真正折磨桑德拉的并不是失眠，而是他心里潜在的焦虑——这比失眠更可怕。

通过生活常识，我们也能意识到一个经验，那就是只有我们躺在床上时才有足够的安全感，才能进入沉稳的睡眠状态，而惶恐不安是导致人们失眠的最主要因素。

有一位叫作托马斯·海斯洛福的睡眠专家，他在一次英国医药协会的重大演讲中就强调过："我们时刻感受着一种比自身更强大的力量，每天从黄昏到天明，这种力量不断照拂着我们。而我从多年的医学经验中发现，能让你安稳入睡的最好的力量就是祈祷。从一个医生角度来讲，我认为祈祷是镇定思想的最适当、最常用的方法。当我们把灵魂托付给上帝时，就拥有了莫大的安全感，让我们的身心完全放松。"

当然，这种祈祷的力量有时仅限于基督教徒，如果你没有坚固的信仰的话，恐怕不能由此来解决问题。但是仍有一种绝妙的方法可以运用到我们的生活中，那就是大卫·哈罗·芬克博士曾在《消除神经紧张》一书中提到的——你可以和自己的身体进行交谈。他认为身体和灵魂是相通的，而语言便是他们交流的最好纽带，当你无法入睡时，你可以用灵魂催眠的方式与你的身体进行沟通。这种办法很简单，你只要不断地对你的肌肉输入语言信息——放轻松，让全部的呻吟都放松下来，消除所有焦虑。然后，你就会发现，从前的失眠状态正发生着悄无声息的变化，你的睡眠状态正逐渐趋于正常，这正是生活中一点自我调节的小技巧。

对每个人而言，失眠的因素都是不一样的，但是失眠者的睡眠愿望都是一样的。所以，我们一定要理智地对抗失眠，要尽快采取一些实用的方法让自己恢复到正常的睡眠状态中，而不是盲目忧虑。

作为一个失眠者，如果你希望自己能够摆脱这种失眠的忧虑，那不妨先践行这三条原则：

1. 当你失眠时就起身去工作读书，直到你疲惫困倦，不知不觉进入梦乡。

2. 失眠并不会让你死掉，而失眠带来的忧虑往往让你感到生不如死。

3. 运动治疗法，就是你可以通过做一些运动，让你体力透支无法保持清醒，直到感到困倦。

我相信实践了这几种方法后，你的睡眠状况很快会得到改善，重新变回从前那个健康活力、生机勃勃的自己。

第六篇

找到心仪又令你成功的工作

如何做好人生之路上的重大决定

卡耐基名言

1. 当你成年时，你就会面对两个重大选择：你将选择以何种方式谋生？你将选择一个怎样的人陪你度过一生？

2. 只要热衷于自己所从事的工作，总有一天你会获得成功。

3. 一份合适的工作能够使你身心健康。

4. 让我们祝福那些找到自己喜爱工作的人，再没有什么比这更幸福的事情了。

当你成年时，你就会面对两个重大选择——你为此做出的两个决定会影响你今后的生活，左右你的幸福、收入和健康，这两个决定既能够成就你，也能够毁掉你。那么这两个重大选择是什么呢？

第一个是，你将选择以何种方式谋生？换句话说，你准备做什么工作？是当农夫、邮差、化学家、森林管理员、速记员、兽医、大学教授，还是摆地摊？

第二个是，你将选择一个怎样的人陪你度过一生？

做出这两个重大的决定，对某些人来说，就像在赌博。富司迪在他的一本书里这样写道：“每个小孩在面对假期的时候都是一个赌徒，他赌自己会如何度过这个假期，他押下的赌注就是他的这段时间。”

那么怎样才能提高选择假期的把握呢？

首先，尽你所能，找一份自己喜欢的工作。有一次，我向大卫·库里奇——轮胎制造商库里奇公司的董事长——询问了一个问题，我问他成功的必要条件是什么，他给我的回答是：“爱上你的工作。”他说：“即便你需要工作很长时间，只要你喜爱你从事的工作，你也丝毫不会觉得累，反倒像是在游戏。”

爱迪生就是一个很好的例子。他从来没有受过学校教育，最初只是个报童，后来却影响了整个美国工业革命。爱迪生基本上每天都要在实验室待18小时，吃饭、睡觉都在那里，但他从未觉得辛苦。“我这一生都没有觉得自己哪天是在工作，”他说，“我每天都乐在其中。”

所以，正如我们所见，他成功了。

查理·史兹韦伯也有句类似的话为人所知。他说：“只要热衷于自己所从事的工作，总有一天你会获得成功。”

你可能会觉得，自己刚刚毕业进入社会，对工作没有概念，没有理解，又怎么可能会产生热爱呢？艾德娜·卡尔夫人，美国家庭产品公司的公共关系副总经理，曾经在杜邦公司人事部工作，并为他们招聘过数千名员工，她认为：“社会上有太多年轻人从来都不知道自己真正想做的是什么，这是一件非常可悲的事情。一个人最可怜的，是他只想从他的工作中得到工资，别无他求。”卡尔夫人还说，经常有一些大学毕业生跑到她面前得意地说：“我获得了蒙莫斯大学的文学硕士学位，或者康奈尔大学的硕士学位，您的公司有没有职位适合我？”他们完全不知道自己希望做什么，以及能够做什么。因此，就不难理解为什么那么多人一开始充满野心和美好的梦想，但是过了40岁还是一事无成，并因此痛苦不堪，甚至精神失常。事实上，一份合适的工作能够使你身心健康。有一项调查，是约翰斯·霍普金斯医院的瑞蒙医生跟几家保险公司合作展开的，他们想研究人长寿的因素，他把“合适的工作”排在了首位。这也正和苏格兰哲学家卡莱尔的名言不谋而合，他说：“让我们祝福那些找到自己喜爱工作的人，再没有什么比这更幸福的事情了。”

最近，我和任职于索克尼石油公司的人事经理保罗·波恩顿有一次长谈。他在20年的职业生涯中，至少面试了75000名求职者，并出版了一本书——《求职的六大方法》。我问他：“现在的年轻人求职时，最容易犯的错误是什么？”“他们根本不知道自己想做什么，”他说道，“这让我非常震惊，如今的年轻人选购一件只能穿几年的衣服都颇费心思，而选择一份关系未来命运的工作却草草了事——他将来的幸福和稳定可全都依赖于这份工作啊。”

面对社会日益激烈的竞争，你要何去何从，你该如何解决这个问题？也许你可以从一项叫作“就业指导”的新行业中取得帮助。但是他们可能会帮到你，也可能会毁掉你——这就要看你找到的就业指导人的能力了。这个新行业的发展前景非常乐观，但是目前它离那个前景还有很长一段距离，现在连起步阶段都算不上。怎么才能获得就业指导呢，你可以在你家附近找找这样的机构，然后去做他们的职业测试，就能获得相关的就业指导。

当然了，他们只能给你提供辅助性建议，最后做出决定的还是你自己。要知道，这些就业指导员也不是完全可靠的，甚至他们之间都经常无法彼此认同，有时他们也会犯可笑的错误。比如，有个就业指导员建议我的一个学生去当作家，理由是她的词汇量很大。这简直太可笑了！当个好作家远没有那么简单，一个好的作品是把你的思想和感情传达出来——想要做到这一点，单有丰富的词汇量是不够的，思想、经验、说服力和热情缺一不可。实际上这位建议我的学生去当作家的指导员，只是在把一个有速录员天赋的人变成一位消沉的作家而已。

其实就想说明一点，就业指导专家的建议——即使是你我的判断，也不会是非常可靠的。或许你可以多找几个指导员，整合一下他们的建议，然后结合自己的认识，做出最终的选择。

你一定会感到奇怪，我为什么总在说一些令人忧虑的话。但是多数人的忧虑、悔恨和沮丧都是因为没有足够重视工作而引起的，这样想来，你就不会觉得我危言耸听了。这些情况，你可以从你身边的亲人邻居，或者是你的老板那里了解到。智者约翰·史都家·米勒曾说过："社会的最大损失之一，是工人们无法适应工作。"是的，讨厌自己日常工作的人，是世界上最不快乐的人。

你知道在军队中会"崩溃"的是哪种人吗？就是那些没有被分派到正确岗位的人！我所指的不是在战斗中负伤的那种身体"崩溃"，而是在普通岗位上却精神"崩溃"的人。当代最伟大的精神病专家之一，威廉·孟宁吉博士，在二战期间主管陆军精神病治疗部门，他说："我们发现给军人挑选和安置工作是非常重要的，就是要让每个军人去做一份适合他的工作。最重要的是，要让他相信他担当的职务不可或缺。当一个人对他的工作没有兴趣时，他会认为被安排到了错误的岗位上，并因此觉得不被重视，不被欣赏，他会担心自己的才能就要被永远埋没了，在这种情况下，我们发现，他即使没有患上精神病，也会留下精神病的隐患。"

因为同样的原因，一个在工商企业工作的人也会"精神崩溃"。如果他无法重视自己的工作或事业，那他必然会把工作搞砸。

菲尔·强森就是一个说明此事的好例子。他的父亲经营了一家洗衣店，他希望菲尔能够在将来接管家里的生意，就在店里给儿子安排了一份工作。但是菲尔并不喜欢洗衣店的工作，因此平时非常懒散，整天没有精神，也只做些不得不做的事情，能拖的工作都尽量不做。有时候他还会逃班。他的父亲对此十分无奈，认为儿子不求上进，没有野心，使自己在员工面前丢了脸面。

直到有一天，菲尔跟父亲说他要去一家机械厂工作，他希望成为一名机械工人。这让老人十分吃惊，这不是从头开始吗？不过菲尔最终坚持了自己意见，他穿上满是油渍的粗布工服，去做比洗衣店更辛苦、时间也更长的工作。但是他感到很快乐，在工作之余还愉快地吹口哨。之后他选修了工程学，研究各种发动机和装置机械的方法。1944 年，在他去世的时候，他已经是波音公司的总裁，并且制造出了轰炸机——“空中飞行堡垒”，它帮助盟军在二战中赢得了胜利。可以想象，如果他当年没有离开洗衣店——尤其在他父亲去世后——他和他的洗衣店又会变成什么样子呢？我想他会破产，会毁掉父亲留下来的家产，会一事无成吧。

我要告诫年轻的朋友们，即使会引起家庭纷争，你也不要只因为家里人的期盼，而勉强从事某项工作。除非你喜欢，不然不要贸然踏进某一行业。但是，你还是要仔细考虑父母给你提供的建议，因为他们比你多活几十年，他们已经获得的经验及在岁月打磨中获得的智慧要比你多。不过最后的决定，还是你自己来做。毕竟在未来的工作中，是快乐还是悲伤，都要你自己承受。

上文说了这么多，现在给你以下建议——其中一些是警告——供你作为选择职业的参考：

1. 请仔细阅读研究下列由权威人士提出的有关职业选择方面的建议。这位权威人士就是美国最成功的职业指导专家基森教授。

如果有人说他有一套神奇的方法，可以帮你找出自己的“职业方向”，千万不要相信。这人可能是摸骨师、星象师、个性分析师或者笔迹分析家。但他们的办法统统不灵。

不要相信那些给你做一系列测试就能知道你该选择哪一种职业的人，这种做法本就违背了职业辅导的基本原则。职业辅导员不单单要考虑被辅导人的身体条件、社会关系、经济状况等各方面的情况，他还应该提供就业机会的具体资料。

找一位能够提供丰富职业资料的就业指导员，并在接受辅导期间充分利用这些资料和书籍。

完整的就业指导服务，至少需要面谈两次以上。

坚决不要接受函授就业指导。

2. 不要选择原本就已经人满为患的职业或事业。在美国，有20000种以上谋生的方法，想想看，这可不少啊。但是有太多年轻人并不了解这点。除非他们去占卜师那里看透视水晶球，不然他们肯定是不会知道的。但是事实上——同一所学校内，三分之二的男孩只在其中5种职业中做选择——20000多种职业中的5项——而姑娘中的五分之四也是类似的情况。这就不难理解，为何少数职业和行业会人满为患了，为何上班族会产生不安、忧虑和精神疾病了。特别值得关注的是，如果你进入法律、新闻、广播、电影，以及“光荣职业”等这些人员拥挤的行业，你一定要下工夫做准备啊。

3. 不要选择那些只有10%生存机会的行业。比如销售人寿保险。每年都有好几千人——大部分是失业者——事先不做任何调查，就贸然踏进人寿保险的销售行业。费城房地产信托大楼的富兰克林·比特格先生跟我讲述了一些这个行业的真实情况。在过去的20年里，比特格先生一直是全美国最成功的人寿保险推销员之一。他说，至少90%首次入行的销售员，都会因为失败的沮丧，而选择在一年内放弃。至于留下来的10%中，又只有1%的人可以成功，他们的销售总额会占总销售额的90%，另外10%的销售业绩出自其他90%的人。换句话说，如果你加入销售保险的行业，你在一年内放弃退出的概率是90%。即便你成功地跻身此行业中，成功的概率也只有1%，你有90%的概率只能做到勉强糊口。

4. 在你做出最终选择之前，最好能够花几个星期的时间对该项工作做个全面的了解。而达到这个目的的最好途径，就是跟那些在这一行业中已有10年、20年或30年工作经验的人面谈。

这种谈话会对你的未来产生极为深远的影响。这完全是我的经验之谈。我20多岁的时候，曾经向两位老人请教职业指导。现在回想起来，可以断定那两次谈话就是我人生的转折点。实在是无法想象，如果没有那两次谈话我的人生将会变成什么样子。

你怎么才能获得这些专业的就业指导呢？为了方便说明，我们姑且假设你正打算做一名建筑师。那么在你决定踏入这个行业之前，你可以花几个星期时间去拜访那些同城市和附近城市的建筑师。他们的电话和地址都可以从电话簿中找到。不管有没有预约，你都可以直接打电话到他们的办公室。如果你希望面谈，那就给他写一封信，内容可以这样写：

我希望能得到您的帮助，我现年20岁，正考虑做一名建筑师。我希望在做最后决定之前能够向您讨教一些问题，您能给我提供这些指导吗？

如果您太忙，没有时间在办公室接见我，希望您愿意花半小时时间让我去家里拜访您，那我将非常感激。

以下就是我希望得到指点的问题：

如果能够重新选择一次，您还是会选择做一名建筑师吗？

您能否对我进行考量，看一下我是否具有成为一名优秀建筑师的资质？

这个行业是否已经人满为患？

如果我先花4年时间去学习建筑课程，毕业后找工作是否很困难？我应该先从什么职位开始历练？

假如我的能力还算中等，那么开始的5年里，我能够赚多少钱？

建筑师会给我带来什么好处和坏处？

如果我是您的孩子，您是不是会鼓励我成为一名建筑师呢？

如果你的性格比较内向，不敢单独会见这样的“成功人士”，我给你两条建议，希望可以帮到你。

第一，找一个和你同龄的伙伴一起去，你们可以彼此鼓励，增强信心。如果没有合适的人选，那你就请求父亲和你一同前往。

第二，你要记得，被你请教的人会感到你给他带来了荣誉。他会有一种被奉承的感觉，而且，成年人一般是很喜欢教导年轻人的，这个建筑师一定会很高兴地接受你对他的这次拜访。

如果你不愿写信预约，那就直接到他的办公室去拜访他吧。你要表示，如果他能向你提供一些就业指导，你会非常感激。如果你连续拜访 5 位建筑师，他们都因为太忙而没有时间见你（通常不会发生这种情况），那你就继续拜访另外 5 位。他们之中总会有人乐于接见你，并给你提出宝贵的建议。这些指导很可能帮你减少几年的迷茫期。

你一定要记住，这是你人生中最重要最深刻的决定之一。所以，在你做出最终选择之前，一定要花足够的时间去探求事实真相。不然，在接下来的生活中，你很可能会因为当初的草率而后悔。

如果你有能力，为了感谢他半小时的时间和忠告，你可以向他支付一定的费用。

5. 改变“你只适合一项职业”的错误观念！每个人都有能力在多项职业上取得成功，同样，每个人也可能在多项职业上惨遭失败。以我为例，我相信，只要我认真学习并准备从事下列职业中的任何一项，成功的概率都会非常大。这些工作都会给我带来极大的乐趣。这类工作包括：农艺、果树栽培、农业科学、医药、销售、广告、编辑、教学、林业等。反之，我也相信下面的工作我一定不会喜欢，也不会成功。比如统计、会计、工程、经营旅馆和工厂、建筑、机械等数百项工作。

消除工作和金钱烦恼的一大原则：

做出重大决定之前一定要慎重考虑。

[illegible]

[illegible]

[illegible]

[illegible]

[illegible]

[illegible]

那么下面[illegible]

这也就是[illegible]

第七篇

如何不再因工作和金钱烦恼

1　70% 的烦恼来自金钱，解决它

卡耐基名言

1. 我们 70% 的人所产生的烦扰都与金钱息息相关。

2. 让大部分人深感烦扰的，并不是他们的钱不够用，而是不会分配手里的钱。

3. 如果我们无法得到自己想要的东西，最好不要让忧愁和懊恼来使我们的生活更加困顿。

假如我知道应该怎样处理所有人的经济烦恼，我就不会写这本书了，而是会安稳地坐在白宫里面——坐在总统的身边。不过，我可以在这里给大家一些小建议：我将引用各行各业权威专家的观点，并提出具有可行性的措施，教你从什么地方获得书籍和小册子，让你获得特别的帮助。

按照《妇女家庭月刊》所做的一项调查结果来看，我们 70% 的人所产生的烦扰都与金钱息息相关。乔治·盖洛普——盖洛普民意测试协会的主席说，从他所做的研究结果中可以看出，大多数人认为只要自己的收入增加 10%，就不会再有经济烦恼。在许多案例中的确如此，但是让人吃惊的是，有更多的案例并非如此。我在写这一章的时候，曾经拜访了预算专家艾尔西·史塔普里顿夫人。她多年来一直都是纽约和全培尔两个地区华纳梅克百货公司的财务顾问，她过去还以个人指导员的身份，帮助那些被金钱困扰的人摆脱困境。她给各行各业的人都提供过帮助，下起年工资不足 1000 美元的行李员，上至一年能挣 10 万美元的公司经理。她这样告诉我："对大部分人来说，再多挣一点钱也没办法帮他们解决自己的财务烦恼。"实际上，我常常看到，收入增加之后也没有什么作用，只是白白增加了花费——增加让人头疼的因素。"让大部分人深感烦扰的，”她说，“并不是他们的钱不够用，而是不会分配手里的钱！”你是否对最后这句话不屑一顾呢？好吧，在你再次藐视之前，请牢记，史塔普里顿说的并不是“每一个人”，她说“大部分人”，她并不是对你而言。她说的是你的姐妹兄弟或表兄弟，他们的人数就多了去了。

也许会有很多读者说：“我希望作者这家伙亲自试一试：用我每周的薪酬来还我的欠款，维持我其他方面必不可少的开销。只要他试试看，我确保他能理解我的难处，不要站着说话不腰疼。”的确如此，我也有自己的财务困扰：我曾经在密苏里的玉米地和谷仓里，每天干10小时的体力劳动。我工作非常努力，直到腰酸背痛。我那个时候所做的那些苦力，连每小时一美元都不到，甚至不是5毛钱，也不是10分钱。我当时挣的是一小时5分钱，天天要干10小时的活儿。

对于连续20年生活在一间没有浴室和自来水的房子里是什么滋味，我深有体会。睡在一间零下15摄氏度的卧室中是什么滋味，我深有体会。为了省下一毛钱，徒步走上数里路，还有鞋底破洞、裤子打补丁是什么滋味，我深有体会。品尝在饭店里价格最便宜的菜，由于没钱去洗衣店洗衣服，把裤子压在床垫下是什么滋味，我也深有体会。

不过，我在那段时间里，依然从薪资中省下了几个铜板，因为我要是没有这样做，心里就会不踏实。因为有这样的经历，我终于知道，要是我们希望自己没有负债和金钱的困扰，我们就一定要和一些公司一样制订一个支出规划，然后按照制订的规划来消费。遗憾的是，我们大部分人都不会这么做。比如我的好朋友黎翁·西蒙金，他提出人类在解决金钱的问题上都很盲目。他对我说，他认识一位会计师，他在公司工作的时候，看起来对数字很精明，但是在解决自己的金钱问题上……我们现在来打个比方说一下吧，假如他在周五中午拿到自己的工资，他来到街上，在商店的橱窗里看到一件非常中意的大衣的话，他会不假思索地买下它——房租、电费和其他项目的支出，从来都不在他的考虑范围之内，但是早晚都要从这些薪酬中拿出来支付。但是这个人也清楚，要是他就职的这家公司像他这样的消费方式来经营，那么公司早晚都要倒闭。

你需要考虑一件事情：当涉及你的财务问题时，你就相当于在管理自己的事业。但是怎么管理你的金钱，事实上也的确是你自己的事情，其他人不能帮你的忙。

但是，我们管理金钱的原则是什么呢？我们怎么做预算、怎么制订计划呢？下面有11条原则。

1. 把事实记录在纸上

几十年前本涅特来到伦敦，立下志向要成为一名小说家，但是他那个时候非常贫穷，生活压力很大。于是他把自己每一便士的消费项目都记在了纸上。

莫非他是想知道自己的钱是干什么花掉的吗？不是的。他心里有数。他非常喜欢这个办法，一直保持这个习惯，即使当他成了世界著名的作家和富翁——有了一艘私人游艇之后，他仍然没有丢掉这个习惯。

约翰·洛克菲勒也有这样记账的习惯。他每一天晚上在祷告之前，都要把每一便士的去向记得清清楚楚，然后再上床睡觉。

我们都一样，一定要准备一个本子，开始记录，要记录一生吗？不，不需要。预算专家向我们提议，起码在刚开始的一个月要把自己每一分的花费都准确记录下来——如果可以的话，可以记录 3 个月的时间。这只是为我们提供一个正确的可行性办法，让我们自己清楚钱的去向，然后我们就能够依照这一记录做出预算。

哦，你知道你的钱都花到什么地方去了？嗯，可能是吧；但是哪怕你真的知道，100 个人里面，只能找出一个像你一样的人。史塔普里顿夫人对我说，一般情况下，当大家用几小时的时间把钱的去向诚实地记录下来以后，他们都会吃惊地叫出来："我的钱就是这么花掉的吗？"他们简直无法相信。你会不会也是这样呢？也许如此。

2. 拟定一个真正适合自己的预算规划

史塔普里顿夫人对我说，如果有两个相邻的家庭，他们住在一样的房子里，一样的郊区，家里的人口数量也一样，收入也一样——但是，他们的预算需求却完全不同。原因是什么呢？因为每个人的人性是不一样的。她说，预算一定要按照自己的需求来制订。

预算的意义并非要抹掉生活中的一切乐趣。真正的意义在于能够给我们提供物质上的安全感——在许多情况下，物质上的安全感就等同于精神安全和避免忧愁。"按照预算来生活的人，"史塔普里顿夫人告诉我，"相对来说比较幸福。"

但是你应该怎么做呢？首先，就像我说的那样，你一定要把每一项支出都制成表格，然后请求指导。你可以给华盛顿的美国农业部写信索要这样的小本子。在某些大城市——密尔沃基、克利夫兰、明尼阿波利斯，还有别的大城市——主要的银行都有自己的专家顾问，他们很乐意和你讨论你在经济上的问题，并且会替你制订一份预算规划。

关于这一主题的小册子里，我见过最优秀的一本，是家庭财务公司发行的《家庭金钱管理》。顺便说一下，这家公司还出版了一套完整的小册子，探讨了很多关于预算上的问题，比如说房租、饮食、衣物、健康、家庭装饰和别的项目问题。

3. 学会怎样明智地消费

我的意思是说，学会怎么让你的金钱获得最高的价值。每一家大公司都有自己专门负责采购的员工，他们不用做其他任何事，只要想方设法为公司买到最合适的产品就可以。你作为自己财务的主人，为什么不能也这么做呢？

4. 不要因为你的收入徒增烦恼

史塔普里顿夫人对我说，她最不想去给那些年收入5000美元的家庭做预算。我问她原因。她说："因为，大部分美国家庭以年收入5000美元为目标。也许他们需要经过很多年的努力工作才能达到这样一个目标——然后，等他们的收入达到这一目标的时候，他们就以为已经'成功'了。他们开始盲目扩张。在郊区买幢房子——'花的钱只是和房租一样而已'。买辆车子，很多新家具，还有很多衣服——等你意识到的时候，他们已经出现了财政赤字。事实上，他们还没有之前快乐——因为他们把增加的那部分收入支出得太快了。"

这是一件自然而然的事情。我们任何人都想要获得更好的生活享受。可是从长远来看，究竟什么样的方法能为我们带来更多的快乐——让自己强制活在预算的生活里，还是让你的信箱里塞满各种催账单，还有债主来敲响你家大门？

5. 假如你不得不借钱，想办法获得银行贷款

6. 在医疗、火灾和其他紧急开销方面投入保险

对各种意外、灾难和能够想到的紧急事件，都留有小额金钱来投保。我并非是希望你从在浴盆中摔倒到感染德国麻疹都上保险，但是我认真地向你提出一个建议，为了自己你最好还是投一些意外险，不然的话，真出了什么事情，你除了要花钱，这些事还会让你很头疼。但是保险的费用相对来说就少很多了。

比如，我了解到去年有一位女士在医院住院10天，当她出院之后，收到了一张只有8美元的账单。这是怎么回事呢？因为她有自己的医疗保险。

7. 如果你投了人寿保险，不要让保险公司以现金的形式付给你的受益人

假如你投人寿保险的原因是希望自己在去世以后，家人能够得到很好的照料，那么我拜托你，绝对不要让保险公司以现金的形式一次性付给你的受益人。

"拥有大量钞票的新寡妇"将会怎么做呢？现在来让玛丽昂·艾伯利夫人来回答这个问题。她是纽约市人寿保险研究所妇女组的主任。她去全美各地的妇女俱乐部演讲，提出将寡妇领取保险金的方式改为终生收入的方式。她提到了一位一次性领到2万美元人寿保险金的寡妇，她把钱都给了自己的儿子去创建汽车零件事业。结果创业失败了，现在她的生活一贫如洗，就连一日三餐都没有保障。她还说了另外一位寡妇，这位寡妇被一个油嘴滑舌的房产经纪人给骗了，她用自己获得的半数以上的人寿保险金去买了一些"在一年内确保价值翻倍"的空地。3年以后，她卖掉了这块土地，但是仅得到了当年投入的10%。她又说了另一位寡妇，她12个月就用完了领到的15000美元的人寿保险金，之后只能靠儿童福利协会的扶助款来养育自己的儿女。类似这样的悲剧实在是太多了，不胜枚举。

《纽约时报》的经济编辑施维亚·波特在《妇女家庭月刊》上发表了一篇文章，他在文章中指出："在妇女的手里，平均不到7年的时间里就会花掉25000美元。"

在许多年之前，《星期六晚邮》在自己的评论中说："每个人都知道，因为大部分妇女没有接受过商业训练，也没有银行来帮她规划，所以，她在听完第一个奸诈的掮客的忽悠之后，就极有可能用丈夫的人寿保险金来购买一些不稳定的股票。每一位律师或者银行家都能说出很多这样的案例：勤俭节约的丈夫靠着多年来的省吃俭用存了一些钱，只是因为自己的寡妇或者遗孤轻信了那些专门欺骗人的骗子，而把这些钱悉数用完。

假如你希望自己在去世以后，妻儿的生活能够有所保障，为什么不学一学J.P.摩根呢？他是现代最了不起的金融专家之一。他把自己的遗产分别送给了16位受益人，这些人里面有12位都是妇女。他给这些妇女的是现金吗？不是的。他给她们的是有价证券，从而让这些妇女每个月都能获得稳定的收入。

8. 教育子女养成对金钱负责任的态度

我曾经在《你的生活》这本杂志上读到过一篇文章，这让我终生难忘。这篇文章的作者是史蒂拉·威斯顿·图特，她在文章中讲述了自己怎样教育小女儿养成对金钱负责任的态度。她从银行里取来一本特别的储金簿给了自己9岁的女儿。每星期小女儿拿到零用钱以后，就把零钱"放进"那本储金簿里，母亲就担任银行的角色。然后，每当她需要使用钱的时候，不管是一角还是一分，都要从那本储金簿里"提取"。还要把余额细致地记录下来。这位小女儿除了从这里面获得了乐趣，还增强了对待金钱的责任感。

9. 假如你现在是家庭主妇，你或许能在家里挣一点外快

假如你很精明地制订好了花销预算，可是发现依旧没有办法弥补开支，那么你可以从下面这两件事中选择一件：你可以忧愁、担心、埋怨、骂骂咧咧，或者你能想方设法挣一点外快。怎么做呢？想挣钱，你只要找出人们现在最需要但是却供不应求的东西就可以。居住在纽约杰克森山庄的娜莉·史皮尔夫人就是这么做的。在1932年，她一个人独自居住在公寓里，这个公寓有3间房，她的丈夫已经去世了，两个儿子也已经成家。有一天，她去一家餐厅的苏打水柜台买冰激凌，发现柜台里还销售水果饼，不过那些水果饼看起来简直让人无话可说。她向老板询问是否需要从她那里购买一些真正的自家做的水果饼。结果老板从她这里订购了两块水果饼。史皮尔夫人向我叙述她的故事说："虽然我自己的厨艺非常好，但是我们以前生活在佐治亚州的时候，一直都雇女佣，我亲自烘制饼干的次数也就十多次而已。那位老板从我这里订购了两块水果饼之后，我从一位邻居那里学会了制作苹果饼的方法。结果，那家餐馆的客人不断地称赞我制作的那两块水果饼——一块苹果饼，一块柠檬饼。第二天餐厅从我这里订购了5块，然后，还有其他的餐厅也开始从我这里订购。两年之内，我成为了每年要烤制5000块饼的家庭主妇。我是独自一人在自己的小厨房里完成所有事项的，每年的收入已经达到了一万美元，除了做饼需要准备的成本之外，其他的我一点儿也没有多花。”

史皮尔夫人烤制的水果饼市场需求越来越大，她只好从厨房里搬出来，租了一间店铺，还找来两个姑娘儿帮忙。并且范围也不断扩大，从水果饼到蛋糕，到卷饼。在二战期间，人们排上一个多小时的时间从她这里购买烤制的食品。

史皮尔夫人说：“我这辈子从来没有这么开心过，每天我需要在店里工作12小时到14小时，可是我从来不觉得累，因为这对于我来讲，根本就不算是在工作。那是生活带给我独特的经验。我只是尽我所能来让人们更加开心，这样的忙碌，让我没有时间忧伤或者寂寞。我的工作填补了自从我母亲和丈夫去世以来的空白和虚无。”

我问史皮尔夫人，别的厨艺精湛的家庭主妇是不是也能在空闲时间以相同的方式，在一个人数一万以上的小城市里挣钱，她说：“当然，她们当然能够这么做。”

娥拉·史令达夫人的看法也是如此。她居住在伊利诺伊州梅梧市，那是一个人口3万以上的小镇。她就在自己的厨房里开创了事业，而使用的只是价值1毛钱的原料。她的丈夫生病了，她不得不挣一点额外的钱来添补支出。可是怎么做呢？她把鸡蛋里的蛋清取出来，再加上一些糖，在厨房里做了一些饼干；然后捧着一盒饼干来到学校旁边，把这些饼干卖给那些放学回家的学生，一块饼干只要一分钱。她说：“明天多带一些钱来，我天天都会在这儿卖饼干。”第一个星期，她除了挣了4.15美元，还给自己的生活增添了乐趣。她给自己和孩子们带来了欢乐，现在没有时间来烦恼了。

这位看似文静的家庭主妇非常有野心，她决定向外扩张自己的事业——找一个代理商在繁华的芝加哥销售她制作的饼干。她害羞又胆怯地向一位街头卖花生的意大利商人推销自己的饼干。那位商人耸了耸肩膀，告诉她自己的客人需要的是花生而不是饼干。她给了他一块样品。他很喜欢，于是开始帮她销售饼干，第一天就给她挣了2.15美元。4年以后，她在芝加哥开设了自己的第一家店铺，店面只有8英尺宽。她晚上做饼干，白天销售。这位曾经非常胆怯的家庭主妇，从在自己厨房的炉子上开设饼干工厂到现在，已经拥有了19间店铺，其中有18家都开在芝加哥最繁华的卢普区。

在这里我想说明一点，娜莉·史皮尔和娥拉·史令达夫人没有为金钱苦恼，反而采取了非常有效的办法。她们从最小的视角入手——厨房，没有租金，也不需要广告，没有工资。在这样的情况下，一位妇人几乎无法因为财务问题而烦恼。

观察一下你的周围，你会发现有很多供不应求的行业。比如，假如你自己的厨艺非常精湛，你或许可以开一个烹饪班，就在自己的厨房里给一些年轻人上课，这也是挣钱的途径。没准儿上门求学的人络绎不绝。

有很多教你利用业余时间挣钱的书籍，你可以去公立的图书馆借阅。无论男女，都有很多的工作机会。不过我一定要给你一句忠告：除非你自己是天生的推销家，不然的话千万不要去逐门逐户推销。大多数人都会因为厌恶这样的行为，使你以失败告终。

10. 永远不要参与赌博

我对那些希望通过赌马赛和玩角子机赚钱的人表示特别无法理解。我认识一个人，他有好几台这种“单手土匪”机器，并靠它们赚钱为生，他对那些整天异想天开想要打败这些用来骗取他们金钱的机器的傻子，除了轻蔑再无其他情感。

我还认识一位美国最好的赌赛马的老千，他是我成人教育班的一员。他对我说，根据他对赛马的所有了解，他没有办法从赌赛马中挣到钱。但是，实际上，年年都有很多傻子，在赛马中下 60 亿美元的注——这个数字恰好是美国 1910 年全国总债的 6 倍。这位赛马老千还告诉我，假如他想消灭自己的敌人，他认为说服这位敌人赌赛马是最好的方式。我问他，假如有人根据赛马的内部情报下注的话，那么结果将会怎样。他告诉我：“如果按照这种方式来下注的话，整个美国造币厂都能被输掉。”

假如我们想要参与赌博，起码要聪明一点儿，先找出自己有多少胜算。怎么找出这一点呢？你可以看看一本叫作“如何计出胜算”的书，作者是奥斯卡•贾柯比。他在桥牌和扑克方面很有权威，是最高级的数学家、统计专家，同时还是保险公司的统计顾问。这本书一共有 215 页，书中告诉你赌赛马、轮盘、骰子、吃角子老虎机、扑克、桥牌、梭哈和股票市场上你的胜算是多少。同时这本书还让你知道，在其他各项活动中，你获胜的概率是多大，每一项都有数学依据，非常有用。他并非故意教你赌博。作者没有什么别的图谋，他只是想明确地告诉你你在赌博中失败的概率有多高；当你了解了这个失败的比例之后，你就会对那些上了当的人表示可怜，他们把自己辛辛苦苦挣来的钱寄托在赛马、纸牌、骰子、吃角子老虎机上面。

11. 假如我们不能让自己的经济现状有所好转，最好原谅自己

假如我们没有让自己的经济情况有所改善，那么或许我们能够改变自己的心理态度。请记住，别人也有自己的财务困扰。我们或许是因为自己的经济现状比琼斯家还差而苦恼，但是琼斯家也许因为不如李兹家而苦恼，而李兹家也许因为没办法和范德家相比而苦恼。

美国历史上最有名的人物也会有自己的经济困扰。林肯和华盛顿都不得不向人借钱，才能出发前往首都就职总统的职位。

如果我们无法得到自己想要的东西，最好不要让忧愁和懊恼来使我们的生活更加困顿。就让我们先宽恕自己，学得心胸宽广一些。按照古希腊哲学家艾皮科蒂塔的观点，哲学的精髓就在于："一个人生活上的喜悦，应该来自尽量减少对外部事物的依附。"罗马政治家和哲学家塞尼加也说过："如果你始终觉得不满足，那么就算是拥有了全世界，也不会幸福。"

如果想要减少烦扰，要遵守的一个准则就是：

不要总是因为工作和金钱烦恼。

2 养成良好的工作习惯

卡耐基名言

1. 人不会死于疲劳过度，但是却会因放纵和焦虑而亡。

2. 没有人能一直严格按照事情的轻重缓急来处理事情。但是，有计划地去做事，总比想到一件做一件强得多。

3. 请记住，你的快乐并不取决于你是什么样的人，或你现在拥有什么，而是完全取决于你自己的思想。

人的某些恶习和坏习惯并不是天生的，而是后天形成的。有些坏习惯对我们的生活和事业并无太大的影响，不会造成直接冲突和严重的后果；但是有些坏习惯却成为我们收获幸福和取得成功道路上的绊脚石。对于后者，我们需要努力改正，坚决抛弃，否则它们会影响我们的一生。

不良的工作习惯之一：办公桌上乱七八糟

芝加哥和西北铁路公司的总裁罗兰·威廉斯曾经说过："有的人办公桌上堆得乱七八糟，不过他们发现，如果将办公桌好好整理一下，只放跟当前工作有关的材料，这样他们工作起来会更加顺利，也不会出现差错。我将此称之为'好管家'，同时，这也是实现高效工作的第一步。"

在华盛顿国会图书馆，你会看到诗人蒲柏在天花板上写的几个醒目的大字：

秩序是天国的第一定律。

秩序也应该是商业和生活的第一定律。事实果真是这样吗？我们稍微注意一下就能发现，不少人办公桌上的文件和资料一直满满当当，然而有些文件他们可能数周都不看一眼。新奥尔良的一位报刊发行人告诉我，他的打字机失踪两年了，有一天秘书为他整理办公桌的时候终于发现了它。

如果你的办公桌上乱糟糟的，上面堆满了待回复的信件、报告和备忘录，你会感到心慌、紧张、焦虑和烦恼。更糟糕的是，如果一个人一直为没做完的事担忧，却又没时间去办，他不但会感觉到紧张和疲劳，而且还会有患高血压、心脏病和胃溃疡的风险。

宾州大学药剂研究教授约翰·斯托克博士在美国药剂协会发表过一篇文章《机能性神经衰弱所引发的器官疾病——病人的心理需求是什么？》，该报告一共列举了 11 种病情，第一种就是："强迫自己履行义务，总感觉有无尽的待办事项。"

然而，这种"无穷无尽的，完不成却又不得不去做"的感觉，仅仅通过整理桌面这种简单的方法就能避免了吗？"无穷无尽的待办事项"，是否真的有必要全部处理完？著名精神病医生威廉·萨德勒说过，他的一个病人就是用这个简单的方法避免了精神分裂。

这个病人在芝加哥一家有名的公司里任高级主管，萨德勒第一次见到他的时候，他全身紧张，面带焦虑，郁郁寡欢。他的工作非常繁忙，他也意识到自己的工作状态不是很好，但是他又控制不了，所以他来求助于医生。

"这位病人正在讲述病情的时候，电话响了，"萨德勒医生说，"这是医院打来的电话。我没有任何拖延，就立马解决了问题。任何事，只要在我的能力范围内，我向来都是速战速决。刚挂电话没一会儿，又来了一个电话，这次是件着急的事情，让我颇费了一番口舌去解释。紧接着，又来了一位同事，询问一位重症病人的一些情况。等我处理完这些事情，我对眼前这位病人致歉。然而，这时他神情愉悦，脸上流露出一种让人难以捉摸的表情。"

"不用道歉，医生，"病人说，"在你处理事情的这 10 分钟里，我好像意识到自己的问题了。我回去后需要改变我的工作习惯……在走之前，我可不可以看一下您的办公桌？"萨德勒医生打开抽屉，里面除了一些文具，其他东西一概没有。

"请告诉我，您要处理的文件都放在哪里？"病人不解地问。

"都处理完了。"萨德勒医生回答道。

"那未回复的信件呢？"

"也都一一回复了。"萨德勒医生说道，"我的原则是不积压信件。我收到信件后会马上交给秘书去回复。"

六周后，萨德勒受这位公司主管之邀到其办公室参观。萨德勒参观后大吃一惊，他做出改变了——当然改变的还有办公桌，抽屉里没有留存任何待办的文件资料。"六周前，我有两个办公室，三张办公桌，"主管说道，"办公室里和办公桌上到处都是待处理的文件。在与你交谈过之后，我回来就清理了一车的报告和废文件。现在，我只保留一张办公桌，接到文件后便立即处理，我再也不会因为堆积如山的待办文件而不安和烦恼了。很奇怪，我没吃药也好了，我也不再觉得自己生病了。”

前联邦最高法院院长查理·伊文凡也说过：“人不会死于疲劳过度，但是却会因放纵和焦虑而亡。”是的，放荡不羁会消耗精力，而烦恼——有些人因工作完不成而烦恼——的确伤害最大。

不良的工作习惯之二：做事不分轻重缓急

遍及全美的都市服务公司创始人亨利·杜赫提曾经说过，有两种能力是非常宝贵的——一为思考能力，二为能辨别事情轻重缓急并能恰当处理的能力。

查理·鲁克曼白手起家，经过12年的奋斗，终于被提拔为派索公司的总裁，年薪10万美金，另外还有上百万的其他方面的收入。他将自己的成功归功于杜赫提所说的这两种能力。鲁克曼说：“据我记忆所及，每天早晨5点钟我准时起床，因为这个时间是我思维最清晰的时候，最适合思考。我会根据事情的轻重缓急把一天的计划都做好。”

美国最成功的保险推销员之一弗兰克·贝特格每天早晨5点钟之前就会把一天的安排计划好——确切地说，是前一天晚上就开始安排了——他定好当天要完成的保险数额，如果当天没完成任务，未完成的就加到第二天的任务里，以后也以此类推。

然而，以我长期的经验来看，没有人能一直严格按照事情的轻重缓急来处理事情。但是，有计划地去做事，总比想到一件做一件强得多。

如果萧伯纳没有严格要求自己，保证每天写完5页稿子，他可能一辈子也只能做个银行出纳。他度过了9年的绝望生活，虽然坚持每天写稿，但9年一共才赚了30块钱稿费，平均一天才赚1分钱！但是他始终将写作放在最重要的位置，所以，最终他成为了世界著名作家。甚至连漂流到荒岛上的鲁滨孙，也坚持每天制订一个日程表！

不良的工作习惯之三：将问题搁置一边，而不是立刻解决或做出决定

赫威尔是我以前的学生，他后来成为美国钢铁公司董事会的一员。据他所说，董事会在开会的时候经常拖拖拉拉，很多问题被提出来讨论，但很少讨论出结果，以至于他们需要带一堆资料回家继续研究。

后来，赫威尔向董事长提议并说服董事长做了个规定：每次开会只讨论一个问题，直到解决为止，决不拖拖拉拉。彻底解决之前可能还需要研究其他材料，但为了彻底解决问题，除非上一个问题已经解决完了，否则决不开始讨论下一个问题。这种方法确实有效：备忘录上的未处理的问题都解决了，计划表里也不再排满各种问题的处理进度。大家也不用下班后再带一堆资料回家研究，也不用因有问题未解决而焦虑。

这个方法不仅适用于美国钢铁公司董事会，也适用于我们每个人。

不良的工作习惯之四：不善于组织、授权和督导

日常工作中，很多人不善于授权他人，所以才提早失败。他们事必躬亲，结果整天被一些琐碎的小事所纠缠，这也难怪他们时常感到匆忙、忧虑、烦躁和紧张。我懂得授权给他人是件非常困难的事情，至少我是这样。即便如此，作为一个管理人员还是要学会如何指派他人分担工作，否则自己免不了辛苦操劳，因为你毕竟只是一个人！

大公司里的高级主管如果不知道如何组织、授权和督导工作，他们可能在五六十岁的时候就死于心脏疾病——长期紧张焦虑产生的后果。

所以，如果你不想过度劳累和焦虑，那就应该从此刻开始培养良好的工作习惯：

将你的办公桌面收拾干净，只保留与眼前工作相关的物品；

按照事情的轻重缓急来工作；

遇到问题后，立刻解决或马上做决定，不要搁置一边不理；

学会如何组织、授权和督导。

请记住，你的快乐并不取决于你是什么样的人，或你现在拥有什么，而是完全取决于你自己的思想。所以，清早醒来后，想想值得欣慰的事情。你未来的人生大部分取决于你今天的想法。所以，让希望、自信、真情和成功充满你的内心。

如果你不想再为工作而烦恼，请记住：

一定要养成良好的工作习惯。

第八篇

家庭生活中不再有忧虑

1 如何解决夫妻间的职业冲突

卡耐基名言

1. 上帝更偏爱那些勇敢和坚强的人。

2. 能从中获得快乐的工作，才是适合某个人的工作，而这样的工作并不一定能给他带来财富，使其登上人生巅峰。

3. 疑虑会给我们的前进造成阻碍，让我们因恐惧而不敢追求，这样会使本来能够得到的东西也无法获得。

19 世纪 80 年代，我的祖父查理斯·罗伯特森从小就生活在堪萨斯州的一个农庄。他很想到印第安·奈里特利去闯荡一番，试试看能不能在那个边界殖民区闯出一番事业。于是祖父和祖母哈里特整理好他们的行装，驾着一辆敞篷马车，带着孩子们一起走向未知的生活。最后他们在锡马龙河岸选择了一块地方定居下来，那里就是现在俄克拉何马州的东北部。我祖父自己动手建造了一座木屋，并用篱笆圈起了一片院落。之后没多久，他便用借的钱在那个小乡村开了家小店，而这个乡村就是后来的俄克拉何马州的图尔萨市。

我的祖母哈里特生活过得很艰难，她的身体患有旧疾不说，还要照顾 9 个小孩，并且那里的生活极不便利。那里没有医生，有一座教会学校，但也仅有一间教室供孩子们读书。他们全部的生活写照就是——艰苦的环境，无尽的债务，寒冷的冬日和炎热的酷暑。但是以那边低下的生活标准衡量，无疑查理斯·罗伯特森是成功的。至少我祖母亲眼看到了自己的丈夫变成一个成功的、受人尊重的人，她的孩子们也都成家了，并且快乐地生活着，而就在那时，印第安·奈里特利也被归为联邦政府的一个州。

联邦政府各个州的发展正是依赖于像查理斯·罗伯特森这样的男人，他们开荒拓地建设自己的家园，极大地扩充了边界范围，还有像哈里特这样勇敢的妻子，她们有勇气去尝试新的机会。这些女人相信上帝，相信她们的丈夫，而且还相信她们自己。她们勇敢地面对各种危险、困苦、病痛和死亡。当她们朝着西部地区前进时，一定怀念过她们曾经舒适的家园，也一定后悔过为何要离开亲朋好友和财富而去面对物质的匮乏、艰辛的生活和对未来的恐惧。作为人的基本情感，这些怀念和后悔一定存在，可是她们无畏地坚持了下来。

就是这样，这些拓荒的先驱跟随着自己的丈夫来到这荒凉之地，谱写了美国历史上光辉的篇章。他们留下来的，是给后代的巨大财富，是这片土地、这座城市，是不屈不挠的勇气和无坚不摧的决心，而这勇气和决心将作为光荣的精神传统代代相传。

现在这些期盼丈夫有所成就的妻子，就要发扬拓荒先人的刻苦精神。即使丈夫选择的道路很冒险，妻子也要坚定不移地支持他去做自己喜欢的事业，并且做好遭遇任何挫折的准备，有勇气去相信丈夫的能力，毫不吝惜地给予他支持。像这样，能够勇往直前地积极进取和创造的人，是不会因为什么原因而退缩的。

比如说，我的一位同性朋友用尽一生浪费在他不喜欢的工作上，全因为他的太太害怕生活不安定，宁愿让她的丈夫做出牺牲来保全。

他的工作从小小的记账员开始，一直到攒够了可以开一家汽车修理厂的钱，就在这个时候，他结婚了。他的妻子认为他们还没有买自己的房子，所以最好不要辞职创业。可是等他们有了房子之后，他们又面临着第一个孩子出生。妻子又说服我的朋友，使他认为开创自己的事业是一件非常辛苦非常傻的事——于是日子就这样一天天地过去了。如今他的工资已经能够支付家庭的全部开销，连保险金也能够支付孩子的教育开支了。妻子又说，那还有什么必要去开创自己的事业呢？真可笑！万一失败了呢？他就会失去现有的职位、退休金、疾病津贴，以及一份不错而稳定的工资。于是我的朋友就永远失去了创业机会，全因为他的妻子自始至终不愿鼓励他尝试。

如今，他已经变成一个对生活充满厌恶的庸庸碌碌的中年人，空闲的时间也就是修理和保养自己的车。他的面容看起来憔悴而失意，并且患上了胃溃疡，此外没留下什么值得欣慰和回味的地方了。生命就这样一点点流逝，而他的生命绝大部分是用来压制自己对生活和工作的不满，他对自己的工作没有热情，兴趣索然，完成得好与坏他都没所谓——这都是因为他的妻子自始至终不愿给他尝试的机会。

如果当初他坚持自己，放弃了这份工作，去努力尝试自己喜欢的工作，可能结果还是会失败，但结果又会变成怎样呢？最起码他将会因为自己为喜欢的事情努力尝试过而感到满足，何况，只要他经历了足够多的失败，真正的成功就会向他走来。

令人感到欣慰的是，上文这种类型的妻子似乎只占少数而已。雪浮酿酒公司最近做了一项调查，他们访问了 6000 名不同年龄的家庭妇女。其中有一个问题是，如果她丈夫想要放弃现在这份不喜欢但是安定的工作，换一份能够令他感到高兴但是不太安定且薪水低的工作，她会不会表示赞同。在受访的太太中，只有 25% 的人表示不愿意让自己的丈夫冒这个风险。

我曾经给查尔斯·雷诺茨——俄克拉何马州图尔萨市一家大型石油公司的财务助理做过事。这个年轻人很活泼，非常能干又讨人喜欢，他已经结婚了，并且有 3 个孩子，在我看来他一定可以不断地升职，一定有着光明的未来。

闲暇的时候，查尔斯·雷诺茨喜欢作画，并且画得很好，连公司办公室的墙上都挂了很多他的风景油画。有时候也会有公司以外的人慕名前来买画。

虽然雷诺茨先生并不厌烦自己的工作，但是他更喜欢花更多的时间在作画上。他一直非常向往艺术家的天堂——新墨西哥州的道师城，所以他打算放弃现在的工作，永久移居到那里。当他跟他的太太露丝提出自己的想法，并说打算去那里开一家绘画用品商店时，他的太太极力支持他说："我来照顾店面，我们还可以卖画框什么的，这样你就可以安心地画画了，相信我们一定会成功的。"

看到太太这样热情地鼓励自己，查尔斯·雷诺茨更坚定了决心，于是他辞掉了现有的工作，开始专心作画。从此他们全家人都拥有开创新事业的精神，就连小查尔斯在放学以后也会帮助妈妈照顾店里的生意。查尔斯画得非常好，不负众望，成为西南地区最成功的画家之一。他的作品曾经在整个美国巡回展览，他个人也在许多画廊举办了作品展。如今，查尔斯当选为道师城画家协会的会长，还建造了自己的画廊和画室，就在新墨西哥州道师城闻名的济特·卡森大街上。而这一切都归功于他和他的太太敢于尝试和挑战。

无须惊讶这种从冒险中获得的成功——因为胜算的可能性是很高的。正如范德格里夫特将军经常在出战前对他的军队所说的那样："上帝更偏爱那些勇敢和坚强的人。"

能从中获得快乐的工作，才是适合某个人的工作，而这样的工作并不一定能给他带来财富，使其登上人生巅峰。然而，只要一个人的工作能够给他内心带来满足，那么他就获得了真正的成功。作为妻子，要有足够强大的精神，支持自己的丈夫放弃令他不满意、不快乐的工作，从而去自由自在地追求他所喜爱的事业。

许多伟大的成就可能就是这样被创造的——无私奉献的妻子愿意放弃当前的物质享受，支持丈夫去尝试任何事情，使得她们的丈夫从事符合他们个性的工作。

威廉·布斯是救世军的创始人，而救世军却不单是这位伟大创始人的活纪念碑，也是威廉的妻子凯瑟琳·布斯，一位充满爱心的女人的活纪念碑。因为她也为这个活动的推广含辛茹苦，奉献了自己一生。

威廉·布斯视传道为自己的天职，他在伦敦的贫民窟，专为那些穷人、残疾人和流浪汉讲道，而顾不得他本人及妻子、孩子遭受的苦难和他人的嘲笑。他非常努力地帮助穷人，致使自己的健康受损，还有他的妻子凯瑟琳·布斯，本就从小体弱多病，如今不仅患有严重的脊柱弯曲症——必须依靠脊柱支柱才能正常生活，还经受着肺痨带来的痛苦，晚年又身患癌症，经受了百般折磨。临死之前，她说："我这一生，记忆中没有哪一天不是处于生活的苦痛之中的。"

这个女人孱弱、消瘦，病痛缠身，即便如此，她要洗衣做饭、照顾他们的 8 个孩子，还要帮助她的丈夫传教讲道，努力给那些比他们生活得更贫困的人奉献他们的爱心。在一天的劳累之后，她还要在晚上，去贫民窟帮助那些忍受着饥饿、病痛，或是遭遇困难的人。她要照顾那些怀有私生子而未出嫁的姑娘，给她们准备饭菜、寻找安身之处，还要和那些小偷、流浪汉和妓女交谈。

了解了这些之后，你肯定会认为（难道你不这样认为吗？）凯瑟琳·布斯只要遇到合适的机会，就一定会选择离开这个悲惨之地。这种机会不是没有过，有一次，教会为布斯的善良和真诚所感动，他们决定给他一个舒适的工作环境，去一个比较富裕的地区布道——这样他就不用忍受贫民窟的痛苦生活了。

但他们并没有考虑到威廉妻子的感受，此时凯瑟琳·布斯马上站起来说道："不要！不要！"

多亏了她面对困苦的勇气和坚定的信心，才有了现在的救世军在各个地区的奉献工作。真希望凯瑟琳·布斯能够活着看到，她和丈夫所做出的贡献创造出的成果。我也希望她能够看到她丈夫的葬礼，当他的灵柩经过伦敦街头的时候，有 65000 多人前来为他送行，伦敦市长也在此队伍中。欧洲王室和美国总统送来了花圈。在他的灵柩后面跟随着 5000 名年轻的救世军成员，他们唱着赞美诗赞颂他们伟大的创始人和领导者。我相信凯瑟琳必然已经知道了——这个瘦弱的女人完全舍弃了自己，才成就了她的丈夫和他伟大的工作。

是的，成功的真正意义在于，找到你所热爱的工作并不懈地为之努力——在奋斗的过程中要舍得抛下自己的安危和幸福，有时候只有如此，才能获得我们真正想要得到的东西。

"上帝啊，请赐给我一个年轻人吧，他要有足够的胆识去做别人眼中的傻事。"罗伯特·路易斯·斯蒂文森说。

莎士比亚则是这样说的："疑虑会给我们的前进造成阻碍，让我们因恐惧而不敢追求，这样会使本来能够得到的东西也无法获得。"

上帝的确偏爱勇敢坚强的人。如果我们希望自己的丈夫能够在他们热爱的事业中获得成就感，并取得成功，我们就应该支持他们每次的尝试——并且要有足够的勇气和他一起共同克服可能面临的危机。

让家庭生活中不再有忧虑的另一个原则：

处理好夫妻间的职业冲突。

2 生活中，一定要量入为出

卡耐基名言

1. 如果花钱没有计划安排，那么相当于让别人——肉贩、面包商、烛台制造商都来共享你的收入——消费行为涉及除你以外的每个人。

2. 要规划自己的消费，让你和家人都参与分享你的收入。

3. 预算就像一张蓝图，是经过慎重考量之后做出的方案，它可以帮助你最大化地利用你的收入。

不注意节制，挥霍无度，毫不珍惜钱财的乐天派们，曾出现在很多文学和影视作品中，给我们带来了许多乐趣。我们会觉得《你无法把钱带在身边》里的那位老绅士很搞笑，因为他不相信这世上还有什么所得税，所以坚决不缴纳。我们也非常喜爱大卫·科波菲尔的新娘朵拉，当大卫教导他的这个年轻新娘如何按照收入计算开支的时候，她就噘起嘴巴撒娇，样子可爱极了。我们同样无法忘记《与父亲一起生活》里所描写的母亲节的场景，母亲每个月都把家庭收支弄得一团糟，导致父亲与她争吵，可是在母亲节那天，父母都表现出了少有的风度。狄更斯的笔下也刻画出了文学作品里最受人喜爱的角色之一——奢侈浪费的麦考博先生。

在小说里，常常出现这样的人，他魅力无限又放荡不羁。但是，现实生活并非如此，因为没有什么事能比得上没有计划的消费更令人伤心，让人厌烦的了。我们不会觉得支出超过收入的人很搞笑——相反，我们会觉得他就是一个失败的冒险家。同样，奢侈浪费、愚笨无脑的妻子也不会美丽动人——因为她对自己的丈夫而言就是一个负担。

如今，我们手上的钱已经贬值了，同样的面值，能买到的东西比10年前甚至5年前都要少得多。女士们面对这个巨大的挑战，应该学会好好利用手上的钱。通货膨胀、生活水平提升，孩子们的教育经费也变得更加昂贵。

大家普遍认为，只要我们的收入增加了，这些烦恼就可以解决，其实这个观点是错误的。专家认为事实并非如此。艾尔西·史塔普里顿，原华纳梅克和吉姆贝尔百货公司员工和顾客的财务顾问，认为对绝大多数人来说，收入增加的直接后果只不过是增加消费而已。

加拿大的蒙特利尔银行告诫自己的顾客们，要精明地盘算如何花掉自己的收入——因为他们很可能以后会遇到处理大笔财物的机会。

在我为本书搜集资料的时候，偶然看到一本描写家庭关系的好书，很不一般，这本书的作者是一位美国知名心理学家。可是这位作者有个观点我难以赞同，看起来他对家庭预算似乎很不在行。“支配家庭收入很简单，”他在书中写道，“有钱就多花，没钱就少花。”

他的理论确实很简单明了，但是没有好好规划一个人的收入。他的话说得很潇洒，似乎对金钱满不在乎，这让我们回想起某些小说里潇洒迷人的角色。让我们静下心来好好想想这句话的含义，会发现很不对劲。

如果花钱没有计划安排，那么相当于让别人——肉贩、面包商、烛台制造商都来共享你的收入——消费行为涉及除你以外的每个人。

要规划自己的消费，让你和家人都参与分享你的收入。

做预算并不是对消费加以束缚，也不是把每笔花费都记个流水账这么简单。预算就像一张蓝图，是经过慎重考量之后做出的方案，它可以帮助你最大化地利用你的收入。正确的预算方法会帮你实现自己想要达成的目标——你会因此有个温暖的家，轻松面对孩子们的大学教育开支，当年老的时候会有保险金，甚至梦想中的假期都能成真。

开支预算，是帮助你减少或推后那些不重要的花费，从而把钱用在更急需更有意义的事情上。

如果你还没有做过预算，那就从处理家庭财务开始学习吧。若想让你的丈夫更加成功，就应该学会充分利用他的收入，以发挥最大的效用。如果你的丈夫很会赚钱，却花钱没有节制，你就可以帮他控制支出。相反，如果他不会花钱，你可以多多支持他提出的消费行为，以增加他的信心。

如何才能成为管理家庭财务的专家呢？告诉你一个好消息：你家附近的银行一般都提供预算等资金咨询服务，他们会教你如何针对自身的实际需求和收入做好支出预算。

《妇女时代》杂志上有很多关于处理家庭财务的小知识，比如，如何缝补旧衣服再利用，如何蒸煮一份营养价值高但成本低廉的饭菜，甚至如何 DIY 一些家庭用品。

我们不能借用从别处发现的预算计划表，预算表是要专门根据你的家庭情况而定的才更能发挥它的价值，且不适用于其他家庭。因为没有哪两个家庭的情况是完全一样的，你家的经济情况就像你的脸庞和身材一样，是独一无二的，跟别人的是完全不同的。

下面这些建议，可以帮助你根据自身家庭情况做一份预算计划表：

1. 记下每一笔支出，从而全面了解你家的开销状况

只要我们发现问题，就能做出相应的修改。如果我们了解了应该在何处削减开支，为什么要这么做，以及减多少，那么节约才有价值。所以，我们应该在开始的观察了解阶段，记录下所有的家庭支出——我们暂且先试着记录 3 个月吧。

跟亚尔诺德·白尼特和约翰·洛克菲勒一样，我也疯狂地热衷于记账。虽然我通常习惯用支票付款，但是我很喜欢把消费一笔笔记录下来并按月统计，每年再做一个年度总结。这样，我对自己的支出非常了解，甚至能很准确地说出，在哪一年我们花了多少钱在食物上——或者燃气费是多少，水电费是多少，娱乐上又花了多少，等等。通过这些记录和统计，我还能了解我家的生活费是否增加，并查出增加了多少。一旦掌握了钱的去处，就不用在做这种记录了。但是，我本人是很喜欢做这些的。因为，比如当我怀疑我花费在衣服上的钱太多了时，只要查看一下数据，马上就能了然。

我有一对夫妻朋友，在他们开始做家庭支出的数据统计之后，惊奇地发现他们每个月都要花大约 70 美金去买酒，但是他们并不是什么酒鬼——他们只是很热情好客，常常在兴致好的时候请朋友们到家里喝一杯。之后他们明智地决定要把这笔钱用在更有意义的事情上，而不再开免费的酒吧了。

2. 根据家庭的具体需要，安排自己的预算计划

你首先要做的是列出一年的固定开销清单——房租、饮食、水电、保险等，然后对其他必要开销做安排——衣服、医药、教育、交通、交际，等等。

能看出来，这不是一件容易的事情。按照计划执行需要决心，家庭成员的配合，甚至需要严格的自控能力。我们没有办法买下每一件想要的东西——但是我们可以优先选择对我们重要的东西，牺牲掉那些不重要的东西。你是想要一个舒适的家，还是选择买昂贵的衣服？你愿不愿意用自己做衣服省下来的钱买一台电视机呢？显然，这些决定都需要你和你的家人共同完成——抄袭来的预算计划表都有固定的支出比例，并不适用于你的家庭情况，所以那些并没有什么帮助。

3. 每年的储蓄应该不少于收入的 10%

要规定自己，或你的家庭开销有一定限额，而且至少要储蓄年收入的10%，或者用来投资。同时，也可以建立一笔额外的专项资金，用来专项使用，比如买房或者买车。

财务专家说，只要能存储这10%的钱，即便物价上涨，过不了几年，你们就会过上比较舒适的生活。

我的一位女性朋友，她的丈夫是一个保守顽固的新英格兰人，对10%收入的存储计划非常固执，他宁愿在中央车站广场脱光衣服也不愿放弃这个计划。这个朋友告诉我，在经济不景气的那几年，她先生的薪水下滑得非常厉害，他们过得非常拮据，就算买日用品，也要精打细算节省每一分钱——为了节省公交车费，她先生更是每天要走20多条街去上班。但是，即便那时，他们也在坚持储蓄10%的计划。

这位女士说："有时候，我们真的非常需要钱，当时我很恼怒为何有一部分钱不能拿来用，干放在一边。不过，现在想来很庆幸我们坚持了这个计划，正因为这样，在我们中年的时候，我们有了自己的家，而且日子过得很舒适。"

4. 储备一笔意外资金，以备不时之需

大多数预算专家都会建议新成立的家庭，至少要存储1个月到3个月的工资，防备紧急事件的发生。

而且，预算专家警告我们，不要想着一次性存够这些钱，那样很难办到，最后反而一点儿也存不下。与其打算隔几周一次性存5元，不如坚持每周固定存2.5元，这样效果会更好。

5. 让全家都参与预算计划

预算顾问坚信，只有全家人共同配合，才能顺利执行预算计划。建议大家经常举行一些家庭讨论会，发表对于预算计划的不同看法，以消除情绪上的不和——因为我们对金钱的态度，会因为本身经验、性格和教育程度上的差异而有所不同。

6. 请考虑参保人寿保险

人寿保险协会妇女部主任玛丽昂·艾伯利，是人寿保险专家，她所说的话具有权威性，值得全国女士好好听取。在我访问艾伯利女士的时候，她提议家庭的女主人们都扪心自问以下这些问题：

你知道你的家庭参保人寿保险能得到哪些益处吗？

你知道一次性付款和分期付款的不同吗？它们各自的优势是什么？你知道付款的方式有哪几种不同的选择吗？你知道现代人寿保险的双重目的是什么吗？如果一个人过早去世了，人寿保险就可以保障他的家庭今后的生活；相反，如果他颐养天年，人寿保险就可以持续提供他独立的基金收入。

思考以上问题，包括很多类似的问题，对你的家庭来说非常重要。你也应该知道这些问题的答案，而不是依赖你的丈夫。因为或许某一天，你的丈夫会有什么意外——这时，人寿保险的知识就能帮你解除家庭危机和困境。

贾德生和玛丽·南迪斯共同著有一本书，名叫“建立成功的婚姻”。此书告诉我们，家庭收入的支出是婚姻生活的重要部分，必须慎重安排计划。

有句老话说得好，金钱不是万能的。但是，如果我们知道如何更明智地安排我们的金钱，我们就会生活得更安宁，幸福和舒适。

我们不能幻想自己的丈夫能够带回来一大袋薪水，就像那个我们本可以嫁但是后来没嫁的那个人一样。这么做只会白白浪费时间，毁坏过去青春的美好。我们的责任就是成为财务能手，仔细地盘算他赚回来的钱——如果想要激励他赚更多的钱，就按照下面的原则去做吧：

1. 记下每一笔支出，从而全面了解你家的开销状况。
2. 根据家庭的具体需要，安排自己的年度预算计划。
3. 把家庭收入的 10% 存储起来。
4. 储备一笔意外资金，做紧急使用。
5. 让全家都参与预算计划。
6. 考虑参保人寿保险。

那么，消除工作和金钱烦恼还需要遵守的原则是：

合理安排预算，不要入不敷出。

第九篇

克服忧虑的真实故事

1 消除自卑的方法

爱尔默·托马斯 美国国会参议员

在我15岁时，经常被忧虑、恐惧和一些自我意识所困扰，很难走出这个怪圈。跟同龄人相比，我的身高很令人惊讶——十分挺拔，而且又非常瘦，就像支竹竿一样。虽然高达6.2英尺，但我的体重却只有118磅。除了身高上占优势之外，在棒球比赛或赛跑等各方面都不能跟别人相比。他们经常拿这事跟我开玩笑，还送给我一个“马脸”的外号。我有很强的自我意识，不喜欢跟别人见面，又因为我家住在农庄里，要走很远的路才能到达公路，所以也没有机会结识其他陌生人。因为要去公路的话，从我们的农庄出发，要走半英里路，所以平常我只有见到父母及兄弟姐妹的机会。

如果我不采取任何措施，任凭烦恼与恐惧将我的心灵占据，我恐怕一辈子也没有翻身的日子。一天24小时，我做什么都提不起精神，随时为自己的身材自怜自哀，没有心思想其他的事。任何文字都不能形容我的尴尬与恐惧。曾当过学校教师的母亲了解我的感受，因此她跟我说：“孩子，你应该去上学，去接受教育，既然你没有办法改变你的身体状况，那么你能做的只有靠智力去生活。”

可是父母没有能力供我上大学，我只能靠自己完成自己的梦想。说做就做，我利用冬天捉一些像貂、浣熊、鼬鼠这样的小动物，等到春天来临，我把它们卖了，再用赚回来的4美元买回两头猪，把它们养大后，第二年秋季又卖了40美元，有了这笔钱，我就可以完成自己的学业了，于是我到印第安纳州去上师范学校。住宿费是一周1.4美元，房租是每周0.5美元。我穿的衬衫很不体面，那还是我妈妈特意为我做的（为了不让衣服显得破旧，她特别选用了咖啡色的布料），我父亲以前穿的外套留给了我，他的旧外套、旧皮鞋对我来说都不合身，但是我不得不穿。因为皮鞋已经完全失去了弹性，所以旁边用条松紧带系着。我穿着它走路时，鞋子随时都有滑落的可能。我很羞愧，不敢去和其他同学交流感情，只能整天整夜躲在房间里努力学习，温习功课。我内心深处有一个最大的愿望，那就是有一天在服装店里我能够支付得起一件合身而体面的衣服。

我的自卑感是通过不久以后发生的几件事克服的。这些事情中有一件事彻底改变了我今后的人生道路，使我变得勇敢、充满希望与自信。下面是这些事件的经过——

第一件事：开学两个月后，我参加并通过了一项考试，顺利得到一份三级证书，有了这个证书我便有了资格，可以到乡下的公立学校教书。虽然证书只在半年内有效，但这对我意义非凡，因为它是我自出生以来，除了我母亲以外，第一次表明别人对我有信心。

第二件事：有一个乡下学校想请我去教书，每个月付给我 40 美元的工资，这更表明别人对我充满了信心。

第三件事：我一拿到人生中第一张支票，就马不停蹄赶往服装店，买了一套合身的服装，而且非常激动。现在哪怕有人给我 100 万现金，我也不会像当时穿上第一套新衣服时那样兴奋了。

第四件事：这是我生命中的转折点——战胜尴尬与自卑的最大胜利，这个胜利发生在一年一度的集会上。我母亲希望我能够积极参加集会上的演讲比赛。在我看来，参加比赛根本就是痴人说梦。我没有一点儿勇气，甚至单独跟一个人说话都会觉得尴尬不已，更何况是在那么多人面前演讲。可是我母亲仍然对我充满了信心，而且没有什么可以使她放弃督促我。她对我的未来有很多美好的期望，甚至将她所有的希望都寄托在我身上。她不断鼓励我去参加比赛锻炼自己。我抽中了一个题目，但是我根本不知道怎么去发表自己的看法，题目是“美国的美术与人文艺术”。坦白地说，人文艺术究竟是什么，有什么意义，我在做准备时也没弄明白。不过我想反正观众也不太清楚人文艺术的具体概念，我也不用那么担心自己会被当个笑话被人嘲笑。于是我背熟了演说内容，而且把树木与牛群当作观众演练了成百上千遍。为了不让母亲失望，我渴望自己能够表现出最佳水平，因此，在整个演讲过程中，我满怀真情。完全令人想不到的是，我竟然得了第一名。我感到不可思议，观众开始为我欢呼鼓舞。一些以前取笑过我的男孩跑来，拍拍我的背说：“我早看到了你的潜能，你能办到的！”我母亲激动不已，紧紧地拥抱着我。当我回首自己曾经走过的路时，确实那次演说得奖可以说是我一生的转折点。我的故事被当地一家报纸以头版文章刊登，而且我的未来被给予希望。赢得演说使我在本地得到了别人的认同，但是更重要的是，它大大增强了我的自信心。试想如果那次演讲没有成功，国会里就不会有我的一席之地，因为它大大增加了我的勇气，开拓了我的视野，并让我意识到了原来自己也拥有这么多才能，而这些才能是原来的我从不敢想象的。这其中还有最重要的一点，那就是那次演讲获胜使我赢得了一年的师范学院奖学金。

我对知识十分渴求，并希望变得越来越睿智。因此在之后的几年里，我把时间全部投入到教学与研究两个方面。为了使自己不必为上大学的学费发愁，我夏季到麦田、玉米田里劳作，并参加道路工程的修建。

1896 年，年仅 19 岁的我却已成功进行了 28 场演说，为威廉·詹宁斯·布赖恩成功竞选美国总统拉票。为布赖恩的助选演说，令我十分激动兴奋，这也成为我进入政界的敲门砖。上大学后，我的专业是有关法律的公众演说。1899 年，我代表学校与一所大学进行辩论，辩论的主题是“国会议员是否应开放全民投票”。由于我原来的演说拿过冠军，我被大家选为学校年刊及校报的主编。

大学毕业后，我到俄克拉何马州开了一家律师事务所，接办案子，跟印第安保留区有关。之后我有 13 年的时间在州议会工作，有 4 年的时间在下议院工作。在我 50 岁那年，终于，皇天不负有心人，我实现了一生的愿望——成为俄克拉何马州的国会议员，并在 1927 年 3 月 4 日就任。自从 1907 年 11 月 16 日，俄克拉何马与印第安保留区二者合为一州，民主党就常常提名我，我先是被提名为州议员，后来成为国会议员。

我之所以跟大家分享这个故事，并不是为了吹嘘自己所取得的成就，也许大家对我的成绩漠不关心。我只是希望它能将希望和勇气带给那些贫苦人家的孩子，也许他们此刻跟我小时候一样，为穿着父亲的旧衣旧鞋感到苦恼、害羞与自卑。

那些出生就有不足或处于贫穷处境的人更容易有羞怯感与自卑感，要想克服你的自卑与忧虑，你就要先看到自己的长处、自己光明的一面，并努力做出一番成绩。

2　请庇佑我不要成为孤儿

凯瑟琳·霍尔特

我的童年始终生活在担惊受怕之中。我母亲的心脏不好，我经常看见她昏厥在地板上。我们都很担心她会离我们而去，我一直认为没有母亲的姑娘子都要被送到镇子上的孤儿院。想到也许要在孤儿院长大，我就非常害怕。6岁的我祷告最多的就是："亲爱的主啊！请保佑我的母亲能够活到我不需要进孤儿院的时候。"

20年之后，我的弟弟梅纳身受重伤，他在忍受了两年的痛苦摧残之后，永远离开了我。他自己没办法吃饭，就连翻个身都不可能。为了给他减轻痛苦，我不分昼夜，每3小时都要给他打一针吗啡。我给他整整注射了两年。我是一所学院的音乐老师。邻居们一听见我弟弟痛苦的叫声，就会给学校打电话，我就会冲出教室，回到家给他打针。每天晚上睡觉之前，我都将闹铃定在3小时之后，这样能让我起床给他打针。冬天的晚上，我会在窗外放上一瓶牛奶，它就会冻得和冰激凌一样，我很喜欢吃。闹铃响起的时候，窗外的冰激凌也会是我起床的动力。

在这两个经历中，我做了两件事来让自己不会自哀自怜、责怪他人。第一件事就是，我每天要教12小时到14小时的音乐，这样让自己忙碌起来我就没有空闲时间去忧伤了。只要我认为自己要开始忧伤的时候，我就反复自我安慰："听着！你只要还能吃饭、活动，没有疼痛，你就应该是世界上最快乐的人。不管发生什么事，最重要的就是你还活着！一定不要忘记这一点。"

我决定尽我所能来养成感恩的生活态度，不管是内心的想法，还是表象。每天早上醒来，我先感激上天，我可以行走，可以为自己做早餐。不论我自己有什么烦心事，我都要成为镇子上最开心的人。也许我没有达成这一目标，但我确实成了全镇最善于感恩的人——我工作伙伴的困扰应该不像我这么多吧。

这位音乐老师使用了两项准则，她让自己忙碌得无暇烦恼，她想到自己获得的恩泽，这样的方式也许对你也同样适用。

3 你所担忧的烦恼大多不会发生

C.I. 布莱克伍德

1943年的夏天，我觉得世界上大部分烦恼都在一瞬间降落到我头上。

将近40年来，我的生活一直顺风顺水，只有一些小烦恼，都是我作为一名大夫或者是第一次当爸爸及生意上的小麻烦，这些小麻烦也都在我这里被成功解决了。但是忽然之间，大麻烦接二连三向我抛来，我因为这些问题烦恼得整夜辗转反侧无法入眠。

1. 我创办了一所商业学校，但是现在因为战争的原因，大部分男孩都服兵役上战场了，因此我面临巨大的经济危机。一些毫无技术的姑娘在武器工厂工作拿到的薪酬，甚至比从我的学校毕业的学生拿到的薪酬还要多。

2. 我的大儿子在军中服兵役，我和其他儿子服兵役的父母一样，十分担忧儿子的安危。

3. 俄克拉何马现在正在征收大量土地用来建造机场，而我从父亲那里继承来的房子恰好位于要征收的土地之上。我只能拿到不足市价十分之一的赔偿金，最悲惨的是，我们无家可归了。城市里的房屋严重不足，我很担心我是否能够找到一个给一家六口安身的地方。没准我们一家六口要住在帐篷里面，甚至连能否买到一顶帐篷我都不确定。

4. 我房子旁边正在施工挖一条大运河，这直接导致我农场上的水井全部干枯了。如果挖一口新的井，需要耗费500美金，但是这么做相当于拿钱打水漂，因为我们的土地已经被政府征收了。我现在每天早上要运大量的水来喂农场里的动物，可能要连续运两个月的水，后半辈子说不准都要这么辛苦。

5. 我现在住的地方，离商业学校10英里，因为战时的特殊规定，我不能购买新的轮胎。所以我总是担忧我的那辆福特老爷车，万一它在荒郊野岭抛锚了，我可怎么办啊。

6. 又是因为战争原因，我的大女儿提前一年从高中毕业了，她已经下定决心要上大学。我却因此犯难，商业学校财政危机，我拿不出女儿的学费，她一定会伤心的。

某一天的下午，我一个人坐在办公室里因为这些事情而烦恼，一个念头突然闪现，我决定把这些烦恼全都写到纸上。我不是害怕自己没有努力的机会尝试着去解决问题，我只是觉得这些问题已经严重超出了我的控制范畴。终于写完了所有问题，看着这些密密麻麻的问题我感到六神无主，束手无策，只得把这张写满了烦恼问题的纸收到抽屉里。几个月过去了，我好像早已忘记当初都写下了什么。一年后的一天，我正在整理抽屉，突然又翻到了这张烦恼清单，上面写着那些曾经摧残我身心健康的六大问题。我一边看一边笑出了声，也从这件事情中学到了一些道理。因为我现在可以肯定地说，当时我烦恼的六大问题没有一件发生。

现如今这六大问题有了新的发展：

1. 我发现当初盲目担心我的商业学校因为经济危机而无法度过是毫无意义的。因为政府有了新政策，对退役军人进行培训，我的商业学校很快就招了学生。

2. 我发现我自顾自地担心服兵役的大儿子的安危也是毫无意义的。他已经平安地回来了。

3. 我发现我之前担忧我的房子被政府征收建造机场也是毫无意义的，因为在我家旁边意外发现了油田，机场改址了，我们的房子也不用被征收了。

4. 我发现我担心要一直运水喂农场里的动物也是毫无意义的，因为我的土地不用被征收，我就可以花钱再挖一口井。

5. 我发现我经常担心福特老爷车半路抛锚也是毫无意义的，车子在我的精心保养下，一直能正常使用。

6. 我发现我担心大女儿上大学学费不足也是毫无意义的。在大女儿开学前六天，我的一个朋友帮我找了一份可以在课外时间兼职的工作——稽查员。正是这份工作帮我攒够了女儿上学的费用。

我以前也听一些人说过，我们所担忧的烦恼大多不会发生。针对这一点，我一直不肯相信，但是直到这一天，当我再次看到自己曾经的烦恼清单时，我才明白，正是如此，99% 的烦恼都不会发生。

事已至此，虽然我曾为了这些烦恼而殚精竭虑，但是我觉得很值得，我也因此学到了难以忘怀的人生经验，我深刻地体会到一个道理：如果我们总是因为这些永远不会发生的烦恼而忧愁担心，这是一件非常悲惨的事情！

请你记住，你所拥有的今天也恰恰是你在昨天所担忧的明天。问问你自己的内心：我确定我担心的烦恼会发生吗？

4 世界第一愚人

帕西·怀丁

这一生，我罹患了各种各样的疾病，经历了许多次性命垂危的时刻，所以我相信，我比任何人死过的次数都多。

我从来都不是忧郁症患者。事实上，我从小就在父亲开的药房里长大，在闲暇时，我常常和护士医生们聊天，所以对大多数疾病我都有所了解。我说过我并不是忧郁症患者，可是有一天我竟然发现我有着忧郁症患者大多数的症状。我时常为一种疾病忧虑好长时间，然后我就患上了那种疾病。比如说，有一次我们镇上流行感染白喉，我每天在药店里帮忙卖药给那些白喉患者，长此以往，所有的白喉病症竟都转移到了我身上，我躺在床上让医生帮我检查，结果不出我所料，我患上了白喉！于是，我放心了，因为我不再担心自己会不小心患上白喉，然后我心里踏实地翻个身睡着了，第二天醒来就几乎康复了。

有很长一段时间，我都会患一些不寻常的病症，以此来博得大家的关怀和注意。当年我也曾患过牙关紧闭症、狂犬症，以及后来的癌症与恶性肿瘤。

如今想来我觉得很可笑，可当时身在其中的那些日子我也的确很悲惨。我曾经挣扎在生死边缘好多年，在春天买到新衣后，我都会问自己：“是不是买了我也没机会穿它？那我又何必浪费钱呢？”

不过，在过去的10年里，我再没有经历过生死挣扎，这真是值得庆祝的事情。

那么究竟是为什么呢？在后来，连我自己都开始嘲笑自己的荒唐愚蠢，我对自己说：“都20多年过去了，你因为各种稀奇古怪的疾病死过那么多次，然而你的身体却依然毫发无损，连保险公司都肯接受你加保，你又在担忧什么呢？”

于是后来，我发现自己在这样的自我嘲笑中，很快就忘记了忧虑和担心。

消除忧虑的关键在于，不要把自己看得过于重要，面对那些愚蠢荒唐的烦恼，你大可一笑置之。

5　我克服了最恶劣的挑战

泰德·埃里克森

从前我是一个忧虑虫，可是自从经历了1942年夏天的那件事后，我可能一生都不会再忧虑，起码我希望如此。因为和那次的经历相比，所有的烦忧都变得不值一提。

1942年，我从阿拉斯加驾着32英尺长的捕鱼船出海远航，我即将在渔船上度过一个夏天，这是我一直以来的愿望。那艘船上总共有3个成员，船长负责督导，副手协助船长，而我却只是个打杂的北欧人。

我们每次捕鱼都要利用潮汐，所以我每天要工作20小时，这样的情况持续了一周。有些别人不想干的工作，我却不得不做，比如刷洗船身，还要在狭窄的船舱里用烧木柴的火炉来烧饭，炉火的热气熏得我几乎丧命。此外还要修理船只，洗刷碗盘，把鲑鱼铲到那艘运往罐头工厂的船上去。那时候我穿的橡胶靴里灌满了水，双脚都是湿的，我却没有时间倒出鞋子里的水。这些事让我忙得晕头转向，可要是和我的主要工作比起来，这些不过是小把戏而已。那么我的主要工作是什么呢？我要站在船尾把渔网拖上来，而那渔网重得我根本拖不动，我每天都要拼尽全身力气去做，几乎送了命。那几个月里我每天如此，腰酸背痛得要命。

当我终于可以休息的时候，没有丝毫犹豫，我直接躺在了那张潮湿而不平坦的垫子上，立刻昏睡得像死了一样，因为我实在是精疲力竭了。

而如今回头想来，我很高兴曾经承受过那样的辛劳和疼痛，让我一路上都能够克服忧虑，不再害怕担心什么。现在每当遇到烦忧，我都会先问问自己："埃里克森，这有拖渔网那么重，那么糟糕吗？"我自己不得不承认："不！没有什么比那更糟糕了！"所以我又何必担心烦忧呢？这时我就会鼓足勇气，振作精神，去面对一切挫折。所以我相信经历一些苦难对我们是大有裨益的，当我们在面临其他痛苦时，会觉得那些担忧根本微不足道。

6 折磨人的胃疼

卡梅隆·西普

这几年，我一直在加利福尼亚华纳公司的公关部门愉快地工作着。我的工作是撰写特别报道，并在杂志报纸上发表关于华纳公司的文章。

接着，果不其然我获得了晋升，成为公关部副主任。实际上，行政体系变革后，我的新头衔是特别助理。

公司配给我一间非常宽大的办公室，室内有私人冰箱，并且配备两位秘书协助我工作，而我手下有75位编辑和撰稿员。我非常兴奋，还特意去买了一套新西装，并开始注意自己的言辞。自此，我可以自主建立档案系统，能够做出权威决定，但是午餐也逐渐只能用快餐解决了。

我自认为我的肩膀上担负着整个华纳公司的公关政策，并相信自己掌控着华纳旗下所有明星的公私生活，包括贝蒂•戴维斯、奥莉薇•哈佛兰、詹姆斯•加奈、爱德华·罗宾逊、艾罗·佛林、亨福瑞·鲍加等大明星。

上任不到一个月，我就发现自己得了胃溃疡，甚至可能是胃癌。

当时我的主要职务是战时电影界的战事委员会主席，开始我非常喜欢这个工作，它让我在开会时认识许多朋友。可是逐渐地，这些聚会变得非常难熬，每次开完会，我总会觉得身体不舒服，以至于不得不在回家的路上找地方停下车，让自己休息一会儿，等头脑清醒了再继续走。很多事情等着我做，而且每件事都不能推，时间又很少，我开始感到力不从心。

现在想来，不得不说那是我人生中最痛苦的经历。每天的工作安排得非常紧，我的体重开始下降，甚至经常失眠，常常感到胃疼。

我的同事介绍给我一位非常权威的内科医生，并且说他的很多病人都是从事广告工作的。

这位医生沉默寡言，只问我哪里疼，还有我的工作内容。我觉得他对我工作的兴趣远胜于对我病症的兴趣。之后他要我接下来用两周的时间，接受各种各样的检查。两周之后，终于到了知晓结果的时候。

"西普先生，"医生说，"我知道这些检查很累人，但是我们总算是做完了，第一次看到你时，我就知道你得的不是胃癌，但这些检查也确实不能省。"

"毕竟，作为医生，我和我的同行们，除非手上有足够的证据，否则病人也不会相信我们的判断，现在就让我们看看这些证据吧！"

然后，他拿出那些图表及 X 光片跟我讲解，表示我并没有得癌症。

他又说："虽然做这些检查花了不少钱，但都是值得的，我给你开的药就是：放下烦恼。"

"我知道你短时间内也不可能做到，所以我先给你开一些口服的药，这些药是对身体无害的，它们可以让你精神放松，你多吃一些也没问题，吃完再来找我。"

"但请记住：你只要不再自寻烦恼，其实你是不需要吃药的。"

"如果你控制不住自己，就回来找我，我再给你开一些药，怎么样？"

我多希望能直接告诉大家，我马上就能做到不再因为工作而忧虑，但事实上我做不到。好几个星期里，我还是忧心忡忡，不过只要一吃药，马上就会觉得好一些。

可是吃药并不是什么光彩的事，我身材高大，有林肯那么高，体重也有 200 多磅，却要服用这些小药片来排解忧虑。当被朋友问到我在吃什么药时，我感到非常羞愧。我开始嘲笑自己："西普，你把自己的工作看得太重要了吧，你就是个傻瓜。在你负责贝蒂·戴维斯、詹姆斯·加奈这些明星的公关之前，他们早就已经声名远播了。就算你今天突然去世，华纳公司和它旗下的明星们照样过得好好的。再看看艾森豪威尔、马歇尔将军和麦克阿瑟，他们不用靠药物也能指挥千军万马，你不过是制片厂小小的战时公关委员会主席，却还得靠药物来给自己减轻心理压力！"

我要恢复自尊，开始不再吃药。那之后不久，我直接扔掉了药。我保持每天晚上回家后，先小睡片刻再吃晚餐，很快就恢复了曾经的正常生活，再不用去找那位医生要一些没用的药丸了。

不过我真该好好感谢那位医生，他不仅教我自我解嘲，还教我放宽心态，让我相信这世界上没什么真正值得操心和忧虑的事情。他非常认真地处理我的病情，顾及我的脸面，为我指了一条明路。其实他一开始就知道，药物是治不好我的，除非是我的态度发生转变。

这个故事是要告诉目前仍依赖药物的朋友们，要学会用放松的态度对待周围的人和事。

7 我逃过一劫

约瑟夫·莱安

多年以前，我的心理承受了很大的压力，并因此焦虑不安，就因为当时我是一桩法律案件的目击证人。当这件案子结束后，我坐火车回家。途中，我的身体忽然不行了，心脏出现了问题，我几乎喘不过气来。

回到家后，我刚走到起居室就昏倒了，医生给我打了针，我醒来以后，发现自己没有躺在床上，而神父正准备为我做临终祷告！

我知道自己已经不行了，因为我看见家人脸上那悲伤的表情。后来我才知道，医生告诉我的妻子，我可能活不了半小时。我的心脏非常虚弱，以至于医生叮嘱我不要说话，就连手指都不能动。

我虽然不是什么圣人，但是也早知道跟天主争辩没有意义。所以，我闭上眼睛，心里想："我认命了，如果我的时间已经到了，那就听天由命吧！"

我这样想着，身体似乎马上放松了。我不再感到害怕，因为我知道自己的状况已经不能再糟糕了。或许绞痛一会儿，一切就都过去了，我就可以回归造物主的怀抱，得到真正的安宁。

在起居室躺了一小时以后，我不再感觉疼痛。最后，我开始反思自己，假如这一次大难不死，我要怎样度过我的余生。我决定努力恢复健康，不再任由焦虑和烦恼来折磨我，我要让自己变得更强大。

4年过去了，我现在的状况连医生都不敢相信，我也不再感到焦虑和忧愁，我开始对人生充满了热情。不过，我必须承认一个事实：如果不是曾经和死神亲密接触，并且努力改变自己的状况，我不可能活到现在。假如我当时没有坦然接受最糟糕的情况，相信我一定会死于自己的惊慌恐惧。

能够面对最糟糕的状况，是一种有魔力的方式，而这正是莱安先生能够活到现在的真正原因。

8　消除忧愁使我长寿

康尼·麦克　美国棒球名将

我已在职业棒球队度过63年，最开始的时候，根本挣不到钱。我们在空地上比赛棒球，经常会被空罐头和马具绊倒。球赛结束后我们就用空帽子来向观众收点儿小钱。由于要赡养我的母亲和抚育幼小的弟弟妹妹，那一点钱根本不够花。有时候我们球队只能靠吃草莓来充饥。

我有充分的理由忧心忡忡。我是唯一连续7年成绩垫底的棒球经理，也是8年间唯一打输过800场球赛的棒球经理。之前一系列的挫败令我茶饭不思。但我已在25年前就决定不再忧愁，我由衷地坚信，假如不是那时停止忧虑，我应该早就躺在棺材里了。

回顾这漫长的一生（我出生在林肯总统时代），我之所以能克服忧愁是基于以下几个原因：

我知道忧虑对我而言有百害而无一利，只会毁掉我的事业。

我看到忧愁将损害我的健康。

我一直在忙着策划如何赢得下一次比赛，而没时间去苦恼已输掉的球局。

我最终发现一条规律，就是绝不在赛后的24小时内去批评球员的错误。

以前，我经常把球员叫过来训话。后来我感觉到，如果输了球，批评、争论都没有任何意义，只会徒增我的烦恼。当着队友的面指责某位球员，只会让他害怕和人合作，让他心生怨愤。既然我明白自己在输球后无法控制自己的情绪和言辞，因此我决定输球之后，绝不立刻去面对球员。我要等到第二天再跟大家商讨失败的原因。到了第二天，我已经稍微平静，那些失误似乎也就没那么严重。我可以冷静地分析，球员也不至于冲动，只顾为自己找借口。

我总是以表扬来鼓励他们，而不是以恶语来打击他们。我尽可能对每个人都平静温和地说话。

我发觉当自己疲倦时，会感到忧虑。所以我每天晚上需要睡10小时，每天还要午休，即便只能有 5 分钟，也是很有效的。

我相信远离忧虑从而达到长寿的原因是我不断保持活力。我今年 85 岁，除非我忘记了自己说过什么话，否则我决不会轻言退休。当我开始把同一件事反反复复说给人听时，我知道是我自己老了。

康尼·麦克从未读过关于如何“克服忧虑”的书，他遵循的规则全部都是自己想出来的，你何不从他的经历中去发现消除忧虑的好办法呢？

9 排除忧伤的能手

欧德威·泰德

担忧是一种习惯——这种习惯我早就已经戒掉了。我能够成功戒除这种习惯应该归功于以下三件事：

第一，我太忙碌了，没有时间担忧。我做了三种主要的工作，每一种都是全职。我在哥伦比亚大学向团队演讲，我担任纽约市高等教育委员会的董事长，同时，我还是哈珀出版公司经济社会书籍的部门负责人。这三项工作使得我没有多余的时间来忧愁。

第二，我有排除忧伤的能力。当我从一份工作转到另一份工作时，我能把上一份工作中遇到的难题全部抛在脑后，这样我才能神采奕奕地面对接下来的工作。这种做法让我的头脑始终保持清醒的状态，使我的工作备感轻松。

第三，每天的工作结束以后，我都会提示自己不要将工作上的困扰带回到生活当中，因为它们是没完没了的，你总是会遇到一些棘手的问题需要自己动脑解决。假如我每天都把遇到的难题带回家，为这些问题烦恼，我无疑是在损害自己的健康，并且，这样做也会降低我解决这些难题的能力。

欧德威·泰德是这一方面的高手，他把四个良好的工作习惯发挥得淋漓尽致，你还记得是哪四个习惯吗？

10 我曾深受烦恼的损害

吉姆·伯索尔

17年前，我还是弗吉尼亚军校的一名学生，那时候的我就因经常发愁和伤感而出名。我经常因为过分烦恼而生病倒下。由于我常常生病，医护室里特意为我备了一张病床。护士一看见我，就会马上跑过来给我打针。任何一件事都让我非常担忧，有的时候我甚至忘了自己在因为什么事烦恼。我害怕考试的分数不好，被学校退学。我的物理成绩不及格，还有别的科目成绩也不好。我知道自己至少要保持在75到84分的水平才可以。我更担忧自己的健康状况，我经常消化不良和失眠。我的经济情况也让我非常烦恼，因为我不能总是得偿所愿地和自己的女朋友去跳舞，或者买糖果送给她，所以我很担心她会和其他的追求者结婚。不论何时，我总是在为这些问题而担忧。

痛苦的滋味真是难以忍受，我只有把自己所有的烦心事都告诉企管教授贝尔德教授。

我和贝尔德教授只聊了15分钟，但是这一刻钟对我身心健康的帮助远比4年大学生活多得多。

他说："吉姆，你应该静下心来直面自己的问题，如果你用担忧的一半时间去思考解决问题的办法，你就不会有任何烦心事了。烦恼只是你一个不好的习惯而已。"

他传授给我三个改掉忧愁习惯的方法：

第一条：发现你真正忧虑的问题是什么。

第二条：发现这个问题是什么原因造成的。

第三条：马上采取可行性措施，解决问题。

谈话结束之后，我做了一个切实可行的计划。不再只是担心物理考试不及格的问题，我现在会问自己我为什么没有考及格。我明白不是因为我不够聪明，因为我曾经是工程师刊物的主编。

我发现我之所以考不好物理的原因是因为我对它没有兴趣，我看不出来物理对工业工程问题有什么作用。但是，现在我要重新调整自己的心态。我对自己说："假如学校要求，我无法通过物理考试的话，就不能获得学位，我又为什么要去质疑他们明智的决定呢？"

所以我重修物理，并且通过了考试。因为我不再只是消磨时间担忧，而是非常努力地研习。

为了解决财务上的困难，我找了一些工作来做，比如说在舞会中售卖鸡尾酒，有的时候会跟父亲借钱，但是毕业后没过多久，我就还给他了。

为了处理自己爱情上的担忧，我向我生怕失去的女朋友求了婚，如今她已经成为我的妻子。

回首过去，我能够清晰地看出自己的问题绝对是因为混乱不明，没有办法找出忧虑的原因，然后在现实生活中积极地正视它。

吉姆·伯索尔学会了如何战胜烦恼，因为他开始学会剖析问题的本质。实际上，他所使用的办法就是这本书之前说过的——"怎样分析并处理问题"。

11 我差点儿失去了明天

J.C. 潘尼　美国知名连锁店经营商

1902年4月14日，一位年轻人在怀俄明州一个上千人的镇子上花费500美元开了一家干货店。这对年轻夫妻就住在店铺的阁楼上面，他们用一个大木箱当桌子，小的空木箱就是他们的椅子。太太把婴儿用毛毯包裹起来放在柜台的下面，她就站在柜台旁边，帮助她的丈夫招揽生意。后来这家干货店发展成为全球最大的连锁商店——J.C. 潘尼，在全美各州共有1600家分店。最近，我在和他一起用餐时，他对我说了自己人生中非常传奇的一段时间——

几年前，我发生了一段终生难忘的经历。那个时候，我整天焦虑不安、忧心如焚，我的焦虑和生意没有任何关系，生意非常顺利，但是在1929年出现的经济大萧条之前，我曾做出了一个错误判断，因为这件事情，我成了大家攻击的对象。我非常困惑，患上了失眠症，同时还得了一种非常难以忍受的皮肤病——带状疱疹。我去找了我从小学到高中的同学——格尔斯顿，他是一名医生。他要求我卧床休息，并且对我说病情非常严重。我不断接受治疗，但是却没有任何好转，我日渐衰弱。我开始觉得心力交瘁，陷入绝望的境地，眼前没有一丝光明。我逐渐失去了活下去的勇气，我感觉自己没有一个朋友，甚至连家人也开始疏远我。有一天晚上，医生给我开了镇静剂，但是药劲儿很快就过去了，醒来之后，我有一种很强烈的感觉：我的生命已经走到了尽头。我从床上走下来，给我的妻儿写了遗书，告诉他们，我已经没有明天了。

第二天早上，当我醒来以后，我甚至无法相信自己竟然没有死去。我下了楼，听见从教堂传来的早上做弥撒的圣歌。我进入教堂，心里满是忧虑和悲戚地听着圣歌，念着祷告文。平静的思想让我逐渐感受到，克服焦虑是我唯一的生路，没有人可以拯救我，只能自己帮助自己。从那天开始，我便不再焦虑了。如今，我已经71岁了，这一辈子最为离奇、最辉煌的时刻就是在那间小教堂的20分钟。

J.C. 潘尼找到了战胜焦虑的最佳途径，所以他马上就从烦恼中挣脱出来了。

12 运动能够解除焦虑

柯洛莱尔·艾迪·伊根上校

当我发现自己满怀忧愁的时候，或者因为一件事重复地做无用的思考，如同一只没有目的的骆驼时，只有运动能够让我消除这些焦虑。我会去跑步、去乡村散步、击沙袋半小时，或者打回力球。无论做什么运动，它都可以帮我清除心理上的残渣。每当周末的时候，我都会做许多项运动，比如围着高尔夫球场跑步、打板球或者滑雪。每当生理上感觉非常疲惫的时候，心理上就不会出现焦虑的问题了，反而会滋生出一种新的活力。

我在纽约市就职，我经常去那里的健身房锻炼。没有人可以一边玩回力球或者滑雪，一边还能够满怀心事，他已经忙碌得没有时间去焦虑了。原本漫天阴云的烦扰，只剩下几片云朵，脑海中的新想法和行动能让它快速消失得无影无踪，只剩晴空万里。

我发现运动是战胜焦虑的最佳途径。当你焦虑的时候，让自己的肌肉多运动，少费脑筋，会有让人意想不到的效果。对我来讲——当我开始运动的时候，也恰是焦虑开始被驱散的时候。

13 警长上门

霍莫·克洛伊

1933 年的那天是我一生中最悲惨的一天。当时警察从前门进来，我慌不择路从后门溜走。从此我便失去了长岛的这个家，那是我的孩子们出生的地方，是我们一起生活了 18 年的地方。我从未想过这种事会有一天降到我头上。12 年前，我还是春风得意，我的小说《水塔之西》的电影版权被电影公司以好莱坞有史以来最高价买走。我们一家在海外旅游长达两年，我们像富翁一样，夏天在瑞士避暑，冬天在法国游玩。

在巴黎，我仅用了半年时间就完成了另一佳作。由威尔·罗杰斯担任主演，那是他第一部有声电影。之后电影公司聘请我留在好莱坞为罗杰斯多写几部电影剧本，我拒绝了，等我回到纽约，我的麻烦也随之降临。

我开始高估自己，以为自己具有成功生意人的潜能，并觉得这种沉睡已久的潜能正在慢慢苏醒。

我听说约翰·雅各布·雅士特在纽约投资的地皮赚了几百万。雅士特是谁？不过是一介移民，满口的外国口音。他都可以，我为什么不行？我也可以发财！于是我开始收集游艇杂志。

我有的只不过是无知无畏的勇气，我对房地产根本一窍不通，还不如一个因纽特人知道得多。那么，我怎么去筹钱来开始这个伟大事业呢？我想我可以把自家房子抵押出去，用那些钱买一块地皮，等有了好价钱再卖掉，这样赚了大钱又可以过奢侈的日子了。

然而，世事难料。突然，经济大萧条像狂风骤雨一样袭来。

那段时间，每个月那块地皮都要花掉我 220 美元。当时我要偿还抵押的贷款，同时维持全家人的温饱。我开始为生计忧虑，我想写些幽默小品卖给杂志社，但是下笔沉重，没有一点儿幽默感。我什么也写不出来，我之前的小说也销量骤减。钱很快用完了，除了打字机和镶的金牙，再没什么值钱的东西了。牛奶公司的牛奶也断了，煤气也断了，我们只好用露营的小瓦斯罐做饭，它喷出来的火苗嗞嗞地响，就像一只生气的鹅在叫。

我们买不起煤，壁炉是唯一能取暖的工具。

我因此开始失眠，不得不常常半夜起来走动，把自己搞得很疲惫再回去睡觉。

我不但赔了那块土地，还赔了我所有的积蓄。

最后银行扣押了我的房子，我和家人只能露宿街头。

在 1933 年除夕我们终于弄到点钱，租了一间小公寓住进去。我坐在行李箱上，看着家徒四壁，想起妈妈常说的一句老话："别为泼洒出来的牛奶哭泣。"

就这样呆坐着，不久我就告诉自己："我已经不会更倒霉了，现在的情况已经坏到底了，之后只会逐渐好转。"

我还有健康，还有朋友。我相信自己可以东山再起，我不要再为过去难过。

从此我不再消沉，我把时间和精力统统放在工作上，状况逐渐有了改观。如今我很感激生活给了我那样的机会去面对困境，让我从中得到力量和自信。我现在懂得什么是落魄，同时也知道那样的低谷和困境并不能打垮我，我也懂得了我们比自己想象得要坚强。如果再面对小困难、小麻烦，我就会提醒自己回想当初坐在行李箱上对自己说的那些话："我已经身在谷底，不可能更糟了，只会好转。"然后这些小事也就不会再让我烦恼了。

不要为了过去的事而烦恼，接受不可避免的困境，当你跌入谷底时，之后就必然会回升。

卡耐基经典成功励志全集

人性的弱点全集

[美] 戴尔·卡耐基◎著　高　洁◎译

哈尔滨出版社
HARBIN PUBLISHING HOUSE

图书在版编目（CIP）数据

人性的弱点全集 /（美）戴尔·卡耐基著；高洁译
.—哈尔滨：哈尔滨出版社，2017.6（2017.7 重印）
（卡耐基经典成功励志全集）

ISBN 978-7-5484-3341-5

Ⅰ.①人… Ⅱ.①戴… ②高… Ⅲ.①心理交往–通俗读物 Ⅳ.① C912.1-49

中国版本图书馆 CIP 数据核字（2017）第 070378 号

书　　名：人性的弱点全集

作　　者：【美】戴尔·卡耐基　著
译　　者：高　洁
责任编辑：任　环　韩金华
责任审校：李　战
封面设计：鹏轩文化·邵士雷

出版发行：哈尔滨出版社（Harbin Publishing House）
社　　址：哈尔滨市松北区世坤路 738 号 9 号楼　　邮编：150028
经　　销：全国新华书店
印　　刷：湖北卓冠印务有限公司
网　　址：www.hrbcbs.com　　www.mifengniao.com
E-mail：hrbcbs@yeah.net
编辑版权热线：（0451）87900271　87900272
销售热线：（0451）87900202　87900203
邮购热线：4006900345　（0451）87900345　87900256

开　　本：787mm × 1092mm　　1/16　　印张：62.5　　字数：1180 千字
版　　次：2017 年 6 月第 1 版
印　　次：2017 年 7 月第 2 次印刷
书　　号：ISBN 978-7-5484-3341-5
定　　价：98.00 元（全五册）

凡购本社图书发现印装错误，请与本社印制部联系调换。　服务热线：（0451）87900278

自序　我为何写作这本书

20 世纪前 35 年间，美国本土出版的各种类型的图书总计 20 万种。这其中的大部分都是庸俗之作，乏味到读者寥寥可数——是的，我确实说的是“大部分”。全球最大的一家出版公司的董事长曾对我坦诚相告，虽然公司行业经验丰富，经营时间更是长达 75 年之久，但是每出版 8 本书，就有 7 本是亏损的。

听我这么讲，您大概会心存疑惑，如果是这样的话，我为什么还要写成并出版这本书呢？您又有什么理由从这茫茫 20 万种书中拿起这一本来看呢？

这是两个很值得问的问题。也许我能试着为大家解答疑惑。

从 1912 年起，我从事培训行业，着力于培训纽约金融街的商务精英，为其提供课程。最开始的时候，我只教授公众演讲这门课程。课程的培训宗旨是通过实践方式提高成年人独立思考的能力，从而使他们在需要公众演讲的时刻，尤其是在商务会谈等重要场合中言谈得宜，能更清晰明朗地表述自己的想法及观点。

然而随着课程的进一步深入，我逐渐认识到一个问题，那就是奔波于日常交际的成年人更加需要的能力是掌握并有效处理人际关系，而不仅仅需要提高沟通技巧。

同时，我意识到了自己身上的缺陷——我同样迫切地需要这类培训。回首过去，我完全震惊于自己在这方面的知之甚少，以及自己在待人接物上的笨拙。如果这本书在 20 年前就已面世，那可真称得上是我人生中的无价之宝。

人际关系应该是每个人日常生活中都无法规避的一个难题，其复杂棘手程度对商界人士来说更甚于他人。当然，人际交往作为一个宽泛的社会命题，其应用范围自然无处不在，不管是家庭主妇、建筑师，还是工程师，无一不置身于人际关系之中。几年前，一项由卡内基促进教学工作基金会资助的科学研究得出一个重大结论，后来，在卡内基技术学院的后续研究下，这项结论被证实。调查结果显示，专业能力只在个人成功因素中占 15% 的比例，而剩余的 85% 则来自由人格特质和领导能力两项组成的“人类工程学”，且这项调查，以技术为先的工程行业为例。

多年来，我每个季度都有在费城的培训课程，包括工程师俱乐部和美国电气工程师协会在内，参加过我的培训课程的工程师大概有 1500 人。有多年工作经验的他们发现了一个很奇妙的问题，即业内收入最高的工程师往往并不是具有最强专业能力的人，因此向我寻求帮助。不论是工程师、会计，还是建筑行业的人才，只要技术过硬，专业能力达标，找到适宜的工作并不成问题。但问题在于，如果他们想要取得高薪，就必须具备除专业能力之外的一系列要素，即优越的表达能力、领导能力，以及带动他人工作激情和效率的能力。

“人际交往能力同糖或咖啡这类普通商品并无二致，都是可以买到的。而我甘愿为这项能力开一个高于其他任何商品的价码。”约翰·洛克菲勒在其事业巅峰时期如是说。

你也许会想，既然这项能力如此重要，那所有高校都应该设置培养这一能力的课程才对吧？但直到我下笔写作这本书之时，我尚未发现有任何一所学校设置了相关实用性培训课程。

美国人研究过成年人最希望学习何种课程。这项调查由芝加哥大学和基督教青年会等发起，历时两年，耗资 25000 美元。项目的最后一站是在一个典型的美国小镇——康涅狄格州的梅里登市。梅里登市的每一个人都参与填写了调查问卷，问题涉及受访者的职业、教育背景、业余消遣、收入状况、兴趣爱好、职业理想、生活问题以及最想学习的领域等方面，数目总计 156 个。根据调查结果分析，健康问题是成年人最感兴趣的，其次是如何待人接物、如何理解他人及被他人理解、如何获得别人的认同和喜爱等等。我们可以统称为：与人相关的问题。

最终，这一项目的调研委员会决定在梅里登市开设与人际关系相关的课程。他们需要一本可以指导实践的理论书作为课程教材，但放眼卷帙浩繁的图书市场，并无一本可选用。于是他们向成人教育领域的权威人士询问可有适用的图书能满足他们的需求。得到的答案是：没有。“我知道现今的成年人急需什么样的人生指导，但是到目前为止，并没有任何一本可以满足他们需要的著作面世。”

我的经验告诉我，这句话极其中肯。我用了好几年时间寻找一本关于人际关系的实用教学指南，终究一无所获。

鉴于市面上没有一本适用于我的教学课程的书，我决定自己来写。这便是写作这本书的初衷。我热切希望这本书能提起您的兴趣。

在撰写这本书的准备过程中，我阅读了所有与课题相关的资料，包括报刊、法庭案件记录、古代哲学文献和现当代心理学著作等。此外我还聘请了一位能力不俗的研究员与我并肩作战，他主要负责在各图书馆阅读我所遗漏的文献，这项工作花了他一年半的时间。我们竭尽心力研究心理学的种种精深著作，翻阅上百本期刊，深入研究无数传记。我试图通过这种努力，来解锁古往今来的卓越领袖人物身上所共同具备的优于常人的人际交往密码。我们一起研读从尤里乌·恺撒到托马斯·爱迪生时期的所有英雄人物的生平，不厌其烦地反复研究校对，单单是西奥多·罗斯福的传记，我们就研读过好几百个版本。我们下定决心把这个秘诀——从古至今存在的人际交往理念挖掘出来，为此我们将竭尽全力。

我采访过许多名人大家，其中包括马可尼、爱迪生等发明家，富兰克林·德兰诺·罗斯福、詹姆斯·法雷等政治家，欧文·扬这样的实业家，克拉克·盖博及玛丽·璧克馥等电影明星以及马丁·约翰这样的探险家，他们无一不是举世闻名的各界领袖。我试着通过这种访谈总结出这些成功人士为人处世的不二法则。

有了这些资料做铺垫，我随之准备了一次简短的座谈，主题为“如何赢得朋友并影响他人”。本来预想很简短的座谈竟延长到一个半小时。后来这场座谈成为我的必授科目，数年来的每个季度我都会在纽约向学生们讲授这一课。

我时常建议及敦促我的听众在他们的日常生活和商务接洽中运用我所提倡的原则，然后回到课堂上同大家分享他们的实践结果。这是长久以来第一种也是唯一一种关于人性的实验，学员们都积极投入其中并乐享其趣。

所以此书的写作并非一味地堆砌言辞，而是通过对周遭环境及整体世界的不断探索积累而成，正如一名年龄渐长的孩童，有其成长轨迹。

最开始的时候，我们把总结出的经验法则印在一张张卡片上。很快，随着探索愈加深入，经验愈加增多，卡片完全装不下了，然后便扩充至明信片大小，继而是海报大小，接着干脆变成了一系列手册。这本书就是沿着这样的成长轨迹，逐步成形。而这背后，是长达 15 年的坚持不懈的探索与研究。

我们现在得出的这些结论，绝不只是毫无实用性的文字理论，它们可以产生的效果足以让人惊叹。我就曾亲眼见证这些处事原则是怎么深刻影响了一些人，怎样为他们的生活带来翻天覆地的变化。

我可以在这里举个例子说明一下。我有一个管理着 314 名员工的企业家学员。多年来，他对手下的员工严苛至极，不仅从未对员工表达过感激与激励之情，而且动辄肆无忌惮地批评责骂他们。他学习了这本书中所探究的原则并适时转变了自己的处事态度之后，一切都发生了变化：员工对公司产生了前所未有的热情和忠诚，团队合作精神也得到显著提升，公司面貌焕然一新。

那 314 名员工不再是他的敌人，而成了他忠诚可靠的朋友。他曾自豪地说："之前在公司里，员工都把我当作透明人，从来没有人向我问好，就算看到我，也会扭头假装看不见。现在我和他们完全成了亲密的朋友，就连清洁工都会直接喊我的名字。我跟我的员工们彻底打成了一片。"

这位企业家的公司蒸蒸日上，生活事业两得意。更重要的是，他从家庭和工作中收获了更多快乐。

在这一原则下，有很多销售人员的业绩显著提升了，许多之前并不认可他们并拒绝同他们合作的公司也改变态度，转而与他们签约。管理人员也得益于此，职责不断增多，薪水也随之水涨船高，其中一位管理者便坦言运用所学的为人处世的技巧使他获得了更好的待遇。另一位管理人员参与我们的课程培训时已经 65 岁了，他供职于费城天然气公司，当时正因为自己争强好胜的个性和领导工作不力而面临降职的处理。我们的培训不仅帮他摆脱了这个困境，还使他的事业扶摇直上，获得了升职加薪的机会。

在每学期课程结业的宴会上，都会有人特地跑来告诉我他们的受益和转变。很多人反映，自从他们的伴侣参加了课程培训，家庭生活变得和睦而有趣，生活愉悦度较之前提高很多。

人们都惊喜于自身改变所带来的影响，称之为奇迹。他们迫不及待地要跟我分享这些惊喜和成果，甚至在周日之前就打电话向我汇报，都等不及下次上课的时候。

曾有一节课上讲述的一条内容令一位学员感触颇多，引起了全员大讨论，直探讨至深夜才罢休。而到了凌晨 3 点众人都陆续离开之后，他兀自眉头深锁，独自苦思。突然就在那一刻，他迎来了豁然开朗的瞬间，猛然醒悟此前所犯的种种错误，颇有醍醐灌顶之感，他仿佛看到光明美好的前景正在他眼前缓缓展现，以至于激动得一日一夜未能入眠。

问题是，这位学员之所以对新鲜观念全盘接受，是因为之前的他学识鄙陋，所知粗浅吗？答案当然是否定的。这位学员的身份是一位艺术品经销商，博学多才，也是当地公认的社交名流。他曾就读于两所欧洲大学，并精通三门外语，实在是一位见多识广的博学之人。

在撰写这篇序言时，我收到一封来自一位德国贵族绅士的信，他的先辈曾在霍亨索伦王朝担任重要职务。这封信写于他在横渡大西洋的轮船上，在信中，他饱含激情地同我分享了运用这些原则的切身体会。

一位纽约当地拥有一家大型地毯厂的富商评价说，在为期 14 周的培训中，他学到的为人处世、对他人产生影响的学问比在哈佛大学花费 4 年时间学到的都要多。这种说法荒诞可笑吗？无论你们的想法如何，我只是把他的感想如实转告给你们，并未有丝毫夸大和捏造。这是一位功成名就、思想守旧的哈佛毕业生，他在纽约耶鲁俱乐部于1933年2月23日将这段感想宣之于众，当时他的面前坐着600名听众。

“比起人类所具备的潜能，我们仍旧处于蒙昧无知的状态。人类的身心力量不可预测，而已经发挥作用的不过占了整体功能的极小部分。从广义上来说，人类个体的潜能远远未开发至极限。人类受自身习惯的拘束，从未将与生俱来的超强能力发挥至极致。”以上是哈佛大学著名教授威廉·詹姆斯的话。

本书唯一的宗旨，便是帮助您找到并发掘“与生俱来的超强能力”，唤醒潜藏在每个人身体中的能量并使个体从中获益。

普林斯顿大学前校长约翰·希本博士曾经说过一句话：“教育，即为解决生活问题的能力。”

当您读了本书前三篇后，如果并未觉得书中内容对您解决生活问题的能力有所助益，那这本书对您来讲是失败的。就像赫伯特·斯宾塞说的那样：“教育的最大最重要的目的，是增进人的行动，而非片面地增长知识。”

而此书，正是一本行动之书。

戴尔·卡耐基
1936年

关于使用本书的九个建议

如果想要此书发挥最大的效用，有一项要求是必不可少的。这一点的重要性甚于书中所写的任何一条原则或技巧。若未满足这项要求，纵使你将一千条理论谙熟于心，也毫无意义。反之，如果你达到了这项要求，那你不需要再学习任何原则、技巧，即可成就人生。

这个重中之重的要求是什么呢？那就是，对于学习新知识的无比强烈的欲望和渴求，以及对于提升自身人际交往能力的坚定决心。

怎样去培养强烈的学习欲望？那就要求你时刻在心中告诫自己这些能力对于生活和工作的重要性，构想一下在你掌握这些原则之后所收获的更加丰富、充实、幸福的人生。要不止一次地提醒自己："人际交往能力对我的受欢迎程度、我的幸福感和自我价值的实现起着决定性作用。"

请将书中的各个部分快速浏览一遍，大致了解全书的内容结构。如果你只是把读这本书当作无聊时的消遣，那你尽可以匆匆将整本书翻阅完毕。但如果你阅读此书的目的是为了提高自己为人处世的能力，那么请回过头来细心品读，不要操之过急。从长远来看，这样的做法会使你的学习事半功倍。

请在阅读的时候放开你的思绪，用心思考所读内容的含义，并试着想象可以实践这些建议的时机及场景。

请在阅读中养成做笔记的良好习惯，用一支笔将有益或深以为然的建议标记出来，用下划线或星号等特殊记号标示出你觉得极为重要的内容。做笔记是一种让读书变得有趣的有效方式，同时也有助于你今后的温习。

我有一个女性朋友，她在一家大型保险公司担任业务经理。在过去的15年间，她每个月都会将公司当月签署的保险合同从头到尾浏览一遍。这些保单中有很大一部分是内容重复的，但她从来没有放过任何一份，日复一日、年复一年地将所有合同依次审读。原因很简单：她的经验告诉她，若想将每一条条款牢记于心，这是唯一的方式。

我曾经撰写过一本关于公众演讲方面的书，耗费了我两年的时间。在写作的过程中，我总要时时回看前面自己写过的东西，才能记起其内容并让写作继续下去。由此可见，人们的遗忘速度有多惊人。

所以，若你将此书匆匆翻阅一遍随即放下，那是万不能使你的人生受益的。通读本书后，最好每个月都能抽出几小时回顾一下。你可以把它放在书桌最显眼的地方，经常翻阅，并提醒自己未来的进步空间还很广阔，仍须不懈学习。而且要记住，只有将理论与实际结合起来，在积极学习的同时配合实际运用，才能将书中内容发挥效用和转化为日常习惯。

萧伯纳说过一句极为正确的话：“人们是永远无法被‘教会’的。”学习是自主的活动过程，学习来源于实践。如果你决心将书中的原则和方法尽数掌握，就请用行动去实践，去证明，抓住每一个可以利用的机会，给这些理论以用武之地。如果你只是单纯地记住了这些理论而不去运用，那你将很快忘记这一切。只有投入过实际应用的理论方法才是真正有价值的，也是真正归你所有的。

书中的建议未必在所有的场合中都行之有效。我在写作过程中也意识到了，实践这些原则有一定的难度。比如说，当你心生不快的时候，比起理解包容，发怒和指责的行为要容易得多；指出别人的不足，挑出别人的错处，比起夸奖、赞赏旁人，亦容易得多；两者交谈的时候，人们更倾向于对自己想说的事情大谈特谈，而非依对方的心情喜好选择话题等。因此，在你阅读此书的时候，一定要记得时刻提醒自己：你并不是在单纯地理解这些字面意思，而是在形成新的行为习惯，寻求一种全新的生活态度。这种目标的达成需要长久的时间、不懈的坚持和在日常生活中的不断实践。

因此，请把这本书当成你的行为指南，时时翻阅，铭记于心。每当你遇到一些具体问题，不管是生活中需要教导孩子、说服家人，还是在工作中需要安抚客户，都不要再依照自己的本能反应做出判断和付诸行动，因为实践告诉我们，人的第一反应往往是错误的。请打开你手边的书，翻到那些你重点做过标注的部分，看看它们提供给你的全新的理论和方法，试试它们是否行之有效，是否会给你带来意想不到的效果。

你可以跟你的家人或同事做一个约定，每当你违反一条原则，就给他们一角钱或者一元钱。这样便可以在轻松愉悦的氛围中慢慢将书中理论尽数掌握。

一位来自华尔街某银行的总裁曾在我们的课堂上分享了他提升自我能力

的方法。他虽是全美最著名的银行家之一，接受过的正规教育却极其有限。他说他取得成功的原因很大一部分来自他自己总结创造的学习方法。以下是他本人的描述：

“长久以来我形成了一个习惯，就是把自己每天的活动日程都记录下来。然后留出周六晚上的时间用于自省和自我评估，我的家人也会配合地将这段时间留给我独处。吃过晚饭后，我便会翻开我的日程本，慢慢回想这一周来做过的事情，回顾我的每一场会谈、讨论和会议。我时常会问自己这样几个问题：

‘上一次我犯了什么错误？’

‘我的哪些行为是正确的？我该怎样才能做得更好？’

‘我可以从那次经历中学到什么？’

“起初，这种回顾以前的做法经常会让我对自己以前的错误做法心生懊恼，从而破坏我的心情。但这些年下来，效果是很显著的。我不仅犯错误的次数逐渐减少，而且有时我会十分肯定自己的工作，甚至想拍拍自己的肩膀嘉奖一番。我年复一年地坚持着这个习惯，在自我分析、自我教育的过程中取得进步，这个习惯好过其他任何方法，它让我的人生受益匪浅。

“这个做法使我的判断决策能力获得很大提升，让我在为人处世方面有了极大的进步，颇有一种润物细无声之感。我极其推荐大家试用这一方法。”

当你在思考自己该如何应用本书中的原则的时候，何不采用同样的方法呢？其法有两个益处：首先，这是一个有趣的学习过程，况且，它来源于极为宝贵的人生体验；其次，你会惊觉自己在为人处世方面的能力获得了飞速提升。

请将你应用此书原则的实践成果悉数记录下来，包括你的姓名、日期以及成就，这个做法能够激励你不断进步。多年以后，当你在某个夜晚偶然翻到这些当年记录下的体验和成果时，该是多么有趣的一件事啊！

若你想让这本书的效用发挥到极致，请这样做：

培养自己学习为人处世技巧的强烈欲望；

每一篇读完两遍之后，再开始读下一篇；

在阅读过程中，不时深入思考如何将书中所说的建议化作实际行动；

将重要内容做好标记；

每月温习回顾前面所学的内容；

将本书当作日常解决问题的行为指南，不放过任何一次运用本书原则的机会；

在轻松愉悦的游戏氛围中学习，请朋友当你的监督者，一旦发现你有违反原则之行为，便依据游戏规则，给其一角钱或一元钱；

每周检查自己是否进步，反思犯过的错误，总结获得的经验；

在书中末页记录下应用这些原则的心得体会。

自序

第一篇

第二篇

第三篇

第四篇

七个角度，让你更好地说服他人

第五篇

九个法则，收获幸福的家庭生活

第六篇

九个步骤，令你更加成熟

第七篇

一封创造奇迹的信

第八篇

驱走负能量，积极面对人生

后序

如何使自己卓尔不群

第一篇

掌握基本技巧，与人愉悦相处

1 若想获得蜂蜜，就不要踢掉蜂巢

卡耐基名言

1. 批评毫无用处，它只能激起人们的抵触情绪，使人急于辩解；批评是危险的，它伤人自尊，甚至使人萌生恨意。

2. 由批评而导致的羞愤，时常会使雇员、亲人和朋友的情绪极其低落，而且丝毫不会改变现实状况。

3. 不要去指责别人，试着站在别人的角度上去思考问题，了解他们的想法。同批评指责相比，这么做更有意义，也更有趣，还能让人心怀怜悯与感恩。

1931 年 5 月 7 日，纽约市上演了一场惊世骇俗、前所未有的追捕行动，匪徒名叫克劳雷，既不抽烟也不酗酒，却是个“双枪杀手”。警方经过数周的搜捕，在西末街他的情人的公寓里，将他抓获。

警方出动了 150 名警察和探员，将克劳雷围困在公寓的顶层。他们事先在四周建筑的有利地点安排了狙击手，然后凿开屋顶，丢下催泪弹，试图将克劳雷逼出来。一个多小时之后，克劳雷终于被迫现身，并与警方人员展开了激烈的枪战，枪声阵阵刺耳，打破了住宅区原有的平静。克劳雷用一张堆满杂物的椅子做掩护，用手枪与警方交火，此番警匪枪战的场面令上万围观的市民既不安又兴奋，这在纽约还从未发生过。

克劳雷最终被捕，警察局长克洛里声称：“这个双枪杀手是纽约市迄今为止出现过的最危险的犯罪分子，他杀人不眨眼。”

但是，“双枪杀手”克劳雷是否也这样评价自己呢？当警方人员扫射他的藏身公寓时，他写了一封信，信纸被从伤口流出来的血沾染得鲜红。信中这样写道：“写给那些可能关心我的人，我的外衣下掩盖的是一颗疲惫却善良的心——它并不想伤害任何人。”

然而不久前，克劳雷的车停在长岛的乡间小路上，他和女友在车内亲热，这时一位警官走过去，说道：“请出示一下驾照。”

克劳雷什么也没有说，忽然对着警官连开数枪，对方中弹倒地。克劳雷跳下车，拔出警官身上的佩枪，又朝着奄奄一息的他补开了一枪。这就是那位声称自己“疲惫却善良……不想伤害任何人”的杀人犯。

克劳雷被判处电椅死刑。

在他被押往兴格监狱的那一刻，他有没有后悔地说“这是我杀人应得的下场”？没有，他依然在为自己开脱：“这是我自我保护的下场。”

整个事件的重点在于，“双枪杀手”克劳雷对自己犯下的罪行丝毫没有愧疚之心。

你认为这只是犯罪分子中的个别情况？那好，看一看下面这个例子：

“我将人生中最美好的时光全给了别人，让他们衣食无忧，可是我得到的却只有骂名，终日在逃亡中度过。”

这是阿尔·卡彭说的。是的，就是那个臭名远扬的人民公敌，在芝加哥为非作歹的黑帮头子。他非但丝毫不感到羞愧，反倒认为自己在为大众谋福利，认为人们都误解了他、亏欠他。

不足为奇，达奇·舒尔茨这个命丧黑帮火并的歹徒生前也这样评价自己。他是纽约的“过街老鼠”，在一次接受采访时他宣称自己是社会的恩人。他从内心深处这样认为。

关于这个问题，我和兴格监狱的狱长路易斯·劳斯曾经通信讨论过。他在信中说道：“在兴格监狱里，很少有犯人认为自己是坏人。他们同你我一样，有人类共同的性质，因此他们总是给自己寻找借口，解释撬开保险箱和扣动扳机的原因。他们企图为自己的反社会行为找到一个合理的解释，无论这个解释是否成立，他们都坚信自己的行为是合理的，不应该被送进监狱。”

如果“双枪杀手”克劳雷、阿尔·卡彭、达奇·舒尔茨，以及那些被关押在监狱里的作奸犯科的犯人都认为自己没有做错，那么我们身边的人会不会更是这样？

连锁百货商场的创办人约翰·沃纳梅克曾坦言：“30 年前，我便懂得抱怨是很愚蠢的。改正自己身上的缺点已经令我自顾不暇，哪里还有精力抱怨上帝不将天赋平均分给每一个人？”

沃纳梅克很早之前就深谙这个道理，可是我却摸索了几十年才领悟到——在 99% 的情况下，无论犯的错误有多么严重，人们都不会责怪自己。

批评毫无用处，它只能激起人们的抵触情绪，使人急于辩解；批评是危险的，它伤人自尊，甚至使人萌生恨意。

著名的心理学家 B.F. 史金勒做过一项动物试验并发现：动物因好的行为而被奖励后，其学习效率会比较高，这种行为也会保持很长一段时间；动物因坏的行为被惩罚后，其学习效率会比较低，而这种行为保持的时间也会比较短。研究表明，人也会出现这种情况，事实不会因批评而有所改变，而愤恨却会随着批评出现。

同样研究心理学的汉斯·希尔也表示：多项试验证明，我们惧怕被批评。

由批评而导致的羞愤，时常会使雇员、亲人和朋友的情绪极其低落，而且丝毫不会改变现实状况。

乔治·约翰在俄克拉何马州的一家营建公司上班，身为安全检查员，他的工作内容之一就是检查工地上的工人是不是戴着安全帽。他表示，他会凭借职位权力对没有戴安全帽的工人进行批评，结果被批评的工人情绪很差，而且时常在他离开后又拿掉安全帽。

约翰决定换一种方法。当他看到没有戴安全帽的工人时会询问他是不是帽子大小不合适或者戴着不舒服，并且像聊天一样告诉他们安全帽的作用和重要性，要求他们戴着安全帽工作。这种方式取得的效果要比原来的好很多，工人也没有因此而情绪不好。

类似的事情还有很多。我们再说一件事：

共和党因为塔夫脱总统与西奥多·罗斯福之间政见不合而分裂，使得伍德罗·威尔逊成为了白宫主人，这个事件可谓是众人皆知。让我们共同回顾一下整个事件：1908 年，共和党的塔夫脱当选美国总统，而从白宫搬出去的罗斯福去了非洲。后来，狩猎完狮子回国的罗斯福被塔夫脱的保守政策激怒了，他不但公开斥责塔夫脱，而且试图成立“进步党”并再次参加总统选举。以塔夫脱为代表的共和党因为罗斯福的行动几乎彻底分裂，遭遇了史无前例的失败：在新一轮的总统选举中，共和党只赢得了犹他州和佛蒙特州这两区的选票。

塔夫脱在面对罗斯福指责时承认自己的过错了吗？并没有，眼中闪着泪光的他说道：“我没有觉得自己做的事情是错的。”

还有一个例子：美国 20 世纪 20 年代早期发生的石油保留地贪污案件。这个案件在美国轰动一时，报界争相报道。具体情况如下：

内政部长艾伯特·福尔为美国第 29 任总统哈定效力。当时，他拥有两处石油保留地的租赁权。这两处石油保留地分别位于茶壶敦和爱克陵，它们将来会归海军使用。这么具有吸引力的地方，福尔对外招标了吗？没有，他为了 10 万美元的“贷款”将这个权力给了自己的好朋友爱德华·杜尼黑。此外，福尔部长还利用职务之便让联邦的海军将爱克陵周围的油商们赶走了。在军队面前，这些油商被迫离开并向法院申诉，于是这桩贪污案件才公之于世。事件被揭发后，整个美国都震惊了，哈定政府因此倒台，共和党几乎解散，而艾伯特·福尔也开始了他的监狱生涯。

人们都觉得艾伯特·福尔品行不好，那他有忏悔的意思吗？并没有。几年后，赫伯特·胡佛在某次公开演讲中表示，哈定总统是因为被一朋友出卖后心力交瘁而死的。原本坐在椅子上的福尔太太，听到这些话时立即跳了起来，一边挥舞拳头一边哭喊着说："福尔才不会出卖哈定！我的丈夫不会这样做的，哪怕给他一屋子的黄金钞票，他也不会出卖别人！其实，他才是那个被出卖了的人，所以现在才这么狼狈不堪！"

看吧，这就是人的本性，从来不觉得自己有错，做错事就把一切归咎于别人。大家都这样。因此，以后你想责怪别人时就想一想"双枪杀手"克劳雷、阿尔·卡彭、艾伯特·福尔等人。这些人让我们知道批评会像飞出去的家鸽，最后还是会回到自己身上，还让我们知道那些我们想批评或者教导的人会辩解，甚至会反过来批评我们，或者像塔夫脱那样从来不觉得自己做错了什么。

1865 年 4 月 15 日清晨，福特剧院对面的一所简陋的房子里躺着一个马上就要死了的人，这个人就是亚伯拉罕·林肯。他就是在这里受的枪伤，凶手是约翰·布斯。松垮的床上斜躺着身材高大的林肯，墙上挂着制作简陋的《马集》（罗莎·彭浩尔的名作），一盏煤气灯闪着阴郁的黄色光芒。

陆军部长史丹顿在林肯去世的那一刻说道："此刻躺着的这位领导者在人类历史上是最完美的一位。"

林肯善于处理人际交往的秘诀是什么呢？这 10 年来我一直在研究林肯的生平，并用了 3 年的时间完成了一本书——《林肯的另一面》。我认为我要比其他人更了解林肯的性格和日常生活，特别是林肯待人接物这方面，对此我非常有自信。林肯经常评论他人吗？是的。"年少轻狂"的他在印第安纳州湾谷时经常评论事情的对错，而且还经常在信上写讽刺别人的诗歌。写好的信都被他丢在乡间路上，这样那些被讽刺的人会比较容易看到。

成为见习律师的林肯在伊利诺伊州的春田镇工作时，依旧喜欢公开评论是非，指责反对者，只是次数非常少。

其中，有一封信给他带来了终生难忘的灾难。

1842 年秋天，林肯在《春田日报》上匿名发表了一篇讽刺政客詹姆斯·希尔斯目中无人的文章。这篇文章成为了全镇的娱乐谈资。反应极快又过于相信自己的希尔斯非常生气，最后他查出了写信的人。希尔斯快马加鞭地去找林肯下决斗战书。在当时那种情况下，不喜欢决斗的林肯为了面子接下了战书。可以选择武器的他鉴于自己的胳膊长就选了骑兵的腰刀，并在西点军校找了一位刚毕业的学生当剑术老师。林肯在约定日期到密西西比河和希尔斯决一死战。幸好，在最后一刻有人出来阻止，这场战斗才终止。

这件惊心动魄的事情让林肯终生难忘，也让他明白了应该如何与人相处。

自此，林肯不再写信嘲讽别人了。而且，他再也没有因为什么事而怨天尤人。

南北战争时期，林肯多次率领波多马克军战斗，任命了好几任将军，如伯恩赛德、马克克兰、米地、波普和胡克，然而这些人总是指挥不当，让他接连几次都几乎走投无路。将近半数的美国人都在批评林肯用非其人，然而林肯只是沉默应对，没有指责任何人。有一句名言是林肯最喜欢的：别人不会无缘无故地评论你，除非你评论他们。

那个时候，林肯的妻子也在指责南方人。林肯说："不要责怪，设身处地想一下，我们大概也会这样做。"

1863 年 7 月 1 日，葛底斯堡战役拉开序幕，4 日晚上李将军带兵向南方败退。当日，满天乌云，没一会儿就下起了暴雨。被政府军追击的李将军率领的军队逃到波多马克河时，河水高涨，无法渡过。李将军进退两难，完全找不到出路。林肯知道这是一个结束战争的好时机，只要李将军的军队战败了，和平很快就能到来。于是，他立即向米地将军下令，不必召开紧急军事会议，立刻出兵攻打李将军。满怀希望且心情迫切的林肯除了向米地拍了命令电报，还专门派人去通知。

米地将军服从林肯的命令了吗？没有，米地将军反其道而行，先通知召开紧急军事会议，拖延时间，寻找各种拒绝出兵的理由，导致李将军在河水退了后顺利渡河，逃到了南方。

对此，林肯非常生气，对着自己的儿子罗伯特大吼："为什么会这样？为什么会这样？他们就在我们眼前，只要我们出兵他们肯定逃不掉。我的命令不能让军队出击一下吗？当时的情形，无论是谁都可以打败李将军，就算是我亲自上场也可以拿下李将军！"

林肯非常失望，他给米地将军写了一封信。你要知道，这段时期的林肯言论措辞是非常保守的。因此，1863 年的这封信完全表达出了他当时的失望与不满。

亲爱的将军：

我想你肯定体会不到李将军的逃脱所引起的严重不幸。他和他的军队就在我们眼前，在那种情况下只要打败李将军，和平很快就会来临。但是，李将军顺利逃亡后我们就必须继续战斗，上个星期一你没能抓住李将军，今后你要怎么去抓住他呢？我不会愚蠢地再对你抱有更大的期望。我对我们错过的良好时机表示遗憾。

你觉得看到这封信的米地将军会有什么反应？

让人惊讶的是，米地将军并没有看到这封信，因为林肯根本就没有将信寄出去。这封信是后来别人在文件堆里找到的。

写完这封信后，林肯望着窗外，思考着：“我猜测，我只是猜测，或许我应该冷静一下。白宫里平静又安全，我在这里下达命令很容易。如果我在葛底斯堡领军打仗，每天都要面对满是鲜血的战场和士兵们受伤后的哀号，我大概也不会着急进攻。假如我也和米地一样畏首畏尾，那么结果应该是相似的。现在，事情已经发展成这个样子了，我寄出这封信还有什么用处呢？最多让我痛快一下。米地将军收到信后也会为自己解释，然后反驳我、攻击我，这样会让场面变得更糟，让大家都产生不满情绪，甚至会影响米地将军的事业或者导致他离开我们。”

最后，就像我叙述的那样，林肯并没有寄出信件，他过往的经历告诉他：抨击指责别人是没有任何效果的。

西奥多·罗斯福表示，身为总统的他一旦遇到什么无法解决的问题就会看着墙上林肯的画像问自己：“假如林肯也遇到这个问题，他会怎么做呢？”

从现在开始，如果我们想批评别人时就拿出一张 5 美元的钞票，看着上面的林肯画像问自己：“假如林肯碰到这样的问题，他会怎么做呢？”

我年纪尚轻的时候喜欢让别人记住自己，于是就给理查德·哈丁·戴维斯写了一封好笑的信。当时，戴维斯在美国文坛上刚刚崭露头角，有一定名望。那时，一家杂志社让我帮忙写介绍作家的文章，我就写信问戴维斯的工作方式。我之前收到过一封让我印象深刻的信，信后标注着“内容口授，未过目”的字样。这个标注显示寄信人非常忙碌也非常重要。于是，我寄信给戴维斯时也加了这样一个标注。然而，当时的我很清闲，这么做无非就是想让戴维斯记住我。

戴维斯并没有认真回信，他退回了我的信件并在信件后加了一句话：“恶劣的行为只会彰显你更加恶劣的风格。”没错，多此一举的我把事情搞砸了，这样的指责并没有什么错。可是，羞愧至极的我非常愤怒，我觉得我受到了伤害，甚至在 10 年后我得知他去世的消息时最先想到的是：我曾经受到的伤害。

如果你也想经历一次刻骨铭心的怨恨，你就说一些抨击、指责别人的话吧。

我们要知道，我们与之交往的人并非是理性的，他们会有情绪波动，有偏见，会自负并且虚荣。

托马斯·哈代是英国非常有名望的作家，他曾因别人的抨击而放弃了自己的事业。诗人托马斯·查特敦也是一名英国人，他年轻的时候不太擅长与人相处，后来却变得非常圆滑，有很强的外交能力，最后成为了美国驻法大使。他的秘密是：只赞美别人。

只有愚蠢的人才会做出抨击、怨恨别人的事情。然而，体贴他人，心怀怜悯需要培养自制的能力。

托马斯·卡莱尔曾说：“伟人的伟大之处主要体现在他怎么对待小人物上。”

经常进行空中特技表演的鲍勃·胡佛是一个很有名望的试飞驾驶员。

一次，表演完毕后，他准备从圣迭戈飞回洛杉矶，但中途出了事故。《飞行作业》杂志描述该事故时是这样写的：胡佛在300英尺高空飞行时，飞机的两个引擎都发生了故障，还好他反应迅速、技术高超，才能够安全降落。胡佛和其他人虽然没事，但飞机完全损毁了。

安全降落后，胡佛在第一时间去检查飞机的用油。这架二战时期的螺旋桨飞机用的不是汽油，却是喷射机的燃油。

回来后，胡佛去找为这架飞机做保养的机械工。见到胡佛，这位早就因自己的过错而后悔不已的年轻机械工顿时泪流满面。因为他的过失，不仅让一架昂贵的飞机面目全非，还让3个人险些失去生命。想象一下，愤怒至极的胡佛会怎么做？这位严谨且自负的试飞驾驶员肯定会严厉指责这位工作马虎的机械工。然而，胡佛并没有这样做，他只是给这个年轻人一个拥抱，并对他说："明天你负责修理我的F-51吧，证明你不会再出错了。"

在生活中，父母也喜欢批评自己的孩子。或许，你觉得我会说"不要批评孩子"。不，我真正想说的是：你批评孩子前先看一看《父亲备忘录》这篇文章。

父亲备忘录

孩子，我偷偷进入你的房间是想对你说一些话。睡着了的你额头微湿，上面粘着有些卷的金色头发，小脸蛋压着自己的手掌。刚才，在书房看报纸的我觉得万分愧疚，内心煎熬，最后终于来到你的面前。

孩子，我想了很久，我总是因为各种事对你发脾气。早晨，穿戴整齐的你准备去上学，我批评你洗完脸就用毛巾胡乱擦一下；我批评你鞋子没有擦干净；我向到处扔东西的你大声怒吼。

吃早餐的时候，我也经常会批评你吃饭太快，弄翻东西，把胳膊都放在桌子上，在面包上抹太多奶油等。吃完饭后你准备去玩，看到我准备出门，你转过身子，挥着手说："爸爸，再见！"

而我却眉头一皱，回答："肩膀放正！"

下午也是一样，走在路上的我暗中看着你。你跪在地上，穿着磨破了的长袜子，开心地玩玻璃球。我不考虑你的感受就当着其他孩子的面硬是把你叫回家，还大声指责你，让你爱惜这比较贵的长袜子。孩子啊，这些话居然是身为父亲的我说出来的！

刚才，你有些惶恐地来到我的书房，犹豫地站在门口。正在看报纸的我将视线移到你身上，不耐烦地问你要什么。

你没有说话，只是飞快地跑到我身边，用小手搂着我亲吻。你的手臂很小，但里面的力量却显示出了上帝放在你心中的爱，这份爱不会因为漠视而消失。

亲吻完毕，你欢快地跑上了楼。

当时，害怕的我任由报纸从手中掉下去。孩子啊，我怎么会有一个总是批评你、指责你的坏习惯啊？孩子，我是爱你的，但是我对你要求太多了，总是下意识地用大人的标准来要求你。

其实，你本性纯良，你的内心是那么明亮，就像刚刚跃出山头的太阳，这些由你天真自然、什么都不顾地跑来和我亲吻、道晚安的行为就可以证明。孩子，对我来说，今晚的其他事都不重要了，我满怀愧疚地跪在你的床前。

这是一种苍白的弥补。我清楚你可能无法理解这些话，但是，明天你会看到一个认真的父亲！我会和你建立友谊，陪着你难过，与你一同开心。每天，我都会告诫自己：“你只是一个小男孩！”

孩子，我不应该以大人的标准要求你。现在，疲惫地在床上蜷缩着的你在我眼里就像一个婴儿。我记得你昨天赖在妈妈的怀里，枕着妈妈的肩膀的样子。我对你要求得太多了。

不要去指责别人，试着站在别人的角度上去思考问题，了解他们的想法。同批评指责相比，这么做更有意义，也更有趣，还能让人心怀怜悯与感恩。

“了解别人是另外一种原谅。”

约翰博士也说：“若不是末日，上帝也不会去审判他人。”

那么身为凡人的我们为什么要这样呢？所以，从现在开始，请你一定要牢记与人相处的第一条原则：

不要怨天尤人。

2 称赞他人时，让其感受到你的真诚

卡耐基名言

1. 对孩子们来讲，父母的关注和奖赏是让他们最满足的。

2. 在你的日常生活中，不要忘记给人世间增添一些温暖，那就是发自内心地赞美他人，或许这微弱的温度会将友谊的火焰点燃。

3. 我们不能总是关注自己的建树、需求，而是应该竭尽全力去察觉他人的长处，随后，不是迎合他们，而是发自肺腑地给予他们真挚的赞美。

世界上能够驱使他人做任何事情的办法有且只有一个。你能够利用手中的枪来威胁他俯首听命，从而使他交出他的手表；能够用“开除”这样的字眼来强迫你的员工听你发号施令，当然，这也仅仅是你在他面前的时候；能够通过对身体施行惩罚或者是恫吓的方式来让小孩子顺服于你。不过，所有这些粗笨拙劣的方法只会造成一种有害无益的影响。

世界上唯一能够驱使他人做任何事情的方法就是：满足他的要求——他想得到什么，就给他什么。那么，一个人想要的究竟是什么呢？

根据弗洛伊德的观点来看，任何人做事情的目的无非是出于这两点：对性的冲动和对伟大的渴望。约翰·杜威是美国最博闻强识的哲学家之一，对此，他持有不同的观点。在他看来，人性的所有本质中，“希望自己具备重要性”是促使人们去做事的强大力量，同时这也是每个人内心最深处的渴望。请牢记这至关重要的一点——“希望自己具备重要性”，在这本书后面的内容中，它还会经常出现。

那么，一个人想要的究竟是什么呢？事实上，他想要的并不算多。不过，我们不得不承认，有几种屈指可数的东西确实是每个人都非常渴望拥有的。通常来说，大部分人想要的东西包括以下几种：

强健的体魄；

健康的食物；

充足的睡眠；

金钱以及能够用金钱买来的任何东西；

未来的生活有保障；

对性生活感到知足；

儿女的幸福；

受人尊重的感觉。

在上述这些需求中，只有一项不容易使人感到满足。人们对这项需求的渴望程度是深厚牢固不可动摇的，对它的渴望程度足以和食物、睡眠相提并论。那就是弗洛伊德所说的“对伟大的渴望”，也就是杜威所描述的“希望自己具备重要性”。

林肯在写信的时候说过：“每个人都喜欢被人赞美。”威廉·詹姆斯也提到过：“在人类的本质中，人们最迫切的需求是渴望得到他人的认可。”他没有使用“愿望”、“需要”或者是“期望”等这些微弱的字词，而是用了“渴望”这个字眼。

这样的渴望不断地侵蚀着人们的内心，知道如何满足人类这种欲望的只有少数人，也就是只有这少数的人才能将他人控制在手掌之中。这种对“希望自己具备重要性”的需求，正是划分人类和禽兽的最明显的界限。

小的时候，我生活在密苏里州的乡村，父亲饲养了几只红色的大猪和一头白牛，不管是红猪还是白牛都是非常优良的品种。我们听说在美国中西部地区有家畜展览，于是我们把猪和牛带去参加比赛，结果获得了特等奖。父亲把特等奖的蓝带别在一块白布上，看起来非常醒目，见到别人就会拿出来大肆夸耀。

虽然猪和牛对于获得的特等奖蓝带不屑一顾，但是父亲对此却格外爱惜，因为这让他有一种“具备重要性”的感觉。假如我们的祖先对于“希望自己具备重要性”没有任何渴望，那么我们就不会拥有这一切现代文明，我们和禽兽也就没有任何区别了。

正是这种对“重要性”的渴望，使得一个从来没有接受过教育、生活极其艰苦的杂货店店员在一只堆满杂物的大木桶下面找出了那本法律书——那是他用了 5 角钱买来的——并且不断进行推敲和摸索。或许你早就知道这位杂货店店员是谁，不错，他就是林肯。正是这种对“重要性”的渴望，使得狄更斯写下了流芳百世的著作；正是这种对“重要性”的渴望，激励着英国知名建筑家——克利斯朵夫·瑞爵士在石头上绘出优美的诗章；正是这种对“重要性”的渴望，使得洛克菲勒积攒了取之不尽，用之不竭的财富；正是这种对“重要性”的渴望，才让你们镇子上那些富裕的人修建出超乎所需的大房子；正是这种对“重要性”的渴望，才让你想拥有最时髦的穿着和紧跟时代的汽车，并且还想把你聪颖的孩子拿出来炫耀一番；正是这种对“重要性”的渴望，迫使那么多青年男女成为不良帮派的一员。莫洛尼曾是纽约市警察局局长，他指出，有很多年轻的犯罪分子非常自大，他们在被抓捕后的最大心愿就是能在报纸上抛头露面，让他们出尽风头，这能让他们的照片与那些著名的运动健将、影视名人，甚至是政治人物的照片一同成为报纸的头条。至于将来的牢狱生活如何度过，这好像和他们毫不相关。

如果你让我知道，你是通过什么方式对这种“自己具备重要性”感到满足的，我就能明白你是一个什么样的人。因为你的人品道德就是由它决定的，它对你来说是最重要的事情。打个比方，洛克菲勒把钱捐赠出去，在国外建立了一所现代化的医院，这让很多和他不相识的贫苦人受益，这种做法使他觉得“自己具备重要性”。还有一个叫狄令格的人，他堕入邪道，成了银行的抢劫犯和一名杀手，这让他觉得“自己具备重要性”。当美国联邦调查局下令通缉他时，他逃到密苏里州的一个农民家中，对惊慌失措的农民这样说：“我就是狄令格！”他仿佛对社会头号公敌的身份非常满意：“我不会伤害你们，不过你们要知道，我就是狄令格！”

的确如此，洛克菲勒和狄令格他们最大的区别在于，仅仅是利用不同的方式使自己对“具备重要性”感到满足。

这样的事例在历史上数不胜数。就拿乔治·华盛顿来说，他非常喜欢别人叫他“至高无上的美国总统”；哥伦布请求女王授予他“海军上将兼印度总督”的称号；凯瑟琳女皇对那些没有标注“女皇陛下”的信件视若无睹；林肯的夫人在白宫居住时，有一次冲着格兰特夫人吼道：“没有我的批准，你竟然胆敢在我的面前出现！”1928年，拜尔德将军曾在多位百万富翁的赞助和支持下前往南极大陆冒险探索，条件是那些被冰封的山脊将来要以他们的名字命名。作家雨果最渴望的事情是巴黎有一天可以更名为雨果市。就连驰名中外的莎士比亚，也想方设法地为自己的家族获得了一枚彰显着荣耀的徽章。

还有一部分人，他们用疾病和疼痛来吸引别人的眼球，或者是博得他人的同情，从而来凸显自己的重要性。我们就以美国第25任总统威廉·麦金莱的夫人为例好了，麦金莱夫人经常要求她的丈夫把国家大事放置一旁，留在房间里陪伴她并安抚她入睡。有一次麦金莱夫人要修正自己的牙齿，她执意让麦金莱总统留下陪她。总统先生和国务卿约翰·海伊事先有约，实在无法留下，因为这件事麦金莱夫人还大闹了一场。

有一部分专家提出，有的人之所以出现精神不正常的现象，是因为这些人希望在幻想中得到“自己具备重要性”的满足感，而这在严酷的现实生活中是无法得到的。在美国，精神病患者要多于其他一切患者的总和。

精神异常是什么引起的呢？没有人可以回答这个大问题。不过，我们明白有一些疾病，以梅毒为例，它会伤害到人类的脑细胞，从而导致精神失常。实际上，有一半的精神病是生理因素造成的，例如脑部障碍、酒精、毒素和外伤等等。

不可否认，有一个让人吃惊的事实，那就是另外一半精神失常的人，他们的脑部器官与正常人无异。人死之后的验尸结果显示，将这部分人的脑部结构置于显微镜下，经过观察，这些人的脑部结构和你我的脑部结构一样健全。那么，是什么原因导致这些人精神失常的呢？

我在一家非常有名的精神病医院找了一位主治这一疾病的医生，向他请教这个问题。这位医生很受尊崇，也具有很高的威望。但是他却直截了当地跟我说，他也不知道是什么原因导致这些人精神失常，没有人可以给出一个确定的答案。不过这位医生提出，很多人因为在现实生活中无法得到“被认可”的感觉，于是这些人便会去另一个世界中寻找，这就是我们所说的精神异常。他还告诉我一个这样的案例：

“我现在有一位患者，她对自己的婚姻极为不满。她渴望获得爱、性生活的满足、孩子以及社会地位。可是，残酷的现实生活却粉碎了她一切的希冀。她的丈夫根本不爱她，就连和她一起吃饭都不情愿，不仅如此，她的丈夫还让她把饭菜送到楼上的房间供他享用。这位女士也没有孩子和社会地位，所以她疯了。她开始生活在自己的幻想中，在那个世界里，她和丈夫离了婚，重新开始做自己。现在，她甚至开始幻想自己嫁给了一位英国贵族，因此她让别人叫她史密斯夫人。

“因为她渴望自己有一个孩子，所以每天夜里她都幻想自己有一个小宝贝。每当我去看望她的时候，她都会告诉我说：‘医生，我昨天刚生了一个小宝宝。’

“她的梦想一次又一次地被现实生活摧毁，但是，在另一个世界里，有温暖的阳光和充满神秘感的岛屿，她的梦想在那里得以实现，在那个世界里，她扬帆起航，向着快乐的港湾前行。”

这算是一场悲剧吗？我不清楚。医生跟我说：“即使我可以医治她的病症，我也不会那么做。因为现在的她比以前要快乐得多。”

全美国，只有少数商人年收入能够达到百万美元以上，查理·斯瓦伯就是其中的一个。安德鲁·卡内基以其敏锐的眼光和高超的见解任命年仅38岁的斯瓦伯作为美国钢铁公司的第一任总裁。（之后斯瓦伯从美国钢铁公司离职，开始接收并管理困顿中的贝氏拉罕钢铁公司。在他的重新整顿治理下，这家钢铁公司后来成了全美国盈利最高的公司之一。）

安德鲁·卡内基为什么宁可每年花费100万美元，也要聘用斯瓦伯先生呢？

这可是相当于每天需要支付3000多美元。难不成斯瓦伯先生真是一个伟大的天才？或者是对于钢铁生产这一方面，斯瓦伯先生懂得要比其他人多？都不是。斯瓦伯先生亲自跟我说，在钢铁制造这一方面，他手底下有很多人都比他了解得多。

斯瓦伯先生说他能获得高薪的原因是他很擅长对人事的安排和管制。我向他请教他是怎么做到这一点的，他跟我说了下面这些话，这些话理应被镌刻在铜板上，挂在每一个家庭、学校、商店以及办公室内。但凡我们还生存在这世上，这些话就会对你我的生活面貌产生重要的影响。

我想，我能够激发人们的激情，这大概是我的天赋。赞美和鼓励是促使他人将自己的潜力发挥到极致的最佳途径。

不管是长辈还是上司的指责，都极容易让一个人失去斗志。我从来都不会责备别人，我认为奖赏、勉励是让人工作的最佳动力。因此，我喜欢赞扬，却厌烦故意挑剔他人的缺点。假如你问我喜欢什么，那就是发自内心地、毫不吝啬地赞美别人。

这是斯瓦伯能获得成功的不二法则。不过，普通人是如何做的呢？恰恰相反，如果他们厌烦一件事情，就一定会冲着他的员工大喊大叫；要是喜欢的话，就会缄口不言。这好比俗话说的那样："好事不出门，坏事传千里。"

斯瓦伯说："我在生活中，遇到过全国各地不同阶层的人。我从中发现，不管他们有多了不起或是身份多么显贵，他们都和普通人相同，在受到肯定或遭遇责备的情况下，前者更能激励他们发愤图强，从而取得的成效也更加显著。"

同时，这也是安德鲁·卡内基先生能获得成功的重要因素。斯瓦伯说过，卡内基先生总是会在公开的场合赞美他人，在私下，他也是这么做的。就连在墓碑上，卡内基先生也不曾忘记称赞他人，他给自己写了这样的墓志铭："这里躺着一个人，他知道怎样去迎合那些比他聪颖的人。"

约翰·洛克菲勒之所以能够成功地掌管人事，他的主要诀窍就在于他能够发自内心地赞美别人。举个例子，爱德华·贝德福特是洛克菲勒众多合伙人中的一员，在一次南美的生意中，他让公司亏损了100万美元。当然，洛克菲勒可以因为此事斥责贝德福特，不过他并未这么做，他明白贝德福特已经尽了自己所能，更何况事已至此。因此洛克菲勒借用别的事情表扬了贝德福特，他称赞贝德福特为公司节约了60%的投资额，洛克菲勒这样说道："这实在太好了，我们不可能永远像在鼎盛时期那样做得特别好。"

在我的剪报里，有这样一个小故事。虽然这个故事是虚拟的，但是却非常真实，因此，我还是选择向大家公开这个故事。

有一位农妇，在结束了一天的辛苦劳作后，为另外几个干活的男人准备了一堆干草，将其作为他们的晚饭。男人们生气地指责她是不是疯了，这位农妇回应道："我哪里会知道你们在乎这个呢？这20年来，始终都是我给你们煮饭，但是你们却什么都没有说过，也从未跟我说过你们不吃干草啊！"

前些年，有人把离家出走的女性作为研究对象，进行了研究。你能猜到这些女性为什么要离开家吗？——"没有人对我的好意心存感激。"我想那些离家出走的男人很可能也是基于这样的原因。虽然我们时常在心底里对另一半的付出心存感激，但是我们却从来没有向对方表达出自己内心的感恩之情。

有一位朋友，他的妻子在参加了一门关于自我训练和提高的课程后，回到家中，她让她的丈夫列出6件事，而这6件事情可以让她变得更加优秀。这位朋友说：

"太太的这个要求让我非常惊讶。说实话，我很容易就能列出6件这样的事——我的太太她也许可以列举出上千条事项来让我变得更加理想——不过，我并没有立刻这样做，却跟她说：'让我考虑考虑，等明天早上的时候再跟你说。'

"第二天早上，我很早就起床了，给花店打电话为我的太太预订了6朵红玫瑰，而且还在花上附了纸条：'我想不到自己想让你改变哪6件事，我对你现在的样子很满意。'

"傍晚回家的时候，你猜谁会在门口等着我回来呢？毋庸置疑，是我的太太！她的眼眶里甚至还饱含热泪，不需要再说别的什么了，我很庆幸自己没有按她说的那样借机对她横加指责。

"星期天，当她再次去参加那门课程时，她向别人讲述了这件事情的全过程，很多太太走过来跟我说：'这是我听说过的最通情达理的事情。'我从这件事情中也感受到了赞美的力量。"

百老汇中最值得欣赏的歌舞大王叫佛罗伦兹·齐格飞，他具备一种超乎常人的能力——能够"让美国的女孩子锦上添花"。有很多次，一些原来根本没人欣赏的普通女孩子，经过他的雕琢，都成为了婀娜多姿、风姿绰约的舞台名人。因为他深知赞扬和自信的力量，所以他经常用诚挚、关切的行为来感动女士们，让她们有足够的自信，并认为自己的确非常美丽。他非常注重现实条件，把歌舞女郎每个星期的薪酬从30元提升到了175元；他这个人也非常有情调，每次首演的晚上，他一定会给明星们打电话，并且为每一位歌舞女郎献上一大束红玫瑰。

我曾屈服于时尚，并为此六天六夜不进食。显然，这是很难做到的，但是，在第六天晚上的时候已经不像第二天晚上那般饥渴难耐。众所周知，假如我们让自己的家人或者员工绝食六天六夜，那么我们肯定会有一种罪恶感。可是，我们对家人或者是员工却从来持不置可否的态度，难道这种精神上的激励不是和食物同等重要吗？

我们也许会把自己的儿女、朋友，甚至是雇员的身体都照料得很好，可是，我们是否也照顾到了他们的自尊心？我们用牛肉和马铃薯让他们补充体力，可是却疏忽了给予他们激励的语言。这样的语言好比一曲妙趣横生的音乐，在他人的内心深处久久回响。

我们在平日的生活中往往容易疏忽的美德之一就是赞美别人。有时候，儿女从学校带着一份优异的成绩单回来，我们没有给予他们称赞；当孩子第一次独立烤好一个蛋糕，抑或是制作了一个鸟笼，我们也没有给予他们勉励。对孩子们来讲，父母的关注和奖赏是让他们最满足的。

下一次，假如你在饭店的餐盘里看见了非常好看的装饰，可以试着赞美厨师们做得非常好；当店员拖着极度疲劳的身体还要为你耐心地拿出商品时，你最好也要记得赞美他们。

每一位演讲者或者是在公共场合发言的人都有这样的体会，当他们倾尽全力向自己的听众讲述道理，却没有得到任何赞美时，他们的心情简直失望到了极点。同样的道理，这种情况也会在办公室、店铺和工厂的雇员身上发生，甚至是我们的家人与朋友，他们也会有这样的体会，他们的痛苦程度甚至更深。要时刻谨记这一点，我们人际交往的对象是人类，人类都迫切地希望自己受到他人的赞美。把快乐带给别人是一种十分合乎情理的美德。

在你的日常生活中，不要忘记给人世间增添一些温暖，那就是发自内心地赞美他人，或许这微弱的温度会将友谊的火焰点燃。当你们下一次再相遇的时候，你会为它留下的鲜明印记感到吃惊。

通过中伤他人来改变对方，非但不能达到目的，也无法让他们受到激励。下面是一句古老的名言，我把它剪了下来并粘在镜子上，这样每一天都能看上几遍：

“人的生命只有一次，因此，一切可以奉献出的好与善，我们都应该即刻去做，不要迟疑，不要懈怠，因为你只活这么一次。”

爱默生曾说：“我所结识的任何人，多多少少都可以称之为我的老师，因为他们每个人都教会了我一些东西。”

假如这句话对爱默生来说是准确无误、切实可行的，那么对于我们每个人来讲，更是这样。我们不能总是关注自己的建树、需求，而是应该竭尽全力去察觉他人的长处，随后，不是迎合他们，而是发自肺腑地给予他们真挚的赞美。要“发自内心、毫不吝啬地赞美”，同时，你所说的这些话也会被人们视为珍宝，牢记于心，念念不忘。

所以，假如你想要知道如何为人处世，那么请铭记第二条原则：

发自内心地赞美他人。

3 发现他人想要什么，激发其强烈的欲望

卡耐基名言

1. 所以，世界上只有一种方法能够影响他人，那就是激发他们的需求，并告诉他们如何去满足该需求。

2. 要想获得成功的人际关系，需要具备能抓住对方观点的能力，并且要站在对方不同的角度去看待问题。

3. 具备能设身处地替他人着想的能力，而且能理解别人想法的人，前途会一片光明。

每到夏天，我就经常到缅因州去钓鱼。虽然我喜欢吃鲜奶油草莓，但是我发现鱼不爱吃鲜奶油草莓，只喜欢吃昆虫。因此，我在钓鱼的时候，脑子里想的不是我想吃什么，而是那些鱼想吃什么。所以我不用鲜奶油草莓当诱饵，而是用昆虫当诱饵，然后我便对鱼说：“要不要试试看？”

如果你想让别人为你做事，为什么不试试这种方法？第一次世界大战期间，英国首相劳合·乔治就是用这种方法成功的。有人曾经问他，那么多战争时期的领袖——如威尔逊、奥兰多和克列孟梭——都逐渐被人们遗忘，为什么他能身居要职？乔治说，如果一定要说一个原因的话，那就是，你想钓到什么鱼，就得用什么诱饵。

怎么提到了我们的需求呢？这看起来特别幼稚而且荒唐。是的，你关注的肯定是自己的需求，可是除了你自己，可能没有人关注了。其实我们都一样，都只关注自己的需求。所以，世界上只有一种方法能够影响他人，那就是激发他们的需求，并告诉他们如何去满足该需求。

从明天开始，如果希望某人做某事——例如，如果你不希望孩子抽烟，一定

不要喋喋不休地说一堆道理。只需要告诉他们，抽烟的话可能加入不了棒球队，或赢不了百米赛。这是一个值得牢记于心的方法，这种方法不管对小孩、小牛还是大猩猩都有效。

有一天，爱默生和儿子想让一头小牛犊到谷仓里去，但是他们犯了一个错误，他们“只想着自己的需求”——爱默生使劲儿往里推，儿子使劲儿往里拽。可是，那头牛犊也只想着自己的需求，于是四条腿纹丝不动，拒绝向前走，就是不肯离开这里。这时，一个爱尔兰妇女看到了，虽然她不懂什么散文，但是却比爱默生更了解马或牛的脾气。她将自己的手指放进牛犊的嘴里，一边让它吮吸，一边慢慢地将它推进谷仓里。

自你出生开始，你的一举一动都在代表着你的需求。你可能会说，有一次我给红十字会捐了很多东西，这可不是只想着自己的需求了吧？事实是，这个行为也不例外。你给红十字会捐物，是你想帮助别人，想做一件美好的、无私的、高尚的事情。如果你需要金钱的欲望超过了你想帮助别人的想法，那你就不会捐东西给别人了。当然，这也可能是你不好意思拒绝别人的要求而捐献的。但是，有一点可以肯定，你的捐献行为一定是因为你的需求。

哈利·欧佛瑞在《影响人类的行为》这本极具启发性的书中写道：“行为发自我们最根本的欲望……无论在商场、家庭、学校或政治场上，这点都适用。对‘说客’来说，这是最好的建议：首先要引起别人的欲望。只有这样做，他才能得心应手，从不落寞。”

安德鲁·卡内基，一个因贫穷而苦恼的苏格兰少年，起初每小时只能挣两分钱，后来却捐赠了 3.65 亿美元。他很早就知道，要想影响他人，唯一的方法就是处处为别人着想，了解他们的需求是什么。卡内基虽然只读了 4 年书，却深谙处世之道。

卡内基有两个侄子就读于耶鲁大学，他们学业很忙，经常忘记给家人写信，也不顾及家人对他们的担心。为此，安德鲁·卡内基拿 100 元跟人打赌说，他能让这两个侄子很快回信，即使他不在信里提到这件事。然后，他在信里写了一些鸡毛蒜皮的话，结尾写道：附上一张 5 美元的钞票作为礼物。他自然“忘了”放钞票在信封里。很快，他就收到回信了，两人写道“亲爱的安德鲁叔叔”，然后——下面写的什么估计你们都猜到了。

我们再举一个史坦·诺瓦克的例子。

史坦·诺瓦克居住在俄亥俄州的克利夫兰市，一天下班回家，看到小儿子吉姆在客厅的地板上哭闹。原来吉姆第二天就要去幼儿园上学了，但他无论如何都不想去，所以就开始哭闹。诺瓦克的本能反应是把儿子领到房间里，然后警告他要乖乖地去上学，就别无他法了。然而，当天晚上他琢磨着，这不是让儿子真心喜欢上学的好方法。他开始思考：“如果我是吉姆，什么东西能吸引我去上学呢？”然后，他和太太将吉姆的兴趣爱好罗列出来，如画画、唱歌、交朋友等，接着就开始行动。“我们——我太太、另一个孩子鲍勃和我都到厨房的桌子上在手指上画画，我们玩得不亦乐乎。不出所料，不一会儿，吉姆就出来凑热闹了，他也要求加入我们。‘哦，不行啊，你不会画画，你去幼儿园学会画画我们再一起玩儿，好不好？’为了激起他更多的兴趣，我把刚才列出来的他的兴趣爱好，用他能理解的话语表达出来以激起他的热情——当然最终告诉他，他感兴趣的东西在幼儿园里都有。第二天早晨，我早早地起来了，刚下楼就发现吉姆坐在客厅的椅子上。‘你怎么在这里？’我问道。‘我在等着去上学！我不想迟到。’”诺瓦克全家昨晚的努力有效果了，总算激起了吉姆上学的热情，这是通过威胁和商量所达不到的效果。

明天，你可能需要某人做某事。请记住，在你开口之前，先问问自己：“我如何才能激起他（她）做这件事的兴趣？”这个问题会让我们冷静下来，不急于求成，不会只考虑自己的需求而做无用功。

有一次，我租下了纽约一家饭店的大厅，打算举办一个为期 20 天的季节性系列演讲。活动马上开始了，我突然接到饭店的通知，说让我必须付平时的 3 倍租金。而那时，我已经把票都印刷完并发出去了，人也已经全部通知完毕。我当然不乐意多付租金。但是，与饭店谈我的需求又有何用，他们只关注自己的需求。于是，一两天之后，我便直接去找经理了。

“接到你们的通知，我非常震惊。”我说，“但我不怪罪你们，换作是我，或许我也会这么做。你是饭店经理，自然要为饭店的利益着想，如果违反公司意愿，你就会被开除。现在，拿出纸笔，让我们写下这件事对你们的利与弊。”

我拿出一张信笺，在上面画了两栏，一栏写着“利”，一栏写着“弊”。我在“利”栏下写“大厅能做他用”，并说明：“饭店的好处是大厅可以另租给他人跳舞或开会，这比租给我做演讲的收益要高一些。我租大厅的 20 个晚上，你们可能会错过大生意。”

“现在，我们看看有什么弊处。首先，你们要求的租金我付不起，所以我会另选他址，这意味着你们得不到我支付的租金。其次，我的这些系列演讲会吸引很多受过教育的文化人士到饭店来，这也是非常好的做广告的机会。事实上，如果你们在报纸上投广告，每次需要花 5000 美元，而且也不一定能将这么多人吸引过来。这对饭店来说，不是很划算的做广告的机会吗？”

我一边说，一边将上面两点写到“弊”栏下。然后，我把那张纸递给经理，并说：“希望你好好考虑一下，并尽快通知我你们最终的决定。”

第二天，他们就给我答复了，租金只上涨 50%，而不是之前的 3 倍了。我从始至终没有说自己的需要，最后还是得到了优惠。我一直谈对方的需要，并告诉他们怎么去获得。

如果我当时的反应像一般人那样，一怒之下冲到经理办公室吼叫：“你们为什么把租金上涨了3倍？究竟什么意思？明知道我已经把票印好了，通知也都发下去了，你们还涨3倍租金！岂有此理！简直蛮不讲理！我拒绝多付租金！”如果是这样，结果又会怎样呢？是不是得唇枪舌剑争论一阵——你当然也知道结果会是什么样的。即使说服对方，让他明白这件事他做错了，但是自尊心使然，他们也不会让步太多。下面是亨利·福特针对如何处理人际关系提出的忠告：

“要想获得成功的人际关系，需要具备能抓住对方观点的能力，并且要站在对方不同的角度去看待问题。”

这句话绝对是一句至理名言，我愿意再重述一遍：“要想获得成功的人际关系，需要具备能抓住对方观点的能力，并且要站在对方不同的角度去看待问题。”这个道理通俗易懂，每个人都能一下体会到这句话的真理所在。然而，世界上仍然有90%的人在90%的时间里漠视这个道理的重要性。现实生活中有这样的例子吗？明天早晨接到这样一封信件后，你便能发现多数人都不重视这个重要的真理。下面是一个货运总站的管理人员写的信，我们来想想这封信对收件人会产生什么影响。

“敬启者：

大量货物皆于傍晚时分到达我公司的卸货总站，致使我们的卸货效率降低，会造成一些货物不能按时运送。11月10日，贵公司送来了510件货物，皆于当天下午4:20到达我公司总站。

我们祈盼贵公司能全力合作，解决大量货物迟运造成的各种问题。恳请贵公司以后早点儿将货物运送过来，或者让部分货物上午送达，这样我们才能尽快处理完。

想必，这样的安排也会对贵公司有利。贵公司早点儿送达，敝公司再快速卸货，这样贵公司的货物也能在同一天内派送完，不会造成延误。

此致

敬礼

您最忠诚的JD管理人”

奇瑞格公司的业务经理爱德华·瓦米伦收到这封信，看完后告诉我：

“这封信没有收到它预期的效果。信里一开始就写卸货总站的困难，通常这很难让我们感兴趣。他们想跟我们合作，但是又不考虑我们的难处，最后才写到如何快速卸货，如何让我们的货物在一天内送达等。”

他人关心的问题在结尾才提及，这不仅让别人失去了与他们合作的兴趣，还让别人对此产生了反感情绪。

我们来将这封信重写一遍，看看如何更好地达到自己的目的。我们不必煞费周章地诉苦，只要按照亨利·福特所说的，抓住对方的观点，站在对方的立场来思考。下面这封信换了一种写法，虽然不是最好的写法，但是可以看出效果会好很多。

“亲爱的瓦米伦先生：

近 14 年，贵公司一直是我们的优质主顾，我们非常感谢贵公司对我们的惠顾，我们也非常乐意继续为贵公司提供快速、高效的优质服务。

但是，11 月 10 日贵公司的大批货物下午才送到，导致我们不能当天卸货送达。当时还有其他公司的大批货物同时到达，造成了卸货时过度拥挤，货车需要排序等候卸货，这也花费了很长时间，所有这些因素导致有些货物没能按时运送，对此我们深表歉意。我们希望尽可能避免发生这种事。如有可能，希望贵公司能上午将货物送到我们总站，这样既能避免拥挤，货物也能得到及时处理，我们的员工也能按时下班，享受到公司生产的美味面条和通心粉。

当然，贵公司的货物无论什么时候送达，我们都会提供快速的、热忱的服务。

我们知道您十分繁忙，所以请不用着急回信。

您最忠诚的 JD 管理人”

很多推销员每天疲于奔波，劳累不堪，但不一定就能收获很多。为何？因为他们考虑的只是自己的需求。他们不知道他人是否想要买东西，即使想买，也一定是自己出门买。顾客总是喜欢主动购买，而不是被要求购买。然而，仍有很多推销员推销了一辈子也不知道怎样站在顾客的角度上去看问题。

几年前，我在纽约的“森林山庄”社区居住。有一天，我去车站坐车，正好碰到一位房地产经纪人。多年来，他一直在做附近小区的房地产生意，对这周围的房产情况非常了解。于是我向他打听，我住的房子是钢混结构还是砖混结构。他说不知道，但是给了我一张名片让我再给他打电话。第二天我收到这位房地产经纪人的一封信，信中有我想要的答案吗？我的问题在电话里一分钟就能解决，但他没有。在信中他仍然让我给他打电话，并且说希望帮我处理房屋保险事宜。

他并不是想帮我的忙，而只是想帮他自己的忙而已。

亚拉巴马州伯罕市的霍华·卢卡斯跟我说过，他认识两位推销员，在同一家公司上班。但他们处理同一问题有什么不同呢？

“几年前，我和几个朋友开了一家公司，公司附近有家出名的保险公司的服务处。这家保险公司给各个辖区都分配了经纪人，分配到我们区的有两个人，我们暂且就叫他们卡尔和约翰吧！

“一天早晨，卡尔路过我们公司，说他们公司为主管人员专门设立了一项人寿保险。他觉得我们可能会感兴趣，就先告诉我们一声，等他回去搜集更多的详细资料之后再跟我们细说。

“同一天，我们喝完咖啡正休息时，约翰在人行道上看到我们，便大声说道：‘嘿，卢克，告诉你们一个好消息！’他跑过来，激动地说他们公司为主管人员专门设立了一种人寿保险（就是卡尔之前说的那种）。他一边送给我一些重要资料，一边说：‘这是一项最新的保险，我明天让总公司派人来给你们做个详细说明。我们在申请单上先签名交上去，好让他们尽快办理。’他的热情激发了我们的兴趣。虽然我们对这个新型保险还不甚了解，却都无形中上了钩，反而由于已成定局，而相信约翰一定更了解这个保险。最终，约翰不仅把这项保险卖给了我们，还多卖了两倍的保险额。

“这笔买卖本来是卡尔的，但他的表现没有引起我们的兴趣，所以被约翰捷足先登了。”

这个世界充满了竞争、机遇和风险，少数人选择了无私付出和乐于助人而从中受益匪浅，因为在这方面很少有人会与他们匹敌。欧文·扬是一位有名的律师，也是美国著名的商业领袖。他曾经说过：“具备能设身处地替他人着想的能力，而且能理解别人想法的人，前途会一片光明。”

所以，如果你想学会处世之道，请记住第三条原则：

首先想到他人的需求。

第二篇

六种方式，使他人更喜欢你

1 真诚关怀他人，赢得好人缘

卡耐基名言

1. 任何不关心他人的人，在他的有生之年肯定会遭逢重大的困境，并且还会给其他人带来严重的伤害。也正是这类人，才让人类错失了种种良机。

2. 关心别人和其他人际交往的原则相同，一定要是发自肺腑的。除了那些付出关怀的人要这样，那些享受别人关怀的人更应该这样。

我们阅读并学习书中的交友原则是为了什么呢？为什么不跟那些人缘最好的人去学习交朋友的技巧呢？那么，谁的人缘最好呢？或许你明天在大街上就可以看见它。当你走近它，离它差不多有 10 英尺远的时候，它就会朝你摇头摆尾；假如你停住脚步抚摸它，它就会非常开心地和你亲近。并且它的这些举动肯定没有什么恶意：既不是向你推销房产，也不是想要和你结婚。我估计大家应该都知道我描述的是什么了吧——一只惹人怜爱的狗。

你是否想过，狗是动物中唯一不需要工作就可以生存的动物？母鸡要下蛋，奶牛要产奶，金丝雀要唱歌，可是，狗却什么也不需要做，它只要对你亲昵一些就可以了。

我 5 岁的时候，父亲花钱给我买了一只小黄毛狗，它给我的童年时代带来了启发和欢乐。每天下午大约 4 点半的时候，它会在我家前院蜷缩着身子，它那双美丽的眼睛盯着门前的小路。只要一听见我的声音，或者看到我手持饭盒经过小路，它就箭似的奔向我，而且兴奋地叫个不停。

“踢皮”从未学过心理学，它根本就不需要去学这些。它凭借自己的天分和本能——对别人表示亲昵，仅仅在两个月内，它就得到了很多朋友。但是，一个人在两年之内也未必能因为得到别人的注意而交到朋友。

我们都知道，有些人毕生都在向别人卖弄风骚，希望以此吸引别人的目光。当然，这是白费力气。因为人们压根儿就不会去关注你，也不会关注我。他们在意的只是他们自己——不管是什么时候。

纽约电话公司曾对电话中的谈话内容做了一项调查，看人们经常使用的是哪个字。我猜想你肯定已经知道了，就是“我”这个字。500 段通话中，这个字大概被使用了 3900 次。“我”“我”“我”……

当你看见一张你和其他人的合照时，最先引起你注意的是谁？肯定是“我”！假如我们仅仅是为了吸引别人的目光，想给其他人留下印象，我们就无法结交到很多真诚相待的朋友。真正的朋友是无法通过这种方式结交的。

拿破仑曾尝试过这个办法，因此在和约瑟芬最后一次见面的时候，他说道：“约瑟芬，过去我是世界上最幸运的人，可是现在，我能依赖、信任的人就只剩你了。”甚至有历史学家对此提出质疑，他是否真正地信任约瑟芬。

阿尔弗雷德·阿德勒——威尼斯非常有名的心理学家，他曾写过《生命对你的意义是什么》这本书，书里提到：“任何不关心他人的人，在他的有生之年肯定会遭逢重大的困境，并且还会给其他人带来严重的伤害。也正是这类人，才让人类错失了种种良机。”也许你读过很多心理学名著，但却没有见过一段如此有意义的话。阿德勒的这段话的确让人深思，我想要在这里再重述一遍：

任何不关心他人的人，在他的有生之年肯定会遭逢重大的困境，并且还会给其他人带来严重的伤害。也正是这类人，才让人类错失了种种良机。

我在纽约大学学习“短篇小说写作”这门课程的时候，一家杂志社的编辑曾经在课堂上做过演讲。他说，他的书桌上每天都会收到很多故事，他只要把这些故事读上一部分，就可以看出作者是不是一个真正关心别人的人。他说：“假如这个作者对他人漠不关心，人们对他的故事肯定也不会关注。”

假如写作是这样的，那么你该相信，和别人当面相处也是这样。

有一次，霍华·舍斯顿到百老汇献技，我在他后台的更衣室里待了一整晚。舍斯顿是众所周知的魔术大师，40 年来走遍世界，制造各种幻象，令观众疑惑不解、吃惊不已。买票看过他表演的人大概有 6000 万，纯利润在 200 万美元以上。

我向舍斯顿请教他成功的诀窍。他并未接受过良好的学校教育，因为他在年幼的时候就离开了家，四处漂泊。有的时候他为了能够免费乘车会藏在火车车厢里；有的时候会在秸草堆里过夜，或者是挨家挨户向人讨吃的。他是藏在货车里向外看路标的时候，才逐渐认识了一些字。

他是不是真的知道比别人高明的魔术呢？不是。关于变魔术的书籍比比皆是，很多人和他一样都很精通魔术。但是他有两件珍宝是其他人所没有的。第一，他在舞台上可以表现出自己的个性。舍斯顿是个表演大师，对人性非常了解。他在舞台上的每一个动作、每一个手势、每一个声调，就连扬眉微笑都经过反复练习，甚至连时间也都经过非常准确的计算。可是，除了这一点，舍斯顿能获得成功的最主要的原因是他会关心人。他告诉我，很多魔术师在观众面前，也许都会暗示自己："看哪，那里坐着一群蠢货或是一堆土老冒儿。我肯定能把他们骗得张口结舌！"但是舍斯顿绝对不会这样。他每次上舞台的时候都会告诉自己："我很感激这些人能来看我的表演，是这些人才让我的生活这么快乐，我要尽自己所能来让大家喜欢。"他说，他在上舞台之前都会一遍又一遍地告诉自己："我亲爱的观众，我亲爱的观众。"这很可笑吗？很荒谬吗？你喜欢怎么想就怎么想吧，我仅仅是向你讲了一个著名魔术大师的成功秘诀。

西奥多·罗斯福有个叫詹姆斯·阿摩斯的侍从，他写了一本名为《仆人眼里的英雄——西奥多·罗斯福》的书。在这本书中，阿摩斯有下面这样的描述：

"有一次，我太太问总统先生什么是鹌鹑，因为她从未见过，总统先生便给她非常详细地描述了一遍。不久之后，我们农舍里的电话铃声响起来（阿摩斯和他的太太生活在牡蛎湾一栋罗斯福名下的小农舍中），我太太跑过去接了电话，原来是总统先生亲自打来的电话，他告诉我太太，假如她现在往窗外看的话，或许能看到有一只鹌鹑正在窗外。类似这样的小事还有很多，每一件都能展现出总统先生的美好品德。不管何时，只要他从农舍路过，就肯定会进来看我们。尽管有的时候他没见到我们，他也会喊：'呜——呜——安妮？'或者是'呜——呜——詹姆斯！'这样的招呼是多么亲切啊！"

有哪个雇员会讨厌这样的老板呢？谁会讨厌这样友善的人呢？

塔夫脱总统在位期间，有一天罗斯福前去白宫造访，恰巧总统和夫人都不在。这时罗斯福便流露出对待仆人的真挚情感，他能记得每一位老仆人的姓名，还和他们彼此问候，甚至对在厨房的洗碗女仆也是如此。

"当他看见在厨房干活的女仆爱丽丝的时候，他问她是否还在烘焙玉米面包。"阿奇·巴特写道，"爱丽丝回答说，有的时候她会做一些给下人吃，但是楼上的人从来不吃。"

"他们真是不会品味。"罗斯福大声说道，"我看见总统的时候一定会跟他说的。"爱丽丝在盘子里给他装了一些玉米面包。他拿了一片，一边吃一边朝办公室走去，一路上还和园丁、工人们打招呼——"他像从前那样对所有人嘘寒问暖"。曾在白宫做了40年仆人的艾克·胡佛双眼含着泪水说道："两年来，我从未觉得这么开心过，就是有人拿一百美元来换这一天，我也不愿意。"

因为给看起来很普通的人施与关心，新泽西州的一个业务代表成功地留住了一个客户。这位业务代表叫爱德华·赛克斯，他在报告中写道："数年前，我为强生公司去麻省地区访问客户，其中有一个是地处兴罕的药店。我每次去店里的时候，都会先和柜台的工作人员客套几句，之后才去见店主。有一天，店主忽然让我不必再去店里了，还说他不想要强生公司的产品了，因为强生公司设立的很多活动都是面向食品市场和物价便宜的商店的，这种方式对药店有很大的伤害。所以我慌慌张张地离开了那里，开着车在镇子上逛了好几个小时。最后，我想再去一趟药店，起码和店主说明公司的情况。

“进入药店以后，我像从前那样和职员们寒暄，然后去里面见店主。店主看见我回来非常高兴，并且订了比往常多一倍的产品。我惊讶极了，连忙问事情的原委。他指着柜台处那个卖饮料的男孩说，我从药店离开以后，那个卖饮料的男孩走过来跟他说，说我是到店里的推销员中少数几个会和他聊天的人之一。他告诉店主，假如有什么人值得与其做生意的话，那么这个人就应该是我。店主对他的说法很赞同，从此他成了我最大的客户。我永远无法忘记，关心他人是推销员必不可少的特质。”

从个人经验中，我也发现，你只有发自肺腑地关心别人，才能让别人注意到你，从而帮助你，与你合作，就连最繁忙的大人物也是如此。

数年前，我在布鲁克林文理学院讲授“小写作”的课程时，非常想找一些有名的作家来讲述他们的写作经验。我写信给他们，信中除了对他们工作成绩的赞美，同时还讲明了我们是多么想要得到一些关于写作的忠告和成功的诀窍。

每一封信上都有150名学生的签名。我们明白，这些作家都很忙，所以为了能够替他们节约一些备课的时间，我们附上了一些希望得到他们答案的问题，他们对这种安排十分满意，所以全都答应要来。

用同样的办法，我们还邀请到了西奥多・罗斯福总统内阁的财政部长莱斯礼・肖、塔夫脱总统时期的司法部长乔治・韦克罕・威廉、詹宁斯・布莱恩、富兰克林・罗斯福以及很多有名的大人物，前来课堂上给学生做公开演讲。

假如我们希望可以交到朋友，那么就要先帮他人做事——那些需要花费时间、精力、关切、贡献才可以完成的事。当威尔士亲王还没有成为温莎公爵的时候，有一次，他打算去南美州旅行。出发前，他花费了好几个月的时间学习西班牙文，方便他可以在当地演讲。南美洲的人也因为这个对他特别尊敬和爱戴。

一直以来，我都想知道朋友们是什么时候过生日，那么应该怎么做呢？虽然我一点儿也不了解占星学，但还是到处去向别人求教，问他们生日是否会对一个人的性格和气质产生影响。趁这个机会我从他们那里知道了他们的生日，然后在他们不注意的时候把姓名和对应的日期记录下来。

我把这些信息都记在日历上，这样让我不会轻易忘记。等到有人过生日的时候，就把信或者电报送过去。这个举动会带来什么样的效果呢？是的，我也许是世界上给他们印象最深的人！

我们如果想要交到朋友，那么在对别人致意的时候绝对要表现得真诚而精神蓬勃。对心理学有了解的人在打电话的时候，绝对会用让人悦耳欢快的声调说“哈喽”。现在有很多公司，在对接线员进行培训时，要求他们在回答电话的时候一定要使自己的声音听起来显得热诚。这种回答的声调，能够使听电话的人感受到这家公司对他的关怀。那么我们下次在打电话的时候，要谨记这一要领。

给予别人真正的关心，除了能让你交到朋友，还会让你为公司挽留住客户。地处纽约的北美国家银行，他们在定期出版的印刷物上刊载了一封来自玛德琳·罗斯戴尔的信：

“很高兴地告诉你们，我对贵行的员工非常感激。他们每个人都十分谦逊有礼，非常乐意帮助他人。在结束长时间的排队等候后，柜台出纳员对我表示了真切的关怀，这真是让人欣慰。

“我母亲去年在医院住了5个月，我时常有机会去见玛丽·派屈琪罗。她是一名柜台的出纳人员，对我的母亲很关心，经常问起我母亲的病况。”

罗斯戴尔女士以后还会持续光顾这家银行吗？这个问题根本不需要问。

多年来，费城的奈佛先生始终都想将燃料卖到一家很大的连锁店里。不过可惜的是，这家连锁店始终都是从外地进货，并且送货的路线恰好经过奈佛先生的办公室门口。有一天晚上，奈佛先生在我们的课堂上讲述的时候，对这家连锁店破口大骂。

但是，他还是不明白这家连锁店为什么不愿意订购他的燃料。

我建议他改变自己的策略。首先，我们打算在课堂上开办一次辩论赛，主题就是“广泛分布的连锁店对国家弊多利少”。我建议奈佛先生站在反方的立场，他同意了。因为要替连锁店辩护，他不得不去造访一位他本来并不喜欢的连锁店经理，他对这位经理说：“我并不是来兜售自己的燃料的，我是希望你们能帮我一个忙。”他说明自己这次来的目的后，并且补充说道：“我来找你，是因为我不知道除了你之外还有谁能为我提供更合适的事实材料。我非常想要赢得这场比赛，不管你为我提供什么，我都会非常感谢你的。”

下面的部分我们交给奈佛先生，让他来亲自告诉你们。

“一开始的时候，我只是请这位经理给我几分钟时间，所以他才让我进来见他。当我告诉他事实以后，他指着一张椅子示意我坐下来，然后我们聊了1小时47分钟。他把另外一位主管叫过来，这位主管曾写过一本和连锁店相关的书。他还给全国的连锁店公会写信，帮我要来一份相关的材料。他认为连锁店提供了最可靠并且非常便利的服务，同时他也因自己能够提供社区服务感到荣耀。当他滔滔不绝讲述的时候，两只眼睛发出光亮，我必须承认他确实让我知道了很多我想象不到的事情。他把我的整个心理状态都改变了。

“当我离开的时候，他把我送到了门口，用手搂了一下我的肩膀，希望我在辩论中获胜，同时邀请我再来，告诉他比赛的结果。最后，他跟我说：‘请春天来的时候再来找我，我很乐意购买你的燃料。’

“这简直有些不可思议，他竟然会主动订购我的燃料。由于我对他的连锁店表示了关心，从而也让他开始关心我的产品，所以我在这两小时之内完成了我 10 年来都无法做到的事。”

奈佛先生所得出的道理并不是全新的、不为人知的。早在耶稣降生的前 100 年，帕利里亚斯·赛洛斯——罗马诗人就曾说过：“当别人对我们表示关怀的时候，我们也开始关心他们。”

关心别人和其他人际交往的原则相同，一定要是发自肺腑的。除了那些付出关怀的人要这样，那些享受别人关怀的人更应该这样。这种方式是双向的——双方都会得到好处。

纽约长岛的马丁·金斯柏在选修我们的课程时说，一位护士对他的关心，给他的一生都带来了深刻的影响。

“我 10 岁感恩节的那天，住在城里一家医院的免费病房里，打算第二天做外科整形手术。我知道，在这之后几个月的时间里我都不能出门，要承受疼痛带来的折磨，直到伤口愈合为止。我的父亲已经离世了，母亲和我居住在一间狭小的公寓里，靠社会救济生活。手术那天，母亲无法来陪我。

“我感觉非常孤独、恐怖，甚至有些绝望。我知道母亲独自在家替我担忧，并且没人陪伴她，也没人和她一起吃饭，就连吃一顿感恩节晚餐都因为没有钱而无法实现。

“我眼含泪水，为了不让自己哭出声来，我把脑袋藏在枕头和被子下面。可是我太难过了，身体因为哭泣抖个不停。

“一位年轻的实习护士听到啜泣声，连忙跑过来。她掀开被子，为我擦干脸上的泪水，然后告诉我，她今天要留在医院值班，没办法和家人在一起，因此她也觉得很孤独。她问我是否愿意和她一起吃饭，然后就带了两份食物过来：有火鸡片、土豆泥、橘子酱，还有冰激凌等等。她和我说着话，让我觉得没那么恐惧，直到下午 4 点换班的时候她才离开。晚上 11 点的时候，她回来了，和我一起玩耍，陪我聊天，等我睡着之后她才离去。

“从我 10 岁之后，我过了很多个感恩节，但是只有这个感恩节让我永生难忘。在那个特殊的日子里，我有自己的孤独、害怕和难过，除此之外，还有一个陌生人对我的体贴和关心。”

假如你自己很受人欢迎，或者是想要让自己的人际关系有所改良，假如你想要帮助自己也能给予别人帮助，请谨记第一条原则：

发自肺腑地关心别人。

2 不忘微笑，留下美好印象

卡耐基名言

1. 行为胜过语言，对人微笑就是告诉他人："我很喜欢你，你让我感觉快乐，我喜欢和你在一起。"

2. 行动好像随着感觉走，实际不是这样，行动是和感觉一起的。我们可以使直接被意志控制的行动有规律，也可以使间接被意志制约的行动有规律。

3. 世上每个人都在追寻快乐，但仅有一个十分有效的方法，那就是很好地控制自己的思想。快乐与外界因素无关，而是取决于内心的想法。

我在纽约刚刚参加完一个宴会，其中一位妇人，曾获得一大笔遗产，非常迫切地想让别人对她产生好感。她花费大量金钱买貂皮、钻石、珍珠，但她的面部表情所表达的还是俗气和自私。她根本不清楚男人心里是怎么想的：一个女人的面部表情和神色要比身上所穿的衣服更能吸引男人（当你妻子要买贵重衣服时，你可以大胆地告诉妻子你的这个想法）。

斯瓦伯跟我说，他的微笑相当于 100 万美元，他就是在证明这一真理。斯瓦伯非常有人格魅力，他很会赢得别人的喜欢，他之所以成功，一大半原因是他的人格魅力。而他人格中最重要的因素就是让人难以忘记的微笑。

有一次我和贝弗利一同度过了一个下午，说实话，我很失望。他沉默寡言，和我想象中的完全不同，好在最后他还是露出了微笑。他这一笑，就像拨云见日，就是因为这次的微笑，他的命运才发生了改变。假如没有这次的微笑，贝弗利可能还在巴黎当木匠，继承他父亲的工作。

行为胜过语言，对人微笑就是告诉他人："我很喜欢你，你让我感觉快乐，我喜欢和你在一起。"

为什么狗特别惹人喜爱？你瞧它们多么希望看见我们，以至于它们像要从皮毛里跳出来一样。因此，很自然，我们喜欢它们。

那么我们是不是要张嘴就笑呢，哪怕是不真诚的微笑？当然不是，微笑是要发自内心的，真诚的。假如我们清楚那是一种敷衍、虚假的微笑，我们会感觉很厌烦。所以，我们所说的微笑是一种真诚的微笑，热情的微笑，是发自内心的微笑，那种可以在市场上换取高价值的微笑。

纽约一家大型综合超市的人事部主任曾经跟我说，他宁可聘用一个小学没有毕业的女职员，因为她会有一个可爱喜人的微笑，而不会聘用一位面无表情的哲学博士。

美国一家橡胶公司的董事长跟我说，根据他多年观察发现，一个人不管做什么事情，假如不是带着兴趣去做，那么成功的可能性是很小的。这位领袖很反对一句老话：只有苦干才是打开欲望之门的金钥匙。"在我熟悉的人中，"他说，"他们成功的原因，大部分是因为他们对自己的事业非常感兴趣，随后，我发现那些苦干的人感觉工作沉闷无趣，他们在工作中找不到任何乐趣，慢慢导致失败。"

假如你希望别人见到你非常高兴，那么你必须很喜欢和这个人见面。

我曾经和数千位商界人士商量，让他们每天每小时面对每一个人微笑，一星期后，来告诉我这样做的结果。效果怎么样呢？我们慢慢来看。下面是来自纽约证券交易所会员司丹哈德的一封信，他的这种情况并不稀奇，实际上，这是无数人所处情况的代表。

"我已经结婚 18 年有余，从我早晨起床到准备好出门工作的这段时间，我几乎从没有对我的妻子微笑过，也从来没有和她说话超过 30 个字，我是百老汇街上出名的坏脾气。

"因为你请我做这样一个实验，并且要发表意见，我觉得我可以拿出一周的时间来试一下。因此第二天早晨，在梳头的时候，我发现镜子中的我是一副沉闷的面孔，就告诉自己：'比尔，今天你要忘记以前的旧容，你必须微笑，从此刻就开始。'当我坐下吃早餐时，我主动跟妻子打招呼：'早上好，亲爱的。'我一边说一边微笑。

"你曾告诉我，她可能会惊讶。可是你低估了她的反应，她被迷惑了，她惊讶坏了。我跟她说，这种情形以后会经常出现。从那时起到现在，我已经保持这个状况两个月了。

"我就这样彻底改变了自己的状态，在这两个月的时间里，我们家庭所收获的快乐，甚至超过去年一年的时间所得到的。现在我去工作时，会对办公楼开电梯的人说一句‘早上好’，而且是面带微笑。我对看大门的也微笑，我在地铁商店兑换零钱时对伙计微笑，我在交易所的时候，对那些从来没有对我微笑的人微笑。

“很快我发现每个人都反过来对我微笑，还有那些一直向我抱怨诉苦的人，我都是还以微笑。我面带微笑地聆听，我感觉解决问题变得非常容易，我觉得微笑每时每刻都给我带来财富。

“我和另一个交易员共用一间办公室，他的秘书是一位非常可爱的年轻人，我对我得到的所有结果都十分高兴，因此我告诉他我发现了人际关系的新哲学。在和他用心交流后，他也向我说出了心里话。他说，当我刚和他共用一间办公室的时候，他觉得我是一个既严肃又脾气暴躁的人。最近他也改变了对我的看法，他说我微笑起来非常平易近人。

“我讨厌批评，喜欢称赞，我已经不关注我要的结果，而更在乎别人的观点是什么，这些事的确让我的生活发生了改变。我现在是一个和以前差别很大的人，一个更懂得快乐的人，一个更充实的人，我因为拥有友情和快乐而更加充实。”

请记住，这封信出自一个交易员之手，他谙于世故，聪明伶俐。他在纽约证券交易所以买卖证券为生，干得非常出色，自己有独立账户。要明白这是一种很难获得成功的行业，如果100人去尝试，可能有99个人会以失败告终。

看到这里，你可能感觉自己的确该微笑了，那如何做呢？至少你可以按照下面的方法试一试：假装微笑。如果你独自一人，可以试着吹吹口哨，或哼哼歌曲，做出一副非常快乐的样子，那就可以让你快乐。已经去世的哈佛大学教授詹姆斯说过：

“行动好像随着感觉走，实际不是这样，行动是和感觉一起的。我们可以使直接被意志控制的行动有规律，也可以使间接被意志制约的行动有规律。”

所以假如我们没有了欢乐，那找到欢乐的途径，就是高兴地做事、说话，就好像欢乐一直都在一样……

世上每个人都在追寻快乐，但仅有一个十分有效的方法，那就是很好地控制自己的思想。快乐与外界因素无关，而是取决于内心的想法。

不管你拥有什么职位，或者你是谁，或者你在哪里，你在做什么，能够决定你快乐不快乐的因素都是你内心有着什么样的想法。比如，两个人在同一个地点，做同样一件事情，拥有同样多的金钱和同样的荣誉，可是一个人很忧郁，另一个则很快乐，这是为什么呢？因为心情不一样。

“事无善恶，”莎士比亚曾说，“思想使然。”

林肯说：“大部分人的快乐和他们想要得到的不会相差很多。”他说得很对，我最近就发现了一个实例来证明这一真理。

有一次，我在纽约长岛车站的台阶上，发现前面有三四十个残疾儿童正拄着拐杖艰难地迈上台阶，其中一个男孩甚至必须有人抱着，但他们的欢笑让我感到震惊。我向他们的一位管理人说到这件事。“没错，”他说，“当一个孩子知道他永远都站不起来时，刚开始他很惶恐，但惶恐之后，他就会想着顺其自然，比正常孩子更加快乐。”

我觉得我的确该向这些孩子致敬，他们告诉我一个真理，但愿我永远都不会忘记。

卡狄纳棒球队从前的第三棒名手贝特格，现在是美国一位非常成功的保险商。他跟我说，多年前他就经过研究得出，经常微笑的人永远都会受到欢迎。因此，在进入任何一个人的办公室以前，他都会停留几秒，回想他应该感恩的事情，然后会出现一个发自内心的微笑，接着在微笑快消失时进入办公室。

他深信这个简单的技巧和他在保险业获得的巨大成功有非常大的联系。

仔细阅读下面赫巴德的明智建议吧，但是要记得，一定要亲自去做，否则阅读对你来说没有任何益处。

“在你每次出门的时候，看看面容，抬头挺胸，精神饱满，呼吸阳光中的新鲜空气，对朋友面带微笑，每次握手都真诚热情，不要害怕会被误会，不要花费任何时间在你讨厌的人身上。你的内心一定要明确自己喜欢什么，然后，不要乱想，朝着你喜欢的东西前进，全身心地投入到你喜欢做的事情上。随着时间的行走，你会无意中发现你已经抓住了满足你欲望的机会，就像珊瑚虫从潮流中取得所需一样，在内心中想着你希望成为的有才能、诚实、有用的人，你内心的思想，每时每刻都在提醒你，促使你成为那样的人……思想的力量是伟大的，一定要保持一个正确的心态——勇敢、真诚、欢乐的态度。思想等于创造，所有的事都是为了满足欲望，要是真心祈求，都会有所满足。我们心中想着什么，就会得到什么。放松你凝重的表情，抬起你的头，我们就是明天的太阳。”

古代的中国人非常聪明，通达人情。他们信奉一句格言，你我应剪下来贴在我们的帽子里，这句格言的大概意思是：非笑莫开店！

说到店，弗莱奇在为科林公司设计的广告中也证实了这一哲学。

圣诞节一笑千金

它不需要什么，但可以产出很多。

它可以让得者获益，给予者无损。

它发生只需要瞬间，而对它记忆的保存时间将会是永远。

即使再富有它也是必需品，穷人也会因它的利益而开始致富。

它在家中给人快乐，在生意场上给人留下好感，这是朋友间的暗示。

它是疲惫者的床铺，失望者的希望，悲哀者的光明，也是大自然解救患难者的秘籍。

但它无法买，无法求，无法借，无法偷，因为在你将它给别人之前，它对谁都是无用的东西。

假如在圣诞节忙碌的最后一分钟，我们的售货员也许因为疲惫而没有及时给你一个微笑，我们希望你可以反过来给他们展现你的微笑，可以吗？因为没有人会不喜欢在疲惫时有人向他微笑。

所以，你希望别人喜欢你，那就请记住第二条原则：

保持微笑。

3 一定要记得他人的名字

卡耐基名言

1. 大部分人记不住姓名，是因为他们没有用心去记，他们在给自己找理由：他们很忙。

2. 罗斯福掌握了一种十分简单，十分明显，而且很重要的获得别人对你的好感的方法，就是牢牢记住他人的姓名，让他们感觉自己很受重视。

3. 牢记姓名的才能在事业和交际中非常重要，和在政治上的重要性一样。

下面我们看一下这样一个例子：发莱 10 岁的大儿子，名字叫吉姆，现在在一家砖厂工作。他每天的工作就是把沙子装进模型里，然后把砖放到太阳底下晒干。这男孩虽然根本没有机会接受教育，但是有着爱尔兰人乐观的态度和讨人喜欢的本事，因此后来他参政了。经过很多年，他掌握了可以快速记住人名的特异技能。

他从来不知道中学是什么样子的，但在他 46 岁之前，已经拥有 4 所大学的学位，成为民主党全国委员会的主席，还是美国邮政总局局长。

有一次我问吉姆，问他成功的技巧，他说：“苦干。”我说：“别开玩笑了。”

他反问我，让我说出他成功的技巧是什么。我说：“我知道你可以说出一万人的姓名。”

“不是，你没有完全说对，”他说，“我可以说出 5 万人的姓名！”

正是他的这种特殊才能帮助罗斯福进入了白宫。

吉姆还是一家石膏公司的推销员，在到处做宣传的那段时间里，在他任职石点村书记期间，他就已经发明了一种有效记忆姓名的方法。

刚开始，方法非常简单，不管什么时间遇见一位陌生人，他都会问清那人的姓名、家庭成员、职业特点。当他下次再和那人相遇时，即使是在一年以后，他也可以拍着他的肩膀，向他问候妻儿，问他庭院的花草，这就是他得到其他人追随的原因！

在罗斯福准备竞选总统的前几个月，吉姆一天写几百封信件，发给西部和西北部的人。接着在19天的时间里，乘坐各种交通工具——马车、火车、汽车、快艇，经过20个州，行程达到12000英里。他每到一个城镇，都会和那里的人用心交流，然后再前往下一个目的地。

返回东部以后，他立刻给他曾经拜访的城镇写信，希望得到他所用心交谈过的所有人的名单。到最后，那些名单上的名字太多，都数不过来，但是，名单中的每一个人都将得到吉姆一封幽默诙谐的私函。这些信的开头都是“亲爱的比尔”或者“亲爱的杰”，而信件上的署名都是“吉姆”的大名。

吉姆很早就发现，普通人都对自己的姓名十分感兴趣。对一个人最有效的恭维就是记住他的姓名并且可以轻而易举地说出来。但是假如你忘记或者叫错某人的姓名，那你的处境就有些危险了。比如我在巴黎曾经组织了一次演讲活动，我发给城中每位美国居民一封印刷信，这位法国的打字员英文水平不高，打姓名时，难免会出错，其中有一位巴黎一家美国银行的经理，给我发来一封责备信件，因为他的名字被打错了。这样看来，记住别人的名字有多重要！

铁人卡内基为什么能成功？

虽然大家习惯称他为铁人，但是他对钢铁制造并不太了解。因为有千百人替他工作，那千百人比他更加了解钢铁。

但他懂得怎样更好地和人相处，这也是他取得成功的关键所在。在他年轻时，他就表现出组织和领导才能。在他10岁的时候，他就发现了人们对名字的重视程度，他利用这一发现拉近和合作人的关系，从而达到合作的目的。当他还是苏格兰的一个儿童时，曾经拥有一对兔子，很快，他又拥有了一窝小兔子，但是可怜的小兔子没有东西吃。他立即想出了一个好办法，他跟邻居家的孩子说，假如他们愿意去给兔子采集蒲公英和金花菜，他就给小兔子取他们的名字，来纪念他们。

这个办法的效果很好，卡内基永远都记得。

很多年过去了，卡内基在商业中依然利用同样的心理学原理，并因此取得了巨大的成功。例如，他要把钢铁路轨销售给宾夕法尼亚铁路，当时宾夕法尼亚铁路局的局长是汤姆生，因此，卡内基在匹兹堡建造的一座大钢铁厂，就命名为“汤姆生钢铁厂”。

当卡内基和普尔曼竞争卧车经营权的时候，这位铁人又想起了兔子的故事。

卡内基管辖的中央运输公司和普尔曼经营的公司竞争联合太平洋铁路卧车

的经营权。因此，他们开始互相排挤对方，开始降价，破坏对方所有的获利机会。有一次卡内基在旅馆和普尔曼相遇，他说："晚上好，普尔曼先生，我们这不是在互相折磨吗？"

"你什么意思呢？"普尔曼问道。

卡内基说出了他内心的想法，可以试着把他们双方的利益合并，达成共赢。他言辞十分诚恳，讲着相互合作而非相互竞争。普尔曼仔细地听，但是并没有立即同意，最后他问："你打算如何给新公司命名？"卡内基马上回答："嗯，当然叫普尔曼皇宫卧车公司。"

普尔曼的脸上突然有了精神。"请到我的房间来！"他说，"我们商量下具体情况。"那次谈话成就了商业界的奇迹。

卡内基之所以成为商界领袖的秘诀之一就是他这种善于记忆和尊敬朋友名字的技巧。他能叫出很多工人的名字，他也因此感到自豪。而且他夸耀道，在他亲自管理公司的时候，从来没有出现罢工的事情。

贝德茹斯基也是这样，他总是称他的黑人厨师为"考伯先生"，这让他的厨师感觉到自己的重要性。他曾周游美国 15 次，为全国的听众演奏。每次乘车旅行，都是同一个厨师为他准备饭菜，在音乐会结束后就餐。在那段时间，贝德茹斯基从来没有用普通的称呼叫他"乔治"，他总是亲切地称他为"考伯先生"，而考伯先生很喜欢这个称呼。

人们非常重视自己的名字，因此他们想尽办法想让自己的名字延续下去，即使牺牲也无怨言。

200 年前，富人经常用金钱来换取作家写的书。

图书馆和博物馆里珍藏的丰富书籍，常常是一些不想让自己的名字被后人遗忘的人所捐赠的。比如：纽约公共图书馆有亚斯都家族和李诸克斯家族的藏书，大都会博物馆保留着爱德门和马根的名字，几乎每座教堂都是在纪念捐赠人。

大部分人记不住姓名，是因为他们没有用心去记，他们在给自己找理由：他们很忙。

但是他们应该不会比罗斯福更忙碌。罗斯福对所认识的机械师的名字也会用心记住。克莱斯勒汽车公司专门为罗斯福先生定制了一辆汽车，张伯伦和一位机械师把车送到白宫。我这里有一封张伯伦的自述信。"我教罗斯福总统怎样驾驶这辆装有特殊装置的汽车，而他教会我很多关于处理人际关系的方法。"张伯伦先生这样写道，"当我到白宫的时候，总统十分高兴，他直接叫出我的名字，使我感到很亲切。让我印象最深的是，他非常认真地听我给他讲述所有事项。这辆车设计精美，可以完全用手驾驶，罗斯福对围观的人说：'这辆车真神奇，只要按一下开关，就可以启动，你可以毫不费力地驾驶它。我觉得这

辆车很好，即使我不明白它是怎样运转的。我真想有时间把它拆开，看看它是怎样发动的。’

“当罗斯福的朋友和同人都在赞叹这辆车的时候，他当着所有人的面说：‘张伯伦先生，非常感谢你，感谢你设计这辆车所花费的时间，这是一项十分杰出的工程！’他夸赞辐射器、反光镜、椅垫、驾驶座的位置和其他特别之处。换句话说，他关注每一个细节，他清楚这要花费很大的精力来完成。他特别希望自己的夫人、劳工部长和他的秘书也来真切地关注这些设备。他甚至跟老黑人侍者说：‘乔治，你一定要好好看管这些设备。’

“我和机械师一块去了白宫，我把他介绍给罗斯福，他并没有和总统进行交流，他是一个羞涩的人，站在后面。罗斯福仅是听见一次他的名字，但在离开白宫以前，总统主动和这位机械师握手，并叫出他的名字，还谢谢他来到华盛顿。罗斯福的感谢并不是敷衍，而是发自内心的真诚，我可以感觉到。回到纽约不久，我收到罗斯福总统亲笔签名的照片，还有一封致谢信，感谢我给他的帮助。他居然会花时间给我写信，让我十分感动！”

罗斯福掌握了一种十分简单，十分明显，而且很重要的获得别人对你的好感的方法，就是牢牢记住他人的姓名，让他们感觉自己很受重视。但是我们有多少人会这样做呢？

很多次，我们第一次和陌生人见面，交谈一段时间后，在分离的时候，总是不会记得那人姓什么。

一位政治学家曾经说：“能想起选举人的姓名的就是从政之才，如果忘记就是埋没。”

牢记姓名的才能在事业和交际中非常重要，和在政治上的重要性一样。

法国皇帝拿破仑三世，就是拿破仑一世的侄子，曾夸耀自己，虽然他很忙，但是他可以记住所有见过的人的姓名。

他是利用什么方法呢？其实非常简单，假如他没有听清姓名，就会说：“不好意思，我没有听清楚你的姓名。”假如是一个很难记忆的姓名，他就说：“可以告诉我怎样拼写吗？”

在交谈中，他很用心地记忆对方的姓名，而且在脑海中把姓名和这个人的脸庞、神情以及一些特殊的外观特征认真地联系在一起。

假如这个人非常重要，拿破仑三世就会更加用心，在他独自一人的时候，就会把这个人的姓名记在纸上，认真地看，反复记忆，然后把纸撕碎。这样他就会对这个人的姓名印象更加深刻。

这些事都需要用心，不过爱默生说：“好习惯需要付出一点儿牺牲。”

因此，如果想要他人对你产生好感，那就请记住第三条原则：

牢记他人的姓名，它是语言中非常甜蜜且重要的声音。

4 学会倾听，让你更受欢迎

卡耐基名言

1. 不管是多么苛责的人，或是多么严厉的批评家，总是会被一位有耐心和同情心的聆听者降伏。

2. 假如你想做一个擅长聊天的人，那么你首先要从一个聆听者做起。

近期，我收到一场纸牌会发来的邀请。我是一个不会打纸牌的人，还有一位漂亮的女士也不会打，我们恰好可以坐下来好好聊聊天。在汤姆森做无线电事业之前，我曾担任他的私人经理，那时我要去欧洲各地旅行，来替他准备要用到的旅行讲解资料。这位女士对此有所了解，于是她说："啊，卡耐基先生，麻烦你给我讲讲你去过的所有景点和所看见的所有稀奇的景观。"

当我们坐到沙发上的时候，她就开始说她和她的丈夫近期刚从非洲旅行归来。我说："非洲！那多有意思！我一直想去非洲看看，可是除了在阿尔及尔停歇了 24 小时之外，还没有去过其他地方。跟我说说，你是否去过时常有野兽出没的乡村观光？你的运气可真好！真是让我羡慕！跟我说说关于非洲的情况吧。"

那次谈话持续了 45 分钟。她没有再问我去过哪些地方，也不再问我看见过什么稀奇的景观。她并不是要和我讨论我的旅行，她只是需要一个安静的聆听者，通过讲述她的旅行来让她放大自我。

在现实生活中，像这位女士一样的人既不特殊也不少见，很多人都是这样。

比方说，最近我在纽约出版商格利伯举办的宴会上见到了一位非常有名的植物学家。在此之前，我从来没有和任何植物学家交谈过，我觉得他对我充满了诱惑力。我开始坐在椅子上，安静地聆听他讲关于大麻、室内花园甚至马铃薯的惊人事实。我自己有一个很小的室内花园——他热情周到地教我怎么处理我遇到的问题。

我刚刚提到，我们是在宴会上，肯定还有十几位其他客人在场。可是我却背离了一切礼节所约定俗成的惯例，把其他人都抛在了脑后，和这位植物学家聊了数小时之久。

午夜来临，当客人们纷纷打招呼离开的时候，这位植物学家转向主人，对我大加恭维，说我是“最能够让人振奋的人”等好话，最后他还评价我是一位“最幽默的谈话家”。

一个幽默的谈话家？我？啊，我几乎什么话都没有说。如果我不改变话题，就算我想说，也不能说，因为，我对植物学的了解还没有对企鹅解剖学了解得多。不过，我做到了：我静下心来聆听，因为我开始真正地对这些内容产生了兴趣。他也注意到了这点，这当然会让他更兴奋。聆听是我们讨好每个人最好的方式。

一次商业会谈能够取得成功，它有什么诀窍？以利亚是一位注重实际的学者，他说：“其实成功的商业交流根本没什么秘诀，认真关注对你说话的人就是最重要的，没有其他的东西更能让人兴奋。”这其中的道理显而易见，不是吗？你不需要在哈佛读四年书就能发现这一点。不过，我们都明白，有的商人租赁奢华的店铺，把橱窗陈设得让人们为之心动，还投入巨资做广告宣传，但是却雇来了一些不会聆听别人说话的店员。这些店员会打断客人的谈话，出言驳斥或惹怒顾客，甚至有的店员都快要把顾客驱赶出店铺了。

沃顿的教训可以说是一个非常恰当的例子。他在我的班里讲述过这样一个故事。

在靠近海岸的新泽西，他在一家百货商店里购买了一套衣服。这套衣服让人大失所望：上衣居然掉色，还把他的衬衫的领子都染黑了。

后来，他把这套衣服带到这家百货商店，找来了卖他衣服的店员，将事情的经过告诉他。但是他在讲述这件事情的过程中被店员打断了。这位店员反驳道：“我们已经卖出了上千套这样的衣服，你是第一个来挑毛病的人。”

就在他们争论得不可开交时，又来了一位店员。他说：“任何黑色的衣服在最开始的时候都会有一点儿掉色，这是无法避免的。这个价位的衣服就是这个样子，那是染料的问题。”

“这个时候我简直气愤到了极点，”沃顿先生叙述了他的遭遇，“第一位店员对我的诚实有所质疑，第二位店员直接提示我买的衣服太便宜。我有些愤怒了，正要和他们翻脸的时候，经理走了过来。他明白自己的职责是什么，就是他彻底改变了我的态度。”他让一个气愤到了极点的人变成一个心满意足的顾客。

“他是怎么做的呢？他实行了以下三条措施：

第一，他安静地听完了我对事件的整个描述，中间没有插一句话。

第二，当听完我的讲述时，店员们又要开始打断我阐述他们的观点时，他站在我的立场和他们争论。他不仅指明我的衣领很明显就是被这套衣服染的，而且还态度坚决地说，商店就不应该销售无法让顾客满意的商品。

第三，他坦诚地告诉我知道出现这种问题的原因，并且坦白直爽地问我：‘你需要我怎么解决这个问题呢？我可以完全遵照你的想法去处理。’

就在前几分钟，我还准备要跟他们说让他们把那套该死的衣服收走。可是这会儿我是这样跟他说的：‘我只要你给我一个说法，我要明白这种情况是不是只是一时的，有没有什么解决的办法。’

他建议我把这套衣服带回去再穿一周看看。他许诺我说：‘假如到那个时候这套衣服仍然不能让您满意，请您拿到店里换一套让您满意的。给您带来的不便，我们深表歉意。’

我心满意足地离开了这家店铺。一个星期后，这件衣服没有出现任何问题，我重新恢复了对那家百货商店的信任。”

不管是多么苛责的人，或是多么严厉的批评家，总是会被一位有耐心和同情心的聆听者降伏——这位聆听者无论怎样都会耐心地聆听，即使前来寻隙挑衅的人像一条巨大的毒蛇一样张大嘴巴吐出毒液。

几年前，纽约电话公司接待了一位非常恶毒的顾客——这位顾客用尽各种难听的词语诅咒接线员。他谩骂到几乎要发狂的地步，他甚至威胁说要拆毁电话，他拒付所有自认为不合理的费用，他给报社写信，还屡次向公众服务委员会控诉，使得电话公司多次被起诉。

最后，公司派遣一位非常有本事的“调解员”去拜访这位凶横的客人。这位“调解员”安静地听他述说，并且对他的情况表示同情，他让这位喜好辩论的老先生尽情宣泄心中的不满。

这位“调解员”讲述说：“他唠叨个没完没了，我就这样安静地听他说了将近 3 小时。后来我还去过他那里，继续听他抱怨。我前后共拜访过他 4 次，在结束第四次访问前，我就已经成了他所创办的某组织的会员，他称这个组织为‘电话用户保障协会’。现在，我还是这个组织的成员之一。有趣的是，据我所知，除了这位老先生，我是这个组织的唯一成员。

“我在这 4 次的拜访中，安静地聆听他的讲述，并且对他所说的话深表同情。我从来不像电话公司的其他同事那样和他谈话，他的态度也不像以前那样恶劣了。我在第一次拜访他的时候，没有提出见他是所为何事，第二次、第三次同样也没有提，但是到了第四次，我把这件事完美地解决了，让他把所有欠的账都付清了，并且自从他与电话公司作对以来，他首次向公众服务委员会撤回了上诉。”

毫无疑问，老先生自认为自己是为了公义而战，为了保障大众的权益不被无情地剥削，但是实际上他是希望大家能够重视他的自尊心。他先通过寻衅发牢骚引起大家对他的重视，之后在公司派遣的“调解员”那里得到了满足，他那不符合实际的委屈感也随即消失不见了。

很多年以前，有一位来自荷兰的穷苦儿童，等学校下课以后，他会到一家面包店擦窗户，每个礼拜可以挣到半美元。他的家里一贫如洗，平日里他每天都会提着篮子去沟渠里拾煤车送煤时散落的碎煤块。这个叫巴克的孩子只接受了 6 年的学校教育，但他最终却成了美国新闻界最了不起的杂志编辑。他是如何成功的呢？三言两语是说不尽的，不过我们可以简单地讲述一下他是如何开始的。他正是利用了这章内容中所提倡的原则作为自己的开端而走向成功的。

他在 13 岁的时候选择了辍学，前往西联充当童役，每个星期有 6.25 美元的收入。但是他没有放弃继续接受教育的想法。不仅如此，他还进行自我教育。他把自己不坐车、不吃午饭节省下来的钱存起来，直到这些钱能买到一部名为《美国名人传全书》的读物——之后他做了一件闻所未闻的事。他读完名人的传记后，就给他们写信，请求他们把和自己童年相关的补充材料寄来给他。他是一个擅长聆听他人的人，他激励名人们叙述自己的故事。当时加菲尔德大将正在参加总统的竞选，他给他寄去了一封信，信中他向加菲尔德询问他是否曾在一条运河上做过拉船的童工，加菲尔德还给他回了信。他给格兰特将军写信，问他某一战役相关的事情，格兰特把一张地图送给了这个 14 岁的孩子，还请他吃了晚餐，并且和他畅谈了一整夜。

他给爱默生写信，并且鼓励他叙述和他自己有关的事。不久之后，这位给西联送信的小孩就已经和全美国的名人通过信：爱默生、勃罗克、山姆士、朗费罗、林肯夫人、奥尔科特、谢尔曼将军，还有戴维斯等。

他除了和这些名人通信外，还在他们度假期间去拜访了他们中间的几位，并且还成了他们家中倍受欢迎的客人。这样的经验，让他有了一种无价的自信心。这些著名的人士让他的理想和志向奋起勃发，从而改变了他的人生。所有这一切，仅仅是因为他履行并坚持了我们所提倡的这一原则。

马可先生或许是世界上最出色的名人访问者，他说很多人无法让自己给别人留下良好的印象，因为他们从不注重聆听。“他们对于自己接下来要说的话非常关心，他们的耳朵一直都是关着的——一些大人物曾经跟我说，比起谈话者，他们更喜欢有一位聆听者，可是这种能静听的能力似乎比其他所有的好性格都罕见。”除了大人物会要求别人安静地聆听，就是普通人也希望这样。就像《读者文摘》中所写的：“很多人请医生的原因只是希望能找一个安静的聆听者。”

在美国暗无天日的内战期间，林肯曾给一位伊利诺斯春田的老友写信，信中邀请他来华盛顿。林肯还说，他想和他探讨一些问题。这位老友前往白宫拜会，林肯和他谈论了关于解放黑人奴隶的宣言是否恰当，这一问题谈论了数小时之久。林肯把对待这件事持两种观点的理由都做了研究，然后又分析了那些指责批评他的信件和文章。有的人担心黑奴不会被解放，还有的人担心他解放黑人奴隶会引起动乱。两人商谈数小时之后，林肯和他的老友握手告别，说了声晚安就把他送回了伊利诺斯，始终都没有询问他的意见。整个交谈中说话的一直都是林肯，这次谈话仿佛只是为了能让他的心情畅快一些，这位老友说“交谈之后他好像感到舒适了一些”。林肯没有征求他的建议，他只是需要一位友好的、富有同情心的聆听者，能够让他把内心的苦闷发泄出来。这是我们陷入困境时所需要的，也是那些经常发牢骚的顾客所需要的，一些不顺心的员工、情感受到挫折的朋友也是如此。

假如你想知道怎样才能让人对你退避三舍，背后嘲笑你，甚至是藐视你，这里有一个非常好的方法——绝对不要安静地聆听他人说话，不停地说关于自己的事。假如当别人在说话时，你对此持不同意见，不要等他说完，他不像你那么聪明。为什么要浪费自己的时间来听这些无关紧要的闲聊呢？立刻插嘴，一句完整的话也不让他说。

有些人之所以惹人生厌就是因为他们太过自私，太过看重自己的自尊。那些只谈论自己的人，只会替自己着想。哥伦比亚大学校长巴德勒博士说：“只为自己着想的人都是一些无法挽救、缺少教育的人。他们的确不曾受过教育，不管别人是如何教导他的。”

所以，假如你想做一个擅长聊天的人，那么你首先要从一个聆听者做起。假如你想让别人对你感兴趣，那你就先对别人的话感兴趣。问别人想回答的问题，并鼓励他讲述自己，还有他所取得的成绩。要时刻记得正在和你说话的人，对于他自己、他的需求和问题要比对你和你的问题有着百倍的兴趣。甚至他对自己脖子上一颗痣的关心程度也要远远超过对非洲的 40 次地震的关心。

当你下次开始和别人聊天的时候，就可以试着采用这一点：假如你想让别人喜欢你，那就铭记第四条原则：

做一个擅长安静聆听的人，鼓励别人讲述他们自己。

5 他人的兴趣，你要学会迎合

卡耐基名言

1. 罗斯福知道和别人交流的窍门就是：谈论别人最感兴趣的话题。

2. 如果想让别人喜欢你，如果想让别人对你感兴趣，那就一定要铭记第五条原则：聊别人感兴趣的事情。

所有前往牡蛎湾访问过罗斯福的人，都会对他渊博的知识感到震惊。勃莱特福曾写道："不管是一个牧童，还是一个猎奇者，或者是一位纽约来的政客，抑或是一个外交家，罗斯福都知道该和这个人谈论什么内容。"那么，罗斯福是怎么做到这一点的呢？

实际上，答案非常简单。不论何时，只要罗斯福接见一位来访者，他就会在前一晚浏览这个来访者所有感兴趣的内容，这样就能找到让客人感兴趣的话题。

和其他领袖一样，罗斯福知道和别人交流的窍门就是：谈论别人最感兴趣的话题。温和的费尔普——前耶鲁大学的教授，在很早之前就有过这样的感悟。

"我8岁的时候，有一个周末，去看望我的姑母林慈莱，还在她的家里度假。"费尔普把这件事写在一篇关于人性的文章中，"一天晚上，一个中年人来到姑母家中，他在和姑母寒暄结束后，就把目光放在了我的身上。我那个时候正好对船很有兴趣，而这位来访者所谈论的东西好像都非常有意思。他离开以后，我忍不住对姑母夸赞他，说他这个人有多么好，对船多么感兴趣！我的姑母却告诉我，他其实是一位来自纽约的律师，对关于船的东西根本不感兴趣。可是那他为什么要一直和我谈论关于船的话题呢？"

“姑母告诉我：因为他是一个道德崇高的人。他看见你对船非常有兴趣，所以就和你谈论能让你高兴的话题，同时，他这样做也能让别人喜欢他。”

费尔普说：“我始终记得姑母的话。”

当我在写这章内容的时候，我眼前放着一封来自查利夫的信，他在童子军中的活跃度很高。

“有一天，我认为我需要别人帮我一把。欧洲要举办童子军大露营，我想从美国一家大公司的经理那里申请一些资助，作为我一个童子军的旅费。

“幸亏我在去见这个人之前，听说他曾开了一张 100 万美元的支票，随后又把这张支票作废了，然后把这张支票嵌在了镜框里。

“因此，当我迈入他的办公室后，做的第一件事情就是和他谈论那张支票，那张 100 万美元的支票！我跟他说，居然有人开了一张数额如此巨大的支票，这是我闻所未闻的，我要把这件事告诉给我的童子军。我确实看见了一张 100 万美元的支票，他很乐意地拿出那张支票给我看。我对他表示了钦慕之情，并拜托他把事情的经过告诉我。”

你是否注意到，查利夫先生根本没有说起他的童子军，也没有说起欧洲露营的事，就连他所要做的事也没有提？他讨论的话题是对方感兴趣的。这件事的结果是什么样的呢？

“稍微等了一会儿，那个我正在拜访的人问道：‘我正好问你一下，你来见我是为了什么事呢？’于是我就跟他说了。”

查利夫先生接着说道：“这让我感到非常吃惊，他不仅马上答应了我的请求，并且给得远远超出我所要的。我只是希望他赞助一个童子军去欧洲的旅费，可是他居然给了 5 个童子军的旅费，另外算上我，还让我们在欧洲度假 7 个星期。他还给我写了一封介绍信，给了他分公司的经理，让他们从中协助。之后，他还在巴黎亲自招待我们，带我们参观城市。从那之后，他还为那些家庭条件不好的童子军提供了一些工作机会，直到现在，还在热心地支持我们的童子军事业。

“但是，我明白，如果一开始我没有找到他所感兴趣的事来让他心情愉悦，那么，我觉得想要靠近他是一件非常难的事情！”

这个法子在商界也是很有价值的。接下来，让我们再举一个案例：

在纽约，有一家叫作杜佛诺的面包公司，杜佛诺先生用尽各种办法把公司的面包卖给了纽约的一家旅馆。4 年来，他每周都会去拜访这家旅馆的经理，还会出席这位经理举办的所有交际活动，他甚至还在这家旅馆包了一间房并住在那里，希望自己的生意能长久做下去，可他还是失败了。

杜佛诺先生说：“后来，对人际关系有了探究以后，我下定决心一改之前的做法。首先，我要找出这个人对什么事情最感兴趣，究竟什么话题才能引起他的注意。

“后来我知道，他是美国旅馆招待员协会的成员之一，并且他对协会的会长职位非常热衷，甚至还觊觎国际招待员协会的会长职位。不管协会举办什么活动，也不管是在什么地方，哪怕要飞越山岭、沙漠和大海，他也会去参加。

“因此，当我次日见到他的时候，就开始和他讨论与招待员协会有关的事情。我得到了一种出乎意料的反应！半小时之内，他都在和我滔滔不绝地讲述和招待员协会有关的话题，他说话的腔调因情绪激动而颤抖。显而易见，这的确是他的喜好。当我快要离开他的办公室时，他邀请我也加入这个协会。

“我在这次的谈话中，没有提及一点儿和面包相关的事，不过几天以后，我接到了他旅馆的负责人打来的电话，让我把面包的货样和价目单带去旅馆。

“‘我不知道你跟那位老先生说了什么，’这位负责人招待我的时候说，‘不过，你确实找到了他的要害！’

“试想一下，4 年来我对这个人紧追不舍，想方设法要做成他的生意，如果我没有绞尽脑汁去想他所关心的事情，可能我现在还在对他死缠烂打。”

如果想让别人喜欢你，如果想让别人对你感兴趣，那就一定要铭记第五条原则：

聊别人感兴趣的事情。

6 让他人感受到自身的重要性

卡耐基名言

1. 实际生活中有交际障碍的人主要的问题在于他们不知道或遗忘了一个重要法则——让旁人感到自身的重要性。

2. 渴望变得重要是人类内心最深处的推动力。

3. 如何被别人对待取决于你如何对待别人。

实际生活中有交际障碍的人主要的问题在于他们不知道或遗忘了一个重要法则——让旁人感到自身的重要性。这些有交际障碍的人通常喜欢自我夸赞，炫耀自己的成就。完成一件事情后，他们会马上到处宣扬自己的功劳，夸大自己所做的贡献。其实这样就是变相地忽略旁人的重要性。

有一次，我在纽约32号街和8号街的十字路口那儿的邮局寄信。队伍很长，很明显窗口的职员感到十分不耐烦——称信、取邮票、找钱、开收据——同样乏味的事情日复一日地循环。因此我想："我要让这名职员喜欢我。为了达到这个目的，我应该说些好听的——不能谈论我自己，而是多谈论对方。"随后，我又想，"我应该如何赞扬她呢？"这可真是个不简单的问题，特别是面对一个陌生人。不过，我并不觉得赞扬这名职员是个大难题，很快我就找到方法了。

轮到我称信时，我一脸羡慕地说道："真希望我也有你这样的一头秀发。"

她诧异地抬起头看着我，随后脸上绽放出笑容："哎呀，以前比这好看多啦！"我继续和她说，也许现在头发不如以前了，但是还是非常漂亮。她特别开心，闲谈一会儿告诉我很多人都夸赞过她的头发。

我肯定这位女士这一天都会满面春风，回家后一定会和丈夫讲述这件事，还会对着镜子照来照去欣赏自己的秀发。

我在演讲中也曾提到此事，结束后有人问我：夸赞那个人是为了得到好处吗？

我能从此人身上得到什么好处？

难道我们真的已经如此自私？只有从别人那儿有利可图时才会夸赞或真挚地感谢别人吗？假如我们的灵魂比野生的青苹果还要小，那我们的精神该多么匮乏！

我确实想从那位女士那儿获得一些东西，不过我想获得的是无价之宝，而且我已经获得了，那就是帮助他人的喜悦。这种感觉不会随着时间的流逝而消失，它一直存在于我的记忆中。

有一个十分重要的法则在主宰着我们的行为，那就是随时让旁人感到自身的重要性。如果我们按照这个法则行事，一定不会有什么麻烦，而且还能收获很多朋友和喜悦。不过，要是我们违背了这个法则，那很可能会惹上麻烦。著名哲学家约翰·杜威说过："渴望变得重要是人类内心最深处的推动力。"哈佛大学著名心理学家威廉·詹姆斯也有一句名言："我们内心最深处的渴望是被旁人肯定。"我也谈到过，正是这种渴求区分了人类和动物，也正是这样，我们才有了如此丰富的文化。

哲学家就这个问题已经思索了几千年，可是结论却只有一个。这个法则已经不是第一次出现了，它伴随着历史走过了几千年。2000多年前，琐罗亚斯德曾将此法则作为琐罗亚斯德教的教规；差不多同时，中国的孔夫子也曾以此教导门徒；道教的老子在函谷关也说过这样的话；诞生于恒河边的佛陀也以此教诲众生；就连印度教的经典中也能发现它的身影……这样看来，这大概是世界上最重要的法则了——如何被别人对待取决于你如何对待别人。

你想被朋友或别人认可，你想让别人觉得你很重要。你讨厌言不由衷的奉承，渴望真挚的赞美。你希望朋友可以"真诚、慷慨地夸赞别人"。不仅是你，其实每个人都想得到这些。

因此，我们就应该严格遵守这一法则——如何被别人对待取决于你如何对待别人。

那该怎么执行这一法则呢？答案是在任何时间、任何地点都应该遵循。

例如，你在快餐店里要了一份薯条，但是服务员却给了你一份土豆，这时候你应该说："不好意思，麻烦你了，但是我需要薯条。"这时服务员可能会说："哦，好的，请稍等。"然后高高兴兴地把土豆端走换上薯条。原因就是我们表示出了对她的尊重。

此外，还有很多日常用语可以缓解每天无聊乏味的生活，例如"抱歉，麻烦你……""能不能麻烦你……""请问您是否可以……"等。

再举一个例子。

罗纳德·罗兰是我们加利福尼亚州分部的一位老师，他讲授演讲和手工课程。他和我们讲过一个有关班级学生的故事。

克丽丝是初级手工班的一名学生，她平时非常安静内向，缺乏自信，所以很少有人注意到她。有一天，罗兰看到她在认真地做课后作业，便走过去看她是否需要帮忙。罗兰询问这位小姑娘是否喜欢手工课，这个羞涩的小姑娘脸上表情突然变了，甚至都能看到她的泪水在眼眶中打转。“老师，是不是我表现得不好？”“啊，没有，克丽丝，你一直表现得很好。”

当天下课走出教室时，克丽丝用清澈的眼睛看着罗兰，肯定地说：“老师，非常感谢你。”

克丽丝给罗兰上了难忘的一课，那就是深藏在内心深处的自尊。为了铭记这一课，罗兰在教室前方悬挂了一条横幅，上面写着“你是最重要的”。这样可以随时提醒罗兰和全班同学：我们身边的每一个人都是重要的。

事实就是这样，你身边几乎每个人都觉得自己在某些方面比你优秀。因此，走入他们内心的最好办法，就是巧妙地表达出你对他们重要性的认同。

唐纳德在美国一家园艺设计维护公司做管理，他曾告诉我这样一件事：

“我曾给一位著名的鉴赏家做过家庭花园设计。这位鉴赏家在开工前交代了一些事项，他告诉我想种一片山茶花和石楠花。

“我说：‘先生，我听说您喜欢养狗，家里有很多漂亮的名犬。您每年都能在麦迪逊广场花园展览中荣获多项蓝带奖。’

“虽然只是小小的夸赞，带来的效果可是不小。

“他说：‘是的，这些小狗带给我很多快乐。你想看看它们吗？’

“接下来近一个小时，他都在带我欣赏各类名犬和所获奖品，甚至还和我讲了血统对狗的外貌和智力的影响。

“后来，他问我有没有孩子，我说有一个儿子。出乎意料，他竟然提议要送给我儿子一只小狗。他告诉我该如何喂养这只小狗，讲着讲着突然停下来说：‘这些大概不容易记住，我给你一份说明。’于是他到屋里给我写了一份血统介绍和喂养说明。他不仅送我儿子一只昂贵的小狗，还在百忙之中挤出时间给我讲解，这都是因为我真心地称赞他的嗜好和所获的成就。”

曾经的日不落帝国统治者迪斯累里说过：“和别人谈谈他们自己，他们一定愿意聆听。”所以，如果你想得到他人的喜爱，请一定记住这个原则：

让旁人感到自身的重要性——而且要是真诚的、发自内心的。

第三篇

十二种方法，赢得他人的赞同

1 不要争论不休，懂得适可而止

卡耐基名言

1. 世界上唯一能从辩论中获得最大收益的方法就是避免辩论。

2. 假如你喜欢争论、反驳，也许你偶尔会取得胜利；不过，这种胜利是毫无意义的，因为你永远无法让对方对你产生好感。

3. 但凡下定决心要取得成功的人，都不可以把时间浪费在个人看法上，更不应该浪费时间去承受所带来的后果，包括他难以自控的脾气，失去自制力。

第二次世界大战结束没多久的一个晚上，我在伦敦得到了一个非常宝贵的教训。那个时候，我是史密斯爵士的私人助理。他在战争期间，曾担任澳大利亚驻巴勒斯坦的空军飞行员，战争结束后不久，他的这一举动——30 天内绕地球转了半圈，让全世界为之震惊，因为从来没有人做过这样了不起的事。这件事在当时产生了不小的影响，澳大利亚政府赠给他 5000 美元，英国女王授予他爵位，他成了英国人谈论的焦点。我在一个晚上参加了史密斯爵士的欢迎宴。席间，我身边的一个人讲了一个很有趣的故事，这个故事的内容和下面这句话有些联系："不管我们多么粗野庸俗，有一位神，就是我们的宗旨。"

讲故事的人说，这句话是《圣经》里的。我清楚地知道他错了，并且相当肯定。因此，为了显示出自己的优越，并获得自我满足感，即使没有人拜托我，我也知道自己的这种做法不受欢迎，但是我还是去纠正了他。他继续坚持自己的观点："什么？这是莎士比亚说的？不可能！这太不合乎情理了！这是《圣经》里面的一句话！”

讲故事的这个人就坐在我的右边，我的一位老友加蒙，在我的左边。加蒙先生对莎士比亚有过多年的深入探究，因此我们一致认为让加蒙先生来解答这个问题再合适不过了。加蒙先生冷静地听完后，用桌下的脚微微碰了碰我，然后他说：“戴尔，是你不对，这位先生说得对，这是《圣经》里面的话。”

那天晚上，在回家的路上，我对加蒙说：“说实话，你明明知道那是莎士比亚说的话。”

他回答说：“是的，我当然知道。那是《汉姆雷特》第五幕第二场里的一句话。可是，作为一个宴会上的客人，为什么要证实一个人是不对的呢？那样的话，他会喜欢你吗？为什么不让他保留一点儿颜面呢？他没有去询问你的观点，更何况他根本不需要你的纠正。既然这样，你又何必去和他辩论呢？要永远防止正面冲突的发生。”

“要永远防止正面冲突的发生。”虽然告诉我这话的人已经去世了，但是他给我的训导将永远刻在我的记忆里，并且这个训导对我来讲非常重要，因为一直以来我都是一个固执的辩手。年少时期，我曾经和我的兄弟争辩世界上的任何事情。后来在读大学的时候，我钻研了逻辑和辩论方法，并参加了很多辩论赛。再后来，我在纽约向人传授辩论的方法。说起来很惭愧，但是我不得不承认，有一次，我甚至想写一本和辩论相关的书。从那个时候开始，我不断静听、批判，参与过上千次辩论赛，并且对这些辩论的结果非常关注。我在这些结果中总结出一个结论：世界上唯一能从辩论中获得最大收益的方法就是避免辩论。

有九成的辩论赛在结束以后，每位辩手都比赛前更加坚持自己的观点。

你无法在辩论中取胜。你不能，因为假如你在辩论中战败了，那么，毫无疑问，你确实失败了；假如你在辩论中取胜，其实你还是失败了。这是为什么呢？比如说，你击败了对手，把他所陈述的道理逐个击破，使他的陈词破绽百出，甚至证实他坚持这样的观点是因为他自己的神经出现了问题，但是即便如此，那又能怎么样呢？或许你会觉得很有成就感，但是他呢？你让他陷入了孤立无援的境地，让他变得脆弱，他的自尊心完全被你伤害了，他对你取得的成功肯定是持反对的态度。

波恩互助是一家人寿保险公司，这家公司给自己的推销员制定了一个规则：“不要争论！”真正的推销方法不是去争辩，和争辩也没有任何相似之处。因为争辩并不能改变人类的思想。

很多年以前，我的训练班来了一位名叫亚哈亚的爱尔兰人。他几乎没有受过什么教育，可是却非常喜欢与人争辩！他曾做过司机，他之所以会来我这里，是因为他从来没有成功地销售出一辆载重汽车。当别人对他发问的时候，他会从始至终和他的交易对象争论不休，还会不断冒犯他的交易对象。假如有一位潜在顾客对他所销售的汽车说出任何贬低的话，他就会很愤怒地打断那个人的话。当然，他的确在很多辩论中获胜了。后来他告诉我："我经常从一个人的办公室走出来说，'我又教会了那个人一些事情'。我的的确确把一些东西教给了他，可是他却并没有因此而买我的任何东西。"

对于亚哈亚，我首先需要做的并不是教会他怎么说话，而是要让他练习保持拘束和谨慎，不要说话，并且要防止出现言语上的摩擦。现在，亚哈亚先生已经成为了纽约汽车公司的一位销售名人了。

富兰克林是一位很有智慧的老者，他经常说："假如你喜欢争论、反驳，也许你偶尔会取得胜利；不过，这种胜利是毫无意义的，因为你永远无法让对方对你产生好感。"

所以你可以自己考虑一下，你想要的究竟是什么：是一时的、口头的、形式上的获胜，还是一个人对你长久的好印象。这两者你很难做到两全其美。

当你和其他人争辩的时候，或许你是正确的，甚至是完全正确的，可是，这对于能否改变对方的观点来讲，也许是毫无用处的，就像你是错的一样。

我想我们根本不可能对所有人——不管这个人的智商是高还是低，只通过口头的争辩就能扭转他们的想法。

有一个所得税顾问帕森斯和一个政府的税务稽查员，他们因为一张 9000 美元的账单发生了争执，两人争论了一小时。帕森斯先生说这 9000 美元的确是一笔死账，永远都无法收回，所以不需要纳税。稽查员反驳说："死账？胡说八道！那也一定要缴税。"

帕森斯先生在班里描述事情的过程时说："那个稽查员冷漠、高傲又偏执。对他来讲，任何理由都是毫无意义的，事实也没有丝毫用处——我们争论得时间越长，他就愈顽固。因此为了停止继续争论，我决定改变话题赞美他。"

"我说：'我认为这件事情和你不得不做出的决定相比，可以说是一件微不足道的事。我对税收也有过研究，但是我所知道的只是从书本上来的，可你获得的知识来自实践。有时候，我也想做和你一样的工作，这种工作能够让我学到很多东西。'我所说的每一句话都是发自肺腑的。

"于是，那位稽查员在椅子上挺直了腰板，然后往后一靠，说了很多和他工作相关的话，还跟我说了一些徇私舞弊的办法。他的语气逐渐趋于平和，过了一会儿他又开始说起他的孩子。当他离开的时候，他跟我说他需要把我说的话再斟酌一下，并会在几天之内回复我。

"3 天过去了，他再次来到我的办公室，告诉我，他已经决定根据表单上填写的税目处理。"

这位稽查员所表现出来的正是一种常人的人性特点，他需要别人注意到他的自尊。帕森斯先生越是和他争论，他就越想扩张自己的权力，从而得到别人的尊重。但是一旦有人认可他的重要性，争论就会立即停止，因为你满足了他的自尊心，他马上变成了一个温和、富有同情心的人。

拿破仑家里的管家经常和约瑟芬一起打台球。这位管家写了一本书，叫《拿破仑私生活回忆录》，他在该书的第 1 卷第 71 页中写道："虽然我的技艺相当高超，但我一定要想办法让她赢过我，这样能让她很高兴。"从这个故事里，我们得出一个结论：我们要让自己的顾客、情人、丈夫或妻子在小矛盾上取胜。

释迦牟尼说："恨本身不能让恨停止，只有爱才能停止恨。"同样，争论永远无法解除误会，它需要用技巧、交涉、和解来理解对方的看法，从而让对方对你产生同情心。

有一次，林肯惩罚了一个年轻的军官，因为他和其他官员发生了激烈的争论。林肯说："但凡下定决心要取得成功的人，都不可以把时间浪费在个人看法上，更不应该浪费时间去承受所带来的后果，包括他难以自控的脾气，失去自制力。你不可以彰显你自己，要学会放弃，即使明白是一件小事，也要学会放弃。与其为了争夺道路被狗咬伤，倒不如给狗让路。因为就算你把狗给杀了，也无法让伤口完好如初。"

因此，如果我们要让人敬佩，就要铭记第一条原则，就是：

防止与人争论不休。

2 他人的意见需要尊重

卡耐基名言

1. 承认错误永远都不会给你带来麻烦。只有这样做才能停止争论，并且引导对方和你一样公正宽容，甚至还能让他认识到自己可能也错了。

2. 千万不要和顾客、配偶或是敌人发生冲突。不要指责他们的错误，不要惹怒他们，假如不得已非要和他人对立，那也要懂得运用一些技巧。

西奥多·罗斯福在白宫的时候坦承：如果我的判断有 75% 是正确的，那么做事情就可以达到最高期望值。

就连这样一位杰出的领袖都敢承认自己的判断力最高只有 75% 的正确率，那么我们又应当如何呢？

假如你敢保证自己的判断能有 55% 的正确率，那你就可以去华尔街发财了。可是假如你并不能肯定自己的判断力有 55% 的正确率，那就不要去指责他人时常犯错。

你的眼神、声调，或者是手势都和言辞一样可以用来指责别人的错误，但是，你指责对方的错误，对方会同意你的看法吗？当然不会！因为你已经伤害了他们的智商、判断力、荣誉和自尊心，这只会招致对方的反击，而丝毫不会改变对方的观点。或许你还会用柏拉图或者康德的逻辑学进行反驳，但这是没有用的，因为你已经伤害了他们的感情。

千万不要一上来就扬言：“我会证明给你们看的。”这样做相当于在说：“我要改变你的看法，因为我比你聪明。”这样做必定会引起对方反感进而引发冲突，所以这绝非明智之举。在这种情况下，想要改变对方的观点基本是不可能的。因此，为什么要弄巧成拙，自己给自己找麻烦呢？假如你想要证明什么事情，那就应该不着痕迹地巧妙实施，不要让别人发觉。就像诗人蒲柏说的：

当你想教育别人的时候，一定要表现得若无其事。

要不知不觉地提出来，好像是不会被记住一样。

300 多年以前，科学家伽利略曾经说过：

“你不能教人去做什么，你只能帮助他们自己去发现。”

查士德·斐尔爵士也这样对儿子说：

“要比别人更聪明，但是千万不要让对方知道。”

苏格拉底也经常告诉徒弟：

“我所知道的只有一件事，那就是我什么也不知道。”

就是这样，由于我们不可能比苏格拉底更聪明，因此从现在起，最好不要再去指责别人的过错，否则就要付出代价。假如你发现有人说的话不正确——并且你确信他是错误的，你最好还是这样说：“请慢，我这里还有一个想法，你看看对不对。如果我说错了，希望你们可以帮我纠正。我们一起来讨论一下这件事情。”

很奇怪，真的很奇怪，特别是类似于这样的话：“可能是我错了，不过我们还是来看看这件事情。”无论在哪里都不会有人反对你的这句话——“可能是我错了，不过我们还是来看看这件事情。”

哈洛·雷恩克——我的一名学生，他是道奇汽车在蒙大拿州的代理商，他就是用这种方法处理了一起顾客纠纷。雷恩克在做报告的时候指出，因为汽车市场面临的竞争压力过大，所以有时候他们在处理顾客投诉时，经常表现得很冷酷无情，这就非常容易引起顾客的愤怒，甚至会导致生意失败，或者引起诸多不快。

他对班上的其他同学说：“后来我就明白了，这样做确实是于事无补，所以我就改变了做事的方式。我会这样对顾客说：‘我们公司出了很多错误，我深表遗憾。请您把遇到的情况告诉我。’

“这样的话，很明显能够消除顾客的敌意。他们的情绪一放松，处理事情的时候就很容易讲道理了。很多顾客对于我谅解他们的态度表示感谢，甚至还会介绍自己的朋友过来买车。在竞争如此激烈的汽车市场中，我们非常需要这样的顾客。而且我坚信：尊重顾客的想法，对顾客礼貌周到，这些都是赢得市场的资本。”

承认错误永远都不会给你带来麻烦。只有这样做才能停止争论，并且引导对方和你一样公正宽容，甚至还能让他认识到自己可能也错了。

著名的心理学家卡尔·罗杰斯在他的一本著作中提到：

如果能了解他人的想法，你将会获益匪浅。或许你会认为这样做很奇怪，真的有必要去了解别人吗？我的答案是肯定的。我们对很多“叙述”给出的第一反应通常都是“评估”或者“判断”，唯独不会去了解。每一次，当别人表达自己的感受、态度或者观念的时候，我们通常会立刻做出这样的反应：“这是正确的”“这样真是愚蠢”“这样说是不是有毛病”“那样真是毫无道理可言”“那是错误的”“那样真不好”。但是我们却很少去了解讲述者话语中的真正含义。

有一次，我聘请了一名室内设计师来设计家里的窗帘。但是等到账单送来的时候，我被价钱吓了一大跳。

过了几天，一位朋友来我家做客时看到了窗帘。在问过我价钱以后，她非常惊讶，然后以非常夸张的表情说：“什么？太吓人了！我觉得你一定是被骗了！”

我认为她说得没错。但是只有少数人能够听到别人说这样的真话，这样的判断。然后，我开始为自己辩解，并且提出“便宜没好货”等大道理。

第二天，我的另一位朋友来拜访我，她不停地称赞那些窗帘，还说她也希望能够买得起这样漂亮的东西。于是，我的反应肯定会跟前一天有着天壤之别：“呀，说实话，我也差点儿付不起费用，我买贵了，现在想想，真是后悔没有事先谈好价钱。”

如果我们犯错了，或许我们可以私下里承认犯错。如果别人的态度友善一点儿，或是说得巧妙一点儿，我们当然也会向他们承认错误，甚至会自认为坦诚、心胸宽广。可是，如果他人的目的就是想让你感到难堪，那就是另一种情况了。

现在我可以肯定的是，假如你过于直白地指责对方的错误，哪怕你的意见再好，别人也不会接受，你甚至还会因此伤害到他人。你不仅剥夺了他人的自尊，同时也让自己变成讨论过程中最不受大家欢迎的那个人。

有人曾经问过马丁·路德·金这样一个问题：为什么身为和平主义者，却要倾向于白人空军将领，而不是黑人高级官员？金博士是这样回答的：“我是用别人的原则去判断他们，而不是用我自己的。”

无独有偶，罗伯特·李将军某次和南方联邦总统杰弗逊·戴维斯说起自己旗下的一位军官。李将军极力夸赞这位军官，这时，另一位军官很纳闷，就问道：“您难道不知道他一直在攻击你、诽谤你吗？”“我知道啊，”李将军答道，“不过总统现在问的是我对他的看法，并不是问他对我有什么想法。”

千万不要和顾客、配偶或是敌人发生冲突。不要指责他们的错误，不要惹怒他们，假如不得已非要和他人对立，那也要懂得运用一些技巧。因此，假如你想要别人信服你，就要谨记第二条原则：

尊重别人的意见，一定不要说：“你错了。”

3 自己错了，那就坦率承认

卡耐基名言

1. 当我们知道自己肯定要受到责备的时候，如果我们首先自责，会比被别人责备好很多。

2. 竭力为自己的错误辩论是非常愚蠢的人才会做的事情——大多愚蠢的人都会这样做。如果他承认自己的错误，就会使自己与众不同，并且还会给人一种尊贵高尚的感觉。

3. 谦让比争夺更能使你感到满足，而且得到的东西可能比你期望的还要多。

我家附近有一片森林，步行到那儿不到一分钟。春天来了的时候，遍地野花，松鼠开始搭窝繁殖，马草能长到马头那么高，这一整块林地叫作森林公园——那里还真称得上是一座森林公园，我像发现了美洲大陆一样兴奋。于是，我就经常带着瑞克斯——一条波斯狗，到公园去散步，它是一只很温和的小狗。因为这个园子里看不到什么人，所以我经常不给它系皮带或是戴上口笼。

有一天，我们在园子里遇到一个警察，他看上去很想显示一下他的权威。

他严厉地对我说："你为什么不给那条狗戴上口笼，还不绑上皮带，让它在园子里乱跑？你难道不知道这是犯法的行为吗？"

我轻声回答："是的，我知道这是违法的，但是我觉得在这里，它应该不会有什么危害。"

"你觉得不应该！你觉得不应该！法律可不会在乎你是怎么感觉的。你的狗可能会伤着小松鼠，也可能会咬着小孩。这次我就不追究了，但是如果再被我发现你不给狗戴口笼或是绑皮带来这个园子，你就得去找法官理论了。"

我谦虚地答应遵守他的命令。

我后来遵守了这个命令，但是只有几次而已。不仅瑞克斯不喜欢口笼，我也不喜欢，所以我决定试试运气。刚开始没什么事，但是有一天，当我带着瑞克斯跳过一个土坡的时候，我惊慌地发现了那位“法律的权威”——他正骑着一匹栗红色马。瑞克斯突然向那警察冲过去。

我知道肯定是躲不过去了。于是我先发制人，赶在他说话之前，说道：“警官先生，您今天是当场把我抓住了，我没有任何理由推脱，我确实犯法了。您上个星期就警告我如果再不给狗戴上口笼来这里的话，我就要受到惩罚。”

这位警察用轻柔的声音对我说：“我现在觉得如果周围没有什么人的话，这条小狗在园子里跑跑，的确太诱人了。”

“确实很诱人，但是我知道这是犯法的。”我回答道。

“这么小的一条狗是不会咬伤人的。”这位警察分辩道。

“不行，万一它咬到小松鼠怎么办？”我说。

警察告诉我说：“我感觉你现在对这件事情过于较真了。其实你只要带着它跑过那个土坡，我就看不见你们了，我们就当这件事情没有发生过。”

那位警察其实挺通情达理的，他只不过是想得到应有的尊重而已。因此，一旦我开始自责，他就会得到被尊重的感觉，这时候他就会很宽容，想要表示自己的慈悲。可是，如果我开始为自己辩护，那就不妙了，你怎么可以和警察争论呢？

所以，我不跟他争论，还要承认他是正确的，肯定是我做错了，而且还要迅速地、坦诚地、热情地承认。我们各自得到想要的结果，于是，这件事情就这么愉快地过去了。

当我们知道自己肯定要受到责备的时候，如果我们首先自责，会比被别人责备好很多。自我批评可比忍受别人的指责好受多了。假如你能赶在别人批评你之前把事情说出来，他就会以宽容的态度原谅你的错误——就像那位骑着马的警察对待我和瑞克斯一样。

竭力为自己的错误辩论是非常愚蠢的人才会做的事情——大多愚蠢的人都会这样做。如果他承认自己的错误，就会使自己与众不同，并且还会给人一种尊贵高尚的感觉。比如，关于李将军，历史上所记载的关于他的一件最完美的事情就是：他为毕克德在葛底斯堡战败进行的自我批评。

毕克德在战场上冲锋陷阵的壮举，毫无疑问是美国历史上极其光荣的英雄事迹。毕克德是一位很浪漫的人，他留着一头赭色的长发，长度几乎都到肩了。并且，就像拿破仑在意大利战场上一样，毕克德几乎每天都在战场上写下热情洋溢的情书。7 月里那个悲惨的下午，他把那顶漂亮的帽子歪戴着，很得意地骑着马朝联军的阵线冲过去。士兵们欢呼呐喊着紧跟着他，人挨着人，军旗飘扬，刺刀在阳光下格外耀眼，真是非常壮观的一幕，甚至引起了敌军的一片赞美声。

毕克德的军队在轻快的脚步声中急速前进。忽然，敌人的大炮开始轰击他们的队伍。紧接着，隐藏在墓地山脊石墙后面的敌军步兵也开始向他们射击，简直就是枪林弹雨。刹那间，毕克德的旅长几乎都中枪了，只剩下一个。5000名冲锋的士兵也有五分之四都倒了下去。

阿密斯旦带领军队进行最后一次冲锋，他们跨过石墙，阿密斯旦把军帽放在他的刀尖上使劲摇着，大喊道："杀呀，孩子们！"

士兵们跟着他翻过墙头，端着刺刀，在与敌军展开了一场短兵相接的战斗之后，终于把南军的战旗插在了墓地山脊上。

但是军旗只在那里飘扬了一小会儿就倒下了。毕克德那光荣勇敢的冲锋成了失败的前奏。李将军战败了，他无法深入北方。南军失败了。

李将军感到既悲痛又震惊，他向南方联邦总统戴维斯递交了辞呈，要求另外派一名"年轻力壮的人"。假如李将军要把毕克德的惨败怪罪到别人身上，他其实可以找到几十个借口。比如：有些师长不称职；或者骑兵来得太晚了，不能及时协助步兵冲锋；这不对，那也错了等等。

但是李将军内心十分崇高，他并没有这么做，没有责怪任何人。当毕克德吃了败仗，带着伤亡惨重的军队撤退到联盟阵线时，李将军亲自骑马去迎接他们，并且表示了高尚的自责，他承认道："这都是我的错，是我战败了。"

历史上有几个将领能够有这样的勇气和品质这样自责呢？

如果我们是正确的，我们一定要温柔地、巧妙地得到他人的赞同；如果我们是错误的，而且我们对自己够诚实，那么，我们要立即坦诚地承认自己的错误。这种做法会产生惊人的效果，信不信由你，在某种状况下，甚至比为自己辩论还要有意思。

我们一定要记住这句老话：谦让比争夺更能使你感到满足，而且得到的东西可能比你期望的还要多。

因此，你如果想要别人信服你，那就应该记住这第三条原则：

如果自己错了，就要立刻真诚地认错。

4 待人友善，交友广泛

卡耐基名言

1. 如果他人对你已经没有什么好印象了，即使你用尽所有的基督理论也很难让他人对你信服。

2. 比起一加仑的苦胆汁，一滴蜂蜜更能吸引更多的苍蝇。

3. 如果你想赢得人心，就要先让别人相信你是他们最真诚的朋友。

早在1915年的时候，小洛克菲勒只是科罗拉多州一个名不见经传的小人物。当时美国发生了工业史上最严重的罢工，而且持续时间长达两年。当时，小洛克菲勒负责管理科罗拉多燃料钢铁公司，愤怒的矿工要求这家公司涨工资。工人们怒火中烧，致使公司的财物遭到破坏，军队赶来镇压，因此酿成了流血事件，很多矿工被枪杀了。

但就是在这样民怨沸腾的情况下，小洛克菲勒却赢得了参与罢工运动的工人的信任，他究竟是怎么做到的呢？

小洛克菲勒先是用了好几个礼拜的时间结交朋友，并且向参与罢工的工人代表发表演讲。这个演讲真是太精彩了，不仅稳住了工人的情绪，还为他自己赢得了赞誉。下面就是演讲的内容：

“这是我这一生中最值得铭记的日子，因为我有幸能够第一次和这家大公司的工人代表见面，同时还有行政部门和管理部门的员工。我可以对你们说，此刻站在这里，我感到非常高兴，有生之年我都会永远记得这次相聚。如果这次聚会提前两个礼拜举行，那我对于你们来说，只是一个陌生人，而我也只能认识你们其中的少数几个人。但因为从上星期开始，我有幸拜访了你们的家庭，见过了你们的家人，所以我们并不陌生，可以说我们已经是朋友了。鉴于这种互相帮助的友情，我很高兴能有机会与大家一起商讨我们共同的利益。

“这次聚会是由出资方和劳工代表共同组成的，多谢你们的好意，我可以坐在这里。虽然我不是股东或是劳工，但是我却感到自己与你们休戚与共。从某些方面来讲，我同时代表了你们双方。”

多么精彩的一次演讲啊！这是一种最可能化干戈为玉帛的艺术手法。反之，如果小洛克菲勒采用了另一种方法：和工人们争论得不可开交，还用恶毒的话语咒骂他们，或是明里暗里指出一切都是他们的错，用各种借口指责矿工的过失，你们觉得会有什么后果？那只会招致更多的怨恨和暴乱。

如果他人对你已经没有什么好印象了，即使你用尽所有的基督理论也很难让他人对你信服。回想一下那些喜欢责备人的父母、专制蛮横的老板、喋喋不休的妻子，我们就会意识到：一个人的固有思想是很难改变的。虽然你不能强迫他们赞同你，但是你完全可以温柔友善地引导他们。

一百多年前，林肯说了以上这番话，他还提到一句古老而经典的真理：“比起一加仑的苦胆汁，一滴蜂蜜更能吸引更多的苍蝇。”人其实也是这样，如果你想赢得人心，就要先让别人相信你是他们最真诚的朋友。只有这样做，才会像一滴蜂蜜一样吸引他们的心，才会有一条通向他人心灵的坦途。

商人都知道这样一个道理：对待罢工的人，一定要表现出和善的态度。举个例子：怀特汽车公司旗下的一个工厂有 250 名员工因为加薪的问题举行了罢工。当时的公司总裁罗伯特·布莱克并没有选择用发怒、责备、恐吓或是发表什么强制性言论等做法，反之，他在报刊上登出一条广告，盛赞那些参与罢工的工人“采用和平的方式放下工具”。由于罢工事件，监察员变得无事可做，于是，布莱克就买了很多球棒和手套提供给他们，让他们在空地上打棒球。还有些人喜欢打保龄球，他就租下一个保龄球馆供他们使用。

布莱克先生这些友善的行为，得到的回报当然也是很友善的。那些罢工的工人居然用扫帚、铁铲和垃圾推车把工厂周围的碎纸屑、烟头和用过的火柴等垃圾打扫干净。你能想到吗？一群正在罢工的工人，在要求加薪、承认联合公会的同时，还会打扫工厂附近的地面！这在一贯漫长且激烈的美国罢工历史上是从来都没有发生过的。这次罢工最终在不到一个星期的时间内得到解决，并且没有产生任何不愉快或是仇恨。

丹尼尔·韦伯斯特是一名非常著名的律师，被许多人敬如神明。虽然他的声誉很高，辩论也非常具有权威性，但是他却一直非常友善，话语温和。在他的辩论词中经常会有这样的字眼：“这有待陪审团的考量”“这或许很值得再思考一下”“相信您并没有忽略掉一些事实”“鉴于您对人性的了解，我相信您很容易就能看出这件事情的重要性”——没有恐吓，没有强制手段，也没有强迫证明的意图。韦伯斯特都是用最温柔、最平和、最友善的处理方法，但是却没有丧失权威性——这正是他取得成功的最大法宝。

或许你根本就没有机会去处理罢工事件，或者在陪审团面前发表演讲。但是，也许你会遇到以下这些类似的情况。

史特劳伯先生是一名工程师，他想让房东减少房租，但是他又听说房东是一个铁石心肠的人，恐怕很难被说服。史特劳伯在培训班的报告上说道："我给房东写了一封信，告诉他等到租约一到期，我就会搬出公寓。而事实上，我并不打算搬出去，这样写只是为了要他减少房租，其实我很想继续住下去。但是并不容易，因为其他房客早就试过了，都没有成功。他们对我说，这位房东非常难对付，一定要很小心。于是我对自己说：'正好我在选修一门学习为人处世的课程，可以拿这件事情练习一下，看看会有什么效果。'

"房东一看到信就来找我。我站在门口和他打招呼，并且表达了热情真诚的问候。我只是告诉他自己很喜欢这间公寓，却只字不提租金过高的事情。我敢保证，我当时真的是在'真诚且毫不吝啬地赞扬'他。然后我又继续恭维他把房子管理得这么好，如果不是因为承担不起房租的话，我其实非常愿意再多住上一年。

"他以前肯定是没有遇到过我这样的租客，看得出来，他有些不知所措。

"后来，他开始告诉我一些烦恼，其实就是其他房客对他的埋怨。有人甚至还给他写了14封信，其中一些明显是在羞辱他。还有人让他告诉楼上的房客不要再打呼噜了，否则就违约。'像您这样的房客，真是太让我感到欣慰了。'他说。然后在我没有特意要求的情况下，他主动要减少房租，我就告诉他自己能付得起的钱数，他二话不说就爽快地同意了。

"在他转身离开的时候，竟然还问我：'房间里有什么东西需要修理吗？'

"假如我也用其他人的方式去要求房东降低租金，肯定会落得一样的下场。所以说，这就是同情、友善、赞扬和欣赏所带来的效果。"

在我还是光着脚丫到处乱跑的小男孩的时候，我读到一则出自《伊索寓言》的小故事，说的是太阳和风的故事。有一天，太阳和风为"谁比较厉害"这个问题争吵。风说："当然是我比较厉害了。你看到地面上的老人了吗？他穿着厚外套，我敢保证，我可以比你更快地让他把外套脱下来。"

说着，风就用力对着那位老人吹，希望能把外套吹下来。可是它越吹，老人就把外套裹得越紧。

当风吹得精疲力竭的时候，太阳从后面出来了，把阳光温暖地洒在老人的身上。不一会儿，老人就开始热得擦汗了，于是就把外套脱了下来。然后，太阳对风说："友善和温和永远都要比激烈和狂暴强得多。"

伊索曾是一名希腊的奴隶，比耶稣降生还要早上600年，但是他却教给我们很多做人的道理。我们明白了，现如今住在波士顿或者伯明翰的人其实和2600年前的雅典人没有什么区别。太阳能够比风更快地脱掉老人的外套，同样的道理，温和、友善、赞扬和欣赏的态度也更能使人改变心境，这是狂怒叫喊、猛烈进攻所难以实现的。

谨记林肯说过的话：

“比起一加仑的苦胆汁，一滴蜂蜜更能吸引更多的苍蝇。”

当你想要让他人对你信服的时候，请谨记这第四条原则：

凡事要以友善的态度开始。

5 让对方点头称是

卡耐基名言

1. 与他人交谈切勿先谈及那些你不同意的事，而要首先且不断强调那些你所同意的事。

2. 一个知晓说话技巧的人，一开始就会得到众多“是”的回答。

3. “是”的反应是一种被多数人忽略，事实上很简单的技术。

与他人交谈切勿先谈及那些你不同意的事，而要首先且不断强调那些你所同意的事。这是因为你们只是在方法上有分歧，但是却为相同的结论而努力。

如若可能，最好让对话者没机会说“不”，要使对方一开始就说“是，是的”。

依据哈理·奥维屈博士的理论，最难克服的阻碍是“不”的反应。当一个人讲了一个“不”字后，本性的自尊就会强迫他坚持下去。或许过后他会发现这回答有待商榷，但是何处安放他的自尊呢？一个人一旦讲了“不”，就很难再摆脱。因此，对于结果而言，很重要的是怎样使对话者开始就朝着肯定的方向做出反应。

一个知晓说话技巧的人，一开始就会得到众多“是”的回答。这能把对方引导到肯定的方向，就好比是撞球，你一开始打向一个方向，但要是略有偏差，球回来的方向就会和你预期的完全相反。

“是”的反应是一种被多数人忽略，事实上很简单的技术。或许有人觉得这样可以显示出自己的重要性和主见，如果在对话的开始就提出相反的意见。然而事实并非这样。在日常生活中，“是”的反应技术相当有用处。作为格林尼治储蓄银行的一名出纳，詹姆斯·艾伯森用这种方法挽回了一位险些流失的顾客。

“一个年轻人来开户，我把表格递给他填写，但他拒绝填写某些方面的资料。

“要是在学习人际关系课程前，我肯定会对客户讲，我们很难给他开户，如果他拒绝给银行提供完整的个人资料。但是在今天早晨我突然想，最好强调客户需要什么，而不要谈银行需要什么。我想一开始就诱导他说“是的”，于是，我开始先同意他的看法，并告诉他那些他拒绝回答的资料并非必填项。

“‘不过，若是你遇到意外，是否想让银行把钱转给你指定的亲人？’

“‘是的，自然愿意。’他这样说。

“‘那你是不是应该把这位亲人的姓名说与我们知晓，能让我们到时按你的意思处理不至于出错、拖延。’

“‘是的。’他再次说。

“这样，这个青年人知道了这些资料不是为银行留的，而是为了自己的利益，他的态度缓和了下来。最后，他回答了关于他母亲的信息，不仅填写了所有资料，而且在我的建议下，他指定母亲为法定受益者，办理了信托账户。

“因为一开始我就让这个年轻人回答‘是，是的’这使得他忘记了原本的问题，乐意去做我建议他做的所有事。”

西屋电气公司的业务代表约瑟·艾利森在训练课程上向大家谈了他的经历：

“我负责的区域里有个人，公司一直希望能与其谈生意。可惜前任代表和他接触了10年也没促成一笔业务。我在接管后又与他谈了3年，依旧一无所获。最后，在我们不断地商谈、打电话下，他终于买了一些发动机。于是我充满希望——万事开头难，之后就会轻松许多。

“3个星期后，情绪高昂的我再次拜访他。

“他的总工程师史密斯接待了我，并带给我一个震惊的消息：‘我不能再购买你们的发动机了，艾利森。’

“我惊讶地问他原因。

“他说：‘我不能把手放到发动机上，因为它们太热了。’

“我了解争论是无用的。由于在这方面经验丰富，我想到了‘是’反应的原则。

“我说：‘我完全同意您，史密斯先生。如果发动机过热，那就不要再买了。您这里肯定有合乎电气公司标准的发动机吧？’

“他表示赞同，我获得了第一个‘是’的反应。

“‘依据电气公司的一般规定，其设计的发动机的温度可高出室温72华

氏度，对吗？’

“‘的确是这样。’他表示赞同，‘但不管怎么说你们的产品也是太热了。’

“我并没有和他争辩这个问题，而是问他：‘工厂里温度是多少？’

“他回答道：‘大概 75 华氏度。’

“我说：‘这很困难啊，假设工厂内室温为 75 华氏度，则发动机的温度可以达到 75 华氏度加 72 华氏度，就是 147 华氏度。那么，您要是将手放在 147 华氏度的水管下，是否也会被烫伤呢？’

“‘是这样的。’他不得不表示同意。

“我建议他说：‘好的，既然这样，您是否最好不要把手放到发动机上呢？’

“他承认道：‘我认为你讲得完全正确。’之后数月，我们之间做成了价值近 35000 美元的生意。”

来自加州奥克兰的安迪·史诺先生谈起了因为店主让他做了“是”的反应，于是他成为这家商店主顾的案例。

弓箭狩猎是安迪的兴趣所在，他花了很多钱去购买器材、装备。有一天，安迪的哥哥来访，建议他改换租的方式。安迪因此到他常去的店中咨询，但店员表示店里并不对外租借。

安迪又向另一家店打电话询问，下面是安迪的讲述：

“那是位愉快的男士接听的电话。听过我的询问后他表示很遗憾，原因是店里已经取消这种服务了。他向我询问之前是否向店里租借过，我回答他：‘在好几年前租过。’他又问我当时租用一把弓的价钱是否是超过 25 美元而不到 30 美元。我又回答他：‘是的。’然后，他问我是不是个节约的人，我自然回答道：‘是的。’之后，他解释说，他们正巧在特价销售一套弓箭，总价才 30 多美元，还包括所有小装备。这个意思就是说，只需多掏几美元，我就可以拥有整套器材而不需要租借了。他向我解释道，因为太不划算了，所以店里不再提供租借服务。我自然买下了那套器材，而且还买了其他的东西。从此，我成为店里的常客。”

人类历史上最伟大的哲学家之一——苏格拉底改变了人类的思考方式。由于对纷争的世界影响巨大，即便在 2400 年后的今日，他依旧被奉为最有智慧的说服者。

苏格拉底的秘诀是什么？他会直指他人的错误吗？显而易见，不会。他的方法在当下被称为“苏格拉底法则”，即我们说的“是”反应技巧。他会从对方同意的问题问起，逐渐将对方引导到设定的方向。对话者只能不停地回答“是”，等对话者发觉时，他已经获得了设定好的结论。

所以，你下次告诉别人犯了错误时，请牢记苏格拉底的有效法则，以一些能得到他人“是”反应的温和问题开始。中国有句古语最能表现东方智慧：以柔克刚。

若想让他人信服，你应当记住第五条原则：

先让对方开口说“是，是的”。

6 不只顾自己说，让他人有机会说话

卡耐基名言

1. 当你与他人的意见相左时，请尽量不要阻止他，因为这样的行为徒劳无功。

2. 若你胜过你的朋友，他会变成一个与你敌对的人；若让你的朋友胜过你，你们就将收获和平的友谊。

3. 要做一个谦逊的人，不要时时标榜自己取得的成就，这样才能不招致嫉恨，并为人所喜欢。

很多人都会采取一种极为错误的方法来试图让别人认同自己的意见，即：说很多话。推销员就是最好的例子，他们尤其爱这种得不偿失的错误方法。其实，比起自说自话，倒不如让别人发表自己的意见。因为在一些问题上，他们肯定有比你知道得多的地方，尤其是关于他们自身的事。所以不如问他们一些问题，听他们讲述一些相关的而你不了解的事情。

当你与他人的意见相左时，请尽量不要阻止他，因为这样的行为徒劳无功。当别人还未阐述完自己的观点，想要继续高谈阔论时，他是不会在意你的意见的。所以要学会忍耐，用开放的心态听别人讲话，并真诚地鼓励他阐述自己的意见。

这一原则在商业交往中通行而有效，有其确切的使用价值。下面举例为证：

几年前，美国最大的一家汽车公司在进行一场交易，欲采购一年所需的坐垫布。有三家知名公司在争取这项订单，他们各自做好了样品，分别送交汽车公司进行质量检验，然后他们接到汽车公司发来的通知，三家公司还有最后一次角逐的机会，分别派出代表进行竞争。

R 先生是其中一家公司的代表，他后来在我的培训班上讲述了这段经历。他以代表的身份来到了汽车公司，当时他正生病，患着严重的咽喉炎。“当我参加高级职员会议的时候，我的嗓子哑得几乎说不出话。我被带到办公室，跟该公司的纺织工程师、采购部经理、推销部主任，还有总经理当面洽谈。我站起身想发言时，却发现自己已完全说不出话，只能发出嘶哑的声音。”

“所有人都围坐在桌旁等待着，所以我只好拿起笔在本上写了几个字：很抱歉各位，我的嗓子哑得厉害，说不出话。”

“我替你说吧。”汽车公司的总经理说。接着他替我发言了。他将我带来的样品陈列在桌子上，并详细地说明了产品的优点，丝毫不吝惜赞美之言，于是他的观点引起了在座所有人的热情讨论。在讨论过程中，那位经理一直在替我发言，我只是适当地微笑点头，或做几个简单的手势，借以表达自己的意思。

结果非常令人惊喜，我成功地拿下了这笔订单，汽车公司跟我们签订了 46 万米坐垫布价值 160 万美元的合同。这是我得到的最大一笔订单。

我心里很清楚，倘若不是我的嗓子正逢疾病导致我无法说话，我很有可能拿不到这笔订单，因为我对于整个会谈过程的考虑是错误的。这次经历让我发现，让他人说话，是一件多么有价值的事。

有一个叫范勃的人对此也颇有同感，他是一家电气公司的业务员。下面就让范勃先生讲述一下他的经历：

“有一次，我在宾夕法尼亚州进行一项农业考察。

“我经过一户干净整洁的农家时，向该区的代表问了一句话：‘为什么他们不用电？’

“‘他们是极其抠门的守财奴，你甚至没有办法让他们花钱买下任何东西。’区代表回答，脸上带着厌烦的神情，‘而且他们对公司丝毫没有兴趣。我努力过很多次都没结果，现在已经彻底不抱希望了。’

“也许希望非常渺茫，但我还是决定试一试，我走过去叩响了一家农户的门。门被轻轻地打开一条小缝，一个人探出头来，是老罗根保夫人。

“她一看到门外的公司代表，就当着我们的面将门重重一摔。我又叩了一次门，她把门开了一点儿，并告诉了我她对我们及公司的看法。

“我说：‘我看到你养了一群优质的多米尼克鸡，我打算向你买一些新鲜的鸡蛋。’

“她又把门打开了一些，似乎很好奇，问我：‘你怎么知道我的鸡是多米尼克鸡？’我知道我激发了她的好奇心。

“‘我也养过鸡。’我回答，‘但我发现你家养的多米尼克鸡实在太好了，我从来没有见过比这些鸡更好的。’

“‘那你为什么不用自己的鸡蛋，反而要向我买？’她仍旧心存怀疑。

“‘因为我养的是来格亨鸡，它们下的是白蛋。如果你会烹调的话，应该知道在做蛋糕时，红蛋远胜于白蛋。为此，我的妻子很为她所做的蛋糕自豪。’

“这时，老罗根保夫人才稍稍放心，大着胆子走到廊中，态度也较之前温和了许多。我观察了一下四周，在农场中发现了一座不错的牛棚。

“我说：‘夫人，我敢打赌，你养鸡赚的钱，肯定比你丈夫卖牛奶赚的钱还要多。’

“呵！她听了我的话顿时变得兴高采烈，她当然是无比赞同我的看法的，对她赚得比她丈夫多这件事毋庸置疑。但她无论如何也不能让她丈夫也承认这件事。

“她带我们去参观了她的鸡舍，在参观过程中，我留意到她自己发明的一些小装置。我跟她尽可能多地交谈，在几件事上询问她的意见，也向她推荐一些饲料和温度，不多时，我们之间就形成了愉悦的交流氛围。

“过了一会儿，她说她的几位邻居在鸡舍里装置了电光之后效果不错，于是便征求我的意见，该不该也同邻居一样，在鸡舍里装上电灯……

“两个星期以后，老罗根保夫人的鸡舍里也安了电灯。鸡群在电灯的照射下兴奋地叫唤、跳跃。我们都对这个互惠互利的结果十分满意：我得到了订单，老罗根保夫人得到了更多鸡蛋。

“但是如果我不事先设好圈套，将她诱入其中，我是永远也没办法获得这笔订单的。因为我实在没有办法成功地将电卖给这位守财奴式的荷兰妇人。”

其实，任何人都喜欢谈论自己取得的成就而不愿意听别人吹嘘他们自己，即使双方是朋友关系。法国哲学家罗西法考说过一句话：“若你胜过你的朋友，他会变成一个与你敌对的人；若让你的朋友胜过你，你们就将收获和平的友谊。”

为什么会这样呢？因为当我们的朋友胜过我们时，他们会产生一种自重感，从而获得满足和愉悦；但当我们胜过他们时，他们会产生一种自卑感，进而引发嫉妒与猜忌。

“我们从别人的困境中所收获的快乐，是最纯粹的不掺杂任何杂质的快乐。”这是德国人的一句俗语。是啊，有些人恐怕从你的苦难中获得的满足感更多，远甚于看到你的胜利，哪怕他是你的朋友。所以，要做一个谦逊的人，不要时时标榜自己取得的成就，这样才能不招致嫉恨，并为人所喜欢。

我们本应谦逊，因为我们都是普通人，并没有什么了不起的地方。百年之后，我们都会变成一抔黄土，继而被人遗忘。生命实在过于短促，若总是高谈阔论自己的小小成就，免不了使人厌烦，与之相对，我们要善于鼓励他人说话。

所以，要想获得别人的信任与敬服，请记住第六条原则：

多让对方讲话。

7　不将自己的意见强加于人

卡耐基名言

1. 谁都不会想要他人强行推销给自己的东西，也不愿意被他人强逼着去做什么。自己想买什么就买什么，想做什么就做什么，完全按照自己的意志——这是大家都喜欢的。我们都希望别人能够征求我们的意愿、需要和看法。

2. 江海汪洋之所以能成其大，奥秘就在于它明白要放低自身的位置。

阿道夫·赛兹是一名汽车展销会的业务经理。在工作中，他发现自己公司的员工上班时都无精打采，懒散怠慢。阿道夫·赛兹下定决心改变公司的现状。所以，在公司召开的业务会议上，他让员工提出自己对公司的期望，并把这些写到展示牌上公布出来，并答应会努力满足大家的要求，之后他也向员工提出了自己的要求：努力忠诚、积极进取、乐观向上、有集体责任感、每天8小时全身心投入到工作中等等。大家在会议结束后都变得精神高涨，充满活力。在之后的报告中赛兹提到，不仅如此，甚至还有一个员工自愿每天工作14小时。从此以后，公司的业务慢慢红火起来。

赛兹认为："我跟员工做了一次道德上的交易。也就是说，我们要各自履行自己的承诺，我还征求了他们的期望与需求，而这样做恰恰迎合了他们的需求。"

谁都不会想要他人强行推销给自己的东西，也不愿意被他人强逼着去做什么。自己想买什么就买什么，想做什么就做什么，完全按照自己的意志——这是大家都喜欢的。我们都希望别人能够征求我们的意愿、需要和看法。

韦森先生是一名业务员，他的工作主要是把新设计的草图推销给服装设计师以及服装生产商。他一直坚持登门拜访一位在纽约很有声望的服装设计师，3 年来，每个星期或是每隔一个星期，从未间断过。韦森说：“他总是接受我的拜访，但是却从不购买我的草图。他会认真地看看我的产品，接着对我说：‘韦森先生，很抱歉，恐怕今天你又要失望而归了。’”

在失败了 150 次以后，韦森先生意识到自己的问题：自己太过于循规蹈矩了。于是，他决定好好学习人与人交往的相关知识，这样就能使自己领悟新的理念，得到新的力量。

然后，他开始实施自己的新计划。他还是照样去拜访那位设计师，同时带着几张半成品。他对设计师说：“我这里有几张草图，希望能得到您的意见，帮我完成设计图，使它们能更好地满足你们的需求。”

设计师默默地看了看我设计的草图，接着对韦森说：“先把它们放下，等过几天你再来吧。”

韦森等了 3 天，然后又找那位设计师，他得到了自己想要的东西——设计师的意见，于是他连忙把这些半成品带回办公室修改，当然，他是按照设计师的意见修改的。然后呢？“我以前的做法是错误的，我不应该一直向他推销我提供的草图。我之所以让他给我提意见，是因为这样一来，他就成了设计图的作者。换句话说，不是我向他推销东西，而是他主动购买了我的东西。”

这里还有一个典型的例子：L 医生在一家大型医院上班，这家医院位于纽约的布鲁克林区。因为医院需要购买一台 X 光设备，所以吸引了很多生产商，他们争先恐后地推销自己的设备，这使得 L 医生不得安生，不胜其烦，因为他就是 X 光室的负责人。

但是，也并不是所有的生产商都很惹人讨厌，其中就有这么一家生产商，他们的推销手段很高明——他们写了一封信：

“我们有一套 X 光设备刚研制出来，已经运到了公司。但是我们感觉这套设备还有待改进，所以，我们诚挚地邀请您能抽空前来指导一下，我们将不胜感激。当然，我们不会耽搁您珍贵的时间，一切都根据您的时间来定，只要您抽空和我们联系，我们一定会立刻派人开车去接您。”

L 医生说：“以前还从来没有厂家征求过我们的意见，所以看完信以后，我非常惊讶，同时，我也感觉自己的作用变得非常重要。尽管当时我每天都加班到很晚，我还是尽量抽出时间去看了看那套需要改进的设备，为此我甚至还取消了一个约会。结果呢？我一发而不可收，越来越喜欢那套 X 光设备了。

“最后在我的极力推荐下，医院买下了这套设备。而从头到尾，这家生产商都没有向我推销过他们的产品。”

同样的事情也发生在我和一个加拿大人之间。我当时想去新布朗斯维克划船钓鱼，于是就给当地旅游局写信，想让他们给我邮寄一些资料。在接下来的日子里，我接到了很多营地和向导寄给我的信件和资料，数量太多了，我都有点儿不知所措了。其中有一位营地主人非常聪明，他给我寄来一封信，告诉我很多曾经去过他们营地的纽约人的联系方式和姓名，目的是想让我自己打电话咨询这些老客户，看看这个营地的服务口碑如何。

我在这些信息中居然看到了某个朋友的名字，于是，我赶紧拨通了电话，看看他会怎么评价那个营地。最后的结果就是，我给那个营地打电话联系了一下，并告知了我到达他们那里的时间。

在中国有一位名叫老子的圣人，他的一些话或许对我们依然有帮助：江海汪洋之所以能成其大，奥秘就在于它明白要放低自身的位置。想要领导人民，首先要躬身为民；想要民众追随你，你必须先要跟随他们的脚步，圣人也不例外；所以，即使圣人高高在上，老百姓也不会觉得被压在下面；即使圣人领导在前，民众也不会感觉受到伤害。

因此，倘若你想要别人对你信服，就一定要遵守这第七条原则：

不要让别人觉得你是在把自己的意愿强加给他们，要让他们自己心甘情愿。

8 站在他人的角度思考问题

卡耐基名言

1. 探索对方产生这样的思想和行为的深层原因，你便获得了了解他人思想和行为的秘诀。

2. 始终从对方的立场出发考虑问题，看事情，就像站在自己的立场上一样，这或许会成为决定你事业成功的一个关键因素。

工作或生活中，你肯定会遇到这样的情况：对方可能就是错了，但他不以为然。面对这种情况，不要轻易埋怨别人，因为这是最愚蠢的方式。而聪明、懂得包容的人会试着换个立场，去了解这个人为什么这么做。

探索对方产生这样的思想和行为的深层原因，你便获得了了解他人思想和行为的秘诀。若想找到这个秘诀，你就必须换个角度，将自己放在对方的立场上考虑问题。

如果你会对自己这么说："假如我也面临当时他遇到的困难，我的感受是什么？我又会有什么样的反应？"这样的话，你可以节省很多埋怨的时间，也省去不少烦恼，还能学到和人相处的技巧。

很多年来，空闲的时候，我经常到一个离家很近的公园去散步、骑马，就像古时高卢人的传教士崇拜橡树一样，每当我看到有小树或灌木被火烧毁时，我就感到非常伤心。烧掉灌木的火并不是由那些大意的吸烟者引起的，大部分是那些到公园里野炊的孩子导致的。有时候火势猛烈，不得不叫来消防员灭火。

公园里有一块布告牌，上面清楚地写着：凡纵火者将被罚款或拘禁。可是这个布告牌在公园里比较隐蔽的地方，所以儿童几乎不会注意到这块布告牌。

当时，照看这座公园的是一位骑马的警察，但由于他对这份工作的负责程度不够，因此足以烧毁树木的大火还是会经常发生。有一次，我看到公园里一场大火正在蔓延，就跑去告诉警察，希望他能通知消防队来灭火。但是，他却态度冷淡地说，这种事情与他无关，因为公园不在他的管辖范围内。我不能理解他的这种做法。经过这件事，后来我去公园骑马的时候，我会主动承担起保护公园公共场合安全的义务。起初，我并没有从儿童的立场出发来看待这件事，每当我看到树下起火时我就不高兴，急于劝阻他们。我告诫他们，并用严厉的语气要求他们立刻把火扑灭。假如有人不这么做，我就会威胁说要把他们交给警察。当时我只是在发泄我的不满，却丝毫没有在意孩子们的感受。

结果怎样呢？孩子们顺从了——怀着一种不满的情绪顺从的。所以当我离开后，他们又把火重新点着，甚至想把公园全部烧掉。

后来，我学到了一些处理人际关系的方法和技巧，我不再盲目地要求或者恐吓他们，而是骑马到他们跟前说："孩子们，这样很好玩对吗？你们是在做晚餐吗？在我还是一个孩子的时候，我也爱玩火，甚至，我现在也觉得很好玩。可是，你们应该明白，在公园里生火特别不安全。我明白你们不是故意这么做的，可是有的孩子看见你们在这里生火，就会模仿你们，但是他们不会像你们这样小心谨慎，万一离开的时候忘记把火扑灭，火很容易蔓延，烧毁树木。如果我们不谨慎，这里以后可能就不会有树林了。而且，在这里生火，你们还有可能被捕入狱。我不阻碍你们玩，也很乐意看到你们玩得开心。不过，我希望你们在离开以前，小心地用土把火埋起来，火堆还要远离树叶以免起火。另外，你们下次再生火玩的话，可不可以去山那边的沙滩上？那里比这边安全一些。非常感谢你们的配合，孩子们。祝你们玩得开心。"

这种说话方式会使情形发生很大的转变。我在处理这件事情时，考虑到了孩子们的感受，这样的话，孩子们会非常配合，不会有埋怨和不满。因为他们没有被威胁着必须遵守规定，而且他们也不会觉得不被尊重。这样我们双方都会感觉良好。

"在与人交谈以前，如果我对于我要说的，以及他要回答的内容没有一个大致了解的话，我宁可在那人办公室外面的人行道上走两小时。"哈佛商学院的一位院士说。

假如你在读完这本书后学到了这样做——始终从对方的立场出发考虑问题，看事情，就像站在自己的立场上一样，这或许会成为决定你事业成功的一个关键因素。

因此，要想让别人信服你，你要遵循第八条原则：

尽量站在别人的立场上考虑问题。

9 学会同情对方的意愿

卡耐基名言

1. 有这样一句神奇的妙语，它能让人们停止辩论，消除他人的厌恶感，并给别人留下一个好印象，还可以让对方认真聆听你的讲话。这句话就是："你有这样的感觉，我一点儿也不觉得奇怪。假如我是你，我也会产生这样的感觉。"

2. 人们大都会寻求他人的同情。儿童急切地向他人展示自己被伤害，甚至故意被割伤或打伤，来博取大家的同情。

有这样一句神奇的妙语，它能让人们停止辩论，消除他人的厌恶感，并给别人留下一个好印象，还可以让对方认真聆听你的讲话。你肯定迫切地想知道这句神奇的妙语是什么吧？这句话就是："你有这样的感觉，我一点儿也不觉得奇怪。假如我是你，我也会产生这样的感觉。"

与这句话相似的回答，足以应付那些挑剔和老奸巨猾的人。你可以非常真诚地说出这样一句话，假如你是对方，你也会有和对方相同的感觉。

比如，因为你的父母不是响尾蛇，所以你也不可能是一条响尾蛇。而你不会与牛接吻，也不信奉蛇为神，其中的原因就是你没有生活在布拉马普特拉河岸的一个印度家庭中。

现在的你，没有什么可以值得骄傲的。你也要明白，你遇到的那些暴躁、古板、不理智的人，他们会变成这样，并不代表他们有很大的过错，我们应该同情、怜悯、惋惜那些人。高约翰就是这么做的。如果他看到街上有喝得摇摇晃晃的醉汉，他便会说："假如没有上帝的恩赐，我也会变成那样。"

你将要遇见的人，有四分之三渴望被别人同情。同情他们，他们会立刻喜欢你。

有一次，我在播音的时候提到了《小妇人》的作者奥尔科特。其实，我知道她的故乡是马萨诸塞州的康科特，也是在那里她写下了杰出的作品。而当时我一不小心，说我曾经到新罕布什尔的康科特去凭吊过她的故居。假如我只提到一次新罕布什尔，或许是可以被原谅的，但很不幸，我竟然提了两次。一时间，我被函件、电报包围了，指责的语言像毒蜂似的包围着我，那些信的内容大多是愤怒的，甚至有几封是带着侮辱的。其中有一位美国的老太太，康科特人，当时在费城居住，对我发泄了她内心强烈的怒火。即使我说奥尔科特女士是来自新几内亚的食人者，也不足以承受她的这种辱骂。当我读那封信时，我默默地对自己说："感谢上帝，我没有娶这个女人。"我想写信告诉她，虽然我犯了一个地理常识的错误，但是她犯了一个更大的常规礼仪上的错误。我想要以那样的语句开始，甚至要卷起袖子来告诉她我真实的想法了。可是我并不是这么做的，我克制住了自己。因为我知道那是冲昏了头的傻子的做法——而大多数人就是那么做的。

我不能像傻子那样去做，所以我要将她的怒意转变为善意。这对我来说是一个挑战，但我有足以应付这种事情的技巧。我安慰自己："假如我是她，我可能会和她有同样的感觉。"我对她的观点表示赞同。后来我再去费城的时候，给她打了电话。我们谈话的内容，大概是这样的：

——XX夫人，在几周以前，你给我写过一封信。我要为此感谢你。

——请问你是谁？（明确、文雅、高尚的语调）

——我的名字是戴尔·卡耐基。对你来说，我可能是一个陌生人。你听过我讲奥尔科特的播音，当时我犯了一个不可饶恕的错误，因为我错说了奥尔科特住在新罕布什尔的康科特。这真是一个很愚蠢的错误，我应该为此道歉。而你为此花时间写信给我，非常好。

——卡耐基先生，我也深感抱歉。我在那封信里发了脾气，我也应该道歉。

——不！你不需要道歉，该道歉的是我。因为任何一个学过地理知识的人，都不会犯像我这样的错误。在接下来的一次播音里我已经正式道过歉了，现在我要向你单独道歉。

——我在马萨诸塞州康科特出生。200年来，我的家庭在那里都很有名望，我也对自己的家乡感到非常自豪。所以当听你说到奥尔科特女士生在新罕布什尔时，我感到非常难过。而现在，我非常惭愧写了那封信。

——说实话，你的痛苦可能不及我的十分之一。对于马萨诸塞州来说，我的错误没有害处，但这却伤害了我。而像你这样有地位和名望的人，很少会花时间给在无线电台做播音的人写信。假如在我以后的演讲中你又发现了错误，我还是非常希望你能再写信提醒我。

——的确，我非常喜欢你这种接受别人批评的态度。你一定是一个很好的人，我希望和你有更多的交流。

向她道歉并认同她的观点，最后我也得到了她的道歉以及她对我的同情。因为控制自己的情绪，我有所收获，善意地对待侮辱自己的人，我也从中获得了无穷的乐趣。

入住白宫的人，几乎每天都会遇到人际关系中的棘手问题，塔夫脱总统当然也不例外。从他的经验来看，他了解同情在消除厌恶感时的最大价值。在塔夫脱总统《服务的道德》一书中，他举了这样一个很有趣的例子，说明了他是如何让一位失望而有志气的母亲走出愤怒从而变得平静的。

华盛顿有一个妇人，她的丈夫在政界颇有势力。她在我这里纠缠了 6 个多星期，希望我能给她的儿子安排一个职位。她的要求得到了大部分参议员的赞同，而且他们经常一起来。不过她看中的这个职位需要有相应的技术资格，并且该部部长已经举荐并委任了另一个人。后来，我收到了这个母亲写给我的一封信，在信里她说我是一个忘恩负义的人，因为我没能让她成为一个快乐的妇人，本来我很容易可以达到她的目的的。可是她还在进一步抱怨，说她和她的州代表，为我一个特别重视的行政议案努力争取到了所有的选票，而我却这样报答她。

假如你收到了这样一封信，可能你要做的第一件事，是严肃地对待一个有些唐突或无礼的人，于是你会那样给她回信。可是，假如你真的聪明的话，你会将这封回信放在抽屉里并锁起来，等两天之后再拿出来做决定。面对这样的信件，迟两天再做决定，因为当你隔一段时间再取出来看时，也许你就不会将回信寄出。而这就是我当时的做法。后来，我又给她写了一封语气客气的信，在信里告诉她我明白作为一个母亲，在这种情况下肯定会失望，但那个职位并不是由我随意决定的，那个职位需要一个有技术资格的人，所以我要接受该部部长的举荐。我还希望她的儿子能在他当时的位置上取得她丈夫那样的成就。我的那封信平息了她的怒火，后来她给我写了一封短信，说她很抱歉曾经写过那样一封信。

由于之前的委任并没有即刻执行，后来，我又收到了一封信，据说是她丈夫写来的，但是笔迹与其他的信件完全相同。信里说，由于对这件事感到失望，她现在变得神经衰弱，而且已经卧床不起，并且还有严重的胃痛。他问我可否将已经委任的这个人换成他们的儿子，以使她恢复健康？

看来我必须再写一封给她丈夫的信。在信中我对他夫人的病痛表示深切的忧虑，希望这样的诊断不是真的。可是对于将已经确定的名字替换掉这件事，我是做不到的，毕竟这个委任的人已经是确定的了。接到那封信的两天后，我们在白宫举办了一场音乐会，最先到场并向我夫人和我打招呼的就是这对夫妇，而这位夫人不久前还装病寻求同情。

伍勒的美国第一位音乐经纪人的地位是毋庸置疑的，他和世界上那些著名的艺术家打了22年的交道，比如夏里亚宾、邓肯和潘洛佛等等。伍勒先生告诉我说，当他和那些脾气古怪的艺术家交往时，得到的第一个经验就是同情——为那些艺术家可笑而古怪的性情表现出的同情。

有3年的时间，他都是以夏里亚宾演唱会的经纪人的身份出现——夏里亚宾是最能打动纽约大都会歌剧院的观众的一位低音歌唱家。可是，夏里亚宾日常的举动就像一个被宠坏了的孩子，用伍勒先生自己的话来说就是，“他在各方面都表现得很糟糕”。

比如说，夏里亚宾在他开演唱会的那天中午，会打电话给伍勒先生：“伍勒先生，我的喉咙破了，现在觉得非常不舒服。可能我今晚不能唱歌了。”伍勒先生当时与他争辩了吗？没有，他知道，作为经纪人，他不能那么做。于是，他跑到了夏里亚宾所在的旅馆，向他表示同情。“太不幸了，”伍勒先生惋惜地说，“多可惜，我可怜的朋友。现在看来你的确是不能唱歌了。我会立刻取消这场演唱会，这需要你花费两三千美元的违约费。不过和你的名誉相比，这应该算不上什么。”

后来，夏里亚宾说：“要不你下午再来，等到5点钟，我再看看那时感觉怎么样。”

到了下午5点多，伍勒先生再次来到夏里亚宾所在的旅馆，向他表示同情，并表示要取消演唱会。夏里亚宾却叹息着说：“这样吧，晚一点儿你再过来，到那时我可能会感觉更好一些。”

晚上7点半，这位伟大的低音歌唱家终于答应演唱，但有一个条件：要伍勒先生提前向纽约大都会歌剧院声明说，夏里亚宾因患感冒嗓子不舒服。伍勒先生应和着答应了夏里亚宾的这个要求，因为他明白这是让这位低音歌唱家登台演唱的唯一的办法。

格慈士在他著名的《教育心理学》一书中说：“人们大都会寻求他人的同情。儿童急切地向他人展示自己被伤害，甚至故意被割伤或打伤，来博取大家的同情。成人也会为了同样的理由向大家展示自己受到的伤害，经常向大家讲述他们遇到的意外、疾病，尤其是接受手术时的详情。为了一种真实的或者想象中的不幸而感到‘自怜’，这几乎是全人类的共性。”

所以，假如想使他人信服于你，就要遵循第九条原则：

认同他人的遭遇并表示同情。

10 激发出他人的美好动机

卡耐基名言

1. 任何人做事都有两个很好的理由：一个是看起来很好；另一个是的确很好。

2. 世界上几乎没有一个放之四海而皆准的法则，任何事情都会有例外的情况。

3. 如果没有证据明确表明顾客有问题，那么请相信顾客是有付清欠款的诚意的。

我拜访过大盗杰西·詹姆斯的故乡密苏里州的基尼。他的儿子生活在詹姆斯农场。在那里，杰西儿子的太太给我讲了一些和杰西·詹姆斯有关的故事：他曾抢劫货车和银行，然后把抢来的钱分给附近欠债的农夫，让他们用来偿还贷款。

杰西·詹姆斯应该和“双枪杀手”克劳雷是同一类人，甚至后来还有许多有组织的罪犯，他们都认为自己像“教父”一样，称自己是劫富济贫的理想主义者。可以说，每一个你所遇到的人内心都非常尊重自己，觉得自己是一个无私而伟大的好人。

皮尔庞特·摩根分析，任何人做事都有两个很好的理由：一个是看起来很好；另一个是的确很好。

显然，每一个做事的人都会认为自己的初衷非常好，不需要外人指点。每个人的内心都会把自己的初衷理想化，为自己的行为动机赋予一层美好的含义。所以，假如想改变他人的行为方式，我们就要为他寻找一个看起来非常好的理由。下面，让我们看看汉密尔顿·法瑞尔是如何达到这一目的的：

法瑞尔先生有一个房客，对任何事情都特别挑剔。他在租法瑞尔先生的房子期间，还扬言要从法瑞尔先生家搬走，即使还有4个月租约才到期，但他并不在意，只是告知法瑞尔先生自己要从他家搬走了。

“他们已经在这里住了一整个冬天了。大家都知道，冬天的花费在一年中是最多的。”法瑞尔先生叹息着说，“如果他们搬走了，我在秋天之前很难再把房子租出去。我仿佛看到钞票从我手中随风而去了。”

“按照之前的作风，我会痛骂这个人一顿，然后当着他的面把租约再读一遍，告诉他，如果他现在毁约搬走，他还是要把剩下的租金如数交给我——我是按照租约的约定要求他的。

“可是，我并没有采用这个办法。我对他说：‘杜先生，虽然已经听说您要搬家了，但是我还是不相信您真的会就这么走了。在这么多年的租房经验中，我也了解一些和人性有关的东西。以我对您的了解，我敢肯定，您不会不按租约擅自搬走的。我可以打赌，您一定不会这么做。对吗？’

“可不可以建议您，在这边多住一段时间，好好考虑考虑。一个月之后，您如果还是想搬家，到时候我肯定尊重您的任何决定，特准您搬出去。当然了，我们是会遵守约定的人，而不是动物，决定权掌握在我们自己的手里。

“两个月过去了，这个房客并没有搬走。他又来见我，并按约定付完了剩下的房租。他说他和太太商量之后，决定继续住下去，至少应该住到租约期满。”

诺思克利夫爵士最近发现一份报纸上登了一张照片，是他不愿意公开发表的照片。于是，他写了一封信寄给这份报纸的编辑。信的内容并不是这样：“我不愿意公开发表那张照片，以后请不要再刊登了。”他这样写道：“请不要在报纸上刊登那张照片了，因为我母亲不喜欢。”他并没有直截了当地要求别人不要再刊登那张照片，而是从人人都敬爱母亲的伦理观念出发，激发对方高尚的动机。

小洛克菲勒也深谙其中的道理。他不喜欢摄影记者不经允许为他的子女拍照片，于是他对记者们说：“你们也有孩子，肯定能理解作为父母的感受，也一定知道，孩子太出风头，对他们的成长是不利的。”换一种方式，激发记者们不愿伤害儿童的高尚动机，达到解决问题的目的。

对于这种做法，仍免不了有人怀疑说：“对于诺思克利夫和小洛克菲勒这样的人物，这么做是没有问题的。可是面对那些比较难缠的人，又该怎么办呢？”

的确，世界上几乎没有一个放之四海而皆准的法则，任何事情都会有例外的情况。如果你现在已经有了一个适合的办法，又何必再改呢？即使觉得没有效果，也不妨先试试看啊。

不过，下面这个故事，我相信大家一定很感兴趣。这个故事是我们之前的学员詹姆斯·托马斯讲给我们的：

有一家汽车公司在为6位顾客维修汽车后，这6位顾客拒绝付账，因为他们认为其中有些项目的收费不合理。在汽车修理完毕后，这6位顾客已经签了名，所以汽车公司认为让他们付账是理所应当的。也许这种想法就是错的。接下来，这家汽车公司的信用部还制订了一个详细的要求客户偿还欠款的步骤。大家认为这6位顾客会付账吗？

上门拜访6位顾客，并说明是来催收欠款的；

向顾客再次声明，公司的做法没有问题，顾客拒绝付账是错误的；

因为公司比顾客更了解汽车，所以在收费项目上没有什么好争论的。

最终，公司和顾客仍争论不休。

看到公司的这种做法，有谁会痛痛快快地付账呢？事情一直得不到圆满地解决，公司信用部的经理几乎要和顾客大拼一场。幸亏公司总经理知道了这件事，并详细调查了这次不愿付账的6位顾客。公司的总经理了解到这6位顾客的信用一直很好，也按时还款，唯独这次出了问题。所以，一定是什么地方出了问题，会不会是催讨欠款的方法有误？最后，总经理派詹姆斯·托马斯去向这6位顾客催讨“不可能收回”的欠款。托马斯先生讲述了他的收账方法：

我一一拜访了这6位顾客，目的就是催收欠款——我相信这些账单是没有问题的。不过，我并没有向他们说明这一点，而是向他们解释说，我是来向他们了解公司有没有做错什么事情。

我对他们明确地说，除非听到他们自己的想法，否则我不会发表意见。我还向他们补充说，公司也不会说自己一点儿问题都没有。

我对顾客说，全世界只有他对自己的汽车状况最了解，这是毫无疑问的，但是我们公司也非常关心顾客的汽车。

然后我就让顾客发表自己的看法，并带着一种关注和认同的心态去倾听。

最后，顾客也渐渐冷静下来，我就以一种公平的做法解决了这件事。

“首先，我知道公司在处理这件事时的方法不当，让您觉得委屈并非常生气，这给您的生活带来了困扰，这都是我们公司职员的失误造成的。在此，我向您深表歉意。听完您的讲述，我明白您是一个非常有耐心并且十分正直的人。我这边有件事需要您的帮助，因为只有您最了解这件事，而且只有您才能做得比任何人好。这个是您的账单，我虽然有权力更改，但我还是想交给您处理，无论您对此做什么决定。”

这位顾客有没有修改账单？的确，他修改了，而且还削减了相当一部分。账单的金额在150～400美元之间，他付的是最低限额吗？没错，他坚持拒绝为那些有问题的项目付钱。然而，其他5位顾客的情况要好很多，他们尽量多付款，没有让公司吃亏。但这件事情最好的结局是：两年间，这6位顾客在我们公司每人又买了一辆车。

经验表明，如果没有证据明确表明顾客有问题，那么请相信顾客是有付清欠款的诚意的。大多数顾客都是愿意履行付账义务的，当然也有极少数例外。不过我坚信，即使是那些有赖账倾向的顾客，如果相信他们是诚实的、正直的和有担当的，很多人都会做出善意的决定。

因此，若想让他人诚服于你，就要遵循第十条原则：

激发他人内心的高尚动机。

11 将自己的意图戏剧性地表现出来

卡耐基名言

在这个充满戏剧性的时代中，只用语言表述真理是远远不够的。我们还必须使用一些恰当的表演艺术，来使真理更生动、更有趣地呈现在大家面前。

《费城晚报》曾被一些流言中伤。当时有些人对想在《费城晚报》上刊登广告的人说，由于报纸上的新闻太少、广告太多，因此在读者中间已经没有太大的吸引力。报社必须立刻处理这个问题，防止谣言进一步传播。但是，到底应该怎么做呢？

最后他们想出了这样一个办法：晚报的工作人员把报纸上每日刊登的新闻剪下并分类整理，出版成书，书名定为《一日》。《一日》总共 307 页，这相当于一本 2 美元的书的厚度。最后，晚报工作人员将这本新闻合集《一日》印刷出售，定价 2 美分，而不是 2 美元。

为了向读者证明《费城晚报》除了刊登一些广告，还刊登大量有趣的新闻，晚报发行了售价 2 美分的《一日》。从《一日》在公众中引起的反响来看，这比详尽的数据和理论论证更有说服力。

纽约大学的鲍登和伯西在分析了 15000 个售货面洽案例后，写了一本叫《怎样获得辩论的胜利》的书。在一次演讲中，他们将书中的原则向大家进行讲述，后来，还拍成了电影，数百家大公司的营业部职员都观看过。在电影中，鲍登和伯西不仅完整地讲述了他们研究后所得到的这些原则，并且认真地扮演着各自的角色，在观众面前激烈争论，试图向观众完整表演售货的正确的和错误的方法。

在这个充满戏剧性的时代中，只用语言表述真理是远远不够的。我们还必须使用一些恰当的表演艺术，来使真理更生动、更有趣地呈现在大家面前。

在如何有效地运用戏剧化的力量方面，饰窗专家做得相当不错。比如，销售商在橱窗中陈设一家鼠药制造商制造的新的毒鼠药品的同时，还放了两只活老鼠。那个星期，这家制造商的销量比平时增长了 5 倍。

《美国周刊》的普顿要做一个长篇的市场报告，为一家著名的润肤膏品牌做详细的研究。但他和这家品牌的负责人第一次接洽就彻底失败了。

这家品牌是一个最大，也最可畏的广告业主，普顿要为他们做一个详细的研究。普顿先生承认道："第一次交流的时候，我就发现自己错了，所有的讨论和调查方法都毫无用处。整个过程中，对方在辩论，我也在辩论。他努力想要让我知道我错了，可是我却竭力向他证明我没有错。

"最终，我在这场辩论中胜利了，这个结果我很满意。但会谈结束后，我竟然发现这次会谈并没有取得什么实质性的效果。

"第二次见面，我没有把时间浪费在数字和资料的表格上，而是尽力向他展示事实。

"我走进他的办公室的时候，他正在和别人讲电话。在他打完电话后，我打开了我带的那个箱子，将里面的 32 瓶冷膏的竞争品取了出来。

"每瓶冷膏上都贴有一个标签，上面详细写着调查后的结果。

"结果怎么样？

"他逐个拿起瓶子，并仔细阅读瓶子上的标签，而不是像上次一样和我辩论。这样的展示形式是他前所未见的，于是我们便开始了一次友好的谈话。在谈话的过程中，他还问了一些其他感兴趣的话题。按照约定，我只有 10 分钟的时间向他陈述事实。后来，10 分钟过去了，20 分钟，40 分钟……一小时的时候，我们还在继续交谈。

"我第二次陈述的事实和前一次是完全相同的，但因为这次我用了这样一种戏剧化的表现方式，就成功吸引了他的注意。可以想象，这其中的区别有多大。"

所以，若想别人信服自己，你要遵守第十一条原则：

戏剧性地表现你的意图。

12 鼓励他人做出改变

卡耐基名言

1. 激发竞争，是做事成功的方法，不是钩心斗角，而是激发取胜的欲望。

2. 要激发取胜的欲望！接受他人的挑战！通过激发他人产生向上的欲求是非常有效的！

3. 向他人发出挑战，这是任何成功者都喜爱的竞争环境，是表现自己、争强斗胜的机会，也是证明自身价值的机会。

斯瓦伯有一家工厂，厂里的工人因懒散而不能完成生产指标。斯瓦伯便询问他手下的一位厂长："怎么回事？我知道你是很有能力的人，为什么不能完成规定的生产指标呢？"

"我也不知道该怎么办了，我跟工人们好好谈过，威逼利诱，软硬兼施，都没有效果，他们就是不干活。"厂长抱怨道。

这天正好是傍晚，白班工人正在陆续下班，夜班工人还没有来，于是斯瓦伯对厂长说："给我一支粉笔。"然后他问距离自己最近的一个工人："你们今天做了几个单位？"

"6个。"

斯瓦伯便在地板上写了一个大大的"6"，之后一句话也没有说，直接走了。当夜班工人上班时，他们看见这个"6"后，都很好奇，就问知情人是怎么回事。

"今天老板来过了，"上白班的人说，"他问我们做了几个单位，我们说6个，于是他就在地板上写了个6。"

第二天早晨，斯瓦伯又来到工厂，夜班工人已将"6"改为了大大的"7"。

白班工人来上班的时候，看到他们的“6”换成了“7”。好啊，夜班居然认为自己比我们白班工作得好，是不是？那好，我们就给他们点儿颜色看看。于是他们非常专心地加紧工作，在下班前，他们很得意地把“7”改成了“10”。就这样，工厂的情况一天天好转，不久这个生产效率低下的工厂生产力远超其他工厂。这是什么道理呢？

“激发竞争，是做事成功的方法，不是钩心斗角，而是激发取胜的欲望。”斯瓦伯说。要激发取胜的欲望！接受他人的挑战！通过激发他人产生向上的欲求是非常有效的！没有他人的挑战，就不会使罗斯福最终成为美国总统。这位斗士刚从古巴回国之初，就被人们推举为纽约州的候选人，反对者则认为，他不是本州的合法居民，罗斯福因此恐慌而想要退出竞选。此时党魁布拉德用激将法刺激他，罗斯福终于被激怒，大声吼道：“我们圣巨恩山的英雄也不是一个弱者！”

罗斯福经过这一激，又继续奋斗，因此名垂青史。由此可见，这一挑战不仅改变了他一生，也影响了整个美国。

斯瓦伯知道挑战的巨大力量，布拉德知道，史密斯也知道。

史密斯在任纽约州长期间，遇到了一个难题。兴格监狱是魔鬼岛西面最邪恶的最难管理的监狱，许多黑幕和丑闻都从那里传出，而目前那里正缺少一名狱长。史密斯需要一位有能力的人去管理那里，他必须是有着钢铁般意志的人。于是他叫来了劳斯。

史密斯对劳斯说：“你去管理兴格监狱吧，那里非常需要像你这样有经验的人去治理。”

劳斯有些为难，他知道那个监狱非常危险，那是一个关乎政治的差事，自己会受到政局变化的影响。并且那里的狱长更换得很频繁，有一位仅仅在职3个星期就被撤了。他考虑到个人事业的发展，觉得那里也许并不值得他去冒风险。

史密斯看出劳斯的忧虑，他笑着靠到椅子上，对他说：“年轻人，我理解你的害怕，毕竟那里确实不太平，非得有个大人物去治理才行。”

史密斯就这样发出了挑战，劳斯一定想要挑战一下只有大人物才能搞定的工作。于是他去了，并且常驻那边，成为在那里任职时间最长、最负盛名的狱长。后来，他写了《我在兴格监狱的两年》一书，销售量有几十万册。他不仅应邀到电台接受采访，他在监狱的经历还被拍成了数十部电影。他在管理中运用了很多“人性化”的方法，带动了许多其他监狱的改革。

向他人发出挑战，这是任何成功者都喜爱的竞争环境，是表现自己、争强斗胜的机会，也是证明自身价值的机会。所以，如果你想让一个富有上进精神、血气方刚的人赞同你的提议，你就应该记住这第十二条原则：

激发他人的竞争意识，使其勇于做出改变。

[illegible]

[illegible]

[illegible]

[illegible]

[illegible]

[illegible]

[illegible]

[illegible]

[illegible]

[illegible]

[illegible]

第四篇

七个角度，让你更好地说服他人

1 欣赏他人，并适时称赞

卡耐基名言

1. 当我们在听到他人对我们的优点的真诚赞扬之后，就算他们此时再表达一些对我们的意见和看法，我们也能欣然接受。

2. 说服他人之前，首先要真诚地表达称赞和欣赏之意。

在柯立芝总统执政期间，我的一个朋友在一个周末受邀去白宫做客。就在他走进总统的私人办公室时，正好听到总统对他的一位女秘书说："你是个漂亮的女孩子，今早的穿着打扮也很迷人。"

这可能是一向吝惜言辞的柯立芝总统一生中说过的最动人的称赞了。这确实出乎意料，有些不寻常，所以女秘书不知所措，面红耳赤。柯立芝接着说："其实你不必不好意思，我称赞你是为了能够让你不至于因为后面的话感到伤心，我希望你今后能多注意一下你的缺点。"

柯立芝总统的这种做法似乎太过明显了，但是仍然可以看出他运用的心理技巧——当我们在听到他人对我们的优点的真诚赞扬之后，就算他们此时再表达一些对我们的意见和看法，我们也能欣然接受。这就像理发师在给人修面之前，要先在脸上涂一层肥皂一样。麦金莱在 1896 年的那次总统选举中也采取了同样的做法。

当时一位很著名的共和党人为麦金莱写了一篇竞选演讲稿，他个人认为写得非常好，甚至西西洛、亨利和范布斯德三个人一起也写不出这么好的稿子。于是他非常得意地将他的不朽之作大声朗读给麦金莱听。这篇演讲稿确实不错，但是有些地方太犀利，在讲出之后必然会引起一场批评的风波，所以麦金莱觉得不太合心意。但是他又不愿意直接说"不"，这会伤害这位作者的感情，会扑灭他的满腔热忱。于是，他想出了一个巧妙的办法来处理这件事。

麦金莱说："我的朋友，这篇稿子写得太棒了，真是一篇伟大之作。我看这世上除了你没有人能写出这样的稿子了。在许多场合我都可以用它来演讲，但是我总觉得它不太适合现在这种特殊场合。也许从你的立场看，这篇稿子非常合理，没有任何问题，但是我必须顾全我所代表的政党的立场，来考虑它所带来的影响。不如你回去，按照我的想法，重新修改一下，再送过来。"

于是作家就回去修改了，之后麦金莱又加以润色，并最后敲定。最终麦金莱凭借这篇演讲稿脱颖而出，成为这次竞选中非常有影响力的候选人。

林肯写过两封非常著名的信，下面是其中的第二封信（第一封是写给比克斯贝夫人的，信中表达了对她在战争中失去了 5 个儿子的哀悼之情）。这封林肯只用了 5 分钟写的信，在 1926 年公开拍卖并以 1.2 万美元成交——比林肯苦干 50 年的积蓄还要多。

这封信写于 1862 年 4 月 26 日——内战最黑暗的时期。一年半以来，林肯的将领所带领的联军屡屡失败，数以千计的士兵从军中逃跑，就连共和党的议员也有人叛乱，逼林肯退位离开白宫。林肯说："我们正处在灭亡的边缘，仿佛上帝都不再眷顾我们，我几乎看不到一丝希望的曙光。"这封信就写于这个充满黑暗、忧虑、混乱的时期。

接下来我们来看看总统先生是怎么说服一位不安分的将军的，而且正当这位将军的行动关乎着国家命运的时候。这恐怕是林肯担任总统以来写过的最犀利的一封信。请注意，在林肯指出将军所犯的严重错误之前，他先称赞了胡格将军。

那可是些非常严重的错误，但是林肯并没有直接指责，而是表达得非常委婉，充分体现了他的外交手段。他写道："对于你所做的有些事，我并不十分满意。"下面是致胡格将军的信：

> 我已经让你来当波托马克的陆军司令，当然，我这样做自然是基于对你的信赖。但是我想你最好知道，对于你所做的有些事，我并不十分满意。
>
> 我相信你是一位有勇有谋的将军，这正是我所欣赏的。我也相信你不会混淆政治立场和军务职责，在这件事上你做得也很对。同时你很自信，那是一种难得的、不可或缺的性格。
>
> 你是一位有志气的将领，这在一定程度上是有益无害的。但当我任命波恩赛将军带领军队的时候，你却出于个人的因素，竭力阻挠。在这件事上，你对不起我们的国家，也对不起这位战功赫赫的同僚，这是一个极

大的过错。

我听说你最近提到军队和政府都需要一位铁腕人物。我并不是因为这个，恰是因为没有顾忌这一点，才给了你军队的统治权。

只有取得胜利的将领，才能成为这个铁腕人物。我现在寄希望于你为的是战争的胜利，所以我可以冒险把权力交给你。

政府会提供给你足够的帮助，就像不管是以往还是今后，我们对所有将领所提供的帮助一样，不多也不少。你所表现出的对上司的批评和对将领的不信任，恐怕现在同样的情况也会落到你的身上。我会尽力帮助你消除这样的隐患。

这样的隐患存在于军队中，别说是你，即便是拿破仑再世，都别想从军中得到什么好处。现在你一定要小心，不要草率，要竭尽全力，争取我们最后的胜利。

从这封信中，隐约可以看到林肯非常严厉的谴责之意，但是从字面上看却是委婉诚恳，徐徐劝说。那位将军面对此信，会做何感想？难道不会由衷地感动而心甘情愿地效力吗？这就是林肯的过人之处啊。

当然，你不是柯立芝、麦金莱或林肯，但你务必要懂得这种处世哲学对你的生活和工作的重要性。接下来，让我们看看费城华克公司的高伍先生的事例。

高伍先生是一个普通人，跟你我一样。他是我在费城所举办的一个班里的学生，在一次培训班的演讲中，他讲述了这样一个故事：

华克公司在费城承包了一栋办公楼的建筑工程，按照合同要在规定日期内完工。直到工程快要完工的时候，一切都还非常顺利。突然一天，负责提供外部装饰材料的供应商声称不能按时供货。如果这样，整个工程就不能按时交工，影响非常严重——若到期不交，则要付巨额罚款，损失实在惨重，这全归咎于这家供应商。

接下来是电话争辩、激烈的交涉，但都没有用。于是公司派高伍先生前往纽约去拔这头狮子的胡须。

高伍先生一踏进这位经理的办公室就问道："你知道吗，在布鲁克林没有一个人跟你是同名的？你的姓名是独一无二的。"这位经理诧异地回答："不，我不知道。"

"是吗？我今早下了火车，查找你在电话簿上的地址，发现布鲁克林只有你是这个姓名。"

"我从来没注意过。"这位经理听到这儿，就饶有兴致地查阅起电话簿来，并且自豪地说，"那不是普通的姓名，我的家族是200多年以前从荷兰迁徙过来的。”接下来的几分钟，他一直在谈论他的家庭和他的祖先。等他说完，高伍又立刻恭维他道：“你有一家这么大的工厂，比我参观过的几家同类工厂都要好，这是我见过的最整洁的铜制品工厂了。”

这位经理说：“我耗费了一生的精力来经营这家工厂，并为此感到自豪，你愿意参观一下吗？”在参观过程中，高伍先生不断地恭维构造系统，并详细地讲述这家工厂比其他竞争对手好的原因，好在哪些地方。高伍先生还评论了几种特别的机器，经理高兴地介绍这些机器的运转原理及如何生产出优良的产品，并坚持要请高伍先生吃午饭。直到此时，高伍先生都没有提到他此行的目的。

午餐过后，经理说：“现在我们来谈谈正事，我当然知道你是为了什么而来的。没想到我们的见面会是如此愉快，现在你可以带着我的承诺回去了，就算延迟其他订单的交货期，你们的材料制造出来后我保证一定按时送到。”

高伍先生甚至都没有开口提，就得到了希望的结果。材料按时到货，整个工程在合约期内完工。如果高伍先生用常见的做法，在面对矛盾时冲动和争论，他能得到这种结果吗？

因此，如果你想说服他人，应该遵循的第一条原则是：

说服他人之前，首先要真诚地表达称赞和欣赏之意。

2 指出错误时，方式要委婉间接

卡耐基名言

1. 许多人喜欢在一番真诚的赞美之后，话锋一转，加上“但是”两个字，然后开始长篇地批评。

2. 委婉地指出别人的错误，相比直接说出来，更显温和，并且不会引起对方的反感。

查理·斯瓦伯是一家钢铁厂的老板，一天下午他在厂里撞见几个员工在抽烟，而就在他们的头顶上挂着那块“请勿吸烟”的牌子。接下来夏布先生是怎么处理这件事的呢？他并没有严厉地批评他们：“看不懂牌子上的字吗？”而是走过去，给每个人递了一根烟，心平气和地说：“老兄，如果你们抽烟的时候能去外面，我将十分感激。”员工们听到这话，当然知道是自己破坏了规矩，但是老板非但没有批评他们，反而给了他们一根烟，试想，这样的老板不值得敬重吗？

约翰·瓦纳梅克每天都会去自己的店里转转。有一次，他正巧看到店员们聚在一起嬉笑聊天，而没有人注意到一位女士在柜台前等着结账。瓦纳梅克没有说什么，只是静静地走过去招呼那位顾客，并亲自结账。之后他把东西交给店员去打包，便走开了。

通常，大公司或大机构的领导是难得一见的。他们确实很忙，但主要还是下属们不愿增加上司的负担，因此过分保护他们，私自拦下了不少求见者。卡尔·朗佛在任职佛罗里达州奥兰多市——迪斯尼乐园的所在地的市长期间，采取了“开门政策”，就是要求下属不要阻拦想见他的市民，但是秘书和管理人员还是常常私下里把很多市民挡在门外。

后来，市长把办公室的门拆掉，这才解决了这个问题。因为这一举动向市民和下属显示了他的决心，下属们这才认真对待起朗佛市长提出的要求。

许多人喜欢在一番真诚的赞美之后，话锋一转，加上“但是”两个字，然后开始长篇地批评。举个例子，有些家长想让孩子对学习更加上心，可能会这样说：“杰克，我们很高兴看到你这次成绩进步了。但是，如果你能再把数学成绩提高一下就更好了。”

这个例子里，杰克原本以为父母是要鼓励自己的，但是在听到“但是”两个字之后，就对之前的赞美产生了怀疑。这样一来，他会觉得赞美只是通向批评的前奏而已。如此久而久之，不但赞美的真实性大打折扣，那些批评建议也不会带来什么积极影响。

只要我们稍微改变一下说法，结果就会大大改观。家长可以这样对他说：“杰克，我们很高兴看到你这次成绩进步了，如果你在数学方面继续努力，相信下次，数学成绩也会跟其他科目一样好的。”

就像这样，杰克一定会接受这些赞美，因为后边没有跟着“但是”，而且同时提出了改进的方向，他会因此知道怎么去做以满足我们对他的期望。

委婉地指出别人的错误，相比直接说出来，更显温和，并且不会引起对方的反感。马基·雅葛布跟我说过，她是如何做到让建筑工人由懒散到养成下班前清理的良好习惯的。

雅葛布太太需要扩建房屋，就请了几个建筑工人。开始的几天，她每次回到家，整个院子都是乱七八糟的，到处散落着木屑。因为他们技术娴熟，雅葛布太太还想继续聘用他们，于是她想了个方法来解决这个问题。有一天，她等工人们离开之后，和孩子一起把木屑堆在院子一角，把院落清理了一番。次日早上，她便把包工头叫到一边，对他说：“我很喜欢昨天晚上前院收拾得那么干净的样子，避免了邻居说我的闲话。”从那之后，每天完工后工人们都会把院子收拾干净才离开，包工头也开始注意检查前院的卫生情况。

许多预备役军人在受训期间最有意见的就是他们必须要理短发。他们并不认为自己必须像正规军那样做，因为他们仍是普通老百姓。一级上士官哈理·恺撒有次跟我说起，他正好奉命训练一批预备军。按照一般军人的管理办法，他本可以对这些抱怨的人大声训斥或者用军法压制他们，但是他当时并没有那么做，而是采取了迂回战术。

他对他们说：“各位，你们将来会成为领导者，你们现在怎么被领导的，将来也要怎样领导别人。各位都知道军中对短发的规定，虽然我的头发比你们的短很多，但是今天，我就要遵守规定去理发。各位等下都回去照照镜子，如果谁觉得有必要，咱们就安排时间去一趟理发室。”结果正如预期的那样，许多人都回去照了镜子，并且按照规定理好了头发。

如果你想说服他人，那你就要遵循第二条原则：

委婉地指出别人的错误。

3 不要一味地责怪他人

卡耐基名言

1. 听别人数说我们的过错很难，但听别人谦虚地反思他们的不完美，我们就会很容易接受。

2. 承认一个人自身的错误，即使还没有被改正，也可以帮助改善行为。

三年前，我的侄女约瑟芬·卡耐基来到纽约并担任我的秘书一职。那时候她刚刚19岁，高中毕业，丝毫没有工作经验。而如今，她已经变得非常聪慧干练。最开始时，她是那么敏感和脆弱。有一次我正想责怪她，但又马上对自己说："等一下，卡耐基，等一下。你的年纪几乎是约瑟芬的两倍，工作经验更是多出几倍，又怎能要求她和你见解一致，判断独到和拥有自发主动的精神？何况你自己也并非多么出色，你在19岁的时候还是副什么德行？记得你犯下的那些愚蠢不堪的错误吗？记得你曾经做过的这些……还有那些……吗？"

想到这里，我很快就如实地为自己下了定论：相比于19岁的自己，约瑟芬要优秀得多——然而我却很惭愧，之前我并没有看到她的这些优点而称赞她。

于是后来，一旦约瑟芬犯错误时，我总是这样对她说："约瑟芬，你今天的确是犯了一个错误。但是，我从前也经常犯错误。那些敏锐的判断力、洞察力并非是天生的，全是靠后天的经验积累，何况我在你这般年纪时还根本比不上你呢，所以我实在没有资格批评你或者其他人，但依我这些年的经验来看，如果你能这样做的话，想来不是更好吗？"没错，听别人数说我们的过错很难，但听别人谦虚地反思他们的不完美，我们就会很容易接受。

我认识一位加拿大的工程师叫迪利斯通，他一再发现秘书在口授的信件中拼错字，而且常常一面要写错两三个字。那最终他是如何帮秘书改掉这项错误的呢？

“就像大多数工程师一样，别人从不认为我的英文或拼写有多么出色。但有一个习惯我保持了很多年——随身携带一本小笔记簿，我曾经每天在上面记录我拼错的字。虽然我经常指出秘书所犯的错误，可她还是自行其是，丝毫没有改正的态度。于是我决定改变策略，等到下一次再发现她拼错时，我就坐到打字机旁，对她说：

“这字看起来似乎是不对的，这恰好也是我经常拼错的字中的一个，幸好我随身带有笔记簿（我打开笔记簿，翻到那一页）。对了，就在这里。我现在对拼写十分留意，因为外人通常以此来评判我们，而且拼错字也是在暴露我们不够专业。

“我不知后来我的方法她是否真的完全照做，但是很明显，从那次谈话之后，我就很少发现她拼错字了。”

承认一个人自身的错误，即使还没有被改正，也可以帮助改善行为。下面正是克莱伦斯·泽休森讲述的一个真实故事：

有一天他突然发现自己 15 岁的儿子正在学抽烟。“我当然很不希望大卫抽烟，”泽休森说道，“但他的妈妈和我都在抽烟，是我们没有给孩子做出好的表率。后来我就向大卫解释——自己在年轻的时候也喜欢抽烟，而且烟瘾相当大，以至于到现在都无法戒除。我真诚地提醒他，我的咳嗽时常发作，倘若他再抽上几年，也许会和我遭遇相同的情况。”

“我并没有直接劝他戒烟，或是警告他抽烟有多么严重的危害；我只是耐心地告诉他自己如何染上烟瘾，然后受到怎样的严重影响。

“后来大卫想了一阵子，他决定在高中毕业之前暂时不抽烟。之后很多年过去了，大卫再没有抽过烟，并且也没有抽烟的打算。

“上次和他谈过那席话后，我也下定决心要戒烟。幸亏有家人的鼓舞与支持，我最终戒烟成功了。”

当你要说服他人时，第三条原则就是：

在指责别人之前，先反省自己的错误。

4 收起命令指示的态度

卡耐基名言

1. 不要支使别人做什么，而是让他自己去做，这样他就能自己从失败中总结经验。这样更容易让别人改正错误，同时还可以维护他的尊严，让他感觉到自己的重要性，他才会愿意与你保持合作，而不会选择背叛。

2. 失礼的命令会让别人怨恨你——即便这个命令可以帮助他改正错误。

我曾有幸和著名传记作家颐达·塔贝尔一起用餐。席间我谈到我正在写的这本书，她便同我一起讨论怎么和别人相处。她说在写作《欧文传》时曾经和一位姓杨的先生进行过一次谈话。这位先生说欧文从来不使唤别人，只会给出建议。欧文从未说过“去做这个，做那个”或者“别这样，别那样”。他只会说“最好考虑一下”“你觉得那样可行吗？”等。他经常在口授一封信之后问别人觉得信怎么样。助理把写好的信拿给他，他看过后会说“可能这样好一些”。不要支使别人做什么，而是让他自己去做，这样他就能自己从失败中总结经验。这样更容易让别人改正错误，同时还可以维护他的尊严，让他感觉到自己的重要性，他才会愿意与你保持合作，而不会选择背叛。失礼的命令会让别人怨恨你——即便这个命令可以帮助他改正错误。宾夕法尼亚的老师丹·圣雷利曾告诉我这样一件事。

一次，有个学生把车停错了位置，挡住了别人的路。有个老师在教室里就很不客气地问道：“是谁的车挡住了路？”这个学生回答后，这个老师非常严厉地说：“赶紧把车挪开，否则我就喊人拖走。”

这个学生是做错了，车确实不该停在那里。可是，从那次之后，不仅这个学生和这个老师作对，全班同学都对这个老师心存不满，导致这个老师很不得人心。换个角度考虑，如果这个老师当时用另一种方法处理这个问题，是不是结果会好一些呢？如果他当时选择一个比较恰当得体的方式询问："是谁的车挡路了？"然后建议那个学生把车挪走，以便其他人可以进出方便。我觉得这个学生一定会心甘情愿地去做，同时其他同学也不会感到愤怒。

伊恩·麦当劳在南非首都的一家小工厂担任总经理。他所在的工厂专门制作精密机器零件。一次，有人想在他们工厂订购一大批零件，但是必须保证按时交货。因为工厂已经提前安排好了工作进度，所以麦当劳先生也不能确保是否能在这么短的时间内制作出这么多零件。面对这种情况，麦当劳先生没有催工，而是召集了工人一起开会，说明了困难之后便向工人征求意见，讨论该如何处理这次的订单，有没有可以按时交货的好方法等。同时他提议是否可以调整一下工作时间或者个人的工作分配来加快生产速度。工人们各抒己见，都坚持要接下这个订单。他们都坚信自己会做到，并抱着坚定的态度坚持到了最后，完美地完成了这次的任务。

如果你想成为一名合格、睿智的领导者，能够成功说服别人，那就谨记第四条原则：

不要用命令的语气说话，而要用委婉的提问语气。

5 激励他人走向成功

卡耐基名言

1. 说到改变别人，如果我们采取鼓励的态度，去发现他们蕴含的潜能，比之现在，我们可以做到更多。改变他人，绝非戏言。

2. 我们自身潜力极大，只是还没有得到充分开发。我们只是在使用其中一小部分资源。

派洛是我的一个朋友，他的一生都在马戏团中度过，长年在世界各地表演。我喜欢看他驯狗，我发现一点，但凡狗有些许进步，他都会温柔地拍拍它，夸奖它，并奖给它肉吃，很当回事儿。

那并不稀奇，几百年来，人们基本都是这样驯养动物的。如此我就纳闷，为什么当我们在改变一个人时，不愿采取这种方法呢？为什么不用肥肉代替皮鞭呢？为什么不用鼓励代替责骂？进步再小，我们也应当赞美和鼓励他人，助他继续前进。

劳斯狱长已然意识到，即使面对的是兴格监狱中的囚徒，但凡他有进步，也值得褒奖。“我已经意识到，”在一封劳斯狱长写给我的信中他提到，“恰到好处的赏识对试图改变自己的罪犯颇有作用，严苛的责骂或惩罚会适得其反，赏识对他们重建人格也大有裨益。”

我从未受过牢狱之苦——至少现在还没有，但回忆过往，可以发现偶尔几句赞美之言对我的人生帮助非常大。你难道不能在生活中也试着赞美自己吗？

半个世纪以前，那波利的一家工厂里有一位梦想成为歌唱家的孩子，那时他 10 岁，在工厂做工。然而，他的第一位老师却说：“你成不了歌唱家，你嗓音资质太差，就像下雨时刮风的声音。”这无疑是一记沉重的打击。

但他的母亲却将他抱在怀里，这位贫苦的妇女告诉自己的孩子，她知道他可以做到，也已经看到他的进步。这位母亲为了给孩子攒下学习音乐的费用甚至连一双鞋都舍不得买。这位母亲用夸赞和鼓励扭转了孩子的一生，这个孩子的名字你也许听过，他叫卡鲁索。

许多年前，伦敦有一位梦想成为作家的年轻人，但他却被诸多烦恼困扰。他上学仅 4 年时，父亲就因不能及时偿还债款被抓进监狱。最后他终于找到一份工作，在一间老鼠横行的仓库里给黑油瓶贴标签。晚上他就睡在一间破旧的阁楼上，同住的是两个伦敦贫民窟里的野孩子。他对自己的写作能力没有信心，所以他就挑寂静的夜晚偷偷跑出去邮稿件，以免被人嘲笑自己的小说被一篇篇退回。最终他迎来转机，有一篇故事被接受了。事实上他连一个先令都没有得到，但却有一位编辑赞美了他。他欣喜万分，以致在街头徘徊发呆，泪流满面。

一篇小说成功刊登，进而获得承认与赞美，这改变了他的一生。若没有那次赞美，说不定他会一辈子被困在那个老鼠横行的仓库里。他的名字你可能听过，他叫狄更斯。

1922 年，在加利福尼亚住着一位落魄的青年，他几乎难以养活自己的妻子。周末他会到教堂参加唱诗班。这位青年没钱住在城里，就在一座葡萄园里租了间破屋子，每月只需支付 12.5 美元。即使如此，他也无力承担房租。在欠了 10 个月房租之后，他被迫在葡萄园里帮人摘葡萄，以此来还债。他说，除了葡萄，有时他没有其他食物。近乎绝望的他想要放弃自己的歌唱事业，去卖载重汽车维持生计。然而就在这个关头，一位牧师赞美他说："你嗓音真不错，很有天赋，应该去纽约继续学习。"

当年的这位青年最近向我感叹，没有这一句赞美和一点激励，就没有他后来的歌唱事业。那时他筹了 2500 美元向纽约进发。你可能听说过他，他叫席贝德。

说到改变别人，如果我们采取鼓励的态度，去发现他们蕴含的潜能，比之现在，我们可以做到更多。改变他人，绝非戏言。

已故的哈佛教授詹姆斯是美国最著名的心理学家和哲学家之一，曾给世人留下这样一句金玉良言：

我们自身潜力极大，只是还没有得到充分开发。我们只是在使用其中一小部分资源。从广义上讲，人的一生就是这样，远未达到最大极限；有诸多潜能，但大部分从未被开发。

是的，此时的你充满着各种未知的力量，只是你不会利用；在这些你极少使用的力量中，其中一种就是懂得赞美与鼓励他人，发现他人身上的巨大潜能。

所以，要劝导别人，第六条原则是：

赞美别人的每次进步，无论多小，要"诚于嘉许，宽于称道"。

6 鼓励他人改正错误

卡耐基名言

1. 如果你告诉自己的孩子、丈夫，或其他人，他做某件事时真是愚笨，真是没有天赋，他做什么都是错的……那么你差不多消除了他要做出改进的全部动力。

2. 尽量去宽容他人，鼓励他人，这会让事情更容易，让对方知道你相信他拥有完成事情的能力，有对这件事未被发掘的才干——这样他就会为了赢得胜利而日夜练习。

不久之前，我的一位40岁左右的男性朋友订了婚，他的未婚妻劝他去学舞蹈。“恐怕只有天知道，对于舞蹈课我是真的需要学习的，”他这样告诉我，“因为我请的第一个舞蹈老师告诉我，我跳起舞来几乎和20年前最开始学的时候一样，她说我对舞蹈目前是一窍不通，我必须要放低姿态，重新学习。我想她是在很真诚地讲述实情，可她的这些话却令我沮丧，我完全没有了学习的动力，于是我辞掉了她。”

“第二个老师也许在善意地欺骗我，可我喜欢她。她不动声色地对我说，我的舞姿的确有点儿旧派，但基本功却还是很扎实，并且她承诺我很快就能学会几种新的舞步。第一个老师因为太强调我的弱点而让我灰心丧气，而第二个老师恰恰相反，她在不断地发现并称赞我的优点，轻描淡写地提醒我的缺点。‘你真是一个跳舞的天才！’她竟然这样告诉我，如今我也时常这样鼓舞自己。不管过去还是将来，我都清楚我不会是一个很优秀的舞者，可我还是很喜欢她对我这样讲。或许，她说那话仅仅是因为我的报酬，可为什么上一个老师非要不留情面地说那些话呢？

“我知道，不管怎样，如果她没有对我说我有天生的韵律感，我有扎实的舞蹈功底，我就不会一路顺利地坚持下来。她那样鼓励我，让我充满信心，激励我不断进步！”

如果你告诉自己的孩子、丈夫，或其他人，他做某件事时真是愚笨，真是没有天赋，他做什么都是错的……那么你差不多消除了他要做出改进的全部动力。可我们若是能反其道而行之，尽量去宽容他人，鼓励他人，这会让事情更容易，让对方知道你相信他拥有完成事情的能力，有对这件事未被发掘的才干——这样他就会为了赢得胜利而日夜练习。

当你要说服他人时，第八条原则是：

鼓励的办法更容易让他人改正错误。

7 给他人一定的权利

卡耐基名言

1. 永远让对方快乐地做你说的事情。
2. 人类的天性就是获得权威。

1915年，正是第一次世界大战时期，欧洲各国相互残杀，在人类历史上从来没有过这么大规模的战争，美国政府非常吃惊害怕。人们盼望的和平能够实现吗？没有人清楚这些，可是当时的美国总统威尔逊决定试一下，他将派遣一位私人代表，作为和平特使与欧洲的参战各国进行协商。

国务卿布赖恩主张和平，他很想获得这次机会，他知道这将会使他名垂青史。可是，威尔逊却派遣了布赖恩的挚友赫斯上校。赫斯上校感觉很荣幸，可是他还有一个问题，他需要将这个对布赖恩来说不太好的消息告诉他，并且不能惹怒他。

赫斯上校在日记中写道："当布赖恩听说我要作为和平特使去欧洲时，他显然很失望，他告诉我，他曾计划去做这件事。

"我告诉他，总统认为派正式官员去做这件事不太合适，派他去就会引起注意，人们会觉得诧异，他为什么到那里去……"

我们能从赫斯上校的话中洞察其中的深意。赫斯上校其实是在告诉布赖恩，他非常重要，不太适合这个工作，这样的话给布赖恩带来了安慰。

赫斯上校非常聪明并且精于世道，在对待这件事时，他遵守了人际交往中的一个重要的原则：永远让对方快乐地做你说的事情。

有一个我认识的人，他需要推掉很多演讲邀请，其中有朋友的邀请，也有因面子而难以推却的邀请。可是他做得很好。他既拒绝了对方，又让对方无可挑剔。那么，他是如何做的呢？他没有说自己太忙，太这样或那样，而是对对方的邀请表示感谢，并为不能接受感到很对不起，建议另外一个人替他去。这就是说，在对方没来得及产生不快时，就让对方想起另一位演讲者。

拿破仑为他的士兵颁发了1500枚十字勋章，他的18位将军被提升为“法国大将”，他的部队被称为“无敌陆军”，人们感觉他很孩子气。

有人认为拿破仑给了老练的精兵一些“玩物”，但是拿破仑说：“人们原本就受着玩物的控制。”对于拿破仑来说，这种给人授衔和权威的办法很有效， 对你也同样有作用。

纽约斯卡斯代尔的琴德夫人是我的朋友，我告诉她孩子们在她的草地上乱跑，青草被踏坏了，此后，她对这件事非常烦恼。她批评过，也诱导过，可是都没有用。最后，她想到了一个奇妙的办法：她试着给那些孩子中最调皮的孩子一个头衔，使他获得了威信，让那个孩子做她的“侦探”，让他对草坪进行管理，不让人踏入草坪，没想到问题就这样解决了。她的“侦探”在后院生了火，烧红了一根铁条，说谁践踏草坪谁就会被烫伤。

人类的天性就是获得权威，因此假如你想劝说他人，第九条原则是：

让对方快乐地做你说的事情。

第五篇

九个法则，收获幸福的家庭生活

1 别让唠唠叨叨成为习惯

卡耐基名言

在所有的烈火中，在所有地狱魔鬼发明的险恶的毁灭爱情的办法里，喋喋不休是最致命的。它好像毒蛇的汁液一样，一直侵蚀着人们的生命。

拿破仑三世路易·波拿巴和美女欧仁妮·德·蒙蒂若女伯爵相爱并结了婚。他的顾问们觉得，欧仁妮只是一位无足轻重的西班牙伯爵的女儿。但拿破仑反驳道："那又有什么关系呢？"她正值青春年华，优雅妩媚，对他产生了诱惑，让他觉得如神仙般幸福。"我非常喜欢这位我所敬爱的女人，"他说道，"而且我也非常了解她。"

他们婚后的生活拥有美貌、爱情、健康、财富、势力、名誉与信仰——几乎拥有幸福所需要的所有条件，但是，他们婚姻的圣火却并没有绽放出更多的光彩。甚至没有多久，耀眼的圣火就熄灭了，直至化为乌有。拿破仑三世可以给欧仁妮皇后的位子，还能倾尽法兰西之所有，或者献出他全部的爱情，甚至是皇位所拥有的权力，但他却不能做到一点——使她停止唠叨。

嫉妒、多疑的个性使欧仁妮无视他的要求，甚至不让他有私密的空间。当他在处理国政的时候，欧仁妮不经允许就闯入他的办公室，破坏他非常重要的讨论。她不让他有独处时间，害怕他和其他女人来往。她还经常到她姐姐家抱怨她对丈夫的不满。她哭泣、喋喋不休，甚至威胁他，强行进入他的书房，向他发脾气，无休止地谩骂。拿破仑三世，一个堂堂法兰西的皇帝，拥有这么多富丽堂皇的宫殿，却没有一个足以容纳自己的空间，让自己在那里平静内心。

欧仁妮那样做造成了什么后果呢？我们可以在莱茵哈德的精心著作《拿破

仑与欧仁妮：一个帝国悲喜剧》的文字中找到答案："在那以后，拿破仑经常夜里偷偷地从侧门走出去，戴着一顶软帽，把眼睛遮起来，一个亲信跟随着，前往静候他的美女那里；或者像古时候的人们那样遨游于城市中，看一些很久见不到的东西，呼吸一些新鲜的空气。"

然而，所有的后果都是喋喋不休的欧仁妮造成的。她是法国的皇后，还是世界上最美丽的女人。但她喋喋不休的个性，使她即使拥有皇后的位子与美貌，也留不住爱情。这完全是她咎由自取，可怜的女人，她的嫉妒与唠叨使她失去了宝贵的爱情。

在所有的烈火中，在所有地狱魔鬼发明的险恶的毁灭爱情的办法里，喋喋不休是最致命的。它好像毒蛇的汁液一样，一直侵蚀着人们的生命。

托尔斯泰伯爵夫人也明白这一点——可惜她的后悔来得太迟了。她去世以前，对她的女儿们坦白："由于我的原因，你们的父亲才死的。"她的女儿们纷纷痛哭起来，因为她们明白母亲说的是实话：她那无休止的唠叨、没完没了的抱怨、无尽的批评将她们的父亲害死了。

托尔斯泰伯爵及其夫人本应享受优越的环境、快乐的生活。托尔斯泰的著作《战争与和平》和《安娜·卡列尼娜》将永远在世界文学史上闪烁光芒。他非常有威望，他的崇拜者终日跟随他，记住他所讲的每一句话，甚至是一句"我想睡了"这样的话也原封不动地记下。除了各种名誉，托尔斯泰与他的夫人还拥有无尽的财富，耀眼的地位，可爱的孩子……可以说，这样的婚姻真是世间少有。其实，最初的他们的确饱尝幸福的甜蜜，他们还会一起跪在地上，向万能的上帝祈祷，希望能赐予他们更多的快乐。

但是，在一件令人惊讶的事情发生后，托尔斯泰慢慢地变成了另外一个人。他对自己的伟大著作感到羞耻。而且，从那时起，他专心于写一些小册子，宣传和平，号召停止战争、消除贫穷。他坦白说自己曾在青年时犯过各种错误，所以他要真诚地接受耶稣的惩罚。他把自己拥有的地产全都送给了别人，自己过着清贫的日子。他种田、砍树、除草，自己做鞋子，用木碗吃饭，自己打扫屋子，甚至全心全意地爱护他的敌人。

托尔斯泰的悲剧人生，可能要归因于他的婚姻。他的妻子追求奢侈的生活，但他却崇尚简朴；她渴望获得名誉与别人的称赞，但这些对托尔斯泰来说毫无意义；她渴望拥有金钱与财富，可是他视财富如粪土……很多年来，她常常对托尔斯泰责备辱骂，因为托尔斯泰坚持放弃自己书籍的出版权，不收取任何版税，可是她渴望那些书可以变成财富。如果托尔斯泰反对，她就像发疯了似的躺在地上打滚，还拿一瓶鸦片，说要自杀，甚至威胁说要跳井来结束生命。

他们的人生是悲惨的。其实，最初他们结婚的时候，生活得非常幸福。但经过48年的相处以后，他竟然不能忍受和她见面。他的妻子后来终于后悔了，有时到了晚上，这位年老伤心的妻子跪在他面前求情，希望他能为她朗读几十年前他在日记中写的与他们的美丽爱情有关的文字。在读到他们已经永远失去的美丽快乐的时光时，他俩都伤心地哭了。现实的生活和他们很久以前一起做的爱情之梦相差得竟然如此之大。

最终，82 岁的托尔斯泰再也不能忍受他面临的不幸。1910 年 10 月的一个雪夜，他从家里逃了出去——走在寒冷的、漫无目的的黑暗中。11 天后，他因肺病死在一个车站上，他临死的要求竟然是不要让他的妻子出现在他面前。

也许这种结果就是托尔斯泰夫人无休止的唠叨抱怨所造成的。

或许，她确实有许多需要唠叨的事情。但问题是，无休止的唠叨对她有什么好处呢？“可能我的精神真的有点儿问题。”后来，托尔斯泰伯爵夫人这么评价自己。

海勃格在纽约的家事法庭工作了 11 年，他曾查阅数千宗离婚案件，他分析说一个男人离家的主要原因就是他的妻子无休止地唠叨和抱怨。就像《波士顿邮报》所说：“许多做妻子的，正在不断地、一点一点地挖掘自己婚姻的墓穴。”

所以，假如你希望你的家人能够生活得幸福，要遵循的第一条原则是：

切勿喋喋不休！

2　不要用爱绑架彼此

卡耐基名言

1. 英国首相迪斯累里说过：“我一生中也许会犯很多错误，但我永远在计划着为爱情而结婚。”

2. 与人交往时，首先最应该学习的事情就是——不要干涉对方快乐的特殊方法，如果那些方法与我们不发生强烈冲突的话。

英国首相迪斯累里说过：“我一生中也许会犯很多错误，但我永远在计划着为爱情而结婚。”他直到35岁才第一次步入婚姻的殿堂。后来，他向一位极其富有却白发苍苍，比自己大15岁的寡妇恩玛莉求婚。那时外人都在猜测，他们结婚真的是因为爱情吗？连她自己都知道迪斯累里并不爱她，只是为了她的钱。因此，她只要求一件事：让迪斯累里再等一年，这一年时间里她想好好地考察他的品格。在快到一年的时候，她选择和他携手踏入婚姻的殿堂。

这故事听起来也许有些令人啼笑皆非，有点儿矛盾。可在那些充满了破坏、纠葛的婚姻史中，迪斯累里的婚姻是最洋溢着生气的婚姻。他的结婚对象是一位有钱的寡妇，既不青春貌美，也不兰心蕙质。她说话时常夹杂着文字性或者历史性的错误，引人戏谑。比如说，她丝毫不了解希腊人和罗马人哪一个在先，她对服装装扮的审美透露着古怪，对房屋装饰的品位达到了怪异的地步。可她却是一个不折不扣的天才，因为在关于一个女人婚姻中的最要紧的大事——处置男人的艺术上，她的作为的确让人叹服。

她并没有和迪斯累里进行智力抗衡，当迪斯累里与精明的公爵夫人们经过了一整个下午的钩心斗角，身心俱疲地回到家时，恩玛莉会和他谈论些轻松有趣的话题，这让他怡然自得，所有烦恼都一扫而空，他沐浴在恩玛莉的爱慕温存中。和他年长成熟的夫人在家里度过的悠闲岁月，成为他一生中最幸福难忘的时光。她不仅是他的贴心伴侣，忠实亲信，还是他的情感顾问。无论哪天晚上他从众议院里匆匆赶回来，都会把当天的新闻毫无保留地全部对她倾诉，而最重要的是——无论他做了什么，恩玛莉始终坚定地相信她的丈夫。

30 年来，恩玛莉为迪斯累里而活，她希望自己的财产能够使他的生活更加安稳静好。而对于迪斯累里来说，恩玛莉是他的女英雄——在她去世以后，迪斯累里才成为伯爵。可在他还是布衣平民的时候，就已经开始劝说维多利亚女王擢升恩玛莉为贵族，最终，在 1868 年，恩玛莉有幸被封为比肯斯菲尔德女爵。

不管她在公众场所展示出的自己有多么无知或不合时宜，他都不会责怪她，更不会说一句伤害她的话。而且，当他人胆敢嘲笑她，他就会立马出面忠诚而勇敢地维护她。虽然恩玛莉不是完美的，但结婚 30 年来，她总是在津津乐道地谈论和赞赏她的丈夫。而对于迪斯累里，他说："我们都结婚 30 年了，可我从来没有厌倦过她，一刻都没有。"

恩玛莉总是习以为常地对朋友们说："谢谢他对我的深爱，我这一生都过得非常快乐！"在他们之间还流传着一句笑话，迪斯累里曾说："就像你知道的那样，不管怎样，我都不过是为了你的钱才向你求婚的。"而恩玛莉则会笑着回敬他："是的，可如果再让你重新选一次，你就要为爱情和我结婚了，是吗？"然后他亲口承认说那是对的。

就像詹姆斯所说的那句话："与人交往时，首先最应该学习的事情就是——不要干涉对方快乐的特殊方法，如果那些方法与我们不发生强烈冲突的话。"因此，如果你想让你的家庭生活幸福快乐，那么第二条原则就是：

不要试图去改造你的另一半。

3 不要相互指责

卡耐基名言

1. 在所有的婚姻中，有一半以上是失败的。

2. 他还说许多罗曼谛克之梦撞击离婚礁石的主要原因正是那些令人心碎的、无用的批评。

在公众生活中，格莱斯顿是迪斯累里最强劲的对手。在英国的辩论中两人时常会发生分歧冲突。可有一件幸运的事情却共同发生在他们身上——他们的私人生活都是那样快乐幸福。

格莱斯顿和妻子伉俪情深，共同生活了59年。你可以想象一下，格莱斯顿这位英国最尊贵的首相，他温柔地执子之手，拥抱着妻子在炉火前的地毯上翩跹起舞，一起唱着动人的歌，这是多么美好温暖的画面。在公众视野里，格莱斯顿是一个无比可畏的形象，可在家中他从未批评中伤过家人。每天清晨当他下楼用餐，看见家人还在睡梦中时，他就会在屋子里提高嗓门来提醒别人——全英国最忙的人站在楼下等候了他们一个早晨。他既温柔体贴，又懂得交际，竭力避免家里的批评和纷争。

叶卡捷琳娜二世也恰是如此。她曾是全世界最大的一个帝国的统治者，拥有决定数百万国民生死的无上权力。从政治上来讲，她是一个无可争议的残忍暴君，无端地发动了那些引起生灵涂炭的战争，将几十个仇敌判处死刑，甚至用射击队进行杀戮。可在生活中，哪怕厨师把肉烤焦，她都不会批评责怪，只是微笑着吃下去。

狄克斯是研究婚姻不幸的权威专家。“在所有的婚姻中，有一半以上是失败的”，他这样认为。他还说许多罗曼谛克之梦撞击离婚礁石的主要原因正是那些令人心碎的、无用的批评。

因此，如果你想要从婚姻家庭中获得自由快乐，请谨记第三条原则：

不要批评你的家人。

4 学会彼此欣赏

卡耐基名言

1. 男人应该欣赏女人对美观和穿着体面的努力求索。每一位男士都不曾记得，假如他们曾经细心观察过的话，就会知道女人是多么重视自己的装束。

2. 对于大多数男性来说，他们或许不记得自己5年前穿的是什么衣服，什么衬衫，他们也根本没有必要去记住这些，但是女人则完全相反。

鲍本诺是洛杉矶一家家庭关系研究所的主任，他说："大部分男子在寻觅自己的另一半时，并不像是在找寻一位高级员工，而是寻找一个对自己非常具有诱惑力，并且心甘情愿恭维自己的虚荣心，让他们感受到自己很出色的女人。"假如一位女办公室主任受到别人的邀请，共进午餐，如果她不断地把那些大学时期学到的哲学思想当作聊天内容，甚至还执意要自己买单，那么最后的结果只能是从此之后她自己一个人吃午餐了。

相反，哪怕是一个连大学都没有上过的打字员，如果有人邀请她一起吃午餐，她能满目柔情地看着她的男伴，爱慕地说"再给我说一些关于你的事吧"，那么最后的结果也许就是，他会这样对别人说："她非常漂亮，并且我从来没见过比她更会说话的人。"

男人应该欣赏女人对美观和穿着体面的努力求索。每一位男士都不曾记得，假如他们曾经细心观察过的话，就会知道女人是多么重视自己的装束。比如，假如一对男女在大街上碰见另外一对男女，这个女人不会很在意那个男人，而是会时不时地关注另外一名女子的穿着。

很多年以前，我祖母在98岁的时候去世了。她去世之前，我们拿了一张她自己30多年前拍的照片给她看。她已经连照片都看不清楚了，但是她只问了一个问题："我那个时候穿的是什么衣服？"试想一下，一位生命仅剩12个月的老太太，虽然岁数已经很大了，卧病在床无法起身，记忆力模糊得甚至连自己的女儿都认不出来了，还会关注自己30多年前穿的是什么样的衣服！她这样问的时候，我就在她的床边，这给我留下了深刻的印象。

对于大多数男性来说，他们或许不记得自己5年前穿的是什么衣服，什么衬衫，他们也根本没有必要去记住这些，但是女人则完全相反。在法国，上流社会的男士都要接受这样的训练：对女人的装束表示称赞，并且每晚不止一次。5000万法国人不会人人都是错误的吧！

在我的剪报里，有一个这样的小故事，虽然这个故事是虚构的，但是至少证明了一个真理，因此，我要把这个故事再叙述一遍：

有一位农妇，在结束了一天的辛苦劳作后，她为另外几个干活的男人准备了一堆干草，当他们的晚饭。男人们生气地指责她是不是疯了，这位农妇回应道："呵，我哪里会知道你们在乎这个呢？这20年来，始终都是我给你们煮饭，但是你们却什么都没有说过，也从未跟我说过你们不吃干草啊！"

莫斯科和圣彼得堡那些地位尊贵、生活优越的贵族曾经就有很好的礼节。上流人士有一种习俗，当他们享用到一顿丰盛的菜肴时，一定会把厨师请到餐厅来，让厨师接受他们的赞美。

为什么不能也这样对自己的妻子表示一下体贴呢？下次如果她把烧鸡做得很嫩，你就这么对她说，让她了解你对她的厨艺表示赞赏——你吃的并不是草。或者像格恩经常说的那样："好好夸一夸这位小妇人。"因为她们都喜欢被人称赞。

当你准备向她这样表示的时候，不要担心让她知道，她对你的幸福来讲是多么重要。英国首相迪斯累里，就像我们所了解到的那样，他就不怕被全世界知道他沾了自己的妻子多少光。有一天，我阅读一本杂志的时候，看到了这样一段话，这段话来自对埃第·康德的采访："我从我夫人那里沾到的好处要多于世界上的所有人。在我童年时期，她是我最亲密的玩伴，她帮助我勇敢前行。当我们结婚之后，她为我节约每一镑，然后用这些钱再投资，她为我储蓄了不少财富。我们有5个乖巧的孩子。她始终在帮我营造一个美丽的家园，假如我有所建树，那么都应该归功于她。"

在好莱坞，结婚仿佛是在探险，就连伦敦的劳慈保险公司也不愿下赌注。在少数几对著名的幸福婚姻中巴克斯特夫妇是其中一对。巴克斯特的夫人过去的名字叫勃莱逊，她为了婚姻放弃了自己辉煌的舞台事业，但是她事业上的付出并没有给他们带来任何不快。巴克斯特说："她失去了来自观众对她的掌声和赞美，我要竭尽全力让她感受到我给她的掌声和赞美。假如一个女人的喜悦全部来自她的丈夫，她肯定要通过丈夫对自己的赏识和真诚才能感受到。假如那份赏识和真诚是真实的，那么这个男人的喜悦也就有了答案。”

现在你应该懂得了，假如你想要让自己的家庭始终充满喜悦，第四条重要的原则就是：

对对方表示真心的赞赏。

5　不要让小事破坏感情

卡耐基名言

1. 女人都很注重生日和纪念日，这始终是女性难以捉摸的地方。

2. 在许多破碎的婚姻里，并不是每一个家庭都是由于一些重大的事情而破裂，正好相反，大部分人常常是因为一些很小的事情。

3. 婚姻归根结底还是一连串的小事。如果不对这些小事加以重视，将会给家庭生活带来劫难。

从古至今，鲜花都是人们表达爱意的语言，它们不会浪费你多少钱——尤其是在鲜花盛开的季节里。不过仔细想想，很少会有丈夫买一束水仙花带回家，仿佛它们像兰花一样珍贵，像鼠曲草一样少见，在阿尔卑斯山耸入云霄的悬崖峭壁上生长似的。为什么要等你的夫人住院以后才给她送上几朵花？为什么不在明天晚上就买几朵玫瑰送给她呢？你不妨试试，看看会有什么样的结果。

高恩是百老汇的大忙人，但是他却能够在他母亲在世的时候，每天给她打上两次电话。难道你认为他每一次都有一些新鲜事儿说给自己的母亲吗？不是的，其实并没有。这种小小的关心只是把一种信息传递给别人：你思念她，你要让她快乐；她的喜悦和幸福对你来讲非常珍贵，并且和你有密切的关系。

女人都很注重生日和纪念日，这始终是女性难以捉摸的地方。许多男人一辈子都是稀里糊涂的，忘记了很多的日期，可是有两个必须要记得：妻子的生日、结婚纪念日。假如想不起来，一定不要忘记最后一个！

事实上，在许多破碎的婚姻里，并不是每一个家庭都是由于一些重大的事情而破裂，正好相反，大部分人常常是因为一些很小的事情。塞巴斯是芝加哥的一位法官，他曾经处理过 4 万桩婚姻案，并且为 2000 对夫妇协调过，他说："大多数不幸婚姻的最根本原因是一些琐碎的小事。一件非常容易的事，比如当丈夫早上要去上班的时候，妻子向丈夫招手说再见，这样就能防止很多离婚情况的出现。"

勃朗宁夫妇的生活也许是记录中最值得称赞的了，他从来不会因为忙碌而忽略对妻子小小的讨好和关注，这使得他们的爱情总是充满生机。他对患病的妻子非常体贴，他的妻子曾经有一次写信告诉她的妹妹："现在我不自觉地开始惊奇，我到底是不是成了现实生活中的天使了。"

大多数男人都会忽略这些细枝末节的价值。例如麦道克斯曾在一篇文章中写道："美国的家庭确实需要添加一些新的习惯。比如，在床上用早餐是一种温柔的放纵，很多女人想要在床上放肆地吃早餐，这就好比私人俱乐部对男人的引诱一般。"

婚姻归根结底还是一连串的小事。如果不对这些小事加以重视，将会给家庭生活带来劫难。在伦诺，法庭每个礼拜有 6 天时间是在审判离婚的案子，几乎每 10 分钟就有一桩。你认为那些破碎的婚姻中有多少真正撞在了悲剧的暗礁上？非常少，我可以保证。假如你可以整天坐在那里听那些不幸夫妻的描述，你就会明白"爱情是败在小事上的"。

现在，用你的剪刀剪下下面的这段话，把它贴在你的帽子里面或者镜子上面，以便你每天早上都能够看到：

我只能从这里经过一次，因此，我现在可以做的每一件好事，或者能够向任何人表达我的仁爱和慈善，让我立刻就去做吧。不要让我耽搁，不要让我忽视，因为我不可能再次经过这里了。

因此，假如你想让家庭生活始终幸福快乐，第五条原则就是：

重视生活中的那些小事。

6 家庭内部也有礼

卡耐基名言

1. 不懂礼数会成为侵蚀爱情的祸水。

2. 唯一能够真实地对我们说出苛刻、羞辱、伤感情的话的人，往往都是我们亲近的人。

3. 拥有幸福婚姻的平常人比深居的天才还要快乐。

勃雷是美国一位非常著名的演说家，他一度是总统的候选人，他的女儿嫁给了丹姆罗希。很多年以前，他们在苏格兰卡内基的家中相识，丹姆罗希夫妇就一直过着让人艳羡的幸福生活。那么他们为什么能够生活得如此幸福快乐呢？

丹姆罗希夫人说："除了谨慎地选择自己的另一半以外，我认为婚姻生活中的礼节是非常有必要的。年轻的妻子对待自己的丈夫应该像对待第一次见面的人那样有礼貌！不然的话，任何一个男人都会避开一个毒舌妇。"

不懂礼数会成为侵蚀爱情的祸水。或许我们所有人都了解这一点，并且我们也能够深刻体会到这一点，我们对待陌生人的态度要比对待自己的家人更加谦逊有礼。对待陌生人时，我们肯定不会这样说："哎呀，你又要说那个老掉牙的故事了吗？"我们也断然不可能不经人允许而拆朋友的信，或者暗中观察他们的个人秘密。但是只有家人和我们最为亲密的人，我们才会因为他们犯的一点儿小错误而指责他们。

我们来看看狄克斯说的这句话："这件事情确实很让人惊讶，可是的确如此，唯一能够真实地对我们说出苛刻、羞辱、伤感情的话的人，往往都是我们亲近的人。”

在荷兰，你在进入房间之前，必须要先把鞋子脱掉放在门口。我们可以从这一点上学到荷兰人身上的优点：在进入家门之前，把我们一整天遇到的工作上的烦恼全部清理掉。

詹姆斯曾经写过一篇名为《人类的某种盲目》的文章。他这样写道：“这篇文章所要论述的是人类的盲目，这是我们所有人都罹患的，与我们自身之外的任何动物和人之间的感情的盲目。”

“这种盲目让我们受折磨。”很多男性朋友断然不会对自己的客人和工作上的同事说出尖酸刻薄的言语，但是往往却会冲着自己的妻子大喊大叫。但是从他们个人幸福的视角来看，婚姻与工作相比，婚姻与自身的关系更为紧密，地位也更加重要。

拥有幸福婚姻的平常人比深居的天才还要快乐。德琴尼夫——俄国非常有名的小说家，他受到各个文明国家的敬重和仰慕。可是他却说：“要是有一个地方，那里有个女人等着我回家吃饭，我宁愿放弃自己一切的天赋和我的每一本书。”

婚姻生活能否快乐的概率到底是怎样的呢？前面提到过，狄克斯认为大多数婚姻都是失败的，但是鲍本诺博士却有不同的观点。他说：

“一个男人在婚姻上获得成功的概率要远远大于其他任何事业。步入杂货业的男人，70% 会失败，而步入婚姻殿堂的男人，70% 会成功。”

和婚姻生活相比较，出生只是人生的一瞬间，死亡只是一个细小琐碎的意外。女人永远无法理解，男人为什么不付出相同的努力，让他的家庭变成一个富强的机构，使其就像他所从事的事业一样成功。有一个妻子，一个和谐幸福的家庭，对男人来说比挣 100 万元更加重要。女人永远无法理解，她的丈夫为什么不能对她使用一些外交策略，为什么不可以多一点温柔，少一些压迫，要知道这些做法是对他极有好处的。

大多数男人都明白，他能够先给自己的妻子喜悦，然后让她为自己做任何事，并且不需要付出一丁点儿薪酬。他当然知道，假如他对她多说几句简单讨好的话，夸她如何持家有道，如何帮助他，她就会为他节约每一分钱。所有的男人都知道，假如他对自己的妻子说，她去年穿的衣服有多么漂亮、可爱，她就不会再去购买那些新款的巴黎时装了。所有的男人都知道，他能把妻子吻得双目微闭，直到她变得如同蝙蝠那样盲目；他只需要热烈地吻她的嘴唇，就可以让她像牡蛎那样哑然。

所有的妻子也都了解，自己的丈夫都明白自己需要从他那里得到什么，因为她已经明确地告诉过他。但她也始终不知道该不该对他生气或者是讨厌他，因为她的丈夫宁可和自己吵架，宁可浪费他的钱给自己买新衣服、换新车、买华丽的珠宝，也不愿意因为一件小事去讨好她，即使那是她迫切想要的，他也不会去这么做。

因此，假如你想让自己的家庭生活一直幸福快乐，第六条原则就是：

礼貌地对待自己的妻子（丈夫）。

7 与女性的相处之道

卡耐基名言

1. 今日能否拥有美满的婚姻，这全部取决于结婚双方是不是心理成熟的人。换言之，他们是不是对自己很了解、对自己与对方的关系也很了解，并且为了能给对方更多的快乐与福利，承担彼此的责任。

2. 能够检验出我们是否成熟的最好的试金石就是婚姻。如果你不是很情愿去关心别人，那么你最好选择一个人独处。

弗兰西斯·培根，一位英国著名的哲学家和思想家，曾经写道："妻子和儿女是一笔财富，但它随时都会离我们而去。"培根认为一个人如果结婚了就会变得很蠢。他们为了一个家庭，毫不介意地将自己的脖子伸出来，让"财富"砍掉自己的头。但至少他也是这样认为的，这些人在结了婚之后却是很勇敢的。一般人眼里的结了婚的那些男人，无一不是十分小心、庸俗的，而提起横冲直撞、无所顾忌的典型则往往想起那些单身汉。这些观念并不完全正确。

实际上，很多单身汉在金钱上都是斤斤计较的，比结了婚的男子要更加严肃、认真，也比他们更懂得如何为自己打算。他们不会轻易地去结婚登记处冒险。相信许多还没有结婚的女子都会这样认为，单身汉们十分谨慎、狡诈、捉摸不定。面对婚姻这个大海，他们根本不愿意一头栽进去，只肯在他们认为比较安全的海滩上游玩。虽然偶尔也会将脚伸进水里玩耍一会儿，但只要发现有大浪朝他们涌过来，他们就会立刻选择跑回原来那个安全的地方。

那些已经结婚的男子至少应该像杰西·詹姆斯那样有勇气和赌徒般的豪情。他很愿意让一名女子感受到幸福快乐，为了赢得这名女子的欢心，他将自己的生命、未来以及所有的财富都当成了筹码。

因此，那些做丈夫的应该受到我们的赞美，并且我们应该希望他被每一个家庭拥有。对待一家之主的男人，我们不能持批评的态度，但是他既然都有勇气结婚，那么对于一些有利于他用来巩固自己幸福婚姻的建议，他也一定会很乐意接受的。

雷纳·科瑞尔，康奈尔大学文理学院院长，曾经提到过美满的婚姻的蓝图是什么样的。他说道："今日能否拥有美满的婚姻，这全部取决于结婚双方是不是心理成熟的人。换言之，他们是不是对自己很了解、对自己与对方的关系也很了解，并且为了能给对方更多的快乐与福利，承担彼此的责任。"科瑞尔院长又进一步提到怎么才能做到维持和谐的家庭关系，那就是"不能以强求的方式去获得，而要凭借如感情、友谊、价值观等这些内在价值的满足而获得"。

虽然对于这些内在价值我们强求不得，但是我们可以借助培养、促进，或者是加强等手段。下面 7 点是可以被我们称为"妻子的真相"的建议，或者是关于如何与自己的妻子在结婚后相处的技巧。

1. 感谢她、赞美她。

假如你必须要在某一时间内节衣缩食，那你要记得千万不要将你妻子的配粮弄少了。为了这一点，相信她会对你死心塌地。当你把工作、头发或腰围失去了的时候，只要你不忘记时时去感谢她、赞美她，那么她就不会在只能天天穿着那件破外套的时候抱怨，而会十分乐意与你共同进退。这真是让人非常不解，为什么许多男士那么聪明，但就是不明白对于女性来说这一点有多么重要。他们总是会这样认为，如果非要证明自己是如何爱她，仅仅自己能够把她娶回家当妻子这一点理由就足够了，这一点一辈子都足以使她受用了。但是，偏偏太太们不是这样想的。有点儿痴狂的她们，就喜欢她们的行为时不时地被人肯定。一般情况下，男士们想要知道自己处在什么位置是很容易的。假如在工作上他们表现得不是很好，很快就会收到来自上司的提醒；假如他们将一笔很大的生意谈成了，也很快就会升职、加薪或者是受到同事们的表扬。

但是女士们和男士们就不一样。她们在家里待着每天只知道忙来忙去，除非她们生命中的另一半能够告诉她们，她们有了怎样的成绩并能够肯定她们的成绩，不然对于她们的成绩是怎样的她们根本一点儿都不知道。因此，她们唯一的奖励就是来自他们的感谢与赞美。请注意在你身边的那些快乐的丈夫，他们之所以快乐是因为他们有一个贤惠能干的太太，这使得他们的家庭很舒适，这让他们有情爱、有乐趣，还有可口的食物。并且这些幸运的丈夫还将意识到一件事，那就是时时全心全意地感谢女人、赞美女人，是最好、最有效、最不会失败的方法，这方法不仅让女人们倾心于他们，还会让女人们愿意永远不辞辛劳地取悦他们。

我的一位好朋友罗伯·普洛先生，他在纽约有一份专栏作家的工作，而且他还写过书。他将一位美丽聪慧的女人娶回家做太太，这令他成为了许多人羡慕的目标。可以说珍妮符合大多数男士心目中关于贤妻的标准，但是珍妮却认为世界上最好的丈夫就只能是罗伯。珍妮有这样的感觉都是因为罗伯知道要怎样做。每一次他要出版什么新书的时候，他都不会忘记将一些十分动人的诸如“献给珍妮——我的妻子”“我生命的全部” 之类的言辞写到新书的首页上。这些题字表明了珍妮在平时的工作中是多么成功、如何受到赞赏的，与支票上的数字比起来，这些题字当然更有意义。

2. 要慷慨、关心。

很多男士认为：所谓的慷慨就是指，要他一句牢骚都不发就付清所有账单，很大方地就付完了，或者甚至还会给她一些额外的零花钱等等。这里，我要将一个好消息带给男士们：大多数女人需要的那种慷慨，实际上一分钱都不用花。举个例子，你可以说些十分体贴的比如“啊，当然，你可以将妈妈请过来住一些日子，而且我们一定会好好招待妈妈的”这一类的话。如果你可以做到在别人的面前时时将你对她的关心表现出来，并且特别注意她有什么需要，那么她才能真正感谢你的慷慨。

你有没有在吃饭的时候玩过这样一种游戏呢？就是猜猜看饭店里的情侣们哪一些是结了婚的？你能看到一些默不作声的情侣——男的注意力全都在享受面前的牛排上，而女的则是很无聊地玩弄着面前的食物——就好像这一对是因为抽奖配对才结合的。当然还有这样一些情侣，他们拥有截然不同的气氛——男的对女的百般殷勤，就如对待一个极易破碎的玻璃娃娃，对她照料得无微不至。这时候你对他们就会有这样一种感觉：如果不是这对男女处在热恋中，那就是女的是个来头不小的买主。

记忆中我参加过这样一个招待会，男主人是一个名气相当大的人物，他极为殷勤有礼地对待现场的每一个人，唯独不是这样对待他自己的太太。他从来都没在他的眼神或者举止方面表现出对他太太的一丝重视。当他的太太在陌生的人群中时，她给人的感觉是十分不自在的，反观她的亲爱的丈夫，在人群中谈笑风生，春风得意。实际上，稍微关注一下自己的太太，在这样的公共场合中并不会给他的公共关系造成什么影响，反而对他的形象有益，而且还会将他和他太太之间的关系拉近。后来，果然听到他们之间的婚姻关系恶化了，已经到了要离婚的地步，这似乎没有超出大家的预料。关怀、慈善和种种好的行为，是家庭开始的第一步。

3. 不要十分不修边幅。

一般人都是这样想的，只有女人才会注重打扮或者是保持自己的吸引力。就是因为这样，带着发卷或者不洗脸的我们常常在这种情况下被警告不能上床。而且当我们身上有体臭或者是双手上不小心留下了洗锅水的味道等等这些时候，我们都会受到告诫，并且还让我们注意不能太胖或者很邋遢。有很多女人为了保持自己的年轻苗条费尽心机，我猜这主要的原因大概就是她们害怕一旦没有了青春的气息，那就意味着会失去自己的丈夫。

但是，男士们又是怎样的呢？每天早上 8 点他们准时出门，一直到晚上吃饭的时候才回家。或许，他们西装笔挺地在工作岗位上工作，但他们在家里的德行却让人不忍直视，就如同是一张乱糟糟还没有整理过的床。在周末这个难得的轻松时刻，他们穿着自己的旧 T 恤，跷着二郎腿，旁若无人地看报纸。或者，他们脸也不洗，胡子也不刮，就这样穿着破拖鞋到处走来走去，而且还自我陶醉地认为，太太能跟这么潇洒的自己结婚，这真是她的运气。

他们的太太们希望自己能有清洁整齐的另一半，这一点大概是这种邋遢的男子从来没有想到过的吧。当然了，不管是穿着粗布工作服的你，还是穿着体面的夜礼服的你，你的太太都一样爱。但是，你能洗脸、刮胡子会更得她的欢心，至少你在她面前走来走去的时候，也能考虑下她的感受。

靠外貌当然不是一个真正的男人，但是他人见到你的时候对你的印象则来源于你的外表。下面是一些简明扼要的注意事项，能够让你从包括太太在内的女性那里博得好感。

及时修剪头发，这会使你看起来整齐清爽。

千万要记得，当你洗漱的时候把胡子刮一刮。除非你打算与其他男性一起去森林里打猎或者捕鱼。

永远保持自己无论是看起来还是闻起来确确实实是干净整洁的。不要认为香皂只是女性的专用物品。

要保持长裤褶痕的鲜明和笔挺。长裤的褶痕消失不见了，这意味着男士们开始颓靡了。

要将皮鞋擦亮，将袜子拉平，并时时让自己拥有愉快的面容。

4. 了解她的工作。

自力更生的这种观念，现代的许多女性都已经拥有了，因此，许多人都有了工作经验，无论有没有结婚，而且对于什么是工作要求和环境压力也多少有些了解。

但是还有很多的女性，因为各种各样的缘故，自从结了婚之后就必须留在家里，这时候，男士们就该去了解自己的另一半有什么样的工作环境了。虽然因为被限制了工作环境，家庭主妇大概最常去的地方就是市场或者洗衣房了，但是，她的工作分量和忙碌情形，相比她在外工作的丈夫来说两者是不相上下的。此外，她的工作是十分繁杂的，包括照料病人、修理家庭用品、大扫除等等。

丈夫们应该对这些家务事的内容有所了解。通常每日做家务都是重复又重复地做十分单调的事情。比如煮饭、洗衣、打扫、购物等等。另外，还有小孩子要照顾，要负责接送以及照顾病人，娱乐家人……对于工作负荷十分沉重的家庭主妇来说，来自家人的肯定和感谢，是唯一的报酬。

为了避免因为单调的工作而让人失去兴趣或者不能继续追求进步，家庭主妇也必须与外界保持联系；她也应该有一些机会能够对丈夫的工作性质和环境进行了解，以便不会让两个人过着彼此脱节的生活。但是这需要丈夫给予支持，因为安静、从容的休闲生活是这些在平常的工作中就面临挑战的男人们所需要的，所以他们通常在下班之后就不愿意再和自己的妻子一起去参加比较活跃的社交活动。对于家庭主妇来说，这当然是太不公平了，男士们应该绞尽脑汁稍微妥协一下，让你的妻子也有参加鼓舞人心的社交活动的机会。

5. 要做她的后盾。

有个朋友和我说，最近她遇到了一件麻烦的事情。她的一位与她特别好的姑妈第一次到她家来拜访。才到了没多久，所有想用来招待姑妈游玩的规划都因为朋友的孩子忽然得了肺炎而泡汤了。“我真的是不知道该怎么做才好了。”朋友说道，“幸亏一切都被汤姆安排好了。他和我说让我留下来照顾孩子，姑妈就由他负责招待。然后每隔一天的傍晚，他都会和姑妈外出，让她能高高兴兴地游玩。到了周末，姑妈又由他带着到处观光，这样既能让姑妈尽兴地游玩，也能让我将心理上的负担放下来了。虽然在平时汤姆也有不尽如人意的地方，但只要是紧急时刻，我知道他一直都是可靠的。”

丈夫应该让自己的妻子了解，他这个先锋，在遇到麻烦的事情时，比所有小说中的英雄都要来得更真实可靠。而且丈夫不要只有碰到大事才会偶尔做太太的后盾，而要时时去做，就连日常生活中遇到小事的时候也应该如此。

还有，也应该在教导孩子的时候这样做。

他需要让她知道他与她是会永远站在一起的——不论发生什么事，不管是碰到了小危机还是大变故。

6. 分享她的嗜好。

双方所具有的“分享”和“合作”的能力，决定婚姻生活的美满程度。不论是在处理什么样的家庭事件的时候，都必须将“你”和“我”的心态用“我们”来替换掉。如：我们度假的时候要去哪里？我们需不需要为我们的餐厅买一套新的椅垫套？我们需不需要买新的电视机？假如夫妻双方能够了解彼此在生活中所扮演的角色的话，那么便能用更加合理、更加友善的态度来决定这些事项了。

可能有些男性会认为如果对女人家的事务表现出兴趣的话，会有损大男人的尊严。比如穿衣风格，家务的打理和厨艺等等。但是，假如他想让情爱和欢愉的气氛充满整个家庭，最好能够在研究股市行情以外，另外分出一些时间来和家人共处。你可以想一想，当你将一些公司的趣事告诉给你的太太的时候，她会有一种多么高兴的神情啊。因此，如果你太太将一些家务事说给你听的时候，你为什么不能表现出一点点兴趣呢？

安德烈·毛洛斯是一位能够洞悉人情世故的作家。关于如何与女性相处，他建议男性要这样做：要将自己的兴趣在那些她们认为很重要的事件上表现出来，比如对她们的穿着打扮、她们照料家庭的辛劳、她们的一些特别的感觉等等这些事感兴趣。要是你没什么事情做的话，为什么不陪着你太太逛逛街、买买东西，提供一些关于某件事的意见，自己表现出对某些小事情的兴趣，如：与小孩相处，参加朋友的聚会等等。如果她喜欢音乐、绘画或文学这些东西，那么就去试着了解她的嗜好，我相信，过不了多长时间，你就会发现：原来这些东西也能引起你极大的兴趣。”

7. 爱你的妻子。

“被人爱着的女性，永远不会失败。”作家维奇·鲍姆这样说过，“女性成功的重要因素就是被爱，因此，丈夫在此扮演着十分重要的角色。结婚，并不只是给她在手指上套上一枚戒指，而是在以后每一天的生活中都让她知道：你和她在一起生活是多么高兴。”作家莫大·雷德也曾说过：“男人喜欢自己感受到是有人爱的，而女人不同，她喜欢你告诉她她是有人爱的。”

但是，对于开口说“我爱你”这件事，很多丈夫却觉得十分难为情，尤其是在过了蜜月之后。对于这一点，男士们尽可以把心放回自己的肚子里。你不需要做一个欧式的情人，那么会谈情说爱。太太们并不迟钝，她们能够从各种各样的无声的暗示里将你的心意解读出来。如与她在人群中的目光相接触，在看电影的时候轻轻地把她的手握在手里，给她惊喜的拥抱，关怀体贴等等。

有很多太太都会有这样一种感觉：丈夫在结婚之前是那么热情，求取自己的欢心，而在结婚之后就像完全变了一个人一样，什么情爱的表示都没有了。有一个名字叫杰克·杜门的年轻人，前一段时间给我写了一封信，在信中他将自己在这方面所犯的错误毫无保留地交代了出来。

杜门先生住在加拿大安大略，他讲述了他是如何用心选择了聪慧美丽，可以说是完美女性化身的这样一个理想中的妻子。但是，在结婚后，杜门先生便开始在事业上倾注全部的精力，而对于维持婚姻的责任，他将其完全丢给了自己的太太。

这样的方法当然不能成功。因此，他们彼此极不愉快地过完了前 5 年的婚姻生活。有一天，他又和太太争执起来，两个人大吵了一架。在那之后，只有 4 岁大的儿子问自己的父亲：“爸爸，你是不是不喜欢妈妈呀？但是我觉得妈妈很好啊！”在那一刹那，杜门觉得恐怕在儿子的眼里爸爸就是一个大坏蛋吧。“我忽然之间体会到了这个‘妈妈’的地位，而且我一直都是爱她的。”杜门先生说道，“因为她一直为我们默默地做了很多事情——我们 4 岁大的儿子是一个健康活泼的男孩，这不是我努力的结果，都是她做的。如果我因为一直以来并没有尽到当父亲和丈夫的责任而失去了这个家，那么我真是罪有应得。于是，我决定将我的过失弥补回来，我便向太太请求支援，帮助我做一个‘贤夫良父’。我是十分感谢她的，因为她确实这样做了。现在，我们之间的婚姻关系有了很大的改善，不仅有了比较成熟的感情，彼此之间还相互敬重。我们又添了一个女儿，拥有了无价的快乐生活。我想，我应该不会再被小孩子问喜欢不喜欢妈妈的问题了！”

爱上一个女人这不只是感情四溢的情绪问题，与此同时还将一个人的所有品质包含了进去。如：知性、感性、礼节以及对别人是不是敬重，等等。许多男性都用“女性是难以理解的动物”这种老掉牙的说法来从根本上解释自己在这方面的诸多缺点。只有“男性用的是直流电，女性用的是交流电”的说法才被这些男人接受。因此双方处于根本不能协调的境地。为什么他们宁愿相信这种说法呢？就是因为这样可以不用为了解决问题而尝试各种方法，能够给他们省去不少麻烦。在这里，我要告诉这些男士的是：现代女性并不是什么让人无法理解的从外太空来的怪物。虽然我们拥有不同的性别，但是仍然同样为人，女人不是什么神秘的怪物，让男性无法理解。在我们当中，还是有很多男性既对一般的女性很了解，也对自己的妻子很了解。

但是，假如你有想要了解你的妻子的这个打算的话，最好还是学会好好爱她，并且要让她知道。不然，对于彼此来说婚姻是没有多大乐趣的。

美国的女性无论犯了什么样的过错，都不应该被说骄傲自满。美国女性十分热衷于追求自我的进步，因此在美国形成了一个极为广大的咨询市场。她们不断地被提供许许多多的意见：要怎么去吸引男人，怎么找到丈夫，找到了之后又该怎样对待他，要怎样去养小孩，要怎样料理家务，要怎样去安排自己的休闲时间——假如将大家所提议的这种种活动都完成之后，天可怜见，她大概也没有什么时间是属于自己的了。有各种演讲等她参加，许多建议女性如何生活的刊物等她支持，还有自我进步的课程等她选修……除了这些之外，她还是所有商业产品 90% 的广告目标。

另一方面，她的丈夫也是十分热衷于自我进步这件事的，但通常只是局限于怎么去赚钱，或者怎么能够让自己在就业市场上更具有竞争力，让自己得以成为“杰出男性”等等这些方面罢了。但是到了家庭关系上，他们对于自己扮演的角色，倒是很满意。他们很少读一些报纸、杂志或者书籍，不去听演讲或者是修习课程，不会去学习那些教导男性要怎么做才能成为一个好的丈夫，或者怎么做才能吸引妻子以及怎么才能引起她们的注意力等等。似乎做些什么来改善婚姻生活，完全是女人的事。

男性也许会很着急地这样解释：因为家庭大部分的经济负担都必须由他们扛在肩上，所以他们必须在改进自己的工作能力方面投入大部分精力，而不是在想如何做丈夫这类问题上。但是，女性生活并不只靠面包，婚姻的维持同样也不能只靠面包。经济能力只是一个开端，不是男性责任的终结，更不是全部。

几年前，密尔斯学院的校长林·怀特先生曾经写过《教育我们的女儿》这样一本极好的书。他在书中批评大学对女性的教育是不合适的，男女不分。他认为，为了符合女性的特殊需要，大学里对女性的教育课程都应该是经过特别设计的。他又说，因为女性在以后要成为妻子，成为母亲，所以要特别强调这一方面。

听起来，这似乎是不错的，但是仍然不能解决如何维持美满婚姻这个问题。假如只是单方面教育女性怎么去做一个好妻子、好母亲，而丈夫或父亲这个角色只是由男性业余地去扮演一下，这样又能为婚姻生活增加些什么样的好处呢？婚姻作为人类经验里很重要的一部分，为什么不能将关于这方面的教育也同样普及到男性身上呢？别忘了，他们正是那个将要与女儿结婚的对象啊！

法国著名的小说家巴尔扎克曾经说过这样的话：“有很多丈夫都能让我不自觉地将他们联想成拉着小提琴的大猩猩。”

假如，我们不仅将婚姻关系看成是女性的工作，并且在同一时间也将其看成是男性的工作，那么大概这些丈夫就比较像克莱斯勒（著名的小提琴家），而不是像大猩猩了。

自有人类伊始，最基本的团体制度便是家庭。它不仅将人类目前的实际需要维持了下来，也是未来的期待。作为人类最神圣的要塞，它承担了发挥保护、养育、教育功能的责任。

像这么重要的制度，难道只单方面让女性来负责其维护的工作吗？虽说实际花在家庭上的时间，女性比男性花得要多，但这并不意味着男性就不需要家庭。

家庭并不仅仅是吃喝，提供住宿和养育子女的地方。除了这些东西以外，很多其他的东西也是家庭提供的，这使得家庭变得更为重要、更具有价值。这些东西包括：对彼此的关爱和情绪的分享，等等。所有的这些东西很难单独由一个女性全部提供，这必须由男女双方来共同负责。

因此，我要在这里提出一个建议：希望男性能够分担一些女性的负担，同时，男性也应该多多关注自己所扮演的父亲和丈夫的角色。至少，能够分出与放在事业上的心力等量的部分给家庭。

“能够检验出我们是否成熟的最好的试金石就是婚姻。”德鲁大学的人际关系教授大卫·梅斯曾经这样写道，“如果你不是很情愿去关心别人，那么你最好选择一个人独处。但如果你想极为亲密地和另外一个人生活在一起，便必须拥有关爱别人的能力……这才算得上是成熟的表现。婚姻只有两种结果：一种是让我们变得成熟；另一种是让我们尝到不成熟的苦果。”

所以，如果你想拥有幸福快乐的家庭，第七条原则就是：

找到和她相处的方式。

8 与男性的相处之道

卡耐基名言

1. 许多男人都说女人特别爱唠叨，觉得她们讲话太多。他们真正想表达的是：根本没有机会让自己也好好谈论一番。

2. 要想做一个好听众，首先要认真听，眼睛不要到处看，不要摆出一副心不在焉的样子。

男人最希望女人在他们面前表现出什么样呢？他们列了一个清单，排在第一位的是“舒服”。

第二次世界大战结束后，曾经有人对军中的战士进行调查：“你最希望从婚姻中获得什么？”这些身穿制服、满身力量的青年小伙，几乎不用思考就给出了答案。答案不是性感，不是兴奋，而是真实和舒服！这可能与很多女孩子在化妆品和香水广告的暗示中得到的答案不一样，但是，如果这种“舒服”是大家希望得到的，为什么不让他们得到呢？很显然，一盎司“舒服”堪比一磅“魅力”，只是，男人所说的“舒服”是什么意思呢？是让你的眼睛、耳朵和神经都感到舒服的人吗？是惠司勒（美国的油画家与版画家）的母亲，还是玛丽莲·梦露？

我们就有这样一项课程，让女人讨论“怎样和男人相处”这个主题，根据她们的经验，我们可以大致归结出以下几点。

脾气要好，而且善解人意。

桃乐丝·迪克斯是著名的专栏作家，曾经写过，男人在寻找伴侣的时候，最注重的是对方脾气的好坏。女人和男人相处，不管对方是丈夫、老板、工人还是3个月大的儿子，一定要特别注意自己的脾气，这比你穿衣服的方式更加重要。男人宁可在欢乐的氛围里吃罐头，也不愿意和爱唠叨、脾气暴、不停发牢骚的女人一起吃牛排。

有一位单身男人就很诚实地说过，如果必须在两种女人中选择一种作为伴侣——一种是活泼开朗，但是不够忠实的女人；另一种是守身如玉的悍妇——他承认会毫不犹豫地选择前一种！

几年前，我聘用了一名速记员。作为一名速记员，她的工作能力真是很差，经常拼错字，而且速度很慢，记录还常出错。但是，她一直坚持到结婚才辞职，因为她有一种欢乐的气质，可以容忍很多怒气、牢骚和批评。她就像阳光一样洒满整个房间，就是这一点，就值得我给她薪水。我不清楚她的烹饪技术会不会比当速记员的技术好些，但偶尔碰到他们夫妻两个在一起时，从她丈夫的表情可以看出，他根本不会在意，每次他看她的时候，脸上都会发出不一样的光彩。

做个好伴侣。

杰克·佛烈克是美国高尔夫公开赛的冠军，曾经写过这样一篇文章，内容是记录他怎样在艾奥瓦州的戴文波拿下两个高尔夫球场的承让权。那时候，他必须同时安排好两个球场，又必须准备自己的比赛，工作十分辛苦。后来，他与来自芝加哥的琳·伯恩斯黛结婚，情况就好很多。琳让杰克全身心地投入到比赛中，自己担负起照顾球场的工作。1952年，琳、杰克和他们13个月大的儿子格雷一起去参加比赛。后来杰克投身于棒球事业，琳就在家照顾孩子。因为杰克说过："我不想琳跟着我在球场上受累，你们见过邮差在送信的过程中还带着他的太太吗？"虽然琳没有参与杰克的比赛活动，但是她经常到现场为他加油，她是杰克最好的伴侣。有个女学员曾经跟我讲述她是怎样学习成为丈夫的好伴侣，来帮助丈夫完成他的梦想的。

弗罗伦斯·梅娜太太居住在纽约州的一个小镇，是个普通的家庭主妇。在结婚后的前16年，梅娜太太一直全身心投入到家庭中，却总是感觉生活中缺少些什么。后来，她终于明白她的生活缺少什么了，就是与丈夫缺少一份像朋友一样的情谊。梅娜太太感觉自己和先生没有任何共同爱好，因此她决定采取一些行动来改变自己现在的状况。

"我先生特别喜欢曲棍球职业赛，所以我决定想办法让自己也爱上曲棍球。"梅娜太太说，"在我还没确定这么做是否正确之前，我竟然对曲棍球有了很大的兴趣，和我先生一样，每次都激动地等着看球赛，而且现在是我负责找节目表，就是怕错过精彩的球赛。现在，我不但有了自己的兴趣爱好，而且和丈夫有了共同的爱好。除了曲棍球以外，我还了解到先生其他几种爱好，在结婚16年后，我终于可以和丈夫一起分享快乐了。"

成为一名好听众。

许多男人都说女人特别爱唠叨，觉得她们讲话太多。他们真正想表达的是：根本没有机会让自己也好好谈论一番。很多女人在这方面做得很差，是因为她们不懂得倾听的艺术，总以为倾听就是坐着一动不动，必须一直保持安静，让对方尽兴地讲。倾听的方式非常重要，可以鼓励讲话人讲出完整的意思，所以，倾听并不是一直保持沉默，你可以说几句鼓励的话，这才是倾听的最好方式。

要想做一个好听众，首先要认真听，眼睛不要到处看，不要摆出一副心不在焉的样子。千万不要心里想着明天的事情，或者想你喜欢的新衣服。如果你能认真听讲，一定能从对方的讲话中学到新的东西。当你倾听时，心情一定要放松，保持自然的状态，千万不要让讲话的人感觉是在和僵尸讲话一样，不敢发表任何意见。听说，最让舞台剧导演头痛的事情，就是训练演员倾听另一位演员讲话。如果你想让和自己相处的男人高兴，可以试试用这种方式来训练一下自己。

一个好听众不但要认真听讲，还要知道如何合作。以前好像有这样一个说法，假如你想让男人高兴，那么就在他吹牛的时候，用非常佩服的眼神望着他，而且吃惊地说："天哪，你果然是天才，简直不敢相信啊！"不过现在，这些台词一定要改一下。因为很多女人都非常相信这个说法，这个招数好像用了很多次，所以已经不是特别有效果了。聪明的男人一看就知道哪些女人是在认真倾听，哪些女人是在敷衍了事，仅是讨他喜欢罢了。因此，现在假如你要得到某个男人的真心，或希望得到他更多的关注，千万不要继续以前那种容易被看穿的招数，而是真正成为一名聪明的倾听者。

当他讲话时，偶尔说几句话，这样就表示你是在认真听，而且希望得到更多信息。或者可以试着提出一些建议，来鼓励对方继续他的讲话。如果你对他讲的话题有其他的想法，就要在他讲完整件事后再提建议，不要中途打断，而且要简单明了，以最短的时间把发言权交给他。要这样倾听，才可以避免让谈话变成独角戏，从而成为两个人真正进行一次经验交流的完美沟通。有很多人不能成为一名好听众，是因为他们没遇到这样的练习机会，只要经常练习，一定可以进步。懂得如何倾听的人一般也是优秀的讲话者，因为听和讲是一体的，倾听的技巧可以加强谈话的表现。

倾听的艺术不但可以帮助我们更好地和男人相处，而且和其他任何人相处也是一样的。它还能帮助我们变得成熟——因为，这是我们一直学习的最好途径。

可以适应任何状况。

"今天晚上我们邀请吉姆和梅波过来聊天好吗？"男人说道，"我们很长时间没有看见他们了。""可以啊！"他的妻子回答说，"我觉得，最好叫上海伦和汤姆，因为他们已经邀请过我们两次了，没错，海伦的妹妹正好来拜访他们，我必须给她请个男伴。你最好下午到超市买一些啤酒，还有脆甜的乳酪，我先通知他们，然后去化妆换衣服，当然还得买东西，你可以在我换衣服的时候把地毯清理一下吗？”这时候，男人肯定非常后悔自己有点儿多事，起初只是想和几个很长时间没见面的老朋友聊聊天，现在可好，竟成了大型晚宴了。

也许会有某些理由，女人没法接受突如其来的兴致，除非是她们想自己买东西。男人对这一点非常了解。他们无法想象为什么到剧场看戏，女人都要提前几个星期就开始准备。或者，偶尔他提议周末到乡下去，而妻子却总是说没有衣服穿。到最后他会把郊游延到下个星期，以便她可以有时间通知送牛奶的人。

其实，对这些突如其来的男人的兴致，女人的心思虽然比较理智，但是你说“好的，可是……”，还不如说“好啊，让我们一起……”。就像这样做，有什么损失呢？我就认识一位开朗的妻子，她的丈夫非常喜欢几天的短假期，经常会看一些旅游的宣传，看完介绍之后，就突然来了兴致说：“亲爱的，准备行李，我们明天去百慕大旅游！”她的妻子非常了解他，就立刻准备泳装，装进行李箱，把家里的长尾鹦鹉交给邻居看管，打电话通知取消所有约会，然后就等着第二天早晨坐船出发，她觉得这样做起来没有任何问题，任何一个妻子只要练习，就会和她做得一样好。

我年轻的时候，假如女孩是在最后一刻答应男孩的邀请，那是相当没有面子的。因为，那表示自己在最后一刻也没有收到别人的邀请。但是，为了体面，女孩经常失去很多乐趣。换句话说，为什么男孩总是到最后一刻才来约你呢？是不是之前也约过别的女孩呢？这样正好可以证明：他的第二次选择才是最好的，这属于适应性。假如你能顺从男人的心，就可以赢得他的心。

要能干，但不要过于能干。

有一次，一个女学员跟大家讲述她是怎样因为太能干而失去了自己心爱的人。白天这个女孩在公司上班，在公司任职经理级别的职位，负责办公室的计划和运作。她工作非常认真，而且大公无私。“我总是在约会进行到一半的时候去工作。”她承认，“我还经常对他指手画脚，让他做这个做那个。比如，在晚餐时我让他吃腌肉或肝，来治疗贫血。他几乎没有机会向我表示浪漫，就像帮我脱掉外衣或者摆好椅子等等，因为我总是很忙碌，早就习惯了自己来完成这些事情。我不仅能干，而且是过于能干了！这让他根本没有插手的机会，所以我失去了他。”

可怜的上班族！因为她们一直忙于工作，为了事业的成功，就连和心爱的男性在一起的时候，都会因为忙碌和独立而忘记了自己的身份。一向很挑剔的男人，他们不仅要吃蛋糕，还要求有营养，意思就是，他们不但希望女孩有气质，长得漂亮，而且要求她头脑灵活，最好还要有一份稳定的收入！

不要让他感觉和你在一起很压抑，把你的能干用在工作中，仅让上司看到你的能干就好，但是下班后，一定让你的男友明白他是和一个女人在一起，而不是一个大脑。我和很多女人一样，也是在失恋之后，才慢慢明白这一点的。很多年前，我和一位年轻的男性谈恋爱，有一段时间非常和谐。那个时候，我负责一些地方性的政治事务，大部分时间都干这个了。后来当我不开会的时候，就会和男友在一起，并和他聊一聊哪位法官说了什么，他是在表达什么意思，或者某些政府官员犯了什么错等等。有一次，他开口说："你曾经是一个非常好的女孩，现在居然成了活动宣传单。如果我特别想听政治性演讲，我会给我的议员写信，但是此刻，我只想和一个女人在一起，来让这个夜晚更加愉快。"

最后，我听说他和一个身材窈窕的女人结了婚，婚后生活非常和谐。他的太太很会料理家务，而且一直记得自己是个女人。

保持自己的真实面目。

在男人看来，一位60多岁的女人穿着活泼的少女装，脚上是3寸高的皮鞋，头上是一顶非常流行的假发，这可能是世上最可笑的事情了。在很多可悲的事实中，这一类招摇过市的女性，她们不喜欢成熟，可以说是最可悲的事情。因为她们觉得女人最迷人之处，是年轻漂亮，所以想尽一切办法天天保持29岁。每次看到这样的女人向男人眉目传情的样子，你的胃部都会很难受。

这与成熟这一原则相违背，我们应该保持自己的真实面目。有时候，一个温柔安静的女孩，因为觉得爽朗的笑声会增加吸引力，就会用酒精或者其他行为来达到这个目的。其实，这些想法只是女性单方面有的。男人会分辨出女人本来的天性是什么，而不是伪装。想通过改变个性或者穿漂亮的衣服，梳迷人的发型来捕获男人的心，这些都是幼稚的想法，男人不会就此忘记你的本来面目。相反，没人能改变自己的个性。我们天生的个性有什么错呢？我们必须摘掉假面具，发挥出真实的品质。我们可以加强自己的优点，然后慢慢改掉缺点，这样才能表现出真实的最好的自己。这是每个人都可以做的，无论是什么性别。

要乐于成为女人。

不知道是哪位发明了"两性战争"这样的名词，可以想象是碰到了很大的麻烦。我一直不明白为什么两性之间总是"战斗"，难道是因为性别不一样吗？实际上，这世间有很多重要的事情才是值得我们去进行战斗的！

有些女人视男人为敌人，觉得他们总是利用自身条件在占女人的便宜。这些女人自然不会去迎合男人。实际上，她们根本不在乎，因为她们一点儿也不喜欢男人。

为了和男人相处得合理，而且和谐，女人必须先爱自己。她一定要接受先天的条件，在人类社会中扮演特殊的角色，并要尊重女人必须承担的基本功能。拒绝担负女性本能的女人，不是说一般的"处女"，从我自身的经历中得知，有很多的未婚女性，不仅心理非常健康，而且待人处事态度十分成熟，非常有魅力。相反，很多已经结婚的女人，总是抱怨“因为是女人竟然成为二等公民”，或者说“大自然对创造的两性区别对待，真是太偏心了”这种容易引起两性战争的话。

一个人能否愉快地承认自己的性别，和他是否结婚没有任何关系，而是和这个人的心理态度和情绪有关系。假如一个人无法接受自己的性别，那么两性之间的幸福就很艰难，反而会把珍贵的时间都用在了战斗中。

怎样和男人相处，很难用一个简单的公式来向人展示，根据每个人的见识多少、个性好坏而有所不同。不过，本文所讲的一些原则，至少告诉大家应该怎样彼此了解。男女不应该是仇人。为了建立更加美好和谐的关系，男女双方应该一起携手，用爱和友谊作为基础，来达到更加和谐的理想境界。

所以，假如你想让自己的家庭幸福和谐，请记住第八条原则：

学会和他更好地相处。

9 读懂婚姻不做“婚盲”

卡耐基名言

1. 所有婚姻专家，都同意性和谐是十分重要的。

2. 性，所有人都认为是生活中不可或缺的一部分。当然，这也是男人和女人婚姻快乐或失败的关键所在。

3. 和谐的婚姻，很少是偶然或必然的产物，它们就像建筑物一样，必须努力用心去设计。

一次，社会卫生所的总干事戴维斯博士邀请了1000名已婚女性，让她们认真回答了生活中的很多问题，结果令人震惊——大部分美国成年人在性生活方面都不是很满意。当她看完这1000名已婚女性的答案后，戴维斯博士立刻发表看法：生理方面得不到满足是美国离婚的一个非常重要的原因。

汉密尔顿博士经过调查研究也证实了这一结论。汉密尔顿博士花费了4年时间，去调查100名男子和100名女子的婚姻生活，他分别向这些男女提出400多个有关他们婚后生活的问题，并认真分析他们给出的答案，可以说是一种非常深刻的剖析。整个调查耗时4年，被社会公认为最重要的研究，也因此得到了很多知名的慈善家的资助。如果你想知道这项研究的结果，请阅读汉密尔顿博士和马克哥文写的《婚姻的障碍是什么》。

那么，婚姻的障碍到底是什么呢？“只有偏执的非常不谨慎的精神病专家，”汉密尔顿博士说，“才能讲出婚姻中大部分的冲突，不全是因为性生活的不和谐。不管怎样，由其他困难引发的冲突，在双方对性生活满意的前提下，很多时候是可以化解的。”

鲍本诺博士任职洛杉矶家庭关系研究所的主任，研究过数千例婚姻，他是美国关于家庭生活问题的知名专家，根据鲍本诺博士的说法，婚姻之所以失败，常有以下 4 种原因：

* 性生活不和谐；
* 关于日常生活的意见不同；
* 经济条件拮据；
* 心理，身体或者情绪上的冲突。

我们可以发现，性生活占第一，而且奇怪的是，经济条件只占第三，所有婚姻专家，都同意性和谐是十分重要的。比如，很多年前，一个听过很多家庭悲剧的法官宣称："离婚者中 90% 是因为性生活的不和谐。"

"性，"心理学家沃森说，"所有人都认为是生活中不可或缺的一部分。当然，这也是男人和女人婚姻快乐或失败的关键所在。"我听过很多医生的演讲，说的几乎是同样的话。其实，在 20 世纪，有很多关于"性"的书籍和教育，如果因为对这种本能的无知，而造成婚姻的失败，最终婚姻结束，难道不可怜吗？

白德费尔特牧师任职监理会牧师 18 年，后来，他放弃了他的事业，去了纽约市家庭辅导服务处，担任主任的职务，他为青年人举办的婚礼可能比任何一位牧师都要多，他说："我之前做牧师的经验告诉我，即使很有恋爱经验，很多前来结婚的男男女女也都是婚姻的文盲。"

婚姻的文盲！

他又说："很多人结婚时把未来交给运气。看一下我们的离婚率是 16%，你可能觉得还不错。可是，许多婚姻中的夫妇，其实并没有真正地结婚，仅仅是没有离婚罢了，他们差不多过着地狱般的生活。"

"和谐的婚姻，"白德费尔特牧师说，"很少是偶然或必然的产物，它们就像建筑物一样，必须努力用心去设计。"这些年白德费尔特牧师一直坚持经由他证婚的新人们，必须坦白讲出他们结婚后的计划，就是由这些计划得出一个结论：很多急于结婚的人，都是"婚姻的文盲"。

"性，"白德费尔特牧师说，"虽然是属于和谐婚姻生活中的一部分，但除非性关系和谐，否则婚姻生活就会很危险。"但是怎样做会使它和谐呢？

白德费尔特牧师说："不要因为情面的原因而不说，必须要客观地探讨这个问题 ，并且要有婚姻生活的自然本能和实际行动。拥有这种能力，最好的办法是阅读一本分析合理、情趣良好的书籍，可以说这是获得这方面知识的捷径。"

因此，构建家庭和谐生活的第九条原则是：

懂得一些必要的性知识。

第六篇

九个步骤，令你更加成熟

1 与其踢椅子，不如解决问题

卡耐基名言

1. 敢于承担责任是一个人迈向成熟的第一步，我们生活在这个世界上，必须要面对许多责任。

2. 有些人总能找到一些理由——自然是自身之外的理由——来推脱自己的某些不足或不幸，这是不成熟的表现。

3. 不要整日沉迷于自怨自艾的情绪中，把生活过得更美好才是最重要的事情。

我的小女儿达娜正在蹒跚学步的时候，一天，为了能拿到冰箱里面的东西，她把小椅子搬到厨房里，然后想站在上面。我看到后连忙跑过去，但是还是晚了一步，她从椅子上摔了下来。我把她扶起来，正想看看她有没有摔伤，小女儿却突然朝那把结实的小椅子使劲踢了一脚，并且非常生气地责骂："都是因为你这个坏东西，我才摔倒的！"

假如你有注意孩子们的日常生活，你就会发现很多相似的故事。这些事情发生在孩子们身上是非常正常的，并且是极其自然的。他们觉得责怪那些没有生命的东西，或者是埋怨不相干的人，就可以减轻摔倒的疼痛感。

不过，如果这种做法和习惯延续到长大成人后，那可就不太妙了。从古至今，人类就普遍存在一种推卸责任的错误心理。亚当偷吃了禁果，却把责任推到夏娃身上，说："就是那个女人诱惑我，我才吃的。"

敢于承担责任是一个人迈向成熟的第一步，我们生活在这个世界上，必须要面对许多责任。永远不要在遭受挫折或失败的时候，像孩子踢椅子似的怨天尤人。

为什么大多数人都喜欢把责任推卸给他人呢？仔细想一下，也并不奇怪。比起自己承担责任来说，把责任推到别人身上，似乎要容易得多。反省一下自己，你是不是经常会责怪父母、上司、老师、丈夫、妻子或是孩子，甚至我们还会责怪祖先、政府，乃至整个社会，更有甚者，责怪自己本来就不应该出生。

有些人总能找到一些理由——自然是自身之外的理由——来推脱自己的某些不足或不幸，这是不成熟的表现。例如，他们的童年非常悲惨，父母太贫穷或者太富裕，教育方式太严苛或者太放松，没有受过教育或是身体健康状况不佳等等理由。

还有人会抱怨妻子或丈夫不了解自己，或者抱怨老天爷总是与自己对着干——为什么全世界都要一起来欺负我呢？对于这类人来说，他们从不想着去战胜困难，相反，却是去找一个替代品来承担责任。

我对我的一名学员印象很深刻。一天下课后，她跑来找我，当天的课程是训练学员识记他人的姓名。这名学员对我说："我实在是记不住别人的名字，这是我的弱点，所以不要指望我能记住。"

我问："为什么这么说？"

她回答说："因为这是家族遗传，我们的记忆力一直都不好，所以，我并不指望能在记忆力这方面有任何进步……"

我真诚地告诉她："女士，你的问题并不是因为遗传，而是一种惰性。因为你觉得比起费心提高自己的记忆力来说，把责任推到家族遗传这个原因上似乎更加容易。我现在就来证明给你看，请坐下。"

在我的帮助下，她做了几个简单的提高记忆力的训练。因为她非常认真，所以效果不错。当然，要改变她固有的观念并非一朝一夕的事，但是因为她很乐意接受我的建议，最终克服了困难，记忆力有了很大的提高。

除了记忆力不好之外，当今的父母还要遭受儿女对各种事情的抱怨，这些事情的范围从掉头发到平常生活的各种挫折等等。

举个例子，在我认识的人当中，有这样一名年轻的女士，她经常埋怨自己的妈妈对她人生的影响。在这名女士还很小的时候，她爸爸生病去世了，她妈妈一个人要打工养家，供她上学。妈妈因为勤奋能干，后来竟成为一名很有成就的企业家。虽然这名女士从小被妈妈细心呵护着，并且接受了最好的教育，但是结果却出乎意料，她居然把妈妈的成功作为自己最大的阻碍！

这名可怜的女士声称：由于自己经常处于"和妈妈竞争"的生活状态里，她的童年被完全摧毁了。她的妈妈对此非常不理解："我真的不了解我的孩子。这些年来，为了给她创造更好的条件，我一直都在辛勤工作。没想到，我这样做竟然给她造成了压力。"

令人不解的是，乔治·华盛顿虽然不是贵族出身，也没有声名显赫的父母，但是他照样成为了推动历史发展的举足轻重的伟人；亚伯拉罕·林肯，他的童年生活非常贫困，所有的东西都必须依靠勤劳的工作来获得，但这并没有对他产生多大的坏影响。林肯不仅从来都没有怨天尤人，而且还在1864年时说过这样一句话：“我对我的人民、基督教世界、历史，还有上帝的最后审判都有不可推卸的责任。”

人类历史上没有比这更勇敢的宣言了。只有像林肯一样，在别人面前以这种勇气承担属于自己的责任，我们才算真正的成熟。

去看心理医生——这恐怕是目前最流行也是最简单的一种推卸责任的方式。我们可以躺在心理医生的治疗沙发上，用一整天的时间去畅谈自己的各种问题，还有出现这些问题的原因。这确实是现代生活中一种极为昂贵的高级享受。

心理医生跟你说：你现在的一切不幸都是来源于童年时期的遭遇——比如占有欲过强的妈妈，或者是极其专制的父亲。如果这样的说法让你感觉好受些，而且费用又承担得起，那么，我也并不反对你想要依靠心理医生的治疗度过自己的余生。

在威廉·戈夫曼医生的那篇精彩的论文《幼儿精神病学》中，他提到大家是怎样被当今日渐增多的“私人心理医生”给惯出坏毛病的。戈夫曼医生认为，那些经常看心理医生的人，通常都喜欢“为自己的不足以及那些无法融入社会的特立独行的做法找到一个心理学上的理由和借口”。这样做，他们似乎就能找到一种精神上的慰藉。正是因为心理学一直都在为那些无法适应成人世界的人提供借口，所以才会有更多的人把自己的各种不幸都怪罪到外部因素头上。

16世纪时，人们热衷于星相学。于是人们给许多不幸的遭遇找到了最易接受的借口——“我的出生日期不好”“没有好的星座庇佑我”。

但是在《恺撒大帝》中，莎士比亚却让剧中的恺撒大帝说出这样的话：“亲爱的布鲁塔斯，我们所犯的错误是因为我们都有一种听天由命的习惯，而不是因为我们的星座。”

如果你对《圣经》中耶稣的事迹深信不疑的话，你就会理解耶稣最令人敬佩的品格之一就是他执着行善、决不妥协的性格。他绝不会浪费时间去详细询问那些找他帮忙或是看病的人的潜意识，也不会为这些人的处境找到可以推脱责任的借口。

“拿起你的行李回家吧！不要再行犯罪之举，你的罪行已经被赦免……”

耶稣的态度很明显：不要整日沉迷于自怨自艾的情绪中，把生活过得更美好才是最重要的事情。

在英国的都铎王朝有个奇怪的风俗：王族的孩子都会找一个“挨鞭子的男

孩”。因为冒犯王族是大不敬的行为，所以王族的孩子是不能随便打骂的。但是，即便是王族的孩子也有不守规矩、顽皮不懂事的时候，可是下属又不能冒犯王族，于是王族的人便花钱找来一个“替罪羊”，让他代替王族的孩子受惩罚。据说这个差事在当时非常抢手，因为当“替罪羊”不仅可以挣钱，还可以进入王宫工作，所以很多人都抢着做。

虽然“替罪羊”这个行业已经不复存在了，但是，“替罪羊”这种模式还存在于很多不成熟或是幼稚的人心中。如果他们找不到可以埋怨的人，那么多变的时代、缺乏安全感的生活、混乱的国际形势，甚至是骇人听闻的新闻等等，也会是不错的责怪对象。

不久以前，我和一位友人去参观一个展览。我的这位朋友自认为对现代艺术十分通晓。当时，我看到一幅画得十分草率的作品，并且下意识地说出了自己的观点：“我家 3 岁的孩子或许可以比他画得更好。如果这也算艺术的话，那我就是米开朗琪罗了。”

友人反驳我道：“你怎么对人类精神上的痛苦一点儿感觉都没有呢？这位画家是想要表现处于原子能时代的人类所遭受的压力和困惑。”

原来，创作这幅糟糕画作的艺术家还可以把自己的失败归咎到原子能时代！

不过，有一点是可以肯定的，如果原子能时代给我们带来的不是破坏或者死亡，而是些许希望和满足的话，那么人类需要的则是成熟坚强的个体，也就是愿意并且能够为自己的行为承担责任的人。

对于那些渴望心理成熟，而不仅仅是单纯的身体长大的人来说，他们遵循的第一条原则应该是：

任何时候都不要怨天尤人，要为自己的行为承担后果，更要为自己的行为负责。

2 不要混淆困难和不幸

卡耐基名言

1. 对喜欢逃避责任的人来说，困难就成了很有利的挡箭牌。

2. 如果一个人总是觉得环境不好，自然就会隐藏自己的过失，把“缺陷”迁怒于其他的原因。

3. 不成熟的人总会把自己的与众不同之处当成缺陷或障碍，然后希望可以获得特殊的待遇，成熟的人不会这样。

我非常欣赏一位叫爱德华·道奇的人，他就住在我家附近，是一家租车店的老板，专门出租各种高级客车。他非常善于倾听，心胸非常开阔，很喜欢新鲜事物，所以拥有多种才能。有一天，我们聊着一个话题，我们一致认为伟人和成功者都是能够勇于面对困难的人。接着，爱德华问我：“你知道名叫纳达尼·包德齐这样一个人吗？

我问他是否是一位十分精通航海术的人。

“没错，就是这位！”爱德华说，“纳达尼·包德齐出生于1773年，65岁去世，他10岁之前，主要是以自学的方式完成学业的，比如拉丁文。所以他可以轻松地阅读牛顿的数学理论。他在21岁时，已经是一位十分优秀的数学家了。因为他喜欢航海，所以开始接触航海。听说，在一次航海时，他教导所有的船员利用观察月亮和星座的关系来判断船的位置。随后，他写了一本关于航海的书，并且成为十分受欢迎的著作。一个没有受过正规教育的人可以做到这些，真是奇迹，难道不是吗？”

我非常同意爱德华的观点。包德齐确实是不怕艰险、勇于面对困难的人。也许没有人对他说过：“想要成为一名科学家，大学教育是必须要经历的。”所以，他坚持不顾一切艰难险阻，勇敢地面对，而且靠自学得到了比其他人更多的知识。无论是对爱德华还是纳达尼·包德齐来说，困难只是一个再普通不过的词语了。

对喜欢逃避责任的人来说，困难就成了很有利的挡箭牌。

你可能听过很多人都会把失败的原因归结为不曾接受大学教育，即使这些人走进了大学校园，他们也会为自己找出很多其他的理由。而非常成熟的人就不会这样，他们会想尽一切办法来解决问题，而不会总是找理由逃避问题。

有一次亚历山大·贝尔向朋友约瑟·亨利诉说自己的工作非常不顺利，原因是自己对电机方面的知识掌握得太少。约瑟·亨利是华盛顿区一家工学院的校长，他虽然赞同贝尔的说法，却没有告诉贝尔：“很不幸，你没有学习电机方面的知识，真是太糟糕了！”

他没有告诉贝尔怎样申请奖学金，怎样得到父母的帮助，他只是简单地说：“找机会去学习吧！”

亚历山大·贝尔真的去学习电机方面的课程了，而且最后竟然成了历史上对传播科学非常有贡献的人。

那么，贫穷是失败最有效的借口吗？美国总统赫伯特·胡佛的父亲是一名铁匠，后来他又成了孤儿；托马斯·沃森是IBM的董事长，年轻时做过簿记员，每周只有两美元的工资。这些成功人士，都不会把贫穷看成是他们的障碍。他们把时间和精力都投入到了工作中，所以没有时间去找借口。

罗伯特·路易斯·斯蒂文森的身体总是不适，但他不想让自己的生活和工作受到疾病的影响。和他相处过的人，都觉得他非常开朗，有活力，而且出自他手的文字也充分表现出这种精神。因为他不想被身体的缺陷束缚，所以他让自己的文学作品更丰富多彩。

从古至今，很多知名人物都或多或少会有身体上的缺陷。比如：拜伦爵士的脚天生畸形，恺撒患有癫痫，贝多芬因病变成了聋子，拿破仑是个矮个子，莫扎特有肝病，富兰克林·罗斯福是小儿麻痹症患者，而海伦·凯勒从小就因病又聋又盲。

说到女演员，我们知道“女神萨拉”。萨拉是个私生女，长相并不算天生丽质，所以童年时代受尽折磨，生活好像没有任何指望了。但是她克服了各种困难，最终成为舞台上很重要的人物。

我有一个好朋友，他的儿子长相英俊，身材魁梧，就是天生口吃。这男孩在学校总是名列前茅，同学们都很喜欢他。从小学开始，他的爸爸妈妈就咨询了很多心理专家，并拜访过很多治疗口吃的专家，但都没有什么效果。

有一天，男孩放学回家，告诉爸爸妈妈，他被推荐为全体毕业生的代表，并要上台致辞，男孩很高兴地开始准备演讲稿。男孩的爸爸妈妈为帮助他成功完成演讲也出了很多主意，但根本没有办法解决口吃这个毛病。

终于到了毕业典礼的那天晚上，男孩开始了他的演讲。他挺胸抬头，会场鸦雀无声，观众都注视着他，因为很多人都知道男孩有口吃的毛病。刚开始男孩语速缓慢，但非常有自信，后来就非常顺利地完成了15分钟的演讲，没有任何凌乱的部分。他讲完以后，全场掌声热烈，响成一片，因为大家都明白，这男孩一直在努力克服自己口吃的毛病，应该得到更多的赞赏。

卡尔顿是个生意人，住在新泽西州。有一天，他开车经过莫里镇，途经一个路口时，恰巧看见一名盲人女性，正牵着一条狗穿过街道，卡尔顿赶紧踩刹车停下。

很快，一位男士来到卡尔顿车旁，说他是那名女性的训练师。

“请您以后不要再紧急刹车了，就像刚才那样。”他解释说，“这狗是为了防止交通事故而训练的，所以，如果每辆车都像刚才那样停下来的话，狗会认为这是应该发生的情况，就不会太在意，这样的话，假如有车子不停下来，就会发生事故了。”

这个故事给我的印象很深，不单单是因为训练师的话，而是目睹了这名女性用这样的方法来克服自己的缺陷，完成自己正常的生活。

这些人的心灵都是成熟的，他们不会被困难打倒，而是勇敢地面对，然后找到解决困难的办法，他们拒绝同情，不会绝望，也不会逃避困难。

洛埃·史密斯写过一本名叫《一个完整的生命——在死神的门口》的书，这本书非常有鼓舞性，写的是关于艾莫·赫姆的故事。艾莫·赫姆是在俄亥俄州的亨特维出生的，当时接生的医生说：“这婴儿很难活下来。”

不过赫姆最终活下来了。虽然90年来，他的右半身严重受伤，非常疼痛，但他依然坚持同死神做斗争。因为他无法从事体力劳动，所以他非常努力地阅读。1891年，他28岁，任职卫理公会的牧师。经历过两次致命的旧病发作事件，他的内心都没有失去希望，而且得到了巧克力制造商约翰·惠勒的欣赏，惠勒经常在经济上帮助他。几个月过去了，这位站在死神门口的牧师，就离开了疗养院。

艾莫·赫姆开始建教堂、募捐基金，并经常帮助当地的一些学校和医院。这名牧师一共募捐了300多万美元，他觉得这是最有意义的慈善活动。在他69岁时，他依然坚持工作，他曾传道上千次，写了两本书，还为其他的慈善机构捐赠了50万美元，并且是20多所学校的董事，曾以个人名义捐赠5万美元修建加州大学附近的教会。

艾莫·赫姆根本不知道“缺陷”意味着什么。他只清楚自己还活着，而且是有目的地活着。他已经很充分地使用了自己有生命的90多年，并且让自己的名字变成“勇气”的同行者。

在这个高速发展的时代，到处充满年轻的活力，导致很多年纪大的人，总在感叹自身有了“缺陷”，有时候，他们感觉自己跟不上时代了，马上要被划分为无用之人了。我记得，在纽约卡耐基的训练班里一个身材瘦小、已经74岁的女学员，引起了大家的注意，她曾感叹不知道该如何度过自己的后半生。

这名女学员曾经是教师，直到退休才停止。她的储蓄很少，所以必须保持忙碌，这在经济和精神上对她都是一种慰藉。因为她曾是教师，有教学经验，所以她到很多幼儿园讲故事，她的故事都是精心准备的，而且用幻灯片放映。

听了她的诉说，我建议她把这件事当作事业。

她同意我的建议，因此她开始了她的事业。她清楚，年纪并不会成为她事业的障碍，正相反，因为她多年的教学经验，她现在可以更生动、更形象地讲故事，更加让人喜欢。

她先找到“福特基金会”，因为这个组织可以很好地推动文化工作。她写了一张计划表，把她所设计的幼儿园学童的故事安排妥当。她可以讲述出来，而且可以把教具展示给大家，所以很快就得到了大家的认可。她充满热情和生动形象的讲述，赢得了大家热烈的掌声。

现在，这名女学员已经把热情和信心传播到美国的每个角落，并且带给很多孩子快乐，她不想自己的年纪成为自己事业的障碍或自己懒惰的借口，她不会说：“我年纪太大了，不能从事任何工作了。”正好相反，她重新获得热情，相信自己的能力，利用自己的经验，然后重新做起自己的事业，而且做得十分成功。对这个74岁的人来说，她没有随着时间慢慢变老，而是变得非常成熟。年龄的增长在她看来，并不是缺陷，而是动力。

萧伯纳很讨厌那些埋怨环境的人，他说：“人们总是埋怨自己的环境不好，因此他们才没有得到成功。我很不同意这种说法，如果你此刻的环境不是你想要的，那么你可以亲自制造出一个来！”

其实，如果一个人总是觉得环境不好，自然就会隐藏自己的过失，把“缺陷”迁怒于其他的原因。我在年少时，经常因为自己个子比别人高而骄傲。但是多年后，我才发现，身高就是天生的一个条件，有好处也有坏处，都是自己内心的态度决定的。

如果别人拥有两条腿，而我仅有一条；如果别人富裕，而我很贫穷；无论我长得美或丑，还是胖或瘦，我的这些与众不同，都可能成为我的不足——如果你自己持有这样的态度。

不成熟的人总会把自己的与众不同之处当成缺陷或障碍，然后希望可以获得特殊的待遇，成熟的人不会这样。他们清楚自己的特征，然后决定是接受这一特征，还是改进这一特征。

所以，如果你想成为一个成熟的人，请记住第二条原则：

不要畏惧困难，它也可能是幸运的开始。

3 积极摆脱遭遇的不幸

卡耐基名言

1. 不幸的遭遇并不意味着世界末日。有时候，它对于我们改善状况来说很有必要。因为它还是促使我们采取行动的催化剂。

2. 摆脱不幸阴影的最好方法，就是提升我们自己，去帮助别人。

3. 生命并不是一趟幸福之旅，并非总是一帆风顺、毫无阻碍，而是经常在幸运与不幸、漂浮与沉沦、光明和黑暗之间左右摇摆。

1945 年 8 月，在日本宣布投降后的第二天，在加拿大渥太华，玛丽·布朗太太走进了自家的住宅，感受到屋子里的寂静和空虚。

几年前，她的丈夫因为一起车祸离她而去；紧接着，和她住在一起的母亲也因病去世。悲剧发生的经过是这样子的：

“当和平被许多钟声和汽笛声宣告再度降临的时候，我唯一的儿子达诺却去世了。丈夫和母亲都已离我而去，如今连儿子也没了，我是真真正正的孤身一人了。

“在办完儿子的葬礼后，我一个人走进了空空荡荡的屋子。我一辈子也不会将那种空虚、无依无靠的感觉忘记。恐怕世界上最寂寞的地方就是这个家了。我整个人几乎全被哀伤和恐惧占据，我害怕日后生活中独自一人，害怕生活方式会被完全改变，但是最可怕的，莫过于一件事——我的余生中将充满哀伤，最让我感到恐惧的不外乎这个了。”

接下来的几个星期，布朗太太的生活完完全全被一种茫然的哀伤、恐惧和无依无靠的感觉笼罩。她迷茫而且痛苦，所发生的一切让她完全不能接受。她继续描述："慢慢地，我明白了我的伤痛会被时间治愈。但是需要的时间会很长。为了忘记这些不幸，我必须要做一些事情。所以，我再一次回归到我的工作中。

"随着时间一天一天流逝，我再次对生活产生了兴趣，比如要与我的朋友和同事多相处等等。一天早上，我从睡梦当中醒来的时候，忽然意识到我以后的日子一定会过得更好，因为这所有的不幸都已经变成了过去。我知道'用头撞墙'这种行为太愚蠢了，只能意味着对现实的逃避。时间教给我的是如何承担所发生的一切。

"整个改变不是一朝一夕的事，几天或者几个星期都不够，需要慢慢来。总之一句话，它发生了。

"如今，当我再去回忆那段生活的时候，就像一只船，在海面上经历了很大的风浪，然后又重新归于平静的感觉。"

我们往往不能理解，为什么有很多像布朗太太经历的这种悲剧，会发生在我们的身上，所以最好先面对它们，接受它们。在布朗太太强迫自己去接受已经没有家人的这个事实的时候，她在心理上就已经做好了把自己这种痛苦交给时间来治疗的准备了。抗拒命运就像是在伤口上倒毒药，没有办法让自己开始新的生活。

面对不幸，除了接受它，我们别无他法。当这些不幸的遭遇把我们的生活分割得支离破碎的时候，这些碎片只有被时间捡起来，然后才可以重新被缝合。时间需要我们给它一个机会。我们在刚刚遭受打击的时候，整个世界好像都不再运行了，而我们也像在经历着无边的苦难。但是不管怎样，我们还有计划中的种种目标要去实现，所以我们还是要往前走。我们生命中的种种目标一旦被我们完成了，我们的痛苦就会一点一点减轻。总会有那么一天，我们又可以回忆起从前的快乐，并且感觉自己是被保护的，而不是被伤害的。想要克服不幸的阴影，我们最好的盟友就是时间，但只有我们把自己的心灵打开，完全接受我们无可逃避的命运的时候，我们才不会在痛苦的深渊里无法自拔。

不幸的遭遇并不意味着世界末日。有时候，它对于我们改善状况来说很有必要。因为它还是促使我们采取行动的催化剂。它可以帮助我们拥有更灵敏的才智，让我们能够解决问题。

印度的克里施纳曾经说过这样的训言：

平淡的、安稳的喜乐并非是人类幸福的结局，而是轰轰烈烈地与不幸抗争。

"轰轰烈烈地与不幸抗争"会让人性变得更深沉、更缤纷，也更加丰富，它会将人性深处隐藏的资质挖掘出来。这些能力和资源直到必要时才会苏醒过来为我们所用，在那之前，它们一直在人性的深处隐藏着。莎士比亚在《汉姆雷特》一剧中便说过："抵制困境只能是采取行动。困境只能由对抗来结束。"

这是第二个摆脱不幸的方法。

这里还有一个被我称为“尘暴灾难”的例子。

你见过位于美国西南部的那些沙尘暴地带吗？你见过有多少农庄被无情的沙尘暴摧毁，同时有多少人的生计被它破坏吗？你是否体验过那些沙尘暴，见过那些沙尘暴，并且在日复一日地吞食着它呢？下面这个故事里的主人公就是一个自小生活就被沙尘暴阴影笼罩的男孩。现在他21岁了，他的家就位于沙尘暴地带，为了生存，他的父母与沙尘暴及干旱抗争了一生。

从他父母去世开始，家庭的重担便落在了这个年轻人的肩上。有一天，家里没有可以收割的农作物，只有空荡荡的谷仓，他们到了山穷水尽的地步，只能忍受饥饿了。年轻人一筹莫展，眼望着落在农舍屋顶上的沙尘。忽然，他8岁的小妹妹带着她的一个好朋友打开门走了进来。“吉米，你能不能给我10美分呢？”她十分渴望，急切地问道，“我们每个人都需要10美分，因为我们想去店里买一些饼干。”

吉米想不出一个好一些的理由来拒绝妹妹，好半天都没有说话。他把全身的口袋都翻遍了也找不出10美分。

“妹妹，非常对不起，”他温柔地对她说，“我没有10美分。”

那天晚上，吉米翻来覆去怎么也睡不着，因为他一生都不会忘记妹妹脸上那失望的表情。自出生以来，他经历过双亲离世、庄稼被摧毁、沙尘暴的袭击等等很多打击，但是他从来没有像今天一样——年幼的妹妹向他要10美分——这么卑微的要求都满足不了……他居然没有钱去满足妹妹……难道自己真的无法满足妹妹这点要求吗？吉米在想了很久之后，决定要采取一些行动。就在天蒙蒙亮的时候，他将整个计划都想好了，并下定了决心。

吉米一直以来都想成为一名老师，不过之前他认为父母过世后自己最好的选择就是担负起家里农场的工作。但是，眼睁睁看着沙尘暴一次又一次地摧残着家里的农场，这让他不得不考虑从事其他工作。于是第二天，吉米在镇上找了份临时工的工作，从那个时候开始，他借来了许多书，每天都仔细研读至深夜。他真正想要的是一份当老师的工作，他为了有朝一日得到这样一份工作而准备着。果然，他终于找到了一份乡村学校教师的工作。他一直以来的努力，使他不仅完成了愿望，也从邻居那里获得了赞美和尊敬。

满足不了妹妹的要求是一种不幸，但吉米却因为妹妹想要10美分的要求，改变了他生活的方向，并且打破了困难，最后他自己所追求的目标达成了。

有时候，与家庭分离的痛苦还可以靠一些行动来减轻。这个故事发生在住在密西西比杰克逊市的克文顿太太的身上。克文顿太太有三个身体状况都不太好的小孩，为了照顾他们，她费了很多心血。不幸的是，有一天她被家庭医生告知，她的丈夫得了一种随时有可能死亡的严重的心脏病。

“医生的话让我感到十分恐惧，并且开始忧虑。晚上我几乎都睡不着，过了没多久我就瘦了 15 磅，医生说我这样下去会精神崩溃。一天晚上，怎么都睡不着，我开始问我自己：我这样担惊受怕的，对事情有一点帮助没有？等到第二天早上，我就计划着让自己做一些有意义的事情。因为我丈夫对于木工十分精通，亲手做过许多家具，于是我就让他给我做一个床头小桌。他满口答应，并且很认真地花了好几个下午去做。我观察到他从这项工作中得到了极大的乐趣，于是在那之后，他又帮朋友们做了好几件家具。

“除了这件事，我们还开始在新开辟的一片园地里种花种菜。最好的蔬菜我们都送给了朋友，并且我们去做一些我们能够想出来的可以帮助别人的事情。假如没有什么事情需要做，我们就坐下来讨论种植果树方面的种种计划。

“在一天凌晨一点多的时候，我丈夫突然发病去世了。我在那个时候才意识到，其实我们这几年过的才是有生以来最幸福、最有意义的生活，即便我们有着可怕的压力。我就是这样面对不幸的，并尽我所能以最好的方式去接受它。”

克文顿太太面对不幸时的巨大勇气，让她丈夫得到了快乐而有意义的最后几年，而这也给她自己留下了一段美好的回忆。

摆脱不幸阴影的最好方法，就是提升我们自己，去帮助别人。一位我认识的住在威斯康星州的太太，因为她化个人伤痛为力量，转而去帮助其他陷于痛苦的人，所以受到人们的尊重。这位太太有一个飞行员儿子，他在年仅 23 岁的时候就因公殉职，在第二次世界大战中牺牲。这位母亲虽然很哀痛，但是她却不想要别人怜悯她，她说道：“我知道有很多不快乐的母亲。有的是因为孩子得了痉挛性瘫痪的疾病；有的则是因精神上或心理上不健全的孩子无法正常服务于社会而不快乐。当然，还有更多的女性，她们渴望拥有自己的小孩，但是从未如愿以偿。我是幸运的，因为我曾经和我的好儿子共同走过了一段快乐的岁月。即便我生命走到尽头，我也会将这些快乐的记忆完完整整地保留下来，因此，我愿意尽可能地去支持和帮助其他需要帮忙的母亲来遵守上帝的意愿。”

她也确实像她说的这么做了。她不辞辛苦地去安慰那些在儿子出征之后需要帮助的父母，或者去安慰要出征的人。把自己的心思和精力用在帮助别人上面，你就没有时间再去注意你自己的烦恼，这是她成功路上学到的第一课。

生命并不是一趟幸福之旅，并非总是一帆风顺、毫无阻碍，而是经常在幸运与不幸、漂浮与沉沦、光明和黑暗之间左右摇摆。我们不能学鸵鸟，把头埋在沙子里，拒绝面对各种麻烦，而且这些麻烦也不会得到解决。苦难是人生的一部分，成熟的表现就是实实在在地去面对。

遇事便抽身而退，迎难而下，不敢面对现实，这就是不成熟的人最常犯的错误。在玩游戏的时候，许多小孩子常常会因为自己没有胜算就拒绝将游戏继续下去，而成熟的成年人却不会这样，他们会一直试下去直到成功为止。

下面是康涅狄格州诺维其市市长赛门告诉我的事，这是关于一个曾经遭遇过不幸但却依旧勇往直前的小男孩的故事。杰克是赛门先生在大学时代的舍友，他是个很活泼并富有朝气的学生，后来却过早地离大家而去。下面是赛门先生的叙述：

“杰克不仅极具热心，而且还很有艺术天分。学校里的各种表演活动他都参加，包括幕后工作和幕前表演工作。他既是学校各种年度表演的总号召人，也在乐队里担任鼓手，可以说是无所不能，多才多艺。他在离开学校之后进入了一家电视台工作，后来他成为了电视剧的制片人。因为他极热爱自己的工作，所以会把每天的精神和力量全部投入到工作中。

“一天，我接到了朋友打来的电话，他告诉我杰克去世了。原来他从来都没告诉过别人他得了绝症。上大学的时候，他就已经知道自己没有多少日子了。当我想到杰克大学时候的热情、幽默和积极参加活动的精神，我实在是为他感叹。从他身上，我学到了一个道理——只要比赛没结束，就绝不应停止。”

听到杰克的故事的人无不为之动容，也都被他的精神鼓舞。面对不可避免的不幸遭遇，他选择了最勇敢、最成熟的方法。

在卡耐基的训练班里，有名学生给我讲了一个主人公叫迈克的类似的故事。

1948 年，那时候迈克只有 21 岁，但是他已经到军队去服役了。他的眼睛因为在一次战役中受伤很严重，所以看不见东西了。虽然这么大的伤害和痛苦降临在他身上，但是他依旧保持着开朗的个性。他经常和其他病人开玩笑，还会把发给自己的香烟和糖果赠给朋友。

医生们为恢复迈克的视力竭尽全力。一天，主治医生亲自走进迈克的房间对他说道：“迈克，你是知道的，我从不欺骗我的病人，一向对他们实话实说。迈克，现在我要告诉你的是，你的视力恢复不了了。”

时钟仿佛停止了转动，一种可怕的静默在房间里蔓延。

“医生，我知道，”沉寂被迈克打破，他平静地回答，“实际上，这样的结果我一直都知道。很感谢你们在我身上费了那么多心力。”

过了几分钟，迈克跟他的朋友说：“我认为没有任何理由可以让我绝望。不错，我是看不见了，但是我还可以听得很好，讲得很好啊！我有很强壮的身体，我不但可以行走，而且我还有十分灵敏的身手。更何况，据我所知，我可以在政府的协助下，学得一技之长来维持生计。现在我所需要的不过是适应一种新生活罢了。”

这就是迈克，这名士兵虽然失明但心里明亮。因为所有时间都用来计算自己所拥有的幸福，所以没有多余的时间去诅咒自己的不幸。这就是 100% 的成熟——也就是我们用来面对问题的方法。我们每个人在有生之年都会被这样的事情考验，包括你，我，还有我们隔壁住着的那个邻居。

这里只有一个答案——“为什么不呢？”，给那些一直嚷嚷抱怨“为什么这些会发生在我身上”的人。

上帝是不偏爱任何人的。身为一个人，那些苦难是我们必须要经历的，就像我们也要经历许多快乐一样。生活早晚会让我们明白：当我们在受苦受难的时候，我们每一个人都是平等的。不管是国王还是乞丐，诗人或者农夫，男性或者女性，在伤痛、失落、麻烦或者是苦难的面前，所有人需要承担的折磨都是不相上下的。不成熟的人不管在什么年纪都会表现得特别痛苦或者是怨天尤人，这是因为他们不了解，诸如生、老、病、死或者其他生活中的种种不幸与苦难，其实都是人生中需要经历的阶段。

我们将如何摆脱不幸的5个方法整理成如下文字，希望我们所有人都可以记住这些方法。

接受不可避免的事实，将伤痛交给时间去治愈；

采取行动去抵抗困境；

集中精力，帮助别人；

在有生之年，将我们的生命充分利用起来；

计算那些被我们拥有的幸福。

所以，如果你想让自己变得成熟，第三条原则是：

学会摆脱生活中的不幸。

4 为人生建立信仰

卡耐基名言

1. 我们需要信仰某种事物。可是，如果我们不用这种信仰来要求自己，或者只有信仰而不去行动，所有的一切都将毫无用处。

2. 人之所以跌倒不是因为没有信心，而是因为没有将信心转变为实际行动，也没有排除万难坚持到底。

如果我问你是否相信美国这个国家充满了机遇，只要你的精力和能力允许，谁都可以实现自己追求的目标，你很有可能会给出肯定的回答——一声响亮而清脆的"是"，再加上周围人的呐喊助威和纷纷投来的赞成的目光。然而，你相信到什么程度？如果这个时候的你正处于失业的状态，没有任何收入，完全看不到新工作的希望，你还会相信吗？不仅仅是相信，你会以实际行动来证明这句话是真的吗？

一个名叫雷纳·川伽的人就是这么深信不疑。他住在密苏里州独立市的雷德街上，1928 年，他继承了一笔遗产，价值 10 万美元。可是在 1938 年，他却宣告破产。下面我们一起来看看事情的经过吧：

"我的父亲为人慷慨，而且取得了事业上的成功。我还在上高中的时候，只要我需要零花钱，他就让我随时开银行支票。上了大学后，开支票更是我的拿手本事。我根本不知道钱的真正价值，也不知道赚钱的方法，在我的意识里只要用父亲的银行账号开支票就可以拿到钱。

"在父亲去世之前，我一直以衣来伸手，饭来张口这样的方式生活。父亲去世之后，我继承了一块面积广阔、价值高昂的土地，这块土地在密苏里河下游靠近莱新顿的地方。我开始把自己当成一个农夫，但没过多长时间，席卷全国各地的大萧条时期来临，大萧条的第一年我的财务便出现了亏损。为了偿还债务以及补充银行存款，我不得不抵押掉一块土地，可是大萧条的持续令我只能以低廉的价格将土地出售。即便如此，我仍然缺钱，于是我便不断地以同样的手法抵押土地换取钱财，最后所有的土地都被卖了出去。

“终于到了算总账的时候了。我很清楚我已经失去了一切，如果我想继续活下去，就必须找一份养活自己的工作，可我从没这样做过。我痛苦不堪，彻夜难眠。我唯一会做的就是开支票，可现在已经无法这么做了。我根本不知道该怎么办。

“某天晚上，我从噩梦中惊醒，终于意识到自己将要面对什么。我告诉自己，童年里那些滑雪橇的日子已经一去不复返了，我是成年人，我应该像个成年人那样活着。努力吧！要努力工作！

“我不仅开始正视自己所面临的困境，我也试图找到自己的信仰。以前，我一直相信别人说的“美国这个国家充满了机遇，只要你的精力和能力允许，谁都可以实现自己追求的目标”。即使现在，经济大萧条、工作机会很少，可是我也不是一无是处。

“我，身体健康、形象良好，我有大学文凭，也拥有一些商业知识，而且还有从挫折和失败中获得的宝贵体验。如今，我必须采取实际行动，而不能把时间浪费在对不幸遭遇的哀怨上。

“我非常清楚自己的想法以及生活状态。对我来讲，想找到工作会面临很多困难。可是，我不能这么颓废下去，我一定要逼着自己用信心战胜迷茫和恐惧。我必须相信这个国家到处都是机遇，只要坚定信心，就一定能获得自己应有的位置。这份信念促使我坚定不移地奋力向前。

“这份信念的力量最终得到验证。堪萨斯城的一家财务公司雇佣了我。最终，我在那里度过了 4 年的工作时光，非常愉快。之后，我辞职回家，再次恢复了农夫身份。一切都进展得非常顺利。我的信用得到了不断积累，事业范围也越来越广。我买进卖出，便获得了中间利润，而且非常可观。多年来的失败给了我很好的教训，我终于迎来了成功。

“我用赚来的钱赎回了我曾经的土地，我的努力终于有了回报。更重要的是，我的两个儿子也得到了我的真传，他们得到的这些比钱财更加有意义。

“可见，我们需要信仰某种事物。可是，如果我们不用这种信仰来要求自己，或者只有信仰而不去行动，所有的一切都将毫无用处。”

川伽的故事很好地证明了一个人是如何一步步走向成熟的。一个被宠溺、毫无责任感的男孩子，一夜之间就明白了自己不仅仅要有信仰，更要以信仰要求自己去行动。在此之前，他如长不大的孩子一样逃避现实，然而，他带着对美国的信心，再次成长成了一个敢于面对现实的成年人。

《如何度过一年三百六十五天》的作者约翰·席勒曾经说过：“成熟需要

通过学习才能得到。”而且，必须经过痛彻心扉的痛楚才能得到。李莉安·郝德里太太得到的教训也是如此。

郝德里太太居住在加拿大的沙卡契文市，她是一个普通而快乐的全职太太。她的生活一直平安无事，突然有一天可怕的车祸发生了，车祸令毫无防备的她彻底陷入深渊。

刚开始，所有人都以为郝德里太太的脊椎骨断裂，但后来的X光片显示她的脊椎骨虽然没有断裂，但擦伤造成她骨骼表面长出了刺状物体。医生嘱咐她卧床休息三周，但同时也告诉了她一个坏消息。

医生说，因为她的脊椎骨出现了严重的僵硬现象，所以五六年以后她可能会全身不能动弹。

后来，郝德里太太这样描述她当时的心情：“我呆住了，一向活泼好动的我从来没碰到过任何不顺。可是现在，不幸还是发生在我身上。卧床休息也从三周变成了四周，后来延长到五周、六周……我失去了所有的乐观和勇气，留下的只有看不到尽头的恐惧……我感觉自己越来越衰弱。

“某一天早上，从睡梦中醒来的我感觉自己的思绪非常清晰，清澈透明得犹如水晶一般。我对自己说，5年多的时间不算短，我可以利用这段时间做很多帮助家人的事情。只要我不放弃药物治疗，我决定和病魔抗争到底，我不贪心，或许我的状况会有所改善。我可不想不做出任何努力就缴械投降，我必须奋勇向前。因为我的自信，再加上要立刻付诸行动的决心，恐惧和无力感不见了。挣扎着离开床铺，我要马上开始新的生活。

“我找到了新的座右铭，并时刻提醒自己按照座右铭前行：前进，前进，前进！

“现在，5年多过去了，我又去做了身体检查，医生觉得我的脊椎骨恢复得非常好，看上去还能再坚持5年。医生也说让我继续保持心情愉悦，继续对生命充满激情，继续不断前行。这也是我坚守的信念，只要我的肌肉还能动弹，我一定不会停下前进的脚步。”

郝德里太太的例子确实鼓舞人心。她坚守的信念带给她成熟，也成了她的行为准则。

当然，如果单单拥有信仰，我们还不能变得成熟。信仰可以给予我们勇气，当我们接受考验的时候，可以帮助我们坚守阵地。我们只有用信仰当基石，付诸实际行动，才能真正尝到胜利的果实。

有时候，我们的信仰和行动可能会相互冲突。比如，有个女人笑着跟我说，店里的女售货员多找给她50美分。我问她会不会把钱还给对方，并告诉那个女售货员是怎么回事，但她根本没有这样的想法。

“当然不会！”她抬高自己的声调，听上去有些着急，“因为她的过错才出现这种情况，她当然得负责。你想啊，如果她找钱找少了，吃亏的不就是我了吗？”

如果我们真的要质疑这个女人的诚信，她当然理亏。她对女售货员的错误毫不同情反而幸灾乐祸，甚至连自己的体面都不要了。这种不光明的行为，将她不诚信的性格暴露无遗。

一名会计师也跟我讲过一段他面试的事情。他曾去一家公司应聘会计职务，而这个职务需要处理大额款项，所以公司便找了一名心理学家和他面谈，借机察看他的诚实度和人品。心理学家提了一个问题：“如果你能不付钱就溜进电影院看电影，你会去吗？”心理学家知道，如果一个人在小事情上表现得不诚实，那么，在面对大利益的时候，他会更加犹豫。

我们的信仰往往表现在我们的行动上。耶稣说过：“一个人结出什么果子，他就是什么样的人。”没错，只有行动才是最好的证明。如果我们不能坚守信念，那么任何哲理喊得再响亮，也不会发挥任何作用。我们结出的果子是苦的，我们的生命也将是假冒伪劣的。

一旦我们有了坚定不移的信念，就要付诸实际行动。

夏威夷的一名建筑商人，坚信人决不能随便放弃。他不仅坚信，他的行动中也时刻表现出他的信念，所以他取得了事业上的成功。他就是保罗·玛哈。

1931 年，玛哈先生四处打听，想在建筑业和工业界找一份工作。他年纪轻轻，也没有工作经验，到处碰壁，工作始终没有确定下来。因为当时经济不景气，没有任何一家公司需要增加制图人员或者是工程师，就是经验丰富的老员工也可能被解雇。

“我实在没有信心了，”玛哈先生坦言道，“可是后来我决定，如果谁都不肯雇佣我，我就自己来，我从亲戚朋友手里借了 500 美元，之后就成立了一家小规模的建筑公司。”

“经济不景气，这是事实，那些想要盖房子的人哪个都不想找我这种没经验、没名气的人。但不管怎样，我都必须鼓起勇气、坚定信心走下去。就这么一直坚持着自己的信念，我终于接到了几单小生意。

“我的第一单生意是建造一栋价值 2500 美元的房子。因为经验不足，报价偏低，最后我损失了 200 美元。可是，有了这次的经验，我在接下来的几单中又赚了回来。因为我相信，人不能随便说放弃，我带着坚定的信念终于渡过了人生中的一大难关。”

没错，人之所以跌倒不是因为没有信心，而是因为没有将信心转变为实际行动，也没有排除万难坚持到底。

如果你想变成更加成熟的人，第四条原则是：

拥有自己的信仰并付诸实际行动。

5 你是独一无二的

卡耐基名言

1. 每个人的生活状况都是不一样的，即使人体的构成基本上相同；每个人的生命都是一个奇妙的个体，绝不会与任何一个人相同。

2. 保持良好的情绪是我们工作成功的重要因素，因为积极的情绪是推动我们向前进的力量。

3. 内心的成熟，是持续不断地自我反省、自我探索的过程，我们只有先了解自己，才能更好地去了解别人。

我非常喜欢园艺工作，亲自管理一个十分有规模的玫瑰园，这给我的生活增加了很多乐趣。有一天，我正沉浸在美丽的玫瑰花丛中，突发奇想：“这些玫瑰花，远看都非常相似，是吗？其实不是这样的。只要仔细观察，就会发现它们每一朵都不一样。花的种类不一样，开出的花朵也不一样。比如生长的速度，花瓣的轻重，颜色是否均匀等，只要认真细看，会发现它们都有自己独特的姿色。”

不但自然界是这样，人类的状况也是这样。亚梦·吉始博士曾经研究古代的生活和民俗，得出这样的结论：没有任何两个人的生活状况是完全一样的……每个人都有自己特殊的生活状况。没错，每个人的生活状况都是不一样的，即使人体的构成基本上相同；每个人的生命都是一个奇妙的个体，绝不会与任何一个人相同。

要想变得更成熟，我们必须要了解这个真实情况，因为这就是我们与别人交流的基础，我们必须把别人看成一个独立的个体，就像我们本身一样，要不然，我们很难和他们建立良好的关系。

这听起来很简单，对吗？但是做起来非常困难。比如：我们认为这是一个没有歧视的国家，实际上呢，却充满了阶级歧视。我们总是喜欢给别人定一个位置，比如，普通老百姓、中上阶级、中下阶级、低收入群体、街头浪人、白领、蓝领等等，这些都表现出我们不能把一个人看成独立的个体，而只能视大家为没有特色、没有个性、没有姓名的群体。

我们自身的情况也是这样，也会被别人定位。很多社会研究人员和调查人员，对我们的生活了如指掌：每天喝什么咖啡，开什么牌子的车子，喜爱什么样的电视节目，收听什么样的电台等等。

社会中将这类现象归结为给某人定位，我们总是用这种方式评定一类人，忽视人的独特性。如今人们的个性已经被忽视，甚至不敢想或做与别人不一样的事情。

当然，现在的人仍然非常渴求让自己变得更加有个性，在我们的内心深处，仍然希望可以和他人有所不同。为了表达内心深处的这种渴求，解脱束缚，很多人被送往精神科治疗室，更有甚者用酒精、药物来让自己解脱。

有什么办法可以更好地治疗这些疾病呢？我们要怎样才能意识到自己的个性？要怎样才能用更加成熟的态度来了解自己呢？这里有三种方法：

每天留出独处的时间，来进一步了解自己。

因为现在的生活充实忙碌，我们很少有独处的时间来反省自己，我们必须要想办法留出时间认识自己、反省自己。

不过，每个人有每个人的独处方式。有一位朋友跟我说，他经常在人来人往的街道上，一边散步，一边思考。“这种办法，能让我忘记我自己，从而想明白很多解决问题的办法。”他这样讲。

我喜欢去教堂里，找寻久违的宁静，这种方法可以安神定气，平复心情，使自己的心灵更加纯净。

我更喜欢走进大自然，不过对我来说，根本没有闲暇时间去散步或进行任何户外运动。但我可以在花园里独处踱步，也可以透过窗户眺望蓝天白云和树木，这都能让心灵获得极好的休憩。每次发现季节变换，无论是面对广阔的风景，还是一小片土地，我都能感受到自然界的美妙，使自己融入其中，成为大自然的一部分。

有些人比较喜欢安静，或用其他方法来独处。总之，每天需要留出一段时间独处，没有任何人和事的打扰，这样才能更好地认识和了解自己，包括自己的生活、信仰和其他行为。从古到今，有很多哲学家和思想家，都会独处静养，也都收获颇多。

突破旧的习惯。

我们总是把自己藏在习惯和习以为常的事件里，在里面非常不自由，必须用非常大的毅力才会突破而出。想一想，我们大部分人每天都在重复做着相同的事情，生命也会变得反复，没有任何新鲜感而且失去应有的创造力。

卡耐基训练班有一名学员，居住在俄克拉何马州，是一名少妇，她把自己突破习惯束缚的方法告诉了我们：

“我先生和我都沉迷于电视，每天下班回到家，第一时间打开电视，然后一边吃快餐，一边看电视，就这样一直到休息的时间结束为止。我们几乎不去亲戚和朋友家，很少阅读，也很少去参加一些户外活动，原因是只要想到某某电视剧的精彩之处因为参加各种活动而错过就觉得很遗憾。如果有人来看望我们，我们都不会特别理会，只希望可以赶紧看我们喜欢的电视剧。有一天，我和几个老朋友聚会，发现自己和他们没有共同话题，因为他们的聊天内容我都不知道。我除了窝在家里看电视，几乎不到其他地方去，也很少阅读书籍和报刊，很少做其他任何事情，除了看电视，也没有什么特别的爱好。”

“我到家后和丈夫说起这件事情，并且跟他说，我们必须想办法改变爱看电视的习惯，他表示非常同意，于是我们开始计划应该怎样去做。我们首先报名参加一些成人教育的课程，也开始抽出时间去打保龄球。我们去拜访朋友，而且会到图书馆借书看，并大声读出来。我非常高兴终于摆脱了坏习惯的束缚，而且发现这对工作和生活都有积极的影响。我们的生活变得更加充实，和朋友、亲戚的关系也更融洽、和谐。”

这两个人被坏习惯束缚着，无法自拔，但是经过两个人的共同努力，终于突破困境，重获新生。

用发自内心的兴趣去追求。

威廉·詹姆斯是一位心理学家，曾在1878年给他的妻子写了一封信，信的内容就表达了这种思想：

“我总是想，要为一个人的品格做出注释的最好依据，就是应该了解这个人的情绪变化和态度，尤其是在某些特别的事件发生的时候，让他能表达出自己内心最真实、最活跃的生命力。在这种时刻，他的内心总是会出现一种声音：‘这才是真实的我啊！’”

也可以这样说，兴奋时刻会将我们身体的潜能激发出来，从而呈现出真正的面目。因为能感受到“最真实、最活跃的生命力”，就是让人非常兴奋的事！

这种兴奋可能与思想、性格和当时的客观情况有关系，但是，不管怎样，兴奋本身可以使我们摆脱习惯、厌烦和压抑的束缚，从而把我们内心最真实的情况表现出来。

保持良好的情绪是我们工作成功的重要因素，因为积极的情绪是推动我们向前进的力量。爱德华·维克多·亚伯顿是一位伟大的物理学家，同时也是诺贝尔奖的获得者，他曾经说过："在科学研究的领域里，我觉得兴趣要比专业技术更加重要。"

很明显，亚伯顿并不是说专业技术在工作中不重要，而是说兴趣，也可以说是一种兴奋，可以让一个人尽可能发挥自己的专业技术。

从我44年的演讲经验中，我发现，每个人在演讲时，得到的效果是由演讲人对自己所讲内容的兴奋程度来决定的。不管这个人演讲的内容是氢弹、岳母，还是非洲的热带丛林，他对听众的影响力，完全与他对所讲内容的兴奋强度成正比。

人的性格虽然很难改变，但能用某些行动表现出来。要想表现出真实的自己——也就是我们与众不同，真正的价值所在——就必须要突破一些人性的束缚，比如：惊恐、畏惧、疑神疑鬼、迷惑人思想的一些恶习，等等。这时候，兴奋就像是火把，能把束缚自我的绳索彻底解除，把真实的自己释放出来。

兴奋有很多表现，爱就是其中之一，有部电影的名字叫《玛蒂》，就是讲述两个寂寞的人，因为爱而彼此敞开心扉，从而进入一个新的世界的故事。

在一些人看来，兴奋也可以是一种感兴趣的工作、活动或创新的活动。威廉·林恩·菲尔曾是耶鲁大学的教授，他写过一本书，名字叫《教学的乐趣》，书的内容就是描述在教导学生的过程中如何让他们的生活充满乐趣，变得更加充实。

危险时刻也会使人觉得兴奋，因为会把人的某些隐藏性格表现出来。在一些灾难中比如战争、洪水或者地震等，经常会出现很多英雄人物。因为人在这种有刺激性和挑战性的时刻，才会把真实的自己和身体的潜能发挥出来。还有一些退休的老人，和儿女一起居住，虽然看起来什么都不能做，但是如果家庭出现问题或者任何意外情况，他们一定会表现出非凡的力量，变得可以为家庭撑起一片天地，让人心生敬畏。

因此，这就是可以让我们发现自我、发现我们独特个性的三种方法：

每天留出独处的时间，来进一步了解自己；

突破旧的习惯；

用发自内心的兴趣去追求。

内心的成熟，是持续不断地自我反省、自我探索的过程，我们只有先了解自己，才能更好地去了解别人。按照苏格拉底的话，"了解自己"就是智慧的开始。那么，"你是独一无二的"这种说法，就是现代人对过去文化的理解。

假如你想让自己变得更加成熟，请记住第五条原则：

你是与众不同的。

6 你要学会喜欢自己

卡耐基名言

1. 成熟的人要适度忍耐自己，像忍耐别人一样，不要为自己的缺点而不开心。

2. 自我挑剔过甚说明不能欣赏自己的美。

3. 清新的空气有益于身体健康，独处静思有益于心灵健康。

史迈利·布兰敦曾在他的书中这样说：“人适度的自我欣赏是健康的表现，爱自己才能积极地工作，乐观地生活。”

布兰敦的话不无道理，要想更好地成长，健康地生活，确实需要欣赏自己，但这不是妄自尊大，要认清自己的本来面目，接受自己的优缺点，尊重自己，好好待自己。

在《动机与人格》一书中，社会心理学家马斯洛也提到了要接受自己。他这样写道：“现代心理学主要包括：主动、放下心灵的包袱、自然不勉强、接受自己、敏感和满足。”

人在成长后，不会在晚上翻来覆去想自己比不上别人的地方，不会怀疑自己没有比尔·史密斯那么自信，不会担心自己没有吉姆·琼斯那么积极乐观。虽然有时也会检讨自己的不足，深省自己的过失，但他们始终坚信自己正沿着正确的方向，实现心中所想，会不断完善自己，而不会自怨自艾。

成熟的人要适度忍耐自己，像忍耐别人一样，不要为自己的缺点而不开心。

欣赏自己和欣赏他人的不同体现在哪里？可以说当你不再欣赏自己，甚至厌恶自己时，你对整个世界都会充满怨恨。

亚瑟·贾西是哥伦比亚大学教育学院的教授，他深信教育是为了让人更加了解自己，从而接受自己的优缺点，欣赏自己。他在《面对自我的教师》中这样写道：教师能够自我欣赏是很重要的，因为教师不仅教育着未来的希望，他们热爱这份工作，同时还会很辛苦，时常因为学生的各种问题焦虑心痛。

现在美国的病人有一半以上都是精神上出了问题，据了解，这些病人都不能欣赏自己，不能坦然接受自己的真实情况，没有学会与自己和谐相处。我就不在这里分析他们的病因了，只是想通过这件事来说明，现代社会充满竞争，我们常常以物质多寡来判断这个人是否成功，很多人做着无聊的工作，心里怀着对名利的渴望，这样容易导致精神世界崩塌，灵魂找不到依托。而且我认为宗教信仰的缺失也会助长这种迷茫感。

罗伯·怀特是哈佛大学的心理学家，他在《进步中的生命：有关个性自然成长的研究》中写道："为了适应环境，在压力下好好生活，人必须不断调整自己。"他认为这是一种理想化的境界，"人可以在压力下生活，比如能顺利完成每次无聊的例行公事，被迫接受一些强制性的规定，扮演好不同的角色等。但只有适当拒绝，不断完善自己，积极乐观，不断创新，才能活得漂亮"。

大部分人都没有勇气独树一帜，也不清楚自己支持哪种观点，所作所为都受周围人的影响，比如服装、食物、房屋，甚至是看待问题的角度，都和周围人大同小异。如果我们无法融入周围环境，就会变得敏感不快乐，甚至有些神经质，这样导致了我们不能再欣赏自己。

几年前，一名女学员便有过这种经历。她的丈夫是名律师，在事业上很成功，雄心勃勃，做事雷厉风行，独当一面。他们的朋友多数是这位丈夫的朋友，性格也有共同点，都喜欢以物质来衡量人的价值。而这名女学员是个温和谦逊的人，这样的生活环境让她找不到存在感，无法发挥自己的价值，自己身上的优良品质也常常被忽略。她因为没有达到这些朋友眼中的成功而感到越来越自卑，变得不能欣赏自己。

这名女学员的问题不是不适应环境，而是不适应自己待在这样的环境里。她没有欣赏自己身上独有的魅力，而是希望自己按照那些朋友的眼光取得所谓的成功。天生我材必有用，只要把自己的独特美丽展现出来，就会发挥自己的价值，不必非要和别人做得一样。其实她只需要想明白这点，就会有自信了。

不要用别人的标准衡量自己，要有自己的价值观，这是认可自己的第一步。要学会和自己和谐相处，不要总是嫌弃自己。

自我挑剔过甚说明不能欣赏自己的美。适度自我批评有益于自我认识，但是如果过于苛求，就不能正确认识自己，反而会产生消极的想法了。

还有名女学员下课后找我诉苦，她因为演讲失败而陷入深深的自责。她说："我站起来要开始演讲时，就会觉得自己笨嘴拙舌，也不敢张嘴说话，其他学员看起来都镇定自若，游刃有余，而轮到我时，就会出现上述情况，无法再说下去了。”她还详细地分析了自己的其他弱点。听她讲完，我这样对她说：“不要过于在乎自己的缺点，有这些缺点并不代表你不能完成演讲，只要能把自己的长处发挥出来定能达到理想的效果。”

缺点并不能阻碍我们进行成功的演讲、艺术创作，也不能说明我们因此一无是处。莎士比亚的戏剧有很多历史、地理错误，狄更斯的小说也有很多矫情之处，但没有人会揪着这些细节不放，这些作品自有其伟大之处，优点的光芒已经使这些缺点无关紧要了。我们喜欢我们的朋友，也一定是因为他们身上某种优良品质，而不是缺点。

我们要多关注自身的优点，把它们放大，逐渐改善不足，完善自己，有了错误就及时改正，大可不必耿耿于怀。

耶稣对于身体上或精神上受苦的人，不会直接盘问原因，也不会过度展现同情，他不会说：“你真可怜，太不幸了，一切都在和你作对，你是怎样遭遇了这样的不幸呢？”相反，耶稣会说对这个人最有帮助的话：“你已经被无罪释放了，回家去吧，永远不要再犯同样的错误。”

我们常常因为所犯过的种种过错而自惭形秽，徒生罪恶感，我们不会欣赏这样的自己。为了避免这种情况发生，我们必须让过去的错误都过去，从今天起，开始崭新的生活。

耐心对待自己的缺点，才能更好地欣赏自己，这并不是说我们要对自己放低要求，也并不是说我们就可以容忍自己得过且过，而是说我们必须正确地认识到：没有人能把每件事都做到百分之百的完美，要求别人做到完美是不公平的，要求自己做到完美则是荒唐的。

我曾在一个组织中认识一名女会员，她是一名完美主义者，每件事都亲力亲为，追求面面俱到，准备演讲直到自己筋疲力尽才肯罢休，就连小报告都费心费力花很多时间精心做好。她不欢迎没有被邀请的客人，每次请客都要计划得天衣无缝。她花费这么多时间和精力把所有事情都做得井井有条，无形中却丢失了很多温情，令人觉得不自在，不喜欢。

苛求自己事事都尽善尽美体现了自我主义的残酷，好像时时刻刻都一定要让自己超越别人，非得让自己像明星一样自带光芒，好像做事情不是为了体现自己的价值，也不是为了能完成这件事，只是为了超越别人，为了能高人一等。完美主义者也会犯错，会失败，但他们忍受不了这样糟糕的事情出现，因此嫌弃自己，继而不欣赏自己。

我们不应对自己如此苛求，应对自己好一些。有时，我们要学会自嘲，轻松看待犯过的错误，学会欣赏自己。

前面我们提到过独处会帮助我们了解自己，独处也是学会欣赏自己的妙方。

李奥·巴德莫是马里兰州巴尔的摩塞顿心理学院的医疗主任，他曾这样写道："晚上躺在床上我们常常会回想白天发生的种种，这正是我们与自己独处的时刻，是个好习惯。"

想和别人好好相处，要先和自己好好相处。哈里·佛斯迪克在观察研究不与自己独处的人后，把这些人比作被风吹皱的池水，无法再倒映美丽春光了。

独处让心灵在港湾休憩，是与自己的对话，有利于我们感知外界事物。安妮·马洛·林白在她《来自海洋的礼物》一书中这样写道：只有懂得与自己交流的人，才懂得和他人交流。内心就像宁静的幽泉，只有独处才能体会其中的曼妙。

独处能使我们清醒地审视自己。《圣经》有一句话：安静下来，你会发现自己就是神。这句话让很多人极为受用。清新的空气有益于身体健康，独处静思有益于心灵健康。

在别人身上找到自己的快乐，也会使别人感到压力，还会让你们之间逐渐出现隔阂。当你认识自己、欣赏自己后，不仅自己得到了成长，而且会懂得怎样和别人愉快地相处。

如果你想成长，第六条原则是：

认识自己，欣赏自己。

7 不要因循守旧

卡耐基名言

1. 只有不因循守旧，才能体会作为“人”的真正意义。保留完整的内心世界，一个只有自己没有他人侵犯的世界。

2. 青年人还有不谙世事的人无论是在服装、言谈举止，还是在思想上，通常都不希望与周围的环境格格不入，他们希望有一种认同感。

“只有不因循守旧，才能体会作为‘人’的真正意义。保留完整的内心世界，一个只有自己没有他人侵犯的世界……当我用别人的眼光看待问题，用别人的思想去思考问题时，便没了自己独立的立场，从而造成了一些不必要的错误……”

这句话出自拉尔夫·瓦尔多·爱默生，他最不因循守旧，他的这种观念正好和另一类人的想法相反——通过和他人保持一样的观点来获得好人缘。或许我们也可以这样理解爱默生的话：我们要尊重他人的观点，但不要人云亦云，丧失独立思考的能力。成长带给人的好处之一就是我们学会了无论在何种境遇下，都坚守自己的信念，并保有实现信念和理想的勇气。

青年人还有不谙世事的人无论是在服装、言谈举止，还是在思想上，通常都不希望与周围的环境格格不入，他们希望有一种认同感。青少年的父母或许都怕自己孩子这样说：“莎莉的母亲允许她涂口红”“和我一样大的姑娘都出去和男孩子约会了”“只有老怪物才 11 点之前回家”，还有许多类似的话，这里就不一一列举了。

孩子们通常都和大多数同龄人有相同的喜好，也很在乎周围人对自己的评价，他们需要融入到那个圈子里去，以此来提升自己的存在感。当父母的要求和同伴的观点发生冲突时，他们常常会很不安，同时，这也让孩子的父母忧虑不堪。

当我们处在一个陌生的环境时，之前没有任何经验可以帮助你，那么聪明人会选择看看身边的人都是怎么做的，然后慢慢积累经验，重拾自信，再遵从自己的内心，走与众不同的路。而愚蠢的人在对事情一知半解，甚至都不知道自己为什么反对时，就冒冒失失地打着改革的旗号开始自以为是了。

最终，时间会沉淀出专属于我们自己的思想和世界观，比如我们会发现为人处世最宝贵的品格就是诚实：犯罪往往要付出惨痛的代价，最后得不偿失。这不仅仅是因为我们从小就接受这样的教育，也是我们在亲身经历世事、百般思索后得来的人生哲理。大部分人遵循相同的秩序、持有相同的信仰是有利于社会安定的。如果每个人都只顾念自己的那套行事方法，便根本没有法律法规、道德约束可言，人类也不能和平相处了。

就算大部分人已经接受的观念原则，也会因时代变迁而面临新的挑战，一部分标新立异、不盲从的人会要求改革，从而推动人类文明不断进步。举例来说，以前，人们不敢对固有的奴隶制公然反对，但在听到先进人士的呼吁后，慢慢也参与了改革。还有数不胜数的例子：酷刑、屈打成招、非法雇佣童工、虚假广告等，这些有违天理的事情，曾经大部分人都默默忍受着，直到出现质疑的声音，并得到回应支持，这些不合理的现象才逐渐消失。

要真正实现遵从自己的内心可能不会一蹴而就，有时甚至困难重重，面临风险。很多人宁愿把自己淹没在人群中获得一种安全感，也从不对统治者的做法提出异议，或者换个层面来说，很多人根本不敢标新立异。但我们没有看到羸弱的大众心理都是盲目跟风的体现，这种所谓的安全其实并不真实。

大家努力将自己融入到大环境当中，和寻求安全感一样，最终都被大环境奴役，只有勇于接受挑战，接受争议，不轻易言弃，才能获得心灵的自由。战地特派员埃德加·莫勒说过：“想完善自己的人格，顺应环境、追求所谓的安全感这样被动消极是不可取的，而应在责任和压力下，凭借自己的努力取得成功。”就像先辈一直教导我们的，知难而上、勇于面对的人才能走得更远。

之前我们提到过成长的第一步就是要接受责任，按照这种说法，我们可以这样理解成长的含义：成长就是在父母的指引保护下，探寻自我发展的方向。如果我们真的成长了，就不会再像懦夫一样去躲避，去顺应环境以求暂时相安无事，不会让自己的独一无二淹没在人群中，不会盲目跟风，而是顺应本心，敢于发声。

天生有使命感的人，不用被各种人生哲理感化，就会因使命感而变得热忱，义无反顾地迎难而上。但普通人——你和我，或我们的邻居，会因四面八方的压力而不能坚定自己的信念，如果信念遭到反对，人数越多，我们就会对自己的信念越质疑，从而对自己的判断失去信心。

有人认为不盲从其实在另一种程度上是不合群，喜欢显摆自己，是在哗众取宠。正如在我们眼中，留胡子、光脚走在街上、穿休闲T恤参加正式宴会、女子在影院等公共场所抽烟都是怪诞的行为，不但不会认为他们标新立异，还会用看动物园里猴子的眼光看待他们，觉得他们不文明。

成长后，我们变得成熟，信念坚定，无论是对自身、对整个人类，还是对神灵，都增加了责任感，带着“天生我材必有用”的自信，开始为人类做出自己的贡献。

关于这个话题，我和爱默生的观点一致，他在世时拒绝参加如反奴隶制这类改革运动，他当然是赞成这种运动的，也希望运动最终能够带来革新，但他觉得自己并不善于这样的事业。他坚持这样做了，甚至遭到误解谩骂，但他都不以为意。

有时你的坚守可能不能被他人理解，有时你不随波逐流会被看成异类，所以能够把自己的信念坚持到底的人，都有一颗勇敢的心。

某次聚会上，我们正谈论最近的热点，大家都赞成一个观点，但有一位男士表达了不同的想法。这位男士一直在耐心地听别人的观点，直到被问及他的意见时，才微笑道：“我一直不说话是因为我和你们的观点不同，我不想因为我的不同意见破坏这愉快的气氛，但既然被问到了，我就说说我的观点。”然而他一说出自己独特的见解，就立即遭到大家的一致反对，但他据理力争，不卑不亢，立场坚定。虽然最后他没能说服其他人，但是他坚持自己，敢于发声，赢得了大家的尊重。

之前，美国人想要生存下去完全凭借自身的力量。驾着马车去西部拓荒的人，无论碰到什么艰难困苦都是自己想办法解决，没有专家帮忙，就连生病了都没有医生诊治，但依靠经验常识以及祖传秘方也能恢复健康；和印第安人起冲突时，没有警察来维护治安，只能靠自己；想安定下来搭建房屋时，根本没有建筑公司之类的，一砖一瓦都是自己出力，并且通过耕种、捕猎来获取食物。总之，生活上的任何问题都是靠自己想办法解决，然而他们却做得很好。

而如今，有什么问题我们都可以找专家解决，我们习惯于相信专家，不相信仅凭一己之力也可以解决问题，所以往往现代人缺乏自己的见解，信念也摇摆不定，我们自己促成了这种境况。

现代教育固定的模式，很难做到因材施教，并不利于领导者的培养。大部分人盲目跟风，很难成为领袖，因此我们不仅要培养领导者，还要培养非领导者不丧失自己独立思考的能力，只知道听从指挥，就和屠宰场待宰的牛一样麻木了。

著名教育家华德·巴比认为，依照国家所需培养的孩子最后都平易近人、善于社交、适应性强，而畏畏缩缩则被认为适应能力差。所以我们应尽力做到：在游戏中，尽量让每个孩子都参与游戏，轮流做管理者；探讨问题时，尽量让每个孩子都发表自己的观点，得到别人的赞赏。

但如果想培养出未来的领袖，就不要遏制那些想法迥异的孩子的不同见解，要给他们成长的空间。比如喜欢阅读不喜欢棒球的孩子，喜欢音乐不喜欢足球的孩子都应按照他们的兴趣去培养，不能要求每个孩子都相同，而把不一样的孩子看成异类。

公立学校中，有些父母敢于发声、敢于提出自己对教育的见解，这些父母的确勇气可嘉。一般的父母早已形成思维定式——有关教育的问题最好听从教育家的意见。我认识一位年轻的家长，对于子女的教育，他有自己的观点，并自信自己的思考是有益的，他质疑传统的教学方式，以一己之力和附庸于旧条例的人们争辩。一年后，他的观点渐渐得到支持，之后他被推选为社区教育委员会委员。如今，包括他的子女在内的无数孩子受益于他提出的建议。

养育下一代时，我们从儿科医生那里学习如何喂养抚育婴儿；从幼儿心理学家那里学习如何教育孩子；经商时，我们学习所谓的生意经；在政治方面，我们都是跟所属的组织或团体保持一致，基本没有自己的观点；甚至在私生活上，我们也听各种专家的意见。专家们观察、研究、统计，把得出的结论公之于众，由大多数人学习吸收，奉为真理。

很多人都没想到在自己的世界里，自己才是最好的专家，因为自己的生活、家庭，还有自己，只有本人是最了解的。很多时候去做事情，只是因为大家都这样做，专家说这样做好，跟着做就是跟着所谓的潮流。

埃德加·莫勒把这种情况归结为“群体症结”，他认为这种情况会抹杀个体独有的价值。

他曾在《周末文艺评论》中说：这种残忍程度可以比得上令人痛恨的纳粹党了。正是这种“群体症结”助长了人性中蛮横专制的黑暗面，它违背了美国社会的追求——美国精神不仅在于维护国家独立，而且在于尊重生活在这个国家的美国人民。如果人民从小接受了随波逐流的教育，受到很多威胁，见惯了贿赂这种不光彩的事，那么这将是他们群起反对政府的根源所在。

莫勒在文章最后得出的结论是：人类达不到臻于完美的境地，但这绝不是放任的理由。

时至今日，我们仍然很难达到不忘初心。世间繁华，充满了形形色色的大众产品、媒体传播、速成教育，这些东西让人眼花缭乱，常常会让我们忘记出发的目的，正如我们常以工作单位或阶层来标榜一个人：工会的人、上班的已婚女性、自由派、反动分子等，跟儿童玩的“盲兵捉强盗”类似，每个人似乎都被贴上标签，同时也在给别人贴标签。

普林斯顿大学校长哈洛·达斯一直在思考是否应该顺应环境的问题，他在1955年毕业生典礼上发表了以《不可或缺的个体独立性》为题目的演讲，他说："即使在巨大的压力下，我们顺应环境了，可只要独立的个性尚存，即使你的方式看起来再优雅，也会丧失最后的自尊。坚守独立性也就是坚守了自尊，响应了内心的呼喊——不要麻木地做一枚印章。附庸于环境一时给了我们安全感，但也会打破内心的平静，使我们忘记出发的目的。"

最后这位校长总结：只有不失本心，找到真我，才能找到方向，清楚地知道自己所做的每件事的意义何在，前方将不会迷雾重重。

生命之美，在于每个人有其独特的价值，天生我材必有用，每个人可以在自己力所能及的范围内为家庭，为社会，为国家做出自己的贡献，完成自己的使命。若人人都不尽自己的那份责任，社会恐怕就混乱不堪了，我们的独特性也就没有可施之地，只能浑浑噩噩立于世，而人生也失去了意义。我们应该保有自己的与众不同，尽应尽之责，给自己、家人、朋友以及全世界带来更多美好、更多快乐。

如果你想成长，这是第七条原则：

不要因循守旧。

8 不要使人厌恶

卡耐基名言

1. 如果预防是最好的治疗方法，那么，在治疗疾病的时候，必须先要诊断出这种疾病的病因是什么。

2. 话语乏味的人不仅不了解自己，也不喜欢自己，甚至不能保持自己的天然本性。

3. 一个人如果心智成熟，并且能够继续完善，那他就能在不惹人讨厌的情况下和别人讨论任何事情。

在我们的周围，总有这样一种人，他们谈不上有什么罪过，也不算有什么图谋不轨的行为，但是却能对他人造成很大的危害，只是因为他们总是让别人感到乏味，惹人讨厌。而对于这些令人乏味的人或事，生活在这个世界中的我们是无法避免和躲开的，他们总能缠上我们。尽管现在的医学已经很发达了，很多疾病，包括口臭、便秘、喉咙痛痒、头疼、鸡眼，甚至是掉头发等等，都可以治疗，但是却一直没有找到方法去对付这种“令人乏味”的顽疾。

如果预防是最好的治疗方法，那么，在治疗疾病的时候，必须先要诊断出这种疾病的病因是什么。如果能够提前发现自己有这种病症，那么我们就可以知道，上个星期雷苹夫人没有邀请我们去参加在她家举办的草坪舞会的原因了。现在我们就来分析引起这种病症——“令人乏味的人或事”的条件和方式。

下面就是几种最会惹人讨厌的情况。假如我们提前知道自身也有这些情况，然后在今后的生活中尽量避免，那么，我们不就能变成惹人喜爱的人了吗？

1. 一说起自己的孩子或是宠物就滔滔不绝

一句最普通的问候——“您的孩子好吗？”竟然会招致一连串惹人讨厌的

汇报。

只要对方话匣子一打开，你就只能干坐在那里，让那些毫无价值的情况汇报和没完没了的话题将你淹没。这类谈话内容一般是这个样子的：

“你知道吗？约翰最近都不好好吃早饭。昨天还把装满麦片的饭碗扣在了自己的头上。你瞧，他是不是太顽皮了？后来，我给儿科医生打电话，我说：‘医生，我已经用尽各种方法了，但是约翰还是不肯乖乖吃饭。他要么把麦片吐出来，要么就把麦片搞得到处都是。最糟糕的情况是他把麦片弄了一身。’”

“医生问我有没有试过往麦片里加点儿香蕉。可是，很奇怪，约翰就是不喜欢香蕉。他还把香蕉叫‘蕉蕉’——瞧，多可爱啊！他说：‘约翰不要吃蕉蕉。’还不停地挥动着胖乎乎的小手，大声喊叫，差点没把房顶给掀起来。奇怪的是他比同龄的孩子长得快，表达能力也比附近所有的孩子都强。啊，差点忘了说，前两天，他把桌布给拉了下来，然后用那双水汪汪的大眼睛看着我说：‘约翰拉拉。’我和他父亲笑得肚子疼。”

我的天呀，我相信你现在应该也快要被这种没完没了的话烦死了。

更可恶的是，这类人总有这种本事：他能把各种各样的话题轻而易举地带到他要开始的话题上，甚至是八竿子打不着的事情，他都能立刻带到他的“轨道”上来。就算你想把话题引开，谈谈诸如马龙·白兰度或是罗克·赫德森，还是没有用，他们依然只喜欢谈论自己亲爱的孩子。

我就认识这样一名太太。就算当时谈论的话题是国际关系或是牛肉的价格之类的内容，她也能很轻松地把话题引到她的女儿达芬身上。她的方法是：“哎呀，俄国人当然不可信啦。去年夏天的时候，达芬的大学朋友邀请她去参加一个欧洲旅行团。他们只是想着要不要去西柏林看看，并没有打算进入铁幕。达芬问我：‘妈妈，你觉得怎么样？’然后我说……”

就是这个样子。事实上，这类人的心智还未成熟，他们不知道交朋友的第一规则是：为他人考虑。

更糟糕的是，这类惹人讨厌的话题不只是来自喜欢回忆当年的父亲，或者是喜欢交代细枝末节的母亲。比如一名住在布法罗的推销员，如果他刚好做成一笔雪地胎的生意，他也会滔滔不绝地向你详细叙述自己是怎样哄骗一家百货公司跟他签下一笔价值一万美元的订单的。

或者，你可能也听过一位桥牌高手谈论自己是如何赢得满贯；还有一些铁杆影迷，他们总喜欢把刚看过的影片情节没有一丝遗漏地从头到尾说给你听，简直能把你听得想拿盏台灯朝他砸过去。

这类惹人讨厌的话题涉及范围非常广泛，不单单是有关孩子或是电影情节的，也可能是丈夫的最大爱好——把家具重新整修一遍；或者是艾玛表姐的水果储藏室；还有可能是某个兄弟的工作；抑或是某个姐妹的悲惨遭遇；甚至是关于宠物猫狗的一些琐事。有一次，在曼哈顿的一个街角，我遇到了一个旧友，她居然花费20分钟向我详尽地描述了她家金丝雀那出了毛病的消化系统。

2. 讲话抓不住重点，漫无边际

马克·吐温就有这样一部作品，内容是关于模仿一个极其唠叨并且非常乏味的人的故事。故事中这个人毫无边际地讲述了一件事，却一点儿也没有说到重点。讲述的过程大概是这样的："哎呀，我有没有跟你说过我去西部参观哈比印第安村的事情？我们当时是周五出发的——呀，不对，是周四——还记得吗？我曾经告诉过你我们要周四动身，因为我周三得去看牙医。我要找牙医帮我治疗一下松动的上牙。上帝啊，他可真够唠叨的，说起话来没完没了。不过，他很懂得做生意，我还跟我的老板说起过他。说起我的老板，他可真够奇怪的，不管什么事情都要依靠我，他老是不在状态。我还曾经跟艾拉说过：'艾拉，如果我哪天辞职不干了，真不知道我的老板会怎么办？'艾拉说：'比尔，如果你敢辞职，我就回家去找妈妈了。'真是太幼稚了，对吗？"

你最终也没有搞清楚那个哈比印第安村到底是什么情况！

3. 总是让人碰一鼻子灰

这一类人相比话比较多的人而言，还算是少数，但是也不能忽视。

当你费尽心机，想要找一个大家都感兴趣的话题来展开对话时，你却发现这么做只是鸡同鸭讲。就算你再次尝试，想要激起他说话的兴趣，得到的却是对方面无表情的回应，又或者只是几声没有感情的"噢"罢了。如果你够幸运的话——反正我是从没遇到过——也许还能听到一声挽回面子的问话——"是这样吗"，你也只能把这句话当作你独角戏的鼓励了。

这类人好像根本没有感情。想要从他们那里得到一些机智或是礼貌性的回应，就好比是想到其他星球发行股票一样艰难。他们只会让你碰一鼻子灰，而不会对你有兴趣，他们永远都保持一种土豆般的沉默，也不会受到外界的影响。就像威廉·史特格漫画作品中的人物站在你面前——如果他们可以"复活"的话。

4. 总喜欢证明自己是对的，无论谈论什么，总要争个高低

和这一类型的人聊天，不管谈论什么都会被回击，就像是弹力球一样，反弹到你的脸上，打你一下。

他们好像无所不知，并且总能让别人没有说话的机会，很果断地用几句话迅速终结任何谈话。如果你和他的观点相左，他绝不客气，直接指出你患有严重的斗鸡眼。

"天哪，难道你是疯了吗？"他大声喊道，"你怎么会不知道这件事情早就已经被证实了，是……"或者，如果他当时的心情不错的话，也许会悄声告诉你："先生，你全错了，不是这样子的，告诉你吧……"

这种缺乏情趣的行为，实际上是一种不成熟的表现。更糟糕的是，他们总是以一种无情的、草率的、结论式的方式告知你一些事情，而这些事情并不是你非常愿意听到的。

对付这类人，只有一个办法：那就是不管他说些什么，你都要表现出赞同的样子，不然，就算你很有礼貌地表示出异议，那也会被一场拉锯战搞得筋疲力尽。你几乎不用期望能和这类人通过讨论交换意见和观点，因为对方只想把自己的观点讲明白，还要像摩西颁布律法一样具有高度的权威性和不可侵犯性。

5. 情绪总是很低落，很悲观

在有些人的眼中，这个世界很恐怖，仿佛地狱一般。他们对人对事都很悲观，觉得人生也没有什么希望。他们认为，世界充斥着白痴、骗子和各种各样凶狠恶毒的人，就连气候也极不稳定，变得比从前更恶劣了。

如果你和这类人聊上十来分钟，大概你也会潜移默化地开始情绪低落、郁郁寡欢起来。就像恶劣的天气对我们有不好的影响一样，不管你当时的心情有多好，这种悲观气氛就像变坏的气候，把你卷入暴风雨中。

在我认识的人当中，有一名夫人就是这种类型的人。她每次见到我都要汇报一下最近的详细情况，然而让人感到不幸的是，好像她就没有遇到过一件好事情。

“刚才我去逛街，想买一些布料做厨房的窗帘。”她开始讲述，“我整整等了十几分钟，竟然没有一个店员来招呼我。自然，他们也会时不时地看我一眼，估计感觉我不像是什么富人，不用特地跑过来招待。我去其他商店里也受到了同样的冷遇，最近实在是让我无法忍受！祸不单行，我的身体状况也每况愈下。医生告诉我说，他很惊讶我每天是怎么熬过来的——我几乎快要丧失消化功能了！还有我的骨头被这样的天气折磨得疼痛难忍。你是不是认为以我现在这个样子，应该会得到家人多一点儿的关心？事实上，不怕告诉你，除非万不得已，我是不会向家里寻求帮助的。”

以上只是我列举出的一小部分罢了，他们可是永远都不会停止诉苦的。

不管是喜欢抱怨的女孩子，还是身强力壮的男子汉，他们一旦开始，基本都是滔滔不绝。他们希望自己站在舞台的中心，成为焦点。只可惜，我们听者所能给予的大概只有一个长长的、大大的哈欠而已，并且还希望自己能够晕倒，一直到对方停止说话为止。

最糟糕的是，对于这些让人烦恼的朋友，他们并不知道我们其实很讨厌这样的谈话。就像我说的那样，其实并没有人会成心惹人讨厌。相反，他们自认为是各种聚会的动力之源，是充满智慧、口齿伶俐的社交专家，还能够提供情报或者珍贵的信息。或许我们都是这一类型的人，只是我们自己不知道罢了。

幸运的是，只要我们注意观察，这种情况还是可以察觉到的。只有随时警惕，才能及时挽留住我们的听众。

例如，我们的听众会出现很尴尬的笑容或眼神。假如我们正在没完没了地讲述自己家的小威利是多么可爱，这时如果我们发现听众已经开始出现坐立不安、注意力不集中的情形，那么，我们一定要马上停止谈论这个话题，或者是给对方机会，让他们可以说说自己的孙女。自然，接下来的时间里，该受苦的就是你了。

还有一个要注意的表现就是对方已经开始偷偷地看时间了。比如，他们要么用力甩手表，要么把手表放到耳边，这时他们的用意已经显而易见了。如果这个时候你还不立刻闭嘴，那么此时对方应该已经开始犯嘀咕了，甚至开始骂你了。在公共场合演讲的人更应该注意这种“看表症状”。

飘忽不定的眼神也是一种不可忽视的迹象。如果对方已经对当时的话题不感兴趣了，就会有这种表现。比如参加一个鸡尾酒会，我们恰好拦住一个倒霉蛋来听我们发表言论。这时，如果他想赶紧脱离苦海，唯一的办法就是用眼神乞求旁人来解围。自然这个办法没有什么用，因为不会有人白痴到愿意代替他受苦。所以，如果你还有一点儿人性的话，请赶紧闭上嘴，放了那个倒霉蛋吧。

这时候或许你该问了：上面说到的问题，到底和心灵是否成熟有什么关联呢？那么我告诉你：说话人智力的缺乏，还有想象力和敏感度差都可以从乏味的话语中表现出来，而这些东西都是健全的人格，还有对他人能有正常反应所不可缺少的重要因素。

话语乏味的人不仅不了解自己，也不喜欢自己，甚至不能保持自己的天然本性。因为他不能让别人了解自身的基本需求，也得不到满足，所以与别人正常交往的过程中，也就不能了解和满足别人的需求。而为了弥补内心的空虚，他们又往往会把注意力放在一些烦琐小事上，还会过度提高这些琐碎小事的重要性。不管是沟通方式，还是精神层次，他们都毫无趣味可言。他们是一些了然无趣的人，是现代人生存在这个世界的悲剧象征，他们没有坚定的信念或是自己的主张。

话语的乏味不仅是病态人格的一种表现，还是人格停止发展的一种表象。

一个人如果心智成熟，并且能够继续完善，那他就能在不惹人讨厌的情况下和别人讨论任何事情。只要是由他经手处理的事情，每一件都会变得有意义。对待同一件事情，话语乏味之人总会让它变得了然无趣，而心智成熟之人却能使其变得充满朝气活力。

然而，这些惹人讨厌之人，却可以激励我们为了变得更加成熟而加倍努力。正是由于这些人的存在，才让我们深深地感觉到：如果我们不加倍努力，总有一天也会变得惹人讨厌。所以，如果你想让自己的心智更加成熟，那么就要知道第八条原则：

时刻警惕自己身上的那些惹人讨厌的举动。

9 学会讨人喜欢

卡耐基名言

1. 想要获得别人关注，最好不要担心结果或在意其他人对自己的看法。我们只需要立刻开始行动，尽力去完成必做事项。

2. 看重给予是获得友谊的最佳方法。这需要亲自争取，而不能只靠一时的欺骗或吸引。

3. 人类进步的基础是爱，同时这也是与别人沟通的桥梁，更是判断成熟与否的根据。

我们还处在年少追梦时，经常幻想有一天可以写出最伟大的小说。我们想象着其他人如何称赞这本小说，想象着他人的掌声和那样的荣耀，想象着自己应该如何穿戴，想象着所到之处其他人会称赞引用自己书中的内容。我们想了那么多，就是没想到可能会碰到的坎坷艰难和那些乏味的工作以及创作中必须付出的汗水和泪水。我们能想到的都是荣誉，却从未想过如何去获得这份荣誉。

像这种年少时幼稚的行为，可算是典型的“想要得到一份真挚的友谊”或“期望和别人关系良好”的心理表现。但是，我们把顺序搞错了——我们总是想让别人来喜欢自己，却没想过如何才能让别人喜欢。

生活中我们经常听到这样的抱怨“我很害羞，所以几乎没人注意到我”“没有一个人对我感兴趣”“谁也不想认识我”等。

是的，别人为什么一定要喜欢你呢？谁也没有义务必须喜欢某个人。一定得有个理由让别人会选择你（工作或社会交往的理由都可以）。也就是说，一定得有别人所需要的特质，否则，他们不可能注意到你。

孔夫子也说过："别人是否爱我们不重要，重要的是我们值不值得他们去爱。"要想获得友谊或者爱情，需要用心改变自己的态度，并且增加能够让他人喜欢的优点，而不是一直担心他人是否喜欢自己。

玛丽·安德逊曾经讲过她以前的生活——当时她事业失败，整个人都很低沉，想要放弃歌唱事业。但是凭着内心对歌唱的喜爱，她逐步恢复了自信和勇气，准备继续在歌唱的路上走下去。有一天，她斗志昂扬地对母亲说："我要唱歌，我要唱下去，让每个人都爱听我的歌，我要追求完美！"

她的母亲说道："是的，这个志向是正确的，可是，在做成一番事业之前，你必须先做到谦卑。"玛丽听了，深受启发，决定在音乐上努力追求完美，而不仅仅是想要完美。"谦卑胜于伟大。"玛丽的母亲给了她最好的赠言。

在默片时代，亚伦·伯恩因为一只小狗明星而出名。他善于观察狗狗的动作行为，并为此写下一本畅销书——《写给狗狗的信》。在书中，他写道，狗狗在拍摄时很能自得其乐，并不是为了赚钱而工作。它真心喜欢这份工作'很多次都是它自己自发地进行表演，完全不是为了赚钱或得奖而工作，这应该算是它成名的秘诀了。

伯恩先生还和我们讲述了另一个明星的故事。这个小姑娘在试镜的时候特别紧张，甚至都没有勇气出场了。伯恩和她说别去想结果，只要高兴地演出就够了。

果然，小姑娘不再紧张，并且顺利被录取了。

由此可见，想要获得别人关注，最好不要担心结果或在意其他人对自己的看法。我们只需要立刻开始行动，尽力去完成必做事项。威廉·奥斯勒爵士也说过："别担心模糊的未来，关注清晰的现在。"

著名作家荷马·克洛维斯是我的好友，他很擅长交友。任何与他相遇的人在和他共处的一刻钟内都会对他产生好感，不论是清洁工、有钱人，还是老人、小孩，这是为什么呢？他并不是长得年轻帅气，也不是富翁，那么他怎样吸引别人呢？答案很简单，他一点儿也不做作，并且别人能感受到他真心地喜欢和关心。

小孩爬到他的膝盖上，朋友家的用人也会用心为他准备吃食。如果有人宣布今天荷马·克洛维斯要来，那当天的聚会肯定座无虚席。不仅是朋友对他如此，他的家人也十分敬爱他，全都夸赞他。

他是怎样获得这种待遇的呢？答案很简单——真诚待人，热爱他人。他从来不在意对方的身份或是行为。任何人对他来说都意义重大，都值得被关爱。他能和陌生人像旧相识一样交谈，他不会只谈论自己，而是尽量谈论对方。他通过提问，可以知道对方来自何处，要去做什么，以及对方家人的情况等。他不会唠唠叨叨，只是通过表示自己的关心和对方建立友谊。

就连最爱嘲笑别人的人，都会折服于这种方法。约瑟夫·格鲁也曾说过，外交界的秘籍是“我得喜欢你”。

荷马·克洛维斯从来不为交朋友而担心，因为每个人都是他的朋友。他不在乎别人怎么看待自己，而是专心喜欢别人，所以才得到了意想不到的结果。

经验丰富的销售人员肯定知道，如果你一直担心买卖能否成交，就会因为严重的心理负担而发挥不好。一位食品行业的董事长在上大学时曾靠推销缝纫机赚够学费。他认为，优秀的销售并不会在意生意是否成交，而是一心一意地为顾客服务。

如果销售的关注点是为顾客服务，那么通常不会被拒绝。没有人会拒绝别人的帮忙，对吧？

这位先生告诉我：“我现在经常和推销员讲，如果他们每天早上都想一次‘我今天要多去帮助别人解决问题’，而不是‘我今天要多做成几笔买卖’，那么和顾客之间的沟通会更顺畅，自然生意也就更好做了。优秀的推销员是那些可以让别人生活得更好、更快乐的人。”

打高尔夫的时候，我们的目光一般都集中在球上。和人沟通也是如此，注意力要集中在传达的信息上。如果你太在乎结果如何，就会紧张、害怕，并且表达也会出问题，结果通常不太好。

我也是吃够了苦头才学会这一课。我胆子很小，所以别人都喜欢欺负我，连餐厅服务员、火车站的挑夫和出租车司机都喜欢吓唬我。而且我也不擅长在别人面前讲话，这难度对我来说和别人去主持大型活动不相上下。

几年前，有一次我准备去演讲，观众据说很难对付。所以我在和一个朋友吃饭时就表露出这种紧张的情绪。我满怀忧虑地问朋友：“如果他们不认同我的发言该怎么办？如果他们不喜欢怎么办呢？”

朋友说：“他们为什么必须喜欢你呢？你能带给他们什么呢？你的讲话重要吗？”

我认为那些对我来说非常重要。

“好的，”他继续说下去，“我认为他们是否喜欢你并不重要。重要的是你是否把想说的内容都讲出来了。不管他们喜不喜欢你，你都已经完成自己的任务了。”

他的这番话，让我对这场演讲的看法完全改变了。现在，每次我要去演讲的时候，都会静下心来想一下：“我要如何传达对听众有益的信息，这样他们可以满载收获开心地回家。”这种想法对我非常有帮助，我可以谦卑地认识到自己只是来传达某些信息，要给听众一些有益的想法来帮助他们的生活。

看重给予是获得友谊的最佳方法。这需要亲自争取，而不能只靠一时的欺骗或吸引。获取友谊的能力不是指与人交谈、开玩笑或是勾肩搭背，而是一种心态、一种态度以及想要把自己的爱好传递给他人的愿望。

听起来像是布道，但是随着文明的进步，我们不断发现在以前的宗教信仰中已经无数次出现这样的说明了。

著名作家休仕曼是英国杰出的知识分子，他不仅是一位诗人，更是一位演说家，一位优秀的牧师。他在自己的一次演讲中说道："我认为历史上最有影响力的一句话是'想要挽救生命的人，通常会丢掉性命；而失去生命的人，反而挽救了性命'。"

虽然休仕曼这番话强调的是艺术家应该注重创作而不是所能得到的回报，但是这番话同样也适用于事业、友谊以及生活中我们在方方面面的努力。我们必须分清主次，把重要的事情往前放，例如想得到一份爱情，那首先要值得被爱；想获得一份友谊，就要先表达出友好；要想别人对自己感兴趣，首先得对他人有兴趣。

当然了，为了获得友谊和爱情，我们首先要相信"给予比接受更有福气"，然后以实际行动把这种认识表达出来。我们要使用这种方法，才能显示出它的价值所在。正如《圣经》中所言：由果实就能认出他们。

夫妻之间的感情有时不必用言语表达，但是如果也不用其他方式表达的话，那么这份感情很可能会因为没有浇灌而枯萎。许多妻子经常会提到当丈夫向她们表达感谢时，她们的内心是多么幸福。

人类进步的基础是爱，同时这也是与别人沟通的桥梁，更是判断成熟与否的根据。我们必须感知到别人的感受，要有这种敏感度，这就是常说的"同理心"，也就是和别人同在的一种感受。这能使你更好地体会兄弟情感，也能产生四海一家的感情。这种情感使我们脱离奴隶制，创造真正的文明。如果我们想拥有成熟的人际关系，那么同理心是一种必须掌握的能力。

所以，如果想要变得成熟，第九条原则是：

想让他人喜欢自己，首先自己要有被人喜欢的能力。

[illegible]

要让他人喜欢自己，首先自己要有被人喜欢的能力。

第七篇

一封创造奇迹的信

我知道这个标题会让你这样想，你也许会在心里告诉自己：“这封信能够创造奇迹，这是多么不可思议的事情！这听着就像是医药广告！”

假如你真这样想，我也不会责怪你的。假如是在 15 年前，我拿起这样一本书，我也许会和你有同样的想法。你相信吗？的确，我喜欢怀疑的人。我人生的前 20 年是在密苏里州生活的。密苏里人非常崇尚“证明给我看”的质疑态度。在人类思想史上，每一个进步，都来自那些质疑者和勇于挑战者，以及那些不轻信的人。

从内心深处讲，“一封创造奇迹的信”这个标题真的确切吗？说实话，它并不确切，这个说法把事实轻描淡写了。这个章节收录的几封信所获得的效果远非奇迹可以形容，营销专家肯・戴克这样评价。曾任佳斯迈威跨国公司营销经理的他，现任高露洁—棕缆公司的广告部总监，还担任全美广告主协会的董事会主席。

戴克介绍，他以前向经销商进行市场行情调查的信件，一百封信寄出去，也仅有 5 到 8 封回函。戴克认为，回复率能够达到 10% 就是很成功了，能够超过 20%，就是奇迹了。

但是下面这些戴克先生的信件回复率达到 42.5%，实在令人难以置信。按照戴克的标准来看，这可以称得上是“双倍的奇迹”。看到这样的成绩，没有人会一笑了之。这封信不是在开玩笑，也不是侥幸或偶然出现的，戴克先生的另外几十封信也收到了同样高的回复率。

戴克先生是怎样做到这一点的？还是让肯・戴克回答这个问题吧。他说：“自从参加了卡耐基先生的‘有效演讲与人际关系’课程后，信件的回复率就得到了不可思议的提高。我明白以前的写信方式是完全错误的，因此就按照这本书教的方法进行改进，使回信率提高了 500% ～ 800%。”

这封信创造了奇迹，信围绕“请求对方帮忙”展开，使对方感到自己的优越感，让对方自我感觉良好。括号中的内容是我的看法。

约翰・布兰克

×× 郡

印第安纳州

尊敬的布兰克先生：

我是否有幸得到您的帮助？您能否帮我一个小忙？

（我们来回顾一下当时的情景。试想一下，一个来自印第安纳州乡下的木材经销商，突然受到了佳斯迈威跨国公司一位身居要职的高管的求助信，这个经销商也许会这样想：“这个纽约人碰到了困难，他真是找对人了。我就喜欢帮助别人。让我瞧瞧他究竟遇上什么困难了。”）

去年，我劝说公司开展全年的直邮广告宣传活动，并帮助经销商揽到了屋顶翻修业务。理所当然，这些营销费用全都由佳斯迈威报销。

（到此，收信人也许会这样想：“他们本来就应该付钱，他们把钱都赚走了。而我现在连房费都没钱交，他们可好，钱多得数都数不过来。不过，这个人究竟有什么事情需要我帮忙呢？”）

最近，我向前面提到的1600位直邮营销商寄出了问卷，得到了可喜的收获。这一百多封回信说明，对这种合作方式，经销商是十分满意的，他们认为这个方案有助于业绩提升。

在这些成绩的鼓励下，我们打造出了全新的直邮推广方案，并相信这个方案会受到您和其他经销商的欢迎。

但是今天早上，公司董事长问我去年的方案使业绩增长了多少。关于这个问题，只有您能帮助我回答。

（“只有您能帮助我回答”，这个纽约人说的是真的，他用这句话说明这位经销商的重要。请注意，肯·戴克并没有花费大量篇幅说自己所在的公司多么有名，而是强调了自己对这位经销商是多么依赖。肯·戴克说如果没有他的帮助，他就没有办法给佳斯迈威的董事长一个完美的答复。这个印第安纳州的经销商当然与别人一样，听到这样的话自然满心欢喜。）

我想让您告诉我的是：（1）去年的直邮方案为您建造或翻修房屋带来了多少订单，回信时请写上；（2）扣除实际成本后，这些订单的价值有多少。

假如您愿意告诉我上面的这些信息，我会万分感谢您。再次谢谢您的热心帮助！

您真挚的

肯·戴克

营销推广经理

（请看，在最后一段，他注重“您”，而淡化“我”。他十分有礼貌，使用了“感谢”“谢谢”“您的热心帮助”等用语。）

这显然是一封简洁易懂的信。戴克先生采取请求帮忙的方法创造了“奇迹”，因为这让对方感到自己的存在是多么重要。

不管你是在卖海绵屋顶材料，还是在开着福特车游览欧洲，这个心理模式都有同样的效果。

我再讲一件事情。我和霍默·克罗伊在法国自驾游时迷路了。我们把车熄了火，从老款T型福特车里走下来，向不远处的一群农夫问怎样能到达附近的大城镇。

这件事情在当地轰动一时。对于这些穿木鞋的农夫而言，美国人都是富人，在这一带，汽车也很少见。他们认为，开着车的我们一定是百万富翁，或许是亨利·福特的亲戚也说不定呢。现在我们这些“富翁”竟然恭恭敬敬地向他们问路，他们心里的优越感得到了极大的满足，马上你一言我一语地说开了。当中的一个年轻人甚至禁止别人说话，想自己占有这个难得的机会。

你可以自己试验一下，如果你在陌生的城市迷了路，不妨询问那些社会地位或经济地位都很低的陌生人："能不能请您帮我个忙，告诉我这里怎样走？"

本杰明·富兰克林善用这一技巧化敌为友，把说话难听的死对头变成自己的知己朋友。在年轻时，富兰克林曾经把全部的钱用于投资印刷生意。在成功进入费城议会工作后，富兰克林做的是官方文件印刷，而且获得了极大的利润。但是，危机也渐渐逼来，费城议会中有一位很厉害、很富有的人不喜欢富兰克林。他不仅明显地对富兰克林表现出极度的厌恶感，而且还在演讲时公开指责他。

时间一长，富兰克林的议会工作陷入了危险中。富兰克林决心使这位先生改变态度。怎么办呢？这可是个难办的事情。主动去乞求他喜欢吗？这样就会使对方怀疑自己甚至看不起自己。善于运筹帷幄的富兰克林当然不会让自己留下话柄。他的方法完全不同，他竟然请那位富人帮助自己。

富兰克林没有做请对方借给他 10 美元这样的事情，而是精明地提出了一个让对方感到高兴的请求，这个请求满足了那个富人的虚荣心，使对方禁不住得意起来，显示了富兰克林对他的知识与成就的崇拜。富兰克林的原话是这样的：

"我听别人说他有一个私人图书馆，里面藏有某书的善本，于是，我就给他写信表明了我对这本书有很大兴趣，请求他把这本书借给我看几天。

"他马上把这本书寄给我了。一星期之后，我把书奉还给他，并在信中表达了我对他的谢意。

"当我和他在议政厅再次相遇时，他很有礼貌地主动问候我（以前他从来没有和我打过招呼），并表明无论什么时候都很乐意帮助我。这样，我们以前的矛盾就解决了，还成了好朋友。"

虽然本杰明·富兰克林已经去世多年，但是他所采用的"请求对方帮忙"的心理策略却流传于世。

艾伯特·阿姆泽尔是我的学生，他也采用这个技巧取得了非凡的成就。阿姆泽尔销售的是管道及供暖材料。很多年前，他就想和布鲁克林的一名管道工合作。这名管道工经营的生意规模很大，信誉度也很高。然而，阿姆泽尔开始请求合作的时候并不是一帆风顺。这名管道工行为粗鲁，手段高明过硬，暴躁的脾气更是让人闻风丧胆。每次，阿姆泽尔登门拜访时，他都是坐在写字台后面，嘴里吸着一根雪茄，吼道："我今天什么也不会买！不要白费时间了！快点儿滚！"

一天，阿姆泽尔采用了一个新方法，这个方法让他打开了客户之门，结交了朋友，生意也多了起来。阿姆泽尔的公司计划在长岛的昆斯区开分店，而他知道那名管道工经常在那里做生意，对那里非常熟悉。于是，他这次这样说道："先生，我这次不是来卖东西的。能不能请您帮我个忙？要是您愿意，请您给我一分钟时间。"

"哈，这个吗？"管道工一只手拿起雪茄，问，"你要说什么？说吧。"

阿姆泽尔说："我们公司要在昆斯区开个分店，您对那边的情况比当地人还熟悉，因此，我想向您请教一下您怎么看待这件事，是高明的决策，还是……"

这是以前未曾有过的场景！这么多年来，这名管道工通过骂走很多销售员从而感受到自我的存在感，可是现在站在他面前的是一位征求他建议的销售员。是的，来自一个大企业的销售员正等待着他的回复，请教他事情该怎么办。

"请坐。"管道工拉出一把椅子，说道。在此后的一小时里，他认真分析了昆斯区管道市场的情况和优势。他认为新店的选址很好，并列出了商铺购买、物料准备和新店开张等后续方案。能够为大公司的生意提供指导，他感到扬扬自得，聊天话题也从公事谈到了私事。他变得亲切多了，还告诉阿姆泽尔他正面临的个人纠纷和家庭矛盾。

阿姆泽尔说："那天晚上辞别时，我拿到了首批设备的大订单，这为以后的合作奠定了坚实的基础。以前冲我乱喊乱叫的家伙现在成了我的高尔夫球友。我的请求使他具有成就感，他的态度也因此而转变。"

我们再看看肯·戴克的另一封信，要注意他是怎样娴熟地运用"请人帮忙"这一心理策略的。

戴克几年前还在为回复率太低烦恼，不知道如何才能让收到信的生意人、承包商及建筑师高兴地回复他。

那时，给他回信的人1%都不到。假如有2%，戴克就会感到非常满意，如果有3%，那就是最好的了。如果能有10%，那就相当于出现了奇迹。可是下面这封信，回复率竟然达到了50%，简直可以说是奇迹的5倍。有的回信写了很多，竟然有两三页，多是良好的建议，表达了合作的愿望。

这封信所采取的心理方法与言辞和前面引用的信一样。看信时，请自己体会戴克先生所表达的言外之意，试着理解收信人的心理，看一下这封信所取得的效果为什么是奇迹的5倍。

佳斯迈威跨国公司

东40街22号

纽约市

×× 先生

×× 街

新泽西 ×× 市

能否请您帮我解决目前碰到的一些小问题？

为了使您的工作更加便利，我去年说服公司印制了一本包含佳斯迈威所有建筑材料完整信息的产品目录，包括这些建材在装修和维护中的具体用途。

在信中为您附上这本目录的初版。现在，这本目录的库存已经不多了，我向董事长提到这件事时，他像往常一样，说如果这本目录反响较好，他同意加印。

我当然得向您求助，冒昧地请您和全国各州的 49 名建筑师来决定此事。

我在此信背面列出了几个不太难的问题，并给您寄去了回函信封，这是为了不给您添太多麻烦。假如您能用心勾选出合适的答案并寄给我，我将十分感谢。如果您有其他的建议，也请您提出来。

的确，您没有回信的责任，所以，我请求您帮我这个忙。是停印目录呢，还是根据您难得的经验进行改版重印呢？现在恳请您来决定这件事情。

不管怎样，我对您的配合都表示深深的谢意。再次谢谢您！

您真挚的

肯·戴克

营销推广经理

我想再向您提醒一下，根据经验，一些人在看过这封信后，会刻板地照搬这个方法。他们想通过虚伪和迎合而不是真诚的赞同来满足对方的虚荣心，这是不可行的。

人们把赞扬和认可看作珍宝，把虚伪和迎合像尘土一样抛弃。

请允许我再次重申：本书所讲的方法需要你的真心诚意，这样才会奏效。我不提倡投机取巧，我所提倡的，是一种新颖的生活态度。

第八篇

驱走负能量，积极面对人生

1 赶走思想中的忧虑情绪

卡耐基名言

1. 当我们在做一些既感兴趣又令人非常兴奋的事情时，很少会感觉疲劳。

2 我们的疲劳通常不是因为工作，而是由于忧虑、紧张和不愉快。

3. 假如你“假装”对工作感兴趣，慢慢地，假装就会让你真的对它产生兴趣，同时还可以减少你的疲惫、紧张和烦闷。

产生疲劳的最重要的原因之一，就是烦闷。我可以举一个例子，就说住在你附近的那名打字员女士爱丽丝吧。

有一天晚上，爱丽丝回到家中，感觉筋疲力尽，一副疲惫不堪的模样。她确实感到非常劳累，头也疼，背也痛，疲倦得不愿吃饭便上床睡觉了。她的母亲一再央求她，她才坐在了饭桌旁。电话铃声响了起来，是她男朋友打过来的，邀请她出门跳舞。她的眼睛立刻亮了起来，也有了精神，她跑上楼去，穿上了她那件天蓝色的洋装，一直跳舞到凌晨 3 点。等她回到家里时，一点儿也不疲惫，实际上还兴奋得睡不着觉呢。

在 8 小时之前，爱丽丝的外表与动作，看上去都疲惫不堪，她是不是真的那么疲劳呢？一点儿也没错，她之所以感到劳累是因为工作使她感到厌烦，甚至生活都使她感到烦闷。世界上不知有几千几百万人如同爱丽丝这样，你或许就是其中一个。

一个人因为心理因素的影响，通常比身体劳作更容易感到疲劳，这已经是一个众所周知的事实了。几年之前，约瑟夫·巴马克博士在《心理学学报》上有一篇报告，谈到他的一些实验，证实了烦闷会衍生疲劳。巴马克博士让一群大学生做了一系列实验，他知道这些实验他们做起来都没有什么兴趣。最终呢？所有学生都感到疲劳、打盹、头昏眼花，很容易就发脾气，还有几个人觉得胃很不舒服。这些是否都是“想象出来的”呢？不是的，这些学生做了新陈代谢的实验，由实验的结果得出：一个人感到烦闷时，他身体里的血压与氧化作用，实际上真的降低了。而一旦这个人感到他的工作有趣时，整体的新陈代谢就会立刻加速。

当我们在做一些既感兴趣又令人非常兴奋的事情时，很少会感觉疲劳。比如说，最近我在加拿大落基山的路易斯湖畔度假，钓了好几天的鲑鱼。我需要穿过比我要高的树林，跨过许多横躺在地上的树枝，要爬过很多倒下的老树——这样辛苦了8小时之后，我却一点儿也感觉不到疲惫。为什么呢？因为我很兴奋，兴致高昂，并且感到自己很有成就，捕获了6条很大的鲑鱼。但是如果我觉得钓鱼是一件很烦的事情，那么你觉得我又是怎样的感受呢？我一定会因为在海拔7000英尺高的山上这么来回奔波劳累而感到无力的。

即便像登山这种消耗体力的运动，恐怕还是不及烦闷可以轻易地让你感到疲劳。明尼阿波利斯农工储蓄银行的总裁S.H.金曼先生告诉我一件事情，恰巧可以说明这件事：1943年7月，加拿大政府要求加拿大阿尔卑斯登山俱乐部协助威尔斯军队做登山训练，金曼先生就是被征来训练这些士兵的其中一个教官。他告诉我说他与其余的教官——那些人大概从42岁到59岁不等——带领着那群年轻的士兵，长途跋涉跨过很多冰川与雪地，然后用绳索和一些较小的登山装备攀爬上40英尺高的悬崖。他们从加拿大落基山的小月河山谷爬上米高峰、副总统峰和许多没有名字的山峰。经历了15小时的登峰运动后，那些很强壮的年轻人，个个都筋疲力尽了。

他们感到劳累，那是不是因为他们军事训练时，肌肉没有锻炼得很结实呢？对于这种荒诞的问题，也许所有经受过严格军事训练的人都会不屑一顾。不是的，他们会这么筋疲力尽的原因是他们不喜欢登山。他们里面有许多人累到还没吃晚饭就睡着了。那些教官——那些年纪大士兵两三倍的人是不是也非常疲惫呢？的确如此，但是他们不会累到筋疲力尽的地步。那些教官在晚饭过后，还会坐在一起聊上几小时，谈论他们这一整天的事情。他们为什么没有疲惫到筋疲力尽的程度？那是因为他们对登山这件事感兴趣。

爱德华·桑代克博士是哥伦比亚大学的教授，他在做一些关于疲惫的实验时采用的方法常常能让那些年轻人对此产生兴趣，并且这种兴趣度可以维持一个多礼拜。在经过多次调查研究之后，桑代克博士指出，“工作能量降低的唯一真正原因就是烦躁”。

假如你所进行的是脑力工作，工作量过大几乎不会成为你感觉疲惫的原因，恰恰相反，让你深感疲惫的原因是你的工作量太少。举个例子，是否还记得上星期，别人不停地打搅你，一封回信也没写，和别人约定好的事情也没干，这里那里都有问题，那天做的每一件事都不对劲，没有做成任何事，但是当你回到家里的时候却已经筋疲力尽了，不仅如此，脑袋还疼得快要炸开了一样？

第二天，办公室里的所有事情都进展得很顺利。你今天所完成的工作量是前一天的40倍，但是你回到家以后，却依然精神抖擞。你肯定有过这样的经历，我也曾有过。

从这里我们能够学到什么呢？那就是，大多数情况下，我们的疲劳通常不是因为工作，而是由于忧虑、紧张和不愉快。

我在写这一章的时候，特意抽时间重新看了一遍杰罗姆·科恩的音乐剧《演艺船》。这部剧的主角是安迪船长，剧中有一段很有哲学意味的话，是这样说的："人们如果能够做自己想做的事，这就是最幸运的人了。"为什么说这种人很幸运呢？因为他们的工作能量比其他人更饱满，快乐也更多，但是焦虑和疲倦都比其他人少。你所具备的能力就在你自己感兴趣的地方。和一个喋喋不休的老太太逛10条街肯定比和你心爱的人走10里路要疲惫得多。

那么应该怎么做呢？在这件事情上，你可以做些什么呢？以下就是一位打字员小姐的做法——这位打字员小姐在俄克拉何马州托沙城的一家石油公司任职。她每月里有几天的时间都要做一件在任何人看起来都很无聊的工作：在一份已经打印好的石油销售报表上填充各种统计出来的数字。这项工作的确很乏味，但是她为了能够激发自己的工作激情，想出了一个很好的解决办法，将这件事变得非常有意义。她是如何做的呢？她每天都和自己比赛。她把自己每天上午填写的报表数量记录下来，然后在下午的时候尽全力打破这个纪录；然后再统计出每天所完成的报表数量，在第二天的时候想方设法去超越。这带来了什么样的结果呢？她的工作效率远远高于该部门其他打字员小姐，很快就填完了那些无趣的报表。她这么做能得到什么样的好处呢？是表扬吗？不是。是感激吗？不是。是升职吗？不是。是加薪吗？不是。但是这样做能够让她避免因烦躁而引起疲惫，能让她始终神采奕奕，因为她尽全力将一件无聊的工作变得有趣，这样她就能省下更多的精力和体力，在闲暇的时间里得到更多的快乐。

恰好，我知道这个故事是绝对真实的，因为这个女孩子现在就是我的太太。

接下来是另一位打字员小姐的故事。她发现，故意假装喜欢工作，会让人得到许多回报。过去，她总是讨厌自己的工作，但是现在却不会了。这位打字员小姐的名字叫维莉·戈尔登，下面这个故事是她在信中对我说的：

我的办公室里，共有4位打字员小姐，每一个人都有替几个人打信的任务，每过一段时间，我们都会因为工作量大而忙得不可开交。有一天，有一个部门的副经理非要让我把一封很长的信重新打一遍，这让我觉得非常生气。我对他说，这封信只要改动一下就行了，没有必要非得重打。但是他却告诉我，假如我不重打的话，他就会找其他愿意做这份工作的人来打。我那时真是生气到了极点，不过，在我重新开始打这封信的时候，我忽然意识到有许多人都想抓住一个这样的工作机会来代替我。并且，我领取人家的工资就得做这份工作，这样想着我就感觉好多了。于是我决定，就算我讨厌这份工作，也要装出很喜欢的样子去做。然后我发现了一件很重要的事：假如我装作很喜欢自己的工作，那么我就真的会喜欢到某种程度。我还发现，当我开始喜欢自己所做的工作时，工作效率就会快很多，因此我现在几乎已经不需要加班了。我的这种新的工作态度，让所有人都以为我是一个很好的员工。后来有一位部门主管需要找一位私人秘书，他就选择了我——他说我很乐意做一些额外的工作，并且从来不会怨天尤人。这件事情还证实了：心理状态的改变能够产生巨大的力量。对我来讲，这是一个很重大的发现，它为我创造了奇迹。

戈尔登小姐所采用的方法就是汉斯·法伊欣格教授的"假装"哲学，他教导我们要"假装"自己很开心。

假如你"假装"对工作感兴趣，慢慢地，假装就会让你真的对它产生兴趣，同时还可以减少你的疲惫、紧张和烦闷。

几年前，哈伦·霍华德做了一个决定，这个决定彻底改变了他的生活。他将一份非常无趣的工作变得十分有趣。他的那份工作的确比较枯燥，是在高中的福利社清洗碟子、擦柜台和卖冰激凌，但是别的男生却在玩球或者是和女生约会。哈伦·霍华德十分讨厌这份工作，但是他不得不继续工作，因此他决定借此机会琢磨一下冰激凌是怎么制成的，里面都放了什么东西，为什么有的冰激凌比其他的好吃。他对冰激凌化学成分的探索使他成为了他所在学校的化学课奇才。后来由于他对食品化学特别感兴趣，于是他在马萨诸塞州州立大学，主要学习食物和营养。再后来，纽约可可交易所设立了以100美元为奖金的论文征文比赛——论文内容是关于可可和巧克力的应用的，这次征文比赛是一场所有大学生都能参与的公开比赛。你知道是谁拔得头筹吗？非常正确，就是哈伦·霍华德。

毕业之后，他发现对口的工作并不容易找，于是他把家里的地下室当成自己的个人实验室。没过多久，当局实施了一条新的法案——一定要统计牛奶中所含有的细菌数目。于是，哈伦·霍华德就开始做起了为安荷斯城14家牛奶公司统计细菌数目的工作——这样他不得不再请来两位助手。

25年之后，他会是什么样子呢？噢，现在这几位从事食物化学实验工作的先生到那个时候或退休或是已经逝世了，将来要接替他们位置的人就是现在这些刚开始学习并充满激情的年轻人。25年之后，哈伦·霍华德会有很大希望成为这一行业的带头人。然而，当年从他手里买冰激凌的某些同学也许会变得一贫如洗，待在家里无所事事，埋怨政府没有给自己提供良好的工作机会。如果哈伦·霍华德没有竭尽全力将一项很无聊的工作变得有趣的话，也许也会像其他人那样没有什么工作机会。

几年前，在一家工厂中有另外一个年轻人。这个年轻人的名字叫山姆。他的工作就是每天站在一部车床旁边制造螺丝钉，这份工作让他觉得很无趣。他非常想换一份其他的工作，但是他又担心找不到其他的工作。既然一定要做这份没有意思的工作，他就下决心让工作变得有趣起来。于是，他和身边的另外一个工人比赛，他们其中的一个人先在自己的机器上做出样式，由另外一个人将它打磨到规定的直径。他们有时候会互相交换机器，比赛谁做出的螺丝钉多。他们部门的负责人对于山姆的工作效率和精确度非常满意，没过多久就将他调到了一个更好的岗位上。而这仅仅是他不断升迁的开始。30年后，山姆已经成为巴德温火车头制造公司的董事长。如果他没有尽力让自己那份无聊的工作变得有趣的话，也许他这辈子都只是一个普通的工人而已。

卡腾伯恩是一位著名的新闻评论家，他向我讲述了他是怎样将一件极其无聊的工作变得非常有趣的。他22岁的时候，在一艘船上工作，这艘船是用来横渡大西洋运送牲口的，他的工作就是给这些船上的牲口喂食喂水。后来他骑着脚踏车游遍了英国，之后到了巴黎。那个时候他身上一分钱都没有，连饭都没得吃，他用自己随身携带的照相机典当了5美元，在巴黎版的《纽约先驱报》上刊载了一则求职广告，获得了一份推销立体观测镜的工作。这种观测镜观看两张相同的照片时，会发生一个奇异的现象：观测镜的两个镜头会把两张照片叠合成为一张立体的照片，你能够看出前后的距离，并能体验到非常真实的立体感。

我刚才讲到，卡腾伯恩开始在巴黎逐门逐户地推销这款观测镜，可是他连法语都不会讲。不过，即使这样，他一年下来还是挣到了5000美元，这样的收入在那年的法国推销员中是最高的。卡腾伯恩对我说，这次获得的经验使他的能力大有提升，这种提高要远远多于在哈佛大学读一年书所学到的。对自信方面呢？他亲口对我说，有了这次经验之后，他认为把“美国国会”转卖给法国的家庭主妇都不成问题了。

这次的经验让他更深刻地了解了法国人的生活习惯，这对他之后从事的新闻评论工作，特别是对欧洲事件的分析，显得格外有价值。既然他不会讲法语，那么他是如何成为一个推销专家的呢？他先让老板用非常地道的法语，把自己在推销时该讲的话都写下来，然后开始背诵，当他按完门铃之后，就会有家庭主妇来给他开门，然后卡腾伯恩就开始向她背诵那一套推销话语。他那口浓重的美国口音听起来让人觉得非常诙谐，然后他再给这些家庭主妇看照片。如果有人向他提出问题的话，他就会耸耸肩，说“美国人……美国人”，之后他就摘下自己的帽子，向人指指那张粘在帽子里用法语写成的演讲稿。听到这些家庭主妇就会开怀大笑，然后他就附和着一起笑，接着再给对方看更多的照片。当卡腾伯恩对我讲述这些事情的时候，他很坦诚地说，这份工作的确有些难度。他告诉我，他能够撑下去全靠着一份信念，那就是他想让这份工作变得很有趣。每天早上出门前，他都会面对镜子，告诉自己：“卡腾伯恩，假如你要填饱肚子，就必须去做这件事情。既然你不得不做，那么为什么不做得开心一点儿呢？为什么不能在每次按门铃的时候就假装自己是一个演员，正站在舞台上，下面有许多观众正在看你呢？因为你现在所做的事情，如同在台上表演那样幽默，所以为什么不快乐地、热情地做这件事呢？”

卡腾伯恩对我说，这些每天自我鼓励的话，能把这份他之前既讨厌又惧怕的工作变成他自己喜欢的事，并且还让他挣得了高额的利润。

我问卡腾伯恩，能不能给那些急于求成的美国青年一些忠告呢？他说：“每天早上和自己下个赌注。我们经常认为应该做一些运动，让我们从似睡非睡的状态中清醒过来，因为我们最需要的是一些精神上和思想上的活动，有了这样的思想，我们每天早上才能真正地行动起来。每天早上都要给自己加油打气。”

每天早上都要给自己加油打气，这是否是一件很傻气、很浅薄、很幼稚的事呢？不是的，恰恰相反，从心理学角度上来说，这一点至关重要。“我们的生活就是我们的思想带来的结果。”到了今天，这句话还像1800多年前马可•奥勒留在《沉思录》中所写的那样真实：“我们的生活就是我们的思想带来的结果。”

每小时都对自己讲一遍，你就能够指导自己去拥有很多勇敢又开心的思想，也能够从这种思想中获得能量和宁静。对自己说很多值得感恩的事情，你的脑袋里面就会装满积极的思想。

只要自己的想法是对的，就能让所有的工作变得有意思。你的老板想让你对自己的工作有兴趣，这样他才能够挣到更多的钱，但是我们暂且不考虑老板想要的是什么，你需要考虑一下，对自己的工作感兴趣能为你带来什么好处，经常告诉自己，这样做能够让你从生活中得到的快乐翻倍，因为你每天在工作上所花费的时间占了你全部时间的一半以上。假如你不能从工作中获得快乐，在其他方面也就很难找到快乐了。要不断地告诉自己，对自己的工作有兴趣能让你不再担忧，并且最后也许会为你带来升职和加薪的好处。哪怕事情没有得到这么好的结果，起码能降低你的疲惫度，让你在闲暇时间里获得更好的享受。

2 克服忧虑的黄金法则

卡耐基名言

1. 摧毁我们集中精神的能力就是忧虑最大的坏处，只要忧虑出现，我们的思想就会如脱缰之马一样，没有确定的目标，从而没有能力做出正确的决定。

2. 要有接受已经发生的事实的能力，这是克服相伴而来的所有灾难的第一步。

3. 做好最坏情况的打算，只有这样才能让你在心理上发挥出全新的能力。

有没有一个快速而又十分有效的能够消除忧虑的锦囊妙计出现在你的脑海中——那种你不需要继续再往下读我所写的内容，就可以立刻使用的方法？

下面让我们来听听威利斯·卡瑞尔发明的这个办法吧。卡瑞尔是一位很有智慧、很有商业头脑的工程师，空气调节器的制造业就是他开创的，他现在在位于纽约州塞瑞库斯市的全球知名的卡瑞尔公司工作，是公司的负责人。迄今为止，我所了解的解决忧虑、烦恼的最好办法是我从卡瑞尔先生那里学到的，当时我正和他在纽约的工程师俱乐部吃午饭，卡瑞尔先生向我讲述道：

在我还很年轻时，我在纽约州布法罗的布法罗铸造公司工作，我必须到密苏里州水晶城的匹兹堡玻璃公司去安装一架瓦斯清洁机。安装瓦斯清洁机的原因是清除瓦斯燃烧的杂质，避免瓦斯燃烧时对引擎造成伤害。这种清洁瓦斯的方法是一种全新的尝试，原来虽说尝试过一次，但是当时的情况跟现在很不一样。我到密苏里州水晶城工作的时候，发生了非常多的意想不到的困难。虽然在我不断调整和修复之后，机器能够开始运转，但是效果差强人意，并不像我们所预期的那样好。

自己的失败让我感到非常吃惊和失望，我觉得自己的头被人重重地打了一拳。我的胃和整个肚子都开始出现问题，疼痛难忍。有很长一段时间，我十分担忧、恼怒，甚至严重到无法闭眼入睡。

到最后，我的常识告诉我，忧虑、烦恼对解决问题起不了任何作用，于是一个不需要忧虑就可以解决问题的办法浮现在我的脑海中，而且结果证明它确实是卓有成效的。这个抵抗忧虑的办法已经被我使用了 30 多年。而且这个办法浅显易懂，任何人都可以掌握其中的奥妙。它一共分为三个步骤：

第一步，你首先要做的是克服自己的恐惧心理并且真诚、坦率地把整个情况分析一遍，然后做出万一失败后可能发生的最坏情况的打算。我不会被别人关起来，或者被别人枪毙，这些情况确确实实不会发生。不错，很可能我会失去自己的工作，我的老板也可能会拆掉整个机器，从而使已经投资的 20000 美元打水漂。

第二步，让自己在必要的时候能够接受已经找出来的可能发生的最坏情况。我告诉自己，如果我没有成功完成任务，我的记录上会留下一个很大的污点，我的老板也可能会炒我的鱿鱼。但即便这些最坏的结果都发生了，我还有能力去找到另外一份工作。当然，也可能会出现比这更坏的结果。至于我的那些老板，他们也清楚我们现在是在试验一种清除瓦斯的新方法这个事实，而且他们也能承担起这个要花费他们 20000 美元的试验。因为这只是一种试验，一种尝试，所以他们可以把这个账算在研究费上。

我在找出可能发生的最坏情况，并让自己做好接受它的准备之后，发生了一件十分重要的事情。我立刻轻松下来，感受到一种平静，那是这几天以来都没有经历过的。

第三步，这件事情发生以后，我就以一种平静的心态，在改善我其实已经在心理上接受的那种最坏情况上投入我的时间和精力。

我努力去找一些能够减少我们目前面临的 20000 美元损失的方法。我试验了几回，最终得出结论：我们的问题可以迎刃而解，前提是我们再多花 5000 美元去安装一些设备。我们要是照这个办法去做，公司就可以盈利 15000 美元，而不是最初的损失 20000 美元了。

假使当时我什么都不做，只是一直处于担心的状态，那么恐怕我不会想出这个办法，也挽回不了公司的损失。摧毁我们集中精神的能力就是忧虑最大的坏处，只要忧虑出现，我们的思想就会如脱缰之马一样，没有确定的目标，从而没有能力做出正确的决定。反而，当我们逼迫自己去面对最坏的情况，并且在心理上做好最坏的打算时，我们就拥有了能够衡量所有可能出现的情形的能力，从而使我们自己能够集中精力去解决当前的问题。

刚才我所提到的这件事，是一件发生在遥远过去的事，但是因为这种做法非常有效，所以我就一直在使用。结果从那次之后我就几乎没有忧虑过。

那么威利斯·卡瑞尔的奇妙办法有这么大的价值，并且如此有效的原因是什么呢？从心理学角度分析，它能够使我们走出那个巨大的灰色云层，让我们不再带着忧虑毫无目的地去寻找解决问题的方法。它能够让我们脚踏实地，而且是四平八稳地站在地平面上，我们都清楚自己踩在地上的踏实的感觉。如果双脚并没有坚实地踩着土地，我们是不可能把事情想通的。

实用主义者威廉·詹姆斯教授离开我们的时间也有100多年了，要是他今天还活在世上，也一定会非常赞同这个解决最坏情况的办法。他曾经跟他的学生这样说：

要有接受已经发生的事实的能力，这是克服相伴而来的所有灾难的第一步。

在《生活的艺术》一书中，林语堂先生也谈到了同样的理解。

能有一颗平静的心……做好最坏情况的打算，只有这样才能让你在心理上发挥出全新的能力。

这一说法非常有道理。这种情况下，在心理方面你就可以发挥出新的力量。我们一旦对最坏的情况做好了充分的准备，某种意义上来说就不会再损失什么东西，换句话说，我们能够把所有东西都寻找回来。“在做好了最坏的情况的打算后，”威利斯·卡瑞尔跟我们这样说道，“我立刻就感受到了轻松，感到一种久违的平静，那是好几天都没有过的感受了。然后，我就焕发了新的活力，能够重新思考了。”

你是不是也觉得他的说法很有道理？然而在日常生活中还有成千上万的人毁掉自己的生活，原因仅仅是愤懑不平。因为他们不愿意接受最坏的情况，也不肯根据最坏的情况努力寻找解决的方法，在灾难面前，他们不愿意尽他们最大的努力寻求解决的办法。他们非但不能再一次崛起，积攒自己的财富，反而还“与经验交手，进行了一次残酷而激烈的斗争”——终于沦落为那种堕落悲伤情绪的牺牲者，我们将其称之为抑郁症患者。

有很多人都在利用威利斯·卡瑞尔的奇妙办法来解决问题，你愿不愿意看看那些例子呢？行！下面我就举个例子。这是一件真实的事情，发生在我以前班上的学生身上——他现在是纽约的一名石油商，事情是这样的：

有人恐吓我，威胁我，这种事情怎么可能发生在我的身上——这种事情应该都是发生在电影里的桥段啊，怎么可能出现在现实生活里，而且还是在我的身上——但是我的的确确是被勒索了。下面是事情发生的整个过程：

在我主管的范围内有一家石油公司，那家公司有很多司机和好几辆运油的卡车。有一段时间，物价管理委员会加强了条例管制的实行力度，我们也只能给每一个顾客送很有限的石油量。最初我并不清楚究竟发生了什么，但是似乎是有些运货员把我们给固定顾客的油量偷偷存起来一些，然后再把偷来的油卖给他们自己的顾客。

直至有一天，有个自称是政府调查员的人来看我，向我要“帮助我们”的劳务费。他说他有证据，能够证明我们违法。他威胁我说，如果我不给他劳务费，他就要将证据上交给地方检察院。直到这时，我才意识到这种不法的买卖早已在公司生根发芽。

当然，其实我也知道我并不需要担心什么——至少我个人并没有参与到非法买卖中。但是我了解法律的明文规定，员工违法犯罪，公司也应该承担连带责任。此外，我知道万一这个案子交到法院去审理，再继续上报，那么坏名声一定会出现，而这种坏名声就会毁了公司的生意。我非常骄傲于自己所创造出来的财富，我的事业——那是 24 年前我父亲辛辛苦苦创下的基业。

我忧心忡忡，身体机能严重下降，整整三天三夜不吃不喝，还重度失眠。我的脑海中一直出现那件事情的影子。到底怎样做才是对的呢？是爽快地付了那笔钱——5000 美元——还是直截了当告诉那个人，你想怎么做就怎么做吧。我一直在犹豫，拿不定主意，每天都是噩梦缠身。

在后来的一个星期日的晚上，我无意中拿起一本名叫《如何不再忧虑》的小册子，这还是在卡耐基公开演讲时所拿到的。于是我就仔细地看了起来，看到威利斯·卡瑞尔的故事时，我被一句话震撼：“做好最坏的情况的准备。”于是我问自己：“如果我不给勒索者想要的钱，要是他把证据交给地方检察院的话，可能发生的最坏的情况会是什么呢？”

答案就是：“我没有生意可做，甚至破产——最坏也不过如此了吧。警察不会把我关进监狱。最有可能出现的情形是这件事情把我毁了。”

于是我就告诉自己：“就这样吧，即使我失去了自己的事业，但在心理上我已经做好了这个准备，那么接下来又能发生什么最坏的事呢？”

我失去了自己的事业之后，也许得再去谋一个养家糊口的职位。这也说得过去，我有很多关于石油方面的知识，很可能会被几家大公司相中……我忧虑的症状有所减轻。三天三夜来，我的神经紧张、茶饭不思的症状开始好转。我开始渐渐稳定自己的情绪，而且出乎意料地，我竟然可以开始思考了。

我头脑非常清醒地看到了第三步——努力使最坏的情况最小化。就在解决方法出现在我的脑海的时候，我的面前浮现出了一个全新的局面：要是我的律师知道我所面临的整个情况，他可能就会想出一个办法，而那个办法是我一直没有想出来的。我知道这个办法刚开始听上去会显得很愚蠢，但我原来一直没有往这方面想过——当然是因为我最初一直没有静下心来寻找解决的办法，只是一直在担心最坏的结果。我立刻下定决心，第二天清早就去找我的律师——然后我脱掉衣服上了床，睡得十分香甜安稳。

事情是怎么被处理好的呢？第二天早上，我的律师让我去见地方检察官，并告诉他事情发生的整个经过。我听从了他的劝告。当我把事情和盘托出后，地方检察官的话令我十分惊讶，原来这种勒索的案子层出不穷，持续了好几个月，那个所谓的“政府官员”，其实是警方一直在抓捕的通缉犯。因为我确实是无法确定到底该不该把5000美元交给那个“政府官员”——实则是职业罪犯，而且这件事情我足足担心了三天三夜，所以在听到他的这番话以后，我真是大大地松了一口气。

因为这次发生的事情，我得到了一个刻骨铭心、永生难以忘怀的经验。现在，只要面临使我忧虑的难题时，我就应用威利斯·卡瑞尔的奇妙办法，确实是十分有效。

要是你觉得在运用威利斯·卡瑞尔的办法时也会出现不足之处，那么请听下面这则故事吧。

这则故事来源于艾尔·汉里，这是1948年11月17日他在波士顿斯泰勒大饭店亲口跟我讲的：

20多年前，我得了胃溃疡，原因就是常常发愁、忧虑。有一天晚上，我因为胃出血被送到芝加哥西北大学附属医院里。我的体重急速下降，竟然从175磅下降到90磅。病情非常严重，甚至医生都警告我不让我把头抬起来。在这3名医生当中，其中有一名是名扬四海的胃溃疡专家。他们给我患的病贴上了“已经没办法治愈了”的标签。我只能依赖于苏打粉，每隔一小时就得吃一大匙半流质的东西，仅仅靠其支撑我的生命。而且每天早上和晚上还得把胃里面的东西清洗干净，这就需要护士把橡皮管插进我的胃里。

这种生不如死的日子持续了好几个月，最后，我告诉自己：“安心地睡吧，汉里，如果等死是你唯一的指望和期待，除此之外你都无能为力，那么还不如把你剩下的一点儿时间好好利用起来。你的梦想就是在你还活着的时候能够环游世界，所以如果你还是对这件事充满热忱，那么现在去做还为时不晚。”

当我把自己的决定告诉那几名医生，说我要去环游世界，我自己可以一天洗两次胃的时候，他们都感到不可思议。他们说，你这是异想天开，因为这种事从来都不会出现在他们的脑海中。他们警告我说，如果我开始环游世界，那么等待我的结果只能是葬在海里了。“不，我不会是那种结果。”我告诉他们，“我已经跟我的亲戚朋友承诺过，我的坟墓要立在内布拉斯加州我们老家的墓园里，所以我计划随身带着我的棺材。”

我真的去买了一口棺材，十分费力地把它运到船上，然后提前和轮船公司约定好，万一我不幸在旅途中死亡的话，就把我的尸体放在冷冻舱里冷冻起来，一直到我的尸体平安回到故土。一切安排妥当后，我开始了自己的旅行。

在我从洛杉矶登上亚当斯总统号轮船向东航行的时候，就明显感觉到自己的身体在好转，也渐渐脱离药物的控制，洗胃也从我的日程表中消失了。不久之后，我竟然能够吃任何食物——这其中甚至包括许多陌生的当地食品和调味品。而这些食物恰恰是别人禁止我食用的，说我要是不听劝阻，定会因此送命。过了几个星期，我的身体甚至允许我享用长长的黑雪茄，小酌几杯老酒。这些“美味”都是我原来可望而不可即的。在印度洋的旅途中我们遭遇了季风，在太平洋上也受到过台风的侵袭。单单是这些可怕的自然现象，就可能让我躺在棺材里，但是事实恰恰相反，这次冒险让我得到了很大的乐趣，也收获了很多。

在船上我和同行的人一起玩游戏、唱不同的歌曲、结交新的朋友，有时聊得实在是太开心了竟能聊到半夜。我们游览了几个亚洲国家，我发现我回去之后要处理的个人私事，根本就不能与在东方所见到的贫穷和饥饿相比，它们简直一个像是天堂，一个像是地狱。我停止了自己所有无聊的担忧，顿时感觉全身舒畅无比，非常惬意舒服。回到美国之后，我的体重增加了 90 磅，这一切几乎让我忘记了我曾是个胃溃疡患者。这是我这一生中最舒服的时刻了。在之后的日常生活中，我一天也没再病过。

艾尔·汉里跟我说，他发现自己潜意识中不自觉地就把威利斯·卡瑞尔的征服忧虑的办法应用到了自己身上。

第一，我问自己，最坏会出现什么样的情况？答案是：离开人世。

第二，我让自己提前做好接受死亡的准备，因为我别无选择，几名医生都说我被治愈的希望很渺茫，我只能提前准备好后事。

第三，我尽我所能改善这种情况，所采用的方法是“尽量利用好我所剩下的时间去做自己想做的事情”。如果我在上船之后还没有改变，只是无休止地担忧，那么几乎没有悬念，我自备的棺材一定会派上用场，我的旅行就结束了。可是我让自己完全放松，不去想令人忧虑的事情。这种产生于心理的平静，给我注入了新的活力，给了我第二次生命。

因此，原则就是：如果你在为某事担心、忧虑，就试试威利斯·卡瑞尔的奇妙办法，完成下面三件事情：

●冷静下来问自己：可能发生的最坏的情况是什么？

●如果你只有接受这一情况，那就全面做好接受它的准备。

●然后冷静下来，寻找方法去改善最坏的情况。

3 无法改变的事就接受它

卡耐基名言

1. 事情既然如此，就不会另有他样。

2. 乐于接受必然发生的状况，接受必然的结果，是战胜随之而来的任何不幸的第一步。

3. 快乐之道无他——我们的意志力所不及的事情，不要去忧虑。

在我的孩童时代，有一天，我和几个小伙伴在一间木屋的阁楼上玩耍，那是一间在密苏里州西北部的荒废的老木屋。我从阁楼上爬下来，然后站在窗棂上准备往下跳。当我跳下去的那一瞬间，我左手食指上戴的戒指突然钩住了一根钉子，把我整根手指都拉脱了下来。

我当时害怕极了，惊叫着，我以为自己死定了。可是后来，我的手好了以后，我却再也没有因此苦恼过。因为我知道那样做没有意义，我已经接受了这个不可避免的事实。

而如今，我根本不会去在意，我的左手只有四根手指。

几年前我遇到一个人，那时他正在纽约市中心的办公大楼里开货梯。我发现他的左手被齐腕砍断了，我问他会不会很难过。他的回答是："不会啊，我平时根本想不到这件事，只有在穿针的时候，我才会想起。"

我们经历着类似的境遇，而不可思议的是，当面对这些事情时我们采取了同样的做法，那就是去接受适应它，或者是彻底忘掉它。

在荷兰首都阿姆斯特丹有一家15世纪的老教堂，在那里的废墟上留有一行字让我记忆深刻，那就是：事情既然如此，就不会另有他样。

人生长路漫漫，每个人都会遇到不如意的境况，既然事情已然如此，就不可能再改变了。那我们又何必强求呢？我们可以选择接受这种不可避免的情况，还要逐渐适应它。否则，我们就可能因为由此带来的忧虑而毁掉我们的人生，最终让自己痛苦崩溃。

我最喜欢的心理学家、哲学家威廉·詹姆斯曾提出一个忠告：

乐于接受必然发生的状况，接受必然的结果，是战胜随之而来的任何不幸的第一步。

而住在俄勒冈州波特兰的伊丽莎白·康钦利，她经历了很多挫折才做到了这一点。最近她在给我的信中写道：

在美国庆祝陆军在北非胜利的那一天，我收到了一封电报，是国防部发过来的。上面写着，我最爱的侄儿在战场上失踪了。没多久，又来了一封电报，说他已经死了。

我悲痛得不能自已。曾经我觉得生命是那么美好，我有一份热爱的工作，我努力把这个侄儿养大。他是那样一个美好优秀的年轻人，我觉得我之前的努力都如此值得……可如今呢？当我听闻他的死讯，我的整个世界都坍塌了，这世界上再也没有什么美好的事物值得我活下去。我开始冷淡我的朋友，忽视我的工作，我抛开了自己拥有的一切，我变得冷漠又怨愤。我不知命运为何如此不公，我的侄儿，他是那样优秀的年轻人，他还没有好好开始自己的人生，为何就战死在冰冷的战场上？我实在承受不住这个现实，我决心抛下工作，远走他乡，把自己终生藏在悔恨和泪水中。

当我在清理办公桌，准备辞职的时候，我突然看到一封已经被我遗忘了的信——是我那已故的侄儿几年前寄来的。那时我的母亲刚刚去世，他为我写来一封信：“我知道我们都会想念她的，”他这样对我说，“尤其是你，我相信你一定能撑得过去。我永远记得你对人生的态度，你教给我的那些美好的真谛，你说我们不管分离多远，不管身处何地，都要记得微笑。我相信这些真理一定会让你撑过去的。我也会像一个男子汉那样，承受住发生的一切事情。”

那封信我不厌其烦地读了许多遍，我甚至觉得他好像就站在我旁边，一遍遍地亲口对我说着那些话。他似乎在对我说：“为什么不像你教我的那样去做呢？无论面对什么苦难，都要坚强地撑下去！把悲伤藏在微笑底下，因为生活还在继续啊。”

于是，我决定重新开始工作。我不再像从前那样冷淡漠然地面对生活。我不断提醒自己：“事情已经成为定局，我没有办法改变它，可是我能像他所希望的那样好好活下去。”从此，我把一切精力和思想都用在了工作上，而且我时常写信给前方的战士们——那些别人的儿子。每天晚上，我还会参加成人教育班，去结交新的朋友，尝试新的事物。发生在我身上的种种变化简直让我不敢相信，我已不再是从前那个整日沉浸在悲伤里的人了。如今我的生活里充满了快乐，我就像我的侄儿所期待的那样活着。

在伊丽莎白写给我的信中，我看到她已经学会接受那些不可避免的事情，懂得了如何适应各种苦难。在人的一生中，这并不是容易学习的一课，就连那些在位的国王也常暗示自己要做到这一点。至今在已故的乔治五世的白金汉宫墙壁上还挂着这样一句话：

教我不要为月亮哭泣，也不要因错事后悔。

类似的话，叔本华也说过：

能够顺从，这是你踏上人生旅途中最重要的一件事。

所以很显然，能让我们快乐和悲伤的并非环境本身，而是我们如何去面对周遭发生的情况。

大部分情况下，我们都能挨得住命运的挫折和悲剧，并且会努力战胜它们。可能有时我们低估了自己的能力，以为自己办不到，可是当我们运用内外的强大力量来抵抗一切时，结果往往出乎意料。

布思·塔金顿在去世前说过：

人生加诸我的任何事情，我都能接受，除了一样——失明。那是我永远也没法接受的。

然而一语成谶，在他 60 多岁的时候，他低头看着地上的地毯，眼前一片模糊。于是他去找了一位眼科专家，结果很不幸：他的视力衰退得厉害，有一只眼睛几乎失明了，而另一只眼睛离失明也不远了。他最担心的事情终究还是降临到了他的头上。

那么塔金顿是如何面对这个最可怕的灾难的呢？他是不是在想“完了，这下子我的一辈子都结束了”呢？然而并没有。甚至连他自己也未曾预料到自己依然能活得很开心，他甚至还不乏幽默感。以前，如果眼前浮动的“黑斑”遮挡住他的视线，会让他觉得恐惧又难过，可现在，当那些黑斑从他眼前晃来晃去时，他却幽默地说：“嘿，黑斑老爷爷又来了，今天这么好的天气，不知道它又要飘到哪去。”

后来，在塔金顿完全失明后，他依然说：“我觉得自己可以承受失明这个事实，就像接受别的事情一样。哪怕我的五种感官都丧失了，我还是可以活在自己的思想里。因为只有透过思想我们才能够观赏世界，才能够享受生活，不论你是否承认这一点。”

为了恢复视力，塔金顿在一年之内让当地的眼科医生为他做了 12 次手术。即便他可能会害怕，他也没有逃避，因为他知道这是不可避免的事情，所以还不如爽朗痛快地接受它。他甚至拒绝了私人病房，决定和其他病友住在一起，他在面对多次手术的压力时还在想着如何逗大家开心。他很清楚自己的眼睛做了些什么手术，但他只想着自己是多么幸运，他说：“多么神奇啊，科学技术飞跃发展，可以在眼睛这样纤细的部位做手术。”

承受着超过12次的眼部手术，经历着地狱般的苦难生活，塔金顿并没有崩溃成神经病，而是坦然面对，他说：“我可不愿意把这宝贵的经验去换取一些开心的事情。”他说这件事教会了他太多，让他懂得如何接受不可改变的事实，让他了解到自己竟然可以承受住生命带来的一切苦难。他终于领悟到了约翰·弥尔顿所说的那句话：“眼盲并不令人难过，难过的是你不能忍受眼盲。”

如果我们在生活中遇到一点儿不可避免的挫折就选择逃避、退缩，并因此而难过，我们终究还是无法改变这些事实，但我们可以改变的是我们自己。

我曾经做过一件傻事，我试图去拒绝接受一件不可避免的事实，我从心底抗拒那件事。可结果是我夜夜辗转难眠，痛苦反侧。后来，经过一年的在炼狱中的挣扎，我终于接受了那早就知道无法改变的现实。

早知如此，我应该几年前就朗诵沃尔特·惠特曼的诗句：

噢，要像树木和动物一样，去面对黑暗、暴风雨、饥饿、愚弄、意外和挫折。

我曾经同牛打交道12年，却从未见过哪头母牛由于水源枯竭、天寒地冻，或是公牛追逐其他的母牛而大动肝火。面对着风暴等这些灾难时，连动物都能平静如水，从未痛苦崩溃过，也不曾得胃溃疡或者发疯。

然而我的意思并不是在说，无论遭遇任何挫折，我们都必须逆来顺受，如此的话我们就成宿命论者了。不管面临何等境遇，只要还有补救的机会，我们就要力挽狂澜。而当常识告诉我们这是不可避免的现实时，我们就要保持理智，善用智慧，不要顾影自怜，徒增忧愁。

哥伦比亚大学的迪安·霍克斯在去世前对我说过他一首打油诗式的座右铭：

天下疾病多，数也数不了，
有的可以医，有的治不好。
如果还有医，就该把药找，
要是没法治，干脆就忘了。

当我写这本书时，我曾经拜访过许多声名远扬的大企业家。他们大多数人都告诉我，他们可以接受那些不可避免的事实，努力让自己排解忧愁。如若不然，他们一定会被巨大的压力累垮。这里就有几个很好的例子：

遍布全国的彭尼连锁店的创始者彭尼对我说：

就算有一天我赔得一分不剩，我也不会忧虑。因为我实在不知道烦恼能给我带来什么价值，我只会竭尽全力把目前的工作做好，其他的就只好尽人事听天命了。

亨利·福特也这样告诉过我：

如果碰到了我力所不及的事情，我就让它们自己去解决。

有一次我问克莱斯勒汽车公司总裁凯勒先生是如何减少忧虑的，他这样回答我：

如果碰到很艰难复杂的事情，只要在我的能力范围之内，我就会竭尽全力地想办法解决。要是做不成，我就会彻底忘记这件事。没有人能一眼望穿未来，所以我们根本不必为了未来担忧。影响未来的因素那么多，我们根本无法掌控，又何必担心呢？

虽然凯勒只是个成功的生意人，但他却说出了如此有哲理的一席话，他的这些话和古罗马伟大的哲学家爱比克泰德的理论如此相似，爱比克泰德先生的原话是这样说的：

快乐之道无他——我们的意志力所不及的事情，不要去忧虑。

如果选择一位最懂得如何适应接受不可避免的事实的女人，那就一定非莎拉·伯恩哈特莫属了。在过去的50年里，她是四大洲剧院里无人可比的“皇后”——深受全世界观众爱戴的一位女演员。而她却在古稀之年，遭遇了破产的尴尬境地，而更糟糕的是，她的医生波兹教授告诉她必须要把她的腿锯掉。

事情是这样的，她当年横渡大西洋时遇上了一场暴风雨，她摔倒在甲板上，伤势严重，而且还患上了静脉炎，腿部痉挛时，剧烈的疼痛使她不得不被劝说要把腿锯掉。当医生对她直截了当地说出这句话时，本以为她会大发雷霆，然而并没有，莎拉只是静静地看了他一会儿，然后平静地告诉他：“如果非要如此的话，那就这样好了。”

当儿子看到她被推进手术室的那一刹那，忍不住伤心地流泪。可她却挥了挥手，豁达地告诉儿子：“不要担心，我马上回来。”

被送往手术室的途中，她一直背诵着自己曾经演过的戏里的几句台词。她这么做并不是为了让自己提起精神，而是为了让医生和护士高兴，让他们消除压力。

后来，手术顺利完成了。莎拉痊愈后，决定继续环游世界，这让她的观众继续为她痴迷了7年。

爱尔西·麦可密克也在《读者文摘》的一篇文章里写道：“当我们不再反抗那些不可避免的事实后，我们就能省下精力去创造出一个更加多彩的生活。”

要么去无力地抵抗那些不可更改的现实，要么去努力创造自己的新生活。没有人能够两者兼顾。面对不可避免的暴风雨时你只能弯下身子适应接受，或者是抗拒，然后被它们摧残。

而我恰好目睹过类似的经历。我在密苏里州的农场居住时，种过几十棵树，它们迅速地茁壮成长。后来下了一场冰雹，每棵树的树枝上都堆满了厚厚的冰霜，可这些树枝并没有在重压下弯下去，而是顽强抵抗着，最后由于实在承受不住而折断。可我在加拿大种下的那长达几百英里的常青树树林就不同了，我从未见过那里有一棵树被冰雹压垮，因为那些树更加聪明，懂得如何去适应重压，怎样去垂弯枝条，来面对这种不可避免的情况。

“要像杨柳一样柔顺，而不要像橡树一样挺拔”，这是日本的柔道大师教给他的学生的话。

汽车轮胎如何能承受住那些经年累月的颠簸呢？最初，制造轮胎的人想要创造一种能够抵抗旅途上颠簸的轮胎，但是不久轮胎就变成了碎条。然后，他们就汲取经验，创造出了另外一种轮胎，可以吸收路面上的各种压力颠簸，后来时间证明了这样才是对的。而我们的生命旅途也正是如此，如果我们想在人生路上走得更远更久，我们就要懂得接受吸收各种颠簸挫折。

可如果我们不肯接受这些挫折，而是一味地反抗拒绝，那么结果会如何呢？很简单，随着时间推移，我们的心里会产生一系列的矛盾，我们会忧虑、焦急，甚至崩溃、神经质。

如果我们不仅不肯接受那些挫折苦难，还要选择逃避到角落里去，活在自己的想象王国里的话，我们可能很快就精神错乱了。

在战场上，每一个士兵都会怀着对死亡的恐惧而犹豫，但他们却只有两个选择，要么接受战争这个不可改变的事实，要么一味抗拒逃避，最终崩溃。这里有一个小故事，是当初威廉·卡塞纽斯在成人教育班里讲过的：

在我刚刚加入海岸警卫队时，很快就被派到大西洋边的一个岗位上。他们让我去监管炸药。这简直是一件难以想象的事情！我竟然从一个曾经卖小饼干的营业员变成了一个管炸药的人！一想到要站在几万吨的TNT上面监管炸药，我就觉得脊背发凉，心惊胆战。虽然我接受了两天的训练，但是新学来的这些东西却让我更加恐惧。我第一次执行任务的那天，天色昏暗，十分阴冷，周围还笼罩着一层薄雾，那次我被派到新泽西州的卡文角去执行任务，我永远也忘不了那一天。

我被安排和5个码头工人一起工作，我们负责这船上的第五号舱。他们虽然身体壮硕，却对炸弹一无所知。那些炸弹重2000磅到4000磅，他们正在把炸弹搬运到船上，每一个炸弹都有1吨的TNT，一旦引爆结果可想而知，那艘船一定会被炸得粉碎。看到他们用两条绳索把炸弹吊到船上，我在一旁不断地安慰自己，生怕有一条绳索出了故障。我的心里害怕极了，浑身战栗，双腿发软，可我又不能放弃自尊逃走。那样的话，我一定会让父母颜面扫地，更重要的是，我还可能因逃亡而被枪毙。所以，我只能默默地待在那里，心惊胆战地看着那些工人若无其事地把炸弹搬来搬去，紧张得无法呼吸。在我提心吊胆地受惊了一个多小时后，我终于唤回了原有的理智，我对自己说：“就算被炸死了又如何？又不会有什么感觉。这样死掉反而很痛快，总比那些癌症之类的慢性折磨好得多吧？人固有一死，而这项工作你又不得不做，这是不可避免的事实，所以又何必贪生怕死？”

我一直这样不断劝说自己，觉得心情豁然开朗了。最终，我强迫自己克服恐惧，接受了那个不可避免的事实。

这是我永生难忘的一段经历，如今每当我为了一些不可改变的事实而焦虑时，我都会想起当年的事，耸耸肩膀，告诉自己：“忘了吧，为自己欢呼三声！”

“对于必然之事，不如轻快地加以接受。”这句话是在耶稣基督出生前399年说的。而在今天这个充满忧虑的大千世界，人们比以往更需要好好参悟这句话。

在忧虑毁灭一个人之前，他首先要学会戒掉忧虑，那么我们要记住的一条重要的原则是：

接受不可避免的事实。

4　让忧虑的情绪到此为止

卡耐基名言

1. 学会对自己说：“这件事只值得我担忧一点点，没有必要去操更多的心。”

2. 他说：“……一个人实在没必要把半辈子时间都花在争吵上，如果那个人不再攻击我，我也不会再记仇。”

3. 一个人只有树立正确的价值观念，才能够拥有平静的心境。

如果我要告诉大家如何在华尔街赚钱，恐怕超过一百万的人会蜂拥而上倾听着；如果我要把这个问题的答案记载在书里，相信这本书如果卖到 1 万美元也有人肯买。当然，我没有答案。不过我却知道有位叫查尔斯·罗伯茨的投资顾问，他道出了一个很好的方法，让许多成功人士都受益匪浅：

当年我仅揣着 2 万美元从得克萨斯州来到纽约，那些钱是朋友托付我到股市投资用的。我本以为自己对股市知之甚广，而且刚开始我的确是赚了一些钱，可后来我却赔得分文不剩。

如果输掉的是自己的钱我还没有那么在乎，可是多么糟糕，我把朋友的钱也都赔光了！虽然他们依旧生活阔绰，但是我却很怕再见到他们。可意料之外的是，他们并没有对这件事情耿耿于怀，甚至还很乐观。

我决心要吸取过去的经验，在重回股票市场前我要透彻深入地了解股市的操纵内情。幸运的是，我和一位最成功的预测专家波顿·卡瑟斯交上了朋友，我相信从这个成功的人那里，我能够受益良多。我当然更知道，他成功的原因绝不是只靠运气和机遇。

刚开始，他询问了我过去在股市是如何做的，接下来告诉了我一个在股市交易中最重要的原则。他说：“每当买进股票时，我都会为它设定一个不可再低的价格标准。例如，我买了每股50元的股票，我就会立刻规定它最低的价格标准是45元。换句话说，不管股票跌到何等地步，我都会在5元的损失范围内把它立刻卖出去。”

“如果你是一个很聪明的买家，”这位专家继续向我解释，“你的赚头大约在10元、20元，甚至是50元。所以你如果把损失限定在低于5元，即使你对行情预测失误，这也会让你大赚一笔的。”

很快我就学会了这一方法，并且后来我一直使用，这当真令人受益匪浅，让我和我的顾客挽回了不止几万块钱。

后来我发现，这个“到此为止”的方法不仅适用于股市，而且适用于生活中任何忧虑的问题。在我所有不快乐的事情上，我都设立了一个“到此为止”的限制，效果简直好得不得了！

比如说，从前有一个朋友很不守时-，每次和他吃饭都要等到午餐时间过去大半，于是我就用了“到此为止”的方法。我告诉他说：“以后我等你的时限是10分钟，如果你10分钟以后还没有来，我就不会再等下去了，我们的午餐约会就直接取消。”

对于“到此为止”这个方法，我真是知之恨晚，我真希望很多年前我就可以把这个原则运用到我的脾气上，我的欲望上，还有我的所有精神情感压力上。为何之前我就没有如此平和的心境呢？学会对自己说：“这件事只值得我担忧一点点，没有必要去操更多的心。”

我觉得自己有一件事做得还算差强人意，那是我生命中很糟糕的一次情况——当时我几乎眼睁睁看着我的梦想，我的未来，我多年的工作都付诸东流。事情是这样的：

在我刚刚而立之年时，我决定要以写小说作为我的职业。我充满了信心，想成为弗兰克·瑞斯洛、杰克·伦敦，或是哈代第二。我在欧洲居住了两年，从事着我的写作事业。虽然那是第一次世界大战结束后，但是用美元在欧洲生活的开销并不是很大。我写了一本名叫《大风雪》的书，我不得不承认这个题目取得很形象，恰如所有出版商对它冷冰冰的态度一般。那时连我的经纪人都说我的作品一文不值，他对我说我丝毫没有写作的天分，这对我真是当头一棒。我茫然无措地离开了他的办公室，我感觉自己的心跳似乎在那一刻骤然停止。我知道自己正面临人生的十字路口，不知何去何从。好几周后，我才从这种茫然沮丧中解脱出来。那时我没听说过要为自己的忧虑设定“到此为止”的方法，现在想来，当时我的做法在无形中采取的就是这种方法。那段我废寝忘食地创作小说的时光是我人生中宝贵的回忆，当年我从那里出发继续前行，做回自己的老本行，但闲暇的时候就会写一些传记和非小说类的书。

这是我有生以来最得意的一个决定，每逢想到此事我都会觉得欣慰，因为从那以后，我从未后悔过自己没有成为哈代第二这件事。

一百年前的一个夜晚，窗外的飞鸟沿着瓦尔登湖畔的树林鸣叫时，梭罗用鹅毛笔蘸着自制的墨水，在日记里写道："一件事情的代价，也就是我称之为生活的总值，需要当场或者在长时期内进行交换。"

也就是说，我们若是以生活的很大一部分作为代价来换取什么的话，我们就太愚蠢了。就像吉尔伯特和苏利文的悲哀，他们创造出了那样快乐的歌词曲谱，却不知如何创造快乐的生活。他们写出了那样扣人心弦的歌剧，却不知如何控制他们的脾气。苏利文曾经为他们的剧院买了一张新地毯，而当吉尔伯特看到账单上的价钱时却勃然大怒，为此他们两人争吵多年，甚至终生绝交。当苏利文为歌剧谱曲之后，会把它寄给吉尔伯特；而吉尔伯特填词之后，又要再次寄给苏利文。有一次他们不得不同台谢幕时，两个人也非要站到对方看不见的位置才肯。或许这就是因为他们不懂得"到此为止"的快乐方法吧，而林肯却把这个方法做到了极致。

当时美国处在南北战争时期，林肯作为总统自然树敌不少，面对那些恶意攻击他的人，他说："你们对私人恩怨的感觉比我多，也许我这种感觉太少了吧。可是我一向认为这样很不值得，一个人实在没必要把半辈子时间都花在争吵上，如果那个人不再攻击我，我也不会再记仇。"

林肯的这种胸怀和宽恕的精神是那么伟大和难得，我多么希望我的老姑妈——爱迪丝也能够拥有。当年她和弗兰克姑父一起住在被抵押出去的农庄上，那里土地收成不好，生活拮据。可爱迪丝姑妈却是一个喜欢装饰房间的人，她总会在密苏里州马利维里的一家小杂货店赊买一些窗帘之类的小物件。弗兰克姑父由于担心他们的债务和个人信誉，就偷偷告诉杂货店老板不要再赊账给姑妈。后来姑妈知道这件事时，大发雷霆。到现在，这件事已经快过去50年了，她还在耿耿于怀，发过好多次脾气。我最后一次见她时，她已经是80岁的老太太了，我对她说："爱迪丝姑妈，弗兰克姑父就算再惹你生气，羞辱到你的自尊，可他做错的那件事情已经过去半个世纪了，您难道还要再埋怨下去吗？"

就因为这件不快的小事，爱迪丝姑妈付出了大半生平静愉悦的心情，这实在是太不值得了。

富兰克林在7岁的时候，犯了一个让他终生难忘的错误。那天玩具店里的一只哨子令他爱不释手，于是他没有问价钱，就把所有零钱都放在柜台上，买走了那只哨子。"回到家之后，"70年后他在信里写道，"我吹着哨子兴高采烈地在整个屋子里转啊转，如此自鸣得意。"可他的哥哥姐姐发现他买哨子多付了钱，都开始戏谑嘲笑他。而他正像后来在信里所写：“我十分懊恼地痛哭了一场。”

很多年过去了，当年那个痛哭懊恼的小男孩成了举世闻名的人物，做了美国驻法国大使，他还记得当初买哨子那件事，那时他感受到的痛苦多于哨子带给他的欢乐。

富兰克林从那件事中领悟到一个道理，他说：“当我长大后，见到了人类的形形色色的行为，当然也碰到了很多买哨子多付钱的人。一言以蔽之，我认为人们的苦难产生于他们对事物价值做出了错误估计，就好比他们也为买哨子多付了钱。”

没错，当初吉尔伯特和苏利文买哨子多付了钱，我的爱迪丝姑妈也是。在很多情况下，包括我自己，甚至文坛不朽的巨匠托尔斯泰，那位写了《战争与和平》和《安娜·卡列尼娜》两部传奇经典的伟大作家，也是如此。根据《不列颠百科全书》的记载，在托尔斯泰去世前的 20 年里，他成为了世界上最受崇拜和敬仰的人物，多少人都想去他家里见上他一面，听一听他的声音，甚至摸一摸他的衣角也好。他说的每一句话都有人视若圣谕。可谁能想到，伟大作家托尔斯泰，甚至还不如 7 岁的富兰克林更有智慧，故事是这样的：

托尔斯泰曾与一个女子坠入爱河，他们在一起时快乐如神仙眷侣，他们还常常跪下来祈求上帝赐予他们永远安稳快乐的生活。可那个他深爱的女人天性善妒，她曾打扮成乡下女孩，掌握他的行踪，去森林里打探他。这让他们之间发生了很多可怕的争吵。甚至，那个女人会妒忌自己的亲生女儿，她会用枪在自己女儿的照片上打一个洞。她有时还会满地打滚，拿着鸦片，张着嘴巴，以自杀要挟他。她的孩子们常常躲在角落里害怕、哭泣。

那么面对这件事托尔斯泰是如何解决的呢？他并没有气得跳起来，也没有砸烂家具来发泄愤怒，而是写了一本私人日记。在他的笔下，他把所有的罪行都归咎于他太太，而这就成为了他的“哨子”。他害怕他的子女会把责任推到他身上，于是就把责任全部推到了他太太身上。被太太发现之后，他太太的做法是撕碎了那本日记，然后将其烧成灰烬。为了报复，她自己也写了一本日记，把所有罪过全都推到了托尔斯泰身上。不仅如此，在她的小说里，她把托尔斯泰写成了一个破坏别人家庭的男人，而把自己描述成了一个烈士，这本书的名字叫《谁的错》。

再后来，两人曾经最珍爱的家演变成了托尔斯泰笔下的“一座疯人院”。那么为何会造成这种局面呢？很显然，他们想吸引公众的目光，却更担心别人的意见。可是谁会在意这些争吵矛盾到底怪谁呢？没有人愿意浪费一分钟在托尔斯泰家的事情上。而他们两个人足足浪费了 50 年的岁月将自己笼罩在黑暗的地狱里，他们中没有人肯及时醒悟，让那些干戈告一段落，对另一方说：“不要再吵了，我们这是在浪费生命，多么不值得。”

我始终相信，一个人只有树立正确的价值观念，才能够拥有平静的心境。我也相信，只要我们为自己设定适当的标准，在生活中渐渐了解到事情的价值，我们的一半忧虑将消泯于无形。

所以，要在忧虑摧毁你之前，先学会戒掉忧虑。

无论何时，当我们在比较买到的东西和生活的好坏时，我们都可以先问自己三个问题：

1. 我现在担忧的事情到底和我自己有多大关系？

2. 在我的这些忧虑中，我应该如何为它设定一个“到此为止”的限度，然后彻底忘掉它？

3. 这只“哨子”我到底应当付多少钱？我是否已经多付钱了呢？

后序 如何使自己卓尔不群

1935 年 1 月的那个夜晚，寒气袭人，寒风呼啸，但这并未阻挡住 2500 名听众热切前行的步伐，他们要去纽约宾夕法尼亚酒店的宴会厅。宴会厅在晚上 7 点半时已是座无虚席。半小时后，依然有许多听众慕名而来，人群不断拥入。再后来，宴会厅内甚至已经拥挤到再无落脚处。很难想象，几千名在生意场上苦心经营、面色疲倦的商界人士会不辞辛苦地站在这里等待。

是 6 天的自行车比赛，还是一场时装秀？难道是电影明星克拉克·盖博来了？

然而都不是。这些人是被《纽约太阳报》上前两天刊登的那条整版广告吸引而来的，那是这样一则广告：

学习有效演讲

掌握领导力

这听起来似乎没有什么新意，不是吗？是的，可是这座在全世界以精明世故而闻名的城市，尽管它目前处在经济大萧条时期，还有 20% 的人口处于失业状态，依然有 2500 名听众深受感染，不顾一切地奔赴这里。

那天晚上来到宴会厅的听众都是富裕阶层的人，包括雇主、老板，还有各行各业的佼佼者。

他们要迎来的是一场极其超前而且实用的讲座，即卡耐基的有效演讲及人际关系学会开设的“有效演讲及商界人士”课程。

这 2000 多名商业精英在经济大萧条的环境下前往这里，难道他们是想继续接受更多教育吗？

当然不是。在纽约，每个季度都会开展这样的培训，而且每次讲座现场都人数爆满，这种情况一直持续了 24 年。目前从卡耐基培训班毕业的商业精英已有 15000 人，包括西屋电气公司、布鲁克林联合煤气公司、布鲁克林商会、美国电气工程师协会、麦格劳—劳希尔出版公司、纽约电话公司在内的许多谨慎保守的大企业集团，他们都邀请戴尔·卡耐基到公司里去为内部员工、管理人士等做演讲培训。

早在十几年前就毕业的那群人如今又选择参加这一培训课程，这本身就证明了现在的教育系统效率已经低到骇人的地步。

由于想要了解当今成年人最想学到的是什么，芝加哥大学、美国成人教育协会及基督教青年会学校花费了两年时间共同调研这个问题。

经过调研，他们发现这些成年人最感兴趣的其实是健康问题，其次就是人际交往能力，因为他们都需要为人处世的方法和影响他人的技巧。然而他们并不想知道那些冠冕堂皇的心理学理论，也不想成为一名公共演讲专家，他们更想要的是在商务、社交和家庭生活中能即刻应用的技巧。

而这些不正是成年人渴望学到的东西吗？

“没错，既然他们需要这些，那我们就提供给他们吧。”调研人员如是说。

然后，这些调研人员开始到处寻求教材，可他们并没有从市面上找到任何一本能够帮助人们解决日常生活中人际交往问题的指南。

听起来多么不可思议！在人类的漫长文明史上，希腊语、拉丁语和高等数学的著作林林总总，却没有大多数成年人想要的理论。人们面对有关指导人际交往的课题时，却几乎找不到任何相关书籍。

所以当2000多名成年人看到这则广告后，他们充满热情、迫不及待地拥入了宾夕法尼亚酒店的宴会厅。那是因为长久以来，他们心之所向的答案就在这里。

他们在学生时代努力读书，并且相信知识是获得财富和荣誉的不二法门。

可是后来，当他们在生意场上摸爬滚打了很多年之后，他们突然醒悟：原来在商场上那些成功的人除了具备知识，更重要的其实是沟通、人际交往的能力，还有“推销”自己的能力。

他们终于发觉，要想在商界扶摇直上，人际交往的能力和人格魅力的重要性远远胜于学会一句拉丁语或者获得一张哈佛大学的毕业证书。

《纽约太阳报》在广告上早已承诺过这是一场十分有趣的讲座，而事实也正是如此。那天有18位参加过这门课程的学员在台上排成一排，然后分给这18位学员每人讲故事的时间只有75秒。每当75秒一到，会长就会敲下木槌，然后喊一声：“时间到！下一位！”

节奏是那样迅疾飞快，为了观赏这场盛会，观众们甚至愿意站立一个半小时。

演讲者的职业更是多种多样，有人是销售员，是商店老板、牙医、烘焙师，还有人是银行家、保险经纪人、会计师、行业协会主席、建筑师，还有来自印第安纳波利斯的药剂师，甚至还有特地从古巴哈瓦那赶来的律师——他说为了一个重要的3分钟演讲而前来参加这门课程。

破冰的演讲者是盖尔人，叫作帕特里克·奥海尔，他出生于爱尔兰，而且只上过四年学。他来美国之前先是当机修工，后来又做货运司机。如今他又决定改行做卡车销售员，原因是他已经快40岁了，而且还要养家糊口。可由于他的自卑，他每次鼓起勇气敲门前都需要在门口来回走十几次作为心理缓冲。他说这简直是要了他的命，他走在销售的道路上觉得茫茫无期，想打退堂鼓，回去接着做机修的老本行。正当他犹豫不决时，突然收到了一封请他出席戴尔·卡耐基有效演讲课程的研究会的邀请函。

刚开始他担心被邀请的都是大学生，那么自己出席这种场合就会显得很尴尬，所以他并不想去。

可他的妻子建议他去，她劝他说："你很需要这样的活动，我真希望你能去参加。"于是他决定听从妻子的建议。他在人行道上踌躇了 5 分钟之后，终于推门走进了会议大厅。

最开始在公众面前发言时，他害怕得要晕倒。可随着时间的推移，他不再恐惧下面的听众，反而渐渐喜欢上了发表自己的观点，并且希望更多的听众听到。再后来，他也不再害怕他的上司和同事，而是勇敢地当场发表自己的思想观点，很快他就被提升到销售部门，成为公司里备受重视的骨干。那天晚上，在宾西法尼亚酒店，帕特里克·奥海尔当着在场 2500 人的面，谈笑风生，讲述着过往发生的故事，引得观众席上笑声连连，连专业演讲者的表现都不如他的演讲这样别开生面。

第二位演讲者叫戈弗雷·迈耶，他不仅是一位银行家，更是 11 个孩子的父亲。第一次登台演讲时，他的思维十分混乱，紧张到一句话都说不出。而他的人生经历证明了那些领袖人物一定都是说话有术的人。

25 年来，迈耶先生都在华尔街工作，他一直住在新泽西的克利夫顿，可他在当地只认识 500 个人，他没有参加过任何社区活动。

那天他收到了一份费用不合理的账单，心里气愤不已。那时候他加入卡耐基培训班有一段时间了。

若是在平时，他一定只是坐在家里独自默默生气，或是找邻居抱怨倾诉。而那天晚上，他戴上帽子走出家门，在市民会议上当众表达了内心的不满。

当克利夫顿的市民听到迈耶先生的一番慷慨陈词后，他们都拥戴他竞选市议会议员。所以后来他一直奔波在各个会议之间，对各种奢侈浪费事件大加抨击。

竞选唱票的时候，面对 96 名候选者的竞争压力，迈耶先生竟名列榜首。似乎在一夜之间，他成为了这个 4 万人社区里的知名人士，而且最近他交到了比这 25 年来多八倍的朋友，这些都得归功于他的精彩演讲。

除此之外，成为议员给他带来了更多的收入，使他在卡耐基培训班上的投资回报率高达 1000%。

而第三位演讲者是全国食品制造商协会的领导，他说他之前在董事会上完全不敢公开表达自己的想法。而如今他学会了独立思考，他的改变令人们大吃一惊。后来他不仅被推举为协会主席，还负责主持美国各地的会议。全国各大报纸期刊都争先恐后地报道他的演说精华。

他利用自己有效的谈话技巧，使他的公司和产品在两年内的曝光率远远超过了之前的25万广告费产生的经济效益。他告诉我们，他之前一直都不敢邀请曼哈顿的商界风云人物共进午餐，可没想到后来当那些商界名流听过了他的演讲后，竟主动邀请他吃饭洽谈，还客气地说很抱歉占用了他的宝贵时间。

当一个人掌握了谈话技巧时，他很容易变得卓尔不群，就像站在闪光灯下那般耀眼，在人群里脱颖而出。

由卡耐基推进的成人教育运动很快就席卷美国。他听过和评论的演讲比任何人都要多。根据雷普利“信不信由你”品牌出品的卡通片，卡耐基评判过的演说多达15万场。那么这个数字意味着什么呢？这说明了自从哥伦布发现新大陆后每一天都会有一场演讲。而且如果卡耐基每天接连不断地听着演讲者的3分钟演讲，那么他要不分昼夜地听上10个月才能听完。

戴尔·卡耐基跌宕坎坷的职业生涯向我们展示了一个充满思想热情的人如何一步步成就伟大事业，这是一个多么令人震撼的故事。

卡耐基的童年是在密苏里的乡下度过的，那时候距他家10英里内都没有列车轨道，所以他直到12岁才第一次看到有轨电车。可是在34年后，他走遍了世界上的每一个角落，无论是中国香港还是欧洲最北的哈默弗斯特，到处都有他的足迹。他甚至非常接近北极，比当初造访小美利坚科考站的海军上将伯德离南极的距离都要近。

昔日这个在南达科他州西南部看管牛群，每小时只能赚5美分的少年，如今已经成为为大型企业高层讲述语言表达艺术的身价最高的大师。

这个昔日的牧童曾在南达科他州看管牛群，为出生的小牛打烙印，被困在牧场的围栏里，而后来他却远飞伦敦，到英国为王室演讲。

这个曾经好多次演讲得一塌糊涂的年轻人后来成了我的经纪人，我的成就也多亏了他的培训课程。

在卡耐基早年艰难求学时，他所在的那个老农场屡屡遭受厄运——102号河泛滥成灾，淹没玉米田，冲走干草。养得肥胖的小猪崽接连死亡，牛和骡子的市价严重下跌，银行还威胁说要收回房屋抵押贷款。

经历了一次次磨难的洗礼后，他们不得不变卖所有家产，远迁密苏里州的瓦伦斯堡，在州立师范学校旁边买下另一间农场。

可是那时的小卡耐基连在镇上寄宿的一美元都拿不出，他不得不每天骑马往返于学校和农场间的3英里路程。而且在家里，他还要挤牛奶、砍木柴、喂猪，点煤油灯学习拉丁文，直到困得睁不开眼才去睡觉。

尽管他每天午夜时分才能就寝，可他起床的闹钟一直都是凌晨3点响起。他家里好不容易养了几只血统纯正的猪，而小猪在寒夜里很容易冻死，于是他们把小猪放在火炉旁的篮子里，用麻袋盖在它们身上给它们御寒。小猪每天都要在凌晨3点吃奶，所以闹钟一响，卡耐基就起床把小猪们带到它们母亲身边喝奶，等它们喝饱后再送回火炉旁边。

当时州立师范学校600名学生中住不起镇上房子的只有6名学生，而卡耐基就是其中一名。他的家境贫寒，每晚骑马回家后都要到农场挤牛奶。为此，他感到很羞愧，还曾经因为他过短的裤子感到耻辱。随着自卑心理渐渐加深，他急于找到能卓尔不群的办法。很快，他发现学校里最具声望的莫过于足球队和篮球队了，还有那些辩论赛和演讲赛的获胜者。

卡耐基深知自己没有运动天分，所以他决心要成为演讲比赛中的翘楚。他在疾驰的马背上准备演讲稿，在挤牛奶时练习演讲。当他把干草背进仓库时，对着鸽子们滔滔不绝地讲起来，他活力四射的样子把鸽子们都吓坏了，就这样他坚持了好几个月。

尽管付出了巨大的努力，可失败却接二连三地朝他袭来。那时他正处在轻狂骄傲又极度敏感的18岁，他感觉非常绝望，甚至想结束自己的生命。然而突然有一天，他开始赢得比赛——不是一场，而是每一场。

后来就有其他学生向他请教获胜方法，他悉心教导他们，使那些人在照做之后也获得了成功。

大学毕业后，他开始向内布拉斯加州和怀俄明州东部沙丘地带的农场主销售函授课程。可无论他多么热情地销售这些课程，结果都不尽如人意。那天中午，他沮丧地回到了内布拉斯加的旅馆里，扑倒在床上放声痛哭。他突然很想离开这残酷的商业战场，重返校园，但他知道自己不能退缩。于是他又去了奥马哈市另寻机遇。他没有钱买票，只能窝在货车上给两车厢的野马喂食来抵车费。当他抵达奥马哈市后，他找到了一份为阿穆尔公司卖培根、猪油和香皂的工作。

他被分到南达科他州西南部牛群和印第安人生活的荒地上去销售。他住在拓荒者的客栈里，时常辗转在马匹、货车和马车之间，而且房间与房间的隔断只有棉布。

那段日子，卡耐基苦读了大量的销售类书籍，他骑着烈马拜访印第安人，和他们打牌，寻觅收账的途径。若是内陆的杂货店老板没有钱支付订购的培根和火腿，他就从货架上拿一打鞋来抵账，然后这些鞋又被他推销给铁路工人，最终把赚到的钱交给阿穆尔公司。

他每天都坐在货车上，每当车停在一百英里开外的地方卸货时，他就跑到镇子上找三四个商人，然后劝说他们进货。一听到火车鸣笛声，他就飞奔回来，爬上那辆已经开动的列车。

不久他就迅速改善了这片地区销售额低的现状，在短短两年时间内，出货量就从倒数第四跃为首位。

后来阿穆尔公司褒奖他说："你的成就堪称奇迹。"并且要给他升职加薪。

但是他拒绝了，并且辞职去了纽约。他选择去了美国戏剧艺术学院，并饰演了《马戏之花》电影里哈利波特博士这一角色。

可是不久他便发现自己实在无法成为布思或者巴里摩尔这样的影坛传奇，因此他又去帕卡德汽车公司销售汽车，重新做回了老本行。

由于他对机械一无所知而且毫无兴趣，所以他做这份工作很痛苦。他本想逼自己去做到，可是他没有时间学习，根本不可能动笔写在大学时就苦思冥想的那本书。最终他不得不再次辞职，打算白天写小说，晚上在夜校教书赚钱。

他回顾起自己的大学生涯，思考自己要教什么，慢慢地他意识到自己的勇气、信心和商务交往能力都来源于当众演讲方面的训练，那些训练是如此有效，甚至超过了他大学所学的所有课程。因此他来到了纽约的基督教青年会学校，开了一门专门针对商业人士的演讲课程。

他要把商业人士培养成演说家，这让基督教青年会的人觉得十分荒唐。他们曾经有过类似的课，但效果并不好。所以他们没有给卡耐基支付每晚两美元的薪水，但如果这门课可以盈利的话，卡耐基同意接受佣金制的利润分成。结果在那3年里，基督教青年会每晚都支付给卡耐基30美元的佣金。

不久，在基督教青年会里这一课程广泛流传，并且风靡其他城市。卡耐基不仅在纽约、费城和巴尔的摩巡回演讲，还飞到了伦敦和巴黎。大多数商界人士都觉得市面上的教材呆板，并不实用，于是他们都慕名而来。正是如此，卡耐基的《公众演讲与影响商界人士》这本书被基督教青年会、美国银行家协会和全美信贷协会视为教材典范。

戴尔·卡耐基还认为，人们在愤怒的时候都会变得能言善辩。如果你把一个人打倒在地，哪怕他再愚蠢懦弱，都会跳起来滔滔不绝地回击你，当时的口才可以胜过最著名的雄辩家威廉·詹宁斯·布赖恩。而且只要人们拥有了自信，他的想法就会在心中澎湃汹涌，那么任何人都可以有能力展开一场精彩的公众演讲。

他说，逼自己去做惧怕的事直到成功为止，这是培养自信感的最好捷径。所以他在课堂上督促每个学员积极发言，学员们都面临着相似的处境，而且都在不断为自己打气，提升自己的信心，勇气一直延伸到课堂之外。

卡耐基的职业看似是为大家教授公众演讲的课程，然而他真正的使命是帮助人们战胜胆怯，学会勇敢。

最初卡耐基只是想开设一门公众演讲课程，可没想到慕名而来的都是商界人士，这些人大多数已经告别学校30多年了。多数人都采取分期付款的方式来支付学费。他们都有一种急于求成的心理，期待第二天就能在会议上取得成效。

所以为了这种实用性和快节奏，卡耐基打造了一套独一无二的训练系统，他把公众演讲、销售手段、人际关系和心理学融为一体，最终的效果令人叹为观止。

卡耐基勇于创新，最终独创了一套生动有趣而且实用有效的课程。

多少年来，毕业的学员们一直自发组织俱乐部，隔一周就聚会一次。费城有一个19人的俱乐部，成员们每年冬季半个月就见一次面，这个约定17年来雷打不动。甚至有些成员不惜从十几英里、上百英里的地方赶来，比如有一名学员每周都从遥远的芝加哥赶过来。“人们通常只发挥出了10%的潜在心智能力。”哈佛大学的威廉·詹姆斯教授说。而戴尔·卡耐基的使命是帮助商界人士发掘自己的潜能，由此推动了成人教育中意义最深刻也最为久远的一次重大变革。

洛厄尔·托马斯

1936年

卡耐基经典成功励志全集

卡耐基
口才艺术

[美] 戴尔·卡耐基◎著　陈　硕◎译

哈尔滨出版社
HARBIN PUBLISHING HOUSE

图书在版编目（CIP）数据

卡耐基口才艺术 /（美）戴尔 · 卡耐基著；陈硕译
. — 哈尔滨：哈尔滨出版社，2017.6（2017.7 重印）
（卡耐基经典成功励志全集）

ISBN 978-7-5484-3341-5

Ⅰ. ①卡… Ⅱ. ①戴… ②陈… Ⅲ. ①口才学—通俗读物 Ⅳ. ① H019-49

中国版本图书馆 CIP 数据核字（2017）第 070361 号

书　　名：卡耐基口才艺术

作　　者：【美】戴尔 · 卡耐基　著
译　　者：陈　硕
责任编辑：任　环　王　丹
责任审校：李　战
封面设计：鹏轩文化 · 邵士雷

出版发行：哈尔滨出版社（Harbin Publishing House）
社　　址：哈尔滨市松北区世坤路 738 号 9 号楼　　**邮编：**150028
经　　销：全国新华书店
印　　刷：湖北卓冠印务有限公司
网　　址：www.hrbcbs.com　　www.mifengniao.com
E-mail：hrbcbs@yeah.net
编辑版权热线：（0451）87900271　87900272
销售热线：（0451）87900202　87900203
邮购热线：4006900345　（0451）87900345　87900256

开　　本：787mm × 1092mm　　1/16　　**印张：**62.5　　**字数：**1180 千字
版　　次：2017 年 6 月第 1 版
印　　次：2017 年 7 月第 2 次印刷
书　　号：ISBN 978-7-5484-3341-5
定　　价：98.00 元（全五册）

凡购本社图书发现印装错误，请与本社印制部联系调换。　**服务热线：**（0451）87900278

Preface 前言

戴尔·卡耐基是美国著名的人际关系学大师，是西方现代人际关系教育的奠基人。与此同时他也是美国著名的企业家、演讲口才艺术家，他还被世人冠以“20世纪最伟大的心灵导师”以及“成人教育之父”的名号，可谓是家喻户晓。

事实上，卡耐基的一生并不是一帆风顺的，相反，他经历了很多坎坷。在大学期间，他发现有名望的人是那些足球或者棒球运动员，除此之外，便是一些善于辩论以及演讲的人了。然而他的身体素质不好，他知道自己断然不会在体育上面崭露头角了，于是就把所有精力放在了辩论以及演讲上面。为了能够获得胜利，他无时无刻不在练习。虽然他做足了准备，可在最初的时候，他还是接连遭受失败，然而，他并没有因此放弃，反而是更加努力了，后来他开始慢慢地获得胜利，直到最后，他几乎每次都能在辩论或是演讲中获得胜利。

大学毕业后，他开始在成人大学上函授课，尽管他非常努力，可是事业却没有任何起色，迫不得已，他只能靠从事演员、作家、推销员等工作来获得微薄的收入。虽然如此艰难，可是他没有放弃，并努力说服了纽约基督教青年会，同意他为当地的商业界人士开设一门演讲课。就这样，卡耐基的事业慢慢地步入了正轨。

起初，他只开设了一些有关演讲的课程——专门为成人设立的，目的是使学员能够具有敏锐的思考力，敢于在公众面前表达自己的想法。之后，他还开发了一种集演讲术、推销术、人际关系学以及实用心理学于一体的特殊的训练方法。这种方法不受死板的规则约束，非常实用，并且有趣。他的课程获得了成功，并且规模越来越大，而他也逐渐有了一些名气。

卡耐基说，每个人都是语言天才，不管是谁，只要他生气了，便会变得很会说话、口齿伶俐。哪怕是最不会说话的人被人打倒后，他也会立刻爬起来与打他的人争论，并且说话的流利程度绝不亚于一位优秀的演讲家。因此，卡耐基认为，如果一个人拥有自信，并且内心迫切地想要表达自己，那么他的言辞一定会吸引人。

哈佛大学著名心理学家与哲学家威廉·詹姆斯教授认为，普通人仅仅开发了蕴藏在自己体内的十分之一的能力，因此卡耐基开设课程的目的是挖掘每个人身上的潜能，而他的著作——《卡耐基口才艺术》则旨在告诉更多的人开发自己体内剩余的十分之九的潜能的方法，让更多的人不再惧怕说话。

本书分为八篇，第一篇主要讲述了展现语言艺术的方法，分别对增强自信心、不断地进行锻炼以及要有坚毅的决心等方面进行了相应介绍；第二篇主要介绍了成为说话高手的必要准则，能够帮助读者提高自己的说话水平；第三篇从语言艺术的运用入手，讲述了声音、语调以及韵律对提高口才的影响，除此之外，还对说话或者演讲时的手势以及眼神等非语言信息进行了详细介绍；第四篇主要围绕当众说话展开叙述，利用十一个小节从不同的角度叙述了当众说话应具备的条件，以及如何才能更好地当众说话；第五篇的重点在于怎样才能在辩论中取胜，成功地说服对方；第六篇从演讲的角度出发，告诉读者怎样才能在演讲时吸引更多的听众；最后两篇分别介绍了商务谈判的方法以及在职场上应当如何说话，进而提高读者的谈判能力，使读者掌握职场说话的技巧。

相信通过阅读本书，你会发现提升口才并不是一件难事，只要采用的方法恰当，在短时间内掌握说话的艺术是完全有可能的，它其实是一件轻而易举的事情。所以，赶快抓住这个可能会改变你一生的机会吧！提升你的口才，从此刻开始！

第一篇

八种方法展现语言艺术

第二篇

成为说话高手的必要准则

第三篇

语言艺术的运用

第四篇

当众说话的口才魅力

第五篇
所向披靡的辩论语言

第六篇
热情洋溢的演讲语言

第七篇
妙不可言的商务谈判语言

第八篇
独具魅力的职场语言

第一篇

八种方法展现语言艺术

1 提高在公开场合说话的能力

卡耐基名言

1. 假如一个成年人可以改变自己的心态，那么就可以改变自己的性格。

2. 人们在日常生活中的所有沟通交流，都必须要克服恐惧，从而建立自信，这是提高自己说话力度的前提。

“泰坦尼克号”巨型海轮在 1912 年沉没在北大西洋。就是在那年，我开设了培养当众说话技巧的课程。当时我在纽约基督教青年会夜校讲授公开演讲课。在我看来那段经历是非常宝贵的，那是因为，这让我学到了很多关于说话的技巧，并且为我以后开设口才培训班打下了坚实的基础。

在纽约给商业界人士讲课时，我逐渐明白，学员不但要在说话方面接受训练，而且还特别需要了解日常商务和社交中的艺术技巧。因为人们除渴望健康以外，最需要的就是良好的人际关系，懂得为人处世的艺术，而这些都是以语言作为基础和手段的。因此，我开始在这方面做进一步研究，最终总结出一套全面又实用的课程，这是一件非常有意义的事情。“沉默是金”这句俗语，应该随着时代的变化而重新被理解，因为语言魅力发挥得好坏，决定了一个人是否可以由沟通走向成功。

20 世纪初期就有心理学家和哲学家断定：普通人仅发挥了全部潜力的一小部分。和我们理想成为的人相比，我们仅是清醒了一点儿，我们的热情被压制，我们的蓝图并未展开。这是为什么呢？实际上这就是人的恐惧心理在作祟。人的恐惧心理非常可怕，因此，我经常跟自己的学员说：“你要认为自己的听众都欠自己的钱，正哀求自己宽限几天；而自己就是得意的债主，根本用不着看他们的眼色。”

在潜意识里拒绝或者害怕与人交流，并不是某一个人才有的心理，大部分人都是这样，只是程度不一样。除了我的学员，我对大学生也进行了调查研究，80% ～ 90% 的大学生都有不敢在公共场合说话的恐惧心理和与人交流的胆怯情绪。

这就意味着“害怕交流”是每个人天生就有的。的确是这样，它是每个人与生俱来的弱点，并且和每个人的性格息息相关。心理学家说过，性格是每个人行为表现的基本特征。性格有一定的稳定性，换句话说，一个人的性格在特定的教育和环境下形成后，就很难改变，因此才会有“江山易改，本性难移”的说法。

曾经有专家对亚利桑那州一所大学的一对孪生姐妹进行调查。这对孪生姐妹外貌很像，先天遗传因素相同，家庭环境和所受教育基本相同。虽然这对孪生姐妹是在同一所小学、中学和大学接受相同的教育，但就在如此相同的成长和教育环境下，姐妹两个的性格却相差很大：姐姐善于表达和交际，拥有自信，做事果断；妹妹却完全相反，缺乏自主意识，说话做事总是跟在姐姐后面。专家找她们谈话时，也总是姐姐先回答，而妹妹一直是赞同，她非常不善言谈，只是偶尔补充一下。最终专家总结出：姐妹两个的性格相差很大。

这是什么原因呢？原因是父母觉得姐姐就是姐姐，妹妹就是妹妹，从小就告诉姐姐要照顾妹妹，对妹妹要好，要成为妹妹的榜样，带头听从长辈的话。这样一来，姐姐就养成了独立、自信、主动、善于交际、果断、勇敢的性格，而妹妹却习惯了总是跟在姐姐后面。

这表明人的性格是受成长的环境和接受的教育影响的，是循序渐进养成的，但是成年人并不遵循这一规则。其实对于成年人来说，性格是由自己的心理状态决定的，换句话说，假如一个成年人可以改变自己的心态，那么就可以改变自己的性格。

就像提高在公共场合讲话的能力一样，人们在日常生活中的所有沟通交流，都必须要克服恐惧，从而建立自信，这是提高自己说话力度的前提。只有这样，人们才能更好地发挥出最大潜能，在任何场合下发表最适当的讲话，得到肯定，赢得别人的喜欢，从而取得成功。

在使用任何说话技巧之前，必须树立足够的自信。因为自信让人有安全感，让自己敢和他人相处，而且能在任何非自由的场合自由展现自己的想法。只要你的思想充满热情，那么就算是很小的场合，你也会努力运用以前的经验，并将它作为话题。

在开设培训班之前，我进行了一项调查，要求人们谈一谈来上课的原因以及渴望从这样的培训课程中学到什么。调查的结果很让人意外，大部分人的愿望和基本需要都相同，他们这样回答：“当别人要求我出来讲话时，我感觉很不舒服，很害羞，这样就阻碍我清晰地思考，无法集中精力，不清楚自己该说什么。所以，我想得到自信，可以大大方方地当众讲话，可以清晰地思考，可以按照逻辑归纳自己的思想，能在公开场合和社交人士侃侃而谈，发挥超强的说服力。”

我相信这是事实，当你在公开场合时，你一定不会像坐着时一样能认真地思考问题，不过这种不足可以通过训练来弥补。最主要的是，你必须要按照我的方法加以锻炼。

首先你要意识到，在公共场合说话的心理恐惧对人的交际是有好处的，因为人类与生俱来就有一种敢于和环境中的困难挑战的不凡能力。当你发现自己的脉搏和呼吸加速时，你千万要保持镇定，不要紧张。因为你的身体总是对外来的任何刺激保持警惕，这种警惕表示它已经随时准备采取措施，来挑战环境中的困难。如果这种警惕是在某种限度下进行的，当事人总是会想得更快，说得更加流畅，而且还会比一般情况下说得更精辟和有说服力！

那么，我要说一个秘密，那就是，即便是专业的演说者，在登台时也不可能完全克服心理的恐惧——他们在登台开讲时多少也会表现出胆怯。这种表现可以从他们演讲的前几句话听出来，只是他们可以很快克服这种胆怯，并冷静下来，而我在开始演讲的时候也总是这样。

因此，你根本没有必要躲在自欺欺人的框框里，你应该热情主动地与人交往。要不然，恐惧会变得肆无忌惮，它可能会让你思想迟钝、语言不流畅、肌肉痉挛而无法控制，还会降低你讲话的说服力。

在最后，我还要重复几点，这会在很大程度上帮助你克服心理恐惧，勇敢地大声讲话：

（1）你不敢当众说话，拒绝和人交流并不是特例。

（2）有些交流的恐惧感可能会刺激和激励你，我们一出生就有一种敢于和环境中的困难挑战的不凡能力。

（3）很多专业的演说家一直没有克服登台演讲的恐惧感。

2 通过训练来树立自信

卡耐基名言

1. 一个人达到演讲成功的目标，跟演讲前所做的准备有非常大的关系。

2. 在公共场合讲话想要获得成功，就必须给自己一些积极的心理暗示。

在我的培训班里，很多学员在课程结束后会坐在一起谈论自己的心得体会。有很多人都觉得自己所获得的最重要的东西就是重新拥有了自信，就是说，对自己的成功增加了一份自信。

事实上，没有任何东西比自信更能将一个人带向成功。

《旅行指南》中讲到，业余登山者必须要有一个向导带领。几年前，我和朋友一同登山。首先要知道，我们两个并非专业的登山者，不过我们没有请教向导，但是最后我们成功了。

在我们准备登山前，有一位朋友问我们能否成功，我很有自信地说："肯定能！"

"为什么这么有信心？"那位朋友接着问。

我回答："因为有人和我们一样，在没有向导的情况下取得了成功。而且，不管我做什么事情，我都不会想着失败。"

有一定自信，是做任何事情必备的正确心态。不管你是登珠穆朗玛峰，还是和人讲话，自信都是你成功的前提。因此，在你准备说话之前，一定要树立足够的自信！

下面是帮助你树立自信的训练方法：

1. 做好充足的准备

美国最著名的心理学家威廉·詹姆斯曾说过："行动好像是紧随着感觉产生的，但是实际上它是和感觉一起的。行动受思想的控制，我们可以通过思想来控制行动，同时我们也可以间接地控制感觉，但是感觉不受思想的控制。所以，如果我们失去了原来的自由和快乐，那么，让自己恢复快乐的最好方法，就是轻松地坐下来，让自己表现出一副非常快乐的样子。假如这样都不能让你觉得快乐，那就没有其他方法了。所以，让自己感觉到勇敢，而且表现出勇敢，并运用你全部的思想来达到这个目标，那样勇气就可以取代恐惧。"

一个人达到演讲成功的目标，跟演讲前所做的准备有非常大的关系。林肯曾经说："即便是非常有能力的人，如果没有做充足的准备，一样不能讲出有系统、有水平的话来。"因此，你必须在演讲之前搜集丰富的素材，并且需要对主题进行深入细致的思考。

当你确定自己的准备足够充分时，你不如先把自己放在和他人讲话的环境中，以完全的控制力和人交流。这是你非常容易做到的。

你要相信自己可以成功，而且是，坚定不移地相信，这样才会成功。

请牢记威廉·詹姆斯的劝言：为了更好地培养自信和勇气，当你在公共场合时，你不如表现出那种自信和勇气来。当然，这些都需要你做好充足的准备，要不然再怎样做也不会起效果。

建立自信的第一种办法就是，假如你对自己的演讲内容已经熟记于心，你就应该轻松地走上讲台，接着深呼吸。30 秒的深呼吸，足够给你精神，让你充满信心和勇气。一位著名的男高音歌唱家经常说："假如你气充于心，那么紧张感就会消失。"

另一个办法就是，你将身体站得笔直，盯着听众的眼睛，然后开始充满自信地演讲，就好像每一个人都欠你钱，他们坐在下面只是想求你宽限几天。这种心理暗示，会在很大程度上帮助你稳定情绪。

假如可以克服在公共场合讲话的心理恐惧，这会对我们做其他事情产生有力的影响。

那些勇敢接受挑战的人，很快会发现自己正慢慢变得完美，慢慢克服当众讲话的心理恐惧，使自己焕然一新，让自己的人生变得更加丰富多彩。

必须可以应付所有人。一个推销员说："有一天早晨，我来到一个平时非常凶悍的买主面前，在他还没有说出'不'之前，我就把样品摆在了他的桌上。最后，他竟然给了我一份非常大的订单！"

一个家庭主妇跟我说："以前我总是不敢邀请邻居来家里做客，因为我怕我们之间无法和谐地交谈。但是通过这几次的训练课以及在课上勇敢地讲话后，我有勇气开一次家庭派对。那次派对很成功，我穿梭在客人之间，热情地和他们谈话。"

在另外一个毕业班的聚会上，一个店员说：“以前，我非常害怕与顾客交谈，每次都表现得很胆怯。经过在培训班的几次讲话之后，我有了自信，和顾客说话也变得轻松愉快。我变得勇敢，可以理直气壮地说出自己的看法。我参加培训班一个月后，销售业绩就提升了 50%。”

通过这样的训练，这些学员也都感觉到自己能够很快地克服恐惧心理了。对于一些事情，以前他们也许会失败，现在竟然能成功。他们不但克服了恐惧，而且从中获得了更强的信心，让自己充满自信地面对生活中的每一天。

你也可以充满胜利感地去迎接生活。假如你能这样做，那些让你感觉恐惧的事情，也就会成为给你的生活增添情趣的挑战了。

2. 针对自身缺陷进行有力的训练

假如真的存在一些缺陷，你可以进行有力的训练，从而克服这些缺陷，建立自信。

德摩斯梯尼名列古希腊“十大演说家”之首，他从小就有结巴的毛病，而且他讲话时，经常是一个肩膀高，一个肩膀低，还一直在颤动。在当时那种流行口才的时代，这样的人肯定会受到歧视，所以，他非常苦恼，而且有强烈的自卑感。

但是，他并没有因此被打倒，而是以惊人的毅力和吃苦耐劳的精神进行了刻苦训练。他每天早晨都会站在海边，嘴里咬着石子进行训练。针对自身的毛病，他对着镜子练习，将两把剑挂在肩膀上，这样就可以保持平衡。

经过艰苦的训练，就像我们现在看到的，他成了一位非常出色、非常受人尊敬的演说家。

3. 自我暗示，相信自己可以成功

一个青年律师将与一群有名的律师在法庭上进行辩论，他做了充分的准备，但是还是很担心，害怕自己会输掉辩论。

因此，他去请教法拉第先生，他告诉法拉第：“我的对手比我强大得多，我肯定会失败。”

法拉第先生简单明了地对他说：“假如你想成功，你就要让自己知道，他们什么都不懂！”

大部分人都会遇到同样的问题，他们面临的困难并不是上面说的那两点。因为大部分人不会和德摩斯梯尼一样不幸，他们没有结巴的毛病，也没有其他缺陷。

心理学上讲，自卑或者羞怯都会不同程度地存在于每个人身上。美国的一个调查显示：在聚会上和陌生人交谈时，大概有四分之三的人会感觉紧张；同样，害羞或者自卑使演讲失败的案例有很多。你缺乏自信，不是因为你天生就比人低一等，而是因为你的内心有这样的想法。所以，只有消除这种感觉，你才可以正常甚至超常发挥。

你全部的准备，都是为了那几分钟的讲话。但无论你如何准备，正常情况下，讲话时或多或少都会有不自信感。

之所以会这样，有可能是因为你担心自己并没有准备充分——事实上你早就准备得非常充分了，但是你总感觉自己漏掉了什么；也可能是因为你担心听众的要求高，而你所讲的东西在他们看来是很简单的；或者是因为你害怕可能会发生什么紧急事件，例如在你讲话时有人突然打断你。

这些想法有很大危害，会直接带给你很多消极的暗示，你必须要把它们从你的心中清除干净。

在公共场合讲话想要获得成功，就必须给自己一些积极的心理暗示。可以尝试以下方法，这些都是经过长期的积累得出的结果。

1. 确定主题价值

演讲的主题确定之后，要根据实际情况搜集资料，和朋友一起探讨。即使是这样的准备也不能达到要求，你还必须要确定这个主题是有价值的。所以你必须要有坚定的态度，来鼓励自己，相信自己可以成功。

如何才能让自己做到这一点呢？这就需要你认真研究演讲的题材，抓住中心，告诉自己，你的演讲会给听众带来很大的帮助，会让他们变成更优秀的人。

2. 不要想其他事情

比如说，你害怕自己会出现语法错误，或者中途突然无法继续，等等，这些消极的自我暗示很可能会让你在开讲之前就失去信心。

演讲前，最重要的是不要把注意力放在自己的身上。要集中精神听听其他演讲者在谈论什么，把你的注意力引到他们身上，这样就可以避免登台后的恐惧心理了。

3. 进行恰当的自我激励

每一位演讲者都会对自己的演讲内容产生怀疑，你会问自己是否适合这个主题，听众是否会感兴趣等，所以有可能瞬间就改变主题，这时候，消极的思想可能会把你的自信毁灭殆尽，因此，你应该鼓励自己，用最简单的话语让自己充满信心：

这次演讲的主题非常适合我，因为它是我经验的积累，来自我的亲身经历和真实生活；我比任何一个人都有资格来进行这场意义重大的演讲；我会竭尽全力，把这个主题讲得更加透彻清晰。

这种办法真的有效果吗？当然。当代实验心理学家都赞同，这种自我暗示即便是假装的，也会成为人们学习的动力。

既然这样，那么根据事实做出的自我激励，效果就不言而喻了，自然最好。

3　暗示自己：让自己一直处于积极状态

卡耐基名言

1. 当你难过时，唯一能做的就是：开心地睡觉、饮食、交谈，尽可能把你的欢乐从行为上表现出来。

2. 积极向上的心理暗示能够令我们克服困难，战胜恐惧，对我们做任何一件事情都是很有帮助的。

自我暗示果真有用吗？确实。这是一种当代实验心理学家都认同的一种观念：由自我暗示而产生的念头，就算是虚伪的，也将会变成促使大家高效学习的最有力的因素之一。故此，一定要给自己一些积极向上的心理暗示。

你爬楼梯时，如果分别把 6 楼和 12 楼作为目的地，那么你的疲惫状态出现的时间也会不同。我发现，若是你把 12 楼定为目的地，你的疲惫状态就会晚一点儿出现。那是由于你爬到 6 楼时，你的潜意识开始给你一些暗示：还剩下二分之一呢，现在是不可以疲倦的，然后你就会接着努力向上爬。

意思是，所定目标的高低所带来的自我暗示直接决定了我们做事能力的大小。于是我们就得到了以下结论：意识既会影响人的心理状态，也会影响人的生理状态。这些即是心理暗示的重要之处。

威廉·詹姆斯认为：一般情况下人们认定行动常常产生在感觉的后面，然而事实上，这两个是并列的。人们的意识约束着人们的行为，约束行为的同时，意识也能间接地约束感觉，然而感觉却不会被意识直接控制。”

所以，当你难过时，唯一能做的就是：开心地睡觉、饮食、交谈，尽可能把你的欢乐从行为上表现出来。要是这样也不能让你的心情有所好转的话，那就没有其他办法了。“令自己变得勇敢，就算只是通过行动表现出来，这是由于人们总是习惯了自我暗示，行为能够间接改变你的感觉，继而调动你的全部意识来达到这个目标。如此，你就会变得勇敢了。”这就是一种心理上的自我催眠理论。要是你对这种理论产生怀疑的话，你可以去找以前阅读过这本书而且按照这个办法去实施的人，或是与我的学员交谈一下，通过他们，你就会相信的。

下面我将会以案例来证实这种心理上的自我催眠理论的正确性，这个人被大家看作是勇气的象征。他也会害怕，但是他仅仅依靠自己，不断地努力，最终变成了被大家敬仰的勇者。他就是反抗托拉斯、用言语影响听者、手中拿着总统权杖并左右晃动的西奥多·罗斯福。他在他的自传中是这样写的：“我以前是一个身体柔弱，经常生病并且很笨的小孩儿。年轻时，我常感到紧张，也很自卑，所以只能努力训练自己。这样的训练不单是对身体，也包含灵魂。”

这样的一个小孩儿，是如何变成勇敢的人的呢？在他的自传中，他解释了让他改变的原因：“我在读书时，看到一段话，印象非常深刻，而且把它牢牢地记在了心里。这是一个小型军舰的舰长为了向主人公解释怎么做才可以头顶云天，脚踏大地，什么也不怕地去生活的一段话。这个舰长讲道，一开始将要行动时，人人都会害怕、惶恐，但重点是，不能让这种恐慌的感觉继续往下延伸。你应当做的是：掌控自我，表面上装出一副什么事也没有发生的模样。就这样一直坚持下去，虚假的就会变成真实的。”他无非是通过练习让自己的意志变得更强韧，然而这样的训练令他成为了真正勇敢的人。

“这就是我的训练方法。起初，从大灰熊到野马、猎枪，我全都害怕，但是我尽可能地假装自己不害怕。渐渐地，我就不害怕了。人们要是想的话，也能跟我一样。”罗斯福如此说。

第二次世界大战的时候，有一个犹太人，他不想死在纳粹的集中营里，他想活着走出去。大家都说这是绝对不会实现的——丧失理智，像发了疯一样的纳粹人时时刻刻都有可能将他们一批一批地拉出去，用枪打死，还有，极差的生活条件使人们患病、互相感染，最后陆续死去。总而言之，人们早就失去了活下去的勇气。然而，这个犹太人在心里默默地告诫自己：“总有一天，联合军队必然会过来救我们出去，在他们来之前，我必须要好好地生存下去。”最后，在他心里所设定的那个日期到来之前，他的伙伴一个接一个地死去，可是他却顽强地活下来了！

从以上案例中我们能够知道，心理的自我暗示的确可以为我们打气。积极向上的心理暗示能够令我们克服困难，战胜恐惧，对我们做任何一件事情都是很有帮助的。那些勇敢地接受这项挑战的人，即将会发现自己正在改头换面，享受更多姿多彩、更美满的人生。

4 借鉴他人经验，不断充实自己

卡耐基名言

1. 当你和那些重要人物进行谈话或商业谈判时，甚至仅是在日常交流中，假如感到很害羞，你可以借鉴别人的经验来鼓励自己。

2. 在任何需要你发挥口才的时候，你都可以借鉴其他人的经验来鼓励自己，重拾勇气。

每个人都希望可以在公共场合流畅地讲话，拥有让人称赞的说话技巧。但是大部分人都会有这样的抱怨：“我明白自己必须鼓起勇气，但是在我准备开口说话时，我好像很难做到这一点。”这是很多人在说话时都会遇到的问题。那么，我们来讨论一下如何鼓起勇气。

顾立区先生是顾立区公司的董事长。有一天他来找我，他跟我说：“在我的一生中，每一次开口说话时，我都是充满恐惧感的。但是任董事长一职，我必须主持会议。虽然和董事们都是故交，但是只要站起来说话，我就会无法开口，不知道该说什么了。这种情况至今已经有很多年了，这个缺点已经非常严重了。卡耐基先生，我觉得你也没有办法帮我克服这个缺点。”

“既然这样，你干吗还来找我呢？”我问他。

“因为发生了一件事情。”顾立区先生说道，“我有一个会计师，他以前是一个非常害羞的人。他去自己办公室时，会经过我的办公室。以前他总是低着头，一句话都没有，轻手轻脚地走过去。但是这几天，这种情况竟然变了。现在他总是抬头挺胸，眼睛炯炯有神，而且还热情主动地和我打招呼，这让我感到很吃惊。我就问他：‘你是如何发生改变的？’他跟我说：‘卡耐基先生。’因为这件事情让我很吃惊，所以我决定来找你。”

“假如你想获得和这位会计师一样的改变，”我告诉他，“你可以参加培训班。”

“假如你可以让我变得大方地开口说话，再没有恐惧心理的话，”顾立区先生说，“那我一定是最快乐的人了。”

顾立区先生来参加培训班了。实际上，他进步得非常快。三个月后的一天，我邀请他参加一个3000人的聚会，地址在阿斯特饭店，而且邀请他给客人谈一谈参加卡耐基口才培训班的心得体会。他非常抱歉地说他无法赶来，因为他有一个非常重要的约会。可是，第二天，他又打电话告诉我：“卡耐基先生，我取消了约会。我必须来参加这个聚会，这是我必须还你的人情。我要告诉大家卡耐基口才培训班让我变得更加优秀，它确实让我变成了这个世界上最快乐的人。我希望用自己的亲身经历来告诉大家，让他们清除损害他们生命的恐惧感。”

顾立区先生在聚会上，面对3000人侃侃而谈，说了足足十几分钟，而我只是要求他讲两分钟。当大家被他的精彩演讲吸引时，有谁会知道他曾经是个一登台就会非常恐惧的人呢？

假如你能像顾立区先生那样，你也可以很快掌握这项技能。实际上，就像顾立区先生在演讲中想要告诉大家的那样，你可以从他的亲身经历得知，说话并不是非常困难的事情。换句话说，你可以借鉴他的亲身经历来鼓励自己。

当你和那些重要人物进行谈话或商业谈判时，甚至仅是在日常交流中，假如感到很害羞，你可以借鉴别人的经验来鼓励自己。

我曾经对一些交流高手进行了仔细的调查，结果证明大多数人都存在恐惧心理，即便是现在——就像我前面讲到的那样——当他们表达意见、进行谈判或者说服他人的时候，他们还是没有把紧张情绪清除干净。钢铁大王安德鲁·卡内基在交际场上如鱼得水，他经常跟人说：“虽然我天生非常害羞，但是我会努力让自己变成一个说话能手。”

我希望你有时间可以去我家，我会让你看看我收到的来自全国各地的感谢信。写信的人有的是企业界的领袖，有的是州长、国会议员、大学校长以及娱乐圈的明星，也有企业中的主管、工人、工会成员、大学生、家庭主妇、牧师，等等，他们都是勤劳的普通人。

他们的相同点是：他们都认为自己必须表达自己的观点、与人交流，更好地让别人了解和接受自己，可是没有足够的勇气和自信——换句话说，他们以前都不善交际。现在他们取得了成绩而且实现了自己的目标，因此才心存感恩，特意给我写信表达谢意。

所以，当你必须在酒会上鼓足勇气讲话时或者和你的客户交谈时，其实，在任何需要你发挥口才的时候，你都可以借鉴其他人的经验来鼓励自己，重拾勇气。当你胆怯时，请问一问自己：“既然他们可以获得成功，为什么我不可以呢？”

5 不断锻炼，要有冒险精神

卡耐基名言

1. 最重要的是你已经能够成功地说话了。假如你能够坚持下去，下面的问题才是你要关心的。不管你的知识多么渊博，大脑多么聪明，你都不要希望刚开始就能够向别人清晰明白地表达出来。

萧伯纳在把自己提高口才的经验介绍给别人时说："我根据自己学溜冰的方法，让自己不断出丑，一直到学会。"不管你是想成为萧伯纳那样的演说家，还是只想在人们面前镇定自若地讲话，每一个能够练习的机会，你都要抓住它，尽最大努力使自己"出丑"。

我们都明白，一个人如果不下水，他是永远也学不会游泳的。说话能力也是这样。假如你不开口说话，即使你学的关于口才或发音的知识再多，也不可能学会说话。前面我所举的所有说话能手的例子中，假如他们不常说话或不考虑怎样更好地说话，他们是很难取得成功的。

每年，我都把新的观念加到课程里，把一些陈旧的思想淘汰掉。但是，培训班的每个学员要至少当众讲一次话，更多的是讲两次话，这一点始终没变。在我看来，即使你读遍了一切关于口才的作品，假如不经常练习，你也不知道怎么说话。

每个人都希望有美好的形象，期盼别人能够赞美自己。当接触到陌生人，结交异性，和权威人士谈话或当众讲话时，他就会情不自禁地感到自己的形象面临着威胁，唯恐自己一说话就出错、当众出丑，担心别人认为自己是"笨蛋""没水平""爱冒尖儿""爱表现"等。由于不能确定说话可能产生的结果，许多人为此担心，所以不想开口。然而，完全没有必要担心这一点。他们应该明白，就算没有说好，世界依旧正常运行。

到处都是说话的机会。观察一下自己的周围，你会发现哪个地方都需要说话。你可以主动参加一些组织，做一些需要讲话的事情；在聚会上，你也可以站起来说几句，即使是附和别人；开会时，要让自己勇敢地站起来讲话，不要躲在角落里。这样，你才能知道自己取得了哪些进步，才能学会说话。

当你开始讲话时，也许你自己都不知道自己想要表达什么，更别提文采和修饰了。但这不是最重要的，最重要的是你已经能够成功地说话了。假如你能够坚持下去，下面的问题才是你要关心的。不管你的知识多么渊博，大脑多么聪明，你都不要希望刚开始就能够向别人清晰明白地表达出来。凡是成功的说话高手都经历过这一步。

“你讲的这些道理我都懂。”一个年纪轻轻的商务主管学员有一次告诉我，“但是我还是很迟疑，我好像畏惧学习的艰难和考验。”

“哪些艰难和考验呢？”我说，“快点儿扔掉这些想法吧！你怎么就不能用一种正确的征服性的精神来对待这件事呢？”

“那种精神指的是什么？”他问。

我说：“冒险精神。”接着，我又告诉他一些因为说话取得成功并且使自己的个性得到发展的例子。

“我一定要试试这项冒险活动。”他说。

你正在看的这本书，是关于冒险行动的。当你继续阅读这本书并计划采取行动时，你也和他一样在冒险。你会发现，你的自我引导能力和敏锐的观察力将在这项冒险行动中帮助你；你还可以发现，你将在这项冒险行动中得到从内到外的改变。

6 明确目标并坚持到底

卡耐基名言

1. 当你尝试和别人说话时，你就会增强自信，你的性格也会变得更加温和美好。

2. 无论什么课程，只要你热情地对待它，你就能够顺利地完成。

3. 时刻记住自己的目标是非常重要的。

卡耐基培训班的一个毕业生说："最初说话时，我宁可挨鞭子也不想开口；但是快要结束时，我却宁可挨枪子儿也不想停下来。"每个人都想获得成功交谈的能力，想体会这种"不想停下来"的奇妙感觉。

前面提到的顾立区先生称，是卡耐基口才培训班让他说话不再感到害怕，让他可以在3000人面前滔滔不绝地讲话，让他成为了世界上最快乐的人。卡耐基口才培训班的目标就是，让说话成为快乐的事情。我想，这个目标比其他目标都重要。

顾立区先生参加卡耐基口才培训班并努力做好培训班分配的功课，就是因为他已经预测到了成功的讲话能够给他带来快乐。顾立区先生投身于将来的理想中，并努力使理想变为现实。就像我们看到的那样，他最后成功了。

钢铁大王卡内基去世后，在他的遗物中，人们发现了他32岁时制订的计划。当时，他准备退休后去牛津大学学习，他特别重视公开演讲。那么，人们致力于提高自己的说话能力，其原因是什么呢？也就是说，说话的成功对人们到底有什么重要作用呢？

我们可以想象一下，面对多得数不清的听众，你充满自信地走上讲台，你开讲后全场寂静无声，听众被你慷慨激昂、丰富动听的演讲吸引，你感受着听众回馈你的不停息的响亮的掌声时的那种成就感，然后，你面含微笑接受大家的赞赏……

自然，提高自己的说话能力的好处，并不限于在正式场合发表成功的演说。继续想一下：你凭借口才，通过和对方智慧的谈判，获得了一笔数额巨大的订单；你凭借幽默和富有气质的口才魅力，得到了心爱的女孩儿的欢心，并和她结婚；凭借极强的说服力，你使一个国家停止对另一个国家的武力进攻，使亿万民众免受战争的折磨，你得到了人们的尊敬……没有什么比这更具有吸引力的。

来口才培训班的学员，多是因为在社交中感到害怕和拘谨，这些人当中，除了政界要员、明星，还有普通人。以前，他们多是这样一种情况：当他们站起来说话时，他们不知道怎么办才好。有很多人，即使是在认识的人面前，也说不出来一句完整的话。在这种情况下，他们觉得自己不像自己，因为他们完全不能主宰自己。

但是，在完成培训班的课程后，他们对自己的改变都另眼相看了。他们认为，自己不再因为说话犯难了。以前的害羞和拘谨其实非常幼稚，很可笑。当然，在训练过程中，他们培养出来的那种自然潇洒的气度，也令他们的朋友、家人及顾客感到吃惊。他们开始充满自信，轻松自如地处理与别人的关系，这影响了他们的一生。

接受卡耐基口才培训后，口才能力的提升就算不能很快显现出来，也会对人的性格有不同程度的影响。大卫·奥门博士是一位医生，我曾经向他请教："从心理健康方面说，接受当众说话训练有哪些好处？"他回答："要回答这个问题，最好的办法是开一个处方，让每个人给自己配药。要是他以为自己不行，那他就错了。"下面就是奥门博士为我们开的处方：

勤奋地培养一种能力，让别人可以进入你的脑海和心灵。试着对一个人或许多人清晰地表达你的想法和理念。通过这种努力，当你取得进步时，你就会发现，你正在获得一个全新的形象，这让你周围的人感到前所未有的惊奇。当你尝试和别人说话时，你就会增强自信，你的性格也会变得更加温和美好。这就表明，你的情绪已经进入一种美好的状态。随后，你的情绪会让你的身体好起来。实际上，男女老少都需要讲话。虽然我不知道在工商业社会中，讲话会有什么别的好处，但是我仍然相信它有许多好处。不过，我的确知道它对健康的好处。只要有机会，你就和几个人或更多的人说话，你将会越说越好，我自己就是这样的。同时，你还能感觉到精神清爽，觉得自己很完美，这是你以前觉察不到的。

"这是一种舒适奇妙的感觉，什么药物也不能给你这种感觉。"奥门博士这样形容。

威廉·詹姆斯是哈佛大学杰出的心理学教授，他的话正好对此做出了解释。

他说："无论什么课程，只要你热情地对待它，你就能够顺利地完成。假如你对结果非常关心，你就可以实现它；假如你希望做好一件事，你就可以做好；假如你希望变富裕，你就可以富裕；假如你希望博学，你就可以博学。只有这样，你才能真正地盼望这些事情，专心致志地盼望，而不会枉费心机、胡思乱想那些无关的杂事。"

不应该抱着投机的心态学习，这种心态会让我们一无所有。你应该给自己制订一个计划，确定好目标，然后老老实实地向这个目标努力，当你把自己的精力和才能都花费在这上面时，你离成功就很近了。认为自己所学的东西在将来某个时候也许能带来好处而没有方向地学习，就是我所提到的投机的学习态度。

想象你自己正在成功地做你畏惧的事情，想象你已经可以在各种工作和社交场合滔滔不绝地讲话，你的观点可以被大家接受，并为你带来许多益处。这有利于实现你的目标。所以，时刻记住自己的目标是非常重要的。

对你来说，集中所有精力，自信和滔滔不绝的说话能力，是极为重要的。要想实现你的目标，就要想想因此认识的朋友在社交方面对你的重要性，想想这一目标将增强自己为大众、为社会服务的能力，想想它对自己的人生和事业所产生的深远影响……

7 消除消极思想，发掘无穷潜力

卡耐基名言

1. 焚烧掉全部的消极思想，紧关上身后通向犹豫的大门，你就能够获得成功。

2. 人人都存在无穷的潜力，然而是否能够开发出来，还在于每个人自己的态度。

恺撒让他的士兵明白，他们必须获得成功，没有退路。当恺撒带领士兵从高卢渡海而来，在现在的英格兰登陆时，他和他的士兵是如何获胜的呢？士兵被他带到了多佛尔海峡的悬崖上，他让士兵看着海面上燃烧着的船只。他们清楚，他们已经断绝了与大陆的最后联系。后退用的工具已经被烧毁，他们只有前进，去征服、去获得胜利。恺撒和他的士兵就这样成功了。如果你想战胜面对听众时所产生的忧虑，克服提高自己的说话能力必须要面对的困难，为什么不让自己拥有这种精神呢？焚烧掉全部的消极思想，紧关上身后通向犹豫的大门，你就能够获得成功。

许多名人就是从这种方法中受益的。耶鲁大学的乔治·戴维森教授就是凭借这种巨大的信念获得了成功。

乔治在年轻时有一个理想，他想改变世界，为全人类服务。为了实现这个理想，他就要接受最好的教育，而美国是最好的地方。那时，乔治没有一分钱，他要到遥远的美国去，这简直就是不可想象的。但是，乔治还是出发了。

他从他的家乡步行出发，穿过东非荒原到了开罗，从那里他能乘船去美国。他一心想的就是到达那个能够帮助他改变自己命运的国家，其他的都放在一边不管。刚开始，他就遇到了极大的困难。在不平坦的非洲大陆上，他花了五天时间才艰难地走了25英里（约40千米）。他没有食物，也没有水喝，并且，他身上没有一分钱，但是，他还需要继续前进几千英里。

是回头呢，还是拿自己的生命做赌注？乔治明白，回头就等于放弃，就是重新变得贫穷和无知，他可不想这样。他对自己充满了信心，相信自己能克服这些困难，到达目的地。于是，他告诉自己："要继续前进，除非我不在了。"他继续独自一人前行。他常常躺在地上睡觉，用野果和其他植物来充饥。旅途使他变得很瘦弱，他极度疲乏，几乎绝望，他几次都想放弃。但是，每当此时，他就鼓励自己，他最终战胜了自己的胆小，信心满满地继续前进。

1950 年 10 月，历经重重磨难和痛苦的乔治花费了两年时间终于到达了美国，他自豪地走进了斯卡吉特峡谷学院的大门。乔治凭借对理想的专注和近乎神圣的成功的信念，克服了一般人难以克服的困难。还有比这更难办到的事情吗？

主持人在一次广播节目中，让我用三句话概括我学到的最重要的一课。那时，我是这样说的："我们的思想对我们很重要，这是我学到的最重要的一课。假如我能明白一个人的思想，我就可以了解这个人。因为正是思想成就了我们，假如我们可以改变自己的思想，我们就可以改变自己的一生。"

你从现在开始就要积极地假想自己的努力最后会让你成功。为了实现目标，你就要树立非常强大的自信，相信目标一定能实现。你一定要对自己说话能力训练的结果保持从容乐观的态度。你要想到，你努力的最后结果是，当需要你在很多人面前站起来说话时，你能够镇定自若滔滔不绝地讲话，清楚地表达你的看法。你一定要把你的决心和信念落实到每句话、每个行动上，并且尽全力培养这种能力。

有一个人，名叫乔·哈弗斯第，他曾在卡耐基口才培训班学习。有一天，他站起来充满信心地对大家说，做一名房屋建造商，他对此并不满足，他想让自己成为"全国房屋建筑协会"的发言人。他最想在全国各地奔走，告诉人们他在房屋建筑业中遇到的问题和取得的成就。最为可贵的是，他不但狂热地追求着理想，而且言必行，行必果。

他想讲的，既包括地方性的问题，又包括全国性的问题。他对于这个想法，并没有粗心大意，而是精心地准备自己的演讲，并且很用心地练习。在学习期间，他从未耽误过一次课；就算再忙，他也依然用心地按照培训班的要求去做。让大家感到惊讶的是，他进步得非常迅速。两个月之后，他成了班上学习最好的学生，并做了班长。

大约过了一年，乔·哈弗斯第的老师这样写道："我几乎记不得来自俄亥俄州的乔·哈弗斯第了。有一天清早，我正在吃早餐，当我不经意地打开《弗吉尼亚向导》这本书时，一幅乔的照片和赞扬他的报道赫然出现在书的醒目位置。该篇报道说，前天晚上，在一次地区建筑商的盛大聚会上，乔发表了十分精彩的演讲。此时的乔已非全国房屋建筑协会的发言人了，而像是会长。”

为什么乔·哈弗斯第可以成功呢？这是因为，他有极强的欲望，有高度的热情，还具有排除困难的坚强毅力。更为重要的是，他认为自己一定可以成功。

成功者或许不具有不同于一般人的本事和才识，然而，他相信自己一定可以成功，并且，他会把自己的所有精力都用在追求成功的实际行动中。这样，成功的机会就会越来越多。

因为，不管怎么说，人人都存在无穷的潜力，然而是否能够开发出来，还在于每个人自己的态度。假如你相信自己会成功，那么，你就一定能够成功。

8 要有坚毅的决心和对成功的信心

卡耐基名言

1. 遇到挫折和困难的时候，不要去想它们为什么会出现，因为它们本来就存在。

2. 实际上，成功的诀窍非常简单，那就是无论如何，我们都不要让自己有一丝的灰心和沮丧。

3. 只要有勇气坚持，坚定自己的目标一直走下去，就能走到路的尽头，事业也就能获得极大的成功。

我们如果想要成功，那么不管做什么事情我们都要有强大的意志力。本节专门讲述了意志力的问题。强大的意志力需要我们在努力的同时能全神贯注，抱有不达目的誓不罢休的决心和克服困难的坚韧不拔的精神。

英国政治活动家及作家爱德华·立顿就是一个成功的例子。他一生去过不少地方，见多识广，他也忙于政治活动和其他社会事务，他还出版了 60 本需要深入研究的著作。人们不禁纳闷儿，他每天那么忙，怎么还会有时间做研究，所以就问他："你终日忙碌竟然还出版了那么多书，你会分身术吗？"

爱德华肯定不会分身术，但他具有强大的意志力。他每天一般只花三小时或更少的时间来做研究、阅读和写作，然而他在这三小时里效率极高。其间，他聚精会神地学习和研究。正是具有这样强大的意志力，他才能利用有限的时间实现无限的成就。

我们在专注于提高自己的口才技巧时，也有必要学习爱德华的方法来全神贯注地训练。因为，只有让时间得到充分利用，并且专注于提高口才技巧，我们才能取得最终的成功。

我们在前文也提到了乔·哈弗斯第成功的例子。乔·哈弗斯第之所以能够成功，一方面是因为他的坚定的信念，另一方面也取决于他强大的意志力，在成功的道路上，正是凭借着这个良好的品质，他才能克服困难。在培训初期，难免会有挫折和困难，这些挫折和困难也会给你造成一定程度的创伤，会动摇你的信心。遇到挫折和困难的时候，不要去想它们为什么会出现，因为它们本来就存在。要记住，世界上没有什么东西能替代毅力和决心。很多有才能的人的失败要归咎于他们缺少毅力和决心。我们要坚信，我们感到最困难的时候，也就意味着我们快要成功了。实际上，成功的诀窍非常简单，那就是无论如何，我们都不要让自己有一丝的灰心和沮丧。

再说一个传奇商人的故事。主人公名叫克劳伦斯·B. 蓝道尔，他现如今位居企业的最高层。蓝道尔在大学里第一次当众说话时，表现得和很多人一样，他由于言辞窘迫而失败。当时，老师给每个人五分钟的时间演讲，然而他才说了不到一半就紧张得面色苍白，只好局促不安地从讲台上下来。

虽然他经历过这种困难，但他不甘于失败。他立志要变成一个出色的演讲者，并为之坚持不懈地努力，最终他当上了政府的经济顾问，受万众瞩目。他还写过不少启迪性的著作，其中一本叫《自由的信念》，里面提及了他当众讲话的一些事情：

“由于我经常参加各种聚会，包括厂商协会、商务部和扶轮国际基金筹募会、校友会以及其他团体聚会，所以我会把演讲安排得井井有条。我曾经在密歇根州的艾斯肯那巴进行爱国演讲，声情并茂地讲述第一次世界大战；我与米基·龙尼一起到村庄里进行慈善演讲；还与哈佛大学校长和芝加哥大学校长到村庄里做过教育宣传演讲。虽然我的法语说得不怎么样，但是我用法语做过一次餐后演讲。”

蓝道尔说：“我觉得我知道听众想听什么内容以及他们期望用什么方式说出来。对于演讲者来说，秘诀就是，只要你愿意，没有什么是不可能的。”

从蓝道尔的故事中我们可以得到启发并总结出一点经验：能不能成为一个出色的演讲者取决于你是否具有走向成功的决心和信念。假如我知晓你的想法，知晓你有多大的意志力和你是否持有乐观的态度，我就能准确地判断你在当众讲演中还有多大的进步空间。

不管什么人，只要他敢于面对挑战，希望能简洁明了地表达自己的想法并让别人看到自己这方面的才能，他就必然要有坚定的决心。那些在演讲方面取得成功的人，他们中只有极少部分人是真正有该方面才华的天才，绝大多数都是跟你我一样的普通人，然而，他们能坚持下去，所以，同样取得了成功。而有这方面天赋的人有时会泄气，不能坚持下去，反而会平平庸庸。只要有勇气坚持，坚定自己的目标一直走下去，就能走到路的尽头，事业也就能获得极大的成功。

第二篇

成为说话高手的必要准则

1 支持对方说出自己的想法

卡耐基名言

1. 在交谈的过程中，不少人会因急着向对方表明自己的观点而说太多的话。要知道，有时说太多话的效果相当于没说话。

2. 如果不同意对方的观点，也许你会想打断他，但是，一定不要这样做，那会是一件很冒险的事情。

3. 要有耐心，并且要以宽大的胸怀去聆听，诚恳地鼓励对方将他的想法全部说出来。

在交谈的过程中，不少人会因急着向对方表明自己的观点而说太多的话。要知道，有时说太多话的效果相当于没说话。而你真正要做的，就是让对方多开口，让自己成为一名聆听者。如果不同意对方的观点，也许你会想打断他，但是，一定不要这样做，那会是一件很冒险的事情。因为，如果他还有很多意见着急提出的话，这时他是不会关注你的想法的。因此，要有耐心，并且要以宽大的胸怀去聆听，诚恳地鼓励对方将他的想法全部说出来。

这个方法在生活上可以帮助你解决一些家庭矛盾，下面就有一个真实的例子。

芭芭拉·威尔逊是卡耐基口才培训班的一名学员，最近这段时间，她与她女儿罗瑞的关系非常紧张。罗瑞以前非常乖巧听话，但是从十几岁开始，她就与妈妈逐渐产生矛盾，不配合妈妈。威尔逊用过各种方式来威胁和教育她，但都以失败告终。

“她一点儿都不听我说，我差点儿要放弃了。有一天，她还没做完家务就出去找朋友玩了。她回来后我像往常一样骂了她。我已经彻底失去耐心了，我很伤心地问她：‘罗瑞，你怎么会变成这样呢？’

"罗瑞好像感觉到了我很痛苦，就问我：'真的想知道吗？'我点头。她开始诉说我以前从未听到过的事情：我总是命令她，从没考虑她的想法，当她想找我谈心的时候，我会频繁地打断她的诉说。我意识到，实际上罗瑞是很需要我的，但她不希望我是一个颐指气使、武断的妈妈，而是一个好朋友，只有这样她才能向我诉说烦恼，但是我以前从来没意识到这些。从此以后，我让她畅所欲言，我也学会了倾听。如今，我们的关系大为改善，我们还成了好朋友。她会告诉我她的心事，她也重新变成一个能够配合的好孩子。"

让对方多说话不仅能解决一些家庭矛盾，而且在商业领域也能发挥作用。

几年前，美国一家汽车公司，正在与厂家洽谈订购下一年度所需的汽车坐垫布。三家重要的厂家都做出了坐垫布的样品。汽车公司的高级职员检验了这些样品，并通知这三个厂家，表示各厂家业务代表可以在约定的那天以相同的条件来竞标，这样，公司才能确定合适的厂家。

一个厂家的业务代表R先生当时得了严重的喉炎。R先生回忆当时的情形说："当时恰巧我的嗓子哑了，我几乎不能发声。我被领到一个有纺织工程师、采购经理、推销经理以及总经理在场的房间里。我站起来尽我最大的努力说话，但我嗓子里发出的只有嘶哑的声音。在他们围坐的桌子上，我只能在纸上写道：'对不起，各位，我得了严重的喉炎，说不出话。'

"'我替你说吧，'对方总经理说道。他竟然真的在替我讲解。他展示了我的样品，并肯定了它们的优点。他们还就我的样品的优点进行了热烈讨论。由于他们的总经理是在代替我讲话，所以他在讨论中就站在我的立场上发表意见，而我只是微笑、点头和做几个手势。

"结果是，这个特殊的会后，我赢得了这次竞标，与对方签署了价值160万美元的坐垫布的合同——这也是我签的最大的订单。我明白，假如我的嗓子没有哑，我很可能拿不到那份合同，因为我后来发现，我对当时整个情况的理解是不正确的。通过这么一次偶然的机会，我发现让别人多说话是多么有利的事情！"

如果你想获得成功的交易，如果你希望别人购买你的产品，最有效的办法就是让他们自己说服自己。很多情况下，不要直接给客户推销产品，而是让他们真心觉得你的产品的确有优势，然后主动来买。

这种方法在其他方面也有不可或缺的作用。例如，对求职就非常有帮助。

纽约一家公司在报纸上发布了一条招聘启事，他们在聘请能力非凡和经验丰富的人。查尔斯·克伯利斯看到了这则招聘启事，寄了一份自己的资料。几天后他就收到了回信，让他去面试。

"贵公司有着不一般的经历，如果能在贵公司工作，我会感到非常自豪。据说28年前，您创办这家公司的时候，公司里一无所有，只有一张桌子，一间办公室和一个速记员，这很不可思议。果真如此吗？”克伯利斯在面试的时候跟老板提了这么一个问题。

确实，每个成功人士都喜欢将自己的创业经历分享给他人，并期待别人能一直听他说下去。这个老板当然也不例外。他跟克伯利斯说了很长时间，他谈到了他如何用 450 美元开始创业，他每天工作 12 小时到 16 小时，星期天和节假日也不例外，最终攻克了所有困难。最后这个老板只是简单地问了一些克伯利斯的经历，然后就跟他的副经理说：“我认为他就是我们寻找的人。”

克伯利斯会应聘成功，可能原因有很多，但是有一个因素非常重要：他很明智地提了一个对方感兴趣的问题，并鼓励对方多说，因而让老板对他有很好的印象。

法国一位哲学家说：“假如你想与朋友结仇，那就表现得更出色；假如你想结交朋友，那就让你的朋友表现得更出色。”具体的意思是，当你的朋友表现得更好时，他们就会觉得自豪；相反，他们就会感到自卑，并开始猜忌和妒忌你。这确实是一个真理，下面我们来看一个职场实例。

亨丽塔女士在纽约市中区人事局里当工作介绍顾问，她是单位里与同事的关系最融洽的一位。然而，刚开始工作的几个月，亨丽塔却没有一个同事朋友。

“我在工作中表现很好，我也为此感到自豪，”亨丽塔在我的办公室里告诉我，“但奇怪的是，我的同事不仅不喜欢分享我的成就，而且我分享的时候他们还似乎不太高兴。但我却希望能跟他们做朋友。上了培训课之后，我就开始改变，我少谈自己的事，多听同事说。我发现，其实他们也有很多值得骄傲的事情。对他们来说，他们将自己的事情告诉我，比我在自我炫耀要开心得多。现在，我们聊天时我总会让他们说他们自己的事情，一起分享他们的故事。只有被问及，我才稍微说一下自己。”

有时，弱化自己的成就会让别人更喜欢你。德国有个俗语非常有意思，意思是：我们最大的快乐是，从我们仰慕的人那里发现他们的弱点，这会让我们感到满足。也许，这也正是人性的弱点使然。然而，请你相信，你的一些朋友也许会因你的挫折或弱点而感到满足。

我们也应该学会谦虚，因为我们都不是什么了不起的人物。我们都会离世，百年后就会被别人彻底忘却。生命这么短暂，不要对自己的那些小成就念念不忘，这会让人厌恶；相反，我们要鼓励别人多说。

口才是一种艺术，一门科学，如果你希望别人赞同你，让你们的交谈顺畅、有默契，如果你想让自己懂得说话技巧，那么就要遵循这一法则：

让对方多开口，多鼓励他们谈自己的事情。

2　引导他人做出肯定的回答

卡耐基名言

1. 在交谈的时候，不要刚开始就谈及你与对方可能会有矛盾的事情，应该先谈论你们都赞同的事情，并不断地提及。

2. 我们要站在对方的角度去考虑问题，要想方设法让对方说出“是”，这才是取得成功的正确的方法。

阿弗斯特教授在其著作《影响人类的行为》里说过一段话，让我们来看一下：“‘不’的反应是最难跨越的障碍。只要人们开始说‘不’，他们的自尊心就会让他们坚持己见。虽然可能以后他们会后悔说‘不’，但是只要他们想到自己的自尊心，就会坚持下去。所以，让别人一开始就肯定你，这是非常重要的。”

在与人交谈的过程中，我们都想得到对方的肯定，这其实不难做，只是我们常常会忽视方法。人们总是希望对方一开始就赞同自己的意见，如果对方不赞同，他们就急于反驳，努力得到对方的认同。可能他们觉得只有这样才能凸显出自己的高明，然而，不幸的是，这种做法正好适得其反。所以，一开始就让对方说“是”，这是一个最好的方法。

苏格拉底是历史上伟大的、著名的思想家，他能做到的事情几乎没人能做到，他将人类的思想历程彻底改变了，与此同时，他也是影响了整个世界的劝告者之一。交谈时，他用告诉别人他们的错误这种方法吗？当然不是，他用的方法被称为“苏格拉底辩论法”，这种方法会以对方的肯定回答作为辩论基础。他所提出的每一个问题都会得到别人的肯定回答。他会不停地提问，直到他的反对者发现，自己最后做的论断，在几分钟前自己还反对过。

因此在开始交谈的时候，就要不断地引导对方回答“是”，一定不要让他们说“不”。

西屋公司的推销员雷蒙所负责推销的区域里有一位富豪。在13年里，雷蒙和他的前同事一直向这位富豪推销，然而直到最近一段时间，他们才说服这位富豪购买几部发动机。但是，之后雷蒙再去回访他的时候，他却表示以后决不会再买西屋公司的发动机了，理由是这些发动机容易发热，没法将手放在上面。

雷蒙明白，即使和他辩论也无济于事。因此，雷蒙计划着找到让对方说“是”的方案。雷蒙说：“史密斯先生，我非常赞同您说的。如果我们公司卖的发动机的确发热的话，这确实不能再买了。花钱买一部发热超标的发动机不是您愿意的，是不是？”

“是的。”史密斯回答。

“您应该知道，”雷蒙继续说道，“电工行会规定合格的发动机的温度不能超过室温的72华氏度，是不是？”

“是的。可是你们的发动机的温度超标了。”史密斯回答。

“您工厂的室内温度是多少？”雷蒙问。

“75华氏度。”史密斯想了一会儿回答说。

“原来如此，”雷蒙笑道，“75华氏度的室温加上72华氏度的发动机就是147华氏度！您的手放在147华氏度的水里，会不会觉得烫呢？”

史密斯只得承认：“会的。”

“所以，我建议最好不要把手放在147华氏度的发动机上。”雷蒙说道。

“你说得也对。”史密斯回答。他们又谈了一会儿，最后，史密斯决定下个月再订购西屋公司价值3.5万美金的产品。

雷蒙最后总结说：“我终于明白了，争辩这个方法是不明智的。我们要站在对方的角度去考虑问题，要想方设法让对方说出‘是’，这才是取得成功的正确的方法。”

相反，如果一个人说“不”，那么结果又会怎么样呢？

如果一开始就让学生、顾客或你的孩子、妻子说“不”，那么即便你有神一样的智慧和耐心，也不能将否定的态度转为肯定的态度。

纽约格林尼治储蓄所的出纳员詹姆斯·艾伯森是卡耐基口才培训班的一名学员，艾伯森发现，一个人说“不”之后，如果他从心底否定，那么他全身各部分就会一致地进入抗拒的状态；反之，如果他说“是”，情况就不一样了——他的身体也会处于向前、接受和开放的状态，这时，想要改变他的意见和意识就很有利，能让交谈向着积极的方向发展。艾伯森正是利用了这种“是”的方法，挽回了一个客户。

据艾伯森回忆：“那天，这个人进来说要开户。于是，我让他先填个表，上面有的问题是他愿意回答的，另外一些是他不愿回答的。如果以前碰到这种情况，我就会跟客户说，如果他不提供这些信息给我，我就无法给他开户。这样的‘警告’让我感到愉悦，因为这似乎意味着只有我才能决定他是否能开户。然而，很显然，这会让我的客户感觉不被重视。

“由于参加了培训班的课程，我决定不说银行的规定，而谈客户的需求，所以我没有直接拒绝他。我跟他说，他不愿填的信息也不是必须填的。

“我开始引导他：‘但是，你去世后难道不希望把存在这里的钱转给你的亲属吗？’

“‘当然希望了。’

“‘所以，把你亲属的信息告诉我，让你的钱在你去世后能转交给你的亲属，你不觉得这是个很好的主意吗？’

“‘确实是。’

“用这种方式，他最终相信，我让他填他不愿意填的信息，是为了他着想，他就转变了态度。他不仅把表里的信息都填上了，并且还听我的建议开了一个信托账户，将他母亲作为受益人，并利索地填写了他母亲的信息。”

所以，在交谈的时候，不要刚开始就谈及你与对方可能会有矛盾的事情，应该先谈论你们都赞同的事情，并不断地提及。之后，需要强调你们追求的目标是一致的，并让对方知道，即便你们产生分歧，那也只是方式的不同，而不是目标的不同。

如果想成为一个出色的谈话高手，提升自己的口才，请记住这一修炼方法：

提出让对方立刻给予“是”的回答的问题。

3 牢记他人的姓名

卡耐基名言

1. 在与人交谈时，没有人不希望自己的名字被他人牢记，被他人重视。

2. 当你愿意花些精力记住别人的名字时，你也会得到相应的回报，这是十分值得的。

在与人交谈时，没有人不希望自己的名字被他人牢记，被他人重视。因此你若想留给他人好感的话，最简单明了却又极其重要的一个方法就是：准确无误地记住他的名字。如此一来，对方不仅会感到你对他的尊重，还会对你产生一定的好感。这一方法不管是在日常的交谈和工作中，还是在政治领域，都能收到很不错的效果。

对于一个政治家而言，记住选民的名字往往是他要学习的第一课，这是他走向成功的基石。在记住别人名字方面，美国总统富兰克林·罗斯福一向做得很好。作为这个世界上几乎最忙的人，罗斯福总统却深知记住他人名字的重要性。

有一次，克莱斯勒公司特意为总统制造了一辆汽车，并且公司总经理张伯伦带着机械师直接把这辆车开到了白宫。在张伯伦后来的信件中，他叙述了当时的情景：

“当我教罗斯福总统如何驾驭一辆配置新颖的汽车时，总统教会了我更多为人处世的道理。那天总统十分高兴，他准确地喊出了我的名字，我感到受宠若惊。而最令我印象深刻的是，他全神贯注地听我为他讲解这辆汽车，这辆汽车设计精巧，完全可以用手操作。总统对我说：‘这辆车真是完美极了，竟可以如此轻松省力地驾驶，虽然我现在还不能完全了解它的工作机制，但我希望

自己能有时间悉心研究它。’

“当总统的许多朋友在周围惊讶万分地夸赞这辆车时，他又当着所有人的面向我致谢：‘张伯伦先生，你为我设计这辆车花费了许多时间和精力，非常感谢你。这辆车设计得棒极了，我十分喜欢！’

“不仅如此，他还细致地对车内的特制反光镜、散热器、照明灯、椅垫款式、刻有他姓名缩写的特制衣箱等加以夸赞和感谢。他几乎注意到了每个细节，对我的付出表示了尊重、肯定和赞扬，甚至还特意吩咐他的司机要好好照顾这些衣箱，告诉他的夫人和秘书要注意这些精巧部件。

“驾驶课很快结束了，总统来向我道别，他说：‘张伯伦先生，十分感谢你。我已经让联邦储备委员会的成员等我 30 分钟了，我想我该回去工作了。’

“在我和总统交流的过程中，我的机械师始终站在后面沉默不语，因为他是一个很害羞的人。而且总统也只听过我提过一次他的名字，可临走时罗斯福总统却特意走过来和他握手，并喊出了他的名字。当时总统的眼神是那样真诚，言语温暖，令人十分动容。几天之后，我突然收到了一张罗斯福总统的亲笔签名照片，照片后面附着总统对我写下的感谢语和问候。这令我既感动又诧异。罗斯福总统，他作为一位国家元首，怎么会有空闲时间来做这样周到又细致入微的小事呢？真是太令人难以置信了。”

那么罗斯福总统为何能给张伯伦先生留下如此美好而深刻的印象呢？只因为他作为国家元首高高在上的身份？显然不是这样。真正的原因就是，他用心记住了张伯伦和机械师的名字以及他待人平等、尊重他人以及态度亲切。

有些时候，要想记住别人的姓名并不是一件容易事，尤其是当他的名字冗长拗口时。面对此情况，大多数人都会想：“算了吧，记住他简单的昵称就可以了。”可当你准确无误地喊出他的名字时，那又会产生怎样的效果呢？

我有一位叫希德·李维的学员，有一次他去拜访客户，并知道客户的名字叫尼古德玛斯·帕帕都拉斯。这是个听起来就很难记的名字，因此周围人都叫他“尼克”。

“在拜访他之前我早已悉心记住了他的全名，这样当我们见面时我就可以用全名称呼他，当我叫他尼古德玛斯·帕帕都拉斯先生时，他诧异地立在那里，满脸愕然。”李维这样告诉我。随后他的客户竟然感动不已，并涕泗交流地告诉他说：“李维先生，我在这个异乡待了 15 年，第一次听到有人用我真正的名字来称呼我！”

很多阔绰的有钱人都会热衷于资助那些贫穷的作家、音乐家、艺术家等，因为他们希望通过那些能流传后世的艺术作品，自己也可以名垂青史。在博物馆的陈列中，那些富有价值的艺术品中通常记录着捐赠人的名字。例如在纽约图书馆埃斯特家族和里洛克家族的藏书中，大多都保留着本杰明·埃特曼和摩根签名的书信。又如在教堂里镶嵌的亮光闪闪的彩色玻璃，也是为了纪念那些捐赠者。

众所周知，安德鲁·卡内基是远近闻名的“钢铁大王”，尽管他能够获此殊荣，但是他掌握的钢铁知识并不十分渊博。而之所以成千上万的人愿意为他效力，是因为他有一种与人攀谈的能力，他懂得为人处世的哲学，这正是他成功的奥秘所在。

在卡内基10岁那年，他捉到了一只母兔，不久之后母兔生了一窝小兔子。可家里的饲料却不够用，那么他是如何处理这个棘手的问题的呢？他毫不慌张地把周边的孩子都叫来，并对他们宣布：“如果谁能为小兔子拔到最多的草，那就会以谁的名字来命名小兔子。”孩子们都争先恐后地为兔子拔草找饲料，就这样，卡内基的任务顺利完成了。童年这件小事的成功，让他终生难忘，他就是利用着这个道理和人们的心理来领导着许多人。

通过这种办法，他在商界一朝发迹，很快赚到了几百万美元。比如说，他曾把铁轨卖给宾夕法尼亚州铁路公司，并且以其董事长区格·汤姆森的名字来命名，在匹兹堡盖了一座大型钢厂。

还有一次，卡内基管理的中央交通公司和普尔门控制的公司都在争抢联合太平洋铁路公司的一笔生意，双方都为此殚精竭虑、绞尽脑汁。一天晚上，他们在圣尼可斯饭店门口相遇，卡内基对普尔门说：“普尔门先生，我们这样做岂不是在自取其辱吗？不如合作怎样？”卡内基把两家公司珠联璧合的好处讲了个天花乱坠，然后普尔门若有所思地问他：“那么公司叫什么名字呢？”“当然是普尔门皇宫卧车公司。”于是两人一拍即合，问题就这样迎刃而解了。

卡内基一向重视朋友和商业伙伴的名字，而这恰好成为他拥有出类拔萃的领导才能的秘诀。他能够叫出许多员工的名字，并且引以为傲，因为他认为无法准确记住别人名字的人就无法去面对复杂的工作。

而在每个人的工作和生活中，记住他人的名字也是一件举足轻重的事情。

得克萨斯企业股份有限公司董事长班顿拉夫曾有过这样的想法：公司越大，人与人之间的关系就会越冷漠。他感觉记住别人的名字是融洽公司氛围最好的方法。

加利福尼亚州的一家航空公司有一个叫洛克帕罗的服务员，她会特意记住旅客的名字，并在服务时喊出他们的名字。这一举动让旅客感到十分亲切，大多数旅客会当面赞扬她，甚至有些人写表扬信到公司赞扬她。有人在信上这样写道：“我已经很久没坐过你们公司的飞机了，但从今以后，我只坐你们公司的飞机，因为你们的服务如此亲切，让我十分动容，这很重要。”

大多数人之所以不能记清住别人的名字，这大抵是因为他们不曾意识到记住对方名字的重要性。当他们有一天意识到记住对方的名字是一件多么重要的事情时，他们就会花心思和精力去致力于此。拿破仑的侄子——拿破仑三世说过：“哪怕我平时很忙，但我一定会抽出时间记住每个听过的名字。”

能做到如此，并不是因为他有超强的记忆力，而是因为他摸索到了很巧妙的方法。当他没有听清对方的名字时，他会要求对方再重复一遍。如果那是个很复杂生僻的名字，他会请对方拼写出来。而在与对方交谈的过程中，他会结合对方的外表、性格等其他特征准确地记住对方的姓名。会面结束之后，他会把名字记下来，并且盯着看很久，直到确认自己已经彻底记住了才肯罢休。

当你愿意花些精力记住别人的名字时，你也会得到相应的回报，这是十分值得的。爱默生曾经说过：“礼貌是由小小的牺牲换取的。”当你打算掌握说话的学问，以便更顺利地融入社会时，这点儿牺牲又算得了什么呢？

因此，如果你想成为一名会说话的人，那么一定要记住这项准则：

记住别人的名字——这一定是别人听来最美妙的声音。

第三篇

语言艺术的运用

1 你声音的魅力

卡耐基名言

1. 你的声音不仅能反映出你的心情、情感和心态，更是你在说话过程中不可或缺的特色工具。

2. 除此之外，声音也可以富有层次感地进行变换，声音的高低会影响谈话时产生的效果。

声音通常是语言内容的载体——你的声音不仅能反映出你的心情、情感和心态，更是你在说话过程中不可或缺的特色工具。那些社交场合中的谈话高手总是会塑造他们特有的谈话风格，他们的声音独一无二，语调生动灵活，话题活泼有趣，举止恰当得体……凡是与他们相关的东西都能代表他们的特色。因此对于这些谈话高手而言，他们特有的语言风格才是最有价值的宝藏。他们经过了一系列的重要训练，才形成了独树一帜的谈话风格。

当我们和别人交流时，我们要学会利用声音和身体来充分表达自己，比如说提高音调、耸肩、挥动手臂、皱眉等。我们甚至可以为了适应各种不同的场合来转换自己的语速和音调。

需要提及的是，我所指的声音的改变并不是音质、音色那些与生俱来的特质，因为它们已经无法改变。我所强调的声音效果是由说话者的感情、心态等因素共同作用的结果，因此谈话者一定要先学会充满热情地说话，让别人发现你一开口就与众不同。

令人惋惜的是，在我们的生命历程中，最初那些淳朴自然的交流方式往往会随着岁月的流逝而消失殆尽。在不知不觉中，我们开始在冷漠的交流模式中谈话和生存，这让我们在说话时越来越缺乏生气，不能打动人心。而更重要的是，我们在交谈中很少会使用手势，也不会高亢激昂地表达自己。

简而言之，我们在匆匆而过的时光里正在渐渐失去曾经的热情，那个独特勇敢的自我正在逐渐迷失。

每个人在生活中都不完美，有太多的习惯需要改正。虽然我经常强调在与人交谈时要尽量自然，可大多数人还是会在不经意间言语散乱，语无伦次，而且表达方式过于刻板单调。而当你真正学会自然地表达的时候，你就能够轻松自如地把内容完整准确地表达出来。这也就是说，社交场的交际高手从来不会有那种无话可说、词语穷尽或者无法再运用想象、修辞进行表达的时候，而正相反，他们总是在变换自己的表达方式，丰富自己的词汇，来增强表达效果，他们乐于追求这些语言技能。

如果你迫切地想提高自己的语言技巧，那么你首先要塑造自己的语言风格，把握好自己的音调变化和措辞变换，这才是讲话中最重要的因素。你也可以去寻找一些窍门，比如把说话的过程进行录音然后播放给你的朋友听，让他们提出意见。当然，若是能找到专家悉心指导你，那是再好不过了。可这些私下的模拟练习终究不是在实际中与人交谈，一旦你真正投入到与人交谈的环境中，你就要把全部的心思和精力投入到交谈当中，来吸引对方的注意力，引起共鸣。

接下来，尤为重要的便是你说话的声音，这取决于你所在的场合、心情和个性等多方面因素。

大多数情况下，你都应该嗓音清脆明亮，言语清晰，表达简单明了，给对方一种自然轻松的感觉。在公共场合，你起立发言，如果声音洪亮高亢，语言明确有力，那往往会产生一种震撼心灵的效果。

当你当众发言时，你需要调整自己的音量——一定要让大家听到，足够洪亮且清晰。若是几个人在私下侃侃而谈，你说话时往往很容易控制音量，声音不宜过大，以免让人感觉是在争吵。

可当你在公共场合演讲时，尤其是面对着成百上千观众时，你一定要拥有足够的魄力和清楚的思维，要足够大声地表达清楚自己的观点，而不要让观众提醒你重新表达清楚，而观众也不会这么做，他们反而会忽略你讲话的内容。所谓谈话就是这样，我们要根据不同的场合来调整自己的音量。

我们有时还需要根据音调的变化来表达不同的含义。当你讲话谈到重点时，你要学会适时地提高音量。当别人听到你这样抑扬顿挫地表达自己的观点时，他们也会关注你。为了突出谈话内容的重要性，我们要不断调整自己的声音大小，时而高亢激昂，时而平缓低沉。

下面有一个关于林肯运用重音变换巧妙解围的小故事。

有一次，美国总统林肯正在低头擦靴子，恰巧这时一位外国外交官目睹了此景，他不怀好意地讽刺道："林肯总统，您平时经常给自己擦靴子吧？"

"是的，那您经常给谁擦靴子呢？"林肯这样回答道。

林肯巧妙地利用了说话中的重音，使自己摆脱了尴尬，而使对方置身于尴尬当中。有时巧妙地转移语言重音能够幽默机智地破解别人的陷阱，并且产生诙谐的效果，化解许多麻烦和烦恼。

除此之外，声音也可以富有层次感地进行变换，声音的高低会影响谈话时产生的效果。若你总是以尖锐的高音来和别人交谈，那么谁又能一直忍受呢？而且过多的高音会使你的声音十分单调乏味，缺少抑扬顿挫的层次感。

而当你尝试着在音调上进行调整和变化时，你往往会让你的声音变得更加动听，充满活力，也能更加准确、声情并茂地传达你心中的信息，引起对方的关注和兴趣。

我们在说话时，声音会不知不觉地起伏变化，这样能让人感到自然而且愉快。但当我们正式与人交谈时，往往忘记了这些音调的变换，我们的声音就会变得索然无味、平淡直白，每到这个时候，我们都应该自我反省，去寻找一些解决问题的办法。

当我们调整掌控说话的声音时，我们通常要避免下面几种错误方式。

（1）当你和对方交谈时，你一定要让对方明确地感受到你的声音是强有力的，自信的。若是你说话时犹豫颤抖，吞吞吐吐，势必不会引起对方的重视，连自己都没把握阐明的观点又有谁会尊重和感兴趣呢？

（2）一定不要让对方感觉你说话断断续续，甚至像是在自言自语。这样对方根本掌握不到你讲的内容是什么，他们一定会对你的话产生怀疑和歧义，甚至会暗自猜测你正在说一些对他们不利的话。

（3）当你说话时，一定不要像腹语者一般将牙齿紧闭，用鼻音说话，这样会导致你吐字不清，而且听起来感觉毫无生机，冷淡消极，像是在自怨自艾，因此难以给对方留下好印象。

（4）采取过高的音调和对方交谈也是极不礼貌的，那听起来就像直升机降落的轰鸣声，令人厌恶极了，让人难以洗耳恭听。更重要的是，过高的语调会传达给听者一种攻击性、胁迫性的感觉，这正是他们深恶痛绝的。所以当你对别人大喊大叫时，没有人会理睬你。

（5）当你和别人交谈传递某种话题情感时，一定要注意有始有终，不能在最关键的地方戛然而止，忘记了画龙点睛。这样会使你的表述不完整，也不够清晰，而对方也猜不出你讲话的意图。

（6）如果你想让自己的声音悠扬动听，起码要做到发音标准，表达清晰，不要夹杂任何口音和含混的言辞。

（7）不管你想表达什么思想，声音都是你要传递给对方的媒介。因此在表达中一定要注意声音情绪的拿捏，不要掺杂任何蔑视、傲慢等消极情绪，一定要懂得尊重对方，这样才能赢得别人的尊重。

若你正处在一种消极的状态中，并且把这种情绪融入了你的声音中，所产生的结果往往比你想象得更糟糕。因此，当你处于负面情绪时一定要学会自我调节，转移注意力，绝不能因此让别人误解你的意思。所以当我们和别人交流时，我们一定要学会调节、克制自己的情感，要以积极豁达的方式去表达自己的思想，从而吸引对方的注意力。

2 打动人心的语调

卡耐基名言

1. 语调所能表达的信息、情感远远超出我们的想象，它就仿佛是你说话时的面部表情，具有直观而难以抗拒的感染力。

2. 真正懂得说话艺术的人，他们不仅会塑造自己的音色，让自己的声音更加悦耳婉转，他们的语调也会具有十足的感染力，能够打动人心。

3. 我们很多时候都在费尽心思斟酌我们的谈话内容，殊不知大多数时候摧毁我们谈话效果的正是我们不恰当的语调。

有一天，我在公园里闲逛，那是在第一次世界大战结束后不久。那时我常常听到三教九流的人在那里谈论关于政治和信仰的各种话题。那天我恰好看到一名天主教徒正在向人们解释着教皇无谬误，然后又听到一名社会主义者高谈阔论地谈他对卡尔·马克思的意见。不仅如此，我后来还听到一个男人在阐释一夫多妻制的观点。

很快，我开始注意到三名演讲者身边听众人数的变化。那个主张一夫多妻制的演讲者最初听众最多，可后来他的听众越来越少，人们都去听另外两个演讲者的言论了。这是为什么呢？是他的话题不足以吸引人吗？

恐怕不仅如此。我对那个演讲者进行研究，发现他好像对有三妻四妾这种事没多少兴趣，他的语调听起来并不振奋人心，人们感受到他的枯燥无味，于是纷纷投身于另两名演讲者那里——他们情绪高亢，精神振奋，滔滔不绝，言语充满热情，表情活跃生动，正是这种激情澎湃的气场感染了人们。因此，引起听众人数变化的正是演讲者的语调。

语调就是指说话人的语气音调的契合，这不仅包括情感的流露，还反映了内心的情况。例如，当你的语调听起来十分真诚时，你实际上就是在向对方表达："我说的正是我心中所想，真诚无误。"如此一来，对方定会感到自然亲切，也更相信你说的话。

大多数人在演讲时都会选择具有魅力的话题，可往往达不到预期的效果。那么究竟是为什么呢？实际上，最重要的问题还是要归结于语调，语调所能表达的信息、情感远远超出我们的想象，它就仿佛是你说话时的面部表情，具有直观而难以抗拒的感染力。在打电话时，如果你听到一个人语气激昂热烈，即便不能亲眼目睹，你也能推断出他一定很高兴。相反，若是他语气低落平淡，那么即使他正在和你说一件高兴事，听起来也没有什么可打动人的。

因此，真正懂得说话艺术的人，他们不仅会塑造自己的音色，让自己的声音更加悦耳婉转，他们的语调也会具有十足的感染力，能够打动人心。曾经有一个意大利音乐家用悲怆的语言来诵读那些单调的阿拉伯数字，居然能令听众潸然泪下，感动不已。就连一个普通的语气词"啊"，当你用不同的语调去读它时，都可以表达出完全不同的含义，比如说"我懂了""没听清楚""很惊讶""终于明白了"等，语调仿佛是能让你说话变得声情并茂的一剂调味品。

很多人都错误地认为，一个人的语调和音色一样，是与生俱来的，因此不需要注意自己说话时语调中存在的问题。然而并不是这样，当我们以不恰当的语调和对方说话时，我们很容易让对方失去注意力和谈话的兴趣，完全没有心思去考虑我们说的内容。

我们很多时候都在费尽心思地斟酌我们的谈话内容，殊不知大多数时候摧毁我们谈话效果的正是我们不恰当的语调。当别人拿起话筒，仅仅说一个"喂"字，你就可以知道很多信息，你可能已经知道男朋友对你是否还热情如初，母亲昨晚是否安枕，好朋友是否通过了重要考试……如此多的信息不经意透露，尽在那一个声音的变化中。

有句话说得好："嗓音是身体的音乐，语调是灵魂的音乐。"当我们难过时，语调会显得苍白失落；当我们刚刚经历一夜狂欢后，语调会变得疲惫不堪，有气无力；而一个礼拜的海湾度假，又能让我们的语调充满活力。

那么现在，你是否开始注意你的语调了呢？是高亢激昂的，是平淡轻柔的，还是抑扬顿挫的？在不同的场合要学会用合适的语调，这样才能让你的声音富有不同的情感，让你的表达更加和谐动听。

3 说话也可以有韵律

卡耐基名言

1. 假如你希望自己在别人眼中是精神头儿十足的形象，那么你一定要学好讲话的规律，也就是节奏，使自己的讲话更动听。

2. 交流用语要简短、精悍，并能表达出更多、更准确的内容。

其实，人们讲话也应和音乐一样：音乐有节拍，讲话也应该有节奏。平时讲话的语气只有时轻时重、有起有伏、快慢交替，别人听起来才会觉得像听音乐一样婉转动听，余音绕梁，否则就显得很干涩，没有美感。这种说话时语气的适当转换，被称为“节奏”，说话时节奏有起有伏的变化，也使语言变得优美，而不是死气沉沉。在意大利，有这样一位音乐家，他在台上演唱的不是歌曲，而是从数字 1 数到 100，是有规律、有节拍地数。结果，所有听众为之动容，甚至还有听众热泪盈眶。有节奏地说话在日常生活中是多么重要啊！

假如你希望自己在别人眼中是精神头儿十足的形象，那么你一定要学好讲话的规律，也就是节奏，使自己的讲话更动听。不过，这有两个影响因素：说话的语速和所说内容的多少。假如你语速很快，听者就听不清楚你所说的某些字眼甚至全部内容，而且这样还会让听者陷入一种紧张的情绪中；但是，语速过慢，听者又会觉得你反射弧太长，行动迟缓。所以，在和别人交谈时，语速的快慢会决定对方对你所讲内容的领会程度。

在《记者眼中的林肯》一书中，华特·史狄文思这样写道：

“他（林肯）平时讲话语速很快，但是一旦有重要的字词，他就会提高音调，拖长发音，清晰地说出来。接下来，他又会快速地将剩下的内容讲完……他讲他想重点说的字词所用的时间，几乎和其他不需要强调的内容所用的时间一样多。”

你可以学一下如何讲出这个句子：“现在我们准备向大家推荐的是我们公司的这款产品。”看到这个句子，你可以这样讲出来：先以微低的音调说到“公司的”这三个字，然后稍微停顿一下，紧接着用最大的声音说出“这款产品”。假如你懂得这个诀窍，那么结果肯定会让你大吃一惊。

不过，还有一个问题也很重要，我们可以通过适当拖长个别字词的发音，来达到强调的目的，可是，假如你有很大一部分内容都以很慢的速度讲出来，那就没有什么效果了。因为全部用强调的语气说话，让人抓不住重点，而且会让人觉得反感，这样一来你的讲话根本不会有什么作用。

在讲话时，你还要注意到这件事情：交流用语要简短、精悍，并能表达出更多、更准确的内容。这样的话，你讲话时会显得畅快淋漓，听你讲话的人会认为你豪爽、干练，对你所说的内容很确定。但是假如你不知所云，这必然会影响你说话的节奏，而且还会显得你畏首畏尾，好像有什么不能说的秘密。

明白了这个问题，你就很容易理解为什么有的人花了很长时间、很大篇幅来阐述自己的观点，却没有一个好的反馈。在葛底斯堡演讲中，林肯只用了2分15秒，共讲了226个字，而他的对手的演讲持续了近两个小时，结果却是林肯在演讲中获得了胜利。

所以，一定要简明扼要地传达自己想要表达的内容，不要让自己显得犹犹豫豫。若要做到这一点，我们需要用一些技巧：

1. 讲述内容直奔主题

为了让别人更快明白你想要传达的信息，你应直接讲出重点，这样的话，你想要说的内容才会更直观地呈现给别人。然而，有些人讲话喜欢迂回婉转，可是这样的话，就会使别人不能集中注意力听重点内容。

2. 词汇越简短越好

在表述重要内容的时候，你应该牢记这样一条规则：精简你所用的词汇。这样一句话能概括我想说的内容：“我问你现在几点，你不需要告诉我钟表是怎么工作的。”

但是，话是这么说，我平时所见到的却不是这样，本可以用很少的词汇就能讲明白的事情，有的人就是想浪费口水，或者讲述冗长的故事，用很多的人物、数字来衬托他想要表达的重点。但是，我们一定要记住，多余的陈述，只会对你的表达不利。

有一个十几岁的男孩儿，他在第一次参加正式的舞会前，父亲这么告诫他：“今晚的舞会之前、之中、之后，你可能都不应该喝酒。”看一看，在讲这句话时，他的父亲犯了什么错误呢？首先，“可能”是没有肯定意思的限制词，男孩儿可能不明白他的父亲到底想表达什么意思；其次，无非是不想让他喝酒，他的父亲为什么要说“之前”“之中”“之后”这么多的修饰词呢？这样说的后果就是使表达的内容不够简练，表达得不直接、不坚决、不果断。

3. 牢记你的重点内容

在和别人说话时，你可能想表达好几个重点。这样做的后果是什么？这将会分散你和听者的注意力。其实，你把一个重点内容讲清楚就已经很不容易了，怎么可能兼顾这么多重点内容呢。假如你一定这么做，那么你的讲述就变得没有了重点，和别人讨论时也会对你所要表达的观点造成影响。

还有人特别在意细节表达。注意细节没有问题，但是你要明白，对细节的描述不能影响你表达的重点内容。假如你在细节上花了很大一部分时间和精力，那么你想表达的重点也会变得模糊不清。所以，不要寄希望于别人会花时间来细细品读你所讲的重点，因为很少有人会这么做。因此，直观地表达出你的重点，让别人很快获取重要内容，才能达到你讲话的目的。

4 非语言信息的魅力

卡耐基名言

1. 除了语言表达之外，还有很多东西能传达出更为丰富的信息，比如你的身体语言。你的神态、身体动作等等所表达的内容都可以被称为非语言信息。

2. 悲欢喜乐是大家常见的情绪符号，然而大家在交谈时，微笑是非常有效的表情，时常微笑可以减轻交谈双方的距离感。

3. 要说哪种手部动作最有用，那就是你天生就会的那个。

为林肯写传记时，柯恩登是这么说的：

“林肯在讲话时经常做一些动作，而且更倾向于用自己的脑袋来做动作。当他想要着重表达一个观点时，这种动作就更多了。在演讲时，他的头部动作随意发挥，有时候又会突然中断。他演讲时的动作带有他自己的特色，这个特色也使他这个人变得很有趣味。他看不起爱慕虚荣和贪图名利的做作……当他高兴的时候，他会将双手高举成50度，手掌向上，就像是要拥抱别人。如果他表达讨厌的情绪——例如奴隶制度——他则会抬高双臂、拳头握紧，并使劲挥动，向大家传达他厌恶的心情。他的这些有特色的动作，是他坚定信念的见证，感觉他想把那些东西扯下来烧毁一样。站立时，他也非常有特色，两脚站齐，而不是一只脚在前一只脚在后，更不会靠着什么。演讲过程中，他的变化仅限于姿态和神态，他不会大声狂喊，也不会在台上走来走去，有时为了放松手臂，他只用右手来做动作，左手则抓着领子，拇指向上。”

林肯的动作传达了如此多的内容。在林肯公园内有一座林肯的雕像，是圣·高登斯依照林肯演讲时所摆出的姿态雕塑的。我们不需要以林肯的动作姿态为标准，但也一定要在讲话时有一些动作语言。

我们要明白，除了语言表达之外，还有很多东西能传达出更为丰富的信息，比如你的身体语言。你的神态、身体动作等等所表达的内容都可以被称为非语言信息。非语言信息会显得更生动、更易理解，同时，你的形象也更容易给人留下深刻的印象。

如果你听到别人这样评价你，你就应该去解决问题了。“他的状态不好吗？”“他生病了？”“他太累了？”这样负面的评价，很可能就是你的体态表现中包含着这样的细节。可是，也不能只看重这些体态表现，我们还需要让自己的体态表现得更完美、更有内涵。我们可以尝试从这几点开始：

1. 脸部表情

脸部表情可以传达出很多内容。一个人的内心状态会在脸上表现出来。假如我们不能很好地疏导自己的情绪，那么我们的面部表情所表达的内容会更多。

悲欢喜乐是大家常见的情绪符号，然而大家在交谈时，微笑是非常有效的表情，时常微笑可以减轻交谈双方的距离感。其他神态也能传达很丰富的内容，这就要根据讲话的内容来表现了。

2. 身体姿态

在你请别人讲话时——尤其是听别人演讲时——假如你是和对方面对面坐着，你就应该端正你就座时的姿态，这个时候千万不能到处观望，因为那样的话，别人会认为你并没有兴趣听对方讲话。

坐在座位上时，也不能摆弄衣服或者其他什么东西，这样会使别人的注意力不能集中，别人也会认为你这个人没有定力，比较轻佻。因此，落座时，一定要保持安静，不要乱动。

假如轮到自己讲话了，不管此时你是坐着还是站着，一定要昂首挺胸，自信满满。这是在日常生活中就应该注意的，而不是等到要面对听众了，才临时抱佛脚。

在《高效率的生活》一书中，鲁塞·古里柯是这么说的：目前，在 10 个人里面很难找出一个时刻呈现最好状态的人。因为，大部分人都不明白一个人的身体姿态在讲话时是如此重要。鲁塞·古里柯告诉大家，日常生活中也需要多锻炼自己的身体姿态，比如在讲话时最好“将脖子紧贴着领子”。

3. 手部动作

我们身上最灵活的一个部位就是手，手部动作可以传达出非常多的内容。手势语言是通过手指、手掌和手臂动作的变换来呈现内容的一种无声语言，它也是我们人类在长久的进化过程中所用到的最早的一种交流方式。手势语言灵活多变、形式多样、使用方便，运用的范围也很广，它不仅能为有声语言做补充，在某些情况下还能代替有声语言。所以，有人将手势语言定位为我们人类的“第二语言”。

手部动作非常灵活、多变，也正因为如此，我们在运用语言的时候容易产生失误。下面，我会将重点放在手部动作上，尤其是大家站着说话时的手部动作。

我们在讲话时，应该怎么调动自己的双手来配合呢？你在说话时，不要时刻想着如何运用自己的双手，暂时忘记它们，但不要以为你放弃了它们。这样的话，双手自然而然地就放在了身体的两边，这样的状态已经非常好了。而当你需要双手时，记得让它们来配合你做一些手部动作。

有很多人会是这样一种姿态，他们或者把手背在后面，或者把手插到口袋里面，也有的把手搁在桌面上，觉得这样做的话，就不会那么紧张了。即使是伟大的罗斯福总统，偶尔也会这样做，好像这样的姿态有很大的吸引力似的。其实，我们没必要刻意去做什么。

我在给别人上课时，曾经严格按照课本上所写的内容来教我的学生，一定要他们学会某种特定的动作。这种做法是非常不好的习惯，我只是将老师教给我的东西原封不动地教给我的学生。至此，我始终不能忘记我上第一堂演讲课的情景。

老师让我将手臂垂放在身体两侧，掌心向后，十指弯曲，并让大拇指挨着大腿。接下来，我抬起双臂，在空中画出一条弧线，让手腕得以漂亮地转动。然后，我伸出食指，接下来是中指，最后是小指。在完成这一整套看起来非常优美的动作后，我的手臂还要沿着最开始的那道弧线，重新放在身体的两边。

事实是，这套看似优雅的动作对于我的讲话并没有什么好处，可我还是照搬了这套动作来教我的学生。那次，我的 20 个学生同时做这套动作，他们就像机器一样，做着这些生硬的动作，看起来特别好笑。其实，不存在什么固定的动作，除了一些大家总结出来的经验。这种手部动作是每个人根据自己的特点和风格设计出来的，要说哪种手部动作最有用，那就是你天生就会的那个。

手部动作和衣服不一样：衣服可以来回替换，但是手部动作是内在的，就像开怀大笑、肚子痛、晕船一样，每个人的手部动作都带有自己的特色。

政治家布莱安在演讲时通常会将一只手伸出来，然后摊开手掌；格莱斯顿的表现则是敲桌子或者踩地板，制造出很大的动静；罗斯伯利则是将右臂高高举起，然后很用力地挥手。他们思想成熟、信念坚定，在做出某些动作时，也会表现得落落大方、有力而坚定。因为自然、有力的动作，是一个人状态最佳的体现。我们不能不考虑实际情况就去模仿，也不要让自己特意做出某种动作，比如不能让人高马大的林肯去学身材矮小但动作灵活的道格拉斯的动作。

之前，我很荣幸听到吉普希·史密斯的传道——他曾说动几千人信奉基督教。他在传道时所用的手部动作非常自然，一点儿都不别扭。其实，只要你遵循这些规律，你就会做出带有自己特点的手部动作。我也不能归纳出特定的规律让大家去学习，因为这都是由个人的性格特点、气质、谈论的中心内容、交流的对象和场合而定的。

那么，我们只要根据自己的情况做出最自然的动作就好了，因为由自己的内心而发的动作才是最适合自己的，这是最重要的。不过，除此之外，我们还应关注几点内容，来提升自己说话的魅力，给大家留下一个好印象。

（1）同一个手部动作不要反复做，否则别人会觉得乏味、枯燥。

（2）肘部不适合做短而急的动作，肩部做出的动作会自然很多。

（3）手部动作要持续一段时间。

5 表达要简单，易懂

卡耐基名言

1. 假如你希望你所讲的内容别人能够容易理解，那么你就要将你的专业词汇翻译成人人都能听懂的大众化语言，这样就能达到交流的最佳状态。

2. 假如你所讲的内容别人不明白，或者不在他们理解的范围内，这样的演讲，演讲者和听众都会觉得乏味。

我有一个学生是一名医生，上课时他曾经这样和大家讲话：

“如果横膈膜这样的东西是用来呼吸的话，那么它可以很好地促进肠胃的运动，这对我们的身体有非常大的益处。”

接下来，他还想继续讲下去，但是老师阻止了他。老师让理解了这句话意思的人举手，让这个医生惊讶的是，一个举手的人都没有，意思就是，当时没有一个人理解他所讲的内容。老师让他别着急说下面的内容，先将那句话向大家解释清楚。那个医生说：“横膈膜位于胸腔底部和腹腔顶部之间，它是一种特别薄的肌肉，它会因胸腔和腹腔的呼吸而发生改变。胸腔在呼吸时，会压缩横膈膜，这时横膈膜看起来像一个倒置的洗脸盆；而腹腔呼吸的时候，又会将横膈膜向下推，使横膈膜变成一个平面。此时，我们的肠胃也会受到挤压，而这种挤压对肠胃产生了一种向下的推力，来刺激和摩擦腹腔上面的器官，就像胃、肝、胰；人们呼气时，胃和肠又会向上挤压横膈膜，如此一来，就相当于做了两次按摩，而这种按摩对排便非常有利。大多数人都会出现肠胃不适的症状，如果我们的肠胃由于横膈膜的按摩从而有了适量的运动，这样的话，不舒服的症状就会得到缓解。”经过这样一番详细的说明后，即使稍微复杂了一些，可是学员都理解了他所讲的内容。

大部分人在说话的时候，都会遇到这个学员这样的问题——自己对所讲的内容了然于胸，就理所当然地以为大家也都明白。这个问题没什么，就是一定要考虑到听者的情况。

由于工作的原因，我听过无数次演讲，其中有一些演讲就是因为演讲者忽视了听众的感受而没有成功。其实，他们演讲的失败并不是对自己的专业知识理解得不够，而是他们沉溺于自己的专业知识，而忽视了台下的听众对专业知识知之甚少的问题。演讲失败也是在所难免，演讲者在台上用专业知识讲得畅快淋漓，可是台下的听众却是一头雾水、不知所云。

其实，并不只是在演讲时会遇到这样的问题，几乎各行各业谈话的场合都存在这样的问题。这种无心的疏忽使得大家的交流达不到预期的效果。所以，假如你希望你所讲的内容别人能够容易理解，那么你就要将你的专业词汇翻译成人人都能听懂的大众化语言，这样就能达到交流的最佳状态。也就是说，尽量使你的话听起来浅显易懂，能够让更多人理解。

怎样才能做到使自己的话听起来浅显易懂呢？大部分人可能是因为运用了专业词汇。这样的专业词汇是那些从事特定工作或在特定研究领域的人才能听明白的。而且，有的专业词汇还是一些只有专业人员才能听得懂的缩略语，这些缩略语往往取自一些词汇的首字母。所以，不了解这个行业的人，在遇到这样的词汇时，是根本不了解其中所包含的意思的。基于各种不同的原因，大家在遇到这种情况时，多数人不会直接站起来说他不理解某些内容，而是报以微笑，然后带着疑问走开。因此，如果一定要使用专业词汇，必须要保证别人对你所讲的专业词汇有所了解。

例如，你告诉一个家庭主妇为什么要为冰箱除霜时，你很可能会这么说：“冰箱有它的冷冻原理：蒸发器将冰箱里的热量吸收，然后再排到冰箱的外面。而被吸出来的热量有湿气，这些湿气就会停留在蒸发器上，时间长了就会结成一层霜，这层霜会造成蒸发器绝热，这样的话就需要发动机进行更多的工作来使得机器正常运转。”

家庭主妇在听了这段话后，肯定不知道你在说什么。其实，你可以这样表达：“蒸发器就像抽风机一样，要先把冰箱里的热量抽出去，使得冰箱里的温度达到冷冻东西的要求。所以，大家打开冰箱时，就会看到放肉的那一层结了一层霜，这些霜就在蒸发器上。当这层霜越来越厚时，它就会隔断蒸发器和冰箱之间的空气流动，使得蒸发器不能正常运转，如此一来，冰箱的冷冻效果就会变得越来越不好。这样的话，冰箱的发动机只有不停地工作才能保证冰箱的冷冻功能得以正常发挥，但是冰箱的使用寿命就会减少。所以，为了不加大发动机的负荷，也让冰箱运转正常，我们一定要将这层霜除掉。而在冰箱里面安装一个自动除霜器，就很容易起到除霜的效果。”

当面对很多人讲话时，你怎么能保证大多数人都能听明白你所讲的内容呢？印第安纳州前参议员比佛里吉对这个问题有这样一个建议：

“其中一个办法是，在你的听众中选一个人作为参照，然后做到让他明白你所讲的内容。你要用最浅显易懂、口语化的语言来表达你所讲的内容。还有一个办法就是，尽可能让那些小孩子听懂你所讲的内容。同时，你还要明白——当然你也可以向对方说出来——一定要讲得通俗易懂，让大家都明白你要讲的是什么，并且牢记这一点。”

有一次，我听了一场证券交易所的经济师的演讲。在场的听众几乎全是家庭妇女，她们想学习一些关于银行和投资的内容。在演讲一开始，演讲者的讲话方式非常轻松、搞笑，所讲的内容、运用的语言都非常大众化，同时把这些家庭主妇所关心的问题全都讲得明明白白。更重要的一点是，演讲中所涉及的专业词汇，比如“票据交易所”“课税”“偿付”，他也是用大家听得懂的语言来讲述的。结果，这场演讲进行得异常顺利。大家对他非常认可，纷纷上前向他了解投资方面的信息。

假如你所讲的内容别人不明白，或者不在他们理解的范围内，这样的演讲，演讲者和听众都会觉得乏味。之前有一个传教士希望能将《圣经》转换成他所传教的地区的方言。其中有这样一句话：即使你的罪恶一片鲜红，可是它最终仍会白如雪花。但是，他不能像之前那样逐字解释这一句，因为当地人不知道什么是雪花，甚至都不知道“雪”这个字。不过，当地有椰子树，他们对椰子肉都不陌生。所以，这个传教士将“椰子肉”代替“雪花”，他将《圣经》中的那一句转化成这样一句话：即使你的罪恶一片鲜红，可是它最终仍会白如椰肉。这个传教士用“椰肉”代替白雪，让当地人更容易理解他想要表达的内容。

其实你将时间和精力花在如何将话说得浅显易懂上面，是非常值得的。语言多种多样，表达语言的方式也有很多种，而最有用的做法就是，用最简单的词语将你的内容表达出来，而不是尽可能地用专业词汇或按照自己的意愿来说出自己的观点。

6 让语言变得更有理有据

卡耐基名言

1. 对比的确可以让起初索然无味的语句变得丰富，让你变得能言善辩。

2. 不要因为需要学习的修辞手法太多而觉得忧愁，事实上，就是出于修辞手法的多种多样，才可以令你说出的语言更有影响力。

要想在辩论中获得胜利，你一定要采取多种多样的更容易被人们接受的办法来表达自己的见解，从而令它更加有分量，让人们更加信任你，然而这样的办法就是我们一般所说的修辞。你若是发现了这一点，就会知道，律师善于辩论的原因就是常常使用修辞手法。

一般我们运用的修辞手法有以下几种，在此我简短地说一下。

1. 打比方

“天堂如同酵母一般，人们将它放入玉米面粉中，它就会完全发酵……

“天堂好似一个商人在找寻珍珠……

“天堂好似一个撒向大海的渔网……

“天堂”也许不为人们所熟知，然而酵母、商人、渔网却是大家非常熟悉的东西。也就是因为用了这些既有趣又极其恰当的比喻，才让人们更容易明白说话者的用意，这恰好是耶稣在说明“天堂”的时候所运用的一种极好的办法，即使用大家很了解的东西去引导他们理解一些不常见的东西。

打比方更加容易被人们接受，更加贴切活泼，更容易令人信服的原因是将两个事物之间相似的地方进行对比，从而让人很容易就明白了。在此，耶稣便运用了这种巧妙的方法。

2. 夸张

当说话时，你要是希望某一点被着重突出，恰当地使用一些夸张的手法是很棒的。有的时候你是否也会这么做呢？在你希望对方做事的速度加快一点儿时，你也许会告诉他：“但愿你完成时，我还没有变成一个‘干尸’！”你和他都明白，你在这么短暂的时间里是不会变成“干尸”的，因此显然你是夸大了实际的情况。

事实上，这种修辞的作用就是要刺激别人的感知，让其他人考虑到你对于对方某种做事方法所产生的可怕后果的预见。例如，你可能会说：“如果你这么做了，差不多就类于打开了一切可怕的事物的开端。”对于他来说，他一定明白你这么说的用意。

3. 重复

用同样的节奏一遍又一遍地复述同一个意思，这样的修辞手法就被称为“重复”。这样的修辞手法最好的地方就是，你不单单可以吸引听众的注意力，进而把你的主要观念传达给他们，并且可以把你的主要想法和整个演讲紧密地结合在一起。

例如，一个演讲者在评价某一个系统组织时说：

“这个系统，它的公众服务非常差劲，政府雇用的员工比工厂里还要多。”

“这个系统的政府部门，非常爱管闲杂的事务，随时都做好准备要参与你的公事和私事。”

“这个系统，整个国家将近二分之一的财政资金都被它侵吞了。”

借助这种重复的修辞手法，这位演讲者成功取得了听众的信任：这个系统组织的确有很多迫切需要解决的问题了。

4. 借用

我们常常使用“旁征博引”的修辞手法来增强可信度，事实上，这样的修辞手法是我们经常使用的。我就常常在这本书当中多处借用有名演说家（例如林肯）以及学员的经历来表达我的看法，事实也印证了，这种方法确实获得了很好的效果。

有时，我们并不想借用一个很长很长的事情，却单单挑选了某一个人讲过的其中一句话（例如中国古老的名言）或者一些谚语来表述我们的意思，这样做效果也很明显。借用既简略有用，并且还会令我们的话语更有可信度。

5. 反问

当你表述一个想法时，从某个角度来说，你认同这样的实情；但是从另一个角度来说，你也许希望听众不要进行回复，进而，你也许会说：“莫非这不是实情吗？”这样的修辞手法即是反问。反问的修辞手法单单用于让听众对你表达的事物予以关注，它经常出现在过渡语和结束语里面。

然而，反问的功效绝对不单是这些，我们一起来看一个案例。

有一天，拿破仑跟他的助理说：“布里昂，你晓得吗？你将会名垂青史了。”布里昂不懂他在说什么，就问拿破仑原因。

拿破仑说：“难道你不是我的助理吗？”

布里昂反应过来以后，不甘落后地对拿破仑说：“麻烦问一下，谁是亚历山大的助理？”

拿破仑答不上来，就表扬布里昂说：“问得非常好！”

这一段对话中的玄妙之处你领悟到了吗？拿破仑想表达的是，由于布里昂是他的助理，所以也会跟着出名。然而，布里昂却表达了自己不愿依靠他人而扬名的想法，于是给了拿破仑这么一句反问。他问拿破仑的那句话的用意是说，杰出人物的助理未必会扬名四方。可是，由于拿破仑是他的上级领导，他不可以干脆地驳回拿破仑的话，于是就用了反问的手法恰当而又巧妙地说出了自己的心意。

有些时候，反问能够表达更多的想法。就好像拿破仑的这个助理，你要是想要让一个人认同你，举例子反问他就是最好的办法，与其正面较量，不如使用这样的方法更加有功效。

6. 对比

对比的意思是同一时间举出一对对立的或者相近的事物。对比的确可以让起初索然无味的语句变得丰富，让你变得能言善辩。让我们借鉴一下狄更斯在《双城记》这本书里是怎样巧妙地使用对比这种修辞手法的：

“那是极其美丽的年头，也是极其差劲的年头；那是聪慧的岁月，也是愚笨的岁月，那是信念的时候，也是质疑的时候；那是皎洁的时节，也是混沌的时节；那是盼望的暖春，也是失望的寒冬：摆在我们面前，像山一样堆积在一起，却也空空如也；我们全都向天国狂奔，却也都落入地狱……”听起来感觉怎么样？有没有非常打动人？你也非常想要让这样美妙、极富有说服力的语句出现在你的演讲中吧！

不要去在意为何这样的修辞手法会产生如此好的效果，就把这些疑问留给语言学家和心理治疗师去思考吧，你只需要明白，它是有用的，并且尽可能多地去运用就可以了。

7. 排比

“……我们坚决地在这里声明：要使他们的牺牲有意义；要使这个在天父保守中的国家，获得自由的重生；要使民有、民治、民享的行政组织不会在这个星球上泯灭。”

这段话是林肯在他非常有名的葛底斯堡演讲当中的末尾部分，在这里，林肯使用了两个排比。（中文的排比和英文是不一样的。英语原文是：...that we here highly resolve that these dead shall not have died in vain—that this nation, under God, shall have a new birth of freedom—and that government of the people, by the people, and for the people, shall not perish from the earth. 在英语的原版文字里面的确有两个排比——编者注明。）这就令本来枯燥无味的语言变得活泼以及富有魄力，进而也给听众带来了很大的影响。

排比即把三个或者三个以上的相同语句形式放置在一起，但其表述的意思并不相同。也许你以前也见识过类似的形式。排比独到的好处就是它对于所有形式的语言都适合。不管你要讲什么，你一定可以用得上这样的修辞手法。

学会了上面的这些修辞手法以后，我们就能够更好地抒发出自己心里所想，掌控语言这个手艺。不要因为需要学习的修辞手法太多而觉得忧愁，事实上，就是由于修辞手法的多种多样，才可以令你说出的语言更有影响力。想要了解更多的修辞手法，你可以试着翻看一下与之有关的著作。

第四篇

当众说话的口才魅力

1 当众说话，你的不足之处是什么

卡耐基名言

1. 你要知道，你能行，你肯定能行。当众讲话的时候，可以表现得像真的有这种自信和勇气一样，这样可以很好地培养自信和勇气。积极的自我暗示，借鉴他人的经验等都是战胜恐惧很有效的方法。

2. 我们不应该把精力放在反复推敲字眼上，而是应该保持时刻都在思考的状态。

当众讲话之前，你会不会紧张，会不会怯场？比如心跳加快，不自主地战栗，手心出汗，口干舌燥？如果你出现了这些症状，就说明你已经开始怯场了——当然可能还会出现其他症状。想到“怯场”这个词，我们本能地感到紧张。因为我们内心深处充斥着不安，我们对自己缺乏信心，我们缺乏当众讲话的勇气。

要想演讲时充分地信任自己，必须事前做足准备。比如上战场，只有带着武器，带足弹药，才能大败敌军。要想使演讲时感情更丰富，我们就要大胆地扔掉演讲稿，或许这样我们会丢掉一些小的要点，讲起来或许有一些凌乱。但是，相信我，效果会让你满意的。“我不喜欢听毫无感情的演讲，”林肯曾经这样说过，“我喜欢听那种讲话好似和蜜蜂舞蹈一样的人讲话。”

一次，在纽约举办的培训班毕业聚会上，大约有两百个人参与聚会，一个毕业生开诚布公地说：“卡耐基先生，五年前，我就到过您演讲的现场，但是我不敢参加培训班，我怕若是我报名了，就要当众演讲，因此我一直在门外徘徊，不敢推门而入。最终，我转身逃离，如果那时我知道您能让我如此自然地战胜恐惧的话，我就不会白白浪费这几年了。”

虽然在大约两百个人面前，但是他说这些话的时候仍然气定神闲。我认为，此人定可以运用他掌握的语言表达的能力，增长自信，提高办事能力。而我，作为一名老师，看到我的学员能直面恐惧并且战胜恐惧，我自然感到欣慰。试想一下，他如若在五年前、十年前或者更早的时间就克服了恐惧，那么他得到的肯定比现在还要多。

你要知道，你能行，你肯定能行。当众讲话的时候，可以表现得像真的有这种自信和勇气一样，这样可以很好地培养自信和勇气。积极的自我暗示，借鉴他人的经验等都是战胜恐惧很有效的方法。

相比于其他事物，恐惧更能摧毁一个人。这难道不是让人感到很无力的事实吗？1912年，我开始办培训班，进行成人教育。当时，我根本不知道这项工作能帮助学员克服恐惧，消除自卑。后来，我发现通过练习当众说话可以帮助大家克服怯场，增强自信。之所以当众说话有这种效果是因为它让人直面内心的恐惧，并且战胜它。因此，我下决心用我一生的时间全身心地投入到帮助人们克服怯场的事业上。

事实上，当众说话没有那么困难，经过这么多年的钻研和培训，我找到了一些可操作的办法，可以解决人们当众演讲的恐惧问题。其实，只要你按照步骤操作，经过为期几周的培训，就会看到明显的成效。下面，我把这些办法写在下边，分享给大家。

1. 了解自己演讲前怯场的原因

经过一所大学的调查，结果显示，大多数学生上台讲话时都有恐惧的心理。同样，在我的培训班上，刚开课的时候，学员对于当众演讲更是有恐惧感，比例比大学生还要高，甚至达到了百分之百。据此，我们可以得出一个结论：对于演讲的恐惧感，大家是共有的，这是普遍现象。

其实，这种恐惧感对于我们的演讲是有帮助的。我们具有对环境做出应激反应的本能。当我们心跳加速，呼吸加快时，我们一点儿都不用感到紧张。这是我们身体对环境刺激的本能应激反应，是很正常的，这个时候，我们的身体正在对环境变化做准备。这种变化如果处于适度的范围，会使我们的思维更加活跃，语言也更加流畅，这种情况下，我们反而会表现得更好。

就连很多职业的演讲者都公开承认过，他们每次登台，恐惧都如影随行，即使他们经验丰富，也从未彻底消除过恐惧心理。可以说他们在每次开始当众讲话前，都或多或少地会感到紧张甚至恐惧，这种感觉会延续到演讲开始的前几分钟。

可是，为什么我们会怯场？主要是因为不习惯，我们不习惯当众讲话，所以会害怕。对于许多人来说，演讲有很多不确定性，正因如此，我们会焦躁不安，会恐惧。《思想的酝酿》一书中写道："恐惧源于无知和不确定性。"

对于新手来说，演讲是一种痛苦，之所以这比学习网球或者考驾照难多了，是因为演讲要面对不熟悉的、不习惯的复杂环境。面对这种情况，我们需要不断地练习，这样才能熟能生巧，把变量变成恒量，从而使自己能轻松地应对各种情况。那时候，我们就会发现，演讲不是痛苦而是快乐。

艾伯特·爱德华·威格恩是一个伟大的演说家，也是杰出的心理学家。他在读初中的时候，需要当众发表一个五分钟的演讲。但是每当他想到要在那么多同学面前演讲，他就非常害怕，他曾这样形容那一段经历：

“随着时间的流逝，演讲越来越近，我突然生病了。只要想到要当众说话这件可怕的事，我就会感到眩晕，脸上发烫，这时候我就会跑到学校后面，把火辣辣的脸贴到冷冰冰的墙上，好让脸不那么红。

“这种情况一直持续到我上大学。一次，我谨慎地背熟了一篇演讲稿的开头。可是当我站在讲台上，面对台下的听众时，我的脑袋突然空了，我不知道自己在哪里，要干什么。最终，‘亚当斯和杰佛逊已经离世了……’只有这句苍白的话语勉勉强强地从我嘴角挤出，之后我就一个字也说不出来了，我心情沉重地向观众鞠了一躬，在如雷鸣般响亮的掌声中狼狈不堪地逃回自己的座位。

“当时，校长站起来了，说道：‘噢，爱德华，听到这悲伤的消息，我们感到震惊。但是，我们会控制自己的情绪，不过分悲伤。’然后，就是哄堂大笑。那时，我真想通过自杀来解脱自己，那次的事情后，我着实病了好久。

“那时，当一个演说家，是我最荒唐、最遥不可及的梦想。我甚至连想都不敢想。”

然而，爱德华毕业一年后，“自由造币”运动出现在丹佛市。他觉得“自由造币”倡导者的观点是不正确的，并且，那些“自由造币主义者”只做不着边际的空泛承诺。正因为如此，他凑足了到印第安纳州的路费，赶到那里，开始了演讲，阐述了货币制度的健全性。那时候，听众中还有许多他的大学同学。他说：

“演讲刚开始的几分钟，我的脑海里浮现出大学演讲时的画面，恐惧几乎要把我吞噬。我的演讲断断续续，一点儿都不流畅，我讲话很结巴，我恨不得像大学演讲时那样落荒而逃。但是，我竭力坚持把绪论讲完了。那只是一次微不足道的成功，但是它对我的鼓舞是巨大的，使我有勇气坚持演讲。我以为我大概演讲了十五分钟，事实上，我足足讲了半个小时，这使我相当震惊。

“之后的几年里，我做了一件让全世界的人都吃惊的事，我成了职业的演说家。那时，我才真正理解了威廉·詹姆斯说的‘成功的习惯’的真正含义。”

爱德华终于意识到，获得成功的经验，就是克服演讲的恐惧感的最好方法。并且，这种成功的经验会不断地促成下一次的成功。

当众讲话，我们会不安，会怯场，这是正常的，我们要做的，就是利用好这种恐惧感，把它控制在一个适度的范围，使自己的演讲发挥得更好。即使有时候，这种可怕的恐惧感笼罩着我们，使我们不能很好地发挥自己的能力，甚至严重影响我们的言语表达，造成肌肉僵硬、痉挛等，给我们留下严重的心理阴影。当然，这些情况在没有一定经验的人中很寻常。但是，只要你肯下功夫，肯多加练习，你就会慢慢发觉，其实这种恐惧感会迅速下降，直到一个适中的程度，此时，它带来的不是痛苦，不是阻碍，而是快乐，是前进路上的动力。

2. 将恐惧降到最低的办法——做足准备

如若我们演讲前不做足准备，我们演讲时势必会更加恐惧、不安。因为我们不了解我们面对的是怎样复杂的环境，又会出现多少不确定因素。此刻，我们就像卢梭所讽刺的某些人写的情书一样："难以预料从何而起，难以预料以何而终。"

自 1912 年以来，因为职业需要，我每年都以嘉宾评委的身份参与上千次的演讲。这些经历让我得到了宝贵的经验，从中我体会到：拥有自信的演讲者，必然都做足了准备。林肯曾经说过："纵然年岁稍长，经验丰富，要是站在台上不知道该说什么，我也会怯场，也会恐惧的。"

如若你想增强自己的自信，难道不应该从做足准备开始吗？丹尼尔·韦伯斯特也说过类似的话："倘若我没有做足准备就登台演讲，我就感觉自己好像是赤身裸体一样。"

演讲前怎么才能准备得更充分呢？我想我有以下几条建议。

（1）不要控制脑海里的思想

"做足准备"可不是让你一字不差地背诵演讲稿。大多数演讲者会选择背下演讲稿。这是为了做好演讲，防止上台后因紧张大脑突然间一片混乱，不知道说什么。但是一旦你选择了这种方式，就免不了要浪费太多的精力做没有意义的事情，反而会破坏掉整个演讲。

其实，当众说话是很自然的事，就像我们平常与人交谈一样。我们不应该把精力放在反复推敲字眼上，而是应该保持时刻都在思考的状态。当我们脑海里形成清晰的思路时，语言就会很自然，就像呼吸一样，顺其自然地喷涌而出。

很多人向我提及过，演讲的时候免不了背演讲稿，殊不知，要是扔掉演讲稿，反而会讲得更富含情感，更引人入胜。不要担心扔掉稿子之后会漏掉其中一些内容，讲起来也许会有点儿凌乱，但是这样反而会更富有情感。林肯最喜欢听的演讲，是那些表现自如，不呆板，思想自由挥洒的演讲。而那些背演讲稿的演讲者，绝对不会表现得非常自如。

（2）通顺流畅的演讲内容

你需要细致入微地观察生活，发现那些含有道理的，对自己过去的人生有过指明方向作用的关于人生感悟的经验，再对这些经验中的道理、规律、理解等进行分类整理。

对演讲题目的思索探究，才是真正应该做的准备。许多年以前，查尔斯·雷诺·伯朗博士在耶鲁大学演讲时，结合自己的亲身经历，说道："思索探究你的题目，思索透彻后，酝酿演讲内容，之后，它会像美酒飘香一样散发智慧的芬芳……然后把这些内容大致写出来，不用特别详细，只要可以展现大概要点就可以……通过这种方式，那些凌乱的思绪就很轻易地被放到合适的位置了。"

听起来是不是很容易？事实上也正是如此，只要谨慎地思索探究就够了。

（3）情景模拟训练是很必要的

为了确保你的演讲稳操胜券，你需要潜心地钻研和思考，何不把你的演讲内容讲述给你的朋友或者同事呢？但是你也不用全都讲出来，只是在聚会时，自然地说道："嘿，约翰，告诉你，昨天我遇见了一件罕见的事情。"

你周围的朋友、同事肯定有人会对你的故事感兴趣。此时，你就要时刻注意他们听你的演讲时的表情变化，或许还可以适当询问下他们对你所讲的内容的看法，或许，他们就会给你一些很有建设性的意见，或者对你的思维有所启发。可能他们不知道这是你的预演，事实上，就算他们知道也不是问题，或许，他们会笑着对你说："嘿，你讲得真的很有吸引力"。

这个方法是有根据的。艾兰·尼文斯是一位著名的历史学家。他对作家给出过相似的建议："把你想要演讲的内容尽自己最大努力详尽地讲给你的那些对演讲感兴趣的朋友听。这样，往往可以使你得到具有建设性的建议，发现自己遗漏的要点和演讲前一些不确定的因素，并且发现更加适合演讲内容的演讲形式。"

对于当众讲话，我们很容易低估自己，被内心的恐惧打败。其实，不是我们实力不足，是恐惧充斥着我们的内心。正因如此，只要我们按照上述方法练习，我们就会迈出奔向成功的第一步。

2　当众说话没你想得那么难

卡耐基名言

1. 若是你在演讲中阐述了你对于生命的感悟，我认为，你会俘获大量的听众。

2. 聪明的演讲者是绝对不会以自我为中心的，而是会把听众作为中心。

那些用演讲征服众人的人十分令人钦佩，就像世界闻名的演说家林肯、萧伯纳等，可是大家却不约而同地认为，自己这一生都不能像他们一样。

对于当众演讲，人们总是具有恐惧心理，当需要当众讲话时，人们可能会因为紧张而不自主地战栗。然而，在历史的长河中，演讲一度十分盛行，它是一门高深的艺术。演讲并没有那么复杂。

若是一个人能轻轻松松地进行演讲，并且还比较成功，抑或是在大批观众的面前依旧能侃侃而谈，那么他的前途必定一片光明。这就是许许多多想要在事业上有一番作为的人努力培养自己的演讲能力的理由。显然，只有经过不懈的练习和艰苦的努力，才可能成为一名卓越的演说家。目前，我们把演讲的范围扩大成了当众讲话，比如宴会上、教堂里的当众讲话或是闲暇之余看电视、听收音机时的交谈，我们喜欢听的是自然的、直率的、符合常理的讲话，而不是死板的、自说自话的演讲。

正因如此，当众讲话变得更加简单平常了，不再像以前一样是高高在上、可望而不可及的艺术了。它变得轻而易举，就像我们说话一样轻松自然。我们要做的，就是掌握其中的一些简单规则。关于当众讲话有没有既快捷又有效的方法这个问题，其实是很难有答案的。根据我的经历和多年的研究，我觉得，若是能称之为一次成功的当众讲话，那么以下三点是必不可少的。

1. 所用的素材与自己有关

那些加入了自己亲身体会的演讲更能吸引眼球，也只有这样，演讲才能更自然，更丰富多彩。

前不久，在芝加哥的康拉德希尔顿饭店，卡耐基口才培训班的老师和学员举行了一次座谈会。座谈会上，一个学员起身，激情飞扬地说："我认为，人类最杰出的思想是：自由、仁爱以及生而平等。倘若生活处处是束缚，生命也就充满了枯燥，没有了意义。我们可以想象一下，倘若失去了自由，那么，生活将会变得多么糟糕啊！"

老师打断了学员的讲话，问他为何突然谈论起这个问题，又是怎么得出这个结论的，是否可以谈论一下关于这个话题的亲身经历或感受。然而接下来，这个学员讲述了一个令人心惊肉跳的故事，这个故事恰恰发生在他身上。

曾经，这个学员是法国的地下工作者，他和他的家人，经历过法西斯政党即纳粹党的残暴统治。他们遭受过残暴的纳粹党的迫害和凌辱，也曾遭到纳粹党地下警察的追杀，好在他们有惊无险地逃过了。在经历了重重磨难后他们终于到达了美国。这个学员说："现在，我可以自由地走在大街上，比如从密歇根大街来到康拉德希尔顿饭店，光明正大地从一个警察身旁走过。我在这家饭店，不会有人要求我出示证件。等会议结束，只要我想去什么地方我都可以去。所以，请坚信，自由是我们人类杰出的思想，是值得被争取的权利。"他说完，座谈会上响起了震耳欲聋的掌声。

这个学员在他的讲话中融入了自己的亲身经历，正因如此，他才能把这么枯燥严肃的话题讲得引人入胜。如果你想让自己的演讲取得成功，那么大胆地加入自己的亲身感受吧！

如果你亲身经历过一件事情，或是经过深思熟虑后，这件事成为了你的一部分，那么这个话题一定很适合你。你可以回忆一下这么多年来自己经历的一些事，从中寻找到那些有趣的或是有深刻意义的、记忆犹新的事情。这些事可以是你的成长经历、喜好，还可以是你的信仰。这些话题都是大家感兴趣的，因此对观众也具有吸引力。

若是你在演讲中阐述了你对于生命的感悟，我认为，你会俘获大量的听众。然而，并不是所有演讲者都能很容易地认同这个观点的：事实往往相反，他们会刻意回避自己的经历和体会，他们认为这些太平常太狭隘了。相比而言，他们更热衷于讲一些人们不容易产生认同感的宽泛的概念或者深奥的哲理。你拿出社论给喜欢新闻的人看，人们怎么会接受呢？纵使人们喜欢社论，那也是该由记者完成的工作，而不是该由你一个演说家完成的。综上所述，若是演讲，尽可能地讲讲自己对生命的感悟吧！如果你讲得还可以，听众会很乐意听你的演讲的。

其实，这种话题恰恰才是听众喜欢的，才能使听众开心，这样，听众才会感动。所以，再也不要以为这种话题过于私人化，或者太微不足道了。

2. 讲话要富有激情

1926 年，我参加了日内瓦国际联盟第七次会议。前几个演讲者就是呆板地读自己的演讲稿，把大会的气氛搞得死气沉沉的。然后，上台的是来自加拿大的乔治·佛斯坦爵士，不同于前几个演讲者，他并没有携带任何资料。他的整个演讲，富含激情，加上各种手势的辅助，让人觉得特别真诚。有目共睹，在这场演讲中，他投入了自己的真情实感，诚挚地阐述了自己所持的观点，且想让听众信服他、认同他。他把自己的观点阐述得十分清楚和准确。

但是，你觉得有必要演讲的话题不一定就是听众感兴趣的。例如，我很勤劳，我每天做家务，我天天拖地，作为喜欢劳动的人，我认为谈谈拖地很有必要。但是，对于拖地，我并没有太多热情。实际上，我一点儿都不想提及这件事，因此我肯定不能把这个话题讲得引人入胜啊！可是，有些家庭主妇对于这个话题很热衷，说起来非常投入，且富含激情，所以她们能说得很精彩，听众当然也能被她们的热情感染。

那些有感染力的演讲，大多是由于演讲者在演讲的过程中投入了自己的真情实感；相反那些在演讲中不能充分展示自己的激情的演讲者，他们看起来就没有那么可信。

一开始，就连美国著名的演说家弗胜·J. 辛教主也没能想清楚这个道理。

在读书的时候，弗胜很幸运地参加了学院的辩论队。可是有一次，辩论教授在办公室里严厉地批评了他。

“你真的是糟糕透了！我从来没看见过像你这样当众陈述自己观点的人。”他的辩论教授直言不讳地说。

辩论教授说的是不久前弗胜的一次当众讲话。弗胜还没来得及解释，辩论教授就让他重新讲述一下那篇演讲稿。弗胜只好照做，再演讲一次，大概花费了一个小时。辩论教授问：“现在，你知道你很糟糕的原因了吗？”

可是，当时的弗胜并没有意识到自己的缺点。因此，辩论教授更加生气了，愤怒地对弗胜说：“你重新讲一遍！”没办法，弗胜只能硬着头皮，又按着稿子念了一遍，这又花费了一个小时。

到最后，他已经疲惫不堪了。辩论教授再一次问他：“现在你该懂了吧？”

“是。”弗胜说。

弗胜对于这次谈话记忆犹新，他悟出了一个道理，并且牢牢地记在了心里。这个使他受益终身的道理就是：一定要全身心地投入到演讲中。因此，最好在你演讲之前，试着对自己要讲述的内容投入激情；倘若做不到，那么我建议你还是换一个能唤起你的激情的话题吧。

3. 与听众互动

演讲的三要素分别是演讲者、演讲题材和听众。每一个要素都举足轻重。前边已经提到了两种方法，深入地讨论了演讲题材和演讲者这两个要素。可是，要想获得演讲的成功，只做好这两方面是不够的，得到听众的认同才是最主要的。这恰恰就是我们接下来要讲的内容——与听众建立互动，引起听众的共鸣。

聪明的演讲者是绝对不会以自我为中心的，而是会把听众作为中心。他们迫切地渴望听众能认可他们的观点，并且能与他们产生共鸣。他们不仅自己富有激情，还希望自己的热情能感染到观众，把自己的热情带给观众。正所谓，知易行难。道理很简单，但是要想做好，却是很难的。

美国曾经大力推行节俭活动，那时我负责给美国银行协会纽约分会的一些员工做培训。其中有一个职员，他认为自己的努力都是徒劳的，无法吸引听众的注意力，也无法与听众进行交流。我告诉他：在纽约死去的人当中，为家人留下大于 10000 美元遗产的人只占 3.3%；85% 的人都没能为家人留下一点儿财产。正因如此，他阐述的话题是帮助大家预先做准备的，这样，等老了的时候，他们就可以不愁吃穿，并且能给家人一个保障。让大家了解到他所阐述的是对大家有利的内容，这便是他应该做好的事情。

对此，他深思熟虑，最后终于意识到得到听众的认可才是最主要的，这样才能与听众产生心灵上的共鸣。因此，他在以后的演讲中，都尽可能地搜集听众感兴趣的材料，并据此吸引听众的注意力，积极与听众沟通。抓住了这一点，最终他走向了成功。

上述的三种基本方法就是我根据多年的经验总结出来的，的确，它们能在演讲的过程中发挥很大的作用。不过，只有通过实践，我们才能练习好和熟练地掌握当众讲话的技能。因此，我总结的这三种方法也应该是你在实践中慢慢摸索获得的。

3 谁都可以马上掌握的说话技巧

卡耐基名言

1. 对每个人来说都十分重要的事情就是集中自己的注意力，每时每刻都不能忘记增强信心和说话技巧。

2. 如果想做好演讲，内心就必须对演讲有强烈的渴望，对演讲事业有持续的热忱，还要有坚韧不拔的意志。

我能做好演讲、从中能得到快乐，并且我能为社会做出贡献……这些都是能让我感到骄傲和开心的事情。与他人进行有效的沟通，并得到他们的认可，争取到合作的机会，是每一个努力追寻成功的人的必备技能。

不论何人，若是想接受语言的挑战，清晰明了地阐述自己的观点，就必须要有勇敢的心和顽强的意志。演讲没有那么难，你要想做好演讲，只需遵循几条简单但是十分重要的规律就可以了。

示范表演是做好演讲要学习的第一堂课。每次，我都会在讲课前请学生上台，讲述他们为什么要选这门课，以及他们想从这次的培训中得到什么。

“当众说话的时候，我会紧张，怕自己的表述有错误，这种感觉使我不能专注思考，也不能清晰明了地阐述自己的观点，甚至有时候脑子是混乱的，根本不知道该说什么。我希望经过培训，提升自信心，可以自由自在地考虑问题，有条不紊地整理和归纳自己的想法，并且能够信心十足地当众演讲，也能在各种商业活动和社交场所高谈阔论、思维敏捷并且语言灵活。”

仔细想想，这些话是不是很熟悉？我想大多数人都想做到这样吧！演讲或者当众讲话时，人人都想让自己做到从容不迫，高谈阔论，使他人钦佩，即使花费再多的金钱，只要能实现这个愿望，他们也会心甘情愿。此刻，正在读这本书的你，肯定也希望掌握这项技能。

这一生，我竭尽全力帮助人们战胜恐惧心理，增强勇气和自信。我的培训班上发生过各种各样的奇迹，如果将这些奇迹写出来，也能写出几十本书了。所以，只要你理解我书中罗列出的方式和意见，并坚持练习，你就能达成愿望了。

我们身处安静而安全的环境时，就能冷静下来，认真地进行思考。但是，当众演讲的时候，为何我们不能做到冷静思考？为何当众演讲时，胃会隐隐作痛，身体会不由自主地战栗？这些问题难道会一直伴随着我们吗？其实，如果经过了正当的培训，我们是可以摆脱这些问题的。你可以彻底地消除自己面对众人时内心的恐惧，并且信心满满。这本书就可以帮助你达成所愿。这不是平常的课本。这本书没有罗列繁杂的沟通技巧，没有介绍发音的方法，有的是通过自身的不懈努力，用具体可行的方式来训练你的说话能力。

这个章节会使你迅速地学会演讲的技能，下面的四条建议将使你受益匪浅：

1. 学习他人的优点以激励自己

演讲是一门运用修辞手法与优雅的说话方式的精湛艺术。我们应该改变对演讲的看法，应该把它看作是一种沟通的方式，只是沟通的范围扩大了罢了，过去的那种依靠边说边唱的方式和震耳欲聋的响声的演讲模式已经不是主流了。

演讲不是一种闭塞的艺术形式，也不是必须刻苦练习美声和坚持钻研修辞手法之后才可以取得一定的成就。这么多年来，我一直致力于让人们意识到：演讲其实很容易，你要做好演讲，只需要遵循一些必要的规则，这些规则虽然很重要，却很简单。这样，你就可以做好演讲了。

我的学员中，已经取得成功的学员都认为，只要有足够的自信，敢于当众阐述自己的观点，就能让别人认同自己。经过努力，他们取得了不错的效果，并实现了自己的理想，为了感恩，他们特意给我寄来书信以表达谢意。在我开始写这本书时，我的脑海里立即浮现出一个人，在几千名我所培训过的学员中，我对他的印象最为深刻。

他叫根特，在费城工作，是一位知名的企业家。他在参加培训不久，我接受他的邀请，一起享用午饭。

“卡耐基先生，曾经我有很多次当众说话的机会，但是潜意识里，我总是逃避与人当面沟通。现在，作为大学的董事会主席，我不得不主持或者参与各种各样的会议，我真的害怕，到了晚年，我是不是还不能学会演讲？”餐桌前，他很是尊敬地对我说。

在培训班，这样的人有很多，他们经过几周的训练，都有了很大的进步。所以，我保证，他肯定可以成功。

这件事过去了三年，有一次，我在企业家俱乐部吃午餐，又遇见了他，竟然还是同样的餐厅同样的桌子，当然，我们又聊起了旧话题。当我问起我的预言有没有实现时，他微笑着掏出一个放在上衣口袋的很小的红色记事本。上面密密麻麻地记着他的日程安排——都排到了几个月后。

他骄傲地说："我感到最快乐、最自豪的事就是我能做好演讲，并从中得到快乐，与此同时我还为社会做出了贡献。"

事情当然不只是眼前这样。根特很是自豪地对我说道，一位卓越的政治家曾经受邀来他所在的学校做演讲，当时他负责向来宾介绍费城。想到三年前，他还在这张桌子旁问我他能否做好演讲，现在他的讲话能力有了这么飞快的进步，是不是很难想象？答案是否定的，和根特一样的人多如牛毛！

2. 时刻谨记自己的目标

对每个人来说都十分重要的事情就是集中自己的注意力，每时每刻都不能忘记增强信心和说话技巧。试想一下，这样一来，自己可以结交更多的朋友，可以为人民，为整个社会做出更多的贡献。我坚信，那些成功的学员坚持下来的理由，就是他们明确地了解自我的需要，想要达到成为成功的演说家的目标。

想象一下，当你自信满满地站到众人中间，与他人一起分享你的观点时，你会多么满足和自豪啊！许多次环球旅行的经验使我深刻地意识到：用言语感染台下听众的那种发自内心的满足与自豪，是其他任何一件事、任何一个东西都不能与之相提并论的。它所带来的是一种强大的力量感。

"在刚开始，纵然你用皮鞭毒打，我都不敢开口讲话。可是到了快结束的时候，纵然你用枪逼迫我，我也不会停下。"这是一个毕业生对演讲的感觉的描述。

此刻，你大可闭上双眼，试想一下，台下坐满了听众，你信心满满地走上讲台，台下万籁无声，听众专心致志地期待着你的演讲，当你演讲完毕走下讲台时，全场响起了震耳欲聋的掌声，你面带微笑，享受着听众对你的赞美，那该是何等幸福快乐。

以下六句箴言可能会对人的一生都产生深远的影响，是由威廉·詹姆斯写的。威廉·詹姆斯是哈佛大学最杰出的心理学教授。

（1）无论什么课程，如果你对它感兴趣，那么你完成得就比较容易。

（2）只要你对一件事倾注了很多耐心，你肯定可以做得很好。

（3）如果你内心渴望做好一件事，那你肯定能做好。

（4）如若你内心崇尚金钱，那么你会得到财富。

（5）如若你崇尚知识，你便会博学多才。

（6）做到以上五点，你才会真正地渴望着一件事，专心致志地期盼，那样就不会心存杂念，不会白白浪费精力去想很多乱七八糟的杂事。

当你学会当众讲话以后，那会给你带来数不清的好处。举一个例子，参加演讲的培训，可以增强你的信心。你可以从容不迫地起身，字正腔圆，条理清晰地在众人面前阐述你的观点；你与别人沟通时，同样会信心满满。

3. 相信自己一定可以成功

每个人的思想对其而言都是最珍贵的，这是我认为我所学到的最重要的一点。一个人的思想决定了他是什么样的人。正因如此，我了解了一个人的思想，也就了解了这个人。也就是说，要想改变自己，就要改变自己内心的想法。

此刻，培养自信，使自己能与他人建立有效的沟通是你的首要目标。你要认为且必须认为你自己有当众演讲的能力，还要轻松乐观地面对自己付出努力后得到的各种结果。你说的每个字，每个词语，每个句子以及你的每个动作上都要刻上自己的决心，一定要不遗余力地培养这种能力。

所以，如果想做好演讲，内心就必须对演讲有强烈的渴望，对演讲事业有持续的热忱，还要有坚韧不拔的意志。但是，最为重要的一点，就是坚信自己会成功。

4. 勤练习，善于利用一切机会

众所周知，萧伯纳的演讲风格气势磅礴。当有人向他请教经验时，他这么说："我很固执，就像学习溜冰一样，练习演讲的时候，我固执地让自己丑态百出，直到最后，我成功了。"

据传，青年时期的萧伯纳，胆子非常小。每当他去拜访他人时，他经常要在楼道里踌躇至少二十分钟，才敢上前敲门。他说过，几乎很少有人胆子小到他这种程度，他常常因自己胆子小而感到悲伤以及羞耻。

不过后来，萧伯纳无意中找到了克服胆小最直接、最有效的方式。他想要把自己胆小的弱点变成自己最厉害的武器。因此，他加入了伦敦的一个辩论与演讲口才协会。以后，只要有公众参与的集会，他一次也不曾错过。正是因为萧伯纳一门心思地投入到各种集会中，经常阐述自己的观点，进行各种练习和锻炼，他才跻身于二十世纪最卓越、最自信的演说家行列。

发表自己的看法，展示自己的机会处处都有，你可以加入相关的组织或者协会，做一份与当众讲话有关的工作。比如，在大会上，你可以起身发言，哪怕只是附和一下他人的观点。切记，在大会上，一定不要畏畏缩缩，躲在一旁，一定要敢于发言！或者，你还可以到教堂里开导、帮助他人，也可以作为领队，带领一队童子军，还可以参加各类聚会。

你正在翻看此书，并且付出了实际行动，这无疑是在涉险。你会渐渐察觉，在这次的涉险中，你强大的自我控制能力和敏捷的洞察力将会为你提供很大的帮助。还有，这次涉险会使你发生变化，而且是由内而外的变化。

4 时刻考虑到听众的感受

卡耐基名言

1. 任何人的知识体系中，都存在有利于听众的题材。

2. 赞美听众时，一定要态度诚恳。若是采取敷衍的态度，或许你能骗过一两个听众，然而可以肯定的是你欺骗不了全场听众。

在一次又一次的当众演讲中，罗素·康威尔都能成功地保持着与听众良好的互动，其中有什么奥秘吗？是的，答案是肯定的！

著名演讲《发现自我》发表的时候，康威尔已经前前后后发表了大约六千次演讲了。也许你会认为，演讲重复了这么多次，可能这篇演讲稿在演讲者的脑海里已经深深地扎根了，所以演讲的语气和表述的形式都是一成不变的。可是，事实不是这样的。康威尔深知，听众的文化认知程度和社会背景不尽相同，演讲必须具有针对性，是实实在在的内容，对听众来说，演讲内容应该是特别的，是为他们量身打造的。

康威尔认为，成功的演讲中，演讲和听众是相互融合的，演讲是听众的一部分，听众也是演讲的一部分。《发现自我》这么著名的演讲，我们却一直找不到演讲稿的副本。纵使他已经演说了大约六千次，但是每一次都是不同的。

上述的例子应该会对你有所启发：当你准备演讲时，脑海里应该思考一下听这次演讲的听众的社会背景以及文化认知程度。下面，是几种简单有效的方式，能帮助你在轻松愉快的氛围中与听众进行良好的互动。

1. 演讲内容是听众感兴趣的，这是最主要的

康威尔采用的就是这种方法。他演讲时有一个非常好的习惯，就是擅于在演讲中加入很多当地人关心的内容和他们熟知的东西。听众对他感兴趣的原因恰恰是他的演讲内容是与他们息息相关的，包括他们的兴趣爱好，他们存在的

问题，或者仅仅是他们自身。正因为这种联系，听众才深深地被他吸引，这样，就保证了演讲者与听众的良好互动。

以前，有人向英国的报纸大王诺斯克利夫爵士请教人们最感兴趣的东西是什么，他说："那就是人本身。"也正是因为这个简单的事实，他成为了报业巨头。

《思想的酝酿》一书这样形容幻想——"是一种广受欢迎的，并且出于平淡的思想"。接着，他说："在幻想中，我们让思维沿着它的方向前进，而它的方向是由人们的愿望或者恐惧，人们的成功或者失败，以及人的情绪改变，或喜、或悲、或哀、或乐决定的。我们自己是这个世界上我们最感兴趣的东西了。"

很多不成功的演讲者讲话的时候，谈论的话题只有自己感兴趣，一点儿也不能吸引听众。因此，你大可反其道而行之，引导大家交流他们感兴趣的话题，比如兴趣爱好、事业或者他们的成就，甚至还可以是他们的高尔夫成绩。这样，即使你大部分时间都在做一个聆听者，他人也会觉得你是一个很不错的沟通对象。

当众讲话时，若是听众开始表现出急躁、焦虑、不耐烦，还时常关注时间，那么肯定是因为你在演讲的时候，没有充分思索听众内心的倾向。

2. 要想成功，必须由衷地赞美听众

若是你由衷地认为听众做的一切是值得称赞的事情，那么你就走向了通往听众心灵的道路，只是，这一点是需要你仔细钻研的。若是你的称赞浮于表面，只是类似"在座的各位太有智慧了，我以前都不曾遇见过"这种既肉麻又夸张的句子，那么很有可能，许多听众会因为这种几乎等同于谄媚的言论对你产生厌烦。因此，我要借用德普的一句话。德普是一位杰出的演说家，他曾经说过："你一定要出其不意，告诉他们一些他们认为你不会知道的关于他们的一些事。"这是一种绝佳的称赞方式。

最近，在巴尔的摩基瓦尼俱乐部有一场演讲，演讲者收集不到任何有关该俱乐部的特殊素材，仅仅是了解到一些大家都了解的新闻。比如，前国际会长和一位前国际董事都是该俱乐部的会员。可是，在演讲中他的的确确使大家觉得他的演讲是特别的，是特意为他们准备的。那他到底是怎么做到的？

"巴尔的摩基瓦尼俱乐部只是十万一千八百九十八个基瓦尼俱乐部的其中之一！"

俱乐部的会员听了觉得很是诧异：他错了，在全球范围内，基瓦尼俱乐部也只有两千八百九十七个，何来十万一千八百九十八个。

接着，演讲者又说："即使在座的不相信我的话，但是事实就是这样，我是用数学方法推理的。巴尔的摩基瓦尼俱乐部的的确确是十万一千八百九十八个基瓦尼俱乐部的其中之一，而不是随便的十万分之一，或者二十万分之一。”

“那么，到底我是怎么得出来的呢？确实，全球基瓦尼俱乐部仅有两千八百九十七个。可是，要知道一个国际会长和国际董事同时出现在一个基瓦尼俱乐部的概率只有十万一千八百九十八分之一。你们大可不必怀疑我计算的正确性，因为我曾经获得了数学博士学位。”由此，他成功地吸引了大家的注意力。

诚然，他进行了周密的筹划，才使得他的赞美如此巧妙。这番赞美足以看出他内心的真诚。因此，若是你的称赞不是发自肺腑的，那还是什么都不说为好。

3. 快速建立起与听众的特定联系

当众讲话的时候，要在最开始的时候就说明你与听众之间的关系。

演讲中提到听众的名字也是一种简单直接的方法。

有一次，在演讲开始前的宴会上，我的座位在主持人的旁边。其间，我一直很惊奇他竟然对每一个人都感到好奇，不断地向举办这次宴会的主人询问参加宴会的人的名字。例如，他问宴会的主人，穿蓝色西装的男士叫什么，帽子上用鲜花装饰的女士又是谁……一直等到他开始自己的演讲了，我才知道他这样做的原因。他在自己的演讲中很是别出心裁地运用到了他了解到的名字，很显然这些名字的主人很喜欢这种做法，从他们脸上的笑容就可以清楚地看出来。这个简单的方式很奏效，为演讲者博得了听众的青睐。

但是，有一点要注意的是，若是你通过询问，得知了一些比较奇怪的名字，想要运用到演讲中，首先得确保名字的准确性，并且要以非常友善的方式运用它们，即使这样，也要有所节制。

要想让听众对你的演讲时刻保持着高度的注意力，还有一个简单的方法——就是在演讲中把第三人称的“他”“他们”，改成第二人称“你”。由此可以让听众有一种身在其中的参与感。

4. 让听众直接参与到你的演讲中

你是否也曾想象过，采用什么样的表演方式，能使听众紧紧地随着你的思路前进？若是在演讲中与听众互动，让听众帮助你共同阐述某一个观点，或者采用戏剧化的形式呈现你的观点，这样的话你会发现，听众的注意力会有很明显的上升。

曾经，有这样一个演讲者，他为了阐述汽车在制动后，还是要向前行进一段路程才可以停下来这个话题，很用心地邀请了一个坐在前排的听众上台，配合他完成汽车以不同速度行驶的不同制动距离的展示。此时，在座的所有听众都聚精会神地注视着这场演示。这条普通的钢卷尺，它具体形象地呈现出演讲者的观点，同时它也作为一座桥梁，成功地连接了演讲者与听众。

正如我们所见，这种方式很奏效，一旦某一个听众被带入到“表演”中，剩下的听众自然而然地就进入了追随者的角色。不少演讲者觉得存在着一堵墙，这堵墙将演讲者与台下听众隔开，但是，若是演讲者善于使用让听众参与到演讲中的方法，那么，这堵无形的墙就会轰然坍塌。

经常被使用的方法还有一个，就是提问。我希望在我的演讲中，听众会起身，复述我的某句话，或者是举手发言。请大家谨记本章节的重点——只要能使听众参与到你的演讲中，他们就享有了合伙人的权力。

5. 保持谦虚谨慎的态度

演讲者与听众建立的任何联系里，最根本的要素就是真诚。诺曼·文生·皮尔曾经给过一个牧师要保持真诚的建议，因为这个牧师在讲道时，听众一点儿也提不起兴趣。

在竞争非常激烈的美国电视界，每季获得高收视率的演员都不可避免地陷入到竞争中。可是只有一个叫艾德·苏利文的演员可以立于不败之地。他从事新闻方面的工作，就是这样一个业余选手，在竞争异常残酷的电视界屡屡取胜，原因是他从来都不高看自己。相反，他总是清楚地知道自己不是专业的。

纵然，在镜头前面，他偶尔会表现得不太自然，比如手托腮帮，驼背，不经意间会扯领带，语言也不是很流利……可是，这些从来都不会影响他的形象。

他也从来不计较别人对他的批评。他每年都会请至少一个模仿者把自己的缺点放大，再大肆渲染夸张，然后在电视里模仿自己。当然，他会和大家一样被逗得开怀大笑。听众很欣赏他这种谦虚的态度。谦虚谨慎的态度会讨喜，而骄傲自大的卖弄只会令人生厌。

就像《现代宗教领袖传》一书中，亨利和丹纳·李·托马斯这样评价中国的孔子，孔子从来不夸赞自己懂得多少，只是想法设法地以自己的仁爱之心，去启迪他人。若是我们能向孔子学习，心怀包容之心，那么我们就走在了通往听众心灵之路的途中。

5　彰显你的热情和活力

卡耐基名言

1. 古往今来，精彩绝伦的辩论是在演讲者的坚韧信念和热诚上建立起来的。真诚来自信仰，信仰来自心中的热诚，来自头脑的冷静思考。

2. 你的声音越是响亮，你就会越有自信。擅于运用手势，你的演讲将会更加振奋人心。

也许你已经留意到：演讲者的激情是演讲成功的关键。只有演讲者时刻保持着热情，现场的气氛才会持续升温，才能吸引听众的注意力，起到宣传号召的作用。正因如此，我们培训班在招聘时，首先会考虑的是培训老师是否充满活力，还有开朗和执着也是我们所要求的品质。原因是那些能吸引听众的演讲者都是充满活力的，所以人们喜欢接近他们，聚集在他们周围。就好比秋天的麦田中总是有一群饥肠辘辘的小鸟在觅食。

你是否也曾立志要成为这样精力旺盛的演讲者呢？或许，你已急不可耐地想知道怎么才能做到。现在，我将告诉你三个方法，它们可以很好地帮助你充分彰显出自己的热情和活力，从而紧紧地吸引听众的注意力。

1. 深刻理解自己的题目

前边的几个章节，我一直在反复强调，演讲者要对自己的题目有深入的了解，有深刻的认知，这是非常重要的。除非你不想让听众认同你，否则你就要对自己演讲的题目有特别的偏爱。这是为什么呢？答案显而易见，若是你对自己演讲的题目有丰富的经验，或者是你在实际生活中能轻易接触到，对它你十分熟悉，抑或是关于这个题目，你做了充分的调研，对它有了深刻的体会，那么你就能充满激情，不必担忧演讲时不能调动现场的氛围了。

至今，我对二十多年前的一场演讲记忆犹新，我认为迄今为止，没有一场演讲能比它精彩，这场演讲的演讲者因为其热诚而形成的感染力是空前的，当时的情景还依然能清晰地浮现在我的脑海中。我作为观众听到过很多精彩绝伦的演讲，然而这个我称为“兰花与山胡桃木灰”的演讲却别具一格，它是一个单纯地用热诚打败常识的经典例子。

“兰花与山胡桃木灰”的内容如下：在纽约的一家知名度很高的销售公司，有一个很出色的销售员。他阐述了一个反常的观点，说他可以在一无种子，二无草根的环境里培育出“兰花”。原因是，他在新犁过的田地里撒上山胡桃木灰，接着，地里竟长出了兰花！因而他坚信，生出兰花的原因是山胡桃木灰，并且仅仅是山胡桃木灰。

讨论时，我委婉地提出，如果这个不同寻常的发现是真的，他将在短时间内拥有数目可观的财富。原因是兰花的种子价格不菲，而且这个重大的发现将使他成为一个卓越的科学家——永远被历史铭记。可是，我告诉他，实际上，没有一个人做到过，或者有能力实现这个奇迹——从无机物中培育出生命。

这是个非常明显的错误，明显到根本没有反驳的必要，因此我不动声色地讲出了我的看法。其他观众也看出了他的演讲的荒谬之处。只有他自己依旧固执己见。他不假思索，马上起身对我说他是不可能错的。对于自己的这项发现，他的热诚简直难以想象，他高声强调，他仅仅是说明了自己所见的事实，接着，他又扩大了先前的阐述，提供了更加丰富的资料，列举了很多证据。声音很真诚，透过声音，我们看到的好像是他诚挚的内心。

我不得不重申，他是错误的，是完全错误的，他正确的可能性为零。他又立刻起身，提出要和我打赌，赌注为五美元，并企图邀请国家农业局来判断这件事的正确性。

令我意想不到的是，这时候，情况发生了变化！一些听众居然站到了他那边，还有很多人开始偏向他的观点。如果此时进行一次投票表决，我相信，大多数人会认同他的观点。我问他们是什么使他们放弃了自己先前的判断，他们的回答很一致，是演讲者的热诚和笃定的神情使他们选择相信演讲者，从而使自己不确信自己所掌握的常识的正确性。

既然如此，我不得不向国家农业局写信求助。我很抱歉向他们提出这样荒诞的问题。结果当然是农业局肯定了我的观点，他们明确说不经过播种，兰花或者其他任何植物是不可能从山胡桃木灰中长出来的。同时，他们的回信中提到，他们收到了来自那名销售员的信，销售员坚信自己的发现是正确的，所以给农业局写了一封同样的信。

通过这件事，我得到了一个永生难忘的启示——若是演讲者自己坚信一件事，谈及它的时候一直饱含激情，就很容易使人认同他，纵使他说他可以从无机的尘土与山胡桃木灰中培育出兰花这么荒诞的事情也毫无关系。因此，若是我们通过自己的努力，收集、分类、整理得到的是我们认知里的准确的常识或者道理，那样的话，就太能使人信服啦！

几乎每一个演讲者都曾怀疑自己选择的题材是否可以吸引观众的注意力。事实上，有一个很简单的方法就可以让你的题材充满吸引力。那就是——只要你自己散发出对于题材的热忱，就不用担忧不能引起观众的注意力了。

帕西·H. 华廷一度由衷地建议推销员一定要对自己售卖的东西有所了解。当时，他说："对一个产品来说，你越是了解它的优点，你就会越喜欢它，对它越热心。"事实上，这个道理具有普遍适用性，不管是推销还是演讲都一样。随着我们对演讲题材的了解越来越深入，你的热情也就会越来越多。

2. 在演讲中加入自己的真实感受

你越是清晰地描述自己对某件事的感受，你就越可以形象具体地阐述自己内心的感觉。若是你对某事有着切身的感受，你的演讲就会更加清晰明朗，也更具有感染力。可是，若是以旁观者的身份来阐述，你的演讲就不会给观众留下太直观的感觉。

演讲时，可以通过自己对某个话题的热心程度，来展现自己的热诚与爱好。一定不要压抑自己，不要试图控制自己的思想，不需要给自己的情感加上阀门，限制热情的流量。只有听众了解了你对自己的题目倾注了多少热情，他们才会被你吸引。

3. 一定要展现热情，哪怕你是假装的

如果听众能感觉到你对于某事的热诚，这可以帮助你走向成功，即使你的热诚是假装的。演讲者内心散发出来的热诚很容易打动观众。你要懂得，想要调节现场的气氛，只能靠自己。因此，当你走向讲台时，眼神中要充满希冀，而不能像走向刑场的犯人一样。

当众讲话之前，可以深呼吸一次。远离讲桌，抬头，面带微笑，对自己说："现在，我是在服务社会！"有了这样的暗示，你身体里的每一个细胞都会意识到这一点。威廉·詹姆斯教授曾经说过，在潜意识里你要相信自己，你越有自信，你表现得就越好。

这一系列的反应被杜纳德和艾林诺·雷尔德定义成"预热反应"。此原则适用于任何需要内心情感的环境。《快速记忆的技能》是他们杰出的作品，书中有一个关于罗斯福总统的例子，里边是这样描述他的："开朗而快乐地生活，他开心、活泼、执着、热诚。这些是他的特点。对于一切需要他处理的事务，他都投入一腔热情，超然忘我，或许假装做出这副样子。"泰迪·罗斯福也发表过类似的言论："展现热诚，如此一来，即使你不喜欢你现在做的事情，你也会觉得越来越充满热情。"总之，要牢记：只有你展现出热诚，听众才会感觉到热情。

6 成功的标准——听众有深刻体会

〖卡耐基名言〗

1. 同标题需要特别强调一样，你希望听众做出行动的意愿，也应该利用激烈的演讲开门见山地说出来。你要留给听众积极的印象，让他们感受到你的诚意。

2. 你一定要表达出你演讲的目的，或者告诉听众，按照你的提议去做，他们会获得成功。

3. 不管是什么问题，也不管人们是否在争论，你都需要让听众理解你的重点和要求，有一个很好的办法就是要明确。

4. 在说明情况时，必须让听众感同身受，你可以把你的经历以戏剧性的方式说出来，让你的表述更有趣，也更有力。

当众演讲的目的是什么呢？不管你是否知道，一般演讲都会包含以下四个目的中的一个：

（1）令听众信服，获得他们的反应。

（2）说清楚情况。

（3）加深听众的印象，说服他们。

（4）让听众感到快乐。

假设你的演讲没有达到以上四个目的中的任何一个，那很明显你的演讲是不成功的。

林肯曾经发明过一个能把搁浅在沙滩或其他障碍物中的船吊起来的装置，这个装置获得过专利，但是很少有人知道这件事。他把这个装置的模型放在了他的律师事务所办公室里，每次他都会一遍又一遍地向朋友解释这个装置的功能和制作方式。他不厌其烦地讲解，目的就在于说清楚情况。

他在葛底斯堡做的那场伟大演讲，和他在总统就职典礼上的演讲，以及他在亨利·柯雷逝世时做的演讲，等等，这些演讲都有同一个目的，那就是加深听众的印象，说服他们。

他面对陪审团做演讲，是为了获得有利的结果；他做的政治性演讲，是为了拉票。赢取听众积极的反馈，就是这些演讲的主要目的。

林肯有不少演讲取得了令人意外的成功，他的一些演讲甚至成为了经典范文。林肯为什么可以获得如此大的成就？因为，他很明白他演讲的目的，而且也很清楚该怎样达成这个目的。而其他演讲者则混淆了自己的目的和听众的目的，导致真正面对听众时无法应付自如，这样的演讲就很难获得成功。

曾经在纽约的一个马戏场，有一位国会议员发表过一场说明性的演讲，主要是为了说清楚美国的备战状况。刚开始的 10 分钟，听众耐着性子去听他的讲话。但是到了后来的 15 分钟，人们希望他的讲话越早结束越好。他却没有理会听众，还在没完没了地讲着。不久，几个人开始喝倒彩，还有一些人跟着起哄。很快，上千号人大声叫喊，吹起了口哨。

可是，这个国会议员居然还没注意到听众的心思，依然自顾自地讲话。失去耐心的人们变得急躁起来，他们想让他闭嘴。愤怒的吼叫声再一次掩盖了他的声音。最终，在吼叫声和嘘声中，他被迫下了演讲台，十分难堪。

本节我们想说的是怎样感动听众，赢取他们的积极反馈，第一步，我们需要知道怎样组织一场演讲，并且让听众高兴地接受我们的提议，积极地回应我们的演讲。

1930 年，我与朋友一起探讨过这个话题，那个时候全国各地开始认可我的课程。当时，我要求学员将演讲限制在两分钟之内，毕竟班上的人太多了。假如演讲者的演讲目的是娱乐听众，或者说明一些情况，那么这个限制并不会对他们造成影响。但要在两分钟之内取得效果，赢得听众的积极反馈，我们就要采取一些新鲜的、稳赢的方法。经过不懈的努力，我和我的朋友最终讨论出了一套沿用至今的演讲结构——“魔法公式”。

按照这套“魔法公式”，第一步要讲述翔实的事例，以便生动有趣地引出你希望听众能明白的观点；第二步，就是详细且清楚地表述你的观点；最后一步，那就是说明原因，告诉你的听众，如果他们按照你的提议去行动，他们将会获得什么回报。

人们的生活节奏越来越快，演讲者最好开门见山，一针见血地说出重点。“魔法公式”非常适合现在的快节奏。演讲人不能再说那些松散冗长的开篇，听众习惯听浓缩成精华的新闻，那样不需要多想就可以了解到事情。

这个“魔法公式”能够激发听众的兴趣，把他们的注意力放在演讲的重点上。你要知道，他们更注重行动，而不是道歉或者辩解。利用“魔法公式”，演讲者一开口就能具有激发听众的力量。

这套“魔法公式”适合用在简短的演讲，因为它会有一定程度的悬念。等你开始描述时，故事就会吸引听众，但是两三分钟过后，他们才明白你的重点。假如你期望听众根据你的要求去做，这就是非常必要的做法。

假如演讲者的目的是希望听众捐钱，但是他一开口就是这样：“女士们，先生们，我来这里的目的，就是为了让在座的每一位捐出5美元。”那么就算这件事真的值得他们掏口袋，他们也会落荒而逃；相反，假如演讲者先说自己去了一个遥远的儿童医院，探望了那里一个因为没有获得帮助而无法实施手术的孩子，他肯定能获得听众的积极反馈。

在商业活动中，管理者同样可以运用这套“魔法公式”，对员工进行工作指示。或者，母亲也可以用它来指引自己的孩子。孩子们也可运用这套公式，这样，向父母要求什么就变得容易很多。在平常的生活中，这套公式所向披靡，你可以用它把自己的想法传达给别人。

这套“魔法公式”在广告界也经常被使用。出名的伊菲雷迪电池公司最近做的电视广告，就是运用了这一套公式。

首先，广告主持人生动地讲述了一个故事：某个深夜，在一辆翻倒的汽车里，有一个人被困在了里面。这时候，主持人请这个可怜人告诉观众，自己是怎样通过装有伊菲雷迪电池的手电筒发出的光引来援救人员的。

接着，主持人再次说到他最初的目的，强调了“重点和原因”：“如果你购买了伊菲雷迪电池，那么你就能在这样的紧急情况下得救。”而这个故事来自伊菲雷迪公司的真实案例。我不清楚，这个广告到底让伊菲雷迪公司卖出了多少电池，但是我深信“魔法公式”是非常实用的，你可以打动听众，让他们去做或者不去做某件事。

以下是可以有效说服听众，让他们做出积极反馈的几种方法。

1. 使用生动的真实事例来陈述

心理学家认为，人们通过两种方式学习，一种是惯性律，就是一系列类似的事情能够改变人们的行为习惯；另外一种就是效应律，就是某一件事产生了强烈的震撼力，令人们的行为模式发生改变。在演讲的时候，你应该多讲述给你带来启发的经历。

在说明时，你必须再次塑造经历中的东西，令听众感同身受。你可以戏剧性地表达你的经历，使得你的经历听起来更加生动，且充满力量。

如果按以下建议去实践，你可以让听众十分喜欢你的演讲。

（1）从自己某次难忘的记忆开始

总的来说，曾经对你的生活产生过难以磨灭的冲击力的事件，是个很好的素材，也会是十分好的选择。也许，这件事从发生到结束不超过10秒钟，但是你已经在那一瞬间学到了宝贵的一课。

你需要记住：这种演讲的必要条件是一次难以忘怀的事件。通过这样的事件，你能够说服听众，让他们采取积极的回应。他们会这样认为，你遇到的这样的事情，他们将来也有可能会遇上，如果是这样，那最好是听取你的劝告，做出你希望他们做的反应。

（2）保持听众的好奇心

对于未知之事的好奇心，总让人们产生听下去的欲望。一旦你抓住人们这种心理诉求，你就可以在演讲中营造这种氛围。毋庸置疑，这样的演讲一定会非常成功。一个一流杂志专栏记者曾给出这样的忠告："你的故事一开讲，就要抓住听众的注意力。这样做能够马上引起他们的兴趣。"

事实上，我记得一些打动我的开场白，它们一直盘踞在我的耳边，叫我没有办法不去注意它们：

"那年，我忽然在梦境中醒来，发现自己居然躺在医院的病床上……"

"去年夏天，当我开着我的车快速冲向高速公路时……"

"我在书房阅读书籍时，回头一看发现房门居然开了一条缝……"

"办公室的门被打开了，我的经理直接冲了进来……"

"我行走在美丽的湖边，发现湖的正中央居然有一个巨大的水波荡漾开来……"

（3）准确的描绘更具有趣味

无足轻重的细节过多的话，就会让演讲变得了无生趣。细节自身不能产生吸引力，因此，你需要选择能强调你的演讲重点的细节。

假如你可以根据重点，用细节来描绘你的故事，这将是最好的方法。看看这段卡耐基口才培训班的一个学员的演讲吧：

"1949年，平安夜的早上，在印第安纳州41号公路上，我驾驶着车往北走，那时我的妻子和孩子也在车上。我们一路沿着光滑的冰路，慢慢地走了好几个小时。轻轻地碰一下方向盘，我的福特车就会在路上打滑。时间一个小时一个小时地慢慢消逝了，汽车很快开到了一段斜坡路上，进入了森林地带。等汽车行驶到顶端的时候，我忽然发现因为没有阳光照射，路面上的冰并未融化。但是，那时已经迟了，我们的车因为打滑冲了过去。失去控制的车子冲过路沿，滑到雪堆里，依然直立着。车门已经被撞碎了，我们浑身是玻璃。"

这个故事充满了细节，容易让听众感到如临其境。你需要让他们看到你看到的，听到你听到的，让他们感受到你感受到的。描述大量又具体的细节是唯一能做到这一点的方法。

（4）情景再现

除了利用图画般的细节，演讲者还需要尽量再现情景。表演与演讲有着共同点，一切厉害的演说家都拥有表演的天赋。这种特质并不稀罕，也不是只有演说家才会有，大多数的孩子也具备这种特质。而我们知道的很多人也同样拥有这种特质，他们面部表情丰富，擅长利用手势和模仿。我们中的大部分人也会有这种天赋，只要努力练习，就能增强这方面的特质。

2. 和听众进行互动

如果你的演讲只有两分钟，那你就只有 30 秒钟来表达你的愿景，向你的听众讲清楚你希望他们做出的行动，以及他们会得到的回报。这个时候，你不再需要讲述你的细节，而应该做开门见山的声明。这种技巧与报纸的手法是恰好相反的，要先说故事，然后再以自己的愿景或希望听众做出的响应为标题。可以通过以下三条法则来进行这一步骤：

（1）将你希望说明的内容总结成一个重点

你要简洁明了地向听众表达，你希望他们怎么做。因此，你需要问问自己，你有没有明确告诉他们该去做什么。有一个非常好的建议，就是像发电报一样把你的重点写下来，尽可能精要，还要清楚明白。像“帮助本地患病孤儿吧！”这样的说法太含混不清，应该说：“今晚签名，我们下星期要带 25 名孤儿一起野餐聚会。”

（2）令你表述的内容可以执行

不管是什么问题，也不管人们是否还在争论，你都需要让听众理解你的重点和要求，有一个很好的办法就是要明确。

演讲者需要明确地指出希望听众做什么，这样比笼统的说辞更加容易让听众产生回应。就像“在祝贺康复的卡片上签名”，可比说服人们去邮寄一张慰问卡或写信给住院的同学要好得多。

使用肯定还是否定语气来说明情况，取决于听众的喜好，这并没有好坏之分。

（3）对自己的演讲要充满自信

你在演讲中需要给听众留下深刻的积极的印象，所以你要充满力量和自信地说出来，让听众感受到你的诚意。你的请求不要有不确定或信心不足的语气，说服别人的态度也要贯穿始终，接着就是 “魔法公式”的第三步。

3. 让听众了解到利益的驱使

演讲进入尾声，时间所剩不多了。所以，你需要抓紧最后的时间，说出你的演讲目的，或者告诉他们，按照你的期望去做，他们会获得什么好处。

但是，这种带有明确目的性的方法也许会让你觉得对演讲没有益处，其实并非这样，就照着下面的方法去做吧：

（1）用一句话总结自己的事例

你需要在演讲达到高潮时，简明扼要地指出利益所在。但是，还有一点非常重要，那就是你说的利益必须能从你的事例中推导出来。

（2）用一个像广告语一样的口号来总结

最后的几句话应当清楚、明确，就像刊登在全国杂志上的广告文案一样。推销员可以列出许多你购买他们产品的理由；你也可以举出好几个支撑你的论点的理由。但是最好还是选一个最突出的利益点。

假如你仔细分析一些广告，你就会发现在说服别人买东西的时候，广告使用的“魔法公式”实在数不胜数。从中你可以知道，贴合题意是使得整个广告成为整体的界线。

本章的“魔法公式”仅用于个人事例，到现在为止它是最有趣、最有戏剧性和说服力的方法。

7 将自己的思想恰到好处地阐述出来

卡耐基名言

1. 一切可以想到的事情，都是可以思考清楚的；一切可以讲出来的事情，也都是可以清晰地表达出来的。

2. 语言是沟通的渠道，因此人们需要学会运用它，然而仅仅粗略地掌握可不行，而是要精确地掌握。

3. 假如你是一个专业人士，当你向外行人讲话时，千万要小心，尽可能地运用简单的语言来说，与此同时，还要加上必要的细节说明。

有一次，美国参议院调查委员会的成员被一个高级政府官员弄得不知所措，云里雾里。这个官员含糊不清地指挥着他们，没有强调任何重点，大家都搞不清楚他到底想表达什么。这令委员会的成员越来越困惑。会后，来自北卡罗来纳州的参议员萨姆尔·詹姆斯·阿尔文对此事做出了精彩绝伦的比喻。

他说："这位官员让我记起一个来自我家乡的男人。这个男人告诉律师，他要与妻子离婚，同时他却说他的妻子不仅长得漂亮，煮得一手好菜，还是一个值得尊敬的妈妈。

"'那你为什么要跟她离婚呢？'律师问。

"'因为她总是喋喋不休。'他回答。

"'她都说了什么？'

"'这就是我讨厌她的地方，'男的说，'她一直没法把事情说清楚！'"

这个政府管员的事例，让我想到了很多演说家。他们在演讲的时候，就像这个男人的妻子一样让人厌烦。人们压根儿就不明白他们说了些什么，他们也没法把自己的意思清楚地表达出来，你可千万不能小看"说明白"，这是非常重要，而且难度非常大的事情。

普法战争刚爆发时，普鲁士名将毛奇元帅就对下属说过：“诸位，请记得，所有‘有可能’会被误解的指令，‘一定’会被误解。”拿破仑同样也知道这种‘有可能’产生的危险，他曾经向他的秘书再三强调：“一定要做到“清晰！必须要清晰！”

在前面，我提到过“魔法公式”，它能帮助你做一个简练的演讲，还能让你获得听众的行动。现在，我还要告诉你一些其他方法，让你知道该怎样把自己的思维表述明白。

下面的建议，将会让你的表达更加清楚，让听众更容易理解你。

1. 演讲的重点不宜过多

威廉·詹姆斯教授曾经说过：“在演讲中，一个人只能强调一个重点。”不过呢，他指的是一个小时以内的演讲。但是我真的在一次只有3分钟的演讲里，听到演讲者在演讲开始时就说他想说11个重点。什么？这样算的话，他平均每16.5秒就要说出一个重点！怎么会有人想做这么荒唐的事情呢？简直太不可思议了！

我们需要清楚状况，想在一天内走遍巴黎所有名胜是一件不可能完成的事情，但是如果你想在有限的时间内，说出你的所有观点，那又会怎样？等你演讲结束时，听众不会有任何印象。

如果你非要什么都说清楚，那么结果就是没有人记得你说了些什么。如果你演讲的重点不多的话，他们就能理解透彻，也就能更好地记住。但是，如果你演讲的内容真的很多，那我建议你最好在每一部分结束的时候做一个简短的总结。

一些非常低级的错误，哪怕是经验丰富的演讲者也可能会犯。他们虽然具有各种天赋，但是他们注意不到精力被分散的可怕。你一定不要像他们那样，而是要紧紧地扣住主题。

2. 成功地进行演讲

在演讲之前，演讲的素材总是非常原始和粗糙的。它们经过各种加工，最终变成了一件完整的产品。演讲之中需要加入多少细节，就要根据演讲的时间而定了。

差不多所有演讲素材都可以按照时间顺序、空间排序或事物内部逻辑关系来展开。就拿时间顺序来说，我们可以按照过去、现在、未来进行展开，甚至可以根据某天的事情发展顺序展开。

如果是根据空间排序，那么演讲者可以以某一个点为原始点，然后从这点向外拓展，或者依据东西南北的方位来展开。例如说到华盛顿，你就可以带领听众，从国会的最高点发散到各个方向来描述。假如你先讲述一台喷气引擎或者是一辆汽车，那么你最好把它各个部分分开进行谈论。

但是，一些演讲素材本身就具有内在的逻辑关系。比如说，美国政府就有着原有的组织形态，你只要按照三个部门——司法、行政、立法来进行描述，那么就会非常清晰明了了。

3. 条理清晰，一一描述

假如你用杂乱无章的语言向你的听众表述，那么你的听众一定会逃之夭夭。假如你想给听众留下条理清晰的印象，最简单的方法之一就是在演讲的时候，说清楚你有多少个要点，你想先说哪一点，再说哪一点。例如，你可以直截了当地说：

“我想说的第一点是……”在说完这点之后，你就可以提示你的第二点、第三点……照此类推，直到结束。

一位经济学家曾经在美国国会联合委员会举行的商会上进行演讲。他就非常灵活地使用了这个办法。

他是这样开始的：“今天，我的主题是：最有效最快速的经济增长方式，是减免几乎花费所有收入的中低收入人群的个人所得税。”

接着，他是这样说的：

具体来说……

然后……

另外……

到了结尾，他说：“总而言之，我们需要马上减免中低收入人群的个人所得税，好增加他们的需求跟购买能力。”

4. 简单易懂的语言

可能你会产生这样的想法：在你辛苦劳累了半天之后，你还是没法把自己的意思清楚地表达出来。尽管你非常明白这件事，但是想让听众也明白，就要你深入地去解说。这应该怎么办呢？我建议你，尝试把这件事跟听众熟悉的事情进行比较，告诉他们这件事和他们熟知的事情是一样的。

曾经耶稣的一个门徒发问，为什么耶稣喜欢用比喻来向人们布道。耶稣回答说：“因为他们虽然在用眼睛看，却什么也看不到；虽然在用耳朵听，却什么也听不到；所以说，他们便更不能理解了。”

当你向听众讨论他们所不熟悉的话题时，你能期盼他们对此有深刻的理解吗？这是非常困难的事情。因此，你需要想办法，用你所知道的、最简单的方法去解决，尝试把他们不了解的事情，与他们所熟识的事物联系起来。

回过头看看《圣经》里面，大卫是怎样描述上帝的眷顾的：上帝是我的牧羊人，没有他，我一天都不行。是他让我躺在绿油油的草地上，是他指引我到清澈的水边——在那片无边无际的绿色草原上，羊群能够饮用的水源边，这些都是牧羊人能够理解的事情。

再例如，假如要介绍化学催化剂在工业上的巨大用途，你可以尝试告诉人们这是一种物质，这种物质能催化其他物质发生变化，但是又不能改变物质本身的性质。人们也许还是很难理解这个概念，但是如果你提到一个男孩儿，他在学校里大吵大闹，又推撞别的小孩儿，但是他却什么事都没有，也从来没有被人打过撞过，这不是更容易让人理解吗？

8 当众说话场合下，你该如何塑造自己

〖卡耐基名言〗

1. 在演讲比赛获得名次的人，一般不会是那些演讲题材最好的人，而是那些讲话最有态度的人。

2. 在说话的时候，适当地运用沉默技巧，能够最大程度地发挥它的作用。

我在教导别人怎么讲话的过程中，走过不少错路。刚开始，我在教这门课的时候，浪费了大量的时间、精力去教学员怎么发声，怎么增加音量，怎么能让尾音更加生动有趣。这些对于花费了三四年时间去改进声音表达效果的人来说，确实是一个非常好的方法。但是对于成年人来说，这些方法根本没有什么用处。所以我开始把大量的时间和精力放在更为重要的目标上。我深信我会取得持久而有效的效果。值得庆幸的是，我为之付出行动，并取得了不俗的成绩。

1. 呈现出健康积极的形象

以前我强烈地要求我的学员，让他们从害羞的外壳中冲出来。虽然这需要一定的时间，但是却十分有意义。就像法国福煦元帅描述战争的艺术时所说的："概念性的东西非常简单，不过很不幸的是，当你要执行时却异常复杂和艰难。"讲话最大的障碍，就是紧张和害羞。这不仅仅是身体上的，还是心灵上的，并且随着岁月的增长还会变得越来越严重。

想要自然流畅地说话，并不是一件简单的事情。这需要不断地练习，才可以达到目标。假如你是一个小孩子，你能很自然地在台上面向大家流畅地讲话。但是，当你 24 岁或者 45 岁时，你还能像孩子时期那样自然地讲话吗？也许你还可以，但是更有可能的是你会变得紧张并且害羞，像一只马上就会缩回自己壳里的乌龟一样。

当你敢在众人面前自然地说话时，你就不会再退缩了。你会发现自己仿佛是一只从被关押的笼子里飞出来的小鸟一样，能够自由自在地飞翔了。

2. 塑造独一无二的个人风格

我们必须要记住一点，其他人的风格是不可以在我们身上完美呈现的。我们老是羡慕一些成功的演说家，他们把表演融汇到演讲中，能够流畅自如地表达自己，并且可以灵活地运用自己独一无二的个人魅力，说出内心的话。在这里很重要的一点就是，“说什么”和“怎么说”两者可不能混为一谈。

我曾经在一次公开的演讲会上，和一个年轻小姐相邻而坐。当钢琴家帕德雷夫斯基在弹奏肖邦的舞曲时，她正好在看曲谱。令她不明白的是，尽管帕德雷夫斯基在钢琴上演奏的音乐，与她弹奏的舞曲一样，但是她弹出来的效果却远不及帕德雷夫斯基弹奏得迷人。

其实，问题的关键不在于音符，而是他们的弹奏方式。帕德雷夫斯基弹奏的时候，他把自己个人的感觉、艺术的天赋和他独特的个性融合进去了，这就是普通人与天才之间的差别。一样的道理，俄国绘画大师布鲁洛夫在为他的学生的画作做了一点修改之后，这个学生惊讶地盯着画作，叫道：“啊！您只是修改了那么一丁点儿，这幅画就焕然一新了。”布鲁洛夫回答道：“真正的艺术就在于那一小点儿的改动。”

说话之道，和弹奏音乐、绘画的道理是一样的。在这个世界上，没有人是跟你完全一样的；同样的道理，没有谁与你拥有相同的思想，很少有人会像你那样说话。这就是你独一无二的个人魅力。

演讲者最宝贵的财富，就是独一无二的个性。你需要紧紧地抓牢它，保护它，并且发挥到极致，它会让你产生巨大的能量。“这是你个人特征中唯一的真实。”记住，千万不要给自己套上模子，抹杀了独一无二的个性。正因为你的与众不同，才会增加演讲的感染力和说服力。

3. 用最适当的方式表述出来

有些人会觉得：“不管你说什么，都不会比你如何说重要。”影响说话的重要性，不仅仅是词语，还有说话者的态度。假如他拥有良好的说话态度，那么这会让简单的事情产生深远的影响。比如，在演讲比赛获得名次的人，一般不会是那些演讲题材最好的人，而是那些讲话最有态度的人。因为他们的讲话态度，让他们把演讲题材发挥到极致。

我会用以下的例子，来告诉大家我的观点的正确性：

来自英国的政论家埃德蒙·伯克，他的演讲稿无论是从逻辑、条理，抑或是文章结构，都是极好的演讲作品。就算到了现在，全世界依然有一半的大学把他的演讲稿视为经典之作。

但是，你可能想象不出来的是，伯克本人却是一个十分失败的演讲者。他不具备能表达这些佳作的能力，他没法让他的演讲产生吸引力和震撼力。英国下议院将他称为“晚餐铃铛”，因为他一上台讲话，其他议员要不就是咳嗽，要不就是打牌，有的干脆睡觉，乃至是成群结队走出会议室。

从这里我们可以看到，一场演讲的成败取决于演讲者的态度，与演讲稿是没有特别大的关系的。因此，你必须要注意自己的说话态度。

与人谈话的时候，你要让他们觉得你像是在跟朋友聊天一样亲切友好。你很可能会进行得非常顺利，最后你也向听众解答了你的问题。你在谈话中，可以这样说：“诸位是不是也会有这样的疑问：你有什么证据来证明你的说法？当然了，我有充足的证据，现在我就告诉诸位……”接着，你需要回答你提出来的问题。这样的做法，会显得十分自然，不再是单独乏味地唱独角戏，你的演讲会显得直接和愉悦，就像在和朋友聊天一样。

很幸运，我听过洛基爵士的演讲。通过五十多年的思考和研究后，他以“原子与世界”为他的演讲题目。这是他的心理、思想和生命的一部分，他认为有一些不得不说的内容，他也不担心是什么，他早已忘了自己是在演讲。洛基爵士只在乎他想告诉听众有关于原子的事情，他满怀热情，一心希望我们能看到他所看到的，并且感同身受。他的演讲目的明确，表达流畅，并且充满了真情实感。

最终，他完成了一场不同凡响的演讲。这场演讲深深地吸引了听众，给他们留下了非常深刻的印象。然而我相信当他全身心地投入到演讲的时候，他并没有这样想。听众也没有把他当作“公众演讲家”。

假如你做了一次公开演讲，听众怀疑你是不是受过演讲的训练，那你可就让你的老师无地自容了，特别是培训班的老师。我期待你可以用自然的态度演讲，让听众无法想象你曾经受过“正规”训练。就好像一扇窗户，它不受人注意，仅仅是默默地让光线穿过。优秀的演讲家也应该是这样，他自然而不做作，听众不会注意到他的神态，只是了解到他演讲的内容。

4. 将自己的感情全都投入进去

一个人受到情绪的影响时，他真正的自我就会呈现出来。一个人只要投入了感情，不管是他的真情还是热情，都能帮助他达到他想要的效果。高亢的情绪将会帮助你跨越一切障碍物，在真情实感的驱动下，你的表现会自然，你的演讲也会自然。

许多人并没有留意到这一点，因为这个提议有点含糊不清，也不太精确，一般人希望能得到容易实行的建议，或者更加明确的建议，就好像是汽车驾驶手册上写的建议一样。我当然也希望可以这样做。

对于大部人来说，这样会简单得多。那究竟有没有这样的忠告和建议呢？有是有，但是毫无作用，它们会让你的演讲缺乏生命和趣味。我很明白这点，因为我在年轻的时候，就浪费掉了大量的精力和时间去练习这些准则。因此，这些准则不会出现在我的书上，因为乔治·贝林思说过："知道许多没有用处的东西，是毫无意义的。"

5. 做好细节，自然发声。

怎样让演讲更加自然呢？可能有人会说："我知道，就是强迫自己去做某些事，这就可以了。"可是，事实并非如此，假如你强迫自己去做某些事情，就会让自己变得像木头一样呆板僵硬，像机器人一样。

演讲者在和听众互动的时候，要利用好发音器官和身体的其他部位，按照演讲的场合和素材，耸肩，摇晃手臂，皱眉头，大声讲话，改变音调，改变说话的速度，但是这些都要自然流露。演讲者需要把这些灌输到各种自我训练中，可以利用录音设备来检查自己的音量和说话的速度，也可以请朋友做出点评，假如有专家进行指导那就再好不过了。

等站在台上，演讲者就要把自己融入到演讲中，集中注意力，让听众产生心灵和感情上的冲击，这样就可以讲得更加充满力量。

当你与别人谈话时，或许就使用了这些准则，而你却不会觉得自己使用了它们，就如同你的胃消化了昨天的晚餐一样自然，这才是使用这些准则的正确方法。想要达到这样的高度，我已经强调过很多次了，唯一的途径就是需要不断地进行练习：

（1）强调重点

在平时的谈话中，我们会对重要的词语加重语气，而对其他词语会轻轻带过去。这样的方法，可以突出重要词语。整个过程并没有什么稀奇的，只要你留意一下，就会发现你身边的人都是这样做的。很可能你昨天也是用这样的方式说了上百次上千次。毫无疑问，你在明天同样也会说上无数次。

（2）改变声调

在日常谈话中，我们的声音也会有高低起伏的变化，就像大海一样永远都是起伏不定的。为什么我们会这样？没人知道，也没有人关心。但是，这样的方式让人觉得愉悦，而且也是一种非常自然的说话方式。我们不需要去学习就可以做到；我们从小就是用这种方式去说话，并没有刻意学，却在不知不觉中掌握了它。

但是，当我们要在听众面前说话时，我们的声音就会变得乏味枯燥，平平无奇又了无生趣，就像一片沙漠一样。假如你发现自己经常用又高又尖的声音讲话，那就要停下来好好地反省一下："我现在就像机器人一样讲话，我向他人说话时，要多点儿人情味，要自然一点儿。"

在演讲的时候，稍微停顿一下，你就可以有时间去思考，找到相应的解决办法。

（3）变换语速

小孩子在说话的时候，或者我们在日常与人交谈的时候，总是会不断地改变语速。这样的方式让人觉得自然和愉悦，还会有突出强调的效果。实际上，这也是突出强调的方法之一。

尝试下面的练习：快速地说出“3000万美元”，语气要平常，听起来就好像是一笔很小的数目。

请再说一次“3万美元”，语调要慢一些，并且充满厚重感，好像这个金额对你来说极为深刻，这样一听，是不是觉得3万美元比3000万美元还要多呢？

（4）在适合时宜注意停顿

林肯在说话中，说到他想突出的重点，希望能给听众产生深刻的印象时，他的身体就会前倾，注视着对方的眼睛，停顿一分钟什么都不说。

这突如其来的沉默就像突然的吵闹声，它们有着相同的效果——足够吸引人们的注意力，让人们留心听他接下来要说的内容。

一个写过林肯传纪的作家说过：“这些简单的话，和他的演讲态度一样，打动了每一个人。”他会用沉默来增加演讲的力量，也会让演讲的内容走进听众的内心，对他们的感情产生影响。

洛基爵士在演讲的时候，也会在重要的内容前停下来。他有时会在一个句子上停顿三四次，不过他的做法非常自然，不会让人觉得刻意，而且也不会引起他们的注意——除非他们是想分析洛基爵士的演讲技巧。

伟大的诗人吉卜林说过：“你的沉默，说出了你的心声。”在说话的时候，适当地运用沉默技巧，能够最大程度地发挥它的作用。沉默是一种强而有力的技巧，你不能忽视它的重要性。不过，很遗憾的是，初学者经常会忽视它。

假如你练习本章的技巧，你的演讲可能还会有各种各样的毛病，如跟你平时说话完全不一样，声音也不会让人觉得舒服，可能会在文法上存在错误，举止粗鲁，甚至还会有令人不悦的举动……

不过，只要坚持按照这些技巧练习，就能够慢慢完善你的说话方式，令你的演讲越来越完美自然。

9 演讲是否精彩的关键在于开头

卡耐基名言

1. 要使对方的注意力深深地被你吸引，你可以从一开始便制造悬念，进而引起对方的好奇。

2. 一种十分强有力的开场方式是使你的第一句话成为你的主题句。

3. 事物存在正反两面，那么要避免这些不好的开场方式，采用它们的反面就可以了。

尊敬的林·哈罗德·胡教授是前西北大学校长，我曾经询问过他，在他漫长的演讲生涯中，他认为演讲中最重要的是什么。他稍加思考之后告诉我说："我认为最重要的是开场白能否吸引听众的注意力。"不止是林·哈罗德·胡教授这样认为，我以前请教过的很多演说家也是这样认为的，他们认为开场白尤其重要。

一个好的开始是成功的一半。开场白在一场演讲中的作用真的很大。威尔逊总统在当年的国会上发表演说："我有义务向诸位坦白，我国和德国的关系出现了一种全新的情况。"这是针对德国潜艇战发出最后通牒时所发表的演讲，仅仅几十字，便足以使人们非常注意这件事情了。

如果把演讲看作是飞机飞行，那么飞机的起飞就是开场，假如开场失败，则说明飞机起飞失败——虽然不尽相同，但却同样危险。平淡的甚至是极其失败的开场把自己精心准备的演讲破坏了，这是每一个演讲者都不希望发生的事情，但这一点并非是所有人都可以避免的。

在开场的时候便紧紧地抓住听众的注意力是我们所希望的，这样可以与听众建立密切的、融洽的关系，我们不希望发生相反的情况。我们期望在听完我们的开场白之后，听众会说："看来我应当认真听一下接下来的演讲。"如果这也是你所期望的，那么你应当把下面这些可能导致你开场失败的情况避开——其中一些情况人们一度认为是很合适的。

1. 道歉

一开始就听到不好的消息是任何人都不希望的，除了发生你一不小心碰倒了东西或者把演讲大厅的灯按掉了这样的事情，否则你不需要去道歉。

尽管听众并没有表现出来，但是你的借口或者道歉并非是听众所喜欢的。你要知道听众是怀着极大的热情前来听你的演讲的，因此你没必要浪费他们的时间！

你内心的不安会促使你去道歉。虽然这种不安是极其自然的事情，但是在一开始的时候你没必要讲出来。听众怀着很大的热情去倾听你的演讲，却听到你说："非常抱歉，由于时间原因，我只能大概给大家讲几句。"你觉察到什么没？这很清楚地说明你是十分自私和以自我为中心的。难道听众不够资格站在这里听你讲话吗？

有的人可能会这样说："我很抱歉出现在你们面前的是我，而非原来那个演讲者。"这样说你以为会对听众起什么作用吗？这无非是对听众以及对演讲者的蹂躏。

2. 消极否定

下面有这样一个开场白，大家听一下：

"我期望听我的演讲不是在浪费大家的时间，虽然我确实没有做好充分准备……"

或许你真的是为了得到听众的原谅才讲出这样的开场白，因为你"确实没有做好充分准备"。但是，这毫无疑问是自杀式的开场白，你会因这样的开场白而一无所获。因为你不仅否定了自我，同时也否定了下面的听众。因为，你的开场白透露出这样的意思："你们并非是重要的。"否则，你为何不做足准备呢？

假如你采用这种自我否定式的开场白，那么后果是："继续下去，将会是毫无意义的。"

3. 刻意的幽默

如果将幽默作为开场白，这样有些像成功率较低的赌注——冒险是我所提倡的，但是赌博我坚决反对。许多喜剧演员都说过："死是很容易的，但是难的是要演好喜剧。"的确，困难的就是制造幽默，尤其是你制造的是与你的演讲有关联的幽默，开场用幽默的方式无疑是自己给自己制造麻烦，这会导致你的演讲冷场。

把幽默作为开场白是无数演讲者所喜欢的方式，就像没有其他方式一样。你可能会说，他们已经成功了，听众是喜爱听的。浅层次看起来这似乎大受听众欢迎，似乎是成功了，但是现实情况并非如此。因为听众如同观看了一部搞笑剧一般，看过之后便不记得它的表演者和演讲的内容了。

4. 深奥专业的词汇

如果你不是想要吓跑或者吓唬听众，那么你就不要在一开始把陌生、古怪的词语搬出来。听众的兴趣会因为这些无聊透顶的词语消失殆尽。运用这样的开场白还不如不用，尽管你想表现自己，体现自己学识渊博、高深莫测。

5. 老生常谈

如果你的开场白是一成不变的或者是流行的、低俗的话，那么这会使听众感觉厌烦和失望，因为对于他们而言，这样的句子已经听过无数次，耳朵已经对此失去灵敏性，丝毫不感兴趣了。你需要用点儿心思尽量给听众全新的感觉，这一点并不难做到。

6. 对待听众有区别

对于台下所坐的重要人物，如政府官员、学术权威或德高望重的人，一些演讲者会多次特别提及他们。当然我并非反对提及他们，但绝对不可以让其他听众感觉自己被轻视了。万万不可对听众差别对待，否则大多数人对演讲的兴趣都将荡然无存。你需要让他们知道，在你看来他们全都是重要的人物，并且他们已经被注意到了。

7. 你是被强制演讲的

人都会有这样一种认知：如果强制你做一件事情，大多数情况下你都不能做好，有可能你本可以做得更好。但是，的确有一部分演讲者会告诉听众自己是被强制来进行演讲的。无疑这种开场白会使听众生出许多无谓想象，比如你会讲些其他的事情——为什么你会被强制，被强迫呢？尤为重要的是，这句话暴露出你的无奈和消极情绪。在这样的情形下，你所讲的东西想让听众真正感兴趣是很困难的。

8. “讲这个是十分困难的”

这句话明显表达出你的自信不足，没人愿意听一个没有自信的人絮叨。因为，这样会使他们感觉听的不是自己想要的东西，所以万万不可这样讲：“我对这个主题感到十分吃力……”

这种开场白无疑会把你的怯懦表现出来，难道你是担心自己在演讲中出现差错，权威会笑话你？既然这个主题已经被你选定，那么你肯定是十分熟悉它的——除非是别人替你准备的演讲稿。如果听众把你演讲的内容看作是你的个人意见，那么又怎么会介怀你在演讲中出现差错呢？

10 整体协调，方得圆满

卡耐基名言

1. 如果你想要使演讲达到高潮，那么你可以在做结论的时候想办法达到。

2. 假如你可以做到像乔治·科哈恩所说的：“在和别人说再见的时候，让他们的脸上带着笑容。”那么这就可以证明你已经相当成功了。

3. 要想你的演讲紧凑就要保证结论和开场白相呼应，如此一来，才会使得演讲有始有终。

判断一个演讲是否出色可以看它的开头和结尾，如果开头和结尾是糟糕的，那么这将是一个不出色的演讲，如果开头和结尾都很精彩，那么这个演讲肯定不是糟糕的。

我曾经采访过一位工业家乔·福·詹森。当我刚刚进入他的办公室时，他说：“你来得刚刚好，我即刻就要去进行一场演讲了。你看，它的结尾我已经准备好了。”

我说：“作为一名演讲者，难能可贵的是可以预先在头脑中有清晰的思路。”

他说：“哦，我只是刚刚有了初步想法，很笼统的概念和结尾方式，思路还不是特别清晰完整。”

詹森先生还谈不上是一个专业演说家，他的许多次成功的演讲都是根据自己的经验进行的。他认识到两点，首先是对一个演讲来说结尾是非常重要的，其次是需要合乎情理地进行推理，从而得出结论。可以说结论是演讲中最重要的一部分。当演讲者演讲结束后，听众的脑海中若还停留着他的这几句话，那么他们将会长久地记住这几句话。

如果把开场白比作飞机起飞，那么结论就可以看作是飞机的降落。我期望你可以做到“起落安妥”，要做到这一点，你需要避免以下几种错误的结尾方式。

1. 不做出结论

不知道该如何结束自己的演讲是许多演讲者常常遇到的问题。他们演讲的过程就如同带领听众去旅行，可是旅行没有经过规划，他们不知如何停下来，只是带领听众进入一个又一个“景观”，并做了详细描述。他们终于意识到自己该结束时，是天黑的时候。虽然没有任何结束语，但这场演讲他们确实是表达完自己的想法了。

这是一种掉进无底洞般的感觉，这种感觉十分难受，因为没有任何预兆便把本来愉快的心情关闭起来了。

2. 不是结论的结论

很多人在演讲结束时可能会说：“关于这件事，我可以说的只有这么多了。”或者他们会说：“谢谢大家。”

如果他们说自己的演讲已经结束，那么他们就应当坐下来。否则他们做出这种结论似乎就像打着幌子，为了把自己不会做结论的事实加以掩盖。

3. 无条件的结论

成功的演讲者会在演讲刚刚开始的时候把自己想要得到的东西告诉听众，同样在演讲快要结束的时候，也期望听众能满足自己的要求，因为演讲本就像一场公平的交易，是很自然的事情，而且大家通常都会很容易接受。

听众的兴趣被吸引，也是因为有这样的方式，使他们有参与感。

4. 反复的结论

使听众无比厌烦的是重复说过的话，若结论也是照搬前面讲过的话，这样会使你处于不利的地位。所以，当听众说：“怎么又是这样”的时候，你必须要注意了。

5. 仓促的结论

只有平稳的操作技术，开车才会使人感觉舒服，演讲也是同理，但有一部分演讲者总是快速地结束演讲——以至沉浸在演讲中的听众有很大的落差感。听众会感到非常不解：“难道这样就结束了吗？”这种令人感觉不愉快的程度就和在没到达目的地的时候汽车抛锚一般。在听众听得兴致勃勃时演讲者突然结束演讲，让人匪夷所思，听众甚至不知道演讲者是如何得来的结论。

6. 缺乏信心的结论

之前我已经强调过多次了，要想取得良好的效果便要充满信心地讲话。因此，你在演讲的结束部分也要充分注意这一点。

有一些人在演讲中可能会说道：“你们可以看看我说得有没有问题。”这样的提问等同于自杀。提问题我并不反对，但是提问题的方式很重要，提哪方面的问题也很关键，自杀式的提问方式必须要避免。

“前面我所讲得不一定全对”这样的话语不要讲。你知道听众因为你这句话会多么郁闷吗？听众满怀期待，用心听了很久你的演讲，结果得到的结论却是你在乱说一通。

7. 烦琐的结论

很多时候一些演讲者的总结多于他们的论述，我们应当知道对前面所说的话的概括可以称之为总结，展开一番论述不能叫作总结。

对于这种结论远远多于主要观点的演讲，我看到的是听众一个接一个地离去。无人会强迫自己再来听你的第二次演讲，更别提还是同一个主题的。

8. 前后失衡的结论

你的开场白气势磅礴，但是结尾部分却匆忙收尾，这会让人感觉你也怀疑自己的观点了，或者你不愿意讲下去了。

当然，或许你做出的结论可能很用心了，但是还是不如开头那样规模宏大，前后差别太大。因此，你的结论与开头必须相呼应，前后一致协调，不要使听众感觉头重脚轻。

11 面对听众的问题该如何解答

卡耐基名言

1. 保持诚恳、谦虚的态度，严肃认真地处理听众的问题。

2. 正视现实，适应无法避免的情况。

3. 回答问题可以体现一个人的灵敏度，艺术地回答问题可以表现出一个人说话的技巧以及反应能力。

问题要如何解决是十分重要的事情。有一个夸大的说法是，如果你不能回答听众的提问，那么你发表的精彩内容可能会被怀疑是他人的演讲稿——听众会怀疑你是冒充的。当然，如果对于听众的提问你都能巧妙回答，那么即使你是假的也会变成真的。

爱因斯坦曾经在美国的许多著名大学中做过很多次演讲。有一天他的司机说：“教授，我已经听过你很多次演讲了，我认为我也可以演讲你所讲的内容了。”爱因斯坦说：“可以，那今天晚上就让你来演讲。”

接着，在演讲时那位司机被介绍成爱因斯坦。令人很意外，这个司机演讲得很好，连动作和神态也像极了爱因斯坦。但是在演讲过程中他却无法回答一位学者所提的问题，实在没办法了，这个司机急中生智脱口而出道：“让我的司机来回答你这个简单得不能再简单的问题吧。”

这个故事告诉我们，回答提问往往是演讲过程中最令人头疼的事情。事实的确如此，多么厉害的演讲者，被提问的时候都会感觉紧张，我了解的大多数演讲者都是如此。

提问者的问题我们无法避免，一味逃避问题只会让演讲者在演讲过程中获得失败——只因他们无法正确处理问题从而导致整个演讲失败。那么，我们应该做什么？又该怎样处理这些问题呢？这里是我的一些建议。

1. 首先战胜内心的恐惧心理

对未来的不确定，便是恐惧的根源，在前面我们已经讲过。因此，我们需要做的是：对于提问千万不要产生恐惧心理。

如果你允许听众提问，那么他们就有可能问各种各样的问题，这也就说明你接受了这种考验。提问的问题，或许是你之前想过的，又或许是你从未想过的。你的主动权已经失去了，所以你会感到害怕。

我曾经说过，说话是一种冒险，你应该还记得。为了解决听众的疑问，为了使演讲取得很好的效果，你要接受提问。或许你并不被这一点吸引，但是它是演讲的一部分，或者是演讲的延伸。而且你的演讲也会因你精彩地回答而增添不少光彩。或许你可以通过对提问的精彩回答来弥补本身并不特别出色的演讲。

事实上，如果你非常熟悉自己的演讲内容，那么也不存在什么问题。至于失去的主动权，自己在一定程度上还是可以掌控的。

2. 演讲前做好充足的准备工作

如果你真的可以预知听众的提问，那么便可以满怀自信地应对了。因此听众会提什么样的问题，你可以提前预想一下。

把你的知识运用起来，深入思考听众可能会提什么问题，把演讲和听众充分考虑进去。你甚至可以事先找个朋友对你的演讲提出疑问，准备工作至少可以被你做好。

当然，这些准备工作做好后，最坏的打算你也要做好。要想到，你不曾考虑或有些刁钻的问题可能会被听众提出来，也要考虑如何处理这些问题，是要把这些问题转移，还是要说：“不好意思，我还没有认真考虑过这个问题，回去我会仔细思考的。”当然，这样的情况尽量不要出现。因此你的准备与你成功的概率是成正比的。

3. 能够主动控制听众的问题

想要更加容易地化解这场危机就要掌握话语的主动权。不过首先应该承认，听众在提问时便掌握了话语的主动权——即使是一时的。但这并不能表明你无事可做，你必须要约束提问者并且控制他们的提问，尽自己最大的努力来做这件事情。

一般情况下，能够就合理的提问给出正确答案的演讲者都是经过充分准备和深入思考的。令人遗憾的是，不合理的问题那些提问者也有可能会问。因此，你可以说：“我接下来将会回答你们提出的一切合理的问题。”“合理”这个关键词是必须要强调的，那些与你的主题没有关系的你没必要回答。如果你回答了那些刁钻古怪的问题，也表示你的主动权丧失了。

有一个不错的方法是有效地控制提问时间。你打算把提问环节放在什么时候，你在开始演讲时就可以告诉听众。给听众太多提问时间或随意提问的机会，会使你处于劣势。如果听众准备了长篇大论表达自己的疑问，你可以说："请问，你的问题是……"另外，想要演讲成功，你需要照顾到每一位听众，不能给一个人或一小部分人太长时间。

4. 有技巧地回答听众的提问

很多演讲者关心的一个问题是如何正确回答听众的提问，事实上前面几步我们已经做到了，接下来这种情况我们就可以应对自如了。

首先，对提问者的提问仔细倾听，尽可能把他们的真实意图发掘出来。你可以对他们提的问题换一种说法："事实上他想问……"

其次，把提问者的问题复述一遍，确保你理解正确。你可以要求提问者把含混其辞的问题解释清楚；你要礼貌地把错误的问题指出来。

最后，构思你的答案需要创造时间，不要急于回答你已经事先想好答案的问题，这样才可以彰显对于提问者的问题你认真思考了。

我们回答问题应遵循以下三点：一是答案简洁，不要重复解释，不要无节制发挥；二是直面问题，不随意转移话题，似答实避，让人感觉虚假，不礼貌；三是为了强调你的回答是"合理"的，你需要提及前面的内容，同时也可以让听众加深对演讲内容的印象。

5. 让听众感觉自己是被重视的

相比于演讲者给出的答案，听众更在意演讲者反馈给自己的态度。因此，需要尽可能地保持诚恳的态度，使听众知道自己是被重视的。不管倾听问题还是回答问题，你都必须注意自己的言行举止。对于那些紧张的提问者要多加鼓励，对于提出好问题的提问者要予以称赞。必须要严肃认真、谦虚谨慎地回答问题，即使是一个很简单或很愚蠢的问题，也要认真对待。

6. 不要惧怕质问者的刁难

质问者和提问者是不一样的，提问者的目的是为了自己能够得到更加清楚的答案，而质问者的目的是为了使演讲者难堪。

大多数演讲者的噩梦是被质问者打断，而并非是前面所提到的几种情况。因为有目的不单纯，居心叵测，想看演讲者笑话的质问者，所以你更应该在这个时候抓住机会来表现自己，给你提供机会的正是这些质问者——或许他们被你反驳的同时，能够使听众对你的演讲印象更深刻。你不能使你的演讲因为质问者的存在而受到不好的影响，因此用反驳来维护自己的意见是最为关键的一点。

第五篇

所向披靡的辩论语言

1 见机行事，幽默对答

卡耐基名言

1. 遭遇困难时，要精于随机应变，要随着形势的变化确定相应的策略，进而在变化中取得成功。

2. 一个杰出的论辩者若想纵横于狡诈多变、锋芒逼人的论辩世界，随机应变的能力就必不可少。

在人生竞技场上，见机行事和以变制变是普遍的规则。

在社会这个绝对开放的大系统里，变幻莫测，险象环生。人们一定要明白，没有适用于所有人的生存攻略，若想在瞬息万变的社会中立足，就要对不断变化的动态了如指掌，对各种各样的对手所具有的特点了然于胸，也要做到对其策略和手段心中有数，不断调整自己的对策，以应对即将发生的变数。

1492 年 10 月，哥伦布发现了新大陆。第二年年初，哥伦布返回西班牙后，受到了举国欢迎。然而，这一发现却招来了一些贵族、官员和学者的妒忌，他们嫉恨他得到的礼遇。一天，国王为庆祝哥伦布的发现而举行了隆重的宴会。宴会期间，有人对哥伦布当面嘲讽。他们装模作样地说："海那边有个新大陆让你给发现了？那有什么了不起的？任何人横渡大西洋后，都能发现，只不过，你碰巧先发现了而已。这也不是什么难事，任何人都可以做到。"

哥伦布一直保持着沉默，那些人继续得意扬扬地冷嘲热讽，这时，哥伦布从宴会桌上顺手拿起了一个鸡蛋，向众人说道："你们谁能让这个鸡蛋尖朝下立起来？"

众人纷纷要试试，但是没有一个人成功，他们一致表示这是无法办到的。只见哥伦布伸手拿起了鸡蛋，将尖端往桌子上轻轻一磕，蛋壳被打碎，鸡蛋就稳稳地立了起来。围观的人哑口无言，但很快，就听见人群里发出唏嘘声："蛋壳被打碎了，这不算数！”

哥伦布说道：“我刚才没有说蛋壳不能打碎。这件简单的事情任何人都可以做到，但你们却表示无法做到。可别人做到后，你们又说，这么简单的事情什么人都可以做到！各位，讥讽嘲弄并不能掩饰自己的无能、愚蠢！”

哥伦布面对来势汹汹的官员贵族的嘲讽时，随便拿了个鸡蛋，加以活用，便让那些自以为是的家伙自惭形秽、无言以对。

随机应变反映的是论辩者的灵活思维。人们在思考时，习惯于按照原有的思维，这在心理学上叫作“定势”。定势是由以前的心理活动引起的一种心理准备状态，当人们再去接触新鲜事物时，人们总会按照原有的思维进行思考，这样人们就会用一种相对固定的思维方式去反应和认知新鲜事物。如果碰到熟悉的问题或一般问题，定势能帮助人们快速、顺利地解决问题，然而，如遇到罕见的或意外的问题时，原有的思维里没有现成的“模式”来接纳，就会让人无计可施。因此，一个杰出的论辩者若想纵横于狡诈多变、锋芒逼人的论辩世界，随机应变的能力就必不可少。

苏联诗人马雅可夫斯基擅长演讲，他在给众人演讲时，善用幽默诙谐的语言，台下听众席里常常掌声不断、笑声不断。在一次演讲进入尾声时，一个瘦高个儿听众跑到台前，伸长脖子冲他喊：“我听不懂你的笑话！”

“难道你是长颈鹿？”马雅可夫斯基回应道：“长颈鹿的脚在周一浸湿了，周末才能感觉到！”

“我该给你个提醒！”瘦高个儿大吼，“伟大和可笑间只有一步之遥！”

“没错，”马雅可夫斯基指指自己和瘦高个儿，反击道：“伟大和可笑，就是一步之遥。”

“你写的诗都是危言耸听，不能让人燃烧，也不能让人沸腾，更不能让人受到感染。”瘦高个儿接着说。

“我的诗不是火炉，也不是开水，更不是鼠疫。”马雅可夫斯基笑着回答。

“你说过，自己身上沾满了习性和传统的污垢，应当把这些洗净，既然你需要洗净身上的污垢，那就说明你是肮脏的了。”瘦高个儿得意扬扬地继续讥讽道。

“你不需要清洗，就能说明你是干净的吗？”马雅可夫斯基反讥道。

“你写这样的诗是不会长命的，你明天就会挂掉，你在世人的心里也会很快消失，你成不了永垂不朽的人！”瘦高个儿理屈词穷，恼羞成怒。

“好吧，一千年之后请你再来跟我说这话吧，要是你到时依然活着的话！”马雅可夫斯基接过对方的话茬儿说。

马雅可夫斯基遇到别有用心的对手的挑衅时，能够泰然自若，迅速反击，又能妙语连珠，舌灿莲花，将随机应变的各个特点表现得淋漓尽致。

萧伯纳曾说过："有智慧的人让自己适应世界，而愚蠢的人坚持让世界适应自己。"

随机应变乃世上的大智慧，为才华中的才华，睿智中的睿智。只要将随机应变的艺术领会透彻，学会应变、善于应变和精于应变，就能审时度势，从容应对，就能在变化中找到机遇，在变化中节节胜利。因此，通晓随机应变的人最终的归宿只有一个——成功。

2 学会尊重他人，委婉指正他人错误

卡耐基名言

1. 如果要反驳对方的荒谬之谈，不必一定从正面反驳，而是可以先肯定对方的论点，紧接着在这个论点的基础上进行推论，然后推出一个不言而喻的荒谬的结论，再将此结论进一步推到更极端、荒谬的地步，让对方的论点不攻自破。

2. 在辩论中，采用类比的方法，关键是要能洞悉对方的命题里隐藏的荒诞之处，然后对其进行扩展和深化，再对其性质进行强调，让其暴露出来，伴随着扩展深化，驳论的力度也将愈加强烈。

类比法是指这样一种逻辑思维方法，即如果两类或两个不同事物间在某些方面存在相同或相似的特性，进而可以推导出，它们在其他方面也可能存在相同或相似的特性。通过比较两类或两个不同的事物，找到其相同或相似的特性，然后以此为据，将其中一个事物的相关知识平移到另一个事物里，这就是用类比法进行推理的过程。

类比法的特性是用此现象推导到彼现象，用已知推导到未知，用这种道理推导到那种道理，进而由一致的现象推导到一致的结论。所以，这种方法在辩论中经常被使用。在辩论中采用类比法的基本要求是，先提出浅显易懂的、对方能接受的事情，然后再顺势推导到对方还未接受或未认识到的道理。

美国建国初期制定了一条法规：要想成为议员，首要条件是要有30美金。这条法规实则是将当时贫困的黑人群体阻挡在外。很显然，这条法规有失公平公正，然而表面看来又不会荒谬至极。

美国科学家、政治家富兰克林极力反对这条法规。他当时在辩论中就采用了类比法来反驳此法规，他由看似合理的、崇高严肃的法规推导出了荒诞的结论。他当时是这样辩论的："如果竞选议员，就要有30美金财产。这样说可不可以，如果我拥有一头价值30美元的驴，那我就有资格竞选议员了。我成功竞选一年后，我的驴死了，我就不能继续当议员了。请问，这议员到底是我还是驴呢？"

一条看似合理的法规最终变得荒诞至极，这是因为富兰克林在运用类比法时加进去了两个假定。第一个是，假定30美元等同于一头驴。其实，30美元也可以等同于一只天鹅，然而天鹅并不能诠释愚蠢，所以，此论辩中，用驴举例比用天鹅能取得更好的效果。富兰克林的高明之处，就是通过30美金把一头驴和神圣庄严的法规联系到了一起。这种联系虽然让法律制定者没法接受，但他们又找不出反驳的理由，这里就是运用了等价交换的方法。第二，他又借助偶然事故，让驴死亡，又让驴和人脱离开，这样，30美元与驴之间的关系转换成了驴和议员之间的关系。

富兰克林在这里采用的类比法既起到了强烈的讽刺作用，又显示出他具有强烈的幽默感。在他的类比下，就好像有时美国的议员是驴在当，怎能不变得荒谬至极?

在辩论中，不少人都能将这种类比推理的方法灵活运用，把对方提出的论点里的条件，进行推论、扩充和延伸，然后再据此找到一个相对特别的条件，使该条件有悖于对方的结论，从而将对方的观点驳倒。

在辩论中，采用类比的方法，关键是要能洞悉对方的命题里隐藏的荒诞之处，然后对其进行扩展和深化，再对其性质进行强调，让其暴露出来，伴随着扩展深化，驳论的力度也将愈加强烈。

加拿大前外交官朗宁，出生于传教士家庭。30岁时，朗宁去参加省议员竞选，在竞选过程中，莱特率领的反对派对他进行攻击。

辩论过程中，莱特说道："你有什么资格参加竞选？你是喝外籍人的奶长大的，肯定有外籍人的血统。"

朗宁冷笑一声，反驳道："照你这么说，喝什么样的奶就能有什么血统。请问阁下，你每天都喝加拿大的牛奶，那你身上肯定就有加拿大牛的血统了？你小时候一定还喝过加拿大人的奶。所以，你身上岂不是既有加拿大牛的血统又有加拿大人的血统？这样一来，你不就是牛和人的混血儿了吗？"

莱特为首的反对派面对这么痛快而直接的驳斥毫无招架之力，也无法出言反驳，终以惨败收尾。

上述例子都有一个显著的特点，即如果要反驳对方的荒谬之谈，不必一定从正面反驳，而是可以先肯定对方的论点，紧接着在这个论点的基础上进行推论，然后推出一个不言而喻的荒谬的结论，再将此结论进一步推到更极端、荒谬的地步，让对方的论点不攻自破。

从某种程度上来说，辩论的过程也就是论证自己观点正确的过程，同时也是证明对方观点错误的过程。以其人之道，还治其人之身。类比法就是反驳对方论点最强有力的武器，它不仅是一台显微镜，能将对方论点里的谬误鲜明地找出来，还是一面放大镜，将对方的谬误放大，使对方的论点不攻自破。

3 始终让对方回答“是”

卡耐基名言

1. 二难推理是一种威力强大的论辩武器，它能把论辩者反击时的强有力作用鲜明地呈现出来，如果加以善用，就能让人把对手引入骑虎难下的困境。

2. 运用二难推理，必须遵守充分条件假言推理的相关规则，如果违反规则，被对手抓住要害，则会让自己陷入被动。

如果某件事有几种可能性，并且每种可能性都会产生不同的结果，这常被称为假言选言推理。假如一件事有两种可能性，并且这两种可能性产生的结果都让某对象很难接受，换言之，两种结果都关系到某对象或者某对象与其他对象之间的利害关系，这时，这种假言选言推理就被形象地称作二难推理。

在辩论时，二难推理时常被用到。该推理显著的特征是，一方提出两种可能性，让另一方对任何一种可能性不管做出肯定还是否定回答，都会陷进进退两难的困境。

古希腊有一个国王，打算处死一批囚犯。当时的死刑有砍头和绞刑两种。至于用哪种方法，国王决定让每个囚犯自己选择。他给出的条件是：囚犯需要任意说出一句能立刻辨明真假的话。假如囚犯说的是真话，就会被处以绞刑；而假如说了假话，就会被砍头。结果，很多囚犯不是因为说假话被砍头就是因为说了真话被处绞刑。

这批囚犯中，有一个机智过人的囚犯。当他面临这个问题时，他对国王说道：“我要被砍头。”

国王听了这句话，进退两难，如果按他说的砍他的头，那他说的就是真话，但说真话是应该用绞刑的；而如果对他实行绞刑，那他的话就成了假话，而说假话则应该被砍头。不管是砍头还是绞刑，国王都无法做出决定，最后只好把他释放了。

从推理形式来看，该囚犯对国王提出了一个“简单组成式”的二难推理：

如果处以砍头，那就与国王原本的决定相悖。

而处以绞刑，同样也与国王原本的决定相悖。

总而言之，不管砍头还是绞刑，都会与国王原本的决议相悖。

在论辩中，如果一方提出有两种或更多可能性的命题，并要求对方从中选择，而实际上，对方不论选择哪种可能性，结果都会让他左右为难。此方法表面上是给对方选择的机会，但实则暗藏陷阱，对方不管做出何种选择都跳不出早已铺就的圈套。

古代有个国王善论辩，自认为世界上没人能辩过他。为了一显自己的雄辩之才，他设下擂台，向天下昭告：“若有人能说出一件让我承认是谎话的荒唐事，我就分他一半江山。”

众人闻讯，纷纷前来打擂。各种瞒天大谎最后无一不被被国王驳回。

有个官员对国王说：“尊敬的国王陛下，我拥有一方宝剑，宝剑只要指向天空，就会落下很多小星星。”国王反驳道：“这有什么稀奇的，我爷爷有个烟斗，烟嘴含在嘴里，另一头就能够到太阳，并让太阳点火。”

官员听后，灰溜溜地离开了。

有个地主前来，对国王说道：“请陛下原谅，我本想早点儿赶来的，奈何昨日下暴雨，天空被闪电撕裂了，我只好请一个裁缝去给缝上。”国王回复：“做得对，只是你请的那个裁缝的手艺不怎么样，天空并没有被缝好，今早又下小雨了。”

地主也沮丧地走了。

一天，有个农夫手里拿着一个斗来了。国王纳闷儿，问道：“你为什么拿个斗？”农夫回答：“陛下，您欠我一斗金子，我是来讨回金子的。”国王惊呼：“我什么时候欠你一斗金子？胡说！”

这时，农夫神色自若地说：“既是谎话，把一半江山分给我吧！”国王慌不择言：“哦，不！不！你没有胡说。”农夫笑道：“既然这样，那就给我一斗金子吧！”国王一时不知所措，前后为难，“这个，不，这是真话，不，是假话……”

此时，自诩能言巧辩的国王瞠目结舌，深陷左右为难的困境。

二难推理是一种威力强大的论辩武器，它能把论辩者反击时的强有力作用鲜明地呈现出来，如果加以善用，就能让人把对手引导到骑虎难下的困境。二难推理的关键是，不管对手做何选择都会陷入两难境地，如果提供的某些选项不能让对手为难，对手很可能就会趁虚而逃。唯有不断设立障碍，才能让对手逃遁无门，束手无策。

二难推理务必遵循两个原则：第一，假言前提的前件和后件之间要具备确凿可靠的充分条件关系；第二，选言前提的选言支一定要有尽头。不然的话就是一个错误的二难推理。然而，如果要遵循这两个原则，仅靠逻辑知识是远远不够的，因为假言判断和选言判断都是该推理的前提，以上两个原则实质上是为保证这两个判断的真实性而存在的，而判断的是否真实，不是依靠逻辑性，而是要借助于具体的科学知识。

4　引经据典，暗藏玄机

卡耐基名言

1. 论辩中恰当地借助典故，可以让人们从典故中获得启发，从而增强雄辩力。

2. 在论辩中，基于权威给人们的定势，借助权威的威严形象和权威的论断，能够使论辩者的论辩具有无法抵御的力量。

在论辩中，论辩者引用名言警句和典故来为自己的论证增强说服力，以证明自己的论证是千真万确的，而对方的陈述则是错误百出或荒谬不已，这种论辩艺术被称为引证术。引证术的主要特征是将名言、典故引入自己的论辩，让自己的论据更有说服力和感染力，同时也让语言更加生动有趣。

第二次世界大战期间，一群美国科学家打算制造原子弹，并且把这项工程命名为“曼哈顿工程”。核物理学家西拉德写了一封信，内容是恳请美国政府一定要先于希特勒研制出原子弹，然后让爱因斯坦署名，并请美国著名经济学家、罗斯福总统的私人顾问亚历山大·萨克斯把信呈给总统。

1939 年 10 月 11 日，萨克斯和罗斯福总统进行了一次意义非凡的谈话。萨克斯首先把爱因斯坦署名的信件呈给罗斯福总统，然后把科学家们的核裂变发现的备忘录拿出来诵读。但罗斯福总统对那些深奥的科学阐述一窍不通，也听不懂，所以反应冷淡。

总统听完，对萨克斯说：“这些非常有趣，但现阶段政府干预此事还为时过早。”

萨克斯费尽口舌都无济于事，只好暂时告退。为了表示歉意，罗斯福总统邀请萨克斯于第二天早晨七点共进早餐。由于形势严峻、责任重大，被敷衍的萨克斯回去后绞尽脑汁思索着说服总统的妙计。

第二天，共进早餐时，未待萨克斯开口，罗斯福总统就抢先说道：“今天不谈爱因斯坦的信件，半句也不行，知道吗？”

“总统先生，我谈历史可以吗？”萨克斯对总统笑道：“英法战争时期，在欧洲大陆上屡屡得胜的拿破仑在海战中却屡屡战败。此时，美国发明家罗伯特·富尔顿向这位法国大帝献计，建议砍掉法国战舰上的桅杆，撤掉船帆，换掉木板，装上蒸汽机和钢板。然而，拿破仑觉得，没有船帆，船就无法航行，而钢板取代木板则会让船沉没。并且，他还嘲讽富尔顿说：‘帆船不靠帆航行，靠你发明的蒸汽机？哈，这简直是痴人说梦，无法想象！’结果就是，富尔顿被赶了出去。历史学家评论这段历史时认为，若拿破仑当时听取了富尔顿的建议，那么十九世纪的历史可能就要改写了。”

罗斯福总统深思了一会儿，然后，拿出珍藏的拿破仑时代的法国白兰地，将酒杯倒满，递给了萨克斯，说：“你赢了！”

萨克斯即刻激动非常。

这则故事里，萨克斯如果用直接进言的方式，则必然于事无补。特别是罗斯福总统抢先表明不想再提此事后，萨克斯的直言论辩之道更是被堵严实了。该情形下，萨克斯巧妙地借鉴历史事件，以古论今，让罗斯福总统从历史方面意识到研制原子弹的重要性。

巧于引典，确有“精微穿溟涬，飞动摧霹雳”之威。在论辩过程中，若论辩者能巧妙而恰当地引经据典，自会有事半功倍之效，从而在论辩中占上风。

法国前总统蓬皮杜一生酷爱诗歌，并且在诗歌方面颇有造诣，曾在闲暇之际编写了《法国诗选》。同时作为一个政治家，他还精于将诗作为政治斗争的武器。他在论辩或会谈中，经常引用精妙的诗句将对方引入圈套或给自己解围。他担任总理期间，在一次议会上，他被一群咄咄逼人的官员指责，他们嘲笑他只是戴高乐的一个走卒，他泰然自若地回答：“我看到一个马夫的影子，手里拿着一把毛刷的影子，正在掸拭一辆马车的影子。”然后他笑道，“我只不过是一个幽魂。”说到这里，就听见大家哄然大笑。一触即发的气氛缓和了下来。

“但未来不会属于幽魂！”蓬皮杜抓住良机，话锋一转，“如果将来我们认可把所有权力都交给负责的总理，那我们马上就能回到第四共和国，回到多党制上吗？是独裁政权吗？绝不是。总统的权力是受限的，他的意见必须要跟政府的一致。同样，在总政治路线制定方面，总理也必须要跟总统保持一致。因为，如果基本问题都不能达成一致，那么政府机器就不能运转。”

蓬皮杜泰然自若地阐述完后，人群里响起了雷鸣般的掌声。

面临重重围攻和讥讽，暴跳如雷和恼羞成怒非但于事无补，反而会倒持太阿。蓬皮杜不仅从容不迫，而且风趣含蓄。反驳时，他首先引用诗句，此时对手甚感不解，他紧接着坦诚地承认自己是诗句中里的“影子”，这让对手误解为他无奈之下接受了他们的观点，对立的气氛马上就松弛下来。然后，他又开始反击，顺势说明了自己的看法，不骄不躁，有礼有节。他那卓越不凡的论辩能力不得不让人折服。

文化典籍有着广为人知的普遍意义，所以也就具备非凡的论据威力。人类文明发展了几千年，留下来的文化典籍不计其数，包罗万象，在论辩时，如果能够恰到好处地引用，就会让论述更具雄辩力。所以，出色的论辩家常常能够引经据典，让自己的论点得到有效且有力的支持。

但需要注意的是，在论辩中运用引证术时，要选择恰当的名言、警句，以达到无懈可击的效果。

引证的方法有很多讲究。如果引用典故，既可以明引也可以暗引；如果引用名言，则可以适当删减，或适当添加，可以完全引用，也可以择其要点，可在实际运用中根据需要灵活引用。

5 说服对方的一把利器

卡耐基名言

1. 一个精辟的比喻能让一个复杂难懂的道理变得浅显易懂，但又不失深刻寓意和引人入胜之感。

2. 将精妙的论述和生动形象的描述融为一体，不仅能给人以启示，还能实现语言的精美。

在论辩中，语言和观点都要不落窠臼、新奇出彩，与此同时，内容也要精彩风趣、自然生动，只有把新颖的形式和鲜明的主旨结合起来，才能妙语连珠。

在语言艺术中，比喻是一方瑰宝。生动贴切的比喻不仅可以让深奥的变为浅显的，让冷僻的变为熟悉的，让抽象的变为具体的，还可以丰富人们的想象力，从而使自己的论证锦上添花，事半功倍。

一天，美国著名演说家马克·吐温正在给学生上课，两个学生就“多说有益还是无益”而争论不休。一个学生就此向马克·吐温请教。

马克·吐温说道：“苍蝇、蚊子和青蛙整日整夜地叫个不停，喊得口干舌燥，却得不到任何人欣赏。而公鸡每天早晨按时鸣啼，人们闻得鸡啼便都抖擞精神，起床去劳作。你觉得多说有益吗？关键是说得是否适合时机。”

马克·吐温没有对学生进行长篇大论的教导，他的高明之处在于巧妙地运用比喻来说明道理，以达到一语中的的目的。而且，他采用的比喻幽默诙谐，这样，既能生动形象地表达论点，又能凸显出马克·吐温过人的雄辩能力。

在论辩中恰当地使用比喻，会让论点的陈述和内容的表达更加有效。一个绝妙恰当的比喻可以让复杂深奥的道理看起来简洁明了又不失深刻，令人回味无穷。

比喻分为两个部分：本体，即被形容、被比喻的事物或现象；喻体，即用来做形容的事物或现象。本体和喻体是不同的事物，它们有本质的区别，但两者在某些方面又有相似的地方。多数本体较抽象、深奥；而喻体较具体、通俗。

比喻要避免不贴切、生涩。如果喻体不被人熟悉，则会让人摸不着头脑。如果喻体不够贴切，就不会达到帮助理解本体的效果，还会导致其他问题，甚至会让喻体产生歧义并使人按照歧义去思考问题，如果是这样，那就画蛇添足了。曾经有个传教士想把《圣经》翻译出来，给非洲居民看。然而翻译到这句话时就出问题了："即使你的罪恶一片鲜红，可是它最终仍会白如雪花。"由于非洲居民并没见过雪，不能理解雪是什么。不久之后，这个传教士被椰子启发，这句话就改译成了"即使你的罪恶一片鲜红，可是它最终仍会白如椰肉"，如此一来，非洲居民就能理解这句话了。所以，比喻要通俗易懂，以形象喻抽象。

俄国布尔什维克的一位著名活动家、政治家加里宁，有次给某地的农民代表讲解工农联盟的重要性时，他努力地进行了严密的论证，但农民代表依然迷茫、不得其解。有人问道："对苏维埃政权来说，什么更加珍贵，农民还是工人？"

加里宁反问道："对于一个人来说，左脚珍贵还是右脚珍贵？"

场内安静了一会儿，然后农民代表笑了起来，掌声也如雷声般响起。

长篇大论的抽象论证没能让农民代表理解其意，而一个通俗易懂的比喻却让他们将蕴含之理理解透彻。

如果能将比喻论证运用得如鱼得水，那么不仅自己的论点将会被表达得恰如其分，而且还会增加对方反驳的难度，并能达到讽刺对方论点的目的。因为对方不仅要反驳你的论点，同时还要反驳你用的比喻，然而比喻常常是为人所熟知的道理和事实，难以反驳。

德国女数学家诺特被授予博士学位后，由于还未得到讲师资格，暂时不能给学生上课。但她学识渊博，才华横溢，颇受希尔伯特教授的欣赏。

关于诺特能不能当讲师这个问题，教授们在一次教授会上进行了一场激烈的争论。有位教授激愤地说道："女人怎么能当讲师呢？如果能当讲师，那以后就能当教授，甚至还能进入大学评议会。怎么能让女人进入大学的最高学术机构呢？"

这时，希尔伯特教授驳斥道："各位先生，候选人能不能当讲师，不应该拿性别来说事，请诸位先生注意，大学评议会毕竟不是男洗澡堂。"

他说的"大学评议会毕竟不是男洗澡堂"其实就是反喻。该反喻铿锵有力，让对方无力反驳。

论辩过程中运用比喻来描述客观景物或讲述深刻道理，既能使语言精美，又能取得哲理上的启示。这样，只言片语就能言尽深奥之理，并能举一反三，取得铿锵有力、简洁明了的效果。

论辩中，运用比喻要注意以下事项：第一，将抽象复杂的理论和概念用具体贴切的事物比喻出来；第二，用被常人熟知的事物比喻生疏和不熟悉的事物；第三，喻体和本体间要有明显的相似性，能让众人接受或认可，否则会有牵强附会之嫌，让比喻失去其应有的效果。

6 弄清事物的因果关系

卡耐基名言

1. 因果论证法的关键是要探究某一现象产生的原因。

2. 在论辩过程中，因果论证能够表明事物间的本质联系，能让人知其果，也知其因。

自然界和社会里的各种现象之间都有着普遍的联系，而各现象间的普遍联系的表现形式之一是因果关系。不管什么现象都是由一定的原因产生的，而任何原因都会产生一定的结果。因果关系是现象之间存在的最普遍的联系。因果论证法是指，找出某一现象的原因后，根据因果关系推出结论的论证方法。

在一个酒馆里，有个顾客在喝完第二杯啤酒后，向酒馆老板问道："酒馆一周的啤酒销量是多少？"

"35 桶。"老板得意地回答。

"哦，"顾客继续说道，"我有个办法能让你每周卖出 70 桶啤酒。"

老板大吃一惊，赶紧问道："什么办法？"

"很简单，就是给每个客人满杯的啤酒。"

该顾客没有直接说杯子里的啤酒太少，而是经过因果关系的联想，得出给满杯啤酒就会使销量大增的结果，先将结果说出来，然后再把为了达到结果而需要的条件提出来，从而含蓄幽默地表达了自己的观点。

因果关系是以时间上的先后顺序为条件的联系。因是指产生某一现象并先于这一现象的现象；果是指因发生作用后的结果。因与果在时间上有先后顺序，然而并不是所有具有时间上的先后顺序的关系都是因果关系；除了时间上的先后关系，因果关系还须具备另一个条件：果是因导致的。

根据不同的寻求原因的方法，因果论证法主要有下列几种方法：

1. 索因求同法

索因求同是指被研究的现象出现的几个情景中，如果其他情景都不一样，而只有一个情景相同，那么可以得出结论：这个相同的情景是导致被研究现象发生的原因。

18世纪，俄国科学家罗蒙诺索夫在一次学术会议上为自己辩护时，就运用了这种方法。他的论证如下：

“如果我们不停地搓冻僵的双手，手就会逐渐暖和起来；如果我们用力砸冰凉的石头，石头就会火星四溅；如果我们用锤子不停地敲击冰冷的铁块，铁块也会发烫……因此我们能够得出运动可以产生热量的结论。”

罗蒙诺索夫观察到搓双手、砸石头和敲击铁块等产生热量的情景发生在不同的条件下，而这些条件下的其他条件都不相同，只有一个条件相同，那就是运动。因此，他得出一个结论，即运动可以产生热量。

2. 索因求异法

索因求异法和索因求同法基本一样，但前者索求的果是“异”而不是“同”。索因求异是指，在被研究现象出现和不出现的几种情景中，其他情景都相同，而只有一种情景不同。因此就可以得出结论：这个不同的情景是导致被研究现象发生的原因。

有位生物学教授曾通过实验发现，蝙蝠的耳朵就像雷达一样，能够代替眼睛来探测物体，但另有一位学者则不同意他的观点。为此，两人进行了一场辩论。

“在阴暗的岩洞里，蝙蝠飞行时也不会出错，原因是什么？”教授问。

“那是因为它的眼睛异常敏锐，即使光线微弱，也能看清身边的障碍。”学者回答。

“那为何蝙蝠在漆黑的夜里能穿越茂密的森林？”教授继续发问。

“可能它具有天赋异禀的夜视能力。”学者继续回答。

“当它的双眼被蒙起来，或者让它双目失明时，它仍然能够正常飞行，这又是为何？如果它的双目没有被遮盖，也健康正常，而是把它的双耳塞住，它在飞行时就会四处碰撞，这又是为什么？”教授紧接着问道。

学者哑口无言，不得不认输。

生物学教授观察到，蝙蝠的耳朵被塞住和不被塞住的两种不同情景：塞住蝙蝠的耳朵，它就不能正常飞行；而不塞住蝙蝠的耳朵，它就能正常飞行，这两个情景中的其他条件都相同，只有塞或不塞耳朵不同，于是他就得出结论：蝙蝠是用耳朵探测方向和障碍的。生物学教授正是恰当地运用了索因求异法，最终才得到了无可争议的结论。

3. 共变索因法

共变索因是指，当某一现象发生变化时，被研究的现象也随之而变，因此，判定该现象就是被研究现象的因。

甲："船舶遇难后，你知道落水的人在水里能活多久吗？"

乙："有人做过这个实验，实验发现，会游泳的人在0℃的水里能坚持15分钟；在2.5℃的水里能坚持30分钟；在5℃的水里能坚持1个小时；在10℃的水里能坚持3个小时；在25℃的水里能坚持一个晚上。因此，在一定范围内，会游泳的人落水后所能坚持的时间与水温是正比的关系，水温是人在水中能坚持多长时间的一个影响因素。"

乙的结论就是通过共变索因法推导出来的。

因果论证能够让我们的论点更具说服力，让对方知其果，更知其因，然而需要注意的是，不具有因果关系的现象不能硬被打上因果关系的标签。如下所示：

甲："你知道为什么黑母鸡比白母鸡聪明吗？"

乙："为什么？"

甲："因为黑母鸡能下白鸡蛋，而白母鸡下不了黑鸡蛋啊！"

黑母鸡能下白鸡蛋不是因为黑母鸡聪明，所以甲的这个论断就是狡辩，也叫强加因果式诡辩。

还有一点需要注意：因导致果，因在先，果在后，但并不是所有发生在某一现象之前的都是导致该现象发生的因，不要出现"以先后论因果"的错误。

因果论证法这种辩论方法极其重要。在论辩过程中，因果论证能够表明事物间的本质联系，能让人知其果，也知其因。所以，此法能让论点更具说服力。

第六篇

热情洋溢的演讲语言

1 准备充足，让演讲畅行无阻

卡耐基名言

1. 演讲之前一定要准备充分，要有一个清晰的思路。小学生式的背诵不但浪费时间、精力，并且极易导致失败。

2. 只要按照正确的方法，做精心的准备，每一个人都会是优秀的演说家。与之相反，若没有事先周全、精心的准备，即使经验再丰富，也会在演讲中犯错。

但凡有名气的演说家，在出现在人们的视野中心以前，都有过常人难以忍受的境遇。林肯就说到："我敢笃定，只有准备得充分，演讲者才能够拥有获得信心的资格。假如我到了无话可说的地步，无论经验多么丰富，我也会羞红脸。"丹尼尔·韦伯德也说过："假如你在听众面前没有丝毫准备就开始演讲的话，这同裸体毫无区别。"所以，成功的演讲首先就要做到准备充足。

1. 目标明确，主题清晰

演讲者的演讲期望是在实际的演讲当中获得预定的效果、目标以及听众的响应。准备演讲的第一个也是最重要的步骤是弄明白自己是为什么演讲以及所期望达到的具体目标。搞明白这个问题，才可以对症下药地选择论题，进而准备演讲的内容。

确定主题以及确定标题才能够完成选择论题这一步骤。演讲的中心思想是通过主题确定的。中心思想能够反映某一个问题，亦能够散播某一个理念，还能够阐明某个道理，诸如此类。主题是整个演讲的线索，演讲的深度以及是否会引起听众的共鸣是由它确定的，一个鲜明深刻的主题是完成一场精彩的演讲所必备的条件。让人印象深刻的主题应同时具备以下特征：

①满足听众的需求。所以，主题应该仅仅围绕当下人们都关心的问题以及现实中亟待解决的矛盾。再者，主题还要有一定的指向性，要考虑到听众的年龄、职业、心理特征以及知识结构的需求，才能够引发听众兴趣以及热情。

②结合自己的身份以及能力。主题的确定应考虑到演讲者自身的职业、年龄、身份以及知识储备，这样才能够将演讲者的个人感情与演讲的内容结合起来，内在与外在融为一体，让听众觉得亲切。

③要有自己的独特的风格。主题要有创造力，让人觉得耳目一新，实实在在地传播给听众新知识、新思想，演讲后能够让听众受益良多。

④要有所侧重，抓住重点。每一个演讲只能围绕一个主题，演讲的内容更要与这个主题紧密相连，让全文条理清晰，思想精练。

演讲的标题是演讲的“脸面”，是否能够唤起人们听讲的热情取决于标题是否富含魅力，一个富含魅力的标题可以让听众永远记忆，甚至还会变成名言被人们传诵。优秀的标题需要具备以下几个条件：可以展现主题，是整个演讲的提要；通俗易懂，让听众能够明了；奇特、形象，可以让听众觉得新奇；哲理性很强，给听众能够细细品味的空间。

2. 准备素材

素材是演讲的血肉，立论也要依靠它才能完成。优秀的主题一旦缺少了素材就不能够表达出来。一句话说得好：“巧妇难为无米之炊”。准备完善的素材是一个演讲良好的开始。

准备素材首先要做的就是收集素材。收集素材应该做到以下三点：

①收集足够的素材。收集到足够的素材，才能够有开阔的思维，使论据变得充分，进而让听众产生信赖感。

②素材应该立足实际。素材要经受得住听众的推敲，才能充分地阐述看法。所以，不能凭借一孔之见使用仅满足少数情况的素材，更不可以出于需求胡编乱造。

③素材应该耳目一新，与时俱进，应该是最新发现的结果，抑或是之前其他人还未引用过的，自然也可以在新的角度使用以往的素材。

掌握了素材之后，还应该完成好素材的筛选。依据自己的思维走向、听众的具体特征、期望等方面，把最突出、最形象生动、最能突出主题以及最富含导向性的素材筛选出来，体现在演讲当中。这种情况下，主题同素材才能够有机地结合在一起，浑然一体，达到吸引听众的效果。

还有，演讲当中素材的使用顺序要灵活，主次分明。举个例子，素材在每个部分应当分布均匀，不能在一个部分就全部体现出来；一些有意思的素材最好在演讲中期体现，以达到活跃现场气氛，让听众专心听讲的目的。

3. 合理安排演讲结构

安排结构就是谋篇布局。恰当的结构是演讲成功的关键。在演讲开始之前，演讲者只有清楚地明白怎么开头、结尾、铺陈、顺承、表达主次，才可以在演讲的过程中条理清晰，让听众沉迷其中。谋篇布局将应当做好以下几点：

(1)开头要吸引眼球。开头是一篇演讲的开始。对演讲有至关重要的意义。一个精彩的开头可以培养起听众的强烈的情趣，让听众产生好感。它还可以为整个演讲营造出良好的氛围，将整个演讲的感情色彩呈现出来，或者言简意赅地说明演讲的主题，为下文埋下伏笔。基于以上原因，开头应该考虑到以下两点。第一，一个精彩的开头应该有很强的概括性，让听众在最短的时间同所表述的场景融合在一起，让他们在最短的时间弄清演讲的主题。第二，演讲开头的内容要独到，观点新颖，让人感到豁然开朗。

自然，演讲的开头并没有死板的套路。开头的方式取决于演讲的主旨、选择的素材以及表达的方式。但是一些基本的开头模板对于我们来说能够起到一定的作用。比如：单刀直入，爽快干脆地点名主题；解释题目，突出主旨；引用一个惊心动魄的事实埋下伏笔，让听众能够沉醉其中；引用名家名言以及诙谐的话，运用高深的哲理或独到、形象的比喻，诸如这些。在实际的演讲当中，我们应当灵活多变，选择最精准的开头，尽最大的努力让演讲有一个印象深刻的开始。

(2)脉络明晰，突出重点是正文最应考虑的两点。正文是整个演讲的主干。正文论述得好坏直接决定着演讲内容是否充分，言之成理。所以，演讲者应当精心收集素材，恰当布置结构，努力让条理明晰，分析严谨，重点突出，前后承接。所以，演讲者应当做到以下几点：①将每一个问题独立出来，不要让它们互相联系抑或互相包含。②将演讲的侧重点用高度概括性的标题体现出来，做到条理明晰。③在不同内容的连接处，尽可能使用鲜明的转折，方便听众宏观地了解演讲的大意。④一定要考虑到各部分之间的承接关系。

(3) 把握层次简易的结构，不是说就可以平铺直叙，而是要利用多种多样的手法使演讲迂回前行，有高有低，进而抓住听众的注意力。

(4) 结尾要细密。演讲的结尾与开头都很重要，整个演讲的技巧最能够在它们上面体现。精巧的结尾往往能够给听众留下深刻的印象，回味无穷。所以，演讲的结尾还应注重以下三点：①回味无穷，能够让人沉思。就是说，结尾不应直抒己见，应当富含哲理，做到言有尽而意无穷。②首尾呼应，整个演讲做到水乳交融。用概括性的语言呼应开头，可起到强化主题，合拢全篇的效果。③简明扼要，不要徒劳无功。通篇内容叙述完后，就要马上停止，切忌杂乱无章，吞吞吐吐。

开头没有套路，结尾亦是如此，要做到灵活运用。一般都会涉及的结尾格式有：引领全文，深化主题；感动听众，提出希冀；引用名言、警句，启发听众的思维；号召听众，鼓舞斗志……无论结尾的形式怎样，只要能够达到让听众思维及感情升华的效果，都是一个完美的结尾。

从这点来看，充分的准备是演讲成功的基石。正如这句话“与其临渊羡鱼，不如退而结网”，演讲时的洋洋洒洒离不开台下的精心准备。

2 要真诚，才会得到听众的心

卡耐基名言

1. 真诚、热情，是人的高贵品质，是由内而外表现出来的。只要你时刻想着爱他人，你就会激动，你的眼神、你的思维甚至你的心灵都会富含热情，这种热情能够影响他人，让他们变得振奋。

2. 一个演说者假如把外在的漂亮当作自己努力的目标，那么他永远不会成功。假如他没有真诚热烈的感情，只是一些虚情假意，虽然会暂时地蒙蔽听众的耳朵，却蒙蔽不了听众的内心。

真诚，是人内在的一种修养，在人的身上，它由内而外体现出来，那些做作出来的热情，都是在矫揉造作。只要你的内心爱着别人，你就会感到怡悦，你的眼神、你的心都会变得激情饱满，这种激情能够在人们之间传递。所以，在演讲当中，只有实实在在的感情，才会唤起听众的热情，进而达到震撼人心的效果。

林肯就任总统时曾进行过一场脍炙人口的演讲，这场演讲被称为“人类最富荣耀并且最可贵的成绩之一，是人类雄辩历史上最圣洁的真金。”这个演讲的内容是这样的：

“我们十分希望大战灾祸的日子能够赶紧结束。可是，假若上帝仍旧有让战争持续下去的意思，并且想要完全毁灭人类辛辛苦苦积累下来的财富，饱受鞭笞的身体还要再一次被枪刀迫害，那么我们仍旧要说：‘上帝的这个决定，仍旧没有半点的偏心。”我们面对的人很多，对他们，我们都应仁慈并且不要埋怨，我们还要遵从上帝的旨意，守护正义，并且尽自己的能力来完成我们的任务——改善我们残败的家园，铭记我们战争中牺牲的烈士，还有那些因为战争而流离失所的孤儿寡母，为人与人之间永久的和平贡献自己的力量。”

后人评论过这段话：“林肯在葛底斯堡的演讲已经近乎完美，而他在就职演讲当中表现得更加伟大……纵观林肯的一生，这个演讲最能打动人心，他的这个演讲，展现了他的才智以及灵魂那超群绝伦的境界。”

还有人评论道：“这是一篇神圣的诗，历届美国总统，还没有人对美国民众诚心诚意地说过这样的话。”

演讲者并不是要敲击铜铃，他们要做的是敲击听众的“心铃”。所以，演讲者应该用满心的赤诚、认真的态度敲响听众的“心铃”，刺激、鼓舞、影响、抚慰、勉励听众。歌颂真善美，抨击假恶丑。用自己的赤诚同他人的心灵交流，用自己的灵魂感化他人的灵魂，让听众闻其声，知其言，明其心。

美国一位政治学家说过：“人们常说的口才流利，实际上是说人说话由衷而发，言语富含真诚。一个能够打动人心的演说，往往将自己的心与听众的心交融在一起，并非将自己的记忆强加到听众的脑中。”

几年之前，我受到哥伦比亚大学的邀请做柯帝斯奖章演讲比赛的裁判，连我在内共有三个裁判员，参赛选手是 6 个大学生，参赛选手之前都做了充足的准备，都笃定自己能够摘得桂冠。但是，其中 5 个参赛选手全都是为了赢得奖杯，演讲内容并非发自本心。他们分别按照自己有把握的方向收集素材，但是他们并没有将兴趣放在自己说的话上面。另外一个参赛选手的演讲题目是“非洲对现代文明的功绩”，在他的演讲过程中，每一句话都饱含深情。所以，即使他没有其他人那些华丽的辞藻，但是最终摘得了演讲的桂冠。他的演讲让我们三位评审都叹为观止，他的确有演说者那不可或缺的真诚与热情，而其他几个参赛选手，也只是在说一些冠冕堂皇的话罢了。

刻意地卖弄往往算不上一次成功的演讲，一定得富含真诚。真挚的感情将演说者与听众的心灵紧紧地联系在一起。假如演讲的过程当中可以将个人的真实情感毫无保留地抒发出来，一定会引起听众的共鸣，进而达到预定的艺术效果。

美国的一名著名的小说家曾经说道：“热情是每一位艺术家的杀手锏，每一位演说家都应当同时是一位艺术家，这是一个众所周知的事情。如同一个英雄不可以用假的武功来充当自己实实在在的本领。”一个演说家假如把外在的漂亮当成付出的目标，就会什么都得不到。假如他没有真诚热烈的感情，只是一些虚情假意，即使会暂时地蒙蔽听众的耳朵，但是永远也蒙蔽不了听众的内心。

3 制造气氛，感染听众

卡耐基名言

1. 无论听众费多大心机，想要否定演讲者的观点，演讲者只要勾勒出一个心理相融的画面，就会瞬时让听众笃定演讲者心意的坦诚。

2. 真正的演讲大师把听众看成中心，演讲的开始就会引起听众的共鸣。他就会抓住这个机会让听众向着设定的方向前进。

哈里·奥佛斯维教授曾经说过：“真正的演讲大师把听众看成中心，演讲的开始就会引起听众的共鸣。他就会抓住这个机会让听众向着设定的方向前进。听众的心理如同游戏里射出去的子弹，将他们瞄准一个方向发射出去后，若想稍微改变一下方向，还需想一些办法；但是想要彻底改变方向，就需要想更多的办法。”

共鸣就是演讲者同听众的思想达成一致的体验。感情共鸣，能够有效抹去听众产生的抵触情绪，获得听众的信赖，勾勒出一幅和谐的画面，为演讲者的演讲披荆斩棘，让听众在心理上对演讲者的想法抑或态度产生信任。

在节俭得到大力推崇期间，我为美国银行协会在纽约分会培养了一批职员，当中有一个人没有办法同听众交流。要想让他克服这个问题，第一步就是让他对自己的题目产生热情。所以，我做了以下几件事情：

我先让他自己单独待在一边，让他好好地想想自己的题目，直到对它产生热情。

我让他铭记这样一件事情，纽约遗嘱公证法庭的数据表明，85% 的人离开人世时，不会给自己的亲属留下一分钱，仅仅 3.3% 的人为亲属留下 10000 美元抑或更多。我还告诉他，他演讲的目的不是要别人救济他，抑或让别人去做压根完成不了的事情。我还让他对自己说这样的话："我做这些事完全是为了别人，是想让他们年老之后不愁吃穿，生活得舒适自在，并且还能保证妻子儿女的生活。"最后，我让他笃定，他自己的工作是一项十分伟大的工作。

总而言之，我让他自己笃定他是一个破旧立新的斗士，让他的思想发生了彻底的转变。

我做了这些事情之后，他认真地思考，最终让自己情绪高亢，浑身散发着巨大的热情，他最终认为自己的工作承担着巨大的责任。所以，每当他外出演讲，他那浑身散发的激情影响着现场的听众，他将节俭所带来的好处传播给听众，完全是因为他想对他们有所帮助，他不再是一个只顾说明事实的演讲者，他已经变成一个"传教士"，用自己的行动规劝人们节俭。

尽管演讲的过程中会产生很多争议，但是始终会存在某一个能与听众产生共鸣的观点。无论听众费多大心机，想要否定演讲者的观点，演讲者只要勾勒出一个心理相融的画面，就会瞬时让听众笃定演讲者心意的坦诚。

演讲者发表演讲的目的无外乎想要吸引、劝服、激励、感化听众，所以，怎样让自己的演讲引发听众的共鸣，让听众在心底认同，已经变成演讲者最迫切解决的问题。

1. 趋同法

演讲者可以从趋同的角度找到突破口，发现与听众之间的共同之处，如与听众共同的社会身份、经历、期望、爱好、信念等，突出与听众一些相同的经历，进而拉近演讲者与听众的心理距离，引发听众的心理共鸣。

2. 求异法

每一个听众都会存在追求新颖的心理，演讲者可以精心布局，把不同当作打开听众内心的钥匙，让听众感到新颖独特的刺激，埋下吊起听众胃口的伏笔，让听众的逆向思维得到发挥，在设疑、怀疑、解疑的过程当中，让听众体会到柳暗花明的振奋。

3. 对比法

彼此的特点通过比较能更加清晰地呈现在听众面前，引起听众的关注。在演讲中，使用对比手法引发听众的共鸣，能够突显主旨，进而达到演讲者与之心理交融的目的。

4. 想象法

在演讲当中，运用想象能够达到双方心理共鸣的效果，让演讲者的描述变成听众的无限想象。通过演讲者栩栩如生地表达以及形象贴切的比喻，听众内心会重现演讲者描绘的艺术境界，进而感触颇深。

5. 情感法

情感是艺术的灵魂，为演讲提供着源源不断的生命力，演讲者只有用自己的血、泪以及自己那燃烧的生命力才会打动听众，敲开听众心灵的大门，撼动听众的灵魂，才可以更加有效地引起听众的共鸣。

6. 理趣法

说理空洞抽象、照搬照抄是演讲的大忌，演讲者要时刻考虑听众的心理，满足听众的需求，才能引起听众深入的兴致，做到理趣相生。理趣相生再加以说理更能让听众明白演讲的道理。

7. 反问法

演讲当中的反问不是听众要回答的问题，而是演讲者抒发感情、进行双向交流的一种方法，用反问的形式更能够激发听众的思潮，掀起演讲的一股狂潮，增强演讲的号召力以及影响力。

总而言之，演讲者要根据内容、格式、语境、对象，等等，选用合适的方法，敲开听众内心的大门，撼动听众的心灵，引发听众的共鸣。自然，也可以综合几种方法，通过多个角度、多个方向对听众进行心灵启迪，感动听众，征服听众，以期达到最完美的演讲效果。

4　巧妙运用幽默的“洪荒之力”

卡耐基名言

1. 幽默的故事，一定要观点明确，让人有所收获。幽默就似蛋糕表面涂的那层糖霜，也似层层蛋糕之间的巧克力，而并非蛋糕本身。

2. 幽默是蕴含智慧且颇具趣味的一种语言艺术，它可将压抑沉闷的气氛变得轻松活泼，让听众心情愉悦，让演讲者的人格魅力表现得淋漓尽致。真正的幽默并非来自情绪，而是源于智慧。

众所周知，演讲是指人们在正式的场合以动情的方式，陈述鼓舞人心的话语。但在演讲中，所谓的正式并非刻板，它并不要求演讲者以一副神情肃穆、正襟危坐的样子，陈述着枯燥的道理。相反，幽默轻松的方式可以让听众兴致勃勃，也极易被人接受。

许多卓越的演讲者都把这种幽默轻松的演讲方式运用得得心应手，以此来唤醒听众的耳朵，点燃听众的热情，让大家在谈笑风生中与演讲者产生共鸣，进而彻底地接受演讲者的观点。

林肯是历届美国总统中最幽默的一位。他从1861年到1865年任职总统，是人们心中伟大的演讲巨匠、幽默大师。他曾在1860年竞选总统时发表过这样一番演说词：

“曾有人打电话来问我是否家财万贯，我回答说我只是一个穷光蛋。然后我又如数家珍地告诉他，我有一个妻子和一个儿子，我将他们视若珍宝。我租了一个房子，里面陈列着一张桌子，三把椅子，还有墙角的柜子，柜子里的书足够我读一生。我的脸又瘦又长，胡子拉碴，我不会发福而挺着大肚子。我没有一把可庇荫遮雨的伞，我唯一可以依靠的便是你们。”

这是一番精彩绝伦的演讲，寥寥数语中，林肯总统幽默诙谐、亲切廉洁的形象便已深入人心。人们都开始拥护爱戴他，不也恰好证明了这番演说精彩慑人的魅力吗？

口才是一门高深莫测的学问，而幽默是一种高雅的艺术，二者相辅相成。若是缺乏幽默感，即使是演说得口若悬河，鞭辟入里，那也是空洞无味的。幽默的话语不仅会引人深思，妙趣横生，更能提升演讲的层次，增加演讲的艺术感，感染观众的内心。

幽默与个人的性格、思想有着不可分割的关系。幽默是一种突如其来的灵感，妙手偶得般难以驾驭。而当你置身在演讲这个困难的领域中，你想要巧妙地运用幽默引人发笑更是难上加难。其实，即使是同一个故事，若由不同演讲者用不同的演讲方式进行演讲，往往也会产生千差万别的效果。

大名鼎鼎的作家吉卜林曾向英国一个政治团体发表演讲，他在演讲开场白中讲过这样一个笑话，逗得听众捧腹大笑，反响相当热烈。

“主席，各位女士、先生：

“我在年轻时，曾在印度的一家报社当记者。我专门负责报道犯罪新闻，因此结识了很多罪犯，这其实是一种很有趣的经历。有时，在报道了他们之后，我甚至去监狱亲自探望这些老朋友。曾有一个被判无期徒刑的谋杀犯令我记忆颇深，他是一个讲话温文尔雅、慢条斯理的家伙，他还给我讲过以他自身为例的生活教训。他对我说，一个人如果开始做了第一件不诚实的事，那就会产生连锁效应，他会无法自拔地一件接着一件做下去，直到有一天他认为必须要除掉某个人，这样他才能恢复诚实正直的本性。而目前来讲，我们的内阁正是如此。”

吉卜林不过是结合个人的一些经验趣闻，以巧妙的方式强调了话语中某些重点，而这也使得他的演讲能以如此幽默的方式精彩地呈现出来。

幽默不仅可以打破沉闷尴尬的气氛，点燃听众的热情，还可以淋漓尽致地将演讲者的诙谐谈吐、高雅情操展现给听众。而真正的幽默并非来自情绪，而是智慧的结晶。

亨利·哈克来自印第安纳州，他曾在一家卡车营销公司担任部门主管。有一次，他准备召开全体员工大会，却发觉在场的大部分员工都表现得昏昏欲睡。

于是，哈克一边抬手看了下自己的表，一边对大家说：“劳驾诸位——我们来对一下表。”

当时会场上的员工都听得一头雾水，心里想开会对表干什么？于是大家都面面相觑。

哈克再次抬起手注视着自己的手表，语气严肃地又说了一遍：“劳驾各位，大家来对一下表。”

在场的员工虽心存疑惑，却只好都把目光转移到各自的手表上。

“大家请注意，现在的时间为4时30分，如果谁的表不准请拨正。我现在要进行一段仅十五分钟的讲话，因此大家4时45分就可以下班了。如果时间到了我还讲不完，那就要劳驾前排的同志了，你们可以将我从这个窗口扔出去！”

话音刚落，会场上爆发出一阵阵笑声。员工都明白了他的用意，随即大家便鸦雀无声，开始全神贯注地聆听着他的十五分钟演讲。

这便是幽默的力量。幽默就像是生活中的润滑剂，是人生的大智慧。有幽默在的地方，气氛就会格外轻松融洽；而有幽默感的人，他们的人生会超越一般的境界；而幽默的演讲家，会散发出震撼人心的人格魅力，从而成就他们精彩绝伦、韵味悠长的演说。

莎士比亚曾说：“幽默和风趣是智慧的显现。”而培根曾说：“其言者必善幽默。”的确，幽默是荟萃了智慧、思想、学识、灵感的璀璨产物，是如烟火般灵光一闪却无比夺目的火花。真正的幽默蕴含着深刻的故事和人生哲理，其韵味令人回味无穷。

5 留一个悬念，多几个听众

卡耐基名言

1. 一个很有吸引力和新鲜感的悬念不仅能够引发听众对问题的兴致和思索，更能深入地激发听众对演讲者揭晓答案那一刻的期盼和渴求，而这便是悬念所拥有的巨大的艺术魅力。

2. 在人类的所有行为动机中，好奇心是最有力的。因此在演讲中巧妙地激发听众的好奇心是一种高明的演说手段。这样不仅能恰到好处地满足听众的好奇心，与此同时也能让他们毫无保留地接纳你的意见。

美国著名的戏剧理论家乔治·贝克曾在《戏剧技巧》一书中对“悬念”一词有所阐释，他说：“悬念就是兴趣越来越浓厚和想要知道事情之后是如何发展的迫切需求，不管观众是否对下文有所了解，他们都会急于探知究竟；或者他们对下文做出了一些推断，极其渴望得到证明；甚至是已感到咄咄逼人，对即将出现的场面怀着紧张恐惧的心理——在这些情况下，观众都可能是处在悬念之中，因为不管他们是否愿意，他们的兴趣都非得向前冲不可。”

演讲中的悬念是指听众心理活动的产生和变化。一旦演讲者在言谈中埋下了值得探索的疑点和伏笔，听众的好奇心就会油然而生。经验丰富的演讲者都善于利用这一点，巧妙地设置悬念来激发听众的兴趣，提升演讲的艺术感和感染力。

我们意识到巧设悬念是提升演讲艺术感的有效途径，是演讲成功的有力武器。那么，在演讲中我们如何做到匠心独运地设置悬念呢？

1. 提出问题

演讲者要学会向听众抛出问题，而不急于解答，由此不仅能让听众感到新鲜好奇，听得兴致勃勃，还能营造出一种演讲者和听众间平等讨论的融洽氛围。例如，有一个老师在上《交际学》的第一堂课时，他首先在黑板上写下“交际学”三个字，之后缓缓转过身来面向大家：“同学们，谁能站起来说说人生中最难的事情是什么？”这个深刻、犀利的问题立刻引起了大家的兴趣，同学们纷纷开始思考、讨论，并极其期待着老师的经验之谈，整个课堂的学习气氛瞬间就都活跃了起来。

运用提问来设置悬念是一种高明的方法，但需要注意以下几点：其一，所提出的问题必须与演讲的主旨密切相关，一旦问题被道破，必须要让听众开门见山地看清主旨；其二，不管所选的问题是否有难度，最重要的是要找准激发听众、活跃气氛的兴奋点。前者无须多言，后者不如来看看下面的实例。有一次，演讲者在以“科学未知领域”为主题的演讲中，突然向听众发问：“人不吃饭会怎样？”听众觉得这个问题不值一答，对此置之不理。随即，演讲者又说：“有一位气功大师却有着神奇的能力，他居然能够在不吃饭仅靠喝水的条件下生存 90 多天，而且还面色红润，精力旺盛……”

2. 陈述事件

一位演讲学教学大师在课堂上讲述演讲理论技法时，有学员问他：“演讲词的篇幅是短小精悍好还是冗长阔论好？”他听了之后，并未正面回答，而是讲述了两个故事。他说：“马克·吐温曾在一个礼拜天去教堂，恰逢一个传教士在里面进行募捐演讲。当他演讲的前五分钟，马克·吐温听得深受感动，打算捐助 50 美元。可在接下来的 5 到 10 分钟，马克·吐温觉得这是在浪费时间，决定将捐款数额减至 25 美元。可是此时传教士还是在滔滔不绝地演讲着，时间又过了半小时，马克吐温只甘愿捐助 5 美元了。最终，直到传教士结束了一个多小时的冗长演讲，去听众席领取捐助时，马克·吐温决定这样做：不仅不给钱，反而还要再偷两美元。”

“林肯在葛底斯堡曾做过一段历时 2 分 15 秒、短短十句话的演讲，却获得了巨大成功。而在他之前的国务卿艾弗雷特先生的讲话用了 1 小时 57 分钟，并且也取得了成功。但相比于林肯，艾弗雷特先生却感到了自身演讲的拙劣。因此，他曾写信给林肯：‘若是我能够在长达两小时的演讲中稍稍提及你两分钟演讲中精妙的中心思想的话，那我便感到十分欣慰。’而林肯则在回信中说：‘如果我的演讲不算失败的话，那我就感到很欣慰了。你知道，对于我们两个人的演讲，你的不能短，而我的不该长……’”

那位教学大师在面对学员的问题时，本可以直接回答：“演讲词的篇幅或长或短要视具体情况而定，但一般精致简洁较好。”但他并没有直接这样说，而是给学员讲了两个事件，尽管有些费口舌，但他却将深邃的道理和故事融会贯通，让学员理解透彻，并深深地铭记在心中。

3. 演示实物

有时演讲者可借助实物来成就演讲。演讲者在演讲前把实物带上台摆在讲桌上，这往往会勾起听众的好奇心："这实物究竟与演讲有何关系？"听众一时搞不懂，便会顺利成章地听下去，直至弄清缘由。例如，曾有一个演讲者在以"珍爱生命，远离毒品"的主题演讲中为大家展示了一张放大的彩色照片，然后他说道：

"大家请看这张照片，照片里这朵粉红色的花是多么鲜艳靓丽！然而，你们谁又能想到这样美丽的外表下其实藏着一颗无比恶毒的祸心呢？这便是美丽的诱惑……"

演讲者为何要展示那张彩色照片？照片上是什么花？这种花又为何潜藏"祸心"，被称作"美丽的诱惑"呢？萦绕在听众心头这一连串的疑问，便是演讲者通过演示这张照片而设置的悬念。这样做不仅能很好地强化演讲的视听效果，更能为接下来点明主旨、证明论点等环节营造出良好的现场氛围。

其实，实物悬念只是提出问题设置悬念的一个变种，因此要注意的问题也大致类似。例如实物一定要和演讲主题紧密相扣，一定要能够激励观众的好奇，实物一定要是大家所熟悉的。

4. 转变情感

演讲者在平淡的演讲过程中，可以利用情绪突然变化的方式来吸引听众，例如出其不意地表现出大悲大喜、大忧大怒等表情，给听众带来一种莫名困惑之感，使听众急于探究其因。有一次，美国著名政治家本杰明·富兰克林要在一场晚会上进行演讲，但由于前一个演讲者发言拖时太久，他注意到听众已开始略显倦意，昏昏欲睡。于是待他上台后，他先是出其不意地哈哈大笑了几声，听众都颇为惊讶，困意全无，然后他又开始以一贯幽默风趣的风格进行演讲。

由此可见，演讲者情绪的突然变化，确实能够很好地制造悬念，从而吸引和感染听众。

总而言之，在演讲中设置悬念的方法各式各样，只要能够巧妙地运用，定能够出奇制胜，脱颖而出。但无论以何种方法制造悬念，都要完全契合演讲的主题和内容，掌握好观众情绪、心理的变化，切不可故弄玄虚，在听众面前过分卖关子，以防最终弄巧成拙，适得其反。

6 在听众的微笑中说再见

卡耐基名言

1. 在演讲中，结尾往往是最具战略性的部分。当演讲者退席前，那些结束语往往会萦绕在听众耳边，不断回响，甚至成为人们长久的记忆。

2. 精妙的结尾预示着演讲的结束，也引领着演讲的高潮；既要语言有力，又要韵味绵长；既要鼓舞人心，又要引人深思。

演讲的哪一个部分最能彰显出演讲者究竟是毫无经验的还是娴熟的，究竟是笨拙愚钝的还是思维敏捷的？那便是在演讲的开头和结尾。戏院中流传着这样一句老话：“从上场和下场的表现中，人们就可以判断出他有没有本领。”这句话原本指的是演员，但对于演讲者来说也是有着异曲同工之妙。

在演讲中，结尾往往是最具战略性的部分。当演讲者退席前，那些结束语往往会萦绕在听众耳边，不断回响，甚至成为人们长久的记忆。

一个演讲者如何能让演讲的结尾部分精彩、有力？这个问题实在太微妙了，因为它通常只是一种直觉，难以驾驭。不过，“感觉”也并非不可培养，而经验也是完全可以总结出来的。

1. 归纳中心思想，概括主旨内容

对于一般的演讲者来说，即使是一段五分钟的演讲，他们恐怕也会不知不觉地将演讲范围扩展到很广，由此造成演讲结束时大家对他们演讲的主旨仍是心存疑惑。不过，只有少数优秀的演讲者才会在演讲中意识到这种情况，从而更好地驾驭整个演讲范围。演讲者通常会犯这样一个错误，那就是他们总认为既然自己的演说已是行云流水般自然，那么听众肯定也会对他们的演讲主旨了然于心。然而事实并非如此，演讲者对于自己的演讲内容已是相当熟稔了，而演讲者演讲的内容对于观众来说却是全新的言论和观点。

下面是芝加哥一个交通经理的演讲辞，他在这方面就做得比较好。

“简而言之，根据我们在自己后院操作这套信号系统的经验，再加上我们在东部、西部、北部使用这套信号系统的经验，可以说，这套信号系统不仅操作方便，效果极好，而且可在一年之内因阻止撞车事件的发生而省下不少金钱，因此我此刻最衷心、最迫切的建议就是：我们应立即在南部采用这套信号系统。”

上面这段结束语很好总结了整个演讲的各部分内容，让我们即使在不听之前的演讲的情况下，也能明白整个演讲的主题是什么。这样的结尾总结性极强，全面且简洁，大家不妨在实际生活中加以运用。

2. 请求听众采纳你的演讲结论

上面引用的那段结束语也是这一结尾方式的精彩佐证。演讲者希望大家采纳他的建议并采取行动，即在南部也采用这套信号系统。他将请求以及原因展现得简洁有力：这套信号系统不仅能省钱，更能防止危险事故的发生，如此便能一举两得。

如果在演讲结尾时，请求大家去采取实际行动的时机已经成熟，就千万不可拖延错过。因此不管是请求募捐、购买、抵制、选举还是其他你想让听众做的事情，都要立即抓准时机开口要求。不过，与此同时请务必遵守以下原则：

（1）要求观众做的事要明确。

（2）要求观众做的事要在能力范围之内。

3. 真诚简洁的赞扬和诚恳适度的赞美可征服人心

著名“钢铁大王”卡内基最得意的助手查理斯·施科伯先生，有一次曾在宾夕法尼亚协会的演讲中说道：“我们宾夕法尼亚州是推进时代发展的巨轮，众所周知，这里是钢铁产量最高的州，是世界上最大的铁道公司之母，是美国商业的中枢，也是美国第三大农业州。因此宾夕法尼亚是我们企业发展的基石，它的前途辽阔，是其他州所望尘莫及的。”

以上这寥寥数语就是施科伯演讲的结束语，他的结束语不仅简洁有力，而且让听众听起来愉快轻松。这是一种高明的结束方式，但若想事半功倍就必须伴着真诚的态度，切不可过分夸耀。若稍稍有扭怩作态之感，都容易被听众认为是虚伪不实。

4. 幽默让结尾更妙不可言

乔治·科赫曾说过：“你必须在听众的微笑中说‘再见’。”若能做到这一点，那么演讲的技巧已是十分娴熟。

如果你能在实际演讲中常常运用这一点，那么你的演讲水平将会得到很大的提升。有一次，乔治要对公理会教徒进行一场关于约翰·维斯莱墓园的维护问题的演讲。这个演讲主题严肃、庄重，似乎没有什么好笑的点。然而，乔治却在演讲中很聪明地运用了幽默：

“得知各位都已开始修整他的墓园我很高兴，因为这座墓园值得受到我们永远的尊敬，他生前向来十分厌恶任何不整洁的、不干净的事物。他曾经说过：‘永远别叫我碰见一个衣衫褴褛、邋遢的公理会教徒。’应他的这个要求，至今诸位都不曾见过任何一个衣衫褴褛的公理会教徒，如果谁让他的坟墓倾颓，那便是极其不敬的事情。大家应该都还记得，有一次当他路过德比郡某处时，一名女郎跑到门口朝他喊道：‘维斯莱先生，上帝保佑您。’而他转过身回答说：‘年轻的女郎，如果你的脸蛋更清洁，衣冠更整齐些，那么您的祝福就更加有价值了。’你们瞧，这就是他讨厌不整洁的事例之一，因此我们必须好好修整他的墓园。倘若有一天他的灵魂路过此地，看到了自己不整洁的坟墓，那么恐怕没有什么比这更让他伤心的了。这个永远让世人尊敬的墓园，你们一定要好好守护修整，因为这里也是你们的信仰寄托之处。”

5. 引经据典，让结尾更加有力

演讲结尾的方式各种各样，其优势也是有所不同。若是用幽默机智的名句来结尾，不仅能够讨好观众，还会令人印象深刻。而如果用恰到好处的诗文来结束，那便是一种高雅、飘逸的结尾方式。

世界扶轮国际负责人哈里·劳德先生曾在爱丁堡大会上对美国扶轮国际的代表进行演讲，他的结束语是这样的：“你们回去以后，我希望每人都能给我寄一张明信片。即使你们不寄的话，我也会给你们每位寄一张。到时你们很容易就能认出那是我邮寄的，因为我的明信片上没有邮票，我只是在上面写道：季节自来自去，万物按时凋零，唯有那——我对你们的仁爱，永远如鲜花那般艳丽芬芳。”

这首清新的短诗很能配合他演讲时的气势。因此，他的这段演讲结束语是颇为成功的。

6. 层层递进，激发高潮

激发高潮是一种极其普遍的结尾方式。这种方式往往令人难以驾驭，但如果演讲者能够在演讲中逐步推进，在结尾处达到高潮，那么所带来的演讲效果也是极为成功的。下面这段话是林肯发表就职演讲时的结束语：

“我极其痛恨发生冲突，因为我们并非敌人，我们是朋友，而且永远也不要沦落为敌人。我知道，强烈的情感势必会造成紧张的局势，但这绝不能破坏到我们的情谊。记忆中的情绪从每一位沙场上的爱国勇士延伸到在这片广阔土地上生活的每一个家庭，每一颗心灵，这将会增强合众国的团结之声。到时候，我们将会，也一定会，以我们更好的天性来对待这个国家。”

这段结束语的高潮充满着热切和诚恳，也洋溢着诗文般的才华，展示着崇高的境界。

由此可见，精妙绝伦的结束语是演讲成功不可或缺的一部分。正如：“意尽而言止者，天下之至言也。然而言止而意不尽，尤为极致。”精妙的结尾预示着演讲的结束，也引领着演讲的高潮；既要语言有力，又要韵味绵长；既要鼓舞人心，又要引人深思。

第七篇

妙不可言的商务谈判语言

1 提问是一门艺术

卡耐基名言

1. 提问是谈判中时常用到的语言表达方法，合适的提问常常可以指引谈判者寻找更多的机会，并将产生的僵局打破，促使谈判顺利进行。

2. 重视和灵活掌握提问的艺术，不但能够引起谈判双方的探讨、得到有效信息，还能够把控谈判的方向。

谈判，不但要“谈”还要“判”。这里所说的“谈”，就是借用语言将思想观点表达出来：所说的“判”，就是对各种信息进行分析、综合，得出结论，接着再使用语言将得到的结论表达出来。谈判双方或者是多方常常这样借助语言来不断地思考，判定信息，如此周而复始，最终达成一致。因此，谈判的整个过程就是使用语言的过程。

谈判中使用到的提问的艺术是探清对方实际需要、把握对方心理、展现自己观点从而经由谈判将问题解决的非常重要的方法。怎样“提问”也是有一定的要求的。重视和灵活掌握提问的艺术，不但能够引起谈判双方的探讨、得到有效信息，还能够把控谈判的方向。

一、提问在谈判中的重要地位

提问是谈判中时常用到的语言表达方法，合适的问话常常可以指引谈判者寻找更多的机会，并将产生的僵局打破，促使谈判顺利进行。愚蠢的问话有时候会使对方产生误会，这样将不利于谈判的顺利进行。所以，提问在谈判中占有非常重要的地位。

1. 引起对方注意

提问能够为对方的思考提供一定的方向，将谈判者的看法和对方的意见之间的关系创建起来，进而自然而然地将对方的注意力吸引过来。比如：“今天的天气非常好，对不对？”“你可不可以告诉我……”这样的提问经常可以得到预想的答案，问话的内容也非常简单明了，几乎不会使对方产生紧张和焦躁不安的情绪。这样的提问在很多时候都是为了接下来能够更好地谈话。

2. 得到更多信息

提问是谈判者得到对方信息的最简单、直接、行之有效的方法。当谈判者并不完全了解对方的情况或要对自己手里的信息进行验证时，谈判者可以采用提问的方法，来得到自己想要的信息，就像：“这个是怎么卖的？”“关于这一点你们是怎么想的？”将这种提问总结起来，出现了一堆有代表性的、常见的引导词，比如“谁”“什么”“怎么”“哪个方面”“是不是”“会不会”“能不能”，等等。

谈判者应当在提问之前就将自己提问的目的告诉对方，不然的话，会使得对方产生烦躁的情绪。

3. 传递消息，讲明感受

有很多问题从表面上看是以获得答案为目的的，但是实际上，提问者在提问时也会将自己的感受或者是已知的信息传递给对方，就像：“你真的对在这里投资很有信心吗？”这句话好像是提问者要对方回答确认投资的承诺，但是同时提问者也向对方表达了自己在心里对于投资这件事充满着担忧，假如语气重一些的话，就证明提问者非常看重这个问题。这样的问题也会给对方带来一定的压力，但是千万记住不要构成威胁。

4. 加强沟通，搞活气氛

谈判就是双方进行交流的一个过程，为了保证谈判中不会出现阻碍，使得谈判顺利、友好地进行，谈判者可以尝试在谈判中进行提问，也就是用夹杂着征求、询问意味的问题来更好地表达自己的要求，问话中夹带着征求、询问的意味，是对对方表示尊重的做法，因此最能够获得对方的好感。例如说“对于我的观点，你有哪些想法呢”永远要比说“对于我刚才所讲的，你好好地思考一下吧”更加容易获得对方的认可。

双方交流事实上就是思想交流，需要双方共同的努力。提问能够使得双方的了解更加透彻，弄清楚分歧的关键所在来防止它不断扩大，从而找到撇开分歧继续商谈的方法。

5. 引导话题方向，操控谈判过程

提问是在谈判中处于主导地位的一个环节，它是引起话题的动因，它可以决定和引导着谈判的方向，掌控谈判的进程。谈判者在谈判中可以经由提问将话题引出来，或者是将话题转移，使得谈判的方向向着有利于自己的一方进行。

当谈判的氛围趋于紧张、大脑有承受不过来的感觉时，谈判者可以将谈判的速度降下来，给自己一点儿喘息的时间，将自己的思路理清，发起新的攻击。

二、把握谈判中的提问艺术

这里有一个非常有意思的故事：

一个教士在做礼拜的时候，突然控制不住自己的烟瘾了，于是就对主教说："我在祈祷的时候可以抽烟吗？"这个教士最终被责备了。之后另外一个教士的烟瘾也犯了，但是他却用另一种语气询问主教："我在抽烟的时候可以祈祷吗？"主教微微一笑，居然同意了他的要求。

同一个问题，用不同的话来问，得到的却是两种截然不同的答案，这就是提问的艺术。由这个故事可以看出来，提问可以作为谈判中掌控主动权的重要的方法，想要谈判获得成功，就一定要学会和把握好提问的技巧。

1. 掌控好提问时机

什么时间提问、问什么也是非常有讲究的，把握好提问的时间，有助于引起对方的注意，掌控主动权，使得谈判依照自己的想法顺利进行：①等对方结束发言后再进行问话；②等对方讲话停顿的时候发问；③在自己讲话的前后进行提问；④在谈判流程规定的时间内发问。

2. 提问要有针对性

提问者问的问题必须要有针对性，换句话说就是要提出合适的问题。所提的问题应当是将谈判向着某一个方向引去，而不能随便进行发问。假如依照问题规定的回答方式可以获得使对方接受的判断，那么这个问题就是一个合适的问题，否则的话就是一个不合适的问题。假如你得知对方也许对某个问题抱有怀疑的态度，那你就可以运用提问的方法指引他将自己的疑问表达出来，接着使用恰当的语言进行具有针对性的游说。

3. 提问必须谨慎明了

首先，提问者应当明白自己问的是什么。假如提问者需要对方明明白白地告诉自己的话，那么问题应该是具体明确的。问题通常而言仅仅是一句话，所以，用词一定要精准、简单，避免模糊不清，产生没有必要的误会。

其次，要注意问题的用词。提问常常会使对方陷入窘迫当中，使得对方产生焦躁不安和担忧的情绪，因此，在用词上一定要谨慎，不可以有讽刺对方、使对方为难的词语，不然的话就会产生相反的作用了。

最后，提问前要有一定的考虑和准备。思考的内容有"我要问的问题是什么""对方会有哪些反应""是不是能够达到我的要求"，等等。有必要的话也可以对提问的缘由进行解释，防止出乎意料的麻烦和干扰的出现，从而使得提问的目的得以达成。

4. 分析提问的对象的特点

在谈判中，参加的人员各不相同，所以提问时必须要注意对方的年龄、职业、性格、身份、文化背景和生活经历等。假如对方十分直率坦诚，提问就可以简单些；假如对方喜欢挑刺、爱好争执，提问就应该缜密些；假如对方腼腆，提问就应当委婉些；假如对方脾气暴躁，提问就应当含蓄些；假如对方严肃，提问就要用心些；假如对方开朗，提问就应当诙谐幽默些，不能一成不变。

总而言之，学会以上各种提问的方法，应对不同的谈判需要，提出合适的问题，会给谈判带来意想不到的效果。

2 谈判中何时需让步

卡耐基名言

1. 谈判本身就是一个取舍的过程。假如没有舍，也就不会有取的存在。一个聪明的谈判者，除了清楚应该在什么时候把握住利益外，还要清楚应该在什么时候舍弃利益。

2. 让步原本就是一种谈判的方法，它充分反映了谈判者通过主动迎合对方需求的方法来换得自己需要满足的精神实质。

商人谈判的重点是得失问题，谁都想在谈判中从对方那里获得一些好处。谈判的双方就好比是一对棋手，他们在棋盘上布阵，都在寻找获胜的法宝，“有失必有得，有得必有失”是下棋的自然规律，有时候弃子反而会获得胜利，对商人来说也不外如此。

美国南方某市工艺品公司作为供货方和商人亨利·博莱斯克先生针对工艺品的价格进行谈判。首次商谈，工艺品公司谈判人员认定一件工艺品 800 美元，态度很是坚决，但是亨利先生就只给出 600 美元一件的价格，并且不肯退让。谈判持续了两天，没有获得任何进展。就在这时亨利先生提出谈判结束后再进行一次交谈，如果还是没有得到一致的看法，谈判就只好结束。工艺品公司坚定自己的看法，眼瞅着谈判就要失败。

第三天谈判继续进行，双方商议最终阶段的谈判只有 3 个小时，由于这个僵局没有办法打破，再拖下去就只会将时间浪费掉。谈判持续了两个多小时依旧没有取得任何进展。在谈判只剩下 10 分钟的时候，双方的代表早就做好离开的准备了，这时工艺品公司的首席代表忽然大声地宣布：“这样吧，亨利先生，我们是第一次合作，谁都不希望有一个不愉快的结尾，为了表达我方的诚心，我愿意把价格降到 640 美元，但是这是我做出的最后的让步了。”一下子就让出160美元，交易到这个时候好像就应当达成了。但是亨利先生又出了一个“古怪的招式”。他说：“我就是制作工艺品发家的，经过这么多年的奋斗才有了如今的成绩。我们做个朋友吧。说实在的，这批产品如果每件的价格是640美元的话，贵公司会有些吃亏，我的心里也不舒服。做生意注重的是细水长流，这样好了，每一件的价格我再往上加5美元。”这个“古怪的招式”出乎工艺品公司的意料。

等到签完合同，工艺品公司首席代表询问亨利先生提高价格的原因。亨利先生讲：“我主要从事的是工艺品进出口贸易，产品销售到世界各地，并且最近A国将要举行工艺品销售会，这批产品的行情很好，一定可以得到很高的利润。我把每一件产品的价格增加5美元，并不是盲目的，这一次虽然挣得少了一些，但是这会给贵公司留下一个很深的印象。我们双方来日方长，我要是有用得着贵公司的地方，我觉得你会很乐意伸出援助之手的。对于蝇头微利我们不应当斤斤计较，否则的话会使对方讨厌，即便生意成功了，对方也不会很开心。在表面上看起来我们是赢得了胜利，实际上却是因小失大的失败者。”多么聪明的做法呀！

汽车大王亨利·福特曾经说过：“假如成功有什么诀窍的话，那就是站在对方的立场上想问题。”谈判的目的就是获得预期的目标、实现合作，一些人常常谈判失败，这和他们不清楚怎样做人有着必然的联系。而一个成功的善于谈判的人，常常会出奇制胜，建功立业，他的谈判策略，常常是来自他的真知灼见和远胜众人的独具特色的见解。

谈判的根本就是一个取舍的过程。没有舍弃，也就没有获得。一个成功的谈判者，除了要了解在什么时候将好处抓在手里外，还要懂得在什么时候丢下既得利益。这就是所谓的有取舍地让步。让步是一个为了达成有效的合约所必须采用的策略。

从某种方面来讲，让步是谈判双方为了达成一致而必须肩负的责任与义务——谈判双方要清楚地了解自己所要追求的目标，以及为了达成这个目标应当或者是情愿做出哪些让步。让步原本就是一种谈判的方法，它充分反映了谈判者通过主动迎合对方需求的方法来换得自己需要满足的精神实质。

谈判当中，每做出一次让步，不仅要考虑自己，还要兼顾对方。谈判双方可在不同的利益问题上给予对方一些妥协，以实现谈判的和局。为了最终目标的达成，我们需要采取一些具体的行之有效的方法。

1. 互利共赢的让步方法

互利共赢的让步方法就是指用己方的让步来获得对方在另一问题上的让步的方法。谈判不单单是对某一方的商谈。一方若做出了让步，一定会渴望对方对此次让步给予一些补偿，从而得到更大的让步。要争取互利共赢式的让步，就要求谈判者具有灵活的想法和视角。除了一些己方势必要获取的利益外，不要太纠结于某一个问题的让步，应该统筹兼顾，看清利害关系，分清主次，灵活地促使己方利益在某一方面获得弥补。

为了达成互利共赢的让步，谈判人员可以使用以下方法：

（1）当己方做出让步时，应当及时向对方表示，己方所做的这个让步违背了公司政策或者是公司主管的指令。所以，己方只能够做出这样的让步，而对方也应当在某个问题上做出退让，这样做出让步的人员回去也可以交差。

（2）把己方的让步与对方的让步直接关联起来，表示己方可以做出这次让步，对方只需要保证在己方要求的问题上保持相同的意见，一切就会迎刃而解。

2. 远利近惠的让步方法

远利近惠的让步方法是指用己方在未来利益上的让步来获得对方在近期利益上的让步。当对方在谈判中要求己方在某一个问题上做出让步时，己方可以着重论述与己方维持关系能够给对方带来长期的利益，而这一次的谈判对于顺利建立和发展双方之间的长期业务关系有着决定性的作用。

在谈判中，参加谈判的双方都有自己不同的期许和需要，自然也就表现出两种不同的关于谈判的满意方式，那就是对于现实谈判交易的满意和对以后交易的期许。所以，谈判人员可以为了防止现实的让步而许给对方以长远的利益。

3. 没有任何损失的让步方法

没有任何损失的让步就是指在谈判的过程中，对方就某一个条件恰当地要求己方让出一步，但是对方又不想就这个问题做出让步时己方使用的一种方法，那就是仔细地听取对方的观点，对他们的要求的合理性给予肯定，使得他们的自尊心得到满足，确保他们的条件和待遇。

谈判是具有一定的技术性的。人们对于自己争取某一个事物的做法的界定并不单单是由结果决定的，还要看人们在争取的过程中的感觉，有时候感觉比结果还要重要。

在谈判中，为了达到目的，让步是必须的。但是，让步并不是草率的行为，一定要谨慎行事。成功的让步能够拥有以牺牲局部利益来获得整体利益的效果，甚至在有些时候让步可以起到决定性的作用。

3 重视细节

卡耐基名言

1. 对谈判者来说，留心细节的目的是抓住对方信息中的重点。

2. 谈判高手都极其重视细节。因为，谈判的过程中出现的很多细节可以帮助谈判者做出一些对己方有利的判断，从而为自己争取到更大的利益空间。

我们都明白，在谈判特别是商业洽谈之前，谈判双方就已经在心里默默地有了一个大概的目标和计划。这个目标和计划就成为了谈判的“核心”，所以，在谈判当中最重要的，莫过于掌控好这个“核心”，把握好谈判的方向，使它一直向着对己方有利的方向进行。

但是，谈判高手在把控大局的同时，也很关注细节。这样做的原因就是，谈判的过程中出现的很多细节可以帮助谈判者做出一些对己方有利的判断，从而为自己争取到更多的利益。

既然如此，在谈判的过程中，又有哪些细节需要关注呢？请看下面，这里和你共享谈判中需要关注的三大细节。

一、倾听话外音，深挖言外意

在面对面谈判时，“倾听”是谈判者一定要具备的一种品行。“倾听”，就是仔仔细细地听。这里所讲的“倾听”，不单指用耳朵听，还要用自己的心设身处地地为对方的话语去做一个构思，并且用自己的大脑去探究评判对手话语背后的目的。所以，谈判场所的“听”是“倾听”，也就是“耳到、眼到、心到、脑到”。

美国谈判界有一个被人们称作“最佳谈判手”的考温，他就将倾听看作是非常重要的方法，从他那丰富的谈判经历当中，他总结出谈判中非常重要的获得信息的方法就是倾听。他举过这样的一个鲜活的例子：

有一年的夏天，那时他还以推销为生，他来到一家工厂谈判。他总是早一点儿赶到谈判的地方，到处溜达溜达，和别人聊聊天。这次他就和这家工厂的一个领班聊了起来。擅长倾听的考温，总有让人讲话的方法，他也确确实实喜欢和别人说话，因此即使是内向的人碰到了考温，也会滔滔不绝地讲起来。这个领班也是这样，在交流的过程中，他对考温说：

“我使用过很多公司的产品，但是唯有你们的产品可以通过我们工厂的检验，和我们工厂的规格与标准完全相符。”

接着他们就一边走一边聊天，这个领班又讲：

“哈！考温先生，你觉得这次的谈判什么时候会出来结果呢？我们都快要把我们工厂里的存货用光了。”

考温十分投入地听着领班讲话，十分开心地从这个领班的话中得到了对自己非常有利的信息。当他和这家工厂的采购经理面对面谈判的时候，他从工厂领班的讲话当中获得的信息给予了他非常大的帮助，他获得谈判的成功自然是毫无疑问的了。

在美国有句老话：“花费十秒的时间说话，花费十分钟的时间来听。”在谈判的过程中，通过倾听的方式来获得情报是一种非常有效的方法。标准的倾听，应当关注对方讲话所包含的观点、需要、倾向和考虑，主动给对方一点儿反应，也就是说你要用面部表情或者是动作来向对方表达你对于他的讲话了解到什么程度，当然，也要时刻关心对方的“话外音”。

二、把握“举重若轻”和“举轻若重”的方法

谈判时，讲话要承前启后，万万不要顾此失彼，更不能自相矛盾。对于讲出的关键词、关键数字和关键性问题要时刻谨记，避免讲出前后矛盾的话，致使对方产生怀疑的心理而使得自己处于被动。同时，要尽可能地站在对方的立场上思考，学会“举重若轻”和“举轻若重”。

这里所说的“举重若轻”，就是指在商讨重大问题、难点问题或者是双方意见不统一的问题时，能够使用轻松的话语来交流，这样做的话就不会将谈判双方的神经弄得过于紧张，以致产生谈判僵持的局面；所说的“举轻若重”，就是对那些双方的分歧并不是很大甚至是一些无关痛痒的小事，反倒可以秉持着严肃认真的姿态去谈判，这样做一是能够将你严谨负责的谈判态度表现出来，二是能够利用这些小事将一些重点的分歧冲淡或者化解掉。

在谈判中，对于原则性的问题要坚持自己的立场，但是又要注意语言的使用艺术。最佳的做法就是使用幽默的语言将自己的本意隐藏起来，话里有话，意在言外，这样的做法和直接反对相比，效果更好。

一家商场与供货商就商品的质量问题进行了热烈的谈判。供货商认为他们

的商品没有质量上的问题，对于应该给予用户的赔偿金不应当由他们支付，同时不顾脸面地鼓吹、夸大自己的商品所拥有的优良性能。商场的主管经理并没有给出正面的回应，反而笑着对供货商说："兄弟，你们什么时候研发的新产品呢？""新产品？什么新产品？这个就是一直卖给你们的产品呀！""不是吧，你肯定是记错了，"主管经理将手中质检部门的检验报告扬了扬，"你们卖给我们的产品不仅仅质量有问题，并且和你所说的性能也不相符，这怎么可能是你介绍的产品呢？你不要逗我。"说着，主管经理大笑起来。

因此，在谈判的时候，只要使用合适的方法，就可以达成同样的谈判目的。

三、铸造火眼金睛，发现谈判骗局

谈判是具有竞争性质的合作，不是交朋友。虽然谈判遵守的是共赢的原则，但是实际上双方均赢的结果是很难实现的。在谈判中，双方可以使用自己的聪明才智，获得更多的好处。所以，谈判的过程也是双方斗智的过程，其间尽显智谋，由此，每一个谈判者都应当紧张起来。

一家法国公司和一家美国公司对一个大项目进行谈判，在商谈了十天之后，依旧没有取得一点儿进展，在一次提问结束后法方代表对美方代表乔治·马丁说："我就只有两天的时间了，希望你们在明天会有一个新的方案。"

第二天的上午，马丁将新的方案提出来，要求法方在原有的基础上再将价格降低 5%。法方代表说："马丁先生，我方已经连续两次进行了降价，总共降了 15%，我们再降 5% 的话，你们就实在是太过分了。"谈判十分被动地进行着，一番针锋相对后双方依旧没有达成一致。最终，法方代表说："为了表达诚意，我方已经将价格降到了最低，请贵方斟酌再三后在明天下午给我们回复，不然的话合作就会取消。因为我们公司临时有事，召我速速回国，我的机票是明天下午两点的。"说着，他将自己的机票从包里拿出来展示了一下。

经过反复推敲，马丁觉得法方价格依旧比自己的方案高出 3%，但是他们是否可以再将价格压低一些呢？公司非常需要这批产品，假如对方的代表真的回国，由于 3% 的差价导致谈判的失败，这将会带给公司更大的损失。因此，马丁一边向上级汇报情况，一边让人调查明天是否有下午两点飞往法国的航班。

结果是下午两点并没有去法国的航班，马丁觉得法方就是在演戏罢了，从而认为法方也许依然有降价的可能。因此，他在第二天的上午打电话告诉法方代表说："我们对贵方的诚意表示很钦佩，但是双方的距离还是有一点儿大，需要再做努力。为了表示我们的诚意，我方可以在贵方改变的基础上再让步 2%，也就是说贵方只需要降价 3% 即可。"

法方在听到马丁的改进方案之后，再次回到了谈判桌上，最终双方就再降价 2% 的条件达成一致。

我们可以从这个例子中看出，法方处于被动的原因，是他们回国的谎话在事实面前一触即溃，而美方就是因此将法方的诡计识破，最终获得了谈判的主动权，因此可以这样讲，铸造火眼金睛，发现对方的真实情况，在谈判中是非常重要的。

总而言之，谈判的重点常常隐藏在细节之中，所以要留心每一个细节，用心地去想，用理智来做出判断，将客观实际作为基础，才能够保证不被其他人牵制，将胜利的果实牢牢地把握在手里。

4 谈判桌上需软硬兼施

卡耐基名言

1. 在谈判中，一味地退缩只会使对方得寸进尺，但是一味地强势又会让对方知难而退，假如将两者结合起来，软硬兼顾，对手对你的态度就会完全不一样了。

2. 有些人吃硬不吃软，有些人吃软不吃硬。若用软硬兼施的方法，再难攻克的堡垒也会不攻自破。

在谈判的过程中，若你常常用和气、柔和的语调说话，总是谦虚、客套、退让，有时候并不会让对方觉得信任和尊重，相反会对你的做法产生误解，觉得你必须依赖他，或者干脆觉得你就是一个软弱可欺的谈判对手，他能够从你的身上得到更多更大的好处。

相反，假如你从一开始就是比较强硬的态度，从头武装到尾，表现出高傲、不可一世、坚决不退让的态度，那么你给对方留下的也会是特别不友善的印象。这样会使得对方对你谈判的诚意感到怀疑，从而你们之间的信任和尊重就会失去。那么正确的做法又该是什么呢？

从外表上看，美国著名的企业家霍华德·休斯给人的感觉是非常严肃的，有一次，休斯为了购买大量飞机，亲自和飞机制造商的代表进行了谈判。休斯要求在合约上注明他所提出的 34 项条款，这 34 项中的 11 项是没有任何商量余地的，但是这要对谈判对手保密。

谈判中充满了火药味和非常不友好的氛围——休斯的态度非常强硬，没有任何退让和商量的可能，对方也毫不退缩，不想做出丝毫的让步。最后的结果就是，飞机制造商的谈判代表非常生气，居然直接将休斯赶出了谈判会场，双方不欢而散。

之后，休斯将他的代理人派出来和对方接着谈判。他对代理人说，只要34项条款中的11项条款没有任何让步就可以了。这个代理人经过一番谈判之后，将34项条款全部谈下来了。

休斯惊讶地询问这个代理人，怎样才能获得这么优异的成绩时，代理人答道："那非常简单，当我和对方交流不到一块儿时，我就会问对方：'你的目的是想和我最终将这个问题解决掉呢，还是要保留着这个问题等待霍华德·休斯来解决呢？'于是，对方对于我的要求每一次都选择了同意。"

休斯的面庞和他的代理人的面庞分别看的话并没有什么特别的地方，但是合二为一的话就发生了奇妙的反应，这就是软硬兼施的神奇的地方。将强势和温柔结合起来，可以使人的心态有很大的变化。强势会使对方看出你的决心、力量和不可欺的特性，温柔则会使对方看到你的诚意、信任和友善。在商业谈判中，软硬兼施的方法被谈判者时常使用——凭借软的方法，以柔克刚；借用硬的手法，克敌制胜。

1923年5月，柯伦泰被任命为苏联驻挪威的全权贸易代表。

当时，苏联国内对食品的需求量很大，柯伦泰接到命令和挪威商人商谈购买鲱鱼的有关事项。挪威商人对苏联的情况非常了解，想要趁势发一笔，要价特别高。柯伦泰尽可能地和他们在每一分钱上商讨，但是双方的差距很大，致使谈判无法继续进行下去。柯伦泰心里非常着急，她明白，苦苦哀求根本起不到任何作用；态度强势的话会使得谈判破裂。她绞尽脑汁，最终灵光一闪计上心头。

这一天，她又和挪威商人见面，用和解的态度，主动地提出让步。就见她极其大方地说："就这样吧，我对你们提出的价格表示赞同，假如我国政府不赞成这个价格的话，我会用我自己的薪酬来支付差价。"挪威商人惊讶极了！

柯伦泰接着说道："但是，我的工资是有数的，这笔差价必须要分期来支付，也许我的一生都在支付这笔款项。假如你们也赞成这样的做法的话，那么我们就这样做吧！"挪威商人从没有听说过这样的事情，也没有见到过这样一心一意为国家效力的人。他们被她的行为打动了，经过一番商讨之后，他们最终同意了降价，依照柯伦泰最开始出的价格签订了协议。

原来紧张的商业谈判，最后反而因为一方的示弱有了出乎意料的变化。当谈话无法进行下去，双方各执一词、争执不断的时候，如果想要让谈判进行下去，一方就要做出退让。退让并不是毫无道理的退缩，而是在计划周密之后，为了获得最大的好处而做出的行动。

柯伦泰在双方意见较大的时候提出用自己的钱购买挪威商人手中的商品，还真心诚意地询问对方有什么样的意见。这些话使得对方的神经得以放松，认为她确确实实会按照自己说的去做，反而没有想到这只是柯伦泰的一种谈判技巧。并且，她在最后的时候提到假如自己付钱的话，只怕要付一辈子。

一般说来，谈判双方其实就是在讨价还价，但是柯伦泰的“一生”使得对方根本接不下话来，这就是一种强势。先软后硬使得对方无从下手，柯伦泰就是看准了对方的这种心理，才会在谈判无法继续进行下去的时候，将主动权握在了自己的手里，最终用较为低廉的价格签订了合约。

不管是在生活中还是在谈判桌上，当你碰到和故事中相似的情景的时候，或许可以用一下软硬兼施的方法，熟练地把握，也许事情的结果会出乎你的意料。

但是，如果你想在谈判当中以软硬兼施的方法来达到你的最终目的，必须要注意以下两个方面：

1. 当一个人扮演一种角色的时候，要灵活应对，如果要发起强硬的攻势的话，严肃的时间不应当过长，讲出口的硬话要给自己留下一点儿空间。

2. 当两个或者是两个以上的人扮演时，要密切合作，假戏真做。“硬”者要态度强势，丝毫不退让，但是要有理有据，硬中有礼，强中带情，不要给别人留下蛮横的印象；“软”者要将火候把握到位，看清形势，及时做出反应，使得对方同意。

5 激将法能助你一臂之力

卡耐基名言

1. 在谈判中，当有不利于己方的情况出现时，你可以使用一些特别的话使对方的心理或者是情感受到刺激，进而使得对方的情绪产生波动，心态发生改变，并使得这种改变向着自己期待的方向发展，使己方的目的得以实现。

2. 用激将法来将别人说服，一定要击中关键的地方，促使对方妥协。这里关键的地方可以是权力、荣耀、才能等，我们只要有一双善于发现的眼睛，就一定可以刺激到对方。

任何形式的谈判都不能完全顺利，尤其是在商业谈判中，很多不确定的因素，经常阻碍谈判的顺利进行。

在谈判中，当有不利于己方的情况出现时，你可以使用一些特别的话使对方的心理或者是情感受到刺激，进而使得对方的情绪产生波动，心态发生改变，并使得这种改变向着自己期待的方向发展，使己方的目的得以实现。

新泽西州某橡胶公司进口了一套价值 200 万美元的现代化生产设备，因为原料和技术力量的落后，所以放置了 4 年都没有使用。随后，新任经理柯蒂斯决定将这套设备转卖给邻市的一家橡胶公司。

在正式进行谈判以前，柯蒂斯调查清楚了对方的两个重要信息：该公司有着雄厚的经济实力，但是大部分资金都投入到生产上了，要立马将 200 万美元准备出来购买设备，有很大的困难；该公司的经理虽然有着很大的魄力，但是太过争强好胜。了解到一定的内部信息后，柯蒂斯决定亲自和对方的经理进行谈判，把对方的弱点作为突破口，先声夺人。

“很荣幸我得以参观贵公司，进而有了很大的收获。令我感触最深的就是贵公司现代化的管理方式和取得的明显效果。对于你的管理能力我有了切身的体会。能够拥有你这样的领头人，不用多长时间，贵公司肯定能够进入到全国的先进队伍当中。”柯蒂斯情真意切地说。

“谢谢你的肯定。我们公司的发展还需要你的协助和指点呢。你可以将那套设备安心地卖给我们了吧？”

“贵公司的现状在国内还是很好的。但是对于转卖设备的事情，我的心里仍旧抱着怀疑的态度。”

“你的意思是说……”

“咱们摊开来说吧，我的心里一直有两个疑问：一是贵公司是否真的有购买这套先进设备的经济实力？假如买了，是不是对贵公司来说是一种勉强？二是贵公司能否招聘到操作这套设备的技术力量？因此，我并不像原来想的那样，非常肯定地将这套设备转卖给贵公司。”

“我们怎么可能没有那样的经济实力呢？”对方公司的经理着急了，他认为自己被柯蒂斯轻视了，他一定要将对方的这种观点和心态转变过来。因此，他用骄傲的语气向柯蒂斯介绍了该公司的经济实力和技术力量，证明该公司有买进并且使用这套生产设备的能力。

经过一次次的说明、证实，对方公司最终“成功”地将那套设备收入囊中。

柯蒂斯将自己着急卖出生产设备的急切心情掩藏得很好，并且从对方的弱项着手，用怀疑对方购买能力和管理能力的方法将对方的购买欲望推到最高点。这就是激将法神奇的地方。

从心理学的角度来看，激将法是使用了人们的心理代偿功能。每一个人都有自尊心，如果一个人因为某种原因，自尊心受到了自我的抑制，他就会有自卑、失望的情绪流露出来。

与此同时，正面的诱导和劝说不能够使他振作起来，假如有意识地使用反面的刺激性语言刺激他，反而会使他的自尊心从自我抑制当中解脱出来，进而重新形成新的心理平衡来改变原来的状态，从而认可我们的观点和建议。

美国黑人富翁约翰逊决定要在芝加哥为公司建造一座办公大楼，他到过很多家银行，但是始终没有将借款拿到手，因此决定先做事后谈钱。他想尽办法把自己的数万美元凑在一起，聘用了一个承包商，要他放手去做，自己再想办法将剩下的500万美元筹集上来。

当施工到钱只能够再用一周的时候，约翰逊和大都会人寿保险公司的一个经理在纽约市一块儿吃晚餐。

当约翰逊拿出经常带在身边的一张蓝图准备在桌上铺开时，保险公司的经理就告诉约翰逊说：“这里不方便谈话，明天你到我的办公室来吧。”

第二天，当约翰逊觉得大都会人寿保险公司有很大的可能会给他贷款时，他说：“很好，我现在就只有一个问题，那就是今天我就要得到贷款的允诺。”

“你肯定是在说笑吧？我们从没有在一天之内给过这样的允诺。”保险公司的经理这样回答他。

约翰逊将椅子拉到靠近经理的位置，说道：“你是这个部门的经理。或许你可以试一下看看你是否有这样的能力可以在一天之内搞定这件事。”

对方微笑着回答：“你这是将我逼到了绝地，但是，我还是准备试一下。”

他试过之后，本来他说不可能办到的事情最终还是办成了，约翰逊也在钱花光的几个小时前赶回了芝加哥。

用激将法来说服别人，一定要找到并击中对方的关键点，使他不得不投降。对于约翰逊的事例来说，关键点就是那位经理对于自己手中权力的尊严感。

约翰逊在交谈的过程中对经理的权力提出了怀疑，使得那位经理觉得自己的权威受到了蔑视，所以，他决定竭尽全力地将这件事情做好证明给约翰逊看。

不同的交流对象要使用不同的激将方法，这样才可以对得到的结果感到满意。就像是治病一样，对症下药，病情才会有所缓和。假如药给错了，那么对治病是没有任何好处的，甚至会将病人置于死地，这样的话会使得事情向着更加糟糕的方向进行。

当然，使用激将法要注意时间和分寸的把握。假如过早出言，时机还没有到，反而会使人觉得气馁；过晚出言，时机已经失去，又变成了“马后炮”，这样会造成非常不好的结果。

此外，因为激将法要用到刺激性的话语，所以出发点一定要正确，要将对对方的尊重和信任非常明显地表现出来。假如说话过于刻薄，就会造成对方情绪的不满，使人觉得讨厌，更严重的还会导致谈判的失败。

激将法有以下几种方式：

1. 明激法：根据对方的状态，简单直接地贬低他，使用否定性的话语激怒他、刺伤他。这样的话，对方的自尊心就会承受很大的触动，他会觉得不服气、不服输，他就会反过来做事来将你的意见否定。

2. 暗激法：有意识地赞扬另一个人，将第三者的长处夸张地表述出来，暗中对对方给予批评，将对方要超过或者是压制第三者的信心激发出来。这样做的精妙之处在于使用“旁敲侧击”的方法，委婉地将刺激信息表达出来。事实上，人们都希望可以获得别人的尊重，假如你的好友在你面前有意识地对另一个人很是赞美，明显地会对你的心理产生一种暗示性的刺激，从而将你的好胜之心引发出来。

3. 导激法：刺激的话有时候并不是单纯的否定、贬斥，而是“激中有导”，有着明显的或者是指引性质的话语，从而将对方的热情激发出来。

所说的“水激石则鸣，人激志则宏”，在谈判的过程中，将激将法正确地使用起来，必定能够收到很好的成效。

6 不可低估沉默的力量

卡耐基名言

1. 在谈判中先不要讲话，让对方先尽情地发挥，抑或是向对方提出一些问题，并努力让对方顺着预定的方向进行下去，使得对方将真实的目的和最低的谈判目标暴露出来，接着再根据对方的目的和动机，结合自己的目的，进行有目的的回答。

2. 在搞不清楚对方底牌的情况下，最好闭紧嘴巴，以免画蛇添足。保持沉默，对方就没有办法了解你的真实想法；而对方在明处，你可以凭借这一点来推测对方的目的，渐渐地将主动权掌握在自己的手里。

在谈判中，言语交锋是难免的。有一个好口才，能说会道，对答如流，的确可以将自己的风姿表现出来，得到期望的谈判结果。然而在某些特定的环境当中，能说会道不见得会起到作用，可能还会将自己的弱点暴露无遗，甚至会说错话，这样的话还不如闭口不言。闭口不言常常可以将你的态度、倾向更好地表达出来，获得更大的效益。

一家美妆产品供应商和一家合作的美容院之间出现了很小的分歧。年底结算的日期到了，美容院仍然有一笔货款没有付清，并且给人的印象就是美容院并不想结算。因此，讨债的任务就落到了最初和这家美容院联系的销售员玛丽·克莱尔的身上。

根据计算，美容院一共欠款 2.5 万美元，克莱尔用传真的方式将支付明细发给美容院的公关部。令人惊讶的是，对方对于她提出的条件没有任何不同的意见，但也看不出任何赞成的痕迹。时间一天一天过去，对方仍旧没有给出肯定的回答。

这个时候的克莱尔在心理上发生了一些改变，同时她又不想因为这件事消耗她过多的时间和精力，她觉得让步应该能够使得谈判的速度加快，因此，她又把偿还要求降低了，美容院只需要偿还 2 万美元即可。这份传真也没有得到回复。转眼一周过去了，克莱尔早就将她再次的退让准备好了。

故事还没有结束，我们来把双方的做法剖析一下并试着推测一下事情的结局。

克莱尔在工作上或许是一把好手，但是她在谈判方面的天赋却让人有些不满意。在这个案例当中，她由于缺少处理这种事情的经验而在原则性的问题上出了错——在还没有接收到对方的建议的情况下她就主动地对自己的想法进行了修改，没有任何真实情况的佐证，还没有将对方下一步的行动弄明白就随随便便地将自己的想法修改了，并且还是接连多次，这在谈判中是绝对不允许的。

在这件事情上，我提出的建议就是在提出还清货款的要求之后就立马闭嘴，并且在很长时间内都不要再进行交流，这样的话谈判的境地或许会有一些出乎意料的改变。

事实上美容院一方使用的方法是有一些风险的，给人一种破釜沉舟的感觉。一个企业更加重视自己对外的形象。假如这件事必须要在法庭上有一个结果的话，那么这对企业来说就只有坏处而没有好处，赔钱对于企业来讲是完全可以不用计较的小事，但是这件事对于企业的影响却是非常大的，这样做所造成的损失也是难以估计的。

美容院决定私底下解决并不代表会爽快地同意对方的要求，美容院的负责人也会想到这对于其他合作企业的影响，假如对克莱尔的赔偿要求持赞成意见的话又该怎么做？现在唯一能做的就是将赔偿金的数额尽量压低。所以这个谈判高手使用了沉默的方法，使得克莱尔节节败退，美容院一方几乎把谈判的胜利握到手里了。

总而言之，这个美容院并不像克莱尔想的那样是不可战胜的，也有自己致命的短板，但是美容院将之完美地遮掩起来了，说来还是经验十足的谈判高手。这一次的谈判，美容院一方取得的阶段性的胜利，是凭借合适的谈判方法和沉默的技巧，当然也与克莱尔的年轻有关。

在谈判开始之前，美容院一方并没有任何优势，尤其是自己没理在先，严格来讲并没有获胜的可能。但是奇迹就是这样发生了，随着谈判的进行，美容院一方居然出乎意料地反败为胜，抢占了绝对的优胜地位，照这样进行下去的话必然会赢得最终的胜利。

法国有句谚语：“雄辩是银，沉默为金。”沉默就是一种胸有成竹、沉着冷静的心态，特别是一定要在神态上将那种胸有成竹的感觉表现出来。沉默会给人在心理上造成一些冲击，常常使人感到浮躁。浮躁的人在冷静的人面前是很容易失败的，因为烦躁不安的情绪早已将他们的心灵挤占得密不透风了，他们没有时间来考虑自己的境遇，急迫地将自己的看法和意见提出来，以至让别人有空可钻。

正是因为这样，很多谈判高手常常会使用“沉默”这张王牌来击败对手，他们能够制造沉默，也有击破的方法，来使自己的预期得以实现。

一次，美国的一个非常有名的谈判专家代表一家电影公司和一家保险公司就赔偿事项进行交涉。保险公司的理赔员率先表达了他的看法：“先生，我对于你是谈判专家这一点是非常了解的，你通常都是接洽巨额款项的谈判，只怕我没有办法答应你的要价。我们公司预备拿出 2 万美元来作为赔偿，你认为怎么样呢？”谈判专家的表情非常严肃，沉默不语。理赔员看到他总是不说话，果然没有再坚持下去：“对不起，对于我刚刚的建议请忽视，我的价格再往上提一点儿，2.5 万美元怎么样？”接着又是一阵沉默。“那么 3.5 万美元呢？”谈判专家等了一会儿说：“3.5 万美元？电影公司没有办法接受呀！”理赔员又将他那不安的情绪表现出来了：“那好吧，那我再加 1 万，4.5 万美元。”又是一阵使人崩溃的沉默，之后，谈判专家说：“恩，我不清楚。”“那就 5 万美元吧。”理赔员捶胸顿足地说……

最终，这件理赔案以 8 万美元签订协议，而电影公司原来就只是期望得到 5 万美元的赔偿金。在谈判专家的沉默中，保险公司的理赔员没能顶得住压力，连连认输。“沉默是金”在这个故事当中完全地被诠释出来。

沉默不单单能够使得对方退让，还能将自己的底牌最大程度地掩盖起来。在正常的谈判过程当中，对于同一个问题通常都会有两种解决方案，也就是你的方案和对方的方案，你的方案是你早就清楚的，假如你对对方的方案不了解，一定要想尽一切可行的方法弄明白对方的方案再做出决定。

任何谈判都重视效率，需要在有限的时间里将各自的问题解决掉，有些谈判者侃侃而谈，总是能够在谈判的过程当中以绝对的优势取胜，但是行之有效的沉默，同样可以获得意想不到的收获，就像那句名言——“沉默是最难以驳斥的辩论。”

第八篇

独具魅力的职场语言

1 面试时的交谈之道

卡耐基名言

1. 摆正面试的心态，尽力让自己理解，面试结果的好与坏都不是什么天大的事。

2. 要讲究诚实、不骄不躁。要明白，把自己推销出去仅仅是手段，而不是最终目的。

3. 切记，面试是一个双选的过程，你也在做选择——你要占有主动权。

对于要参加工作的人来说，面试绝对是重中之重的一件事。它是正式工作之前的首次测试，面试时，有一个很大的窍门就是言语交流，原因是它可以让别人看出你有多成熟以及你整体素养的高低。

也许你觉得只要自己有实力就够了，其他的都没那么重要。然而你需要知道的是，你的才华固然重要，但是才华只有在被展示出来的时候才具有价值，那些招聘的人才会被你吸引。当你的才华还没有被展示出来的时候，你和其他求职者在他们的眼里都是一样的。由此可见，面试的流程，就是销售自己的流程。那时你就是一件可以买卖的商品，而你的任务就是想办法让对方买下你这仅此一件的物品。你将会怎么样把自己销售出去呢？

1. 大气的外在形象

（1）穿着

如果你已经察觉到对方有权力决定要你或不要你，你就应该晓得该穿什么衣服。这样，在去参加面试时你就要穿上你最正式的衣服。可是，你的着装不可以庄重得过了头。那到底什么样的衣服才可以称为庄重呢？最棒的方法就是，穿上和你未来所要从事的工作相匹配的衣服，这会让你给大家留下一种很能把控全场的印象。

（2）妆容

化妆与否是由你穿着的衣服决定的，妆容要配合服装，然而不宜浓妆艳抹。

（3）准时

面试之前，你应该尽可能早几分钟到达。抵达之后，你应该保持风度以及注重外在形象，对此，你应该在座位上坐好，默默地等候招聘方的呼唤。和面试官礼貌地握手之后你可以回到自己的座位上，和面试官的距离也要有所计算——不能过近，也不能过远。

（4）气度

发表言论的时候应该礼貌、热情并且自信。彼此沟通的时候要注视着对方，即使对方有要你或者不要你的权力，也不要因此而恐惧，进而不敢直视他。你要全程微笑，这样会使你在对方的心中留下信心十足的印象。

在对方讲话时，你应该微笑着直视他，认真地倾听。你要用自己的语言和行动对他所说的话给予回应，让他知道你一直都在专注地听他讲话。千万不要插话，这是一种非常令人反感的行为，会显得很没有礼貌。

（5）矜持

不能表现得过于激动。就算对方已经对你有些好感，你也不可以忘了自己的身份，控制不了自己的话，会让你出现很多错误。就算他已经非常直接地表达出对你的好感，你也不应该过早窃喜，毕竟事情还是有可能会发生转变。

（6）立场

你应该一直表现得不骄不躁，而不是让自己看起来低三下四，似乎你在祈求对方给你这份工作。这是双选的过程，你的命运不是被对方掌控，如果你表现出一副很卑微的样子，对方会质疑你的工作能力。

2. 大方的言语描述

面试时要注重自己的言语表达。在如今的工作场合，比起你的学问和智商，你的整体素养会更加被看重。从你讲话时的语气、声调中，对方可以看出你的个性、立场、素质和涵养。对于一个不认识的人而言，声音的特质将会更直接地表达出这些非常有用的讯息。因此，说话一定要清晰流利，不要模模糊糊、支支吾吾。要是每一个字都被你清晰流利地说出来，你将会给人留下一种信心十足且逻辑清晰又严谨的印象。

还有，你还要注意你说话时的声音、语气和说话的速度。要是你平常说话声音很小，那在面试时你就要下意识地大声一点儿，原因是小声说话会让人觉得你自卑胆怯。然而也不要太大声，只要对方听见就可以，没有必要让旁边的人全都听到，不然会让对方觉得你很野蛮。合适的语气会让人感觉亲昵、稳重，可以在暗中把你和面试官之间的距离缩短。有一些即将进入工作岗位的新人因为太焦躁或者想要快点儿表现自己，总是在对方提出一个问题之后，便滔滔不绝地将自己的思想全部诉说出来，他们的说话速度很快。

在你用清晰简短的言论表达自己的观点时，适当地加入一些委婉又诙谐的话语，会使交流更加放松自然，也可以进一步缩短你和面试官的距离，这样，你获胜的概率也会更大。但是，也不要过多地运用这些语言技巧。

3. 淡定地表达自己

面试时，面试官一般都会让参加面试的人先介绍一下自己，这是展示自己的第一个机会。即使你非常了解自己，但是要让你只用简短的几句话——确实也就几句话——是很难让其他人也认识你的，因此，介绍自己绝对不简单，你必须很用心地去准备。

如此一来，怎么做才可以用少量的话语和时间来使得对方认识你呢？

第一，你必须要清楚你的目标就是要让对方知道你是何人，而不是单单和他们聊天。你的姓名、受教育程度、工作经验等一些基础的讯息全都要通过简短的几句话让他们知道。这些讯息也许非常有用，也许没用，这要看对方究竟重视哪些方面。但是，需要铭记的是，这不过是一个介绍自己的过程，你没有必要把自己想要表达的东西一次性全说了，因为接下来你可以一点一点地进行添加。

第二，你的工作效率和完成情况也许是面试官最重视的，并以此来衡量你能不能很好地完成你所盼望得到的工作。很多参加面试的人都希望自己能超长发挥，他们在面试的过程当中，似乎一直在表明一件事：“我能做所有事。”这可能是事实——然而可以完成并不意味着能完成得很棒。老板们需要的是可以做实事的人，而不是一个只会在嘴巴上说说的人。故此，你要小心慎重地介绍自己。

第三，说出自己的特长，这一点非常重要。但是必须要诚实，别故意放大你的长处，也别故意掩饰你的不足。不要打算欺骗面试官，他们可不傻，如果你那样做了，他们会以其人之道还治其人之身，重点是你需要让他们明白，你确实非常适合你现在期盼的这个岗位。

4. 稳妥地解决问题

“你想做这份工作的原因是什么？”一般面试官会这样发问。

一些人的回答令人费解，这会让面试官觉得他们缺乏思考的能力。

若说“我只是想尝试一下，因为机会摆在眼前”，或说“我来面试本不是我的初衷”类似这些话，那么这样的人基本上已经失败了。这里有些在面试的过程中常常会遇到的问题，刚好也是找工作的人常常栽跟头的地方，因此我们必须要小心稳妥地来解决这种类型的问题。

我们必须要了解面试官那样问的原因是什么。一般情况下，他们是想要通过这些问题来明确你的工作规划以及你对他们公司的了解。知道这一点以后，你的回答就要对准他们的疑问。你一定要把自己的兴趣、你未来所要做的事和所要进入的公司结合起来。例如，“贵公司的管理和运营态度恰好和我的工作理念相同”，这样回答的话就十分得体。

另外一个大家在面试的时候经常遇到却又比较不好回答的问题是：“你觉得自己的缺点是什么？”面试官问这个问题的目的在于他们很想知道你有多诚实以及你究竟适不适合你所期望的那个职位。很多人都只照顾到了其中一个方面，他们或者直接说出自己的不足，让面试官觉得自己很诚实，或者对自己的不足进行隐瞒，不跟面试官说实话。

这两种回答都是不值得效仿的。我们要在这两个极端中间找到平衡。例如，要是你应聘的是一个会计岗位，你可以这样表达：“我的个性比较稳重，这使我对每一件事情都会仔细思考。”再例如，你可以简略地说明一下：“我确实有很多的不足，然而我相信这些不足绝不会影响我的优势的发挥。”

有的时候，面试官常常还会如此发问：“要是你的想法和上级领导的想法不一致，你会听谁的？”这样问的原因是为了探索你的沟通能力以及你对自身是否认可。你应该这样回答：“第一，要认真地思索上级领导的想法，原因是他所经历的事情确实比我更多，更有见解，对一些问题的看法也会更加周到和深入；第二，要是我也确确实实认为自己的想法足够合理，这样的话我会把自己的见解和上级领导进行商讨，我认为他应该也会认同我的想法，原因是我们的目的是一样的。但是，在双方进行沟通的时候，也要使用一些窍门。”

还有最后一个你极其关心的问题——薪资待遇。就算找工作的人不觉得它是第一重要的，起码也会觉得它是第二重要的。怎么和面试官就薪资待遇这个问题进行讨论是非常重要的，你面试能不能成功它占有很大的比例。现在你要勇敢地说出你想要的薪资待遇，别说“一切都服从公司的制度”这一类的话，这说明你并没有清晰地了解你将要进入的岗位。但是，你想要的薪资待遇应该与公司以及你个人的工作能力相吻合，提的太高或者太低都不会让你得到好处。说出一个可以商讨的范围，如此一来，双方都能够好好思考一下。通常情况下，假如你确实非常适合，老板是不会让你感到失望的。

2 职场中，如何做到正确说话

卡耐基名言

1. 别去斥责或者论断他人，就算你手中握有权力。
2. 人人都该被尊敬——这是最根本的条件。
3. 用委婉的方法获取他人的配合与赏识。

工作是多么重要的一件事啊！工作其实占用了我们很大一部分时间。一个人如果希望达到某个目的，那就只有一个办法，即在工作上完全表现出自己的能力，而且还要极力地去为他人考虑。令人感到特别震惊的是：即使工作常常让人觉得很痛苦，但是它确实可以让每个人实现自己的梦想，还可以让社会不断地前进。工作让我们自身与社会紧密而又贴切地联系在一起。

大概所有人都盼望着自己可以在工作中收获成功，盼望自己能够获得更高的薪水、更高的职称还有其他人所给予的敬重。没错，每个人都希望成功，可是，关键是如何才可以获得成功？

在我所讲授的口才训练课中，90% 的学员是在职人员，其中有全国知名公司的高管，也有小公司的基层人员，有做办公室文案的职员，也有做销售工作的人员，有的人已经上班多年，积累了很多职场经验，也有不少人刚进入工作岗位。他们一同选择来上我的口才训练课的原因是什么呢？

娜思是洛杉矶的一家化妆品公司的策划经理，她说道："我盼望自己可以和同事、上司之间维持好关系，原因是我将来发展得好坏取决于和他们之间关系的好坏，我盼望自己可以获得成功。"

"所以，你觉得有一个好的交谈的能力就可以帮助你达到这个目标？"我问她。

"没错。"她斩钉截铁地回答道。

但是我想说，使一个人获得成功的因素是很复杂的，很明显娜思所表达的有点儿太过肯定了。然而不得不承认的是，她也确实说到了口才对于那些已经工作的人来说是多么重要。假如说，某个人在工作中获得成功的 20% 是因为他自己的才华，那么剩下的 80% 则是由于他口才好。很多人常常忽视了这一点，特别是那些刚刚参加工作的人。

从前有很多从事各种各样的工作的人来我这里发牢骚，说他们非常有才华，但是却不能获得成功。我很清楚他们是哪里出了问题。事实上，在工作中绝大多数的人都有一个理解错误的地方，非常大的错误。他们觉得，要想在职场中获胜，要想拿更高的薪资，升到更高的位置，只有一条路，即让自己在工作的时候更加出彩。这常常是刚参加工作的人最爱犯的一个错，他们自以为是地觉得，只要在工作当中出彩，就可以让自己在工作岗位上获得胜利。但是过了一段时间，他们会察觉到，单单依靠自己的学识和技巧，却忽视和其他人之间的交流以及配合，根本没办法做完全部工作。更值得重视的是，在很多时候，他们展示着自己的学识和技巧，若是对方无法明白，他们也同样无法获胜，更不用说在工作岗位中取胜了。现在我们既已明白了这一方面，那我们将要怎么行动才可以在工作中获得胜利呢？

有一次，史考伯先生非常激动地告诉我：“人与人之间的沟通才是所有事物的根源所在。”他说得很对，工作中也是这样。那些在工作岗位中的人有时会惊奇地意识到，有的时候一个人说话的态度竟然比他所要说的内容更重要。如果希望上司可以认同自己的一个方案，那么你的方案不单单要很出彩，最重要的是要让他相信这一点；如果想让自己的下属更加卖力地工作，聪明的做法不是命令他们这么做，而是应该鼓励和建议他们这么做；同事不会因为你的工作能力强就尊重你，唯一的方法是你也尊重他们。

美国某连锁店的负责人威尔逊，他每个星期都会举办一次经理会议。有一年夏季，因为市场低迷，有几家门店的销业绩一连几周都处于下滑的状态，而且是连续性的。威尔逊想要训斥这些经理，可是，他不想直接斥责他们，毕竟这样做也不能给公司带来任何利益。于是，会议刚刚开始，威尔逊首先就给予这些经理很大的称赞，认同并表扬他们为公司所做的贡献——在整体大环境如此低迷的时候，他们还在努力，仅仅让公司损失了很小一部分的利益。

听到威尔逊这样说，那些一开始就想要为自己辩解的经理，都对威尔逊的赞扬表示认同，他们觉得自己得到了重视，情绪上豁然开朗，每个人都神采奕奕。威尔逊刚说完话，立刻就有一个经理站起来发表言论。面对自己门店的生意不升反降的现状，他开始检讨自己，觉得自己其实能够完成得更加出色。他对威尔逊表明，他计划在接下来的工作中策划一些新的方案，努力挽回损失的利益。另外一些门店的经理也都相继做出了检讨并拿出了新的方案。在此之前从未有过这样激烈的场景。

威尔逊作为连锁店的负责人，拥有百分之百的权力。然而他很清楚强行压迫员工未必会达成自己的意愿，于是就采取了另外一种处理方法。结果表明，运用这样的方法，确实获得了很好的效果。

假如说上级与下级沟通时尚且注重方式、态度，那么下级对上级讲话的时候岂不是更要有礼貌吗？接下来是一个非常经典的案例：

在德国，有一家很著名的电器企业于某一年推出了一款全新的产品，他们计划着制作一个非常出彩的商标，想用这个产品打开日本的市场。

这个企业的总经理构想了一个商标，感觉非常满意。一次在开会的时候，他建议全体同人给他所策划的商标做出评价，会议中，这个总经理想："我觉得，这个商标太贴切了，它的主要轮廓是太阳的样式，这样看起来和日本的国旗非常相似，日本人肯定会喜爱它的。"

一眼就能看出，这次的会议基本上没有太多的意义，原因是大家好像都没有其他选择，只有一条路可走，那就是认同总经理的看法，于是，很大一部分员工都奋力称赞总经理所构思的这个商标，说它非常适合。

可是，一个年纪轻轻的广告部经理站起来说："这个商标其实不是那么适合。"此时此刻所有同事都在用惊讶的目光注视着他，总经理也十分诧异，每个人都在等待着，看他接下来怎么说。

"它的构想简直是太棒了，"这个年纪轻轻的经理淡定地表述着，"没错，日本人肯定非常喜爱这样的商标，然而有一个问题是，我们的产品并不是百之百地销售给日本，也要向其他亚洲国家进行投放，他们也会非常喜爱吗？"

于是，他不只称赞了总经理，也非常有技巧地告诉大家这个商标的片面性。会议结束之后，总经理说，这个广告部经理的话真的是"太有智慧的点评了"。

通常普通员工如果觉得自己的想法比上级的更有建设性，他们会直白地跟上级提出。他们以为上级会接受他们的建议，然而事实通常会和他们的设想相反——上级驳回了他们的建议。然后他们会埋怨上级太独裁、武断和粗暴。可是他们都不会反省一下，看看是不是他们的说话态度不好或是语言运用得不恰当，事实上问题恰好就发生在他们自己身上。

人人都有这些性格特征，只不过是有没有体现出来而已。一旦自己的想法被下级推翻，自己作为领导肯定会不舒服，觉得不被尊重，进而也就不会从客观的角度来进行判断了。这样的话，他驳回下级的想法也就很正常了。这个年纪轻轻的广告部经理却顺利地让上级认同了他的想法。他取胜的原因是什么呢？那是因为他说话的方法。

而在和同事进行沟通的时候，表达方式同样需要重视。比起上级和下级之间的关系，同事之间则是平等的合作。因此，要是你渴望同事能够辅佐你的工作，从权力方面来说你是没有的，那么为了达成目的你就需要多注意自己的表达方式了。

在工作环境中注意交流的方式，可以令你更加如鱼得水地活跃在这个大圈子里。一旦你在工作中碰到一些很难办或是让你头痛的事的时候，你就该自我反省一下了，看看是不是你的表达方式不当造成的。懂得这个以后，你就完全可以处理这些问题了。

3 如何与领导相处

卡耐基名言

1. 主动和领导沟通能给领导留下一个很好的印象，因为这说明你工作很认真。

2. 在向领导提建议的时候，一定不要有“我比你聪明”之类的想法。

3. 我们不应该因为领导的批评而自卑、惭愧，更不应该产生怨恨的情绪；相反，我们应该感到庆幸，因为我们又发现并改正自己的错误了。

身处职场，我们必须要学会如何与领导相处，这听起来或许是让人很丧气的话，但是事实就是如此，从某种意义上来讲，你的领导决定了你在职场中的前程，所以，你一定要达到他的要求，可能有些事情你还需要征求同事的意见，但是不论怎样，你是否能够获得升职加薪的机会都是领导说了算，因此不要抱有那种不切实际的想法，不要幼稚地认为，只要你勤劳、埋头苦干就能让你的职业生涯顺风顺水，这种想法是绝对不正确的。我不是在故意夸大什么，勤劳和埋头苦干的员工着实能让领导对你赞赏有加，但这却不是最重要的。

职场是一个错综复杂的地方，在这里，你的前程以及发展方向并不完全靠自己的才能来决定。在职场，你的自身需求和公司的需求一定要有一个契合点，也许你的个人喜好会和工作性质相矛盾……所以，假如你身在职场，就一定要学会和领导相处的技巧。在这里，我可以为大家提供一些参考建议：

1. 主动和上司沟通

渴望与人沟通是人类的本性，哪怕是领导也不例外。你不用非得等到领导召唤你，你再去他的办公室。假如你在工作上有意见或者是建议，你就可以敲门走进他的办公室。我从未见过有哪位领导会把员工拒之门外的，通常来说，领导很希望员工能这么做。

主动和领导沟通能给领导留下一个很好的印象，因为这说明你工作很认真——我并不反对你努力工作，但是最主要的是你要让领导知道这件事。除此之外，作为领导，对自己的员工有所了解是他必须要掌握的，这也是他的一项工作任务，所以，就算你不主动找自己的领导，他也会主动找你聊聊的。

2. 知道如何提建议

假如你的领导告诉你："有自己的看法是一件好事。"那么，通常情况下，他并不是在和你客气。大多数领导都喜欢有想法的员工，他们好像更希望有人能够提供一些新奇的思想。一定要记住，这些点子要能给他们带来好处。

一定不要忘记这一点：向领导提建议，是让领导喜欢你的一个不错的办法——当然，所提建议要具有实际性，因此，在这之前你一定要先做一些其他的事情。

首先，你对自己所提的建议一定要深思熟虑。假如是工作上的建议，你除了能够向领导说明白你建议的内容，最好还能向他说明你这么想的原因和应该如何实施这个建议。有的时候，评价一个主意的好坏，主要是看它的可行性。

其次，掌握领导的工作习惯，找最合适的机会和领导沟通。当然，你一定要避免在领导会客或者打电话的时候去找他，也不要在他认真思考的时候打搅他。

最后需要注意的就是，在向领导提建议的时候，一定不要有"我比你聪明"之类的想法。这种态度是绝对不可取的，也不会给你带来一点儿好处。这对你来说，绝对是一个致命的错误。因为这会让人认为，你提建议的目的只是为了表现自己很出色，而不是为了把工作做得更好。

3. 态度言语有分寸、不卑不亢

对于身处职场的人来讲，领导的确有着至关重要的作用。这在前面已经提到过，你的升职、加薪几乎全由领导来决定（哪怕他们不是你的顶头上司，他们对你也会产生一些影响）。

不仅如此，他们在某些方面确实要比你优秀得多，他们在工作和事务上都具有很重要的作用，从这个角度上来说，我们对他们一定要充满敬意。

但这并不意味着你的地位非常卑微，因为从人格方面来说，你们是地位相当的。过去那些对领导阿谀奉承、溜须拍马的套路在现代社会几乎没有什么意义，你也并不能借助这些给领导留下好印象。

现代的领导都明白，自己需要的是有想法、踏实又值得信赖的员工。阿谀奉承只能满足他们的虚荣心，并没有实际意义，所以，你应该敢于表达自己的想法。

你需要做到在尊敬和独立之间游刃有余，当然，这一点确实不太容易。但是假如你希望自己在职场中取得成功，你就必须做到这一点。并且，你可以将做到这一点看作是一次挑战。

4. 面对批评和指正要有正确的态度

这一点指的是，领导讲的话，对于正确的内容，你要接受，对于错误的部分，你要拒绝。领导有资格、有义务对我们的工作进行批评和指正，我们只有这样才能取得进步。他们所拥有的学问和经验比我们更加丰富，看待问题的角度也更加全面、新颖和深刻。所以，我们不应该因为领导的批评而自卑、惭愧，更不应该产生怨恨的情绪；相反，我们应该感到庆幸，因为我们又发现并改正自己的错误了。

当领导的指正并不正确的时候，大多数人就会质疑自己的观点——这种质疑是很有必要的，最主要的是不能因为这种质疑就随随便便否定自己。还有一些人，在经过质疑之后，十分肯定自己的看法是对的，但是他们却不表现出来。

领导怎么会犯错误呢？当然，向领导提出问题并不是一件简单的事，我们虽然反复讲作为领导应该宽宏大量、充满理性，但是在实际中却是大相径庭的。他们做事的时候并不理智，或许比我们还要极端。我们一定要客观地认识到这一点，他们只是比我们犯的错误少些而已。一种看法是，我们好不容易看见了领导的错误，所以不能错失表现自己的良机，不过我比较倾向于用另一种方式去理解，也就是把这当作是认真工作的表现。不管做什么事，都要尽全力做到最好，并非是随意应付。

所以，你在提出自己发现的错误时，要采取这样的方式：既和你的地位相符，又能被他人理解，并且在提的过程中要说明自己无法接受的原因。当然，无论何人你都应该做到用道理来说服别人，切记不要当面反驳领导，这对领导和你自己来讲，都具有负面影响。那些鲁莽的、自以为是的、有才能的员工经常把顶撞领导当作一种乐趣，因为这仿佛说明了他们确实有能力而且异于常人。事实可能真是这样吧，但是他们这种表现自我的方法的确很拙劣。

5. 表达方式要恰当

要注意自己和领导讲话的方式，你应该做到语气随和、用词含蓄，既做到尊敬领导又表现得很独立，在表达的时候这一点尤其值得注意。

除此之外，你在表达的时候应该做到言简意赅，这样既不会浪费领导的宝贵时间，也能表现自己的说话技巧，当然，前提是你一定要通过这些话让对方清楚地知道你要表达的意思。

在说话的时候，要注意一些忌讳。使用恰当的措辞，不要用和你地位不匹配的词语。这些措辞有："您辛苦了""我很感动""随便怎样都可以"……这些词语让你自己看起来更像一位领导。

6. 掌握好提要求的度

为了获得更高的薪资和职位，或者是为了得到更好的工作环境，也许你会向领导提一些要求。通常来讲，领导对提这类要求的员工抱有一种十分理解却又非常为难的态度。让领导觉得为难的原因有很多，有的和员工有关，有的则和员工没有关系。为了让领导更加容易接受自己提的要求，你应该学会一些提要求的方法。

首先，所提要求要切合实际。如果你的要求过高，领导不仅不会满足你，还会对你个人产生不好的印象，这样很容易影响你和领导之间的关系。

其次，注意自己的措词。无论你的要求多么合情合理，都要尽可能使用商量的措辞和领导讲话。不要让领导觉得你是在威胁他，或者是命令他。这样的话，哪怕没有任何理由，他也会拒绝你提的要求。

4 面对同事，学会展现语言魅力

卡耐基名言

1. 不要吝啬对同事的称赞，因为这种方法是让他对你产生好感的最直接、最有效的途径之一。

2. 你应该将自己的精力集中在学习和观察上，不要急于表现自己。

3. 不要当着同事的面讲领导的坏话，不要轻易和别人掏心掏肺。

有些时候，很多身处职场的人会觉得疲惫，因为在职场上有很多无可奈何——有很多交际自己并不喜欢，或者不得不和自己讨厌的人一起工作。确实如此，但是你没有更好的办法。不过，职场也并非像你认为的那样让人消极，这主要取决于你是怎么看待的。

你只要根据下面提供的方法去做，你就不会再为和同事之间的关系而烦心。

1. 对同事多一些称赞，少一些批评

不管是你的同事穿了一件好看的衬衫，还是他的工作表现很突出，你都可以称赞他。不要吝啬对同事的称赞，因为这种方法是让他对你产生好感的最直接、最有效的途径之一。当然，千万不要没有原则地称赞别人，不然会让人觉得你的话并不是真心实意的。

2. 摆正自己的心态，改变自己的态度

通常来讲，同事和你仅仅是工作上有交集。当然，你或许会和你的同事成为朋友，但是你们大多数只是合作关系，因此，除了自己的亲人，同事可能是你最常见到的人。假如你愿意的话，你能从同事的身上学到很多东西，就像从朋友那里学到的一样多。

不管你有多喜欢或者多讨厌你的同事，在和他们交流的时候，你首先都应该对对方表示尊重和理解。任何人都有自己的优缺点，他们能给我们的工作提供许多的宝贵经验和知识。但是，假如你在自己和同事之间划出一道深沟的话，你就会丧失很多自我提高的机会。

3. 学会如何调整氛围，适当制造幽默

办公室中多多少少需要一些欢笑声，这能够活跃工作氛围，可以使人与人之间的关系更加密切。幽默是改善人际关系的润滑剂，你一两句幽默诙谐的话也许就会起到这样的效果，这也能表现出你的才气和性情，不过，你一定要把握好开玩笑的火候。

除此之外，你开玩笑也要分场合，当大家在认真工作的时候，你最好不要搞突然幽默，这不仅违反了工作纪律，而且会影响大家的工作。

玩笑要适度。玩笑不能开得过大，不然的话只会给你和同事带来不好的影响。

开玩笑也要选择合适的对象。对待不同的人应该有不同的态度。有的同事可能天生就不懂幽默，你的幽默也许会让他误会。

最后，你要牢记这一点，千万不要开黄色玩笑。据我所知，有许多成年男性时常会讲一些黄段子，在同性中或许可以被谅解，但是假如有异性在，那么一般情况下最好不要开这种玩笑。

4. 多聆听，少说话

不要在办公场合叽里咕噜地讲个没完没了，这里并不是展现你演讲才能的场地。很多人急于希望其他人能了解自己，因此会说很多话。你应该将自己的精力集中在学习和观察上，不要急于表现自己。你只有向同事请求指教工作上的问题，才会取得进步；不然的话，你就会被其他人甩在后面。

用心聆听同事的话，不要因为他的话无关紧要或者没有水准就置若罔闻，从对方的话中努力寻找积极的方面。所有人都有可能成为你未来的搭档、朋友，甚至是领导。

5. 学会如何说“不”

所有人的能力都有一定的界限，所有人也都有自己的无奈。同事之间，在工作上或生活上不可避免地会遇到一些问题，需要对方的帮助，但是有的时候你不得不向对方的请求说“不”，这的确是让人难以应对的地方，但是只要你处理得好，这并不能成为让你烦恼的事。

在拒绝同事的请求时有一个前提条件，就是依然保持你们之间的关系。当你的同事想要让你帮忙做一件事的时候，你可以对他说你有一些非常重要的事情要做，做完这些事情之后，你才能够帮他——向对方说明你拒绝的理由，就一定能够获得对方的理解。

6. 注意交流时的禁忌

任何人都有自己的隐私，因此最好不要触碰到别人的隐私。除此之外，不要将别人的缺点和短处当作聊天的话题，这只会凸显出你人品的低劣。在聊天中，最好不要触碰以下几点：

不要当着同事的面讲领导的坏话，不要轻易和别人掏心掏肺。有些话也许是你无心说出来的，但是被同事听到后，他也许会将这作为自己讨好领导或者工作晋升的垫脚石。这一点你不得不防。

不要有意打探别人的秘密。每个人都觉得知道别人的秘密是一件让自己开心的事，但是又不希望别人知道自己的秘密，所以为了不让别人对自己有戒心和反感情绪，切勿刺探别人的秘密。

不要过度声张。不要当着同事的面彰显自己多么出类拔萃。事实上，所有人都会觉得自己很出色。所以，只有抱着一种谦和谨慎的态度才能让你的同事认可你。

不要对别人发号施令。我在前面的内容中提到过，不管是在知识量、经验还是在地位上，你都不具备命令你同事的资格。假如你希望别人能够对你伸出援手，你只能另觅他法。

5 运用语言技巧和员工沟通

卡耐基名言

1. 身为领导你应该考虑得更加周全，只有这样才能保证自己的指令被有效实施。你要考虑的不仅是自己要下达什么样的指令，还要考虑听到的人是否准确无误地接收到了你的讯息。

2. 在你对员工进行批评指正的时候，你应该让他明白，你所针对的是这件事而非他这个人。

3. 对员工进行批评的时候，不要让他觉得自己正在被你审判，你应该建立一种平静而严肃的交流氛围。

假如你是一位领导，那么你就一定要学会如何和你的员工——也就是那些职位没有你高的人——进行有效的交流。只有深谙交流技巧的领导才是一位成功的领导。换句话说，在领导层中，交流技巧是十分重要的技巧。但是，让人遗憾的是，许多领导和员工之间都存在交流障碍，这样一来，除了对自身有不好的影响，还会妨碍工作的顺利完成。

那么，领导应该怎样有效地和自己的员工进行交流呢？我个人以为可以从以下几个方面入手。

1. 下达指令要清楚、明确

作为领导，清楚且明确地向员工下达指令是最基本的要求。你要用简练、有力的语言向你的员工有效地表达出自己的意思。当然，你所传达的指令既要明确又要让你的员工理解。

许多领导往往都会高谈阔论，但是却没有实质的内容，这通常造成的结果就是：领导讲完了，员工却不明所以。这主要是因为在员工的心目中，领导已经树立了某种威望，他们将领导的每句话，甚至是每个字都理解为是非常重要的指令记在了脑子里。也恰恰是因为收到的信息太多，员工才忽视了领导所要表达的主要意思。我承认这不完全是领导的过错，但是领导起码应该承担一大半的责任。

因此，身为领导你应该考虑得更加周全，只有这样才能保证自己的指令被有效实施。你要考虑的不仅是自己要下达什么样的指令，还要考虑听到的人是否准确无误地接收到了你的讯息。不要让自己说的话毫无边际，除非你的员工能够彻底了解你的意思，你才能这样做，并且你确实不应该高谈阔论，因为员工还有自己的事情要做，他们在这里不是为了听你漫无边际地大发议论。

很多领导经常会产生一些奇特的想法，可是，他们却不知道怎样才能让这些想法被有效地执行。他们时常会否定刚刚下达的命令，又用新的想法去替换。这样会带来什么结果呢？这会让员工很烦恼，他们不知道该怎样去做，因为他们得到的常常是几个相互冲突的命令，这的确是一件让人为难的事。我见过许多领导都会犯类似的错误，他们不容许有人挑战自己的权威，这样最后只会带来一种结果：员工实在无法忍受这种煎熬，自请离职。因此，不要朝令夕改，要等你的想法趋于成熟的时候再向员工传达指令。

2. 时常和员工说说心里话

这种交流方式往往是最直接也是最有效的，它能使你及时了解员工在想些什么，是一种防微杜渐的方法。在日常工作中，要多和员工聊天，聊天的时候你需要注意以下几点。

明确聊天的对象。选择好聊天的具体对象，确定聊天的主题，将你要和员工表达的讯息列出来，然后再安排好聊天的具体时间和地点（我个人以为不应该拘泥于时间和地点）。

了解员工。在聊天之前要对你聊天的对象有一个完整的认识。站在员工的立场上考虑在聊天中有可能遇到的问题，并且要了解你和他的谈话将会对他产生怎样的影响。

引导聊天的方向。把聊天的主题渐渐引到你事先想好的方向上，这样的话，你或许会获得一些出乎意料的讯息。

3. 对员工进行恰当的批评

每个人都会做错事，所以对员工进行批评指正是不可避免的事。当员工犯了错误或者没有按时完成工作的时候，身为领导你有必要也有义务对他进行批评教育。但是要记住，你批评教育的出发点是以解决问题为基础。你需要按照下面的要求来做：

凡事对事不对人。在你对员工进行批评指正的时候，你应该让他明白，你所针对的是这件事而非他这个人。你应该心平气和地向他指出问题出在什么地方，并且要想方设法示意对方，你这样做只是希望他能把工作做得更出色，并不是为了凸显自己的权威。

时刻保持冷静。对员工进行批评的时候，不要让他觉得自己正在被你审判，你应该建立一种平静而严肃的交流氛围。只有置身于这样一种氛围中，你和员工才能高效地解决遇到的问题。

保持公平公正的态度。向员工公平地指出他所犯的错误以及应该承担的责任，所有错误不可能只是因为一个人的疏忽，并且，你的员工也不希望自己做错事。

要有节制。在批评员工的时候，你应该表明他只是造成了一部分的错误，并且按照公司的规章制度指明他所应该承担的责任，不要将错误全部怪罪到他的头上，以免让他产生一种罪无可赦的感觉。这样一来，他不仅不会及时改正自己的错误，甚至可能会破罐子破摔或者和你对抗到底。

勉励员工。对于那些做错事的员工也要给予鼓励，也许你的批评让他们在某一方面丧失了信心，他们正迫切需要别人给予鼓励。当然，一定要记得对他们的错误进行指正。

6 学会赞美和鼓励他人

卡耐基名言

1. 鼓励别人，使别人走向成功是一件很奇妙的事情，鼓励往往会带来一种不可思议的奇迹。

2. 称赞对方是激发对方积极性的最直接、有效的方式。

3. 事先给对方冠以某种美名，那么这个人就会尽全力去实现这一点，就好像他一定要做给你看一样。

我以前见过很多快要倒闭的企业，这些企业里的员工都非常懒散，看不出他们对工作有任何热情。我并不想说这些企业的倒闭是这些懒散的员工造成的，但是我认为，假如他们对工作的激情能被激发出来的话，这些濒临破产的企业中有 90% 都能够转危为安。

我并不是夸大了这股力量，因为有许多人也是这样想的。最近，有很多企业家开始对领导艺术的研究产生兴趣。他们想研讨出一种方法，目的是让员工挖掘自身的潜能，从而在事业上获得成功。他们一致认为，只有将员工身上的工作热情激发出来，才能帮助企业走向成功。

鼓励别人，使别人走向成功是一件很奇妙的事情，鼓励往往会带来一种不可思议的奇迹。

有一个故事，讲述的是一个杂货店里的小男孩儿，这个小男孩儿是杂货店的店员，他每天早上 5 点就要起床，之后打扫店面，然后就开始连续 14 个小时以上的劳碌。日子周而复始，小男孩儿越来越无法忍受这种苦差事。两年以后，他终于忍无可忍了，他早上起床之后，连早饭也没有吃，步行了 15 里路来到母亲打杂的地方，将自己的苦楚说给了母亲。

那种生活快要把他逼疯了，他对着母亲苦苦哀求、歇斯底里，声称如果把他送回去他就自杀。后来，他给自己从前的老师写了一封信，将自己的凄惨经历告诉了老师。那位老师给他回了信，信中除了对他的经历表示安慰和鼓励外，还说以小男孩儿的聪明才智可以获得更优越的工作，甚至邀请他回学校任教。

这封信使小男孩儿的人生发生了翻天覆地的变化，也给英国的文学史带来了巨大的改变。从此之后，小男孩儿开始发奋写作，他发表的每一篇作品都产生了很大影响，他也因此成为了百万富翁。这个小男孩儿就是威尔斯。

上述这个事例就是我要说明的，只要你擅长运用鼓励的力量，找对鼓励人的方式，那么你就能帮助他人获得成功，与此同时，自己也能取得成功。所以，许多企业的管理者都了解如何通过奖励制度来激发员工的积极性和创新性。接下来，我举出几种鼓励他人取得成功的方法：

1. 经常称赞对方

称赞对方是激发对方积极性的最直接、有效的方式。安德鲁·卡内基就很擅长用这种方式来鼓励自己的员工。卡内基有一个名叫修韦伯的员工，是造船厂的总经理，他曾经这样讲述卡内基：“公司里一些举足轻重的人物和非常能干的人，几乎都是在他的赞美下取得成功的。我所见过的大人物（其中有很多杰出的企业家）里，他是最善于利用赞美促使他人取得进步的。这种办法确实非常有用，正是这种办法让许多人的事业取得了成功。同时，这也是卡内基先生能够成功的一个重要因素。”

在众多通过称赞他人而获得成功的人中，修韦伯也是其中之一，他称赞人的办法是在培训班里学来的。身为一个造船厂的总经理，他所带领的员工对待工作的积极性简直让人吃惊。在卡莫狄的厂子里，刚刚产生的一项纪录很快就被另一项纪录取代。

举例来说，他们仅仅用了 27 天的时间就制作完成了塔卡特号轮船，从而又打破了一项新的纪录。修韦伯和他的全部员工举办了一次庆功大会。他在会上做了一场演讲，演讲中他称赞了所有员工，并为他们每个人颁发了银质奖章和威尔逊总统贺信的复印件，除此之外，他还给船厂的所有质量管理员送上了一块金表。

请相信我，称赞能够带来非凡的力量，你尝试一下就会明白，我所说的是绝对正确的。

2. 激发竞争意识

激发员工的竞争意识是诱导他们积极性的一个好办法。

有一天，当查尔斯·史考伯准备下班的时候，一个分厂的厂长叫住了他。他对史考伯说：

“我不明白这是怎么一回事。我想方设法鼓励自己的员工，可是他们还是无法按时完成生产指标。”

史考伯说：“这也让我感到奇怪。你是一个非常有能力的管理者，怎么也无法让他们对工作产生热情呢？”

那个厂长满面愁容地说：“的确是这样，我已经竭尽全力去做了。我语重心长地引导他们、鼓励他们，就连胁迫、责备和谩骂都用过了，但是他们丝毫没有改变。”

后来，史考伯和那个厂长一同去了工厂，那时恰好是厂子里白班和夜班交接的时间。史考伯叫住一个要下班的员工，问他：“你们今天生产了几台机器？”

这个员工回答说：“6台。”

史考伯点点头，从厂长那里要来了一根粉笔，用粉笔在地板上写了一个大大的“6”字，然后就一声不吭地走了。

那些准备上夜班的员工看见地板上的数字后，不明白是怎么回事，于是就问了上白班的员工。

上白班的员工说：“刚才史考伯先生来了，他问我们一共生产了几台机器，然后就把这个数字写在了地板上。”

第二天史考伯又来到了厂里，他发现地板上原来的数字已经被改成大大的数字“7”。史考伯心满意足地笑了，之后又悄悄地离开了。后来上白班的员工看到地上的数字，感觉自己好像被上夜班的人比下去了，他们就想和上夜班的员工较量一下，所以加大了工作力度。当交接班的时候，他们在地板上得意扬扬地写下了一个数字“10”。最后的结果就是，他们在月底超额完成了生产指标。

我们可以看出，史考伯在整个过程中从未对员工说过一句鼓励的话，但是他到底用了什么魔法刺激了他们的积极性呢？其实很简单，他激发了员工的竞争欲，员工相互之间有了要超越对方的动力。事实足以证明竞争意识的力量是多么强大。

3. 给别人一个美名

莎士比亚曾说：“假如你想让自己拥有一种美德，你可以先假设你已经拥有了这种美德。”任何人心里都有一个理想化的自己，并且这个理想化的自己仿佛拥有一切美德。因此，假如你根据这个方法来做，事先给对方冠以某种美名，那么这个人就会尽全力去实现这一点，就好像他一定要做给你看一样。

我有一个朋友——钦特夫人，她最近雇了一个女佣，并让她周一去家里上班。后来，钦特夫人电话咨询了这个女佣之前的工作状况，女佣之前的雇主对她的表现并不满意。

可是现在已经没有办法再找其他人了。因为钦特夫人已经雇了这个女佣，后来钦特夫人想到一个主意，那就是利用事先给她一个美名的方式促使女佣发生改变。

周一的时候，女佣准时来到了钦特夫人家里。钦特夫人告诉她："我昨天给你的上一个雇主打了电话。她对我说，你是一个很勤快、忠厚的女孩子；你不仅做菜好吃，还很懂得照料小孩。她说你只有一点不太好，那就是做事的时候很随便，所以房间收拾得不太干净。但是，我有些怀疑她说的话。因为从你的穿着来看，你是一个非常整洁的人，怎么会不爱干净呢？"

她的这段话让女佣发生了改变。她和钦特夫人相处得很融洽。这个原本并不爱干净的女佣为了能够继续拥有自己的美名，每天在打扫卫生上不惜多用几个小时的时间将房间整理得非常整洁。

既然这种办法能取得这么好的成效，还不会损失你的任何东西，并且这种方法还能让你成为一个擅长鼓励的管理者，那么，你有什么理由不这么做呢？

7 禁忌话题是职场危机的导火索

卡耐基名言

1. 要是你希望自己可以树立一个良好的形象，那就用工作说话。

2. 你和你的同事、领导都仅仅是一种职场上的联系，并不是生活中的联系——他们不一定会是你的朋友。

3. 不要闲谈——闲谈只会让你看起来更加无趣，而不会使你和同事之间的关系更加紧密。

需要牢牢记住的一点是，办公室是工作的地方。尽量不要在办公室谈论与工作没有关系的话题，或许你可以在其他地方讨论这些事，可是在办公室是万万不可以的。说话，是要挑地方的。应在不同的环境说不一样的话，这是说话的艺术，言外之意就是: 任何一个环境都有不能说的话，在办公室里依然如此。

1. 家庭财富问题

不管是你自己的家庭财富还是别人的家庭财富，都不是你可以在办公室里探讨的问题。调查发现，许多人喜欢拿自己的家庭财富与其他同事做比较，而这种做法，仅仅是为了使自己的虚荣心和好奇心获得满足。还有一些人，喜欢和同事在办公室里炫耀自己最近去欧洲旅行了，或是新购置了房产，而且极其骄傲，虽然，他们当时心里感到很愉悦，但这样的做法在无形中会让其他的同事很受伤，因为事实就是他们在故意炫耀自己家中很富有。可是，这样的做法有什么好处呢？仅仅是让自己的虚荣心得到满足而已，相比于得到的，他们失去的反而更多。

因此，切莫谈论自身家庭的财富，因为这种事除了让自己高兴以及让其他人受伤以外，没有其他好处了。

2. 薪资待遇问题

大家通常会把薪资看作是自己的私人事情，所以，最好不要打听别人的工资是多少，也不要谈论公司的薪酬制度，因为这种在办公室里谈论薪资待遇的做法，对你百害而无一利。

人人都可能有这样的一种嗜好，喜欢窥探他人的私人信息，但是又不爱让他人了解自己的私事。所以，你要是不想自取其辱，还是别跟其他人讨论薪资的问题。从另一个角度来说，大部分企业的薪酬体系都是有不同等级的，员工的等级不同，所领的工资也不同，这个就是公司所采用的激励手段。

同等的岗位不同的工资对于企业来说，也是一件很私密的事。企业不愿意让员工和企业本身产生冲突，所以严禁在公司内部谈论薪资待遇的问题，总裁和上级领导同样很不喜欢那些在工作的时候谈论薪资待遇的员工，因此，为了让你不被其他人厌恶，你最好离这些事远一点儿。

但是，或许其他人不会这样选择，可是你只需要心里有数就可以了。每当其他人问起你的薪资待遇时，你一定要回绝他，别因为觉得难以开口而勉强告诉他。一旦他出现这样的想法时，你可以间接地示意他这可不是一个好的值得谈论的事情。要是他已经脱口而出了，你可以告诉他自己不愿意就这个问题给出回复——你完全有资格这么做。

3. 企业之间的对比

每一个企业都有一套自己的独特的运营方法和特点，也会有自身的缺点和难处，因此，别总是把自己的公司和其他公司拿出来对比。

莫非自己的公司就真的不如别人的公司吗？假如你真是这么觉得的话，你还是早点儿跳槽吧，这或许对你比较好一点儿，这可以表明：你如今还待在这个令你不满意的公司，正是因为你自己的能力不够。

别总是谈论自己从前公司的事务。别说“我上一家单位非常有钱，工作环境也很优越”。你说的要是事实的话，你怎么不回去呢？老板很不喜欢你这样的观点，同事也不会认可的，原因是他们从你所说的话里似乎听到了“你们都是一群没用的饭桶”这句话。

基于以上的想法，我们就了解了这个话题的确是没有任何益处的，只能让别人更加厌恶你。

4. 口不择言的闲言碎语

你如今只不过是一个小小的员工，还不是能做主的领导。因此，别对你的同事大肆宣扬自己，说你今后的计划，同事也没有义务去听你说那些百无聊赖的事情。例如“未来我肯定要自己创业”这样的话题，这些事还是和你的亲朋好友聊吧。

别跟其他人埋怨你如今的岗位，要是你觉得自己的实力高于所在的岗位，那么建议你早点儿离职。并且，就算你是随口说出这样的话，也还是会莫名地让你得罪很多人。因为我所知道的是，基本上每一个人都会觉得自己是个被埋没的人才。你要做的是在工作岗位中展示出你的才干，但绝不是在嘴上体现。

在办公室中经常会出现的一个问题就是，跟同事甲说同事乙或者某一个领导不好的话，还连带着说公司的不好。一些关于员工离职、变动、升职的事情其实都有很多原因，不完全是你所认为的那样。挑拨是非对你来说是没有任何益处的，还有可能会让你陷入困境，原因是你没办法确保你的同事不会出卖你，就算他们表现得都很诚实。但是你要明白，没有一件事是不会被人知道的。哪怕你讲的只是一些很中肯的也没有什么恶意的话，一传十，十传百，一定会把你的话传变味儿的。等到那时候，你才明白你已经无力回天了。这样的话，这个流言所引发的后果一定会追究到你的头上来。

5. 个人问题

不知你是否经历过一些人因为恋爱失败而在办公室跟同事哭着倾诉的事情，我就经历过。然而那个员工并没有在我这儿得到安慰，反而受到了指责。我建议她，无论她正处在热恋还是恋爱失败了，都别把自己的情绪带到办公室里，而且也别在办公室里向同事倾诉自己的私事——办公室不是做这些事情的地方。

这是一个十分有智慧的做事方法，原因是办公室仅仅只是你办公的场合，而不是你宣泄私人情感的场所，你不可以将你个人的事情或心情放到工作中来，因为这对于别的同事来说是一件很不公平的事，假如大家都在该上班的时候干自己的私事，那就不用上班了。

还有一些人，乐于将自己的生活和办公室里的同事一起讨论，例如，炫耀自己家养的动物十分惹人喜欢。确实，这会让分享的人感到很开心，但对于倾听者——你的同事而言却是件很枯燥的事情。而这些枯燥的话题只能让大家在工作中分心，对工作没有一点儿帮助，对上级而言，也会由此认为你是一个对工作疏忽怠慢的人，并且会因为这个原因开除你。

卡耐基经典成功励志全集

卡耐基
处世智慧

[美] 戴尔·卡耐基◎著　高　洁◎译

H.P.H 哈尔滨出版社
HARBIN PUBLISHING HOUSE

图书在版编目（CIP）数据

卡耐基处世智慧 /（美）戴尔·卡耐基著；高洁译
.—哈尔滨：哈尔滨出版社，2017.6（2017.7 重印）
（卡耐基经典成功励志全集）

ISBN 978-7-5484-3341-5

Ⅰ.①卡… Ⅱ.①戴… ②高… Ⅲ.①人生哲学—通俗读物 Ⅳ.① B821-49

中国版本图书馆 CIP 数据核字（2017）第 070356 号

书　　名：**卡耐基处世智慧**

作　　者：【美】戴尔·卡耐基　著
译　　者：高　洁
责任编辑：任　环　滕　达
责任审校：李　战
封面设计：鹏轩文化·邵士雷

出版发行：哈尔滨出版社（Harbin Publishing House）
社　　址：哈尔滨市松北区世坤路 738 号 9 号楼　　邮编：150028
经　　销：全国新华书店
印　　刷：湖北卓冠印务有限公司
网　　址：www.hrbcbs.com　　www.mifengniao.com
E-mail：hrbcbs@yeah.net
编辑版权热线：（0451）87900271　87900272
销售热线：（0451）87900202　87900203
邮购热线：4006900345　（0451）87900345　87900256

开　　本：787mm × 1092mm　1/16　印张：62.5　字数：1180 千字
版　　次：2017 年 6 月第 1 版
印　　次：2017 年 7 月第 2 次印刷
书　　号：ISBN 978-7-5484-3341-5
定　　价：98.00 元（全五册）

凡购本社图书发现印装错误，请与本社印制部联系调换。　服务热线：（0451）87900278

Preface 前言

戴尔·卡耐基是美国著名的人际关系学大师，是西方现代人际关系教育的奠基人，教给人们处世与人际交往的智慧。与此同时他也是美国著名的企业家、演讲口才艺术家，他还被世人冠以“20世纪最伟大的心灵导师”及“成人教育之父”的名号，可谓是家喻户晓。

事实上，卡耐基的一生并不是一帆风顺的，相反，他经历了很多坎坷。在大学期间，他发现有名望的人是足球或者棒球运动员，除此之外，便是一些善于辩论及演讲的人。然而他的身体素质不好，他知道自己断然不会在体育方面崭露头角，于是就把所有的精力放在辩论及演讲上面。为了能够获得胜利，他无时无刻不在练习。虽然他做足了准备，可在最初，他还是接连遭受失败。然而，他并没有因此放弃演讲，反而更加努力，后来他开始获得胜利，直到最后，他几乎每次都能在辩论或是演讲中获得胜利。

大学毕业后，他开始在一些成人大学授课，尽管他非常努力，可是事业却没有任何起色，迫不得已，他只能靠从事演员、作家、推销员等工作来获得微薄的收入。虽然如此艰难，可是他没有放弃，并努力说服了基督教青年会，同意他为当地的商业界人士开设一门演讲课。就这样，卡耐基的事业慢慢地步入了正轨。

起初，他只开设了一些有关演讲的课程——专门为成人设立的，目的是使学员们能够具有敏锐的思考力，敢于在公众面前表达自己的想法。之后，他还开发了一种集演讲术、推销术、人际关系学及实用的心理学于一体的特殊的训练方法。这种方法不受死板的规则约束，非常实用，并且有趣。他的课程获得了成功，并且规模越来越大，而他也逐渐有了一些名气。

后来的卡耐基将研究重点放在如何处世、怎样改善人际关系方面，他认为每个人都可以通过努力改变自己的人际关系，从而让自己生活得更好；并且他还认为，每个人都是语言天才，不管是谁，只要他生气了，便会变得很会说话、口齿伶俐。哪怕是最不会说话的人被人打倒后，他也会立刻爬起来与打他的人争论，并且说话的流利程度绝不亚于一位优秀的演讲家。因此，卡耐基认为，如果一个人拥有自信，并且内心迫切地想要表达自己，那么他的言辞一定会吸引人，同时善于言辞也可以帮助我们赢得良好的人际关系，让我们更好地与人相处。

哈佛大学著名心理学家与哲学家威廉·詹姆斯教授认为，普通人仅仅开发了蕴藏在自己体内的十分之一的能力，因此卡耐基开设课程的目的是挖掘每个人身上的潜能，而他的著作——《卡耐基处世智慧》旨在告诉更多的人如何才能做更好的自己，如何与世界、世人更友好地相处。它对于开阔我们的视野、改变我们的人生观有着非常重要的作用，尤其是在克服我们自身的缺点方面具有指导意义。

本书分为五篇，第一篇主要讲述了如何摆脱孤独忧郁，让自己更快乐更轻松地生活；第二篇主要介绍了与人相处愉快的六大技巧，帮助读者赢得更良好的人际关系；第三篇从如何赢得他人的欣赏入手，告诉读者怎样才能受人喜欢；第四篇重点介绍了成功说服他人的七大窍门，让别人接受你的意见和看法。第五篇介绍了如何才能拥有幸福的家庭，告诉读者婚姻幸福之道。

相信通过阅读本书，读者一定能够摆脱不良的情绪，克服恐惧，获得自信，更加愉快地与人相处。它能够让我们重新获得对生活的热忱和希望。

目录 contents

第一篇 走出孤独忧郁的六大准则

第二篇 与人相处愉快的六大技巧

第三篇 获得他人欣赏的十二种方法

第四篇

成功说服对方的七大窍门

第五篇

家庭永久幸福的八大法则

第一篇

走出孤独忧郁的六大准则

1 远离思想中的忧虑情绪

〖卡耐基名言〗

1. 在与人相处时，我们应该快乐地去做每一件事，进而才能更好地享受生活。

2. 一个人因为心理因素的影响，通常比身体劳作更容易感到疲劳，这已经是一个众所周知的事实了。

3. 大多数情况下，我们的疲劳通常不是因为工作，而是由于忧虑、紧张和不愉快。

在与人相处时，我们应该快乐地去做每一件事，进而才能更好地享受生活。当我们在做一些有趣的事情时，很少会感觉疲劳。我们的疲劳通常不是因为工作的压力，而是由于思想中的忧虑情绪。因此赶走思想中的忧虑情绪刻不容缓。

我可以举一个例子，就说住在你附近的那名打字员爱丽丝女士吧。

有一天晚上，爱丽丝回到家中，感觉筋疲力尽。她确实感到非常劳累，头也疼，背也痛，疲倦得不愿吃饭便上床睡觉了。她的母亲一再央求她，她才坐在了饭桌旁。电话铃声响了起来，是她男朋友打过来的，邀请她出门跳舞。她的眼睛立刻亮了起来，也有了精神，她跑上楼去，穿上了她那件天蓝色的洋装，一直跳舞到深夜 3 点。等她回到家里时，一点儿也不疲惫，实际上还兴奋得睡不着觉呢。

在 8 小时之前，爱丽丝的外表与动作，看上去都疲惫不堪，她是不是真的那么疲劳呢？一点儿也没错，她之所以感到劳累是因为工作使她感到厌烦，甚至生活都使她感到烦闷。世界上不知有多少人如同爱丽丝这样，你或许就是其中一个。

一个人因为心理因素的影响，通常比身体劳作更容易感到疲劳，这已经是一个众所周知的事实了。几年之前，约瑟夫·巴马克博士在《心理学学报》上有一篇报告，谈到他的一些实验，证实了烦闷会衍生疲劳。巴马克博士让一群大学生做了一系列实验，他知道这些实验他们做起来都没有什么兴趣。最终呢？所有学生都感到疲劳，他们打盹、头昏眼花，很容易就发脾气，还有几个人觉得胃很不舒服。这些是否都是“想象出来的”呢？不是的，这些学生做过新陈代谢的实验。实验得出的结果是：一个人感到烦闷时，他身体里的血压与氧化作用，实际上真的降低了。而一旦这个人感到他的工作有趣时，整体的新陈代谢就会立刻加速。

当我们在做一些既有兴趣又令人非常兴奋的事情时，很少会感觉疲劳。比如说，最近我在加拿大落基山的路易斯湖畔度假，钓了好几天的鲑鱼。我需要穿过比我要高的树林，跨过许多横躺在地上的树枝，要爬过很多倒下的老树——这样辛苦了8小时之后，我却一点儿也感觉不到疲惫。为什么呢？因为我很兴奋，并且感到自己很有成就，捕获了6条很大的鲑鱼。但是如果我觉得钓鱼是一件很烦闷的事情，那么你觉得我又是怎样的感受呢？我一定会因为在海拔7000英尺高的山上还这么来回奔波劳累而感到无力的。

即便像登山这种消耗体力的运动，恐怕还是不及烦闷可以轻易地让你感到疲劳。明尼阿波利斯农工储蓄银行的总裁S.H. 金曼先生告诉我一件事情，恰巧可以说明这件事：1943年7月，加拿大政府要求加拿大阿尔卑斯登山俱乐部协助威尔斯军队做登山训练，金曼先生就是被征来训练这些士兵的其中一个教官。他对我说他与其余的教官——那些人大概从42岁到59岁不等——带领着那群年轻的士兵，走过很多冰川与雪地，然后用绳索和一些较小的登山装备攀爬上40米高的悬崖。他们从加拿大落基山的小月河山谷爬上米高峰、副总统峰和许多别的没有名字的山峰，经历了15小时的登峰运动后，那些很强壮的年轻人，个个都筋疲力尽了。

他们感到劳累，那是不是因为他们军事训练时，肌肉没有锻炼得很结实呢？对于这种荒诞的问题，也许所有经受过严厉军事训练的人都会不屑一顾。不是的，他们会这么筋疲力尽的原因是他们不喜欢登山。他们里面有许多人累到还没吃晚饭就睡着了。那些教练——那些年纪大士兵两三倍的人是不是也非常疲惫呢？的确如此，但是他们不会累到筋疲力尽的地步。那些教练在晚饭过后，还会坐在一起聊上几小时，谈论他们这一整天的事情。他们为什么没有疲惫到筋疲力尽的程度？那是因为他们对登山这件事有兴趣。

爱德华·桑代克博士是哥伦比亚大学的教授，他在做一些关于疲惫的实验时采用的方法常常能让那些年轻人对此产生兴趣，并且这种兴趣度可以维持一个多礼拜。在经过多次调查研究之后，桑代克博士指出“工作能量降低的唯一真正原因就是烦躁”。

假如你所进行的是脑力工作，工作量过大几乎不会成为你感觉疲惫的原因，恰恰相反，让你深感疲惫的原因是你的工作量太少。举个例子，你是否还记得上星期，别人不停地打搅你，一封回信也没写，和别人约定好的事情也没干，这里那里都有问题，那天做的每一件事都不对劲，没有做成功任何事，但是当你回到家里的时候你筋疲力尽，不仅如此，脑袋还疼得快要炸开了一样。

第二天，办公室里的所有事情都进展得很顺利。你今天所完成的工作量是前一天的40倍，但是你回到家以后，你依然精神抖擞。你肯定有过这样的经历，我也曾有过。

从这里我们能够学到什么呢？那就是，大多数情况下，我们的疲劳通常不是因为工作，而是由于忧虑、紧张和不愉快。

我在写这一章的时候，特意抽时间重新看了一遍杰罗姆·科恩的音乐喜剧《表演船》。这部喜剧的主角是安迪船长，剧中有一段很有哲学意味的话，是这样说的："人们如果能够做自己想做的事，这就是最幸运的人了。"为什么说这种人很幸运呢？因为他们的工作能量比其他人更饱满，快乐也更多，但是焦虑和疲倦都比其他人少。你所具备的能力就在你自己感兴趣的地方。和一个喋喋不休的老太太逛10条街肯定比和你心爱的人走10里路要疲惫得多。

那么应该怎么做呢？在这件事情上，你可以做些什么呢？以下就是一位打字员小姐的做法——这位打字员小姐在俄克拉何马州托沙城的一家石油公司任职。她每月里有几天的时间都要做一件在任何人看起来都很无聊的工作：在一份已经打印好的石油销售报表上填各种统计出来的数字。这项工作的确很乏味，但是她为了激发自己的工作激情，想出了一个很好的解决办法，将这件事变得非常有意义。她是如何做的呢？她每天都和自己比赛。她把自己每天上午填写的报表数量记录下来，然后在下午的时候尽全力打破这个纪录；然后再统计出每天所完成的报表数量，在第二天的时候想方设法去超越。这带来了什么样的结果呢？她的工作效率远远高于该部门其他打字员小姐，很快就填完了那些无趣的报表。她这么做能得到什么样的好处呢？是表扬吗？不是。是感激吗？不是。是升职吗？不是。是加薪吗？不是。但是这样做能够让她避免因烦躁而引起疲惫，能让她始终神采奕奕，因为她尽全力将一件无聊的工作变得有趣，这样她就能省下更多的精力和体力，在闲暇的时间里得到更大的快乐。

恰好，我知道这个故事是绝对真实的，因为这位打字员小姐就是我的太太。

接下来是另一位打字员小姐的故事。她发现，故意假装喜欢工作，会让人得到许多回报。过去，她总是讨厌自己的工作，但是现在不讨厌了。这位打字员小姐的名字叫维莉·戈尔登，下面这个故事是她在信上对我说的：

我的办公室里，共有4位打字员小姐，每一个人都有替几个人打信的任务，每过一段时间，我们都会因为工作量大忙得不可开交。有一天，有一个部门的副经理非要让我把一封很长的信重新打一遍，这让我觉得非常生气。我对他说，这封信只要改动一下就行了，没有必要非得重打。但是他却告诉我，假如我不重打的话，他就会找其他愿意做这份工作的人来打。我那时真是生气到了极点，不过，在我重新开始打这封信的时候，我忽然意识到有许多人都想抓住一个这样的工作机会来代替我。并且，我领取人家的工资就得做这份工作，这样想着我就感觉好多了。于是我决定，就算我讨厌这份工作，也要装出很喜欢的样子去做。然后我发现了一件很重要的事：假如我装作很喜欢自己的工作，那么我就真的会喜欢到某种程度，我还发现，当我开始喜欢自己所做的工作时，工作效率就会高很多。因此我现在几乎已经不需要加班了。我的这种新的工作态度，让所有人都以为我是一个很好的员工。后来有一位部门主管需要找一位私人秘书，他就选择了我——他说我很乐意做一些多余的工作，并且从来不会怨天尤人。这件事情还证实了：心理状态的改变能够产生巨大的力量。对我来讲，这是一个很重大的发现，它为我创造了奇迹。

戈尔登小姐所采用的方法就是汉斯·法伊欣格教授的“假装”哲学，他教导我们要“假装”自己很开心。

假如你“假装”对工作感兴趣，慢慢地，假装就会让你真的对它产生兴趣，同时还可以减少你的疲惫、紧张和烦闷。

几年前，哈伦·霍华德做了一个决定，这个决定彻底改变了他的生活。他将一份非常无趣的工作变得十分有趣。他的那份工作的确比较枯燥，是在高中的福利社清洗碟子、擦柜台和买冰激凌，但是别的男生却在玩球或者是和女生约会。哈伦·霍华德十分讨厌这份工作，但是他不得不继续工作，因此他决定借此机会琢磨一下冰激凌是怎么制成的，里面都放了什么东西，为什么有的冰激凌比其他的好吃。他对冰激凌化学成分的探索使他成为他所在学校的化学课奇才。后来由于他对食品化学特别感兴趣，于是他在马萨诸塞州州立大学，主要学习食物和营养。再后来，纽约可可交易所设立了以100美元为奖金的论文征文比赛——论文的主题是关于可可和巧克力的应用，这次征文比赛是一场所有大学生都能参与的公开比赛。你知道是谁拔得头筹吗？非常正确，就是哈伦·霍华德。

毕业之后，他发现对口的工作并不容易找，于是他把家里的地下室当成自己的个人实验室。没过多久，当局实施了一条新的法案——一定要统计牛奶中所含有的细菌数目。于是，哈伦·霍华德就开始做起了为安荷斯城14家牛奶公司统计细菌的工作——这样他不得不再请来两位助手。

25年之后，他是什么样子的呢？噢，现在那几位从事食物化学实验工作的先生到那个时候或退休或是已经逝世了，将来要接替他们位置的人就是现在这些刚开始学习并充满激情的年轻人。25 年之后，哈伦·霍华德会有很大希望成为这一行业的带头人。然而，那些当年从他手里买冰激凌的同学也许会变得一贫如洗，待在家里无所事事，埋怨政府没有给自己提供良好的工作机会。如果哈伦·霍华德没有竭尽全力将一件很无聊的工作变得有趣的话，也许也会像其他人那样没有什么工作机会。

几年前，在一家工厂中有另外一个年轻人。这位年轻人的名字叫山姆。他的工作就是每天站在一部车床旁边制造螺丝钉，这份工作让他觉得很无趣。他非常想换一份其他的工作，但是他又担心找不到其他的工作。既然一定要做这份没有意思的工作，他就下决心让工作变得有趣起来。于是，他和身边的另外一位工人比赛，他们其中的一个人先在自己的机器上做出样式，由另外一个人将它打磨到规定的直径。他们有时候会互相交换机器，比赛谁做出的螺丝钉多。他们部门的负责人对于山姆的工作效率和精确度非常满意，没过多久就将他调到了一个更好的岗位上。而这仅仅是他不断升迁的开始。30 年后，山姆已经成为巴德温火车头制造公司的董事长。如果他没有尽力让自己那份无聊的工作变得有趣的话，也许他这辈子都只是一名普通工人而已。

卡滕伯恩是一位著名的无线电新闻分析家，他向我讲述了他是怎样将一件极其无聊的工作变得非常有趣的。他 22 岁的时候，在一艘船上工作，这艘船是用来横渡大西洋运送牲口的，他的工作就是给这些船上的牲口喂食喂水。后来他骑着脚踏车游遍了英国，之后到了巴黎。那个时候他身上一分钱都没有，连饭都没得吃，他用自己随身携带的照相机典当了 5 美元，在巴黎版的《纽约先驱报》上刊载了一则求职广告，而后获得了一份推销立体观测镜的工作。这种观测镜观看两张相同的照片时，会发生一个奇异的现象：观测镜的两个镜头会把两张照片叠合成为一张立体的照片，你能够看出前后的距离，并能体验到非常真实的立体感。

我刚才讲到，卡滕伯恩开始在巴黎逐门逐户地推销这款观测镜，可是他连法语都不会讲。不过，即使这样，他一年下来还是挣到了 5000 美元，这样的收入在那年的法国推销员中是最高的。卡滕伯恩对我说，这次获得的经验使他的能力大有提升，这种提高要远远多于在哈佛大学读一年书所学到的。对自信方面呢？他亲口对我说，有了这次经验之后，他认为把“美国国会记录”转卖给法国的家庭主妇都不成问题了。

这次的经验让他更深刻地了解了法国人的生活习惯，这对他之后从事的广播新闻分析工作，特别是对欧洲事件的分析，格外有价值。既然他不会讲法语，那么他是如何成为一个推销专家的呢？他先让老板用非常地道的法语，把自己在推销时该讲的话都写下来，然后开始背诵，当他按完门铃之后，就会有家庭主妇来给他开门，然后卡滕伯恩就开始向她背诵那一套推销话术。他浓重的美国口音让人觉得非常诙谐，然后他再给这些家庭主妇看那些照片。如果有人向他提出问题的话，他就会耸耸肩，说“美国人……美国人”，之后他就摘下自己的帽子，向人指指那张粘在帽子里用法语写成的演讲稿。家庭主妇因此就会开怀大笑，然后他就附和着一起笑，接着再给对方看更多的照片。当卡滕伯恩对我讲述这些事情的时候，他很坦诚地说，这份工作的确有些难度。他告诉我，他能够撑下去全靠着一份信念，那就是他想让这份工作变得很有趣。每天早上出门前，他都会面对镜子，告诉自己：“卡滕伯恩，假如你要填饱肚子，就必须去做这件事情。既然你不得不做，那么为什么不做得开心一点儿呢？你为什么不能在每次按门铃的时候假装自己是一个演员正站在舞台上，下面有许多观众正在看你？因为你现在所做的事情如同在台上表演那样幽默，所以为什么不快乐地、热情地做这件事呢？”

卡滕伯恩对我说，这些每天自我鼓励的话，能把这份令他之前既讨厌又胆怯的工作变成他自己喜欢的事，并且还让他挣得了高额的利润。

我问卡滕伯恩，能不能给那些急于求成的美国青年一些忠告。他说：“每天早上和自己下个赌注。我们经常认为应该做一些运动，让我们从这种似睡非睡的状态中清醒过来，因为我们最需要的是一些精神上和思想上的活动，有了这样的思想，我们每天早上才能真正地行动起来。每天早上都要给自己加油打气。”

每天早上都要给自己加油打气，这是否是一件很傻气、很浅薄、很幼稚的事呢？不是的，恰恰相反，从心理学角度上来说，这一点至关重要。“我们的生活就是我们的思想带来的结果。”到了今天，这句话还像1800年前马可·奥勒留在《自省录》中所写的那样真实：“我们的生活就是我们的思想带来的结果。”

每小时都对自己讲一遍，你就能够指导自己去想很多勇敢又开心的思想，也能够从这种思想中获得能量和宁静。对自己说很多值得感恩的事情，你的脑袋里面就会装满积极的思想。

只要自己的想法是对的，就能让所有的工作变得有意思。你的老板想让你对自己的工作有兴趣，这样他才能够挣到更多的钱，但是我们暂且不考虑老板想要的是什么，你需要考虑一下，对自己的工作感兴趣能为你带来什么好处；经常告诉自己，这样做能够让你从生活中得到的快乐翻倍，因为你每天在工作上所花费的时间占了你全部时间的一半以上。假如你不能从工作中获得快乐，在其他方面也就很难找到快乐了。要不断地告诉自己，对自己的工作有兴趣能让你不再担忧，并且最后也许会为你带来升职和加薪的好处。哪怕事情没有得到这么好的结果，起码能降低你的疲惫度，让你在闲暇时间获得更好的享受。

2 克服忧虑，我来教你一招

卡耐基名言

1. 在为人处世时，当忧虑出现的时候，就无法集中注意力，我们的思想就会如脱缰之马一样，没有确定的目标，从而没有能力做出正确的决定。

2. 要有接受已经发生事实的能力，这是第一步克服相伴而来的所有灾难的方法。

在为人处世时，当忧虑出现的时候，就无法集中注意力，我们的思想就会如脱缰之马一样，没有确定的目标，从而没有能力做出正确的决定。因此，有没有一个快速而又十分有效的能够消除忧虑的锦囊妙计出现在你的脑海中——那种你不需要继续再往下读我所写的内容，就可以立刻使用的方法？

下面让我们来谈谈卡瑞尔发明的这个办法吧。卡瑞尔是一位很有智慧、很有商业头脑的工程师，空气调节器的制造业就是他开创的。他现在在位于纽约州塞瑞库斯市的全球知名的卡瑞尔公司工作，是公司的负责人。迄今为止，我所了解的解决忧虑烦恼的最好办法是我从卡瑞尔先生那里学到的，当时我正和他在纽约的工程师俱乐部吃午饭，卡瑞尔先生向我讲述道：

在我还很年轻时，我在纽约州巴法罗城的巴法罗铸造公司工作。我必须到密苏里州水晶城的匹兹堡玻璃公司去安装一架瓦斯清洁机，那是一座耗资好几百万美元建成的工厂。安装瓦斯清洁机的目的是清除瓦斯燃烧的杂质，避免瓦斯燃烧时对引擎造成伤害。这种清洁瓦斯燃烧的杂质的方法是一种全新的尝试，原来虽说尝试过一次，但是当时的情况跟现在很不一样。我到密苏里州水晶城工作的时候，发生了非常多的意想不到的困难。虽然在我不断调整和修复之后，机器能够开始运转，但是效果差强人意，并不像我们所预期的那样好。

我遭遇的失败让我感到非常吃惊和失望，我觉得自己的头被人重重地打了一拳。我的胃和整个肚子都开始出现问题，疼痛难忍。有很长一段时间，我十分担忧、恼怒，甚至严重到无法闭眼入睡。

到最后，我的常识告诉我，忧虑烦恼对解决问题起不了任何作用，于是一个不需要忧虑就可以解决问题的办法浮现在我的脑海中，而且结果证明它确实是卓有成效的。这个抵抗忧虑的办法已经被我使用了 30 多年。而且这个办法浅显易懂，任何人都可以掌握其中的奥妙。它一共分为三个步骤：

第一步，你首先要做的是克服自己的恐惧心理，并真诚坦率地把整个情况分析一遍，然后做出失败后可能发生的最坏情况的打算。我不会被别人关起来，或者被别人枪毙，这些情况确确实实不会发生。不错，很可能我会失去自己的工作，我的老板也可能会拆掉整个机器，从而使已经投资的 20000 美元打水漂。

第二步，让自己在必要的时候能够接受已经找出来的可能发生的最坏情况。我告诉自己，如果我没有完成任务，我的记录上会留下一个很大的污点，我的老板也可能会炒我的鱿鱼。但即便这些最坏的结果都发生了，我还有能力去找到另外一份工作。也可能会出现比这更坏的结果。至于我的那些老板，他们也清楚我们现在是在试验一种清除瓦斯燃烧的杂质的新方法这个事实，而且他们也能承担起这个要花费他们 20000 美元的试验。因为这只是一种试验，一种尝试，所以他们可以把这个账算在研究费上。

我在找出可能发生的最坏情况，并让自己做好接受它的准备之后，发生了一件十分重要的事情。我立刻轻松下来，感受到一种平静，那是这几天以来都没有经历过的。

第三步，这件事情发生以后，我就以一种平静的心态，在改善我其实已经在心理上接受的那种最坏情况上投入我的时间和精力。

我努力去找一些能够减少我们目前面临的 20000 美元损失的方法。我试验了几回，最终得出结论：我们的问题可以迎刃而解，前提是我们再多花 5000 美元去安装一些设备。我们要是照这个办法去做，公司就可以盈利 15000 美元，而不是最初的损失 20000 美元了。

假使当时我什么都不做，只是一直处于担心的状态，那么恐怕我不会想出这个办法，也挽回不了公司的损失。摧毁我们集中精神的能力就是忧虑最大的坏处，只要忧虑出现，我们便无法集中注意力，也就失去了做出正确的决定的能力。反而，当我们逼迫自己去面对最坏的情况，并且在心理上做好最坏的打算时，我们就拥有了能够衡量所有可能出现的情形的能力，从而使我们自己能够集中精力去解决当前的问题。

刚才我所提到的这件事，是一件发生在遥远过去的事，但是因为这种做法非常有效，所以我就一直在使用。结果从那次之后我就几乎没有烦恼忧虑过。

那么卡瑞尔的奇妙公式有这么大的价值，并且如此有效的原因是什么呢？从心理学角度分析，它能够使我们走出那个巨大的灰色云层，让我们不再带着忧虑毫无目的地去寻找解决问题的方法。它能够让我们脚踏实地，而且是四平八稳地站在地平面上，而我们自己也都清楚自己踩在地上的踏实的感觉。如果双脚并没有坚实地踩着土地，我们是不可能把事情想通的。

有很多人都在利用卡瑞尔的奇妙公式来解决问题，你愿不愿意看看那些例子呢？行！下面我就举个例子。这是一件真实的事情，发生在我以前班上的学生身上——他现在是纽约的一名石油商，事情是这样的：

有人恐吓我，威胁我，这种事情怎么可能发生在我的身上？这种事情应该都是电影里的桥段啊，怎么可能出现在现实生活里，而且还是我的身上？但是我的的确确是被勒索了。下面是事情发生的整个过程——

在我主管的范围内有一家石油公司，那家公司有很多司机和好几辆运油的卡车。有一段时间，物价管理委员会加强了条例管制的实行力度，我们也只能给每一个顾客送很有限的石油。最初我并不清楚究竟发生了什么，但是似乎是有些运货员把我们给固定顾客的油量偷偷存起来一些，然后再把偷来的油卖给他们自己的顾客。

直至有一天，有个自称是政府调查员的人来看我，向我要“帮助我们”的劳务费。他说他有证据，能够证明我们违法，徇私舞弊。他威胁我说，如果我不给他“劳务费”，他就要将证据上交给地方检察官。直到这时，我才意识到这种不法的买卖早已在公司生根发芽。

当然，其实我也知道我并不需要担心什么——至少我个人并没有参与非法买卖。但是我了解法律规定，知道自己员工违法犯罪，公司也应该承担连带责任。此外，我知道万一这个案子交到法院去审理，再继续上报，那么坏名声一定会出现，而这种坏名声就会毁了公司的生意。我非常骄傲于自己所创造出来的财富，我的事业——那是24年前我父亲辛辛苦苦创下的基业。

我忧心忡忡，身体机能严重下降，整整三天三夜不吃不喝，还重度失眠。我的脑海中一直出现那件事情。到底怎样做才是对的呢？是爽快地付了那笔钱——5000美元一还是直截了当告诉那个人：你想怎么做就怎么做吧。我一直在犹豫，拿不定主意，每天都是噩梦缠身。

在后来的一个星期日的晚上，我无意中拿起一本名叫“如何不再忧虑”的小册子，这还是在卡耐基公开演讲时所拿到的。于是我就仔细地看了起来，看到卡瑞尔的故事时，我被一句话所震撼：“做好发生最坏的情况的准备。”于是我问自己：“如果我不给勒索者想要的钱，要是他把证据交给地方检察院的话，可能发生的最坏的情况会是什么呢？”

答案就是：“我没有生意可做，甚至破产——最坏也不过如此了吧。警察不会把我关进监狱。最有可能出现的情形是这件事情把我毁了。”

于是我就告诉自己：“就这样吧，即使我失去了自己的事业，但在心理上我已经做好了这个准备，那么接下来又能发生什么最坏的事呢？”

我失去了自己的事业之后，也许得再去谋一个养家糊口的职位。这也说得过去，我有很多关于石油方面的知识，很可能会被几家大公司相中……我忧虑困扰的症状有所减轻。三天三夜来，我神经紧张、茶饭不思的症状开始好转。我开始渐渐稳定自己的情绪，而且出乎意料地，我竟然可以开始思考了。

我头脑非常清醒地看到了第三步——努力使最坏的情况最小化。就在解决方法出现在我的脑海的时候，我的面前浮现出了一个全新的局面：要是我的律师知道我所面临的整个情况，他可能就会想出一个办法，而那个办法是我一直没有想出来的。我知道这个办法刚开始听上去会显得很愚蠢，因为我原来一直没有往这方面想过——当然是因为我最初一直没有静下心来寻找解决的办法，只是一直在担心最坏的结果。我立刻下定决心，第二天清早就去找我的律师——然后我脱掉衣服上了床，睡得十分香甜安稳。

事情是怎么被处理好的呢？第二天早上，我的律师让我去见地方检察官，并告诉他事情发生的整个经过。我听从了他的劝告。当我把事情和盘托出后，地方检察官的话令我十分惊讶，原来这种勒索的案子层出不穷，持续了好几个月，那个所谓的“政府官员”，其实是警方一直在抓捕的通缉犯。因为我确实是无法确定到底该不该把5000美元交给那个“政府官员”——实则是职业罪犯，而且因为这件事情我足足担心了三天三夜，所以在听到他的这番话以后，我真是大大地松了一口气。

因为这次发生的事情，我得到了一个刻骨铭心、永生难以忘怀的经验。现在，只要面临使我忧虑的难题时，我就应用卡瑞尔的奇妙公式，确实是十分有效。

要是你觉得在运用卡瑞尔公式时也会出现不足之处，那么请听下面这则故事吧。

这则故事来源于艾尔·汉里，这是1948年11月17日他在波士顿斯泰勒大饭店亲口跟我讲的：

20多年前，我得了胃溃疡，原因就是常常发愁，忧虑烦恼。有一天晚上，我因为胃出血被送到芝加哥西北大学医学院附属医院里。我的体重急速下降，竟然从175磅下降到90磅。病情非常严重，甚至医生都警告我不让我把头抬起来。在这3个医生当中，其中有一个是名扬四海的胃溃疡专家。他们给我患的病贴上“已经没办法治愈了”的标签。我只能依赖于苏打粉，每隔一小时就得吃一大匙半流质的东西，仅仅靠其支撑我的生命。而且每天早上和晚上还得把胃里面的东西清洗干净，这就需要护士把橡皮管插进我的胃里。

这种生不如死的日子持续了好几个月，最后，我告诉自己：“安心地睡吧，汉里，如果等死是你唯一的指望和期待，除此之外你都无能为力，那么还不如把你剩下的一点时间好好利用起来。你的梦想就是在你还活着的时候能够环游世界，所以如果你还是对这件事充满热忱，那么现在去做还为时不晚。”

当我把自己的决定告诉那几名医生，说我要去环游世界、我自己可以一天洗两次胃的时候，他们都感到不可思议。他们说我这是异想天开，因为这种事从来都不会出现在他们的脑海中。他们警告我说，如果我开始环游世界，那么等待我的结果只能是葬在海里了。“不，我不会是那种结果。”我告诉他们，“我已经跟我的亲戚朋友承诺过，我的坟墓要立在我们老家的墓园里，所以我计划随身带着我的棺材。”

我真的去买了一口棺材，十分费力地把它运到船上，然后提前和轮船公司约定好，万一我不幸在旅途中死亡的话，就把我的尸体放在冷冻舱里冷冻起来，一直到我的尸体平安回到故土。一切安排妥当后，我开始了自己的旅行。

在我从洛杉矶登上“亚当斯总统号”轮船向东航行的时候，就明显感觉到自己的身体在好转，也渐渐脱离药物的控制，洗胃也从我的日程表中消失了。不久之后，我竟然能够吃任何食物——这其中甚至包括许多陌生的当地食品和调味品。而这些食物恰恰是别人禁止我食用的，说我要是不听劝阻，定会因此送命。过了几个星期，我的身体甚至允许我享用长长的黑雪茄，小酌几杯老酒。这些“美味”都是我原来可望而不可即的。在印度洋的旅途中我们遭遇了季风，在太平洋上也受到过台风的侵袭。单单是这些可怕的自然现象，就可能让我躺在棺材里，但是事实恰恰相反，这次冒险让我得到了很大的乐趣，也收获了很多。

在船上我和同行的人一起玩游戏、唱不同的歌曲、结交新的朋友，有时聊得实在是太开心了竟能聊到半夜。我们游览了几个亚洲国家，我发现我回去之后要处理的个人私事，根本就不能与在东方所见到的贫穷和饥饿相比，它们简直一个像是天堂，一个像是地狱。我停止了自己所有无聊的担忧，顿时感觉全身舒畅无比，非常惬意舒服。回到美国之后，我的体重增加了 90 磅，这一切几乎让我忘记了我曾是个胃溃疡患者。这是我这一生中最舒畅的时刻了。在之后的日常生活中，我一天也没再病过。

艾尔·汉里跟我说，他发现自己潜意识中不自觉地就把卡瑞尔的征服忧虑的办法应用到了自己身上。

第一，我问自己，“最坏会出现什么样的情况？”答案是：离开人世。

第二，我让自己提前做好接受死亡的准备，因为我别无选择，几个医生都说我被治愈的希望很渺茫，我只能提前准备好后事。

第三，我尽我所能改善这种情况，所采用的方法是“尽量利用好我所剩下的时间去做自己想做的事情”，如果我在上船之后还没有改变，只是无休止地担忧，那么几乎没有悬念，我自备的棺材一定会派上用场，我的旅行就结束了。

可是我让自己完全放松，不去想令人忧虑的事情。这种产生于心理的平静，给我注入了新的活力，给了我第二次生命。

应用心理学之父威廉·詹姆斯教授离开我们的时间也有几十年了，要是他今天还活在世上，也一定会非常赞同这个解决最坏情况的公式。他曾经跟他的学生这样说：

要有接受已经发生事实的能力，这是第一步克服相伴而来的所有灾难的方法。

在《生活的艺术》一书中，林语堂先生也谈到了同样的理解。

能有一颗平静的心，做好产生最坏情况的打算，只有这样才能让你在心理上发挥出全新的能力。

这一说法非常有道理。在心理方面你就可以发挥出新的力量。我们一旦对最坏的情况做好了充分的准备，某种意义上来说就不会再损失什么东西，换句话说，我们能够把所有东西都寻找回来。“在做好了最坏的情况的打算后，”卡瑞尔跟我们这样说道，“我立刻就感受到了轻松，感到一种久违的平静，那是好几天都没有过的感受了。然后，我就焕发了新的活力，能够重新思考了。”

你是不是也觉得他的说法很有道理？然而在日常生活中还有成千上万的人毁掉自己的生活，原因仅仅是愤懑不平。因为他们不愿意接受最坏的情况，也不肯根据最坏的情况努力寻找解决的方法，在灾难面前，他们不愿意尽他们最大的努力寻求解决的办法。他们非但不能再一次崛起，积攒自己的财富王国，反而还“与经验交手，进行了一次残酷而激烈的斗争”——终于沦落为那种堕落悲伤情绪的牺牲者，我们将其称之为抑郁症患者。

因此，在与人打交道的过程中，你被忧虑缠身，如果不想成为抑郁症患者的话，就可以试试卡瑞尔的神奇公式，完成下面三件事情：

1. 冷静下来问自己：“可能发生的最坏的情况是什么？”

2. 如果你只能接受这种情况时，那就全面做好接受它的准备。

3. 然后冷静下来，寻找方法去改善最坏的情况。

3 既然无法改变，那就坦然接受

卡耐基名言

1. 要乐于接受必然发生的状况，接受必然的结果，是战胜随之而来的任何不幸的第一步。

2. 快乐之道无他——我们的意志力所不及的事情，不要去忧虑。

在人际交往中，人生不如意事十之八九，一旦遇到了，我们便无法避免，由此而带来的忧虑甚至会毁掉一个人的一生，实在是不值得。我们应该明白，既然事情已然如此，就不可能再改变了。那我们又何必强求呢？因此，我们可以选择接受这种不可避免的情况，并且逐渐适应它，不让它毁掉我们美好的人生。

在荷兰首都阿姆斯特丹有一家老教堂，在那里的废墟上有一行字让我记忆深刻，那就是：事情既然如此，就不会另有他样。

我最喜欢的心理学家、哲学家威廉·詹姆斯曾提出一个忠告：

要乐于接受必然发生的状况，接受必然的结果，是战胜随之而来的任何不幸的第一步。

而住在俄勒冈州波特兰的伊丽莎白·康钦利，她经历了很多挫折才做到了这一点。最近她在给我的信中写道：

在美国庆祝陆军在北非胜利的那一天，我收到了一封电报，是国防部发过来的。上面写着，我最爱的侄子在战场上失踪了。没多久，又来了一封电报，说他已经死了。

我悲痛得不能自已，曾经我觉得生命是那么美好，我有一份热爱的工作，我努力把这个侄子养大。他是那样一个美好优秀的年轻人，我觉得我之前的努力都如此值得……可如今呢？当我听闻他的死讯，我的整个世界都坍塌了，这世界上再也没有什么美好的事物值得我活下去。我开始冷淡我的朋友，忽视我的工作，我抛开了自己拥有的一切，我变得冷漠又充满怨恨。我不知命运为何如此不公，我的侄子，他是那样优秀的年轻人，他还没有好好开始自己的人生，为何就战死在冰冷的战场上？我实在承受不住这个现实，我决心抛下工作，远走他乡，把自己终生藏在悔恨和泪水中。

当我在清理办公桌，准备辞职的时候，我突然看到一封已经被我遗忘了的信——是我那已故的侄子几年前寄来的。那时我的母亲刚刚去世，他给我写来一封信。“我知道我们都会想念她的，”他这样对我说，“尤其是你，我相信你一定能撑得过去。我永远记得你对人生的态度，你教给我的那些美好的真谛，你说我们不管分离多远，不管身处何地，都要记得微笑。我相信这些真理一定会让你撑过去的。我也会像一个男子汉那样，承受住发生的一切事情。”

那封信我不厌其烦地读了许多遍，我甚至觉得他好像就站在我旁边，一遍遍地亲口对我说着那些话。他似乎在对我说：“为什么不像你教我的那样去做呢？无论面对什么苦难，都要坚强地撑下去！把悲伤藏在微笑底下，因为生活还在继续啊。”

于是，我决定重新开始工作。我不再像从前那样冷淡漠然地面对生活。我不断提醒自己：“事情已经成为定局，我没有办法改变它，可是我能像他所希望的那样好好活下去。”从此，我把一切精力和思想都用在了工作上，而且我时常写信给前方的战士们——那些别人的儿子。每天晚上，我还会参加成人教育班，去结交新的朋友，尝试新的事物。发生在我身上的种种变化简直让我不敢相信，我已不再是从前那个整日沉浸在悲伤里的人了。如今我的生活里充满了快乐，我就像我的侄子所期待的那样活着。

在伊丽莎白写给我的信中，我看到她已经学会接受那些不可避免的事情，懂得如何适应各种苦难。在人的一生中，这并不是容易学习的一课。就连那些在位的国王也常暗示自己要做到这一点。至今在已故的乔治五世的白金汉宫墙壁上还挂着这样一句话：

教我不要为月亮哭泣，也不要因错事后悔。

类似的话，叔本华也说过：

“能够顺从，这是你踏上人生旅途的最重要的一件事。”

所以很显然，能让我们快乐和悲伤的并非环境本身，而是我们如何去面对周遭发生的情况。

大部分情况下，我们都能挨得住命运的挫折和悲剧，并且会努力战胜它们。可能有时我们低估了自己的能力，以为自己办不到，可是当我们运用内外的强大力量来抵抗一切时，结果往往出乎意料。

下面我将讲述一下我的亲身经历：

在我的孩童时代，有一天，我和几个小伙伴在一间木屋的阁楼上玩耍，那是一间在密苏里州西北部的荒废的老木屋。我从阁楼上爬下来，然后站在窗棂上准备往下跳。当我跳下去的那一瞬间，我左手食指上戴的戒指突然钩住了一根钉子，把我整根手指都拉脱了下来。

我当时害怕极了，惊叫着，我以为自己死定了。可是后来，我的手好了以后，我却再也没有因此苦恼过。因为我知道那样做没有意义，我已经接受了这个不可避免的事实。

而如今，我根本不会去在意，我的左手只有四根手指。

几年前我遇到了一个人，那时他正在纽约市中心的办公大楼里开货梯。我发现他的左手被齐腕砍断了，我问他会不会很难过。他的回答是："不会啊，我平时根本想不到这件事，只有在穿针的时候，我才会想起。"

我们似乎经历着类似的境遇，而不可思议的是，当面对这些事情时我们也采取同样的做法，那就是去接受并适应它，或者是彻底忘掉它。

如果我们在生活中遇到一点儿不可避免的现实和挫折就选择逃避、退缩，并因此而难过，那折磨的只有我们自己。因为我们无法改变这些事实，我们可以改变的仅仅是我们自己。

我曾经做过一件傻事，我试图去拒绝接受一件不可避免的事实，我从心底抗拒那件事。可结果是我夜夜辗转反侧，痛苦难眠。后来，经过一年的自我炼狱，我终于接受了那早就知道无法改变的现实。

早知如此，我应该几年前就朗诵沃尔特·惠特曼的诗句：

噢，要像树木和动物一样，去面对黑暗，暴风雨，饥饿，愚弄，意外和挫折。

我曾经同牛打交道12年，却从未见过哪头母牛由于水源枯竭，天寒地冻，或是公牛追逐其他的母牛而大动肝火。面对挫折，连动物都能平静如水，从未痛苦崩溃过，也不曾得胃溃疡或者发疯。

然而我的意思并不是在说，无论遭遇任何挫折，我们都必须逆来顺受，如此的话我们就成宿命论者了。不管面临何等境遇，只要还有补救的机会，我们就要力挽狂澜。而当常识告诉我们这是不可避免的现实时，我们就要保持理智，善用智慧，不要顾影自怜，徒增忧愁。

布思·塔金顿在这一点上就做得很好。他在去世前说过：

人生加诸我的任何事情，我都能接受，除了一样——失明。那是我永远也没法接受的。

然而一语成谶，在他60多岁的时候，他低头看着地上的地毯，眼前一片模糊。于是他去找了一位眼科专家，结果很不幸：他的视力衰退得厉害，有一只眼睛几乎失明了，而另一只眼睛离失明也不远了。他最担心的事情终究还是降临到了他的头上。

那么塔金顿是如何面对这个最可怕的灾难的呢？他是不是在想 “完了，这下子我的一辈子都结束了”呢？然而并没有。甚至连他自己也未曾预料到自己依然能活得很开心，他甚至还不乏幽默感。以前，如果眼前浮动的“黑斑”遮挡住他的视线，会让他觉得恐惧又难过，可现在，当那些黑斑从他眼前晃来晃去时，他却幽默地说：“嘿，黑斑老爷爷又来了，今天这么好的天气，不知道它又要飘到哪去。”

后来，在塔金顿完全失明后，他依然说：“我觉得自己可以承受失明这个事实，就像接受别的事情一样。哪怕我的五种感官都丧失了，我还是可以活在自己的思想里，因为只有透过思想我们才能够观赏世界，才能够享受生活。不论你是否承认这一点。”

为了恢复视力，塔金顿在一年之内让当地的眼科医生为他做了12次手术。即便他可能会害怕，他也没有逃避，因为他知道这是不可避免的事情，所以还不如爽朗痛快地接受它。他甚至拒绝了私人病房，决定和其他病友住在一起，他在面对多次手术的压力时还在想着如何逗大家开心。他很清楚自己的眼睛做了些什么手术，但他只想着自己是多么幸运，他说：“多么神奇啊，科学技术飞跃发展，可以在眼睛这样纤细的部位做手术。”

承受着超过12次的眼部手术，经历着地狱般的苦难生活，塔金顿并没有崩溃成神经病，而是坦然面对，他说：“我可不愿意把这宝贵的经验去换取一些不开心的事情。”他说这件事教会了他太多，让他懂得如何接受不可改变的事实，让他了解到自己竟然可以承受住生命带来的一切苦难。他终于领悟到了约翰·弥尔顿所说的那句话：“眼盲并不令人难过，难过的是你不能忍受眼盲。”

哥伦比亚大学的迪安·霍克斯在去世前对我说过他一首打油诗式的座右铭：

天下疾病多，数也数不了，
有的可以医，有的治不好。
如果还有医，就该把药找，
要是没法治，干脆就忘了。

当我写这本书时，我曾经拜访过许多盛名远扬的大企业家。他们大多数人都告诉我，他们可以接受这种不可避免的事实，努力让自己排解忧愁。如若不然，他们一定会被巨大的压力累垮。这里就有几个很好的例子：

遍布全国的彭尼连锁店的创始者彭尼对我说：

就算有一天我赔得一分不剩，我也不会烦恼。因为我实在不知道烦忧能给我带来什么价值，我只会竭尽全力把目前的工作做好，其他的就只好尽人事听天命了。

亨利·福特也这样告诉过我：

如果碰到了我力所不及的事情，我就让它们自己去解决。

而有一次我问克莱斯勒公司总裁凯勒先生是如何减少忧虑的，他这样回答我：

如果碰到很艰难复杂的事情，只要在我的能力范围之内，我就会竭尽全力地想办法解决。要是做不成，我就会彻底忘记这件事。没有人能一眼望穿未来，所以我们根本不必为了未来担忧。影响未来的因素那么多，我们根本无法掌控，又何必担心呢？

虽然凯勒只是个成功的生意人，但他却说出了如此有哲理的一席话，他的这些话和古罗马伟大的哲学家爱比克泰德的理论如此相似，爱比克泰德先生的原话是这样说的：

快乐之道无他——我们的意志力所不及的事情，不要去忧虑。

如果选择一个最懂得如何适应接受不可避免的事实的女人，那就一定非莎拉·伯恩哈特莫属了。在过去的50年里，她是四大洲剧院里无人可比的“皇后”——深受全世界观众爱戴的一位女演员。而她却在古稀之年，遭遇了破产的尴尬境地，而更糟糕的是，她的医生波兹教授告诉她必须要把腿锯掉。

事情是这样的，她当年横渡大西洋时遇上了一场暴风雨，她摔倒在甲板上，伤势严重，而且还患上了静脉炎、腿痉挛，剧烈的疼痛使她不得不被劝说要把腿锯掉。当医生对她直截了当地说出这句话时，本以为她会大发雷霆，然而并没有，莎拉只是静静地看了他一会儿，然后平静地告诉他：“如果非要如此的话，那就这样好了。”

当儿子看到她被推进手术室的一刹那，忍不住伤心地流泪。可她却挥了挥手，豁达地告诉儿子：“不要担心，我马上回来。”

被送往手术室的途中，她一直背诵着自己曾经演过的戏里的几句台词。她这么做并不是为了让自己提起精神，而是为了让医生和护士高兴，让他们消除压力。

后来，手术顺利完成了。莎拉痊愈后，决定继续环游世界，这让她的观众继续为她痴迷了7年。

爱尔西·麦可密克也在《读者文摘》的一篇文章里写道：“当我们不再反抗那些不可避免的事实后，我们就能省下精力去创造出一个更加多彩的生活。”

要么去无力地抵抗那些不可更改的现实，要么去努力创造自己新的生活。没有人能够两者兼顾。面对不可避免的暴风雨时你只能弯下身子适应并接受，或者是抗拒，然后被它们摧残。

而我恰好目睹过类似的经历。我在密苏里州的农场居住时，种过几十棵树，它们迅速地茁壮成长。后来下了一场冰雹，每棵树的树枝上都堆满了厚厚的冰霜，可这些树枝并没有在重压下弯下去，而是顽强抵抗着，最后由于实在承受不住而折断。可我在加拿大种下的那长达几百英里的常青树林就不同了，我从未见过那里有一棵树被冰雹压垮，因为那些树木更加聪明，懂得如何去适应重压，怎样去垂弯枝条，来面对这种不可避免的情况。

“要像杨柳一样柔顺，而不要像橡树一样挺拔”，这是日本的柔道大师教给他的学生的话。

汽车轮胎如何能承受住那些经年累月的颠簸呢？最初，制造轮胎的人想要创造一种能够抵抗旅途上颠簸的轮胎，但是不久轮胎就变成了碎条。然后，他们就汲取经验，创造出了另外一种轮胎，可以吸收路面上的各种压力颠簸，后来时间证明了这样才是对的。而我们的生命旅途也正是如此，如果我们想在人生路上走得更远更久，我们就要懂得接受吸收各种颠簸挫折。

可如果我们不肯接受这些挫折，而是一味地反抗拒绝，那么结果会如何呢？很简单，随着时间的推移，我们的心里会产生一系列的内外矛盾，我们会感到忧虑、焦急，甚至崩溃、神经质。

如果我们不仅不肯接受那些挫折苦难，还要选择逃避到角落里去，活在自己想象的王国里的话，我们可能很快就精神错乱了。

在战场上，每一个士兵都会怀着对死亡的恐惧而犹豫，但他们却只有两个选择，要么接受战争这个不可改变的事实，要么一味抗拒逃避，最终崩溃。这里有一个关于克服恐惧的小故事，是当初威廉·卡塞纽斯在成人教育班里讲过的：

在我刚刚加入海岸防卫队时，很快就被派到大西洋边的一个岗位上。他们让我去监管炸药。这简直是一件难以想象的事情！我竟然从一个曾经卖小饼干的营业员变成了一个监管炸药的人！一想到要站在几万吨的炸药上面做监管工作，我就觉得脊背发凉，心惊胆战。虽然我接受了两天的训练，但是新学来的这些东西却让我更加恐惧。我第一次执行任务的那天昏暗阴冷，周围还笼罩着一层薄雾，那次我被派到新泽西州的卡文角去执行任务，我永远也忘不了那一天。

我被安排和 5 个码头工人一起工作，我们负责这船上的第五号舱。他们虽然身体壮硕，却对炸药一无所知。那些炸弹重 2000 磅到 4000 磅，他们正在把炸弹搬运到船上，每一个炸弹都有 1 吨的炸药，一旦引爆结果可想而知，那艘船一定会被炸得粉碎。看到他们用两条绳索把炸弹吊到船上，我在一旁不断地安慰自己，生怕有一条绳索出了故障，我的心里害怕极了，浑身战栗，双腿发软，可我又不能放弃自尊逃走。那样的话，我一定会让父母颜面扫地，更重要的是，我还可能因逃亡而被枪毙。所以，我只能默默地待在那里，心惊胆战地看着那些工人若无其事地把炸弹搬来搬去，紧张得无法呼吸。在我提心吊胆了一个多小时后，我终于唤回了原有的理智，我对自己说：“就算被炸死了又如何？又不会有什么感觉。这样死掉反而很痛快，总比那些癌症之类的慢性折磨好得多吧？人固有一死，而这项工作你又不得不做，这是不可避免的事实，所以又何必贪生怕死？”

我一直这样不断劝说自己，心情豁然开朗了。最终，我强迫自己克服恐惧，接受了那个不可避免的事实。

这是我永生难忘的一段经历，如今每当我为了一些不可改变的事实而焦虑时，我都会想起当年的事，耸了耸肩膀，告诉自己：“忘了吧，为自己欢呼三声！”

“对于必然之事，不如轻快地加以接受。”这句话是在耶稣基督出生前399年说的。而在今天这个充满忧虑的大千世界，人们比以往更需要好好参悟这句话。

在忧虑毁灭一个人之前，他首先要学会戒掉忧虑，那么我们要记住的一条重要的原则是：

接受不可避免的事实。

4 停止忧虑，从此刻开始

卡耐基名言

我始终相信，一个人只有树立正确的价值观念，才能够拥有平静的心境。我也相信，只要我们为自己设定适当的标准，在生活中渐渐了解到事情的价值，我们的一半忧虑将消泯于无形。

在与人打交道的过程中，我们都应该在忧虑毁灭我们之前，学会戒掉忧虑，让忧虑的情绪到此为止，这样我们在以后的生活中收获的是快乐，而不是没完没了的忧虑。

如果我要告诉大家如何在华尔街赚钱，恐怕超过一百万的人会蜂拥而上倾听着；如果我要把这个问题的答案记载在书里，相信这本书卖到 1 万美元也有人肯买。当然，我没有答案。不过我却知道有位叫查尔斯·罗伯茨的投资顾问，他道出了一个很好的方法，让许多成功人士都受益匪浅：

当年我仅揣着 2 万美元从得克萨斯州来到纽约，那些钱是朋友托付我到股市投资用的。我本以为自己对股市知之甚广，而且刚开始我的确是赚了一些钱，可后来我却赔得分文不剩。

如果输掉的是自己的钱我还没有那么在乎，可是多么糟糕，我把朋友的钱也都赔光了！虽然他们依旧生活阔绰，但是我却很怕再见到他们。可意料之外的是，他们并没有对这件事情耿耿于怀，甚至还很乐观。

我决心要汲取过去的错误经验，在重回股票市场前我要透彻深入地了解股市的操纵内情。幸运的是，我和一位最成功的预测专家波顿·卡瑟斯交上了朋友，我相信从这个成功的人那里，我能够受益良多。我当然更知道，他成功的原因绝不是只靠运气和机遇。

刚开始，他询问了我过去在股市是如何做的，接下来告诉了我一个在股市交易中最重要的原则。他说："每当买进股票时，我都会为它设定一个不可再低的价格标准。例如，我买了每股 50 元的股票，我就会立刻规定它最低标准是 45 元。"换句话说，不管股票跌到何等地步，我都会在 5 元的损失范围内把它立刻卖出去。

"如果你是一个很聪明的买家，"这位专家继续向我解释，"你的赚头大约在 10 元，20 元，甚至是 50 元。所以你如果把损失限定在低于 5 元，即使你对行情的失误超过了一半，这也会让你大赚一笔的。"

很快我就学会了这一方法，并且后来我一直使用，这当真令人受益匪浅，让我和我的顾客挽回了不止几万块钱。

后来我发现，这个"到此为止"的方法不仅适用于股市，而且适用于生活中任何令人感到忧虑的问题。在我所有不快乐的事情上，我都设立了一个"到此为止"的限制，效果简直好得不得了！

比如说，从前有一个朋友很不守时，每次和他吃饭都要等到午餐时间过去大半，于是我就用了"到此为止"的原则。我告诉他说："以后我等你的时限是 10 分钟，如果你 10 分钟以后还没有来，我就不会再等下去了，我们的午餐约会就直接取消。"

对于"到此为止"这个原则，我真是知之恨晚，我真希望很多年前我就可以把这个原则运用到我的脾气上，我的自我适应型欲望，还有我的所有精神情感压力上。为何之前我就没有如此平和的心境原则呢？学会对自己说："这件事只值得我担忧一点点，没有必要去操更多的心。"

我觉得自己有一件事做得还算差强人意，那是我生命中很糟糕的一次情况—当时我几乎眼睁睁看着我的梦想，我的未来，我多年的工作都付诸东流。事情是这样的：

在我刚刚而立之年时，我决定要以写小说作为我的职业生涯。我充满了信心，想成为弗兰克·诺里斯、杰克·伦敦，或是哈代第二。我在欧洲居住了两年，从事着我的写作事业。虽然那是第一次世界大战结束后，但是用美元在欧洲生活的开销并不是很大。我写了一本名叫"大风雪"的书，我不得不承认这个题目取得很形象，恰如所有出版商对它冷冰冰的态度一般。那时连我的经纪人都说我的作品一文不值，他对我说我丝毫没有写作的天分。这对我真是当头一棒，我茫然无措地离开了他的办公室，我感觉自己的心跳似乎在那一刻骤然停止。我知道自己正面临人生的十字路口，不知何去何从。好几周后，我才从这种茫然沮丧中解脱出来。那时我没听说过要为自己的忧虑设定"到此为止"的原则，现在想来，当时我的做法在无形中采取的就是这种原则。那段我废寝忘食地创作小说的时光是我人生中宝贵的经验和回忆，当年我从那里出发继续前行，做回自己的老本行，但闲暇的时候就会写一些传记和非小说类的书。

这是我有生以来最得意的一个决定，每每想到此事我都会觉得欣慰，因为从那以后，我从未后悔过自己没有成为哈代第二这件事。

一百年前的一个夜晚，窗外的飞鸟沿着瓦尔登湖畔的树林鸣叫时，梭罗用鹅毛笔蘸着自制的墨水，在日记里写道：“一件事情的代价，也就是我称之为生活的总值，需要当场或者在长时期内进行交换。”

也就是说，我们若是以生活的很大一部分作为代价来换取什么的话，我们就太愚蠢了。就像吉尔伯特和沙利文的悲哀，他们创造出了那样快乐明丽的歌词曲谱，却不知如何创造快乐的生活。他们写出了那样扣人心弦的歌剧，却不知如何控制他们的脾气。沙利文曾经为他们的剧院买了一张新地毯，而当吉尔伯特看到账单上的价钱时却勃然大怒，为此他们两人争吵多年，甚至终生绝交。当沙利文为歌剧谱曲之后，会把它寄给吉尔伯特；而吉尔伯特填词之后，又要再次寄给沙利文。有一次他们不得不同台谢幕时，两个人也非要站到对方看不见的位置才肯。或许这就是因为他们不懂得“到此为止”的快乐原则吧。

富兰克林在 7 岁的时候，犯了一个让他终生难忘的错误。那天玩具店里的一个哨子令他爱不释手，于是他没有问价钱，就把所有零钱都放在柜台上，买走了那个哨子。“回到家之后，”70 年后他在信里写道，“我吹着哨子兴高采烈地在整个屋子里转啊转，如此自鸣得意。”可他的哥哥姐姐发现他买哨子多付了钱，都开始戏谑嘲弄他。而他正像后来在信里所写：“我十分懊恼地痛哭了一场。”

很多年过去了，当年那个痛哭懊恼的小男孩成了举世闻名的人物，做了美国驻法国大使，他还记得当初买哨子那件事，那时他感受到的痛苦多于哨子带给他的欢乐。

富兰克林从那件事中领悟到一个道理，他说：“当我长大后，见到了人类的形形色色的行为，当然也碰到了很多买哨子多付钱的人。一言以蔽之，我认为人们的苦难产生于他们对事物价值做出了错误估计，就好比他们也为买哨子多付了钱。”

没错，当初沙利文和吉尔伯特买哨子多付了钱，我的爱迪丝姑姑也是，事情是这样的：

当年她和弗兰克姑父一起住在被抵押出去的农庄上，那里土地收成不好，生活拮据。可爱迪丝姑姑却是一个喜欢装饰房间的人，她总会在密苏里州马利维里的一家小杂货铺赊买一些窗帘之类的小物件。弗兰克姑父由于担心他们的债务和个人信誉，就偷偷告诉杂货店老板不要再赊账给姑姑。后来姑姑知道这件事时，大发雷霆。到现在，这件事已经快过去 50 年了，她还在耿耿于怀，发过好多次脾气。我最后一次见她时，她已经是 80 岁的老太太了，我对她说：“爱迪丝姑姑，弗兰克姑父就算再惹您生气，羞辱到您的自尊，可他做错的那件事情已经过去半个世纪了，您难道还要再埋怨下去吗？”

就因为这些不快的小事，爱迪丝姑姑付出了大半生平静愉悦的心情，这实在是太不值得了。

不只是我姑姑不懂得“到此为止”的原则，在很多情况下也包括我自己，甚至文坛不朽的巨匠托尔斯泰，那位写了《战争与和平》和《安娜·卡列尼娜》两部传奇经典的伟大作家，也是如此。根据《不列颠百科全书》的记载，在托尔斯泰去世前的20年里，他成为了世界上最受崇拜和敬仰的人物，多少人都想去他家里见上他一面，听一听他的声音，甚至摸一摸他的衣角也好。他说的每一句话都有人视若圣谕。可谁能想到，70岁的伟大作家托尔斯泰，甚至还不如7岁的富兰克林更有智慧，接下来发生的故事便是这样的：

托尔斯泰曾与一个女子坠入爱河，他们在一起时快乐如神仙眷侣，他们还常常跪下来祈求上帝赐予他们永远安稳快乐的生活。可那个他深爱的女人天性善妒，她曾打扮成乡下女孩，去他的行踪处，去森林里打探他。这让他们之间发生了很多可怕的争吵。甚至，那个女人会妒忌自己的亲生女儿，她会用枪在自己女儿的照片上打一个洞。她有时还会满地打滚，拿着鸦片，张着嘴巴，以自杀要挟他。她的孩子们常常躲在角落里害怕哭泣。

那么面对这件事托尔斯泰是如何解决的呢？他并没有气得跳起来，也没有砸烂家具来发泄愤怒，而是写了一本私人日记。在他的笔下，他把所有的罪行都归咎于他太太，而这就成为了他的“哨子”。他害怕他的子女会把责任推到他身上，于是就把责任全部推到了他太太身上。事发之后，他太太的做法是撕碎了那本日记，然后将其烧成灰烬。为了报复，她自己也写了一本日记，把所有罪过全都推到了托尔斯泰身上。不仅如此，在她的小说里，她把托尔斯泰写成了一个破坏别人家庭的男人，而把自己描述成了一个烈士，这本书的名字叫“谁的错”。

再后来，两人曾经最珍爱的家演变成了托尔斯泰笔下的“一座疯人院”。那么为何会造成这种局面呢？很显然，他们想吸引公众的目光，却更担心别人的意见。可是谁会在意这些争吵矛盾到底怪谁呢？没有人愿意浪费一分钟在托尔斯泰的家事上。而他们两个人足足浪费了50年的岁月将自己笼罩在黑暗的地狱里，他们之间没有人肯及时醒悟，让那些干戈告一段落，对彼此说：“不要再吵了，我们这是在浪费生命，多么不值得。”

看吧，不懂得“到此为止”这个快乐原则，忧虑就会跟随我们一生。如果真的是这样的话，就算你是像托尔斯泰一样的伟人，那你的一生也是很不值得的。

接下来，让我们来看看善于处事的林肯是如何将这一原则运用到极致的吧。

当时美国处在南北战争时期，林肯作为总统自然树敌不少，面对那些恶意攻击他的人，他说："你们对私人恩怨的感觉比我多，也许我这种感觉太少了吧。可是我一向认为这样很不值得，一个人实在没必要把半辈子时间都花在争吵上，如果那个人不再攻击我，我也不会再记仇。"

林肯这种胸怀和宽恕精神是那么伟大和难得，我多么希望世界上的任何一个人都能拥有。

我始终相信，一个人只有树立正确的价值观念，才能够拥有平静的心境。我也相信，只要我们为自己设定适当的标准，在生活中渐渐了解到事情的价值，我们的一半忧虑将消泯于无形。

因此，无论何时，当我们在比较买到的东西和生活的好坏时，我们都可以先问自己三个问题：

1. 我现在担忧的事情到底和我自己有多大关系？

2. 在我的这些忧虑中，我应该如何为它设定一个"到此为止"的限度，然后彻底忘掉它？

3. 这个"哨子"我到底应当付多少钱？我是否已经多付钱了呢？

5 忙碌也是远离忧虑的一大方法

卡耐基名言

1. 当我们工作结束以后——就在我们准备要放松地享受安逸和喜悦的时刻——忧愁就会像魔鬼一样来进攻我们。

2. 驱逐焦虑的最佳途径就是让自己忙碌起来，去干一些有意义的事情。

在为人处世中，令人心烦的事情有很多，进而引起的忧虑又会困扰我们的生活。如果情况严重的话，还会让你患上精神疾病。那么怎样才能克服使我们困扰的忧虑呢？在这里，有一个有效的偏方，就是让自己忙碌起来，忙到没有时间让忧虑的情绪挤到自己的脑子里。

丘吉尔在战事吃紧的时候，每天有 18 小时都在工作，他就是在这个时候说了“没有时间担忧”这样的话。当有人问他有没有因为责任重大而担忧时，他说：“我太忙了，没有时间去担忧。”

当查尔斯·柯特林发明汽车的自动点火器时，也遇到了相似的情况。柯特林一直担任通用公司的副总裁一职，负责对世界著名的通用汽车做探究，近期他才退休。但是，他过去穷困得却要把堆稻草的粮仓当作自己的实验室。家庭支出都要靠他的太太教授钢琴所赚取的 1500 美元。之后，他又将他的人寿保险作为抵押贷了 500 美元。我问他太太，她在那段时间是不是特别担忧。她告诉我：“的确如此，我甚至担心到失眠的程度，但是柯特林先生却毫不担忧。他每天都把心思放在工作上，根本没有时间去担忧。”

伟大的科学家巴斯特说过：“在图书馆和实验室能够找到平静。”为什么那些地方会让他平静呢？因为那些在图书馆或实验室的人，大多数都是专心于自己的工作，不会为自己担心。那些从事研究工作的人几乎不会出现神经崩溃的症状，因为他们没有享受这种“奢侈”的时间。

“让自己忙碌起来”是一件非常容易的事情，为什么它能够驱逐忧虑呢？因为存在一个这样的定理——这是心理学上发现的最根本的定理——无论一个人有多么聪明，人类的思想都无法在同一时间思考一件以上的事情。现在我们来做一个简单的实验：假如你此刻正依靠在椅子上，紧闭双眼，尝试着在同一时间去思考自由女神和你明早计划要做的事。你会发现，你只能按次序考虑其中的一件事，却不能同时思考两件事，对吗？从你的感情上来讲，也是如此。我们没办法既兴奋、热烈地去考虑做一件让人开心的事，与此同时还因为担忧而停滞不前。在同一时间里，一种情感会占据主要的位置，正是这个简单的发现，让军方的心理治疗专家在战争时期创造了人类的奇迹。

在战场上，有些人因为受了打击而退下阵来，这些人被称为“心理上的精神虚弱症”患者。军医都把“让他们忙碌起来”作为治疗方式，让这些人除了睡觉之外，时时刻刻都有事可做，比如钓鱼、打猎、玩球、拍照、种花或者跳舞等，根本不给他们留任何时间去回忆那些恐怖的经历。

现代的心理医生经常使用“职业性治疗”这个名词，其实也就是将工作作为治病的药引。这并不是新发明的方法，早在基督诞生前500年，古希腊的医生就在使用这样的方法了。在富兰克林时期，费城教友会的教徒们也会使用这种方法。1774年，有一个人来到教友会的疗养院参观，他看见了让他非常吃惊的一幕：那些患有精神疾病的患者正在忙着纺纱织布。他以为这些不幸的患者正在被人压榨劳动力——之后教友会的人向他说明了情况，他们发现这些患了病的人只有在有事可做的时候，病情才会好转，因为干活儿可以让人的神经安定下来。

任何一位心理治疗医生都会跟我说：工作——让你忙碌——是治疗精神疾病的最好药物。著名诗人亨利·朗费罗也发现了这个道理，那是当他年轻的妻子去世之后。有一天，他的太太点了一支蜡烛，用来熔化信封上的火漆，可是没想到却烧到了衣服。朗费罗听见妻子的喊叫声就马上前去抢救，但是他的妻子还是因为烧伤严重离世了。有一段时间，朗费罗无法从这次的可怖经历中解脱出来，这件事几乎使他崩溃。幸亏他还要照顾自己3个年幼的孩子。他虽然非常悲痛，但还是要既做父亲又当母亲。他带孩子们出去散步，给他们讲故事，和他们一起做游戏，他还将父子之间的亲情记录在《孩子们的时间》这首诗里。他还翻译了但丁的《神曲》。这些事情累加在一起，让他忙得不可开交，也让他的思想重新恢复了平静。正如班尼生在最亲密的朋友亚瑟·哈兰去世时说的那样：“我不得不让自己埋头在工作里，不然的话我会在无望中烦恼。”

我的一位学员也是通过这个办法让自己不再忧虑的，下面请看一下他所经历的事情——

几年前的夜里发生了一件事，让我终身难忘，我班里一名叫道格拉斯的学生告诉我们，他的家里遭遇了很大的意外，不止一次，是两次。第一次他5岁的女儿去世了，他非常喜欢自己的孩子。他和妻子一致认为自己没有能力接受这样的打击。但是，就像他说的那样：

“10个月后，上帝又恩赐给我们另一个女儿——但是她只在这个世界上生存了5天。”

这一次又一次的打击，任谁都难以承受。“我真是受不了了，”这位身为人父的人对我们说，“我寝食难安，也没办法休息和放松，我的精神受到了最严重的打击，信心全无。”最后他去求助医生。一个医生主张他吃安眠药，另一个则建议他出去旅行。这两个方法他都尝试了，但是没有一个对他有所帮助。他说：“我的身体仿佛被一把大钳子夹住了，并且这把钳子越夹越紧。”那种悲痛带给他的压力——假如你也曾因为过分哀伤而失去知觉的话，你就会理解他所说的话。

但是，感激上苍，我还有一个4岁的儿子，他让我们知道了如何解决问题。有一天下午，我呆呆地坐着，心里替自己感到难过，儿子问我：“爸爸，你愿不愿意为我造一艘船？”我没心思去造一艘船。实际上，我压根儿就没心思做任何事。但是我的孩子是个非常黏人的小家伙，我只能顺他的意。

造那艘玩具船大约用了我3小时的时间，当船造好以后，我惊奇地发现用来造船的那3小时让我数月以来第一次有了放松身心的机会。这个重大发现让我从昏昏沉沉的状态中清醒过来。它让我开始思考——这是我这么多个月以来第一次主动思考问题。我发现，当你忙于一些需要动脑思考和实施计划的事情时，就几乎不会再去忧伤了。对我来讲，造那艘船就把我的忧伤完全击退了，因此我决定让自己忙起来。

第二天晚上，我把屋子里的每个房间都巡查了一遍，把所有应该做的事情都写在一张单子上。有很多小物件都需要修理，比如书架、楼梯、门锁、水龙头等。让人意想不到的是，我在两个星期之内，列下了242件需要去做的事。

过去的那两年里，那些事情大多数已经做完了。除此之外，我还给我的生活添加了许多启蒙性的活动：我加入了成人教育班，每个星期中都有两晚要去纽约市上课；我还参加了一些镇子上的活动。现在，我已经成了校董事会的主席，不仅参加了许多会议，还辅助红十字会及其他的机构做慈善募集。现在我忙得根本没有时间去忧伤了。

对于大多数人来说，当你把主要精力都放在工作上或者你的工作让你忙得不可开交的时候，“把头埋在工作里”也许不会有什么问题。但是当我们工作结束以后——就在我们准备要放松地享受安逸和喜悦的时刻——忧愁就会像魔鬼一样来进攻我们。这个时候我们经常会想，我们在生活中取得了怎样的建树，我们有没有步入正轨，老板今天说的那句话有没有别的用意，或者我们是不是开始掉头发了。

当我们闲下来的时候，脑袋经常会变成一个空洞。任何学物理的人都应该懂得“自然界中不存在真空的状态”。当一个电灯泡被打破以后，就会有空气进来，空气占据了理论上本该是真空的那一片空间。

当你的脑袋空出来一部分，其他东西就会补充进去，补充进去的是什么呢？一般情况下都是你的感情。为什么呢？因为担忧、害怕、厌恶、忌妒和艳羡等情绪都是由我们的思想支配的，每一种情绪都会来得比较猛烈，我们思想中一切平静、喜悦的思想和情绪都会被驱逐出去。

哥伦比亚师范学院的教育学教授——詹姆斯·穆歇尔在这一方面讲解得很详细。“焦虑最能影响你的时候，不是当你采取行动的时候，而是在你结束了一天的工作之后。那个时候，你的思想就变得混乱起来，让你想起种种荒谬的可能性，哪怕一个小小的错误都会被放大。在这样的时候，”他接着说，“你的思想好像一辆没有装载货物的空车，横冲直撞，能摧毁一切，甚至也会让自己支离破碎。驱逐焦虑的最佳途径就是让自己忙碌起来，去干一些有意义的事情。”

并非只有一位大学教授知道这个道理，也并非只有一位大学教授能把这个道理付诸实践。战争时期，我遇见一位生活在芝加哥的家庭主妇，她对我说：“驱逐焦虑的最佳途径就是让自己忙碌起来，去干一些有意义的事情。”我是在从纽约回密苏里农庄的途中，在餐车上认识这位太太和她的先生的。

这对夫妇对我说，他们的儿子在珍珠港事件的第二天参加了陆军。这位太太由于担心她的独生子，差点儿失去自己的健康。他现在在什么地方？他是否安全？这个时候是不是正在战场上？他会不会受伤或者死亡？

我问她，她之后是如何战胜自己的焦虑的。她告诉我：“我让自己忙碌起来。刚开始的时候我辞退了女佣，希望自己能够通过做家务忙碌起来，但是这样做并没有取得什么成效。问题的关键在于，我做家务的时候完全是机械化的，从来不会动脑筋去思考，因此，当我铺床和洗碗的时候依然在不停地担心。我认为，找一份新工作能让自己在每天的每时每刻都忙碌起来，这样身心两方面都不会再担心了，所以我去了一家大型百货公司当售货员。”

“这下终于好了，”她说，“很快，我就觉得自己仿佛掉进了一个行动的大旋涡里：我的四周全是顾客，他们向我询问价格、尺寸、颜色等问题。除了手头的工作，我没有一秒钟的时间来考虑别的事情。到了晚上的时候，我要想办法缓解自己双脚的疼痛。当我吃完晚餐后，躺在床上很快就睡着了，既没有时间也没有精力去担忧。”

她所发现的这一点，就像约翰·考伯尔·伯斯在他的《忘记不快的艺术》

一书中提到的那样："一种惬意的安全感，一种内心的平静，一种因为喜悦而反应迟缓的感觉，都能让人类在全神贯注地工作时获得精神上的宁静。"

如果可以做到他所说的这一点，那该是多么大的享受啊。世界著名的女冒险家奥莎·强生近期告诉我，她是怎样从焦虑和悲痛中挣脱出来的。你可能看过她的自传——《与冒险结缘》。假如真的存在哪个能和冒险结缘的女人，那么这个女人只会是她。她在16岁的时候嫁给了马丁·强生，她被马丁从堪萨斯州查那提镇一路抱到非洲的原始森林。25年以来，这对来自堪萨斯州的夫妇去全世界旅行，他们在亚洲和非洲拍摄那些濒临绝迹的野生动物的影片。9年前，他们回到美国，四处去做旅行演讲，放映他们拍摄的那些影片。他们乘坐的从丹佛城飞往西岸的飞机在飞行过程中撞上了山，她的丈夫——马丁·强生当场死亡，医生断定奥莎余生只能在床上度过了。但是他们对奥莎·强生并没有深刻的认识，她在3个月后就可以坐着轮椅去人前演讲了。实际上，她在那段时间里演讲达100次以上，每次都是坐轮椅去的。当我问她这么做的原因时，她告诉我："这样做是为了让我忘记悲痛和忧伤。"

比奥莎·强生早100多年发现这个道理的丁尼生在他的诗句里提到："我不得不让自己埋没在工作的海洋里，不然的话我会在绝望中挣扎。"

海军上将拜德也发现了这一点，他之所以会发现这一点是因为他在完全被冰雪掩盖的南极小茅屋中独居了5个月——在那里，蕴藏着大自然最古老的秘密——在冰雪的掩盖下，那里有一片无人可知的、比美国和欧洲的面积总和都要大的陆地。拜德上将一个人生活的5个月里，周围100英里以内什么生物都没有。天气异常寒冷，当风从他耳边吹过的时候，他甚至觉得连自己的呼吸都被冻住了，结出了如水晶一般的冰。他在《孤寂》一书中，讲述了自己那5个月既煎熬又害怕的黑暗生活。他不得不一直工作，这样他才不会崩溃。

他说："晚上的时候，我在灭灯之前，会给自己安排好第二天的工作，也就是让我知道接下来应该做些什么。例如，一小时去检查逃生隧道，半小时去挖横坑，一小时搞明白那些盛放燃料的容器，一小时在藏有飞行物的隧道墙上挖出可以放书的地方，再花两小时时间去修理拉人的雪橇……"

他还说："能将时间划分开是一件很不错的事情，这让我有一种可以支配自己的感觉……"他又说："如果没有这些的话，那么日子就会过得毫无目的性。然而没有目的日子会让生活土崩瓦解。"

如果我们因为什么事而担忧的时候，让我们谨记，我们可以把工作看作是一种有效的老偏方！已经去世的理察·柯波特博士——哈佛大学医学院教授说："每当看到工作能够让很多患者恢复健康，我就会很开心。他们所得的病症是因为过度忧郁和害怕。工作带给我们的勇气就好比爱默生永世不灭的自信一样。"

如果我们不是一直这样忙碌着——要是我们悠闲地坐在那里烦恼——我们的脑海中会产生一堆被达尔文称为“胡思乱想”的东西，并且这些“胡思乱想”如同妖魔一样，能挖空我们的思想，粉碎我们的行动和信念。

我认识一位纽约的生意人，他用繁忙来驱赶自己脑海中的胡思乱想，从而让自己没有时间去焦虑和忧伤。他是我成人教育班的一名学生，名叫屈伯尔·朗曼。他战胜焦虑的过程非常有趣，也很特别，因此下课以后我邀请他和我一同去吃夜宵。我们在一间餐馆里一直聊到半夜，说到了那些过程。下面这个故事就是他告诉我的：

18 年前，我由于焦虑过度患上了失眠症。那个时候我特别紧张，脾气也不好，并且常常感到不安。我认为自己马上就要疯掉了。

我如此焦虑是有原因的。那个时候，我是纽约市西面百老汇大街皇冠水果制品公司的财务经理。我们注资 50 万美元，将草莓包装在一加仑装的罐子里面。20 年来，我们始终将这种一加仑装的草莓销售给冰激凌制造商。突然有一段时间，我们的销量急剧下滑，因为那些大的冰激凌制造商，例如国家奶品公司等，数量快速增加，他们为了节约时间和支出，全都开始订购 36 加仑一桶的桶装草莓。

我们非但无法销售出价值 50 万美元的草莓，并且按照签订的合约，我们在未来一年的时间里，还要再买价值 100 万美元的草莓。我们已经从银行贷了 30 万美元，既没有还上钱，也不能再继续贷款了，怪不得我要开始担心了。

我赶紧去了加州华生维里我们的厂子里，想要告诉我们经理生产经营形势发生的巨大改变，希望他相信我们可能将要面临破产的厄运。他不肯相信，还把这些问题都归咎于纽约的公司——那些不幸的业务员。

在我要求了好几天之后，我终于成功劝说他不能再这样包装草莓，并且把新的供应品放到旧金山的新鲜草莓市场上销售。如此一来几乎可以解决我们一大半的困难，按理说我不该再担心什么了，但是我无法做到。焦虑是一种习惯，并且我已经深受其害了。

我回到纽约以后，开始为所有的事担心，在意大利买的樱桃，在夏威夷买的凤梨等，我非常焦虑不安、失眠，就像我上面说的那样，几乎快要疯掉了。

我在绝望中改变了自己的生活方式，结果我的失眠症被治好了，也不再担忧了。我让自己忙起来，忙得需要把所有的时间和精力都消耗掉，这样就没有时间焦虑了。过去我每天工作 7 小时，现在我尝试着每天工作 15 小时到 16 小时。每天早上 8 点我就到办公室，直到半夜才回家，我接手了一些新工作，担负起新的责任，当我半夜回到家以后，总是虚脱地瘫在床上，几秒钟之后我就睡着了。

我差不多这样生活了 3 个月，当我改掉了焦虑的坏习惯后，又回到一天工作 7 小时到 8 小时的正常状态。这是 18 年之前的事了，从此以后，我就再也没有失眠和焦虑过。

萧伯纳说得很对，他把这些总结起来说："人们发愁苦闷的原因就是有时间思考自己是不是快乐。"因此不需要去理会它，在手掌心里吐口唾沫，让自己忙碌起来，你的血液就开始流动了，你的想法也会变得敏捷——让自己一直有事可做，这是世界上最廉价、也是最有效的一种药剂。

所以，假如你想在与人交往的过程中，改正自己焦虑的习惯，就不要忘记：

让自己始终有事可做。

6　健康从克服忧郁开始

卡耐基名言

1. 如果一个人不懂得如何抗拒忧郁，这会导致他寿命的减少。
2. 快乐积极的精神状态能帮助我抵御疾病。

在为人处世中，如果一个人不懂得如何抗拒忧郁，这会导致他寿命的减少。在当今社会中生活的人，大概每 10 个人中就有一个人有精神疾病，大多表现为精神崩溃，这种精神崩溃产生的原因很多，主要是由于忧郁及一些感情方面的冲突而引发的。因此我们都应该克服忧虑，获得健康。

前几年，有一次我在度假，我和戈伯尔博士坐车经过得克萨斯州以及新墨西哥州。戈伯尔博士是圣塔菲铁路的医务人员，他的正式职业是海湾—科罗拉多和圣塔菲联合医院的主治医生。我们谈到了忧郁对人类的影响，他是这样说的：

在医师治疗的这些病人当中，有 70% 的人只需要消除自身的忧郁和恐慌，他们的病就可以痊愈。我们不应该误以为他们生病了，其实，他们的病就像你的某一颗蛀牙一样，有时候甚至还要严重数倍。而我所说的这种病，就跟一些常见的病一样，比如神经性的消化不良，或者心脏病、胃溃疡、头痛症、失眠症、麻痹症等。

这些病都是真实存在的，我也不是空口无凭。我本人就得过长达 12 年之久的胃溃疡。

恐慌导致我忧郁，忧郁又导致我紧张，并最终影响到我胃部的神经，于是我胃里的液体变得紊乱，胃溃疡也因此产生。

约瑟夫·蒙塔格博士在他写过的一本叫“神经性胃病”的著作中提到：胃溃疡为什么会产生？它的产生不是因为你吃了什么东西，而是因为你最近在忧郁什么。

梅奥诊所的著名医生阿尔凡莱兹博士也说过："胃溃疡很大程度上随着你情绪紧张的高低而产生或者消亡。"

阿尔凡莱兹博士说的话已经得到了证实，他对梅奥诊所医治的15000名胃病患者进行了调查研究。大约每5个人当中，只有一个人是因为生理原因导致的胃病。剩下的大多数人都是由于恐慌、忧郁、仇恨、自私，以及一些其他个人现实问题，而最终导致的胃病。严重的胃溃疡可能夺去你的生命。

前一段时间，我和梅奥诊所的哈罗德·哈贝恩博士通过几封信。他曾经在全美工业界医师协会的年会上为大家朗读过一篇文章。内容是，他研究的176位平均年龄在44.3岁的工商界负责人，其中大概有三分之一的人患有以下三种疾病之一——心脏病、消化系统溃疡、高血压。而这些疾病的产生都是因为生活过度紧张、巨大的工作压力，以及无时无刻的忧郁。试想一下，在我们身边，这些工商界的负责人当中，有三分之一的人都有心脏病、高血压或者胃溃疡，然而他们的平均年龄还不到45岁，可见，成功需要付出多么惨痛的代价！

换一种说法，他们可以说是在追求成功吗？一个个身患心脏病或者胃溃疡的病人可以说是成功之人吗？即使他得到了成功，赢得了世界，却也伤害了自己的健康，那对他而言，有何益处？就算他获得了全世界，他还是要每天睡在一张床上，每天还是吃三餐。就算是一个挖河渠的工人，也可以做到，而且这个工人还可能比这个有着巨大权力的负责人睡得香甜，吃得美味。如此看来，我宁愿在亚拉巴马州租一片田地，自己播种，当个农民，农闲时坐着弹弹五弦琴，也不愿意在40多岁的时候，为了管理某个投资公司或者是一家烟厂，而把自己的健康搭进去。

说起香烟，我又想起一件事。最近，一位全球知名的香烟制造商在加拿大的森林里放松的时候，突发心脏病，离世了。他虽然坐拥几百万元的财产，却在61岁时就与世长辞。他是用自己的生命换取了生意上的成功。

在我眼里，这个香烟大王虽然有着几百万的财富，但是他还不如我父亲成功。我父亲是密苏里州的一位普通农民，没有什么钱，但活到了89岁高龄。

看吧，忧郁会让人患上心脏病、消化系统溃疡、高血压等身体上的疾病，除此之外，还可能导致一些精神和神经上的问题。

著名医生梅奥兄弟宣称，在他们医院的病床上，患有精神类疾病的患者占一半以上。但是，当他们用强力显微镜观察，用最先进的技术检验时，他们发现其实大部分人都是健康的。而我们所说的那些患者"精神上的疾病"都不是精神本身有何异常，而是患者自身的消极情绪，比如暴躁、恐慌、忧郁、颓废、悲观、失败，等等。柏拉图说过这样一句话：

医生经常犯的错误是，他们只想单纯治疗患者的身体，而不想医治患者的思想。但是精神和肉体是统一的，不可分割，更不能分开医治。

这个真理，医药科学界花费了2300年的时间才认清。我们人类目前也在发展一种全新的医学，命名为“心理生理医学”，这个医学可以用来同时治疗精神和肉体疾病。现在也正是做好这个医学理论的大好契机，目前的医学已经消除了那些严重的、由病毒所引起的疾病，比如说天花、霍乱、黄热病，还有以前曾把千千万万人带进坟墓的传染疾病。但是，医学界目前还不能治疗那些由情绪上的忧郁、恐慌、惊吓、暴躁，以及绝望所引起的疾病。这些疾病都不是由细菌或者病毒引起的，跟以往的治疗有着千差万别。而这些由情绪所导致的疾病正在与日俱增，并且传播速度也很快。

有医生预计，现在的美国人中，每20人当中就有一个人曾经在某段时间得过精神疾病。以第二次世界大战期间被要求服兵役的美国年轻人为例，据统计，每6个人当中，就有一个人因为精神失常而无法服兵役。

是什么导致精神失常？没有人知道完整答案。一般情况下，是由巨大的恐惧和忧郁导致精神失常。焦虑和暴躁的人，一般很难适应现实世界，于是他们切断了跟外界环境的联系，独自躲在自己的世界里，希望这样能解决他们担忧的问题。

当我写到这一章的时候，我书桌上有一本爱德华·波多尔斯基博士的名著《停止忧郁，换来健康》，书中提到了几个方面：

1. 忧郁会影响心脏的正常运作。
2. 忧郁会导致高血压。
3. 忧郁造成风湿病。
4. 忧郁可能引起胃部疾病。
5. 忧郁会让你患上感冒。
6. 忧郁与甲状腺之间的关系。
7. 忧郁会加重糖尿病患者的病情。

还有由卡尔·明格尔博士著述的《与自己作对》，这本书也讨论了忧郁。书中没有关于如何抗拒忧郁的内容，但是，有很多事例让你了解了一个真相：诸如忧郁、暴躁、憎恨、恐慌等负面情绪都在真真实实地伤害我们的健康。

忧郁的伤害力之大，甚至可以让健康强壮的人患病。距离美国南北战争结束只剩几天时，格兰特将军发现了一个奇怪的现象。

格兰特围攻罗伯特·李已经有9个月了。罗伯特·李将军的部队衣衫不整，饥肠辘辘，已经被打败了。一次，兵团的大部分人都无所事事。一些人在帐篷里祈祷，他们嘶喊、哭泣，甚至看到了各种幻觉。战争马上就要结束了，罗伯特·李将军派人放火烧了他的棉花、烟草仓库和兵火库，最后在熊熊大火中弃城逃跑。格兰特见此状况，乘胜追击，派兵从左右及后方包围南部联军，派骑兵在正面截击，并且破坏铁路线，缴获了给罗伯特·李送补给的车辆。

格兰特自身健康很糟糕，他患了剧烈的头疼，而且眼睛半瞎，这让他无法跟上大部队的脚步，他停在了一个农家。他曾在回忆录里记下了那一天："我在一个农家过了一夜，我把双脚泡在添加了芥末的冰水里，还把药膏涂在我的手腕及后颈上，我祈祷第二天能康复。"

"第二天早上，我如愿以偿地康复了。但是帮助我康复的并不是药膏，而是一封信。"

格兰特在回忆录里继续写道，"当那个骑兵站在我面前，我的头还在剧烈地痛着，可是当我看到他带回来的信，我就立马好了。他带来了一封罗伯特·李的降书。"

显而易见，正是忧郁、紧张，以及各种不安因素导致了格兰特久病不愈。而当这些情绪消失了，他恢复了自信，一想到战争的胜利，他就好了起来。

70年后，类似的事情发生了。罗斯福总统的财政部长亨利·摩根索感到忧郁正在影响他的健康，他时常感到头晕眼花。他在日记里说，罗斯福总统想提高小麦的价格，于是在一天之内购买了440万蒲式耳的小麦，这让摩根索感到十分忧郁。他在日记里详细描写了自己的痛苦："这件事一直没有结果，我感到头昏眼花。我回家吃了午饭，然后睡了两小时，但毫无效果。"

如果我想知道忧郁到底会对人产生怎样的影响，我不必去图书馆翻阅书籍，也不用去医院找病例。我只要坐在家里的窗户前，向外望去，就能看到这条街上的某户人家有人因为忧郁导致精神崩溃，那条街上的另外一户人家有人在炒股，股票一跌停，他体内的糖分就升高，他得了糖尿病。

法国著名思想家蒙田当选为他故乡的市长，他对市民演讲时说道："我很乐意用我的双手帮助你们解决问题，但是我可不想让这些琐事影响我的健康。"

我有一个炒股的老邻居，他却把股票带进了他的血液，差点儿因此丧命。

忧郁还可能会让人患上关节炎以及其他疾病。

如果我想知道忧郁会对人产生什么样的影响，我甚至不用去看窗外各色的人家，我只要坐在我现在所处的房间里，想想这房子以前的主人——一个因为过度忧郁而生病丧命的人。忧郁容易导致关节炎、风湿病或者其他疾病，它会让你坐上轮椅。康奈尔大学医学院的罗素·塞西尔博士是世界闻名的医生，他以治疗关节炎著称，他帮大家列举了4种最容易导致关节炎的原因：

1. 感情破裂，离婚。

2. 财政危机。

3. 孤独忧郁。

4. 长时间处于生气状态。

这四种因素，不能说是导致关节炎的唯一原因，但事实上却是导致关节炎的最常见的原因。举例说明，我的一位朋友，遭遇经济危机，损失惨重。煤气公司切断了他家里的煤气，银行收回了他当时抵押贷款用的房子，他夫人也不幸得了关节炎。他夫人虽然一直在治疗，但没有痊愈，一直到他度过了经济危机，家里财务状况有了改善，他夫人的关节炎才彻底治愈。

忧郁还会让你有蛀牙。在全美牙医协会上，威廉·麦克戈尼格博士做了一次演讲，他在演讲中说道："忧郁这种负面情绪会影响大家身体中钙质的平衡，这样会导致牙齿更容易得蛀牙。"麦克戈尼格博士还说了一个例子，他的一位病人原本有一口好牙，后来他的夫人生了病，他很担心。他夫人住院 3 个星期的时间里，他长了 9 颗蛀牙，全都是由忧郁导致的。

我曾经见过一个甲状腺反应过度的病人。他战栗、颤抖，看起来好像受到了惊吓。医生告诉我，事实也确实如此。甲状腺可以保护身体规律化，一旦甲状腺失常，就会导致心跳加快，身体一直处于亢奋状态。必须做手术或者治疗，否则他们很可能会丧命。

前一段时间，我陪一个患病的朋友去费城治疗。我们拜访了巴拉姆博士，他主治甲状腺疾病长达 38 年之久。他的候诊室里挂了一块提醒牌，是给病人们的忠告：

轻松、愉快地享受生活

使人们感到轻松愉快的事物很多，有一个信仰，充足的睡眠，优美的音乐，开心地大笑。

——对自己要有信心

——每天要能睡个好觉

——聆听优美的音乐

——乐观地看待人生

健康快乐就是你的，别人夺不走。

他问了我朋友一个问题："你的负面情绪是不是已经影响了你的健康？"他还告诫我的朋友，如果再这样忧郁下去会患上其他多种疾病，心脏病、糖尿病、胃溃疡都有可能。医生说："这些疾病之间都是亲属关系。"没错，它们都是近亲，都是忧郁导致的疾病。

有一次我去采访女明星莫尔·奥伯恩，她说她从来不会忧郁，因为她知道忧郁会破坏她在大屏幕上的重要财富—她姣美的容颜。

她说，我第一次冒出进军影视圈的想法的时候，内心十分忧郁。那时我刚从印度回来，在伦敦没有一个朋友，我却想在伦敦找份工作。我见了好几个制片人，没有人愿意用我。我仅存的钱也花光了。整整两个星期，我只吃饼干和水。我被饥饿和忧郁缠身，我对自己说："我可能是个痴心妄想的傻子，我不可能走进影视圈。我没有经验，也不会演戏，除了我这张美丽的脸庞，我还有什么？”

我抬头照了照镜子，我惊慌地发现忧郁已经对我的容颜造成了重大影响。我看着我的皱纹，还有焦虑的表情，下了个决定：“我必须立刻放弃忧郁，我目前只有这副容颜，我不能让忧郁毁了我的容颜。”

忧郁会加快女人衰老的速度，摧残她美丽的容颜。忧郁使我们的面部表情狰狞，让我们的脸上出现皱纹，让我们愁眉苦脸，头发失去光泽，严重的时候还会脱发。忧郁还会让我们的脸上生斑点、溃疡、痘痘。

美国的第一号疾病凶手就是心脏病。二战期间，大概有 30 万美国军人战死沙场，然而就在同一时期，心脏病杀死了 200 多万的平民。其中有一半人的心脏病是因为忧郁所导致的。正是因为心脏病，亚历西斯·卡雷尔博士才会告诫大家，不懂得如何抗拒忧郁的商人活得也不长。

中国人及美国南方的黑人，因为处事沉着，很少有人因为忧郁而导致心脏病。一般而言，死于心脏病的医生数量是农夫的 20 多倍。医生长期处于紧张的生活状态下，患心脏病的可能性增大。

威廉·詹姆斯说：“也许上帝会原谅我们的过错，但是我们自己的神经系统却不会原谅。”

又是一个难以置信的真相：世界上每年因为自杀死亡的人数，远远多于各种常见疾病的人数。

为什么会这样呢？大多数都是因为忧郁。

古代，残暴的将军折磨战俘的一个方法就是，把俘虏捆绑起来，放置在一个不断滴水的袋子下面。水一滴，两滴，三滴，不间断地滴着，这些水珠滴在战俘的头上，就像是棒子敲击的声音，最后战俘都精神失常了。这种残忍的手段，在西班牙宗教法庭及希特勒手下的德国集中营中都被使用过。

忧郁和这水滴一样，不停地往下滴，最后导致人精神失常甚至自杀。

很多年前，我还是一个乡下孩子，我在密苏里州，星期天礼拜的时候听牧师讲述地狱烈火，我被牧师的描述吓得惊魂难定。但是牧师从来没有说过，因为忧郁导致的疾病所带来的痛苦比地狱烈火更恐怖。如果一个人长期忧郁下去，有可能会患上一种痛苦的疾病：狭心症。

这种病发作起来很恐怖，它会使你痛得放声大叫。在你的尖叫面前，但丁的《地狱篇》都不值一提。等到那时候，你很可能就会告诉自己：“啊，上帝！啊，上帝！我只希望自己能好起来，我再也不会因为什么事情而忧郁了！再也不会了！”我说的这些话，一点儿也不夸张，如果你不相信可以去问问你的家庭医生。

你热爱你的生命吗？你想健康永存长命百岁吗？下面就是我给你们的忠告。在这里，我再一次引用亚历西斯·卡雷尔博士的话：“现在的社会复杂多变，我们只有在内心保持平淡波澜不惊，才能做一个正常人，不受精神疾病的困扰。”

你能否在当代混乱的都市中永葆内心的平淡宁静？如果你是一个正常人，那答案是“可以的”，你可以做到。我们大部分人实际上都比自己所认为的更坚强更勇敢。我们有许多内在力量深埋在体内，等待着被挖掘。梭罗在他的论著《狱卒》里写道：

最振奋鼓舞人心的就是一个人终于下定决心要改善他的生活……如果一个人能够饱含信心向他的目标努力，下定决心过他目标里的生活，那他一定会成功。

我知道，这本书的很多读者都有奥尔嘉·加维的那种顽强的意志力和巨大的内在力量。她居住在爱达荷州，在最糟糕的情况下，她发现自己还能抑制忧郁。我相信阅读本书的你和我，都能像她一样，只要我们听取这本书里大家给我们的忠告。下面是奥尔嘉·加维讲述的自己的故事：

8年前，所有医生都宣布我临近死亡，慢慢地痛苦地死于癌症。就连国内最有名的医生——梅奥兄弟也证实了。我感到天昏地暗，死亡渐渐向我逼近。但是我还很年轻，我并不想死，我很绝望，我给我的医生打电话，我向他哭诉我的绝望。他带着不耐烦的语气对我说：“你是怎么回事，奥尔嘉？你应该充满斗志！你如果像这样一直哭下去，你肯定会死。你是碰上了最坏的情况，但是你不能消沉，你要努力面对现实，停止忧郁，然后找点儿事情做想想办法。”就在那一刻，我把指甲掐进自己的肉里，立下誓言：“我再也不会让自己忧郁了，我要告别哭泣，我现在需要经常提醒自己的就是，我不能输，我要赢，我要坚强地活下去！”

我的病情特殊不能用镭照射，每天只能用X光照射10分钟，连续照30天。医生每天为我延长时间，照射14分钟，连续照了49天。我的骨头穿过我瘦弱的身体而突起，我的双脚像铁球，每走一步都很痛苦，但是我一点儿也不忧郁，我没有哭过一次。我总是面带微笑，勉强出来的微笑也是微笑。

我不傻，当然不会以为微笑就能治愈我的癌症。但我确实相信，快乐积极的精神状态能帮助我抵御疾病。事实是，我奇迹般地康复了。在康复之后的这几年里，我十分健康，这还要归功于医生的那句话——“你要努力面对现实，停止忧郁，然后找点儿事情做想想办法”。

在这一章快写完的时候，我还要再次重复亚历西斯·卡雷尔博士的话，一个人只有懂得如何战胜忧郁才能长寿。

卡雷尔说的就是我们大家，是不是？

一定是！

如果大家想拥有一个健康的身体，请不要忘记：消除心中的忧郁。

第二篇

与人相处愉快的六大技巧

1 不批评，不抱怨

卡耐基名言

1. 在 99% 的情况下，无论犯的错误有多么严重，人们都不会责怪自己。

2. 只有愚蠢的人才会做出抨击、怨恨别人的事情。然而，体贴他人，心怀怜悯需要培养自制的能力。

3. 如果你也想经历一次刻骨铭心的怨恨，你就说一些抨击、指责别人的话吧。

4. 若不是末日审判，上帝也不会去论断他人。

在与人相处的过程中，我们应该做到不轻易批评他人，因为批评对于他人来说毫无用处，它只能激起人们的抵触情绪，使人急于辩解；批评是危险的，它伤人自尊，甚至使人萌生恨意，并且在 99% 的情况下，无论犯的错误有多么严重，人们都不会责怪自己。

下面我们来举一个例子：

共和党因为塔夫脱总统与西奥多·罗斯福之间政见不合而分裂，使得伍德罗·威尔逊成为了白宫主人，这个事件可谓是尽人皆知。让我们共同回顾一下整个事件：1908 年，共和党的塔夫脱成为总统，而从白宫搬出去的罗斯福去了非洲。后来，狩猎完狮子回国的罗斯福被塔夫脱的保守政策激怒了，他不但公开斥责塔夫脱，而且试图成立“进步党”并再次参加总统选举。以塔夫脱为代表的共和党因为罗斯福的行动几乎彻底分裂，遭遇了史无前例的失败：在新一轮的总统选举中，共和党只赢得了犹他州和佛蒙特州这两区的选票。

塔夫脱在面对罗斯福的指责时承认自己的过错了吗？并没有，眼中闪着泪光的他说道：“我没有觉得自己做的事情是错的。”

还有一个例子：美国20世纪20年代早期发生的石油保留地贪污案件。这个案件在美国轰动一时，报界争相报道。具体情况如下：

内政部长艾伯特·福尔为美国第29任总统哈定效力。当时，他拥有两处石油保留地的租赁权。这两处石油保留地分别位于蒂波特山和埃尔克山，它们将来会归海军使用。这么具有吸引力的地方，福尔对外招标了吗？没有，他为了10万美元的“贷款”将这个权力给了自己的好朋友爱德华·多希尼。此外，福尔部长还利用职务之便让联邦的海军将埃尔克山周围的油商们赶走了。在军队面前，这些油商被迫离开并向法院申诉，于是这桩贪污案件才公之于世。事件被揭发后，整个美国都震惊了，哈定政府因此倒台，共和党几乎解散，而艾伯特·福尔也开始了他的监狱生涯。

人们都觉得艾伯特·福尔品行不好，那他有忏悔的意思吗？并没有。几年后，赫伯特·胡佛在某次公开演讲中表示，哈定总统是因为被一朋友出卖后因心力交瘁而死的。原本坐在椅子上的福尔太太，听到这些话时立即跳了起来，一边挥舞拳头一边哭喊着说：“福尔才不会出卖哈定！我的丈夫不会这样做的，哪怕给他一屋子的黄金钞票，他也不会出卖别人！其实，他才是那个被出卖了的人，所以现在才这么狼狈不堪！”

看吧，这就是人的本性，从来不觉得自己有错，做错事就把一切归咎于别人。

如果普通人是这样，那么关押在监狱里的作奸犯科的犯人又会如何呢？

1931年5月7日，纽约市上演了一场惊世骇俗、前所未有的追捕行动，匪徒名叫克劳雷，既不抽烟也不酗酒，却是个双枪杀手。警方经过数周的搜捕，在西末街他的情人的公寓里，将他抓获。

警方出动了150名警察和探员，将克劳雷围困在公寓的顶层。他们事先在四周建筑的有利地点安排了狙击手，然后凿开屋顶，丢下催泪弹，试图将克劳雷逼出来。一个多小时之后，克劳雷终于被迫现身，并与警方人员展开了激烈的枪战，枪声阵阵刺耳，打破了住宅区原有的平静。克劳雷用一张堆满杂物的椅子做掩护，用手枪与警方交火，此番警匪枪战的场面令上万围观的市民既不安又兴奋，这在纽约还从未发生过。

克劳雷最终被捕，警察局长克洛里声称：“这个双枪杀手是纽约市迄今为止出现过的最危险的犯罪分子，他杀人不眨眼。”

但是，“双枪杀手”克劳雷是否也这样评价自己呢？当警方人员扫射他的藏身公寓时，他写了一封信，信纸被从伤口流出来的血沾染得鲜红。信中这样写道：“写给那些可能关心我的人，我的外衣下掩盖的是一颗疲惫却善良的心——它并不想伤害任何人。”

然而不久前，克劳雷的车停在长岛的乡间小路上，他和女友在车内亲热，这时一位警官走过去，说道：“请出示一下驾照。”

克劳雷什么也没有说，忽然对着警官连开数枪，对方中弹倒地。克劳雷跳下车，拔出警官身上的佩枪，又朝着奄奄一息的他补开了一枪。这就是那位声称自己“疲惫却善良，不忍心伤害任何人”的杀人犯。

克劳雷被判处电椅死刑。

在他被押往兴格监狱的那一刻，他有没有后悔地说“这是我杀人应得的下场”？没有，他依然在为自己开脱：“这是我自我保护的下场。”

整个事件的重点在于，“双枪杀手”克劳雷对自己犯下的罪行丝毫没有愧疚之心。

你认为这只是犯罪分子中的个别情况？那好，看一看下面这个例子：

“我将人生中最美好的时光全给了别人，让他们衣食无忧，可是我得到的却只有骂名，终日在逃亡中度过。”

这是阿尔·卡彭说的。是的，就是那个臭名远扬的人民公敌，在芝加哥为非作歹的黑帮头子。他非但丝毫不感到羞愧，反倒认为自己在为大众谋福利，认为人们都误解了他、亏欠了他。

不足为奇，达奇·舒尔茨这个命丧黑帮火并的歹徒生前也这样评价自己。他是纽约的“过街老鼠”，在一次接受采访时他宣称自己是社会的恩人。他从内心深处这样认为。

关于这个问题，我和兴格监狱的狱长路易斯·劳斯曾经通信讨论过。他在信中说道：“在兴格监狱里，很少有犯人认为自己是坏人。他们同你我一样，有人类共同的性质，因此他们总是给自己寻找借口，解释撬开保险箱和扣动扳机的原因。他们企图为自己的反社会行为找到一个合理的解释，无论这个解释是否成立，他们都坚信自己的行为是合理的，不应该被送进监狱。”

著名的心理学家B.F. 史金勒做过一项动物试验并发现：动物因好的行为而被奖励后，其学习效率会比较高，这种行为也会保持很长一段时间；动物因坏的行为被惩罚后，其学习效率会比较低，而这种行为保持的时间也会比较短。研究表明，人也会出现这种情况，事实不会因批评而有所改变，而愤恨却会随着批评出现。

同样研究心理学的汉斯·希尔也表示：多项试验证明，我们惧怕被批评。

由批评导致的羞愤，时常会使雇员、亲人和朋友的情绪极其低落，而且丝毫不会改变现实状况。

乔治·约翰在俄克拉何马州的一家营建公司上班，身为安全检查员，他的工作内容之一就是检查工地上的工人是不是戴着安全帽。他表示，他会通过职位权力对没有戴安全帽的工人进行批评，结果被批评的工人情绪很差，而且时常在他离开后又拿掉安全帽。

约翰决定换一种方法。当他看到没有戴安全帽的工人时会询问他是不是帽子大小不合适或者戴着不舒服，并且像聊天一样告诉他们安全帽的作用和重要性，要求他们戴着安全帽工作。这种方式取得的效果要比原来的好很多，工人也没有因此而情绪不好。

大家都这样。因此，以后你想责怪别人时就想一想艾伯特·福尔、“双枪杀手”克劳雷、阿尔·卡彭等人。这些人让我们知道批评会像飞出去的回旋镖，最后还是会回到自己身上，还让我们知道那些我们想批评或者教导的人会辩解，甚至会反过来批评我们，或者像塔夫脱那样从来不觉得自己做错了什么。

人性就是如此，那么善于与人相处的美国总统林肯又是怎样学会克制自己不批评他人的呢？让我们一起来看一下林肯那些过往的经历。

1865 年 4 月 15 日清晨，福特剧院对面的一所简陋的房子里躺着一个马上就要死了的人，这个人就是亚伯拉罕·林肯。他就是在这里受的枪伤，凶手是约翰·布斯。松垮的床上斜躺着身材高大的林肯，墙面上挂着制作简陋的《马集》（罗莎·彭浩尔的名作），一盏煤气灯闪着阴郁的黄色光芒。

陆军部长史丹顿在林肯去世的那一刻说道：“此刻躺着的这位领导者在人类历史上是最完美的一位。”

林肯善于处理人际交往的秘诀是什么呢？这 10 年来我一直在研究林肯的生平，并用了 3 年的时间完成了一本书——《林肯的另一面》。我认为我要比其他人更了解林肯的性格和日常生活，特别是林肯待人接物这方面，对此我非常有自信。林肯经常评论他人吗？是的。“年少轻狂”的他在印第安纳州湾谷时经常评论事情的对错，而且还经常在信上写讽刺别人的诗歌。写好的信都被他丢在乡间路上，这样那些被讽刺的人会比较容易看到。

成为见习律师的林肯在伊利诺伊州的春田镇工作时，依旧喜欢公开评论是非，指责反对者，只是次数非常少。

其中，有一封信给他带来了终生难忘的灾难。

1842 年秋天，林肯在《春田日报》上匿名发表了一篇讽刺政客詹姆斯·希尔斯目中无人的文章。这篇文章成了全镇的娱乐谈资。反应极快又过于相信自己的希尔斯非常生气，最后他查出了写信的人。希尔斯快马加鞭地去找林肯下决斗战书。在当时那种情况下，不喜欢决斗的林肯为了面子接下了战书。可以选择武器的他因为自己的胳膊长就选了骑兵的腰刀，并在西点军校找了一位刚毕业的学生当剑术老师。林肯在约定日期到密西西比河和希尔斯决一死战。幸好，在最后一刻有人出来阻止，这场战斗才终止。

这件惊心动魄的事情让林肯终生难忘，也让他明白了应该如何与人相处。自此，林肯不再写信嘲讽别人了。而且，他再也没有因为什么事而怨天尤人。

南北战争时期，林肯多次率领波多马克军战斗，任命了好几任将军，如伯恩赛德、马克克兰、米德、波普和胡克，然而这些人总是指挥不当，让他接连几次都几乎走投无路。将近半数的美国人都在批评林肯用人不善，然而林肯只是沉默应对，没有指责任何人。有一句名言是林肯最喜欢的：别人不会无缘无故地论断你，除非你论断他们。

那个时候，林肯的妻子也在指责南方人。林肯说："不要责怪，设身处地想一下，我们大概也会这样做。"

1863 年 7 月 1 日，葛底斯堡战役拉开序幕，4 日晚上李将军带兵向南方败退。当日，满天乌云，没一会儿就下起了暴雨。被政府军追击的李将军率领的军队逃到波多马克河时，河水高涨，无法渡过。李将军进退两难，完全找不到出路。林肯知道这是一个结束战争的好时机，只要李将军的军队战败了，和平很快就能到来。于是，他立即向米德将军下令，不必召开紧急军事会议，立刻出兵攻打李将军。满怀希望且心情迫切的林肯除了向米德拍了命令电报，还专门派人去通知。

米德将军服从林肯的命令了吗？没有，米德将军反其道而行，先通知召开紧急军事会议，拖延时间，寻找各种拒绝出兵的理由，让李将军在河水退了后顺利渡河，逃到了南方。

对此，林肯非常生气，对着自己的儿子罗伯特大吼："为什么会这样？为什么会这样？他们就在我们眼前，只要我们出兵他们肯定逃不掉。我的命令不能让军队出击一下吗？当时的情形，无论是谁都可以打败李将军，就算是我亲自上场也可以拿下李将军！"

林肯非常失望，他给米德将军写了一封信。你要知道，这时候的林肯语言措辞都非常保守。因此，1863 年的这封信完全表达出了他当时的失望与不满。

亲爱的将军：

我认为你会对李将军逃走一事感到愧疚。他和他的军队就在我们眼前，在那种情况下只要打败李将军，和平很快就会来临。但是，李将军顺利逃亡后我们就必须继续战斗，上个星期一你没能抓住李将军，今后你要怎么去抓住他呢？我不会愚蠢地再对你抱有更大的期望。我对我们错过的良好时机表示遗憾。

你觉得看到这封信的米德将军会有什么反应？

让人惊讶的是，米德将军并没有看过这封信，因为林肯根本就没有将信寄送出去。这封信是后来别人在文件堆里找到的。

写完这封信后，林肯望着窗外，思考着："我猜测，我只是猜测，或许我应该冷静一下。白宫里平静又安全，我在这里下达命令很容易。如果我在葛底斯堡领军打仗，每天都要面对满是鲜血的战场和士兵们受伤后的哀号，我大概也不会着急进攻。假如我也和米德一样畏首畏尾，那么结果应该是相似的。现在，事情已经发展成这个样子了，我寄出这封信还有什么用处呢？最多让我痛快一下。米德将军收到信后也会为自己解释，然后反驳我、攻击我，这样会让场面变得更糟，让大家都产生不满情绪，甚至会影响米德将军的事业或者导致他离开我们。”

最后，就像我叙述的那样，林肯并没有寄出那封信，他过往的经历告诉他：抨击指责别人是没有任何效果的。

西奥多·罗斯福表示，身为总统的他一旦遇到什么无法解决的问题就会看着墙上林肯的画像问自己：“假如林肯也遇到这个问题，他会怎么做呢？”

从现在开始，如果我们想批评别人时就拿出一张 5 美元的钞票，看着上面的林肯画像问自己：“假如林肯碰到这样的问题，他会怎么做呢？”

只有愚蠢的人才会做出抨击、怨恨别人的事情。然而，体贴他人、心怀怜悯需要培养自制的能力。

托马斯·卡莱尔曾说：“伟人的伟大之处主要体现在他怎么对待小人物上。”

经常进行空中特技表演的鲍勃·胡佛是一个很有名望的试飞驾驶员。

一次，表演完毕后，他准备从圣迭戈飞回洛杉矶，但中途出了事故。《飞行作业》杂志描述该事故时是这样写的：胡佛在 300 英尺高空飞行时，飞机的两个引擎都发生了故障，还好他反应迅速、技术高超，才能够安全降落。胡佛和其他人虽然没事，但飞机完全损毁了。

安全降落后，胡佛在第一时间去检查飞机的用油。这架二战时期的螺旋桨飞机用的却是喷射机的油。

回来后，胡佛去找为这架飞机做保养的机械工。见到胡佛，这位早就因自己的过错而后悔不已的年轻机械工顿时泪流满面。他的过失不仅让一架昂贵的飞机面目全非，还让 3 个人险些失去生命。想象一下，愤怒至极的胡佛会怎么做？这位严谨且自负的试飞驾驶员肯定会严厉指责这位工作马虎的机械工。然而，胡佛并没有这样做，他只是给这个年轻人一个拥抱，并对他说：“明天你负责修理我的 F-51 吧，证明你不会再出错了。”

我们要知道，我们与之交往的人并非是理性的，他们会情绪波动，有偏见，会自负并且虚荣。

我年纪尚轻的时候喜欢让别人记住自己，于是就给理查德·哈丁·戴维斯写了一封好笑的信。当时，戴维斯在美国文坛上刚刚崭露头角，有一定名望。那时，一家杂志社让我帮忙写介绍作家的文章，我就写信问戴维斯的工作方式。我之前收到过一封让我印象深刻的信，信后标注“内容口授，未过目”的字样。这个标注显示寄信人非常忙碌也非常重要。于是，我寄信给戴维斯时也加了这样一个标注。然而，当时的我很清闲，这么做无非就是想让戴维斯记住我。

戴维斯并没有认真回信，他退回了我的信件并在信件后加了一句话：“恶劣的行为只会彰显你更加恶劣的风格。”没错，多此一举的我把事情搞砸了，这样的指责并没有什么错。可是，羞愧至极的我非常愤怒，我觉得我受到了伤害，甚至在10年后我得知他去世的消息时最先想到的是：我无法承认曾经受到的伤害。

如果你也想经历一次刻骨铭心的怨恨，你就说一些抨击、指责别人的话吧。

在生活中，父母也喜欢批评自己的孩子。或许，你觉得我会说“不要批评孩子”。不，我真正想说的是：你批评孩子前先看一看《父亲备忘录》这篇文章。

父亲备忘录

孩子，我偷偷进入你的房间是想对你说一些话。睡着了的你额头微湿，上面粘着有些卷的金色头发，小脸蛋压着自己的手掌。刚才，在书房看报纸的我觉得万分愧疚，内心煎熬，最后终于来到你的面前。

孩子，我想了很久，我总是因为各种事对你发脾气。早晨，穿戴整齐的你准备去上学，我批评你洗完脸就用毛巾胡乱擦一下；我批评你鞋子没有擦干净；我向到处扔东西的你大声怒吼。

吃早餐的时候，我也经常会批评你吃饭太快，弄翻东西，把胳膊都放在桌子上，在面包上抹太多奶油等。吃完饭后你准备去玩，看到我准备出门，你会转过身子，挥着手说：“爸爸，再见！”

而我却眉头一皱，回答：“肩膀放正！”

下午也是一样，走在路上的我暗中看着你。你跪在地上，穿着磨破了的长袜，开心地玩玻璃球。我不考虑你的感受就当着其他孩子的面硬是把你叫回家，还大声指责你，让你爱惜这比较贵的长袜子。孩子啊，这些话居然是身为父亲的我说出来的！

刚才，你有些惶恐地来到我的书房，犹豫地站在门口。正在看报纸的我将视线移到你身上，不耐烦地问你要什么。

你没有说话，只是飞快地跑到我身边，用小手搂着我亲吻。你的手臂很小，但里面的力量却显示出了上帝放在你心中的爱，这份爱不会因为被漠视而消失。亲吻完毕，你欢快地跑上了楼。

当时，害怕的我任由报纸从手中掉下去。孩子啊，我怎么会有一个总是批评你、指责你的坏习惯啊！孩子，我是爱你的，但是我对你要求太多了，总是下意识地用大人的标准来要求你。

其实，你本性纯良，你的内心是那么明亮，就像刚刚跃出山头的太阳，这些由你天真自然、什么都不顾地跑来和我亲吻、道晚安的行为就可以证明。孩子，对我来说，今晚的其他事都不重要了，我满怀愧疚地跪在你的床前。

这是一种苍白的弥补。我清楚你可能无法理解这些话，但是，明天你会看到一个认真的父亲！我会和你建立友谊，陪着你难过，与你一同开心。每天，我都会告诫自己："你只是一个小男孩！"

孩子，我不应该以大人的标准要求你。现在，疲惫地在床上蜷缩着的你在我眼里就像一个婴儿。我记得你昨天赖在妈妈的怀里，枕着妈妈的肩膀的样子。我对你要求得太多了。

不要去指责别人，试着站在别人的角度上去思考问题，了解他们的想法。同批评指责相比，这么做更有意义也更有趣，还能让人心怀怜悯与感恩。

"了解别人是另外一种原谅。"

约翰博士也说："若不是末日审判，上帝也不会去论断他人。"

那么身为凡人的我们为什么要这样呢？所以，从现在开始，请你一定要牢记与人相处的一大准则：

不批评，不抱怨。

2 把对方的需求放在第一位

卡耐基名言

1. 要想影响他人，唯一的方法就是处处为别人着想，了解他们的需求是什么。

2. 他人关心的问题在结尾才提及，这不仅让我们失去了与他们合作的兴趣，还让我们对此产生了反感情绪。

3. 这个世界充满了竞争、机遇和风险，少数人选择了无私付出和乐于助人而从中受益匪浅，因为在这方面很少有人会与他们匹敌。

为人处世中一项重要原则就是了解他人需求。假如你想让自己说出来的话或做出来的事有分量，那么，你就必须掌握这条“黄金定律”：你想让他人怎么对待你，首先你就得怎么对待他人。我们要得到他人的支持，就要去替他人着想，了解他人的需求，然后做出关心别人的行动。

自从你出生开始，你的一举一动都在代表着你的需求。你可能会问，有一次我给红十字会捐了很多东西，这可不是只想着自己的需求了吧？是的，这个行为也不例外。你给红十字会捐物，是你想帮助别人，想做一件美好的、无私的、高尚的事情。如果你需要金钱的欲望超过了你想帮助别人的想法，那你就不会捐东西给别人了。当然，这也可能是你因为不好意思拒绝别人的要求而捐献的。但是，有一点可以肯定，你的捐献行为一定是因为你的需求。

哈利·奥弗斯特里特在《影响人类行为》这本极具启发性的书中写道：“行为发自我们最根本的欲望……无论在商场、家庭、学校或政治上，这点都适用。对‘说客’来说，这是最好的建议：首先要引起别人的欲望。只有这样做，他才能得心应手，从不落寞。”

那么如何才能引起其他人的欲望呢？这就是我们在这里要谈论的话题——

找出对方的需求，并把他的需求放在第一位。

每到夏天，我就经常到缅因州去钓鱼。虽然我喜欢吃鲜奶油草莓，但是我发现鱼不爱吃鲜奶油草莓，只喜欢吃昆虫。所以，我在钓鱼的时候，脑子里想的不是我想吃什么，而是那些鱼想吃什么，所以我不用鲜奶油草莓当诱饵，而是用昆虫当诱饵，然后我便对鱼说："要不要试试看？"

如果你想让别人为你做事，完全可以试试这种方法。第一次世界大战期间，英国首相劳合·乔治就是用这种方法成功的。有人曾经问他，那么多战争时期的领袖——如威尔逊、奥兰多和克列孟梭——都逐渐被人们遗忘，为什么他能身居要职？乔治说，如果一定要说一个原因的话，那就是，你想钓到什么鱼，就得用什么诱饵。

怎么提到了我们的需求呢？这看起来特别幼稚而且荒唐。是的，你关注的肯定是自己的需求，可是除了你自己，可能没有人关注了。其实我们都一样，都只关注自己的需求。所以，世界上只有一种方法能够影响他人，那就是激发他们的需求，并告诉他们如何去满足该需求。

安德鲁·卡内基，一个因贫穷而苦恼的苏格兰少年，起初每小时只能挣两分钱，后来却捐赠了3.65亿美元。他很早就知道，要想影响他人，唯一的方法就是处处为别人着想，了解他们的需求是什么。卡内基虽然只读了4年书，却深谙处世之道。

卡内基有两个侄子就读于耶鲁大学，他们学业很忙，经常忘记给家人写信，也不顾及家人对他们的担心。为此，安德鲁·卡内基拿100美元跟人打赌说，他能让这两个侄子很快回信，即使他不在信里提到这件事。然后，他在信里写了一些鸡毛蒜皮的话，结尾写道：附上一张5美元的钞票作为礼物。他自然"忘了"放钞票在信封里。很快，他就收到回信了，两人写道"亲爱的安德鲁叔叔"，然后——下面写的什么估计你们都猜到了。

我们再举一个史坦·诺瓦克的例子。史坦·诺瓦克居住在俄亥俄州的克利夫兰市，一天下班回家，他看到小儿子吉姆在客厅的地板上哭闹。原来吉姆第二天就要去幼儿园上学了，但他无论如何都不想去，所以就开始哭闹。诺瓦克的本能反应是把儿子领到房间里，然后警告他要乖乖地去上学，此外，就别无他法了。然而，当天晚上他琢磨着，这不是让儿子真心喜欢上学的好方法。他开始思考："如果我是吉姆，什么东西能吸引我去上学呢？"然后，他和太太将吉姆的兴趣爱好罗列出来，如画画、唱歌、交朋友等，接着就开始行动。"我们——我太太、另一个孩子鲍勃和我都到厨房的桌子上在手指上画画，我们玩儿得不亦乐乎。不出所料，不一会儿，吉姆就出来凑热闹了，他也要求加入我们。"哦，不行啊，你不会画画，你去幼儿园学会画画我们再一起玩儿，好不好？”为了激起他更多的兴趣，我把刚才列出来的他的兴趣爱好，用他能理解的话语表达出来以激起他的热情——当然最终告诉他，他感兴趣的东西在幼儿园里都有。第二天早晨，我早早地起来了，刚下楼就发现吉姆坐在客厅的椅子上。“你怎么在这里？”我问道。“我在等着去上学！我不想迟到。”诺瓦克全家昨晚的努力有效果了，总算激起了吉姆上学的热情，这是通过威胁和商量所达不到的效果。

明天，你可能需要某人做某事。请记住，在你开口之前，先问问自己：“我如何才能激起他（她）做这件事的兴趣？”这个问题会让我们冷静下来，不急于求成，不会只考虑自己的需求而做无用功。

亨利·福特曾经针对如何处理人际关系提供了一条忠告：“要想获得成功的人际关系，需要具备能抓住对方观点的能力，并且要站在和对方不同的角度去看待问题。”

这句话绝对是一句至理名言，我愿意再重述一遍：“要想获得成功的人际关系，需要具备能抓住对方观点的能力，并且要站在和对方不同的角度去看待问题。”这个道理通俗易懂，每个人都能一下体会到这句话的真理所在。然而，世界上仍然有 90% 的人在 90% 的时间里漠视这个道理的重要性。现实生活中有这样的例子吗？明天早晨接到信件后，你便能发现多数人都不重视这个重要真理。我自己亲身经历的一件事情使我更加坚定了这种做法的重要性。

有一次，我租下了纽约一家饭店的大厅，打算举办一个为期 20 天的季节性系列演讲。活动马上开始了，我突然接到饭店的通知，说让我必须付平时的 3 倍租金。而那时，我已经把票都印刷完并发出去了，人也已经全部通知完毕。我当然不乐意多付租金。但是，与饭店谈我的需求又有何用，他们只关注自己的需求。于是，一两天之后，我便直接去找经理了。

“接到你们的通知，我非常震惊。”我说，“但我不怪罪你们，换作是我，或许我也会这么做。你是饭店经理，自然要为饭店的利益着想，如果违反公司意愿，你就会被开除。现在，拿出纸笔，让我们写下这件事对你们的利与弊。”

我拿出一张信笺，在上面画了两栏，一栏写着“利”，一栏写着“弊”。我在“利”一栏写“大厅能做他用”，并说明：“饭店的好处是大厅可以另租给他人跳舞或开会，这比租给我做演讲的收益要高一些。我租大厅的 20 个晚上，你们可能会错过大生意。”

“现在，我们看看有什么弊处。首先，你们要求的租金我付不起，所以我会另选他址。这意味着你们得不到我支付的租金。其次，我的这些系列演讲会吸引很多受过教育的文化人士到饭店来，这也是非常好的广告机会。事实上，如果你们在报纸上投广告，每次需要花 5000 美元，而且也不一定能将这么多人吸引过来。这对饭店来说，不是很划算的做广告机会吗？”

我一边说，一边将上面两点写到“弊”栏。然后，我把那张纸递给经理，并说：“希望你好好考虑一下，并尽快通知我你们最终的决定。”

第二天，他们就给我答复了，租金只上涨 50%，而不是之前的 3 倍了。我从始至终没有说自己的需要，最后还是得到了优惠，我一直谈对方的需要，并告诉他们怎么去获得。

如果我当时的反应像一般人那样，一怒之下冲到经理办公室吼叫：“你们为什么把租金上涨了 3 倍？究竟什么意思？明知道我已经把票印好了，通知也都发下去了，你们还涨了 3 倍租金！岂有此理！简直蛮不讲理！我拒绝多付租金！”如果是这样，结果又会怎样呢？是不是得唇枪舌剑争论一阵——你当然也知道结果会是什么样的。即使说服对方，让他明白这件事他做错了，但是自尊心使然，他们也不会让步太多。

下面是一个货运总站的管理人员写的信，我们来想想这封信对收件人会产生什么影响。

“敬启者：

由于大量货物皆于傍晚时分到达我公司的卸货总站，我们的卸货效率降低，会造成一些货物不能按时运送。11 月 10 日，贵公司送来了 510 件货物，皆于当天下午 4:20 到达我司总站。

我们祈盼贵公司能全力合作，解决大量货物迟运造成的各种问题。恳请贵公司以后早点儿将货物运送过来，或者让部分货物上午送达，这样我们才能尽快处理完。

想必，这样的安排也会对贵公司有利。贵公司早点儿送达，我公司再快速卸货，这样贵公司的货物也能在同一天内派送完，不会造成延误。

此致

敬礼

您最忠诚的 JD 管理人”

奇瑞格公司的业务经理爱德华·瓦米伦收到这封信，看完后告诉我：

“这封信没有收到它预期的效果。信里一开始就写卸货总站的困难，通常这很难让我们感兴趣。他们想跟我们合作，但是又不考虑我们的难处，最后才写到如何快速卸货，如何让我们的货物在一天内送达等。”

他人关心的问题在结尾才提及，这不仅让我们失去了与他们合作的兴趣，还让我们对此产生了反感情绪。

我们来将这封信重写一遍，看看如何更好地达到自己的目的。我们不必煞费周章地诉苦，只要按照亨利·福特所说的“抓住对方的观点，站在对方的立场来思考”。下面这封信换了一种写法，虽然不是最好的写法，但是可以看出效果会好很多。

“亲爱的瓦米伦先生：

近14年，贵公司一直是我们的优质主顾，我们非常感谢贵公司对我们的惠顾，我们也非常乐意继续为贵公司提供快速、高效的优质服务。

但是，由于11月10日下午贵公司的大批货物才送到，导致我们不能当天卸货送达。当时还有其他公司的大批货物同时到达，造成了卸货时过度拥挤，货车需要排序等候卸货，这也花费了很长时间。所有这些因素导致有些货物没能按时运送，对此我们深表歉意。我们希望能尽可能避免发生这种事。如有可能，希望贵公司能上午将货物送到我们总站，这样既能避免拥挤，货物也能得到及时处理，我们的员工也能按时下班，享受到公司生产的美味面条和通心粉。

当然，贵公司的货物无论什么时候送达，我们都会提供快速、热情的服务。

我们知道您十分繁忙，所以请不用着急回信。

您最忠诚的JD管理人”

很多推销员每天疲于奔波，劳累不堪，但不一定就能收获很多。为何？因为他们考虑的只是自己的需求。他们不知道他人是否想要买东西，即使想买，也一定是自己出门买。顾客总是喜欢主动购买，而不是被要求购买。然而，仍有很多推销员推销了一辈子也不知道怎样站在顾客的角度上去看问题。

几年前，我在纽约的“森林山庄”社区居住。有一天，我去车站坐车，正好碰到一位房地产经纪人。多年来，他一直在做附近小区的房地产生意，对这周围的房产情况非常了解。于是我向他打听，我住的房子是钢混结构还是砖混结构。他说不知道，但是给了我一张名片让我再给他打电话。第二天我收到这位房地产经纪人的一封信，信中有我想要的答案吗？我的问题在电话里一分钟就能解决，但他没有。在信中他仍然让我给他打电话，并且说希望帮我处理房屋保险事宜。

他并不是想帮我的忙，而只是想帮他自己的忙而已。

亚拉巴马州伯罕市的霍华·卢卡斯跟我说过，他认识两位推销员，在同一家公司上班。但他们处理同一问题有什么不同呢？

几年前，我和几个朋友开了一家公司，公司附近有家出名的保险公司的服务处。这家保险公司给各个辖区都分配了经纪人，分配到我们区的有两个人，我们暂且就叫他们卡尔和约翰吧！

一天早晨，卡尔路过我们公司，说他们公司为主管人员专门设立了一项人寿保险。他觉得我们可能会感兴趣，就先告诉我们一声，等他回去搜集更多的详细资料之后再跟我们细说。

同一天，我们喝完咖啡正休息时，约翰在人行道上看到我们，便大声说道：“嘿，告诉你们一个好消息！”他跑过来，激动地说他们公司为主管人员专门设立了一种人寿保险（就是卡尔之前说的那种）。他一边送给我一些重要资料，一边说："这是一项最新的保险，我明天让总公司派人来给你们做个详细说明。我们在申请单上先签名交上去，好让他们尽快办理。"他的热情激发了我们的兴趣。虽然我们对这个新型保险还不甚了解，却都无形中上了钩，反而由于已成定局，而相信约翰一定会更了解这个保险。最终，约翰不仅把这项保险卖给了我们，还多卖了两倍的保险额。

这笔买卖本来是卡尔的，但他的表现没有引起我们的兴趣，所以被约翰捷足先登了。

这个世界充满了竞争、机遇和风险，少数人选择了无私付出和乐于助人而从中受益匪浅，因为在这方面很少有人会与他们匹敌。欧文·扬是一位有名的律师，也是美国著名的商业领袖。他曾经说过："具备设身处地替他人着想的能力，而且能理解别人想法的人，前途会一片光明。"

因此，如果你想学会处世之道，首先要想到的就是将对方的需求放在第一位。

3 真心实意地对待他人

卡耐基名言

1. 任何不关心他人的人，在他的有生之年肯定会遭逢重大的困境，并且还会给其他人带来严重的伤害。也正是这类人，才让人类错失了种种良机。

2. 除了那些付出关怀的人要这样，那些享受别人关怀的人更应该这样。这种方式是双向的——双方都会得到好处。

在生活中，我们每时每刻都生活在一个大集体当中，接触着各种各样的人，这也就意味着我们要和不同性格的人打交道。如何在与人相处的过程中，给他人留下一个好印象呢？真心实意地对待他人！是的，如果我们真心地对待他人，别人也会真心地对待我们，进而才能在为人处世时，做一个有智慧的人。

我们阅读并学习书中的交友原则是为了什么呢？为什么不跟那些人缘最好的人去学习交朋友的技巧呢？那么，谁的人缘最好呢？或许你明天在大街上就可以看见它。当你走近它，离它差不多有 10 英尺远的时候，它就会朝你摇头摆尾；假如你停住脚步抚摸它，它就会非常开心地和你亲近。并且它的这些举动肯定没有什么恶意：既不是向你推销房产，也不是想要和你结婚。我估计大家应该都知道我描述的是什么了吧——一只惹人怜爱的狗。

你是否想过，狗是动物中唯一不需要工作就可以生存的动物？母鸡要下蛋，奶牛要产奶，金丝雀要唱歌，可是，狗却什么也不需要做，它只要对你亲昵一些就可以了。

我 5 岁的时候，父亲花钱给我买了一只小黄毛狗，它给我的少年时代带来了启发和欢乐。每天下午大约 4 点半的时候，它会在我家前院蜷缩着身子，它那双美丽的眼睛盯着门前的小路。只要一听见我的声音，或者看到我手持饭盒经过小路，它就箭似的奔向我，而且兴奋地叫个不停。

“踢皮”从未学过心理学，它根本就不需要去学这些。它凭借自己的天分和本能——对别人表示亲昵，仅仅在两个月内，它就得到了很多朋友。但是，一个人在两年之内也未必能因为得到别人的注意而交到朋友。

我们都知道，有些人毕生都在向别人卖弄风骚，希望以此吸引别人的目光。当然，这是白费力气。因为人们压根儿就不会去关注你，也不会关注我。他们在意的只是他们自己——不管是什么时候。

纽约电话公司曾利用电话通话的方式做了一项调查，看人们经常使用的是哪个字。我猜想你肯定已经知道了，就是“我”这个字。500 段通话中，这个字大概被使用了 3900 次。“我”“我”“我”……

当你看见一张你和其他人的合照时，最先引起你注意的是谁？肯定是“我”！假如我们仅仅是为了吸引别人的目光，想给其他人留下印象，我们就无法结交到很多真诚相待的朋友。真正的朋友是无法通过这种方式结交的。

拿破仑曾尝试过这个办法，因此在和约瑟芬最后一次见面的时候，说道：“约瑟芬，过去我是世界上最幸运的人，可是现在，我能依赖、信任的人就只剩你了。”甚至有历史学家对此提出质疑，他是否真正地信任约瑟芬。

阿尔弗雷德·阿德勒——非常有名的心理学家，他曾写过《生命对你的意义是什么》这本书，书里提到：“任何不关心他人的人，在他的有生之年肯定会遭逢重大的困境，并且还会给其他人带来严重的伤害。也正是这类人，才让人类错失了种种良机。”也许你读过很多心理学名著，但却没有见过一段如此有意义的话。阿德勒的这段话的确让人深思，我想要在这里再重述一遍：

任何不关心他人的人，在他的有生之年肯定会遭逢重大的困境，并且还会给其他人带来严重的伤害。也正是这类人，才让人类错失了种种良机。

我在纽约大学学习“短篇小说写作”这门课程的时候，一家杂志社的编辑曾经在课堂上做过演讲。他说，他的书桌上每天都会收到很多故事，他只要把这些故事读上一部分，就可以看出作者是不是一个真正关心别人的人。他说：“假如这个作者对他人漠不关心，人们对他的故事肯定也不会关注。”

假如写作是这样的，那么你该相信，和别人当面相处也是这样，下面请看一下这个案例：

塔夫脱总统在位期间，有一天罗斯福前去白宫造访。恰巧总统和夫人都不在，罗斯福流露出对待仆人的真挚情感。他能记得每一位老仆人的姓名，还和他们彼此问候，甚至就连在厨房的洗碗女仆也是如此。

“当他看见在厨房干活的女仆爱丽丝的时候，他问她是否还在烘焙玉米面包。”阿奇·巴特写道，“爱丽丝回答说，有的时候她会做一些给下人吃，但是楼上的人从来不吃。”

“他们真是不会品味。”罗斯福大声说道，“我看见总统的时候一定会跟他说的。”爱丽丝在盘子里给他装了一些玉米面包。他拿了一片，一边吃一边朝办公室走去，一路上还和园丁、工人们打招呼——“他像从前那样对所有人嘘寒问暖”。曾在白宫做了40年仆人的艾克·胡佛双眼含着泪水说道：“两年来，我从未觉得这么开心过，可是没有人会用这一天来和一百美元做交易。”

西奥多·罗斯福在为人处世上，是一个拥有大智慧的人，他始终真诚地对待他人，我想这也是他在成为总统之后，依然受人爱戴的一个重要原因。

西奥多·罗斯福有个叫詹姆斯·阿摩斯的侍从，他写了一本名为“仆人眼里的英雄——西奥多·罗斯福”的书。在这本书中，阿摩斯有下面这样的描述：

“有一次，我太太问总统先生什么是鹌鹑，因为她从未见过，因此总统先生给她非常详细地描述了一遍。不久之后，我们农舍里的电话铃声响起来（阿摩斯和他的太太生活在牡蛎湾一栋罗斯福名下的小农舍中），我太太跑过去接了电话，原来是总统先生亲自打来的电话，他告诉我太太，假如她现在往窗外看的话，或许能看到有一只鹌鹑正在窗外。类似这样的小事还有很多，每一件都能展现出总统先生的美好品德。不管何时，只要他从农舍路过，就肯定会进来看我们。尽管有的时候他没见到我们，他也会喊‘呜——呜——安妮？’或者是‘呜——呜——詹姆斯！’这样的招呼是多么亲近啊！”

试想一下，有哪个雇员会讨厌这样的老板呢？谁会讨厌这样友善的人呢？

从个人经验中，我也发现，你只有发自肺腑地关心别人，才能让别人注意到你，从而帮助你，与你合作，就连最繁忙的大人物也是如此。

数年前，我在布鲁克林文理学院讲授“小写作”的课程时，非常想找一些有名的作家来讲述他们的写作经验。我写信给他们，信中除了对他们工作成绩的赞美，同时还讲明了我们是多么想要得到一些关于写作的忠告和成功的诀窍。

每一封信上都有150名学生的签名。我们明白，这些作家都很忙，所以为了能够替他们节约一些备课的时间，我们附上了一些希望得到他们答案的问题，他们对这种安排十分满意，所以全都答应要来。

同样的办法，我们还邀请到了西奥多·罗斯福总统内阁的财政部长莱斯礼·肖、塔夫脱总统时期的司法部长乔治·韦克罕·威廉、詹宁斯·布莱恩、富兰克林·罗斯福，以及很多有名的大人物，前来课堂上给学生做公开演讲。

看吧，真诚待人所带来的结果多么令人不可思议啊，下面请来看一下我的学员——马丁·金斯柏亲自经历的一些事情吧。

他在选修我们的课程时说，一位护士对他的关心，给他的一生都带来了深刻的影响。

“我10岁那年的感恩节，我住在城里一家医院的免费病房里，打算第二天做外科整形手术。我知道，在这之后几个月的时间里我都不能出门，要承受疼痛带来的折磨，直到伤口愈合为止。我的父亲已经离世了，母亲和我居住在一间狭小的公寓里，靠社会救济生活。手术那天，母亲无法来陪我。

“我感觉非常孤独、恐怖，甚至有些绝望。我知道母亲独自在家替我担忧，并且没人陪伴她，也没人和她一起吃饭，就连吃一顿感恩节晚餐都因为没有钱而无法实现。

“我眼含泪水，为了不让自己哭出声来，我把脑袋藏在枕头和被子下面。可是我太难过了，身体因为哭泣抖个不停。

“一位年轻的实习护士听到啜泣声，连忙跑过来。她掀开被子，为我擦干脸上的泪水，然后告诉我，她今天要留在医院值班，没办法和家人在一起，因此她也觉得很孤独。她问我是否愿意和她一起吃饭，然后就带了两份食物过来：有火鸡片、土豆泥、橘子酱，还有冰激凌等等。她和我说着话，让我觉得没那么恐惧，直到下午 4 点换班的时候她才离开。晚上 11 点的时候，她回来了，和我一起玩耍，陪我聊天，等我睡着之后她才离去。

“从我 10 岁之后，我过了很多个感恩节，但是只有这个感恩节让我永生难忘。在那个特殊的日子里，我有自己的孤独、害怕和难过，除此之外，还有一个陌生人对我的体贴和关心。”

关心别人和其他为人处世的原则相同，一定要是发自肺腑的。除了那些付出关怀的人要这样，那些享受别人关怀的人更应该这样。这种方式是双向的——双方都会得到好处。

下面再来看一下我另外一个学员的故事吧。

多年来，费城的奈佛先生始终都想将燃料卖到一家很大的连锁店里。不过可惜的是，这家连锁店始终都是从外地进货，并且送货的路线恰好经过奈佛先生的办公室门口。有一天晚上，奈佛先生在我们的课堂上讲述的时候，对这家连锁店破口大骂。

但是，他还是不明白这家连锁店为什么不愿意订购他的燃料。

我建议他改变自己的策略。首先，我们打算在课堂上开办一次辩论赛，主题就是“遍布的连锁店对国家弊多利少”。我建议奈佛先生站在反方的立场，他同意了。因为要替连锁店辩护，他不得不去造访一位他本来并不喜欢的连锁店经理，他对这位经理说：“我并不是来兜售自己的燃料的，我是希望你们能帮我一个忙。”他说明自己这次来的目的后，说道：“我来找你，是因为我不知道除了你之外还有谁能为我提供更合适的材料。我非常想要赢得这场比赛，不管你为我提供什么，我都会非常感谢你的。”

下面的部分我们交给奈佛先生，让他来亲自告诉你们。

“一开始的时候，我只是请这位经理给我几分钟时间，所以他才让我进来见他。当我告诉他事实以后，他指着一张椅子示意我坐下来，然后我们聊了 1

小时47分钟。他把另外一位主管叫过来，这位主管曾写过一本和连锁店相关的书。他还给全国的连锁店公会写信，帮我要来一份相关的材料。他认为连锁店提供了最可靠且非常便利的服务，同时他也以自己能够提供社区服务感到荣耀。当他滔滔不绝地讲述的时候，两只眼睛发出光亮，我必须承认他确实让我知道了很多我想象不到的事情。他把我的整个心理状态都改变了。

“当我离开的时候，他把我送到了门口，用手搂了一下我的肩膀，希望我在辩论中获胜，同时邀请我再来，告诉他比赛的结果。最后，他跟我说：‘请春天来的时候再来找我，我很乐意购买你的燃料。’

“这简直有些不可思议，他竟然会主动订购我的燃料。由于我对他的连锁店表示了关心，从而也让他开始关心我的产品，所以我在这两小时之内完成了我10年来都无法做到的事。”

奈佛先生所得出的道理并不是全新的、不为人知的。早在耶稣降生的前100年，帕利里亚斯·赛洛斯——罗马诗人就曾说过：“当别人对我们表示关怀的时候，我们也开始关心他们。”

给予别人真正的关心，除了能让你交到朋友，还会让你为公司挽留住客户。地处纽约的北美国家银行，他们在定期出版的印刷物上刊载了一封来自玛德琳·罗斯戴尔的信：

“很高兴地告诉你们，我对贵行的员工非常感激。他们每个人都十分谦逊有礼，非常乐意帮助他人。在结束长时间的排队等候后，柜台出纳员对我表示了真切的关怀，这真是让人欣慰。

“我母亲去年在医院住了5个月，我时常有机会去见玛丽·派屈琪罗。她是一名柜台的出纳人员，对我的母亲很关心，经常问起我母亲的病况。”

罗斯戴尔女士以后还会持续光顾这家银行吗？这个问题根本不需要问。

新泽西州的一个业务代表也是通过这种办法成功地留住了一个客户。这位小业务代表叫爱德华·赛克斯，他在报告中写道：“数年前，我为强生公司去马萨诸塞州访问客户，其中有一个是地处兴罕的药品杂货店。我每次去店里的时候，都会先和柜台的工作人员客套几句，之后才去见店主。有一天，店主忽然让我不必再去店里了，还说他不想要强生公司的产品了，因为强生公司设立的很多活动都是面向食品市场和物价便宜的商店的，这种方式对小药房有很大的伤害。所以我慌慌张张地离开了那里，开着车在镇子上逛了好几小时。最后，我想再去一趟药店，起码和店主说明公司的情况。

“进入药店以后，我像从前那样和职员们寒暄，然后去里面见店主。店主看见我回来非常高兴，并且订了比往常多一倍的产品。我惊讶极了，连忙问事情的原委。他指着柜台处那个卖饮料的男孩说，我从药店离开以后，那个卖饮料的男孩走过来跟他说，说我是到店里的推销员中少数几个会和他聊天的人之一。他告诉店主，假如有什么生意值得做的话，那么这个人就应该是我。店主对他的说法很赞同，从此他成了我最大的客户。我永远无法忘记，关心他人是推销员必不可少的特质。”

在为人处世上，不管是对谁施与关心，真诚待人的力量都是不容小觑的，它能帮你获得成功。

有一次，霍华·舍斯顿到百老汇献技，我在他后台的更衣室里待了一整晚。舍斯顿是众所周知的魔术大师，40年来走遍世界，制造各种幻象，令观众疑惑不解、吃惊不已。买票看过他表演的人大概有6000万，纯利润在200万美元以上。

我向舍斯顿请教他成功的诀窍。他并未接受过良好的学校教育，因为他在年幼的时候就离开了家，四处漂泊。有的时候他为了能够免费乘车会藏在火车车厢里；有的时候会在秸草堆里过夜，或者是挨家挨户向人讨吃的。他是藏在货车里向外看路标的时候，才逐渐认识了一些字。

他是不是真的知道比别人高明的魔术呢？不是。关于变魔术的书籍比比皆是，很多人和他一样都很精通魔术。但是他有两件珍宝是其他人所没有的。第一，他在舞台上可以表现出自己的个性。舍斯顿是个表演大师，对人性非常了解。他在舞台上的每一个动作、每一个手势、每一个声调，就连扬眉微笑都经过反复练习，甚至连时间也都经过非常准确的计算。可是，除了这一点，舍斯顿能获得成功的最主要的原因是他会关心人。他告诉我，很多魔术师在观众面前，也许都会暗示自己：“看哪，那里坐着一群蠢货或是一堆土老冒儿。我肯定能把他们骗得张口结舌！”但是舍斯顿绝对不会这样。他每次上舞台的时候都会告诉自己：“我很感激这些人能来看我的表演。这些人让我的生活这么快乐，我要尽自己所能来让大家喜欢。”他说，他在上舞台之前都会一遍又一遍地告诉自己：“我亲爱的观众，我亲爱的观众。”这很可笑吗？很荒谬吗？你喜欢怎么想就怎么想吧，我仅仅是向你讲了一个著名魔术家的成功秘诀。

假如我们希望可以交到朋友，那么就要先帮他人做事——那些需要花费时间、精力、关切、贡献才可以完成的事。当威尔士亲王还没有成为温莎公爵的时候，有一次，他打算去南美洲旅行。出发前，他花费了好几个月的时间学习西班牙文，方便他可以在当地演讲。南美洲的人也因为这个原因对他特别尊敬和爱戴。

一直以来，我都想知道朋友们的生日，那么应该怎么做呢？虽然我一点儿也不了解占星学，但还是到处去向别人求教，问他们生日是否会对一个人的性格和气质产生影响。趁这个机会我从他们那里知道了他们的生日，然后在他们不注意的时候把姓名和对应的日期记录下来。

我把这些信息都记在日历上，这样让我不会轻易忘记。等到有人过生日的时候，就把信或者电报送过去。这个举动会带来什么样的效果呢？是的！我也许是世界上给他们印象最深的人！

我们如果想要交到朋友，那么在对别人致意的时候绝对要表现得真诚而精神蓬勃。对处世智慧有了解的人在打电话的时候，绝对会用让人悦耳欢快的声调说“您好”。现在有很多公司，在对接线员进行培训时，要求他们在回答电话的时候一定要使自己的声音听起来显得热诚。这种回答的声调，能够使听电话的人感受到这家公司对他的关怀。那么我们下次在打电话的时候，要谨记这一要领。

因此，如果你想在为人处世中，做一个有智慧的人，那么首先就要学会真诚待人。

4 将别人的名字牢记于心

卡耐基名言

1. 对一个人最有效的恭维就是记住他的姓名并且可以轻而易举地说出来。

2. 人们非常重视自己的名字，因此他们想尽办法让自己的名字延续下去，即使牺牲也无怨言。

3. 牢记他人的姓名，它是语言中非常甜蜜且重要的声音。

一个人的名字，是所有语言中最甜蜜的字眼。记住对方的名字，并能够准确地把它叫出来，不仅能帮助你结交更多的朋友，还有利于你事业的进步。不过，要记住一个人的名字并不简单，很多人不肯花费精力和时间去记别人的名字，那么在人际交往的起跑线上他们已经处于不利的位置了。记住别人的名字并运用它，对于我们每一个人来说都同等重要。人们都渴望被他人尊重，而记住别人的名字，就会让他感觉到受人尊重。所以，在人际交往中，如果想让别人对你产生好感，那就请将别人的名字牢记于心。

世界钢铁大王卡内基就是用这种方法成功的。虽然大家习惯称他为"铁人"，但是他对钢铁制造并不太了解。因为有千百人替他工作，那千百人比他更加了解钢铁。但他懂得怎样更好地和人相处，这也是他取得成功的关键所在。在他年轻时，他就表现出组织和领导才能。在他10岁的时候，他就发现了人们对名字的重视程度。他利用这一发现拉近和合作人的关系，从而达到合作的目的。当他还是苏格兰的一个儿童时，曾经拥有一对兔子，很快，他又拥有了一窝小兔，但是可怜的小兔没有东西吃。他立即想出了一个好办法，他跟邻居家的孩子说，假如他们愿意去给兔子采集蒲公英和金花菜，他就给兔子取他们的名字，来纪念他们。之后，邻居家的孩子为了让小兔子用自己的名字，都争先恐后地去给小兔子找吃的。

这样看来，人们非常重视自己的名字，因此他们想尽办法让自己的名字延续下去，不管是给动物取名字还是为公司命名。卡内基就深谙这一心理学原理。

例如，他要把钢铁路轨销售给宾夕法尼亚铁路，当时宾夕法尼亚铁路局的局长是汤姆生，因此，卡内基在匹兹堡建造的一座大钢铁厂，就被命名为“汤姆生钢铁厂”。

当卡内基和普尔曼竞争卧车经营权的时候，这位铁人又想起了兔子的故事。

卡内基管辖的中央运输公司和普尔曼经营的公司竞争联合太平洋铁路卧车的经营权。因此，他们开始互相排挤对方，开始降价，破坏对方所有的获利机会。有一次卡内基在旅馆和普尔曼相遇，他说：“晚上好，普尔曼先生，我们这不是在互相折磨吗？”

“你什么意思？”普尔曼问道。

卡内基说出了他内心的想法，可以试着把他们双方的利益合并，达成共赢。他语句十分诚恳，讲着相互合作而非相互竞争。普尔曼仔细地听，但是并没有立即同意，最后他问：“你打算如何给新公司命名？”卡内基马上回答：“嗯，当然叫普尔曼皇宫卧车公司。”

普尔曼突然有了精神。“请到我的房间来！”他说，“我们商量下具体情况。”那次谈话成就了商业界的奇迹。

卡内基之所以成为商界领袖秘诀之一就是他这种善于记忆和尊敬朋友名字的技巧。他能叫出很多工人的名字，他也因此感到自豪。而且他夸耀道，在他亲自管理公司的时候，从来没有出现罢工的事情。

这样看来，记住别人的名字并运用它，是何等重要。下面我们再看一下这样一个例子：发莱10岁的大儿子，名字叫吉姆，现在在一家砖厂工作。他每天的工作就是把沙装进模型里，然后把砖放到太阳底下晒干。这男孩虽然根本没有机会接受教育，但是有爱尔兰人乐观的态度和讨人喜欢的本事，因此后来他参政了，经过很多年，他掌握了可以快速记住人名的特异技能。

他从来不知道中学是什么样子，但在他46岁之前，已经拥有4所大学的学位，而且现在是民主党全国委员会的主席，也是美国的邮政总监。

有一次我向吉姆问他成功的技巧，他说：“苦干。”我说：“别开玩笑了。”

他反问我，让我说出他成功的技巧是什么。我说：“我知道你可以说出一万人的姓名。”

“不是，你没有完全说对，”他说，“我可以说出5万人的姓名！”

正是因为他的这种特殊才能帮助罗斯福进入了白宫。

吉姆还是一家石膏公司的推销员，在到处做宣传的那段时间里，在他任职石点村书记期间，他就已经发明了一种有效记忆姓名的方法。

刚开始，方法非常简单，不管什么时间遇见一位陌生人，他都会问清那人的姓名，家庭成员，职业特点。当他下次再和那人相遇时，即使是在一年以后，他也可以拍着他的肩膀，向他问候妻儿，问他庭院的花草，这就是他得到其他人追随的原因！

在罗斯福准备竞选总统的前几个月，吉姆一天写几百封信件，发给西部和西北部的人，接着上了火车，在19天的时间里，乘坐各种交通工具，马车、火车、汽车、快艇，经过20个州县，行程达到12000英里。他每到一个城镇，都会和那里的人用心交流，然后再前往下一个目的地。

返回东部以后，他立刻给他曾经拜访的某个人写信，请他们把他所用心交谈过的所有人的名单寄给他。到最后，那些名单的名字太多，都数不过来，但是，名单中的每一个人都将得到吉姆一封幽默诙谐的私函。这些信的开头都是"亲爱的比尔"或者"亲爱的杰"，而信件上的署名都是"吉姆"的大名。

吉姆很早就发现，普通人都对自己的姓名十分感兴趣。对一个人最有效的恭维就是记住他的姓名并且可以轻而易举地说出来。但是假如你忘记或者叫错某人的姓名，那你的处境就有些危险了。比如我在巴黎曾经组织了一次演讲活动，我发给城中每位美国居民一封印刷信，这位法国的打字员英文水平不高，填打姓名时，难免会出错，其中一位是巴黎一家美国银行的经理，给我发来一封责备信件，因为他的名字被写错了。因此，一定要将别人的名字牢记于心。

很多次，我们第一次和陌生人见面，交谈一段时间后，在分离的时候，总是不会记得那人姓什么。一个政治学家曾经说："能想起选举人的姓名的就是从政之才，如果忘记就是埋没。"其实大部分人记不住姓名，是因为他们没有用心去记，他们在给自己找理由：他们很忙。

但是他们应该不会比罗斯福更忙碌。罗斯福对所认识的机械师的名字也会用心记住。克莱斯勒汽车公司专门为罗斯福先生定制了一辆汽车，张伯伦和一位机械师把车送到白宫。我这里有一封张伯伦的自述信："我教罗斯福总统怎样驾驶这辆装有特殊装置的汽车，而他教会我很多关于处理人际关系的方法。"张伯伦先生这样写道：

"当我到白宫的时候，总统十分高兴，他直接叫出我的名字，使我感到很亲切。给我印象最深的是，他非常认真地听我给他讲述所有事项。这辆车设计精美，可以完全用手驾驶，罗斯福对围观的人说：'这辆车真神奇，只要按一下开关，就可以启动，你可以毫不费力地驾驶它。我觉得这辆车很好，即使我不明白它是怎样运转的。我真想有时间把它拆开，看看它是怎样发动的。'

当罗斯福的朋友和同人都在赞叹这辆车的时候，他当着所有人的面说：'张伯伦先生，非常感谢你，感谢你设计这辆车所花费的时间，这是一项十分杰出的工程！'他夸赞辐射器、反光镜、椅垫、驾驶座位的位置和其他特别之处。

换句话说，他关注每一个细节，他清楚这要花费很大的精力来完成。他特别希望自己的夫人、劳工部长和他的秘书也来真切地关注这些设备。他甚至跟黑人侍者说：‘乔治，你一定要好好看管这些设备。’

我和机械师一块去了白宫，我把他介绍给罗斯福，他并没有和总统进行交流，而罗斯福仅是听见一次他的名字，他是一个羞涩的人，站在后面。但在离开白宫以前，总统主动和这位机械师握手，并叫出他的名字，还谢谢他来到华盛顿。罗斯福的感谢并不是敷衍，而是发自内心的真诚，我可以感觉到。回到纽约不久，我收到罗斯福总统亲笔签名的照片，还有一封致谢信，感谢我给他的帮助，他居然会花时间给我写信，让我十分感动！”

罗斯福掌握了一种十分简单，十分明显，而且很重要的获得好感的方法，就是牢牢记住他人的姓名，让他们感觉自己很受重视。但是我们很少有人会这样做。

这些事都需要用心，不过爱默生说：“好习惯需要付出一点儿牺牲。”

牢记姓名的才能在事业和交际中非常重要，和在政治上的重要性一样。比如：法国皇帝拿破仑三世，就是拿破仑一世的侄子，曾夸耀自己，虽然他很忙，但是他可以记住所有见过的人的姓名。

他是利用什么方法呢？其实非常简单，假如他没有听清姓名，就会说：“不好意思，我没有听清楚你的名字。”假如是一个很难记忆的姓名，他就说：“可以告诉我怎样拼写吗？”

在交谈中，他很用心地记忆对方的姓名，而且在脑海中把姓名和这个人的脸庞、神情，以及一些特殊的外观特征认真地联系在一起。

假如这个人非常重要，拿破仑三世就会更加用心，在他独自一人的时候，就会把这个人的姓名记在纸上，认真地看，反复记忆，然后把纸撕破。这样他就会对这个人的姓名印象更加深刻。

因此，如果想要他人对你产生好感，那就请将别人的名字牢记于心。

5 请记得时刻保持微笑

卡耐基名言

1. 行为胜过语言，对人微笑就是告诉他人：“我很喜欢你，你让我感觉快乐，我喜欢和你在一起。”

2. 我们所说的微笑是一种真诚的微笑，热情的微笑，是发自内心的微笑，那种可以在市场上换取高价值的微笑。

3. 世上每个人都在追寻快乐，但仅有一个十分有效的方法，那就是很好地控制自己的思想，快乐与外界因素无关，而是取决于内心的想法。

微笑使人觉得你十分友善。要想成为一个受人欢迎的人，就一定不要忘记，当你见到别人的时候，给对方一个真诚的微笑。你会发现，微笑可以帮助你赢得他人的好感，这是其他东西无法比拟的。

我在纽约刚刚参加完一个宴会，其中一位妇人，拥有一大笔遗产，非常迫切地想让别人对她产生好感，她花费大量金钱买貂皮、钻石、珍珠，但她的面部表情所表达的还是俗气和自私。她根本不清楚男人心里是怎么想的：一个女人的脸部表情和神色要比身上所穿的衣服更能吸引男人（当你妻子要买贵重衣服时，可以大胆地告诉妻子你的这个想法）。因此，她想要赢得大家的好感也是一件非常困难的事情。

微笑可以增加你的人格魅力。施瓦布跟我说，他的微笑相当于100万美元，他就是在证明这一真理。因为施瓦布非常有人格魅力，他很会赢得别人的喜欢，他之所以成功，一大半是由于他的人格魅力。而他人格中最重要的因素就是让人难以忘记的微笑。

微笑还可以改变一个人的命运。有一次我和贝弗利一同度过了一个下午，说实话，我很失望。因为他沉默寡言，和我想象中的完全不同，这让我感到不自在。好在最后他还是露出了微笑，他这一笑，就像拨云见日，就是因为这次的微笑，他的命运才发生了改变。假如没有这次的微笑，贝弗利可能还在巴黎当木匠，继承他父亲的工作。

行为胜过语言，对人微笑就是告诉他人："我很喜欢你，你让我感觉快乐，我喜欢和你在一起。"

为什么狗特别惹人喜爱？你瞧它们多么希望看见我们，以至于它们像要从皮毛里跳出来一样。因此，很自然，我们喜欢它们。

那么我们是不是要张嘴就笑呢？哪怕是不真诚的微笑？当然不是，微笑是要发自内心的，真诚的。假如我们清楚那是一种敷衍，虚假的微笑，我们会感觉很厌烦。所以，我们所说的微笑是一种真诚的微笑，热情的微笑，是发自内心的微笑，那种可以在市场上换取高价值的微笑。尤其是从事服务行业的人员，他们更懂得真诚的甜美的微笑能够带来的巨大价值，甚至这是丰富的知识也无法比拟的。

纽约一家大综合超市的人事部主任曾经跟我说，他宁可聘用一个小学没有毕业的女职员——因为她会有一个可爱喜人的微笑——而不会聘用一位面无表情的哲学博士。

美国一家橡胶公司的董事长跟我说，根据他多年观察发现，一个人不管做什么事情，假如不是带着兴趣去做，那么成功的可能性是很小的。这位领袖很反对一句老话：只有苦干才是打开欲望之门的金钥匙。他说："在我熟悉的人中，他们成功的原因，大部分是因为他们对自己的事业非常感兴趣，随后，我发现那些苦干的人感觉工作沉闷无趣，他们在工作中找不到任何乐趣，慢慢导致失败。"

假如你希望别人见到你非常高兴，那么你必须首先很喜欢和这个人见面。

我曾经和数千位商界人士商量，让他们每天每小时面对每一个人微笑，一星期后，来告诉我这样做的结果。效果怎么样呢？我们慢慢来看，你会发现效果有多神奇。下面是来自纽约证券交易所会员司丹哈德的一封信，他的这种情况并不稀奇，实际上，这是无数人所处情况的代表。

我已经结婚18年有余，从我早晨起床到准备好出门工作的这段时间，我几乎从没有对我的妻子微笑过，也从来没有和她说话超过30个字，我是百老汇街上出名的坏脾气。

因为你请我做这样一个实验，并且发表意见，我觉得我可以拿出一周的时间来试一下。因此第二天早晨，在梳头的时候，我发现镜子中的我是一副沉闷的面孔，就告诉自己："比尔，今天你要忘记以前的旧容，你必须微笑，从此刻就开始。”当我坐下吃早餐时，我主动跟妻子打招呼：“早上好，亲爱的。”我一边说一边微笑。

你曾告诉我，她可能会惊讶。可是你低估了她的反应，她被迷惑了，她惊讶坏了。我跟她说，这种情形以后会经常出现。从那时起到现在，我已经保持这个状况两个月了。

我就这样彻底改变了自己的状态，在这两个月的时间里，我们家庭所收获的快乐，甚至超过去年一年的时间里所得到的。现在我去工作时，会对办公楼开电梯的人说一句“早上好”，而且是面带微笑，我对看大门的人也微笑，我在地铁商店兑钱时对伙计微笑，我在交易所的时候，对那些从来没有对我微笑的人微笑。

很快我发现每个人都反过来对我微笑，还有那些一直对我抱怨诉苦的人，我都是还以微笑。我面带微笑地聆听，我感觉调节变得非常容易，我觉得微笑每时每刻都给我带来财富。

我和另一个交易员共用一间办公室，他的秘书是一位非常可爱的年轻人，我对我得到的所有结果都十分高兴，因此我告诉他我发现了人际关系的新哲学。在和他用心交流后，他也向我说出了心里话。他说，当我刚和他共用一间办公室的时候，他觉得我是一个既严肃又脾气暴躁的人，慢慢地他改变了看法，他说我微笑起来非常平易近人。

我讨厌批评，喜欢称赞，我已经不关注我要的结果，而更在乎别人的观点是什么。这些事的确让我的生活发生了改变，我现在是一个和以前差别很大的人，一个更懂得快乐的人，一个更充实的人，我因为拥有友情和快乐而更加充实。

请不要忘了，这封信出自一个交易员之手，他谙于世故，聪明伶俐。他在纽约证券易所以买卖证券为生，自己有独立账户，要明白这是一种很难获得成功的行业，如果100人去尝试，可能有99个人会以失败告终。

看到这里，你可能感觉自己的确该微笑了，那如何做呢？至少你可以按照下面的方法试一试：假装微笑，如果你独自一人，可以试着吹吹口哨，或哼哼歌曲，轻声唱歌，做出一副非常快乐的样子，那就可以让你快乐。已故的哈佛大学教授詹姆斯说过：

“行动好像随着感觉走，实际不是这样，行动是和感觉一起的。我们可以使直接被意志控制的行动有规律，也可以使间接被意志制约的行动有规律。”

所以假如我们没有了欢乐，也就重新找到了欢乐的途径，那就是高兴地做事、说话，就像欢乐一直都在一样……

世上每个人都在追寻快乐，但仅有一个十分有效的办法，那就是很好地控制自己的思想，快乐与外界因素无关，而是取决于内心的想法。

不管你拥有什么职位，或者你是谁，或者你在哪里，你在做什么，能够决定你快乐不快乐的因素都是你内心有着什么样的想法。比如，两个人在同一地点，做同样一件事情，拥有同样多的金钱和同样的荣誉，可是一个人会很忧郁，另一个则很快乐，这是为什么呢？因为心情不一样。

“事无善恶，”莎士比亚曾说，“思想使然。”

林肯说：“大部分人的快乐和他们想要得到的不会相差很多。”他说得很对，我最近就发现了一个实例来证明这一真理。

有一次，我在纽约的长岛车站上台阶时，发现前面有三四十个残疾儿童正拄着拐杖艰难地迈上台阶，其中一个男孩甚至必须有人抱着，但他们的欢笑让我感到震惊。我向他们的一位管理人说到这件事，“没错，”他说，“当一个孩子知道他永远都站不起来时，刚开始他很惶恐，但惶恐之后，他就会想着顺其自然，比正常孩子更加快乐。”

我觉得我的确该向这些孩子致敬，他们告诉我一个真理，但愿我永远都不会忘记。

卡狄纳棒球队从前的第三棒名手贝特格，现在是美国一位非常成功的保险商。他跟我说，多年前他就经过研究得出，经常微笑的人永远都会受到欢迎。因此，在进入任何一个人的办公室以前，他都会停留几秒，回想他应该感恩的事情，然后会出现一个发自内心的微笑，接着在微笑快消失时进入办公室。

他深信这个简单的技巧和他在保险业获得的巨大成功有非常大的联系。

仔细阅读下面赫巴德的明智建议吧，但是要记得，一定要亲自去做，否则阅读对你来说没有任何益处。

在你每次出门的时候，看看面容，抬头挺胸，精神饱满，呼吸阳光中的新鲜空气，对朋友面带微笑，每次握手都真诚热情，不要害怕会被误会，不要花费任何时间在你讨厌的人身上。你的内心一定要明确自己喜欢什么，然后，不要乱想，朝着你喜欢的东西前进，全身心地投入到你喜欢做的事情上。随着时间的行走，你会无意中发现你已经抓住了满足你欲望的机会，就像珊瑚虫从潮流中取得所需一样，在内心中想着你希望成为的有才能、诚实、有用的人，你内心的思想，每时每刻都在提醒你，促使你成为那样的人……思想的力量是伟大的，一定要保持一个正确的心态——勇敢、真诚、欢乐的态度。思想等于创造，所有的事都是为了满足欲望，要是真心祈求，都会有所满足。我们心中想着什么，就会得到什么，收敛你的容颜，抬起你的头，我们就是明天的太阳。

古代的中国人非常聪明，通达人情。他们信奉一句格言，你我应剪下贴在我们的帽子里，这句格言的大概意思是：非笑莫开店！

说到店，弗莱契在为考林公司设计的广告中也证实了这一哲学。

圣诞节一笑千金

它不需要什么，但可以产出很多。

它可以让得者获益，给予者无损。

它发生只需要瞬间，而对它记忆的保存时间将会是永远。

即使再富有它也是必需品，穷人也会因它的利益而开始致富。

它在家中给人快乐，在生意场上给人留下好感，这是朋友间的暗示。

它是疲惫者的床铺，失望者的希望，悲哀者的光明，也是大自然解救患难者的秘籍。

但它无法买，无法求，无法借，无法偷，因为在放弃它之前，对谁都是无用的东西。

假如在圣诞节忙碌的最后一分钟，我们的售货员也许因为疲惫而没有及时给你一个微笑，我们希望你可以反过来给他们展现你的微笑，可以吗？因为没有人会不喜欢在疲惫时有人向他微笑。

所以，你希望别人喜欢你，那就请记住这一重要原则：时刻保持微笑。

6 让对方感受到你的尊重

卡耐基名言

1. 实际生活中交际障碍人群主要的问题在于他们不知道或遗忘了一个重要法则——让旁人感到自身的重要性。

2. 有一个十分重要的法则在主宰着我们的行为，那就是随时让旁人感到自身的重要性。

3. 要走入他们内心的最好办法，就是巧妙地表达出你对他们重要性的认同。

实际生活中交际障碍人群主要的问题在于他们不知道或遗忘了一个重要法则——让旁人感到自身的重要性。这些交际障碍人群通常喜欢自我夸赞，炫耀自己的成就。完成一件事情后，他们会马上到处宣扬自己的功劳，夸大自己所做的贡献。其实这样就是变相地忽略旁人的重要性。

你想被朋友或别人认可，你想让别人觉得你很重要。你讨厌言不由衷的奉承，渴望真挚的赞美。你希望朋友可以"真诚、慷慨地夸赞别人"。不仅是你，其实每个人都想得到这些。

因此，我们就应该严格遵守这一法则——如何被别人对待取决于你如何对待别人。

那该怎么执行这一法则呢？答案是在任何时间任何地点都应该遵循。

例如，你在快餐店里要了一份薯条，但是服务员却给了你一份土豆，这时候你应该说："不好意思，麻烦你了，但是我需要薯条。"这时服务员可能会说："哦，好的，请稍等。"然后高高兴兴地把土豆端走换薯条。原因就是我们表示出了对她的尊重。

此外，还有很多日常用语可以缓解每天无聊乏味的生活，例如"抱歉，麻烦你……”“能不能麻烦你……”“请问您是否可以……”等。

再举一个例子。

罗纳德·罗兰是我们加州分部的一位老师，他讲授演讲和手工课程。他和我们讲过一个有关班级学生的故事。

克丽丝是初级手工班的一名学生，她平时非常安静内向，缺乏自信，所以很少有人注意到她。有一天，罗兰看到她在认真地做课后作业，便走过去看是否需要帮忙。罗兰询问这位小姑娘是否喜欢手工课，这个羞涩的小姑娘脸上表情突然变了，甚至都能看到她的泪水在眼眶中打转。“老师，是不是我表现得不好？”“啊，没有，克丽丝，你一直表现得很好。”

当天下课走出教室时，克丽丝用清澈的眼睛看着我，肯定地说：“老师，非常感谢你。”

克丽丝给我上了难忘的一课，那就是深藏在内心深处的自尊。为了铭记这一课，我在教室前方悬挂了一条横幅，上面写着“你是最重要的”。这样可以随时提醒我和全班同学：我们身边的每一个人都是重要的。

每个人都希望得到其他人的赞扬，因此赞扬也就成为走进他们内心的最好方法。

有一次，我在纽约32号街和8号街的十字路口那儿的邮局寄信。队伍很长，很明显窗口的职员感到十分不耐烦——称信、取邮票、找钱、填写收单——同样乏味的事情日复一日地循环。因此我想：“我要让这名职员喜欢我。为了达到这个目的，我应该说些好听的——不能谈论我自己，而是多谈论对方。”随后，我又想：“我应该如何赞扬她呢？”这可真是个不简单的问题，特别是面对一个陌生人。不过，我并不觉得赞扬这名职员是个大难题，很快我就找到方法了。

轮到我称信时，我一脸羡慕地说道：“真希望我也有你这样的一头秀发。”

她诧异地抬起头看着我，随后脸上绽放出笑容：“哎呀，以前比这好看多啦！”我继续和她说，也许现在头发不如以前了，但是还是非常漂亮。她特别开心，闲谈一会儿告诉我很多人都夸赞过她的头发。

我肯定这位女士这一天都会满面春风，回家后一定会和丈夫讲述这件事，还会对着镜子照来照去欣赏自己的秀发。

我在演讲中也曾提到此事，结束后有人问我：夸赞那个人是为了得到好处吗？

我能从此人身上得到什么好处？

难道我们真的已经如此自私？只有从别人那儿有利可图时才会夸赞或真挚地感谢别人吗？假如我们的灵魂比野生的青苹果还要小，那我们的精神该多么匮乏！

我确实想从那位女士那儿获得一些东西，不过我想获得的是无价之宝，而且我已经获得了，那就是帮助他人的喜悦。这种感觉不会随着时间的流逝而消失，它一直存在于我的记忆中。

有一个十分重要的法则在主宰着我们的行为，那就是随时让旁人感到自身的重要性。如果我们按照这个法则行事，一定不会有什么麻烦，而且还能收获很多朋友和喜悦。不过，要是我们违背了这个法则，那很可能会惹上麻烦。著名哲学家约翰·杜威说过："渴望变得重要是人类内心最深处的推动力。"哈佛大学著名社会心理学家威廉·詹姆斯也有一句名言："我们内心最深处的渴望是被旁人所肯定。"我也谈到过，正是这种渴求区分了人类和动物，也正是这样，我们才有了如此丰富的文化。

哲学家就这个问题已经思索了几千年，可是结论却只有一个。这个法则已经不是第一次出现了，它伴随着历史走过了几千年。2000 多年前，琐罗亚斯德曾将此原则作为拜火教的教规；差不多同时，中国的孔夫子也曾以此教导门徒；道教的老子在函谷关也说过这样的话；诞生于恒河边的佛陀也以此教诲众生；就连印度教的经典中也能发现它的身影……这样看来，这大概是世界上最重要的法则了——如何被别人对待取决于你如何对待别人。

事实就是这样，你身边几乎每个人都觉得自己在某些方面比你优秀。因此，要走入他们内心的最好办法，就是巧妙地表达出你对他们重要性的认同。

唐纳德在美国一家园艺设计维护公司做管理。他曾告诉我这样一件事：

我曾给一位著名的鉴赏家做过家庭花园设计。这位鉴赏家在开工前交待了一些事项，他告诉我想种一片山茶花和石楠花。

我说："先生，我听说您喜欢养狗，家里有很多漂亮的名犬。您每年都能在麦迪逊广场花园展览中荣获多项蓝带奖。"

虽然只是小小的夸赞，带来的效果可是不小。

他说："是的，这些小狗带给我很多快乐。你想看看它们吗？"

接下来近一小时，他都在带我欣赏各类名犬和所获奖品，甚至还和我讲了血统对狗的外貌和智力的影响。

后来，他问我有没有孩子，我说有一个儿子。出乎意料，他竟然提议要送给我儿子一只小狗。他告诉我该如何喂养这只小狗，讲着讲着突然停下来说："这些大概不容易记住，我给你一份说明。"于是他到屋里给我写了一份血统介绍和喂养说明。他不仅送我一只昂贵的小狗，还在百忙之中挤出时间给我讲解，这都是因为我真心地称赞他的嗜好和所获成就。

曾经的日不落帝国统治者迪斯累里说过："和别人谈谈他们自己，他们一定愿意聆听。"所以，如果你想得到他人的喜爱，请一定记住这个原则：

让旁人感到自身的重要性——而且要是真诚的发自内心的。

第三篇

获得他人欣赏的十二种方法

1 勿要一直喋喋不休

卡耐基名言

1. 当你和其他人争辩的时候，或许你是正确的，甚至是完全正确的，可是，这对于能否改变对方的观点来讲，也许是毫无用处的，就像你是错的一样。

2. 我想我们根本不可能对所有人——不管这个人的智商是高是低，只通过口头的争辩就能扭转他的想法。

3. 争论永远无法解除误会，它需要用技巧、交涉、和解来理解对方的看法，从而让对方对你产生同情心。

每个人都是复杂的，他们的经历不同，想法和价值观也截然不同。当别人的意见与自己的想法不符时，很多人就会立马否定对方，并且为了心中的那个答案与人一直喋喋不休。结果双方伤了和气，产生了隔阂。其实任何人的思想不会因争论而改变，相反，这样做不仅让人怨恨，还不利于自身的发展。如果你一直喋喋不休，结果一定是徒劳的。每个成功的人，都不会花费时间与精力去与人争执。所以，勿要一直喋喋不休，懂得适可而止，是最明智的选择。

老富兰克林是 位很有智慧的老者，他经常说：“假如你喜欢争论、好强、反驳，也许你偶尔会取得胜利；不过，这种胜利是毫无意义的，因为你永远无法让对方对你产生好感。”

的确，与人争辩没有任何意义。第二次世界大战结束没多久的一个晚上，我在伦敦得到了一个非常宝贵的教训。那个时候，我是史密斯爵士的私人助理。他在战争期间，曾担任巴勒斯坦驻澳大利亚的航空领袖，战争结束后不久，他的这一举动——30 天内绕地球转了半圈，让全世界为之震惊，因为从来没有人做过这样了不起的事。这件事在当时产生了不小的影响，澳洲政府赠给他5万先令，英国国王授予他爵位，他成了英国人谈论的焦点。我在一个晚上参加了史密斯爵士的欢迎宴。席间，我身边的一个人讲了一个很有趣的故事，这个故事的内容和下面这句话有些联系："不管我们多么粗野庸俗，有一位神，就是我们的宗旨。"

讲故事的人说，这句话是《圣经》里的。我清楚地知道他错了，并且相当肯定。因此，为了显示出自己的优越，并获得自我满足感，即使没有人拜托我，我也知道自己的这种做法不受欢迎，但是我还是去纠正了他。他继续坚持自己的观点："什么？这是莎士比亚说的？不可能！这太不合乎情理了！这是《圣经》里面的一句话！"

讲故事的这个人就坐在我的右边，我的一位老友加蒙在我的左边。加蒙先生对莎士比亚有过多年的深入探究，因此我们一致认为让加蒙先生来解答这个问题再合适不过了。加蒙先生冷静地听完后，用桌下的脚微微碰了碰我，然后他说："戴尔，是你不对，这位先生说得对，这是《圣经》里面的话。"

那天晚上，在回家的路上，我对加蒙说："说实话，你明明知道那是莎士比亚说的话。"

他回答说："是的，我当然知道。那是《汉姆雷特》第五幕第二场里的一句话。可是，作为一个宴会上的客人，为什么要证实一个人是不对的呢？那样的话，他会喜欢你吗？为什么不让他保留一点儿颜面呢？他没有去询问你的观点，更何况他根本不需要你的纠正。既然这样，你又何必去和他辩论呢？要永远防止正面冲突的发生。"

"要永远防止正面冲突的发生。"虽然告诉我这话的人已经去世了，但是他给我的训导将永远刻在我的记忆里，并且这个训导对我来讲非常重要，因为一直以来我都是一个固执的辩手。年少时期，我曾经和我的兄弟争辩世界上的任何事情。后来在读大学的时候，我钻研了逻辑和辩论方法，并参加了很多辩论赛。再后来，我在纽约向人传授辩论的方法。说起来很惭愧，但是我不得不承认，有一次，我甚至想写一本和辩论相关的书，从那个时候开始，我不断静听、批判，参与过上千次辩论赛，并且对这些辩论的结果非常关注。我在这些结果中总结出一个结论：世界上唯一能从辩论中获得最大收益的方法就是避免辩论。因为有九成的辩论赛在结束以后，每位辩手都比赛前更加坚持自己的观点。

当你和其他人争辩的时候，或许你是正确的，甚至是完全正确的，可是，这对于能否改变对方的观点来讲，也许是毫无用处的，就像你是错的一样。

所以你可以自己考虑一下，你想要的究竟是什么：是一时的、口头的、形式上的获胜，还是一个人对你长久的好印象。这两者你很难做到两全其美。

很多年以前，我的训练班来了一位名叫亚哈亚的爱尔兰人。他几乎没有受过什么教育，可是却非常喜欢与人争辩！他曾做过司机，他之所以会来我这里，是因为他从来没有成功地销售出一辆载重汽车。当别人对他发问的时候，他会从始至终和他的交易对象争论不休，还会不断冒犯他的交易对象。假如有一位潜在顾客对他所销售的汽车说出任何贬低的话，他就会很愤怒地打断那个人的话。当然，他的确在很多辩论中获胜了。后来他告诉我：“我经常从一个人的办公室走出来说，‘我又教会了那个人一些事情’。我的的确确把一些东西教给了他，可是他却并没有因此而买我的任何东西。”

对于亚哈亚，我首先需要做的并不是教会他怎么说话，而是要让他练习保持拘束和谨慎，不要说话，并且要防止出现言语上的摩擦。现在，亚哈亚先生已经成为纽约汽车公司的一位销售名人了。

释迦牟尼说：“恨本身不能让恨停止，只有爱才能停止恨。”同样，争论永远无法解除误会，它需要用技巧、交涉、和解来理解对方的看法，从而让对方对你产生同情心。

我们可以举个例子：有一个所得税顾问帕森斯和一个税务稽查员，他们因为一张 9000 元的账单发生了争执，两人争论了一小时。帕森斯先生说这 9000 元的确是一笔死账，永远都无法收回，所以不需要纳税。稽查员反驳说：“死账？胡说八道！那也一定要缴税。”

帕森斯先生在班里描述事情的过程时说：“那位稽查员冷漠、高傲又偏执。对他来讲，任何理由都是毫无意义的，事实也没有丝毫用处——我们争论的时间越长，他就越顽固。因此为了防止出现争论，我决定改变话题赞美他。”

“我说：‘我认为这件事情和你不得不做出的决定相比，可以说是一件微不足道的事。我对税收也有过研究，但是我所知道的只是从书本上来的，可你获得的知识是来自实践。有时候，我也想做和你一样的工作，这种工作能够让我学到很多东西。’我所说的每一句都是发自肺腑的。

“于是，那位稽查员在椅子上挺直了腰板，然后往后一靠，说了很多和他工作相关的话，还跟我说了一些徇私舞弊的办法。他的语气逐渐趋于平和，过了一会儿他又开始说起他的孩子。当他离开的时候，他跟我说他需要把我说的话再斟酌一下，并会在几天之内回复我。

“3 天过去了，他再次来到我的办公室，告诉我，他已经决定根据表单上填写的税目处理。”

这位稽查员所表现出来的正是一种常人的人性特点，他需要别人注意到他的自尊。帕森斯先生越是和他争论，他就越想扩张自己的权力，从而得到别人的尊重。但是一旦有人认可他的重要性，争论就会立即停止，因为你满足了他的自尊心，他马上变成了一个温和、富有同情心的人。所以，我们根本不可能对所有人——不管这个人的智商是高是低，只通过口头的争辩就能扭转他的想法。

还有我们要永远记得林肯的忠告："但凡下定决心要取得成功的人，都不可以把时间浪费在个人看法上，更不应该浪费时间去承受它所带来的后果，包括他难以自控的脾气，失去自制力。你不可以过分彰显你自己，要学会放弃，即使是一件小事，也要学会放弃。与其为了争夺道路被狗咬伤，倒不如给狗让路。因为就算你把狗给杀了，也无法让伤口完好如初。"

因此，如果我们想让人敬佩，就勿要一直喋喋不休。

2 学会尊重对方的想法

卡耐基名言

1. 假如你想要证明什么事情，那就应该不着痕迹地巧妙实施，不要让别人发觉。

2. 如果能了解他人的想法，你将会获益匪浅。

3. 要用别人的原则去判断他们，而不是用自己的。

在与人相处时，我们的想法经常与他人发生冲突。即使我们认为别人的看法没有道理，我们也应该尊重他们的想法。因为我们不能保证自己的想法是完全正确的。你如果极力地要改变对方的观点，指责对方的错误，哪怕你是对的，对方也不会同意你的看法，甚至还会对你产生怨恨。因为你这样做，不仅伤害了他们的感情，也不会得到别人的尊重，结果惹得一身麻烦。所以，要使他人信服，首先要学会尊重对方的想法。

著名的心理学家卡尔·罗杰斯在他的一本著作中提到：

如果能了解他人的想法，你将会获益匪浅。或许你会认为这样做很奇怪，真的有必要去了解别人吗？我的答案是肯定的。我们对很多“叙述”给出的第一反应通常都是“评估”或者“判断”，唯独不会去了解。每一次，当别人表达自己的感受、态度或者观念的时候，我们通常会立刻做出这样的反应：“这是正确的”“这样真是愚蠢”“这样说是不是有毛病”“那样真是毫无道理可言”“那是错误的”“那样真不好”。但是我们却很少去想要了解讲述者话语中的真正含义。

有些人一上来就扬言：“我会证明给你们看的。”这样做相当于在说：“我要改变你的看法，因为我比你聪明。”这样做必定会引起对方反感进而引发冲突，所以这绝非明智之举。在这种情况下，想要改变对方的观点基本是不可能的。因此，为什么要弄巧成拙，自己给自己找麻烦呢？假如你想要证明什么事情，那就应该不着痕迹地巧妙实施，不要让别人发觉。就像诗人波普说的：

当你想教育别人的时候，一定要表现得若无其事。

要不知不觉地提出来，好像是不会被记住一样。

300 多年以前，科学家伽利略曾经说过：

“你不能教人去做什么，你只能帮助他们自己去发现。”

查斯特菲尔德爵士也这样对儿子说：

“要比别人更聪明，但是千万不要让对方知道。”

就连西奥多·罗斯福在白宫的时候都坦承：“如果我的判断有 75% 是正确的，那么做事情就可以达到最高期望值。那么我们又有多少把握去指责他人的过错呢？”

苏格拉底也经常告诉徒弟：

“我所知道的只有一件事，那就是我什么也不知道。”

就是这样，由于我们不可能比苏格拉底更聪明，所以从现在起，最好不要再去指责别人的过错，否则就要付出代价。假如你发现有人说的话不正确——并且你确信他是错误的，你最好还是这样说：“请慢，我这里还有一个想法，你看看对不对。如果我说错了，希望你们可以帮我纠正。我们一起来讨论一下这件事情。”

很奇怪，真的很奇怪，特别是类似于这样的话：“可能是我错了，不过我们还是来看看这件事情。”无论在哪里都不会有人反对你的这句话——“可能是我错了，不过我们还是来看看这件事情。”

哈洛·雷恩克——我的一名学生，他是道奇汽车在蒙大拿州的代理商，他就是用这种方法处理了一起顾客纠纷。雷恩克在做报告的时候指出，因为汽车市场面临的竞争压力过大，所以有时候他们在处理顾客投诉时，经常表现得很冷酷无情，这就非常容易引起顾客的愤怒，甚至会导致生意失败，或者引起诸多不快。

他对班上的其他同学说：“后来我就明白了，这样做于事无补，所以我就改变了做事的方式。我会这样对顾客说：‘我们公司出了很多错误，我深表遗憾。请您把遇到的情况告诉我。’

“这样的话，很明显能够消除顾客的敌意。他们的情绪一放松，处理事情的时候就很容易讲道理了。很多顾客对于我谅解他们的态度表示感谢，甚至还会介绍自己的朋友过来买车。在竞争如此激烈的汽车市场中，我们非常需要这样的顾客。而且我坚信：尊重顾客的想法，对顾客礼貌周到，这些都是赢得市场的资本。”

现在我可以肯定的是，假如你过于直白地指责对方的错误，哪怕你的意见再好，别人也不会接受，你甚至还会因此伤害到他人。你不仅剥夺了他人的自尊，同时也让自己变成讨论过程中最不受大家欢迎的那个人。

我自己亲身经历的一件事更加坚定了我的想法：有一次，我聘请了一名室内设计师来设计家里的窗帘。但是等到账单送来的时候，我被价钱吓了一大跳。

过了几天，一位朋友来我家做客时看到了窗帘。在问过我价钱以后，非常惊讶，然后以非常夸张的表情说："什么？太吓人了！我觉得你一定是被骗了！"

我认为她说得没错。但是只有少数人能够听到别人说这样的真话，这样的判断。然后，我开始为自己辩解，并且提出"便宜没好货"等大道理。

第二天，我的另一位朋友来拜访我，她不停地称赞那些窗帘，还说她也希望能够买得起这样漂亮的东西。于是，我的反应肯定会跟前一天有着天壤之别："呀，说实话，我也差点儿付不起费用。我是买贵了，现在想想，真是后悔没有事先谈好价钱。"

如果我们犯错了，或许我们可以私下里承认犯错。如果别人的态度友善一点儿，或是说得巧妙一点儿，我们当然也会向他们承认错误，甚至会自认为坦诚、心胸宽广。可是，如果他人的目的就是让你感到难堪，那就是另一种情况了。

或许你还会用柏拉图或者康德的逻辑学进行反驳，但这是没有用的，因为你已经伤害了他们的感情。人的眼神、声调，或者是手势都和话语一样可以用来指责别人的错误，但是，你指责对方的错误，对方会同意你的看法吗？当然不会！因为你已经伤害了他们的智商、判断力、荣誉和自尊心，这只会招致对方的反击，而丝毫不会改变对方的观点。

有人曾经问过马丁·路德·金这样一个问题：为什么身为和平主义者，却要倾向于白人空军将领，而不是黑人高级官员？金是这样回答的："我是用别人的原则去判断他们，而不是用我自己的。"

无独有偶，罗伯特·李将军某次和南方联邦总统杰斐逊·戴维斯说起自己旗下的一位军官。李将军极力夸赞这位军官。这时，另一名军官很纳闷，就问道："您难道不知道他一直在攻击你、诽谤你吗？""我知道啊，"李将军答道，"不过总统现在问的是我对他的看法，并不是问他对我有什么想法。"

千万不要和顾客、配偶或是敌人发生冲突。不要指责他们的错误，也不要惹怒他们，假如不得已必须和他人对立，那也要懂得运用一些技巧。

因此，假如你想要别人信服你，就要学会尊重对方的想法。

3 爽快地承认自己的错误

卡耐基名言

1. 假如你能赶在别人批评你之前把事情说出来，他就会以宽容的态度原谅你的错误。

2. 如果我们是正确的，我们一定要温柔地、巧妙地得到他人的赞同；如果我们是错误的，而且我们对自己够诚实，那么，我们要立即坦诚地承认自己的错误。

在生活中，人都免不了会犯错误，但是犯错误并不可怕，可怕的是我们没有勇气承认错误。很多人会找各种借口去掩盖自己的错误，其实这样做不仅解决不了根本问题，甚至还会给你带来麻烦。如果你能在别人指责自己之前主动承认错误，那将会是另一种不同的结果。爽快地承认自己的错误，会让人觉得我们身上具有高尚的品格，从而对方也会用公正宽容的态度处理你的错误，甚至还能让他认识到自己可能也错了，这样事情处理起来就简单多了。所以，要想取得别人的信任，就爽快地承认自己的错误吧。

如果我们是正确的，我们一定要温柔地、巧妙地得到他人的赞同；如果我们是错误的，而且我们对自己够诚实，那么，我们要立即坦诚地承认自己的错误。这种做法会产生惊人的效果，信不信由你，在某种状况下，甚至比为自己辩论还要有意思。

我曾经就采用过这种方法。我家附近有一片森林，步行到那儿不到一分钟。春天来了的时候，遍地野花，松鼠开始搭窝繁殖，马草能长到马头那么高，这一整块林地叫作森林园——那里还真称得上是一座森林公园，我像发现了美洲大陆一样兴奋。于是，我就经常带着瑞克斯——一条波斯狗，到公园去散步，它是一只很温和的小狗。因为这个园子里看不到什么人，所以我经常不给它系皮带或是戴上口笼。

有一天，我们在园子里遇到一个警察，他看上去很想显示一下他的权威。

他严厉地对我说："你为什么不给那条狗戴上口笼，还不绑上皮带，让它在园子里乱跑？你难道不知道这是犯法的行为吗？"

我轻声回答："是的，我知道这是违法的，但是我觉得在这里，它应该不会有什么危害。"

"你觉得不应该！你觉得不应该！法律可不会在乎你是怎么感觉的。你的狗可能会伤着小松鼠，也可能会咬着小孩。这次我就不追究了，但是如果再被我发现你不给狗戴口笼或是绑皮带来这个园子，你就得去找法官理论了。"

我谦虚地答应遵守他的命令。

我后来遵守了这个命令，但是只有几次而已。不仅瑞克斯不喜欢口笼，我也不喜欢，所以我决定试试运气。刚开始没什么事，但是有一天，当我带着瑞克斯跳过一个土坡的时候，我惊慌地发现了那位"法律的权威"——他正骑着一匹栗红色马。瑞克斯突然向那警察冲过去。

我知道我肯定是躲不过去了。于是我先发制人，赶在他说话之前，说道："警官先生，您今天是当场把我抓住了，我没有任何理由推脱，我确实犯法了。您上个星期就警告我如果我再不给狗戴上口笼来这里的话，我就要受到惩罚。"

这位警察用轻柔的声音对我说："我现在觉得如果周围没有什么人的话，这只小狗在园子里跑跑，挺有趣。"

"确实挺有趣，但是我知道这是犯法的。"我回答道。

"这么小的一条狗是不会咬伤人的。"这位警官分辩道。

"不行，万一它咬到小松鼠怎么办？"我说。

警察对我说："我感觉你现在对这件事情过于较真儿了。其实你只要带着它跑过那个土坡，我就看不见你们了，我们就当这件事情没有发生过。"

那位警官其实挺通情达理的，他只不过是想得到应有的尊重而已。因此，一旦我开始自责，他就会得到被尊重的感觉，这时候他就会很宽容，想要表示自己的慈悲。可是，如果我开始为自己辩护，那就不妙了，怎么可以和警察争论呢？

所以，我不跟他争论，还要承认他是正确的，肯定是我做错了，而且还要迅速地、坦诚地、热情地承认。我们各自得到想要的结果，于是，这件事情就这么愉快地过去了。

当我们知道自己肯定要受到责备的时候，如果我们首先自责，会比被别人责备好很多。自我批评可比忍受别人的指责好受多了。假如你能赶在别人批评你之前把事情说出来，他就会以宽容的态度原谅你的错误——就像那位骑着马的警官对待我和瑞克斯一样。

竭力为自己的错误辩论是非常愚蠢的人才会做的事情——大多愚蠢的人都会这样做。如果他承认自己的错误，就会使自己与众不同，并且还会给人一种尊贵高尚的感觉。比如，关于李将军，历史上所记载的关于他的一件最完美的事情就是：他为毕克德在葛底斯堡战败后进行的自我批评。

毕克德在战场上冲锋陷阵的壮举，毫无疑问是美国历史上极其光荣的英雄事迹。毕克德是一个很浪漫的人，他留着一头赭色的长发，长度几乎都到肩了。并且，就像拿破仑在意大利战场上一样，毕克德几乎每天都在战场上写下热情洋溢的情书。7月里那个悲惨的下午，他把那顶漂亮的帽子歪戴着，很得意地骑着马朝联军的阵线冲过去，士兵们欢呼呐喊着紧跟着他，人挨着人，军旗飘扬，刺刀在阳光下格外耀眼，真是非常壮观的一幕，甚至引起了敌军的一片轻声赞美。

毕克德的军队在轻快的脚步声中急速前进。忽然，敌人的大炮开始轰击他们的队伍。紧接着，隐藏在墓山脊石墙后面的敌军步兵也开始向他们射击，简直就是枪林弹雨。刹那间，毕克德的旅长几乎都中枪了，只剩下一个。5000名冲锋的士兵也有五分之四都倒了下来。

阿密斯旦带领军队进行最后一次冲锋，他们跨过石墙，阿密斯旦把军帽放在他的刀尖上使劲摇着，大喊道："杀呀，孩子们！"

士兵们跟着他翻过墙头，端着刺刀，在与敌军展开了一场短兵相接的战斗之后，终于把南军的战旗插在了墓山脊上。

但是军旗只在那里飘扬了一小会儿就倒下了。毕克德那光荣勇敢的冲锋成了终场的前奏。李将军战败了，他无法深入北方。南军失败了。

李将军感到既悲痛又震惊，他向南方同盟政府总统戴维斯递交了辞呈，要求另外派一名"年轻力壮的人"。假如李将军要把毕克德的惨败怪罪到别人身上，他其实可以找到几十个借口。比如：有些师长不称职；骑兵来得太晚了，不能及时协助步兵冲锋；这不对，那也错了，等等。

但是李将军内心十分崇高，他并没有这么做，没有责怪任何人。当毕克德吃了败仗，带着伤亡惨重的军队撤退到同盟阵线时，李将军亲自骑马去迎接他们，并且表示了自责，他承认道："这都是我的错，是我战败了。"

历史上没有几个将领能够有这样的勇气自责。

我们一定要记住这句老话：谦让比争夺更能使你感到满足，而且得到的东西可能比你期望的还要多。

因此，你如果想要别人信服你，那就请爽快地承认自己的错误。

4 一颗真心换来一群好友

卡耐基名言

1. 凡事要以友善的态度开始。

2. 友善和温和永远都要比激烈和狂暴强得多。

3. 如果你想赢得人心，就要先让别人相信你是他们最真诚的朋友。

凡事要以友善的态度开始。在人际交往中，只有你以友善的态度去对待别人，别人才会信任你并把你当作他们的朋友。遇到问题也是如此，只要拿出真心，没有解决不了的事情。每个人的决定都是从自身的立场考虑的，所以你无法改变他们的想法，争论、指责往往会使他们产生更强烈的抵触情绪。这时友善和温和的态度要比狂暴强得多，所以，不管遇到什么事，首先要用真心去赢得人心。

如果他人对你已经没有什么好印象了，即使你用尽所有的基督理论也很难让他人对你信服。回想一下那些喜欢责备人的父母、专制蛮横的老板、喋喋不休的妻子，我们就会意识到：一个人的固有思想是很难改变的。虽然你不能强迫他们赞同你，但是你完全可以温柔友善地引导他们。

早在1915年的时候，小洛克菲勒只是科罗拉多州一个名不见经传的小人物。当时美国发生了工业史上最严重的罢工，而且持续时间长达两年。当时，小洛克菲勒负责管理科罗拉多燃料钢铁公司，愤怒的矿工要求这家公司涨工资。工人们怒火中烧，致使公司的财物遭到破坏，军队赶来镇压，因此酿成了流血事件，很多矿工被枪杀了。

但就是在这样民怨沸腾的情况下，小洛克菲勒却赢得了参与罢工运动的工人的信任，他究竟是怎么做到的呢？

小洛克菲勒先是用了好几个礼拜的时间结交朋友，并且向参与罢工的工人代表发表演讲。这个演讲真是太精彩了，不仅稳住了工人的情绪，还为他自己赢得了赞誉。下面就是演讲的内容：

“这是我这一生中最值得铭记的日子，因为我有幸能够第一次和这家大公司的工人代表见面，同时还有行政部门和管理部门的员工。我可以对你们说，此刻站在这里，我感到非常高兴，有生之年我都会永远记得这次相聚。如果这次聚会提前两个礼拜举行，那我对于你们来说，只是一个陌生人，而我也只能认识你们其中的少数几个人。但因为从上星期开始，我有幸拜访了你们的家庭，见过了你们的家人，所以我们并不陌生，可以说我们已经是朋友了。鉴于这种互相帮助的友情，我很高兴能有机会与大家一起商讨我们共同的利益。

“因为这次聚会是由出资方和劳工代表共同组成的，多谢你们的好意，我可以坐在这里。虽然我不是股东或是劳工，但是我却感到自己与你们休戚与共。从某些方面来讲，我同时代表了你们双方。”

多么精彩的一次演讲啊！这是一种最可能化干戈为玉帛的艺术手法。反之，如果小洛克菲勒采用了另一种方法：和工人们争论得不可开交，还用恶毒的话语咒骂他们，或是明里暗里指出一切都是他们的错，用各种借口指责矿工的过失，你们觉得会有什么后果？那只会招致更多的怨恨和暴乱。

其实商人都知道这样的道理：对待罢工的人，一定要表现出和善的态度。我们再举个例子：怀特汽车公司旗下的一个工厂有 250 名员工因为加薪的问题举行了罢工。当时的公司总裁罗伯特·布莱克并没有选择用发怒、责备、恐吓或是发表什么强制性言论等做法，反之，他在报刊上登出一条广告，盛赞那些参与罢工的工人“采用和平的方式放下工具”。由于罢工事件，监察员变得无事可做，于是，布莱克就买了很多球棒和手套提供给他们，让他们在空地上打棒球。还有些人喜欢打保龄球，他就租下一个保龄球馆供他们使用。

布莱克先生这些友善的措施，得到的回报当然也是很友善的。那些罢工的工人居然用扫帚、铁铲和垃圾推车把工厂周围的碎纸屑、烟头和用过的火柴等垃圾打扫干净。你能想到吗？一群正在罢工的工人，在要求加薪、承认联合公会的同时，还会打扫工厂附近的地面！这在一贯漫长且激烈的美国罢工历史上是从来都没有发生过的。这次罢工最终在不到一个星期的时间内得到解决，并且没有产生任何不愉快或是仇恨。这样看来，真心是无价的，它可以换来任何想要的东西。

一百多年前，林肯说了以上一番话，他还提到一句古老而经典的真理：“比起一加仑苦胆汁，一滴蜂蜜更能吸引更多的苍蝇。”人其实也是这样，如果你想赢得人心，就要先让别人相信你是他们最真诚的朋友。只有这样做，才会像一滴蜂蜜一样吸引他们的心，才会有一条通向他人心灵的坦途。

丹尼尔·韦伯斯特是一名非常著名的律师，被许多人敬如神明。虽然他的声誉很高，辩论也非常具有权威性，但是他却一直非常友善，话语温和。在他的辩论词中经常会有这样的字眼："这有待陪审团的考量""这或许很值得再思考一下""相信您并没有忽略掉一些事实""鉴于您对人性的了解，我相信您很容易就能看出这件事情的重要性"——没有恐吓，没有强制手段，也没有强迫证明的意图。韦伯斯特都是用最温柔、最平和、最友善的处理方法，但是却没有丧失权威性——这正是他取得成功的最大法宝。

或许你根本就没有机会去处理罢工事件，或者在陪审团面前发表演讲。但是，也许你会遇到以下这些类似的情况。

史特劳伯先生是一名工程师，他想让房东减少房租，但是他又听说房东是一个铁石心肠的人，恐怕很难被说服。史特劳伯在培训班的报告上说道："我给房东写了一封信，告诉他等到租约一到期，我就会搬出公寓。而事实上，我并不打算搬出去，这样写只是为了要他减少房租，其实我很想继续住下去。但是并不容易，因为其他房客早就试过了，都没有成功。他们对我说，这位房东非常难对付，一定要很小心。于是我对自己说：'正好我在选修一门学习做人处事的课程，可以拿这件事情练习一下，看看会有什么效果。'

"房东一看到信就来找我。我站在门口和他打招呼，并且表达了热情真诚的问候。我只是告诉他自己很喜欢这间公寓，却只字不提租金过高的事情。我敢保证，我当时真的是在'真诚且毫不吝啬地赞扬'他。然后我又继续恭维他把房子管理得这么好，如果不是因为承担不起房租的话，我其实非常愿意再多住上一年。

"他以前肯定是没有遇到过我这样的租客，看得出来，他有些不知所措。

"后来，他开始告诉我一些烦恼，其实就是其他房客对他的埋怨。有人甚至还给他写了14封信，其中一些明显是在羞辱他。还有人让他告诉楼上的房客不要再打呼噜了，否则就违约。'像您这样的房客，真是太让我感到欣慰了。'他说。然后在我没有特别要求的情况下，他主动要减少房租，我就告诉他自己能付得起的钱数，他二话不说就爽快地同意了。

"他在转身离开的时候，竟然还问我：'房间里有什么东西需要修理吗？'

"假如我也用其他人的方式去要求房东降低租金，肯定会落得一样的下场。所以说，这就是同情、友善、赞扬和欣赏所带来的效果。"

我深知友善和温和的力量。在我还是光着脚丫到处乱跑的小男孩的时候，我读到一则出自《伊索寓言》的小故事，说的是太阳和风的故事。有一天，太阳和风为"谁比较厉害"这个问题争吵。风说："当然是我比较厉害了。你看到地面上的老人了吗？他穿着厚外套，我敢保证，我可以比你更快地让他把外套脱下来。"

说着，风就用力对着那位老人吹，希望能把外套吹下来。可是它越吹，老人就把外套裹得越紧。

当风吹得精疲力竭的时候，太阳从后面出来了，把阳光温暖地洒在老人的身上。不一会儿，老人就热得擦汗了，于是就把外套脱了下来。然后，太阳对风说："友善和温和永远都要比激烈和狂暴强得多。"

伊索只是一名希腊的奴隶，比耶稣降生还要早上600年，但是他却教给我们很多做人的道理。我们明白了，现如今住在波士顿或者伯明翰的人其实和2600年前的雅典人没有什么区别。太阳能够比风更快地脱掉老人的外套，同样的道理，温和、友善、赞扬和欣赏的态度也更能使人改变心境，这是疯狂叫喊、猛烈进攻所难以实现的。

因此，当你想要他人对你信服的时候，请用你的真心去换取。

5 让对方做出肯定回答

卡耐基名言

1. 如若可能，最好让对话者没机会说“不”，要使对方一开始就说“是，是的”。

2. 从对方同意的问题问起，逐渐将对方引导到设定的方向。对话者只能不停地回答“是”，等他发觉时，已经获得了设定好的结论。

在人际交往中，如果你跟别人交谈时，对方都说“不”，那么，你们两个人的距离就会越拉越远。所以与人交谈时首先要以双方看法一致的话题开始，尽量不给对方说“不”的机会，这样，谈话时就很容易成功了。

其实让人一开始就说“是”是一种非常简单的技巧，但是许多人都忽略了这一点。有些人为了得到情绪或感官上的快感，专门提出别人不能接受的意见，这样根本无法实现交谈的目的，反而会造成严重的后果。让别人点头称“是”是谈话方式中的一个诀窍，它可以改变一个人的态度和事情的发展方向。所以，与人交谈一定要让对方做出肯定回答。

依据哈理·奥维屈博士的理论，最难克服的阻碍是“不”的反应。当讲了一个“不”字后，本性的自尊就会强迫你坚持下去。或许过后你会发现这回答有待商榷，但是何处安放你的自尊呢？你会发现一旦讲了“不”，自己就很难再摆脱。因此，对于结果而言，很重要的是怎样使对话者开始就朝着肯定的方向做出反应。

作为格林尼治储蓄银行的一名出纳，詹姆斯·艾伯森用这种方法挽回了一位险些流失的顾客：

一个青年来开户，我把表格递给他填写，但他拒绝填写某些方面的资料。

要是在学习人际关系课程前，我肯定会对客户讲，如果他拒绝给银行提供完整的个人资料，我们很难给他开户，但是在今天早晨我突然想，最好强调客户需要什么，而不要谈银行需要什么。我想一开始就诱导他说“是的”，于是，我先同意他的看法，并告诉他那些他拒绝回答的资料并非必填项。

“不过，若是你遇到意外，是否想让银行把钱转给你指定的亲人？”

“是的，自然愿意。”他这样说。

“那你是不是应该把这位亲人的姓名说与我们知晓，能让我们到时按你的意思处理不至于出错、拖延？”

“是的。”他再次说。

这样，这个青年知道了这些资料不是为银行留的，而是为了自己的利益，他的态度缓和了下来。最后，他回答了关于母亲的信息，不仅填写了所有资料，而且在我的建议下，他指定母亲为法定受益者，办理了信托账户。

因为一开始我就让这个年轻人回答“是，是的”，这使得他忘记了原本的问题，乐意去做我建议他做的所有事。

“是”的反应是一种多数人忽略、事实上很简单的技术。或许有人觉得如果在对话的开始就提出相反的意见，可以显示自己的重要性和主见。然而事实并非这样。如若可能，最好让对话者没机会说“不”，要使对方一开始就说“是，是的”。在日常生活中，“是”的反应技术相当有用处。

弓箭狩猎是安迪的兴趣所在，他花了很多钱去购买器材、装备。有一天，安迪的哥哥来访，建议他改换租的方式。安迪因此到他常去的店中咨询，但店员表示店里并不对外租借弓箭。

安迪又向另一家店打电话询问，下面是安迪的讲述：

那是位男士接听的电话。听过我的询问后他表示很遗憾，原因是店里已经取消这种服务了。他向我询问之前是否向店里租借过，我回答他：“在好几年前租过。”

他又问我当时租用一把弓的价钱是否是超过25美元而不到30美元。我又回答他：“是的。”

然后，他问我是不是个节约的人，我自然回答道：“是的。”

之后，他解释说，他们正巧在特价销售一套弓箭，总价才30多美元，还包括所有小装备。这个意思就是说，只需多掏几美元，我就可以拥有整套器材而不需要租借了。

他向我解释道，因为太不划算了，所以店里不再提供租借服务。我自然买下了那套器材，而且还买了其他的东西。从此，我成为店里的常客。

一个知晓说话技巧的人，一开始就会得到众多“是”的回答。这能把对方引导到肯定的方向，就好比是撞球，你一开始打向一个方向，但要是略有偏差，球回来的方向就会和你预期的完全相反。

下面我们来听听西屋电气公司的业务代表约瑟·艾利森在训练课程上向大家分享的经历：

我负责的区域里有个人，公司一直希望能与其谈生意。可惜前任代表和他接触了10年也没促成一笔业务。我在接管后又与他谈了3年，依旧一无所获。最后，在我们不断地商谈、打电话后，他终于买了一些发动机。于是我充满希望——万事开头难，之后就会轻松许多。

3个星期后，情绪高昂的我再次拜访他。

他的总工程师接待了我，并带给我一个令人震惊的消息："我不能再购买你们的发动机了，艾利森。"

我惊讶地问他原因。

他说："我不能把手放到发动机上，因为它们太热了。"

我了解争论是无用的。由于在这方面经验丰富，我想到了"是"反应的原则。

我说："我完全同意您，史密斯先生。如果发动机过热，那就不要多买了。您这里肯定有合乎电气制品公司标准的发动机吧？"

他表示赞同，我获得了第一个"是"的反应。

"依据电气制品公司的一般规定，其设计的发动机的温度可高出室温华氏72度，对吗？"

"的确是这样，"他表示赞同，"但不管怎么说你们的产品也是太热了。"

我并没有和他争辩这个问题，而是问他："工厂里温度是多少？"

他回答道："大概华氏75度。"

我说："这很困难啊，假设工厂内室温为华氏75度，则发动机的温度可以到75度加72度，就是华氏147度。那么，您要是将手放在华氏147度的水管下，是否也会烫伤呢？"

"是这样的。"他不得不表示同意。

我建议他说："好的，既然这样，您是否最好不要把手放到发动机上呢？"

他承认道："我认为你讲得完全正确。"之后数月，我们之间做成了价值近35000元的生意。

来自加州奥克兰的安迪·史诺先生谈起了因为店主让他做了"是"的反应，他成为这家商店主顾的案例。

人类历史上最伟大的哲学家之一——苏格拉底改变了人类的思考方式。由于对纷争的世界影响巨大，即便在2400年后的今日，他依旧被奉为最富有智慧的说服者。

苏格拉底的秘诀是什么？他会直指他人的错误吗？显而易见，不会。他的方法在当下被称为"苏格拉底法则"。他会从对方同意的问题问起，逐渐将对方引导到设定的方向。对话者只能不停地回答"是"，等他发觉时，已经获得了设定好的结论。

所以，倘若你下次告诉别人犯了错误时，牢记苏格拉底法则，以一些能得到他人“是”的反应的温和问题开始。中国有句古语最能表现东方智慧：以柔克刚。

因此，若想让他人信服，你应当把握住先机，让对方做出肯定回答。

6 给别人说话的机会

卡耐基名言

1. 当别人还未阐述完自己的观点，想要继续高谈阔论时，他是不会在意你的意见的。

2. 在为人处世上面，我们本应谦逊，多让对方说话，因为我们都是普通人，并没有什么了不起的地方。

在与人相处时，要让对方多开口讲话，因为说话不是说给自己听的，而是说给对方听的，我们不能只是自顾自地说话，而不顾对方的感受。假如真是这样的话，那你说再多的话对别人来说，也都是废话而已。

有一个叫范勃的人对此颇有同感，他是一家电气公司的业务员。下面就让范勃先生讲述一下他的经历：

有一次，我在宾夕法尼亚州进行一项农业考察。

我经过一家干净整洁的农家时，向该区的代表问了一句话："为什么他们不用电？"

"他们是极其抠门的守财奴，你甚至没有办法让他们花钱买下任何东西，"区代表回答，脸上带着厌烦的神情，"而且他们对我们公司丝毫没有兴趣。我努力过很多次都没结果，现在已经彻底不抱希望了。"

也许希望非常渺茫，但我还是决定试一试，我走过去叩响了一家农户的门。门被轻轻地打开一条小缝，一个人探出头来，是罗根保夫人。

她一看到门外的公司代表，就当着我们的面将门重重一摔。我又叩了一次门，她把门开了一点儿，并告诉我她对我们及公司的看法。

我说："我看到你养了一群优质的多米尼克鸡，我打算向你买一些新鲜的鸡蛋。"

她又把门打开了一点，似乎很好奇，问我：“你怎么知道我的鸡是多米尼克鸡？”我知道我激发了她的好奇心。

“我也养过鸡，”我回答，“但我发现你家养的多米尼克鸡实在太好了，我从来没有见过比这些鸡更好的。”

“那你为什么不用自己的鸡蛋，反而要向我买？”她仍旧心存怀疑。

“因为我养的是来航鸡，它们生的是白蛋。如果你会烹调的话，应该知道在做蛋糕时，赭蛋远胜于白蛋。为此，我的妻子很为她所做的蛋糕自豪。”

这时，罗根保夫人才稍稍放心，大着胆子走到廊中，态度也较之前温和了许多。我观察了一下四周，在农场中发现了一座不错的奶牛棚。

我说：“夫人，我敢打赌，你养鸡赚的钱，肯定比你丈夫卖牛奶赚的钱还要多。”

呵！她听了我的话顿时变得兴高采烈，她当然是无比赞同我的看法的，对她赚的比她丈夫多这件事毋庸置疑。但她无论如何也不能让她丈夫也承认这件事。

她带我们去参观了她的鸡舍，在参观过程中，我留意到她自己发明的一些小装置。

我跟她尽可能多地交谈，在几件事上询问她的意见，也向她推荐一些饲料和温度，不多时，我们之间就形成了愉悦的交流氛围。

过了一会儿，她说她的几位邻居在鸡舍里装置了电灯之后效果不错，于是便征求我的意见，该不该也同邻居一样，在鸡舍里装置电灯……

两个星期以后，罗根保夫人的鸡舍里也安了电灯。鸡群在电灯的照射下兴奋地叫唤、跳跃。我们都对这个互惠互利的结果十分满意：我得到了订单，罗根保夫人得到了更多鸡蛋。

但是如果我不事先设好圈套，将她诱入其中，我是永远也没办法获得这笔订单的。因为我实在没有办法成功将电灯卖给这位守财奴式的荷兰妇人。

看吧，范勃正是运用处世智慧中的一大原则——让他人多说话，才成功地做成了这笔生意。

然而，在生活中，很多人都会采取一种极为错误的方法来试图让别人认同自己的意见，即说很多话。推销员就是最好的例子，他们尤其爱这种得不偿失的错误方法。

其实，比起自说自话，倒不如让别人发表自己的意见，因为在一些问题上，他们肯定有比你知道得多的地方，尤其是关于他们自身的事，所以不如问他们一些问题，听他们讲述一些相关的而你不了解的事情。

当你与他人的意见相左时，请尽量不要打断他，因为这样的行为徒劳无功。当别人还未阐述完自己的观点，想要继续高谈阔论时，他是不会在意你的意见的。所以要学会忍耐，用开放的心态听别人讲话，并真诚地鼓励他阐述自己的意见。

这一原则在商业交往中通行而有效，有其确切的使用价值。下面举例为证：

几年前，美国最大的一家汽车公司欲采购一年所需的坐垫布。有三家知名公司在争取这笔订单，他们各自做好了样品，分别送交汽车公司进行质量检验，然后他们接到汽车公司发来的通知，三家公司还有最后一次角逐的机会，分别派出代表进行竞争。

R先生是其中一个公司的代表，他后来在我的培训班上讲述了这段经历。他以代表的身份来到了汽车公司，当时他正生病，患了严重的咽喉炎。

“当我参加高级职员会议的时候，我的嗓子哑得几乎说不出话。我被带到办公室，跟该公司的纺织工程师、采购部经理、推销部主任，还有总经理当面洽谈。我站起身想发言时，却发现自己已完全说不出话，只能发出嘶哑的声音。”

“所有人都围坐在桌旁等待着，所以我只好拿起笔在本上写了几个字：很抱歉各位，我的嗓子哑得厉害，说不出话。”

“我替你说吧。”汽车公司的总经理说。接着他替我发言了。他将我带来的样品陈列在桌子上，并详细地说明了产品的优点，丝毫不吝赞美之言，于是他的观点引起了与会者的热烈讨论。

在讨论过程中，那位经理一直在替我发言，我只是适当地微笑点头，或做几个简单的手势，借以表达自己的意思。

结果非常令人惊喜，我成功地拿下了这笔订单，汽车公司跟我们签订了50万码坐垫布价值160万美元的合同。这是我得到的最大一笔订单。

我心里很清楚，倘若不是我嗓子哑导致我无法说话，我很有可能拿不到这笔订单，因为我对于整个会谈过程的考虑是错误的。这次经历让我发现，让他人说话，是一件多么有价值的事。

是的，让他人说话的确是一件很有价值的事情。但事实上，任何人都喜欢谈论自己取得的成就而不愿意听别人吹嘘他们自己，即使双方是朋友关系。法国哲学家罗西法考说过一句话：“若你胜过你的朋友，他会变成一个与你敌对的人；若让你的朋友胜过你，你们就将收获和平的友谊。”

为什么会这样呢？因为当我们的朋友胜过我们时，他们会产生一种自豪感，从而获得满足和愉悦；但当我们胜过他们时，他们会产生一种自卑感，进而引发嫉妒与猜忌。

“我们从别人的困境中所收获的快乐，是最纯粹的不掺杂任何杂质的快乐。”这是德国人的一句俗语。是啊，有些人恐怕从你的苦难中获得的满足感更多，远甚于看到你的胜利，哪怕他是你的朋友。所以，要做一个谦逊的人，不要时时标榜自己取得的成就，这样才能不招致嫉恨，并为人所喜欢。

在为人处世上面，我们本应谦逊，多让对方说话，因为我们都是普通人，并没有什么了不起的地方。百年之后，我们都会变成一抔黄土，继而被人遗忘。生命实在过于短促，若总是谈论自己的小小成就，免不了使人厌烦，因此我们要多鼓励他人说话。

所以，我们应该记住与人相处愉快的一大方法，便是多让对方开口说话。

7 莫要将自己的想法强塞给他人

卡耐基名言

1. 没有人愿意被迫接受别人的意见和看法，谁也不想要别人强塞给自己的东西。

2. 我们都希望能够按照自己的意愿生活，想做什么就做什么。

在为人处世时，没有人愿意被迫接受别人的意见和看法，谁也不想要别人强塞给自己的东西。我们都希望能够按照自己的意愿生活，想做什么就做什么。因此，若想与人交往得愉快，就要时刻做到这一点：莫要将自己的想法强塞给他人。

韦森是一名业务员，他的工作主要是把设计草图推销给服装设计师及服装生产商。3 年来，他一直坚持登门拜访一位在纽约很有声望的服装设计师，每个星期或是每隔一个星期去一次，从未间断过。韦森说："他总是接受我的拜访，但是从不购买我的设计草图。他会认真地看看我的设计草图，接着对我说：'韦森先生，很抱歉，恐怕今天你又要失望而归了。'"

在失败了 150 次以后，韦森意识到自己的问题：自己太过于循规蹈矩了。于是，他决定好好学习人与人交往的相关知识，这样就能使自己领悟新的理念，得到新的力量。

然后，他开始实施自己的新计划。他还是照样去拜访那位设计师，同时带着几张半成品草图。他对设计师说："我这里有几张设计草图，希望能得到您的意见，使它们能更好地满足你们的需求。"

设计师默默地看了看设计草图，接着对韦森说："先把它们放下，等过几天你再来吧。"

韦森等了 3 天，然后又找那位设计师，他得到了自己想要的东西——设计师的意见，于是他连忙把这些半成品草图带回办公室修改，当然，他是按照设计师的意见修改的。然后呢？“我以前的做法是错误的，我不应该一直向他推销我提供的设计草图。我之所以让他给我提意见，是因为这样一来，他就成了设计图的作者。换句话说，不是我向他推销东西，而是他主动购买了我的东西。”

韦森利用为人处世中的这一原则，成功地把设计草图推销出去了，而接下来我们要提到的阿道夫·赛兹则利用该原则，将员工的心成功地聚集了起来。

阿道夫·赛兹是一名汽车展销会的业务经理。在工作中，他发现自己公司的员工上班时都无精打采，懒散怠慢。阿道夫·赛兹下定决心改变公司的现状。所以，在公司召开的业务会议上，他让员工提出自己对公司的期望，并把这些写到展示牌上公布出来，并答应会努力满足大家的要求，之后他也向员工提出了自己的要求：努力忠诚、积极进取、乐观向上、有集体责任感、每天 8 小时全身心投入到工作中，等等。大家在会议结束后都变得精神高涨，充满活力。在之后的报告中赛兹提到，不仅如此，甚至还有一个员工自愿每天工作 14 小时。从此以后，公司的业务慢慢红火起来。

赛兹认为：“我跟员工做了一次道德上的交易。也就是说，我们要各自履行自己的承诺，我还征求了他们的期望与需求，而这样做恰恰迎合了他们的需求。”

这里还有一个典型的例子：L 医生在一家大型医院上班，这家医院位于纽约的布鲁克林区。因为医院需要购买一台 X 光设备，所以吸引了很多生产商，他们争先恐后地推销自己的设备，这使得 L 医生不得安生，不胜其烦，因为他就是 X 光室的负责人。

但是，并不是所有的厂商都惹人讨厌，其中就有这么一家制造商，他们的推销手段很高明——他们给 L 医生写了一封信：

我们有一套 X 光设备刚下线，已经运到了公司。但是我们感觉这套设备还有待改进，所以，我们诚挚地邀请您能抽空前来指导一下，我们将不胜感激。当然，我们不会耽搁您珍贵的时间，一切都根据您的时间来定，只要您抽空和我们联系，我们一定会立刻派人开车去接您。

L 医生说：“以前还从来没有厂家征求过我们的意见，所以看完信以后，我非常惊讶，同时，我也感觉自己的作用变得非常重要。尽管当时我每天都加班到很晚，我还是尽量抽出时间去看看那套需要改进的设备，为此我甚至还取消了一个约会。结果呢？我一发不可收拾，越来越喜欢那套 X 光设备了。

“最后在我的极力推荐下，医院买下了这套设备。而从头到尾，这家生产商都没有向我推销过他们的产品。”

同样的事情也发生在我和一个加拿大人之间。我当时想去加拿大的新布朗斯维克省划船钓鱼，于是就给当地旅游局写信，想让他们给我邮寄一些资料。

在接下来的日子里，我接到了很多营地和向导寄给我的信件和资料，数量太多了，我都有点不知所措了。其中有一位营地主人非常聪明，他给我寄来一封信，告诉我很多曾经去过他们营地的纽约人的姓名和联系方式，目的是让我自己打电话咨询这些老客户，看看这个营地的服务口碑如何。

我在这些信息中居然看到了某个朋友的名字，于是，我赶紧拨通了他的电话，看看他会怎么评价那个营地。结果就是，我给那个营地打电话联系了一下，并告知了我到达他们那里的时间。

老子曾经说过一句很有哲理的话，大意是江海之所以能够成为百川汇聚的地方，是由于它善于处在低下的位置。因此，倘若你想在与人打交道时，营造一个轻松愉快的氛围，那就要做到：征求他人的意愿，不把自己的意愿强加与人。

8 换个立场，换个思考方向

卡耐基名言

1. 为人处世的智慧之一就是——尽量站在他人的角度看待问题。

2. 从他人的立场看待事物，就像从你的立场出发一样，这或许会成为决定你事业成功的一个关键因素。

与人相处的时候，你肯定经常会遇到这个问题：对方真的错了，而当你指出他的错误时，他却不以为然。从我们具有意识以来，我们所做的决定大都是从自己的立场出发，为了自己的需要而做的。因此出现这种情况也就不难理解了。假如我们站在他人的角度思考问题，那么情况可能就会大有不同。如果你对自己这么说："假如我也面临他当时遇到的困难，我的感受是什么？我又会有什么样的反应？"你可以节省很多埋怨的时间，也省去不少烦恼，还能学到和人相处的技巧。

很多年来，空闲的时候，我经常到一个离家很近的公园去散步、骑马，就像古时高尔人的传教士。我特别喜欢橡树，因此每当看到有小树或灌木被火烧毁时，我就感到非常伤心。烧掉灌木的火并不是由那些大意的吸烟者引起的，大部分是那些到公园里野炊的孩子导致的。有时候火势猛烈，不得不叫来消防员灭火。

公园里有一块布告牌，上面清楚地写着：凡纵火者将被罚款或拘禁。可是这个布告牌设在公园里比较隐蔽的地方，所以孩子们几乎不会注意到这块布告牌。当时，照看这座公园的是一位骑马的警察，但由于他对这份工作的负责程度不够，所以足以烧毁树木的大火还是会经常发生。有一次，我看到公园里一场大火正在蔓延，就跑去告诉警察，希望他能通知消防队来灭火。但是，他态度冷淡地说，这种事情与他无关，因为公园不在他的管辖范围内。我不能理解他的这种做法。经过这件事，后来我去公园骑马的时候，我会主动承担起保护公园安全的责任。起初，我并没有从孩子们的立场出发来看待这件事，每当我看到树下起火时我就不高兴，急于劝阻他们。我告诫他们，并用严厉的语气要求他们立刻把火扑灭。假如有人不这么做，我就会威胁他们说要把他们交给警察。当时我只是在发泄我的不满，却丝毫没有在意孩子们的感受。

结果怎样呢？孩子们顺从了——怀着一种不满的情绪顺从。所以当我离开后，他们又把火重新点着，甚至想把公园全部烧掉。

后来，我学到了一些处理人际关系的方法和技巧，我不再盲目地要求或者恐吓他们，而是骑马到他们跟前说：“孩子们，这样很好玩对吗？你们是在做晚餐吗？在我还是一个孩子的时候，我也爱玩火，甚至，我现在也觉得那很好玩。可是，你们应该明白，在公园里生火特别不安全。我明白你们不是故意这么做的，可是有的孩子看见你们在这里生火，就会模仿你们，但是他们不会像你们这样小心谨慎，万一离开的时候忘记把火扑灭，火很容易蔓延，烧毁树木。如果我们不谨慎，这里以后可能就不会有树林了。而且，在这里生火，你们还有可能被捕入狱。我不阻碍你们玩，也很乐意看到你们玩得开心。不过，我希望你们在离开以前，小心地用土把火埋起来，火堆还要远离树叶以免起火。另外，你们下次再生火玩的话，可不可以去山那边的沙滩上？那里比这边安全一些。非常感谢你们的配合，孩子们。祝你们玩得开心。”

这种说话方式会使情形发生很大的转变。我在处理这件事情时，考虑到了孩子们的感受，这样一来，孩子们会非常配合，不会有埋怨和不满。因为他们没有被威胁着必须遵守规定，而且他们也不会觉得不被尊重。这样我们双方都会感觉良好。

由此可见，在与人相处的时候，站在对方的角度思考问题是多么重要，从他人的立场看待事物，就像从你的立场出发一样，这或许会成为决定你事业成功的一个关键因素。

因此，为人处世的智慧之一就是——尽量站在他人的角度看待问题。

9 如果我是你，我也会这样的

卡耐基名言

1. 你将要遇见的人，有四分之三渴望被别人同情。同情他们，他们会立刻喜欢你。

2. 为了一种真实的或者想象中的不幸而感到“自怜”，这几乎是全人类的共性。

在人际交往过程中，很多人都希望被人同情，而且你若真心同情他，他就会对你采取友好的态度。况且现在的我们没有什么好骄傲的。你也要明白，你遇到的那些暴躁、古板、不理智的人，他们会变成这样，并不代表他们有很大的过错，我们应该同情、怜悯那些人。“自怜”几乎成了全人类的通病，为了消除他人的厌恶并留一个好印象，你应该对对方说：“如果我是你，我也会这样的。”

伍勒很早就用了这句话。伍勒的美国第一位音乐经理人的地位是毋庸置疑的，他和世界上那些著名的艺术家打了22年的交道，比如夏里亚宾、邓肯和潘洛佛等等。伍勒对我说，当他和那些脾气古怪的艺术家交往时，得到的第一个经验就是同情——为那些艺术家可笑而古怪的性情表现出的同情。

有3年的时间，他都是以夏里亚宾音乐会的经理人的身份出现——夏里亚宾是最能打动首都大戏院的观众的一位低音歌唱家。可是，夏里亚宾日常的举动就像一个被宠坏了的孩子，用伍勒的话来说就是，“他在各方面都表现得很糟糕”。

比如说，夏里亚宾在他开演唱会的那天中午，会打电话给伍勒：“我的喉咙破了，现在觉得非常不舒服。我今晚可能不能唱歌了。”伍勒当时与他争辩了吗？没有。他知道，作为艺术经理人，他不能那么做。于是，他跑到了夏里亚宾所在的旅馆，向他表示同情。“太不幸了，”伍勒惋惜地说，“多可惜，我可怜的朋友。现在看来你的确是不能唱歌了。我会立刻取消这场音乐会，这需要你花费两三千元的违约费。不过和你的名誉相比，这应该算不上什么。”

后来，夏里亚宾说：“要不你下午再来，等到5点钟，我再看看那时感觉怎么样。”

到了下午5点多，伍勒再次来到夏里亚宾所在的旅馆，向他表示同情，并表示要取消演唱会。夏里亚宾却叹息着说：“这样吧，晚一点儿你再过来，到那时我可能会感觉好一些。”

晚上7点半，这位伟大的低音歌唱家终于答应演唱，但有一个条件：要伍勒提前向首都大戏院声明，夏里亚宾因患感冒嗓子不舒服。伍勒应和着答应了夏里亚宾的这个要求，因为他明白这是让这位低音歌唱家登台演唱的唯一的办法。显然，同情别人就可以达到自己想要的结果。

其实，你将要遇见的人，有四分之三渴望被别人同情。同情他们，他们会立刻喜欢你。不信？我给你们举一个我亲身的经历。

有一次，我在播音的时候提到了《小妇人》的作者奥尔科特。其实，我知道她的故乡是马萨诸塞州的康科德，也是在那里她写下了杰出的作品。而当时我一不小心，说我曾经到纽韩赛的康科德去拜访过她。假如我只提到一次纽韩赛，或许是可以被原谅的，但很不幸，我竟然提了两次。一时间，我像是被这些信件、电报包围了，指责的语言像毒蜂似的包围着我，那些信的内容大多是愤怒的，甚至有几封是带着侮辱的。其中有一位美国的老太太，康科德人，当时在费城居住，对我发泄了她内心强烈的怒火。假如我说奥尔科特女士是来自纽格尼的食人者，也不足以承受她的这种辱骂。当我读那封信时，我默默地对自己说：“感谢上帝，我没有娶这个女人。”我想写信告诉她，虽然我犯了一个地理常识的错误，但是她犯了一个更大的常规礼仪上的错误。我想要以那样的语句开始，甚至要卷起袖子来告诉她我真实的想法。可是我并不是这么做的，我克制住了自己。因为我知道那是冲昏了头的傻子的做法——而大多数人就是那么做的。

我不能像傻子那样去做，所以我要将她的怒意转变为善意。这对我来说是一个挑战，但我有足以应付这种事情的技巧。我安慰自己：“假如我是她，我可能会和她有同样的感觉。”我对她的观点表示赞同。后来我再去费城的时候，给她打了电话。我们谈话的内容，大概是这样的：

——XX夫人，在几周以前，你给我写过一封信。我要为此感谢你。

——请问你是谁？（明确、文雅、高尚的语调）

——我的名字是戴尔·卡耐基。对你来说，我可能是一个陌生人。你听过我讲奥尔科特的播音，当时我犯了一个不可饶恕的错误，因为我说了奥尔科特住在纽韩赛的康科德。这真是一个很愚蠢的错误，我应该为此道歉。而你为此花时间写信给我，非常感谢。

——卡耐基先生，我也深感抱歉。我在那封信里发了脾气，我也应该道歉。

——不！你不需要道歉，该道歉的是我。因为任何一个学过地理知识的人，都不会犯像我这样的错误。在接下来的一次播音里我已经正式道过歉了，现在我要向你单独道歉。

——我在马萨诸塞州康科德出生。200 年来，我的家族在那里很有名望，我也对自己的家乡感到非常自豪。所以当听你说到奥尔科特女士生在纽韩赛时，我感到非常难过。而现在，我非常惭愧写了那封信。

——说实话，你的痛苦可能不及我的十分之一。对于马萨诸塞州来说，我的错误没有害处，但这伤害了我。而像你这样有地位和名望的人，很少会花时间给在无线电台上播音的人写信。假如在我以后的演讲中你又发现了错误，我还是非常希望你能再写信提醒我。

——的确，我非常喜欢你这种接受别人批评的态度。你一定是一个很好的人，我希望和你有更多的交流。

向她道歉并认同她的观点，最后我也得到了她的道歉及她对我的同情。因为控制自己的情绪，我有所收获，善意地对待侮辱自己的人，我也从中获得了无穷的乐趣。

“你有这样的感觉，我一点儿也不觉得奇怪。假如我是你，我也会产生这样的感觉”这是一句神奇的话，它能让人们停止辩论，消除他人的厌恶感，并给别人留下一个好印象，还可以让对方聆听你的讲话。

入住白宫的人，几乎每天都会遇到人际关系中的棘手问题，塔夫脱总统当然也不例外。从他的经验来看，他了解同情在消除厌恶感时的最大价值。在塔夫脱总统《服务伦理》一书中，他举了这样一个很有趣的例子，说明了他是如何让一位失望而有志气的母亲摆脱愤怒进而变得和缓的。

华盛顿有一个妇人，她的丈夫在政界颇有势力。她在我这里纠缠了 6 个多星期，希望我能给她的儿子安排一个职位。她的要求得到了大部分参议员的赞同，而且他们经常一起来。不过她看中的这个职位需要有相应的技术资格，并且该部部长已经举荐并委任了另一个人。后来，我收到了这个母亲写给我的一封信，在信里她说我是一个忘恩负义的人，因为我没能让她成为一个快乐的妇人。面对这种情况，我很容易达到我的目的。可是她还在进一步抱怨，说她和她的州代表，为我一个特别重视的行政议案努力争取到了所有的选票，而我却这样报答她。

假如你收到了这样一封信，可能你要做的第一件事，是严肃地对待一个有些唐突或无礼的人，于是你会那样给她回信。可是，假如你真的聪明的话，你会将这封回信放在抽屉里并锁起来，等两天之后再拿出来做决定。面对这样的信件，迟两天再做决定，因为当你隔一段时间再取出来看时，也许你就不会将回信寄出。而这就是我当时的做法。后来，我又给她写了一封语气客气的信，在信里告诉她我明白作为一个母亲，在这种情况下肯定会失望，但那个职位并不是由我随意决定的，那个职位需要一个有技术资格的人，所以我要接受该部部长的举荐。我还希望她的儿子能在他当时的职位上取得她丈夫那样的成就。我的那封信平息了她的怒火，后来她给我写了一封短信，说她很抱歉曾经写过那样一封信。

由于之前的委任并没有即刻执行，后来，我又收到了一封信，据说是她丈夫写来的，但是笔迹与她之前写的信件的笔迹完全相同。信里说，由于对这件事感到失望，她现在变得神经衰弱，而且已经卧床不起，并且还有严重的胃痛。他问我可否将已经委任的这个人换成她的儿子，以使她恢复健康？

看来我必须再写一封给她丈夫的信。在信中我对他夫人的病痛表示深切的忧虑，希望这样的诊断不是真的。可是对于将已经确定的委任的人替换掉这件事，我是做不到的，毕竟这个委任的人已经是确定的了。接到那封信的两天后，我们在白宫举办了一场音乐会，最先到场并向我夫人和我打招呼的就是这对夫妇，而这位妇人不久前还装病寻求同情。

《教育心理》一书中说：“人们大都会寻求他人的同情。儿童急切地向他人展示自己被伤害，甚至故意被割伤或打伤，来博取大家的同情。成人也会为了同样的理由向大家展示自己受到的伤害，经常向大家讲述他们遇到的意外、疾病，尤其是接受手术时的详情。为了一种真实的或者想象中的不幸而感到‘自怜’，这几乎是全人类的共性。”

因此，假如想使他人信服于你，你可以试着说出这句话：“如果我是你，我也会这样的。”

10 激起对方心底的善良

卡耐基名言

1. 假如想改变他人的行为方式，我们就要为他寻找一个看起来非常好的理由。

2. 任何人做事都有两个很好的理由：一个是看起来很好；另一个是的确很好。

在与人打交道的时候，我们每一个做事的人都会认为自己的初衷非常好，不需要外人指点。每个人的内心都会把自己的初衷理想化，为自己的行为动机赋予一层美好的含义。因此，假如想改变他人的行为方式，我们就要为他寻找一个看起来非常好的理由。

我拜访过大盗杰西·詹姆斯的故乡密苏里州的基尼。他的儿子生活在詹姆斯农场。在那里，杰西·詹姆斯的儿媳给我讲了一些和杰西·詹姆斯有关的故事：他曾抢劫货车和银行，然后把抢来的钱分给附近欠债的农夫，让他们用来偿还贷款。

杰西·詹姆斯应该和“双枪杀手”克劳雷是同一类人，甚至后来还有许多有组织的罪犯，他们都认为自己像“教父”一样，称自己是劫富济贫的理想主义者。可以说，每一个你所遇到的人内心都非常尊重自己，觉得自己是一个无私而伟大的好人。

培庞·摩根分析，任何人做事都有两个很好的理由：一个是看起来很好；另一个是的确很好。

所以，在与人相处的过程中，如果我们想改变对方的行为方式，那就不要与对方争论不休，相反，要激起对方心底的善良。

下面这个故事，我相信大家一定很感兴趣。这个故事是我们之前的学员詹姆斯·托马斯讲给我们的：

有一家汽车公司在为6位顾客维修汽车后，这几位顾客拒绝付账，因为他们认为其中有些项目的收费不合理。在汽车修理完毕后，这6位顾客已经签了名，所以汽车公司认为让他们付账是理所应当的。也许这种想法就是错的。接下来，这家汽车公司的信用部还制订了一个详细的要求客户偿还欠款的步骤。大家认为这6位顾客会付账吗？

上门拜访6位顾客，并说明是来催收欠款的；

向顾客再次声明，公司的做法没有问题，顾客拒绝付账是错误的；

因为公司比顾客更了解汽车，所以在收费项目上不应存在争论。

最终，公司和顾客仍争论不休。

看到公司的这种做法，有谁会痛痛快快地付账呢？事情一直得不到圆满的解决，公司信用部的经理几乎要和顾客大拼一场。幸亏公司总经理知道了这件事，并详细调查了这次不愿付账的几位顾客。公司的总经理了解到这6位顾客的信用一直很好，也按时还款，唯独这次出了问题。所以，一定是什么地方出了问题，会不会是催讨账款的方法有误？最后，总经理派詹姆斯·托马斯去向这几位顾客催讨“不可能收回”的欠款。托马斯先生讲述了他的收账方法：

我一一拜访了这6位顾客，目的就是催收账款——我相信这些账单是没有问题的。不过，我并没有向他们说明这一点，而是向他们解释说，我是来向他们了解公司有没有做错什么事情。

我对他们明确地说，除非听到他们自己的想法，否则我不会发表意见。我还向他们补充说，公司也不会说自己一点儿问题都没有。

我对顾客说，全世界只有他对自己的汽车状况最了解，这是毫无疑问的，但是我们公司也非常关心顾客的汽车。

然后我就让顾客发表自己的看法，并带着一种关注和认同的心态去倾听。

最后，顾客也渐渐冷静下来，我就以一种公平的做法解决了这件事。

“首先，我知道由于公司在处理这件事时的方法不当，让您觉得委屈并非常生气，这给您的生活带来了困扰，这都是我们公司职员的失误造成的。在此，我向您深表歉意。听完您的讲述，我明白您是一个非常有耐心并且十分正直的人。我这边有件事需要您的帮助，因为只有您最了解这件事，而且只有您才能做得比任何人好。这个是您的账单，我虽然有权力更改，但我还是想交给您处理，无论您对此做什么决定。”

这个顾客有没有修改账单？的确，他修改了，而且还削减了相当一部分。账单的金额在150～400美元之间，他付的是最低限额吗？没错，他坚持拒绝为那些有问题的项目付钱。然而，其他5位顾客的情况要好很多，他们尽量多付款，没有让公司吃亏。但这件事情最好的结局是：两年间，这6位顾客在我们公司每人又买了一辆车。

经验表明，如果没有证据明确表明顾客有问题，那么请相信顾客是有付清账款的诚意的。大多数顾客都是愿意履行付账义务的，当然也有极少数例外。不过我坚信，即使是那些有赖账倾向的顾客，如果相信他们是诚实的、正直的和有担当的，很多人都会做出善意的决定。

下面，让我们看看汉密尔顿·法瑞尔是如何利用为人处世中的智慧来达到这一目的的：

法瑞尔先生有一个房客，对任何事情都特别挑剔。他在租法瑞尔先生的房子期间，还扬言要从法瑞尔先生家搬走，即使还有 4 个月租约才到期，他并不在意，只是告知法瑞尔先生自己要从他家搬走了。

“他们已经在这里住了一整个冬天。大家都知道，冬天的花费在一年中是最多的。”法瑞尔先生叹息着说，“如果他们搬走了，我在秋天之前很难再把房子租出去。我仿佛看到钞票从我手中随风而去了。”

“按照我之前的作风，我会痛骂这个人一顿，然后当着他的面把租约再读一遍，告诉他，如果他现在毁约搬走，他还是要把剩下的租金如数交给我——我是按照租约的约定要求他的。

“可是，我并没有采用这个办法。我对他说：‘杜先生，虽然已经听说您要搬家了，但是我还是不相信您真的会就这么走了。在这么多年的租房经验中，我也了解一些和人性有关的东西。以我对您的了解，我敢肯定，您不会不按租约擅自搬走的。我可以打赌，您一定不会这么做。对吗？’

“可不可以建议您，在这边多住一段时间，好好考虑考虑。一个月之后，您如果还是想搬家，到时候我肯定尊重您的任何决定，特准您搬出去。当然了，我们是会遵守约定的人，而不是动物。当然，决定权掌握在我们自己的手里。

“两个月过去了，这个租客并没有搬走。他又来见我，并按约定付完了剩下的房租。他说他和太太商量之后，决定继续住下去，至少应该住到租约期满。”

在与人相处的过程中，掌握这一智慧法则，事情果真就好办了不少。

诺思克利夫爵士最近发现一份报纸上登了一幅照片，是他不愿意公开发表的照片。于是，他写了一封信寄给这份报纸的编辑。信的内容并不是这样：“我不愿意公开发表那张照片，以后请不要再刊登了。”他这样写道：“请不要在报纸上刊登那张照片了，因为我母亲不喜欢。”他并没有直截了当地要求别人不要再刊登那张照片，而是从人人都敬爱母亲的伦理观念出发，激起对方心底的善良。

小洛克菲勒也深谙其中的道理。他不喜欢摄影记者不经允许为他的子女拍照片，于是他对记者们说：“你们也有孩子，肯定能理解作为父母的感受，也一定知道，孩子太出风头，对他们的成长是不利的。”换一种方式，激发记者们不愿伤害儿童的高尚动机，达到解决问题的目的。

对于这种做法，仍免不了有人怀疑说：“对于诺思克利夫和小洛克菲勒这样的人物，这么做是没有问题的。可是面对那些比较难缠的人，又该怎么办呢？”

的确，世界上几乎没有一个放之四海皆准的法则，任何事情都会有例外的情况。如果你现在已经有了一个适合的办法，又何必再改呢？即使你觉得没有效果，也不妨先试试看啊。

因此，在与人相处的过程中，请铭记这一处世智慧——激起对方心底的善良。

11 戏剧性地表现意图更有力

卡耐基名言

在这个充满戏剧性的时代中，只用语言表述真理是远远不够的。我们还必须使用一些恰当的表演艺术，来使真理更生动地、更有趣地呈现在大家面前。

这是一个戏剧性的时代，在人际交往中，只用语言来表达自己的意图有时显得过于苍白，这时我们就可以用行动戏剧性地表达出来，这样做不仅能使自己的想法独特有趣，还能实现自己的意图。但戏剧性地表达自己的意图，不能太夸张，因为这很容易使自己成为小丑。所以，戏剧性地表现自己的意图是需要技巧的。

我们看一下《费城晚报》是如何用戏剧性的行为处理谣言问题的。

《费城晚报》曾被一些流言所中伤。当时有些人对想在《费城晚报》上刊登广告的人说，由于报纸上的新闻太少、广告太多，在读者中间已经没有太大的吸引力。报社必须立刻处理这个问题，防止谣言进一步传播。但是，到底应该怎么做呢？

最后他们想出了这样一个办法：晚报的工作人员把报纸上每日刊登的新闻剪下并分类整理，出版成书，书名定为“一日”。《一日》总共 307 页，这相当于一本 2 美元的书的厚度。最后，晚报工作人员将这本新闻合集《一日》印刷出售，定价 2 美分，而不是 2 美元。

为了向读者证明《费城晚报》除了刊登一些广告，还刊登大量有趣的新闻，晚报发行了售价 2 美分的《一日》。从《一日》在公众中引起的反响来看，这比详尽的数据和理论论证更有说服力。

在这个充满戏剧性的时代中，只用语言表述真理是远远不够的。我们还必须使用一些恰当的表演艺术，来使真理更生动地、更有趣地呈现在大家面前。

在如何有效地运用戏剧化的力量方面，《美国周刊》的普顿做得也相当不错。《美国周刊》的普顿要做一个长篇的市场报告，对一家著名的润肤膏品牌做了详细的研究。但他和这家品牌的负责人第一次接洽就彻底失败了。

这个品牌是一个最大，也最可畏的广告业主，普顿要为他们做一个详细的研究。普顿先生承认道："第一次交流的时候，我就发现自己错了，所有的讨论和调查方法都毫无用处。整个过程中，对方在辩论，我也在辩论。他努力想要让我知道我错了，可是我却竭力向他证明我没有错。

"最终，我在这场辩论中胜利了。这个结果我很满意。但会谈结束后，我竟然发现这次会谈并没有取得什么实质性的效果。

"第二次见面，我没有把时间浪费在数字和资料的表格上，而是尽力向他们展示事实。

"我走进他的办公室的时候，他正在和别人讲电话。在他打完电话后，我打开了我带来的那个箱子，将里面的32瓶冷膏的竞争品取了出来。

"每瓶冷膏上都贴有一个标签，上面详细写着调查后的结果。标签上的调查结果简要地讲述了他们所包含的意义。

"结果怎么样？

"他逐个拿起瓶子，并仔细阅读瓶子上的标签，而不是像上次一样和我辩论。这样的展示形式是他前所未见的，于是我们便开始了一次友好的谈话。在谈话的过程中，他还问了一些其他他感兴趣的话题。按照约定，我只有10分钟的时间向他陈述事实。后来，10分钟过去了，20分钟、40分钟……一小时的时候，我们还在继续交谈。

"我第二次陈述的事实和前一次是完全相同的，但因为这次我用了这样一种戏剧化的表现方式，就成功吸引了他的注意。可以想象，这其中的区别有多大。"

我们再举个例子：纽约大学的鲍登和伯西在分析了15000个售货面洽案例后，写了一本叫"怎样获得辩论的胜利"的书。在一次演讲中，他们将书中的原则向大家进行讲述，后来，还拍成了电影，数百家大公司的营业部职员都观看过。在电影中，鲍登和伯西不仅完整地讲述了他们研究后所得到的这些原则，并且认真地扮演着各自的角色，在观众面前激烈争论，试图向观众完整表演售货的正确的和错误的方法。不出所料，这本书后来极其畅销。

因此，如果想让别人更有力地赞同你的观点，那就应学会戏剧性地表现自己的意图。

12 如何巧妙地使他人做出改变

卡耐基名言

1. 激发竞争，是做事成功的方法，不是钩心斗角，而是激发取胜的欲望。

2. 要激发取胜的欲望！接受他人的挑战！通过激发他人产生向上的欲求是非常有效的！

3. 向他人发出挑战，这是任何成功者都喜爱的竞争环境，是表现自己、争强斗胜的机会，也是证明自身价值的机会。

一般情况下，人只能发挥自身潜能的百分之二十到百分之三十，而在竞争环境下，会激发人潜在的好胜心理，进而努力拼搏，去发挥个人的最大潜能。现在很多人对工作失去了热情，任由自己变得散漫，即使领导采取一些强制措施，也没有任何效果。这时就需要巧妙地使他人做出改变。其实能最大限度地激发人们对工作的热情的，正是工作本身。以工作本身不断刺激欲望的增长，以工作效益激发人们的竞争意识。激发竞争，接受他人挑战，对人产生向上的欲望是非常有效的。巧妙地使他人做出改变是需要技巧的。

罗斯福就是接受了他人的挑战才成为美国总统的。罗斯福刚从古巴回国之初，就被人们推举为纽约州的候选人，反对者则认为，他不是本州的合法居民，罗斯福因此恐慌而想要退出竞选。此时党魁布拉德用激将法刺激他，罗斯福终于被激怒，大声吼道："我们圣巨恩山的英雄也不是一个弱者！"

罗斯福经过这一激，又继续奋斗，因此名垂青史。由此可见，这一挑战不仅改变了他一生，也影响了整个美国。

因此，要激发取胜的欲望！接受他人的挑战！通过激发他人产生向上的欲求是非常有效的！没有他人的挑战，就不会使罗斯福最终成为美国总统。

布拉德知道挑战的巨大力量，施瓦布也知道。

施瓦布有一家工厂，厂里的工人因懒散而不能完成生产指标。施瓦布便询问厂长：“怎么回事？我知道你是很有能力的人啊，为什么不能完成规定的生产指标呢？”

“我也不知道该怎么办了，我跟工人们谈过，威逼利诱，软硬兼施，都没有效果，他们就是不干活。”厂长抱怨道。

这天正好是傍晚，白班工人正在陆续下班，夜班工人还没有来，于是施瓦布对厂长说：“给我一支粉笔。”然后他问距离自己最近的一个工人：“你们今天做了几个单位？”

“6 个。”

施瓦布便在地板上写了一个大大的“6”，之后一句话也没有说，直接走了。当夜班工人上班时，他们看见这个“6”后，都很好奇，就问知情人是怎么回事。

“今天老板来过了，”上白班的人说，“他问我们做了几个单位，我们说 6 个，于是他就在地板上写了个‘6’。”

第二天早晨，施瓦布又来到工厂，夜班工人已将“6”改为了大大的“7”。白班工人来上班的时候，看到他们的“6”换成了“7”。好啊，夜班工人居然认为自己比我们白班工人工作得好，是不是？那好，我们就给他们点儿颜色看看。于是他们非常专心地加紧工作，在下班前，他们很得意地把“7”改成了“10”。就这样，工厂的情况一天天好转，不久这个生产效率低下的工厂生产力远超其他工厂。这是什么道理呢？

施瓦布说：“激发竞争，是做事成功的方法，不是钩心斗角，而是激发取胜的欲望。”

史密斯州长也善用激将法。史密斯在任纽约州长期间，遇到了一个难题。兴格监狱是魔鬼岛西面最邪恶的最难管理的监狱，许多黑幕和丑闻都从那里传出，而目前那里正缺少一名狱长。史密斯需要一位有能力的人去管理那里，他必须是有着钢铁般意志的人。于是他叫来了劳斯。

史密斯对劳斯说：“你去管理兴格监狱吧，那里非常需要像你这样有经验的人去治理。”

劳斯有些为难，他知道那个监狱非常危险，那是一个关乎政治的差事，自己会受到政局变化的影响。并且那里的狱长更换得很频繁，有一位仅仅在职 3 个星期就被撤了。他考虑到个人事业的发展，那里也许并不值得他去冒风险。

史密斯看出劳斯的忧虑，他笑着靠到椅子上，对他说：“年轻人，我理解你的害怕，毕竟那里确实不太平，非得有个大人物去治理才行。”

史密斯就这样发出了挑战，劳斯一定想要挑战一下只有大人物才能搞定的工作。于是他去了，并且常驻那边，成为在那里任职时间最长最负盛名的狱长。后来，他写了《我在兴格监狱的两年》一书，销售量有几十万册。他不仅应邀到电台接受采访，他在监狱的经历还被拍成了数十部电影。他在管理中运用了很多“人性化”的方法，带动了许多其他监狱的改革。

这样看来，向他人发出挑战，是任何成功者都喜爱的竞争环境，是表现自己、争强斗胜的机会，也是证明自身价值的机会。

因此，如果你想让一个富有上进精神、血气方刚的人赞同你的提议，你就应学会巧妙地使他做出改变。

第四篇

成功说服对方的七大窍门

1 与对方相处时，要学会欣赏

卡耐基名言

1. 真诚地称赞对方，能够让别人欣然接受你的意见和看法。

2. 在和对方相处时，十分重要的一条是学会欣赏对方，真诚地向对方表达称赞和欣赏之意。

与人相处时，常常会出现一些问题。起初可能只是意见相左，后来因为处理不当，导致愈演愈烈，最终形成不可化解的矛盾。这个时候，你应该暂时从矛盾、对立上移开视线，试着去欣赏对方、赞美对方。这样做不仅能重新开启良好有效的沟通，也能让对方欣然接受你的意见和看法，结果自然也会大不相同。

柯立芝总统就很擅长用夸赞的方式说服别人。在他执政期间，我的一个朋友在一个周末受邀去白宫做客。就在他走进总统的私人办公室时，正好听到总统对他的一位女秘书说："你是个漂亮的女孩子，今早的穿着打扮也很迷人。"

这可能是一向吝惜言辞的柯立芝总统一生中说过的最动人的称赞了。这确实出乎意料，有些不寻常，所以女秘书不知所措，面红耳赤。柯立芝接着说："其实你不必不好意思，我称赞你是为了能够让你不至于因为后面的话感到伤心，我希望你今后能多注意一下你的缺点。"

通过这件事，我们可以看出柯立芝总统运用的心理技巧——在说服别人之前，首先要真诚地称赞对方，这样才能让别人欣然接受你的意见和看法。这就像理发师在给人修面之前，要先在脸上涂一层肥皂一样。而麦金莱在 1896 年的那次总统选举中也采取了同样的做法。

当时一位很著名的共和党人为麦金莱写了一篇竞选演讲稿，他个人以为写得非常好，没有人能写出这么好的稿子了。于是他非常得意地将他的不朽之作大声朗读给麦金莱听。这篇演讲稿确实不错，但是有些地方太犀利，在讲出之后必然会引起一场批评风波，所以麦金莱觉得不太合心意。但是他又不愿意直接说“不”，这会伤害这位作者的感情，会扑灭他的满腔热忱。于是，他想出了一个巧妙的办法来处理这件事。

麦金莱说：“我的朋友，这篇稿子写得太棒了，真是一篇伟大之作。我看这世上除了你没有人能写出这样的稿子了。在许多场合我都可以用它来演讲，但是我总觉得它不太适合现在这种特殊的场合。也许从你的立场看，这篇稿子非常合理，没有任何问题，但是我必须顾全我所代表的政党的立场，来考虑它所带来的影响。不如你回去，按照我的想法，重新修改一下，再送过来。”

于是作家就回去修改了，之后麦金莱再加以润色，他们又做了第二次修改。最终麦金莱凭借这篇演讲稿脱颖而出，成为这次竞选中非常有影响力的候选人。

美国的另一位总统林肯也曾利用这一技巧化解了一场潜在的危机。那是1862年4月26日——内战最黑暗的时期。一年半以来，林肯的将领所带领的联军屡屡失败，数以千计的士兵从军中逃跑，就连参议院的共和党也有人叛乱，逼林肯退位离开白宫。林肯说：“我们正处在灭亡的边缘，仿佛上帝都不再眷顾我们，我几乎看不到一丝希望的曙光。”在那充满黑暗、忧虑、混乱的时期，林肯总统给一位已经叛变的将军写了一封信——这封林肯只用了5分钟写的信，在1926年被公开拍卖并以1.2万美元成交，比林肯苦干50年的积蓄还要多。

我们来看看总统先生是怎么说服这位关系全国成败命运的将军的。这恐怕是林肯担任总统以来写过的最犀利的一封信。请注意，在林肯指出将军所犯的严重错误之前，他先称赞了胡格将军。

那可是些非常严重的错误，但是林肯并没有直接指责，而是表达得非常委婉，充分体现了他的外交手段。他写道：“对于你所做的有些事，我并不十分满意。”下面是致胡格将军的信：

我已经把你推到军中首位，当然，我这样做自然是基于对你的信赖。但是我想你最好知道，对于你所做的有些事，我并不十分满意。

我相信你是一位有勇有谋的将军，这正是我所欣赏的。我也相信你不会混淆政治立场和军务职责，在这件事上你做得也很对。同时你很自信，那是一种难得的、不可或缺的性格。

你是一位有志气的将领，这在一定程度上是有益无害的。但当我任命波恩赛将军带领军队的时候，你却出于个人的因素竭力阻挠。在这件事上，你对不起我们的国家，也对不起这位战功赫赫的同僚，这是一个极大的过错。

我听说你最近提到军队和政府都需要一位独裁者。我并不是因为这个，恰是因为没有顾忌这一点，才给了你军队的统治权。

只有取得胜利的将领，才能成为这个独裁者。我现在寄希望于你为的是战争的胜利，所以我可以冒险把独裁权交给你。

政府会提供给你足够的帮助，就像不管以往还是今后，我们对所有将领所提供的帮助一样，不多也不少。你所表现出的对军队的批评和对将领的不信任，恐怕现在会落到你的身上。我会尽力帮助你消除这样的隐患。

这样的隐患存在于军队中，别说是你，即便是拿破仑再世，都别想从军中得到什么好处。现在你一定要小心，不要草率，要竭尽全力，争取我们最后的胜利。

从这封信中，我们隐约可以看到林肯非常严厉的谴责之意，但是从字面上看却是委婉诚恳，徐徐劝说。那位将军面对此信，会做何感想？难道不会由衷地感动而心甘情愿地效力吗？这正是林肯的过人之处。

当然，你不是柯立芝、麦金莱，也不是林肯，但你务必要懂得这种处世哲学对你的生活和工作的重要性。高伍先生是一个跟你我一样的普通人，在一次培训班的演讲中，他讲述了这样一个故事：

华克公司在费城承包了一栋办公楼的建筑工程，按照合同要在规定日期内完工。直到工程快要完工的时候，一切都还非常顺利。突然有一天，负责建筑外部装饰材料的供应商声称不能按时供货。如果这样，整个工程就不能按时交工，影响非常严重——若到期不交，则要付巨额罚款，损失实在惨重，这全归咎于这家供应商。

接下来是电话争辩、激烈的交涉，都没有用。于是公司派高伍先生前往纽约去拔这头狮子的胡须。

高伍先生一踏进这位经理的办公室就问道：“你知道吗，在博罗克林没有一个人跟你是同名的，你的姓名是独一无二的。”这位经理诧异地回答：“不，我不知道。”

“是吗？我今早下了火车，查找你在电话簿上的地址，发现博罗克林只有你一个人是这个姓名。”

“我从来没注意过。”这位经理听到这儿，就饶有兴致地查阅起电话簿来，并且自豪地说，“那不是普通的姓名，我的家族是200多年以前从荷兰迁徙过来的。”接下来的几分钟，他一直在谈论他的家庭和他的祖先。等他说完，高伍又立刻恭维他道：“你有一家这么大的工厂，比我参观过的几家同类工厂都要好，这是我见过的最整洁的铜器工厂了。”

这位经理说：“我耗费了一生的精力来经营这家工厂，并为此感到自豪。你愿意参观一下吗？”在参观过程中，高伍先生不断地称赞工厂的构造系统，并详细地指出这家工厂比其他工厂好的地方。高伍先生还评论了几种特别的机器，经理高兴地介绍这些机器的运转原理及如何生产出优良的产品，并坚持要请高伍先生吃午饭。直到此时，高伍先生都没有提到他此行的目的。

午餐过后，经理说：“现在我们来谈谈正事，我当然知道你是为了什么而来。没想到我们的见面会是如此愉快，现在你可以带着我的承诺回去了，就算延迟其他订单的交货期，你们的材料制造出来后我保证一定按时送到。”

高伍先生甚至都没有开口提，就得到了希望的结果。材料按时到货，整个工程在合约期内完工。如果高伍先生采用争论的做法，他能得到这种结果吗？

由此可以看出，在和对方相处时，十分重要的一条是学会欣赏对方，真诚地向对方表达称赞和欣赏之意。

2 指出错误要方法得当

卡耐基名言

1. 许多人喜欢在一番真诚的赞美之后，话锋一转，加上“但是”两个字，然后开始长篇地批评。久而久之，对方会觉得赞美只是批评的前奏而已。如此一来，不但赞美的真实性大打折扣，那些批评建议也不会带来什么积极的影响。

2. 在指出别人的错误时，采用委婉间接的方式比直接说出来更容易让对方接受。

谁都不喜欢被别人批评，即使他心里清楚自己确实做错了，而直接说出对方的错误，也就相当于批评对方，这样的做法极容易引起对方的反感。因此如何指出对方的错误就成了我们时常要面对的难题，一旦处理不好，不仅达不到预期的效果，反而会使双方之间的关系恶化。这种时候如果我们换一种更为委婉的表达方式，或许更容易达到我们的目的。

让员工或下属认识到自己的错误，是任何领导都难以回避的问题。约翰·瓦纳梅克每天都会去自己的店里转转。有一次，他正巧看到店员们聚在一起嬉笑聊天，而没有人注意到一位女士在柜台前等着结账。瓦纳梅克没有说什么，只是静静地走过去招呼那位顾客，并亲自结账。之后他把东西交给店员去打包，便走开了。瓦纳梅克虽然从头到尾都没有说一句话，店员们却从他的举动中意识到了自己的错误。

另一位老板查理·夏布，一天下午在他的钢铁厂里撞见几个员工在抽烟，而就在他们的头顶上挂着那块“请勿吸烟”的牌子。接下来夏布先生是怎么处理这件事的呢？他并没有指着那块牌子问工人“你们不认识牌子上的字吗”，而是走过去，给每个人递了一根烟，心平气和地说："老兄，如果你们抽烟的时候能去外面，我将十分感激。"员工们听到这话，当然知道是自己破坏了规矩，但是老板非但没有批评他们，反而给了他们烟，试想，这样的老板不值得敬重吗？

卡尔•朗佛在任职佛罗里达州奥兰多市——迪斯尼乐园的所在地的市长时，也遇见过同样的问题。通常，大公司或大机构的领导是难得一见的。他们确实很忙，但主要还是下属们不愿增加上司的负担，因此过分保护他们，私自拦下了不少求见者。为此，卡尔·朗佛采取了"开门政策"，就是要求下属不要阻拦想见他的市民，但是秘书和管理人员还是常常私下里把很多市民挡在门外。

后来，市长把办公室的门拆掉，这才解决了这个问题。因为这一举动向市民和下属显示了他的决心，助理们这才认真对待起朗佛市长提出的要求。

不要随意批评别人，表达意见要委婉，这一准则不仅在工作中有效，同样也适用于其他领域。一级上士官哈理·恺撒跟我讲过一件事情，许多预备役军人在受训期间对理短发这一规定十分抗拒，因为他们认为自己仍是普通老百姓，没有必要像正规军那样做。那时他正好奉命训练一批预备军。按照一般军人的管理办法，他本可以对这些抱怨的人大声训斥或者用军法压制他们，但是他当时并没有那么做，而是采取了迂回战术。

他对他们说："各位，你们将来会成为领导者，你们现在怎么被领导的，将来也要怎样领导别人。各位都知道军中有理短发的规定，虽然我的头发比你们的短很多，但是今天，我就要遵守规定去理发。各位等下都回去照照镜子，如果谁觉得有必要，咱们就安排时间去一趟理发室。"结果正如预期的那样，许多人都回去照了镜子，并且按照规定理好了头发。

马基·雅葛布也曾跟我说过，她是如何做到让建筑工人由懒散到养成下班前清理的良好习惯的。

雅葛布太太需要扩建房屋，就请了几个建筑工人。开始的几天，她每次回到家，整个院子都是乱七八糟的，到处散落着木屑。因为他们技术娴熟，雅葛布太太还想继续聘用他们，于是她想了个方法来解决这个问题。有一天，她等工人们离开之后，和孩子一起把木屑堆在院子一角，把院落清理了一番。次日早上，她把工长叫到一边，对他说："昨天你们把前院收拾得那么干净，避免了邻居说我的闲话，我很感谢你们。"从那之后，每天完工后工人们都会把院子收拾干净才离开，工长也开始注意检查前院的卫生情况。

由此可见，在指出别人的错误时，采用委婉间接的方式比直接说出来更容易让对方接受。然而指出错误的方式要委婉间接，并不是说只要在批评之前加几句真挚的赞美就可以了。许多人喜欢在一番真诚的赞美之后，话锋一转，加上"但是"两个字，然后开始长篇地批评。比如说，有些家长想让孩子对学习更加用心，可能会这样说："杰克，我们很高兴看到你这次成绩提高了。但是，如果你能再把代数成绩提高一下就更好了。"

在这个例子里，杰克原本以为父母是要鼓励自己的，但是在听到"但是"两个字之后，就对之前的赞美产生了怀疑。他会觉得赞美只是批评的前奏而已。如此一来，不但赞美的真实性大打折扣，那些批评建议也不会带来什么积极的影响。

这种时候，如果我们稍微改变一下说法，结果就会大大改观。家长可以这样对他说："杰克，我们很高兴看到你这次成绩提高了。如果你在数学方面继续努力，相信下次，数学成绩也会跟其他科目一样好的。"

就像这样，杰克一定会接受这些赞美，因为后边没有跟着"但是"，而且我们同时提出了改进的方向，他会因此知道怎么去做以满足我们对他的期望。

从上面这些事例我们可以看出，在指出别人的错误时，选对方法至关重要，而委婉的表达方式比直接批评更容易被人接受。

3　指责他人不利于与人相处

卡耐基名言

1. 遇到别人犯错误时，如果不去一味地指责对方，而是先反省自身的不完美，也许会有益得多。

2. 在指责别人前，先反省自身的错误。

对于大多数人来说，接受别人的指责并不是一件容易的事。你可以回想一下，在你指责别人时，有多少人能够承认自己的错误，而不是找各种理由为自己辩解或者反过来攻击你？很多时候，即使对方表面承认了自己的错误，心里也多有不甘。遇到别人犯错误时，如果不去一味地指责对方，而是先反省自身的不完美，也许会有益得多。

通常，听别人数说我们的过错很难，但听别人谦虚地反思他们的不完美，我们就会很容易接受。我自己就有过这样的经历。三年前，我的侄女约瑟芬·卡耐基来到纽约并担任我的秘书一职。那时候她 19 岁，刚刚高中毕业，丝毫没有工作经验。而如今，她已经变得非常聪慧干练。最开始时，她是那么敏感和脆弱。有一次我正想责怪她，但又马上对自己说："等一下，卡耐基，等一下。你的年纪几乎是约瑟芬的两倍，工作经验更是多出几倍，又怎能要求她和你见解一致、判断独到和拥有自发主动的精神？何况你自己也并非多么出色，你在 19 岁的时候还是副什么德行？记得你犯下的那些愚蠢不堪的错误吗？"

这样想着，我很快就如实地为自己下了定论：与 19 岁的自己相比，约瑟芬要优秀得多——然而我却很惭愧，之前我并没有看到她的这些优点而称赞她。

因此，之后约瑟芬再出现错误时，我总是这样对她说："约瑟芬，你今天的确是犯了一个错误。但是，我从前也经常犯错误。那些敏锐的判断力、洞察力并非是天生的，全是靠后天的经验积累，何况我在你这般年纪时还根本比不上你呢，所以我实在没有资格批评你或者其他人。依我这些年的经验来看，如果你能这样做的话，那不是更好吗？”约瑟芬果然逐渐减少了犯错的次数。

一位名叫迪利斯通的加拿大工程师发现秘书在口授的信件中经常拼错字。虽然他不止一次指出秘书所犯的错误，可她还是自行其是，丝毫没有改正的态度。在这种情况下，他改变了策略。迪利斯通有一个保持了很多年的习惯——随身携带一本小笔记簿，每天在上面记录他拼错的字。于是他决定，等到下一次再发现秘书拼错时，他就坐到打字机旁，对她说：

“这字看起来似乎是不对的，这恰好也是我经常拼错的字中的一个，幸好我随身带有拼写簿（我打开笔记簿，翻到那一页）。对了，就在这里。我现在对拼写十分留意，因为外人通常以此来评判我们，而且拼错字也是在暴露我们不够专业。”从那次谈话之后，秘书就很少拼错字了。”

从这个例子，我们可以看出，一个人承认了自身的错误，即使还没有改正错误，也可以帮助自身改善行为。而克莱伦斯·泽休森讲述的一个真实的故事也证明了这点。

有一天他突然发现自己 15 岁的儿子正在抽烟，“我当然很不希望大卫抽烟，”泽休森说道，“但他的妈妈和我都在抽烟，是我们没有给孩子做出好的表率。后来我就向大卫解释——我在年轻的时候也喜欢抽烟，而且烟瘾相当大，以至于到现在都无法戒除。我真诚地提醒他，我的咳嗽时常发作，倘若他再抽上几年，也许会遭遇和我相同的情况。”

克莱伦斯没有直接劝大卫戒烟，或是警告他抽烟有多么严重的危害，他只是耐心地告诉他自己如何染上烟瘾，然后受到怎样的不良影响。这次谈话之后，大卫想了一阵子，最后他决定在高中毕业之前暂时不抽烟。而此后很多年，大卫都没有抽过烟，并且也没有抽烟的打算。克莱伦斯从自身出发，成功地说服了大卫。

由此可见，指责别人根本改变不了已经存在的问题，对问题的解决也毫无帮助可言。

因此，在与人相处时，要谨记一点：在指责别人前，先反省自身的错误。

4 没有人愿意被他人指使

卡耐基名言

1. 失礼的命令会让别人怨恨你——即便这个命令可以帮助他改正错误。

2. 不要用命令的语气说话，而要用委婉的提问语气。

不要支使别人做什么，而是让他自己去做，这样他就能自己从失败中总结经验。这样更容易让别人改正错误，同时还可以维护他的尊严，让他感觉到自己的重要性，这样他才会愿意与你保持合作，而不会选择背叛。相反，失礼的命令会让别人怨恨你——即便这个命令可以帮助他改正错误。

我在写这本书时，曾有幸和著名传记作家颐达·塔贝尔一起用餐。席间我们谈到了怎么和别人相处。她说在写作《欧文传》时曾经和一位姓杨的先生进行过一次谈话。这位先生说欧文从来不使唤别人，只会给出建议。欧文从未说过“去做这个，做那个”或者“别这样，别那样”，他只会说“最好考虑一下怎么做”“你觉得那样可行吗？”等。他经常在口授一封信之后问别人觉得信怎么样。助理把写好的信拿给他，他看过会说“可能这样好一些”。没有人愿意被他人支使，所以，欧文在向别人表达自己的想法时，用“建议”而非“命令”不但取得了更好的效果，而且赢得了别人的尊敬。

伊恩·麦克唐纳是南非首都一家专门制作精密机器零件的小工厂的总经理。一次，有人想在他们工厂订购一大批零件，但是必须保证按时交货。因为工厂已经提前安排好了工作进度，所以麦克唐纳先生也不能确保是否能在这么短的时间内制做出这么多零件。面对这种情况，麦克唐纳先生没有催工，而是召集了工人一起开会，说明了困难之后向工人征求意见，讨论该如何处理这次的订单，有没有可以按时交货的好方法等。同时他提议是否可以调整一下工作时间或者个人的工作分配来加快生产速度。工人们各抒己见，都坚持要接下这个订单。他们都坚信自己会做到，并抱着坚定的态度坚持到了最后，完美地完成了这次的任务。

伊恩·麦克唐纳对员工的尊重，不仅使他得到了员工的谅解，而且激起了员工的热情，最后圆满及时地完成了任务。然而现实中，并不是每个人都在这样做。宾夕法尼亚的老师丹·圣雷利曾告诉我这样一件事。

一次，一个学生把车停错了位置，挡住了别人的路。有个老师在教室里就很不客气地问道："是谁的车子挡住了路？"这个学生回答后，这个老师非常严厉地说："赶紧把车挪开，否则我就喊人拖走。"结果，从那次之后，不仅这个学生和这个老师作对，其他同学也对这个老师心存不满，导致这个老师很不得人心。

这件事之所以会出现这样的结果，并不是因为这个老师指出了学生的错误，而是因为他的态度伤害到了那个学生，也使其他同学产生了抵触心理。如果这个老师当时用另一种方法处理这个问题，结果是不是会好一些呢？如果他当时选择一个比较恰当得体的方式询问"是谁的车挡路了"，然后建议那个学生把车挪走，以便其他人可以进出方便。我觉得这个学生一定会心甘情愿地去做，同时其他同学也不会感到愤怒。

因此，如果你想在日常生活中和别人友好相处，那就谨记：不要用命令的语气说话，而要用委婉的提问语气。

5　宽容和鼓励让事情变得更容易

卡耐基名言

1. 尽量去宽容他人、鼓励他人，这会让事情更容易。

2. 鼓励的办法更容易让他人改正错误。

在日常生活中，如果你想改变人们的意志而不触犯对方，或是引起对方的反感，就试试用宽容和鼓励的方法去做这件事。

曾经有一段时间，我经常同汤姆士夫妇消磨周末。一个星期六的晚上，他们约我一起玩桥牌。关于桥牌，我是一窍不通；这游戏对我来说就像一个极神秘的谜。“不，不，我不会！”我不得不这样说。

汤姆士说：“戴尔，这并没有什么技巧——在玩桥牌时，只要用点记忆和判断就行了，此外就谈不上任何的技巧了。你曾写过一篇关于记忆方面的文章，所以桥牌对你来说是一项极容易学会的游戏。”

这是我有生以来第一次坐在桥牌桌上。汤姆士说我有玩桥牌的天才，这使我感觉这种游戏并不难。

桥牌使我想起克白逊来。凡玩桥牌的场所，没有人不知道克白逊这个名字的。他所著有关桥牌的书籍，已经译成十二种语言，发行量不下一百万册。可是，他曾经这样跟我讲过——若不是有一个少妇对他说他有玩桥牌的天才，他一定不会以玩桥牌为职业。

当他在 1922 年来到美国时，他打算找一个教哲学或社会学的职业，可是没有结果。

后来，他替人家推销煤，结果失败了。最后，他替人家推销咖啡，也一无所成。

那时候，他从未想到去教人玩桥牌。他不但是个不精于玩牌的人，而且很固执；他常会找出很多麻烦的问题去问对方，所以谁也不愿意跟他一起玩牌。

后来他遇到一位美丽的桥牌老师狄仑女士，与她相爱，他们就结婚了。当时，狄仑注意到他十分细心地分析自己手里的牌，于是说他是桥牌天才。克白逊对我说，就是狄仑那句话的鼓励，使他后来成为职业的玩桥牌的专家。

克白逊的事例并非偶然。就在不久之前，我的一位40岁左右的男性朋友订了婚，他的未婚妻劝他去学舞蹈。“恐怕只有天知道，对于舞蹈我是真的需要学习的，”他这样告诉我，“因为我请的第一个舞蹈老师告诉我，我跳起舞来几乎和20年前最开始学的时候一样，她说我对舞蹈是一窍不通，我必须要放低姿态、重新学习。我想她是在很真诚地讲述实情，可她的这些话却令我沮丧，我完全没有了学习的动力，于是我辞掉了她。”

“第二个老师也许在善意地欺骗我，可我喜欢她。她对我说我的舞姿的确有点儿老派，但基本功底却还是很扎实，并且她承诺我很快就能学会几种新的舞步。第一个老师因为太强调我的弱点而让我灰心丧气，而第二个老师恰恰相反，她在不断地发现并称赞我的优点，轻描淡写地提醒我的缺点。‘你真是一个跳舞的天才！’她竟然这样告诉我。如今我也时常这样鼓舞自己，不管是过去还是将来，我都会是一个很差劲的舞者。可在我的心里，我仍然希望她是真心对我这样讲的。或许，她说的那些话仅仅是因为我给她的报酬。可为什么上一个老师非要不留情面地说那些话呢？

“我知道，不管怎样，如果她没有对我说我有天生的韵律感、扎实的舞蹈功底，我就不会一路顺利坚持下来。她那样鼓励我，让我充满信心，激励我不断进步！”

如果你告诉自己的孩子、丈夫，或其他人，他做某件事时真是愚笨，真是没有天赋，他做什么都是错的，那么你差不多消除了他要做出改进的全部动力。可我们若是能反其道而行之，尽量去宽容他人，鼓励他人，这会让事情更容易，让对方知道你相信他拥有完成事情的能力，有对这件事未被发掘的才干——这样他就会为了赢得胜利而日夜练习。

这是汤姆士所用的方法——他该是人类关系学方面一位伟大的艺术家。他会成全你，给你信心，他用勇气和信任来鼓励你。

因此在说服别人时，要谨记：鼓励的办法更容易让他人改正错误。

6 给予他人必要的权威

卡耐基名言

1. 在交际过程中，不要让对方产生不快。
2. 获得权威是人类的天性。

在人际交往中，你难免会遇到这样的情况：你希望说服对方去做一件事，或制止对方继续做某件事，结果却是收效甚微。这个时候，你有没有试过找出一种方法让对方乐意去做你希望他做的事？

我认识一个人，他需要推掉很多演讲邀请，有朋友的邀请，也有因面子而难以推却的邀请。可是他做得很好。他既拒绝了对方，又让对方无可挑剔。那么，他是如何做的呢？他没有说自己太忙，而是对对方的邀请表示感谢，并为不能接受邀请表达歉意，随即提议由另外一个人替他去。这样一来，他就不会让对方产生不快，而且让对方想起了另一位演讲者。

我的这位朋友在处理这些事时，遵守了人际交往中的一个重要的原则：永远让对方快乐地做你说的事情。而赫斯上校同样是一个精于此道的人。1915年，正是第一次世界大战时期，欧洲各国相互残杀，在人类历史上从来没有过这么大规模的战争，美国政府非常吃惊害怕。人们盼望的和平能够实现吗？没有人清楚这些，可是威尔逊决定试一下，他将派遣一位私人代表，作为和平特使与欧洲军方进行协商。

国务卿布赖恩主张和平，他很想获得这次机会，他知道这将会使他名垂青史。可是，威尔逊却派遣了布赖恩的挚友赫斯上校。赫斯上校感觉很荣幸，可是他还有一个问题，他需要将这个对布赖恩来说不太好的消息告诉他，并且不能惹怒他。

赫斯上校在日记中写道：“当布赖恩听说我要作为和平特使去欧洲时，他显然很失望，他告诉我，他曾计划去做这件事。

“我告诉他，总统认为无论什么人正式地去做这件事都不太合适，而派他去就会引起注意，人们会觉得诧异，他为什么到那里去……”

从赫斯上校的话中，我们能够洞察其中的深意。赫斯其实是在告诉布赖恩，他非常重要，不太适合这个工作，这样的话给布赖恩带来了安慰，减轻了他的失望和不快。

满足别人对权威的需求，是消解对方的怨念或取得对方拥护的最有效的方法，类似的事例在历史上数不胜数，其中最著名的莫过于拿破仑。他在创立荣誉队时，为他的士兵颁发了 1500 枚十字徽章，他的 18 位将军被提升为“法国大将”，他的部队被称为“大军”，人们感觉他很孩子气。

有人认为拿破仑给了老练的精兵一些“玩物”，但是拿破仑说：“人们原本就受着玩物的控制。”拿破仑认识到了人类天生追求权威这一事实，从而在军队中无往而不利。这种给人授衔和权威的办法不仅拿破仑在用，普通人也在用。

我告诉我的朋友琴德夫人，孩子们在她的草地上乱跑，青草被踏坏了，此后，她对这件事非常烦恼。她对孩子们批评过，也诱导过，可是都没有用。最后，她想到了一种奇妙的办法：她试着给那些孩子中最调皮的孩子一个头衔，使他获得了威信，让那个孩子做她的“管家”，让他对草坪进行管理，不让人踏入草坪，没想到问题就这样解决了。她的“管家”在后院生了火，烧红了一根铁条，说谁践踏草坪谁就会被烫伤。

由此不难看出，获得权威是人类的天性，所以在和别人相处时，要遵循一项原则：永远让对方快乐地做你说的事情。

7 激励他人走向成功

卡耐基名言

1. 说到改变一个人，对待身边人，如果我们采取鼓励的态度，去发现他们的潜能，比之现在，我们可以做得更多。

2. 此时的你充满着各种未知的力量，只是你不会利用；在这些你极少使用的力量中，其中一种就是懂得赞美与鼓励他人，发现他人身上的巨大潜能。

每个人身上都有值得夸赞的地方，都有值得其他人学习的地方；每个人都具有无限的潜力，都充满了未知的能量。因此在与人相处的过程中，我们要善于发现他们身上的优点，并多赞美他们。或许我们无意间的一句赞美就激发出了对方的能量，促使他做成一番大事业，而且这也更加有利于我们与其他人沟通，让自己更受欢迎，进而获得更多的友谊。当你想改变一个人的时候，更应该夸赞他，这是比批评更加有效的方法。

我有一个叫派洛的朋友，他的一生都在马戏团中度过，长年在世界各地表演。我喜欢看他驯狗，通过观察驯狗这个过程我发现了一点，但凡狗有些许进步，他都会温柔地拍拍它、夸奖它，并奖给它肉吃。

那并不稀奇，几百年来，人们基本都是这样驯养动物的。但是从那以后我开始纳闷，为什么当我们在改变一个人时，不愿采取这种方法呢？为什么不用肥肉代替皮鞭呢？为什么不用鼓励代替责骂？即使他人进步再小，我们也应当赞美和鼓励他，助他继续前进。

赞美和鼓励比批评或其他严厉的方法更有效，兴格监狱的劳斯狱长亲口证实了这一点。他意识到，即使面对的是兴格监狱中的囚徒，但凡他有进步，就值得褒奖。他在一封写给我的信中就是这么说的，“我已经意识到，恰到好处的赏识对试图改变自己的罪犯颇有作用，这对他们重建人格大有裨益，而严苛的责骂或惩罚会适得其反。”

我从未受过牢狱之苦——至少现在还没有，但回忆过往，可以发现偶尔几句赞美之言对我的人生帮助非常大。你难道不能在生活中也试着赞美自己吗？你难道不能在与人交流沟通的时候也试着去激励他们吗？

夸赞和激励有时候甚至可以改变一个人的命运。

半个世纪以前，那波利的一家工厂里有一个梦想成为歌唱家的孩子，那时他 10 岁，在工厂做工。然而，他的第一位老师说：“你成不了歌唱家，你嗓音条件太差，就像下雨时刮风的声音。”这无疑是一记沉重的打击。

但他的母亲将他抱在怀里，这位贫苦的农村妇女告诉自己的孩子，她知道他可以做到，也已经看到他的进步。这位母亲为了给孩子攒下学习音乐的费用甚至连一双鞋都舍不得买。这位农村母亲用夸赞和鼓励扭转了孩子的一生，这个孩子的名字你也许听过，他叫卡鲁索。

还有另外一个著名的事例说明了这一点。

许多年前，伦敦有一位梦想成为作家的年轻人，但他被诸多烦恼困扰。他上学仅 4 年时，父亲就因不能及时偿还债款被抓进监狱。最后他终于找到一份工作，在一间老鼠横行的仓库里给黑油瓶贴标签。晚上他就睡在一间破旧的阁楼上，同住的是两个伦敦贫民窟里的野孩子。他对自己的写作能力没有信心，所以他就挑寂静的夜晚偷偷跑出去邮稿件，以免被人嘲笑自己的小说被退回。最终他迎来转机，有一篇故事被采用了。事实上他连一个先令都没有得到，但有一位编辑赞美了他。他欣喜万分，以致在街头徘徊发呆、泪流满面。

一篇小说成功刊登，进而获得承认与赞美，这改变了他的一生。若没有那次赞美，说不定他会一辈子被困在那个老鼠横行的仓库里。可是后来，他却成了一位著名的作家。他的名字你可能听过，他叫狄更斯。

1922 年，在加利福尼亚住着一位落魄青年，他几乎难以养活自己的妻子。周末他会到教堂参加唱诗班。这位青年没钱住在城里，就在一座葡萄园里租了间破屋子，每月只需支付 12.5 美元；即使如此，他也无力承担房租。在欠了 10 个月房租之后，他被迫在葡萄园里帮人摘葡萄，以此来还债。他说，除了葡萄，有时他没有其他食物。近乎绝望的他快要放弃自己的歌唱事业，去卖载重汽车维持生计。然而就在这个关头，一位牧师赞美他说：“你的嗓音真不错，你很有天赋，应该去纽约继续学习。”

那时这位青年筹集了 2500 美元向纽约进发。后来他取得了成功。当年的这位青年最近向我感叹，没有这一句赞美和一点激励，就没有他后来的歌唱事业。你可能听说过他，他叫席贝德。

说到改变一个人，对待身边人，如果我们采取鼓励的态度，去发现他们的潜能，比之现在，我们可以做得更多。改变他人，绝非戏言。

已故的哈佛教授詹姆斯是美国最著名的心理学家和哲学家，他曾给世人留下这样一句金玉良言：

我们自身的潜力极大，只是还没有得到充分开发。我们只是在使用其中一小部分资源。从广义上讲，人的一生就是这样，远未达到极限；有诸多潜能，但从未被开发。

是的，此时的你充满着各种未知的力量，只是你不会利用；在这些你极少使用的力量中，其中一种就是懂得赞美与鼓励他人，发现他人身上的巨大潜能。

所以，处世智慧有另外一条准则：

赞美别人的每次进步，无论多小，要“诚于嘉许，宽于称道”。

第五篇

家庭永久幸福的八大法则

1 不要总是唠唠叨叨

卡耐基名言

1. 在所有地狱魔鬼发明的险恶的毁灭爱情的办法里，喋喋不休是最致命的。

2. 假如你希望你的家人能够生活得幸福，要遵循的第一条法则是：不要让唠唠叨叨成为习惯。

在所有的烈火中，在所有地狱魔鬼发明的险恶的毁灭爱情的办法里，喋喋不休是最致命的。它好像毒蛇的汁液一样，一直侵蚀着人们的生命。这不是危言耸听，而是经过无数人验证的真理。

海勃格在纽约的家事法庭工做了 11 年，他曾查阅数千宗的离婚案件，他分析说一个男人离家的主要原因就是他的妻子无休止的唠叨和抱怨。就像《波士顿邮报》所说："许多做妻子的，都是不断地、一点一点地挖掘，才使得他们的婚姻最终走向失败。"

托尔斯泰的悲剧人生令人唏嘘，究其原因，大概和他的婚姻脱不了干系。托尔斯泰及其夫人本应享受优越的环境、快乐的生活。托尔斯泰的著作《战争与和平》和《安娜·卡列尼娜》将永远在世界文学史上闪烁光芒。他非常有威望，他的崇拜者终日跟随他，记住他所讲的每一句话，甚至是一句"我想睡了"这样的话也原封不动地记下。除了各种名誉，托尔斯泰与他的夫人还拥有无尽的财富，耀眼的地位，可爱的孩子……可以说，没有其他的婚姻比他的更幸福。其实，最初的他们的确饱尝幸福的甜蜜，他们还会一起跪在地上，向万能的上帝祈祷，希望能赐予他们更多的快乐。

但是，托尔斯泰和他的妻子不是同一类人。他的妻子追求奢侈的生活，他却崇尚简朴；她渴望获得名誉与别人的称赞，但这些对托尔斯泰来说毫无意义；她渴望拥有金钱与财富，可是他视财富如粪土……很多年来，她常常对托尔斯泰责备辱骂，因为托尔斯泰坚持放弃自己书籍的出版权，不收取任何版税，可是她渴望那些书可以变成财富。如果托尔斯泰反对，她就像发疯了似的躺在地上打滚，甚至威胁说要跳井来结束生命。在这样的婚姻生活中，托尔斯泰自然痛苦万分。

后来，发生了一件令人惊讶的事情，从那时起托尔斯泰慢慢地变成了另外一个人。他对自己的伟大著作感到羞耻。而且，他开始专心于写一些小册子，宣传和平，号召停止战争、消除贫穷。他坦白说自己曾在青年时犯过各种错误，所以他要真诚地接受耶稣的教训。他把自己拥有的地产全都送给了别人，自己过着清贫的日子。他种田、砍树、除草，自己做鞋子，用木碗吃饭，自己打扫屋子，甚至全心全意地爱护他的敌人。

到了 1910 年，82 岁的托尔斯泰再也不能忍受他面临的不幸。10 月的一个雪夜，他从家里逃了出去——走在寒冷的、漫无目的的黑暗中。11 天后，他因患肺病死在一个车站上，他临死的要求竟然是不要让他的妻子出现在他面前。

托尔斯泰夫人去世以前，对她的女儿们坦白："由于我的原因，你们的父亲才死的。"她的女儿们纷纷痛哭起来，因为她们明白母亲说的是实话：她无休止的唠叨、没完没了的抱怨、无尽的批评将父亲害死了。

托尔斯泰和他夫人的人生是悲惨的。其实，最初他们结婚的时候，生活得非常幸福。但经过 48 年的相处以后，他竟然不能忍受和她见面。他的妻子后来终于后悔了，有时到了晚上，这位年老伤心的妻子跪在他面前求情，希望他能为她朗读几十年前他在日记中写的与他们的美丽爱情有关的文字。在读到他们已经永远失去的美丽快乐的时光时，他俩都伤心地哭了。现实的生活和他们很久以前一起做的爱情之梦相差得竟然如此之大。

也许这种结果就是托尔斯泰夫人无休止的唠叨抱怨所造成的。或许，她确实有许多需要唠叨的事情。但问题是，无休止的唠叨对她有什么好处呢？"可能我的精神真的有点儿问题。"后来，托尔斯泰夫人这么评价自己。

被唠唠叨叨这个习惯毁掉婚姻和爱情的不止托尔斯泰夫人一个，还有拿破仑三世的皇后欧仁妮。

欧仁妮·德·蒙蒂若女伯爵和拿破仑三世路易·波拿巴相爱并结了婚。当时，拿破仑的顾问们觉得，欧仁妮只是一个无足轻重的西班牙伯爵的女儿。但拿破仑反对道："那又有什么关系呢？"她正值青春年华，优雅妩媚，对他产生诱惑，让他觉得如神仙般幸福。"我非常喜欢这个我所敬爱的女人，"他说道，"而且我也非常了解她。"

欧仁妮和拿破仑拥有美貌、爱情、健康、财富、势力、名誉与信仰——几乎拥有幸福所需要的所有条件，但是，他们婚姻的圣火却并没有绽放出更多的光彩。甚至没有多久，耀眼的圣火就熄灭了，直至化为乌有。拿破仑三世可以给欧仁妮皇后的位子，还能倾尽法国之所有，或者献出他全部的爱情，甚至是皇位所拥有的权力，但他却不能做到一点——使她停止唠叨。

欧仁妮生性善妒、多疑，经常无视拿破仑的要求，甚至不让他有私密的空间。当他在处理国政的时候，欧仁妮不经允许便闯入他的办公室，破坏他非常重要的讨论。她不让他有独处时间，害怕他和其他女人来往。她还经常到她姐姐家抱怨她对丈夫的不满。抱怨、哭泣、喋喋不休，甚至威胁，强行进入他的书房，向他发脾气，无休止地谩骂。拿破仑三世，一个堂堂法国的皇帝，拥有这么多富丽堂皇的宫殿，却没有一个足以容纳自己的空间，让自己在那里平静内心。

欧仁妮那样做造成了什么后果呢？我们可以通过莱茵哈德的精心著作《拿破仑与欧仁妮：一个帝国的悲喜剧》的文字中找到答案："在那以后，拿破仑经常夜里偷偷地从侧门走出去，戴着一顶软帽，把眼睛遮起来，由一个亲信跟随着，前往静候他的美女那里；或者像古时候的人那样遨游于城市中，看一些很久见不到的东西，呼吸一些新鲜的空气。"

可以说，所有的后果都是喋喋不休的欧仁妮造成的。她是法国的皇后，还是世界上最美丽的女人。但她喋喋不休的个性，使她即使拥有皇后的地位与美貌，也留不住爱情。这完全是她咎由自取，可怜的女人，她的嫉妒与唠叨使她失去了宝贵的爱情。

所以，假如你希望你的家人能够生活得幸福，要遵循的第一条法则是：不要让唠唠叨叨成为习惯。

2 爱不是捆绑家人的绳索

卡耐基名言

1. 詹姆斯说过：“与人交往时，最应该学习的事情就是不要干涉对方快乐的特殊方法，如果那些方法与我们不发生强烈冲突的话。”

2. 如果你想让你的家庭生活幸福快乐，那么第二条法则就是：不要试图去改造你的另一半。

在夫妻关系当中，不乏这样的事例：一方千方百计地想要去改造另一方，由此引起矛盾，最终导致感情破裂。在一个家庭里，男人和女人之间天生就存在着差异，试着去接受这些差异，而非妄图消灭它们，更有益于实现家庭的幸福。

詹姆斯曾经说过：“与人交往时，最应该学习的事情就是不要干涉对方快乐的特殊方法，如果那些方法与我们不发生强烈冲突的话。”英国伟大的政治家迪斯累里夫妇用他们的一生践行了这句话。

“我一生中也许会犯很多错误，但我永远在计划着为爱情而结婚。”这是迪斯累里说过的一句话，他直到35岁才第一次步入婚姻的殿堂，而他的妻子恩玛莉是一位极其富有却白发苍苍，比他大15岁的寡妇。他向恩玛莉求婚时，外人都在猜测，他们结婚真的是因为爱情吗？连恩玛莉自己都知道迪斯累里并不爱她，只是为了她的钱。因此，她只要求一件事：让迪斯累里再等一年，这一年时间里她想好好地考察他的品格。在快到一年的时候，她选择和他携手踏入婚姻的殿堂。

这桩婚姻看似荒唐，可在那些充满了破坏纠葛的婚姻史中，迪斯累里的婚姻是最洋溢着生气的婚姻。他的结婚对象是一位有钱寡妇，既不青春貌美，也不兰心蕙质。她说话时常夹杂着文字性或者历史性的错误，引人戏谑。比如说，她丝毫不了解希腊人和罗马人哪一个在先，她对服装装扮的审美透露着古怪，对房屋装饰的审美达到了怪异的地步。但迪斯累里从来不会责怪恩玛莉，更不会说一句伤害她的话，无论她在公众场所展示出的自己有多么无知或不合时宜。而且，当他人胆敢嘲笑她，他就会立马出面忠诚而勇敢地维护她。

在关于一个女人婚姻中最要紧的事——处置男人的艺术上，恩玛莉是一个不折不扣的天才，她的作为让人不得不叹服。

整整 30 年，恩玛莉为迪斯累里而活，她希望自己的财产能够使他的生活更加安稳静好。而对于迪斯累里来说，恩玛莉是他的女英雄——在她去世以后，迪斯累里才成为伯爵。可在他还是平民的时候，就已经开始劝说维多利亚女王擢升恩玛莉为贵族，最终，在 1868 年，恩玛莉有幸被封为比肯斯菲尔德女爵。

恩玛莉并没有和迪斯累里进行智力抗衡，当迪斯累里与精明的公爵夫人们经过了一整个下午的钩心斗角，身心俱疲地回到家时，恩玛莉会和他谈论些轻松有趣的话题，这让他怡然自得，所有烦恼都一扫而空，他沐浴在恩玛莉的爱慕温存中。和他年长成熟的夫人在家里度过的悠闲岁月，成为他一生中最幸福难忘的时光。她不仅是他的贴心伴侣、忠实亲信，还是情感顾问。无论哪天晚上他从众议院里匆匆赶回来，都会把当天的新闻毫无保留地对她倾诉，而最重要的是——无论他做了什么，恩玛莉始终坚定地相信她的丈夫。

恩玛莉总是习以为常地对朋友们说：“谢谢他对我的深爱，我这一生都过得非常快乐！”在他们之间还流传着一句笑话，迪斯累里曾说：“就像你知道的那样，不管怎样，我都不过是为了你的钱才向你求婚的。”恩玛莉则会笑着回敬他：“是的，可如果再让你重新选一次，你就要为爱情和我结婚了，是吗？”然后他亲口承认说那是对的。

在迪斯累里和恩玛莉 30 年的婚姻里，恩玛莉总是谈论和赞赏她的丈夫。而对于迪斯累里，他说：“我们都结婚 30 年了，可我从来没有厌倦过她，一刻都没有。宽容和尊重使得他们 30 年来相伴相守，而他们之间当初看似啼笑皆非的婚姻，也最终被证明是一场美满幸福的姻缘。

因此，如果你想让你的家庭生活幸福快乐，那么第二条法则就是：不要试图去改造你的另一半。

3 与家人相处，切忌互相埋怨

卡耐基名言

1. 狄克斯认为：“在所有的婚姻中，有一半以上是失败的，而婚姻破灭的主要原因正是那些令人心碎的、无用的批评。”

2. 如果你想要从婚姻家庭中获得自由快乐，请谨记第三条法则：不要批评你的家人。

相互抱怨是家庭幸福的一大杀手，无用的抱怨往往会引起纷争，因为没有谁会喜欢听别人的埋怨。在家庭生活中，需要的是包容、体谅，而非横加指责和不停抱怨。如果我们看一看那些研究婚姻的案例，就会发现，越是不幸的婚姻，越充满怨言。相反，在幸福美满的婚姻里，体贴代替了抱怨，谅解代替了纷争。

英国首相格莱斯顿在公众生活中是迪斯累里最强劲的对手。在英国的辩论中两人时常会发生分歧冲突。可有一件幸运的事情却共同发生在他们身上——他们的私人生活都是那样快乐幸福。

在公众视野里，格莱斯顿是一个无比可畏的形象，可在家中他从未批评中伤过家人。每天清晨当他下楼用餐，看见家人还在睡梦中时，他温柔的声音就会略显责备，在屋子里提高嗓门来提醒别人——全英国最忙的人站在楼下等候了他们一个早晨。他既温柔体贴，又懂得交际，竭力避免家里的批评和纷争。因此，格莱斯顿和妻子伉俪情深，共同生活了59年。你可以想象一下，格莱斯顿这位英国最尊贵的首相，他温柔地拥抱着妻子在炉火前的地毯上翩翩起舞，一起唱着动人的歌，这是多么美好温暖的画面。

而凯瑟琳这个政治上的暴君，在日常生活中却是另一个格莱斯顿。她曾是全世界最大的帝国的统治者，拥有决定数百万国民生死的无上权力。从政治上来讲，她是一个无可争议的暴君，她无端地发动了那些引起生灵涂炭的战争，将几十个仇敌判处死刑，甚至用射击队进行杀戮。可在生活中，哪怕厨役把肉烤焦，她都不会批评责怪，只是微笑着吃下去。

至于不幸的婚姻，你想必还记得托尔斯泰的事例，托尔斯泰夫人没完没了的抱怨、无尽的批评将他们的婚姻推入了绝境，也将托尔斯泰逼上了离家出走之路，最终毁掉了他们原本美满幸福的人生。

研究婚姻不幸的权威专家狄克斯认为：“在所有的婚姻中，有一半以上是失败的，而婚姻破灭的主要原因正是那些令人心碎的、无用的批评。”不幸的婚姻案例为狄克斯提供了论据，而那些幸福的、持久的婚姻却从反面论证了狄克斯的观点。

因此，如果你想要从婚姻家庭中获得自由快乐，请谨记第三条法则：不要批评你的家人。

4 琐碎小事是家庭相处的一大祸害

卡耐基名言

1. 这种小小的关心只是把一种信息传递给别人：你思念她，你要让她快乐；她的喜悦和幸福对你来讲非常珍贵，并且和你有密切的关系。

2. 如果你想让家庭生活始终幸福快乐，第四条法则就是：琐碎小事是家庭相处的一大祸害，因此，一定不能忽视生活中的那些小事。

在许多婚姻破碎的事件里，并不是每一个家庭都是由于一些重大的事情而破裂，正好相反，大部分人常常是因为一些很小的事情。芝加哥的一位法官塞巴斯说："大多数不幸婚姻的最根本原因是一些琐碎的小事。一件非常容易的事，比如当丈夫早上要去上班的时候，妻子向丈夫招手说再见，这样就能防止很多离婚情况的出现。" 他曾经处理过 4 万桩婚姻案件，并且为 2000 对夫妇协调过，由此可见，他说的话并非无稽之谈。

在伦诺，法庭每个礼拜有 6 天时间是在审判离婚的案子，几乎每 10 分钟就有一桩。你认为那些婚姻中有多少真正撞在了悲剧的暗礁上？非常少，我可以保证。假如你可以整天坐在那里听那些不幸夫妻的描述，你就会明白"爱情是败在小事上的"。

说到底，婚姻还是由一连串小事构成的。如果不对这些小事加以重视，将会给家庭生活带来劫难。例如，女人都很注重生日和纪念日，这始终是女性难以捉摸的地方。而许多男人一辈子都是稀里糊涂的，忘记了很多的日期，有时甚至连妻子的生日、结婚的日期都想不起来，而许多女人据此认定对方不重视自己，因而产生芥蒂。

自古以来，鲜花都是人们表达爱意的语言，它们不会浪费你多少钱——尤其是在鲜花盛开的季节里。但是，很少会有丈夫买一束水仙花带回家，也许你觉得它们像兰花一样珍贵，像鼠菊一样少见，在阿尔卑斯山耸入云霄的悬崖峭壁上生长。为什么要等你的夫人住院以后才给她送上几朵花？为什么不在明天晚上就买几朵玫瑰送给她呢？

就是因为大多数男人在这些细枝末节上的忽视，许多婚姻陷入冷冻状态。麦道克斯曾在一篇文章中写道："美国的家庭确实需要添加一些新的习惯。比如，在床上用早餐是一种温柔的放纵，很多女人想要在床上放肆地吃早餐，这就好比私人俱乐部对男人的引诱一般。"

高恩是百老汇的大忙人，但是他却能够在他母亲在世的时候，每天给她打上两次电话。难道你认为他每一次都有一些新鲜事儿说给自己的母亲吗？不是的，其实并没有。这种小小的关心只是把一种信息传递给别人：你思念她，你要让她快乐；她的喜悦和幸福对你来讲非常珍贵，并且和你有密切的关系。

勃朗宁夫妇的生活也许是记录中最值得称赞的了，他从来不会因为忙碌而忽略对妻子小小的讨好和关注，这使得他们的爱情总是充满生机。他对患病的妻子非常体贴，他的妻子曾经有一次写信告诉她的妹妹："现在我不自觉地开始惊奇，我到底是不是成为现实生活中的天使了。"

连高恩、勃朗宁这样忙碌的人，都没有忽视对母亲的关心、对妻子的体贴，你又有什么理由对自己的家人漠然以对呢？

现在，用你的剪刀剪下下面的这段话，把它贴在你的帽子里面或者镜子上面，以便你每天早上都能够看到：

我只能从这里经过一次，因此，我现在可以做的每一件好事，或者能够向任何人表达我的仁爱和慈善，那么让我立刻就去做吧。不要让我耽搁，不要忽视，因为我不可能再次经过这里了。

如果你想让家庭生活始终幸福快乐，第四条法则就是：琐碎小事是家庭相处的一大祸害，因此，一定不能忽视生活中的那些小事。

5 能看到对方身上的闪光点

卡耐基名言

1. 当你准备向她这样表示的时候，不要担心让她知道，她对你的幸福来讲是多么重要。

2. 假如你想要让自己的家庭始终充满喜悦，第五条法则就是：对对方表示真心的赞赏。

欣赏和赞美不仅在日常的交际中十分重要，在婚姻和家庭里，也同样不可或缺。每一个人都有得到别人认可和欣赏的需求。在家庭的生活中，如果能积极寻找对方身上的闪光点，不仅会使对方得到快乐和满足，也会使自己受益。

很多年以前，我祖母在 98 岁的时候去世了。她去世之前，我们拿了一张她自己 30 多年前拍的照片给她看。她已经连照片都看不清楚了，但是她只问了一个问题："我那个时候穿的是什么衣服？"试想一下，一位生命仅剩 12 个月的老太太，虽然岁数已经很大了，卧病在床无法起身，记忆力模糊得甚至连自己的女儿都认不出来了，还会关注自己 30 多年前穿的是什么样的衣服！她这样问的时候，我就在她的床边，这给我留下了深刻的印象。

由此我也懂得了，男人应该欣赏女人对美观和穿着体面的努力求索。对于大多数男性来说，他们或许不记得自己 5 年前穿的是什么衣服，什么衬衫，他们也根本没有必要去记住这些。但是女人则完全相反。每一位男士都不曾记得，假如他们曾经细心观察过的话，就会知道女人是多么重视自己的装束。比如，假如一对男女在大街上碰见另外一对男女，这个女人不会很在意那个男人，而是会时不时地关注另外一名女子的穿着。

在法国，上流社会的男士都要接受这样的训练：对女人的装束表示称赞，并且每晚不止一次。5000 万的法国人不会人人都是错误的吧！

我曾经看到过这样一个故事，虽然这个故事是虚构的，但是至少证明了一个真理，因此，我要把这个故事再叙述一遍：

有一位农妇，在结束了一天的辛苦劳作后，她为另外几个干活的男人准备了一堆干草，当他们的晚饭。男人们生气地指责她是不是疯了，这位农妇回应道："呵，我哪里会知道你们在乎这个呢？这20年来，始终都是我给你们煮饭，但是你们却什么都没有说过，也从未跟我说过你们不吃干草啊！"

这位农妇生气，并不是因为每天都必须煮饭，而是煮了这么久，竟没有一个人有所表示。她的辛勤劳动没有得到认可，这个事实比煮饭的辛苦更让她愤怒。在莫斯科和圣彼得堡，那些地位尊贵、生活优越的贵族曾经就有很好的礼节。上流人士有一种习俗，当他们享用到一顿丰盛的菜肴时，一定会把厨师请到餐厅来，让厨师接受他们的赞美。

厨师都能收到赞美，为什么每天都在辛勤煮饭的妻子不能呢？下次如果她把烧鸡做得很嫩，你就这么对她说，让她了解你对她的厨艺很赞赏——你吃的并不是草。或者像格恩经常说的那样："好好夸一夸这位小妇人。"因为她们都喜欢被人称赞。

当你准备向她这样表示的时候，不要担心让她知道，她对你的幸福来讲是多么重要。英国伟大的政治家迪斯累里，就像我们所了解到的那样，他就不怕被全世界知道他从自己的"小妇人"那里沾光多少。有一天，我阅读一本杂志的时候，看到了这样一段话，这段话来自对埃第康德的采访："我从我夫人那里沾到的好处要多于世界上的所有人。在我童年时期，她是我最亲密的玩伴，她帮助我勇敢前行。当我们结婚之后，她为我节约每一镑，然后用这些钱再投资，她为我储蓄了不少财富。我们有5个乖巧的孩子。她始终在帮我营造一个美丽的家园，假如我有所建树，那么都应该归功于她。"

对于女性来说，从令人赏心悦目的衣着，到辛勤劳动的品格，任何方面的欣赏称赞都能让她们身心愉悦。同样，男性也需要别人的肯定和赞许。

鲍本诺是洛杉矶一家家庭关系研究所的主任，他说："大部分男子在寻觅自己的另一半时，并不像是在找寻一位高级员工，而是寻找一个对自己非常具有诱惑力，并且心甘情愿恭维自己，让他们感受到自己很出色的女人。"

因此，就会发生这样的事：一位女办公室主任受到别人的邀请共进午餐，用餐时她不断地把那些大学时期学到的哲学思想当作聊天内容，甚至还执意要自己买单，那么最后的结果只能是从此之后她自己一个人吃午餐了。

相反，哪怕是一个连大学都没有上过的打字员，如果有人邀请她一起吃午餐，她能满目柔情地看着她的男伴，爱慕地说"再给我说一些关于你的事吧"，那么最后的结果也许就是，他会这样对别人说："她非常漂亮，并且我从来没见过比她更会说话的人。"

在好莱坞，结婚仿佛是在探险，就连伦敦的劳慈保险公司也不愿下赌注，在少数几对著名的幸福婚姻中巴克斯特夫妇是其中一对。巴克斯特的夫人过去的名字叫勃莱逊，她为了婚姻放弃了自己辉煌的舞台事业，但是她事业上的付出并没有给他们带来任何不快。巴克斯特说："她失去了来自观众的掌声和赞美，我要竭尽全力让她感受到我给她的掌声和赞美。假如一个女人的喜悦全部来自她的丈夫，她肯定要通过丈夫对自己的赏识和真诚才能感受到。假如那份赏识和真诚是真实的，那么这个男人的喜悦也就有了答案。"

现在你应该懂得了，假如你想要让自己的家庭始终充满喜悦，第五条法则就是：对对方表示真心的赞赏。

6 懂礼数，让家庭变得更和谐

卡耐基名言

1. 丹姆罗希夫人说：“除了谨慎地选择自己的另一半以外，我认为婚姻生活中的礼节是非常有必要的。”

2. 和婚姻生活相比较，出生只是人生的一瞬间，死亡只是一件细小琐碎的意外。

3. 如果你想让自己的家庭生活一直幸福快乐，第六条法则就是：即使在家庭之中，也要懂礼数，始终礼貌地对待自己的妻子（丈夫）。

在与人交往时，礼貌是最基本的要求。然而在家庭生活中，这个最基本的要求往往会被人们遗忘。狄克斯曾经说过这样一句话：“这件事情确实很让人惊讶，可是的确如此，唯一能够真实地对我们说出苛刻、羞辱、伤感情的话的人，往往都是我们亲近的人。”

粗暴、无礼会毁掉爱情和婚姻。或许我们所有人都了解这一点，并且我们也能够深刻体会到这一点，我们对待陌生人的态度要比对待自己的家人更加谦逊有礼。对待陌生人时，我们肯定不会这样说：“哎呀，你又要说那个老掉牙的故事了吗？”我们也断然不可能不经人允许而拆朋友的信，或者暗中观察他们的个人秘密。但是只有家人，和我们最为亲密的人，我们才会因为他们犯的一点儿小错误而指责他们。

写到这里，我不得不提一提荷兰的良好习俗：一个人在进入房间之前，必须要先把鞋子脱掉放在门口。我们可以从这一点上学到荷兰人身上的优点：在进入家门之前，把我们一整天遇到的工作上的烦恼全部清理掉。

勃雷——美国一位非常著名的演说家，一度是总统的候选人——女儿嫁给了丹姆罗希。很多年以前，他们在苏格兰卡内基的家中相识，丹姆罗希夫妇就一直过着让人艳羡的幸福生活。那么他们为什么能够生活得如此幸福快乐呢？

“除了谨慎地选择自己的另一半以外，我认为婚姻生活中的礼节是非常有必要的。年轻的妻子对待自己的丈夫应该像对待第一次见面的人那样有礼貌！不然的话，任何一个男人都会避开一个毒舌妇。” 这是丹姆罗希夫人的经验之谈。

詹姆斯曾经写过一篇名为“人类的某种盲目”的文章。他这样写道：“这篇文章所要论述的是人类的盲目，这是我们所有人都罹患的，与我们自身之外的任何动物和人之间的感情的盲目。”

很多男性朋友断然不会对自己的客人和工作上的同事说出尖酸刻薄的言语，但是往往会冲着自己的妻子大喊大叫。但是从他们个人幸福的视角来看，婚姻与工作相比，婚姻与自身的关系更为紧密，地位也更加重要。因为，拥有幸福婚姻的平常人比深居的天才还要快乐。德琴尼夫——俄国非常有名的小说家，他受到各个文明国家的敬重和仰慕。可是他却说：“要是有一个地方，那里有个女人等着我回家吃饭，我宁愿放弃自己一切的天赋和我的每一本书。”

比起婚姻生活，出生只是人生的一瞬间，死亡只是一件细小琐碎的意外。然而虽然婚姻如此重要，许多人都意识不到这一点。比如大部分男人都明白，他能够先给自己的妻子喜悦，然后让她为自己做任何事，并且不需要付出一丁点儿薪酬。他也知道，假如他对她多说几句简单讨好的话，夸她如何持家有道，如何帮助他，她就会为他节约每一分钱；假如他对自己的妻子说，她去年穿的衣服有多么漂亮，她就不会再去购买那些新款的巴黎时装了；他能把妻子吻得双目微闭，直到她变得如同蝙蝠那样盲目；他只需要热烈地吻她的嘴唇，就可以让她像牡蛎那样哑然。

同时，所有的妻子也都了解，自己的丈夫都明白自己需要从他那里得到什么，因为她已经明确地告诉过他。但她也始终不知道该不该对他生气或者是讨厌他，因为她的丈夫宁可和自己吵架，宁可浪费他的钱给自己买新衣服、换新车、买珠宝，也不愿意因为一件小事去讨好她，即使那是她迫切想要的，他也不会去这么做。

女人始终不能理解，为什么她的丈夫宁愿浪费钱财、忍受抱怨，也不愿收敛自己的脾气，做一些轻而易举的小事，从而让他的家庭变成一个富强的机构，使其就像他所从事的事业一样成功。有一个妻子，一个和谐幸福的家庭，对男人来说比挣 100 万美元更加重要。女人永远无法理解，她的丈夫为什么不能对她使用一些外交策略，为什么不可以多一点温柔，少一些压迫，要知道这些做法是对他极有好处的。

所以，如果你想让自己的家庭生活一直幸福快乐，第六条法则就是：即使在家庭之中，也要懂礼数，始终礼貌地对待自己的妻子（丈夫）。

7 如何与女性相处

卡耐基名言

1. 科瑞尔院长认为，要做到维持家庭关系，是“不能以强求的方式去获得，而要凭借如感情、友谊、价值观等这些内在价值的满足而获得”。

2. 丈夫应该让自己的妻子了解，他这个先锋人员，在遇到麻烦的事情时，比所有小说中的英雄都要来得更真实可靠。

3. 因此，假如你想让你的家庭永远幸福快乐，务必记住第七条法则：学会和她相处。

男性和女性之间天生便存在着差异，女性在逻辑方式、行为方式等等方面都有别于男性，而以自己的思维角度来评判对方的行为，大概是婚姻矛盾产生的最主要的原因。由此可知，在婚姻生活中，不了解对方、不懂得和对方的相处之道，将会导致你并不乐意见到的后果。而对于男性来说，如何与女性相处，并不是不可探知的。

雷纳·科瑞尔，康奈尔大学文理学院院长，曾经提到过美满的婚姻的蓝图是什么样的。他说道：“今日能否拥有美满的婚姻，这全部取决于结婚双方是不是心理成熟的人。换言之，他们是不是对自己很了解、对自己与对方的关系也很了解，并且为了给对方更多的快乐与福利，承担彼此的责任。”科瑞尔院长又进一步提到，要做到维持家庭关系，“不能以强求的方式去获得，而要凭借如感情、友谊、价值观等这些内在价值的满足而获得”。

虽然对于这些内在价值我们强求不得，但是我们可以借助培养、促进或者是加强等手段，下面7点是可以被我们称为“妻子的真相”的建议，或者是关于如何与自己的妻子在结婚后相处的技巧。

1. 向她表达感谢和赞美。

如果你必须要在某一时间内节省开支，那你要记得千万不要将你妻子的配粮弄少了。为了这一点，相信她会对你死心塌地。当你把工作、头发或腰围失去了的时候，只要你不忘记时时去感谢她、称赞她，那么她就不会在只能天天穿着那件破外套的时候抱怨，而会十分乐意与你共同进退。这真是让人非常不解，为什么许多男士是那么聪明，但就是不明白对于女性来说这一点有多么重要。他们总是会这样认为，如果非要证明自己是如何爱她，仅仅自己能够把她娶回家当妻子这一点理由就足够了，这一点一辈子都足以使她受用了。但是，偏偏太太们不是这样的。有点儿痴狂的她们，就喜欢她们的行为时不时地被人肯定。一般情况下，男士们想要知道自己是什么位置很容易。假如在工作上他们表现得不是很好，很快就会收到来自上司的提醒；假如他们将一笔很大的生意谈成了，也很快就会升职、加薪或者是受到同事们的表扬。

然而对于女士们来说，清楚自己的位置就有些困难了。她们整天在家里忙来忙去，如果她们的丈夫没能够告诉她们，她们有了怎样的成绩并能够肯定她们的成绩，她们就没办法弄清楚她们的成绩究竟是怎样的。因此，她们唯一的奖励就是来自丈夫的感谢与赞美。

看一看你身边那些快乐的丈夫，你就会发现，他们之所以快乐是因为他们有贤惠能干的太太，这使得他们的家庭很舒适，这让他们有情爱、有乐趣，还有可口的食物。并且这些幸运的丈夫还将意识到一件事，那就是时时全心全意地感谢女人、赞美女人，是最好、最有效、最不会失败的方法，这方法不仅让女人倾心于他们，还会让女人愿意永远不辞辛劳地取悦自己。

罗伯·普洛先生恰好是这些幸运丈夫中的一员，他是我的一位朋友，在纽约有一份专栏作家的工作，而且还写过书。他的妻子珍妮是一位美丽聪慧的女士，这令他成了许多人羡慕的对象。可以说珍妮符合大多数男士心目中关于贤妻的标准，但是珍妮却认为世界上最好的丈夫就只能是罗伯。珍妮有这样的感觉都是因为罗伯知道要怎样做。每一次只要他即将出版什么新书的时候，他都不会忘记将一些十分动人的诸如“献给珍妮——我的妻子”“我生命的全部”之类的言辞写到新书的首页上。这些题字表示了珍妮在平时的工作上是如何成功、如何受到赞赏，与支票上的数字比起来，这些题字当然更有意义。

2. 对待妻子要慷慨，不要吝啬你的体贴、关怀。

关怀、体贴和种种好的行为，是家庭开始的第一步，因此在面对妻子时，丈夫们应该慷慨一些。这里的慷慨并不是指，要丈夫们一句牢骚都不发就付清所有账单，很大方地就付完了，或者甚至还会给妻子一些额外的零花钱，等等。完全不是这样。事实上，大多数女人需要的那种慷慨，实际上一分钱都不用花。

举个例子，你可以说些十分体贴的比如“啊，当然，你可以将妈妈请过来住一些日子，而且我们一定会好好招待妈妈的”这一类的话。如果你可以做到在别人的面前时时将你对她的关心表现出来，并且特别注意她有什么需要，那么她才能真正感谢你的慷慨。

你在饭店里吃饭时，有没有试着猜过你视线里的情侣们哪一些是结了婚的？你能看到一些默不作声的情侣——男的注意力全都在享受面前的牛排上，而女的则是很无聊地玩弄着面前的食物——就好像这一对是因为抽奖配对才结合的。当然还有这样一些情侣，他们拥有截然不同的气氛——男的对女方百般殷勤，就如对待一个极易破碎的玻璃娃娃，对她照料得无微不至。这时候你对他们就会有这样一种感觉：如果不是这对男女处在热恋中，那就是女方是个来头不小的买主。

我曾经参加过这样一个招待会，男主人是一个名气相当大的人物，他极为殷勤有礼地对待现场的每一个人，唯独不是这样对待他自己的太太。他从来都没在他的眼神或者举止方面表现出对他太太的一丝重视。当他的太太在陌生的人群中时，她给人的感觉是十分不自在的，反观她的亲爱的丈夫，在人群中谈笑风生，春风得意。实际上，稍微关注一下自己的太太，在这样的公共场合中并不会给他的公共关系造成什么影响，反而对他的形象有益，而且还会将他和他太太之间的关系拉近。后来，果然听到他们之间的婚姻关系恶化了，已经到了要离婚的地步，这似乎没有超出大家的预料。

3. 注重衣着装扮，不要太过邋遢。

大部分人都认为只有女人才会注重打扮或者是保持自己的吸引力。有很多女人为了保持自己的年轻苗条费尽心机，我猜这主要的原因大概就是她们害怕一旦没有了青春的气息，那就意味着会失去自己的丈夫。相反，男士们每天早上 8 点准时出门，一直到晚上吃饭的时候才回家。或许，他们西装笔挺地在工作岗位上工作，但他们在家里的德性却让人不忍直视，就如同是一张乱糟糟还没有整理过的床。在周末这个难得的轻松时刻，他们穿着自己的旧 T 恤，跷着二郎腿，旁若无人地看报纸。或者，他们脸也不洗，胡子也不刮，就这样穿着破拖鞋到处走来走去，而且还自我陶醉地认为，太太能跟这么潇洒的自己结婚，这真是她的运气。

然而，这只不过是他们的一厢情愿。他们的太太们希望自己能有清洁整齐的另一半，就是因为这样，带着发卷或者是满脸都是冷霜的我们常常在这种情况下被警告不能够上床。而且当我们身上有体臭或者是双手上不小心留下了洗锅水的味道等这些时候，我们都会受到告诫，并且还让我们注意不能太胖或者很邋遢。这一点大概是这种邋遢的男子从来没有想到过的吧。当然了，不管是穿着粗布工作服的你，还是穿着体面的夜礼服的你，你的太太都一样爱。但是，你能洗脸刮胡子会更得她的欢心，至少你在她面前走来走去的时候，也能考虑下她的感受。

一个真正的男人自然不会单单凭借外貌让人折服，但是他人见到你的时候对你的印象则来源于你的外表。如果你能按照下面这些注意事项来做，必然会从包括太太在内的女性那里博得好感。

及时修剪头发，让自己看起来整齐清爽。

不要忘记在洗漱时把胡子刮一刮。除非你打算与其他男性一起去森林里打猎或者捕鱼。

永远保持自己无论是看起来还是闻起来确确实实是干净整洁的。不要认为香皂只是女性的专用物品。

要保持长裤褶痕的鲜明和笔挺。长裤的褶痕消失不见了，这意味着男士们开始颓靡了。

擦亮皮鞋，拉平袜子，时时保持愉悦的表情。

4. 花费时间和精力去关心、了解她的工作。

现代的许多女性都已经拥有了自力更生的这种观念，因此，许多未婚或已婚的女性都有了工作经验，而且对于什么是工作要求和环境压力也多少有些了解。

然而并不是所有女性都有自己的工作。还有很多的女性，因为各种原因，结了婚之后就必须留在家里，这时候，男士们就该去了解自己的另一半有什么样的工作环境了。虽然因为被限制了工作环境，家庭主妇大概最常去的地方就是市场或者洗衣房了，但是，她的工作分量和忙碌情形，相比她在外工作的丈夫来说两者是不相上下的。此外，她的工作是十分繁杂的，包括照料病人、修理家庭用品、大扫除等等。

通常每日做家务都是重复做十分单调的事情。比如煮饭、洗衣、打扫、购物，等等。另外，还有小孩子要照顾，要负责接送及照顾病人，娱乐家人……丈夫们应该对这些家务事的内容有所了解，因为对于工作负荷十分沉重的家庭主妇来说，来自家人的肯定和感谢，是唯一的报酬。

家庭主妇也必须与外界保持联系，这样才能避免因为单调的工作而让人失去兴趣或者不能继续追求进步，她也应该有一些机会能够对丈夫的工作性质和环境进行了解，以便不会让两个人过着彼此脱节的生活。但是这需要丈夫给予支持，因为安静、从容的休闲生活是这些在平常的工作中就面临挑战的男人们所需要的，因此他们通常在下班之后就不愿意再和自己的妻子一起去参加比较活跃的社交活动。对于家庭主妇来说，这当然是不公平的，男士们应该绞尽脑汁稍微妥协一下，让自己的妻子也有参加鼓舞人心的社交活动的机会。

5. 了解和分享她的兴趣。

婚姻生活的美满程度是由夫妻双方所具有的“分享”和“合作”的能力决定的。安德烈·毛洛斯是一位能够洞悉人情世故的作家。关于如何与女性相处，他建议男性要这样做：要将自己的兴趣在那些她们认为很重要的事件上表现出来，比如对她们的穿着打扮、她们照料家庭的辛劳、她们的一些特别的感觉等这些事感兴趣。要是你没什么事情做的话，最好陪着你太太逛逛街、买买东西，提供一些关于某件事的意见，自己表现出对某些小事情的兴趣，如：与小孩相处得怎么样，参加朋友的聚会，等等。如果她喜欢音乐、绘画或文学这些东西，那么就去试着了解她的嗜好，我相信，过不了多长时间，你就会发现：原来这些东西也能引起你极大的兴趣。”

或许一些男性会认为如果对女人家的事务表现出兴趣的话，会有损男人的尊严。比如穿衣风格，家务的打理和厨艺，等等。但是，假如他想让情爱和欢愉的气氛充满整个家庭，最好能够在研究股市行情以外，分出一些时间来和家人共处。你可以想一想，当你将一些公司的趣事告诉给你的太太的时候，她会有一种多么高兴的神情啊。因此，如果你太太将一些家务事说给你听的时候，你为什么不能表现出一点点兴趣呢？

还有一点是无论如何都不能忘记的，那就是：不论是在处理什么样的家庭事件的时候，都必须将“你”和“我”的心态用“我们”来替换掉。如：我们度假的时候要去哪里？我们需不需要为我们的餐厅买一套新的椅垫套？我们需不需要买新的电视机？因为如果夫妻双方能够了解彼此在生活中所扮演的角色的话，就能用更加合理、更加友善的态度来决定这些事项了。

6. 做她的永远的依靠。

丈夫们应该让妻子知道他与她是会永远站在一起的——不论发生什么事，不管是碰到了小危机还是大变故。

我的一位朋友告诉我，最近她遇到了一件麻烦的事情。她的一位与她特别好的姑妈第一次到她家来拜访。才到了没多久，她所有想用来招待姑妈游玩的规划都因为她的孩子忽然得了肺炎而泡汤了。“我真的是不知道该怎么做才好了。”朋友说道，“幸亏一切都被汤姆安排好了。他和我说让我留下来照顾孩子，姑妈就由他负责招待。然后每隔一天的傍晚，他都会和姑妈外出，让她能高高兴兴地游玩。到了周末，姑妈又由他带着到处观光，这样既能让姑妈尽兴地游玩，也能让我将心理上的负担放下来了。虽然在平时汤姆也有不尽如人意的地方，但只要是紧急时刻，我知道他一直都是可靠的。”

丈夫应该让自己的妻子了解，他这个先锋人员，在遇到麻烦的事情时，比所有小说中的英雄都要来得更真实可靠。而且丈夫不要只有碰到大事才会偶尔做太太的后盾，而要时时去做，就连日常生活遇到小事的时候也应该如此。还有，也应该在教导孩子的时候这样做。

7. 爱你的妻子。

大部分丈夫都不好意思开口对妻子说“我爱你”，尤其是在过了蜜月之后。因此，有很多太太都会有这样一种感觉：丈夫在结婚之前是那么热情，求取自己的欢心，而在结婚之后就像完全变了一个人一样，什么情爱的表示都没有了。

不久前，有一个名字叫杰克·杜门的年轻人给我写了一封信，在信中他将自己在这方面所犯的错误毫无保留地交代了出来。杜门先生住在加拿大安大略，他讲述了他是如何用心选择了聪慧美丽，可以说是完美女性化身的一个理想中的妻子。但是，在结婚后，杜门先生便开始在事业上倾注全部的精力，而对于维持婚姻的责任，他将其完全丢给了自己的太太。

这显然是一个错误的方法。因此，他们彼此极不愉快地过完了前 5 年的婚姻生活。有一天，他又和太太争执起来，两个人大吵了一架。在那之后，只有 4 岁大的儿子问自己的父亲：“爸爸，你是不是不喜欢妈妈呀？但是我觉得妈妈很好啊！”在那一刻，杜门觉得恐怕在儿子的眼里爸爸就是一个大坏蛋吧。“我忽然之间体会到了这个‘妈妈’的地位，而且我一直都是爱她的。”杜门先生说道，“因为她一直为我们默默地做了很多事情——像我们 4 岁大的儿子是一个健康活泼的男孩，这不是我努力的结果，都是她做的。如果我因为一直以来并没有尽到当父亲和丈夫的责任而失去了这个家，那么我真是罪有应得。于是，我决定将我的过失弥补回来，我便请求太太帮助我做一个‘贤夫良父’。我是十分感谢她的，因为她确实这样做了。现在，我们之间的关系有了很大的改善，不仅有了比较成熟的感情，彼此之间还相互敬重。我们又添了一个女儿，拥有了无价的快乐生活。我想，我应该不会再被小孩子问喜欢不喜欢妈妈的问题了！”

杜门先生的亲身经历告诉男士们：尽可以把心放回你的肚子里。因为你根本不需要做一个欧式的情人，那么会谈情说爱。太太们并不迟钝，她们能够从各种各样的无声的暗示里将你的心意解读出来。如与她在人群中的目光相接触，在看电影的时候轻轻地把她的手握在手里，给她惊喜的拥抱，关怀体贴，等等。

作家莫大·雷德曾说过：“男人喜欢自己感受到是有人爱的，而女人不同，她们喜欢你告诉她她是有人爱的。” 作家维奇·鲍姆也这样说过：“被人爱着的女性，永远不会失败。女性成功的重要因素就是被爱，因此，丈夫在此扮演着十分重要的角色。结婚，并不只是给她在手指上套上一枚戒指，而是在以后每一天的生活中都让她知道：你和她在一起生活是多么高兴。”

爱上一个女人这不只是感情四溢的情绪问题，与此同时还将一个人的所有品质包含了进去。如：知性、感性、礼节，以及对别人是不是敬重，等等。许多男性都用“女性是难以理解的动物”这种老掉牙的说法，来从根本上解释自己在这方面的诸多缺点。只有“男性用的是直流电，女性用的是交流电”才被这些男人所接受。因此双方处于根本不能协调的境地。他们宁愿相信这种说法，就是因为这样可以不用为了解决问题而尝试各种方法，能够给他们省去不少麻烦。在这里，我要告诉这些男士的是：现代女性并不是什么让人无法理解的从外太空来的怪物。虽然我们拥有不同的性别，但是仍然同样为人，女人不是什么神秘的怪物，让男性无法理解。在我们当中，还是有很多男性既对一般的女性很了解，也对自己的妻子很了解。

不过，如果你有想要了解你的妻子的这个打算的话，最好还是学会好好爱她，并且要让她知道。不然，对于彼此来说婚姻是没有多大乐趣的。

美国的女性无论犯了什么样的过错，都不应该被说骄傲自满。美国女性十分热衷于追求自我的进步，因此在美国形成了一个极为广大的咨询市场。她们不断地被提供许许多多的意见：要怎么去吸引男人，怎么找到丈夫、找到了之后又该怎样对待他，要怎样去养小孩，要怎样料理家务，要怎样去安排自己的休闲时间——假如将大家所提议的这种种活动都完成之后，天可怜见，她大概也没有什么时间是属于自己的了。有各种演讲等她参加，许多建议女性如何生活的刊物等她支持，还有自我进步的课程等她选修……除了这些之外，她还是所有商业产品 90% 的广告目标。

另一方面，她的丈夫也是十分热衷于自我进步这件事的，但通常只是局限于怎么去赚钱，或者怎么能够让自己在就业市场上更具有竞争力，让自己得以成为“杰出男性”等这些方面罢了。但是到了家庭关系上，他们对于自己扮演的角色，倒是很满意。他们很少读一些报纸、杂志或者书籍，甚至是演讲或者是修习课程，不会去学习那些教导男性要怎么做才能成为一个好的丈夫，或者怎么做才能吸引妻子，以及怎么才能引起她们的注意力，等等。似乎做些什么来改善婚姻生活，完全是女人的事。

男性也许会很着急地这样解释：因为家庭大部分的经济负担都必须由他们扛在肩上，所以他们必须在改进自己的工作能力方面投入大部分精力，而不是在想如何做丈夫这类问题上。但是，女性生活并不只靠面包，婚姻的维持同样也不能只靠面包。经济能力只是一个开端，不是男性责任的终结，更不是全部。

在几年前，密尔斯学院的校长林·怀特先生曾经写过《教育我们的女儿》这样一本极好的书。他在书中批评大学对女性的教育是不合适的，男女不分。他认为，为了符合女性的特殊需要，大学里对女性的教育课程都应该是经过特别设计的。他又说，因为女性在以后要成为妻子，成为母亲，所以要特别强调这一方面。

这听上去似乎没有错，但是仍然不能解决如何维持美满婚姻这个问题。假如只是单方面教育女性怎么去做一个好妻子、好母亲，而丈夫或父亲这个角色只是由男性业余地去扮演一下，这样又能为婚姻生活增加些什么样的好处呢？

婚姻作为人类经验里很重要的一部分，为什么不能将关于这方面的教育也同样普及到男性上呢？别忘了，他们正是那个将要与女儿结婚的对象啊！

法国著名的小说家巴尔扎克曾经说过这样的话：“有很多丈夫都能让我不自觉地将他们联想成拉着小提琴的大猩猩。”

假如，我们不仅将婚姻关系看成是女性的工作，并且在同一时间也将其看成是男性的工作，那么大概这些丈夫就比较像克莱斯勒（著名的小提琴家），而不是像大猩猩了。

自人类伊始，最基本的团体制度便是家庭。它不仅将人类目前的实际需要维持了下来，也是未来的期待。作为人类最神圣的要塞，它承担了发挥保护、养育、教育功能的责任。像这么重要的制度，难道只单方面让女性来负责其维护的工作吗？虽说实际花在家庭上的时间，女性比男性花得要多，但这并不意味着男性就不需要家庭。

家庭并不仅仅是吃喝，提供住宿和养育子女的地方。除了这些东西以外，很多其他的东西也是家庭提供的，这使得家庭变得更为重要、更具有价值。这些东西包括：对彼此的关爱和情绪的分享，等等。所有的这些东西很难单独由一个女性全部提供，这必须由男女双方来共同负责。

基于这个原因，我要在这里提出一个建议：希望男性能够分担一些女性的负担，同时，男性也应该多多关注自己所扮演的父亲和丈夫的角色。至少，能够分出与放在事业上的心神等量的部分给家庭。

德鲁大学的人际关系教授大卫·梅斯曾经这样说：“能够检验出我们是否成熟的最好的试金石就是婚姻。如果你不是很情愿去关心别人，那么你最好选择一个人独处。但如果你想极为亲密地和另外一个人生活在一起，便必须拥有关爱别人的能力……这才算得上是成熟的表现。婚姻只有两种结果：一种是让我们变得成熟；另一种是让我们尝到不成熟的苦果。”

因此，假如你想让你的家庭永远幸福快乐，务必记住第七项原则：学会和她相处。

8 与男性的相处之道

卡耐基名言

1. 倾听的方式非常重要，可以鼓励讲话人讲出完整的意思，所以，倾听并不是一直保持沉默，你可以说几句鼓励的话，这才是倾听的最好方式。

2. 如果你想保持家庭的幸福和谐，务必谨记八条法则：学会和男性的相处之道。

不光男性需要了解女性，作为婚姻的另一构成者，女性也需要了解男性。我们就有这样一项课程，让女人讨论“怎样和男人相处”这个主题，根据她们的经验，我们可以大致归结出以下几点。

1. 性格要好，并且善解人意。

我曾经聘用过一名速记员。作为一名速记员，她的工作能力真是很差，经常拼错字，而且速度很慢，记录还常出错。但是，她一直坚持到结婚才辞职，因为她有一种欢乐的气质，可以容忍很多怒气、牢骚和批评。她就像阳光一样散满整个房间，就是这一点，就值得我给她薪水。我不清楚她的烹饪技术会不会比当速记员的技术好些，但偶尔碰到他们夫妻两个在一起时，从她丈夫的表情可以看出，他根本不会在意，每次他看她的时候，脸上都会发出不一样的光彩。

她的乐观善良弥补了她的缺陷，使她成为一个受欢迎的女人。有一位单身男人就很诚实地说过，如果必须在两种女人中选择一种作为伴侣——一种是活泼开朗，但是不够忠实的女人；另一种是守身如玉的悍妇——他承认会毫不犹豫地选择前一种！

著名的专栏作家桃乐丝·迪克斯也曾经写过，男人在寻找伴侣的时候，最注重的是对方性格的好坏。女人和男人相处，不管对方是丈夫、老板、工人还是3个月大的儿子，一定要特别注意自己的性格，这比你穿衣服的方式更加重要。男人宁可在欢乐的氛围里吃罐头，也不愿意和爱唠叨、脾气暴、不停发牢骚的女人一起吃牛排。

2. 做个好伴侣。

弗罗伦斯·梅娜太太居住在纽约州的一个小镇，是个普通的家庭主妇。在结婚后的前16年，梅娜太太一直全身心投入到家庭中，却总是感觉生活中缺少些什么。后来，她终于明白她的生活缺少什么了，就是与丈夫缺少一份像朋友一样的情谊。

后来，梅娜太太意识到自己之所以和丈夫感情平淡，是因为她和先生没有任何共同爱好，因此她决定采取一些行动来改变自己现在的状况。

我们来看看梅娜太太对这段经历的叙述："我先生特别喜欢曲棍球职业赛，所以我决定想办法让自己也爱上曲棍球。在我还没确定这么做是否正确之前，我竟然对曲棍球有了很大的兴趣，和我先生一样，每次都激动地等着看球赛，而且现在是我负责找节目表，就是怕错过精彩的球赛。现在，我不但有了自己的兴趣爱好，而且和丈夫有了共同的爱好。除了曲棍球以外，我还了解到先生其他几种爱好，在结婚16年后，我终于可以和丈夫一起分享快乐了。"

梅娜太太通过培养和丈夫一样的兴趣，成了丈夫的好伴侣，不仅加深了夫妻感情，也使得丈夫从他们的婚姻中得到了更多好处。同样受益于伴侣的还有美国高尔夫公开赛的冠军杰克·佛烈克，他曾经写过这样一篇文章，内容是记录他怎样在艾奥瓦州的戴文波拿下两个高尔夫球场的承让权。那时候，他必须同时安排好两个球场，又必须准备自己的比赛，工作十分辛苦。后来，他与来自芝加哥的琳·伯恩斯黛结婚，情况就好了很多。琳让杰克全身心地投入到比赛中，自己担负起照顾球场的工作。1952年，琳、杰克和他们13个月大的儿子格雷一起去参加比赛。后来杰克投身于棒球事业，琳就在家照顾孩子。因为杰克说过："我不想琳跟着我在球场上受累，你们见过邮差在送信的过程中还带着他的太太吗？"虽然琳没有参与杰克的比赛活动，但是她经常到现场为他加油，她是杰克最好的伴侣。有个女学员曾经跟我讲述她是怎样学习成为丈夫的好伴侣，来帮助丈夫完成他的梦想的。

3. 学会倾听。

专心致志是一个好听众必须具备的精神状态。在倾听别人讲话时，千万不要心里想着明天的事情，或者想你喜欢的新衣服。如果你能认真听讲，一定能从对方的讲话中学到新的东西。当你倾听时，心情一定要放松，保持自然的状态，千万不要让讲话的人感觉是在和僵尸讲话一样，不敢发表任何意见。听说，最让舞台剧导演头痛的事情，就是训练演员倾听另一位演员讲话，如果你想让和自己相处的男人高兴，可以试试用这种方式来训练一下自己。

此外，一个好听众不但要认真听讲，还要知道如何合作。以前好像有这样一个说法，假如你想让男人高兴，那么就在他吹牛的时候，用非常佩服的眼神望着他，而且吃惊地说："天哪，你果然是天才，简直不敢相信啊！"不过现在，这些台词一定要改一下。因为很多女人都非常相信这个说法，这个招数好像用了很多次，所以已经不是特别有效果了。聪明的男人一看就知道哪些女人是在认真倾听，哪些女人是在敷衍了事，仅是讨他喜欢罢了。因此，现在假如你要得到某个男人的真心，或希望得到他更多的关注，千万不要继续以前那种容易被看穿的招数，而是真正成为一名聪明的倾听者。

很多女人在这方面做得很差，是因为她们不懂得倾听的艺术，总以为倾听就是坐着一动不动，必须一直保持安静，让对方尽兴地讲。倾听的方式非常重要，可以鼓励讲话人讲出完整的意思，所以，倾听并不是一直保持沉默，当他讲话时，你可以偶尔说几句话，表明你在认真听，而且希望得到更多信息。

或者，也可以试着提出一些建议，来鼓励对方继续他的讲话。如果你对他讲的话题有其他的想法，就要在他讲完整件事后再提建议，不要中途打断，而且要简单明了，以最短的时间把发言权交给他。要这样倾听，才可以避免让谈话变成独角戏，从而成为两个人真正进行一次经验交流的完美沟通。有很多人不能成为一名好听众，是因为他们没遇到这样的练习机会，只要经常练习，一定可以进步。懂得如何倾听的人一般也是优秀的讲话者，因为听和讲是一体的，倾听的技巧可以加强谈话的表现。

倾听的艺术不但可以帮助我们更好地和男人相处，而且和其他任何人相处也是一样的。它还能帮助我们变得成熟——因为，这是我们一直学习的最好途径。

4. 增强适应性。

"今天晚上我们邀请吉姆和梅波过来聊天好吗？"男人说道，"我们很长时间没有看见吉姆了。""可以啊！"他的妻子回答说，"我觉得，最好叫上海伦和汤姆，因为他们已经邀请过我们两次了，没错，海伦的妹妹正好来拜访他们，我必须给她请个男伴。你最好下午到超市买一些啤酒，还有脆甜的乳酪，我先通知他们，然后去化妆换衣服，当然还得买东西，你可以在我换衣服的时候把地毯清理一下吗？"这时候，男人肯定非常后悔自己有点儿多事，起初只是想和几个很长时间没见面的老朋友聊聊天，现在可好，竟成了大型晚宴。

女人通常没法接受突如其来的兴致，除非是她们想自己买东西。男人对这一点很难理解。他们无法想象为什么到剧场看戏，女人都要提前几个星期就开始准备。或者，偶尔他提议周末到乡下去，而妻子却总是说没有衣服穿。到最后他会把郊游延到下个星期，以便她可以有时间通知送牛奶的人。

实际上，面对这些突发状况，女人如果用“好啊，让我们一起……”来代替“好的，可是……”，又有什么损失呢？没有。我认识一位开朗的妻子，她的丈夫非常喜欢几天的短假期，经常会看一些旅游的宣传，看完介绍之后，就突然来了兴致说：“亲爱的，准备行李，我们明天去百慕大旅游！”她的妻子非常了解他，就立刻准备泳装，装进行李箱，把家里的长尾鹦鹉交给邻居看管，打电话通知取消所有约会，然后就等着第二天早晨坐船出发，她觉得这样做起来没有任何问题，任何一个妻子只要练习，就会和她做得一样好。

以前的女孩若是在最后一刻答应男孩的邀请，那是相当没有面子的。因为，那表示自己在最后一刻也没有收到别人的邀请。但是，为了体面，女孩经常失去很多乐趣。换句话说，为什么男孩总是到最后一刻才来约你呢？是不是之前也约过别的女孩呢？这样正好可以证明：他的第二次选择才是最好的，这属于适应性。假如你能顺从男人的心，就可以赢得他的心。

5. 要能干，但不要过于能干。

现在，有许多女性都有了自己的工作和事业，这使得她们又多了一条麻烦：如何实现自己在生活和工作中的角色转换。一位女学员跟大家讲述过她是怎样因为太能干而失去了自己心爱的人。白天这个女孩在公司上班，在公司任职经理级别的职位，负责办公室的计划和运作。她工作非常认真，而且大公无私。“我总是在约会进行一半的时候去工作。”她承认，“我还经常对他指手画脚，让他做这个做那个。比如，在晚餐时我让他吃腌肉或肝，来治疗贫血，他几乎没有机会向我表示浪漫，就像帮我脱掉外衣或者摆好椅子等等，因为我总是很忙碌，早就习惯了自己来完成这些事情。我不仅能干，而且是过于能干了！这让他根本没有插手的机会，所以我失去了他。”

参加工作的女性一直为工作操劳，为了事业的成功，就连和心爱的男性在一起的时候，都会因为忙碌和独立而忘记了自己的身份。一向很挑剔的男人，他们不仅要吃蛋糕，还要求要有营养，意思就是，他们不但希望女孩有气质，长得漂亮，而且要求头脑灵活，最好还要有一份稳定的收入！

我和很多女人一样，也是在失恋之后，才慢慢明白这一点：不能让他感觉和你在一起很压抑，把你的能干用在工作中，仅让上司看到你的能干就好，但是下班后，一定让你的男友明白他是和一个女人在一起，而不是一个大脑。

很多年前，我和一位年轻的男人谈恋爱，有一段时间非常和谐，那个时候，我负责一些地方性的政治事务，大部分时间都干这个了。当我不开会的时候，就会和男友在一起，并和他聊一聊哪位法官说了什么，他是在表达什么意思，或者某些政府官员犯了什么错，等等。有一次，他开口说：“你曾经是一个非常好的女孩，现在居然成了活动宣传单，如果我特别想听政治性演讲，我会给我的议员写信，但是此刻，我只想和一个女人在一起，来让这个夜晚更加愉快。”

后来，他和一个身材窈窕的女人结了婚，婚后生活非常和谐。他的太太很会料理家务，而且一直记得自己是个女人。

6. 向世人展露真实的自己。

在男人看来，一位60多岁的女人穿着活泼的少女装，脚上是3寸高的皮鞋，头上是一顶非常流行的假发，这可能是世上最可笑的事情了。在很多可悲的事实中，这一类招摇过市的女性，她们不喜欢成熟，可以说是最可悲的事情。因为她们觉得女人最迷人之处，是年轻漂亮，所以想尽一切办法天天保持29岁，每次看到这样的女人向男人眉目传情的样子，你的胃部都会很难受。

因为这与成熟这一原则相违背，没有保持自己的真实面目。有时候，一个温柔安静的女孩，因为觉得爽朗的笑声会增加吸引力，就用酒精或者其他行为来达到这个目的。

其实，这些想法只是女性单方面认为的。男人会分辨出女人本来的天性是什么，而不是伪装。想通过改变个性或者穿漂亮的衣服，梳迷人的发型来捕获男人的心，这些都是幼稚的想法，男人不会就此忘记你的本来面目。

相反，没人能改变自己的个性。我们天生的个性有什么错呢？我们必须摘掉假面具，发挥出真实的品质。我们可以加强自己的优点，然后慢慢改变缺点，这样才能表现出真实的最好的自己。这是每个人都可以做的，无论是什么性别。

7. 不要因为性别而痛苦烦恼。

不知道是谁发明了“两性战争”这样的名词，可以想象他是碰到了很大的麻烦。我一直不明白为什么两性之间总是“战斗”，难道是因为性别不一样吗？实际上，这世间有很多重要的事情才是值得我们去进行战斗的！

有些女人视男人为敌人，觉得他们总是利用自身条件占女人的便宜。这些女人自然不会去迎合男人。实际上，她们根本不在乎，因为她们一点儿也不喜欢男人。

女人必须先爱自己，这样才能和男人相处得合理、和谐。她一定要接受先天的条件，在人类社会中扮演特殊的角色，并要尊重女人必须承担的基本功能。拒绝担负女性本能的女人，不是说一般的“处女”，从我自身的经历中得知，有很多的未婚女性，不仅心理非常健康，而且待人处事态度十分成熟，非常有魅力。相反，很多已经结婚的女人，总是抱怨“因为是女人竟然成为二等公民”，或者说“大自然创造的两性，真是太偏心了”这种容易引起两性战争的话。

是否结婚对一个人能否愉快地承认自己的性别没有任何影响，起到影响作用的是这个人的心理态度和情绪。如果一个人无法接受自己的性别，那么两性之间的幸福就很艰难，反而会把珍贵的时间都用在了战斗中。

很难用一个简单的公式来向人展示该如何与男人相处，根据每个人的见识多少、个性好坏而有所不同。不过，本文所讲的一些原则，至少告诉大家应该怎样彼此了解。男女不应该是仇人。为了建立更加美好和谐的关系，男女双方应该一起携手，用爱和友谊作为基础，来达到更加和谐的理想境界。

所以，如果你想保持家庭的幸福和谐，务必谨记八条法则：学会和男性的相处之道。

卡耐基经典成功励志全集

卡耐基
人际心理

[美]戴尔·卡耐基◎著　高　洁◎译

哈尔滨出版社
HARBIN PUBLISHING HOUSE

图书在版编目（CIP）数据

卡耐基人际心理 /（美）戴尔·卡耐基著；高洁译
.—哈尔滨：哈尔滨出版社，2017.6（2017.7 重印）
（卡耐基经典成功励志全集）

ISBN 978-7-5484-3341-5

Ⅰ.①卡… Ⅱ.①戴… ②高… Ⅲ.①心理交往—通
俗读物 Ⅳ.①C912.11-49

中国版本图书馆 CIP 数据核字（2017）第 070377 号

书　　名：卡耐基人际心理

作　　者：【美】戴尔·卡耐基　著
译　　者：高　洁
责任编辑：任　环　张　薇
责任审校：李　战
封面设计：鹏轩文化·邵士雷

出版发行：哈尔滨出版社（Harbin Publishing House）
社　　址：哈尔滨市松北区世坤路 738 号 9 号楼　　**邮编：**150028
经　　销：全国新华书店
印　　刷：湖北卓冠印务有限公司
网　　址：www.hrbcbs.com　　www.mifengniao.com
E-mail：hrbcbs@yeah.net
编辑版权热线：（0451）87900271　87900272
销售热线：（0451）87900202　87900203
邮购热线：4006900345　（0451）87900345　87900256

开　　本：787mm × 1092mm　　1/16　　**印张：**62.5　　**字数：**1180 千字
版　　次：2017 年 6 月第 1 版
印　　次：2017 年 7 月第 2 次印刷
书　　号：ISBN 978-7-5484-3341-5
定　　价：98.00 元（全五册）

凡购本社图书发现印装错误，请与本社印制部联系调换。　**服务热线：**（0451）87900278

Preface 前言

戴尔·卡耐基是美国著名的人际关系学大师，西方现代人际关系教育的奠基人。与此同时他也是美国著名的企业家、演讲口才艺术家，他还被世人冠以“20世纪最伟大的心灵导师”以及“成人教育之父”的名号。他通过演讲和写书唤起了无数迷茫者的斗志，鼓励他们取得辉煌的成就，他的名字可谓家喻户晓。

事实上，卡耐基的一生并不是一帆风顺的，相反，他经历了很多坎坷。他曾告诉过自己的朋友：“我的一生都被忧愁充斥着，我一直想搞清楚自己为什么会忧愁。有一天，帮母亲摘取樱花的种子时，我突然哭了起来。母亲问我：‘你为什么哭泣？’我一边擦着眼泪一边回答：‘我害怕自己会像种子一样被埋在土里。’小时候的我，害怕的事情有很多：下雨打雷的时候，我担心会被雷劈死；没有什么收获的时候，我害怕会被饿死；我还害怕以后自己会下十八层地狱。等我稍微年长一些后，我担心的事情就更多了：我担心身上穿的衣服以及自己的言谈举止会被女生嘲笑，我还害怕没有女生想嫁给我。然而后来我便发现，我以前担心的那些事情，百分之九十九都没有发生。”很难想象，一个曾经如此没有自信、被各种各样的事情困扰着的人，最终能够成功地鼓励别人，给别人自信，成为让人们乐观的心理激励大师。卡耐基在这期间需要经历多少磨炼呀！

卡耐基关于人际关系的思想拓宽了我们的视野。不仅如此，读者还可以使用《卡耐基人际心理》一书中的法则来有效地克服社交困难，改善人际关系，获得他人的好感，激发自己的潜能，自信、积极地面对人生中各种各样的困难与挑战。

卡耐基的思想和观点对同时代的美国人有着深刻的影响，甚至改变着世界。当经济不济、处境艰难时，卡耐基的精神和思想成了人们不再迷茫与彷徨的有力支撑。如今，卡耐基对人际心理的洞见，依然帮助许多人改变思想、完善行为、走向成功。

《卡耐基人际心理》总结了卡耐基有关人际关系的所有思想，本书主要致力于改善人们的人际关系，帮助人们更好地在人际交往中发挥自己的优势。

该书分为六大篇，第一篇主要讲述了怎么克服社交心理障碍，让读者能够更清楚地了解人性；第二篇的主要内容为教会读者怎样做一个成熟的人，因为在社交这个大平台上，只有思想成熟的人，才更容易赢得他人的喜爱；第三篇的重点在于让读者能够掌握语言这门艺术，进而结交更多的好朋友；第四篇便是介绍怎样控制自己的情绪；第五篇则帮助读者在社交中做一个被他人喜欢的人；与此同时，第六篇还告诉读者在职场上应如何与人相处。

总而言之，如果你想在人际关系方面有所提升，成为一个人见人爱的人的话，那就阅读此书吧！相信你在看完本书后，会有一定的收获的。你还在犹豫什么？赶快翻开此书，认真地从第一页开始阅读，细细品味卡耐基的思想奥妙吧！

第一篇
卡耐基人际心理

第二篇
如何让自己变得更加成熟

第三篇
如何在人际交往中运用语言艺术

第四篇

如何避免情绪的波动

第五篇

如何让别人喜欢你

第六篇

在职场中与人相处的艺术

第一篇

卡耐基人际心理

1 克服孤独的心理障碍

卡耐基名言

1. 一个人之所以会感到寂寞、孤独，是因为他不明白爱和友情都是要靠自己争取的，而不是从天上掉下来的。

2. 幸福不能依赖别人的施舍，需要自己去努力争取，证明自己的价值，赢得他人的接纳、欢迎和喜爱。

如今，现代人的生活节奏越来越快，时代也越来越进步，然而有一种感觉却愈加普遍，人们大都有孤独感。心理专家认为，孤独感是人正常的一种情感体验，由于现代人在人际交往中越来越表面化、程式化，很少与他人打开心扉，说说心里话，所以才会普遍有这种感觉。

加利福尼亚州奥克兰的密尔斯学院院长林·怀特博士曾经在一次女青年聚会的晚宴上发表了一段很吸引人的演讲。其中提到了现代人的孤独感，他说："20 世纪什么感觉最流行？孤独感。借用大卫·里斯曼的话说，我们这些人可以称作'寂寞的一群'。随着人口的迅速增长，人一个个汇集在一起，犹如广袤的海洋，根本无法仔细分辨身份……人类生活在这样一个'别具一格'的大环境中，加之政府或者企业的工作模式，人们需要经常变动工作地点，这导致人们的友谊无法长久维系，整个时代就犹如进入了冰河时期，人们的内心再也感觉不到温暖，满是冰冷。"

一个人之所以会感到寂寞、孤独，是因为他不明白爱和友情都是要靠自己争取的，而不是从天上掉下来的。一个人只有付出很多努力和代价，才能融入一个集体，被他人接受，得到别人的欢迎。只有尽力去做些改变，才能获得别人喜欢我们的可能。

几年前，一个乳臭未干刚拿到大学毕业证的青年，一个人来到繁华大都市纽约，准备在这里实现自己的宏图大志，也为这城市增添一丝光彩。这青年眉清目秀，英俊潇洒，不仅接受过良好教育，还有自己独特的经历，他对自身的条件感到十分满意。一切安排妥当之后，白天他参加了一个销售会议，晚上他突然感到孤单。他不想一个人去吃饭，更不喜欢一个人看电影，也不想打扰那些已经结婚的好朋友。或许，我还可以帮他再加上一个理由——他嫌麻烦，不希望任何女孩纠缠自己。

当然，他这样一个优秀的青年也想早日遇到梦中情人。但是他的梦中情人绝对不能是从什么酒吧或者单身派对上随便碰到的姑娘。于是，他只能在这个繁华的大都市里，独自抱紧被子，度过寂寞寒冷的夜晚。

我十分了解大城市的生活，有些时候比小村庄更让人感到孤独寂寞。我更了解的是，如果你在一个大城市里生活，你需要花更多的心思去交朋友，试着让你的朋友接纳你、需要你。当你想去一个大城市发展之前，请想好你以后的生活，特别是你下班之后的时间——要怎么打发你的私人时间。当然，大家都想和跟自己有相同兴趣爱好的人一起做点什么，但是，首先你要知道如何伸出友谊的手。

其实你可以做很多事，当你第一次到一个完全陌生的地方，你可以去教堂做礼拜，找一些感兴趣的俱乐部——这些都可以帮助你认识更多的人。如果你想提升自己，还可以学习一些成人教育的课程，在学习中还能找到有着相同目标的同伴，何乐而不为？但是，如果你经常一个人去饭店吃饭，又或者去酒吧买醉，那你理所当然得不到任何朋友。你需要制订个计划并且落实，认真去做些事情。大家都知道纽约的地铁可以称得上是世界上最大的地下交通网，但是如果你连一枚硬币都不投进去，就无法跨越旋转门，那再庞大的地下交通系统于你而言都是毫无意义的。

在这一点上，我认识的两个女孩中的一个就做得比较好。她们一起住在纽约东区的一间小公寓里。两个女孩都年轻漂亮，还有着薪水不错的工作，她们俩都希望自己有朝一日能走上人生巅峰。我被其中一位女孩的智慧深深吸引，特别是以她这么小的年纪来说。她仔细安排了自己的业余生活，并详细计划了自己的未来人生。她认为这是居住在大城市的姑娘——特别是单身姑娘所必不可少的。除去上班时间，在她的业余生活里，她定期到一家教会参加各项活动。她加入了一个自己感兴趣的研讨会，还选修了一门可以改进人的性格的课程。她工作所赚的薪水差不多都拿来与人交往，从而创造了美妙多彩的生活。

她虽然有很多休闲娱乐活动，但是对于社交关系十分谨慎，特别是避免大量暧昧不清的男女关系。

一个年纪轻轻的小姑娘，只身到纽约，初来乍到的她也会经常感到寂寞。试问，哪个姑娘不会感到寂寞呢？但是，她和那些寂寞的男人不一样，那些男人在海里游了半天，最后却只找到一块海绵，吸饱了水的海绵早已无法吸走他们身上的寂寞。而这个女孩知道，她一定要有自己的计划。现如今，她已成为我的朋友，我们经常互相拜访。她和一位优秀的年轻律师结了婚，生活得十分快乐。她也终于实现了她想要的目标——幸福和快乐的生活。

那另外一个女孩呢？起初，她也感到孤单寂寞，但是她没有合理安排生活。她喜欢在酒吧或者娱乐会所结交朋友，最后也参加了一个俱乐部——帮助人们戒酒的“戒酒俱乐部”！可见恰当地安排生活是多么重要。

现在我们来讲另外一个故事。

在波光粼粼的地中海水面上，有一艘美丽的游轮正在缓缓前行。游轮上既有已经结婚正在度蜜月的甜蜜夫妇，也有一些单身新贵，他们开心地跟着乐队的伴奏翩翩起舞。其中有一位单身老妇人格外引人注目。老妇人已经六十有余，但是看起来很年轻，始终面带微笑地随着音乐舞蹈。这位单身老妇人有着和我的一位朋友同样的遭遇，也因为意外失去了丈夫。但是这位老妇人能够抛开伤心回忆，勇敢开始新的生活，终于迎来了人生的第二春。她深思熟虑之后做的决定，给她的后半生带来了积极的影响。

她的丈夫是她这一生最爱的人，曾经是她生活的中心，但是现在她深刻地明白，这一切都犹如过眼云烟。值得庆幸的是，老妇人一直有一个自己的爱好——画画，特别是水彩画。在丈夫离开之后，画画便成了她的精神支柱。渐渐地，她的悲伤情绪在画画中得到宣泄和释放，终至平息。因为老妇人的天赋和努力，她的画得到很多人的欣赏和认可。她也开了自己的工作室，经济上做到了完全独立。

在很长一段时间里，她发现自己很难和其他人交流，甚至丧失了说出自己想法和感受的能力。以前她的丈夫是她生活的重心，他们恩爱有加无话不谈，她的丈夫既是她的伴侣，又是她努力生活的力量来源。当她失去丈夫之后，她发现自己已经无法和其他人打成一片。她深知自己相貌平平，家境一般，因此在那段绝望孤独的时光里，她一直扪心自问：怎样才能让别人接纳她，需要她？

后来，她终于找到了答案——她努力把自己变成可以被人接纳的形象。她学着去奉献，而不是站在原地等着别人主动来找她。明确了这一点之后，她擦干眼角的泪水，露出灿烂的微笑，让画画占满自己的时间。她也抽空去亲朋好友家做客，努力营造欢快的气氛，但是绝不久留。没过多长时间，她逐渐成为大家欢迎的对象，有很多朋友邀请她到家里共进晚餐，还有人邀请她参加各种聚会，甚至社区会所还邀请她举办画展。她参加各种活动，所到之处都是一片欢声笑语，给人留下了美好的回忆。

就是因为她参加了这个游轮公司举办的“地中海之旅”，我和她才会相识。在这次旅程中，她是每一个人都想亲近的人。她不仅友善得让人无法拒绝，还识大体，绝不紧缠着人不放。整个交谈过程中，老妇人自然亲切，很多人折服在她闪闪发光的人格魅力之下。很快，旅程接近尾声，在最后一晚，老妇人的船舱是整个游轮最热闹的地方。大家都来和她聊天，告别。老妇人自然而不做作的风格，让每个人印象深刻，并且心甘情愿与之结交。

在这次旅行中老妇人收获了很多朋友，随后她又参加了很多次这样的旅行。她深知只有自己努力迈开一大步，跨进不一样的生命之河，把自己奉献给需要的人，她才算是开始了新的生活。大家都愿意和她亲近，和她做朋友，她去的地方到处洋溢着友善的味道。

爱情、友情或是那些欢乐时光，这些都不是一张薄薄纸片上的文字所能承载的。我们需要勇敢地面对现实，不管是失去了丈夫还是失去了太太，活着的另一个人都有权利继续坚强地生活下去，并且要更加快乐，因为你要相信天堂里有另一个人会因为你的快乐而快乐。还有一点我们必须明白：幸福不能依赖别人的施舍，需要自己去努力争取，证明自己的价值，赢得他人的接纳、欢迎和喜爱。

相反，如果你一直沉浸在自己的痛苦中无法自拔，不仅会给周围的人带来痛苦，还会让自己一直处于孤独之中，痛苦不已。相信接下来我所讲的案例会让你更加理解这句话的含义。

五年前，我的一位好朋友因为意外永远失去了她亲爱的丈夫。她天天以泪洗面，悲痛欲绝。从意外发生的那一刻起，她便犹如陷入了万劫不复的深渊。和成千上万有着类似经历的人一样，她日日夜夜挣扎在孤独的痛苦之中。一个月之后的一天夜里，她泪眼婆娑地来找我，向我寻求帮助，她带着哭声问我："我可以做点儿什么呢？哪里是我的家？我以后的日子还会幸福吗？"

我用尽全力安慰她，努力向她解释：她现在之所以痛苦不安是因为意外失去了丈夫，年过半百之时就失去了自己心爱的另一半，这不幸的遭遇放在任何人身上都是令人悲痛不已、难以自持的。但是随着时间的流逝，忧愁、烦恼、不安、苦难也会消失，她也将在痛苦的废墟中重建自己的小幸福，开始完全不同的新生活。

然而她瞪着通红的大眼睛绝望地对我说："不！我不认为我还会幸福了。你看，我已经老了，我的孩子都长大了，有了自己的事业和家庭。我还可以去哪里呢？"我可怜的朋友患了厉害的自怜症，并且谁都不知道这种病怎样治疗才能痊愈。很多年过去了，我的朋友一直郁郁寡欢，心情没有丝毫好转的迹象。

记得有一次，我实在看不下去她这样消沉，便主动对她说："我觉得，你不要特意引起别人的怜悯和同情。不管之前发生了什么，都已经过去了，你现在应该重建自己的新生活，多出去走走，认识新的朋友，培养一个以前没有的兴趣，而不是像现在这样永远活在痛苦的记忆里。"她显然没有听进去我的建议，一直活在她自怨自艾的痛苦里。再后来，她决定搬去和一个结了婚的女儿一起居住，她自认为她的孩子应该为她的幸福买单。

但是，事情发展得很不顺利。她和女儿都陷入了痛苦记忆的深渊，一开始只是简单地争吵，后来矛盾升级，母女翻脸，以至于无法继续一起生活。于是这个老妇人又搬到儿子家里住，依然不顺利。最后，孩子们决定给老妇人买一间公寓让她自己居住，争吵虽然没有了，但是这也没有解决老妇人的根本问题。她一个人孤零零地住在公寓里，愈发孤寂。

直到有一天，她跑来向我哭诉：所有的亲人都离开她了，她的丈夫离她而去，她的孩子不和她一起居住，没有人理会她这个老妇人了。自从她丈夫离开之后，这位老妇人再也没有过过一天开心快乐的日子，她深深地认为全世界都要为她丈夫的离开负责，全世界都应该为了这亏欠而补偿她。她虽然今年已经61岁了，但是情绪脆弱得像个儿童。她的遭遇确实令人感到同情，但是也让人看到她自私的一面。

为什么我的好朋友与我在船上遇到的那位老妇人有着一样的遭遇，可结局却如此不同呢？我想大概是因为我的好朋友无法像那位老妇人一样从孤寂和痛苦中走出来，勇敢地去争取爱和友情吧。

所以，我们只有从自怨自艾的阴影中走出，大步向前地走进充满光明的人潮，才能真正克服孤独带来的各种困惑。我们应该走出去，去遇见新的人，去交新的朋友，去体验不一样的生活。我们要开心地走到世界的各个角落，给别人分享自己的快乐。很多资料以及数据统计都显示，大部分已婚女子都比自己的另一半寿命长。然而，当另一半过世后，这些妇人很难开始新的生活。这一点在男性身上表现出了不同，男人需要一直工作赚钱养家，这种工作需求迫使他们不得不大步向前，继续生活。在一般家庭中，丈夫比较强势，富有进取性，而妻子主要以家庭为重，相处对象也主要是家人。这就导致女性对独立生存，追求全新生活，没有任何心理准备。但是，如果女性有了决心，勇敢地开始新生活的话，她们照样可以做到远离孤寂和痛苦。

所以，在人际交往中，如果你想远离孤独，走出孤独的阴影，那么你就要记住这句话：

幸福不能依赖别人的施舍，你要自己努力，去赢得别人对你的需求和爱。

2 积极社交，与人倾诉

卡耐基名言

1. 倾诉是人自出生以来就具有的一种本能，是与生俱来的。

2. 我们在与人交往时，不要因为任何压力或是致使自己情绪低落的事情，就将自己封闭起来，开始沉默寡言，羞于开口。

倾诉是人自出生以来就具有的一种本能，是与生俱来的，它能够帮助人们发泄自己的感情。可是生活中有很大一部分人因为各种原因，例如工作压力或者是家庭中烦琐的小事，自发地抑制了自己的这种能力，将其丢弃在一旁，进而将自己的感情憋在心里。时间久了，不仅朋友之间的感情冷淡了，还滋生了很多心理疾病，大多数人表现出来的心理问题就是忧虑。因此，我们在人际交往中，学会与人倾诉相当重要。

曾经有一位女士在倾诉完她的烦心事以后，感觉到前所未有的解脱，这是我的助理亲眼所见。这位女士有很多家庭烦恼，刚开始谈论这些问题的时候，她紧张得好像一个压紧的弹簧，随着不断倾诉，她慢慢地平静了下来。等把心事说完以后，她的脸上竟然出现了笑容。事实上，她所说的问题并没有得到解决，也是不容易解决的。让她发生巨大变化的主要原因其实是有着强大治疗功能的语言。因为她在和别人谈论的时候，得到了些许忠告和同情。

从某种意义上来讲，具有治疗作用的语言其实就是心理分析的基础。从弗洛伊德时代开始，心理学家就很清楚：一个病人，只要他能够说话，哪怕只是单纯地说出来，就能消除他心里的焦虑。这是什么原因呢？或许是因为问题被说出来以后，我们就可以更加深入了解它，然后就能找到最佳的解决办法。虽然不知道真正的原因是什么，但是我们都知道“倾诉”或者“发泄心中的郁闷”确实可以让人马上感觉到舒畅很多。

一年秋天，波士顿开设了一个世界范围的非同寻常的课程。这个课程的正式名称是应用心理学，每个星期开办一次，参加课程的病患在开始之前都必须定期进行彻底的身体检查。实际上，它就是一项心理学的临床试验，真实的目的是治疗一些因为忧思过度而生病的人。这些病人大部分都是精神上受到困扰的家庭主妇。

之所以开设这样的课程，是因为威廉·奥斯勒爵士的学生——约瑟夫·普拉特博士发现很多来波士顿医院就诊的病患生理上其实一点儿毛病都没有，但是他们还是感觉自己有某种病的症状。有一个女士没有办法使用自己的双手，因为她认为自己得了关节炎；另一位则感觉自己得了胃癌，受尽折磨；其他人则有的感觉背疼、头疼，或者是经常感觉劳累和疼痛。尽管最全面的医学检查发现，这些女士其实没有任何生理疾病，但她们还是能够真切地感受到这些病痛。于是，很多经验丰富的医生就会说，这其实是一种心病——心理作用。

但是，普拉特博士却认为，单纯地叫那些病人“回家去吧，不要再去想这些烦心事”是没有用的。这些女士谁也不希望自己得病，普拉特博士认为要是她们可以轻易地忘掉这些痛苦，又怎么可能拖到现在呢？那么，到底有什么办法可以让她们好起来呢？

虽然很多医学界的人都对这个课程表示怀疑，但是结果却出人意料。在这个课程开设的十八个年头里，无数病人因为参加这个课程而恢复健康。一些病人已经参加课程好几年了，差不多和去教堂一样虔诚。有一位女士，她一直坚持参加了九年，几乎没有缺席过。据她所说，当她第一次参加这个课程的时候，坚信自己患有肾病和心脏病。她非常焦虑和紧张，有时候甚至会突然看不见东西，总是担心自己会失明。但是现在，她不仅心情愉快，而且充满了自信，最重要的是身体非常健康。她看起来 40 岁上下，可其实她已经是哄孙子睡觉的年纪了。

罗斯·希尔费丁医生是这个课程的医学顾问，她认为缓解焦虑最佳的药就是“和你信任的人谈论自己的问题”，我们把这种做法称为净化作用。她说：“病患来到这里，可以尽情地谈论她们的烦恼，直到她们把这些烦恼从自己的大脑中全部清除出去。如果一个人总是把烦恼憋在心里，不想告诉别人，就会导致精神上的紧张。我们可以让他人来分担自己的苦恼，同时也要分担他人的焦虑。我们必须要明白：在这个世界上有人愿意倾听我们的话语，了解我们的心事。”

我们在与人交往时，不要因为任何压力或是致使自己情绪低落的事情，就将自己封闭起来，开始沉默寡言，羞于开口。相反，应该克服这一心理障碍，积极地与自己的朋友、家人或是同学进行倾诉。

3 宽恕对方，也是宽恕自己

卡耐基名言

1. 宽容心态是梳理人际关系的润滑剂，学会宽容，能让我们更豁达。

2. 在人际交往中，为了我们自身的健康和欢乐，我们可以选择宽恕对手的过错，忘却怨恨。

3. 宽恕别人，就是宽恕自己。

在与人交往的过程中，难免会遇到很多让人生气的人或事，这时，我们就应该学会宽容，有些该过去的事情就让它过去，而对于那些与我们有冲突的人，我们应该学会宽恕对方，实际上，这也是在宽恕自己。宽容心态是梳理人际关系的润滑剂，学会宽容，能让我们更豁达。因此，哪怕我们无法做到去喜欢自己的仇敌，但是我们起码能够做到喜欢自己多一点。我们不应该让怨恨破坏了我们原本喜悦的心境，更不应该让怨恨损害到我们原本健康的身体。从反面来讲，假如我们的仇敌知道我们因为对他们的仇恨而使自己的身体和精神疲惫不堪，并且还坐立不安，甚至患上了心脏病，更甚者因此丧命的话，他们就会为此拍掌叫好！因此，宽恕对方，也就是宽恕自己。

根据《生活》这本杂志的调查报告显示，报复情绪对你的健康极为不利，一个长时间满腔积怨的人容易患高血压和心脏病等疾病。

我有一位朋友近期患上了非常严重的心脏病，医生告诫他要卧床休息，不管遇到任何事情都不要生气，因为按照他现在的病情来说，一生气也许就会让他失去性命。在这家医院中曾经就有一位心脏病人由于生气而丢了性命。这样的事情屡见不鲜。

写到这儿，我突然想到了一个有关宽恕别人的很好的例子。

在第二次世界大战期间，有一位名叫乔治·勒瓦的律师从奥地利维也纳逃到了瑞典。那时候，他身无分文，迫切需要找到一份可以维持生计的工作。但是，他除了了解一些自己国家的法律之外，几乎什么都不会。思来想去，只有一个特长能够帮助他找到一份工作，那就是略懂一些瑞典的文字。于是，他给很多瑞典公司寄去了自荐信，想要找到一份文秘的工作。

有的公司回复他说战事还在持续，他们不需要像他这样的员工；有的公司告诉他目前没有适合他的工作岗位，不过他们已经将他的求职信存入档案，一有适合的时机就会……让乔治·勒瓦始料未及的是，居然还有一家公司的经理回信对他进行辱骂，信中这样写道：你根本不明白我所做的生意，还妄想我能为你提供一个机会？我绝对不会雇用你这样的笨蛋！你连瑞典的文字都写不好，信中通篇都是错字，就算我真的需要雇人，也不会找你这样的人。

乔治·勒瓦在收到这样的回信后，快要被气疯了。他怒气冲冲地坐下来，打算给那位经理回敬一封信，好痛痛快快地把他臭骂一顿，宣泄一下心中的愤怒。但是，乔治最后还是放弃了这么做。他放下笔告诉自己：“等一下！我怎么能确定他的说法是错误的呢？或许我真的有语法上的错误，虽然我已经学习了瑞典文，但是那也没有他们对自己本国的语言熟悉啊。假如他说得对，那么，我要是还想靠这种技能讨生活的话，还得再努力学习才行。如此看来，这个人可以说是对我起了很大作用，虽然他并不是这样想的，只是为了侮辱我一顿，不过我还是应该谢谢他。”于是，乔治·勒瓦把刚才写的骂人的信撕掉了，重新写了一封，信的内容是这样的：对于您能够在百忙之中给我回信我深表感激，同时谢谢您能够坦言您并不需要一位会写信的文秘。除此之外，对于我自己对贵公司的业务不了解这件事，我深表歉意！我之前听别人说，您在这一行业是领军人物，才鼓足勇气向您写了自荐信。不过我确实不知道自己的信中有语法方面的问题，对此，我感到羞愧和难过。与此同时，谢谢您能对我的错误加以斧正。为了能够更好地在贵国与人打交道，我正在更加努力地学习瑞典文。

几天后，乔治·勒瓦收到了这家公司的来信，该公司在信中请他到公司和经理见面。当然，这是乔治梦寐以求的事情，他去了之后，成功地获得了一份工作。乔治从这次求职事件中得出了一个结论：和善的回答往往是消除愤怒的最佳途径。

或许我们不会那么无私地去喜欢自己的对手，但是从私人方面讲，在人际交往中，为了我们自身的健康和欢乐，我们可以选择宽恕对手的过错，忘却怨恨，假如你能够做到这一点，那么，你绝对是一个有智慧的人。

我经常会去加拿大吉斯帕国家公园，站在公园里抬头仰视那座以依迪斯·卡微尔名字命名的山。依迪斯·卡微尔是一名护士。在 1915 年的时候，她在德军的枪口下如同圣人那样英勇就义。她犯了什么罪呢？她在比利时的家里收留并照看了很多法国和英国的伤病员，还帮助他们逃到了荷兰。德军以这样的罪名将她缉捕。行刑之前，有一位传教士去她的牢房为她做祈祷，她只说了两句话，这两句话之后被镌刻在石碑上成为流芳百世的名言：我知道，仅仅爱国是远远不够的，我还应该对所有人都做到没有敌意和仇怨。

依迪斯·卡微尔的遗体在四年后被送往英国，人们在威斯敏斯特教堂为她举办了隆重的安葬仪式。之后，人们还在国立博物馆的对面打造了一座依迪斯·卡微尔的雕塑。在伦敦停留的一年时间里，我时常站在依迪斯·卡微尔的雕塑前，瞻仰她的形象，朗诵着那句镌刻在雕像底座上的名言：我知道，仅仅爱国是远远不够的，我还应该对所有人都做到没有敌意和仇怨。

纽约州前州长威廉·盖勒也认为自己应该对所有人都做到没有敌意和仇怨。那时候，有一家小报把他批评得百无一是，之后有一个疯子还打了他一枪，这一枪差点儿使他丧命。他整天躺在病床上，每晚都在想着：“我应该宽恕所有人。”他是不是太不切合实际了呢？或许说他是不是太和善了呢？我想，对于这个问题的解释需要借用著名哲学家叔本华的一段话：生命是一种没有任何价值却又充满苦楚的冒险经历，当你走完这段路程的时候，好像全身上下都充斥着悲痛的味道。但是在你感到毫无希望的时候，你会尽全力忘却对每一个人的怨恨心理。

有一次，我向巴纳·伯鲁区请教了这个问题，他曾连任五届总统（威尔逊、哈定、柯立芝、胡佛、罗斯福）的顾问。我是这样问他的：“你是否会因为对手的抨击而伤心呢？”他高兴地回答了我的问题：“没有任何人能够侮辱我，甚至连影响都不会有。因为我不会给他们这样做的机会。”他继续说道，“或许棍子和石头可以把我的骨头打折，但是我永远不会被任何语言所伤。”

同样的道理，也不会有人给我们带来干扰和羞辱，除非我们允许他们这么做。美国总统林肯就完美诠释了这一法则。

在美国历史上，几乎没有人受到的埋怨、仇恨和诬陷比林肯还要多。但是，在所有的传记和资料中，没有人发现林肯因为受到别人的抨击和责备而反过来去批判那个人。假如有什么任务需要去执行，林肯首先想到的是：假如反对者也能把这件事情做好，最好还是把这件事交给他们去做。假如这个人以前羞辱过他，但是担任这个职位最合适的人选又恰好是这个人，林肯依然会委任这个人，仿佛他们之间没有发生过任何不愉快的事，如同托付给一位朋友那样。并且，林肯从不会因为个人的喜好来决定职务的人选。林肯将很多重要的任务都委派给那些过去指责或羞辱过自己的人，例如爱德华·史丹顿、赖斯等。林肯从来没有责怪过任何人，因为他知道：每一个人现在的样子都和他生活的条件、成长的环境、面对的处境、受教育的程度、个人的生活习惯，甚至是遗传基因有密切的关系，这种种因素造成了他如今的行为。

因此，在人际交往中，要想让自己拥有更多的快乐，就要谨记这一法则：

宽恕别人，就是宽恕自己。

4 莫把他人的批评放在心上

卡耐基名言

1. 任何人都不会真正在乎其他人发生了什么事，因为他们从早上睁眼到晚上闭眼只会考虑自己。

2. 虽然那些不公正的批判无法避免，但至少我还能够去干一些更为要紧的事，那就是决定接受还是无视这些批判。

在与人交往的过程中，当我们听到别人的批评时，我们通常会反应很激烈，因为我们每个人都希望自己在别人心目中是完美的，谁也不希望被对方贬低，这是人们在社交时的一种心理。这种心理会导致你情绪上的波动，进而你会反驳对方的言论，可这只会让对方更加针对你的言论，因此，在与人交往时，我们应当避免这一社交心理，不要把他人的批评放在心上。

在这一点上，罗斯福总统的夫人就做得非常好。在所有的白宫夫人中，她可以说是人缘最好的一位，但也是树敌最多的一位。有一次，我向她请教了这个问题，我问她是怎么对待那些恶言恶语的责骂——当然，我们都清楚她忍受了无数这样的责难。

她告诉我，当她还是一个少女的时候，非常腼腆，生怕他人的批评与指责，有一天，她去向罗斯福总统的姐姐请教这个问题，她说她想做一些事，但是又害怕别人会指责她。罗斯福总统的姐姐就告诉她，只要她认为自己做的事是正确的，就不要理会别人说什么。罗斯福夫人跟我说，这句话是她的精神支柱，始终伴随着她在白宫里的生活。她告诫我："做你自认为是对的事情就好了，因为无论你做什么都会有人指责你的不是。有些人会因为你做了某些事而责难你，也有些人会因为你什么都没做而责难你。两者的结果没有任何区别。"

很多知名人士都有过罗斯福总统的夫人这样的担忧，例如美国国际公司

（AIC）的总裁——马休·布鲁斯。

我在拜访他时，问他对于别人的批评会不会反应过度，他说："的确如此，我年轻的时候，对于别人的批评，反应会非常激烈，那时候，我巴不得给公司上上下下的人都留下一个完美的印象。如果不是的话，我就会感到沮丧。为了讨好一个和我持有不同意见的人，我总是会触犯另一个人的利益。所以，我需要继续去宽慰第二个人，但是结果又会让一大堆人对我有意见。后来我终于明白，为了能够不让人指责我，我极力宽慰的人越多，反而会招致更多人的不快或怀恨在心。我只需要告诫自己：'只要你处于领导人的位置上，就一定会受人指责，想方设法去适应它就好！'这个想法对我很有帮助，从此之后，我只要尽全力去做事，然后为自己撑起一把伞，那么所有责难的言语就像雨滴一样，顺着雨伞洒落，而不会滴进我的脖子，我也就不会感觉到不舒服。"

就这个问题，我还前往美国海军陆战队去拜访过斯梅德利·巴特勒少将，他是一位非常有趣的人。

他跟我说，他年轻的时候，非常渴望一举成名，也希望自己能够给所有人都留一个好印象。那时，他只要听到任何批判之词都会非常沮丧。但是，他坦言在海军陆战队的这30年来，他已经逐渐变得坚强起来。他说"曾经有人用狗、蛇和臭鼬这样的词语来批判我，还有一些诅咒专家也对我进行诅咒。我还曾被人用英语词汇中所有不堪入耳的字眼来侮辱。如今，当有人再次骂我的时候，我会连头都不回地离开。"

也许是巴特勒对于他人的批判太过麻木了，但是，我们中的大部分人仍然把它看得过于重要。记得前几年的时候，有一名《纽约太阳报》的记者到我的成人授课班采访，之后他还发表了一篇文章，文章中对我的工作，甚至是我个人都有很多攻击性言辞。我当时非常生气，这完全是对我个人的一种羞辱。我给《纽约太阳报》的执行委员会主席致电，想让他重新刊载一篇文章，文章必须与事实相符，不能带有任何攻击性。我一定要让他为自己的错误付出代价。

如今，我对当时的行为深感愧疚。直到现在我才明白，或许有半数读者压根儿就没有看过那篇报道，另外阅读过这篇文章的半数读者也只是随便看看而已。那些阅读过的读者中又有一半人会在短时间内忘得干干净净。

我还明白了，任何人都不会真正在乎其他人发生了什么事，因为他们从早上睁眼到晚上闭眼只会考虑自己。他们对于自己一个小头疼的关切程度也许都要胜过关心你我是死是活。

就算我们被人欺骗、背叛，甚至被人在背后捅了一刀，哪怕那个人是我们最亲密无间的朋友，我们也不可以痛苦担忧、顾影自怜。我们反而应该借此事好好反省自己，因为耶稣也遭受了同样的事。在他十二个最信赖的门徒中，有一个人只是为了三十块银币就出卖了耶稣。还有一个人三次在公众场合声称自己和耶稣从不相识，甚至还为此事立誓。十二个人当中有两个人都背弃了他，这可是相当于六分之一的概率啊！既然耶稣的境遇都这样，身为平凡人的我们又凭什么认为自己应该有更好的际遇呢？

很长时间以来，我得出一个结论：虽然那些不公正的批判无法避免，但至少我还能够去干一些更为要紧的事，那就是决定接受还是无视这些批判。因此，我们需要克服这一社交心理，即别把别人的话太当回事儿。

5 竭尽全力让他人开心

卡耐基名言

1. 在社交时，竭尽全力让他人开心，自己也会从中得到更大的乐趣。

2. 一个把自己当作一切中心的人一直都在埋怨世界不能让他顺心如意，不能让他快乐。

3. 人生这条路，我只可以走一次，假如我能做任何善事，那么请让我立刻就做，不要让我耽误时间，也不要让我小看它，因为，我再也不能重走这条路。

在人际交往中，我们常常太关心自己，太把自己当回事儿，以自我为中心，因此平白无故地为自己增加了一些烦恼。相反，多想想他人不仅能让自己少一些烦扰，还能结识更多朋友，从而得到更大的乐趣。因为当你想让别人快乐的时候，就没有时间考虑自己，而忧愁、害怕和抑郁之所以会产生，是因为人只考虑自己。因此，在社交时，竭尽全力让他人开心，自己也会从中得到更大的乐趣。

对于患有抑郁症的人来说，这是个不错的方法。

萧伯纳曾说："一个把自己当作一切中心的人一直都在埋怨世界不能让他顺心如意，不能让他快乐。"个体心理学创始人阿德勒也曾经说过一句让我非常震撼的话。他经常告诉那些患有抑郁症的病人："每天想起一个人，并尽力取悦他，这样能让你在十四天之内医治好自身的抑郁症。"

这句话听起来真是神乎其神，我想我有必要把阿德勒博士的著作《人生对你有何意义》中的个别段落摘抄下来让你有所警醒：

抑郁症是一种对其他人长时间愤恨埋怨的情绪，它的目的是引起别人的关怀、怜惜和支持，病人仿佛会一直为自己的罪过感到颓丧。抑郁症患者首先回忆起来的事情一般都是："我记得我很想在沙发上躺下来，但是我的哥哥却抢先一步，我哭个不停，直到他站起来让给我。"

抑郁症患者经常用自残的方式来自我报复，所以，医生首先要做的事就是不要给他任何自杀的理由。我治疗方式的第一步是先消除病人的紧张情绪，我会告诉他："千万不要做任何一件你不喜欢干的事情。"这看似没有什么，但是我坚信这是所有问题的根本。假如患者可以做自己想做的事情，那么他还会埋怨谁呢？又怎么会自我报复呢？我会跟他们说："假如你想去戏院，或者是想放个假，那你就去做。但是假如你中途又改变了主意，那就不要去。"这种情况是最好的，因为你满足了他自认为比其他人优越的意识。他就像上帝一样可以想怎样就怎样。但是，这和他的习惯毫不相符。他原本是想操控别人、埋怨别人，假如大家都顺从他，他就没有办法再操控谁了。我采用的这种方法没有让一个患者自杀过。

患者一般都会这样回答："但是我什么事都不想做。"我早就想好了要怎么回答他们，因为我确实已经听到无数次了，我会说："那就不要做任何你不想做的事。"他们有时会回答："我想在床上躺一天。"我知道只要我让他这么做，他就不会这么做。但假如我不同意，就会引发一场大战。一般情况下，我肯定会同意的。这是一种办法。还有一种办法能更简单地解决他们的生活方式问题。我跟他们说："每天想起一个人，并尽力取悦他，这样能让你在十四天之内医治好自身的抑郁症。"你想想他们会怎么做。他们满脑子只有自己，他们会想："我为什么要去关心别人？"有的人会说："对我来说简直是小菜一碟，我这一辈子都在为别人着想。"实际上，他们肯定没有做过。我让他们再仔细想想。他们并没有再去考虑这件事。我跟他们说："你失眠的时候，可以把所有的时间用来思考你能取悦谁，这对你的健康很有帮助。"第二天我问他们："你昨天晚上有没有按照我的方法去做呢？"他们回答："昨天晚上我一躺到床上就睡着了。"当然，这一切都是在一种随和友好的氛围下进行的，不可以流露出一丝一毫的优越性。

有人会说："我做不到，我太心烦了！"我会说："你不需要停止自己的烦恼，这两件事可以同时进行，不会有任何冲突。"我要让他们的注意力从自己身上逐渐转移到别人身上。许多人会说："为什么要让我去讨好别人？别人怎么不来讨好我呢？""你要考虑到自己的健康。"我回答说，"其他人以后会吃尽苦头的。"几乎没有一位患者对我说："我按照你的方法做了。"我一切的付出只是想让我的患者对别人更加感兴趣。我知道他们患病的原因是缺少和人沟通，我需要让他们知道这一点。他何时能把别人和自己放在同样重要的位置，他就康复了。在十诫中最困难的一条是"爱你身边的人"。对其他人没有兴趣的人，不但让自己陷入困境，同时也会给身边的人带来莫大的伤害，人类一切的失败都是这些人带来的。我们对别人的请求，以及你能够给予的最高称赞就是，他应该是一位好同事、好朋友，是爱和婚姻的最好伴侣。

闻名世界的心理学家荣格说："在我的患者中有三分之一的病人从医学上无法发现任何病理，他们只是没有找到人生的目标，而且顾影自怜。"

换句话说，他们的人生只想搭一辆顺风车，而游行的队伍就从他们身边走过。于是他们拿着自己自怨自艾、百无聊赖且没有意义的人生去咨询心理医生。没有赶上渡轮，他们就站在码头上埋怨除自己以外的每一个人，他们企图让全世界的人都满足他们以自我为中心的欲望。

无论你的人生是多么苍白，你每天都必不可少地要遇到一些人，你对他们怎么样呢？你是假装看不见，还是想多了解他们一些？比如说邮递员，他每天都要跑几百里的路程，给人们送信，你有没有想过要知道他住在哪里？想没想过看一看他妻儿的照片？你是否对他是不是感到很疲惫或者有没有觉得工作无聊给予过关怀呢？

杂货店的小弟、送报人、擦鞋童呢？他们也都是人啊！他们也会有烦心事、有理想、有抱负啊！他们也想有人能够和自己分享，关键在于你是否曾给过他们机会，你是否曾对他们表示出浓厚的兴趣。我说的就是这类事情。你不需要成为南丁格尔，也不需要变成社会改造者，就可以为这个世界做贡献，你完全可以从明天早上碰见的第一个人开始改变自我。

这么做对你有什么益处？毫无疑问，当然是给你带来更大的快乐、更大的满足感，使你更加以自己为荣。亚里士多德称这种态度为"开化了的自私"。波斯宗教家左罗斯特说："对他人好不是出于责任，而是一种享受，因为它能使你更健康、更快乐。"富兰克林说得更加简洁："当你对他人好的时候，同样也是对自己最好的时候。"

林克是纽约心理服务中心的主任，他曾经说过："我觉得，现在心理学的一项重大发现就是，科学证实，为了实现自我并且从中得到快乐，牺牲自我和纪律都是必不可少的。"

我向耶鲁大学的教授威廉·菲尔普斯请教过这个问题，下面是他的回答：

我去旅馆、理发店或者商店的时候，一定会和我遇见的人说话。我要让他们知道：他们是一个人，而不是一台机器上的螺丝。有时候，我会称赞店里女服务员的眼睛或者头发很漂亮。我会关心他们理发时站立一天会不会很累，我会问他为什么会进入理发这个行业，比如工作多长时间啦？给多少人理过头发啦？我和他一起数。我发现当我表现出对他们有兴趣时，他们就会很开心。我经常会和行李搬运工握手。工作了一整天，这会让他们的精神振作起来。一个非常炎热的夏天，我去火车上餐车车厢吃午餐。餐车里拥挤得厉害又十分闷热，服务很慢。服务生过来给我菜单的时候，我说："今天在厨房做菜的那些人可就惨了。"服务生开始骂骂咧咧，我认为他生气了，他却说："老天啊！顾客都在埋怨食物难吃，他们抱怨服务太慢，又嫌弃这里闷热，东西还贵。这些怨言我听了十九年，您是第一位也是唯一一位对厨师深表同情的顾客。我祈盼这里有更多像您一样的顾客。"

服务生仅仅是因为我把厨师当作人来看待便这么惊诧，其实每个人渴望得到的仅仅是希望有人把自己当作人来看待。有时，我在路上遇到有人牵着狗遛弯儿，我就会一直夸奖那条狗。我走过之后回头看，常常会看见那个人很欣慰地拍拍自己的狗，我对狗的赞美让他再一次赏识他的狗。

有一次在英国，我碰见一位牧师，我发自肺腑地夸赞了他那条结实聪明的牧羊犬。我请求他告诉我是怎么训练那条狗的。我离开后，扭过头看见那只牧羊犬趴在它主人的肩膀上，那位牧师正在抚摸它的头。仅仅是因为对牧师的狗表现出了兴趣，就能让那位牧师如此快乐，也能让那只狗那么开心，同时这也让我很开心。

一个经常会和搬运工握手，还会向厨师深表同情，并总是夸赞别人的狗很厉害的人，你觉得他会整天愁眉紧锁，需要心理医生开导吗？你肯定也不会这么认为吧！我们国家有这样一句俗语："送人玫瑰，手有余香。"

的确，你有权利自由选择，你可以按照自己的意愿去做事，但是，假如你是对的，那么所有古代的圣人贤者就都错了，例如耶稣、孔子、释迦牟尼、柏拉图、亚里士多德、苏格拉底等。或许你很厌恶宗教大师，那么，我现在来说几个无神论者的事例。第一个事例是剑桥大学的豪斯曼教授，他是现代非常有名的学者。1936 年，他在剑桥做关于"诗之名与质"的演说中讲道：

"耶稣说：'因为我牺牲生命的人将会得到永生。'这的确是亘古不变的真理，也是最具有深远意义的发现。"

我们在传教士那里每天都能听到这样的腔调，但是豪斯曼教授是一位无神论者，同时也是一位悲观主义者，可他仍然知道，一个只考虑自己的人是没办法活出真正有意义的人生的，实际上，他会生活得很糟糕。相反，忘记自我、为他人提供服务的人才能真正享受到生命中的快乐。

假如这也无法让你动容，那么我们再来说说西奥多·德莱塞，他是 20 世纪美国最著名的无神论者。德莱塞把一切宗教都当作神话，而人生仅仅是"傻瓜讲的故事，是空洞无意义的"。但是，德莱塞却恪守耶稣所讲的一个道理，那就是为他人服务。德莱塞曾说："一个人如果想享受到人生的幸福，就不应该只考虑到自己，而是应该为别人着想，因为真正的幸福来源于你为人人、人人为你。"

假如我们真如德莱塞所说的那样，能为别人提供帮助使他生活得更美好，我们就应该即刻行动起来，不要再耽误时间。人生这条路，我只可以走一次，假如我能做任何善事，那么请让我立刻就做，不要让我耽误时间，也不要让我小看它，因为，我再也不能重走这条路。

因此，在人际交往中，我们应该铭记这一准则：

竭尽全力让他人开心。

6 将劣势转变为优势

卡耐基名言

1. “最美妙的事通常也是最艰辛的。”

2. 快乐的来源是取得的成就感，以及获得的超凡的胜利，还有把柠檬制成柠檬汁的过程。

3. 假如我不是这么没用，我就无法完成这一切需要通过我不懈努力才能完成的工作。

4. 那些不管环境多么恶劣都能苦中作乐的人，有着强烈的责任感，也从来不会刻意逃避。

同一件事情，我们看待时切入的角度不同，所持心态不同，形成的看法也截然不同。其实世界上本就没有什么事情是倒霉的，倒霉的原因往往是自己对这件事情的看法。面对不幸，不同的人，往往会有不同的选择，那么结果也大相径庭。向不幸低头的人，不是输给了别人，而是输给了自己。一个有积极态度的人，会将各种不利因素转变为积极因素，从而打败困难，做生活的强者。所以，要想拥有更加幸福美好的人生，就应学会将劣势转变为优势，勇敢地做出正确的选择。

令人敬佩的个体心理学创始人阿德勒毕生都在对人类和人类的潜能进行探究，他声称自己发现了人类最难以想象的一种特质——人具有一种扭转乾坤、转败为胜的潜能。然而我在全美各地参观时，非常有幸地看见过一些“有能力扭亏为盈”的人。

接下来我要说的这位瑟尔玛·汤普森女士就有这种潜能。下面是她的讲述:

战争时期，我的丈夫在加利福尼亚州沙漠地区的陆军基地驻扎。为了能时常和他相聚，我移居到了那附近。那真是一个令人厌恶的地方，我根本就没见过比那里还差劲的地方。当我的丈夫外出参加演习的时候，我就只能独自待在那个小屋子里。那里真是太热了——就连树荫下的仙人掌温度都能达到五十一摄氏度，身边也没有一个能够聊天的人。风沙大得要命，我吃的一切，甚至我的呼吸都满是沙子、沙子、沙子！

我认为自己真是太不幸了，好像世界上再没有比我更可怜的人了，所以我就给我的父母写信，告诉他们我坚持不下去了，想回家，就连一分钟对我来说都是煎熬，和继续在这个鬼地方相比，我宁肯去坐大牢。我父亲给我回了信，信上只有三句话，但是这三句话以后经常萦绕在我的心间，并且改变了我的人生：

有两个人从铁窗向外看，
一个人看到了满地的泥淖，
另一个人却看到夜空中繁星点点。

这三句话，我重复念了很多遍，我为自己感到羞愧。我下定决心要发现自己当下处境中的有利因素，要找出那片星空。

我开始和当地的居民交流，他们的反应令我动容。当我被他们的编织和制陶工艺深深吸引的时候，他们会把不曾售卖的宝贝送给我。我对当地各种各样的仙人掌和其他植物进行了研究。我尝试着多了解一些土拨鼠，我开始学会欣赏沙漠的黄昏和日落，寻觅三百万年前的贝壳化石，后来我知道在三百万年前，这片沙漠曾是一片海域。

是什么造成了这么大的变化呢？发生改变的并不是沙漠，而是我自己。因为我改变了态度，正是这样的改变才让我拥有了一段多姿多彩的人生经历。我所发现的新视野让我兴奋不已，同时又充满了挑战。我开始写一本小说，它让我从为自己编织的牢笼中逃脱出来，并且发现了美轮美奂的星空。

佛斯狄克在他的作品中写道："斯堪的纳维亚地区有一句谚语说，寒冷的北极风造就了因纽特人。我们何时才会认为人们会因为安逸的日子、没有一丁点儿的困难而获得喜悦呢？恰恰相反，就算让一个顾影自怜的人安闲地躺在沙发上，他也不会停止自怨自艾。反而是那些不管环境多么恶劣都能苦中作乐的人，有着强烈的责任感，也从来不会刻意逃避。我要再次重申一下——寒冷的北极风造就了因纽特人坚强刚毅的品格。

已经逝世的作家威廉·伯利梭就曾写道：

人生在世最重要的不是用你的一切去投资，因为每一个人都可以这么做。真正重要的是怎么从失利中获利。这才能体现一个人的智慧。

伯利梭写这段话的时候，已经在意外中失去了一条腿。但是，我还知道一位失去双腿的人，他也能够做到扭亏为盈。他叫本·佛森。我第一次见到他是在佐治亚州大西洋城中一家旅馆的电梯里。当我进入电梯的时候，看见了这位满脸笑容却没有双腿的人，他和他的轮椅在电梯的角落里。当电梯停靠在他要去的楼层时，他友好地示意我挪到角落，以便他能顺畅地转动轮椅。他说：“对不起！给您带来了不便！”他的脸上带着柔和的笑容。

我从电梯中走出来回到房间后，脑子里满是这位笑容可掬的残疾者。所以我找到了他，并请求他跟我讲讲他的故事。

他脸上挂着微笑说：“事情发生在1929年，我上山去砍山胡桃木，我把砍来的木材堆放在车上，然后开车回家。当我要急转弯的时候，突然有一根木头掉下来，并且恰好卡在了车轴里，随后我便被甩了出去，正好撞在一棵树上，脊椎骨受了伤，双腿也从此瘫痪了。

“那年我才二十四岁，从此以后，我便再也不能走路了。”

一个年仅二十四岁的青年，被命运宣判余生都要依靠轮椅行走！我问他怎么做到勇敢地接受现实的。他说：“我不能！”他说他那时候悲愤地抗拒，埋怨命运对他不公平。后来年纪越来越大，他明白抵抗对自己来说没有丝毫作用，只能让自己变得冷漠。他说：“我终于认识到，别人都友好地对待我，我至少也应该有礼貌地做出回应。”

我又问他，过了这么多年，现在有没有仍然为那次意外深感不幸。他说：“不！我几乎很荣幸自己发生了这件事。”他告诉我，度过了那个震撼而又充满怨恨的时期，他开始在一个截然不同的世界里获得新生。他开始看书，并让自己喜爱上文学。十四年来，他说他至少读了一千四百本书，这些书扩展了他的视野，他的人生比之前还要丰富多彩。他还爱上了音乐，从前只会让他困倦的交响乐如今带给他的是一种感动。不过，真正最重要的改变，是他有时间思考。“我平生第一次，”他说，“真正开始用心观看世界，并且领悟了人生的价值。我终于意识到，以前拼命追寻的很多事情实际上根本没有意义。”

阅读使他对政治产生了兴趣，他钻研公共问题，还在轮椅上发表了演讲！他开始对人们有所了解，人们也开始认识了他。他虽然坐在轮椅上，却成了佐治亚州州务卿。

哲学家尼采认为，卓越出色的人“除了要忍其他人所不能忍受的，还要乐于接受这样的挑战”。

我对那些有成就的人越是了解，就越对这一点深信不疑。他们之所以成功，最重要的原因就是他们自身的某项欠缺激励并引发了他们身上的潜力。威廉·詹姆斯曾经说过：我们身上最致命的缺点，也许能为我们的成功提供一种意想不到的助力。比如：我在纽约市教成人教育的课程时，发现有不少人都有一个不小的缺憾，就是没能接受大学教育。他们觉得好像没上大学就是一种不完整。但是我接触过的很多功成名就的人都没有念过大学，所以我认为这一点并不是特别重要。我经常跟这些学员讲述一个辍学者的故事：

他童年时期的生活异常艰辛。父亲去世之后，在父亲朋友的帮助下才下葬。他的母亲在一家制伞工厂每天不得不干十小时的活计，还要把一些零活儿带回家，一直干到夜里十一点。

他就是在这样一种处境下成长的。有一次，他去教会参加戏剧表演，发现表演是一项极其有趣的事，于是他开始锻炼自己的公众演讲能力。后来他也因为这个开始从政。三十岁的时候，他已经被选举为纽约州议员。但是，他对于接受这样重要的职责还没有做好充分的准备。实际上，他亲口告诉我，他还弄不明白州议员的职责是什么。他开始阅读冗杂烦琐的法案，对他来讲，这些法案如同天书一样。他当选为森林委员会的成员，但是对于森林他一点都不懂，因此他格外担忧。他又被选举为银行委员会的一员，但是他甚至连自己的银行账户都没有，这让他很迷茫。他跟我说，假如没有向母亲坦承自己的挫败感，也许他早就坚持不下去了。绝望中的他每天钻研十六小时，把自己那颗无知的酸柠檬制成了甘甜的柠檬汁。他因辛苦的付出，他从一位地方的政治人物被提拔为全国性的政治人物；他因出色的表现，被《纽约时报》尊称为“纽约市最值得敬重的市民”。

这个富有传奇色彩的人物就是阿尔·史密斯。

阿尔自我教育十年以后，被称为“纽约政府的活字典”。他连续担任了四届纽约州州长，在此之前从来没有人有过这样的纪录。1928年，他被选举为民主党总统候选人。哥伦比亚大学、哈佛大学等六所著名的大学都曾给这位少年失学却学有所成的人颁发过荣誉学位。

阿尔亲口跟我说，要是没有每天研读十六小时来弥补他的缺憾，他根本不可能有今天的成就。

的确如此，如果弥尔顿没有失去光明，他也许无法写出经典的诗篇。

贝多芬也许正是因为双耳失聪才创作了更优美的音乐作品。

海伦·凯勒的事业能取得成功都是受到了耳聋目盲的激励。

假如柴可夫斯基不是因为其悲惨的婚姻，使得他甚至到了自杀的境地，他也许不会创作出万古流芳的《悲怆交响曲》。

托尔斯泰和陀思妥耶夫斯基都是在自己悲惨命运的激发下，才创作出了不朽的名著。

改变人类科学观的科学家达尔文说：“假如我不是这么没用，我就无法完成这一切需要通过我不懈努力才能完成的工作。”显而易见，他很坦然地承认自己是受到了缺点的激励。

其实，在耶稣诞生的500年前，希腊人就发现了这样的真谛：“最美妙的事通常也是最艰辛的。”

20世纪的时候，哈里·爱默生·佛斯狄克又一次对希腊人发现的真谛进行了描述："真正的快乐并不一定是令人喜悦的，它更多的是一种胜利。"不错，快乐的来源是取得的成就感，以及获得的超凡的胜利，还有把柠檬制成柠檬汁的过程。

我曾经去一个生活在佛罗里达州的农夫家里拜访，他就是一个快乐的人，他甚至从一颗含有剧毒的柠檬中榨出了美味的柠檬汁。当初他买下那片农田的时候，心情非常消沉。土壤一点儿也不肥沃，根本不适合种植果树，就连养猪都不适合。除了一些低矮的灌木和响尾蛇之外，那里养活不了任何动植物。后来，他突然有了想法，他决定把负债转化为资本，他把这些响尾蛇加以利用。后来他不管别人的诧异，制造了响尾蛇肉罐头。几年后又去他那里造访，我发现，几乎每年都有大约两万名观光客去他的响尾蛇庄园实地考察。他的生意非常红火。我亲眼看见毒液被抽出后送到实验室制作血清，工厂高价买走蛇皮去制造女鞋和皮包，蛇肉被制成罐头销往世界各地。我在那里买了一些当地的风景明信片，在邮局邮寄时发现，邮戳上的盖章写着"佛罗里达州响尾蛇村"，由此可见，这个从有毒柠檬中榨出美味柠檬汁的农夫成了当地人的荣耀。

所以，当我们心灰意冷，看不到任何希望时，这里有两个理由告诉我们至少应该可以尝试一次，这两个理由能确保我们试过之后只会更好，不会让情况更加糟糕。

第一个理由：我们也许能成功。

第二个理由：就算我们没有成功，这样的努力也早已经使得我们更加关注前方，而不是只会自怨自艾。它能消除我们消极的观念，取而代之的是积极的思想。它能激发我们的创造力，使我们有事可做，这样下去我们也就没有时间和心思去为那些已成往事的事情伤心了。

假如这两个理由我可以做到的话，我要把威廉·伯利梭说的这段话雕刻、悬挂在所有的校园里：

人生在世最重要的不是用你的一切去投资，因为每一个人都可以这么做。真正重要的是怎么从失利中获利。这才能体现一个人的智慧，才能体现出人的智慧与否。

因此，要想获得真正的快乐，就要学会将劣势转变为优势。

7 合作与竞争是始终存在的

卡耐基名言

1. 人是一种以群体生活为主的动物，一个孤立的人不可能存在于社会上，而人类的发展就是社会的发展，它一定会存在合作和竞争。

2. 蚂蚁比所有的动物都勤劳，可是蚂蚁却从来不骄傲，不夸耀自己。

3. 个体的发展离不开集体的发展，没有集体的发展就没有个体的发展。

一个人不可能独立地生活在社会上，人与人之间的关系都离不开合作与竞争。竞争中有合作，合作中有竞争，我们应在竞争中学会合作。虽然个人的力量是渺小的，但合作起来便可以创造奇迹。如果你想成为一个有所成就的人，你就要学会利用个人与集体、合作与竞争的关系。只有维护好整体的利益，个人才能更好地发展。

动物界有一条不变的规则就是合作。如单个的蚂蚁力量并不惊人，可是由成千上万个蚂蚁组成的蚁群，其力量却能够毁掉千里长堤。动物界中，蚂蚁可以说是最懂合作的重要性。

富兰克林曾经说道：“蚂蚁比所有的动物都勤劳，可是蚂蚁却从来不骄傲，不夸耀自己。”这些深刻又精彩的赞誉是非常动人的。当你看到蚂蚁在面临灾难时的大无畏精神和聪明才智后，你就会意识到，这些赞美的话语并不过分。

一个老人讲了一个蚂蚁的故事。他说：

蚂蚁极有灵性。在一年发大水时，我看到过一个令人吃惊的现象。我发现在波涛之中，有一个像篮球那么大的黑球。等那个黑球漂到近处，我看到那竟然是一大团蚂蚁聚成的蚁球。外边的蚂蚁在波涛中不断被大水冲走，然而这个蚁球太大了，没有被冲走的蚂蚁依然紧抱在一块。没过多长时间，靠岸的蚁球就好像登陆舰上的战士一样，一层一层地展开，快速整齐地一排排冲上了堤岸。而那些牺牲了的蚂蚁，则留在了岸边的水中。

英国科学家曾经也做过一个实验。他点燃一盘蚊香，将其放进一个蚁穴。最初，穴中的蚂蚁非常慌乱，二十秒后，蚂蚁开始尝试熄灭被点燃的蚊香。一只蚂蚁把蚁酸喷在燃点上，然而，单个蚂蚁喷出的蚁酸是极少的。因此，有很多勇敢的蚂蚁死去了。可是后边的蚂蚁继续涌上来，不到一分钟，燃点就被扑灭了。活下来的蚂蚁马上把死去的蚂蚁尸体搬到近处的一块“墓地”，并在上面覆盖了一层薄土。

过了一个月，这个科学家又点燃了一根蜡烛，将蜡烛放进了蚁穴开始观察。虽然这次的火很大，可是这群蚂蚁因为有了上一次的经验，并没有像上次那样慌张，它们很快有组织地共同作战，不到一分钟，烛火被扑灭了，蚂蚁却没有一只受伤的。科学家对此感到很惊异。

蚂蚁在火势蔓延时，没有像我们想象的那样只顾自己逃生，而是很多蚂蚁团结合作，而后像雪球那样滚动，从火海中逃走了。而被火烧到的那些最外边的蚂蚁，就会发出噼里啪啦的响声，这响声就像那些为逃出去而牺牲的蚂蚁的悲惨呼喊。

俗话说：“骆驼能驮千斤，蚂蚁只背一粒。”可是如果从骆驼和蚂蚁的体重来看，骆驼就差多了。

另外，人生要发展，就要自立与合作。个体的发展离不开集体的发展，没有集体的发展就没有个体的发展，这就是竞争与合作。

个体和集体、竞争和合作的心态和意识是需要具备的。日本人在这方面给我们做了很好的示范。一个优秀的日本人，既具有强烈的渴望成功和胜利的精神，还非常注重集体意识，擅长协作。在行为方面，日本人常常表现出自我表现与克制的统一。

美国史学家埃德蒙·赖绍尔对日本人大加赞扬，他说：“日本人与西方人相比，更具有集体主义意识，并且，比西方人更懂得如何团结合作。”可是，他又强调说，“日本人的自我意识十分强烈，即使他们自己已经融入到集体中，他们也会坚持保持自我意识，这使他们能够努力拼搏，不断表现自己，积极向上。”

竞争与合作是人生与事业成功的重要方法。个体良性竞争的形成，凭借的是个体与集体关系的顺利发展，也凭借着一种良好的互相合作的关系。

亚里士多德说过，人类天生就是社会型动物。个人的力量是很小的，个人的力量也很难跨越时空的障碍，摆脱环境的因素。所以，人很自然地就具有群体性。人们也很高兴加入群体。而群体的力量是可以让人类摆脱环境束缚的，这就是说，群体使人类的某些设想成为了现实。这就是群体具有的吸引人的魅力。因此说，合作是促进人类发展的一个最基本的原则。

下面的故事生动地再现了人类合作的重要性：

玛格丽特于1943年春天来到“老年康复中心”。她因为中风，右手完全没有了知觉。医生说，她的右手已经不会康复了，按照医生的意见，她来这里做一段时间的心理治疗。此处的员工米莉高兴地接待了她，带她看了中心的设施并把她介绍给其他工作人员。米莉非常细心，她十分在意玛格丽特的心情，并注意到玛格丽特在参观钢琴室时表情很痛苦。

“太太，您怎么了？”

“不要紧，”玛格丽特轻声说，“只是我看到钢琴便想起了一些以前的事情。”随后，玛格丽特告诉了米莉她以前辉煌的音乐生涯。米莉认真地听着，眼睛一下子就看到了这个黑皮肤的老妇人已经残废的右手。

“请您等一下，我很快就回来。”突然，米莉想到了一个奇妙的主意。一会儿，米莉回来了，她身后紧跟着一位身材矮小、满头白发、戴着厚眼镜靠助步器走路的老太太。

“这是玛格丽特，这是露丝。”米莉给她们做了相互介绍，又笑着说，“露丝也会弹钢琴，可是她中风后，左手就没办法动弹了。玛格丽特太太左手健全，露丝右手健全，我觉得你们如果合作，肯定能弹出优美的钢琴曲。”

“你对肖邦降D调华尔兹熟悉吗？”露丝的目光非常愉悦。玛格丽特点头称是。后来，她们就不再说太多的话，而是配合默契地一起坐在钢琴前。琴键上出现肤色不同的两只手：一只手是黑色的，手指纤长；一只手是白色的，手指短胖。琴键上滑动着一种节奏，动听的音乐在室内响起来。

从此，她们就一起在钢琴前弹奏。她们还在学校、教堂甚至电视中演出，给人们带来了快乐。她们都是家里的祖母，又都失去了丈夫独自居住，都没有健全的身体，更为相似的是，两个人都有一颗金子般的心，甘于奉献。可是，她们没有另一方的合作，就不会成功。

她们坐在钢琴前，非常亲密，既品味着人生，也享受着肖邦、巴赫、贝多芬的音乐，并通过这种优美的音乐传递着她们的感情。露丝能够感觉到玛格丽特在说：“虽然我失去了独自演奏的权利，可是上帝却给我送来了露丝。”玛格利特也感觉到露丝在说：“上帝创造了这个奇迹。”

这个故事向我们讲了一个明显的道理，合作才能成功。对于残疾人来讲，这种合作是必要的，正常人也需要这种合作。所以，你如果希望自己有一番成就，就要考虑个人和集体的关系，如果想成功，一个人就要将自己融入一个集体，就要自觉主动地维护集体的利益，这样才会使你的人生健康、顺利地发展。

人是一种以群体生活为主的动物，一个孤立的人不可能存在于社会上，而人类的发展就是社会的发展，它一定会存在合作和竞争。

因此，如果你想让一个充满自我意识的人接受你的想法，就要学会在竞争中合作，因为合作与竞争是始终存在的。

8 天使与魔鬼同时存在

卡耐基名言

我们将正义的符号贴在发展方向良好的事态上；在发展方向恶化的事态上贴上非正义的符号。

人一直都是复杂的生物，而关于人性人们也始终都围绕着善恶争论不休。其实，本就没有绝对的善，也没有纯粹的恶。只是每个人都从自身的角度去考虑问题，当触及自身的利益时，我们就会自觉地拿起手中的武器去反抗，但我们又会在某种情况下如同天使一般放下武器去感化其他人，所以，天使与魔鬼是同时存在的，我们要学会将人向天使的方向去引导。

赫拉克利特——古希腊哲学家对我们说："没有不正义的存在，人们就无法知晓什么是正义。"所以，每一件事都具有双重性。我们将正义的符号贴在发展方向良好的事态上；在发展方向恶化的事态上贴上非正义的符号。人类的心理也是如此，一种好的、足够强烈的缘由也许会促使你往好的方向发展，到那时候，你会成为天使；然而一种坏的、足够强烈的缘由也会导致你往不好的方向发展，那时候，你或许会成为恶魔。于是，天使与恶魔之间的斗争永远是人类社会文明发展历程中最长久的斗争。

在洛杉矶一家银行曾发生过一场枪战，或许洛杉矶的市民还没有忘记：

一个抢劫犯在抢劫银行的时候，被警官包围了。抢劫犯自知走投无路，情急之下，顺手抓来了一名人质，他用手枪指着人质的脑袋要挟警官为他让一条通道。警官四面包围着抢劫犯，但是却不敢向前靠近。

这名抢劫犯拖着被抓住的人质，挥动着手里的枪往外冲去。忽然，人质发出痛苦的呻吟声，声音逐渐变大，最后成了声嘶力竭的号叫。

原来，这名抢劫犯在慌乱中劫持的人质是一个孕妇，此时这个孕妇因为受到惊吓要早产了。鲜血已经从孕妇的衣裤里浸透出来，情况非常危急。

很明显，这种情况让抢劫犯感到手足无措，他迟疑不决，应该怎么办？是放弃人质选择被警官逮捕，还是继续把这个孕妇当人质要挟警方实现突围？如果选择前者，那就表示他将要度过一段漫长的牢狱生活，但是如果选择后者，那么将会有一个新生命就此丧生。这种选择在常人看来是非常难的。

抢劫犯的内心也在做着激烈的斗争，这是他内心中天使与恶魔之间的角逐，是道德、良知和金钱、邪恶之间的角逐。周围的警官和民众都在关注着抢劫犯的举动。

最终，恶魔被天使打败了，抢劫犯把枪扔在地上，然后举起了双手。警官一下子就把抢劫犯铐住了，在四周的民众之中居然有一片掌声响起。

此时，这个孕妇已经无法动弹了。警官正准备将她送去医院，这时已经戴上手铐的抢劫犯突然说道："请你们等一等可以吗？我是一个医生！"抢劫犯看了一眼身旁的警官，用祈求的语气继续说道，"孕妇已经不可能坚持到医院了，假如现在不赶紧处理的话，她会没命的。请相信我，我会救活她的！"警官犹豫地注视着他，最后打开了手铐。

几分钟以后，紧张得足以让人窒息的氛围被婴儿响亮的啼哭声打破了，一个小生命诞生了，民众不禁为这个生命高声欢呼！抢劫犯举起满是鲜血的双手——这不是充满罪孽的鲜血，而是一个新生儿的血，他的脸上流露出职业的满足和笑容。民众向他表示敬意和感谢，却忘记了他还是一名抢劫犯。

警官依然在他的手上戴上了手铐，这时他说："谢谢你们，让我尽了一个医生应尽的义务，挽回了一条新生命。我对这条新生命满怀感激，是他唤醒了我内心的良知，并战胜了罪恶，此刻，我多么希望自己不是一个抢劫银行的罪犯，而是一名合格的医生。"

我可以保证这个故事是真实的，这个故事就发生在洛杉矶市。

你看，这名抢劫犯所具有的双重性格在关键时刻表现得多么鲜明！哪怕他在疯狂抢劫的时刻，他的内心仍然存在着无法泯灭的良知，并且正是由于这份良知的存在，他完成了一个由罪犯到天使的转变。

因此，你在和别人交往的过程中，一定要牢记：天使与恶魔是同时存在的，要善于使用善良的因素，同时也要防止邪恶的导火线被点燃。

第二篇

如何让自己变得更加成熟

1 不让对方讨厌自己

卡耐基名言

没有人愿意拿自己的热脸去贴别人的冷屁股，如果不想被他人讨厌，首先你要对他人热情一些。

在社交的过程中，没有人愿意做一个人人讨厌的人，谁也不希望自己没有朋友，可是在我们的周围，总有这样一种人，他们谈不上有什么罪过，也不算有什么图谋不轨的行为，但是却能对他人造成很大的危害，只是因为他们总是让别人感到乏味，惹人讨厌。在人际交往中，如何才能做到不让对方讨厌呢？

有时候，一句最普通的问候——“您的孩子好吗？”都会招致一连串惹人讨厌的汇报。

只要对方话匣子一打开，你就只能干坐在那里，让那些毫无价值的情况汇报和没完没了的话题将你淹没。这类谈话内容一般是这个样子的：

“你知道吗？约翰最近都不好好吃早饭。昨天还把装满麦片的饭碗扣在了自己的头上。你瞧，他太顽皮了！后来，我给儿科医生打电话，我说：‘医生，我已经用尽各种方法了，但是约翰还是不肯乖乖吃饭。他要么把麦片吐出来，要么就把麦片搞得到处都是。最糟糕的情况是他把麦片弄了一身。’

“医生问我有没有试过往麦片里加点儿香蕉。可是，很奇怪，约翰就是不喜欢香蕉。他还把香蕉叫‘蕉蕉’——瞧，多可爱啊！他说：‘约翰不要吃蕉蕉。’他还不停地挥动着胖乎乎的小手，大声喊叫，差点儿没把房顶给掀起来。奇怪的是他比同龄的孩子长得快，表达能力也比附近所有的孩子都强。啊，差点忘了说，前两天，他把桌布给拉了下来，然后用那双水汪汪的大眼睛看着我说：‘约翰拉拉。’我和他父亲笑得肚子疼。”

我的天呀，我相信你现在应该也快要被这种没完没了的话烦死了。

更可恶的是，这类人总有这种本事：他们能把各种各样的话题轻而易举地带到他们想要开始的话题上，甚至是八竿子打不着的事情，都能立刻带到他们的“轨道”上来。就算你想把话题引开，谈谈诸如马龙·白兰度或是洛克·赫德森，还是没有用，他们依然只喜欢谈论自己亲爱的孩子。

我就认识这样一位太太。就算当时谈论的话题是国际关系或是牛肉的价格之类的内容，她也能很轻松地把话题引到她的女儿达芬身上。她的方法是：“哎呀，外国人当然不可信啦。去年夏天的时候，达芬的大学朋友邀请她去参加一个欧洲旅行团。他们只是想着要不要去西柏林看看，并没有打算进入铁幕。达芬问我：‘妈妈，你觉得怎么样？’然后我说……”

就是这个样子，事实上，这类人的心智还未成熟，他们不知道在人际交往中，没有人喜欢对方一直谈论自己的事情。

更糟糕的是，这类惹人讨厌的话题不只是来自喜欢回忆当年的父亲，或者是喜欢交代细枝末节的母亲。比如一名住在水牛城的推销员，如果他刚好做成一笔雪地轮胎的生意，他也会滔滔不绝地向你详细叙述自己是怎样哄骗一家百货公司跟他签下一笔价值一万美元的订单的。

或者，你可能也听过一位桥牌高手谈论自己是如何赢得满贯；还有一些铁杆影迷，他们总喜欢把刚看过的影片情节没有一丝遗漏地从头到尾说给你听，能把你听得简直想拿盏台灯朝他砸过去。

这类惹人讨厌的话题涉及内容非常广泛，不单单是有关孩子或是电影情节，也可能是丈夫的最大爱好——把家具重新整修一遍；或者是艾玛表姐的水果储藏室；还有可能是某个兄弟的工作；抑或是某个姐妹的悲惨遭遇；甚至是关于宠物猫狗的一些琐事。有一次，在曼哈顿的一个街角，我遇到了一个旧友，她居然花费二十分钟向我详尽地描述了她家金丝雀那出了毛病的消化系统。

因此，在社交时，如果你不再喋喋不休地说着自己的事情，我想应该是不会有人讨厌你的。

写到这儿，我想起了马克·吐温的一部作品里面的故事。故事中这个人毫无边际地讲述了一件事，却一点儿也没有说到重点。讲述的过程大概是这样的：“哎呀，我有没有跟你说过我去西部参观哈比印第安村的事情？我们当时是周五出发的——呀，不对，是周四——还记得吗？我曾经告诉过你我们要周四动身，因为我周三得去看牙医。我要找牙医帮我治疗一下松动的上牙。上帝啊，他可真够唠叨的，说起话来没完没了。不过，他很懂得做生意，我还跟我的老板说起过他。说起我的老板，他可真够奇怪的，不管什么事情都要依靠我，他老是不在状态。我还曾经跟艾拉说过：‘艾拉，如果我哪天辞职不干了，真不知道我的老板会怎么办？’艾拉说：‘比尔，如果你敢辞职，我就回家去找妈妈了。’真是太幼稚了，对吗？”

你最终也没有搞清楚那个哈比印第安村到底是什么情况！

试想一下，如果你身边有一个话很多、整天唠唠叨叨的却从来不知道他说话的重点是什么的人，你会喜欢他吗？答案可想而知。因此，在与人交往时，一定要避免自己说话没有重点。

相比话比较多的人而言，这一类人还算是少数，但是也不能忽视。

当你费尽心机，想要找一个大家都感兴趣的话题来展开对话时，你却发现这么做只是鸡同鸭讲。就算你再次尝试，想要激起他说话的兴趣，得到的却是对方面无表情的回应，又或者只是几声没有感情的“哦”罢了。如果你够幸运的话——反正我是从没遇到过——也许还能听到一声挽回面子的问话——“是这样吗”，你也只能把这句话当作他对你唱独角戏的鼓励了。

这类人好像根本没有感情。想要从他们那里得到一些机智或是礼貌性的回应，就好比想到其他星球发行股票一样艰难。他们只会让你碰一鼻子灰，而不会对你有兴趣，他们永远都保持一种土豆般的沉默，也不会受到外界的影响。就像威廉•史特格漫画作品中的人物站在你面前——如果他们可以“复活”的话。

没有人愿意拿自己的热脸去贴别人的冷屁股，如果不想被他人讨厌，首先你要对他人热情一些。

还有一类人，他们总喜欢证明自己是对的，无论谈论什么，总要争个高低。和这一类型的人聊天，不管谈论什么都会被回击，就像是弹力球一样，反弹到你的脸上，打你一下。

他们好像无所不知，并且总能让别人没有说话的时机，很果断地用几句话迅速终结任何谈话。如果你和他的观点相左，他绝不客气，直接指出你患有严重的斗鸡眼。

“天哪，难道你是疯了吗？”他大声喊道，“你怎么会不知道这件事情早就已经被证实了，是……”或者，如果他当时的心情不错的话，也许会悄声告诉你：“先生，你全错了，不是这样子的，告诉你吧……”

这种缺乏情趣的行为，实际上是一种不成熟的表现。更糟糕的是，他们总是以一种无情的、草率的、结论式的方式告知你一些事情，而这些事情并不是你非常愿意听到的。

对付这类人，只有一个办法：那就是不管他说些什么，你都要表现出赞同的样子，不然，就算你很有礼貌地表示出异议，那也会被一场拉锯战搞得筋疲力尽。你不用期望能和这类人通过讨论交换意见和观点，因为对方只想把自己的观点讲明白，还要像摩西颁布律法一样具有高度的权威性和不可侵犯性。

因此，若你恰好是这样的人，就不要再质问为什么自己没有朋友了。另外情绪总是很低落、很悲观的人，也是在人际交往中处于劣势、很容易引起他人反感的人。

在这些人眼中，这个世界很恐怖，仿佛地狱一般。他们对人对事都很悲观，觉得人生也没有什么希望。他们认为，世界充斥着白痴、骗子和各种各样凶狠恶毒的人，就连气候也极不稳定，变得比从前更恶劣了。

如果你和这类人聊上十来分钟，大概你也会潜移默化地开始情绪低落、郁郁寡欢起来。就像恶劣的天气对我们有不好的影响一样，不管你当时的心情有多好，这种悲观气氛就像变坏的气候，把你卷入暴风雨中。

在我认识的人当中，有一位夫人就是这种类型的人。她每次见到我都要汇报一下最近的详细情况，然而让人感到不幸的是，好像她就没有遇到过一件好事情。

"刚才我去逛街，想买一些布料做厨房的窗帘。"她开始讲述，"我整整等了十几分钟，竟然没有一个店员来招呼我。自然，他们也会时不时地看我一眼，估计感觉我不像是什么富人，不用特地跑过来招待。我去其他商店里也受到了同样的冷遇，最近实在是让我无法忍受！祸不单行，我的身体状况也每况愈下。医生告诉我说，他很惊讶我每天是怎么过来的——我几乎快要丧失消化功能了！还有，我的骨头被这样的天气折磨得疼痛难忍。你是不是认为以我现在这个样子，应该会得到家人多一点儿的关心？事实上，不怕告诉你，除非万不得已，我是不会向家里寻求帮助的。"

以上只是我列举出的一小部分例子罢了。他们可是永远都不会停止诉苦的。

我认为假如你身边有这类人的存在，你也会崩溃的。然而不容忽视的是，或许我们自己身上就有这些惹人讨厌的举动，应该时刻保持警惕。

因此，在人际交往中，不要做一个惹人讨厌的人。

2 懂得如何赢得他人的欣赏

卡耐基名言

1. 别人是否爱我们不重要，重要的是我们值不值得他们去爱。

2. 获取友谊的能力不是指与人交谈、开玩笑或是勾肩搭背，而是一种心态、一种态度以及想要把自己的爱好、兴趣传递给他人的愿望。

在生活中，不少人常常自怨自艾，嘴里经常说着“我很害羞，所以几乎没人注意到我”“没有一个人对我感兴趣”“谁也不想认识我”“没有人会喜欢我”等这样的话。这可以算是典型的“想要得到一份真挚的友谊”或“期望和别人关系良好”的心理表现。但是，我们把顺序搞错了：我们总是想让别人来喜欢自己，却没想过如何才能让别人喜欢。

可别人为什么一定要喜欢你呢？谁也没有义务必须喜欢某个人。一定得有个理由让别人会选择你（工作或社会交往的理由都可以）。也就是说，一定得有别人所需要的特指，否则，他们不可能注意到你。

孔子也说过:“别人是否爱我们不重要，重要的是我们值不值得他们去爱。”要想获得友谊或者爱情，需要用心改变自己的态度，并且增强自己能够让他人喜欢的优点，而不是一直担心他人是否喜欢自己。

因此在人际交往中，我们不应该把目光集中在别人喜欢我们这个结果上，因为如果你太在乎结果如何，就会紧张、害怕，并且表达也会出问题，最后导致的结果通常就不会太好。所以我们应该改变自己的态度，让别人主动喜欢上你。

在这一点上，我的好朋友——著名作家荷马·克洛维斯就做得很好。他很擅长交友。任何与他相遇的人在和他共处的一刻钟内都会对他产生好感，不论你是清洁工，有钱人还是老人、小孩。这是为什么呢？他并不是长得年轻帅气，也不是富翁，那么他怎样吸引别人呢？答案很简单，他一点儿也不做作，并且别人能感受到他真心的喜欢和关心。

小孩爬到他的膝盖上，朋友家的用人也会用心为他准备吃食。如果有人宣布今天荷马·克洛维斯要来，那当天的聚会肯定座无虚席。不仅是朋友对他如此，他的家人也十分敬爱他，全都夸赞他。

他是怎样获得这种待遇的呢？答案很简单——真诚待人，热爱他人。他从来不在意对方的身份或是行为。任何人对他来说都意义重大，都值得被关爱。他能和陌生人像旧识一样交谈，他不会只谈论自己，而是尽量谈论对方。他通过提问，可以知道对方来自何处，要去做什么，以及对方家人的情况等。他不会唠唠叨叨，只是通过表示自己的关心和对方建立友谊。

就连最爱嘲笑别人的人，都会佩服这种方法。约瑟夫·格鲁也曾说过，外交界的秘诀是“我得喜欢你”。

荷马·克洛维斯从来不为交朋友而担心，因为每个人都是他的朋友。他不在乎别人怎么看待自己，而是专心喜欢别人，所以才得到了意想不到的结果。而销售人员也可以通过这一方法，赢得客户的信任。

经验丰富的销售人员肯定知道，如果你一直担心买卖能否成交，就会因为严重的心理负担而发挥不好。一位食品行业的董事长在上大学时曾靠推销缝纫机赚够学费。他认为，优秀的销售人员并不会在意生意是否成交，而是一心一意地为顾客服务。

如果销售人员的关注点是为顾客服务，那么通常不会被拒绝。没有人会拒绝别人的帮忙，对吧？

这位先生告诉我：“我现在经常和销售人员讲，如果他们每天早上都想一次‘我今天要多去帮助别人解决问题’，而不是‘我今天要多做成几笔买卖’，那么和顾客之间的沟通会更顺畅，自然生意也就更好做了。优秀的推销员是那些可以让别人生活得更好更快乐的人。”

相反，在人际交往中，如果你太在意一件事的结果，那么你必然不如将自己的心思全放在这件事本身所得到的结果理想，我也是吃够了苦头才学会这一课。我胆子很小，所以别人都喜欢欺负我，连餐厅服务员、火车站的挑夫和出租车司机都喜欢吓唬我。而且我也不擅长在别人面前讲话，这难度对我来说和别人去主持大型活动不相上下。

几年前，有一次我准备去演讲，观众据说很难对付。所以我在和一个朋友吃饭时就表露出这种紧张的情绪。我满怀忧虑地问朋友：“如果他们不认同我的发言该怎么办？他们不喜欢怎么办呢？”

朋友说：“他们为什么必须喜欢你呢？你能带给他们什么呢？你的讲话重要吗？”

“我认为那些对我来说非常重要。”

“好的，”他继续说下去，“我认为他们是否喜欢你并不重要。重要的是你是否把想说的内容都讲出来了。不管他们喜不喜欢你，你都已经完成自己的任务了。”

他的这番话，让我对这场演讲的看法完全改变了。现在，每次我要去演讲的时候，都会静下心来想一下：“我要如何传达对听众有益的信息，这样他们可以满载收获、开心地回家。”这种想法对我非常有帮助，我可以谦卑地认识到自己只是来传达某些信息的，我要给听众一些有益的思想来帮助他们。

看重给予是获得友谊的最佳方法。这需要亲自争取，而不能只靠一时的欺骗或吸引。获取友谊的能力不是指与人交谈、开玩笑或是勾肩搭背，而是一种心态、一种态度以及想要把自己的爱好、兴趣传递给他人的愿望。

因此，在人际交往中，我们应该把自己的精力放在如何才能赢得他人的欣赏上面，而不是整日苦恼为什么没有人喜欢我。

3 “吵来吵去”做的是无用功

卡耐基名言

1. 在社交中，我想我们根本不可能对所有人——不管他们的智商是高是低，只通过口头的争辩就能扭转他们的想法。

2. 假如你喜欢争论、好强、反驳，也许你偶尔会取得胜利；不过，这种胜利是毫无意义的，因为你永远也无法让对方对你产生好感。

3. 世界上唯一能从辩论中获得最大收益的方法就是避免辩论。

在人与人之间的交往中，与人争辩是最无用的，或许你是正确的，或者是完全正确的，可是，这对于能否改变对方的观点来说，也许是毫无用处的，就像你是错的一样。在社交中，我想我们根本不可能对所有人——不管他们的智商是高是低，只通过口头的争辩就能扭转他们的想法。

我的这一观点和老富兰克林的观点不谋而合，他常常提起的一句话就是：假如你喜欢争论、好强、反驳，也许你偶尔会取得胜利；不过，这种胜利是毫无意义的，因为你永远也无法让对方对你产生好感。

这句话的确是对的。第二次世界大战结束没多久的一个晚上，我在伦敦就得到了这样一个非常宝贵的教训。那时候，我是史密斯爵士的私人助理。他在战争期间曾担任巴勒斯坦驻澳大利亚的航空领袖，战争结束后不久，他的这一举动——30 天内绕地球转了半圈，让全世界为之震惊，因为从来没有人做过这样了不起的事。这件事在当时产生了不小的影响，澳洲政府赠给他 5 万先令，英国国王授予他爵位，他成了英国人谈论的焦点。我在一个晚上参加了史密斯爵士的欢迎宴。席间，我身边的一个人讲了一个很有趣的故事，这个故事的内容和下面这句话有些联系：“不管我们多么粗野庸俗，有一位神，就是我们的宗旨。”

讲故事的人说，这句话是《圣经》里的。我清楚地知道他错了，并且相当肯定。因此，为了显示出自己的优越性，并获得自我满足感，即使没有人拜托我，并且我也知道自己的这种做法不受欢迎，但是我还是去纠正了他。他继续维持自己的观点："什么？这是莎士比亚说的？不可能！这太不合乎情理了！这是《圣经》里面的一句话！"

我的一位老友加蒙对莎士比亚有很深的研究，因此我们一致认为让加蒙先生来解答这个问题再合适不过了。加蒙先生冷静地听完后，用桌下的脚微微碰了碰我，然后他说："戴尔，是你的不对，这位先生说得对，这是《圣经》里的话。"

那天晚上回家的路上，我对加蒙说："说实话，你明明知道那是莎士比亚说的话。"

他回答说："是的，我当然知道。那是《汉姆雷特》第五幕第二场里的一句话。可是，作为一个宴会上的客人，为什么要证实一个人是不对的呢？那样的话，他会喜欢你吗？为什么不让他保留一点儿颜面呢？他没有去询问你的观点，更何况他根本不需要你的纠正。既然这样，你又何必去和他辩论呢？要永远防止正面冲突的发生。"

"要永远防止正面冲突的发生。"虽然告诉我这话的人已经去世了，但是他给我的训导将永远刻在我的记忆里，并且这个训导对我来讲非常重要，因为一直以来我都是一个固执的辩手。年少时期，我曾经和我的弟兄争辩世界上的任何事情。后来在读大学的时候，我钻研了逻辑和辩论方法，并参加了很多辩论赛。再后来，我在纽约向人传授辩论的方法。说起来很惭愧，但是我不得不承认，有一次，我甚至想着要写一本和辩论相关的书，从那时候开始，我不断静听、批判，参与过上千次的辩论赛，并且对这些辩论的结果非常关注。我在这些结果中总结出一个结论：世界上唯一能从辩论中获得最大收益的方法就是避免辩论。

在辩论赛结束以后，有九成的辩手都比赛前更加坚持自己的观点。

你无法在辩论中取胜。你不能，因为假如说你在辩论中战败了，那么，毫无疑问，你确实失败了；假如你在辩论中取胜，其实你还是失败了。这是为什么呢？比如说，你击败了对手，把他所陈述的道理逐个击破，使他的陈词破绽百出，甚至证实他坚持这样的观点是因为自己神经出现了问题，但是即便这样，那又能怎么样呢？或许你会觉得很有成就感，但是他呢？你让他陷入了孤立无援的境地，让他变得脆弱，他的自尊心完全被你伤害了，他对你取得的成功肯定是持反对的态度。

因此，我们在与人交往中，应该摒弃争辩，学会让步。

有一次，林肯惩罚了一个年轻的军官，因为他和其他的官员发生了激烈的争论。林肯说："但凡下定决心要取得成功的人，都不可以把时间浪费在个人看法上，更不应该浪费时间去承受所带来的后果，包括他难以自控的脾气。你不可以彰显你自己，要学会放弃，即使明白是一件小事，也要学会放弃。与其为了争夺道路被狗咬伤，倒不如给狗让路。因为就算你把狗给杀了，也无法让伤口完好如初。”

就是这样，拿破仑的管家就很好地运用了这一法则。

拿破仑的管家经常和约瑟芬一起打台球。这位管家写了一本书，叫《拿破仑私生活回忆录》，他在该书的第一卷第七十一页中写道：“虽然我的技艺相当高超，但我一定要想办法让她赢过我，这样能让她很高兴。”从这个故事里，我们得出一个结论：我们要让自己的顾客、情人、丈夫、妻子在小矛盾上取胜。

因此，在人际交往中，为了获得他人的好感，我们也应该记住这句话：与人争来争去，实在是费力不讨好的事情。

4 付出不求回报

卡耐基名言

1. 在人际交往中，人天生就容易忘记对别人的付出表示感激，这是人的本性，是与生俱来的。

2. 不索求才是在这世上真正能得到爱的唯一方式。

3. 人性就是人性，不可能改变，你也别有所期待，还不如接受它更痛快。

在人际交往中，人天生就容易忘记对别人的付出表示感激，这是人的本性，是与生俱来的。假如我们一直对别人的感恩有所期待，那么只是为自己徒增烦恼而已。因此，在社交中，如果想得到真正的快乐，就必须舍弃期待别人感激自己的想法，只单纯地去享受付出的快乐，这样你才有可能获得幸福。

我的父母就很好地掌握了这种追求幸福的方法。他们待人非常热情，喜欢帮助别人，但我们没有钱，所以总是非常窘迫，欠了很多外债，但是即使穷成那样，每年我父母也总是存下一点儿钱寄到孤儿院去。他们从来没有去过那家孤儿院，也不知道它的具体情况，也许除了收到几封回信以外，他们也从没得到任何人的感谢，但是对于他们来说，他们已有了回报，那就是他们收获了帮助这些无助小孩的喜悦之情，所以回报不回报对于他们来说，已经不是那么重要了。

我离开家，在外面找到工作后，每年过圣诞节，我都会给父母寄点儿钱，让他们买点儿自己喜欢的东西，可是他们从来没有这么做过。当我回家过圣诞节时，父亲跟我说，他们拿那些钱给城里一个有很多小孩的贫苦妇人买了煤和一些日用品。他们所得到的最大的快乐就是付出但是不求回报。

我深信我的父母已经属于亚里士多德所说的会享受快乐的理想人。在亚里士多德看来："理想人会享受帮助他人的快乐。"

可我的一位住在纽约的女性朋友就没那么幸运了。不管是白天还是夜晚，她总在抱怨自己没人陪伴、太孤单。确实，亲戚们都不愿意跟她有往来，我对此也能理解。因为你要是去看望她的话，几个钟头的时间，她都会喋喋不休地告诉你，以前她是怎么照顾她的小侄儿们的。在他们得了麻疹、腮腺炎、百日咳等疾病时，都是她悉心照料的，他们陪伴了她很长时间，她甚至还出钱资助一位侄子读完商业学校，他们一直住在她家，直到她穿上婚纱的那一天。

这些侄子有没有回来看望过她？噢，有的！只是有时候！而且完全是出于责任。事实上，他们对回去看她这件事都有些心有余悸，因为想到一去她家就要花几小时听那些老掉牙的事情，听那似乎永远没有尽头的埋怨与自怜，他们就觉得不寒而栗。当这位妇人发现即使威逼利诱，她的侄子们也不再回来看她时，她就开始利用心脏病发作这最后一个绝招。

这心脏病发作是假的吗？当然不是，医生也承认，说她的心脏十分敏感，经常出现心跳加快或心律不齐的情况。可是医生又有什么办法呢？因为她出现的这些问题是十分突然，十分情绪化的。

关爱与关注是这位妇人最需要的东西，可是我却认为"感恩"才是她真正想要的东西，可惜她也许永远也得不到别人的感激、尊敬或者爱戴，因为她把这当作是理所应当的，在她看来，别人有义务给她她所需要的东西。

很多人跟她一样，生病仅仅是因为别人不去感恩，不去报答他们，觉得自己一个人很孤单，得不到别人的重视和关注。他们期待自己能够被爱，但是他们不知道的是，不索求才是在这世上真正能得到爱的唯一方式，这与他们的认知恰恰相反，他们还要付出，但不求回报。

最近我碰到一个非常容易对自己不满的事物动怒的人。人们告诫我，要是碰到他的话，他在十五分钟内就会谈起那件事，结果真的是这样。11个月前，发生了一件最令他气愤的事情，直到现在他还是一提起就气愤不已，根本无法忘记这件事。圣诞节时，作为奖励，他为三十四位员工发了一万美元奖金——差不多每个人三百美元，可是却没有一个人对他表示感激。他抱怨道："我很难过自己竟会做这样的事情，我居然给他们发奖金。"

记得一位圣人说过一句话："愤怒就像毒液会遍布全身。"我从心里十分同情面前这位浑身是毒的人。他今年快六十岁了。人寿保险公司做过统计，数据表明我们还能活着的年数，等于目前年龄与八十岁之间差数的三分之二。如果这位仁兄相当幸运的话，他也许还可以活个十四五年。结果在他有限的余生中，将近一整年的时间被他白白浪费在了对过去事情的抱怨上。我真是同情他。

除了只会生气埋怨，自怨自艾，他更应该想想别人不感激他的原因：会不会与员工福利不够，工作时间太长，或者是员工把圣诞奖金看作是理所当然有关？又或许他本身就是个吹毛求疵又不知表达感激之情的人，所以才会让别人不敢也不情愿去感谢他？又或者是大家认为既然大部分利润都要缴税，当成奖金是个更好的方法？

不过从另一个方面来看，这里的员工也许真的有自私自利、卑鄙龌龊、不懂礼貌的毛病。或许是这种情况，又或许是那种情况。你是最了解整个状况的人，这点我比不过你。但是我知道英国的约翰逊博士说过这样一句话："感恩是极有教养的产物，一般人身上是没有这个特性的，你也找不着。"

我想强调的是：他期待别人感激他只是一个很普通的错误，他对人性还十分陌生。

人性就是如此，哪怕你挽救过他人的性命，也不会得到别人的感激的。塞缪尔·莱博维茨，一位当法官前曾是位有名的刑事律师的人，曾经让 78 个罪犯免遭死刑。你来猜一猜，这些罪犯中有多少人曾经到他家去真挚地感谢他，或有多少人给他邮寄过圣诞卡片？我想你应该知道答案了——没有任何人那么做过。

如果有钱参与其中，那就更不要有所期待啦！查尔斯·舒瓦伯跟我说过这样一件事情，一位银行出纳曾经得到过他的帮助，这位银行出纳挪用银行基金去做股票而造成损失，舒瓦伯帮助他把损失的钱补足，避免他被告上法庭。那么这位出纳是否对他表示过感激之情呢？出纳确实感谢过他，但维持的时间不久，到后来他居然还跟这位帮助过他的恩人对着干，对，就是这位曾经救过他才使他没有蹲监狱的人。在你送给你亲戚一百万美元的情况下，他是不是会感谢你呢？安德鲁·卡内基就资助过他的亲戚，不过要是安德鲁·卡内基重新活过来，发现他帮助过的这位亲戚正在诅咒他，他一定会吃惊得不得了！这是什么原因？因为卡内基有三亿多美元的慈善基金，但这位亲戚只继承了一百万美元。

不仅如此，圣主耶稣也很难得到他人的感谢之情。

圣主耶稣在一个下午使十个跛足的人站起来正常行走——但是有没有人回来对他表示感激之情呢？有，但只有一位。耶稣环顾四周，看了几遍门徒以后，他问道："被我救过的其余人呢？"所有人都走了，一声"谢谢"都没说，转头就消失得没有了踪影！让我来问大家一个问题：你我这样的人也就是个平凡的人，给他人施点小恩小惠，就希望比耶稣得到更多的感恩之情，凭什么呢？

这就是人与人之间关系的复杂性。人性就是人性，不可能改变，你也别有所期待，还不如接受它更痛快。我们应该向一位最有智慧的古罗马皇帝马可·奥勒留学习。有一天，他在自己的日记中这样记述：

"今天我遇见了很多人，包括自私自利的人、以自我为中心的人、不懂感恩背信弃义的人。我对这些人和事不会感到惊奇或者纠结，因为不存在一个没有这些人存在的世界，即使有，我也很难想象出来。”

他说的话真是非常有道理。别人不知道知恩图报，我们还要为这些事而愤懑不平，这到底是谁的责任？这是人的本性。所以停止期待别人感恩吧。这样的话，如果偶然间别人对我们表达感激之情，我们就会觉得很惊喜，很快乐。如果没有，也不会特别失落，难过。

不只是与他人的人际交往中很难得到他人的感激，就连父母与子女之间也是如此，当父母的人一向爱抱怨子女不知感恩图报。

莎剧主人翁李尔王也不例外，他曾经忍不住喊道：“跟毒蛇的利齿相比，不知感恩的子女更令人伤心痛苦。”

可是为人子女者是不会知道感恩的，除非我们去教育他们。忘记感恩本来就是人类的天性，它就如杂草到处生长一般。感恩却像娇滴滴的玫瑰，需要我们细心栽培以及从心里疼爱它们。

如果子女不会感恩，最应该负责的不是别人，而是我们自己。因为如果我们从来没有告诉他们怎样在得到别人的帮助后向别人表达感激之情，又怎么可以期望他们来感谢我们？

我跟一位住在芝加哥的朋友关系还不错，他在一家纸盒工厂工作，每天都很累，很疲惫，但是每周的工资也不过才四十美元。他跟一位寡妇结婚了，她成功地说服了我的朋友向别人借钱来供养她前夫的两个儿子上大学。他每周的薪水得用来买食物、交房租、付燃气费、买衣服，还得一点点还债。但是他从来不埋怨，就像苦力一样，一干就是四年。

那么是否曾有人跟他说声谢谢？没有，他的妻子认为他的付出是理所当然的，那两个儿子同样也这么认为。他们并不觉得对这位继父有任何亏欠，所以他们从来没有表达过感恩之情。

谁应该承担责任呢？是这两个儿子？也许吧！可是这位母亲就没有一点儿责任吗？在她看来，她那两个儿子，两个年轻的生命不应该承担这种责任，他们也没有理由没有义务这么做，她才不会让她的儿子刚开始他们的人生时就背着“还债”的重担。所以她从来不会说：“你们的继父真是个大好人，他辛辛苦苦供你们读大学！”相反，她的态度却是：“噢！他应该那么做，那是他的责任。”

她天真地认为，自己这样做会减轻他们的负担，让他们轻松面对未知的人生，可是事实上，通过她的做法，一种危险的想法在他们的脑海中逐渐形成了，他们会认为让他们继续生存下去是这个世界的义务。果不其然，后来其中一位男孩想向老板勒索一些钱财，结果吃了大亏，蹲了监狱。

孩子是我们造就的，这一点我们一定要牢牢记在心里。我来举个例子，我姨母从来没有说过她的子女不知道表示感恩之情。在我还是个小孩子的时候，姨母接外祖母去她家以便更好地照顾老人，同时也照顾她的婆婆。两位老人坐在壁炉前的情景至今仍然清晰地浮现在我的脑海中。那她们有没有使唤我的姨母，让她做这做那呢？我想那是肯定的，而且次数也绝不会少到哪里去，可是你绝不可能从她的态度上看出一点端倪。她从心底里爱她们，对她们事事尽心尽力，让她们觉得自己就像在家里一样。但她也是六个孩子的母亲，对于她来说，她所做的一切都是平凡的小事，谈不上伟大。在她看来，这一切都只是再自然不过的事，是她应该做的，也是她乐意为之的事情。

如今，我这位姨母已经守寡了二十几年，五个子女已经成家了，都非常希望她过去跟他们住在一起。她深受子女们的爱戴，也从来没有被厌烦过。这是“感恩”的原因吗？绝对不是啦！这才是爱，真正的爱！从出生一直到现在，这几个子女就被慈善的气氛所环绕。现在角色转换，他们的妈妈变成需要被照顾的那一方，那么他们回报母亲，给予她同等的爱，这不就是再自然、再平凡不过的小事吗？

我们要牢牢记住这一点：只有自己先成为感恩的人，为子女树立起榜样，才会有感恩的子女。我们的一言一行、所作所为都会起到十分重要的作用。在孩子面前，诋毁别人的善意是万万不可的，更不可以这样说：“看看表妹送的圣诞礼物，她太小气了，一毛不拔，竟然送给我们她自己做的便宜货！”也许有这样的反应对我们来说不算什么，但是说者无心，听者有意，孩子们却当真了。因此，我们要换一种说法：“表妹亲自准备这份圣诞礼物，费心费力，一定花费了不少时间，真是一个有心人！我们来写封信对她表达一下感激之情吧。”这样，赞赏和感激的品德在我们的子女心中就会慢慢养成了。

因此，在社交时，想要活得幸福，首先就要做到：

对他人是否表达感恩之情不报希望，因为付出也是一种享受赠予的快乐。

5　赞美与鼓励能帮助他人获得成功

卡耐基名言

1. 当你赞美别人的时候，你会发现自己拥有着无穷的力量，这股力量甚至能够改变一个人的一生。

2. 赞美是人际交往中最能打动人心的语言，能够激励他人走向成功。

在日常沟通中，恰当地赞美别人能帮助我们建立良好的人际关系。当你赞美别人的时候，你会发现自己拥有着无穷的力量，这股力量甚至能够改变一个人的一生。赞美是人际交往中最能打动人心的语言，能够激励他人走向成功。

下面我列举了三个名人的事例，来印证我的说法。

许多年前，伦敦有一位梦想成为作家的年轻人，但他却被诸多烦恼困扰。他上学时，父亲就因不能及时偿还债款被抓进监狱。最后他终于找到一份工作，在一间老鼠横行的仓库里给黑油瓶贴标签。晚上他就睡在一间破旧的阁楼上，同住的是两个伦敦贫民窟里的野孩子。他对自己的写作能力没有信心，所以他就挑寂静的夜晚偷偷跑出去邮稿件，以免被人嘲笑自己的文章被一篇篇退回。最终他迎来转机，有一篇文章被接受了。事实上他连一个先令都没有得到，但却有一位编辑赞美了他。他欣喜万分，以致在街头徘徊发呆，泪流满面。

一篇文章成功刊登，进而获得承认与赞美，这改变了他的一生。若没有那次赞美，说不定他会一辈子困在那个老鼠横行的仓库里。他的名字你可能听过，他叫狄更斯。

半个世纪以前，那不勒斯的一家工厂里有一个梦想成为歌唱家的孩子，那时他 10 岁，在工厂做工。然而，他的第一位老师却说：“你成不了歌唱家，你嗓音资质太差，就像下雨时刮风的声音。”这无疑是一记沉重的打击。

但他的母亲却将他抱在怀里，这位贫苦的农村妇女告诉自己的孩子，她知道他可以做到，也已经看到他的进步。这位母亲为了给孩子攒下学习音乐的费用甚至连一双鞋都舍不得买。这位农村母亲用夸赞和鼓励扭转了孩子的一生，这个孩子的名字你也许听过，他叫卡鲁索。

1922年，在加利福尼亚住着一位落魄青年，他几乎难以养活自己的妻子。周末他会到教堂参加唱诗班。这位青年没钱住在城里，就在一个葡萄园里租了间破屋子，每月只需支付12.5美元；即使如此，他也无力承担房租。在欠了10个月房租之后，他被迫在葡萄园里帮人摘葡萄，以此来还债。他说，除了葡萄，有时他没有其他食物。近乎绝望的他快要放弃自己的歌唱事业，去卖载重汽车维持生计。然而就在这个关头，一位牧师赞美他说："你嗓音真不错，很有天赋，应该去纽约继续学习。"

当年的这位青年最近向我感叹，没有这一句赞美和一点激励，就没有他后来的歌唱事业。那时他借了2500美元向纽约进发。你可能听说过他，他叫席贝德。

如果狄更斯没有得到那位编辑的赞美，卡鲁索在被自己的老师打击后，妈妈没有鼓励他，而席贝德也没有听到那位牧师的鼓励与赞美的话，我想世界上会少很多杰出的人物吧。

赞美能激励普通人获得进步，对牢狱里的囚犯而言，赞美的力量也是不容小觑的。

"我已经意识到，"在一封劳斯狱长写给我的信中他提到，"恰到好处的赏识对试图改变自己的罪犯颇有作用，严苛的责骂或惩罚会适得其反，赞美对他们重建人格也大有裨益。"显然，劳斯狱长已经意识到，即使面对的是兴格监狱中的囚徒，但凡他有进步，就值得褒奖。

我从未受过牢狱之苦——至少现在还没有，但回忆过往，可以发现偶尔几句赞美之言对我的人生帮助非常大。因此，在人际交往中，我们若是想改变一个人，就要采取鼓励的态度，去发现他们蕴含的潜能，比之现在，我们可以做到更多。改变他人，绝非戏言。

已故的哈佛教授詹姆斯是美国最著名的心理学家和哲学家，曾给世人留下这样一句金玉良言：

我们自身潜力极大，只是还没有得到充分开发。我们只是在使用其中一小部分资源。从广义上讲，人的一生就是这样，远未达到最大极限；有诸多潜能，但从未被开发。

是的，此时的你充满着各种未知的力量，只是你不会利用；在这些你极少使用的力量中，有一种就是懂得赞美与鼓励他人，发现他人身上的巨大潜能。

因此，在人际交往中，请铭记这一最美的语言——赞美，赞美别人的每次进步，激励他人走向成功。

6　坦率地承认自己的过错

卡耐基名言

1. 假如你能赶在别人批评你之前把事情说出来，他就会以宽容的态度原谅你的错误。

2. 如果我们是正确的，我们一定要温柔地、巧妙地得到他人的赞同；如果我们是错误的，而且我们对自己够诚实，那么，我们要立即坦诚地承认自己的错误。

在生活中，人都免不了会犯错误，犯错误并不可怕，可怕的是我们没有勇气承认错误。很多人会找各种借口去掩盖自己的错误，其实这样做不仅解决不了根本问题，甚至还会给你带来麻烦。如果你能在别人指责自己之前主动承认错误，那将会是另一种不同的结果。爽快地承认自己的错误，会让人觉得我们身上具有高尚的品格，对方也会用公正宽容的态度处理你的错误，甚至还能让他认识到自己可能也错了，这样事情处理起来就简单多了。所以，要想取得别人的信任，就坦率地承认自己的过错吧。

如果我们是正确的，我们一定要温柔地、巧妙地得到他人的赞同；如果我们是错误的，而且我们对自己够诚实，那么，我们要立即坦诚地承认自己的错误。这种做法会产生惊人的效果，信不信由你，在某种状况下，甚至比为自己辩解还要有意思。

我曾经就采用过这种方法。我家附近有一片森林，步行到那儿不到一分钟。春天来了的时候，遍地野花，松鼠开始搭窝繁殖，马草能长到马头那么高，这一整块林地叫作森林园——那里还真称得上是一座森林公园，我像发现了美洲大陆一样兴奋。于是，我就经常带着瑞克斯——一条波斯狗，到公园去散步，它是一只很温和的小狗。因为这个园子里看不到什么人，所以我经常不给它系皮带或是戴上口笼。

有一天，我们在园子里遇到一个警官，他看上去很想显示一下他的权威。

他严厉地对我说："你为什么不给那条狗戴上口笼，还不绑上皮带，让它在园子里乱跑？你难道不知道这是犯法的行为吗？"

我轻声回答："是的，我知道这是违法的，但是我觉得在这里它应该不会做什么坏事。"

"你觉得应该不会！你觉得应该不会！法律可不会在乎你是怎么感觉的。你的狗可能会伤着小松鼠，也可能会咬着小孩。这次我就不追究了，但是如果再被我发现你来这个园子不给狗戴口笼或是绑皮带，你就得去找法官理论了。"

我谦虚地答应遵守他的命令。

我后来遵守了这个命令，但是只有几次而已。不仅瑞克斯不喜欢口笼，我也不喜欢，所以我决定试试运气。刚开始没什么事，但是有一天，当我带着瑞克斯跳过一个土坡的时候，我惊慌地发现了那位"法律的权威"——他正骑着一匹栗红色马。瑞克斯突然向那警官冲过去。

我知道肯定是躲不过去了。于是我先发制人，赶在他说话之前，说道："警官先生，您今天是当场把我抓住了，我没有任何理由推脱，我确实犯法了。您上个星期就警告我如果再不给狗戴上口笼来这里的话，我就要受到惩罚。"

这位警官用轻柔的声音对我说："我现在觉得如果周围没有什么人的话，这只小狗在园子里跑跑，的确太诱人了。"

"确实很诱人，但是我知道这是犯法的。"我回答道。

"这么小的一条狗是不会咬伤人的。"这位警官说道。

"不行，万一它咬到小松鼠怎么办？"我说。

警官告诉我说："我感觉你现在对这件事情过于较真了。其实你只要带着它跑过那个土坡，我就看不见你们了，我们就当这件事情没有发生过。"

那位警官其实挺通情达理的，他只不过是想得到应有的尊重而已。因此，一旦我开始自责，他就会得到被尊重的感觉，这时候他就会很宽容，想要表示自己的慈悲。可是，如果我开始为自己辩护，那就不妙了，你怎么可以和警官争论呢？

所以，我不跟他争论，还要承认他是正确的，肯定是我做错了，而且还要迅速地、坦诚地、热情地承认。我们各自得到想要的结果，于是，这件事情就这么愉快地过去了。

当我们知道自己肯定要受到责备的时候，如果我们首先自责，会比被别人责备好很多。自我批评可比忍受别人的指责好受多了。假如你能赶在别人批评你之前把事情说出来，他就会以宽容的态度原谅你的错误——就像那位骑着马的警官对待我和瑞克斯一样。

竭力为自己的错误辩论是非常愚蠢的人才会做的事情——大多愚蠢的人都会这样做。如果他承认自己的错误，就会使自己与众不同，并且还会给人一种尊贵高尚的感觉。比如，关于李将军，历史上所记载的关于他的一件最完美的事情就是：他为毕克德在葛底斯堡战役中的失败进行的自我批评。

毕克德在战场上冲锋陷阵的壮举，毫无疑问是美国历史上极其光荣的英雄事迹。毕克德是一位很浪漫的人，他留着一头赭色的长发，长度几乎都到肩背了。并且，就像拿破仑在意大利战场上一样，毕克德几乎每天都在战场上写下热情洋溢的情书。七月里那个悲惨的下午，他把那顶漂亮的帽子歪戴着，很得意地骑着马朝联军的阵线冲过去，士兵们欢呼呐喊着紧跟着他，人挨着人，军旗飘扬，刺刀在阳光下格外耀眼，真是非常壮观的一幕，甚至引起了敌军的一片赞美声。

毕克德的军队在轻快的脚步声中急速前进。忽然，敌人的大炮开始轰击他们的队伍。紧接着，隐藏在墓山脊石墙后面的敌军步兵也开始向他们射击，简直就是枪林弹雨。刹那间，毕克德的旅长几乎都中枪了，只剩下一个。五千名冲锋的士兵也有五分之四都倒了下来。

阿密斯旦带领军队进行最后一次冲锋，他们跨过石墙，阿密斯旦把军帽放在他的刀尖上使劲摇着，大喊道："杀呀，孩子们！"

士兵们跟着他翻过墙头，端着刺刀，在与敌军展开了一场短兵相接的战斗之后，终于把南军的战旗插在了墓山山脊上。

但是军旗只在那里飘扬了一小会儿就倒下了。毕克德那光荣勇敢的冲锋成了终场的前奏。李将军战败了，他无法深入北方。南军失败了。

李将军感到既悲痛又震惊，他向南方联盟政府递交了辞呈，要求另外派一名"年轻力壮的人"。假如李将军要把毕克德的惨败怪罪到别人身上，他其实可以找到几十个借口。比如有些师长不称职；或者骑兵来得太晚了，不能及时协助步兵冲锋；这不对，那也错了等等。

但是李将军内心十分崇高，他并没有这么做，没有责怪任何人。当毕克德吃了败仗，带着伤亡惨重的军队撤退到联盟阵线时，李将军亲自骑马去迎接他们，并且表示了高尚的自责，他承认道："这都是我的错，是我战败了。"

历史上没有几个将领能够有这样的勇气和品质。

我们一定要记住这句老话：谦让比争夺更能使你感到满足，而且得到的东西可能比你期望的还要多。

因此，你如果想要别人信服你，那就请坦率地承认自己的过错。

7 学会尊重对方的意见

卡耐基名言

1. 假如你想要证明什么事情，那就应该不着痕迹地巧妙实施，不要让别人发觉。

2. 如果能了解他人的想法，你将会获益匪浅。

3. 要用别人的原则去判断他们，而不是用自己的。

在与人相处时，我们的想法经常与他人的发生冲突。即使别人的看法没有道理，我们也应该尊重。因为我们不能保证自己的想法是完全正确的。你如果极力地要改变对方的观点，指责对方的错误，哪怕你是对的，对方也不会同意你的看法，甚至还会对你产生怨恨。因为你这样做，不仅伤害了他们的感情，也不会得到他们的尊重，结果惹得一身麻烦。所以，要使他人信服，首先学会尊重对方的意见。

著名的心理学家卡尔·罗杰斯在他的一本著作中提到：

如果能了解他人的想法，你将会获益匪浅。或许你会认为这样做很奇怪，真的有必要去了解别人吗？我的答案是肯定的。我们对很多“叙述”给出的第一反应通常都是“评估”或者“判断”，唯独不会去了解。每一次，当别人表达自己的感受、态度或者观念的时候，我们通常会立刻做出这样的反应：“这是正确的”“这样真是愚蠢”“这样说是不是有毛病”“那样真是毫无道理可言”“那是错误的”“那样真不好”。但是我们却很少去想要了解讲述者话语中的真正含义。

有些人一上来就扬言：“我会证明给你们看的。”这样做相当于在说：“我要改变你的看法，因为我比你聪明。”这样做必定会引起对方反感进而引发冲突，所以这绝非明智之举。在这种情况下，想要改变对方的观点基本是不可能的。因此，为什么要弄巧成拙，自己给自己找麻烦呢？假如你想要证明什么事情，那就应该不着痕迹地巧妙实施，不要让别人发觉。就像诗人波普说的：

“当你想教育别人的时候，一定要表现得若无其事。”

“要不知不觉地提出来，好像是不会被记住一样。”

几百年以前，科学家伽利略曾经说过：

“你不能教人去做什么，你只能帮助他们自己去发现。”

查斯特菲尔德爵士也这样对儿子说：

“要比别人更聪明，但是千万不要让对方知道。”

就连西奥多·罗斯福在白宫的时候都坦承：“如果我的判断有百分之七十五是正确的，那么做事情就可以达到最高期望值。那么我们又有多少把握去指责他人的过错呢？”

苏格拉底也经常告诉徒弟：

“我所知道的只有一件事，那就是我什么也不知道。”

就是这样，我们不可能比苏格拉底更聪明，所以从现在起，最好不要再去指责别人的过错，否则就要付出代价。假如你发现有人说的话不正确，并且你确信他是错误的，你最好还是这样说：“请慢，我这里还有一个想法，你们看看对不对。如果我说错了，希望你们可以帮我纠正。我们一起来讨论一下这件事。”

很奇怪，真的很奇怪，特别是类似于这样的话：“可能是我错了，不过我们还是来看看这件事。”无论在哪里都不会有人反对你的这句话——“可能是我错了，不过我们还是来看看这件事。”

哈洛·雷恩克——我的一名学生，他是道奇汽车在蒙大拿州的代理商，他就是用这种方法处理了一起顾客纠纷。雷恩克在做报告的时候指出，因为汽车市场面临的竞争压力过大，所以有时候他们在处理顾客投诉时，经常表现得很冷酷无情，这就非常容易引起顾客的愤怒，甚至会导致生意丢失，或者引起诸多不快。

他对班上的其他同学说：“后来我就明白了，这样做确实是于事无补，所以我就改变了做事的方式。我会这样对顾客说：‘我们公司出了很多错误，我深表遗憾。请您把遇到的情况告诉我。’

“这样的话，很明显能够消除顾客的敌意。他们的情绪一放松，处理事情的时候就很容易讲道理了。很多顾客对于我谅解他们的态度表示感谢，甚至还会介绍自己的朋友过来买车。在竞争如此激烈的汽车市场中，我们非常需要这样的顾客。而且我坚信：尊重顾客的想法，对顾客礼貌周到，这些都是赢得市场的资本。”

现在我可以肯定的是，假如你过于直白地指责对方的错误，哪怕你的意见再好，别人也不会接受，你甚至还会因此伤害到他人。你不仅剥夺了他人的自尊，同时也让自己变成讨论过程中最不受大家欢迎的那个人。

我自己亲身经历的一件事更加坚定了我的想法：有一次，我聘请了一名室内设计师来设计家里的窗帘。但是等到账单送来的时候，我被价钱吓了一大跳。

过了几天，一位朋友来我家做客时看到了窗帘。在问过价钱以后，他非常惊讶，然后以非常夸张的表情说“什么？太吓人了！我觉得你一定是被骗了！”

我认为她说得没错。但是只有少数人能够听到别人说这样的真话，这样的判断。然后，我开始为自己辩解，并且提出“便宜没好货”等大道理。

第二天，我的另一位朋友来拜访我，她不停地称赞那些窗帘，还说她也希望能够买得起这样漂亮的东西。于是，我的反应肯定会跟前一天有着天壤之别："呀，说实话，我也差点儿付不起费用，我是买贵了，现在想想，真是后悔没有事先谈好价钱。”

如果我们犯错了，或许我们可以私下里承认犯错。如果别人的态度友善一点儿，或是说得巧妙一点儿，我们当然也会向他们承认错误，甚至会自认为坦诚、心胸宽广。可是，如果他人的目的就是想让你感到难堪，那就是另一种情况了。

或许你还会用柏拉图或者康德的逻辑学进行反驳，但这是没有用的，因为你已经伤害了他们的感情。人的眼神、声调，或者是手势都和言辞话语一样可以用来指责别人的错误，但是，你指责对方的错误，对方会同意你的看法吗？当然不会！因为你已经伤害了他们的智商、判断力、荣誉和自尊心，这只会招致对方的反击，而丝毫不会改变对方的观点。

有人曾经问过马丁·路德·金这样一个问题：为什么身为和平主义者，却要倾向于白人空军将领，而不是黑人高级官员？他是这样回答的：“我是用别人的原则去判断他们，而不是用我自己的。”

无独有偶，罗伯特·李将军某次和南方联邦总统杰斐逊·戴维斯说起自己麾下的一位军官。李将军极力夸赞这位军官。这时，另一名军官很纳闷，就问道：“您难道不知道他一直在攻击你、诽谤你吗？”“我知道啊。”李将军答道，“不过总统现在问的是我对他的看法，并不是问他对我有什么想法。”

千万不要和顾客、配偶或是敌人发生冲突。不要指责他们的错误，不要惹怒他们，假如不得已非要和他人对立，那也要懂得运用一些技巧。

因此，假如你想要别人信服你，就要学会尊重对方的意见。

8 懂得如何与对方感同身受

卡耐基名言

1. 你将要遇见的人，有四分之三渴望被别人同情。同情他们，他们会立刻喜欢你。

2. 为了一种真实的或者想象中的不幸而感到自怜，这几乎是全人类的共性。

在人际交往过程中，真正做到尊重他人，就要善于站在对方的角度，感同身受，推己及人。很多人都希望被人同情，而且你若真心同情他，他就会对你采取友好的态度。况且现在的我们，没有什么好骄傲的。你也要明白，你遇到的那些暴躁、古板、不理智的人，他们会变成这样，并不代表他们有很大的过错，对于他人的缺陷、缺点，我们不能取笑和歧视，我们应该同情、怜悯、惋惜。任何人都渴望被尊重，任何人都不愿意被忽视，如果你站在他人的角度，懂得与对方感同身受，那么你的人际关系就会顺畅很多。

伍勒很早就用了这句话。伍勒的美国第一位音乐经理人的地位是毋庸置疑的，他和世界上那些著名的艺术家打了二十二年的交道，比如夏里亚宾、邓肯等等。伍勒先生告诉我说，当他和那些脾气古怪的艺术家交往时，得到的第一个经验就是同情——为那些艺术家可笑而古怪的性情表现出的同情。

有三年的时间，他都是以夏里亚宾音乐会的经纪人的身份出现——夏里亚宾是最能打动首都大戏院的观众的一位低音歌唱家。可是，夏里亚宾日常的举动就像一个被宠坏了的孩子，用伍勒先生自己的话来说就是，“他在各方面都表现得很糟糕”。

比如说，夏里亚宾在他开演唱会的那天中午，会打电话给伍勒先生：“沙尔，我的喉咙破了，现在觉得非常不舒服。可能我今晚不能唱歌了。”伍勒先生当时与他争辩了吗？没有，他知道，作为艺术经理，他不能那么做。于是，他跑到了夏里亚宾所在的旅馆，向他表示同情。“太不幸了，”伍勒先生惋惜地说，“多可惜，我可怜的朋友。现在看来你的确是不能唱歌了。我会立刻取消这场音乐会，这需要你花费两三千美元的违约费。不过和你的名誉相比，这应该算不上什么。”

后来，夏里亚宾说：“要不你下午再来，等到五点钟，我再看看那时感觉怎么样。”

到了下午五点多，伍勒先生再次来到夏里亚宾所在的旅馆，向他表示同情，并表示要取消演唱会。夏里亚宾却叹息着说：“这样吧，晚一点儿你再过来，到那时我可能会感觉更好一些。”

晚上七点半，这位伟大的低音歌唱家终于答应演唱，但有一个条件：要伍勒先生提前向首都大戏院声明：夏里亚宾因患感冒嗓子不舒服。伍勒先生应和着答应了夏里亚宾的这个要求，因为他明白这是让这位低音歌唱家登台演唱的唯一的办法。显然，同情别人的意愿就可以达到自己想要的结果。

其实，你将要遇见的人，有四分之三渴望被别人同情。同情他们，他们会立刻喜欢你。不信？我给你们举一个我亲身的经历。

有一次，我在播音的时候提到了《小妇人》的作者奥尔科特。其实，我知道她的故乡是马萨诸塞州的康考德，也是在那里她写下了杰出的作品。而当时我一不小心，说我曾经到纽韩赛的康考德去拜访过她。假如我只提到一次纽韩赛，或许是可以被原谅的，但很不幸，我竟然提了两次。一时间，我被这些指责的函件、电报包围了，指责的语言像毒蜂似的包围着我，那些信的内容大多是愤怒的，甚至有几封是带着侮辱的。其中有一位美国的老太太，康考德人，当时在费城居住，她对我发泄了她内心强烈的怒火。假如我说奥尔科特女士是来自纽格尼的食人者，也不足以承受她的这种辱骂。当我读那封信时，我默默地对自己说：“感谢上帝，我没有娶这个女人。”我想写信告诉她，虽然我犯了一个地理常识的错误，但是她犯了一个更大的常规礼仪上的错误。我想要以那样的语句开始，甚至要卷起袖子来告诉她我真实的想法了。可是我并不是这么做的，我克制住了自己。因为我知道那是冲昏了头的傻子的做法——而大多数人就是那么做的。

我不能像傻子那样去做，所以我要将她的怒意转变为善意。这对我来说是一个挑战，但我有足以应付这种事情的技巧。我安慰自己：“假如我是她，我可能会和她有同样的感觉。”我对她的观点表示赞同。后来我再去费城的时候，给她打了电话。我们谈话的内容，大概是这样的：

——XX 夫人，在几周以前，您给我写过一封信。我要为此感谢您。

——请问您是谁？（明确、文雅、高尚的语调）

——我的名字是戴尔·卡耐基。对你来说，我可能是一个陌生人。您听过我讲奥尔科特的播音，当时我犯了一个不可饶恕的错误，因为我错说了奥尔科特住在纽韩赛的康考德。这真是一个很愚蠢的错误，我应该为此道歉。而您为此花时间写信给我，非常好。

——卡耐基先生，我也深感抱歉。我在那封信里发了脾气，我也应该道歉。

——不！您不需要道歉，该道歉的是我。因为任何一个学过地理知识的人，都不会犯像我这样的错误。在接下来的一次播音里我已经正式道过歉了，现在我要向您单独道歉。

——我在马萨诸塞州康考德出生。200 年来，我的家庭在那里都很有名望，我也对自己的家乡感到非常自豪。所以当听您说到奥尔科特女士生在纽韩赛时，我感到非常难过。而现在，我非常惭愧写了那封信。

——说实话，您的痛苦可能不及我的十分之一。对于马萨诸塞州来说，我的错误没有害处，但这却伤害了我。而像您这样有地位和名望的人，很少会花时间给在无线电台上播音的人写信。假如在我以后的演讲中您又发现了错误，我还是非常希望您能再写信提醒我。

——的确，我非常喜欢您这种接受别人批评的态度。您一定是一个很好的人，我希望和您有更多的交流。

向她道歉并认同她的观点，最后我也得到了她的道歉以及她对我的同情。因为控制自己的情绪，我有所收获，善意地对待侮辱自己的人，我也从中获得了无穷的乐趣。

“您有这样的感觉，我一点儿也不觉得奇怪。假如我是您，我也会产生这样的感觉”这是一句神奇的妙语，它能让人们停止辩论，消除他人的厌恶感，并给别人留下一个好印象，还可以让对方认真倾听你的讲话。

入住白宫的人，几乎每天都会遇到人际关系中的棘手问题，塔夫脱总统当然也不例外。从他的经验来看，他了解同情在消除厌恶感时的最大价值。在塔夫脱总统《服务伦理》一书中，他举了这样一个很有趣的例子，说明了他是如何让一位失望而有志气的母亲走出愤怒从而变得和缓的。

华盛顿有一个妇人，她的丈夫在政界颇有势力。她在我这里纠缠了六个多星期，希望我能给她的儿子安排一个职位。她的要求得到了大部分参议员的赞同，而且他们经常一起来。不过她看中的这个职位需要有相应的技术资格，并且该部部长已经举荐并委任了另一个人。后来，我收到了这个母亲写给我的信，在信里她说我是一个忘恩负义的人，因为我没能让她成为一个快乐的妇人。她还进一步抱怨，说她和她的州代表，为我一个特别重视的行政议案努力争取到了所有的选票，而我却这样报答她。

假如你收到了这样一封信，可能你要做的第一件事，是严肃地对待一个有些唐突或无礼的人，于是你会那样给她回信。可是，假如你真的聪明的话，你会将这封回信放在抽屉里并锁起来，等两天之后再拿出来做决定。面对这样的信件，迟两天再做决定，因为当你隔一段时间再取出来看时，也许你就不会将回信寄出。而这就是我当时的做法。后来，我又给她写了一封语气客气的信，在信里告诉她我明白作为一个母亲，在这种情况下肯定会失望，但那个职位并不是由我随意决定的，那个职位需要一个有技术资格的人，所以我要接受该部部长的举荐。我还希望她的儿子能在他当时的位置上取得她丈夫那样的成就。我的那封信平息了她的怒火，后来她给我写了一封短信，说她很抱歉曾经写过那样一封信。

由于之前的委任并没有即刻执行，后来，我又收到了一封信，据说是她丈夫写来的，但是笔迹与之前的信件完全相同。信里说，由于对这件事感到失望，她现在变得神经衰弱，而且已经卧床不起，并且还有严重的胃痛。他问我可否将已经委任的这个人换成她的儿子，以使她恢复健康。

看来我必须再写一封给她丈夫的信。在信中我对他夫人的病痛表示深切的忧虑，希望这样的诊断不是真的。可是对于将已经确定的名字替换掉这件事，我是做不到的，毕竟这个委任的人已经是确定的了。接到那封信的两天后，我们在白宫举办了一场音乐会，最先到场并向我夫人和我打招呼的就是这对夫妇，而这位夫人不久前还装病寻求同情。

格慈士在他著名的《教育心理》一书中说："人们大都会寻求他人的同情。儿童急切地向他人展示自己被伤害，甚至故意割伤或打伤自己，来博取大家的同情。成人也会为了同样的理由向大家展示自己受到的伤害，经常向大家讲述他们遇到的意外、疾病，尤其是接受手术时的详情。为了一种真实的或者想象中的不幸而感到自怜，这几乎是全人类的共性。"

因此，假如想使他人信服于你，你应懂得如何与他人感同身受。

9 莫要不分青红皂白地呵斥对方

卡耐基名言

1. 在人际交往中，听别人数说我们的过错，我们很难接受，但听别人谦虚地反思他们的不完美，我们就会很容易接受。

2. 在数落别人的过错之前，我们要先反省自己的错误。

在人际交往中，听别人数说我们的过错，我们很难接受，但听别人谦虚地反思他们的不完美，我们就会很容易接受。因此，在数落别人的过错之前，我们要先反省自己的错误。

在三年前，我的侄女约瑟芬·卡耐基来到纽约并担任我的秘书一职。那时候她刚刚十九岁，高中毕业，丝毫没有工作经验。而如今，她已经变得非常聪慧干练。最开始时，她是那么敏感和脆弱。有一次我正想责怪她，但又马上对自己说："等一下，卡耐基，等一下。你的年纪几乎是约瑟芬的两倍，工作经验更是多出几倍，又怎能要求她和你见解一致，判断独到和拥有自发主动的精神？何况你自己也并非多么出色，你在十九岁的时候还是副什么德行？记得你犯下的那些愚蠢不堪的错误吗？记得你曾经做过的这些……还有那些……吗？"

想到这里，我很快就如实地为自己下了定论：相比于十九岁的自己，约瑟芬要优秀得多，然而我却很惭愧，之前我并没有看到她的这些优点而称赞她。

于是后来，一旦约瑟芬犯错误时，我总是这样对她说："约瑟芬，你今天的确是犯了一个错误。但是，我从前也经常犯错误。那些敏锐的判断力、洞察力并非是天生的，全是靠后天的经验积累，何况我在你这般年纪时还根本比不上你呢，所以我实在没有资格批评你或者其他人，但依我这些年的经验来看，如果你能这样做的话，想来不是更好吗？"没错，听别人数说我们的过错，我们很难接受，但听别人谦虚地反思他们的不完美，我们就会很容易接受。

我认识一位加拿大的工程师叫迪利斯通，他一再发现秘书在口授的信件中拼错字，而且常常一页都要拼错两三个字。那最终他是如何帮秘书改掉这个错误的呢？

“就像大多数工程师一样，别人从不认为我的英文或拼写有多么出色。但有一个习惯我保持了很多年——随身携带一本小笔记本，我曾经每天在上面记录我拼错的字。虽然我经常指出秘书所犯的错误，可她还是自行其是，丝毫没有改正的态度。于是我决定改变策略，等到下一次再发现她拼错时，我就坐到打字机旁，对她说：

“这字看起来似乎是不对的，这恰好也是我经常拼错的字中的一个，幸好我随身带有拼写本（我打开笔记本，翻到那一页）。对了，就在这里。我现在对拼写十分留意，因为外人通常以此来评判我们，而且拼错字也是在暴露我们不够专业。

“我不知后来我的方法她是否真的完全照做，但是很明显，从那次谈话之后，我就很少发现她拼错字了。”

承认一个人自身的错误，即使他还没有改正，也可以帮助其改善行为。下面正是克莱伦斯·泽休森讲述的一个真实故事：

有一天他突然发现自己十五岁的儿子正在学抽烟，“我当然很不希望大卫抽烟，”泽休森说道，“但他的妈妈和我都在抽烟，是我们没有给孩子做出好的表率。后来我就向大卫解释自己在年轻的时候也喜欢抽烟，而且烟瘾相当大，以至于到现在都无法戒除。我真诚地提醒他，我的咳嗽时常发作，倘若他再抽上几年，也许会和我遭遇相同的情况。”

“我并没有直接劝他戒烟，或是警告他抽烟有多么严重的危害；我只是耐心地告诉他自己如何染上烟瘾，然后受到怎样的严重影响。

“后来大卫想了一阵子，他决定在高中毕业之前暂时不抽烟。之后很多年过去了，大卫再没有抽过烟，并且也没有抽烟的打算。

“上次和他谈过那席话后，我也下定决心要戒烟。幸亏有家人的鼓舞与支持，我最终戒烟成功了。”

因此，在人际交往中，你要想成功地说服他人，就要遵循这一原则：

在指责别人之前，先反省自己的错误。

10 鼓励能让对方更好地改正错误

卡耐基名言

1. 在与人相处的过程中，我们每个人都希望得到他人的赞美，而不是指责。

2. 赞美能让一个人充满动力，能挖掘出他尚未开发的才能。

在与人相处的过程中，我们每个人都希望得到他人的赞美，而不是指责。赞美能让一个人充满动力，能挖掘出他尚未开发的才能。因此，我们应该尽可能地去宽容他们、鼓励他们。

请看这一案例：

不久之前，我的一位四十岁左右的男性朋友订了婚，他的未婚妻劝他去学舞蹈。“恐怕只有天知道，对于舞蹈课我是真的需要学习的，”他这样告诉我，“因为我请的第一个舞蹈老师告诉我，我跳起舞来几乎和二十年前最开始学的时候一样，她说我对舞蹈目前是一窍不通，我必须要放低姿态，重新学习。我想她是在很真诚地讲述实情，可她的这些话却令我沮丧，我完全没有了学习的动力，于是我辞掉了她。

“第二个老师也许在善意地欺骗我，可我喜欢她。她不动声色地对我说，我的舞姿的确有点儿旧派，但基本功底却还是很扎实，并且她承诺我很快就能学会几种新的舞步。第一个老师因为太强调我的弱点而让我灰心丧气，而第二个老师恰恰相反，她在不断地发现并称赞我的优点，轻描淡写地提醒我的缺点。‘你真是一个跳舞的天才！’她竟然这样告诉我。如今我也时常这样鼓舞自己，不管过去将来，我都会是一个很差劲的舞者。可在我的心里，我仍然希望她是真心对我这样讲的。或许，她说那话仅仅是因为我的报酬。可为什么上一个老师非要不留情面地说那些话呢？

“我知道，不管怎样，如果她没有对我说我有天生的韵律感，我有扎实的舞蹈功底，我就不会一路顺利坚持下来。她那样鼓励我，让我充满信心，激励我不断进步！”

如果你告诉自己的孩子、丈夫，或其他人，他做某件事时真是愚笨，真是没有天赋，他做什么都是错的……那么你差不多消除了他要做出改进的全部动力。可我们若是能反其道而行之，尽量去宽容他人，鼓励他人，这会让事情更容易，让对方知道你相信他拥有完成事情的能力，有对这件事未被发掘的才干，这样他就会为了赢得胜利而日夜练习。

因此，在处理人际关系时，我们应当记得：

鼓励更容易让他人改正错误。

11 时刻提醒自己所得到的恩惠

卡耐基名言

1. 所以，只要我们愿意，我们所拥有的一切——可能比阿里巴巴的宝藏还多的财富——都应值得满足和开心。

2. 如果你想要做一个快乐的人，请记住：时刻提醒自己所得到的恩惠，而不要去清点我们的烦恼。

我们一生中会遇到形形色色的人和各种各样的事。这些人和事，有的让我们开心，有的让我们感激，当然，也有一些让我们感到沮丧、痛苦，甚至愤怒。而大部分的人的记忆很奇怪，他们总倾向于记住那些痛苦的经历，而淡忘那些愉悦欢欣的经历。这些人通常都是些不快乐的人，而那些快乐的人总在谈着让她们高兴、感激的人或事。因此不难看出，做一个感恩的人，会让一个人更快乐。

做一个快乐的人，对我们来说并不是难事。因为，在我们生活中大概九成的事都很顺利，只有一成是有问题的。如果我们想得到快乐，只需要将注意力放在九成的顺利的事情上面，不要去关注那一成有问题的事情即可。但假如你想要烦恼、抱怨，只需将注意力集中在那一成的困难上就行，不用在意九成的顺利的事情。

密苏里州的哈洛德，曾担任过我巡回演讲的经理。有一次我在堪萨斯城遇见他，让他把我送回农庄。我在路上问他如何做才能消除焦虑，他给我讲了一个故事，这个故事让我终生难忘。

他说："我以前也时常焦虑。然而，1934 年春天的某一天，我在街道上看到的一幅景象让我烦恼全无。这前后不过十秒钟，然而正是这十秒钟却比我过去十年所得还要多。那两年我经营了一家杂货铺，这不仅花光了我所有积蓄，还让我负债累累，所欠债务需要七年才能还清。

"正是那一天的前一个周六，杂货铺停业了。我正想去银行借款，然后能够去堪萨斯城找份工作。我像一只失败的斗鸡，垂头丧气，没有了斗志，丧失了信心。忽然，我看到街对面来了一个人。他没有双腿，坐在一块下面用旱冰鞋的轮子做的带有四个滚轮的小木板上，双手拿着木头在地面上滑动来移动木板。他穿过街道，正使劲把木板抬到几英尺高的人行横道上。这时，他的目光和我的目光碰到了一起，他对我露出灿烂的微笑：‘早上好，先生！今天天气真不错，是吧？’他的声音里充满了蓬勃的活力。

“我看着他，不禁暗自庆幸自己是多么富有。我有两条腿，我能走路，我为自己的自怨自艾感到羞愧。我对自己说，失去双腿的人都能这么开心快乐并充满自信，我还有双腿，当然也能跟他一样。

“我立刻感觉精神百倍。之前我打算借一百美元，但现在我有胆量去借二百美元。之前我还不确定自己能否找到一份工作，但现在我有自信向大家宣布我会找到一份工作。最后，我借到了二百美元，也找到了工作。”

听哈洛德讲过这个故事之后，我写了一段话贴在浴室的镜子上，每天早晨刮胡子的时候都会读一遍：我正在为自己没有鞋穿而沮丧的时候，忽然看到一个连脚都没有的人，我顿时沮丧全无。

我在《时代》杂志上读到过一个关于一位在南太平洋受伤的士官的故事。他的喉咙被碎片所伤，为此他输了七次血。他写了一张纸条递给医生：“我能活下去吗？”医生说：“当然可以。”他又问：“痊愈后我还能说话吗？”医生的回答又是肯定的。他最后写道：“那我还有什么可操心的呢？”

我认识的一位美国飞行家肯贝克曾经在太平洋里足足漂流了二十一天。有一次我问他，那次经历给他带来的最大的感受是什么？他说：“只要有充足的饮水和食物，你就不该再有任何抱怨了。”

肯贝克和那位士官都经历了常人难以想象的磨难，却依旧认为“没有什么可抱怨的”。那你呢？何不也问问自己：“我究竟有什么烦恼？”也许你会发现，你担忧的事情既不重要也没有意义。

去过英国教堂的人应该都看到过“思恩”二字，事实上，在英国的很多教堂里都能看到这两个字，我们也应该将这两个字牢牢记在心里。铭记那些值得感恩的事情，真诚地感谢它们。

《格列佛游记》的作者斯威夫特大概是英国文学史上最悲观的作家了。他认为自己本不该出生在这世上，经常在生日那天穿着黑丧服来守斋。即便他如此绝望，但依然铭记只有保持快乐才能健康。他曾说过，饮食有度和保持快乐平静的心情是世界上最好的医生。

如果给你一亿美元来换你的双眼，你换吗？你的两只脚值多少？双手呢？听觉呢？子女呢？家庭呢？计算一下你现在所拥有的财富，你会发现，哪怕把世界上所有的财富都给你，你也一定不愿意交换你现在拥有的这些。

所以，只要我们愿意，我们所拥有的一切——可能比阿里巴巴的宝藏还多的财富——都应值得满足和开心。但是，我们会感激现在所拥有的吗？不会的！叔本华说过：我们很少去思考现在已经拥有的，却总想着我们所没有的。有这种思想是世界上最不幸的事情之一，它会带来比所有战争和疾病更可怕的灾难。

有一个故事，我至今记忆犹新，那是住在新泽西州的帕玛先生讲给我的：从陆军军队退伍不久之后，我开始做生意，我夜以继日地勤劳经营，生意还算不错。但是，不久就有麻烦了，我买不到零件和原料，我担心生意维持不下去，开始焦虑烦恼，并且变得尖酸刻薄——当然我当时并没感觉到。后来我才认识到自己差点儿因此失去一个温馨的家庭。一天，一个腿脚有残疾的年轻人对我说："你不感觉羞耻吗？你看你现在这样子，就好像全世界只有你自己有麻烦。即使你确实必须停业一段时间，那又有什么关系？正常供货后，你还能继续营业呀！你现在拥有这么多，你真应该觉得感恩了！可你依然自怨自艾，我真想能像你一样，你看看我，只有一条胳膊，半侧脸也在炮火中毁坏，即使这样我也没有抱怨过。你再继续抱怨下去，不但真会搞垮生意，还会把你的健康、家庭和朋友都搭进去！"

他的故事让我意识到，我所拥有的已经够多了，我终于清醒过来，不再自怨自艾，不再重蹈覆辙了。

几年前，我在哥伦比亚大学的新闻写作课上认识了一位叫露丝的朋友。她也整天为自己没有的东西而烦恼，还差点儿因此造成悲剧。后来她给我讲述了她的经历：我的生活安排得满满的，我在亚利桑那州州立大学学风琴，在市里的一个演讲培训班做主持人，还在另外一个城市里教音乐欣赏课，这期间我还要参加宴会、去跳舞，更要在晚上骑马锻炼。

直到有一天早晨，我彻底崩溃了。医生说我需要卧床休息一年。但是医生的话让我觉得，我不会再恢复健康了。躺一年？这不就成废物了吗？还不如让我去死。我非常害怕，这种事为什么会发生在我身上？我做了什么坏事，要遭受这样的报应？我哭了很长时间，我无论如何都接受不了。

尽管这样，我还是遵循医生的建议一直躺在床上休息。我的邻居鲁道夫是一位艺术家，他来看望我的时候说："你觉得躺一年是很痛苦的事情，其实不是这样的。你可以在这段时间里开始真正地认识自己，你的心灵在这几个月的成长能赛过之前几十年的成长。"我慢慢地冷静下来，开始努力构建一种全新的价值观。我开始读有启迪意义的书籍。

一天，我听收音机的时候，恰巧听到播音员在节目里说道："你在现实生活中所表现出来的从来都是你内心世界的反映。"我以前也听过不知多少次这种话，只有这次才真正有所领悟。我开始思考能让我继续活下去的理由——一些开心的、积极的想法。每天早晨醒来后，我就逼迫自己想想我应该感恩这世界的事情：我身体上没有疼痛，我有个可爱的女儿，我的视觉和听觉都健康良好，收音机里有动听的音乐，我有看书的时间，我能品尝到美味的食物，我还有很多好朋友……来看望我的人非常多，以至于医生不得不要求一次只能见一位来客，而且还有时间限制。

这么多年以来，我一直生活得丰富多彩、积极向上，我从心底深深地感谢卧床的那一年，那也是我在亚利桑那州过得最有价值、最快乐的一年。在那一年，我培养了一种习惯——每天早晨醒来，清点一下自己拥有的财富和幸福，一直到现在我还保持着这个习惯。这已经变成我最宝贵的财产。我不得不承认，生病之前我并没有真正有意义地活着。”

或许露丝自己都不知道，她领悟到的真理和二百年前英国作家约翰逊所发现的几乎一样。他说过，如果能发现所有事情最好的方面，并且养成这种习惯，那会是千金难买的无价珍宝。

约翰逊并不是一个乐观主义者，事实是，二十多年来他饱受焦虑、饥饿和贫困的折磨。最终，他遵循上面这句箴言成为当时最著名的作家和评论家。

罗根·史密斯说过一个哲理：“人生的主要目标有两个：第一，怀有理想；第二，享受实现理想的过程。只有大智大慧的人才能做到第二点。”

你想知道如何把琐碎的小事——比如在厨房洗碗，变成让人兴奋的事吗？建议你读读达尔的著作《我要看》。这本书是一位五十岁的失明的老妇人所写的。

她写道：“我仅有视力的一只眼睛上布满了斑点，只剩了一个小孔，我只能通过这个小孔看东西。我看书时必须把书举到眼前，并尽量放在左眼的视力范围内。”然而，她不愿意接受别人的怜悯，也不愿享受特殊待遇。小时候，她想和其他小朋友一起玩游戏，但她看不见任何记号，等到其他小朋友回家之后，她趴到地上开始仔细辨认那些记号，并将它们全部熟记于心，之后再跟其他小朋友玩的时候，她反而成了佼佼者。

她是在家自己学习的，她拿着放大字体的书，紧贴着脸，近到睫毛都触到书了。在这么艰苦的情况下，她还取得了两个学位：明尼苏达大学的学士学位和哥伦比亚大学的硕士学位。最开始，她在明尼苏达州的一个小村庄里当老师，后来慢慢地成为了南达科他州一个学院的新闻学教授。她在当地教了十三年书，她还经常到妇女俱乐部演讲，参加电台节目，评论书籍和作者。

她在书中写道：“在我的心底，一直不能克服对彻底失明的恐惧。为了克服这种恐惧，我只能抱有开心甚至天真的态度来对待我的人生。”1943年，已经五十二岁的她身上发生了一个奇迹：非常有名的梅奥医院给她做了手术，让她的视力恢复到了以前的40倍。

对于此刻的她来说，整个世界都是全新的，令人欢喜的。哪怕在水槽里洗碗对她来说都是让人兴奋的事。她写道：“我开始玩盘子上的泡沫，我用手指拈起一个肥皂泡，对着光，我看到了一个微小的像彩虹一样的色彩幻影。”她从水槽上面的窗户向外望去，看到“一只麻雀拍动着灰黑色的翅膀，掠过积雪，向远方飞去”。有幸亲眼看到肥皂泡和麻雀，这让她有感而发，在书的结尾写下了这句话：“亲爱的主，我不禁私语，我们的上帝，我感谢你，我感谢你。”

仅仅在洗碗时看到了肥皂泡绚烂的色彩和飞掠雪地的麻雀，这位老妇人都要诚挚地感谢上帝！你我是不是应该感到惭愧？我们仿佛一直生活在美妙的童话世界里，却视而不见，不知道珍惜和享受当下所拥有的。

因此，如果你想要做一个快乐的人，请记住：时刻提醒自己所得到的恩惠，而不要去清点我们的烦恼。

第三篇

如何在人际交往中运用语言艺术

1 声音的魅力势不可挡

卡耐基名言

1. 声音就是语言内容的载体——声音不仅是反映出你的心情、情感和心态的镜子，更是你在说话过程中不可或缺的特色工具。

2. 你首先要塑造自己的语言风格，把握好自己的音调变化和措辞变化，这才是你在人际交往中讲话的最重要的因素。

3. 在人际交往中，一定要学会调节、克制自己的情感，要以积极豁达的方式去表达自己的思想，从而吸引对方的注意力。

在与人交往的过程中，语言是我们沟通的桥梁，是双方感情进行交流的一个渠道。而声音就是语言内容的载体——声音不仅是反映出你的心情、情感和心态的镜子，更是你在说话过程中不可或缺的特色工具。因此声音能帮助我们在人际交往中建立我们自己特有的说话风格，让我们拥有自己的特色，从而让我们更好地表达我们自己，建立社交关系。

在社交中，当我们与别人交谈时，要学会利用声音和身体行为来充分表达自己，比如说耸肩、挥动手臂、提高音调、皱眉等。我们甚至可以为了适应各种不同的场合来转换自己的语速和音调。需要提及的是，我所指的声音改变并不是音质、音色那些与生俱来的物理性质，因为它们已经无法改变。我所强调的声音效果是由说话者的感情、心态等因素共同影响的结果，因此在谈话的时候一定要先学会充满热情，让别人发现你一开口就与众不同。

令人惋惜的是，在我们的生命历程中，最初那些淳朴自然的交流方式往往会随着岁月的流逝而磨灭殆尽。在不知不觉中，我们在与人交往的过程中，变得越来越冷漠，说话的声音也愈加没有生气，不能打动人心。更重要的是，我们不善于运用我们的声音，不会很好地表达我们自己的感情。总而言之，我们似乎无法利用我们独一无二的声音来维系好人际关系了。

在与人交谈时，我们应该尽量做到自然，然而有很多人还是会在不经意间言语散乱，语无伦次，而且表达方式过于刻板单调。而当你真正学会自然表达的时候，就能够轻松自如地把内容完整准确地表达出来。这也就是说，社交场合的交际高手从来不会有那种无话可说，穷尽词语或者无法再运用想象、修辞进行表达的时候，而正相反，他们总是在变换自己的表达方式，丰富自己的词汇来增强表现效果，他们乐于追求这些炉火纯青的语言技能。

很多人都迫切地想让自己在社交场合中更好地进行交际，那么你首先要塑造自己的语言风格，把握好自己的音调变化和措辞变化，这才是你在人际交往中讲话的最重要的因素。你也可以去寻找一些窍门技巧，比如把说话的过程进行录音然后播放给你的朋友听，让他们提出意见。当然，若是能找到专家悉心教导你，那更是再好不过了。可这些私下的模拟练习终究不是在实际中与人交谈，一旦你真正投入到与人交谈的环境中，你就要把全部的心思精力都投入到讲话交流当中，来吸引对方的注意力，引起共鸣。

接下来，尤为重要的便是你说话的声音，这取决于你所处的场合、心情、个性等多方面因素。大多数情况下，你都应该嗓音清脆明亮，言语清晰，表达简单明了，给对方一种自然轻松的感觉。若是在公共社交场合时，当别人的谈话陷入喋喋不休的白热化阶段时，你能够起立发言，声音洪亮高亢，语言明确有力，那往往会产生一种震撼心灵的效果。当你在公共社交场合中说话时，一定要注意自己说话的音量，保证大家都能听到。若是你与自己的朋友在私下里进行交谈时，交谈的声音就不宜过大，以免让人感觉你们是在争吵。

除此之外，有时在人际交往中，我们还需要根据重音的变化来表达不同的含义。当你讲话谈到重点时，要学会适时地提高音量。当别人听到你这样抑扬顿挫地表达出自己的观点时，也会关注你。为了突出谈话内容的重要性，我们要不断调整自己的音量大小，时而高亢激昂，时而平缓低沉。美国总统林肯在社交中就巧妙地运用重音的变化来解决一些难题，下面请看这个案例。

有一次，美国总统林肯正在低头擦靴子，恰巧这时一位外国外交官目睹了此景，他不怀好意地讽刺道："林肯总统，您平时经常给自己擦靴子吧？"

"是的，那您经常给谁擦靴子呢？"林肯这样回答道。

瞧，重音的变化也能帮助我们摆脱尴尬，因此，在与人交往过程中，我们应该学会利用它。

不仅如此，声音的高低也能影响我们与他人之间的交谈。如果你常常以尖锐的高音和自己的朋友说话，那么我想你的朋友一定不多，因为谁能一直忍受自己耳边放着一个扩音器呢？而且过多的高音会使你的声音十分单调乏味，缺少抑扬顿挫的层次感。而当你尝试着在音调上进行调整和变化时，往往会让声音变得更加动听，充满活力，也能更加准确、声情并茂地传达你心中的信息，引起对方的关注和兴趣。如此一来，你便能结交更多的朋友了。

与人交谈时，声音不知不觉地起伏变化，如同大海的波浪一般变换自如，这样才能让人感到自然而且愉快。如果在与人相处的过程中，我们忘记了这些音调的变换，那么我们的声音就会变得索然无味、平淡直白，每到这时候，我们都应该自我反省，去寻找一些解决问题的办法。

当我们调整、掌控说话的声音时，通常要避免下面几种错误方式。

(1)当你和对方交谈时，一定要让对方明确地感受到你的声音是强有力的、自信的。若是你说话时犹豫颤抖，吞吞吐吐，势必不会引起对方的重视，连自己都没把握阐明的观点又有谁会尊重和感兴趣呢？

（2）一定不要让对方感觉你说话断断续续，含糊其词，甚至像是在自言自语。这样对方根本掌握不到你讲的内容是什么，他们一定会对你的话产生怀疑和歧义，甚至会暗自猜测你正在说一些对他们不利的话。

（3）当你说话时，一定不要像腹语者一般将牙齿紧闭，用鼻音说话，这样会导致你吐字不清，而且听起来感觉毫无生机，冷淡消极，像是在自怨自艾，因此难以给对方留下好印象，不利于人际交往。

（4）采取过高的音调和对方交谈也是极不礼貌的，那听起来就像直升机降落的轰鸣声，令人厌恶极了，让人难以洗耳恭听。更重要的是，过高的语调会传达给听者一种攻击性、胁迫性的感觉，这正是他们深恶痛绝的。所以当你对别人大喊大叫时，没有人会认真理睬你。

（5）当我们和别人交谈传递某种话题情感时，一定要注意有始有终，不能在最后——最关键的地方戛然而止，忘记了画龙点睛。这样会使你的表述不完整，也不够清晰，而对方也猜不出你讲话的意图。

(6)如果你想让自己的声音悠扬动听，起码要做到发音标准，表达清晰，不要夹杂任何口音和含糊的言辞。

（7）不管你想表达什么思想，声音都是你要传递给对方思想的媒介。因此在表达中一定要注意声音情绪的拿捏，不要掺杂任何蔑视、傲慢等消极情绪，一定要懂得尊重对方，这样才能赢得别人的尊重。

若你正处在一种消极的状态中，并且把这种情绪融入了你的声音中，那么所产生的结果往往比你想象得更糟糕。因此，当我们处于负面情绪时一定要学会自我调节，转移注意力，绝不能让别人误解你的意思，让自己产生绝望的感觉。所以我们在人际交往中，一定要学会调节、克制自己的情感，要以积极豁达的方式去表达自己的思想，从而吸引对方的注意力。

2 语调最能触动心灵了

卡耐基名言

1. 语调的变化是最能打动人心的了，它所能表达的信息、情感远远超出我们的想象，就仿佛是你说话时的面部表情，具有直观而难以抗拒的感染力。

2. 在与人交往时，我们不仅要让我们的声音听起来婉转悦耳，还要让语调变得高亢激昂，具有十足的感染力，能够打动人心。

在人际交往中，语调的变化是最能打动人心的了，它所能表达的信息、情感远远超出我们的想象，就仿佛是你说话时的面部表情，具有直观而难以抗拒的感染力。有句话说得好："嗓音是身体的音乐，语调是灵魂的音乐。"当我们难过时，语调会显得苍白失落；当我们刚刚经历一夜狂欢后，语调会变得疲惫不堪，有气无力；而一个礼拜的海湾度假，又能让我们的语调充满欢快和活力，通过语调，我们能了解到他人的态度。因此，在社交中，我们应该随时注意自己语调的变化，尽可能给别人留下一个好印象。

所谓语调就是指说话人的语气和音调的契合，这不仅包括情感的流露，还反映了内心的折射、谈话内容的表达。例如，当你的语调听起来十分真诚时，实际上就是在向对方表达"我说的正是我心中所想，真诚无误"。如此一来，对方定会感到自然亲切，也更相信你的谈话。

在社交的过程中，为了达到最佳的谈话效果，我们很多时候都在费尽心思地斟酌我们的谈话内容，却不知大多数时候摧毁我们谈话效果的正是我们不恰当的语调。当你拿起话筒，仅仅听到一个"喂"字，就已经透露出太多的信息，你可能已经知道男朋友对你是否还热情如初，母亲昨晚是否安枕，好朋友是否通过了重要考试……如此多的信息，尽在那一个"喂"中表露出来。

有很多人错误地认为，一个人的语调和音色一样，是与生俱来的，因此不需要注意自己说话时语调中存在的问题。然而并不是这样，当我们以不恰当的语调和对方说话时，很容易让对方失去注意力和谈话的兴趣，完全没有心思去考虑你说的内容。正因如此，语调往往能产生出令人难以置信的神奇效果。下面请看一个案例。

有一天，我在公园里闲逛，那是在第一次世界大战结束后不久。那时我常常听到三教九流的人在那里谈论关于政治和信仰的各种话题。那天我恰好看到一名天主教徒正在向人们解释着教皇无谬论，然后又听到一名社会主义者高声地谈他对卡尔·马克思的意见。不仅如此，我后来还听到一个男人在阐释多妻制的观点。

很快，我开始注意到三名发表看法的人身边聚集的听众的人数变化。那个主张一夫多妻制的主讲人最初周围的人最多，可后来人数越来越少，人们都去听另外两个人说话了。这是为什么呢？是他的说话内容不足以吸引人吗？

恐怕不仅如此。事后我发现那个人对于三妻四妾这件事没有什么兴趣，他的语调听起来并不振奋人心，人们感受到他的枯燥无味，于是纷纷投身于另两名发表言论的人那里——他们情绪高亢，精神振奋，滔滔不绝，言语充满热情，表情活跃生动，正是这种激情澎湃的气场感染了人们。如果你仍旧固执地在与人交往的过程中语调低沉，让对方觉得枯燥无味，那么你也就不用奇怪为什么你的朋友会越来越少，或是为什么这单生意谈不成了。

语调所能表达的信息、情感远远超出我们的想象，就仿佛是你说话时的面部表情，具有直观而难以抗拒的感染力。在打电话时，如果你听到一个人语气激昂热烈，即便不能亲眼目睹，也能推断出他一定很高兴。相反，若是他语气低落平淡，那么即使他正在和你说一件高兴事，听起来也没有什么可打动人的。

因此，在与人交往时，我们不仅要让我们的声音听起来婉转悦耳，还要让语调变得高亢激昂，具有十足的感染力，能够打动人心。曾经有一个意大利演员用悲怆的语言来诵读那些单调的阿拉伯数字，居然能令听众潸然泪下，感动不已。在我们的生活中，就连一个普通的语气词“啊”，当你用不同的语调去读它时，都可以表达出完全不同的含义，比如说“我懂了”“没听清楚”“很惊讶”“终于明白了”等多重含义，语调是能让你说话变得更加声情并茂的一剂调味品。

因此，在不同的社交场合，我们应该学会使用合适的语调，让你的声音富有不同的感情，让你的表达更加和谐动听，与此同时，也能让他人更喜欢你。

3　带有节奏感的话语更有效

卡耐基名言

1. 在与他人交谈时，我们还要注意到这件事情：交流用语要简短、精悍，并能表达出更多、更准确的内容。这样的话，你讲话时会显得畅快淋漓，对方会认为你是一个豪爽、干练的人。

2. 不要寄希望于对方会花时间来细细品读你所讲的重点，因为很少有人会这么做。因此，直观地表达出你的重点，让别人很快获取重要内容，才能达到你讲话的目的。

在生活中，当我们与对方进行交谈时，如何才能赢得对方的喜欢呢？

其实，在与人打交道时，想要获得他人的认可，说话的语气和节奏很重要。人们讲话也应和音乐一样有韵律：就像音乐有节拍一样，讲话也应该有节奏，平时讲话的语气只有时轻时重、有起有伏、快慢交替，对方听起来才会觉得像听音乐一样婉转动听，余音绕梁，否则就显得很干涩，没有美感。这种说话时语气的适当转换，被称为节奏，说话时节奏有起有伏的变化，使得语言也变得优美，而不是死气沉沉。在意大利，有这样一位音乐家，他在台上演唱的不是歌曲，而是从数字一数到一百，是有规律、有节拍地数。结果，所有的听众为之动容，甚至还有人热泪盈眶。因此有规律、有变化的说话在日常生活中是多么重要啊。

假如你希望自己在别人眼中是精神头十足的形象，你一定要学好讲话的规律，也就是节奏，使自己的讲话更动听。不过，有两个问题影响一个人说话是否动听：说话的语速和所说内容的多少。假如你语速很快，别人就听不清楚你所说的某些字眼，甚至全部内容，而且还会让对方陷入一种紧张的情绪中；但是，语速过慢，别人又会觉得你反射弧太长，行动迟缓。所以，在和别人交谈时，语速问题会决定对方是否领会了你所讲的内容。

在说话语速和内容多少这方面，善于交际的林肯就做得很好。华特·史狄文思在《记者眼中的林肯》一书中，说林肯平时讲话语速很快，但是一旦有重要的字词，他就会提高音调，拖长发音，清晰地说出来。接下来，他又会快速地将剩下的内容讲完……他在讲他想重点说的字词所用的时间时，几乎和其他不需要强调的内容所用的时间一样多。

你可以学一下如何讲出这个句子：“现在我们准备向大家推荐的是我们公司的这款产品。”看到这个句子，你可以这样讲出来：先以微低的音调说到“公司的”这几个字，然后稍微停顿一下，紧接着用最大的声音说出“这款产品”。假如你懂得这个诀窍，那么结果肯定会让你大吃一惊。

不过，还有一个问题也很重要，我们可以通过适当拖长个别字词的发音，来强调这些字词或其他语句（取决于每个人说话的语调），可是，假如你有很大一部分内容都以很慢的速度讲出来，那就没有什么效果了。因为全部用强调的语气说话，让人抓不住重点，而且会让对方觉得反感，这样一来你的讲话根本不会有什么作用。

在与他人交谈时，我们还要注意到这件事情：交流用语要简短、精悍，并能表达出更多、更准确的内容。这样的话，你讲话时会显得畅快淋漓，对方会认为你是一个豪爽、干练的人。但是假如你夸夸其谈、不知所云，必然会影响你说话的节奏，而且还会显得畏首畏尾，在对方看来，你好像有什么不能说的秘密。

懂得了这些，你就很容易理解为什么在人际交往中，有的人花费了很长时间来向对方说明自己的观点时，却没有得到对方一个满意的微笑了。

因此，在与人交往时，想要简明扼要地表达自己的看法，给对方留下一个好印象，首先在与对方交流的时候，应该直接讲出自己的重点，如此一来，你想要说的内容才会更直观地呈现给别人。然而，有些人讲话喜欢迂回婉转，可是这样的话，就会使别人不能集中注意力听重点内容，所以我们在讲述内容时，应当直奔主题。

其次，在表述重要内容的时候，你应该牢记这样一条规则：精简你所用的词汇。这样一句话能概括我想说的内容：“我问你现在几点，你不需要告诉我钟表是怎么工作的。”

但是，话是这么说，平时所见到的却不是这样，本可以用很少的词汇就能讲明白的事情，有的人就是想浪费口水，或者讲述冗长的故事，用很多的人物、数字来衬托他想要表达的重点。但是，我们一定要记住，多余的陈述，只会对你表达的信息不利。

例如下面这个例子，有一个十几岁的男孩，他在第一次参加正式的舞会前，父亲这么告诫他："今晚的舞会之前、过程中、散场后，你可能都不应该喝酒。"看一看，在讲这句话时，他的父亲犯了什么错误呢？首先，"可能"是没有肯定意思的限制词，男孩可能不明白父亲到底想表达什么意思；其次，无非是不想让他喝酒，为什么要说"之前、之中或之后"这么多的修饰词呢？这样说的后果就是使你表达的内容不够简练，还会让别人觉得你不直接、不坚决、不果断。所以我们的词汇越简短越好。

另外还有一点需要注意的是，在和对方说话时，你可能想表达好几个重点。这样做的后果是什么？这将会分散你和对方的注意力。其实，你把一个重点内容讲清楚就已经很不容易了，怎么可能兼顾这么多重点内容呢？假如你一定这么做，那么你的讲述就变得没有了重点，和他人讨论时也会对你所要表达的重要观点造成影响。

还有人特别在意细节表达。注意细节没有问题，但是你要明白，对细节的描述不能影响你表达的重点内容。假如你在细节上花了很大一部分时间和精力，那么你想表达的重点也会变得模糊不清。所以，不要寄希望于对方会花时间来细细品读你所讲的重点，因为很少有人会这么做。因此，直观地表达出你的重点，让别人很快获取重要内容，才能达到你讲话的目的。

因此，在与人沟通的过程中，我们应该有节奏地说话。

4 非语言信息的重要性

卡耐基名言

1. 人们看上去都在通过语言来沟通或者获取信息，但事实上，除了语言表达之外，还有很多东西都能传达出更为丰富的信息，比如你的身体语言，包括你的神态、身体动作等等，其所表达的内容都可以被称为非语言信息。

2. 这种手势动作是每个人根据自己的特点和风格设计出来的，要说哪种手势动作最有用，那就是你天生就会的那个。

在社交中，人们看上去都在通过语言来沟通或者获取信息，但事实上，除了语言表达之外，还有很多东西都能传达出更为丰富的信息，比如你的身体语言，包括你的神态、身体动作等等，其所表达的内容都可以被称为非语言信息。而且，这种方式传达的内容，会显得更生动、更易理解，同时，这样的动作也成为了你独特的动作，你也更容易给人留下深刻的印象。

可以说，这些非语言信息所传达的内容也是相当重要的。下面我们来看一下，为林肯写传记时，柯恩登是怎么说的：

“林肯在讲话时经常做一些动作，而且更倾向于用自己的脑袋来做动作。当他想要着重表达一个观点时，这种动作就更多了。在演讲时，他的头部动作随意发挥，有时候又会突然中断。他演讲时的动作带有他自己的特色，这个特点也使他这个人变得很有趣味。他看不起爱慕虚荣和贪图名利的做作……当他高兴的时候，他会将双手高举成50度，手掌向上，就像是要拥抱别人。如果他表达讨厌的情绪，例如黑奴制度，他则会抬高双臂、拳头握紧，并使劲挥动，向大家传达他厌恶的心情。他的这些有特色的动作，是他坚定信念的见证，感觉他想把那些东西扯下来烧毁一样。站立时，他也非常有特色，两脚站齐，而不是一只脚在前一只脚在后，更不会靠着什么。演讲过程中，他的变化仅限于姿态和神态，他不会大声狂喊，也不会在台上走来走去，有时为了放松手臂，他只用右手来做动作，左手则抓着领子，拇指向上。”

林肯的手势动作传达了如此多的内容。在林肯公园内有一座林肯的雕像，是圣·高登斯以林肯演讲时所摆出的姿态雕塑的。

每个人的体态都能表达出很多内容，有时候，别人会忽然问你一些问题，例如：“你的状态不好吗？”“你是不是生病了？”“你太累了吗？”等等。这时，你不必疑惑为什么对方会这样问，我想可能是你的体态表现中包含着这样的细节。可是，也不能只看重这些体态表现，我们还需要让自己的体态表现得更完美、更有内涵。我们可以尝试从这几点开始。

1. 脸部表情

脸部表情可以传达出很多内容。大家都说眼睛是心灵的窗户，所以，一个人的内心状态会在脸上表现出来。假如我们不能很好地疏导自己的情绪，我们的面部表情能表达的内容会更多。

悲欢喜乐是大家常见的情绪符号，然而在交谈时，微笑是非常有效的表情，时常微笑可以减轻交谈双方的距离感。其他很多神态也能传达很丰富的内容，这就要根据你讲的话来随意表现了。

2. 身体姿态

在对方说话的时候，如果你们是面对面坐着，你就应该端正你就座时的姿态，这时候千万不能到处观望，因为那样的话，别人会认为你并没有兴趣听对方讲话，倒像一只在寻找过夜之处的动物。

坐在座位上时，也不能摆弄衣服或者其他什么东西，这样会使别人的注意力不能集中，别人也会认为你这个人没有定力，比较轻佻。因此，落座时，一定要保持安静，保持身体不要乱动。

如果轮到你说话了，不管此时你是坐着还是站着，一定要昂首挺胸，自信满满，给他人留下一个好印象。

在《如何高效率地工作和生活》一书中，鲁塞·H. 古立柯是这么说的：目前，在十个人里面很难找出一个时刻呈现最好状态的人。因为，大部分人都不明白一个人的身体姿态在讲话时是如此重要。鲁塞·H. 古立柯告诉大家，日常生活中也需要多锻炼自己的身体姿态，比如在与人交谈时最好“将脖子紧贴着领子”。

3. 手部动作

我们身上最灵活的一个部位就是手，手部动作可以传达出非常多的内容。手势语言是通过手指、手掌和手臂的动作变换来呈现内容的一种无声语言，它也是我们人类在长久的进化过程中所用到的最早的一种交流方式。手势语言灵活多变、形式多样、使用方便，运用的范围也很广，它不仅能为有声语言做补充，在某些情况下还能代替有声语言来交流。所以，有人将这种手势语言定位为我们人类的“第二语言”。

手部动作非常灵活、多变，也正因为如此，我们在运用的时候容易产生失误。下面，我会将重点放在手势语言上，尤其是大家站着说话时的手势语言。

我们在讲话时，应该怎么调动自己的双手来配合呢？你在说话时，不要时刻想着如何运用自己的双手，暂时忘记它。这样的话，双手自然而然地就放在了身体的两边，这样的状态已经非常好了。而当你需要双手时，记得让它们来配合你做一些手部动作。

有很多人会是这样一种姿态，他们或者把手背在后面，或者把手插到口袋里面，也有的把手搁在桌面上，觉得这样做的话，就不会那么紧张了。即使是伟大的罗斯福总统，偶尔也会这样做，好像这样的姿态有很大的吸引力似的。其实，我们没必要刻意去做什么。

我在给别人上课时，曾经严格按照课本上所写的内容来教我的学生，一定要他们学会某种特定的姿势。这种做法是非常不好的，我只是将老师教给我的东西原封不动地教给我的学生。至此，我始终不能忘记我上第一堂演讲课时的情景。

老师让我将手臂垂放在身体两侧，掌心向后，十指弯曲，并让大拇指挨着大腿。接下来，我抬起双臂，在空中画出一条弧线，让手腕得以漂亮地转动。然后，我伸出食指，接下来是中指，最后是小指。在完成这一整套看起来非常优美的动作后，我的手臂还要沿着最开始的那道弧线，重新放在身体的两边。

事实是，这套看似优雅的动作对于我的讲话并没有什么好处，可我还是照搬了这套动作来教我的学生。那次，我的 20 个学生像机器一样，做着这些生硬的动作，看起来特别好笑。其实，不存在什么固定的动作适合所有人，除了一些大家总结出来的经验。这种手势动作是每个人根据自己的特点和风格设计出来的，要说哪种手势动作最有用，那就是你天生就会的那个。

手势动作和衣服不一样：衣服可以来回替换，但是手势动作是内在的特点，就像开怀大笑、肚子痛、晕船一样，每个人的手势动作都带有自己的特色。

因此，在人际交往中，要注意手势的使用，根据自己的情况做出最自然的动作就好了，因为由自己的内心发出的动作才是最适合自己的，也是最重要的。不过，除此之外，我们还应关注几点内容，来提升自己与人相处时的魅力，给大家留下一个好印象。

（1）同一个手势动作不要反复做，否则别人会觉得乏味、枯燥。

（2）肘部不适合做短而急的动作，肩部做出的动作会自然很多。

（3）手势动作要持续一段时间。

5 浅显易懂的语言更吸引人

卡耐基名言

1. 假如你希望你所讲的内容别人能够容易理解，你就要将你的专业语言翻译成人人都能听懂的大众化语言，这样就能达到交流的最佳状态。

2. 语言多种多样，表达语言的方式也有很多种，而最有用的做法就是，用最简单的词语将你的内容表达出来，而不是尽可能地用专业词语或按照自己的意愿来说出自己的观点。

在社交的过程中，不少人会遇到这样的问题：自己对所讲的内容了然于心，就理所当然地以为对方也明白，而事实上，你的谈话，让对方感到一头雾水，根本不明白你在说什么。因此，在人际交往中，我们需要时刻关注对方的感受，让双方之间的谈话达到预期的效果。

我的一位学生曾经就没有注意到这一点。他是一名医生，上课时他曾经这样和大家讲话：

“如果横膈膜这样的东西是用来呼吸的话，它可以很好地促进肠子的运动，这对我们的身体有非常大的益处。”

接下来，他还想继续讲下去，但是老师阻止了他。老师让理解了这句话意思的人举手，让这位医生惊讶的是，一个举手的人都没有，意思就是，当时没有一个人理解他所讲的内容。老师让他别着急说下面的内容，先将那句话向大家解释清楚。那个医生说：“横膈膜位于胸腔底部和腹腔顶部之间，它是一种特别薄的肌肉，它会因胸腔和腹腔的呼吸而发生改变。胸腔在呼吸时，会压缩横膈膜，这时横膈膜看起来像一个倒置的洗脸盆；而腹腔呼吸的时候，又会将横膈膜向下推，使横膈膜变成一个平面。此时，我们的肠胃也会受到挤压，而这种挤压对肠胃产生了一种向下的推力，来刺激和摩擦腹腔上面的器官，就像胃、肝、胰。人们呼气时，胃和肠又会向上挤压横膈膜，如此一来，就相当于做了两次按摩，而这种按摩对排便非常有利。大多数人都会出现肠胃不适的症状，如果我们的肠胃由于横膈膜的按摩从而有了适量的运动，这样的话，不舒服的症状就会得到缓解。”经过这样一番详细地说明后，虽然稍微复杂了一些，可是学员都理解了他所讲的内容。

所以，假如你希望你所讲的内容别人能够容易理解，你就要将你的专业语言翻译成人人都能听懂的大众化语言，这样就能达到交流的最佳状态。也就是说，尽量使你的话听起来浅显易懂，能够让更多人理解。

怎样才能做到使自己的话听起来浅显易懂呢？大部分人可能是因为运用了专业用语，即我们之前提到的“术语”。这样的专业词语是那些从事特定工作和在特定研究领域的人才能听明白的。而且，有的行业用语还有一些只有专业人员才能听得懂的缩略语，这些缩略语往往取自于这些词语的首字母。所以，不了解这个行业的人，在遇到这样的词语时，是根本不了解其中所包含的意思的。基于各种不同的原因，大家在遇到这种情况时，多数人不会直接站起来说他不理解某些内容，而是报以微笑，然后带着疑问走开。因此，如果一定要使用专业词语，必须要保证别人对你所讲的专业词语有所了解。

接下来请看这个案例：

如果你告诉一个家庭主妇为什么要为冰箱除霜时，你很可能会这么说：“冰箱有独特的冷冻原理：蒸发器将冰箱里的热量吸收，再排到冰箱的外面。而被吸出来的热量有湿气，这些湿气就会停留在蒸发器上，时间长了就会结成一层霜，这层霜会造成蒸发器绝热，这样的话就需要发动机进行更多的工作来使得机器正常运转。”

家庭主妇在听了这段话后，肯定不知道你在说什么。其实，你可以这样表达：“蒸发器就像抽风机一样，要先把冰箱里的热量抽出去，使得冰箱里的温度达到冷冻东西的要求。所以，当大家打开冰箱时，就会看到放肉的那一层结了一层霜，这些霜就在蒸发器上。当这层霜越来越厚时，就会隔断蒸发器和冰箱之间的空气流动，使得蒸发器不能正常运转，如此一来，冰箱的冷冻效果就会变得越来越不好。这样的话，冰箱的发动机只有不停地工作才能保证冰箱的冷冻功能正常起作用，但是冰箱的使用寿命就会减少。所以，为了不加大发动机的负荷，也为了让冰箱运转正常，我们一定要将这层霜除掉。而在冰箱里面安装一个自动除霜器，就很容易起到除霜的效果。”

如果你在公共社交场合，需要面对很多人讲话，你怎么能保证大多数人都能听明白你所讲的内容呢？印第安纳州前参议员比佛里吉对这个问题有这样一个建议：

“其中一个办法是，在你的听众中选一个看起来非常笨的人作为参照，然后做到让他明白你所讲的内容。你要用最浅显易懂、口语化的语言来表达你所讲的内容，他才有可能听明白。还有一个办法就是，尽可能让那些父母带来的小孩子听懂你所讲的内容。同时，你还要明白——当然你也可以向对方说出来——一定要讲得通俗易懂，让大家都明白你要讲的是什么，并且牢记这一点。”

这让我想起了我听过的一场证券交易所的经济师的演讲。在场的听众几乎全是家庭妇女，她们想学习一些关于银行和投资的内容。这位演讲者在演讲一开始，讲话方式非常轻松、搞笑，语言都非常大众化，同时把这些家庭主妇所关心的问题全都讲得明明白白。更重要的一点是，演讲中所涉及的专业词语，比如“票据交易所”“课税”“偿付”，他也是用大家听得懂的语言来讲述。结果，这场演讲进行得异常顺利。大家对他非常认可，纷纷上前向他了解投资方面的信息。

假如你所讲的内容别人听不明白，或者不在他们理解的范围内，这样的演讲，演讲者和听众都会觉得乏味。之前有一个传教士希望能将《圣经》转换成他所传教的地区的方言。其中有这样一句话：即使你的罪恶一片鲜红，可是它最终仍会白如雪花。但是，他不能像之前那样逐字解释这一句，因为当地人不知道什么是打扫积雪，甚至都不知道“雪”这个字，他们也不明白白雪和黑炭有什么不同。不过，当地有椰子树，他们对椰肉都不陌生。所以，这个传教士用“椰肉”代替“雪花”，他将《圣经》中的那一句转化成这样一句话：即使你的罪恶一片鲜红，可是它最终仍会白如椰肉。用“椰肉”代替白雪，让当地人更容易理解他想要表达的内容。

其实你将时间和精力花在如何将话说得浅显易懂上面，是非常值得的。语言多种多样，表达语言的方式也有很多种，而最有用的做法就是，用最简单的词语将你的内容表达出来，而不是尽可能地用专业词语或按照自己的意愿来说出自己的观点。

不光是在演讲中，我们需要做到语言表达浅显易懂，在日常的人际交往中，我们更要做到这一点。相信不管是在结交朋友上，还是对你的工作，它都会对你有很大的帮助的。

6 使语言更具有说服力

卡耐基名言

不要去在意为何这样的修饰手法会产生如此效果，就把这些疑问留给语言学家和心理治疗师们去思考吧，你只需要明白，它是有用的，并且尽可能多地去运用就可以了。

在人际交往中，怎样才能让自己的语言更具影响力，让自己更全面地向对方表达自己的心中所想呢？要想让自己的语言更有分量，让对方更加信服自己，就要采取我们一般所说的修辞手法。如果你发现了这一点，就会知道，律师在工作中常常使用的就是这种修辞手法。

一般我们运用的修辞手法有以下几种，在此我简短地说一下。

1. 比喻

“天堂如同酵母一般，人们将它放入玉米面粉中，它就会完全发酵……

“天堂好似一个公园……

“天堂好似一个撒向大海的渔网……

天堂什么样不为人们所知，然而酵母、公园、渔网却是大家非常熟悉的东西。也就是因为用了这些既有趣又极其恰当的比喻，才让人们更容易明白说话者的用意。这些词语恰好是说明“天堂”的时候所运用的一种极好的修辞手法，即使用大家很了解的东西去引导他们理解一些不常见的东西。

2. 夸张

当说话时，你要是希望某一点被着重突出，恰当地使用一些夸张的手法是很棒的。有时候你是否也会这么做呢？在你希望对方做事的速度加快一点时，你也许会告诉他：“但愿你完成时，我还没有变成一个‘干尸’！”你和他都明白，你在这么短暂的时间里是不会变成“干尸”的，因此，显然你是夸大了实际的情况。

事实上，这种修辞的作用就是要刺激别人的感知，让其他人考虑到你对于对方某种做事方法所产生的可怕后果的预见。例如，你可能会说：“如果你这么做了，就等于打开了一切可怕的事物的开端。”对于他来说，他也一定明白你这么说的用意。

3. 反复

用同样的节奏一遍又一遍地复述同一个意思，这样的修辞手法就被称为反复。这样的修辞手法最好的地方就是，在人际交往中，你不单单可以吸引对方的注意力，还可以把你的主要观念传达给他们，并且可以把你的主要想法和整个交谈过程紧密地结合在一起。

例如，你可以在评价某一个政府部门时说：

“这个政府部门，它的公众服务能力非常差劲，雇用的员工比工厂里还要多。”

“这个政府部门，非常爱管闲杂的事，随时都做好准备参与你的公事和私事。”

“这个政府部门，整个国家将近二分之一的财政预算都被它侵吞了。”

借助这种反复的修辞手法，你就可以成功地取得对方的信任：这个政府部门的确有很多需要迫切解决的问题。

4. 借代

我们常常“旁征博引”来增强事物可信度，事实上，这样的修辞手法是我们经常使用的。我就常常在这本书当中借用美国总统林肯以及我的学生们的经历来表达我的看法，事实也印证了，这种方法确实获得了很好的效果。

有时，我们并不想讲述一个很长很长的事情，却单单挑选了某一个人讲过的其中一句话（例如中国古老的名言）或者一些谚语来表述我们的意思，如此，效果也很明显。借代既简略有用，又会令你的话语更有可信度。

5. 反问

当你表述一个想法时，从某个角度来说，你认同这样的事情；但是从另一个角度来说，你也许希望对方不要进行回复，进而，你也许会说：“莫非这不是实情吗？”这样的修辞手法即是反问。反问的修辞手法单单用于让对方对你表达的事物引起关注，它经常用于过渡和结果里面。

然而，反问的功效绝对不单是这些，我们一起来看一个案例。

有一天，杰出的拿破仑骄傲地跟他的助理说：“布里昂，你晓得吗？你将会永世长存了。”布里昂不懂他在说什么，就问拿破仑原因。

拿破仑说：“难道你不是我的助理吗？”

布里昂反应过来以后，不甘落后地对拿破仑说：“麻烦问一下，谁是亚历山大的助理？”

拿破仑答不上来，就表扬布里昂说：“问得非常好！”

这一段对话中的玄妙之处你领悟到了吗？拿破仑想表达的是，由于布里昂是他的助理，所以也会跟着出名。然而，布里昂却表达了自己不愿依靠他人而扬名的想法，于是给了拿破仑这么一句反问。他问拿破仑的那句话的用意是说，杰出人物的助理未必会扬名四方。可是，由于拿破仑是他的上级领导，他不可以干脆地驳回拿破仑的理念，于是就用了反问的手法恰当而又巧妙地说出了自己的心意。

有些时候，反问能够表达更多的想法。就好像拿破仑的这位助理，你要是想要让一个人认同你，举例子反问他就是最好的办法，与其正面较量，不如使用这样的方法更加有效。

6. 对比

对比的意思是同一时间举出一对对立的或者相近的事物。对比的确可以让起初索然无味的语句变得丰富，让你变得能言善辩。让我们借鉴一下查尔斯·狄更斯在《双城记》这本书里是怎样巧妙地使用对比这种修辞手法的：

“那是极其美丽的年头，也是极其差劲的年头；那是聪慧的岁月，也是愚笨的岁月；那是信念的时候，也是质疑的时候；那是皎洁的时节，也是混沌的时节；那是盼望的暖春，也是失望的寒冬；摆在我们面前，像山一样堆积在一起，却也空空如也；我们全都向天国狂奔，却也都落入地狱……”听起来感觉怎么样？有没有非常打动人？在社交时，你也非常想要让这样美妙、极富有说服力的语句出现在你的谈话中吧？

不要去在意为何这样的修饰手法会产生如此效果，就把这些疑问留给语言学家和心理治疗师们去思考吧，你只需要明白，它是有用的，并且尽可能多地去运用就可以了。

7. 排比

“……我们坚决地在这里声明：要使他们的牺牲有意义；要使这个在上帝保佑下的国家，获得自由的重生；要使民有、民治、民享的行政组织不会在这个星球上消失。”

以上这段话是林肯非常有名的葛底斯堡演讲当中的末尾部分，在这里，林肯使用了排比。（中文的排比和英文是不一样的。英语原文是：...that we here highly resolve that these dead shall not have died in vain,that this nation under God ,shall have a new birth of freedom,and that government of the people by the people ,and for the people shall not perish from the earth. 在英语的原版文字里面的确有三个排比——编者注明。）这就令本来枯燥无味的语言变得活泼富有魄力，进而也给听众带来了很大的影响。因此，在人际交往中，我们也可以使用排比的修辞手法来让语言变得更加生动活泼。

排比即把三个或者三个以上的相同语句形式共同放置，但其表述的意思并不相同。也许你以前也见识过类似这样的形式的语句。排比独到的好处就是它对于所有形式的语言都适合。不管你要讲什么，你一定可以用得上这样的修辞手法。

学会了上面的这些修辞手法以后，我们就能够更加全面地抒发出自己心里所想的，掌控语言艺术。不要因为需要学习的修辞手法太多而觉得忧愁，事实上，就是由于它的量大，才可以令你说出的语言更有影响力。有关更多的修辞方法，你可以试着翻看一下与之有关的著作。

因此，在人际交往的过程中，我们应该善于运用这些修辞手法，来让我们的语言更加具有活力，同时也能让对方更乐意与我们进行交谈。

第四篇

如何避免情绪的波动

1 批评他人需谨慎

卡耐基名言

1. 小人经常会因为伟人所具有的弱点或犯的过错而自鸣得意。

2. 狗越凶猛，人们就越想踢，然后从中得到一种满足感。

假如有人批评你，那是因为对你的批评能给他带来一种满足感。同时也说明你有自己的建树，并且引人瞩目。许多人通过指责比自己强的人来获得满足感。这样的人永远也得不到他人的尊重，因此，在人际交往中，批评他人需谨慎。

我在写这一章节的时候，收到了一位女士的来信，信的内容是批评救世军创办人威廉·布斯将军。由于我曾经在广播节目中称颂过布斯将军，所以这位女士就以写信的方式告诉我，布斯将军曾把救济穷人的800万美元据为己有。当然，这样的指控是十分荒诞的。而且这位女士的目的也并不是找出真相，她只是想要抨击比她优秀的人。她的来信被我扔到了垃圾筐里，我很庆幸没有娶一个这样的女人做我的妻子。她的信没有改变我对布斯将军的看法，但是却让我了解了她的人格。

哲学家叔本华曾说："小人经常会因为伟人所具有的弱点或犯的过错而自鸣得意。"这样的案例比比皆是。

1929年，美国教育界发生了一件令人震惊的事，很多教育界人士都前往芝加哥恭逢其盛。很多年前，有一位年轻人，他一边在耶鲁大学读书，一边在外面打工，他做过服务员、伐木工人，还有家庭教师，这位年轻人叫作罗伯特·哈金斯。但是八年的时间，他竟然被聘请为在全美国排第四位的芝加哥大学的校长。那时他年仅30岁，这简直难以想象！一些年纪大的教育学家对此嗤之以鼻，海量的批评接踵而至：他太年轻啦！他根本没有这方面的经验啦！他的教育理念十分荒诞不经。最后，甚至连媒体都无法站在一个客观的立场上，介入到了这场攻击之中。

他任职的第一天，一位朋友告诉哈金斯的父亲："今天早上的报纸上几乎整个社会舆论都在诽谤你的儿子，真是让人诧异。"

哈金斯的父亲说："事态的确非常严重，但是我们都明白，没有人会对一只死狗拳脚相向。"

的确如此！狗越凶猛，人们就越想踢，然后从中得到一种满足感。同样的经历，登基为爱德华三世的英国威尔士亲王也深有体会。他曾经在达特茅斯学院读书，这所学校等同于美国的海军学院，当时他 14 岁。有一天，他在哭泣的时候被一名海军军官看见了，军官问他发生了什么事。他原本并不想说，但是最终还是说出了事情的原委：原来有一位海军幼校生踢了他一脚。军官将大家集合在一起，告诉他们，威尔士王子虽然没有怨恨谁，但是军官坚持要弄明白有些人的行为怎么会这么野蛮。

过了很久之后，那位幼校生承认了自己的所作所为，因为他想等他将来在英国海军服役被任命为军官的时候，他可以向别人吹嘘自己曾经踢过英国的国王。

看吧，小人经常会因为伟人所具有的弱点或犯的过错而自鸣得意。

没人会认为耶鲁大学的校长是一个小人，但是蒂莫西·德怀特——耶鲁大学的校长却好像诽谤了一位美国总统的候选人，并以此为乐。德怀特提醒说，要是让这个人做了美国的总统，"我们国家可能会把卖淫合法化，国家将会不辨是非、丧失道德，也不会再敬重上天怜爱世人。"

这听起来好像是对希特勒的责备吧？但是他辱骂的人却是杰弗逊总统，是的，没错，就是那位起草了《独立宣言》、被人们尊称为民主先驱的杰弗逊总统！

有一位美国人，人们骂他是"伪君子""骗子""比杀人犯强不到哪里去"，你猜到这个人是谁了吗？在一张报纸上有一幅这样的漫画：他伏在断头台上，一把大刀正要落下切掉他的脑袋，街道上的人们对他嗤之以鼻。这个人是谁？他就是乔治·华盛顿。

但是那是很久之前的事情了，或许人性已经有所提高了吧！我们来看看比较现代的例子。彼利少将因为在 1909 年 4 月成功到达北极而名动天下。彼利少将差点因为饥寒交迫而丧生，并且因为低温冻伤不得不切除八个脚指头。恶劣的环境让他担心自己是否会出现神经错乱。但是，那些在华盛顿的海军军官对彼利的出名非常生气不满。他们指责他以科学研究的名义募捐经费，但实际却在北极四处闲逛。他们也确实深信不疑，假如一个人确实非常相信时，你很难说服他让他不再相信。他们的决心是那么坚定不移：一定要侮辱并封杀彼利少将，这使得总统不得不亲自下达命令，才保证彼利少将完成了他在北极的使命。

假如彼利也在华盛顿的总部工作，还会有人这样谴责他吗？不会的，因为他就不会重要到惹人嫉妒的地步。

比起彼利少将的境遇，格林将军更是悲惨。1862 年，格林将军在南北战争中赢得了一场大胜仗——只用了一下午时间就取得了胜利，这让格林将军一夜爆红，成了全国人民心中的楷模，为了欢庆这场漂亮的胜仗，从缅因州至密西西比河岸，所有的教堂钟声齐鸣。但是，这次伟大胜利结束仅仅六个星期，北军英雄格林就被逮捕了，并失去了他所有的军队，饱受冤屈和无望。

格林将军为什么会在取得胜利的情况下被逮捕呢？主要是由于他的胜利遭到了他那高傲的长官的妒忌。

因此，在社交时，为了不贬低自己的身份，同时也不使他人的情绪受伤，请不要随意地批评他人。

2　时常进行自我反省

卡耐基名言

1. 敌人对我们的观点也许比我们自己的想法更趋于事实。

2. 与等候敌人来进攻我们或者批评我们所做的事相比，我们还不如先自我批评。

在人际关系中，我们难免会做一些错误的事情，所以，我们应该时常进行自我反省，如此一来，便能及时地消除与他人之间的嫌隙，更好地发展你们之间的关系，防止事态进一步恶化。与此同时，你对自己认识得越到位，你的行为也就越自然，从而也能让他人更认可你。因此，在人际交往中，请记得这一点——时常进行自我反省。

大多数人经常会因为别人的批评而生气，明智的人却能从这里面学到东西。伟大的林肯总统就是一个明智的人。

林肯曾经被自己的军务部长爱德华·史丹顿批评过。林肯的干预让史丹顿非常气愤。为了讨好一些利欲熏心的政客，林肯在调动兵团的文件上签字并下达了命令。史丹顿不仅没有执行他的命令，还批评林肯的这种行为愚蠢不堪。有人把这件事告诉林肯，林肯冷静地说："假如史丹顿说我愚笨无知，那我可能真是很愚蠢，因为他差不多每次都是正确的，我会亲自找他谈谈的。"

林肯果真亲自去找史丹顿了。史丹顿指出他这个命令是不对的，于是林肯撤回了这道命令。林肯很有肚量去接受别人对自己的指责，只要他认为那个人是真心帮助自己的。

我们也都应该乐于接受这样的批评，因为我们不可能一直是对的。就连罗斯福总统也只是希望自己正确的概率是四分之三。最有成就的科学家爱因斯坦，也曾经坦言自己99%的结论都是错的。

拉罗什富科是法国的一位作家，他曾经说道：“敌人对我们的观点也许比我们自己的想法更趋于事实。”

我对这句话深信不疑，但是假如有人批评自己的时候，我没有及时提醒自己的话，还是会毫不犹豫地采取防御措施，这让我每次都对自己很不满意。无论是否正确，人总是喜欢受到别人的称赞，而不是责备。我们并不是理性的动物，而是非常感性的，理性的思考对于我们来讲就如同暴风骤雨中汪洋大海里的一叶扁舟。

当我们听其他人对我们的缺点指手画脚的时候，我们应该认真听取一下，而不是急着为自己争辩。因为所有没有头脑的人都会这么做。让我们明智一些、虚心一点，我们可以说：“假如让他发现我别的缺点，可能要批评得更加严厉呢！”

我曾说过如何应对恶意的责难。现在我提出另一个看法：当你因为别人的恶意责难而愤愤不平时，为什么不先告诉自己：“等一下……我原本就不是尽善尽美的。就连爱因斯坦都说自己的错误率是 99%，那么我可能至少有 80% 的时候是错误的。这种批评来得正是时候，假如果真如此，我应该感激它，并想方设法从中学到东西。”

与等候敌人来进攻我们或者批评我们所做的事相比，我们还不如先自我批评。我们能够成为对自己最苛刻的批评家。当别人还没有发现我们的弱点之前，我们应该自己先意识到并改正这些弱点。达尔文就是这么做的。当达尔文写完他流芳百世的《物种起源》这一著作后，他早就认识到这一具有革命性的理论肯定会对整个宗教界和学术界产生颠覆性的力量。所以，他先开始进行自我评估，并花费 15 年时间不断调查研究，挑战自己的这一理论，批评自己所得到的结论。

不仅仅是达尔文，许多人都是这样做的，下面我要讲一个这样的人物故事。

这个人叫豪威尔，他是一位精通自我管理技巧的人。1944 年 7 月 31 日，他在纽约大使酒店暴毙的消息让整个美国为之震动。华尔街更是出现了动乱，因为他是美国财政界的领导人，曾经任美国商业信托银行董事长一职，同时是好几家大公司董事会的成员。他几乎没受过正式教育，在一个乡村小店做过店员，后来被任命为美国钢铁公司信用部门经理，并且向着更高的权力和地位前进。

我曾经向豪威尔先生请教他取得成功的窍门是什么，他对我说：“这些年来，我一直都随身带有一个记事本，上面记载着每天都有哪些约会。家人对我周末晚上会在家从不抱任何希望，因为他们明白，我经常在周末晚上进行自我反省，对我这一个星期的工作表现做出评价。晚饭过后，我一个人打开记事本，把这一周以来的一切面谈、讨论和会议全程都回想一遍。我问自己：‘我那时候哪里做错了？’‘哪里做对了？’‘我还能做些什么来改善我在工作中的表现？’‘从这次的教训中我学到了什么？’有时候每个星期这样的自我批评让我很不高兴，有时候我几乎无法想象自己当时是多么鲁莽。当然，随着年龄的增长，这样的情况有所减少，我始终保持着这个自我批评的习惯，它对我有很大帮助。”

也许豪威尔的这种做法是在向富兰克林学习，但是富兰克林并不只是在周末的时候，他每天晚上都会自我批评。他意识到自己有13项很重要的错误，其中有三项是消磨时间、太在乎琐碎的小事，还有和别人争辩。富兰克林是一个有大智慧的人，他知道如果不把这些缺点改掉的话，是不可能成就大事的。因此，他每个星期都会制定一个目标来改掉某项缺点，并且每天把改良的过程记录下来。下个星期的时候，他会继续勉励自己改正其他缺点，他和自己的缺点整整奋战了两年。

因此，富兰克林能够成为如此具有影响力、如此受人敬爱的人物并不奇怪。

在我自己的档案柜里，放置着一个私人档案夹，上面写着“我所做过的傻事”。夹子里对我所做过的傻事有详细的文字记录。有时候我会口述给自己的秘书让他记录下来，但是有时候这些事情是非常个人的，甚至这些事蠢到我不好意思让我的秘书记录，所以只能自己记录下来。

我经常拿出那本私人档案夹，重新翻阅一遍我对自己的评论，这能帮助我解决最难解决的事情，那就是自我管理。

曾经我因为自己的错误而去责怪和埋怨别人，但是随着年纪逐渐变大，智慧也有所长进，我最终意识到我最应该责怪的人就是自己。随着年龄的增长，许多人都能认识到这一点。拿破仑被流放到圣赫勒拿岛的时候说：“我的失败绝对是咎由自取，不能埋怨任何人。实际上，我最大的对手就是自己，这也是酿成我人生悲剧的主要原因。”

我知道有一位香皂推销员，他甚至主动请别人批评指正他。他刚开始做高露洁的香皂推销员时，接到的订单非常少，他害怕自己会失去这份工作。他保证产品和价格方面都没有任何问题，因此问题一定是在自己身上。他每次推销失败后，都会在大街上走走，回忆一下自己哪里做得不对，是说的话不具有说服力，还是自己不够热诚？有时候，他会重返回去，跟那位商家说：“我不是又来向你推销香皂的，我希望您能对我提出批评意见。请您告诉我，我刚才哪里做得不好。您的经历肯定比我丰富得多，事业又是如此成功。请对我指正一下，您不必有所保留，直接说就可以。”

他的这种态度让他交到了很多真挚的朋友，并获得了很多宝贵的建议。

你好奇他现在的情况吗？后来他成为了高露洁的总裁，并且使高露洁公司成为当代规模最大的香皂公司。这个推销员就是立特先生。

因此，在人际交往中，为了能让我们有更大的进步，为了获得他人的认可，我们应该时刻进行自我反省。

3 珍视自己的朋友

卡耐基名言

1. 如果你想得到别人的喜欢，就要遵守这条基本原则：先喜欢别人。

2. 面对朋友，我们不能目中无人，不能自以为是，更不能丢掉自信和尊严。

3. 无论在什么场合，能够面带微笑、始终保持心情开朗的人都会成为受欢迎的人。

友情这种人际关系非常特殊，也只有人类才会拥有这种感情关系。虽然家庭亲人之间的关系以及恋人之间的关系也非常甜蜜，但这些都不能取代友情。这是因为真正的友情没有任何本能的因素，而这种感情关系是生活中真正不可或缺的人际关系。我们也能把这种关系称为友爱，这种爱是亲情之外的另一种存在。

然而，无论什么关系都需要维持平衡，朋友之间的关系也一样。无论哪一方付出得多或者少，平衡一旦被打破就会对朋友造成伤害，而人们往往很难察觉到这种伤害。

或许你体验过这样的感觉，在你帮助他人的时候，如果他们能坦然接受，你的内心将感到快乐。可是你表现出的快乐可能会伤害到被帮助方的尊严。生活中，我们经常会看到这样的现象。一方过多地接受另一方的恩惠，可能会令另一方回避两人的交往。深刻剖析才会发现，这是因为过多的给予伤害到了对方的自尊。

善于交际的人往往会注意到这种平衡，因此在给予他人帮助的时候经常传达出不求报答的心意，也只有这样才能令得到帮助的人的自尊不受到伤害。同时，这也将激发被帮助者的愿望，希望有一天自己也能帮助对方。

另外，善于交际的人会假装得到对方的一些小恩小惠，这样做就可能保证在帮助对方解决困难的同时又得到一些回报，以此来谋求被帮助者内心的平衡。

众所周知，如果朋友之间的往来越来越少，彼此之间的感情也可能越来越淡薄，所以我们要通过增加合作来增强彼此之间的友谊。我在写这篇文章的时候，美国一位有名的广告人士就面临着这样一个问题，他发现自己的一位老朋友和自己的关系正在慢慢冷却。他特意找到老朋友，希望他能帮自己画一张新的水管设计图，并且希望得到对方可靠的建议。这位工程师欣然接受了朋友的请求，并勤奋地工作，这完全在广告人士的意料之外。后来，这位老朋友为他提了非常多的宝贵建议，两个人之间的友谊也更加深厚。

美国著名的太平洋铁路建筑师史密斯年轻时也经历过这样的事情。史密斯刚开始的职业是皮货商，为了做好生意，他只能放下曾经的怨恨，和自己的仇人猎户成了朋友。虽然刚开始的时候两个人都感到别扭，无法坦率地交往，但自从史密斯找了个理由去猎户家里住了一天之后，两人的关系便发生了翻天覆地的变化，曾经的怨恨消失不见了，而两人也成了知心好友。

上面发生的两个故事都源自人们内心深处的本能，而这种本能就是自己的一种愿望，即帮助他们。人类都有一种愿望，希望自己能在帮助他人的过程中获得善意的回报。

如果你想得到别人的喜欢，就要先喜欢别人，如果你不喜欢别人也将难以被人喜欢。让别人喜欢你的前提是你要喜欢别人，但这一原则却往往被人遗忘。有些人行动张扬无比，努力表现自己，实际上他们的内心是在渴望别人喜欢自己，但这样的方法显示是不正确的，结果也只能取得相反的效果。

道理是一样的，如果你讨厌某个人，就不要渴望这个人会喜欢你。这条原则非常普遍，这种做法就像你到酒店吃霸王餐却不付饭钱一样。

所以，如果你想得到别人的喜欢，就要遵守这条基本原则：先喜欢别人。

曾经有人做过这样一个实验：首先，让实验人写下自己喜欢的人的名字，先写最喜欢的人，喜欢程度依次减弱，列出一个表格。之后，让实验人写下自认为喜欢自己的人的名字，依旧先写最喜欢自己的人，喜欢程度依次减弱。最后，实验的人将两张表格加以对比，他们发现自己喜欢的人和自认为喜欢自己的人在顺序上基本相同。这个实验表明，你是否喜欢别人，喜欢的程度如何，别人就怎么喜欢你，喜欢的程度也大致相同。这个实验可能有些不妥当，但这并不影响实验结果的准确性。

以上内容是我自认为正确的解说，也是我的真实想法。没错，我们不可能对所有人都付出百分之百的爱，但我们不能放弃爱别人的努力，“知其不可为而为之”是非常伟大的，我们需要拥有这样的心态。

可是，不能认为自己的本事超群，以一时之勇去全力承担所有的事情。我提倡的是，任何事情都要尽力而为，量力而行。不管你遇到什么样的困难，都要正视苦难，保持积极的心态，找到合适的解决途径和方法，即使失败了也不能气馁。我们要总结经验教训，在失败中总结反省，增加我们反败为胜的机会。

另外，我们必须学会自我欣赏，将曾经的成功在纸上列出来。我们需要在成功的事例中肯定自我，以此来增强自己的信心，相信自己一定能高人一筹。

同时，我们要主动和朋友保持联系，和他们分享自己的理想和计划，来自朋友的欣赏也将成为我们完成计划的动力，增强我们坚定不移地完成事情的决心。

面对朋友，我们不能目中无人，不能自以为是，更不能丢掉自信和尊严。我们要避免情绪和言行上的骄傲，要避免消极的态度、自甘堕落的愚蠢行为。

无论在什么场合，能够面带微笑、始终保持心情开朗的人都会成为受欢迎的人。

生活缺少规律、没主见、遇事情绪化的人不可能与人融洽相处。如果想避免这些感性的心理变化带来的恶劣影响，必须培养自己正确的人生观，树立正确的人生目标，成为一个重情重义、原则坚定的人，只有这样，我们才会发现无论身在何处，都可能有人向我们伸出友谊的橄榄枝。

自尊的另一种表现是尊重他人。只可惜，太多人没有注意到这一点，也因此错过了太多交朋友的好机会。所以，如果你能交到一位真正的朋友，那是非常可贵的。

因此，在人际交往中，珍视自己的朋友是一条非常重要的交友原则。

4 人际交往中，要小心陷阱

卡耐基名言

当你在社交中遇到语言陷阱时，要么避开它，要么敲破它。前提是你一定要反应敏锐，清楚地意识到这是个陷阱，而有发现陷阱的能力才是最重要的事情。

在生活中，存在着各种各样的陷阱，除了商业陷阱之外，还存在言语陷阱。不过这并不是单纯的言语缺陷，而是人们的思维漏洞让那些诈骗手段有机可乘。可以这么说，只要与人打交道，就可能会掉入别人为我们设置好的陷阱中，因此我们不可掉以轻心。

下面我们先来看一下社交中的一些商业陷阱。

有一天，玛丽因受了免费美容广告的蛊惑，走进了那家美容院。进去之后，美容师一边帮她做美容，一边和她聊天："小姐，你的皮肤真是细腻极了，美中不足就是肤色有点儿暗，我想这一定是你平时少做护理的原因。如果能做一套好的皮肤护理，我相信你会比现在年轻 10 岁。"

美容师开始渐渐切入主题："比如说我们的护肤品就非常好，是和强生公司用的同一配方，我们甚至把做广告的钱都花在免费为顾客美容上了，而且如果用我们的产品会享有更多美容服务的……"这位美容师神采奕奕地推销着他们的产品如何神奇。这时玛丽才顿悟，之前来免费美容的同事临走前就在这儿买了一大堆化妆品，至今还懊恼万分，甚至提醒她不要上免费美容的当。

玛丽看似昏昏欲睡，沉默不言。其实她此刻正在思考脱身之计。本来她想充分享受美容带来的惬意，可如今却只剩下在心中感叹了："天下真是没有免费的午餐！"过一会儿，美容做完了，美容师拿过来一大堆瓶瓶罐罐，竭力推荐这些化妆品。

玛丽假意认真倾听着，然后对美容师说："的确不错，可真是不巧，我今天没带那么多钱。"她本想这是最好的借口了，让人无法反驳。可没想到美容师却镇定地说："没关系，你可以留下一些押金，产品我会为你好好保存的。"玛丽又心生一念："可我还担心不适合我皮肤呢！"美容师又说："不用担心，不适合的话以后可以退货。"这时美容师的脸色已经很难看了，言语中也带着愠怒。玛丽也生气了："上帝啊，我就是不想买了！"见到玛丽动怒，美容师这才识趣地黑着脸走开了。

此刻玛丽突然想到：其实有时撕破脸还是很有好处的！

终于，玛丽看穿了这家店免费美容的小把戏，一分钱没花走出了美容店。

而在我们的生活中，类似这家美容店的商业陷阱让人防不胜防，它虽然不像古代那种围猎战争中的陷阱，早已布好埋伏，按兵不动，静待着猎物上钩，却和那些陷阱有着异曲同工之妙，也正是由那些陷阱演变而来的。

通常来讲，人们的失败多是败在他不太了解的事情上。例如有这样一个故事：

有两辆轿车在高速公路上撞车了，万幸的是车主都没有受伤，可他们却受到了惊吓。当他们爬出车子时，浑身战栗不止，看起来他们两个都已经精疲力竭没有心思去争论谁是谁非了。于是他们气喘吁吁地坐在路边，交换了一下彼此的名片，一位是名叫弗尔逊的医生，一位是叫布克的律师。

布克有些颤抖地对弗尔逊举起啤酒瓶："喝吧，兄弟。"弗尔逊医生说了句"谢谢"，就一把接过瓶子咕咚咕咚地喝了起来，然后他把酒瓶还给布克律师，可布克只是把酒瓶接过来盖好盖子放在地上。"你怎么不喝？"医生好奇地问他。

"我当然会喝，不过要等警官来了之后。"律师这样回答。

医生听到后顿时醍醐灌顶，他愤怒地盯着律师，恨不得把喝掉的酒呕出来。就这样，布克律师只运用了一个小技巧就把车祸的责任嫁祸给了医生，如此简单。

而这位医生就那么轻易地上当了，警官来了以后他恐怕百口莫辩，难逃罪责了。

在这件事情中，胜利者无疑是做到了知己知彼，了解对方的心理。因此这场心理战就会分出胜负，让有些人栽了跟头。

除此之外，言语陷阱也常常在生活中出现，例如下面这个例子：

杰克问汤姆说："你又打你妻子了是不是？"汤姆脱口而出："没有啊！"这看似简单的一问一答却包含了狡诈的语言陷阱，也就是说汤姆不知不觉就中了圈套，"没有啊"这个回答实际上透露出了"他之前打过他妻子"的信息。若是他之前没有打过妻子，就这么懵懂、毫无防备地承认了，那这种言语陷阱就让汤姆蒙受了不白之冤。

而这种心理战术在商业中也常被商人们乐此不疲地运用着。比如说，有一家餐馆，每天早餐时鸡蛋销量一直很低。这种情况的发生大部分都不是鸡蛋的质量问题，而是服务员的语言艺术出了问题。他一般都这样问顾客："请问您要不要鸡蛋？"而多数顾客都脱口而出："不要！"后来聪明的老板参悟了其中的关卡，就让服务员这样问顾客："请问您要几个鸡蛋？"果然，仅仅是一句话的改变，成效却是无比显著的，这给老板带来了巨大的利润。

当我们分析这句话时，不难发现里面其实藏着一种语言预设。当问你"要不要鸡蛋"时，就是在表示你可以买，也可以不买。而当换成了"您要买几个鸡蛋"时，包含的语言预设在不知不觉地提醒着人们"我要买鸡蛋"这个事实。所以多数情况下，顾客们一时间很难抵挡这种思维惯性。

当你在社交中遇到语言陷阱时，要么避开它，要么敲破它。前提是你一定要反应敏锐，清楚地意识到这是个陷阱，而有发现陷阱的能力才是最重要的事情。

然而，有时候善意地利用这种语言陷阱，还能帮助我们解决难题。美国总统华盛顿就曾利用语言陷阱，成功地要回了自己的马，事情是这样的：

华盛顿年轻时曾有过这样的经历：有一天他的邻居偷走了他的马，他发现后去找警官，并在邻居家的农场发现了这匹马，可是邻居却矢口否认并且不打算把马归还给他。

这时华盛顿心生一计，他用双手捂住马的眼睛说："既然如此，那你说说你的马哪只眼睛是瞎的，我请你在警官面前回答我。"

"这匹马的右眼瞎了。"邻居说。

华盛顿把捂住的手移开，所有人都看到马的右眼神采奕奕，灵光闪闪。

"哦！我记错了，是左眼瞎了！"邻居又说。

华盛顿把捂住左眼的手也移开，马的左眼看起来也没有任何问题。

"天啊！我真是被你气糊涂了！这只马的眼睛根本没有瞎！"邻居大叫起来。

"够了！别再狡辩了！华盛顿先生，我已经明白了，请您把马牵回家吧。"警官大声说。

除此之外，著名的古希腊神话故事——"鳄鱼悖论"也是一个关于语言陷阱的故事，故事是这样的：

从前有一条鳄鱼从一个年轻的母亲怀中夺走了她的孩子，然后鳄鱼开始问这位难过的母亲："你猜我会不会吃掉你的孩子？如果你说对了，我就把孩子还给你；你说错了，我就会吃掉你的孩子。"

这位母亲思索了一会儿，回答道："我想你会吃掉我的孩子。"

这样的回答令鳄鱼十分为难，若是吃掉孩子的话就证明这位母亲答对了，它应该把孩子还给她；若是不吃的话，就说明这位母亲答错了，它就要吃掉孩子。它既要吃掉孩子又要把孩子还给那位母亲，这让它为难得焦头烂额。最终没有办法，它只好把孩子还给这位母亲。

有些语言陷阱被设计得巧妙而且极其自然，让我们防不胜防，一不小心就跌入了圈套里。因此，在社交中，我们一定要小心陷阱，避免吃亏。

第五篇

如何让别人喜欢你

1 诚心诚意地给对方一个赞

卡耐基名言

1. 诚心诚意地称赞别人，能让你和他人在人际交往中相处得更加愉快；而那些虚假的、夸大的阿谀奉承的话会让人反感，甚至会引起他人对你产生蔑视。

2. 赞美和鼓励是促使他人将自己的潜力发挥到极致的最佳途径。

诚心诚意地称赞别人，能让你和他人在人际交往中相处得更加愉快；而那些虚假的、夸大的阿谀奉承的话会让人反感，甚至会引起他人对你产生蔑视。

听到对方对自己的真诚的赞美，每个人都会从心里感到满足，这是人的一种本能，因此，在人际交往中，真心实意地赞美别人，常常能够营造一个积极友好的氛围。在婴幼儿时期，我们从父母的微笑或是抚摸中感到满足；长大成人之后，从别人赞美的语气中获得满足。每个人都希望别人能看到自己身上的优点，也希望在别人眼中，自己是一个有价值的人。所以，通过了解这一人际心理，我们在与人交往中应该给予别人真诚的赞美，让别人心情愉悦，同时也为增加自身的价值提供了条件。

全美国，只有少数人年收入能够达到百万美元以上，查理·夏布就是其中的一个。1921 年，安德鲁·卡内基以其敏锐的眼光和高超的见解任命年仅 38 岁的夏布当美国钢铁公司的第一任总裁。（之后夏布从美国钢铁公司离职，开始接收并管理困顿中的贝氏拉罕钢铁公司，在他的重新整顿治理下，这家钢铁公司成了全美国盈利最高的公司之一。）

安德鲁·卡内基为什么宁可每年花费 100 万美元重金，也要聘用夏布先生呢？这可是相当于每天需要支付两千多美元。难不成夏布先生真是一个伟大的天才吗？或者是对于钢铁生产这一方面，夏布先生懂的要比其他人多吗？都不是。夏布先生亲自跟我说，在钢铁制造这一方面，他手底下有很多人都比他了解得多。

夏布先生说他能获得高薪的原因是他很擅长对人事的安排和管制。我向他请教是怎么做到这一点的，他跟我说了下面这些话，这些话理应被镌刻在铜板上，挂在每一个家庭、学校、商店以及办公室内。但凡我们还生存在这世上，这些话就会对你我的生活面貌产生重要的影响。

“我想，我能够激发人们的激情，这大概是我的天赋。赞美和鼓励是促使他人将自己的潜力发挥到极致的最佳途径。不管是长辈还是上司的指责，都极容易让一个人失去斗志。我从来都不会责备别人，我认为勉励是让人积极工作的最佳动力。因此，我喜欢赞扬，却厌烦故意挑剔他人的缺点。假如你问我喜欢什么，那就是发自内心地、毫不吝啬地赞美别人。”

这是夏布能获得成功的不二法则。不过，其他人是如何做的呢？恰恰相反，如果他们厌烦一件事情，就一定会冲着手下的员工大喊大叫；要是喜欢的话，就会缄口不言。这好比俗话说的那样：“好事不出门，坏事传千里。”

夏布说：“我在生活中，遇到过全国各地不同阶层的人。我从中发现，不管他们有多了不起或是身份显贵，他们都和普通人相同，在受到肯定或遭遇责备的情况下，前者更能激励他们发愤图强，从而取得的成效也更加优异。”

同时，这也是安德鲁·卡内基先生能获得成功的重要因素。夏布说过，卡内基先生总是会在公开的场合赞美他人，在私下，他也是这么做的。就连在墓碑上，卡内基先生也不曾忘记称赞他人，他给自己写了这样的墓志铭：“这里躺着一个人，他知道怎样去迎合那些比他聪颖的人。”而约翰·洛克菲勒也是一个善于利用这一人际心理的人。

约翰·洛克菲勒之所以能够成功地掌管人事，主要诀窍就在于他能够发自内心地赞美别人。举个例子，爱德华·贝德福特是洛克菲勒众多合伙人中的一员，曾经在一笔生意中，他让公司亏损了100万美元。当然，洛克菲勒可以因为此事斥责贝德福特，不过他并未这么做，他明白贝德福特已经尽了自己所能，更何况事已至此。因此洛克菲勒借用别的事情表扬了贝德福特，他称赞贝德福特为公司节约了60%的投资额，洛克菲勒这样说道：“这实在太好了，我们不可能永远像在鼎盛时期那样做得特别好。”

赞美别人不仅能帮助企业获得良好的业绩，更好地管理自己的员工，还能促进家庭和谐，下面就让我们来看一个案例。

有一位朋友，他的妻子在参加了一门关于自我训练和提高的课程后，回到家中，她让她的丈夫列出6件事，而这6件事情可以让她变得更加优秀。这位朋友说：

“太太的这个要求让我非常惊讶。说实话，我很容易就能列出6件这样的事——我的太太也许可以列举出上千条事项来让我变得更加理想，不过，我并没有立刻这样做，却跟她说：‘让我考虑考虑，等明天早上的时候再跟你说。’

“第二天早上，我很早就起床了，给花店打电话为我的太太预订了6朵红玫瑰，而且还在花上附了纸条：‘我想不到自己想让你改变哪6件事，我对你现在的样子很满意。’

“傍晚回家的时候，你猜谁会在门口等着我回来呢？毋庸置疑，是我的太太！她的眼眶里甚至还饱含热泪，不需要再说别的什么了，我很庆幸自己没有按她说的那样借机对她横加指责。

“星期天，当她再次去参加那门课程时，她向别人讲述了这件事情的全过程，很多太太说：‘这是我听说过的最通情达理的事情。’我从这件事情中也感受到了赞美的力量。”

看吧，诚恳地赞美别人是一股多么强大的力量，曾经我看到过这样一则小故事，虽然这个故事是虚拟的，但是却非常真实，因此，我还是选择向大家公开这个故事。

有一位农妇，在结束了一天的辛苦劳作后，为另外几个干活的男人准备了一堆干草，将其作为他们的晚饭。男人们生气地指责她是不是疯了，这位农妇回应道：“我哪里会知道你们在乎这个呢？这20年来，始终都是我给你们煮饭，但是你们却什么都没有说过，也从未跟我说过你们不吃干草啊！”

我们在平日的生活中往往容易疏忽的美德之一就是赞美别人。有时候，儿女从学校带着一份优异的成绩单回来，我们没有给予他们称赞；当孩子第一次独立烤好一个蛋糕，抑或是制作了一个鸟笼，我们也没有给予他们勉励。对孩子们来讲，父母的关注和奖赏是他们最期盼的。

爱默生曾说：“我所结识的任何人，多多少少都可以称之为我的老师，因为他们每个人都教会了我一些东西。”

假如这句话对爱默生来说是准确无误、切实可行的，那么对于我们每个人来讲，更是这样。我们不能总是关注自己的建树、需求，而是应该竭尽全力去发觉他人的长处，随后，不是迎合他们，而是发自肺腑地给予他们真挚的赞美。要“发自内心、毫不吝啬地赞美”，同时，你所说的这些话也会被人们视为珍宝，牢记于心，念念不忘。

因此在人际交往中，我们需要铭记这一准则：

真心实意地赞美对方。

2 暖暖的微笑会让人印象深刻

卡耐基名言

1. 世上每个人都在追寻快乐，但仅有一个十分有效的办法，那就是很好地控制自己的思想，快乐与外界因素无关，而是取决于内心的想法。

2. 一定要保持一个正确的心态——勇敢、真诚、欢乐的态度。

3. 在人际交往中，请给他人一个微笑。因为你的微笑就是在告诉对方：我很欣赏你，很开心能和你成为朋友。

暖暖的微笑给人一种很舒服的感觉，同时也能让你和对方感到愉快。在人际交往中，它就像一个神奇的开关，一旦打开，刹那间便能缩短你与对方之间的距离，让你们的心离得更近。在生活中，嘴角微微上扬，露出一个灿烂的微笑，这是最能打动人心的了，与此同时也能提升自己的个人魅力。微笑还能在你与对方进行深入交谈的时候，营造一个和谐的气氛，就像是人际交往中的润滑剂。因此，你应该发自内心地微笑了。

在人际交往中，面带微笑的人永远受欢迎。我曾经和数千位商界人士商量，让他们对每一个遇到的人微笑，一星期后，来告诉我这样做的结果。效果怎么样呢？我们慢慢来看。这是来自纽约证券交易所会员司丹哈德的一封信，他的这种情况并不稀奇，实际上，这是无数人所处情况的代表：

我已经结婚 18 年有余，这些年来从我早晨起床到准备好出门工作的这段时间，我几乎从没有对我的妻子微笑过，也从来没有和她说话超过 30 个字，我是百老汇街上出名的坏脾气。

因为你请我做这样一个实验，并且发表意见，我觉得我可以拿出一周的时间来试一下。因此第二天早晨，在梳头的时候，我发现镜子中的我是一副沉闷的面孔，就告诉自己："比尔，今天你要忘记以前的旧容，你必须微笑，从此刻就开始。"当我坐下吃早餐时，我主动跟妻子打招呼："早上好，亲爱的。"我一边说一边微笑。

你曾告诉我，她可能会惊讶。可是你低估了她的反应，她被迷惑了，她惊讶坏了。我跟她说，这种情形以后会经常出现。从那时起到现在，我已经保持这个状态两个月了。

我就这样彻底改变了自己的状态，在这两个月的时间里，我们家庭所收获的快乐，甚至超过去年一年的时间所得到的。现在我去工作时，会对办公楼开电梯的人说一句"早上好"，而且是面带微笑，我对看大门的工作人员微笑，我在地铁商店兑换零钱时对伙计微笑，我在交易所的时候，对那些从来没有对我微笑过的人微笑。

很快我发现每个人都反过来对我微笑，还有那些一直对我抱怨诉苦的人，我都是还以微笑。我面带微笑地倾听，我感觉调节变得非常容易，我觉得微笑每时每刻都给我带来财富。

我和另一个交易员共用一间办公室，他是一位非常可爱的年轻人，我对我得到的所有结果都十分高兴，因此我告诉他我发现了人际关系的新哲学。在和他用心交流后，他也向我说出了心里话。他说，当我刚和他共用一间办公室的时候，他觉得我是一个既严肃又脾气暴躁的人，现在他也改变了看法，他说我微笑起来非常平易近人。

我讨厌批评，喜欢称赞，我已经不关注我要的结果，而更在乎别人的观点是什么，这些事的确让我的生活发生了改变，我现在是一个和以前差别很大的人，一个更懂得快乐的人，一个更充实的人，我因为拥有友情和快乐而更加充实。

请记住，这封信出自一个交易员之手，他谙于世故，聪明伶俐。他在纽约证券交易所以买卖证券为生，自己有独立账户，要明白这是一种很难获得成功的行业，如果100人去尝试，可能有99个人会以失败告终。

这个事例让我们看到微笑的力量竟如此之大，那么我们是不是要张嘴就笑呢？哪怕是不真诚的微笑？当然不是，微笑是要发自内心的，真诚的。假如我们清楚那是一种敷衍、虚假的微笑，我们会感觉很厌烦。所以，我们所说的微笑是一种真诚的微笑，热情的微笑，发自内心的微笑，那种可以在市场上换取高价值的微笑。

纽约一家大型综合超市的人事部主任曾经跟我说，他宁可聘用一个小学都没有毕业的女职员，因为她有一个可爱喜人的微笑，也不会聘用一位面无表情的哲学博士。

看到这里，你可能感觉自己的确该微笑了，那如何做呢？至少你可以按照下面的方法试一试：假装微笑，如果你独自一人，可以试着吹吹口哨，或哼哼歌曲，轻声唱歌，做出一副非常快乐的样子，那就可以让你快乐。已经去世的哈佛大学教授詹姆斯说过：

“行动好像随着感觉走，实际不是这样，行动是和感觉一起的。我们可以使直接被意志控制的行动变得有规律，也可以使间接被意志制约的行动变得有规律。”

所以假如我们没有了欢乐，就重新找欢乐的途径，那就是高兴地做事、说话，就像欢乐一直都在一样……

世上每个人都在追寻快乐，但仅有一个十分有效的办法，那就是很好地控制自己的思想，快乐与外界因素无关，而是取决于内心的想法。

不管你拥有什么职位，或者你是谁，或者你在哪里，你在做什么，能够决定你快乐或不快乐的因素都是你内心有着什么样的想法。比如，两个人在同一地点，做同样一件事情，拥有同样多的金钱和同样的荣誉，可是一个人会很忧郁，另一个则很快乐，这是为什么呢？因为心情不一样。

“事无善恶，”莎士比亚曾说，“思想使然。”

林肯说：“大部分人的快乐和他们想要得到的不会相差很多。”他说得很对，我就发现了一个实例，它可以用来证明这一真理。

有一次，我在纽约的长岛车站上台阶时，发现前面有三四十个残疾儿童正拄着拐杖艰难地迈上台阶，其中一个男孩甚至必须有人抱着，但他们的欢笑让我感到震惊。我向他们的一位监护人问到这件事。“没错，”他说，“当一个孩子知道他永远都站不起来时，刚开始他很惶恐，但惶恐之后，他就会想着顺其自然，比正常孩子更加快乐。”

我觉得我的确该向这些孩子致敬，他们告诉我一个真理，但愿我永远都不会忘记。

仔细阅读下面赫巴德的明智建议吧，但是要记得，一定要亲自去做，否则阅读对你来说没有任何益处。

在你每次出门的时候，看看面容，抬头挺胸，精神饱满，呼吸阳光中的新鲜空气，对朋友面带微笑，每次握手都真诚热情，不要害怕会被误会，不要花费任何时间在你讨厌的人身上。你的内心一定要明确自己喜欢什么，然后，不要乱想，朝着你喜欢的东西前进，全身心地投入到你喜欢做的事情上。随着时间的行走，你会无意中发现你已经抓住了满足你欲望的机会，就像珊瑚虫从水流中取得所需一样，在内心中想着你希望成为的有才能、诚实、有用的人，你内心的思想，每时每刻都在提醒你，促使你成为那样的人……思想的力量是伟大的，一定要保持一个正确的心态——勇敢、真诚、欢乐的态度。思想等于创造，所有的事都是为了满足欲望，要是真心祈求，都会有所满足。我们心中想着什么，就会得到什么，收敛你的容颜，抬起你的头，我们就是明天的太阳。

因此，在人际交往中，请给他人一个微笑。因为你的微笑就是在告诉对方：我很欣赏你，很开心能和你成为朋友。人际交往中的制胜法宝，只是一个真诚的微笑。

3 懂得倾听对方内心的声音

卡耐基名言

1. 倾听不仅是对他人的一种尊重，更是对他人的一种赞美。
2. 倾听是我们讨好每个人最好的方式。

日常生活中，具有魅力的人一定不是那些唠唠叨叨、说个不停的人，而是懂得倾听的人。倾听不仅是对他人的一种尊重，更是对他人的一种赞美。在社交的过程中，能更好地与人沟通的人必然是那些懂得倾听的人。无论是对上司、下属、同事、朋友，或者是对亲人，这一法则都是适用的。或许在交谈的过程中，他并非说了很多的话，可是他一定会赢得他人的赞美。真正的倾听不仅要用耳朵去听，还要用心去倾听。

很多年以前，有一位来自荷兰的穷苦儿童，等学校放学以后，他会到一家面包店擦窗户，每个礼拜可以挣到半美元。他的家里一贫如洗，平日里他每天都会提着篮子去沟渠里拾煤车送煤时散落的碎煤块。这个叫伯克的孩子只接受了 6 年的学校教育，但他最终却成了美国新闻界最了不起的杂志编辑。他是如何成功的呢？三言两语是说不尽的，不过我们可以简单地讲述一下他是如何开始的。他正是利用了这章中所提倡的原则作为自己的开始。

他在 13 岁的时候选择了辍学，前往西联充当童役，每个星期有 6.25 美元的收入。但是他没有放弃继续接受教育的想法。不仅如此，他还进行自我教育。他把自己不坐车、不吃午饭节省下来的钱存起来，直到这些钱能买到一部名为《美国名人传全书》的读物——之后他做了一件闻所未闻的事，他读完名人的传记后，就给他们写信，请求他们把和自己童年相关的补充材料寄来给他。他是一个擅长倾听他人的人。他激励名人们叙述自己的故事。当时加菲尔德大将正在参加总统的竞选，他给他寄去了一封信，信中他向加菲尔德询问他是否曾在一条运河上做过拉船的童工，加菲尔德还给他回了信。他给格兰特将军写信，问他某一战役相关的事情，格兰特把一张地图送给了这个孩子，还请他吃了晚餐，并且和他畅谈了一整夜。

他给爱默生写信，并且鼓励他叙述和他自己有关的事。不久之后，这位给西联送信的小孩就已经和全美国的名人通过信：爱默生、勃罗克、山姆士、朗费罗、林肯夫人、爱尔各德、秀门将军，还有戴维斯。

他除了和这些名人通信外，还在他们度假期间去拜访了他们中间的几位，并且还成了他们家中备受欢迎的客人。这样的经验，让他有了一种无价的自信心。这些著名的人士让他的理想和志向奋起勃发，从而改变了他的人生。所有这一切，仅仅是他履行并坚持了我们所提倡的这一原则。

善于倾听他人说话，改变了伯克的一生，可见倾听的力量是如此强大，那倾听能够解决公司的难题也就不足为奇了。

几年前，纽约电话公司接待了一位非常恶毒的顾客——这位顾客用各种难听的词语诅咒接线员。他谩骂到几乎要发狂的地步，他甚至威胁说要拆毁电话，他拒付所有自认为不合理的费用，他给报社写信，还屡次向公众服务委员会控诉，使得电话公司多次被起诉。

最后，公司派遣一位非常有本事的“调解员”去拜访这位凶横的客人。这位“调解员”安静地听他述说，并且对他的情况表示怜惜，他让这位喜好辩论的老先生尽情宣泄心中的不满。

这位“调解员”讲述说：“他唠叨个没完没了，我就这样安静地听他说了将近三小时。后来我还去过他那里，继续听他抱怨。我前后共拜访过他四次，在结束第四次访问前，我就已经成了他所创办的某组织的会员，他称这个组织为‘电话用户保障协会’。现在，我还是这个组织的成员之一。有趣的是，据我所知，除了这位老先生，我是这个组织的唯一成员。

“在这几次的拜访中，我安静地倾听他的讲述，并且对他所说的话深表同情。我从来不像电话公司的其他同事那样和他谈话，他的态度也不像以前那样恶劣了。我在第一次拜访他的时候，没有提出见他是所为何事，第二次、第三次同样也没有提，但是到了第四次，我把这件事完美地解决了，让他把所有欠的账都付清了，并且在对电话公司的控诉中，他首次向公共服务委员会撤回了上诉。”

毫无疑问，老先生自认为自己是为了公义而战，为了保障大众的权益不被无情地剥削，但是实际上他是希望大家能够重视他的自尊心。他先通过寻衅、发牢骚引起大家对他的重视，之后在公司派遣的“调解员”那里得到了满足，他那不符合实际的委屈感也随即消失不见了。

不管是多么苛责的人，或是多么严厉的批评家，总是会被一个有耐心和同情心的倾听者所感动——这位倾听者无论怎样都会耐心地倾听，即使前来寻衅的人像一条巨大的毒蛇一样张大嘴巴吐出毒液，商业交流更是如此。

沃顿的故事可以说是一个非常恰当的例子。他在我的班里讲述过这样一个故事。

他在靠近海岸的新泽西市一家百货商店里购买了一套衣服。这套衣服让人大失所望：上衣居然掉色，还把他的衬衫的领子都染黑了。

后来，他把这套衣服带到这家百货商店，找来了卖他衣服的店员，将事情的经过告诉他。但是他在讲述这件事情的过程中被店员打断了。这位店员反驳道："我们已经卖出了上千套这样的衣服，你是第一个来挑毛病的人。"

就在他们争论得不可开交时，又来了一位店员。他说："任何黑色的衣服在最开始的时候都会有一点儿掉色。这是无法避免的，这个价位的衣服就是这个样子，那是染料的问题。"

"这时候我简直气愤到了极点，"沃顿先生叙述了他的遭遇，"第一个店员对我的诚实有所质疑，第二个店员直接提示我买的衣服太便宜。我有些愤怒了，正要和他们翻脸的时候，经理走了过来，他明白自己的职责是什么，就是他彻底改变了我的态度。"他让一个气愤到了极点的人变成一个心满意足的顾客。他是怎么做的呢？他实行了以下三条措施：

第一，他安静地听完了我对整个事件的描述，中间没有插一句话；

第二，当听完我的描述，店员们又要打断我阐述他们的观点时，这位经理站在我的立场和他们争论。他不仅指明我的衣领很明显就是被衣服掉色造成的，而且还态度坚决地说，商店就不应该销售无法让顾客满意的商品；

第三，他坦诚地告诉我知道出现这种问题的原因，并且坦白直爽地问我："你需要我怎么解决这个问题呢？我可以完全遵照你的想法去处理。"

就在前几分钟，我还准备要跟他们说让他们把那套该死的衣服收走。可是这会儿我是这样跟他说的："我只要你给我一个说法，我要明白这种情况是不是只是一时的，有没有什么解决的办法。"

他建议我把这套衣服带回去再穿一周看看。他许诺我说："假如到那时候这件衣服仍然不能让您满意，请您拿到店里换一套让您满意的。给您带来的不便，我们深表歉意。"

我心满意足地离开了这家店铺。一个星期后，这件衣服没有出现任何问题。我重新恢复了对那家百货商店的信任。

在现实生活中，倾听不仅对难缠的顾客有用，对很多人都会有帮助。谁都想找一个能够认真倾听自己的人，为此他会感到非常满足。

最近我在纽约出版商格利伯举办的宴会上见到了一位非常有名的植物学

家。在此之前，我从来没有和任何植物学家交谈过，我觉得他对我来说充满了诱惑力。我开始坐在椅子上，安静地倾听他讲关于大麻、室内花园甚至马铃薯的惊人事实。我自己有一个很小的室内花园，他热情周到地教我怎么处理我遇到的问题。

我刚刚提到，我们是在宴会上，肯定还有十几位其他客人在场。可是我却背离了一切惯例，把其他人都抛在了脑后，和这位植物学家聊了数小时之久。

午夜来临，当客人们纷纷打招呼离开的时候，这位植物学家对我非常恭维，说我是“最能够让人振奋的”等好话，最后他还评价我是一位“最幽默的谈话家”。

一个幽默的谈话家？我？啊，我几乎什么话都没有说。如果我不改变话题，就算我想说，也不能说，因为，我对植物学的了解还没有对企鹅解剖学了解的多。不过，我做到了：我静下心来倾听，因为我开始真正地对这些内容产生了兴趣。他也注意到了这点，这当然会让他更兴奋。倾听是我们讨好每个人最好的方式。

假如你想知道怎样才能让人对你退避三舍，背后嘲笑你，甚至是藐视你，这里有一个非常好的方法——绝对不要安静地倾听他人说话，不停地说关于自己的事。假如别人在说话时，你对此持不同意见，不要等他说完，他不像你那么聪明，为什么要浪费自己的时间来听这些无关紧要的闲聊呢？立刻插嘴，一句完整的话也不让他说。

有些人之所以惹人生厌就是因为他们太过自私，太过看重自己的自尊。那些只谈论自己的人，只会替自己着想。哥伦比亚大学校长巴德勒博士说：“只为自己着想的人都是一些无法挽救、缺少教育的人。他们的确不曾受过教育，不管别人是如何教导他的。”

所以，假如你想做一个擅长聊天的人，那么你首先要从一个倾听者做起。假如你想让别人对你感兴趣，那你就先对别人的话感兴趣。问别人想回答的问题，并鼓励他讲述自己还有他所取得的成绩。要时刻记得正在和你说话的人，对于他自己、他的需求和问题要有兴趣，要比对你和你的问题有着百倍的兴趣。因为他对自己脖子上一颗小痣的关心程度也要远远超过对非洲的40次地震的关心。

当你下次开始和别人聊天的时候，就可以试着采用这一点。假如你想让别人喜欢你，那就要时刻铭记这一法则：

学会倾听，鼓励他人讲述他们自己。

4 谈论对方感兴趣的话题

卡耐基名言

1. 想要做一个令人喜欢的人，在人际交往中，就要满足他人的兴趣，谈论他人感兴趣的话题。

2. 如果你谈论的话题让对方提不起一点兴趣，那么就算你再怎么死缠烂打，也于事无补。

大多数人都喜欢谈论自己感兴趣的话题，面对自己喜欢的话题，就算是平日里最不爱说话的人，都会侃侃而谈。不管是对于生意人、全职妈妈，还是优秀的政治家而言，都是适用的，这是人们共有的一种心理。因此，想要做一个令人喜欢的人，在人际交往中，就要满足他人的兴趣，谈论他人感兴趣的话题，这样有助于你们快速地拉近彼此的距离。当你想要与对方交朋友或是有求于对方的时候，你应该提前准备一些对方感兴趣的话题，如此一来，你们的交谈就轻松多了。如果你谈论的话题让对方提不起一点兴趣，那么就算你再怎么死缠烂打，也于事无补。

当我在写这章内容的时候，我眼前放着一封来自查利夫的信，他在童子军中的活跃度很高。

他在信中写道："有一天，我认为我需要别人帮我一把，欧洲要举办童子军大露营，我想从美国一家大公司的经理那里申请一些资助，作为旅费。

"幸亏我在去见这个人之前，曾听说他开了一张 100 万美元的支票，当这张支票被退回来以后，他就把这张支票嵌在了镜框里。

"因此，当我进入他的办公室后，做的第一件事情就是和他谈论那张支票，那张 100 万美元的支票！我跟他说，居然有人开了一张这样的支票，这是我闻所未闻的，我要把这件事告诉给我的童子军，我确实看见了一张 100 万美元的支票。他很乐意地拿出那张支票给我看。我对他表示了钦慕之情，并拜托他把事情的经过告诉我。”

“稍微等了一会儿，那个我正在拜访的人问道：‘我正好问你一下，你来见我是为了什么事呢？’于是我就跟他说了。”

查利夫先生接着说道：“这让我感到非常吃惊，他不仅马上答应了我的请求，并且给的远远超出我想要的。我只是希望他赞助一个童子军去欧洲的旅费，可是他居然给了五个童子军的旅费，另外算上我，还让我们在欧洲度假七个星期。他还给我写了一封介绍信，给了他分公司的经理，让他从中协助。之后，他还在巴黎亲自招待我们，带我们参观城市。从那之后，他还为家庭条件不好的童子军提供了一些工作机会，直到现在，还在我们的团队中积极地提供服务。

“但是，我明白，如果一开始我没有找到他所感兴趣的事来让他心情愉悦，那么，我觉得想要打动他是一件非常难的事情！”

你是否注意到，查利夫先生在这场谈话中根本就没有说起他的童子军，也没有说起欧洲露营的事，就连他所要做的事也没有提及？而他讨论的话题是对方感兴趣的，最终十分轻松地就达到了自己的目的。查利夫先生利用这一人际心理达到了自己的目的，而领袖罗斯福则利用这一心理获得了他人的仰慕。

所有访问过罗斯福的人，都会对他渊博的知识感到震惊。不管是一个牧童，还是一个猎奇者，或者是一位纽约来的政客，抑或是一个外交家，罗斯福都知道该和这个人谈论什么内容。那么，罗斯福是怎么做到这一点的呢？

其实罗斯福在接见一位来访者时，他就会在前一晚了解一下这个来访者所有感兴趣的内容，这样就能找到让客人感兴趣的话题。

和其他领袖一样，罗斯福知道和别人交流的窍门就是：谈论别人最感兴趣的话题。

而费尔普——前耶鲁大学的教授，在他八岁的时候就有过这样的感悟。当他去看望他的姑母林慈莱时，有一天晚上，姑母的家中来了一位中年人，这位中年人在跟姑母寒暄了几句后，就和他说起话来。那时他正好对船十分感兴趣，而这位中年人与他谈论的话题正是与船有关，这让他觉得非常有意思，当这位中年人离开之后，他就向姑母一直夸赞这个人，说他对船是多么感兴趣！可他的姑母却告诉他，这个人压根儿就对船不感兴趣，只是想与他谈论他所感兴趣的话题，为了获得他的喜欢。姑母说的这些话，费尔普永远记在了心里。

迎合他人的兴趣能让对方喜欢上你，与此同时，也能让你在工作中大放异彩。下面请看一个案例：

在纽约，有一家叫作杜佛诺的面包公司，老板杜佛诺先生用尽各种办法把公司的面包卖给了纽约的一家旅馆。四年来，他每周都会去拜访这家旅馆的经理，还会出席这位经理举办的所有交际活动，他甚至还在这家旅馆包了一间房并住在那里，希望自己的生意能长久做下去，可他还是不能引起对方的兴趣。

杜佛诺先生对人际关系有了一定的探究之后，知道自己首先应该找出这个人对什么事情最有兴趣，究竟什么话题才能引起他的注意。之后，他了解到，这家旅馆的经理是美国旅馆招待员协会的成员之一，并且他对协会的会长职位非常热衷，甚至还觊觎国际招待员协会的会长职位。不管协会举办什么活动，也不管是在什么地方，哪怕要飞越山岭、沙漠和大海，他也会去参加。

因此，当杜佛诺先生次日见到他的时候，就开始和他讨论与招待员协会有关的事情。这的确收到了很好的效果。他还邀请杜佛诺先生加入这个协会。

在这场谈话中，杜佛诺先生从未提起与面包有关的事情，不过几天之后，他就接到了旅馆的负责人打来的电话，让他把面包的货样和价目单带去旅馆。试想一下，如果杜佛诺先生没有想方设法地找到这位经理的兴趣所在，依旧和以前一样，估计他到现在还在对这位经理死缠烂打呢。

因此，如果想让别人喜欢你，就利用好这一人际心理，学会迎合他人的兴趣，聊对方感兴趣的事情。

5 让他人知道他很重要

卡耐基名言

1. 走入他们内心的最好办法，就是巧妙地表达出你对他们重要性的认同。

2. 我们内心最深处的渴望是被旁人所肯定。

3. 我们应该严格遵守这一法则——如何被别人对待取决于你如何对待别人。

在人际交往中，交际障碍人群存在的主要问题是他们不清楚或遗忘了一个准则——让他人知道他很重要。这些人一般喜欢自我夸赞，在完成一件事时，就迫不及待地想把自己的功劳昭告天下，夸大自己所做出的贡献，实际上，这就是间接地忽略了他人的重要性。因此，想要让别人喜欢你，那就要时刻注意这一准则了。

这一准则不仅适用于大人，还适用于小孩子，下面请看一个案例。

唐纳德在美国一家园艺设计维护公司做管理。他曾告诉我这样一件事：

我曾给一位著名的鉴赏家做过家庭花园设计。这位鉴赏家在开工前交代了一些事项，他告诉我想种一片山茶花和石楠花。

我说："先生，我听说您喜欢养狗，家里有很多漂亮的名犬。您每年都能在麦迪逊广场花园展览中荣获多项蓝带奖。"

虽然只是小小的夸赞，带来的效果可是不小。

他说："是的，这些小狗带给我很多快乐。你想看看它们吗？"

接下来近一小时，他都在带我欣赏各类名犬和所获奖品，甚至还和我讲了血统对狗的外貌和智力的影响。

后来，他问我有没有孩子，我说有一个儿子。出乎意料，他竟然提议要送给我儿子一只小狗。他告诉我该如何喂养这只小狗，讲着讲着突然停下来说："这些大概不容易记住，我给你一份说明。"于是他到屋里给我写了一份小狗的血统介绍和喂养说明。他不仅送我一只昂贵的小狗，还在百忙之中挤出时间给我讲解，这都是因为我真心地称赞他的嗜好和所获成就。

瞧，多和对方谈谈他们自己，他们会很乐意交流的，下面再来看下一个案例。

罗纳德·罗兰是我们加利福尼亚州分部的一位老师，他讲授演讲和手工课程。他和我们讲过一个有关班级学生的故事。

克丽丝是初级手工班的一名学生，她平时非常安静内向，缺乏自信，所以很少有人注意到她。有一天，罗兰看到她在认真地做课后作业，便走过去看是否需要帮忙。罗兰询问这位小姑娘是否喜欢手工课，这个羞涩的小姑娘脸上的表情突然变了，甚至都能看到她的泪水在眼眶中打转。"老师，是不是我表现得不好？""啊，没有，克丽丝，你一直表现得很好。"

当天下课走出教室时，克丽丝用清澈的眼睛看着我，肯定地说："老师，非常感谢你。"

克丽丝给我上了难忘的一课，那就是深藏在内心深处的自尊。为了铭记这一课，我在教室前方悬挂了一条横幅，上面写着"你是最重要的"。这样可以随时提醒我和全班同学：我们身边的每一个人都是重要的。

事实就是这样，你身边几乎每个人都觉得自己在某些方面比你优秀。因此，走入他们内心的最好办法，就是巧妙地表达出你对他们重要性的认同。

有一次，我在纽约32号街和8号街的十字路口那儿的邮局寄信。队伍很长，很明显，窗口的职员感到十分不耐烦——称信、取邮票、找钱、填写收单——同样乏味的事情日复一日地循环。因此我想：我要让这名职员喜欢我。为了达到这个目的，我应该说些好听的——不能谈论我自己，而是多谈论对方。随后，我又想：我应该如何赞扬她呢？这可真不是个简单的问题，特别是面对一个陌生人。不过，我并不觉得赞扬这名职员是个大难题，很快我就找到方法了。

轮到我称信时，我一脸羡慕地说道："真希望我也有你这样的一头秀发。"

她诧异地抬起头看着我，随后脸上绽放出笑容："哎呀，以前比这好看多啦！"我继续和她说："也许现在头发不如以前了，但是还是非常漂亮。"她特别开心，闲谈一会儿告诉我很多人都夸赞过她的头发。

我肯定这位女士这一天都会满面春风，回家后一定会和丈夫讲述这件事，还会对着镜子照来照去欣赏自己的秀发。

我在演讲中也曾提到此事，结束后有人问我：夸赞那个人是为了得到好处吗？

我能从此人身上得到什么好处？

难道我们真的已经如此自私？只有从别人那儿有利可图时才会夸赞或真挚地感谢别人吗？假如我们的灵魂比野生的青苹果还要小，那我们的精神该多么匮乏！

我确实想从那位女士那儿获得一些东西，不过我想获得的是无价之宝，而且我已经获得了，那就是帮助他人的喜悦。这种感觉不会随着时间的流逝而消失，它一直存在于我的记忆中。

有一个十分重要的法则在主宰着我们的行为，那就是随时让旁人感到自身的重要性。如果我们按照这个法则行事，一定不会有什么麻烦，而且还能收获很多朋友和喜悦。不过，要是我们违背了这个法则，那很可能会惹上麻烦。著名哲学家约翰·杜威说过："渴望变得重要是人类内心最深处的推动力。"哈佛大学著名社会心理学家威廉·詹姆斯也有一句名言："我们内心最深处的渴望是被旁人所肯定。"我也谈到过，正是这种渴求区分了人类和动物，也正是这样，我们才有了如此丰富的文化。

哲学家就这个问题已经思索了几千年，可是结论却只有一个。这个法则已经不是第一次出现了，它伴随着历史走过了几千年。2000 多年前，琐罗亚斯德曾将此原则作为火教的教规；中国的孔夫子也曾以此教导门徒；道教的老子在函谷关也说过这样的话；诞生于恒河边的佛陀也以此教诲众生；就连印度教的经典中也能发现它的身影……这样看来，这大概是世界上最重要的法则了——如何被别人对待取决于你如何对待别人。

你想被朋友或别人认可，你想让别人觉得你很重要。你讨厌言不由衷的奉承，渴望真挚的赞美。你希望朋友可以"真诚、慷慨地夸赞别人"。不仅是你，其实每个人都想得到这些。

因此，我们应该严格遵守这一法则——如何被别人对待取决于你如何对待别人。

那该怎么执行这一法则呢？答案是在任何时间任何地点都应该遵循。

例如，你在快餐店里要了一份薯条，但是服务员却给了你一份土豆，这时候你应该说："不好意思，麻烦你了，但是我需要薯条。"这时服务员可能会说："哦，好的，请稍等。"然后高高兴兴地把土豆端走换薯条。原因就是我们表示出了对她的尊重。

此外，还有很多日常用语可以缓解每天无聊乏味的生活，例如"抱歉，麻烦你……""能不能麻烦你……""请问你是否可以……"等。

因此，在与人交往时，想要得到他人的喜爱，请记住这一准则：让他人知道他很重要——而且是要发自内心的。

6 把对方的名字记在心里

卡耐基名言

1. 假如你能够把对方的名字记在心里，你很容易就会赢得对方的好感。

2. 在每个人的工作和生活中，记住他人的名字也是一件举足轻重的事情。

在人际交往中，记住对方的名字是对他最大的尊重。即使从某个程度上来说，名字只是区分人的一个符号，可是对于个人来说，名字的意义却是非同凡响的。不可避免的是，我们每一天都会见到很多新面孔，假如你可以把只见过一次的人的名字记下来，并在下次见面时准确地说出来，那么对方一定会感到惊讶，并且会感到非常满足。因为他觉得有人在意他，愿意花费些时间记住他的名字，为此他会很高兴，乐于与你交朋友。因此，假如你能够把对方的名字记在心里，你很容易就会赢得对方的好感，掌握了这一利于人际交往的诀窍，我相信你会因此结识很多新朋友。

富兰克林·罗斯福就是一个运用这一技巧的高手，作为这个世界上几乎最忙的人，罗斯福总统却深知记住他人名字的重要性，在此事上从不犯错。

有一次，克莱斯勒公司特意为总统制造了一辆汽车，并且总经理张伯伦带着机械师直接把这辆车开到了白宫。在张伯伦后来的信件中，当时的情景历历在目：

“当我教罗斯福总统如何驾驭一辆配置新颖的汽车时，总统教会了我更多为人处世的道理。那天总统十分高兴，他直接准确地喊出了我的名字，我感到受宠若惊。而最令我印象深刻的是，他全神贯注地听我为他介绍讲解这部汽车。这辆汽车设计特殊精巧，完全可以用手操作。总统对我说：‘这辆车真是完美

极了，竟可以如此轻松省力地驾驶，虽然我现在还不能完全了解它的工作机制，但我希望自己能有时间悉心研究它。’

“当总统的许多朋友在周围惊讶万分地夸赞这辆车时，他又当着所有人的面向我致谢：‘张伯伦先生，你为我设计这辆车花费了许多时间和精力，非常感谢你。这辆车设计得棒极了，我十分喜欢！’

“不仅如此，他还细致地对车内的特制反光镜、散热器、照明灯、椅垫款式、刻有他姓名缩写的特制衣箱等加以夸赞和感谢。他几乎注意到了每个细节，对我的付出表示了尊重、肯定和赞扬，甚至还特意吩咐他的黑人司机要好好维护这些衣箱，告诉他的夫人、秘书要小心注意这些精巧部件。

“驾驶课很快结束了，总统来向我道别，他说：‘张伯伦先生，十分感谢你。我已经让联邦储备委员会的成员们等我30分钟了，我想我该回去工作了。’

“在我和总统交流的过程中，我的机械师始终站在后面沉默不语，因为他是一个很害羞的人，而且总统也只听我提过一次他的名字。可临走时罗斯福总统却特意走过来和他握手，并喊出了他的名字，欢迎他来到华盛顿。当时总统的眼神是那样真诚，言语温暖，令人十分动容。几天之后，我突然收到了一张罗斯福总统的亲笔签名照片，照片后面附着总统对我写下的感谢语和问候。这令我既感动又诧异不已。罗斯福总统，他作为一位国家元首，怎么会有空闲时间来做这样周到又细致入微的小事呢？真是太令人难以置信了。”

那么罗斯福总统为何能给张伯伦先生留下如此美好深刻的印象呢？只因为他作为国家元首高高在上的身份？显然不是这样。真正的原因就是，他用心记住了他们的名字以及他待人平等、尊重和亲切的态度。

有些时候，要想记住别人的姓名并不是一件容易事，尤其是当名字冗长拗口时。面对此情况，大多数人都会想：“算了吧，记住他简单的昵称就可以了。”可你从未想过，当你准确无误地喊出他的名字时，又会产生怎样的效果呢？

我有一位叫希德·李维的学员。有一次他去拜访客户，并知道那个人的名字叫尼古德玛斯·帕帕都拉斯。这是个听起来就很难记的名字，因此周围人都叫他“尼克”。

“在拜访他之前我早已悉心记住了他的全名，这样当我们见面时我就可以用全名称呼他，当我叫他尼古德玛斯·帕帕都拉斯先生时，他站在那里，满脸愕然。”李维这样告诉我，他的客户竟然感动不已，并涕泗滂沱地告诉他说，“李维先生，我在这个异国他乡待了15年，第一次听到有人用真正的名字来称呼我！”

很多阔绰的有钱人都会热衷于资助那些贫穷的作家、音乐家、艺术家等，因为他们希望通过那些能流传后世的艺术作品，让自己也可以名垂青史。在博物馆的陈列中，那些富有价值的艺术品介绍中通常记录着某个有钱人捐赠，并写着他们的名字。例如在纽约图书馆埃斯德家族和里洛克家族的藏书中，大多都保留着本杰明·埃特曼和 J.P. 摩根德的签名书信。又如在教堂里镶嵌的亮光闪闪的彩色玻璃，这是他们以此来纪念那些捐赠者。

众所周知，安德鲁·卡内基是远近闻名的“钢铁大王”，尽管他能够获此殊荣，但是他掌握的钢铁知识并不十分渊博。而之所以成千上万的人愿意为他工作效力，是因为他有一种与人攀谈的能力，他懂得为人处世的哲学，这正是他成功的奥秘所在。

在卡内基 10 岁那年，他捉到了一只母兔，不久之后母兔生了一窝小兔子。可家里的饲料却不够用，那么他是如何处理这个棘手的问题的呢？他毫不慌张地把周边的孩子都叫来，并对他们宣布：“如果谁能为小兔子拔到最多的草来喂它，那就会以谁的名字来命名小兔子。”孩子们都争先恐后地为兔子拔草找饲料，就这样，卡内基的困扰顺利解决了。童年这件小事的成功，让他终生难忘，他就是利用着这个道理和对人的心理的掌握来领导着许多人。

通过这种办法，他在商界一朝发迹，很快赚到了几百万美元。比如说，他曾把铁轨卖给宾夕法尼亚州铁路公司，并且以其董事长区格·汤姆森的名字来命名，在匹兹堡盖了一座大型钢厂。

还有一次，卡内基管理的中央交通公司和普尔门控制的公司都在争抢联合太平洋铁路公司的一笔生意，双方都为此殚精竭虑，绞尽脑汁。一天晚上，他们在圣尼可斯饭店门口相遇，卡内基对普尔门说：“普尔门先生，我们这样做岂不是在自取其辱吗？不如合作怎样？”卡内基把两家公司珠联璧合的好处讲了个天花乱坠，然后普尔门若有所思地问他：“那么公司叫什么名字呢？”“当然是普尔门皇宫卧车公司。”于是两人一拍即合，问题就这样迎刃而解了。

卡内基一向重视朋友和商业伙伴的名字，而这恰好成为他拥有出类拔萃的领导才能的秘诀。他能够叫出许多员工的名字，并且引以为傲，因为他认为无法准确记住别人名字的人就无法去面对复杂的工作。

在每个人的工作和生活中，记住他人的名字也是一件举足轻重的事情。

得克萨斯企业股份有限公司董事长班顿拉夫曾有过这样的想法：你身处的公司越大，人与人之间的关系就会越冷漠。他感觉记住别人的名字是融洽公司氛围最好的方法。

加利福尼亚州的航空公司有一位叫洛克帕罗的服务员，她会特意记住旅客们的名字，并在服务时喊出他们的名字。这一举动让旅客们倍感亲切，大多数旅客会当面赞扬她，甚至有些人写表扬信到公司赞扬她。有人在信上这样写道：“我已经很久没坐过你们公司的飞机了，但从今以后，我只坐你们公司的飞机，因为你们的服务如此亲切，让我十分动容，这很重要。”

大多数人之所以不能记清楚别人的名字，这大抵是因为他们不曾意识到记住对方名字的重要性。当他们有一天意识到记住对方的名字是一件多么重要的事情时，就会花心思和精力去致力于此。拿破仑的侄子——拿破仑三世说过：“哪怕我平时很忙，我也一定会抽出时间记住每个听过的姓名。”

能做到如此，并不是因为他有超强的记忆力，而且因为他摸索到了很巧妙的方法。当他没有听清对方的名字时，会要求对方再重复一遍。如果这是个很复杂生僻的名字，他会请对方拼写出来。而在与对方交谈的过程中，他会结合对方的外表、性格等其他特征准确地记住对方的姓名。会面结束之后，他会把名字记下来，并且盯着看很久，直到确认自己已经彻底记住了才肯罢休。

名字是一个人的标志，可以代表这个人，甚至是这个人的思想以及情感，记住一个人的名字会为你赢得他人的好感。因此，在人际交往中，请记住这一人际心理：

谁都愿意和能记住自己名字的人交往。

7　真诚待人，让他人更喜欢你

卡耐基名言

1. 人与人之间只有真诚相对，才能理解、接纳以及信任对方，才能赢得他人的喜爱。

2. 一个人的固有思想是很难改变的。虽然你不能强迫他们赞同你，但是你完全可以温柔友善地引导他们。

在社交中，真诚待人是人际关系得以延续的一个重要保证，人与人之间只有真诚相对，才能理解、接纳以及信任对方，才能赢得他人的喜爱。假如在对方眼中，你是一个劣迹斑斑的人，那么就算你用尽所有办法，都很难让对方信服你。

早在 1915 年的时候，小洛克菲勒只是科罗拉多州一个名不见经传的小人物。当时美国发生了工业史上最严重的罢工，而且持续时间长达两年。当时，小洛克菲勒负责管理科罗拉多燃料钢铁公司，愤怒的矿工要求这家公司涨工资。工人们怒火中烧，致使公司的财物遭到破坏，军队赶来镇压，因此酿成了流血事件，很多矿工被枪杀了。

但就是在这样民怨沸腾的情况下，小洛克菲勒却赢得了参与罢工运动的工人的信任，他究竟是怎么做到的呢？

小洛克菲勒先是用了好几个礼拜的时间结交朋友，并且向参与罢工的工人代表发表演讲。这个演讲真是太精彩了，不仅稳住了工人的情绪，还为他自己赢得了赞誉。下面就是演讲的内容：

“这是我这一生中最值得铭记的日子，因为我有幸能够第一次和这家大公司的工人代表见面，同时还有行政部门和管理部门的员工。我可以对你们说，此刻站在这里，我感到非常高兴，有生之年我都会永远记得这次相聚。如果这次聚会提前两个礼拜举行，那我对于你们来说，只是一个陌生人，而我也只能认识你们其中的几个人。但因为从上星期开始，我有幸拜访了你们的家庭，见过了你们的家人，所以我们不陌生了，可以说我们已经是朋友了。鉴于这种互相帮助的友情，我很高兴能有机会与大家一起商讨我们共同的利益。

“因为这次聚会是由出资方和劳工代表共同组成，多谢你们的好意，我可以坐在这里。虽然我不是股东或是劳工，但是我却感到自己与你们休戚与共。从某些方面来讲，我同时代表了你们双方。”

多么精彩的一次演讲啊！这是一种最可能化干戈为玉帛的艺术手法。反之，如果小洛克菲勒采用了另一种方法：和工人们争论得不可开交，还用恶毒的话语咒骂他们，或是明里暗里指出一切都是他们的错，用各种借口指责矿工的过失，你们觉得会有什么后果？那只会招致更多的怨恨和暴乱。

如果他人对你已经没有什么好印象了，即使你用尽所有的基督理论也很难让他人对你信服。回想一下那些喜欢责备人的父母、专制蛮横的老板、喋喋不休的妻子，我们就会意识到：一个人的固有思想是很难改变的。虽然你不能强迫他们赞同你，但是你完全可以温柔友善地引导他们。

一百多年前，林肯说了以上一番话，他还提到一句古老而经典的真理：“比起一加仑的苦胆汁，一滴蜂蜜能吸引更多的苍蝇。”人其实也是这样，如果你想赢得人心，就要先让别人相信你是他们最真诚的朋友。只有这样做，你才会像一滴蜂蜜一样吸引他们的心，才会拥有一条通向他人心灵的坦途。

商人都知道这样一个道理：对待罢工的人，一定要表现出和善的态度。举个例子：怀特汽车公司旗下的一个工厂有 250 名员工因为加薪的问题举行了罢工。当时的公司总裁罗伯特·布莱克并没有选择发怒、责备、恐吓或是发表什么强制性言论等做法，反之，他在报刊上登出一条广告，盛赞那些参与罢工的工人“采用和平的方式放下工具”。由于罢工事件，监察员变得无事可做，于是，布莱克就买了很多球棒和手套提供给他们，让他们在空地上打棒球。还有些人喜欢打保龄球，他就租下一个保龄球馆供他们使用。

布莱克先生这些友善的措施，得到的回报当然也是很友善的。那些罢工的工人居然用扫帚、铁铲和垃圾推车把工厂周围的碎纸屑、烟头和用过的火柴等垃圾打扫干净。你能想到吗？一群正在罢工的工人，在要求加薪、承认联合工会的同时，还会打扫工厂附近的地面！这在一贯漫长且激烈的美国罢工历史上是从来都没有发生过的。这次罢工最终在不到一个星期的时间内得到解决，并且没有产生任何不愉快或是仇恨。

丹尼尔·韦伯斯特是一名非常著名的律师，被许多人敬如神明。虽然他的声誉很高，辩论也非常具有权威性，但是他却一直非常友善，话语温和。在他的辩论词中经常会有这样的字眼：“这有待陪审团的考量”“这或许很值得再思考一下”“相信您并没有忽略掉一些事实”“鉴于您对人性的了解，我相信您很容易就能看出这件事情的重要性”——没有恐吓，没有强制手段，也没有强迫证明的意图。韦伯斯特都是用最温柔、最平和、最友善的处理方法，但是却没有丧失权威性，这正是他取得成功的最大法宝。

或许你根本就没有机会去处理罢工事件，或者在陪审团面前发表演讲。但是，也许你会遇到以下这些情况。

史特劳伯先生是一名工程师，他想让房东减少房租，但是他又听说房东是一个铁石心肠的人，恐怕很难被说服。史特劳伯在培训班的报告上说道：“我给房东写了一封信，告诉他等到租约一到期，我就会搬出公寓。而事实上，我并不打算搬出去，这样写只是为了要他减少房租，其实我很想继续住下去。但是并不容易，因为其他房客早就试过了，都没有成功。他们对我说，这位房东非常难对付，一定要很小心。于是我对自己说：‘正好我在选修一门学习做人处世的课程，可以拿这件事情练习一下，看看会有什么效果。’

“房东一看到信就来找我。我站在门口和他打招呼，并且表达了热情真诚的问候。我只是告诉他自己很喜欢这间公寓，却只字不提租金过高的事情。我敢保证，我当时真的是在‘真诚且毫不吝啬地赞扬’他。然后我又继续恭维他把房子管理得这么好，如果不是因为承担不起房租的话，我其实非常愿意再多住上一年。

“他以前肯定是没有遇到过我这样的租客，看得出来，他有些不知所措。

“后来，他开始告诉我一些烦恼，其实就是其他房客对他的埋怨。有人甚至还给他写了 14 封信，其中一些明显是在羞辱他。还有人让他告诉楼上的房客不要再打呼噜了，否则就违约。‘像您这样的房客，真是太让我感到欣慰了，’他说。然后在我没有特别要求的情况下，他主动要减少房租，我就告诉他自己能付得起的钱数，他二话不说就爽快地同意了。

“在他转身离开的时候，竟然还问我：‘房间里有什么东西需要修理吗？’

“假如我也用其他人的方式去要求房东降低租金，肯定会得到一样的结果。所以说，这就是同情、友善、赞扬和欣赏所带来的效果。”

在我还是光着脚丫到处乱跑的小男孩的时候，我读到一则出自《伊索寓言》的小故事，说的是太阳和风的故事。有一天，太阳和风为“谁比较厉害”这个问题争吵。风说：“当然是我比较厉害了。你看到地面上的老人了吗？他穿着厚外套，我敢保证，我可以比你更快地让他把外套脱下来。”

说着，风就用力对着那位老人吹，希望能把外套吹下来。可是它越吹，老人就把外套裹得越紧。

当风吹得精疲力竭的时候，太阳从后面出来了，把阳光温暖地洒在老人的身上，不一会儿，老人就开始热得擦汗了，于是就把外套脱了下来。然后，太阳对风说："友善和温和永远都要比激烈和狂暴强得多。"

伊索只是一名古希腊的奴隶，比耶稣降生还要早上600年左右，但是他却教给我们很多做人的道理。太阳能够比风更快地脱掉老人的外套，同样的道理，温和、友善、赞扬和欣赏的态度也更能使人改变心境，这是狂怒叫喊、猛烈进攻所难以实现的。

谨记林肯说过的话：

"比起一加仑的苦胆汁，一滴蜂蜜能吸引更多的苍蝇。"

当你想要让他人对你信服的时候，请谨记：

凡事要以友善的态度开始。

8 给对方开口说话的机会

卡耐基名言

1. 我们只有做一个谦逊的人，不时常自说自话，时刻顾及别人的感受，才会赢得他人的喜爱。

2. 当你与他人的意见相左时，请尽量不要阻止他，因为这样的行为徒劳无功。当别人还未阐述完自己的观点，想要继续高谈阔论时，他是不会在意你的意见的。

在社交的过程中，没有人希望对方一直在说话，而自己却插不上一句话。如果你是一个爱在他人面前喋喋不休的人，那么我认为你的朋友一定很少。因为我们只有做一个谦逊的人，不时常自说自话，时刻顾及别人的感受，才会赢得他人的喜爱。

很多人都会采取一种极为错误的方法来试图让别人认同自己的意见，即说很多话。推销员就是最好的例子，他们尤其爱这种得不偿失的错误方法。其实，比起自说自话，倒不如让别人发表自己的意见，因为在一些问题上，他们肯定有比你知道得多的地方，尤其是关于他们自身的事，所以不如问他一些问题，听他讲述一些相关的而你不了解的事情。

当你与他人的意见相左时，请尽量不要阻止他，因为这样的行为徒劳无功。当别人还未阐述完自己的观点，想要继续高谈阔论时，他是不会在意你的意见的。所以要学会忍耐，用开放的心态听别人讲话，并真诚地鼓励他阐述自己的意见。

这一原则在商业交往中通行而有效，有其确切的使用价值。下面举例为证：

几年前，美国最大的一家汽车厂在进行一场交易，欲采购一年所需的坐垫布。有三家知名公司在争取这笔订单，他们各自做好了样品，分别送交汽车公司进行质量检验，然后他们接到汽车公司发来的通知，三家工厂还有最后一次角逐的机会。这三家公司分别派出代表进行竞争。

R 先生是其中一个厂家的代表，他后来在我的培训班上讲述了这段经历。他以代表的身份来到了汽车公司，当时他正生病，患着严重的咽喉炎。“当我参加高级职员会议的时候，我的嗓子哑得几乎说不出话。我被带到办公室，跟该公司的纺织工程师、采购部经理、推销部主任，还有总经理当面洽谈。我站起身想发言时，却发现自己已完全说不出话，只能发出嘶哑的声音。

“所有人都围坐在桌旁等待着，所以我只好拿起笔在本上写了几个字：很抱歉各位，我的嗓子哑得厉害，说不出话。”

“我替你说吧。”汽车公司的总经理说。接着他替我发言了。他将我带来的样品陈列在桌子上，并详细地说明了产品的优点，丝毫不吝赞美之言，于是他的观点引起了在座所有人的热情讨论。在讨论过程中，那位经理一直在替我发言，我只是适当地微笑点头，或做几个简单的手势，借以表达自己的意思。

结果非常令人惊喜，我成功地拿下了这笔订单，汽车公司跟我们签订了价值 160 万美元的合同。这是我得到的最大一笔订单。

我心里很清楚，倘若不是我的嗓子正逢咽喉炎导致我无法说话，我很有可能拿不到这笔订单，因为我对于整个会谈过程的考虑是错误的。这次经历让我发现，让他人说话，是一件多么有价值的事。

有一个叫范勃的人对此也颇有同感，他是一家电气公司的业务员。下面就让范勃先生讲述一下他的经历：

有一次，我在宾夕法尼亚州进行一项农业考察。

我经过一家干净整洁的农家时，向该区的代表问了一句话：“为什么他们不用电？”

“他们是极其抠门的守财奴，你甚至没有办法让他们花钱买下任何东西。”区代表回答，脸上带着厌烦的神情，“而且他们对公司丝毫没有兴趣。我努力过很多次都没结果，现在已经彻底不抱希望了。”

也许希望非常渺茫，但我还是决定试一试，我走过去叩响了一家农户的门。门被轻轻地打开一条小缝，一个人探出头来，是老罗根保夫人。

她一看到门外的公司代表，就当着我们的面将门重重一摔。我又叩了一次门，她把门开了一点儿，并告诉我她对我们及公司的看法。

我说：“我看到你养了一群优质的都敏尼克鸡，我打算向你买一些新鲜的鸡蛋。”

她又把门打开了一些，似乎很好奇，问我：“你怎么知道我的鸡是都敏尼克鸡？”我知道我激发了她的好奇心。

“我也养过鸡。”我回答，“但我发现你家养的都敏尼克鸡实在太好了，我从来没有见过比这些鸡更好的。”

“那你为什么不用自己的鸡蛋，反而要向我买？”她仍旧心存怀疑。

“因为我养的是来格亨鸡，它们生的是白蛋。如果你会烹调的话，应该知道在做蛋糕时，赭蛋远胜于白蛋。为此，我的妻子很为她所做的蛋糕自豪。”

这时，罗根保夫人才稍稍放心，大着胆子走到廊中，态度也较之前温和了许多。我观察了一下四周，在农场中发现了一座不错的牛奶棚。

我说：“夫人，我敢打赌，你养鸡赚的钱，肯定比你丈夫卖牛奶赚的钱还要多。”

呵！她听了我的话顿时变得兴高采烈，她当然是无比赞同我的看法的，对她赚的比她丈夫多这件事毋庸置疑。但她无论如何也不能让他丈夫也承认这件事。

她带我们去参观了她的鸡舍，在参观过程中，我留意到她自己发明的一些小装置。我跟她尽可能多地交谈，在几件事上询问她的意见，也向她推荐一些饲料和温度，不多时，我们之间就形成了愉悦的交流氛围。

过了一会儿，她说她的几位邻居在鸡舍里装置了电光之后效果不错，于是便征求我的意见，该不该也同邻居一样，在鸡舍里装置电灯……

两个星期以后，罗根保夫人的鸡舍里也安了电灯。鸡群在电灯的照射下兴奋地叫唤、跳跃。我们都对这个互惠互利的结果十分满意：我得到了订单，罗根保夫人得到了更多鸡蛋。

但是如果我不事先设好圈套，将她诱入其中，我是永远也没办法获得这笔订单的。因为我实在没有办法成功地将电卖给这位守财奴式的荷兰妇人。

其实，任何人都喜欢谈论自己取得的成就而不愿意听别人吹嘘他们自己，即使双方是朋友关系。法国哲学家罗西法考说过一句话：“若你胜过你的朋友，他会变成一个与你敌对的人；若让你的朋友胜过你，你们就将收获和平的友谊。”

为什么会这样呢？因为当我们的朋友胜过我们时，他们会产生一种自重感，从而获得满足和愉悦；但当我们胜过他们时，他们会产生一种自卑感，进而引发嫉妒与猜忌。

“我们从别人的困境中所收获的快乐，是最纯粹的不掺杂任何杂质的快乐。”这是德国人的一句俗语。是啊，有些人恐怕从你的苦难中获得的满足感更多，远甚于看到你的胜利，哪怕他是你的朋友。所以，要做一个谦逊的人，不要时时标榜自己取得的成就，这样才能不招致嫉恨，并为人所喜欢。

我们本应谦逊，因为我们都是普通人，并没有什么了不起的地方。百年之后，我们都会变成一抔黄土，继而被人遗忘。生命实在过于短促，若总是高谈阔论自己的小小成就，免不了使人厌烦，相对的，我们要善于鼓励他人说话。

所以，在人际交往的过程中，我们要让对方多说话。

9 懂得欣赏和称赞他人

卡耐基名言

1. 在人际交往中，当我们听到他人的称赞时，哪怕他们是在指出我们的一些过错，我们也会开心地接受。

2. 常常赞美别人，你会让对方感觉你有一种特殊的个人魅力。

在人际交往中，当我们听到他人的称赞时，哪怕他们是在指出我们的一些过错，我们也会开心地接受。因此，在与人交往的过程中，常常赞美别人，你会让对方感觉你有一种特殊的个人魅力。

在柯立芝总统执政期间，我的一个朋友在一个周末受邀去白宫做客。就在他走进总统的私人办公室时，正好听到总统对他的一位女秘书说："你是个漂亮的女孩子，今早的穿着打扮也很迷人。"

这可能是一向吝惜言辞的柯立芝总统一生中说过的最动人的称赞了。这确实出乎意料，有些不寻常，所以女秘书不知所措，面红耳赤。柯立芝接着说："其实你不必不好意思，我称赞你是为了能够让你不至于因为后面的话感到伤心，我希望你今后能多注意一下你的缺点。"

柯立芝总统的这种做法似乎太过明显了，但是仍然可以看出他运用的心理技巧——当我们在听到他人对我们优点的真诚赞扬之后，就算他们此时在表达一些对我们的意见和看法，我们也能欣然接受。这就像理发师在给人修面之前，要先在脸上涂一层肥皂一样。麦金莱在总统选举中也采取了同样的做法。

当时一位很著名的共和党人为麦金莱写了一篇竞选演讲稿，他个人以为写得非常好，甚至西西洛、亨利和范布斯德三个人一起也写不出这么好的稿子。于是他非常得意地将他的不朽之作大声朗读给麦金莱听。这篇演讲稿确实不错，但是有些地方太犀利，在讲出之后必然会引起一场批评风波，所以麦金莱觉得不太合心意。但是他又不愿意直接说“不”，这会伤害这位作者的感情，会扑灭他的满腔热忱。于是，他想出了一个巧妙的办法来处理这件事。

麦金莱说：“我的朋友，这篇稿子写得太棒了，真是一篇伟大之作。我看这世上除了你没有人能写出这样的稿子了。在许多场合我都可以用它来演讲，但是我总觉得它不太适合现在这种特殊场合。也许从你的立场看，这篇稿子非常合理，没有任何问题，但是我必须顾全我所代表的政党的立场，来考虑它所带来的影响。不如你回去，按照我的想法，重新修改一下，再送过来。”

于是作家就回去修改了，之后麦金莱再加以润色，他们又做了第二次修改。最终麦金莱凭借这篇演讲稿脱颖而出，成为这次竞选中非常有影响力的候选人。

林肯写过两封非常著名的信，下面是其中的第二封信（第一封是写给比克斯贝夫人的，信中表达了对她在战争中失去了五个儿子的哀悼之情）。这封林肯只用了五分钟的信，在 1926 年公开拍卖并以 1.2 万美元成交——比林肯苦干 50 年的积蓄还要多。

这封信写于 1862 年 4 月 26 日——内战最严重的时期。一年半以来，林肯的将领所带领的联军屡屡失败，数以千计的士兵从军中逃跑，就连参议院的共和党也有人叛乱，逼林肯退位离开白宫。林肯说：“我们正处在灭亡的边缘，仿佛上帝都不再眷顾我们，我几乎看不到一丝希望的曙光。”这封信就写于这个充满黑暗、忧虑、混乱的时期。

接下来我们来看看总统先生是怎么说服一位哗变的将军的，而且这位将军的行动关乎着全国命运。这恐怕是林肯担任总统以来写过的最犀利的一封信。请注意，在林肯指出将军所犯的严重错误之前，他先称赞了胡格将军。

那可是些非常严重的错误，但是林肯并没有直接指责，而是表达得非常委婉，充分体现了他的外交手段。他写道：“对于你所做的有些事，我并不十分满意。”下面是致胡格将军的信：

“我已经把你推到军中首位，当然，我这样做自然是基于对你的信赖。但是我想你最好知道，对于你所做的有些事，我并不十分满意。

“我相信你是一位有勇有谋的将军，这正是我所欣赏的。我也相信你不会混淆政治立场和军务职责，在这件事上你做得也很对。同时你很自信，那是一种难得的、不可或缺的性格。

“你是一位有志气的将领，这在一定程度上是有益无害的。但当我任命波恩赛将军带领军队的时候，你却出于个人的因素，竭力阻挠。在这件事上，你对不起我们的国家，也对不起这位战功赫赫的同僚，这是一个极大的过错。

“我听说你最近提到军队和政府都需要一位独裁者。我并不是因为这个，恰是因为没有顾忌这一点，才给了你军队的统治权。

“只有取得胜利的将领，才能成为这个独裁者。我现在寄希望于你为的是战争的胜利，所以我可以冒险把独裁权交给你。

“政府会给你提供足够的帮助，就像不管以往还是今后，我们对所有将领所提供的帮助一样，不多也不少。你所表现出的对军队的批评和对将领的不信任，恐怕现在会落到你的身上。我会尽力帮助你消除这样的隐患。

“这样的隐患存在于军队中，别说是你，即便是拿破仑再世，都别想从军中得到什么好处。现在你一定要小心，不要草率，要竭尽全力，争取我们最后的胜利。”

从这封信中，隐约可以看到林肯非常严厉的谴责之意，但是从字面上看却是委婉诚恳，徐徐劝说。那位将军面对此信，会做何感想？难道不会由衷地感动而心甘情愿地效力吗？这就是林肯的过人之处啊。

当然，你不是柯立芝、麦金莱或林肯，但你务必要懂得这种处世哲学对你的生活和工作的重要性。接下来，让我们看看费城华克公司的高伍先生的事例。

高伍先生是一个普通人，跟你我一样。他是我在费城所举办的一个班里的学生，在一次培训班的演讲中，他讲述了这样一个故事：

华克公司在费城承包了一栋办公楼的建筑工程，按照合同要在规定日期内完工。直到工程快要完工的时候，一切都还非常顺利。突然一天，负责建筑外部装饰材料的供应商声称不能按时供货。如果这样，整个工程就不能按时交工，影响会非常严重——若到期不交，则要付巨额罚款，损失实在惨重，这全归咎于这家供应商。

接下来是电话争辩、激烈的交涉，都没有用。于是公司派高伍先生前往纽约去拔这头狮子的胡须。

高伍先生一踏进这位经理的办公室就问道：“你知道么，在博罗克林没有一个人跟你是同名的，你的姓名是独一无二的。”这位经理诧异地回答：“不，我不知道。”

“是么？我今早下了火车，查找在电话簿上的你的地址，发现博罗克林只有你一家是这个姓名。”

“我从来没注意过。”这位经理听到这儿，就饶有兴致地查阅起电话簿来，并且自豪地说，“那不是普通的姓名，我的家族是200多年以前从荷兰迁徙过来的。”接下来的几分钟，他一直在谈论他的家庭和他的祖先。等他说完，高伍又立刻恭维他道：“你有一家这么大的工厂，比我参观过的几家同类工厂都要好，这是我见过的最整洁的铜器工厂了。”

这位经理说：“我耗费了一生的精力来经营这家工厂，并为此感到自豪，你愿意参观一下吗？”在参观过程中，高伍先生不断地恭维构造系统，并详细地讲述这家工厂比其他竞争对手好的原因，好在哪些地方。高伍先生还评论了几种特别的机器，经理高兴地介绍这些机器的运转原理及如何生产出优良的产品，并坚持要请高伍先生吃午饭。直到此时，高伍先生都没有提到他此行的目的。

午餐过后，经理说：“现在我们来谈谈正事，我当然知道你是为了什么而来。没想到我们的见面会是如此愉快，现在你可以带着我的承诺回去了，就算延迟其他订单的交货期，你们的材料制造出来后我保证一定按时送到。”

高伍先生甚至都没有开口提，就得到了希望的结果。材料按时到货，整个工程在合约期内完工。如果高伍先生用常见的做法，在面对矛盾时冲动和争论，他能得到这种结果吗？

因此，在人际交往中，如果你想说服别人，那么首先你就要向他人真诚地表达你的赞美之情。

10 将权力手杖适时地交于对方手中

卡耐基名言

1. 在我们想让他人愉快地为我们做一些事情的时候，请记得给予他们一定的权力。

2. 人类的天性就是获得权威。

在生活中，每个人都希望手中能握有一定的权力，这是人类的天性。因此，在我们想让他人愉快地为我们做一些事情的时候，请记得给予他们一定的权力。

1915 年，正值第一次世界大战时期，欧洲各国相互残杀，在人类历史上从来没有过这么大规模的战争，美国政府非常吃惊害怕。人们盼望的和平能够实现吗？没有人清楚这些，可是威尔逊决定试一下，他将派遣一位私人代表，作为和平特使与欧洲军方进行协商。

国务卿布赖恩主张和平，他很想获得这个机会，他知道这将会使他名垂青史。可是，威尔逊却派遣了布赖恩的挚友赫斯上校。赫斯上校感觉很荣幸，可是他还有一个问题，他需要将这个对布赖恩来说不太好的消息告诉他，并且不能惹怒他。

赫斯上校在日记中写道："当布赖恩听说我要作为和平特使去欧洲时，他显然很失望，他告诉我，他曾计划去做这件事。

"我告诉他，总统认为无论什么人正式地去做这件事都不太合适，而派他去就会引起注意，人们会觉得诧异，他为什么到那里去……"

我们能从赫斯上校的话中洞察其中的深意。赫斯其实是在告诉布赖恩，他非常重要，不太适合这个工作，这样的话给布赖恩带来了安慰。

赫斯上校非常聪明并且精于世道，在对待这件事时，他遵守了人际交往中的一个重要的原则：永远让对方快乐地做你说的事情。

有一个人我也认识。他需要推掉很多演讲邀请，有朋友的邀请，也有因面子而难以推却的邀请。可是他做得很好。他既拒绝了对方，又让对方无可挑剔。那么，他是如何做的呢？他没有说自己太忙，太这样或那样，而是对对方的邀请表示感谢，并为不能接受感到很对不起，建议另外一个人替他去。这就是说，他不会让对方产生不快，就让对方想起了另一位演讲者。

拿破仑创立荣誉队时，为他的士兵颁发了1500枚十字徽章，他的18位将军被提升为“法国大将”，他的部队被称为“大军”，人们感觉他很孩子气。

有人认为拿破仑给了老练的精兵一些“玩物”，但是拿破仑说：“人们原本就受着玩物的控制。”对于拿破仑来说，这种给人授衔和权威的办法很有效，对你也同样有作用。

纽约斯卡斯代尔的琴德夫人是我的朋友，我告诉她孩子们在她的草地上乱跑，青草被踏坏了。她对这件事非常烦恼，她批评过，也诱导过，可是都没有用。最后，她想到了一种奇妙的办法：她试着给那些孩子中最调皮的孩子一个头衔，使他获得了威信，让那个孩子做她的“侦探”，让他对草坪进行管理，不让人踏入草坪，没想到问题就这样解决了。她的“侦探”在后院生了火，烧红了一根铁条，说谁践踏草坪谁就会被烫伤。

人类的天性就是获得权威，因此假如你想劝说他人，需要谨记这一原则：

让对方快乐地做你说的事情。

第六篇

在职场中与人相处的艺术

1 面试过程中的交谈艺术

卡耐基名言

1. 面试时，有一个很大的窍门就是言语交流，它可以让别人看出你有多成熟以及你整体素养的高低。

2. 面试时要注重自己的言语表达。在如今的工作场合里，比起你的学问和智商，你的整体素养会更加被看重。

面试对于那些刚刚进入工作岗位的员工来说，绝对是重中之重的一件事情。它是对员工正式工作之前的首次测试，面试时，有一个很大的窍门就是言语交流，它可以让别人看出你的能力以及整体素养的高低。

也许有一些参加面试的人觉得只要自己有实力就够了，其他的都没那么重要。然而你需要知道的是，你的才华固然重要，但是它们只有在被展示出来的时候才具有价值，那些招聘的人也才会被你吸引。当你的才华还没有被展示出来的时候，你和其他任何一个求职者在他的眼里都是一样的。因此可见，面试的流程，就是销售自己的流程。那时你就是一个可以买卖的商品，而你的任务就是想办法让对方买下你这仅此一件的物品。你将会怎么样把自己销售出去呢？

首先，你应该具备一个大气的外表形象。

如果你已经察觉到对方有权力决定要你或不要你的时候，你就应该晓得穿什么衣服。这样，在去参加面试时你就要穿上你最正式的衣服。可是，你的着装不可以庄重得过了头，毕竟你是去上班，而不是去参加派对。那到底什么样的衣服才可以称为庄重呢？最棒的方法就是，穿上和你未来所要从事的工作相匹配的衣服，它会让你给大家留下一种很能把控全场的印象。妆容也是一样，化妆与否是由你穿着的衣服决定的，妆容配合服装，然而不宜浓妆艳抹。

在面试之前，应该尽可能早几分钟到达。抵达之后，你应该保持风度以及注重外在形象，对此，你应该在座位上正襟危坐，默默地等候招聘方的呼唤。和面试官礼貌地握手之后可以回到自己的座位上坐好，和面试官的距离也要有所计算——不能过近，也不能过远。

另外，发表自己言论的时候应该礼貌、热情并且自信。彼此沟通的时候要注视着对方，即使对方有要你或者不要你的权力，但也不要因此而恐惧，进而不敢直视他。你要全程微笑，这样会使你在别人的心中留下信心十足的印象。

在对方讲话时，你应该微笑着直视他，认真地倾听他的言语。你要用自己的语言和行动对他所说的言论给予回应，让他知道你一直都在专注地听他分享。千万不要插话，这是一种非常令人反感的行为，会显得很没有礼貌。

就算对方已经对你有些好感，也不可以忘了自己的身份，控制不了自己的话，会让你出现很多错误。就算他已经非常直接地表达出对你的好感，你也不应该过早窃喜，毕竟事情还是有可能会发生转变。

你应该一直表现得不骄不躁。而不是让自己看起来低三下四，似乎你在祈求对方给你这份工作。这是双选的过程，你的命运不是被对方所掌控，如果你表现出一副很卑微的样子，会令对方质疑你的工作能力。

其次，大方的言语描述也是必要的。

面试时要注重自己的言语表达。在如今的工作场合里，比起你的学问和智商，你的整体素养会更加被看重。从你讲话时的语气、声调中，可以看出你的个性、立场、素质和涵养。对于一个不认识的人而言，声音的特质将会更直接地表达出这些非常有用的讯息。因此，说话一定要清晰流利，不要模模糊糊、支支吾吾。要是每一个字都被你清晰流利地说出来，你将会给人留下一种信心十足并且逻辑清晰又严谨的印象。

还有，你还要注意你说话时声音的大小、语气和说话的速度。要是平常说话声音就很小，那在面试时你要下意识地大声一点，原因是小声说话会让人觉得你自卑胆怯。然而也不要说话太大声，只要对方可以听见就可以，没有必要让旁边的人全都听到，不然会让对方觉得你很野蛮。合适的语气会让人感觉亲昵、稳重，可以在暗中把你和面试官之间的距离缩短。

有一些即将进入工作岗位的新人因为太焦躁或者想要快点表现自己，总是在对方问他一句话以后，便滔滔不绝地将自己的思想全部诉说出来，他们的表达速度很快。在你用清晰简短的言论表达出自己的观点时，适当地加入一些委婉又诙谐的话语，会使你们的交流更加放松自然，也可以进一步缩短你和面试官的私人距离，这样，你获胜的概率也会更大。但是，也不要过多地运用这些语言技巧。

再次，面试过程中，你应该淡定地表达自己。

面试时，面试官一般都会让参加面试的人先介绍一下自己，这是可以展示自己的第一个机会。即使你非常认识自我，然而要是让你只用简短的几句话介绍自己——确实也就几句话——是很难让其他人记住你的，因此，介绍自己绝对不简单，你必须很用心地去提前准备。

如此一来，怎么做才可以用少量的话语和时间来使对方认识你呢？

第一，你必须要清楚你的目标就是要让对方知道你是何人，而不是单单和他们聊天。你的姓名、个性、受教育程度、工作经验等一些基础的讯息全都要通过简短的几句话让他们知道。这些讯息也许非常有用，也许没用，这要看老板们究竟重视哪些方面。但是，需要铭记的是，这不过是一个介绍自己的过程，你没有必要把自己想要表达的东西一次性全说了，因为接下来你可以一点一点地进行添加。

第二，你工作的效率和完成情况也许是面试官最重视的，以此来衡量你能不能很好地完成你所盼望得到的工作，很多参加面试的人都希望自己能超长发挥，他们在谈话的过程当中，似乎一直在表明一件事："我能做所有的事。"这可能是事实——然而可以完成并不意味着能完成得很棒。老板们需要的是可以做实事的人，而不是一个只会在嘴巴上说说的人。故此，你要小心慎重地介绍自己。

第三，说出自己的特长，这一点非常重要。但是必须要诚实，别故意放大你的长处，也别故意掩饰你的不足。不要欺骗面试官，他们可不傻，如果你那样做了，他们会以其人之道还治其人之身，重点是你需要让对方明白，你确实非常适合你现在期盼的这个岗位。

最后，你应该做到稳妥地解决问题。

"你想做这份工作的原因是什么？"一般面试官会这样发问。

一些人的回答令人费解，这会让面试官觉得他们缺乏思考的能力。

若说"我只是想尝试一下，因为机会摆在眼前"，或说"我来面试本不是我的初衷……"这些话，那么这样的人基本上算是已经失败了。这里有些在面试的过程中常常会遇到的问题，刚好也是找工作的人常常栽跟头的地方，因此我们必须要小心稳妥地来解决这种类型的问题。

我们必须要了解面试官之所以那样问我们的原因是什么。一般情况下，他们是想要通过这些问题来明确你的工作规划以及你对他们公司了解的多少。知道这一点以后，你的回答就要对准他们的疑问。你一定要把自己的兴趣和你未来所要做的事、所要进入的公司结合起来。例如，"贵公司对员工的管理和运营态度恰好和我的工作理念相同"，这样回答的话就十分得体。

另外一个大家在面试的时候会经常遇到，却又比较不好回答的问题是："你觉得自己的缺点是什么？"他们问这个问题的根本原因在于他们很想知道你有多诚实以及你究竟适不适合你所期望的那个职位。很多人都只照顾到了其中一个方面，或者直接地说出自己的不足，就是为了让面试官觉得自己很诚实，或者对自己的不足进行隐瞒，不跟面试官说实话。

这两种做法都是不值得效仿的。我们要在这两个极端中间找到平衡。例如，要是你应聘的是一个会计岗位，你可以这样表达："我的个性比较稳重，这使我对每一件事情都会仔细思考。"再例如，你可以简略地说明一下："我确实有很多的不足，然而我相信这些不足绝不会影响我的优势的发挥。"

有时候，面试官常常还会如此发问："要是你的想法和上级领导的想法不一致，你会听谁的？"这样问的原因是为了了解你的沟通能力以及你对自身是否认可。你应该这样回答："第一，要认真地思索上级领导的想法，他所经历的事情确实比我更多，更有见解，对一些问题的看法也会更加周到和深入；第二，要是我确确实实认为自己的想法足够合理，我会把自己的见解和上级领导进行商讨，我认为他应该也会认同我的想法，原因是我们的目的是一样的。但是，在双方进行沟通的时候，也要使用一些窍门。"

还有最后一个你极其关心的问题——薪资待遇。就算找工作的人不觉得它是第一重要的，起码也会觉得它是第二重要的。怎么和面试官就薪资待遇这个问题进行讨论是非常重要的，你面试能不能成功它占有很大的比例。现在你要勇敢地说出你想要的薪资待遇，别说"一切都服从公司的制度"这一类的话，这说明你并没有清晰地了解你如今将要进入的岗位。但是，你想要的薪资待遇应该与公司以及你个人的工作能力相吻合，提的太高或者太少都不会让你得到好处。说出一个可以商讨的范围，如此一来两方都能够好好思考一下。通常情况下，假如你确实非常适合，老板是不会让你感到失望的。

因此，在面试的过程中掌握了这几点，我想你成功拿下工作的概率会大大增加。

2 在职场中怎样与人交流

卡耐基名言

1. 人与人之间的沟通问题才是所有事物的根源所在。

2. 同事不会因为你的工作能力强就尊重你，唯一的方法是你也尊重他们。

在职场上，学会与他人进行交流，有利于我们顺利地展开工作。一个人如果希望达到某个目的，那就只有一个办法，即在工作上面完全表现出自己的能力，而且还要极力地去为他人考虑。令人感到特别震惊的是：即使工作常常让人觉得很痛苦，然而它确实可以让每个人有机会实现自己的梦想，还可以让社会不断地前进，从而实现每个人的价值。工作让我们自身与社会紧密而又稳固地联系在一起。因此，在工作中维持好与同事的关系是走向成功所必需的一步。

从前有很多从事各种各样的工作的人来到我这里发牢骚，说他们非常有才华，但是却不能获得成功。我很清楚他们是哪里出了问题。事实上，在工作中绝大多数人都有一个理解错误的地方。他们觉得，要想在职场中获胜，想要拿更高的薪资，升到更高的位置，只有一条路，即让自己在工作的时候更加出彩。这是刚参加工作的人最爱犯的一个错，他们自以为是地觉得，只要在工作当中出彩，就可以让自己在工作岗位中获得胜利。但是过了一段时间以后，他们会察觉，单单依靠自己的学识和技巧，却忽视和其他人之间的交流以及配合，根本没办法做完全部工作。更值得重视的是，在很多时候，你展示着自己学识和技巧，若是对方无法明白你，你也同样无法获胜，更不用说在工作岗位中取胜了。现在我们既已明白了这一方面，那我们将要怎么行动才可以在工作中获得胜利呢？

在我所教授的口才训练课程中，九成的学员是在职人员。其中不乏有全国知名公司的高管，也有一些在小公司里的基层人员；有做办公室文案的职员，也有做销售工作的一线工作人员；有的人已经上班多年，积累了很多职场经验，也有不少刚进入工作岗位的年轻人。他们一同选择来上我的口才训练课程的原因是什么呢？

娜思是洛杉矶的一家化妆品公司的策划经理，她说道："我盼望自己可以和同事、上司之间维持好关系，我将来的发展取决于和他们关系的好坏，我盼望自己可以获得成功。"

"所以，你觉得有一个好好交谈的能力就可以帮助你达到这个目标？"我问她。

"没错。"她斩钉截铁地回答道。

但是我想说，使一个人获得成功的因素是很复杂的，很明显娜思所表达的有点太过肯定了。然而不得不承认的是，她也确实说到了口才对于那些已经工作的人来说是多么的重要。假如说，某个人在工作中获得成功的两成原因是因为他自己的才华，那么剩下的八成则是由于他口才好而获得的。很多人常常就忽视了这一部分。

有一次，史伯考先生非常激动地告诉我："人与人之间的沟通问题才是所有事物的根源所在。"他说得很对，工作中也是这样。那些在工作岗位中的人有时会惊奇地意识到：一个人说话的态度竟然比他所要说的内容更重要。如果希望上司可以认同自己的一个方案，那么你的方案不单单要很出彩，还要让他相信这一点；如果想让自己的下属更加卖力地工作，聪明的做法不是命令他们这么做，而是应该鼓励和建议他们这么做；同事不会因为你的工作能力强就尊重你，唯一的方法是你也尊重他们。

在德国，有一家很著名的电器企业，该企业于某一年推出了一款全新的产品，他们计划制作一个非常出彩的logo，并且想用这个产品打开日本的市场。

这个企业的总经理构想了一个logo，并且感觉非常满意。一次在开会的时候，他建议全体同人给他所做的logo做出评价，会议中，这个总经理想："我觉得，这个logo太贴切了，它的主要轮廓是太阳的样式，这样看起来和日本的国徽非常相似，日本人肯定会大爱它的。"

一眼就能看出，这个评价基本上没有太多的意义，大家好像都没有其他选择，只有一条路可走，那就是认同总经理的看法，于是，很大一部分员工都奋力称赞总经理所构思的这个logo，说它非常适合。

可是，一个年纪轻轻的广告部经理站起来说："这个logo其实不是那么的适合。"此时此刻所有同事都在用惊讶的目光注视着他，总经理也十分诧异，每个人都在等待着，看他接下来怎么说。

"它的构想简直是太棒了，"这个年纪轻轻的经理淡定地表述着，"没错，日本人肯定非常喜爱这样的logo，然而有一个问题是，我们的产品并不是百分之百地销售给日本，也要向其他亚洲国家投放，他们也会非常喜爱吗？”

于是，他不光称赞了总经理，也非常有技巧地告诉大家这个商标的片面性。会议结束之后，总经理说，这位广告部的经理的话真的是“太有智慧的点评了”。

通常普通员工觉得自己的想法比上级的更有建设性，他们会直白地跟领导提出。他们以为上级会接受他们的建议，然而事实通常会和他们的设想相违背——上级驳回了他们的建议。然后他们会埋怨上级太独裁、武断和粗暴。可是他们都不会反省一下，看看是不是自己的说话态度、语言运用不是很恰当。

事实上，人人都有这些性格特征，只不过是有没有体现出来而已。一旦自己的想法被下级员工推翻，领导肯定会不舒服，觉得不被尊重，进而也就不会从客观的角度来进行判断了。这样的话，他驳回下级的想法也就很正常了。这个年纪轻轻的广告部经理却顺利地让上级认同了他的想法。他取胜的原因是什么呢？那是因为他的说话方法很有智慧。

如果说下级对上级说话的时候需要注意礼貌，那么上级与下级沟通的时候还需要注意方式、态度吗？接下来，请看这一个非常经典的案例：

美国某连锁店的负责人威尔逊每个星期都会举办一次经理会议。有一年夏季，因为市场低迷，有几家店的销售成绩一连几周都处于下滑的状态，而且是连续性的。威尔逊想要训斥这些经理，可是，他不想直接斥责他们，毕竟这样做也不能给公司带来任何利益。于是，会议刚刚开始，威尔逊首先就给予这些经理很大的称赞，认同并表扬他们为公司所做的贡献——在整体大环境如此低迷的时候，也还在努力，仅仅让公司损失了很小一部分的利润。

听到威尔逊这样说，那些一开始就想要为自己辩解的经理，都对威尔逊的赞扬表示认同，他们觉得自己得到了重视，情绪上豁然开朗，每个人都神采奕奕。威尔逊刚说完话，立刻就有一位经理站起来发表言论。面对自己店的生意不升反降的现状，他开始检讨自己，觉得自己其实能够完成得更加出色。他对威尔逊表明，他计划在接下来的工作中策划一些新的方案，努力挽回损失的利益。另外一些连锁店的经理也都相继做出了检讨并拿出了新的方案。在此之前从未有过这样激烈的场景。

威尔逊担任连锁店老总的职位，拥有百分之百的权力。然而他很清楚强行压迫员工未必会满足自己的意愿，于是就采取了另外一种处理方法。结果表明，运用这样的方法，确实获得了很好的效果。

而在和同事进行沟通的时候，表达方法同样需要重视。比起上级和下级之间的联系，同事之间则是平等的合作关系。因此，要是你渴望同事能够辅佐你的工作，从权力方面来说你是没有的，那么为了达成目的你就需要多注意表达方式了。

在工作环境中注意交流的方式，可以令你更加如鱼得水地活跃在这个大圈子里。一旦你在工作中碰到一些很难办或是让你头痛的事的时候，你就该自我反省一下了，看看是不是你的表达方式不当所造成的。懂得这个以后，你就完全可以处理这些问题了。

因此，掌握如何处理职场上的人际关系是一门学问，我们理应学会它。

3 与上司交流的艺术

卡耐基名言

1. 不要幼稚地认为，只要你勤劳、埋头苦干就能让你的职业生涯顺风顺水，这种想法是绝对不正确的。

2. 职场是一个错综复杂的地方，在这里，你的前程以及发展方向并不完全靠自己的才能来决定。

3. 过去那些对领导阿谀奉承、溜须拍马的套路在现代社会几乎没有什么意义，你也并不能借助这些给领导留下好印象。

4. 无论你的要求多么合情合理，都要尽可能使用商量的措辞和领导讲话。

在职场中，我们必须要学会与领导相处，这听起来也许是让人很泄气的话，不过事实就是如此，从某种意义上来说，你在职场中的前程都是你的领导说了算，因此，你一定要达到他的要求，或许有些事情你还需要征求同事的意见，但是不管怎样，你是否能够获得升职加薪的机会都是领导决定的，不要有那种不切实际的想法，不要幼稚地认为，只要你勤劳、埋头苦干就能让你的职业生涯顺风顺水，这种想法是绝对不正确的。我不是在有意夸大什么，勤劳和埋头苦干的员工的确能让领导对你赞赏有加，但这却不是最关键的。

你要知道，职场是一个错综复杂的地方，在这里，你的前程以及发展方向并不完全靠自己的才能来决定。在职场，你的自身需求和公司的需求一定要有一个契合点，也许你的个人喜好会和工作性质相矛盾……所以，如果你身在职场，就一定要学会和上司相处的技巧。在这里，我可以为大家提供一些参考、建议：

第一，要学会主动和上司沟通。

渴望与人沟通是人类的本性，哪怕是领导也不例外。主动和上司沟通能给上司留下一个很好的印象，这说明你工作很认真——我并不反对你努力工作，但是最主要的是你要让领导知道这件事。你不用非得等到领导传召你，你再去他的办公室。假如你在工作上有意见或者是建议，你就可以敲门走进他的办公室。我从未见过有哪位领导会把员工拒之门外，通常来说，他们很希望你能这么做。

除此之外，作为领导，对自己的员工有所了解是他必须要掌握的，也是他的一项工作任务，所以，就算你不主动找自己的上司，他也会主动找你聊聊的。

第二，要知道如何提建议。

如果你的上司告诉你："有自己的看法是一件好事。"那么，通常情况下，他并不是在和你客气，大多数领导都喜欢有想法的员工，他们好像更希望有人能够提供一些新奇的思想。一定要记住，恰好是这些点子能给他们带来好处。

一定不要忘记这一点：向领导提建议，是让领导喜欢你的一个不错的办法，当然，所提建议要具有实际性，因此，在这之前你一定要先做一些其他的事情。

1. 你对于自己所提的建议一定要经过深思熟虑，并非是灵光乍现。假如是工作上的建议，你除了能够向上司说明白你建议的内容，最好还能向他说明你这么想的原因和应该如何实施这个建议，有时候，评价一个主意的好坏，主要是看它的可行性。

2. 掌握上司的工作习惯，找最合适的机会和领导沟通。当然，你一定要避免在领导会客或者打电话的时候去找他，也不要在他认真思考的时候打搅他。

3. 在向领导提建议的时候，一定不要有"我比你聪明"之类的想法。因为这会让人认为，你提建议的目的只是为了表现自己很出色，而不是为了把工作做得更好。这种态度是绝对不可取的，也不会给你带来一点儿好处。过分凸显自己对你来说，绝对是一个致命的错误。

第三，态度言语要有分寸、不卑不亢。

对于身处职场的人来讲，领导对员工的发展的确有着至关重要的作用，所以对他一定要充满敬意。这在前面已经提到过，你的升职加薪几乎全由领导来决定（哪怕他不是你的顶头上司，他对你也会产生一些影响）。另外，他在某些方面确实要比你优秀得多，在工作和事务上都具有很重要的作用。

但这并不是意味着你的地位非常卑微，因为从人格方面来说，你们是地位相当的。

现代的领导都明白，自己需要的员工是那些有想法又踏实值得信赖的人。过去那些对领导阿谀奉承、溜须拍马的套路在现代社会几乎没有什么意义，你也并不能借助这些给领导留下好印象。阿谀奉承只能满足他们的虚荣心，并没有实际意义，所以，你应该敢于表达自己的想法。

你需要做到在尊敬和独立之间游刃有余，当然，这一点确实不太容易。但是假如你希望自己在职场中取得成功，你就必须做到这一点。并且，你可以将做到这一点看作是一次挑战。

第四，面对批评和指正要有正确的态度。

这一点指的是，领导讲的话，对于正确的内容，你要接受；对于错误的部分，你要拒绝。领导有资格、有义务对我们的工作进行批评和指正，只有这样我们才能取得进步。他们所拥有的学问和经验比我们更加丰富，看待问题的角度也更加全面、新颖和深刻。所以，我们不应该因为领导的批评而自卑、惭愧，更不应该产生怨恨的情绪；相反，我们应该感到庆幸，因为我们又有发现并改正自己的错误的机会了。

当你认为领导的指正并不正确的时候，大多数人就会质疑自己的观点——这种质疑是很有必要的，最主要的是不能因为这种质疑就随随便便否定自己。还有一些人，在经过质疑之后，十分肯定自己的看法是对的，但是他们却不表现出来，把领导的话当作至理名言。

领导怎么会犯错误呢？当然，向领导提出异议并不是一件简单的事，我们虽然反复讲作为领导应该宽宏大量、充满理性，但是在实际中却是大相径庭的。他们做事的时候经常不理智，或许比我们还要极端。我们一定要客观地认识这一点，他们只是比我们犯的错误少些而已。一种看法是，我们好不容易看见了领导的错误，所以不能错失表现自己的良机，不过我比较倾向于用另一种方式去理解，也就是把这当作是认真工作的表现。不管做什么事，都要尽全力做到最好，不要随意应付。

所以，我们在提出自己发现的错误时，要采取这样的方式：既和我们的地位相符，又能被他人理解，并且在提的过程中要说明自己无法接受的原因。当然，无论何人我们都应该做到用道理来说服别人，切记不要当面反驳领导，这对领导和你自己来讲，都会带来负面影响。那些鲁莽的、自以为是的、有才能的员工经常把顶撞领导当作一种乐趣，这仿佛说明了他们确实有能力而且异于常人。事实可能真是这样吧，但是他们这种表现自我的方法的确很拙劣。

第五，表达方式要恰当。

在说话时，要注意自己和领导讲话的方式，你应该做到语气随和、用词含蓄，你应该既做到尊敬领导又表现得很独立。

除此之外，你在表达的时候应该做到言简意赅，这样既不会浪费领导的宝贵时间，也能表现自己的说话技巧，当然，前提是你一定要通过这些话让对方清楚地知道你要表达的意思。

不过要注意一些忌讳，要使用恰当的措辞，不要用和你地位不匹配的词语。

有“您辛苦了”“我很感动”“随便怎样都可以”……这些话让人觉得你更像一位领导，我们在表达的时候这一点尤其值得注意。

第六，掌握好提要求的度。

为了获得更高的薪资和职位，或者是为了得到更好的工作环境，也许你会向领导提一些要求。通常来讲，领导对提这类要求的员工抱有一种十分理解却又非常为难的态度。让领导觉得为难的原因有很多，有的和员工相关，有的则和员工没有关系。为了让领导更加容易接受自己提的要求，你应该学会一些提要求的方法。

1. 所提要求要切合实际。如果你的要求过高，领导不仅不会满足你，还会对你个人产生不好的印象，这样很容易影响你和领导之间的关系。

2. 注意自己的用词。无论你的要求多么合情合理，都要尽可能使用商量的措辞和领导讲话。不要让领导觉得你是在威胁他，或者是命令他。这样的话，哪怕没有任何理由，他也会不由自主地拒绝你提的要求。

因此，只要掌握与上司交流的技巧，自己的职业生涯就会走得顺畅很多。

4 与同事交流的技巧

卡耐基名言

1. 任何人都有自己的优缺点，他们能给我们的工作提供许多的宝贵经验和知识。

2. 用心倾听同事的话，不要因为他的话无关紧要或者没有水准就置若罔闻，从对方的话中努力寻找积极的方面。

3. 在拒绝同事的请求时有一个前提条件，就是依然保持你们之间的关系。

4. 不要将别人的缺点和短处当作聊天的话题，这只会凸显你人品和品德的低劣。

有时候，很多身处职场的人会觉得疲惫，因为在职场上有很多无可奈何——有很多交际自己并不喜欢，或者不得不和那些自己讨厌的人一起工作。确实如此，也许你没有更好的办法。不过，职场也并非像你认为的那样让人消极，这主要取决于你是怎么对待的。

你只要根据下面提供的方法尝试去做，你就不会再为同事关系烦心。

第一，对同事多一些称赞，少一些批评。

不要吝啬对同事的称赞，因为这种方法是让他对你产生好感最直接、最有效的途径之一。不管你的同事穿了一件好看的衬衫，还是他的工作表现很突出，你都可以称赞他。当然，千万不要没有原则地称赞别人，不然会让人觉得你的话并不是真心实意的。

第二，摆正自己的心态，改变自己的态度。

通常来讲，同事和你仅仅是工作上有交集。当然，你或许会和你的同事成为朋友，但是你们大多数只是合作关系，因此，除了自己的亲人，同事可能是你最常见到的人。假如你愿意的话，你能从同事的身上学到很多东西，就像从朋友那里学到的一样多。

不管你有多喜欢或者多讨厌你的同事，在和他们交流的时候，你首先都应该对对方表示尊重和理解。任何人都有自己的优缺点，他们能给我们的工作提供许多的宝贵经验和知识。但是，假如你在自己和同事之间划出一道深沟来的话，你就会丧失很多自我提高的机会。

第三，学会调整氛围，适当制造幽默。

1. 把握好开玩笑的火候。办公室中多多少少需要一些欢笑声，这能够活跃工作氛围，可以使人与人之间的关系更加密切。幽默是改善人际关系的润滑剂，你一两句幽默诙谐的话也许就会起到这样的作用，这也能表现出你的才气和性情。

2. 开玩笑要分场合。大家在认真工作的时候，你最好不要搞突然幽默，这不仅违反了工作纪律，而且会影响大家的工作。

3. 玩笑要适度。玩笑不能开得过大，不然的话只会给你和同事带来不好的影响。

4. 开玩笑也要选择合适的对象。对待不同的人应该有不同的态度。有的同事可能天生就不懂幽默，你的幽默也许会让他误会。

5. 千万不要开黄色玩笑。据我所知，有许多成年男性时常会讲一些黄段子，在同性中或许可以被谅解，但是假如有异性在，最好不要开这种玩笑。

第四，多倾听，少说话。

用心倾听同事的话，不要因为他的话无关紧要或者没有水准就置若罔闻，从对方的话中努力寻找积极的方面。所有人都有可能成为你未来的搭档、朋友，甚至是领导。

不要在办公场合叽里咕噜地讲个没完没了，这里并不是展现你演讲才能的场地。很多人急于希望其他人能了解自己，因此会说很多话。你应该将自己的精力集中在学习和观察上，并非是急于表现自己。你只有向同事请求指教工作上的问题，才会取得进步；不然的话，你就会被其他人甩在身后。

第五，学会如何说“不”。

所有人的能力都有一定的界限，所有人也都有自己的无奈。同事之间，在工作上或生活上不可避免地会遇到一些问题，需要对方的帮助，但是有时候你不得不向对方的请求说“不”，这的确是让人难以应对的地方，但是只要你处理得好，这并不能成为让你烦恼的事。

在拒绝同事的请求时有一个前提条件，就是依然保持你们之间的关系。当你的同事想要让你帮忙做一件事的时候，你可以对他说你有一些非常重要的事情要做，做完这些事情之后，你才能够帮他——向对方说明你拒绝的理由，就一定能够获得对方的理解。

第六，注意交流时的禁忌。

任何人都有自己的隐私，因此最好不要触碰到别人的这些秘密。除此之外，不要将别人的缺点和短处当作聊天的话题，这只会凸显你人品和品德的低劣。在聊天中，最好不要触碰以下几点：

1. 不要当着同事的面讲领导的坏话，不要轻易和别人掏心掏肺。有些话也许是你无心说出来的，但是被同事听到后，他也许会将这作为自己讨好领导或者工作晋升的垫脚石。这一点你不得不防。

2. 不要有意打探别人的秘密。每个人都觉得知道别人的秘密是一件让自己开心的事，但是又不希望别人知道自己的秘密，所以为了能够不让别人对自己有戒心和反感情绪，切勿打探别人的秘密。

3. 不要过度声张。不要当着同事的面彰显自己有多么出类拔萃。事实上，所有人都会觉得自己很出色。所以，只有抱着一种谦和谨慎的态度才能让你的同事认可你。

4. 不要对别人发号施令。我在前面的内容中提到过，不管是在知识量、经验还是在地位上，你都不具备命令你同事的资格。假如你希望别人能够对你伸出援手，你只能另觅他法。

因此，掌握好与同事的交流技巧，你就能很好地与同事和平相处了。

5 与下属沟通的技巧

卡耐基名言

1. 把谈话的主题渐渐引到你事先想好的方向上，这样的话，你或许会获得一些出乎意料的消息。

2. 对员工进行批评的时候，不要让他觉得自己正在被你审判，你应该建立一种平静而严肃的交流氛围。

3. 不要朝令夕改，要等你的想法趋于成熟的时候再向员工传达指令。

假如你是一位领导，那么你就一定要学会如何和你的下属——也就是那些职位没有你高的人——进行有效交流。只有深谙交流技巧的领导才是一位成功的领导。换句话说，在领导层中，交流技巧是一门十分重要的技巧。但是，让人遗憾的是，有许多领导和员工之间都存在交流障碍，这样一来，不仅对自身有不好的影响，还会妨碍工作的顺利完成。

那么，领导应该怎样有效地和自己的员工进行交流呢？我个人以为可以从以下几个方面入手。

首先，下达命令要清楚、明确。

作为领导者，清楚且明确地向员工下达命令是最基本的要求。你要用简练、有力的语言向你的员工有效地表达出自己的意思。当然，你所传达的命令既要明确、没有分歧又要让你的员工理解。

许多领导往往都会高谈阔论，但是却没有实质的内容，这通常造成的结果就是：自己讲完了，员工却不明所以。这主要是因为在员工的心目中，领导已经树立了某种威望，他们将领导的每句话，甚至是每个字都理解为是非常重要的指令记在了脑子里。也恰恰是因为收到的信息太多，员工才忽视了领导所要表达的主要意思。我承认这不完全是领导的过错，但是作为领导你起码应该承担一多半的责任。

因此，身为领导者考虑得应该更加周全，只有这样才能保证自己的命令被有效地实施。你要考虑的不仅是自己要下达什么样的指令，还要考虑听到的人是否准确无误地接收到了你的讯息。不要让自己说的话毫无边际，你要让你的员工能够彻底了解你的意思，员工还有自己的事情要做，他们在这里不是为了听你的长篇大论。

很多领导人会产生一些奇特的点子，并且这些想法在他们的脑海中是高效率产生的。可是，他们却不知道怎样才能让这些想法有效地被执行。他们时常会否定刚刚下达的命令，又用新的想法去替换。这样会带来什么结果呢？这会让员工很烦恼，因为他们得到的常常是几个相互冲突的命令——这的确是一件让人为难的事。我见过许多领导都会犯类似的错误，他们不容许有人挑战自己的权威，最后只会带来一种结果——员工实在无法忍受这种煎熬，自请离职。因此，不要朝令夕改，要等你的想法趋于成熟的时候再向员工传达指令。

其次，时常和员工说说心里话。

在日常工作中，要多和员工聊天，这种交流方式往往是最直接也是最有效的，它能使你及时了解员工在想些什么，是一种防微杜渐的方法。以下是聊天的时候你需要注意的几点。

1. 明确谈话的对象。选择好这次聊天的具体对象，确立聊天的主题是什么，将你要和员工交换或是要表达的讯息列下来，然后再安排好聊天的具体时间和地点（我个人以为不应该拘泥于时间和地点）。

2. 了解员工。在谈话之前要对你聊天的对象有一个完整的认识。站在员工的立场上考虑在聊天过程中有可能遇到的问题，并且要了解你和他的谈话将会对他产生怎样的作用。

3. 引导聊天的方向。把谈话的主题渐渐引到你事先想好的方向上，这样的话，你或许会获得一些出乎意料的消息。

最后，对员工进行恰当的批评。

每个人都会做错事，所以对员工进行批评指正是不可避免的事。当员工犯了错误或者是没有按时完成工作的时候，身为领导有必要也有义务对他进行批评教育。但是要记住，你批评教育的出发点是以解决问题为基础。你需要按照下面的要求来做：

1. 凡事对事不对人。在你对员工进行批评指正的时候，你应该让他明白，你所针对的是这件事而非他这个人。你应该心平气和地向他指出问题出在什么地方，并且要想方设法示意对方，你这样做只是希望他能把工作做得更出色，并不是为了凸显自己的权威。

2. 时刻保持冷静。对员工进行批评的时候，不要让他觉得自己正在被你审判，你应该建立一种平静而严肃的交流氛围。只有置身于这样一种氛围中，你们才能高效地解决遇到的问题。

3. 保持公平公正的态度。向员工公平地指出他所犯的错误以及应该承担的责任，所有的错误不可能只是因为一个人的疏忽，并且，你的员工也不希望自己做错事。

4. 要有节制。在批评员工的时候，你应该表明他只是造成了一部分的错误，并且按照公司有关的规章制度指明他应该承担什么责任，不要将责任全部怪罪到他的头上，以免让他产生一种罪无可赦的感觉。这样一来，他不仅不会及时改正自己的错误，甚至可能会破罐子破摔和你对抗到底。

5. 勉励员工。对于那些做错事的员工也要给予鼓励，也许你的批评让他们在某一方面丧失了信心，他正迫切需要别人给他鼓励。当然，一定要记得对他们的错误进行指正。

因此，相信你掌握了与下属沟通的技巧，就会建立一个关系融洽、积极进取的团队。

6 如何恰当地进行鼓励与赞美

卡耐基名言

1. 只要你擅长利用鼓舞的力量，找对鼓励人的方式，那么你就能帮助他人获得成功。

2. 任何人心里都有一个理想化的自己，并且这个理想化的自己仿佛拥有一切美德。

3. 挖掘员工的竞争意识是激发他们提高工作积极性的一个好办法。

鼓励别人，使别人走向成功是一件很奇妙的事情，鼓舞往往会带来一种不可思议的奇迹。

我并没有夸大这股力量，因为有许多人也是这样想的。最近，有很多企业家开始对领导艺术产生兴趣。他们想研讨出一种方法，就是怎样让员工挖掘自身的潜能，从而在事业上获得成功。他们一致认为，只有将员工身上的这种工作热情激发出来，才能帮助企业走向成功。

我见过很多快要倒闭的企业，这些企业里的员工都非常懒散，看不出对工作有任何热情。我并不想说这些企业的倒闭是这些懒散的员工造成的，但是我认为，假如他们对工作的激情能被激发出来的话，这些濒临破产的企业中有九成都能够转危为安。

有这样一个故事，讲述的是一个杂货店里的小男孩，这个小男孩是杂货店的店员，他每天早上五点就要起床，之后打扫店面，然后就开始连续 14 个小时的劳碌。日子周而复始，男孩越来越无法忍受这种苦差事。两年以后，他终于忍无可忍了，他早上起床之后，连早饭也没有吃，步行了 15 里路来到母亲打杂的地方，将自己的苦楚说给了母亲。

那种生活快要把他逼疯了，他对着母亲苦苦哀求、歇斯底里，声称如果把他送回去他就自杀。后来，他给自己从前的老师写了一封信，将自己的凄惨经历告诉了老师。那位老师不仅给他回了信——信中除了对他的经历表示安慰和鼓励，还说以男孩的聪明才智可以获得更优越的工作——还邀请他回学校任教。

这封称赞信使男孩的人生发生了翻天覆地的变化，也给英国的文坛带来了巨大的改变。从此之后，小男孩开始发奋写作，他发表的每一篇作品都产生了很大影响，他也因此成为了百万富翁。这位男孩就是 H.G. 威尔斯。

上述这些事例就是我要说的，只要你擅长利用鼓舞的力量，找对鼓励人的方式，那么你就能帮助他人获得成功，与此同时，自己也能取得成功。所以，许多企业的管理者都了解如何通过奖励制度来激发员工的积极性和创新性。接下来，我举出几种鼓励他人取得成功的方法：

首先，经常称赞对方。

称赞别人是激发对方积极性最直接有效的方式。安德鲁·卡内基就很擅长用这种方式来鼓励自己的员工。他有一个名叫修韦伯的员工，是造船厂的总经理，他曾经这样讲述卡内基：“公司里一些举足轻重的人物和非常能干的人，几乎都是在他的赞美下取得成功的。我所见过的大人物（其中有很多杰出的企业家）里，他是最善于利用赞美促使他人取得进步的。这种办法确实非常有用，正是这种办法让许多人的事业取得了成就。同时，这也是卡内基先生能够成功的一个重要因素。”

在众多通过称赞而获得成功的人中，修韦伯也是其中之一，他称赞人的办法是在训练班里学来的。身为一个造船厂的经理，他所带领的员工对工作的积极性简直让人吃惊。在卡莫狄的厂子里，刚刚产生的一项纪录很快就会被另一项纪录所取代。

举例来说，他们仅仅用了 27 天的时间就制作完成了塔卡特号轮船，从而又打破了一项新的纪录。修韦伯和他的全部员工举办了一次庆功大会。他在会上做了一场演讲，演讲中他称赞了所有员工，并为他们每个人颁发了银质奖章和威尔逊总统贺信的复印件，除此之外，他还给船厂的所有质量管理员送上了一块金表。

请相信我，称赞能够带来非凡的力量，假如你尝试一下就会明白，我所说的是绝对正确的。

其次，激发竞争意识。

挖掘员工的竞争意识是激发他们提高工作积极性的一个好办法。

我们以先前提到过的故事为例。有一天，当查尔斯·史考伯准备下班的时候，一位分厂的厂长叫住了他。他对史考伯说：

“我不明白这是怎么一回事。我想方设法鼓励自己的员工，可是他们还是无法按时完成生产指标。”

史考伯说："这也让我感到奇怪。你是一位非常有能力的管理者，怎么却无法让他们对工作产生热情呢？"

那位厂长满面愁容地说："的确是这样，我已经竭尽全力去做了。我语重心长地引导他们、鼓励他们，就连胁迫、责备和谩骂都用过了，但是他们丝毫没有改变。"

后来，史考伯和那位厂长一同去了工厂，那时恰好是厂子里白班和夜班交接的时间。史考伯叫住一位要下班的员工，问他："你们今天生产了几台机器？"

这位员工回答说："6 台。"

史考伯点点头，从厂长那里要来了一根粉笔，用粉笔在地板上写了一个大大的"6"字，然后就一声不吭地走了。

那些准备上夜班的员工看见地板上的数字后，不明白是怎么回事，于是就问了上白班的员工。

上白班的人说："刚才史考伯先生来了，他问我们一共生产了几台机器，然后就把这个数字写在了地板上。"

第二天史考伯又来到了厂里，他发现地板上原来的数字已经被改成大大的数字"7"。史考伯心满意足地笑了，之后又悄悄地离开了。后来上白班的人看到地上的数字"7"，感觉自己好像被上夜班的人比下去了，他们就想和上夜班的人较量一下，所以加大了工作力度。当交接班的时候，他们在地板上得意扬扬地写下了一个数字"10"。最后的结果就是，他们在月底超额完成了生产指标。

我们可以看出，史考伯在整个过程中从未对员工说过鼓励的话，但是他到底用了什么魔法刺激了他们的积极性呢？其实很简单，他激发了员工们的竞争欲，员工相互之间有了要超越对方的动力。事实足以证明竞争意识的力量是多么强大。

最后，给别人一个美名。

莎士比亚曾说："假如你想让自己拥有一种美德，你可以先假设你已经拥有了这种美德。"任何人心里都有一个理想化的自己，并且这个理想化的自己仿佛拥有一切美德。因此，假如你根据这个方法来做，事先给对方冠上某种美名，那么这个人就会尽全力去实现这一点，就好像他们一定要做给你看一样。

我有一位朋友——钦特夫人，她最近雇了一个女用人，并让她周一去家里上班。后来，钦特夫人打电话咨询了这位女用人之前的工作状况，女用人之前的雇主对她的表现并不满意。

可是现在已经没有办法再找其他人了。因为钦特夫人已经雇了这位女用人，后来钦特夫人想到一个主意，那就是利用事先给她一个美名的方式促使女用人发生改变。

周一的时候，女用人准时来到了钦特夫人家里。钦特夫人告诉她："我昨天给你的上一个雇主打了电话。她对我说你是一个很勤快、忠厚的女孩子；你不仅做菜好吃，还很懂得照料小孩。她说你只有一点不太好，那就是做事的时候很随便，所以房间收拾得不太干净。但是，我有些怀疑她说的话。因为从你的穿着来看，你是一个非常整洁的人，怎么会不爱干净呢？"

她的这段话让女用人发生了改变。她和钦特夫人相处得很融洽。这位原本并不爱干净的女用人为了能够继续拥有自己的美名，每天在打扫卫生上不惜多用几小时的时间也要整理得非常整洁。

既然这种办法能取得这么好的成效，还不会损失你任何东西，并且这种方法还能让你成为一个擅长鼓励的管理者，那么，你也可以试着这么做。

因此，不要吝啬你的赞美，对别人进行恰当的鼓励与赞美，别人会变得比你想象的更加美好。

7 绕开职场中的雷区

卡耐基名言

1. 你要是不想自取其辱，还是别跟其他人讨论薪资的问题。

2. 挑拨是非对你来说是没有任何益处的，还有可能会让你陷入困境，原因是你没办法确保你的同事不会出卖你，就算他们表现得都很可靠。

3. 办公室仅仅只是你办公的场合，而不是你宣泄私人情感的场所。

在人际交往中，说话，是要挑地方的。而且在职场中尤其要注意，办公室是工作的地方，尽量不要在办公室谈论与工作没有关系的话题，或许你可以在其他地方讨论这些事，可是在办公室是万万不可以的。在不同的环境说不一样的话，是说话的艺术，言外之意就是：任何一个环境都有不能说的话，在办公室里依然如此。那么，你知道哪些话在办公室里是不能随便说的吗？以下是我为大家提的建议：

第一，家庭财富问题。

不管是自己的家庭财富还是别人的家庭财富，都不是你可以在办公室里探讨的问题。调查发现，许多人喜欢拿自己的家庭财富与其他同事做比较，而这种做法，仅仅是为了使自己内心的虚荣心和好奇心获得满足。还有一些人，喜欢和工作伙伴在办公室里炫耀自己最近去欧洲旅行了，或是新购置了房产，而且极其骄傲，虽然，他们心里感到很愉悦，但这样的做法在无形中让其他的同事很受伤，因为事实就是他们在故意炫耀自己家中很富有。可是，这样的做法有什么好处呢？仅仅是让自己的虚荣心得到满足而已，相比于得到的，你失去的反而更多。

因此，切莫谈论自身家庭的财富，因为这种事只能让自己高兴，再没有其他好处了。

第二，薪资待遇问题。

大家通常会把薪资看作是自己的私人事情，所以，最好不要打听别人的工资是多少，也不要谈论公司的薪酬制度，因为这种在办公室里谈论薪资待遇的做法，对你有百害而无一利。

人人都可能有这样的一种嗜好，喜欢打探他人的私人信息，但是又不爱让他人了解自己的私事。所以，你要是不想自取其辱，还是别跟其他人讨论薪资的问题。从另一个角度来说，大部分的企业的薪酬体系都是有不同等级的，员工的等级不同，所领的工资也不同，这个就是公司所采用的激励手段。

同等的岗位不同的工资对于企业来说，也是一件很私密的事。企业不愿意让员工和企业本身产生冲突，所以严禁在公司内部谈论关于薪资待遇的事，总裁和上级领导同样很不喜欢那些在工作的时候谈论薪资待遇的员工，因此，为了让你不被其他人所厌恶，你最好离这些事远一点。

但是，或许其他人不会这样选择，可是你只需要心里有数就可以了。每当其他人问起你的薪资待遇时，你一定要回绝他，别因为觉得难以开口而勉强告诉他。一旦他出现这样的想法时，间接地示意他这可不是一个好的值得谈论的事情。要是他已经脱口而出了，告诉他自己不愿意就这个问题给出回复——你完全有资格这么做。

第三，企业之间的对比。

每一个企业都有一套自己的独特的运营方法和特点，也会有自身的缺点和难处，因此，别总是把自己的公司和其他公司拿出来对比。

莫非自己的公司就真的不如别人的公司吗？假如你真是这么觉得的话，你还是早点跳槽吧，这或许对你比较好一点，这可以表明：你如今还待在这个令你不满意的公司，正是因为你自己的能力不够。

别总是谈论自己从前公司的事。别说“我上一家单位非常有钱，工作环境也很优越”。你说的要是事实的话，你怎么不回去呢？老板很不喜欢你这样的观点，同事也不会认可的，原因是他们从你所说的话里似乎听到了“你们都是一群没用的饭桶”这句话。

基于以上的想法，我们就了解了这个话题的确是没有任何益处的，只能让别人更加厌恶你。

第四，口不择言的闲言碎语。

你如今只不过是一个小小的员工，还不是能做主的领导。因此，别对你的同事大肆宣扬自己，说你今后的计划，同事也没有义务去听你说那些百无聊赖的事情。例如“未来我肯定要自己创业”这样的话题，这些事还是和你的亲朋好友聊吧。

别跟其他人埋怨你如今的岗位，要是你觉得自己的实力高于所在的岗位本身，那么建议你早点离职。并且，就算你是随口说出这样的话，也还是会莫明地让你得罪很多人。因为我所知道的是，基本上每一个人都会觉得自己是个被埋没的人才。你要做的是在工作岗位中展示出你的才干，但绝不是在嘴上体现。

通常在办公室中经常会出现的一个问题就是，跟同事A说同事B或者某一个领导不好的话，还连带着说公司的不好。一些员工离职、变动、升职其实都有很多原因，不完全是你所认为的那样。挑拨是非对你来说是没有任何益处的，还有可能会让你陷入困境，原因是你没办法确保你的同事不会出卖你，就算他们表现得都很可靠。但是你要明白，没有一件事是不会被人知道的。哪怕你讲的只是一些很中肯的也没有什么恶意的话，一传十，十传百，一定会把你的话传变味儿的。等到那时候，你才明白你已经无力回天了。这样的话，这个流言所引发的后果一定会追究到你的头上来。

第五，个人问题。

不知你是否经历过一些人因为恋爱失败而在办公室跟同事哭着倾诉的事情，我就经历过。然而那位员工并没有在我这儿得到安慰，反而受到了指责。我建议她无论正处在热恋中还是恋爱失败了，都别把自己的情绪带到办公室里，而且也别在办公室里向同事倾诉自己的私事——办公室不是做这些事情的地方。

这是一个十分有智慧的做事方法，原因是办公室仅仅只是你办公的场合，而不是你宣泄私人情感的场所，你不可以将你的个人事情或个人心情放到工作中来，因为这对于别的同事来说是一件很不公平的事，假如大家都在该上班的时候干自己的私事，那就不用上班了。

还有一些人，乐于将自己的生活和办公室里的员工一起讨论，例如，自己家养的动物何等的可爱，何等的惹人喜欢。确实，这会让分享的人感到很开心，但对于倾听者——你的同事们而言却是件很枯燥的事情。而你这些枯燥的话题只能让大家在工作中分心，而对工作完全没有一点帮助；对上级领导而言，也会认为你是一个对工作疏忽怠慢的人，并且会因为这个原因开除你。

因此，绕开职场中的雷区，对自身的发展至关重要。